PASS
지적기술사

예문사

INTRO 들어가며

　우리나라의 지적제도는 1895년 내부 판적국에 호적과와 지적과를 설치한 시점부터 오랜 역사와 전통을 가지고 있으며, 최근 한국의 지적제도는 정보통신기술(ICT)의 발달로 매우 복잡하고 전문화되어 가고 있습니다. 특히 인공지능(AI) 기술을 바탕으로 GIS(Geographic Information System)를 접목시켜 각종 정보를 디지털화하여 정확성과 효율성을 높이고 있습니다.

　지적의 근간을 이루는 지적행정은 물론 지적측량, 지적교육, 지적연구 등은 국가에서 지적기술자격제도를 도입하여 배출된 지적기술자에 의하여 이루어지고 있습니다. 기술사 자격제도는 1963년에 기술사법을 제정함으로써 신설되었으며, 지적기술사 자격은 1973년에 국가기술자격법을 제정하여 탄생되었습니다. 지적기술사는 지적에 관한 고도의 전문지식과 실무경험을 바탕으로 지적기술자격 중에서 최상위 자격입니다.

　그러나 이러한 지적기술사시험을 준비하는 수험생은 많지만 이들의 가장 큰 어려움은 충분한 자료를 확보할 수 없다는 것입니다. 시중에 유통되는 관련 서적들의 양도 매우 적을 뿐만 아니라 기본서는 물론 적절한 수험서를 구하기 어려운 현실입니다. 따라서 저자들은 20년 이상의 현장 실무 경험과 10년 이상의 강의 경험을 바탕으로 각종 자료의 내용을 담아 수험생들의 입장에서 본 수험서를 준비하게 되었습니다.

　본서는 수험생들이 분야별로 구분 정리할 수 있도록 제1편 측지학, 제2편 관측값 해석, 제3편 지적사, 제4편 지적제도, 제5편 지적측량, 제6편 지적학, 제7편 토지정보체계, 제8편 GNSS, 제9편 사진측량, 제10편 지적재조사로 구성하였습니다. 또한 최근 출제경향에 적합한 학술정보, 연구보고서 및 논문 등을 요약·정리하여 답안작성요령에 따라 전문용어 해설, 단답형 및 논술형으로 구성하였습니다.

　본서는 지적기술사를 준비하는 수험생에게 최소한의 도움이 되고자 하는 마음으로 이해를 돕고, 내용에 충실하고자 노력하였으나 부족한 부분이 많이 있을 것으로 판단됩니다. 본서의 부족한 부분에 대해서는 향후 계속해서 수정·보완하고 최신 동향 및 정보의 반영을 통해 보다 충실한 수험서가 될 수 있도록 노력하겠습니다.

　끝으로 본서를 집필하는 데 참고한 저서들의 저자께 심심한 감사를 드립니다. 아울러 본서가 출판되기까지 많은 도움을 주신 예문사 직원 여러분께 감사를 드리며, 바쁘신 와중에도 불구하고 본서의 출판을 이끌어 주신 박동규 원장님께도 깊은 감사의 말씀을 드립니다.

저자 일동

출제기준 INFORMATION

필기시험

직무분야	건설	중직무분야	토목	자격종목	지적기술사	적용기간	2023.1.1.~2026.12.31.
• 직무내용 : 과학·기술 발전에 따른 규정된 측량기법으로 지상 및 지하 공간 등의 위치를 조사, 지적공부 등에 등록하여 국토의 효율적인 관리와 국민의 토지소유권 보호를 위해 지적에 관한 계획, 측량, 전산, 재조사, 분석, 운영, 평가, 공간정보 기술 등을 수행하는 직무이다.							
검정방법		단답형/주관식 논문형			시험시간		400분(1교시당 100분)	

시험과목	주요항목	세부항목
지적측량에 관한 계획, 관리, 실시와 평가, 그 밖의 지적에 관한 사항	1. 지적관련 총론	1. 지적전문 용어 2. 지적학술 이론 3. 지적기술 기법 4. 지적관련 법규 적용 5. 지적제도 이해
	2. 지적기술 및 지적측량	1. 지적기술의 기초 및 응용 2. 지적기술의 기법 평가 3. 지적측량의 계획 및 실시 4. 지적측량의 성과 분석 5. 지적측량의 기기 활용
	3. 지적전산의 기초 및 응용	1. 지적전산의 기초 및 응용 2. 지적전산의 시스템 구축 3. 토지정보의 처리 분석 및 관리 4. 토지정보의 응용 평가 5. 토지정보의 융·복합
	4. 지적행정 및 제도	1. 지적제도 및 정책의 기초이해 2. 지적행정체계 분석 3. 지적행정 및 법 제도 운영 4. 지적재조사 이론 및 실무 5. 지적행정 운영 및 관리 – 지번변경, 토지등록, 지적공부 관리, 토지이동정리
	5. 지적관련 법규	1. 지적관련 법규의 기초 이해 2. 지적관련 법규의 적용 기준 3. 지적관련 법규의 내용 변천 4. 지적관련 법규의 분석 평가 5. 지적관련 법규의 발전 과제
	6. 지적제도	1. 지적제도의 기초 이해 2. 지적제도의 도입 구축 3. 지적제도의 변천 평가 4. 지적제도의 개편 분석 5. 지적제도의 국제 사례

면접시험

직무분야	건설	중직무분야	토목	자격종목	지적기술사	적용기간	2023.1.1.~2026.12.31.

• 직무내용 : 과학·기술 발전에 따른 규정된 측량기법으로 지상 및 지하 공간 등의 위치를 조사, 지적공부 등에 등록하여 국토의 효율적인 관리와 국민의 토지소유권 보호를 위해 지적에 관한 계획, 측량, 전산, 재조사, 분석, 운영, 평가, 공간정보 기술 등을 수행하는 직무이다.

검정방법	구술형 면접시험	시험시간	15~30분 내외

면접항목	주요항목	세부항목
지적측량에 관한 계획, 관리, 실시와 평가, 그 밖의 지적에 관한 전문지식/기술	1. 지적관련 총론	1. 지적전문 용어 2. 지적학술 이론 3. 지적기술 기법 4. 지적관련 법규 적용 5. 지적제도 이해
	2. 지적기술 및 지적측량	1. 지적기술의 기초 및 응용 2. 지적기술의 기법 평가 3. 지적측량의 계획 및 실시 4. 지적측량의 성과 분석 5. 지적측량의 기기 활용
	3. 지적전산의 기초 및 응용	1. 지적전산의 기초 및 응용 2. 지적전산의 시스템 구축 3. 토지정보의 처리 분석 및 관리 4. 토지정보의 응용 평가 5. 토지정보의 융·복합
	4. 지적행정 및 제도	1. 지적제도 및 정책의 기초이해 2. 지적행정체계 분석 3. 지적행정 및 법 제도 운영 4. 지적재조사 이론 및 실무 5. 지적행정 운영 및 관리 – 지번변경, 토지등록, 지적공부 관리, 토지이동정리
	5. 지적관련 법규	1. 지적관련 법규의 기초 이해 2. 지적관련 법규의 적용 기준 3. 지적관련 법규의 내용 변천 4. 지적관련 법규의 분석 평가 5. 지적관련 법규의 발전 과제
	6. 지적제도	1. 지적제도의 기초 이해 2. 지적제도의 도입 구축 3. 지적제도의 변천 평가 4. 지적제도의 개편 분석 5. 지적제도의 국제 사례
품위 및 자질	7. 기술사로서 품위 및 자질	1. 기술사가 갖추어야 할 주된 자질, 사명감, 인성 2. 기술사 자기개발과제

수험대비 요령 INFORMATION

기술사 시험은 단답형(용어정리)과 주관식 논문형(논술형)으로 구분되며, 1교시(09 : 00)부터 4교시(17 : 20)까지 진행되고 매 교시 100분씩 총 400분 동안 시험을 치르게 된다. 한 교시당 배점은 100점씩 총 400점을 만점으로 하고 총점의 60%인 240점 이상 취득하면 1차 필기시험에 합격하게 된다.
출제유형을 살펴보면 1교시 단답형 문제는 전체 13문제가 출제되며 그중 본인이 자신 있는 10문제를 선택하여 기술하게 된다. 1문제당 배점이 10점이므로 10문제를 모두 기술하여야 합격할 수 있다. 2교시에서 4교시까지는 배점이 25점인 문제가 6문제 출제되며, 그중 본인이 가장 잘 정리할 수 있는 4문제를 선택하여 답안작성을 하면 된다.

❶ 기술사 시험의 특징
(1) 답안지 작성 시간에 제약을 받는다.
(2) 답안지 작성 공간에 제약을 받는다.
(3) 문장 표현력을 시험한다.
(4) 장기간 준비해야 한다.

❷ 수험자의 마음가짐
(1) 합격할 수 있다는 확실한 신념을 가져야 한다.
(2) 조급하게 서두르지 말고 지속적인 공부를 할 수 있도록 마음의 준비를 해야 한다.
(3) 합격으로 인한 어떤 특혜를 고려하지 말고 자신의 부족한 부분을 정립시킨다는 생각으로 공부에 임한다.
(4) 목적달성을 위해 사생활을 일시적으로 자제하여야 한다.
(5) 공부는 충분히 한 만큼 합격할 수 있다는 것을 인식하여야 한다.

❸ 준비사항
(1) 일정계획에 따라 자료수집, 정리, 암기, 모의 답안지 작성 등의 단계로 꾸준하게 준비한다.
(2) 합격할 때까지 모든 생각과 마음은 항상 시험준비에 노력을 다하여야 한다.
(3) 개인 체력관리에 주의하여야 한다.
(4) 사생활에 따른 시간 낭비가 되지 않도록 유의하여야 한다.
(5) 주위 수험자들과 선의의 경쟁의식을 느끼는 것이 중요하다.
(6) 생각만 가지고 도전을 하지 않는다면 기술사는 자신의 것이 되지 않는다.

❹ 계획

(1) 수험준비 시간은 최소 연간 600~1,000시간 정도 필요하다. 만약 1일 6시간 이상 공부하는 것으로 계산하여 5~6개월이 소요되면 집중적 노력이 필요하다.
(2) 지적기술사 시험은 연간 2회 실시되고 있으므로 자신의 생활에 맞게 계획을 세우는 것이 중요하다.

❺ 자료수집

(1) 기본교재의 선택은 3~4권으로 정하고, 보조교재의 수량은 적으면서도 알차게 이용할 것
(2) 교재를 구입한 후 답안지에 Sub-note를 작성할 것
(3) 수집된 자료는 효율적으로 집중정리하고 관리할 것
(4) 각종 관련 학회 및 졸업논문, 사업보고서, 인터넷 자료 등을 이용할 것
(5) 시험장에서와 같이 흑색 볼펜과 모의 답안지를 사용하여 정리할 것
(6) 용어정리 모범답안을 먼저 준비하고, 이를 기반으로 논술형 답안을 정리할 것
(7) 챕터 및 분야별로 기본적인 부분의 특징, 고려사항, 문제점 및 개선방안을 들고 정리할 것

❻ 공부방법

(1) 교재와 자료를 요약하여 모범답안을 쓰면서 공부하여야 효과적이다.
(2) 교재, 논문 및 보고서 등 자료의 요점을 정리한 후 답안지 양식에 작성요령에 따라 모범답안 작성 연습을 한다.
(3) 일부러 암기하기보다는 자연스럽게 암기될 수 있도록 반복학습한다.

① 그림을 통하여 연상시키는 암기방법 및 글자, 약자를 이용하여 암기하는 방법이 있다.
② 현장경험이나 수행업무 및 일상생활을 연상시키는 암기가 효과적이다.
③ 모범답안에 대한 중요한 내용은 반복하여 암기하여야 한다.
④ 100% 암기하기도 어렵지만 암기한 내용을 시험장에서 모두 표현하기는 더욱 어렵다.
⑤ 암기식 공부는 똑같은 문제가 나오지 않는 한 답안작성도 어렵지만 동일한 문제가 출제되어도 생각이 잘 나지 않으므로 포괄적이고 전반적인 흐름을 이해할 수 있도록 공부하여야 한다.
⑥ 자료정리에서 단답형은 약 100개, 논술형은 약 100~150개 정도 준비하여야 한다.

수험대비 요령 INFORMATION

❼ 답안지 작성 연습
(1) 답안지를 충분하게 작성하는 연습이 필요하다.
(2) 답안 작성 시 한자, 영문 등 원어의 뜻을 파악하면서 정리하는 것이 효과적이다.
(3) 답안 작성은 그림, 표, 차트를 활용하여 작성하여야 한다.
(4) 기술사 수준은 해박한 지식과 고도의 경험을 요구하며 문제에 대한 정확한 방향, 문제점 및 대안을 제시할 수 있는 적합한 답안지를 작성하여야 한다.

❽ 답안작성 요령
(1) 문제의 핵심을 파악한 뒤 채점위원의 입장에서 작성하여야 한다.
(2) 많이 알고 있다고 점수가 되는 것은 아니며, 체계적이고 논리적으로 정리된 답안지만이 정답이다.
(3) 암기한 내용을 기록하는 것보다 이해한 내용을 이용하여 답안지를 작성하는 것이 효과적이다.
(4) 답안 작성 시간이 충분하다고 생각한 답안은 어딘가 부실한 것이다.
(5) 문제지를 받으면 가장 확실한 문제부터 답안 작성을 하는 것이 좋다.
(6) 시험 당일 점심시간을 활용하여 머릿속에서 정리하는 시간을 가지는 것이 좋다.

❾ 답안작성 예시
(1) 정의 및 개요 : 단답형 문제에서는 출제된 문제의 정의를 기술하고, 논술형 문제에서의 개요는 답안의 요약, 기술하고자 하는 방향제시와 범위를 제시할 것
(2) 이론적 배경 : 한 단계 위쪽부터 간략하고 함축성 있게 세분화하여 작성할 것

　　① 특징　　　　　② 종류
　　③ 필요성　　　　④ Flow Chart

(3) 본론 : 출제된 문제의 핵심을 폭넓게 포괄적으로 파악하여 요구하는 사항에 충실하게 기술할 것

　　① 원인　　　　　② 대책　　　　　③ 고려사항
　　④ 개선사항　　　⑤ 현장경험 등

(4) 결론 : 문제에 대한 가장 중요한 특징, 문제점, 대책 및 개선방향을 기술하고 수험자의 개성에 맞도록 기술할 것

CONTENTS 차례

PART 01 측지학

CHAPTER 01 Summary

CHAPTER 02 단답형(용어해설)

- 01 측량의 기준 ········· 9
- 02 측량기준점 ········· 11
- 03 위성기준점 ········· 12
- 04 GNSS 상시관측소 ········· 14
- 05 통합기준점 ········· 15
- 06 높이 기준면 ········· 17
- 07 측량기준점표지 ········· 18
- 08 측량기술자 ········· 20
- 09 평면측량 ········· 21
- 10 거리 ········· 23
- 11 거리측량 ········· 24
- 12 각(角) ········· 25
- 13 방위각 ········· 29
- 14 자오선수차 ········· 30
- 15 라플라스 점 ········· 31
- 16 평면거리 ········· 33
- 17 측지선 및 항정선 ········· 35
- 18 구면삼각형 및 구과량 ········· 36
- 19 시(時) ········· 38
- 20 국제단위계(SI) ········· 41
- 21 지오이드 ········· 43
- 22 타원체(Ellipsoid) ········· 44
- 23 지구타원체와 지오이드의 관계 ········· 47
- 24 연직선 편차와 수직선 편차 ········· 49
- 25 차원에 따른 좌표계 ········· 51
- 26 영역에 따른 좌표계 ········· 53
- 27 천문기준 좌표계 ········· 55
- 28 경위도 좌표계 ········· 56
- 29 평면직각좌표계 ········· 58
- 30 UTM(Universal Transverse Mercator) 좌표계 ········· 59
- 31 UTM-K 좌표계 ········· 61
- 32 UPS 좌표계 ········· 62
- 33 관용지구좌표계(CTRS : Conventional Terrestrial Reference System) ········· 63
- 34 WGS(World Geodetic System) 좌표계 ········· 64
- 35 세계측지계 ········· 65
- 36 ITRF2020(International Terrestrial Reference Frame 2020) ········· 67
- 37 투영(Projection) ········· 69

차례 CONTENTS

- 38 횡원통도법(TM : Transverse Mercator) ·· 70
- 39 좌표변환 방법 ··· 75
- 40 초장기선간섭계(VLBI : Very Long Baseline Interferometry) ·· 80
- 41 관성항법시스템 ··· 82
- 42 지하시설물측량 ··· 84
- 43 지표투과레이더(GPR) 탐사 ··· 87
- 44 지하공간정보 ··· 88
- 45 지하공간통합지도 ··· 89

CHAPTER 03 주관식 논문형(논술)

- 01 우리나라 측지기준(Geodetic Reference System) ·· 92
- 02 지구좌표계 ··· 96
- 03 우리나라 TM 좌표계의 변천과정 ··· 98
- 04 국가위치기준체계 개선방안 ·· 101
- 05 지오이드 결정방법 및 지오이드모델 ·· 104
- 06 중력측량에 의한 중력이상 계산 및 활용방안 ·· 109
- 07 지적공부 세계측지계 변환 ··· 114
- 08 지하공간통합지도 ··· 119

PART 02 관측값 해석

CHAPTER 01 Summary

CHAPTER 02 단답형(용어해설)

- 01 오차곡선 ·· 128
- 02 오차타원 ·· 130
- 03 최확값 ··· 132
- 04 오차전파법칙 ·· 134
- 05 EDM의 오차 ·· 138

CHAPTER 03 주관식 논문형(논술)

- 01 측량에서 발생하는 오차 ·· 140
- 02 정밀도(Precision)와 정확도(Accuracy)의 비교 ·· 144

03 직접 거리측량 오차의 종류와 보정 ··· 147
04 관측방정식에 의한 최소제곱법 조정방법 ································· 150

PART 03 지적사

CHAPTER 01 Summary

CHAPTER 02 단답형(용어해설)

01 시대별 지적제도의 특징 ··· 166
02 경무법 ··· 170
03 결부법 ··· 171
04 두락제 ··· 172
05 구장산술 ·· 173
06 신라장적〈촌락〉문서 ··· 175
07 둠즈데이 북 ··· 177
08 정전제(井田制) ·· 179
09 정전제(丁田制) ·· 181
10 전시과 제도 ··· 182
11 과전법(科田法) ·· 183
12 수등이척제 ··· 185
13 망척제 ··· 185
14 양안 ·· 186
15 일자오결제도 ·· 189
16 사표, 전답도형도 ·· 190
17 어린도 ··· 191
18 양전개정론 ··· 193
19 입안(立案) ·· 195
20 문기(文記) ·· 196
21 가계(家契)·지계(地契)·토지증명제도(土地證明制度) ··············· 197
22 결수연명부 ··· 200
23 과세지견취도 ·· 202
24 지세명기장 ··· 203
25 투화전(投化田) ·· 205
26 투탁지 ··· 206
27 궁장토 ··· 207
28 역둔토 ··· 208
29 인지의 ··· 209
30 기리고차 ·· 210
31 양전척 ··· 211
32 이조척 ··· 212

- 33 분쟁지 조사 ·· 214
- 34 토지의 사정 ·· 216
- 35 재결 ··· 217
- 36 강계선 ·· 218
- 37 간주지적도, 산토지대장, 간주임야도 ··············· 220
- 38 임야조사사업 ··· 221
- 39 일필지조사 도부의 조제 ································· 222
- 40 개황도 ·· 223
- 41 지적도 작성 ·· 224
- 42 전제상정소 ··· 225
- 43 판적국 ·· 227
- 44 양지아문 ··· 229
- 45 지계아문 ··· 230
- 46 탁지부 양지국, 탁지부 사세국 양지과 ············· 231
- 47 민유산야약도 ··· 232
- 48 대구시가지 토지측량규정 ······························ 234
- 49 증보도 ·· 235
- 50 측량소도 ··· 236

CHAPTER 03 주관식 논문형(논술)

- 01 토지조사사업 ·· 237
- 02 토지조사사업 업무 ··· 240
- 03 임야조사사업 ·· 246
- 04 양전사업 시행 ·· 248

PART 04 지적제도

CHAPTER 01 Summary

CHAPTER 02 단답형(용어해설)

- 01 지적의 구성요소 ··· 269
- 02 지적의 발생설 ·· 271
- 03 발달단계에 따른 지적제도의 분류 ·················· 273
- 04 측량방법에 따른 지적제도의 분류 ·················· 275
- 05 등록방법에 따른 지적제도의 분류 ·················· 276
- 06 토지등록의 유형 ··· 277

07	토렌스 시스템	279
08	일괄등록제도 및 분산등록제도	280
09	토지대장의 편성	282
10	토지등록의 원칙	283
11	토지등록의 효력	285
12	지적공부(Cadastral Record)	287
13	토지대장의 유형	288
14	필지(筆地, Parcel)	290
15	토지경계의 분류	291
16	경계 결정방법	292
17	지상경계 결정기준	293
18	경계의 설정원칙	297
19	지목의 변천	298
20	면적체계의 변천	300
21	해양지적	301

CHAPTER 03 주관식 논문형(논술)

01	지번제도	304
02	지번의 부여방법	307
03	지목(Land Category)	313
04	면적측정	318
05	수치 및 도해지역 토지 면적단위 일원화 방안	322
06	경계 일반	324
07	미등록도서 신규등록 추진	330
08	바닷가 미등록 토지의 관리방안	332
09	지적제도의 혁신방안	335

PART 05 지적측량

CHAPTER 01 Summary

CHAPTER 02 단답형(용어해설)

01	지적측량의 법률적 효력	346
02	지적측량에 따른 책임	347
03	기속측량	349
04	평면직각좌표 원점	350

차례 CONTENTS

- 05 특별도근측량 ········· 352
- 06 토지조사사업 당시 기준점측량 ········· 354
- 07 기선측량 ········· 355
- 08 삼각측량 및 삼변측량 ········· 357
- 09 지적삼각점측량 ········· 359
- 10 지적삼각점측량의 관측 및 계산 ········· 361
- 11 지적삼각망 계산 ········· 364
- 12 편심관측 ········· 372
- 13 지적삼각점측량의 엄밀(정밀)조정법 ········· 373
- 14 지적삼각보조점측량 ········· 375
- 15 지적삼각보조점측량의 관측 및 계산 ········· 377
- 16 교회법 ········· 380
- 17 다각망도선법 ········· 383
- 18 지적도근점측량 ········· 390
- 19 지적도근점의 관측 및 계산 ········· 392
- 20 배각법 ········· 394
- 21 방위각법 ········· 398
- 22 신규등록 측량 ········· 402
- 23 분할측량 ········· 404
- 24 지적현황측량 ········· 405
- 25 경계복원측량 ········· 406
- 26 등록전환측량 ········· 407
- 27 축척변경 ········· 408
- 28 지적복구측량 ········· 410
- 29 등록사항정정 ········· 412
- 30 예정지적좌표도 작성 ········· 414
- 31 지적확정측량 대상업무 ········· 416
- 32 평판측량의 교회법 ········· 417
- 33 시오삼각형 ········· 419
- 34 도선법 ········· 420
- 35 지거법 ········· 421
- 36 전자평판측량 ········· 422
- 37 상치측량사 ········· 424
- 38 지적측량 수행자 ········· 425
- 39 지적측량 수행기관 ········· 426
- 40 지적측량수수료 ········· 430

CHAPTER 03 주관식 논문형(논술)

- 01 지적측량의 분류 ········· 432
- 02 근사조정법과 엄밀조정법 ········· 437
- 03 지적확정측량의 절차 및 방법 ········· 440
- 04 지적측량과 일반측량 ········· 446

05 지적측량성과 검사제도의 문제점 ··· 449
06 모바일 지적측량시스템 기술개발과 적용방법 ·· 454
07 드론 지적측량 방법 ··· 456

PART 06 지적학

CHAPTER 01 Summary

CHAPTER 02 단답형(용어해설)

01 지적의 어원 ·· 464
02 현대 지적의 원리 ··· 465
03 현대 지적의 성격 ··· 467
04 현대 지적의 기능 ··· 468
05 지적제도의 특징 ··· 470
06 지적의 기본이념 ··· 471
07 「공간정보구축 및 관리에 관한 법률」의 성격 ·· 474
08 「공간정보구축 및 관리에 관한 법률」의 목적 ·· 475
09 지적법의 위치 ·· 476
10 지적법의 연혁 ·· 476
11 토지이동 ··· 480
12 등기촉탁 ··· 482
13 신고와 신청 ·· 483
14 신청의 대위(대위신청) ··· 483
15 토지검사 / 지압조사 ·· 484
16 지적위원회 ·· 487
17 지적재조사위원회 및 경계결정위원회 ··· 489
18 축척변경위원회 ··· 491
19 지상경계점등록부 ··· 492
20 과세지성 / 비과세지성 ··· 493
21 토지등록의 말소 ··· 494
22 물권 ·· 495
23 공유(公有), 합유(合有), 총유(總有) ··· 497
24 지상권 ··· 500
25 구분지상권 ·· 502
26 지역권 ··· 503
27 전세권 ··· 504
28 외국의 지적제도 ··· 505

차례 CONTENTS

CHAPTER 03 주관식 논문형(논술)

01 부동산등기제도 ·· 509
02 지적제도와 등기제도의 일원화 방안 ·· 512
03 ADR을 통한 경계분쟁 해결방안 ··· 516

PART 07 토지정보체계

CHAPTER 01 Summary

CHAPTER 02 단답형(용어해설)

01 토지정보 ·· 527
02 토지정보체계 ··· 529
03 토지정보체계의 정보 ··· 531
04 데이터 취득방법 ··· 533
05 지형공간정보체계(GSIS) ··· 535
06 공간정보 Agent ··· 539
07 국가공간정보기본법 ·· 540
08 국가지리정보체계(NGIS : National Geographic Information System) ····· 541
09 인터넷(Internet) GIS(Web GIS) ··· 542
10 개방형 지리정보시스템(OGIS : Open GIS) ······································ 543
11 공간데이터 유형 ··· 544
12 벡터자료 구조 ·· 548
13 데이터구조 변환 ··· 550
14 사지수형(Quadtree) ·· 551
15 자료관리 ·· 553
16 데이터베이스 방식 ·· 554
17 데이터베이스 관리시스템(DBMS) ·· 556
18 PostSQL DBMS(Data Base Management System) ························· 558
19 객체지향형 모델(OODBMS : Object Oriented DataBase Management System) ····· 560
20 SQL(Structured Query Language) ··· 560
21 스키마(Schema) ··· 562
22 공간분석(Spatial Analysis) ·· 562
23 데이터의 가공 및 표면 모델링 ··· 564
24 메타데이터 ··· 566
25 데이터의 입력 ·· 567
26 데이터 편집 ·· 569
27 개체와 객체 ·· 570

28 공간정보 표준	571
29 지적표준화	572
30 공간자료 교환표준(SDTS)	574
31 데이터 표준화	577
32 공간정보 오픈 플랫폼(SOPC)	578
33 브이월드(V-world)	579
34 스마트 시티	581
35 디지털 트윈(Digital Twin)	584
36 디지털 트윈 주요 동향	586
37 증강현실(AR : Augmented Reality)	588
38 위치기반서비스(LBS : Location Based Service)	589
39 MMS(Mobile Mapping System)	591
40 레이저 스캐너(Laser Scanner)	594
41 자율주행 정밀도로지도	595
42 도로대장 전산화	596
43 CityGML 3.0 기반 LoD(Level of Detail)	598

CHAPTER 03 주관식 논문형(논술)

01 데이터 3법 개정에 따른 「공간정보관리법」 연관성 분석 및 제도개선사항	601
02 부동산종합공부시스템	604
03 지적공부 전산화	608
04 연속지적도의 정확도 향상방안	613
05 도로명주소	618
06 3차원 입체모형 구축 기술	621

PART 08 GNSS

CHAPTER 01 Summary

CHAPTER 02 단답형(용어해설)

01 GNSS(Global Navigation Satellite System) 개요	633
02 GNSS 구성	637
03 GPS 구성	640
04 GPS 신호	643
05 GNSS 보정신호의 종류	646
06 위성측위 원리	649

차례 CONTENTS

- 07 다중경로오차(Multipath Error) ········· 652
- 08 VRS(Virtual Reference Station) ········· 653
- 09 PPP-RTK ········· 654
- 10 Broadcast-RTK ········· 655
- 11 차분기법 ········· 657
- 12 위성력, 정밀궤도력/방송궤도력 ········· 661
- 13 모호정수(Integer Ambiguity) ········· 662
- 14 OTF ········· 663
- 15 에포크(Epoch) ········· 664
- 16 케플러 행성운동 ········· 665
- 17 GNSS의 표준자료 ········· 667
- 18 변조 및 복조 ········· 668
- 19 Network RTK-GNSS 활용분야 ········· 669

CHAPTER 03 주관식 논문형(논술)

- 01 GNSS 측위방법 ········· 672
- 02 GNSS 측위오차 ········· 676
- 03 Network RTK ········· 680

PART 09 사진측량

CHAPTER 01 Summary

CHAPTER 02 단답형(용어해설)

- 01 사진측량의 정의와 발전 ········· 692
- 02 사진측량의 분류 ········· 694
- 03 사진측량의 특성 ········· 695
- 04 항공사진측량용 사진기의 특징 및 종류 ········· 696
- 05 항공사진측량용 디지털 카메라의 특징 및 종류 ········· 697
- 06 사진측량의 특수 3점 ········· 698
- 07 중심투영 ········· 699
- 08 기복변위(Relief Displacement) ········· 701
- 09 입체사진 ········· 702
- 10 시차와 시차공식 ········· 703
- 11 편위수정(Rectification) ········· 704
- 12 정밀수치 편위수정 ········· 705

13 수치미분편위수정(정사투영)과 영상 재배열 ······ 707
14 공선조건(Collinearity Condition Equations) ······ 708
15 공면조건 ······ 710
16 에피폴라 기하(Epipolar Geometry) ······ 712
17 외부표정 6요소(Exterior Orientation Parameter) ······ 713
18 순간시계(IFOV)와 지상표본거리(GSD) ······ 714
19 사진촬영 ······ 715
20 사진측량에 필요한 점 ······ 718
21 표정(Orientation) ······ 719
22 광속조정법(Bundle Adjustment Method) ······ 720
23 사진판독 ······ 720
24 음영기복도 ······ 722
25 원격탐측(원격탐사) ······ 723
26 다중분광(Multispectral) 및 초분광(Hyperspectral) 영상 ······ 725
27 위성영상의 특징과 기하보정 ······ 726
28 위성영상 ······ 727

CHAPTER 03 주관식 논문형(논술)

01 항공사진측량 ······ 733
02 사진측량의 표정(Orientation) ······ 737
03 항공삼각측량(AT : Aerotriangulation) ······ 742
04 항공삼각측량의 조정 ······ 744
05 영상정합 ······ 747
06 항공레이저측량에 의한 수치표고모델 제작공정 ······ 750
07 수치표고모델(DEM : Digital Elevation Model) 제작 ······ 753
08 정사영상 제작 ······ 757
09 실감정사영상의 제작원리 ······ 760
10 항공사진측량 디지털 카메라 분류 ······ 762
11 무인비행장치측량에 의한 지도제작 ······ 767
12 SAR를 이용한 지반변위 모니터링 방안 ······ 772

PART 10 지적재조사

CHAPTER 01 Summary

CHAPTER 02 단답형(용어해설)

01 지적불부합지(地籍不符合地) ·············· 780
02 지적재조사의 경계설정 방법 ·············· 784
03 지적재조사측량 ·············· 787
04 지적재조사위원회 ·············· 788
05 도시재생사업 ·············· 792
06 지적재조사에 따른 물상대위(物上代位) ·············· 793

CHAPTER 03 주관식 논문형(논술)

01 지적재조사의 절차 ·············· 795
02 지적재조사 3차 기본계획 ·············· 804
03 지적재조사사업 ·············· 811
04 지적재조사지구 지정 ·············· 814
05 지적재조사 토지현황조사 ·············· 817
06 책임수행기관 제도 ·············· 820
07 북한의 지적제도 ·············· 824

참고문헌 832

PART 01

측지학

CHAPTER 01 Summary
CHAPTER 02 단답형(용어해설)
CHAPTER 03 주관식 논문형(논술)

PART 01　CONTENTS

CHAPTER 01 _ Summary

CHAPTER 02 _ 단답형(용어해설)

01. 측량의 기준 ·································· 9
02. 측량기준점 ································· 11
03. 위성기준점 ································· 12
04. GNSS 상시관측소 ······················ 14
05. 통합기준점 ································· 15
06. 높이 기준면 ······························· 17
07. 측량기준점표지 ··························· 18
08. 측량기술자 ································· 20
09. 평면측량 ···································· 21
10. 거리 ·· 23
11. 거리측량 ···································· 24
12. 각(角) ··· 25
13. 방위각 ·· 29
14. 자오선수차 ································· 30
15. 라플라스 점 ······························· 31
16. 평면거리 ···································· 33
17. 측지선 및 항정선 ······················ 35
18. 구면삼각형 및 구과량 ··············· 36
19. 시(時) ··· 38
20. 국제단위계(SI) ··························· 41
21. 지오이드 ···································· 43
22. 타원체(Ellipsoid) ······················· 44
23. 지구타원체와 지오이드의 관계 ········· 47
24. 연직선 편차와 수직선 편차 ······· 49
25. 차원에 따른 좌표계 ·················· 51
26. 영역에 따른 좌표계 ·················· 53
27. 천문기준 좌표계 ························ 55
28. 경위도 좌표계 ···························· 56
29. 평면직각좌표계 ·························· 58
30. UTM(Universal Transverse Mercator) 좌표계 ·· 59
31. UTM-K 좌표계 ························· 61
32. UPS 좌표계 ······························· 62
33. 관용지구좌표계(CTRS : Conventional Terrestrial Reference System) ············ 63
34. WGS(World Geodetic System) 좌표계 · 64
35. 세계측지계 ································· 65
36. ITRF2020(International Terrestrial Reference Frame 2020) ······················· 67
37. 투영(Projection) ························· 69
38. 횡원통도법(TM : Transverse Mercator) · 70
39. 좌표변환 방법 ···························· 75
40. 초장기선간섭계(VLBI : Very Long Baseline Interferometry) ··············· 80
41. 관성항법시스템 ·························· 82
42. 지하시설물측량 ·························· 84
43. 지표투과레이더(GPR) 탐사 ········· 87
44. 지하공간정보 ······························ 88
45. 지하공간통합지도 ······················ 89

CHAPTER 03 _ 주관식 논문형(논술)

01. 우리나라 측지기준(Geodetic Reference System) ···································· 92
02. 지구좌표계 ································· 96
03. 우리나라 TM 좌표계의 변천과정 ···································· 98
04. 국가위치기준체계 개선방안 ······· 101
05. 지오이드 결정방법 및 지오이드모델 ···································· 104
06. 중력측량에 의한 중력이상 계산 및 활용방안 ······················· 109
07. 지적공부 세계측지계 변환 ········ 114
08. 지하공간통합지도 ······················ 119

CHAPTER 01 Summary

01 측량(Surveying)
공간상에 존재하는 일정한 점들의 위치를 측정하고 그 특성을 조사하여 도면 및 수치로 표현하거나 도면상에 위치를 현지에 재현하는 것을 말하며, 측량용 사진촬영, 지도제작 및 각종 건설사업에서 요구하는 도면작성 등을 포함한다.

02 측량의 3요소
측량은 지구 표면 및 우주공간에 존재하는 모든 점의 절대적·상대적 위치 또는 지구의 형상을 결정하고 결정된 위치를 지상에 표시하는 것이다. 이와 같은 점 간의 위치를 결정하기 위해서는 그들 점 사이의 거리, 방향 및 높이가 필요하며, 이를 측량의 3요소로 한다.

03 측량의 역사
B.C 3000년경 나일강 하류의 이집트에서 매년 일어나는 대홍수로 범람하는 경작지를 정리한 것과 B.C 1000년경 중국 주나라에서 측천양지, 즉 "땅을 재고 하늘을 헤아린다."라는 치산치수의 수단에서부터 측량의 유래를 찾아 볼 수 있다.

04 우리나라 측량사
삼국사기와 삼국유사에서 그 역사를 찾아볼 수 있는데 6세기 중엽부터 7세기 초에 이르는 동안 통일신라 시대의 경덕왕 때 옛 삼국이 각각 3개 주를 신설하고 주를 군, 현으로 나눈 지형도인 '신라구주현총도'를 제작한 이후부터 측량이 발달한 것으로 알려져 있다.

05 지구의 형상
지구의 모양과 크기를 말하며 지도제작을 위해서는 지구를 일정한 기준으로 정의하여야 한다. 크게 물리적 지표면(자연상태의 지표면), 지오이드(지구의 중력등포텐션면), 지구타원체(회전타원체 도입, 측량계의 기준), 수학적 지표면(정확한 위치결정이나 측지학적인 문제를 다룰 때, 중력장에 의한 지표면을 수학적으로 표시하는 텔루로이드, 의사지오이드) 등으로 구분된다.

06 물리적 지표면
지구의 실제 모습인 해양과 육지 등 기복이 있는 자연상태의 지표면을 말한다. 지표면은 형상이 매우 복잡하고 불규칙하기 때문에 직접적으로 어떤 일정한 규칙에 따른 임의 점의 위치표시가 불가능하다.

07 지구의 형태 표현

지구의 모양을 나타내는 방법에는 지표면을 그대로 나타내는 방법과 지구를 회전타원체로 나타내는 방법이 있다. 그러나 지표면을 그대로 나타내기는 매우 어렵고, 지구타원체를 이용하는 방법은 지표면의 요철을 전혀 나타낼 수 없다는 단점이 있다.

08 측지계(Geodetic Datum)

측지계란 지구의 형상을 나타내는 타원체와 지구상 위치를 나타내기 위해 기준이 되는 좌표계를 총칭하는 기준계를 말한다.

09 정적 기준계

지각변동량을 반영하지 않고 특정 시점으로 좌표를 고정하는 좌표계로, 국토면적이 상대적으로 협소하고 지각운동이 안정적인 대부분의 국가에서 채택하고 있다.

10 동적 기준계

지각변동 등 시간에 따른 실시간 위치변화량을 반영하는 측지계로, 국가 내부의 상대적인 지각변동 반영과 실시간 측위를 지원한다.

11 국가기준계

국가에서 채택하여 사용하고 있는 지구의 형상과 크기로는 대표적인 것이 NAD27(North American Datum 1927), ED(European Datum), TD(Tokyo Datum), ID(Indian Datum) 등이며, 이는 좁은 지역에는 적합한 결과를 나타내지만 대륙과 대륙 간의 측지정보를 얻기 위해서는 전 세계 측지측량기준계가 필요하다.

12 동경측지계

1898년 일본은 자국의 측량과 지도제작을 위하여 지구의 형상과 크기를 베셀타원체로 정하고, 측량의 출발점인 경위도원점을 동경 시내에 설치하여 정밀 천문관측에 의거한 천문 경도와 위도를 결정하였으며, 지구타원체인 베셀타원체를 경위도원점에 고정함으로써 천문경위도를 측지경위도로 일치시킴과 동시에 고를 0m로 하여 타원체의 면과 면이 접하도록 하였다. 또한 녹야산 1등 삼각점 방향의 천문방위와 측지방위를 일치시켜 타원체의 단축이 지구의 자전축과 평행하도록 하여 현실의 지구에 타원체를 결합시킨 측량의 기준체계, 즉 동경측지계를 구축하였다.

13 지오이드

지표면의 모양과 가장 가깝고 규칙적인 표면에 대한 새로운 지구의 모델이다. 하지만 각 지역마다 다른 복잡한 형태를 띠고 있어 위치를 표시하기 위해서는 복잡한 계산과정을 거쳐야 한다. 해면은 조석이나 해류 등에 의하여 끊임없이 변하고 있지만 오랜 시간 동안의 관측결과를 평균하면 정지한 해면으로 간주할 수 있다. 지구의 표면은 약 72%의 바다와 28%의 육지로 구성되어 있다.

14 등포텐셜면

위치에너지가 같은 면, 즉 중력이 동일한 면을 연결한 것으로 서로 교차하거나 끊어지지 않으며, 갑자기 커지거나 작아지는 등 급격한 변화가 없이 부드럽게 연결된다.

15 표준중력식

국제측지학회에서 1967년에 채택한 위도에 따른 평균 중력값이다.

$g_t = g_e(1 + 0.005278895\sin^2\varphi + 0.000023462\sin^4\varphi)$

적도에서는 약 978031.5mGal이며, 극에서는 983217.7mGal이다.
이때, 중력가속도 $1\text{mGal} = 10^{-3}\text{Gal} = 10^{-3}\text{cm/s}^2$이다.

16 프리에어 중력 이상

고도에 의한 지역적인 중력 변화를 보정하는 것을 의미한다. 지구 질량 중심에서 거리 증가에 따른 중력 변화는 $\dfrac{dg}{dR} = \dfrac{d}{dR} \cdot \dfrac{GM}{R^2} = -\dfrac{2GM}{R^3} = -\dfrac{2g}{R}$로 구할 수 있다. 이때, g의 평균값은 980,626mGal이며 $\dfrac{dg}{dR} = -0.3086\text{mGal/m}$이다. 지표면으로부터 3m 높아질 때마다 중력가속도가 1Gal씩 감소하여 해발고도가 높은 지점이 낮은 지점보다 작은 중력값을 얻게 된다.

17 타원체(Ellipsoid)

불규칙한 지구의 실제 형상과 가장 유사하게 수학적으로 모델링한 것으로 극축인 단축을 중심으로 회전시켜 얻은 모형이다. 측지학에서와 가장 유사한 지구의 기하학적 형상을 편평한 회전타원체로 재정의한 것이 지구타원체이다. 부정형의 지구를 하나의 타원체로 오차 없이 표현하는 것은 불가능하기 때문에 각 나라별로 해당지역의 면에 적합한 지구타원체를 정의하여 준거타원체로 이용하고 있다.

18 GRS80(Geodetic Reference System 1980) 타원체

1979년 국제측지학협회(IAG : International Association of Geodesy)와 국제측지지구물리연맹(IUGG)에서 채택한 타원체이다.

19 국제지구타원체

세계 각국마다 각기 상이한 지구타원체를 사용함으로써 측지계가 통일되지 않아 국제공동사업에 불편이 있다. 이와 같은 불편을 해소하고 세계측지계의 통일을 기하기 위한 추천값을 국제지구타원체라 한다.

20 좌표계(Coordinate System)

위치를 표기하는 방식으로 기호(ϕ, λ, h)나 숫자(x, y, z 또는 N, E 등)를 사용하여 2차원 또는 3차원으로 용도에 적합하게 사용한다.

21 경위도 좌표계

지구상의 절대적 위치를 표시하는 데 일반적으로 널리 쓰이는 좌표계로, 3차원 구면좌표계에서는 구의 반지름과 두 개의 편각, 세 개의 실수가 대응하여야 하지만 통상 지구좌표계에서는 경도와 위도에 의한 좌표로 수평 위치를 나타낸다. 이 좌표계를 경위도 좌표계라 한다.

22 국제지구기준좌표계(ITRF : International Terrestrial Reference Frame)

지구의 회전운동의 감시나 좌표계의 유지 등을 목적으로 국제지구회전관측사업(IERS)이라는 학술기관이 구축한 세계측지계이다. IERS에서 구축한 지구중심좌표계를 기준으로 하는 3차원 직교좌표계이며, 지구 질량 중심에 원점을 두고 X축을 그리니치 자오선과 적도의 교점 방향, Y축을 동경 90° 방향, Z축을 북극 방향에 고정한다.

23 국제극심입체좌표(UPS)

양극을 원점으로 하는 평면직교좌표계를 사용하며 거리좌표는 m 단위를 사용한다. 좌표방안의 종축은 0° 및 180°인 자오선이고, 횡축은 W90° 및 E90°인 자오선이다.

24 IUGG(International Union of Geodesy and Geophysics)

지구와 대기에 대한 연구에 관련된 8개 국제학회로 이루어진 연맹으로 1919년에 설립되었으며, 대한민국은 1960년에 가입하였고 사무국은 미국의 Colorado 대학에 있다. 국제적인 측량 및 지도제작에 관련한 단체들의 연합체로서 국제측지학협회(IAG), 국제지도협회(ICA), 국제측량사연맹(FIG), 국제수로기구(IHO), 국제사진측량원격탐측학회(ISPRS) 등이 가입되어 있다.

25 가우스상사이중투영법

지구의 표면은 정확한 구체가 아니라 회전타원체형이므로 지구의 표면을 도면으로 표현하기 위해 타원체에서 구체로 등각투영하고, 이 구체로부터 평면으로 투영하기 위해 원주에 메르카토르 도법으로 투영하는 방법이다. 지구 전체를 구로 투영하는 방법과 지구의 일부를 구에 투영하는 방법이 있다.

26 높이의 기준

완전히 정지한 해면은 중력의 등포텐셜면이 되지만 이러한 상태는 현실에서 실현되지 않기 때문에 이것에 가장 근사한 것으로 평균해면을 구하게 되는데, 이때 평균해면을 통과하는 등포텐셜면을 높이의 기준면으로 채용한다. 우리나라의 경우 인천의 평면해수면을 "0"으로 하여 높이를 산정하게 된다.

27 높이의 종류

어떤 기준면을 사용하느냐에 따라 높이의 종류는 다양하며, 대표적으로 흔히 해발고도라고 표현하는 표고와 GNSS 측량을 통해 계산되는 타원체고가 있다.

28 표고(Orthometric Height)

평균해수면으로부터의 높이를 의미한다. 즉, 평균해수면에 가장 가까운 가상의 기준면인 지오이드로부터의 연직거리가 표고가 된다.

- 정규정표고 : 정규중력을 사용하는 기하학적 높이로 산악지에서 오차 증가
- 정표고 : 실측중력을 사용하는 물리·기하학적 높이로 실제 환경을 반영하여 가장 정확

29 측량기준점

측량의 정확도를 확보하고 효율성을 높이기 위해 특정 지점을 측량기준에 따라 측정하고 좌표 등으로 표시하여 측량 시에 기준으로 사용되는 점을 말한다.

30 경위도원점

지구상의 여러 점들의 수평위치를 나타낼 때 경도와 위도로 표시하는 것이 일반적이다. 이때 경도와 위도의 기준이 되는 점을 경위도원점이라고 하며, 정밀 천문측량, 위성측량 등의 방법에 의하여 결정한다. 이 원점은 한 나라에 있어서 모든 점들의 수평위치 기준이 된다.

31 대지측량 · 소지측량

대지측량은 넓은 지역을 정밀하게 측량하기 위해 지구의 곡률반경과 지구의 형상 등을 고려하여 실시하는 측량을 말하며, 소지측량은 협소한 지역 또는 짧은 구간의 측량에 있어서 지구의 곡률과 형상을 고려하지 않고 지구 표면을 부분적으로 평면으로 생각하여 실시하는 측량을 말한다.

32 각관측

어떤 한 점에서 시준한 두 점 사이의 낀 각을 결정하는 것으로 수평각 관측과 수직각 관측으로 구분할 수 있으며, 관측방법에는 단각법, 배각법, 방향각법, 조합각관측법 등이 있다.

33 거리의 종류

지표면상의 제점의 위치는 길이와 각을 이용하여 구하며, 거리는 일반적으로 경사거리, 수평거리, 기준면상거리, 평면거리로 구분된다.

34 방위각

북쪽을 기준으로 어느 지점까지의 각도를 우측 방향으로 측정하는 것을 방위각이라 하며, 방위각의 종류에는 진북방위각, 도북방위각, 자북방위각이 있다.

35 구과량

구면삼각형의 세 내각의 합은 180°보다 크며, 평면삼각형의 세 내각의 합 180°와의 차를 구과량이라 한다. 구면삼각형의 세 내각을 각각 A, B, C라 하면 $180° < (A+B+C) < 540°$가 된다. 여기서 구과량$(\varepsilon) = A+B+C-180°$이며, 구면삼각형의 면적을 F, 구의 반지름을 r이라고 할 때 구과량 $\varepsilon'' = \dfrac{F}{r^2} \times 206,265''$이다.

36 구면삼각형

지표상 세 점을 지나는 세 개의 대원인 호를 세 변으로 하는 구면상의 도형으로 내각의 합은 180°보다 크다. 삼각형의 정점 A에서 B점을 관측한 방위각과 B점에서 A점을 바라보고 관측한 방위각과의 차는 180°가 아니며, 두 점 A, B 사이의 거리는 대원상의 호가 된다.

37 관성측량

표면의 위치를 측량자가 원하는 대로 측량하는 것으로 시준선과 관측탑이 필요 없으며 굴절이나 대기의 영향을 받지 않고 주간과 야간의 구별 없이 자동차나 헬리콥터를 이용하여 측량할 수 있는 방법이다. 측량장비는 가속도계와 자이로스코프로 구성되어 있다.

38 관성위치결정체계

초기의 기준점으로부터 점 또는 대상물의 좌표를 구하기 위해 가속도계, 자이로컴퍼스 및 컴퓨터를 통합한 관성항법체계에 의해 상대위치를 구하는 위치결정체계이다.

39 관성항법체계

1950년대 초반에 미국 MIT에서 개발하여 1960년대 실용화한 장치이다. 외부의 도움 없이 관성센서인 자이로와 가속도계의 두 가지 기본센서를 통해 비행체나 이동체의 위치, 속도 및 자세를 결정할 수 있는 체계로, 체계의 정확도 및 오차는 여러 가지 오차 요소에 의해 영향을 받게 된다.

40 각속도

자전이나 공전하는 운동체를 하나의 기준점에서 관측할 때 그 점에 대한 운동체의 회전속도로, 시간당 각의 변화량으로 그 크기를 나타낸다. 단위로는 rad/sec 또는 분당회전수(rpm)로 나타낸다.

41 국제단위계

일반적으로 미터법으로 불리며 과학기술계에서 MKSA 단위라고 하는 관측단위체계의 형태이다.

CHAPTER 02 단답형(용어해설)

01 측량의 기준

측량의 위치 기준은 세계측지계에 따라 측정한 지리학적 경위도와 높이로 표시한다. 다만, 지도제작 등을 위하여 필요한 경우에는 직각좌표와 높이, 극좌표와 높이, 지구중심 직교좌표 및 그 밖의 다른 좌표로 표시할 수 있다.

1. 측량원점

(1) 측량의 원점은 대한민국 경위도원점 및 수준원점으로 한다.
(2) 제주도, 울릉도, 독도 등의 지역에 대하여는 국토교통부장관이 따로 정하여 고시하는 원점을 사용할 수 있다.

2. 대한민국 경위도원점

우리나라의 지도제작을 위한 측지측량의 출발점으로 국제측지 VLBI(Very Long Baseline Interferometry) 관측을 실시하여 2002년 경위도원점의 세계측지계좌표를 산출하였다.

(1) 위치 : 경기도 수원시 영통구 월드컵로 92 국토지리정보원 구내
(2) 경도 : 동경 127° 03′ 14.8913″
(3) 위도 : 북위 37° 16′ 33.3659″
(4) 원방위각 : 165° 03′ 44.538″(우주측지관측센터에 있는 위성기준점 안테나 참조점)

3. 대한민국 수준원점

(1) 1913년 12월부터 1916년 6월까지 인천 앞바다의 밀물과 썰물 때 해면의 높낮이를 약 3년간 관측하고 그 평균값을 높이 "0.0m"로 정하여 우리나라 높이의 기준으로 삼았다.
(2) 1963년에 이 평균해면으로부터 인하공업전문대학 구내의 원점까지 정밀수준측량을 실시하여 대한민국 수준원점을 설치하였다.
(3) 원점의 위치 : 인천광역시 미추홀구 인하로 100(인하공업전문대학에 있는 원점표석 수정판의 영눈금선 중앙점)
(4) 원점의 수치 : 인천만 평균해수면상의 높이로부터 26.6871m

4. 직각좌표 원점

(1) 원점의 정의

① 직각좌표는 T · M(Transverse Mercator, 횡단 머케이터) 방법으로 표시하고, 원점의 좌표는 X=0, Y=0으로 한다.
② X축은 좌표계 원점의 자오선에 일치하여야 하고, 진북방향을 정(+)으로 표시한다. Y축은 X축에 직교하는 축으로 진동방향을 정(+)으로 한다.
③ 세계측지계에 따르지 아니하는 지적측량의 경우에는 가우스상사이중투영법으로 표시하되, 직각좌표계 투영원점의 가산수치를 각각 X(N) 500,000m(제주도 지역은 550,000m), Y(E) 200,000m로 하여 사용할 수 있다.

(2) 원점의 기준

① **서부원점** : 북위 38°, 동경 125°, X(N)=600,000m, Y(E)=200,000m
② **중부원점** : 북위 38°, 동경 127°, X(N)=600,000m, Y(E)=200,000m
③ **동부원점** : 북위 38°, 동경 129°, X(N)=600,000m, Y(E)=200,000m
④ **동해원점** : 북위 38°, 동경 131°, X(N)=600,000m, Y(E)=200,000m

5. 기타 원점

(1) 구소삼각원점은 1908년 구 한국정부에서 실시한 측량으로 대삼각측량을 실시하지 않고 경인지역 및 경북지역 부근의 27개 지역에서 실시되었으며, 11개의 원점이 설치되어 있다.

[표 1-1] 구소삼각지역의 직각좌표계 원점

명칭	원점의 경위도	명칭	원점의 경위도
망산원점	• 경도 : 동경 126° 22′ 24″. 596 • 위도 : 북위 37° 43′ 07″. 060	율곡원점	• 경도 : 동경 128° 57′ 30″. 916 • 위도 : 북위 35° 57′ 21″. 322
계양원점	• 경도 : 동경 126° 42′ 49″. 685 • 위도 : 북위 37° 33′ 01″. 124	현창원점	• 경도 : 동경 128° 46′ 03″. 947 • 위도 : 북위 35° 51′ 46″. 967
조본원점	• 경도 : 동경 127° 14′ 07″. 397 • 위도 : 북위 37° 26′ 35″. 262	구암원점	• 경도 : 동경 128° 35′ 46″. 186 • 위도 : 북위 35° 51′ 30″. 878
가리원점	• 경도 : 동경 126° 51′ 59″. 430 • 위도 : 북위 37° 25′ 30″. 532	금산원점	• 경도 : 동경 128° 17′ 26″. 070 • 위도 : 북위 35° 43′ 46″. 532
등경원점	• 경도 : 동경 126° 51′ 32″. 845 • 위도 : 북위 37° 11′ 52″. 885	소라원점	• 경도 : 동경 128° 43′ 36″. 841 • 위도 : 북위 35° 39′ 58″. 199
고초원점	• 경도 : 동경 127° 14′ 41″. 585 • 위도 : 북위 37° 09′ 03″. 530		

(2) 특별소삼각원점은 1912년 주요 시가지의 경우 세금을 급히 징수할 목적으로 대삼각측량 이전에 18개 도시와 울릉도에 독립적인 기선을 설치하고 천문방위를 측정하여 설치하였다.

02 측량기준점

측량의 정확도를 확보하고 효율성을 높이기 위해 특정 지점을 측량기준에 따라 측정하고 좌표 등으로 표시하여 측량 시에 기준으로 사용되는 점을 말한다. 「공간정보의 구축 및 관리 등에 관한 법률」에 따라 서로 다른 목적에 의해 국가·지적·공공기준점으로 나누어 별도로 설치·관리되고 있다.

1. 국가기준점

측량의 정확도를 확보하고 효율성을 높이기 위하여 국토교통부장관이 전 국토를 대상으로 주요 지점마다 정한 측량의 기본이 되는 측량기준점을 말한다.

(1) 우주측지기준점
국가측지기준계를 정립하기 위하여 전 세계 초장거리간섭계와 연결하여 정한 기준점

(2) 위성기준점
지리학적 경위도, 직각좌표 및 지구중심 직교좌표의 측정 기준으로 사용하기 위하여 대한민국 경위도원점을 기초로 정한 기준점

(3) 수준점
높이 측정의 기준으로 사용하기 위하여 대한민국 수준원점을 기초로 정한 기준점

(4) 중력점
중력 측정의 기준으로 사용하기 위하여 정한 기준점

(5) 통합기준점
지리학적 경위도, 직각좌표, 지구중심 직교좌표, 높이 및 중력 측정의 기준으로 사용하기 위하여 위성기준점, 수준점 및 중력점을 기초로 정한 기준점

(6) 삼각점
지리학적 경위도, 직각좌표 및 지구중심 직교좌표 측정의 기준으로 사용하기 위하여 위성기준점 및 통합기준점을 기초로 정한 기준점

(7) 지자기점
지구자기 측정의 기준으로 사용하기 위하여 정한 기준점

2. 공공기준점

공공측량시행자가 공공측량을 정확하고 효율적으로 시행하기 위하여 국가기준점을 기준으로 정한 측량기준점을 말한다.

(1) 공공삼각점
공공측량 시 수평위치의 기준으로 사용하기 위하여 국가기준점을 기초로 정한 기준점

(2) 공공수준점
공공측량 시 높이의 기준으로 사용하기 위하여 국가기준점을 기초로 정한 기준점

3. 지적기준점

특별시장·광역시장·특별자치시장·도지사 또는 특별자치도지사나 지적소관청이 지적측량을 정확하고 효율적으로 시행하기 위하여 국가기준점을 기준으로 정한 측량기준점을 말한다.

(1) 지적삼각점
지적측량 시 수평위치 측량의 기준으로 사용하기 위하여 국가기준점을 기준으로 정한 기준점

(2) 지적삼각보조점
지적측량 시 수평위치 측량의 기준으로 사용하기 위하여 국가기준점과 지적삼각점을 기준으로 정한 기준점

(3) 지적도근점
지적측량 시 필지에 대한 수평위치 측량 기준으로 사용하기 위하여 국가기준점, 지적삼각점, 지적삼각보조점 및 다른 지적도근점을 기초로 정한 기준점

03 위성기준점

지리학적 경위도, 직각좌표 및 지구중심 직각좌표의 측정 기준으로 사용하기 위하여 대한민국 경위도원점을 기초로 정한 기준점을 말한다. 국토지리정보원에서는 국가위치기준의 결정과 위성측량 지원서비스 등을 위해 GNSS 위성기준점(GNSS 상시관측소) 설치 및 GNSS 중앙국을 운영하고 있다.

1. 위성기준점의 구성 및 역할

[표 1-2] 위성기준점의 구성 및 역할

구성	역할	구성	역할
안테나	GNSS 신호 수신	내부 온도 조절 장치	• 전압, 온도, 습도 등 관측 • 온습도 조절
수신기	GNSS 위성신호 저장	전원관리장비	시설 내 전력 공급 모니터링
통신장비	실시간 관측데이터 전송	충전기 및 배터리	상시전원이 끊겼을 때 전원 공급

2. 현재 활용 사항

(1) 국가기준점인 위성기준점으로서의 역할
① 최상위 국가기준점으로 통합기준점, 삼각점, 공공기준점 등의 기지점으로 사용됨
② GNSS 정지측량을 위한 기지점으로서의 원시데이터 제공 서비스 기능 수행
③ 네트워크 RTK 측량을 위한 위치보정신호 제공 서비스 기능 수행

(2) 한반도 지각 변동량 관측자료 취득
① 각 관측점의 시계열적 지각 변동량 관측 → 한반도 지각 변동량 분석 → 동적 측지계 적용의 필요성 대두
② 지진 활동 분석을 위한 기초자료 수집

3. 향후의 발전 방향

(1) 위치기반 서비스
① 고정밀의 위치기반 내비게이션 서비스 기술 개발
② 고정밀의 위치기반 이동물체 제어기술 개발
③ 고정밀의 위치기반 이동물체 유지 및 이탈경고정보 기술 개발

(2) 지각변동 여부
① 지각변위 모니터링 체계 구축
　㉠ 한반도 주변의 안정화된 IGS 사이트와 연결하여 각 기준점의 변위량 분석
　㉡ 매시간대와 24시간대별 변위량 DB 구축
② 특정 지진활동 시간대에 따른 위성데이터 분석
　㉠ 지진발생 관련 자료조사
　㉡ 특정 지진활동 시간대를 전후로 적절한 시계열을 구성하고 IGS 정밀력을 이용하는 집중 분석

04 GNSS 상시관측소

GNSS 실용화를 위한 시스템으로 시간, 거리, 장소, 기상 등의 제한 없이 실시간으로 정확한 위치정보를 제공하여 국가기본측량, 각종 공사측량, GNSS를 위한 D/B 갱신, ITS 운영, 지구활동감시를 통한 지진감지 등에 효과적으로 활용할 수 있는 체계이다. 특히 지적측량에서 기준점측량은 물론 RTK 기법을 이용한 일필지측량에 활용되고 있다.

1. GNSS 상시관측소의 현황

국내 90여 개의 위성기준점이 있으며, 국토지리정보원에서는 이 위성기준점의 일별 관측 데이터를 GNSS 후처리용으로 일반에게 국토정보플랫폼을 통해 제공하고 있다. 2005년부터는 위성기준점을 이용해 실시간으로 고정밀의 위치결정이 가능한 네트워크 RTK 서비스를 제공하고 있다.

(1) 전국 주요 지점마다 40km 간격으로 GNSS 상시관측소 설치
(2) 시·도지사의 복수 추천후보지를 현지조사 후 설치장소 결정
(3) 중복 방지를 위하여 관련 부처 및 유관기관과 연계 추진

2. GNSS 상시관측소의 설치 현황

(1) 1992년 한국천문연구원에서 처음 설치한 후 현재 한국의 상시관측소는 92여 점이다.
(2) 국토지리정보원 위성기준점은 DGPS 측량 활용을 목적으로 1995년 국토지리정보원 구내(SUWON)에 최초로 설치된 이후 2008년까지 총 14개의 위성기준점이 설치되었다.
(3) 2008년 정부조직개편에 따라 구 행정자치부에서 설치한 30개 위성기준점이 국토지리정보원으로 이관되었다.
(4) 그 후 수차례의 증설 사업을 통해 현재까지 90여 개 위성기준점이 설치되어 운영되고 있다.

3. GNSS 상시관측소 시스템

(1) GNSS 상시관측소 시스템의 구성

GNSS 위성으로부터 데이터를 획득하여 처리하는 무인원격관측소, 데이터를 전송하는 통신장치, 데이터를 수신하여 저장 및 프로세싱하는 GNSS 중앙국으로 구성되어 있다.

① 무인원격관측소 : GNSS 위성으로부터 데이터를 획득하는 관측소는 무인원격시스템으로 운영되며, 안테나 필라를 4단으로 구성하여 설치되어 있다.

② **통신장치** : 통신장치는 데이터를 전송하는 임무를 수행하는데, 전화국과 무인원격관측소와의 거리가 3.6km 이내일 때는 ISDN(종합정보통신망)을 사용하고 그 외의 관측소는 PSIN(공중전화교환망 또는 공중전화망)을 사용한다.

③ **GNSS 중앙국** : 무인원격시스템의 통제, 수신된 GNSS 데이터의 다운로드 저장·처리·분석 등을 주 임무로 하며, 통신 및 제어시스템, 데이터의 처리시스템, 디스플레이 시스템 등 크게 3가지로 구분된다.

(2) 관측시스템의 운영방안

RTK 측량에 의한 실시간측량과 기준점측량 등의 고정밀을 요하는 경우에 사용되는 Static 측량 등 후처리시스템으로 운영된다.

4. GNSS 상시관측소 운영의 기대효과

(1) GNSS 위성의 정확한 궤도를 계산하고 정보를 제공하여 GNSS의 정확도 향상
(2) 지적재조사사업과 연계 시 고정밀측량 및 예산절감효과
(3) 차량·선박·항공기 등 각종 자동항법시스템, 지능형교통관제시스템의 기준국 역할
(4) GNSS 측량의 전자기준점 역할로 측량정확도 향상 및 측량산업의 발전에 기여
(5) 지각변동량 측정에 의한 지진예측 및 재난방지시스템 역할
(6) 유관기관과 연계하여 대국민 서비스 향상(GNSS 상시관측소의 데이터 서비스)

05 통합기준점

삼각점, 수준점, 중력점 등으로 설치·관리되어 온 국가기준점 기능을 통합한 다기능 기준점으로 사용자의 편익과 측량능률을 극대화하기 위해 고안된 새로운 개념의 측량기준점이다. 우리나라의 통합기준점은 약 5,500점으로 2007년 시범사업을 시작으로 2010년까지 1,200점의 1차 통합기준점 설치를 시작하였고, 이후 2차 통합기준점을 설치·운영하고 있다.

1. 통합기준점의 설치 배경

(1) 우리나라 국가기준점 체계의 수평기준점과 수직기준점의 이원화는 측량작업 시에 불편을 초래하고 있다.
(2) 이원화로 인한 불편함을 해소하고자 전국적으로 수평과 수직 성과가 일원화된 기준점 체계의 필요성이 대두되었다.

(3) 국토지리정보원에서는 2008년부터 2010년까지 3년에 걸친 '통합기준점 구축사업'을 통해 전국에 걸쳐 수평, 수직, 지구물리 성과를 동시에 제공하는 통합기준점을 설치하였다.

2. 통합기준점의 특징

(1) 각각 설치되어 관리되던 삼각점, 수준점, 중력기준점은 다목적 활용을 위해 설치된 기준점이다.
(2) 동일한 위치에 대한 평면좌표, 정표고, 중력관측값, 지자기 성과를 제공하고 있다.
(3) 약 2~7km 간격으로 설치되어 다양한 측량기준점으로 활용되고 있다.
(4) 산 정상부에 위치한 삼각점과 달리 평지의 공원이나 국·공유지에 설치하여 장기간 변동에 대한 위험도를 줄일 수 있으며, 쉽고 편리하게 측량에 활용할 수 있다.

3. 통합기준점의 표지

(1) 통합기준점의 표지는 형상에 따라 1차 통합기준점과 2차 통합기준점으로 구분된다.
(2) 1차 통합기준점은 1.5m×1.5m 크기로 디자인되었으며 위성영상과 항공사진 등에서 식별이 가능하도록 만들어졌다.
(3) 2차 통합기준점은 1차 통합기준점보다 작은 크기의 표지로 0.7m×0.7m이며 표지를 보호하기 위하여 주변에 보호석을 설치하였다.

4. 통합기준점의 설치 기준

(1) 국가 또는 지방자치단체 소유의 토지로서 공공기관·학교·공원 등 영구보존 및 유지관리가 용이한 부지 내 지반이 견고하고 이용이 편리한 장소를 선정한다.
(2) 매설은 국가기준점 부지의 사용에 대하여 그 부지의 소유자 또는 관리자의 승낙을 얻어 매설 표준도에 따라 견고하게 설치한다.
(3) 1차 통합기준점에 사용되는 표주는 화강암으로 무게는 약 700kg이며, 철근콘크리트를 사용하여 고정하고 대리석으로 받침판을 설치한다.
(4) 표주와 콘크리트의 총 무게는 약 3톤 정도이며, 크기는 가로 1.5m, 세로 1.5m, 높이 1.0m이다.

5. 통합기준점의 효과

(1) 국가기준점의 효율성 극대화로 평면과 높이가 일원화된 3차원 위치정보를 제공하고, 중력관측을 통해 지구물리적 요소 등 다양한 정보를 제공함으로써 유지관리가 용이하며, 정보의 정확성·최신성·신속성을 확보할 수 있다.

(2) 국가 위치정보 인프라 확보와 기존 기준점체계의 문제점 보완 및 이를 기반으로 하는 다양한 연구와 산업부분에 기초자료를 제공할 수 있다.
(3) 정확도 향상을 통한 고정밀 위치정보 기반조성과 다양한 정보의 제공이 용이하여 국민이 실감할 수 있는 기준점 역할을 수행할 수 있다.

06 높이 기준면

우리나라의 국가수직기준체계는 육상과 해상으로 이원화되어 있어 육상과 해상 부문에서 서로 다른 수직기준면을 이용하고 있으며 높이(표고) 기준은 국토지리정보원에서 운영하는 수준점(BM : Bench Mark)과 국립해양조사원의 기본수준점(TBM : Tidal Bench Mark)으로 독립적으로 운영되고 있다.

1. 지표면의 높이

(1) 기준면을 기준타원체로 하여 측정된 높이를 타원체고라 하고, 지오이드를 기준으로 측정한 높이를 정표고라 한다.
(2) 지오이드는 평균해수면과 일치하는데 평균해수면이라 하더라도 지역에 따라 해면경사가 있을 수 있으며, 동일 지점의 표고가 기준한 평균해수면의 높이에 따라 달라질 수 있다.
(3) 기준면으로부터 그 지점까지 단위질량을 운반하는 데 소요된 일의 양이 동일한 지점을 동일 표고로 하는 것을 역표고라 한다.
(4) 기준면으로부터 그 지점까지 연직선을 따라 잰 거리가 같은 지점을 동일 표고로 하는 것을 정표고라 한다.
(5) 정표고는 일반적으로 직접수준측량에 의해 측정한 두 지점 사이의 표고차에 지구 중력포텐셜의 분균일에 따른 오차를 보정하여 구한다.
(6) 실측중력 대신에 정규중력을 사용하여 직접수준측량 높이차를 보정한 표고를 정규정표고라 한다. 우리나라는 정규정표고를 높이로 채택하고 있다.

2. 우리나라 높이 기준

(1) 높이의 기준면으로는 특정 지점에 대한 일정 기간의 평균해수면을 채용한다.
(2) 우리나라에서는 1913년 12월부터 1916년 6월까지 2년 7개월간 인천만에 대한 조위관측치의 만·간조위를 평균하여 이를 육지의 높이의 기준면으로 하고 있으며 인천만의 평균해수면(또는 인천만 중등조위면)이라 부르고 있다.

(3) 당초에는 인천을 비롯한 청진, 원산, 목포, 진남포의 5개소에서 1년 이상의 조위관측 결과에 의하여 각각의 평균해수면을 계산하였다.
(4) 한반도를 진남포, 평양, 원산을 지나는 수준노선에 의하여 남북 2개 망으로 나누어 수준망의 평균계산이 이루어졌다.
(5) 그 당시의 측량기록이 남아 있지 않아 현재로서는 보다 상세한 것을 알 수 없는 실정이다.

[표 1-3] 토지조사국 인천 수준기점

구분	내용
위치	인천광역시 황동 1-2-13, 인천역 S26° W320m 유업동철물상 내(망실)
경위도	37° 28′ 17″ N, 126° 37′ 06″ E
명칭	인천 수준기점
설치일	1917
표고	5.477m
설치자	토지조사국

3. 수준원점

(1) 전국에 걸쳐 높이의 기준을 통일하고, 새로운 수준망을 설정하기 위하여 인천만의 평균해수면을 수준원점에 연결한 것은 1963년이다.
(2) 우리나라 국토에 대한 높이의 기준이 되는 수준원점은 1963년 12월 2일 인천직할시 남구 용현동 253 인하공업전문대학 구내에 설치된 수준원점의 수정판을 원점수치로 정했다.
(3) 원점의 높이는 인천항 중등조위상 26.6871m이다.

07 측량기준점표지

측량기준점은 측량의 정확도를 확보하고 효율성을 높이기 위하여 특정 지점을 측량기준에 따라 측정하고 좌표 등으로 표시하여 측량 시에 기준으로 사용되는 점을 말하며, 표지란 기준점의 위치를 표시하기 위하여 설치한 기둥석 등을 말한다.

1. 측량기준점 설치 및 관리

(1) 측량기준점을 정한 자는 측량기준점표지를 설치하고 관리하여야 한다.
(2) 측량기준점표지를 설치한 자는 종류와 설치 장소를 국토교통부장관, 관계 시·도지사, 시장·군수 또는 구청장 및 부지의 소유자 또는 점유자에게 측량 성과와 함께 통지하여야 한다.

(3) 시·도지사 또는 지적소관청은 지적기준점표지를 설치·이전·복구·철거하거나 폐기한 경우에는 그 사실을 고시하여야 한다.
(4) 특별자치시장, 특별자치도지사, 시장·군수 또는 구청장은 매년 관할 구역에 있는 측량기준점표지의 현황을 조사하고 결과를 시·도지사를 거쳐 국토교통부장관에게 보고하여야 한다.
(5) 국토교통부장관은 필요한 경우 직접 측량기준점표지의 현황을 조사할 수 있다.

2. 측량기준점표지의 현황조사 결과 보고

(1) 특별자치시장, 특별자치도지사, 시장·군수 또는 구청장은 측량기준점표지의 현황에 대한 조사결과를 매년 10월 말까지 국토지리정보원장이 정하여 고시한 기준에 따라 보고하여야 한다.
(2) 국토지리정보원장은 측량기준점표지의 현황조사 결과 보고에 대한 기준을 정한 경우에는 이를 고시하여야 한다.

3. 측량기준점표지의 보호

(1) 누구든지 측량기준점표지를 이전·파손하거나 그 효용을 해치는 행위를 하여서는 아니 된다.
(2) 측량기준점표지를 파손하거나 그 효용을 해칠 우려가 있는 행위를 하려는 자는 그 측량기준점표지를 설치한 자에게 이전을 신청하여야 한다.
(3) 신청을 받은 측량기준점표지의 설치자는 측량기준점표지를 이전하지 아니하고 신청인의 목적을 달성할 수 있는 경우를 제외하고는 그 측량기준점표지를 이전하여야 한다.
(4) 측량기준점표지를 이전하지 아니하는 경우에는 그 사유를 신청인에게 알려야 한다.
(5) 측량기준점표지의 이전에 드는 비용은 신청인이 부담한다. 다만, 측량기준점표지 중 국가기준점표지의 이전에 드는 비용은 설치자가 부담한다.

4. 측량기준점표지의 이전 신청절차

(1) 측량기준점표지의 이전을 신청하려는 자는 신청서를 이전을 원하는 날의 30일 전까지 측량기준점표지를 설치한 자에게 제출하여야 한다.
(2) 이전 신청을 받은 자는 신청받은 날부터 10일 이내에 이전경비 납부통지서를 신청인에게 통지하여야 한다.
(3) 이전경비 납부통지서를 받은 신청인은 이전을 원하는 날의 7일 전까지 측량기준점표지를 설치한 자에게 이전경비를 내야 한다.

08 측량기술자

「국가기술자격법」에 따른 측량 및 지형공간정보·지적·측량·지도제작·도화 또는 항공사진 분야의 기술자격 취득자나 측량·지형공간정보·지적·지도제작·도화 또는 항공사진 분야의 일정한 학력·경력을 가진 자를 말한다.

1. 측량기술자 등급

(1) "기술자격자"는 「국가기술자격법」의 기술자격종목 중 측량·지도제작·도화·지적 또는 항공사진의 기술자격을 취득한 사람을 말한다.
(2) "학력·경력자"는 국토교통부장관이 고시하는 측량 및 지적 관련 학과의 과정을 이수하고 졸업한 사람, 국내 또는 외국에서 동일 수준의 학력이 인정되는 사람, 교육기관에서 측량 및 지적 관련 교육과정을 1년 이상 이수한 사람을 말한다.
(3) "측량업무를 수행한 사람"은 측량 분야에서 계획·설계·실시·지도·감독·심사·감리·측량기기 성능검사·조사·연구 또는 교육업무를 수행한 사람과 측량 분야 병과에서 복무한 사람을 말한다.
(4) 측량기술자의 전문분야는 측량분야와 지적분야로 구분한다.

2. 측량기술자의 신고

(1) 측량업무에 종사하는 측량기술자는 근무처·경력·학력 및 자격 등을 관리하는 데 필요한 사항을 국토교통부장관에게 신고할 수 있다. 신고사항의 변경이 있는 경우에도 같다.
(2) 국토교통부장관은 신고를 받았으면 측량기술자의 근무처 및 경력 등에 관한 기록을 유지·관리하여야 한다.
(3) 국토교통부장관은 측량기술자가 신청하면 근무처 및 경력 등에 관한 증명서를 발급할 수 있다.
(4) 국토교통부장관은 신고를 받은 내용을 확인하기 위하여 필요한 경우에는 중앙행정기관, 지방자치단체, 학교, 신고를 한 측량기술자가 소속된 측량 관련 업체 등 관련 기관의 장에게 관련 자료를 제출하도록 요청할 수 있다.
(5) 인가·허가·등록·면허 등을 하려는 행정기관의 장은 측량기술자의 근무처 및 경력 등을 확인할 필요가 있는 경우에는 국토교통부장관의 확인을 받아야 한다.

3. 측량기술자의 의무

(1) 측량기술자는 신의와 성실로써 공정하게 측량을 하여야 하며, 정당한 사유 없이 측량을 거부하여서는 아니 된다.

(2) 측량기술자는 정당한 사유 없이 그 업무상 알게 된 비밀을 누설하여서는 아니 된다.
(3) 측량기술자는 둘 이상의 측량업자에게 소속될 수 없다.
(4) 측량기술자는 다른 사람에게 측량기술경력증을 빌려주거나 자기의 성명을 사용하여 측량업무를 수행하게 하여서는 아니 된다.

4. 측량기술자의 업무정지

(1) 국토교통부장관은 측량기술자가 업무정지 사유에 해당하는 경우 1년(지적기술자의 경우에는 2년) 이내의 기간을 정하여 측량업무의 수행을 정지시킬 수 있다.
(2) 지적기술자가 업무정지 사유에 해당하는 경우에는 중앙지적위원회의 심의·의결을 거쳐야 한다.
(3) 업무정지 사유

[표 1-4] 기술자별 업무정지 사유

측량기술자	지적기술자
• 근무처 및 경력 등의 신고 또는 변경신고를 거짓으로 한 경우 • 다른 사람에게 측량기술경력증을 빌려주거나 자기의 성명을 사용하여 측량업무를 수행하게 한 경우	• 신의와 성실로써 공정하게 지적측량을 하지 아니하거나 고의 또는 중대한 과실로 지적측량을 잘못하여 다른 사람에게 손해를 입힌 경우 • 정당한 사유 없이 지적측량 신청을 거부한 경우

09 평면측량

측량이란 거리, 각, 높이 등을 이용하여 어떤 점의 위치를 결정하는 것으로 측량지역의 규모에 따라 측지측량과 평면측량으로 구분할 수 있다. 측지측량은 지구의 곡률반경과 지구의 형상 등을 고려한 측량이고, 평면측량은 지구의 곡률과 형상을 고려하지 않고 평면으로 간주하는 측량을 말한다.

1. 측지측량(Geodetic Surveying)

(1) 지구의 곡률과 지구의 형상 등을 고려하여 실시하는 측량이며, 대지측량이라고도 함
(2) 정밀도 $1/10^6$인 경우 반경 11km 이상, 면적 약 400km^2 이상의 넓은 지역에서 행하는 정밀측량
(3) 정밀삼각측량, 삼각측량, 수준측량, 삼변측량, 천문측량, 공간삼각측량 등에 이용
(4) 지구의 크기 및 형상 결정수단, 구과량$\left(\varepsilon'' = \dfrac{F}{r^2} \times 206,265''\right)$, 준거타원체

2. 평면측량(Plane Surveying)

(1) 지구의 곡률과 형상을 무시하여 실시하는 측량이며, 국지측량 또는 소지측량이라고도 함
(2) 지표면을 평면으로 간주
(3) 협소한 구간, 짧은 구간의 측량 시 사용
(4) 소지측량이며 주로 지적측량에 사용
(5) 지형도, 지적도 등을 작성하는 지형측량과 응용측량에 사용
(6) 정밀도 $1/10^6$일 때 직경 22km 이하, 반경 11km 이하, 면적 약 400km² 이내의 지역은 평면으로 취급

3. 평면측량의 한계

지표면상 측정거리와 평면상의 투영거리와의 차가 1/1,000,000 이내인 범위를 평면으로 간주한다.

D와 d의 차가 $\dfrac{1}{10^6}$ 이내인 범위를 평면으로 보면 $d = 2r\tan\dfrac{\theta}{2}$ 이고, 테일러급수를 이용하여 전개하면 $\tan\dfrac{\theta}{2} = \dfrac{\theta}{2} + \dfrac{1}{3}\left(\dfrac{\theta}{2}\right)^3 + \dfrac{2}{15}\left(\dfrac{\theta}{2}\right)^5 + \cdots$ 이며, 3항 이상을 생략하고 $r\theta = D$, $\dfrac{\theta}{2} = \dfrac{D}{2r}$ 를 대입하면

$$d = 2r\tan\dfrac{\theta}{2} = 2r\left\{\dfrac{\theta}{2} + \dfrac{1}{3}\left(\dfrac{\theta}{2}\right)^3\right\} = 2r\left\{\dfrac{D}{2r} + \dfrac{1}{3}\left(\dfrac{D}{2r}\right)^3\right\} = D + \dfrac{1}{12} \cdot \dfrac{D^3}{r^2}$$

$$\therefore \dfrac{d-D}{D} = \dfrac{1}{12}\left(\dfrac{D}{r}\right)^2 : 허용오차\ (d-D는\ 거리오차)$$

$$\dfrac{d-D}{D} = \dfrac{1}{12}\left(\dfrac{D}{r}\right)^2 = \dfrac{1}{10^6} \quad \therefore D = \sqrt{\dfrac{12r^2}{10^6}}$$

$r = 6,370\text{km}, \quad \therefore D = 22\text{km}$

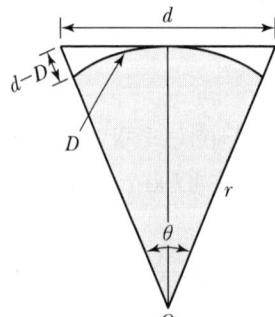

D : 지구의 표면을 따라 관측한 거리
d : 평면으로 관측한 거리
$d - D$: 거리오차
$\dfrac{d-D}{D}$: 허용오차
r : 지구반경
O : 지구중심

[그림 1-1] 평면측량

10 거리

하나의 직선 또는 곡선 내 두 점의 위치의 차이를 나타내는 양을 거리라 하며, 평면거리, 곡면거리, 공간거리로 분류할 수 있다.

1. 1미터

(1) 미터의 의의

① 미터법의 길이의 기본단위이다.
② 기호는 m이다.
③ 미터란 그리스어 "재다"라는 뜻에서 유래되었다.
④ 초기의 1m의 표준원기는 금속물질로 제작했으나, 금속의 특성상 온도와 습기 등의 환경에 따른 미세한 변화가 존재하기 때문에 미터를 정의하는 방법은 시간이 흐르면서 바뀌었다.

(2) 미터의 정의

① 1793년 : 남북극과 적도 사이의 거리의 1/10,000,000
② 1795년 : 황동으로 된 임시 미터 원기의 길이
③ 1799년 : 백금으로 된 표준 미터 원기의 길이
④ 1889년 : 단면이 X자이며, 백금-이리듐 합금으로 된 국제 미터 원기 원형의 길이
⑤ 1960년 : 진공에서 kr(크립톤)-86 원자의 2p10과 5d5 준위 사이의 전이에 해당하는 빛의 진공 속에서 복사 파장의 1,650,763.73배
⑥ 1983년 : 진공에서 빛이 1/299,792,458초 동안 진행한 거리

2. 길이의 기원

(1) 지구의 구형설은 사모스 섬에서 시작되었다.
(2) 피타고라스는 지구가 구체라는 이론을 최초로 입증하였다.
(3) 에라토스테네스는 지구 자오선 전장을 최초로 측정하였다.
(4) 거리의 측정은 알렉산드라에서 시에네까지 대상들이 낙타로 여행한 기간인 50일의 속도를 계산하여 4,625만m대를 획득하였다.
(5) 현재의 기술로 계산한 값은 4,000만m로 약 16% 오차가 발생한다.

3. 한국의 도량형

(1) 삼국시대 이전부터 중국의 척관법 사용

(2) **고구려** : 고구려척 사용(1자 35.51cm)
(3) **신라** : 주척인 20.45cm 사용
(4) **고려** : 십지척, 즉 0.45cm를 기준으로 하는 고유 고려척 사용
(5) **조선시대** : 해시계 개발
(6) **조선 후기** : 1902년 도량형 규칙 제정 후 궁 내부에 평식원을 설치하여 도량형 업무 관장
(7) **대한제국** : 1905년 도량형법을 제정, 공포하여 척관법을 미터법과 서양에서 사용하는 야드-파운드법과 혼용
(8) 상공부는 1959년 국제미터협약과 1978년 국제법정계량기구에 가입

11 거리측량

거리는 하나의 직선 또는 곡선 내 두 점의 위치의 차이를 나타내는 양을 말하며, 거리측량은 두 점 간의 거리를 직접 또는 간접으로 측량하는 것을 말한다.

1. 거리측량의 분류

(1) 직접거리측량
① 줄자 및 측쇄에 의한 방법
② 보측 및 측간에 의한 방법

(2) 간접거리측량
① 평판 알리다드에 의한 방법
② 수평표척에 의한 방법
③ 음측 및 시거측량에 의한 방법
④ 전자기파거리측량(EDM)에 의한 방법
⑤ 사진측량에 의한 방법
⑥ VLBI 및 GNSS에 의한 방법

2. 전자기파거리측량(EDM)에 의한 방법(Total Station)

전파거리측정기는 적외선, 레이저광선, 극초단파 등의 전자파를 이용하여 수 km 떨어진 두 점 간의 거리를 신속하고 정밀하게 측량할 수 있는 측량기기이다. 측점에 세운 기계로부터 파를 발사하여 목표점의 반사경에서 반사하여 돌아오는 반상파의 위상과 발사파의 위상차로부터 거리를 구할 때 사용된다.

(1) EDM의 기본원리

① 거리=속도×시간

② 광파측량 : 광파를 발사하여 반사경에 반사되어 돌아오는 반사파를 계측하여 거리를 구함

③ 전파측량 : 주국에서 발사한 전파를 종국에서 수신한 다음 다시 주국으로 발사하여 거리를 구함

(2) EDM의 발달

① 1849년 프랑스 물리학자 피조는 회전하는 톱니바퀴를 이용하여 일정한 거리에서 빛의 속도 측정

② 1948년 스웨덴 물리학자 에릭 버그스트랜드가 최초의 전파거리측정기 Geodimeter 개발

③ 스웨덴 AGA사에서 최초의 상업용 전파거리측정기 개발

④ 연속진동 전류수신방식인 헤테로다인의 이론을 적용함으로써 위상차 측정에 의한 장거리 정밀측정이 가능해짐

3. 거리의 종류

(1) 경사거리 : 일반적인 관측값

(2) 수평거리 : 경사를 보정한 측량요구값

(3) 기준면상 거리 : 기준타원체상의 거리

(4) 평면거리 : 지도제작 시 거리

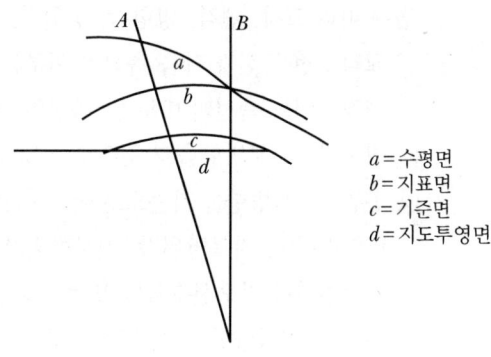

[그림 1-2] 거리의 종류

---

12 각(角)

평면상의 한 점 O에서 출발한 2개의 직선을 OA, OB라 할 때, 이들 직선이 만드는 도형 AOB를 각이라 하며, 한 점에서 그은 2개의 직선에 의하여 이루어지는 도형을 말한다. 기호는 ∠AOB(∠BOA) 또는 ∠O로 나타내며, 이때 점 O를 각의 꼭짓점, 2개의 반직선 OA, OB를 변이라 한다.

1. 각의 정의

(1) 그리스 : 입체, 평면과 곡면에서 각을 말한다.
(2) 유클리드 : 한 평면 위에서 서로 만나고 일직선이 되지 않는 두 직선 사이의 기울기를 평면각이라고 한다.
(3) 학자들의 정의 : 각을 두 반직선에 의해 만들어진 점들의 집합으로 정의한다.

2. 각의 분류

두 방향선의 방향의 차이를 각이라 하며, 각(Angle)은 공간을 고려하여 크게 평면각(Plane Angle), 곡면각(Curved Surface Angle), 공간각(Solid Angle)으로 구분할 수 있다.

(1) 평면각(Plane Angle)

넓지 않은 지역에서의 상대적 위치결정을 위한 평면측량에 널리 사용되며 평면삼각법을 기초로 한다.

① **수평각** : 중력방향과 직교하는 수평면 내에서 관측되는 각으로서 기준선의 설정과 관측방법에 따라 교각, 편각, 방향각, 방위각, 자북방위각, 진북방위각, 방위가 있다.
  ㉠ 교각 : 전 측선과 다음 측선이 이루는 각이다.
  ㉡ 편각 : 어느 측선의 바로 앞 측선의 연장선과 그 측선이 이루는 각이다.
  ㉢ 방향각 : 도북방향을 기준으로 어느 측선까지 시계방향으로 잰 각이다.
  ㉣ 방위각 : 북방향을 기준으로 어느 측선까지 시계방향으로 잰 각으로서 방위각도 일종의 방향각이며, 자북방위각, 진북방위각, 도북방위각, 역방위각이 있다.
  ㉤ 진북방향각(자오선수차) : 도북을 기준으로 한 도북과 자오선 진북의 사잇각이다.

② **수직각** : 중력방향면 내에서 관측되는 각으로서 기준선의 설정과 관측방법에 따라 천정각, 고저각, 천저각 등으로 구분된다.
  ㉠ 천정각 : 연직선 위쪽을 기준으로 목표점까지 내려 잰 각을 말한다.
  ㉡ 고저각 : 수평선으로 기준으로 목표점까지 올려서 잰 각을 상향각(앙각), 내려 잰 각을 하향각(부각)이라 하며 일반측량이나 천문측량의 지평좌표계에 주로 이용된다.
  ㉢ 천저각 : 연직선 아래쪽을 기준으로 목표점까지 올려서 잰 각으로 항공사진측량에 주로 이용된다.

(2) 곡면각(Curved Surface Angle)

넓은 지역의 곡률을 고려한 각으로 구면 또는 타원체면상의 각을 말한다. 천문측량, 대지측량에 널리 사용되며 구면삼각법을 기초로 한다.

(3) 공간각(Solid Angle)

넓이와 길이의 제곱의 비율로 표시되는 스테라디안을 사용하는 각으로 천문측량, 해양측량, 사진측량, 원격탐측에서 천구상의 천체의 위치해석, 수심측량, 해중생태조사, 어군탐지 초음파의 확산각도 및 광원의 방사휘도 관측에 사용된다.

3. 각도의 단위

(1) 도분법(DEG)

원둘레 $=360°$, 1직각 $=90°$, $1° = 60'$, $1' = 60''$

(2) 그레이드법(GRADE)

원둘레 $=400^g$, 1직각 $=100^g$, $1^g = 100^c$, $1^c = 100^{cc}$

(3) 호도법(RADIAN)

1라디안은 원 위에서 반지름의 길이와 같은 길이를 갖는 호에 대응하는 중심각의 크기이다.

원주 $= 2\pi\gamma(\text{radian})$, 1직각 $= \dfrac{\pi}{2}\gamma(\text{radian})$

(4) 밀(Mil)

군 포병에서 주로 사용하는 단위로 원주를 6,400등분한 것 중 한 호에 대한 각을 1Mil로 한다.

(5) 호도와 호의 길이의 관계

중심각이 1rad일 때 호의 길이를 r이라 하면 중심각이 θ일 때 호의 길이의 관계는 다음과 같다.

1rad : r(호의 길이) $= \theta : L$(호의 길이)

- $\theta = \dfrac{L}{r}\rho$, $\theta'' = \dfrac{L}{r}\rho''$

- $L = \dfrac{r}{\rho}\theta$, $L = \dfrac{r}{\rho''}\theta''$

(6) 호도와 각도의 관계

원둘레가 $2\pi r$이고, 반경 r과 호의 길이 r이 같은 중심각을 ρ라 하면

$\rho : 360° = r : 2\pi r$이므로

- $\rho = \dfrac{360° \times r}{2\pi r} = \dfrac{180°}{\pi} = 57.29578°$

- $\rho' = \dfrac{60 \times 180°}{\pi} = 3,437.78468'$

- $\rho'' = \dfrac{60 \times 60 \times 180°}{\pi} = 206265''$

4. 수평각관측

(1) 배각법

반복법이라고도 하며, 측점에서 두 시준점을 같은 방향으로 여러 번 회전시켜 관측한 합계각을 반복횟수로 나누어 평균각을 구하는 각 관측방법이다. 반복횟수에 비례하여 측각오차를 적게 할 수 있는 장점이 있다.

(2) 방향관측법

한 개의 측점에서 여러 개의 시준점을 관측하는 방법이다. 시준점의 하나를 O방향으로 한 다음 망원경을 정위로 하고 시계방향으로 다른 시준점을 순차적으로 수평각관측하여 O방향에 폐색을 한다. 다시 이 점에서 망원경을 반위로 하여 반시계방향으로 수평각관측하여 O방향에 폐색한다. 이와 같은 관측방법을 1대회라 하며 일반적으로 지적삼각측량에서 3대회(0°, 60°, 120°), 지적삼각보조측량에서는 2대회(0°, 90°)의 방향관측법에 의한다.

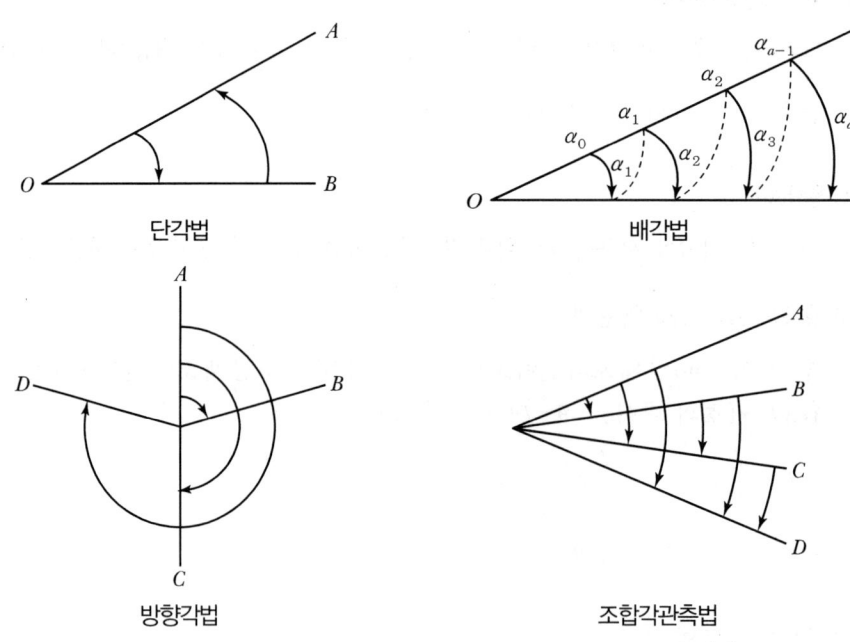

[그림 1-3] 수평각관측방법

(3) 조합각관측법

방향각법 또는 방향각관측법이라 하며 가장 정밀한 수평각관측법이다. 이는 측점에서 시계방향으로 여러 개의 시준점을 각각 순차로 O방향으로 하여 방향관측법에 의해 수평각을 관측하는 방법이다.

13 방위각

방위각은 북방향에서 어느 측선까지 우회로 잰 각을 말하며, 진북방위각, 도북방위각, 자북방위각으로 구분된다.

1. 방위각의 종류

(1) 진북방위각

실제 지구의 북극이 가리키는 방향인 자오선의 북방향을 기준으로 하여 시계방향으로 관측한 각이다.

(2) 도북방위각

평면 직각좌표계에서 도면의 X축을 기준으로 시계방향으로 관측한 각으로 지적측량에서 사용하는 방위각이다.

(3) 자북방위각

자침이 가리키는 북방향을 기준으로 하여 시계방향으로 관측한 각이다.

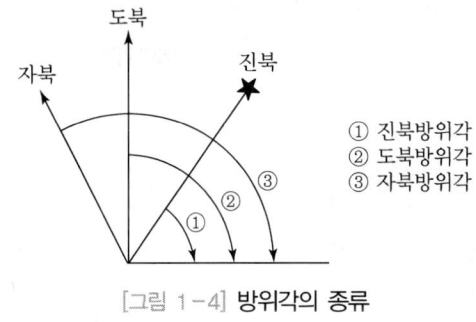

[그림 1-4] 방위각의 종류

2. 방위

자오선을 기준으로 어느 측선까지 0~90°까지 잰 각으로, 방향에 따라 부호를 붙여줌으로써 상한을 표시한다.

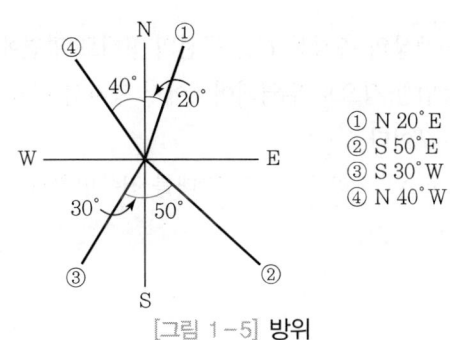

[그림 1-5] 방위

3. 방위각 계산

평면상에서 두 점 $P_1(X_1, Y_1)$, $P_2(X_2, Y_2)$가 존재할 때 P_1에서 P_2 방위는 $\tan\theta = \dfrac{\Delta y}{\Delta x}$로 구할 수 있다. 여기서 $\Delta X = X_2 - X_1$이며, $\Delta Y = Y_2 - Y_1$이다. 방위의 부호에 따라 방위각을 계산하게 된다.

4. 역방위각

평면측량에서 두 점 P_1, P_2를 생각할 때 도북과 진북이 일치한다고 간주할 수 있으므로 P_1에서 P_2를 관측했을 때의 정방위각과 P_2에서 P_1을 관측한 역방위각은 180° 차이가 난다.

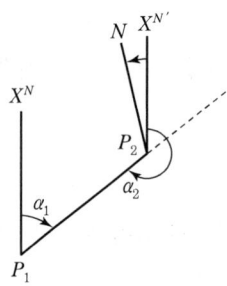

[그림 1-6] 역방위각

14 자오선수차

자오선수차는 평면 직각좌표계에서 세로선의 위쪽 방향을 가리키는 도북과 실제 지구의 북극을 가리키는 방향인 진북에 대한 차이를 말한다.

1. 자오선수차의 개념

(1) TM 투영법에서 타원체상의 측지선 C는 곡선의 형태로 평면에 투영된다.
(2) 등각투영법이므로 동일한 각으로 투영되어 A에서 측지선 C의 방위각은 타원체상과 같은 α이고, C의 방향각은 T이다.
(3) α와 T의 차를 자오선수차 γ라 하며, 그 반대를 진북방향각 γ'라 한다($\gamma' = -\gamma$).

2. 자오선수차의 특징

(1) 측점이 원점의 서쪽에 있을 때는 (+) 부호를, 동쪽에 있을 때는 (−) 부호를 붙인다.
(2) 좌표 원점에서 자오선수차는 "0"이다.
(3) 좌표 원점에서 동서로 멀어질수록 커진다.
(4) 평면 직각좌표계에서 진북방위각은 중앙 자오선에서만 측정 가능하다.
(5) 방위각(α)=방향각(T)±자오선수차(γ)

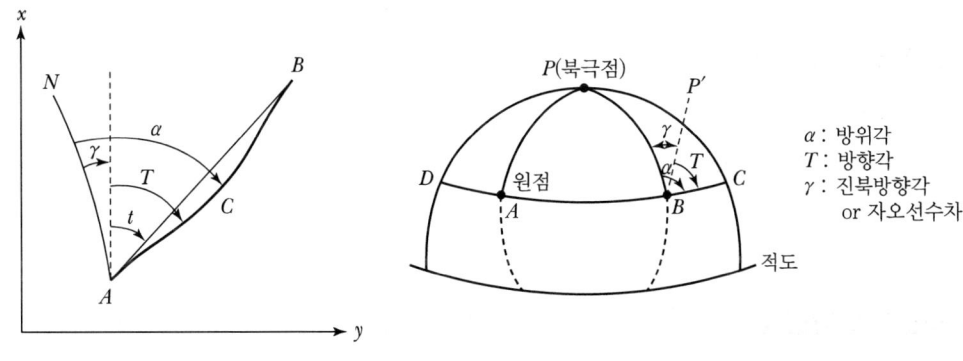

[그림 1-7] 자오선수차

3. 자침편차

자침편차는 진북방향을 기준으로 한 자북방향의 편차를 나타내는 것으로, 자북이 동쪽일 때는 (+)값을, 서쪽일 때는 (−)값을 가지며 우리나라에서는 일반적으로 4~9° W이다.

(1) 진북은 지리적인 북극을 의미하며, 북극성이 가리키는 방향이다.
(2) 도북은 지도상의 북쪽을 말한다.
(3) 자북은 나침반이 가리키는 방향을 말하며, 캐나다 북쪽 배서스트 제도 일대의 천연적 자력지대를 지향한다.
(4) 진북과 자북의 차이 각을 자편각이라고 하는데, 자북선이 진북선 왼쪽에 있으면 서편각이고, 오른쪽에 있으면 동편각이라 한다.

15 라플라스 점

지형을 측량할 때 오차가 커지는 것을 방지하기 위하여 200~300km마다 하나씩 설치한 삼각점을 말하며, 라플라스 조건을 충족하는 삼각측량과 천문측량이 동시에 이루어지도록 하는 기준점이다.

1. 라플라스 점의 개념

(1) 측지망이 광범위하게 설치된 경우 측량오차가 누적되는 것을 피하기 위해 200~300km마다 한 점씩 설치한 점이다.
(2) 삼각측량에 의해 계산된 측지방위각과 천문측량에 의해 산출한 천문방위각을 비교하여 삼각망의 비틀림을 바로잡을 수 있는 점이다.
(3) 삼각측량과 천문측량이 함께 실시되고 있는 기준점이다.

2. 라플라스 점의 기능

(1) 삼각점의 규정
(2) 수평각관측의 점검
(3) 삼각망 평균계산의 조건식

3. 라플라스 방정식

천문측량에 의해 얻어진 천문방위각(A_a)과 천문경도(λ_a) 및 측지경도(λ_g), 측지위도(ϕ_g)를 알면 측지방위각(A_g)을 구할 수 있으며, 라플라스 점을 선정하여 측지관측값과 천문관측값의 차이를 조정하여 위치결정오차를 작게 할 수 있다.

$$A_g = A_a - (\lambda_a - \lambda_g)\sin\phi_g$$
$$측지방위각 = 천문방위각 - (천문경도 - 측지경도) \cdot \sin(측지위도)$$

4. 라플라스 점의 활용

(1) 우리나라 측지망은 천문측량에 의한 원점을 설치하지 않고 대마도에 있는 일등삼각점인 어악과 유명산을 기선으로 부산 절영도(봉래산)와 거제도(옥녀봉)에 대마도 연락망을 기초로 하여 구축되었다.
(2) 삼각측량에 의해 계산된 측지방위각과 천문측량에 의해 관측된 값들을 라플라스 방정식에 적용하여 그 차이를 비교·조정함으로써 삼각망의 뒤틀림을 바로잡았다.

16 평면거리

거리는 평면거리, 곡면거리, 공간거리로 분류되며, 그중 평면거리는 평면상의 선형을 경로로 하여 측량한 거리를 말한다.

1. 거리의 종류

(1) 평면거리

평면상의 선형을 경로로 하여 측량한 거리

(2) 곡면거리

① 구 또는 타원체에서의 거리
② 대원, 자오선, 평행권, 측지선, 묘유선 등

(3) 공간거리

① 공간상의 두 점을 잇는 선형을 경로로 측정한 거리
② 위성측량, 공간삼각측량 등에 이용

2. 평면거리 환산

최초 관측한 거리인 경사거리에서 수평거리, 기준면상 거리, 평면거리 순으로 환산한다.

(1) **경사거리** : 일반적인 관측값
(2) **수평 거리** : 경사를 보정한 측량요구값
(3) **기준면상 거리** : 기준타원체상의 거리, 구면상의 거리
(4) **평면거리** : 지도제작 시 거리

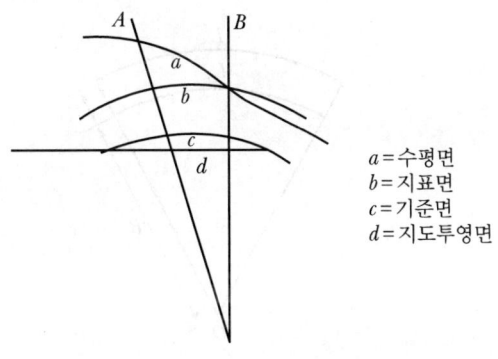

[그림 1-8] **평면거리의 환산**

3. 거리의 환산방법

(1) 경사보정을 이용한 거리의 환산방법

① 고저차를 잰 경우

$$C_g = -\frac{h^2}{2L}, \; L_0 = L - \frac{h^2}{2L}$$

여기서, C_g : 경사보정량　　h : 고저차
　　　　L : 경사거리　　　　L_0 : 수평거리

② 경사각을 잰 경우

$$L_0 = L\cos\theta = L - 2L\sin^2\frac{\theta}{2}$$

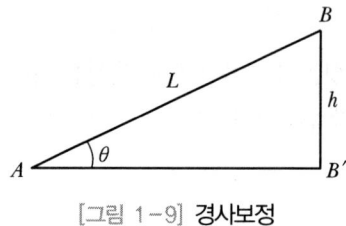

[그림 1-9] 경사보정

(2) 표고보정을 이용한 기준면상 거리로의 환산방법

$$C_n = -\frac{H}{R}L, \; L_0 = L - \frac{H}{R}L$$

여기서, R : 지구반경　　L : 수평거리
　　　　H : 높이　　　　L_0 : 기준면상 거리

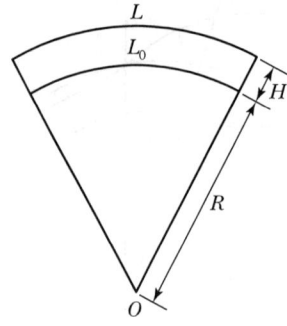

[그림 1-10] 표고보정

(3) 지도투영면상 거리로의 환산

$$s = S \times k$$

여기서, s : 투영면상 거리(d)
 S : 기준면상 거리(c)
 k : 축척계수(투영면이 기준면 아래에 있을 때 $k<1$, 투영면이 기준면 위에 있을 때 $k>1$)

17 측지선 및 항정선

측지선과 항정선은 지구의 기하학적 성질에 관계되는 중요한 개념으로 측지선은 지표상의 두 점 간의 최단거리, 항정선은 자오선과 항상 일정한 각도로 유지하는 선을 의미한다.

1. 측지선

(1) 지구상 두 점과 지구중심을 연결하여 지구를 절단했을 때 나타나는 원의 호를 말한다.
(2) 타원체 표면상의 주어진 두 점 사이에서 최단거리를 갖도록 그려지는 가장 짧은 곡선이다.
(3) 구면 위에서는 대원의 호가 측지선이다.

2. 측지선의 특징

(1) 타원체상의 측지선은 평면곡선(수직절선)과 같은 것이 아니라 이중곡률을 갖는 곡선이다.
(2) 측지선은 두 개의 평면곡선(수직절선)의 교각을 2 : 1로 분할하는 성질을 가지고 있다.
(3) 평면곡선(수직절선)과 측지선의 길이의 차는 극히 미소하여 무시할 수 있다.
(4) 측지선은 실측에 의해 결정할 수 없고 미분기하학에 의해 결정한다.

3. 항정선(등방위선)

항정선은 자오선과 항상 일정한 각도로 만나는 곡선으로 선박이 항해할 때 선박이 지나가게 되는 항로를 말한다. 그 선 내 각 점에서 방위각은 일정하다.

(1) 항정선은 등방위선이므로 계속 연장할 경우 극지방에 도달하게 된다.
(2) 나침반을 일정하게 유지하는 항해에 많이 이용된다.
(3) 항해용도로 많이 사용되는 메르카트르 도법에서는 자오선이 평행하게 나타나므로 항정선은 직선으로 표시된다.

(4) 항정선은 지구상의 최단거리인 대원이 되지 않고, 계속 연장할 경우 극쪽을 향해 휘어 감기는 나선형이 된다.

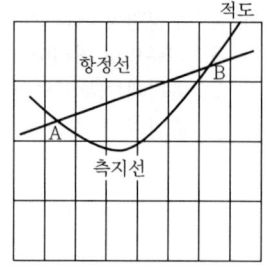

[그림 1-11] 측지선과 항정선

18 구면삼각형 및 구과량

구면삼각형은 구면상의 측지선을 세 변으로 하는 삼각형이다. 대규모 지역에서 측량할 때에는 구면삼각형의 성질을 적용하여야 한다.

1. 구면삼각형

(1) 구면삼각형은 세 변이 대원의 호로 된 삼각형이다.
(2) 구면삼각형의 세 변의 길이는 대원의 호의 중심각과 같은 각 거리이다.
(3) 구면삼각형의 세 내각의 합은 180°보다 크다. 세 내각의 합이 180°가 넘을 때 세 내각과 180°와의 차를 구과량이라 한다.
(4) 구면삼각형에서 방위각(t_1)과 역방위각(t_2)의 차 $t_2 - t_1 > 180°$
(5) 두 점 간의 거리(변 길이) = 대원의 호

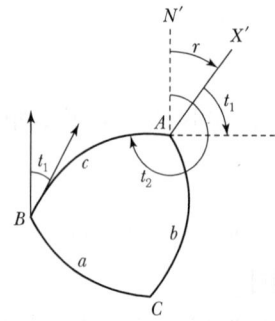
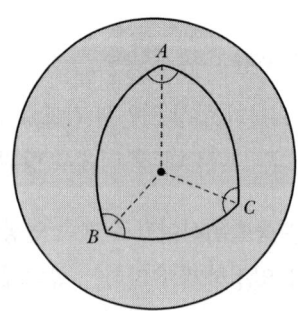

[그림 1-12] 구면삼각형

2. 구면삼각법

(1) sin 법칙

$$\frac{\sin a}{\sin A} = \frac{\sin b}{\sin B} = \frac{\sin c}{\sin C}$$

(2) cos 법칙

$$\cos a = \cos b \cdot \cos c + \sin b \cdot \sin c \cdot \cos A$$
$$\cos b = \cos a \cdot \cos c + \sin a \cdot \sin c \cdot \cos B$$
$$\cos c = \cos a \cdot \cos b = \sin a \cdot \sin b \cdot \cos C$$

3. 구과량(Spherical Excess)

구면삼각형의 세 내각의 합과 180°의 차를 구과량 또는 구면과량이라 한다. 구면삼각형의 세 변과 길이가 같은 평면삼각형을 가상하여 그 면적을 F라 하면 구과량(ε)은 다음과 같다.

$$\varepsilon'' = \frac{F\rho''}{r^2}$$

여기서, F : 구면삼각형 또는 평면삼각형의 면적 $\left(F = \frac{1}{2}ab\sin\alpha\right)$
r : 지구의 곡률반경(6,370km)
ρ'' : 206,265″

4. 구과량의 특징

(1) 구과량은 구면삼각형의 면적 F에 비례하고, 구의 반경 r에 반비례한다.
(2) 구면삼각형의 한 정점을 지나는 변은 대원이다.
(3) 일반측량에서 구과량은 미소하여 평면삼각형 면적을 사용해도 동일하다.
(4) 소규모 지역에서는 르장드르 정리를, 대규모 지역에서는 슈라이버 정리를 사용한다.

5. 르장드르 정리(Legender)

(1) 구면삼각형의 계산은 계산이 복잡하고 시간이 많이 걸리므로 평면삼각형의 공식을 사용하여 변의 길이를 구하는 방법이 사용되는데, 그중 르장드르 정리가 널리 사용된다.
(2) 구면삼각형의 꼭짓점 A, B, C의 변 길이를 a, b, c라 하고 내각을 α, β, γ라 하면
구과량(ε) = ($\alpha + \beta + \gamma$) − 180°

(3) 르장드르 정리를 이용하여 전환된 평면삼각형의 내각 α', β', γ'로 환산하면

$$\alpha' = \frac{\alpha - \varepsilon}{3}, \ \beta' = \frac{\beta - \varepsilon}{3}, \ \gamma' = \frac{\gamma - \varepsilon}{3}$$

19 시(時)

지구의 자전 및 공전 때문에 관측자의 지구상 절대적 위치가 주기적으로 변화함을 표시하는 것으로, 하루 길이는 지구의 자전, 한 주나 한 달은 달의 공전, 1년은 지구의 공전으로부터 정의된다. 시간과 경도의 관계에서 1시간=경도 15°에 해당된다.

1. 시(時)의 정의

시각은 시간의 흐름 중 어느 한 시점을 가리키며, 시간은 어떤 시각과 다음 시각의 간격을 말한다. 인류의 역사 속에서 시각과 시간은 낮과 밤의 교대를 적당히 분할하는 방법, 즉 지구의 자전을 기준으로 결정되었다.

2. 시(時)의 연혁

(1) 그리니치 표준시(GMT : Greenwich Mean Time)

① 그리니치 천문대에서 처음으로 지구의 자전에 의한 평균적인 하루의 길이, 즉 평균 태양시를 관측하였다.
② 이러한 배경에 따라 그리니치 천문대를 통과하는 자오선을 경도 원점(0°)으로 지정하였으며, 그리니치 표준시를 오랫동안 사용하여 왔다.

(2) 세계시(UT : Universal Time)

① 현재 GMT는 폐지되고 세계시로 통합되었다.
② 세계시는 지구 자전을 기준으로 하는 시간계로서, 극운동을 보정한 UT1과 계절적 변동을 보정한 UT2가 있다.

(3) 역표시(ET : Ephemeris Time)

① 역표시는 천체의 운행을 계산한 역을 기초로 하여 결정되는 시간을 의미한다.
② 당초는 달의 관측으로부터, 1900년대에 지구 자전의 영향을 받지 않는 천체 역학이론(뉴턴역학)으로부터 역표시가 결정되었다.

③ 그 후 뉴턴역학에 의한 역표시 대신, 일반 상대성이론에 의한 현재의 역학시(Dynamic Time)가 제안되었다.
④ 역학시에는 지구중심을 기준하는 지구 역학시(TDT : Terrestial Dynamic Time)와 태양 중심을 기준으로 하는 태양계 역학시(TDB : Barycentric Dynamical Time)가 있다.

(4) 국제원자시

① 진동수가 가장 안정적인 세슘(cesium) 원자시계에 의해 측정되는 시각을 국제원자시라 하며 여기에 윤초를 보정하면 국제표준시가 생성된다.
② 오차(1초/3,000년)가 가장 적으므로 그만큼 윤초를 줄일 수 있는 장점이 있다.
③ 국제원자시의 원점은 1958년 1월 1일 0 : 00 : 00 UT_2이다.
④ 국제표준시로 사용되는 UTC와 GMT는 초의 소수점 단위에서만 차이가 날 뿐 거의 동일하므로 일상에서는 주로 GMT를, 기술적 표기에서는 UTC를 사용한다.

(5) 협정세계시(UTC : Universal Time Coordianted)

① 현재 시간의 표준으로 사용되고 있는 것은 협정세계시로서, 세계시와 원자시를 조정한 시간계이다.
② 지구회전을 기준으로 한 세계시와 균형을 맞춘 시간 시스템으로 1972년 1월 1일부터 시행된 국제표준시이다.
③ 협정세계시 1초의 길이는 국제원자시 1초의 길이와 동일하나 지구자전속도가 늦어짐에 따라 1년이 경과하면 1초 전후의 차이가 발생한다.
④ 협정세계시는 국제원자시와 윤초보정을 기반으로 표준화되었다.

3. 시(時)의 종류

(1) 항성시(LST : Local Sidereal Time)

① 1항성일은 춘분점이 연속해서 같은 자오선을 두 번 통과하는 데 걸리는 시간이며, 항성시는 1항성일을 24등분한 것으로 관측자의 자오선으로 본 춘분점의 시간각이다.
② 항성시(LST) = 춘분점의 시간각(H_0) = $\alpha + H$ (α : 적경, H : 천체의 시간각)
③ 평균항성일은 23시 56분 4.095초 평균태양시이다.

(2) 태양시

① 시태양시(Apparent Solar Time) : 춘분점 대신 태양을 사용한 항성시, 태양의 시간각에 12시간을 더한 것이다.

$$시태양시 = 태양시 + 12시간(h)$$

② 평균태양시(LMT : Local Mean Time) : 시태양 대신 천구적도상을 등각속도로 회전하는 가상태양, 즉 평균태양의 시간각으로 우리가 쓰는 상용시이다.

$$LMT = 평균태양의\ 시간각 + 12시간(h)$$

③ 균시차 : 시태양시와 평균태양시 사이의 차를 말한다.

$$균시차 = 시태양시 - 평균태양시$$

(3) 세계시(UT, GST, GMT : Universal Time)

① 지방시(LST : Local Sidereal Time) : 천체를 관측해서 결정되는 시(항성시, 평균태양시)는 그 지점의 자오선마다 다르므로 이를 지방시라 한다. 항성시(LST)식의 천체를 평균태양으로 하고 $\alpha_{m.s}$를 평균태양의 적경, $H_{m.s}$를 평균태양의 시간각으로 하면 다음과 같은 관계가 된다.

$$LST = \alpha_{m.s} + H_{m.s}$$

② 표준시(Standard Time) : 지방시를 직접 사용하면 불편하므로 실용상 곤란을 해결하기 위해 경도 15° 간격으로 전 세계를 24개의 Time Zone으로 분할하여 같은 경도대는 같은 시간을 사용하도록 하였다. 우리나라는 동경 135°를 기준으로 한다.

③ 세계시(Universal Time)
  ㉠ 본초자오선에 대한 평균태양시를 세계시라 한다.
  ㉡ $UT = LST - \alpha_{m.s} + \lambda + 12^h$
      여기서, LST : 지방시, $\alpha_{m.s}$: 평균태양의 적경, λ : 관측점의 경도(서경)
  ㉢ UT_0 : 경도 0°를 표준으로 정한 세계시, 극운동과 계절변화를 고려하지 않는 세계시, 전 세계가 동일한 시각
  ㉣ UT_1 : 극운동을 영향을 보정한 세계시, 전 세계가 다른 시각
  ㉤ UT_2 : UT_1에 지구자전속도 변동에 의한 계절적 변화를 보정한 세계시, 전 세계가 다른 시각

④ 역표시(ET : Ephemeris Time) : 지구는 자전운동뿐 아니라 공전운동도 불균일하므로 세계시에 지구의 자전운동과 공전운동까지 보정하여 균일하게 만들어 사용하는 시간을 말한다.

$$ET = UT_2 + \Delta T\ (\Delta T = 자전 + 공전의\ 영향)$$

20 국제단위계(SI)

국제단위계는 현재 세계 대부분의 국가에서 채택하여 사용하고 있는 단위계로 7개의 기본단위와 유도단위로 구분된다. SI 단위와 함께 사용되는 양의 체계는 국제표준화기구와 기술위원회 ISO/TC12에서 다루고 있으며 우리나라의 경우는 「국가표준기본법」에서 정의하고 있다.

1. 국제단위계 경과

(1) 시초는 프랑스혁명 시기인 1790년경 프랑스에서 발명된 "십진 미터법"이다.
(2) 미터법으로부터 여러 개의 하부 단위계가 생겼으며 이에 따라 많은 단위들이 나타나게 되었다.
(3) 1874년 과학 분야에서 사용하기 위해 CGS(Centimetre Gram Second system of units)가 도입되었으며 센티미터, 그램, 초에 바탕을 두고 있다.
(4) 1875년 5월 20일 파리에서 17개국이 미터협약(또는 미터조약)에 조인함으로써 이 미터법이 국제적인 단위 체계로 발전되는 계기가 마련되었다.
(5) 우리나라에서도 이미 1964년에 국제단위계의 사용을 법적으로 규정하였으며, 1999년에 제정된 「국가표준기본법」과 동법 시행령에 국제단위계에 대한 사항이 포함되어 있다.

2. 국제단위계의 특징

(1) 각 물리량에 대해서는 한 가지 단위만 사용한다.
(2) 길이에 대해서는 미터만 사용하고 자(尺) 또는 피트나 야드 같은 단위를 사용하지 않는다.
(3) 단위의 수가 대폭 감소한다.
(4) 과학이나 기술 또는 상업 등 모든 분야에 적용된다.
(5) 몇 가지 기본단위를 바탕으로 이들의 곱이나 비의 형식으로 모든 물리량을 나타낼 수 있다.
(6) 일정한 규칙만 알고 그에 따라 적용하면 배우고 사용하기 쉽다.

3. 국제단위계 구분

(1) 기본단위

① 길이의 측정단위 미터(m) : 빛이 진공에서 1/299,792,458초 동안 진행한 경로의 길이이다.
② 질량의 측정단위 킬로그램(kg) : 질량의 단위로서 국제킬로그램 원기의 질량과 같다.
③ 시간의 측정단위 초(s) : 세슘 133원자의 바닥 상태에 있는 두 초미세 준위 사이의 전이에 대응하는 복사선의 9,192,631,770주기의 지속시간이다.
④ 전류의 측정단위 암페어(A) : 무한히 길고 무시할 수 있을 만큼 작은 원형 단면적을 가진 두 개의 평행한 직선 도체가 진공 중에서 1m의 간격으로 유지될 때, 두 도체 사이에 1m당

2×10^{-7}N(뉴턴)의 힘이 생기게 하는 일정한 전류이다.
⑤ 온도의 측정단위 켈빈(K) : 물의 삼중점에 해당하는 열역학적 온도의 1/273.16이다.
⑥ 물질량의 측정단위 몰(mol) : 탄소 12의 0.012kg에 있는 원자의 개수와 같은 수의 구성요소를 포함한 어떤 계의 물질량이다.
⑦ 광도의 측정단위 칸델라(cd) : 진동수 540×10^{12}hz인 단색광을 방출하는 광원의 복사도가 어떤 주어진 방향으로 스테라디안당 1/683W일 때 이 방향에 대한 광도이다.

(2) 유도단위
① 여러 가지 기본단위들이 조합하여 형성되는 단위이다.
② 속력은 단위시간 동안 이동한 거리로 나타내므로 길이의 단위인 m를 시간의 단위인 s로 나누어 형성된 m/s로 나타낸다.
③ 힘의 단위는 질량단위 kg과 가속도 단위 m/s^2의 곱인 $kg \cdot m/s^2$이다.

(3) 보조단위
① 보조단위는 평면각의 라디안과 입체각인 스테라디안 두 가지가 있다.
② 평면각의 단위인 라디안은 길이의 단위(m)를 길이의 단위(m)로 나눈 것으로 "1"이다.
③ 입체각의 단위인 스테라디안은 넓이의 단위(m^2)를 길이 단위의 제곱(m^2)으로 나눈 것으로 "1"이다.
④ 라디안과 스테라디안
  ㉠ 라디안은 호도법에 의한 각도의 단위로 호도라고도 한다. 반경 R인 원 내에서 원주상의 길이 R을 잡았을 때 중심각의 크기를 라디안이라 하며, 평면각을 표현하는 데 이용된다.

$$1\text{rad} = \frac{1\text{m}(\text{호의 길이})}{1\text{m}(\text{반경})} = 1\text{m/m}$$

  ㉡ 스테라디안은 반경 r인 단위구상의 표면적을 구의 중심각으로 나타낸 것을 말하며, 공간각을 표시하는 데 이용된다.

$$1\text{sr} = \frac{1\text{m}^2(\text{구의 일부 표면적})}{1\text{m}^2(\text{구의 반경의 제곱})} = 1\text{m}^2/\text{m}^2$$

⑤ 이용분야
  ㉠ 라디안(평면 SI 단위계) : 각속도(rad/s), 각가속도(rad/s^2)
  ㉡ 스테라디안(공간 SI 단위계) : 복사도(ω/sr), 복사휘도($\omega/m^2 \cdot sr$), 광속도($cd \cdot sr$) 등

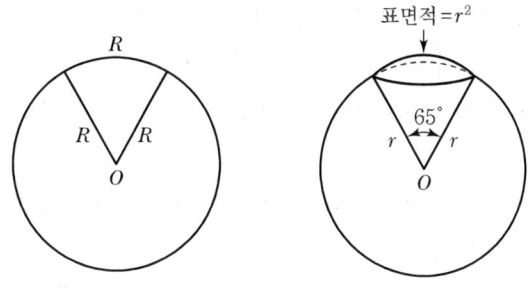

[그림 1-13] 라디안과 스테라디안

21 지오이드

지구 표면은 평균해수면 위의 지구 지형을 제거함으로써 단순한 형태를 만들 수 있는데, 이 수평면을 지오이드라 부른다. 평균해수면에 작용하는 중력의 크기와 같은 중력이 작용하는 면을 육지까지 연장한 것이다. 지형의 영향 또는 지각 밀도의 불균일로 타원체에 비하여 다소의 기복이 있는 불규칙한 면이다.

1. 지오이드의 정의

(1) 정지된 평균해수면을 육지 내부까지 연장하여 지구의 형상을 나타낸 것이다.
(2) 육지를 수로망으로 덮은 후에 바닷물을 흐르게 하면 이 수로와 바다의 수면은 지오이드를 형성한다.
(3) 지오이드는 각기 다른 중력포텐셜에서 무수한 종류의 등포텐셜면 중 하나이다.
(4) 지오이드면은 지구의 평균해수면에 근사하는 등포텐셜면으로 일종의 수면이다.
(5) 중력가속도는 어떤 물체를 지구가 끌어당기는 중력을 통해 구할 수 있다.

$$F = mg = G\frac{Mm}{r^2}$$

여기서, G : 중력상수 M : 지구의 질량
r : 지구의 반지름

2. 지오이드의 특징

(1) 물리적 지표면보다는 기복이 훨씬 적지만 지구 내부의 밀도가 국지적으로 변화함에 따라 그 지역의 중력도 변하므로 지오이드면도 불규칙한 모습을 하고 있다.

(2) 지오이드가 등포테셜면이므로 이 면 위의 모든 점에서는 중력방향에 대해서 수직이다.
(3) 측량에서의 관측은 기포관이 수평으로 맞춰지도록 지오이드에 수직으로 수행된다.
(4) 표고는 평균해수면으로부터 연직거리로, 고저측량은 지오이드면을 기준으로 고도 "0m"로 하여 관측된다.
(5) 정지된 해면과 가장 근사한 것으로 평균해수면을 구하고 이것을 통과하는 등포텐셜면을 높이의 기준으로 채용한다.
(6) 지오이드면은 높이가 0m이므로 위치에너지($E = mgh$)가 "0"이다.
(7) 측지학에서는 참 지구로 생각하는 지구의 형상이다.
(8) 지오이드는 장시간에 걸쳐 조금씩 변화한다.

3. 의사지오이드(Quasigeoid)

(1) 극히 정밀한 위치 결정이나 측지학적 문제를 다룰 때에는 중력장에 의하여 지표면을 수학적으로 정의한 텔루로이드와 의사지오이드가 논의된다.
(2) 텔루로이드(Telluroid)는 지구의 근사적인 물리적 표면으로 간주된 것으로서, 지심타원체의 높이를 가진 표면으로 정의된다.
(3) 지오이드를 계산할 때 지각의 질량 분포를 가상하게 되는데, 의사지오이드(Quasigeoid)는 이런 가정을 하지 않고 유도된 지오이드를 말하며, 의사지오이드는 육지에서는 지오이드보다 낮고 바다에서는 높다.

22 타원체(Ellipsoid)

타원체는 어느 타원에서 하나의 축을 중심으로 회전할 때 형성되는 입체이며 지구는 단축 주위를 회전하는 타원체에 가까운 모양이다. 부피가 실제 지구와 가장 가까운 회전타원체를 지구의 형으로 말할 수 있는데, 이때의 회전타원체를 지구타원체라 부르고 어느 지역의 측지계 기준이 되는 지구타원체를 준거타원체라 부른다.

1. 타원의 정의

(1) 원은 평면 위의 한 점으로부터 일정한 거리에 있는 점들의 집합을 말하고, 이때 그 정점이 원의 중심이다.
(2) 타원은 평면 위의 두 정점에서 거리의 합이 일정한 점들의 집합으로 만들어지는 곡선이다.
(3) 타원을 정의하는 기준이 되는 두 정점을 타원의 초점이라고 한다.

(4) 두 초점이 가까울수록 타원은 원에 가까워지며, 두 개의 초점이 일치했을 때의 타원은 원이 된다.

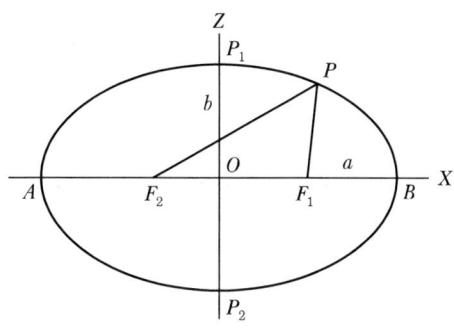

[그림 1-14] 타원체

$$\overline{F_2P} + \overline{F_1P} = 2a, \ \overline{F_2P_1} + \overline{F_1P_1} = 2a$$

여기서, F_1, F_2 : 타원체의 초점 O : 타원체의 중심
a : 타원체의 장축 b : 타원체의 단축

2. 타원체의 정의와 특징

(1) 타원체의 정의

타원체는 장반경(a)과 편평률(f) 또는 장반경과 이심률로 정의된다.

① 편평률 : $f = \dfrac{a-b}{a}$ (회전타원체의 편평도를 나타내는 양)

② 이심률 : 곡선이 원에서 벗어나는 정도를 나타냄
  - 궤도이심률 : 물체의 궤도가 완벽한 원에서 벗어나 있는 정도
  - 제1이심률 $e = \dfrac{OF_1}{a} = \dfrac{\sqrt{a^2-b^2}}{a}$, $e^2 = \dfrac{a^2-b^2}{a^2}$
  - 제2이심률 $e' = \dfrac{OF_1}{b} = \dfrac{\sqrt{a^2-b^2}}{b}$, $e'^2 = \dfrac{a^2-b^2}{b^2}$

③ 평균반경 : $R = \dfrac{2a+b}{3}$

④ 평균곡률반경 : $R = \sqrt{MN}$
  - 자오선 곡률반경 : $M = \dfrac{a(1-e^2)}{W^3}$, $W = \sqrt{1-e^2\sin^2\phi}$
  - 묘유선 곡률반경 : $N = \dfrac{a}{W} = \dfrac{a}{\sqrt{1-e^2\sin^2\phi}}$

  여기서, a = 타원체의 적도반경, b = 타원체의 극반경

(2) 타원체의 특징

① 기하학적 타원체이므로 굴곡이 없는 매끈한 면이다.
② 지구 반경, 면적, 표면적, 부피, 삼각측량, 경위도 결정, 지도제작 등의 기준이 된다.
③ 지구타원체의 크기는 삼각측량 등의 실측이나 중력 측정값을 클레로 정리에 따라 해석하여 결정할 수 있다.
④ 학자마다 약간씩 다른 값을 제안하였으며, 베셀과 클라크는 삼각측량 실측방법, 헬머트 헤이포드는 중력 측량값 정리의 방법으로 결정하였다.

3. 타원체의 종류

(1) 회전타원체

① 하나의 타원의 지축을 중심으로 회전하여 생기는 입체타원체를 말한다.
② 세 축 가운데 두 축의 길이가 동일하다.
③ 지구는 타원의 단축을 축으로 하여 회전시킨 형상이다.

(2) 지구타원체

① 부피와 모양이 실제 지구와 가장 가까운 모습의 수학적 모형이다.
② 지구의 양극에서 중심까지의 거리인 단반경과 적도에서 지구 중심까지 거리를 장반경으로 하는 타원을 그려서 양극을 잇는 축을 중심으로 회전시킨 타원형 구를 지구 회전타원체라 한다.
③ 지구의 질량 분포에 관계없이 매끈한 곡선을 이룬다.
④ 지도제작에 필요한 투영계산, 기준점측량, 경위도의 결정 기준이다.

[표 1-5] 지구타원체의 종류

연도	타원체 명칭	장반경(m)	단반경(m)	편평률(1/f)	사용국가
1830	Everest	6,377,276	6,356,075	300.80	인도, 미얀마, 말레이시아
1841	Bessel	6,377,397	6,356,079	299.15	일본, 한국, 중국, 독일
1866	Clark	6,378,206	6,356,584	294.98	미국, 캐나다, 필리핀
1880	Clark	6,378,249	6,356,515	293.46	아프리카, 프랑스
1909	Hayford	6,378,388	6,356,912	297.00	북아프리카, 유럽
1948	Krassovski	6,378,245	6,356,863	298.30	러시아
1980	GRS80	6,378,136	6,356,752	298.26	IUGG
1984	WGS84	6,378,137	6,356,752	298.26	GPS

(3) 기준타원체(준거타원체)

① 어느 지역에서 대지측량의 기준이 되는 지구타원체로 경위도원점에서 지오이드에 관계시킨 지구타원체를 말한다.

② 각 나라에서 삼각측량을 실시하여 국가나 지역 단위의 측지기준계를 만들 때 그 지역의 지오이드 형태와 가장 근사한 값을 가지는 지구타원체를 준거타원체로 선정하였다.
③ 준거타원체는 특정 지역 내의 지오이드와 가장 유사한 지구타원체이다.
④ 국가 또는 특정 지역은 그들 지오이드에 가장 적합한 서로 다른 준거타원체를 사용한다.
⑤ 우리나라는 베셀이 1841년에 발표한 타원체 값을 1910년대 토지조사사업 당시 채택하여 현재까지 사용하고 있다.
⑥ 세계측지계가 도입되어 GRS80 타원체를 사용한다.

(4) 국제타원체

① IUGG(국제 측지학 및 지구물리학 연합)에서 채택한 지구타원체를 국제타원체라 한다.
② 측량좌표계의 통일을 위해 제정한 타원체를 말한다.
③ 각 나라별로 준거타원체를 사용해도 국가별 측량이나 지도제작에는 문제가 되지 않지만 인공위성과 같이 전 세계를 대상으로 하는 부문에서 변환에는 사용이 불가능하여 국제타원체(GRS80, WGS84)가 필요하게 되었다.

23 지구타원체와 지오이드의 관계

타원체는 어느 타원에서 하나의 축을 중심으로 회전할 때 형성되는 입체이며, 지구는 단축 주위를 회전하는 타원체에 가까운 모양이다. 지오이드는 정지된 평균해수면을 육지 내부까지 연장하여 지구의 형상을 나타낸 것이다.

1. 타원체와 지오이드의 비교

(1) 지형은 지구의 물리적 표면, 지오이드는 수평한 등포텐셜 표면, 타원체는 수학적인 표면이다.
(2) 지구타원체를 기하학적으로 정의한 데 비하여 지오이드는 중력장이론에 따라 물리학적으로 정의한다.
(3) 지오이드는 중량이 부족한 곳에서는 타원체보다 아래에 위치하고, 중량이 과다한 곳에서는 타원체보다 위에 위치한다.
(4) 지오이드면은 대륙에서는 지오이드면 위에 있는 지각의 인력 때문에 지구타원체보다 높으며, 해양에서는 지구타원체보다 낮다.
(5) 지구상 어느 한 점에서 타원체의 연직선과 지오이드의 연직선은 일치하지 않게 되며 두 연직선의 차, 즉 연직선 편차가 생긴다.

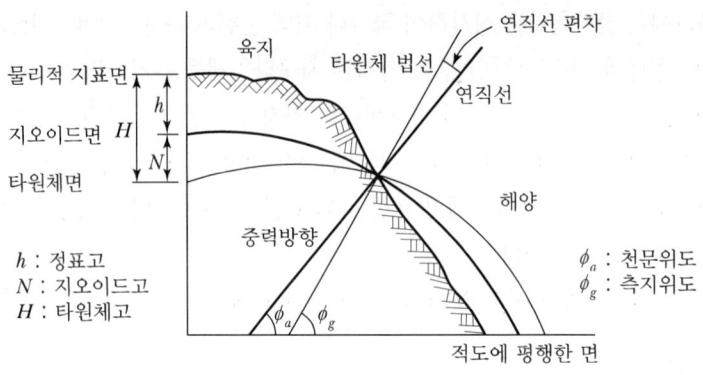

[그림 1-15] 지오이드와 타원체

2. 지오이드고

(1) 지오이드고(N)는 타원체면을 기준으로 하여 지오이드까지의 높이다.
(2) 타원체고(h)는 타원체면에서 물리적 표면까지의 차이이다.
(3) 정표고(H)는 지오이드면과 물리적 지표면의 차이이다.
(4) 지오이드고(N) = 타원체고(h) − 정표고(H)

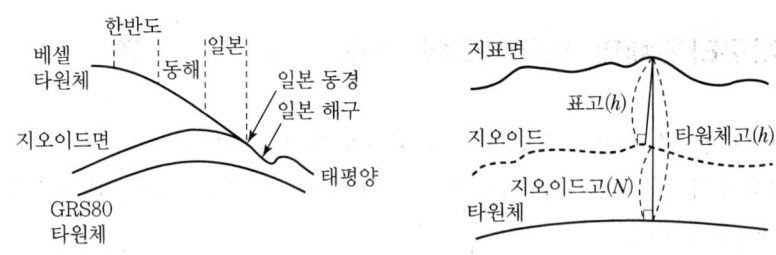

[그림 1-16] 지오이드고

3. 측량 기준면

측량의 기준면은 지오이드면과 기준타원체면이다. 종래의 각관측, 거리측정 등의 지상관측은 지오이드면을 기준으로 하고 있으나, 최근 GNSS를 이용한 측정방법은 지구중심으로부터의 3차원 직교좌표계상의 관측치로서 GRS80 타원체를 기준으로 한다.

4. 측량 기준면의 변환

(1) 지오이드면 기준의 지상관측치를 타원체면 기준의 값으로 변환하여 처리하는 방법이 투영법(Projection Method)이다.
(2) 변환을 하려면 각 지상관측점에서의 연직선 편차가 필요하다.

(3) 연직선 편차의 보정에 의해 지오이드면에서의 측량관측치를 타원체면에 접합시키는 작업이 가능하다.
(4) 연직선 편차를 알지 못할 경우에는 지오이드면상의 관측치를 타원체면상의 관측치로 간주하여 처리한다.
(5) 거리는 지표면에서 측정된 사거리를 수평거리로 환산하고, 기선장의 평균고를 이용하여 기선의 평균 위도 및 방위각에 상당하는 지구 곡률반경을 갖는 구면상의 거리에 환산하여 이 값을 그대로 준거타원체에 전개한다.
(6) 종래의 측지체계에서는 수평면이 곧 지오이드면이다.

24 연직선 편차와 수직선 편차

지오이드면에 직교하는 방향을 중력방향으로 연직선이라 하고 지구타원체의 법선을 수직선이라 한다. 일반적으로 연직선과 수직선은 지구타원체와 지오이드의 차이로 일치하지 않아 편차가 발생하는데, 편차 중 타원체 기준으로 한 것을 연직선 편차라 하고, 지오이드를 기준으로 한 것을 수직선 편차라 한다.

1. 연직선 편차와 수직선 편차

(1) 지구타원체상의 임의의 점에 대한 법선인 수직선과 이를 통과하는 연직선 사이의 각을 연직선 편차라 한다.
(2) 지오이드상의 임의의 점에서 중력방향으로 직교하는 연직선과 이를 통과하는 수직선 사이의 각을 수직선 편차라 한다.

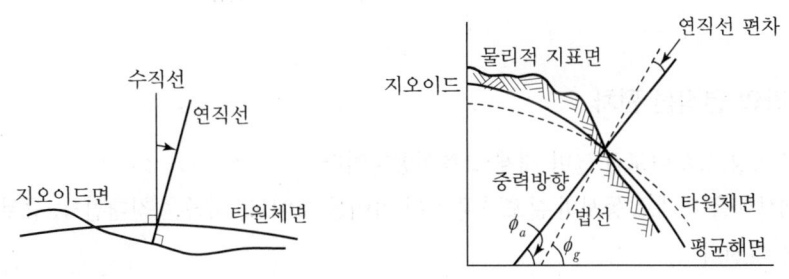

[그림 1-17] 연직선 편차

2. 연직선 편차의 특징

(1) 연직선과 수직선은 타원체와 지오이드의 불일치로 인하여 차이가 발생한다.

(2) 편차는 연직선 편차와 수직선 편차로 구분하며, 이때 발생하는 차이는 미세하여 일반적으로 연직선 편차로 표시한다.
(3) 원점에서는 지오이드와 타원체가 일치하므로 연직선 편차는 "0"이다.
(4) 연직선 편차의 관측으로 임의의 점에서 지오이드면과 준거타원체의 경사를 알 수 있어 기복 결정이 가능하다.

3. 연직선 편차의 성분

(1) 연직선 편차는 벡터값으로 정의되며 자오선방향(남북)과 묘유선방향(동서)의 성분은 측지경위도와 천문경위도의 차이로 나타난다.
(2) 측지경위도(λ, ϕ), 천문경위도(λ^*, ϕ^*)라 하면 연직선 편차는 수직선을 기준으로 하기 때문에 측지 성분에서 지오이드 성분을 뺀다.
- Ψ : 연직선 편차
- 자오선방향 성분 : $\xi = \phi^* - \phi$
- 묘유선방향 성분 : $\eta = (\lambda^* - \lambda)\cos\phi$

여기서, ξ는 경선상(남북 성분)의 편차, η는 위선상(동서 성분) 편차

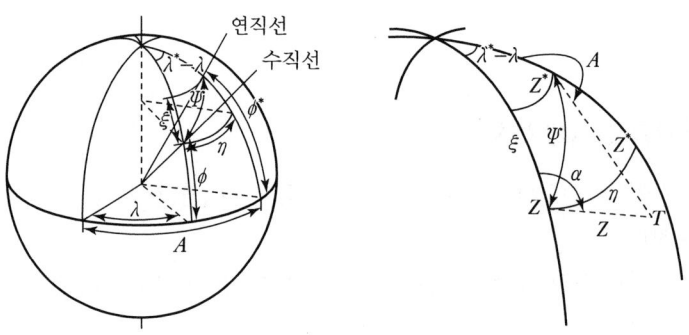

[그림 1-18] 연직선 편차 성분

4. 우리나라의 연직선 편차

(1) 10″ 이상으로 비교적 크며 대체로 북서방향이다.
(2) 태백산맥을 경계로 동서의 분포가 뚜렷한 차이를 보이고, 서쪽은 최대편차, 중부지역은 중간값을 가진다.
(3) 경선방향 연직선 편차는 +11.25″(북쪽으로 약 350m), 위선방향 연직선 편차는 -10.01″(서쪽으로 약 240m)이다.

25 차원에 따른 좌표계

지구상의 한 물체나 한 점의 위치는 통상 좌표로 표시하는데, 기준이 되는 고유한 한 점을 원점이라 하며 매개가 되는 실수(길이와 방향 등)를 좌표라 한다. 차원에 따라 1차원, 2차원, 3차원 좌표로 구분된다.

1. 1차원 좌표

(1) 1차원 좌표는 주로 직선과 같은 1차원 선형에 있어 점의 위치를 표시하는 데 쓰인다.

(2) 직선상 점의 위치 표시는 직선상에 기준이 되는 점을 원점으로 하고 양, 음의 방향을 결정한 다음 어느 점까지의 거리를 하나의 수치로 나타낼 수 있다.

(3) 인공위성, 항공기, 자동차와 같이 어떤 경로를 일정한 속도로 운동하는 물체의 위치 $P(x)$는 어떤 좌표선을 속도 V로 운동하는 물체의 시각 t에 있어서 원점으로부터 거리 x로 표시된다.

2. 2차원 좌표

(1) 평면직각좌표

① 평면 위의 한 점의 위치를 표시하는 가장 대표적인 좌표계이다.

② 평면 위의 한 점을 원점으로 하며 원점을 지나고 서로 직각으로 교차하는 두 수치직선을 X, Y좌표축으로 한다.

③ 평면 위의 한 점의 위치는 X, Y축에 평행한 좌표축상 길이 (x, y)로 나타낼 수 있다.

(2) 2차원 극좌표

평면 위의 한 점과 원점을 연결한 선분의 길이 및 원점을 지나는 기준선과 그 선분이 이루는 각으로 표현되는 좌표이다.

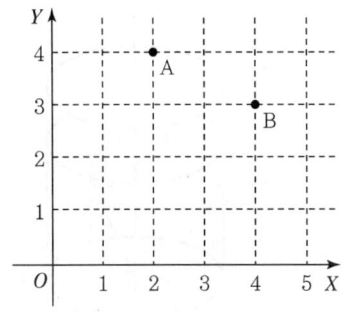

[그림 1-19] 평면직각좌표

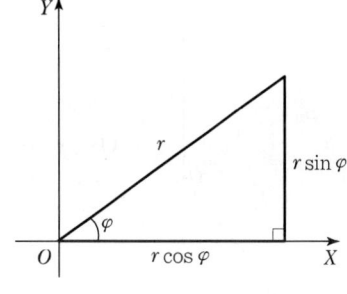

[그림 1-20] 2차원 극좌표계

(3) 기타 좌표

① **평면사교좌표** : 평면 위의 한 점의 위치를 표시하기 위해서 서로 교차하는 두 점의 수치직선을 좌표축으로 한 좌표계이다.

② **원, 방사선좌표** : 원점을 중심으로 하는 동심원과 원점을 지나는 방사선을 좌표선으로 하는 좌표로서 각 좌표선이 되는 원과 방사선은 평면상 모든 곳에서 서로 직교하므로 레이다탐지에 의한 물체의 위치표시나 지도투영에서 극심입체도법, 원추도법 등에 쓰인다.

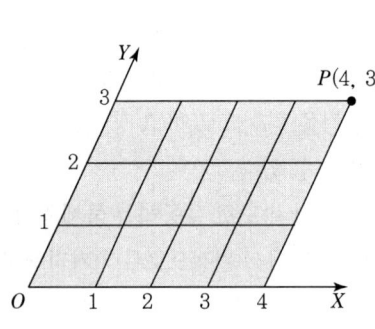

[그림 1-21] 평면사교좌표

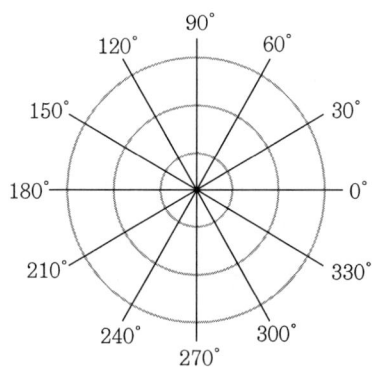

[그림 1-22] 원, 방사선좌표

3. 3차원 좌표

(1) 3차원 직각좌표

서로 직교하는 세 축으로 이루어지며 공간상에서 한 점의 3차원 직교좌표는 그 점을 지나며 각 축에 대해 수직을 이루는 평면들이 지나는 좌표축으로 표시할 수 있다.

(2) 원주좌표

3차원 평면 위의 직각좌표 대신 길이와 각을 사용한다.

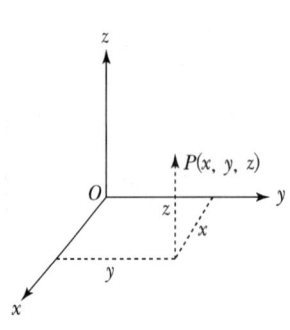

[그림 1-23] 3차원 직각좌표

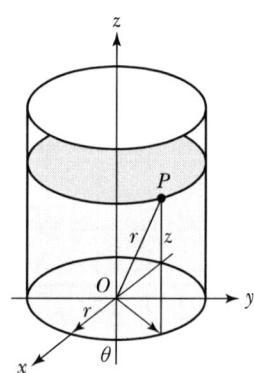

[그림 1-24] 원주좌표

(3) 구면좌표

하나의 길이와 두 개의 각으로 공간상의 위치를 나타낸다.

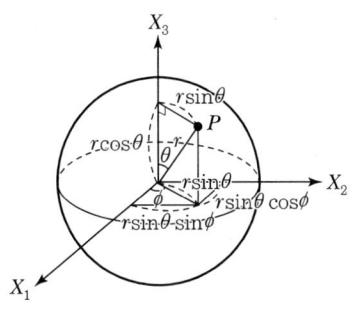

[그림 1-25] **구면좌표**

26 영역에 따른 좌표계

공간상의 한 물체 또는 한 점의 위치는 일반적으로 좌표로 표시되며 영역에 따라 천문기준 좌표계와 지구기준 좌표계로 대별된다.

1. 좌표계의 분류

(1) **천문기준 좌표계** : 별 또는 천체의 위치를 나타내기 위한 좌표계이다.
(2) **지구기준 좌표계** : 지구 공간상의 점의 위치를 나타내기 위한 좌표계이다.
(3) **궤도좌표계** : 위성의 궤도를 나타내기 위한 좌표계이다.

2. 천문기준 좌표계

천체의 위치를 표시하기 위하여 이용되는 좌표계는 지평좌표, 적도좌표, 황도좌표, 은하좌표 등으로 구분할 수 있다.

(1) 지평좌표계

관측자의 연직선과 지평면을 기준으로 천체의 위치를 간략하게 표시하며 고저각과 방위각으로 위치를 정하는 좌표계이다.

(2) 적도좌표계

천구상 위치를 천구적도면을 기준으로 적경과 적위 또는 시간각과 적위로 나타내는 좌표계이다.

(3) 황도좌표계

지구 공전궤도면을 기준으로 하여 태양계 내의 모든 천체의 궤도면이 지구의 궤도면과 거의 일치하며 천구상의 황도 가까운 곳에 나타내는 좌표계이다.

(4) 은하좌표계

은하적도를 기준으로 은경과 은위로 위치를 표현하는 좌표계이다.

3. 지구기준 좌표계

(1) 경위도 좌표계

지구상 절대적 위치를 표시하는 데 일반적으로 가장 널리 이용되는 좌표계이다.

(2) 평면직각좌표계

측량지역의 적당한 한 점에 좌표 원점을 정하고 횡메르카토르 도법에 의하여 지구 표면의 평면상에 투영하고, 그 평면상에서 원점을 통과하는 자오선을 X축, 동서방향을 Y축으로 하여 각 지점의 위치에서 두 축까지의 거리를 각각 수로 표현한다.

(3) UTM 좌표계

국제 횡메르카토르 투영법에 의해 표현되는 좌표계이다.

(4) UPS 좌표계

국제극심입체투영법에 의하여 양극지방(80° 이상)에 사용한다.

(5) 3차원 직교좌표계

원점을 지구중심으로 하여 X, Y, Z축으로 표시한다.

(6) 극좌표계

지점까지의 직선거리(S)와 기준방향에 대한 방향각(α)으로 지상 여러 점의 위치를 표시하는 방법이다. 방향각은 특정한 목표를 기준으로 하여 시계방향으로 잰 각도를 말한다.

(7) WGS84 좌표계

전 세계를 하나의 통일된 좌표계로 나타내기 위해 개발된 지심좌표계로 세계측지측량 기준계라고도 한다.

4. 궤도좌표계

위성의 궤도를 나타내기 위한 좌표계이다.

27 천문기준 좌표계

천구의 춘분점과 적도면을 기준으로 우주공간상의 위치를 적경과 적위로 나타내는 좌표계로 지평좌표계, 적도좌표계, 황도좌표계, 은하좌표계가 있다. 이 중에서 천체의 위치를 표시하는 데 정확도가 좋은 적도좌표계가 널리 이용된다.

1. 지평좌표계

(1) 관측자를 중심으로 천체의 위치를 가장 간략하게 표시하는 좌표계로서 방위각 – 고저각 좌표계라고도 한다.
(2) 시각과 장소만 주어지면 고저각과 방위각으로 천체의 위치를 쉽게 찾을 수 있다.
(3) 천체의 일주운동으로 시간에 따라 방위각과 고도가 모두 변하기도 하고, 같은 천체라도 관측자의 지구상 위치에 따라 달라지는 단점이 있다.
(4) 중심평면은 평면이며 위치요소는 방위각과 고저각이다.

2. 적도좌표계

(1) 천구상의 위치를 천구적도면을 기준으로 적경과 적위 또는 시간각과 적위로 나타내는 좌표계이다.
(2) 천체의 위치값은 시간과 장소에 관계없이 일정하지만 특별한 시설이 없으면 천체를 바로 찾기는 어렵다.
(3) 중심평면은 천구적도, 위치요소는 시간각(H) – 적위(δ)와 적경(α) – 적위(δ)이다.

   ① 적경 : 춘분점의 시간권으로부터 천체의 시간권까지의 각
   ② 적위 : 천구의 적도면에서 천체까지의 각
   ③ 춘분점 : 천구의 적도와 황도가 만나는 지점으로서 지구의 축이 태양의 축과 일치하는 점

3. 황도좌표계

(1) 태양계의 모든 천체의 궤도면이 지구의 궤도면과 거의 일치하며 천구상에서 황도 가까운 곳에 나타나기 때문에 태양계 내의 천체 운동을 설명하는 데 황도좌표계가 가장 편리하다.
(2) 중심평면은 황도이며 위치요소는 황경과 황위이다.

4. 은하좌표계

(1) 은하계 내의 천체의 위치나 은하계와 연관 있는 현상 설명 시 편리하다.

(2) 은하의 중간평면을 기준평면으로 잡고 이것을 은하적도라 한다.
(3) 은하적도를 나타낸 대원은 천구적도에 대하여 63°만큼 기울어져 있다.
(4) 은하적도에 대한 두 극을 북은 북극, 남은 남극이라 한다.
(5) 중심평면은 은하적도이며, 위치요소는 은경과 은위이다.

28 경위도 좌표계

경위도 좌표계는 지구상 절대위치를 표시하는 데 가장 널리 사용되며, 경도(λ), 위도(ϕ), 표고(h)를 이용하여 3차원 위치를 표시한다. 지오이드를 기준으로 구한 경위도를 천문경위도, 준거타원체를 기준으로 구한 경위도를 측지경위도라 한다.

1. 경도(Longitude)

본초자오선은 영국 그리니치 천문대를 지나는 자오선이며, 경도는 본초자오선과 적도의 교점을 원점 0°로 하여 임의 지점의 자오선이 만나는 적도상까지 잰 각거리로 동서방향으로 0~180°까지 나타내며, 측지경도와 천문경도로 구분한다. 경도 1°에 대한 적도상 거리는 약 111km, 1′는 1.85km, 1″는 30.88m가 된다.

(1) 경도의 종류
① **측지경도** : 그리니치 자오선과 타원체상의 측점 자오선 간 적도를 따라 측정되는 각도이다.
② **천문경도** : 그리니치 자오선과 지오이드상의 측점 자오선 간 적도를 따라 측정되는 각도이다.

(2) 경도의 특징
① 본초자오선으로부터 적도를 따라 그 지점의 자오선까지의 잰 최소 각거리이다.
② 그리니치에서 동쪽으로 360° 또는 동쪽으로 180°와 서쪽으로 180°로 측정된다.
③ 경도는 그리니치 자오선을 기준으로 한 시간의 함수이며 적도에서 시간 1초는 호(Arc) 15초에 해당된다. 즉, 1시간은 15°이다.
④ 두 지점 사이의 경도 차이는 두 지점에서의 시간차이고, 그리니치 자오선을 지나는 별이 해당 지점을 지나는 사이의 시간차이다.

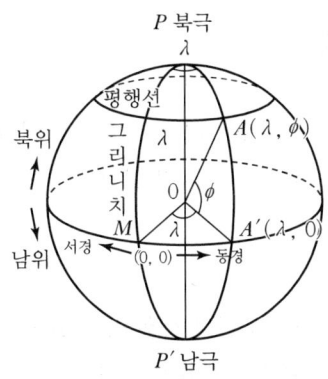

[그림 1-26] 경위도 좌표계

2. 위도(Latitude)

위도란 지표면상의 한 점에서 세운 법선이 적도면과 이루는 각으로 남·북위 0~90°로 표시한다. 측지위도, 천문위도, 지심위도, 화성위도로 구분된다.

(1) 위도의 종류

① **측지위도**(ϕ_g) : 지구상 한 점의 회전타원체상 법선이 적도면과 이루는 각을 말한다.

② **천문위도**(ϕ_a) : 지구상 한 점의 지오이드상 연직선이 적도면과 이루는 각을 말한다.

③ **지심위도**(ϕ_c) : 지구상 한 점과 지구중심을 맺는 직선이 적도면과 이루는 각을 말한다.

④ **화성위도**(ϕ_r) : 지구중심으로부터 장반경을 반경으로 하는 원과 지구상 한 점을 지나는 종선의 연장선이 교차하는 지점에서 지구중심을 연결한 직선이 적도면과 이루는 각을 말한다.

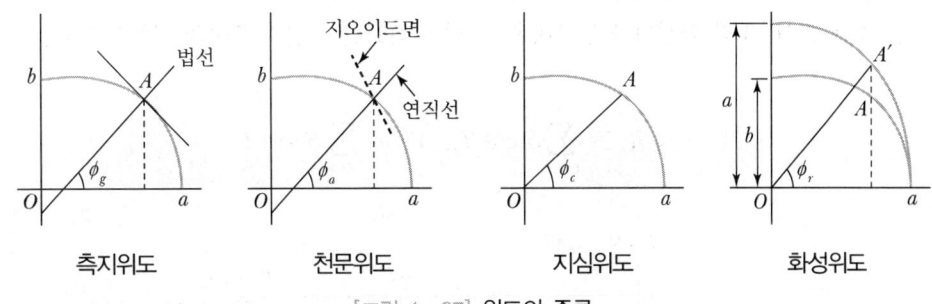

[그림 1-27] 위도의 종류

(2) 위도의 활용

① 한국은 측지위도를 기준으로 위치를 표시한다.
② GNSS측량은 지심위도를 이용한 위치 결정 방식을 사용한다.
③ 천문측량에 의한 결정 기준은 천문위도이다.
④ 측지위도와 천문위도를 이용하여 연직선 편차를 구할 수 있다.

29 평면직각좌표계

지구 평면상 어느 한 점을 좌표의 원점으로 하고 그 원점을 지나는 남북방향을 X축, 동서방향을 Y축으로 하여 각 점의 직교좌푯값을 표시하며 점의 위치를 2차원으로 나타내는 대표적인 좌표계이다.

1. 평면직각좌표계의 특징

(1) 측량범위가 크지 않은 측량에서 널리 사용되고 있다.
(2) 평면 위 한 점을 택하여 좌표 원점으로 정한다.
(3) 평면 위에서 원점을 지나는 자오선을 X축으로 한다.
(4) 동서방향을 Y축으로 한다.
(5) 각 지점의 위치는 직각좌푯값 (x, y)로 표시된다.
(6) 수학에서의 좌표축과 반대개념이다.

2. 평면직각좌표계의 표현

(1) 평면측량에서 평면위치를 구하는 과정을 나타내며 P_1, P_2의 좌푯값은 다음 식으로 표시한다.

$$X_1 = S_1 \times \cos T_1, \ Y_1 = S_1 \times \sin T_1$$
$$X_2 = X_1 + S_2 \times \cos T_2, \ Y_2 = Y_1 + S_2 \times \sin T_2$$

(2) 여기서 S_1, S_2는 측선의 길이이고, T_1, T_2는 N 방향으로부터 측선까지 오른쪽으로 관측한 수평각으로서 이것을 방향각이라 한다.
(3) X를 종선, Y를 횡선이라 부르며 어느 점의 좌표는 종선과 횡선의 결합이 된다.

$$X_n = \sum_{i=1}^{n} S_i \cos T_i, \ Y_n = \sum_{i=0}^{n} S_i \sin T_i$$

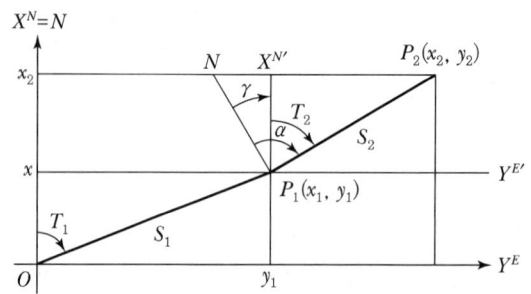

[그림 1-28] 평면직각좌표계

3. 평면직각좌표계 원점

(1) 우리나라는 3대 통일원점이 있으며, 모든 좌표를 정(+)으로 표시하기 위해 X축에 500,000m, Y축에 200,000m(단, 제주 좌표계는 X=550,000m Y=200,000m)를 더하여 표시한다.
(2) 세계측지계에서는 4대 통일원점이 있으며, 모든 좌표를 정(+)으로 표시하기 위해 X축에 600,000m, Y축에 200,000m를 더하여 표시한다.
(3) 원점에서 동서로 멀어질수록 원점을 지나는 진북과 평행한 도북이 서로 일치하지 않아 자오선 수차가 발생한다.

[표 1-6] 평면직각좌표계 원점

명칭	경도	위도
서부원점	125°00'00"	38°00'00"
중부원점	127°00'00"	38°00'00"
동부원점	129°00'00"	38°00'00"
동해원점	131°00'00"	38°00'00"

30 UTM(Universal Transverse Mercator) 좌표계

국제 횡메르카토르 투영법에 의하여 표현되는 좌표계로서 적도를 횡축으로 하고, 자오선을 종축으로 한다. 지구 전체를 경도 6° 간격으로 60개 구역으로 나누고, 위도 8° 간격으로 20개 구역으로 나누어 표현하는 방법이다.

1. UTM의 특징

(1) UTM 좌표계는 국제 횡메르카토르 투영법에 의해 표현되는 좌표계이다.
(2) 적도를 횡축으로 하고 자오선을 종축으로 한다.
(3) 투영방식과 좌표변환식은 TM과 동일하다.
(4) 축척계수를 원점은 0.9996, 외곽은 1.0004로 하여 적용범위를 넓혔다.

2. 종대

(1) 지구 전체를 경도 6°씩 60개 구역으로 나누고, 각 종대의 중앙자오선과 적도의 교점을 원점으로 하여 원통도법인 횡메르카토르 투영법으로 등각투영한다.
(2) 각 종대는 180°W 자오선에서 동쪽으로 6° 간격으로 1부터 60까지 번호를 붙인다.

(3) 중앙자오선에서의 축척계수는 0.9996이다 $\left(\text{축척 계수} : \dfrac{평면거리}{구면거리} = \dfrac{s}{S} = 0.9996\right)$.

3. 횡대

(1) 횡대에서 위도는 남북위 80°까지만 포함시킨다.

(2) 횡대는 8°씩 20개 구역으로 나누어 C(80~72°S)~X(72~80°N)까지(단, I, O는 제외) 20개의 알파벳문자로 표현한다.

(3) 종대 및 횡대는 경도 6°와 위도 8°의 구역으로 구분된다.

4. 좌표

(1) UTM에서 거리좌표는 m 단위로 표시하며 종좌표에는 N, 횡좌표에는 E를 붙인다.

(2) 각 종대마다 좌표원점의 값을 북반구에서 E좌표에 500,000mE, N좌표 0mN(남반구에서는 10,000,000mN)으로 한다.

(3) 남반구에서 종좌표는 80°S에서 0mN이며, 적도에서 10,000,000mN이다.

(4) 북반구에서 종좌표는 80°N에서 10,000,000mN이며, 적도에서 0mN이다.

(5) 80°S에서 적도까지의 거리는 10,000,000m이다.

5. UTM의 이용

(1) 2차 대전 말기 연합군의 군용거리 좌표로 고안된 것으로 주로 군용좌표로 사용한다.

(2) 지도제작과 사용상의 편리로 세계적으로 대축척좌표로 널리 이용되고 있다.

(3) 우리나라에서도 1/50,000 지형도에 적용하고 있다.

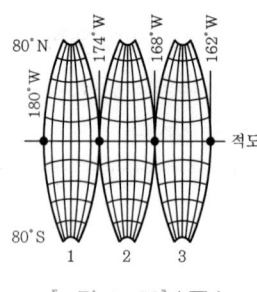

[그림 1-29] UTM

6. 우리나라 UTM ZONE

(1) 우리나라의 경우 UTM 좌표구역은 동서방향으로 51, 52구역과 남북방향으로 S, T구역에 속한다.
(2) 51구역의 경우 중앙자오선은 123°E이며, 52구역은 129°E이다.
(3) 위도 32°N에서 40°N까지는 S구역으로 표기하며, 40°N에서 48°N까지는 T구역으로 표시한다.

31 UTM-K 좌표계

기본지리정보 좌표계(UTM-K)는 한반도 전역을 포괄하는 단일평면좌표계가 되도록 TM 투영법, 원점축척계수 0.9996, 투영원점(경도 127°30′00″, 위도 38°00′00″), 원점좌표 X(N) 2,000,000m, Y(E) 1,000,000m를 적용하였다.

1. 도입배경

(1) 단일기반 기본지리정보의 효율적 구축과 유지관리, 사용자의 편의성 제고를 고려하여 한반도 전역을 포괄하는 단일평면좌표계가 필요하게 되었다.
(2) 도로분야 기본지리정보구축에 적용하여 문제점을 보완하였다.
(3) 기관별 지리정보구축과정에서 발생한 오류수정과 다양하게 제작된 지도데이터를 연계·활용에 적용할 수 있고 상당한 비용절감 효과를 볼 수 있다.

2. 단일평면직각좌표계의 원점

(1) 명칭

 UTM-K(한국형 UTM 좌표계)

(2) 원점의 경위도

 ① 경도 : 동경 127°30′00″
 ② 위도 : 북위 38°00′00″
 ③ 적용구역 : 한반도 전역
 ④ 투영법 : T.M(횡단 머케이터)로 하고 축척계수는 0.9996으로 한다.
 ⑤ 투영원점의 수치 : 기존 직각좌표와의 혼란방지와 차별화하기 위해 투영원점의 수치를 X(N) 2,000,000m, Y(E) 1,000,000m로 정한다.

3. 단일평면직각좌표계의 장점

(1) 투영원점이 4개인 좌표계는 연속된 자료로 활용이 불가능하기 때문에 단일좌표계를 사용하면 전국이 하나로 연결된 자료를 활용할 수 있다.
(2) 정사영상, 수치지도 갱신이 용이하고 국가기본지리정보 구축에 있어서 데이터베이스 유지관리 및 편집이 편리하다.
(3) 다른 좌표로의 상호변환이 가능하기 때문에 기존의 측지기준좌표계와의 연속성을 가질 수 있으며 자료의 생산, 관리, 유통의 일관성을 유지할 수 있다.

4. 활용사례

(1) 전국 연속수치지도, 국가지점번호제, 서울시 행정정보 융합 지도데이터 오픈API, 네이버지도 등
(2) 전국 규모의 연속적인 자료구조를 가진 기본지리정보의 생산·구축에 활용

32 UPS 좌표계

UPS는 위도 80° 이상의 양극지역 좌표를 표시하는 데 사용되며 국제극심입체투영법에 의한 것으로 UTM 좌표의 상사투영법과 같은 특성을 지닌다.

1. UPS 특징

(1) 남북위 80~90°의 양극지역의 좌표 표시에 사용한다.
(2) 극심입체투영법에 의한다.
(3) 양극을 원점으로 하는 평면직각좌표계를 사용한다.
(4) 거리좌표는 m 단위로 나타낸다.
(5) 축척계수는 0.9994이다.

2. 좌표

(1) 좌표의 종축은 경도 0° 및 180°인 자오선이고, 횡축은 90°W 및 90°E인 자오선이다.
(2) 원점의 좌푯값은 횡좌표 2,000,000mE, 종좌표 2,000,000mN이며, 도북은 북극을 지나는 180° 자오선(남극에서는 0° 자오선)과 일치한다.

(3) 가로선은 북극의 경우 경도 0° 부근이 최하단 횡선이 1,000,000mN, 원점이 2,000,000mN 이고, 경도 180° 부근이 최상단 횡선이 3,000,000mN이다.
(4) 세로선은 90°W 부근이 1,000,000mE, 원점이 2,000,000mE, 90°E 부근이 3,000,000mE 이다. 남극의 경우는 경향이 반대에 해당된다.

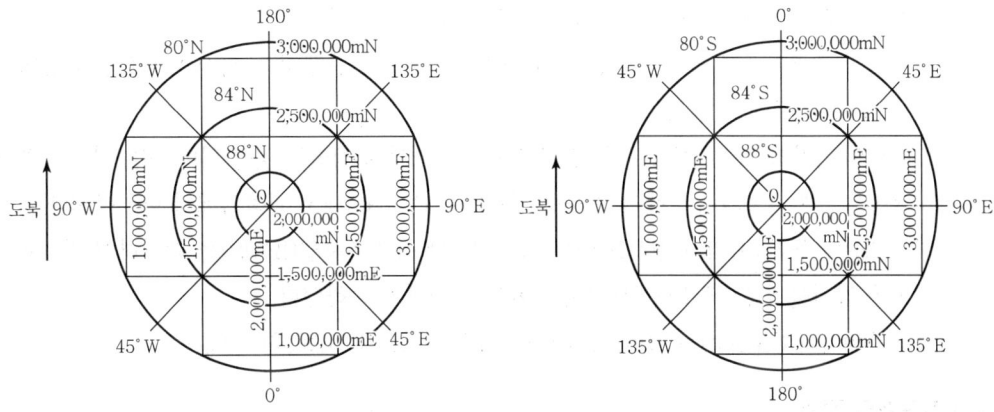

[그림 1-30] UPS 좌표계

33 관용지구좌표계
(CTRS : Conventional Terrestrial Reference System)

지구 자전축의 극은 1년 남짓의 주기로 반경 수 m의 범위의 규칙적인 극운동을 하고 있다. 이에 따라 실용적으로는 평균적인 극점을 정하여 사용하고 있다. 이와 같이 평균적인 극점을 정하여 지구에 고정한 좌표계를 관용지구좌표계라 한다.

1. 관용지구좌표계의 특징

(1) 원점은 해양 및 대기를 포함한 지구의 전 질량의 중심이다.
(2) Z축은 국제지구회전관측사업(IERS)에 의해 정의된 관용극점(CTP)에 평행방향이다.
(3) X축은 IERS에 의해 정의된 경도 0°를 통과한다.
(4) Y축은 X축으로부터 직각으로 적도면과 만나는 연장선이며, 오른손 좌표계의 구성방향인 X, Z축의 나머지 한 방향이다.
(5) Scale은 중력적 상대론의 의미로서 지구중심계이다.

2. ITRS와 ITRF

(1) ITRS와 ITRF의 정의

① CTRS의 정의에 근거하여 IERS에 의한 좌표계가 IERS 지구기준계(약칭 ITRS)이다.
② ITRS에 기초하여 지상의 관측점에 대한 VLBI, GNSS, SLR, LLR 등의 관측결과에서 구체적으로 결정한 프레임이 IERS 지구기준프레임(ITRF)이다.
③ 각각의 측지기술에 의해 추정된 결과(위치 및 속도 벡터)에 대해 상사변환을 통해 통합하여 ITRF를 구현하였다.
④ 각각의 측지기술의 결합을 통한 위치와 속도 벡터를 추정하는 것을 의미한다. 이러한 해의 결합은 2개 이상의 우주측지 기술을 사용하는 Collocation 관측점에서 이루어진다.
⑤ IERS는 지금까지의 국제시보국(BIH) 국제극운동관측사업(IPMS)을 대신하여 지구회전 변동 감시를 위한 국제조직으로서 1988년 1월에 발족하였다.
⑥ 좌표의 원기(Epoch)는 1988.0년이며, 이것을 「ITRF 0」로 하고 있다.

(2) 좌표계의 정의

① WGS84와 거의 동일하고, 원점은 해양 및 대기를 포함한 지구의 전 질량의 중심이다.
② Z축은 지구자전축이다.
③ X축은 경도 0°의 자오면과 적도면의 교선이다.
④ Y축은 X축으로부터 직각으로 적도면과 만나는 연장선이며, 오른손 좌표계의 구성방향인 X, Z축의 나머지 한 방향이다.

34 WGS(World Geodetic System) 좌표계

전 세계를 하나의 통일된 좌표계로 나타내기 위해 개발된 지심좌표계로 세계측지측량기준계라 한다. GPS는 WGS84라고 불리우는 기준좌표계를 이용하며, 여러 가지 관측장비를 가지고 전 세계적으로 측정해 온 지구의 중력장과 지구모양을 근거로 하여 만들어진 좌표계이다.

1. WGS 좌표계의 변천

(1) WGS60 : 1950년 말 미 국방성에서 개발
(2) WGS66 : 확장된 삼각망, 삼변망, 도플러 및 광학위성자료 적용계산
(3) WGS72 : 정밀지구관측(지오이드, 중력 등)과 발달된 전산처리기법 이용
(4) WGS84 : WGS72의 노후화로 광역변환기준계로 버전 업

2. WGS84 좌표계의 특징

(1) WGS 60, 66, 72를 거쳐 개발되어 온 위성에서 사용하는 좌표체계이다.
(2) 여러 관측장비를 가지고 전 세계적으로 측정해 온 지구의 중력장과 지구모양을 근거로 해서 1984년에 만들어진 지구중심지구고정좌표계(ECEF : Earth Centered Earth Fixed)이다.
(3) 지구 전체를 대상으로 하는 세계 공통좌표계이다.

3. WGS84 좌표계 구성

(1) 지구의 질량 중심에 위치한 좌표 원점과 X, Y, Z축으로 정의되는 좌표계이다.
(2) Z축은 1984년 국제시보국(BIH)에서 채택한 지구 자전축과 평행하다.
(3) X축은 BIH에서 정의한 본초자오선과 평행한 평면이 지구적도선과 교차하는 선이다.
(4) Y축은 X축과 Z축이 이루는 평면에 동쪽으로 수직인 방향이다.

4. 지심좌표계와 타원체좌표계

[표 1-7] 지심좌표계와 타원체좌표계

지심좌표계	타원체좌표계
원점은 지구의 질량 중심	원점은 타원체 중심(지구중심 부근)
Z축은 BIH 방향	Z축은 타원체의 북극방향
X축은 적도면과 그리니치 자오선이 교차하는 방향	X축은 타원체의 기준자오선 방향
오른손 좌표계	오른손 좌표계
WGS84, ITRS89, NAD83	Bessel, clarke, Hayford, IUGG

35 세계측지계

측지계란 지구를 편평한 회전타원체로 가정해서 실시하는 위치측정의 기준이며, 세계측지계는 각 나라가 그동안 채택해 왔던 지역적인 좌표계를 버리고 전 세계가 하나의 통합된 측지기준계 위에서 공통으로 사용할 수 있는 위치를 표현하는 측지기준시스템이다.

1. 세계측지계 정의

「공간정보의 구축 및 관리 등에 관한 법률」에 따른 기준을 말한다.

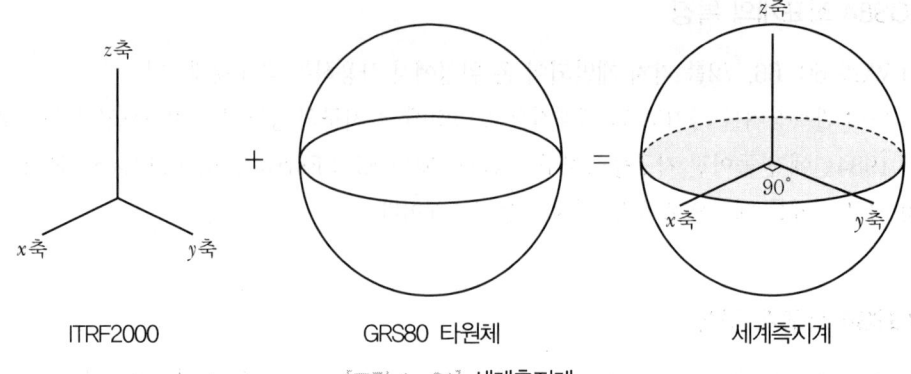

[그림 1-31] 세계측지계

(1) 긴반지름 : 6,378,137m
(2) 편평률 : 1/298.257222101
(3) 회전타원체의 중심이 지구의 질량 중심과 일치할 것
(4) 회전타원체의 단축(短軸)이 지구의 자전축과 일치할 것

2. 지구중심 좌표계의 종류

(1) ITRF(International Terrestrial Reference Frame)
(2) WGS(World Geodetic System)
(3) NAD(North American Datum)

3. ITRF 좌표계

(1) ITRF 좌표계의 특징

① ITRF는 IERS(국제지구회전관측연구부)에서 설정한 기준좌표계이다.
② 1990년부터 우주측지기술인 SLR이나 VLBI기술을 이용하여 매년 지축의 회전을 계산하고, 이를 준거한 정밀한 지구좌표계를 계산하여 발표해 오고 있다.
③ ITRF는 GNSS, SLR, LLR, VLBI 및 DORIS와 같은 우주측지기술의 관측결과로 구한 측점좌표들과 측점속도들을 결합하여 결정한다.

(2) ITRF 좌표계의 구성

① 원점은 지구의 질량 중심이다.
② Z축은 국제시보국(BIH)에서 채택한 지구 자전축 방향과 평행하다.
③ X축은 적도면과 그리니치 자오선이 교차하는 방향이다.
④ Y축은 Z축과 X축이 이루는 평면에 동쪽으로 수직인 방향이다.

4. GRS80 타원체

(1) IAG에서 최적타원체로 권장한다.
(2) IUGG에서 채택하였다.
(3) 제원 : $a = 6,378,137m$, $f = 1/298.2572$
(4) Bessel 타원체와 $a ≒ 740m$, $b ≒ 673m$의 차이가 있다.

36 ITRF2020(International Terrestrial Reference Frame 2020)

IERS가 구축하는 ITRF는 현재의 지구기준 좌표계의 세계 표준이 되어 있다. 복수의 우주측지기술을 조합해 정확하고 신뢰도가 높은 시스템이기 때문이다. 21세기 들어 5차례 개정이 있었으며, 현재 ITRF2020이 최신이다.

1. ITRF 좌표계 구성

(1) ITRF 좌표계는 지구의 질량중심에 위치한 좌표 원점과 X, Y, Z축으로 정의되는 좌표계이다.
(2) Z축은 국제시보국(BIH)에 의해 정의된 관용극점(CTP) 방향에 평행하다.
(3) X축은 BIH에 의해 정의된 경도 0°의 자오면에 평행한 면과 적도면의 교선이다.
(4) Y축은 X축으로부터 직각으로 적도면과 만나는 연장선, 오른손 좌표계 구성방향인 X, Z축의 나머지 한 방향이다.

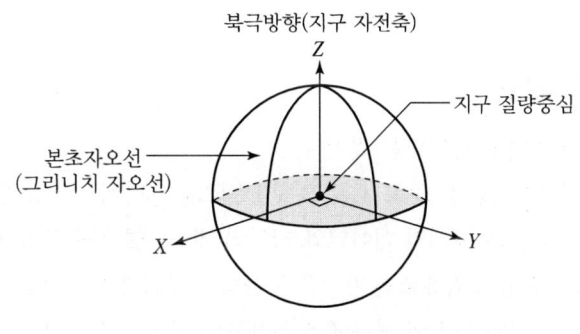

[그림 1-32] ITRF 좌표계

2. ITRF 좌표계의 변천

ITRF 좌표는 ITRF 88, 90, 91, 92, 93, 94, 96, 97, 00, 05, 08, 14, 20… 등이 지속적으로 발표되고 있으며, 상호 간에 cm 수준으로 변환할 수 있도록 변화요소를 제공하고 있다. ITRF 2000, 2005, 2008, 2014의 주요내용은 다음과 같다.

(1) ITRF2000

관측국 수는 약 800개이며, 지역적인 GNSS 관측망을 도입하고 조밀화를 시도하면서 관측국 수가 늘어났다.

(2) ITRF2005

관측국 수는 608개이며, 각 우주측지기술의 시계열 데이터(1주일마다)와 하루 지구 회전 파라미터를 입력하여 결합하는 방법을 채용했다.

(3) ITRF2008

① 관측국 수는 934개이며, ITRF2005를 개량하고 정밀화한 것이다.
② 이 좌표계는 2011년 동일본 대지진 이후의 일본측지계 2011(JGD 2011, Epoch 2011.4)의 프레임으로 사용되고 있다.

(4) ITRF2014

① 관측국 수는 1,499개이며, 위치변화에 처음으로 비선형 모델을 도입했다.
② 계절 변화 및 지진 후의 변동이 있는 124개 국의 속도가 새로운 모델로 계산되고 있다.

[표 1-8] ITRF2008 변환 파라미터

ITRF	T1(mm)	T2(mm)	T3(mm)	D(ppb)	R1(mas)	R2(mas)	R3(mas)	Epoch
ITRF2005	-2.0	-0.9	-4.7	0.94	0.00	0.00	0.00	2,000.0
rates	0.3	0.0	0.0	0.00	0.00	0.00	0.00	
ITRF2000	-1.9	-1.7	-10.5	1.34	0.00	0.00	0.00	2,000.0
rates	0.1	0.1	-1.8	0.08	0.00	0.00	0.00	

3. ITRF2020의 주요내용

(1) ITRF2014를 개량하고 정밀화한 것이다.
(2) 4개의 우주측지기술(VLBI, SLR, GNSS 및 DORIS) 센터에서 제공하는 관측국 위치와 지구 회전 매개변수(EOP)의 시계열 데이터와 지역적 데이터를 사용하였다.
(3) 프레임의 Epoch에 있어 좌표축의 방향은 이전의 프레임과 연속으로, 원점은 SLR의 결과에, 축척(Scale)은 VLBI와 SLR의 평균에 일치하도록 하여 계산된다.
(4) 각 프레임 간 변환속도가 제공되고 있다.
(5) 대지진이 발생한 관측소에 대한 지진 후 변형(PSD) 모델은 GNSS/IGS 데이터를 적합시켜 결정했다.
(6) ITRF2020은 4개의 우주측지기술의 시계열 데이터를 적용하고, 엄격하게 국지적 데이터를 추가하고, 콜로케이션 지역의 지역관계 및 우주측지 관측국의 속도와 계절 신호를 동일화하는 것으로 구성된다.

(7) 4가지 기술의 완전한 재처리 솔루션을 기반으로 한 ITRF2020은 ITRF2014에 비해 향상된 솔루션이 될 것으로 기대된다.
(8) ITRF2020에서 ITRF2014로의 14가지 변환 매개변수는 131개 관측국을 사용하여 추정되었다.
(9) ITRF2014와 ITRF2020은 $\Delta X = -1.4$mm, $\Delta Y = -0.9$mm, $\Delta Z = 1.4$mm의 차이가 발생한다.
(10) 우리나라는 국가위치기준체계를 ITRF2020(epoch2022)로 2025년부터 전환할 예정이다.

[표 1-9] ITRF2020에서 ITRF2014로의 변환 파라미터

	T1(mm)	T2(mm)	T3(mm)	D(ppb)	R1(mas)	R2(mas)	R3(mas)
단위	−1.4	−0.9	1.4	−0.42	0.000	0.000	0.000
±	0.2	0.2	0.2	0.03	0.007	0.006	0.007
rates	0.0	−0.1	0.2	0.00	0.000	0.000	0.000
±	0.2	0.2	0.2	0.03	0.007	0.006	0.007

37 투영(Projection)

지도투영은 지구타원체면상의 위치와 형상을 평면에 옮기는 방법, 즉 경위선으로 이루어진 지구상의 가상적인 망 또는 좌표를 평면에 옮기는 방법이다.

1. 지도투영의 조건

(1) 투영 전과 후에 대한 점들의 거리비가 일정할 것(정거)
(2) 투영 전과 후에 대한 점들의 형상의 면적비가 일정할 것(정적)
(3) 투영 전과 후에 대한 점들의 임의의 두 성분이 이루는 각이 동일할 것(정각)
(4) 타원체인 지구를 평면상에 옮기는 데는 한 가지 이상의 왜곡이 발생할 것
(5) 이 왜곡처리 방법에 따라 많은 종류의 지도투영법이 존재할 것

2. 투영법의 종류

(1) 투영성질에 따른 분류

① 등각투영
  ㉠ 지도상에 나타난 경위선의 교차 각도가 지구타원체상에서와 같이 그대로 유지되어 형상이 변화하지 않으므로 정형도법 또는 상사투영법이라 한다.

ⓒ 등각성은 경선과 위선이 직각으로 교차하고, 교차점을 중심으로 경선과 위선의 축척이 동일한 비율로 전개될 때 얻어진다.
　　　ⓒ 소지역에서는 바른 형상을 유지하지만, 지역이 넓어질수록 형상이 부정확하다.
　　　㉣ 일반적으로 국가 및 대륙의 지도, 항해도 등에 사용된다.
　　　㉤ 대표적인 도법 : 메르카도르 도법, 원통투영도법
　② 등적투영
　　　㉠ 지도타원체상의 면적과 지도상의 면적이 비가 정확하게 유지된다.
　　　ⓒ 등적성 유지를 위해서 경위선을 따라서 축척을 조정한다.
　　　ⓒ 저위도로 갈수록 왜곡이 축소되고, 고위도로 갈수록 왜곡이 심하다.
　　　㉣ 지역에 따른 인구, 색상 등 밀도를 나타내거나 면적관계가 중요시되는 지도제작에 사용된다.
　③ 등거투영
　　　㉠ 지구타원체상에서와 같은 거리관계를 지도상에서도 유지하도록 하는 투영법이다.
　　　ⓒ 투영의 중심에서만 방사상으로 나타난다.
　　　ⓒ 어느 한 도시를 중심으로 한 항공로나 상권의 범위를 나타낼 때 적합하다.
　④ 방위도법
　　　㉠ 방향이 동일하게 나타나는 투영도법이다.
　　　ⓒ 지도상에서 두 지점 간의 최단거리가 직선으로 이어진다.
　　　ⓒ 지구본과 투영면이 접하는 점이 지도의 중심이 된다.
　　　㉣ 축척이나 왜곡이 지도의 중심에서 방사상으로 균일하게 펼쳐진다.

(2) 투영면의 종류에 따른 분류
　① **원통도법** : 원통면에 투영지구를 원통으로 둘러싸고 광원이 지구의 중심에 있다고 가정하여 투영하는 방법이다.
　② **원추도법** : 지구를 원뿔의 표면에 투영한 후 이를 절개하여 평면으로 사용하는 도법이다.
　③ **방위도법** : 지구의 한 점에 평면을 접하게 한 후, 그 평면에 투영하는 방법이다.

38 횡원통도법(TM : Transverse Mercator)

원통도법의 한 종류로 지구의 경선에 원통을 접하여 중심으로부터 투영하는 방법이다. 지형도 및 대축척도 제작에 사용되며, 우리나라 지형과 같이 남북으로 긴 형상을 가진 국가에 적합하다. 우리나라는 가우스상사(등각)가 중횡원통도법을 사용하였다.

1. 횡원통도법의 종류 및 특징

(1) 등거리 횡원통도법
① 한 중앙점으로부터 다른 한 점까지의 거리를 동일하게 나타내는 투영법이다.
② 원점으로부터 동심원의 길이를 같게 표현된다.
③ y의 값을 지구상의 거리와 같게 하는 도법이다.
④ 현재 프랑스 지도의 기초가 되었고, 유럽의 지형도에 널리 사용되고 있다.

(2) 등각 횡원통도법
① 지구상 어느 곳에서도 각의 크기가 동일하게 표현되는 투영법이다.
② 소규모 지역에서 바른 형상을 유지하며, 두 점 간의 거리가 다르고 지역이 클수록 부정확하다.
③ 가우스상사이중투영법, 횡메르카토르 도법(TM), 국제 횡메르카토르 도법(UTM) 등이 있다.

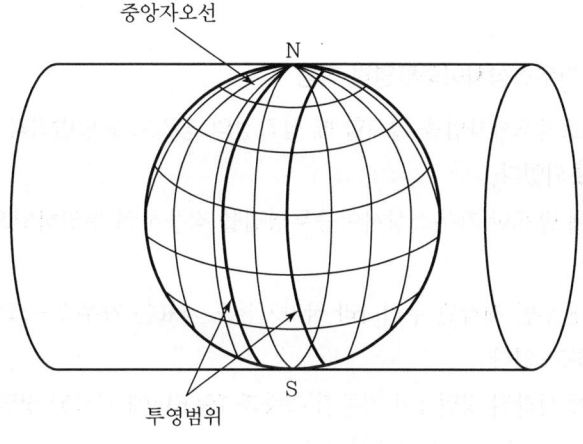

[그림 1-33] 횡원통도법

2. 가우스상사(등각)이중투영법

가우스상사이중투영법은 회전타원체에서 구체에 등각투영하고 다시 구체로부터 평면에 투영하는 방법으로서 이중투영하는 것을 말한다.

(1) 가우스상사이중투영법의 특징
① 회전타원체에서 구체에 투영하고 다시 특정 평면에 투영한다.
② 특정의 평면은 확정된 원점을 지나는 구체의 기준 자오선에 접하는 원통면으로 한다.
③ 원통의 표면을 원점의 남과 북으로 모선(母線)을 연하여 절단하고, 이 절단부를 호상의 접선이 직선이 될 때까지 신장하면 원래 곡선이던 것이 평면으로 된다.
④ 지구타원체와 구체는 한 점에 접한다.

⑤ 구체와 그의 평면은 공통의 원점을 가지며 선에 접하는 것으로 본다.
⑥ 원점에서의 축척계수는 1.0000이다. 축척계수(K)는 (투영면상 거리/기준면상 거리)로서 원점에서 멀어질수록 정확도가 낮아진다.
⑦ 지구 전체를 투영하는 경우는 소축척지도에 사용되며, 지구의 일부를 투영하는 경우는 대축척지도와 측량에 사용된다.

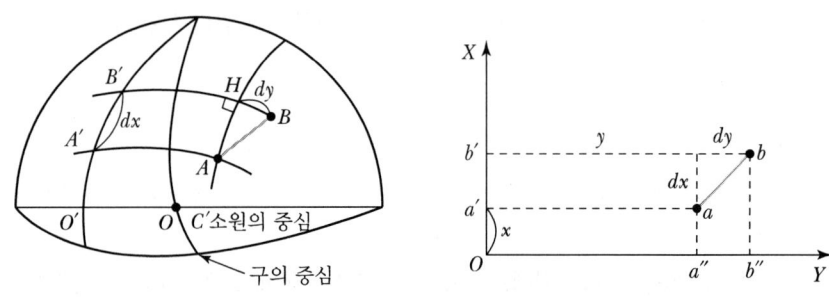

[그림 1-34] 가우스상사이중투영법

(2) 우리나라의 가우스상사이중투영법 적용

① 1910년 토지조사사업을 실시할 때 삼각점의 경위도를 평면직각 좌표계로 계산에 사용한 데서 비롯되었다.
② 1841년에 발표한 가우스상사이중투영법을 적용하여 투영하였으며, 현재까지 사용하고 있다.
③ 1960년대 후반 제작된 우리나라 국가기본도 좌표는 가우스-크뤼거 도법에 의한 좌표계를 사용하고 있다.
④ 1975년에 시작된 정밀 1차 기준점 측량과 1986년에 시작된 정밀 2차 기준점 측량에서는 가우스-크뤼거 도법을 사용하였다.
⑤ 동경 124~130° 범위를 북위 38°상에서 경도 2°씩 3등분하여 3개의 구역을 구분하고 있다.
⑥ 동경 125°를 기준으로 동쪽으로 매 2°씩 이동하면서 중앙자오선을 정하고, 그 중앙자오선과 북위 38°선과의 교점을 원점으로 평면직각좌표상에 투영하였다.
⑦ 북위 38°와 동경 125°, 127°, 129°의 교차점을 가상원점으로 하여 각 원점에서 2°40'의 영역으로서, 원점의 동쪽과 서쪽으로 각각 20'씩 중복되게 투영하였다.
⑧ 원점 중복지역은 행정구역별 포용 면적이 넓은 지역으로 속하게 되었다.

3. 가우스-크뤼거 도법

(1) 가우스-크뤼거 도법 특징

① 회전타원체에서 평면으로 횡축등각원통도법에 의하여 투영하는 방법으로서 오늘날 횡메르카토르 도법(TM : Transverse Mercator)으로 불리고 있다.

② 가우스-크뤼거 도법은 회전타원체에서 구체로, 구체에서 평면으로 투영하는 가우스상사이중투영법과는 달리 회전타원체에서 평면으로 직접 투영하는 투영법이다.
③ 1912년 크뤼거(L. Krügger)가 가우스상사이중투영법을 개량·발전시킨 것으로 통상 Gauss-Krügger Projection이라고 불린다.
④ 1912년 크뤼거가 발표하였으나 이것은 가우스 등각도법의 확장으로서 가우스-크뤼거 도법이라고 한다.

(2) 가우스-크뤼거 도법 적용

① 1929년 독일에서 채용 후 많은 나라에서 대·중축척의 지도와 측량좌표계의 도법으로 사용되고 있다.
② 이 도법은 원점을 적도상에 놓고 적도를 X축, 중앙경도선을 Y축으로 한 투영으로 중앙경도선으로부터 넓지 않은 범위에 한정하여 사용한다.
③ 넓은 지역에 대해서는 지구를 분할하여 지구 각각에 중앙경도선을 설정하여 투영한다. 원점에서 축척계수는 0.9996이다.
④ 미국과 영국에서는 이 방법을 횡메르카토 투영법(TM)이라고 부르고 있으며, UTM법도 이 투영법에 기초한 것이다.

4. 축척계수(SF : Scale Factor)

투영 시 그 기준점에 좌표원점 계수를 부여하는데 축척계수라고도 부르며, 평면상의 거리(s)와 구면상의 거리(S)와의 비율을 말한다.

$$\text{축척계수 } SF = \frac{\text{actual } RF}{\text{principle } RF}$$

(1) $SF=2.0$: 평면상의 거리(s)가 구면상의 거리(S)의 2배라는 것을 의미한다.

$$SF = \frac{1:15,000,000}{1:30,000,000} = \frac{30,000,000}{15,000,000} = 2.0$$

(2) $SF=0.5$: 평면상의 거리(s)가 구면상의 거리(S)의 $\frac{1}{2}$이라는 것을 의미한다.

$$SF = \frac{1:60,000,000}{1:30,000,000} = \frac{30,000,000}{60,000,000} = 0.5$$

(3) 축척계수를 1.000으로 값을 주면 원점에서 정확한 좌표계를 갖게 되며 주변으로 갈수록 많은 왜곡을 갖게 된다.

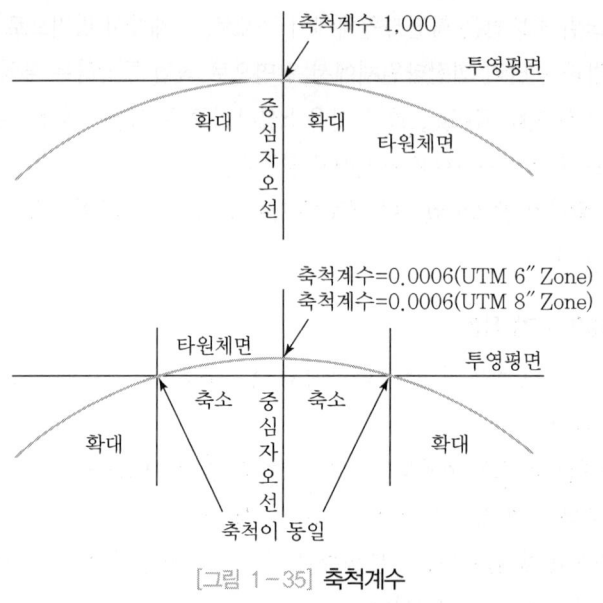

[그림 1-35] 축척계수

(4) 대축척 지도에서 SF의 표현 : 위치에 따라 1을 중심으로 약간씩 변화한다.
(5) UTM 투영을 사용한 대축척지도에서 경도 6° 구역에 대하여 SF가 0.99960~1.00158까지 변한다.

5. 우리나라 투영법의 문제점

(1) 1910년 토지조사사업 당시 사용한 지구타원체 제원은 Bessel치를 이용하여 투영법에 있어서는 가우스상사이중투영법을 사용하였다.
(2) 해방 이후 우리나라에서는 구면좌표 계산에 있어 가우스-크뤼거 투영법을 사용하는 등의 두 투영법이 혼용되었다.
(3) 토지조사사업 당시 BL↔XY 좌표변환에 관한 공식과 양식 등은 현재 정확한 근거를 알 수 없다.
(4) 서부, 중부, 동부 3개의 투영좌표계이므로 자료 관리상 복잡하다.
(5) 기준점측량의 좌표와 지도좌표가 서로 상이하다.
(6) 지적측량에서는 통일원점좌표계와 구소삼각원점계가 공존하여 좌표계가 상이함에 따라 관리상 변환에 어려움이 따른다.
(7) 경도 +10.405초 단서 조항으로 좌표 계산과 도엽 구분이 불편하다.
(8) 국방 및 해양분야는 UTM 좌표계를 별도로 사용한다.

39 좌표변환 방법

좌표변환이란 한 좌표계에서의 좌푯값들을 다른 좌표계에서의 좌푯값으로 변환하는 것을 말한다. 좌표변환을 위한 매개변수를 구하는 작업을 포함하며 기본적인 2차원 좌표 계산에 있어서는 기하학적으로 쉽게 좌표변환을 할 수 있지만, 구면좌표계 또는 3차원 직교좌표계에서의 좌표변환은 기하학적으로 고려하여야 할 사항이 많으며 복잡한 좌표변환식이 요구된다. 특히 지구좌표계에서의 변환은 2차원에서 3차원으로 또는 3차원에서 2차원으로의 변환, 연속적인 두 차례 이상의 좌표변환이 요구되는 경우도 있다.

1. 1차원 좌표변환

투영중심 O로부터 제1평면 A_1, B_1, C_1, D_1을 통과하여 제2평면 A_2, B_2, C_2, D_2에 도달한 경우 교차율에 의한 관계는 다음과 같다.

$$\frac{A_1 C_1}{B_1 C_1} : \frac{A_1 D_1}{B_1 D_1} = \frac{A_2 C_2}{B_2 C_2} : \frac{A_2 D_2}{B_2 D_2} = (일정)$$

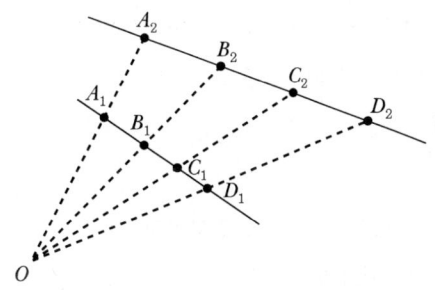

[그림 1-36] 1차원 좌표변환

서로 다른 두 평면 위에 있는 같은 선상의 세 점의 위치를 알면 첫 번째 평면의 네 번째 점에 해당하는 두 번째 평면의 네 번째 점의 위치를 구할 수 있다.

2. 2차원 좌표변환

2차원 공간에서의 좌표변환은 같은 점의 (x, y) 좌표계에서의 좌표로부터 새로운 (x', y') 좌표계의 좌푯값을 만드는 데 이용된다. 좌표변환의 요소로는 원점이동, 회전, 축척변경이 있다.

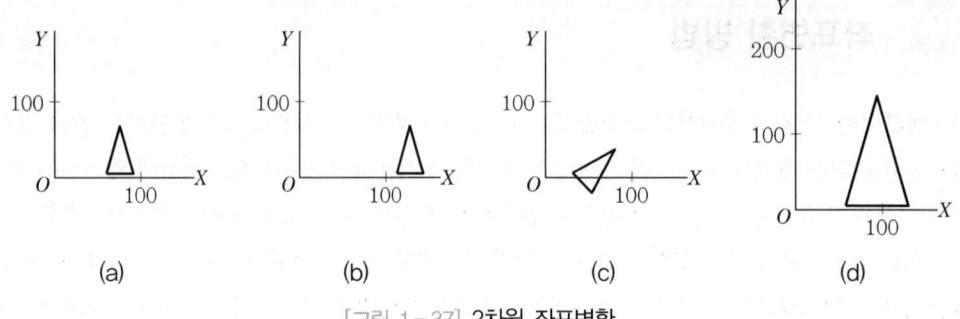

[그림 1-37] 2차원 좌표변환

(a)에 보인 형상을 기준으로 하여 (b)는 X축으로의 원점이동이 일어난 상태이며, (c)는 회전이, (d)는 축척변경(확대)이 일어난 상태를 보여주고 있다.

(1) 2차원 등각(상사) 변환(2D Conformal Transformation)

2차원 등각(상사) 변환은 원점이동, 축척변경, 회전의 세 단계로 이루어지며, 순서는 바꾸어도 결과는 같다. 등각(상사) 변환이라 함은 변환의 전후에 형상이 변하지 않는다는 것이다. 즉, 방향과 위치가 변하고 축척이 변경되지만 X, Y축에서 축척변경이 동일하게 일어나므로 각 점 간의 상대각도는 변하지 않는다.

① 1단계 : (x, y)에서 (x', y')로의 원점이동

(X, Y) 좌표계가 (X', Y') 좌표계로 원점이동된 상태로 X축은 T_x 만큼, Y축은 T_y 만큼 이동되어 이를 식으로 나타내면 다음과 같다.

$$\begin{cases} x'_1 = x_1 + T_x \\ y'_1 = y_1 + T_y \end{cases}$$

② 2단계 : (x', y')에서 (x'', y'')로의 축척변환

축척이 변환되기 전의 좌표계를 (X', Y')라 하고 변환된 후의 좌표계를 (X'', Y'')라 하면 관계식과 행렬은 다음과 같다.

$$\begin{pmatrix} x''_1 \\ y''_1 \end{pmatrix} = \begin{pmatrix} S & 0 \\ 0 & S \end{pmatrix} \begin{pmatrix} x'_1 \\ y'_1 \end{pmatrix}$$

③ 3단계 : (x'', y'')에서 (x''', y''')로 회전

동일 원점을 갖는 두 직교좌표 중에 한 좌표계가 원점을 축으로 반시계방향의 각 θ만큼 회전하였다면 (x''', y''')는 θ와 (x'', y'')의 함수로 나타낼 수 있다.

식으로 나타내면 다음과 같다.

$$\begin{cases} X_1 = x''_1 \cdot \cos\theta + y''_1 \cdot \sin\theta \\ Y_1 = -x''_1 \cdot \sin\theta + y''_1 \cdot \cos\theta \end{cases}$$

위 식을 행렬로 나타내면 다음과 같다.

$$\begin{pmatrix} X \\ Y \end{pmatrix} = \begin{pmatrix} \cos\theta & \sin\theta \\ -\sin\theta & \cos\theta \end{pmatrix} \begin{pmatrix} x''_1 \\ y''_1 \end{pmatrix}$$

④ 위의 3가지 변환과정들을 모두 포함하는 식으로 나타내면 다음과 같다.

$$\begin{cases} X_1 = S \cdot (x_1 + T_x)\cos\theta + S \cdot (y_1 + T_y)\sin\theta \\ Y_1 = -S \cdot (x_1 + T_x)\sin\theta + S \cdot (y_1 + T_y)\cos\theta \end{cases}$$

위의 식을 간단히 나타내면 다음과 같다.

$$\begin{cases} X = ax + by + c \\ Y = ay - bx + d \end{cases}$$

여기서, $a = S \cdot \cos\theta$
$b = S \cdot \sin\theta$
$c = S \cdot T_x \cos\theta + S \cdot T_y \sin\theta$
$d = -S \cdot T_x \sin\theta + S \cdot T_y \cos\theta$

(2) 2차원 부등각 변환(2D Affine Transformation)

2차원 부등각 변환은 2차원 등각 변환에 대한 축척에서 X, Y축 방향에 대해 축척인자가 다른 차이를 갖는 변환이다. 이 변환에서는 두 좌표계의 회전에 의해 비직교성에 의한 각 α가 생긴다. 여기서 미지수는 S_x, S_y, θ, α, T_x, T_y가 된다.

① 1단계 : X축과 Y축 방향으로 평행이동하여 얻은 좌표를 (x_1, y_1)이라 하고, 여기에 축척계수가 곱해진 것을 (x_2, y_2)라 하면 다음과 같다.

$$\begin{cases} x_1 = X + T_x \\ y_1 = Y + T_y \end{cases}, \quad \begin{cases} x_2 = S_x(X + T_x) \\ y_2 = S_y(Y + T_y) \end{cases}$$

② 2단계 : (x_2, y_2)를 X, Y 평면에서 θ만큼 회전시켜 얻는 새로운 좌표를 (x, y)라 하면 다음과 같다.

$$\begin{cases} x = x_2\cos\theta + y_2\sin(\theta + \alpha) \\ y = y_2\cos(\theta + \alpha) - x_2\sin\theta \end{cases}$$

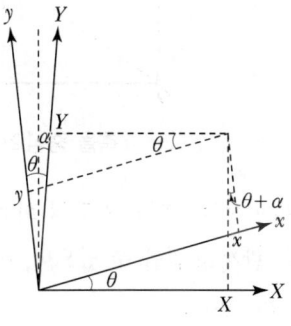

[그림 1-38] 비상사 변환

③ 3단계 : 2단계의 두 식에 1단계의 $(x_2,\ y_2)$를 대입하면 다음과 같다.

$$\therefore x = S_x(X+T_x)\cos\theta + S_y(Y+T_y)\sin(\theta+\alpha)$$
$$= S_x X\cos\theta + S_x T_x\cos\theta + S_y Y\sin(\theta+\alpha) + S_y T_y\sin(\theta+\alpha)$$

$$\therefore y = S_y(Y+T_y)\cos(\theta+\alpha) - S_x(X+T_x)\sin\theta$$
$$= S_y Y\cos(\theta+\alpha) + S_y T_y\cos(\theta+\alpha) - S_x X\sin\theta - S_x T_x\sin\theta$$

④ 4단계 : 식을 간단하게 하기 위하여 $a_1 = S_x T_x\cos\theta + S_y T_y\sin(\theta+\alpha)$, $a_2 = S_x\cos\theta$, $a_3 = S_y\sin(\theta+\alpha)$라 하면 $x = a_1 + a_2 X + a_3 Y$이고,
$b_1 = S_y T_y\cos(\theta+\alpha) - S_x T_x\sin\theta$, $b_2 = -S_x\sin\theta$, $b_3 = S_y\cos(\theta+\alpha)$라 하면 $y = b_1 + b_2 X + b_3 Y$이다.

4단계에서 정리한 a_1, a_2, a_3, b_1, b_2, b_3를 미지수로 하여 최소제곱법을 반복하여 실행한다.

3. 3차원 상사좌표변환(3D Conformal Transformation)

(1) 3차원 회전변환

x', y', z'좌표축을 x, y, z좌표축으로 회전할 때 회전각을 ω, ϕ, κ으로 표시하며 좌표계의 변환식은 다음과 같다.

$$\begin{bmatrix} x \\ y \\ z \end{bmatrix} = M_{k\phi w}\begin{bmatrix} x' \\ y' \\ z' \end{bmatrix} = M_k \cdot M_\phi \cdot M_w \begin{bmatrix} x' \\ y' \\ z' \end{bmatrix}$$

(2) x축을 중심으로 좌표 회전(ω)

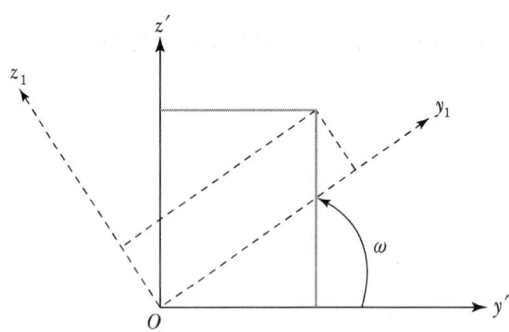

[그림 1-39] x축을 중심으로 좌표 회전(ω)

x축을 중심으로 반시계방향으로 ω만큼 좌표를 회전시킨다면 새로운 좌표는 변환 전의 좌표계에 대하여 다음과 같은 관계를 얻을 수 있으며, 이 관계를 행렬로 표시할 수 있다.

$$\omega : x',\ y',\ z' \rightarrow x_1,\ y_1,\ z_1$$
$$x_1 = x',\ y_1 = y'\cos\omega + z'\sin\omega,\ z_1 = -y'\sin\omega + z'\cos\omega$$

이러한 관계를 행렬식으로 나타내면 다음과 같다.

$$X_1 = M_\omega \cdot X'$$

여기서, $M_\omega = \begin{bmatrix} 1 & 0 & 0 \\ 0 & \cos\omega & \sin\omega \\ 0 & -\sin\omega & \cos\omega \end{bmatrix}$

(3) y축을 중심으로 좌표 회전(ϕ)

$\phi : x_1,\ y_1,\ z_1 \rightarrow x_2,\ y_2,\ z_2$

$x_2 = x_1\cos\phi - z_1\sin\phi$
$y_2 = y_1$
$z_2 = x_1\sin\phi + z_1\cos\phi$

이러한 관계를 행렬식으로 나타내면 다음과 같다.

$$X_2 = M_\phi \cdot X_1$$

여기서, $M_\phi = \begin{bmatrix} \cos\phi & 0 & -\sin\phi \\ 0 & 1 & 0 \\ \sin\phi & 0 & \cos\phi \end{bmatrix}$

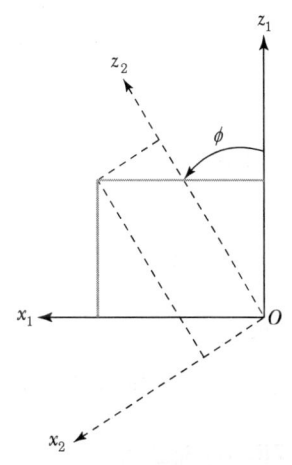

[그림 1-40] y축을 중심으로 좌표 회전(ϕ)

(4) z축을 중심으로 좌표 회전(κ)

$\kappa : x_2,\ y_2,\ z_2 \rightarrow x,\ y,\ z$

$x = x_2\cos\kappa + y_2\sin\kappa$
$y = x_2(-\sin\kappa) + y_2\cos\kappa$
$z = z_2$

이러한 관계를 행렬식으로 표현하면

$$X_3 = M_\kappa \cdot X_2$$

여기서, $M_\kappa = \begin{bmatrix} \cos\kappa & \sin\kappa & 0 \\ -\sin\kappa & \cos\kappa & 0 \\ 0 & 0 & 1 \end{bmatrix}$

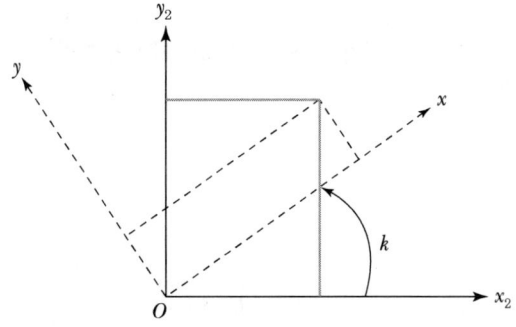

[그림 1-41] z축을 중심으로 좌표 회전(κ)

(5) 3차원 회전변환

하나의 3차원 좌표에서 다른 3차원 좌표변환을 의미하며, 변환 후에도 원래 모양이 유지된다.

$$\begin{bmatrix} x \\ y \\ z \end{bmatrix} = S \cdot M_{k\phi w} \begin{bmatrix} x' \\ y' \\ z' \end{bmatrix} + \begin{bmatrix} x_0 \\ y_0 \\ z_0 \end{bmatrix} = s \begin{bmatrix} r_{11} & r_{12} & r_{13} \\ r_{21} & r_{22} & r_{23} \\ r_{31} & r_{32} & r_{33} \end{bmatrix} \begin{bmatrix} x' \\ y' \\ z' \end{bmatrix} + \begin{bmatrix} x_0 \\ y_0 \\ z_0 \end{bmatrix}$$

40 초장기선간섭계(VLBI : Very Long Baseline Interferometry)

VLBI(초장기선간섭계)는 수십억 광년 떨어져 있는 특정 준성(퀘이사 : QUASAR)에서 방사된 전파를 지구상 수백~수천 km 떨어진 두 지점 이상의 VLBI 안테나에서 동시에 수신하여 전파가 도달하는 시간차, 즉 지연시간을 정밀하게 계측하고 해석함으로써 관측점의 위치좌표를 고정밀로 구하는 시스템을 말한다. 두 지점 간의 거리를 기하학적으로 산출함으로써 수천 km 이상의 거리를 mm 수준으로 측정하는 우주측지기술이다.

1. VLBI의 원리

VLBI는 각각의 전파망원경이 수신한 전파신호를 간섭시킴으로써 천체의 정확한 위치 및 화상을 얻는다. 지구로부터 멀리 떨어져 있는 전파는 평행하게 2개의 안테나에 도달한다고 가정한다.

(1) 전파원

수십 광년의 거리에서 전파 강도가 강한 점원이나 부근에 다른 전파원이 없는 준성을 선택한다.

(2) 거리(S) 계산

준성의 먼 거리로부터 전파가 2개의 안테나에 평행하게 도달한다고 가정하면

$$C \cdot \tau = S\cos\varphi \quad \therefore S = \frac{C \cdot \tau}{\cos\varphi}$$

여기서, $S = A_1$과 A_2 사이의 거리, $\varphi = \angle QA_1A_2$, C=광속도, τ=지연시간

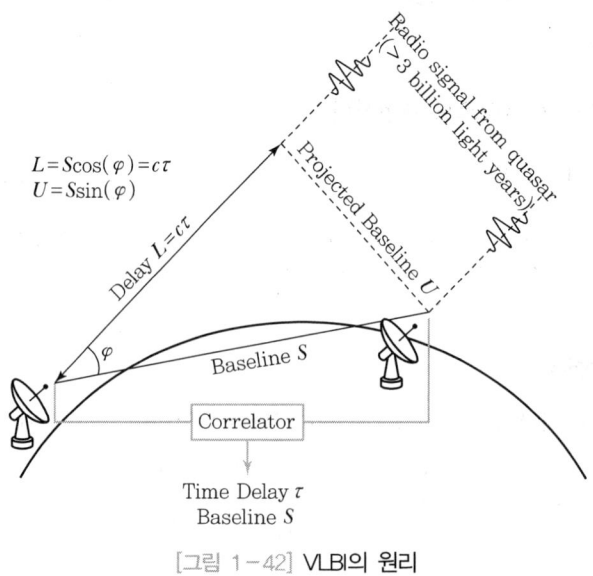

[그림 1-42] VLBI의 원리

(3) 지연시간(τ)

지연시간은 전파산란 때문에 변하므로 지연시간 보정치, 준성의 적경과 적위, 기선의 위치벡터를 미지수로 한 최소제곱법에 의해 거리를 결정한다.

(4) 미지량 관측

1개의 전파원에 대해 1조의 간섭계로 미지량을 한 번에 관측하기 어려워 관측점수를 늘리거나 전파원수를 늘려 관측한다.

2. VLBI의 특징

(1) 안테나 사이의 거리, 즉 두 점 사이의 거리와 상관없이 수 cm의 정확도로 관측 가능하다.
(2) 정밀 측량으로 장거리 기선관측, 지각변동, 지구의 극운동 관측 등에 이용된다.
(3) 지연시간은 지구 자전에 따라 수시로 변한다.
(4) 전파망원경은 고정식과 이동식이 있다.
(5) 최근에는 VLBI 방법을 GNSS에 응용한 GNSS – VLBI 방법에 의한 소형 지상관측 장비를 활용하여 약 100km 이상의 거리에 대해 2~3cm 정확도 획득이 가능하다.

3. VLBI의 조건

(1) 안테나 직경이 커야 한다.
(2) 안테나는 빠른 구동속도를 가져야 한다.
(3) 안테나에서 수신한 다양한 전자기파 중 필요한 전자기파만을 필터링할 수 있는 수신기를 지녀야 한다.
(4) 각 관측국마다 도달한 전자기파의 시간을 정밀하게 비교할 수 있어야 한다.

4. VLBI 자료처리

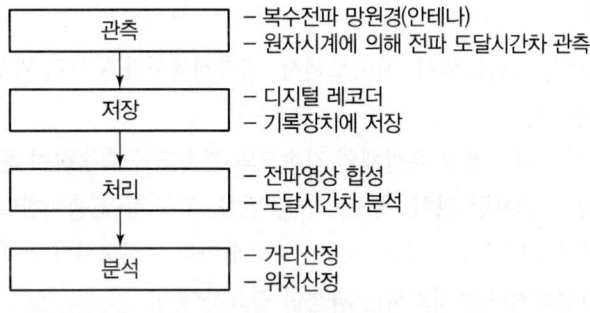

[그림 1-43] VLBI 자료처리 흐름도

5. VLBI의 오차 및 보정

(1) 지연시간 관측의 우연오차
(2) 관측지점마다 일정의 편의를 포함시키는 계통오차
(3) 물리모델의 불안정에서 생기는 오차
(4) 준성의 위치와 구조에 기인하는 오차
(5) 많은 지점을 관측하고, 충분한 시간 동안 관측하여 최소제곱법으로 조정

6. VLBI의 활용

(1) 국토기본도와 관련된 측지원점의 관리
(2) 지각의 수평이동 연구
(3) 대륙 간 삼각망 연결
(4) 바다의 영향에 따른 지각의 수직운동 연구
(5) GNSS를 보완하고 지원하는 관측보조 시스템
(6) 지구회전 등 지구물리 연구
(7) 정확한 시보를 위한 UT1의 결정
(8) 국제 합동관측에 의한 지구판의 운동, 지구회전, 지구 극운동 연구

41 관성항법시스템

이동물체의 가속도를 구하여 적분함으로써 거리를 계산하는 방법으로 3축 직교자이로와 3쌍의 가속도계를 사용함으로써 3차원 값을 획득할 수 있다.

1. 관성항법시스템

(1) 관성항법시스템은 가속도센서, 자이로센서, 지자계센서가 통합된 관성측량장치(IMU)를 이용한 항법장치이다.
(2) 자이로스코프와 가속도계는 운반체의 각속도와 가속도를 측정하여 좌표변환, 적분, 필터링 등을 통해 항법에 필요한 위치, 속도, 자세, 방향, 고도 등을 출력한다.
(3) 짧은 구간에서는 정밀도가 높지만 시간이 지남에 따라 누적오차가 발생하기 때문에 누적되는 위치오차를 보정하거나 초기화하는 과정이 필요하다.

2. 관성측량의 역사

(1) 1953년 미국에서 관성항법시스템을 탑재한 항공기 시험비행에 성공하였다.
(2) 1960년대부터 민간항공기에도 관성항법시스템이 적용되었다.
(3) 1972년 포격을 위해 개발된 PADS가 INS를 위치결정에 이용하는 직접적인 계기가 되었다.
(4) 탑재기를 자동차나 헬기에 장착하여 매우 넓은 지역을 빠른 속도로 측정하였으나 정확도는 매우 낮다(1~2cm).
(5) 1979년 군용 폭격용으로 개발한 장비를 측량목적으로 개조한 GEOSPIN의 등장으로 정확도가 10~20cm로 향상되었다.

3. 관성항법장치의 구성

관성항법장치는 자이로스코프, 가속도계를 세 축으로 구성하고 컴퓨터와 통합된 Unit으로 구성된다.

(1) 자이로스코프

① 자이로스코프는 자세와 각속도를 측정하는 장치로 그리스 말로, '회전'이라는 뜻의 'Gyro'와 '본다'는 뜻의 'Skopein' 단어를 이용하여 'Gyroscope'라는 말이 만들어졌다.
② 팽이처럼 어떤 물체가 회전하고 있으면 그 회전자의 회전축은 공간상에서 일정한 방향을 유지하려는 성질이 있다.
③ 이 성질을 이용하여 1852년 프랑스의 물리학자 장 푸코(Jean Foucault)가 지구가 자전하는 것을 보여줄 수 있는 기구를 만들었다.

(2) 가속도계

① X, Y, Z방향으로 가속도를 측정한다.
② 진자를 운동체에 장치해 두면 운동체의 가속도 영향으로 진자가 움직인다.
③ 진자의 주기가 짧으면 그 흔들림은 운동체의 가속도에 비례한다.
④ 가속도계는 바닥면에 대하여 수직방향으로 진동에 대해 감지한다.

(3) 전자장치

휠, 센서와 컴퓨터에 전원을 공급하는 전원장치, 각 기능별로 센서의 출력값을 증폭·필터링하는 전자회로 센서의 온도를 일정하게 유지해 주는 온도제어회로, 좌표변환 계산과 항법자료 계산을 위한 컴퓨터 등으로 구성된다.

4. 위치결정 원리

(1) 관성항법은 운반체의 각속도와 가속도를 측정하여 시간에 대한 연속적인 적분을 수행하고 운반체의 위치와 속도를 결정하는 일련의 처리과정이다.

(2) 가속도 등 필요한 정보를 외부의 도움 없이 운반체 내에 설치된 관성센서를 통해서 얻는다.
(3) 가속도를 시간에 대하여 적분하면 속도가 산출되며, 속도를 시간에 따라 다시 적분하면 거리를 산출할 수 있다.
(4) 측정된 가속도는 방향을 지닌 기준좌표계를 세 축의 성분으로 분해할 수 있으며, 방향과 거리를 이용하여 현재 위치를 구할 수 있다.

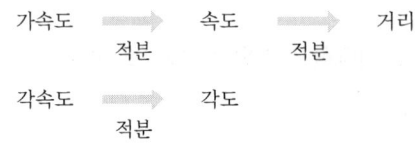

[그림 1-44] 이동거리 및 자세방향각의 산출

5. 관성측량의 장단점

(1) 악천후나 전파방해 등 기후조건과 지역에 무관하게 신속한 측정이 가능하다.
(2) 위치, 속도, 방향 및 가속도를 동시에 빠른 속도로 결정할 수 있다.
(3) 시간이 길어지거나 장거리일수록 오차 범위가 증가한다.
(4) GNSS의 등장으로 위치 결정 시 단독으로 거의 사용되지 않고 GNSS와 결합하여 사용된다.

6. 관성측량 적용

(1) GNSS의 활용분야
GNSS의 결점을 보완하기 위한 센서로 활용

(2) 항공사진측량분야
항공사진측량, 레이저거리측량, 항공중력관측, 원격탐측 등

(3) 일반측량분야
기준점측량, 세부측량, 지거측량, 공사측량, 해상측량 등

42 지하시설물측량

시설물을 조사·탐사하고 위치를 측량하여 도면 및 수치로 표현하고 데이터베이스로 구축하는 것을 말한다. 조사란 시설물의 제원과 속성을 직접 현장에서 확인하는 것이며, 탐사란 지하에 매설된 시설물의 위치와 깊은 정도를 탐사기기에 의하여 측정하는 것을 말한다.

1. 시설물 탐사 대상

시설물 탐사의 대상은 도로, 상수관로, 하수관로, 가스관로, 통신관로, 전기관로, 난방열관, 송유관이다.

(1) 폭이 4m 이상인 도로
(2) 관경이 50mm 이상인 수도
(3) 관경이 200mm 이상인 하수도
(4) 관경이 50mm 이상인 가스공급시설
(5) 관경이 50mm 이상인 전기통신설비
(6) 관경이 100mm 이상인 전기설비
(7) 모든 송유관 및 모든 난방열관

2. 지하시설물측량 절차

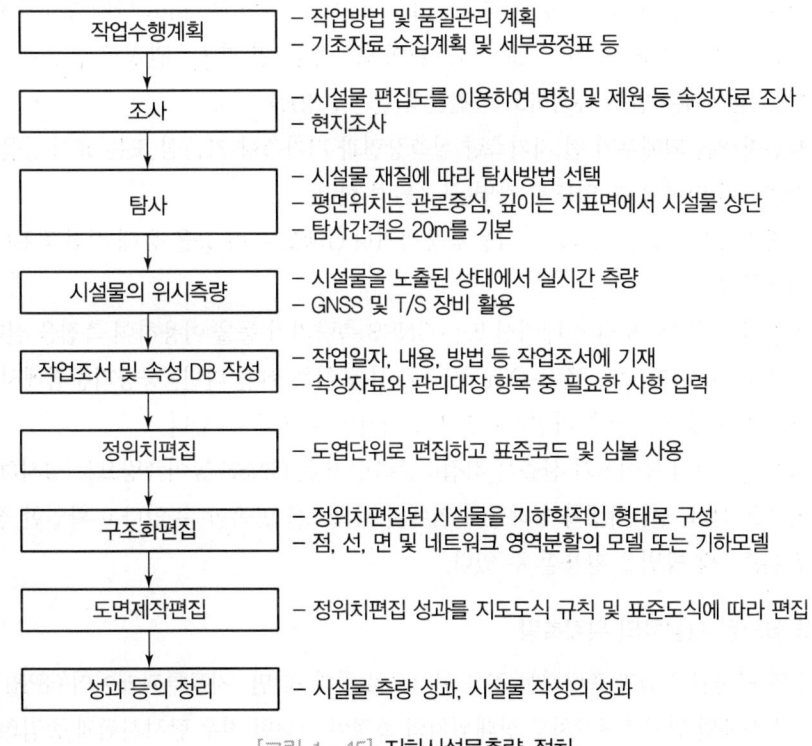

[그림 1-45] 지하시설물측량 절차

3. 지하시설물의 위치측량

시행자는 신설·변경된 지하시설물을 노출된 상태에서 실시간 측량하여야 한다.

(1) 실시간 측량

　① GNSS 장비 활용
　② 되메우기 전 실시간 측량
　③ 측량사진 촬영(근·원경)
　④ 복구 및 현황측량

(2) TS 장비 활용

　① 공공기준점 설치
　② 실시간 측량
　③ 측량사진 촬영(근·원경)
　④ 복구 및 현황측량

(3) 신규로 매설되는 시설물의 위치측량

　① 시설물 공사가 완료된 후, 굴착된 땅을 되메우기 전에 스타프 및 강권척 등을 이용하여 지거측량 기준점을 중심으로 매설관로의 이격거리 및 깊이를 mm 단위까지 실측한다.
　② 실측 간격은 20m를 기준으로 하되, 관의 곡선부분 및 관종·관경의 변경 등 특이사항이 있을 경우에는 별도 측정하고 사진촬영(근·원경)을 한다.
　③ 사진촬영은 되메우기 전 지거측량 실측장면과 지거측량 기준점 또는 표식 등을 다른 측량작업자가 알아볼 수 있도록 촬영(근·원경)한다.
　④ 지거측량 기준점은 측량기준점을 활용하거나 GNSS 측량 등을 통해 지점 좌표(X, Y, Z)를 취득한다.
　⑤ 공공기준점에서 토털 스테이션 또는 GNSS 측량기기 등을 이용하여 측점을 절대측량하여 측점별 좌표[$(X_0, Y_0, Z_0) \sim (X_n, Y_n, Z_n)$]를 취득한다. 다만, 공공기준점에서 시설물 직접관측이 불가한 경우 가설기준점을 설치하여 활용할 수 있다.
　⑥ 가설기준점의 높이성과 산출은 직접수준측량 또는 GNSS 높이측량으로 실시하는 것을 원칙으로 한다. 단, 시행자가 해당 지역에서 정확도를 만족할 수 있다고 확인한 경우에는 간접수준측량 방법을 활용할 수 있다.

(4) 이미 설치된 시설물의 위치측량

조사 및 탐사된 지점만 측량하는 것을 원칙으로 한다. 다만, 지표투과레이더(GPR) 탐사 시 탐사기기 자체의 위치측정장치로 상대위치의 측정이 가능한 경우 탐사시점과 종점의 좌표를 측정하여 상대적으로 위치좌표를 산출할 수 있다.

(5) 지형·지물을 기준으로 한 시설물 측량

반드시 측량의 기준이 되는 지형·지물에 대한 상세한 점의 기록을 작성하여야 하며, 기준이 되는 지형·지물에서 이격거리(인도 경계석과 도로가 접한 면으로부터의 수직 이격거리를 말함)에 의하여 측량할 수 있다.

(6) 기준점을 이용한 시설물 측량

① 측량기준점을 이용하여 일정거리 또는 도엽별로 기준점표지(X, Y, Z)를 설치한다.
② 기준점표지는 측량방법에 따라 설치하고, 기준점표지를 기준으로 시설물의 주요관로 및 맨홀 등의 위치를 측정한다.

4. 지하매설물 탐사기법

전도체에 전기를 통하게 하고 도체 주변에 자장을 형성하여 그 크기로부터 위치를 취득하는 전자유도 탐사법과 전자파의 전파를 반사파의 성질을 이용하여 지중의 각종 현상을 밝혀내는 지중레이더 탐사법이 있다.

43 지표투과레이더(GPR) 탐사

지하를 단층촬영하여 시설물 위치를 판독하는 방법으로 지상의 안테나에서 지하로 전자파를 방사시켜 대상물에서 반사 또는 주사된 전자파를 수신하여 반사강도에 따라 다양한 색상 또는 그래픽으로 표현되는 형상을 분석하여 매설관의 평면위치와 깊이를 측정하는 방법이다.

1. 지하시설물 탐사방법

(1) **지중투과레이더 탐사법** : 비금속관, 금속관, 콘크리트 등 측정
(2) **자장탐사법** : 금속관 측정
(3) **음파탐사법** : 비금속 수도관로 탐사에 유용
(4) **전기탐사법** : 토질의 공극률, 함수율 등 토질의 지반상황 변화 추적

2. 지표투과레이더(GPR) 탐사법

(1) GPR 탐사장비의 구성

① 전자기파를 발생시키고 수신하는 송·수신기
② 전자기파의 송수신기인 측정 안테나
③ 데이터 전송, 저장 분석장치 및 출력장치

(2) GPR 탐사의 종류

① 반사법 탐사 : 송수신 안테나를 일정한 간격으로 일정하게 유지시키면서 측선을 따라 지표에서 탐사를 수행하여 지하 단면을 영상화하는 방법으로, 지층 경계면을 영상화하는 데 가장 많이 적용되는 탐사법이다.

② 공통중간점 탐사 : 송수신 안테나의 거리를 일정하게 벌려가면서 탐사를 수행하며, 이때 송수신 안테나의 거리 외 전파시간과의 관계를 통해 지하매질의 속도를 추정하는 데 사용도니다.

(3) 투과법

송신 안테나는 매질의 한쪽에, 수신 안테나는 반대쪽에 위치시켜서 탐사를 수행하며 기둥, 보, 교각 같은 구조물의 비파괴 검사에 사용된다.

(4) GPR 탐사에 영향을 미치는 요소

① 유전상수 : 전기장이 가해졌을 때 어떤 물질의 전하를 측정할 수 있는 정도이다.

② 전기전도도 : 전기장이 가해졌을 때 전류를 흐르게 할 수 있는 능력으로 금속성이나 이온성 물질에서 높다.

44 지하공간정보

지하공간은 경제적 이용이 가능한 범위 내에서 지표면의 하부에 자연적 또는 인공적으로 조성된 일정 공간이다. 대부분의 지하시설물이 존재하고 활용이 활발히 이루어지는 영역에 존재하는 지하정보를 지하공간정보라 한다.

1. 지하공간정보의 정의

(1) 법적 정의(「지하안전관리에 관한 특별법」)

「국가공간정보 기본법」에 따른 공간정보 중 지반특성, 지하시설물 위치 등 지하에 관한 정보이다.

(2) 내용적 정의

지하공간상에 존재하는 자연적 또는 인공적인 객체에 대한 위치정보 및 이와 관련된 공간적 인지 · 의사결정에 필요한 정보이다.

2. 지하공간정보의 종류

(1) 지하시설물

① 지하시설물 : 지하공간에 인공적으로 매설된 7종의 지하시설물(상수도, 하수도, 통신, 난방, 전력, 가스, 송유관)

② 지하구조물 : 지하공간에 인공적으로 제작된 6종의 지하구조물(지하철, 공동구, 지하상가, 지하도로, 지하보도, 지하주차장)

(2) 지하정보

자연적으로 형성된 토층·암층에 관한 시추·지질·관정에 관한 정보

3. 지하공간정보의 활용 목적

(1) 지하공간의 안전관리를 위한 땅속 정보 활용 기반 마련

「지하안전관리에 관한 특별법」 제정에 따른 지하안전평가, 지반침하위험도평가 등 지원을 위한 지하안전관리의 활용기반 마련

(2) 대규모 도시계획, 건설계획 등의 정책수립 시 합리적 의사결정 지원

육안 확인이 불가능한 땅속 정보에 대한 선제적 검토를 통해 난개발 방지, 건설계획 수립 등 정책수립 지원

(3) 지진, 산사태, 화재 등 재해·재난 대응의 핵심 기초자료로 활용

최근 급증하고 있는 지하안전사고, 재해·재난, 스마트시티 구축 등에서의 지하공간정보 기반의 지하안정성 확보 및 예방·대응체계 구축 필요

45 지하공간통합지도

지하공간을 개발·이용·관리함에 있어서 기본이 되는 지하시설물, 지하구조물, 지하정보 등의 지하공간상의 정보를 통합한 지도를 말한다. 지하공간상의 인공적·자연적인 객체에 대한 위치정보와 공간적 인지를 위한 정보를 포함하는 공간데이터이다.

1. 배경 및 필요성

(1) 배경

① 인구증가 및 산업화에 따른 급속한 도시화로 인해 지표중심의 토지이용에 한계가 나타남에 따라 지하공간에 대한 개발과 활용이 점차 증가하고 있다.

② 한정된 국토공간을 효율적으로 활용한다는 측면에서 가장 큰 장점을 가지는 동시에 싱크홀 및 지반침하, 지하시설물 파손과 같은 재난재해가 발생할 수 있다는 문제점이 있다.

③ 2015년부터 15종의 지하정보를 통합한 지하공간통합지도가 구축되고 있으며, 2016년에는 「지하안전관리에 관한 특별법」(「지하안전법」)을 제정하고 2018년부터 시행하였다.

(2) 필요성

① 최근 무분별한 굴착, 지하수개발로 도로침하, 지반침하, 싱크홀 등 지하공간 안전사고가 거듭하여 발생하면서 국민들의 불안이 가중되고 있다.

② KTX 건설, 대도시 터널 등 지하개발이 급증하고 상수도 등 지하시설물이 계속 증설되면서 시설물 노후화가 급속히 진행되고 있다.

③ 개별기관에 산재된 지하정보로는 안전사고의 즉각적인 대응에 제약이 있어 지하정보 통합관리가 필요하다.

2. 현황 및 문제점

(1) 지하공간정보는 국토교통부, 산업통산자원부, 지방자치단체, 유관기관, 수자원공사 및 농어촌공사 등에서 필요에 따라 개별적으로 구축되어 있다.

(2) 지하시설물의 경우 2차원 중심으로 구축되어 있다.

(3) 지하구조물정보는 도면 형태로 관리된다.

(4) 지반정보는 지반 관리기관에서 2차원 공간정보로 관리된다.

3. 구분

(1) 2D 지하공간통합지도

3D 지하공간정보를 투영하여 지하공간의 구성현황을 파악할 수 있도록 구성되어 있다.

(2) 3D 지하공간통합지도

지하공간정보의 3D 모델링을 통하여 입체적으로 지하공간의 구성현황을 파악할 수 있도록 구성되어 있다.

4. 지하공간통합지도 구성

지하공간정보는 지하의 공간에 존재하는 자연적 또는 인공적인 객체에 대한 위치정보 및 이와 관련된 인지 및 의사결정에 필요한 정보를 말한다.

(1) 지하시설물 정보
  ① 지하공간에 매설되어 있는 7대 지하시설물 중 송유관 정보를 제외한 6종의 시설물 정보
  ② 상수도, 하수도, 통신, 난방, 전력, 가스

(2) 지하구조물 정보
  ① 지표면 아래 구축되는 구조물에 관한 정보
  ② 공동구, 지하철, 지하보도, 지하도로, 지하상가, 지하주차장

(3) 지하정보
  ① 지하지층(토층, 암층)에 관한 정보
  ② 시추정보, 관정정보, 지질정보

5. 활용분야
  (1) **공공분야** : 지반이나 지하시설물의 관리 · 재난 · 재해 대응, 지하개발의 안전성 확보에 활용
  (2) **민간분야** : 건축 · 건설 분야의 계획 · 설계, 시공, 안전관리 등에 활용
  (3) 지반이 취약한 지역의 대규모 지하 개발 인 · 허가 시 지반 등의 안전성을 분석하고 대책을 수립하는 '사전 안전성분석'에 활용

CHAPTER 03 주관식 논문형(논술)

01 우리나라 측지기준(Geodetic Reference System)

1. 개요

3차원 지구 공간상에서 객체에 대한 3차원 위치를 표현하기 위해서는 위치의 기준이 되는 지구의 형상에 대한 물리적·수학적 표현이 필요하다. 측지기준계는 지구상의 제점의 위치를 결정하기 위한 측지기준, 좌표에 대한 해설, 좌표계, 데이터의 처리방법과 국제적으로 채택된 상수값 및 투영법을 포함하는 완전한 기준계를 의미한다. 한 국가의 측지기준계는 그 나라의 위치를 표현하는 기반을 제공하는 것으로서 일반적으로 법령에 기초하여 국가가 정의하고 유지·관리하고 있으며, 측지기준계의 골격이 되는 측지기준점은 지도제작, 지적측량, 각종 건설공사 등에 국토의 정확한 위치기준을 제공하여 준다.

2. 측지계 개념

(1) 측지계의 정의

① 지구의 형상을 나타내는 타원체와 지구상 위치를 나타내기 위해 기준이 되는 좌표계를 총칭하는 기준계를 말한다.
② 타원체가 정해지면 해당 지역에 가장 적합한 타원체의 위치기준을 정하게 되며, 이를 데이텀(Datum, 측지계)이라고 한다.
③ Datum은 지도에 표시된 좌푯값들의 산출근거가 되는 수학적인 값이다.
④ WGS84 타원체를 바탕으로 만든 Datum은 타원체 이름을 그대로 사용하여 WGS84라고 한다.
⑤ Bessel 1841 타원체를 바탕으로 만든 지도의 Datum은 Tokyo라 한다.

(2) 측지계의 특징

① 측지기준은 지도상에 지표면상의 위치를 표현하거나 계산하기 위하여 필요한 파라미터들, 즉 지구의 형상으로 표현되는 수학적인 지구모델인 기준타원체의 크기와 좌표계의 원점과 방향을 표시하는 파라미터들로 정의할 수 있다.
② 지구상의 위치를 물리적인 지구에 가장 적합하도록 구현하고자 적당한 차원의 수량적 좌표로 표현하기 위한 체계를 측지계라고 한다.

③ 측지계는 국가단위에서 적용하는 경우에서부터 국제협력을 통해 세계 전역에 적용되는 경우 등 여러 가지가 있다. 이 중 국가단위의 측지계는 각국의 법령에 의하여 국가기관이 정의하고 유지·관리하는 경우가 많다.
④ 국가나 한 지역에서 하나의 측지계를 채용하여 통일된 좌표체계를 유지하는 경우도 있지만 기술적인 이유 또는 정책적인 이유로 인하여 두 가지 이상의 측지계를 운영하기도 한다.
⑤ 측지계를 기준으로 지구 표면의 위치는 위도, 경도, 타원체고, 평면직각좌표, 3차원 직교좌표 등으로 나타낼 수 있다.

3. 우리나라 측지기준

(1) 위치의 기준
① 「공간정보의 구축 및 관리 등에 관한 법률」 제6조 측량기준에 정의하고 있다.
② 측량의 위치기준은 세계측지계에 따라 측정한 지리학적 경위도와 높이로 표시한다. 다만, 지도제작 등을 위하여 필요한 경우에는 직각좌표와 높이, 극좌표와 높이, 지구중심 직교좌표 및 그 밖의 다른 좌표로 표시할 수 있다.
③ 측량의 원점은 대한민국 경위도원점 및 수준원점으로 한다. 다만, 섬 등 대통령령으로 정하는 지역에 대하여는 국토교통부장관이 따로 정하여 고시하는 원점을 사용할 수 있다.

(2) 원점의 정의
① 직각좌표는 T·M(Transverse Mercator, 횡단 머케이터) 방법으로 표시하고, 원점의 좌표는 X=0, Y=0으로 한다.
② X축은 좌표계 원점의 자오선에 일치하여야 하고, 진북방향을 정(+)으로 표시하며, Y축은 X축에 직교하는 축으로서 진동방향을 정(+)으로 한다.
③ 세계측지계에 따르지 아니하는 지적측량의 경우에는 가우스상사이중투영법으로 표시하되, 직각좌표계 투영원점의 가산수치를 각각 X(N) 500,000m(제주도 지역은 550,000m), Y(E) 200,000m로 하여 사용할 수 있다.

(3) 원점의 기준
① 서부원점 : 북위 38°, 동경 125°, X(N)=600,000m, Y(E)=200,000m
② 중부원점 : 북위 38°, 동경 127°, X(N)=600,000m, Y(E)=200,000m
③ 동부원점 : 북위 38°, 동경 129°, X(N)=600,000m, Y(E)=200,000m
④ 동해원점 : 북위 38°, 동경 131°, X(N)=600,000m, Y(E)=200,000m

4. 우리나라 측지계

(1) 한국 측지계 구성

① IERS에서 발표한 ITRF2000 좌표계와 IUGG에서 채택한 GRS80 타원체를 기준으로 하고 있다.

② 한국 측지계 2002에서 2002의 의미는 ITRF2000 좌표계를 2002년 1월 1일의 특정 시점에 고정했다는 것이다.

③ 한반도 대륙판은 매년 동남쪽 방향으로 약 3.5cm씩 움직이고 있기 때문에 지구의 이동에 따라 좌푯값이 변화하게 되므로 기준을 잡기 위하여 특정 시점에 고정한 것이다.

(2) ITRF2000(International Terrestrial Reference Frame)

① 기존의 위치표시방법이던 경위도 좌표체계를 지구중심 좌표계로 변경하였다.

② IERS에서 구축하고 있는 3차원 직교좌표계로 가장 신뢰할 수 있는 지구중심 좌표계이다.

③ 조석변위와 같은 지구의 순간 변화까지 고려하여 결정되며, 정기적으로 수정·보완되고 있다.

(3) GRS80 타원체(Geodetic Reference System 1980)

① 국제측지학회(IAG)에서 1980년에 측량기준계로 정한 타원체이다.

② GPS 기준인 WGS84 타원체와 실용상 거의 차이가 없다.

③ 타원체의 중심은 지구 질량 중심이다.

④ 타원체의 장축은 지구 자전축과 일치한다.

⑤ 타원체의 긴반지름(a)은 6,378,137m이다.

⑥ 편평률(f)은 1/298.257222101이다.

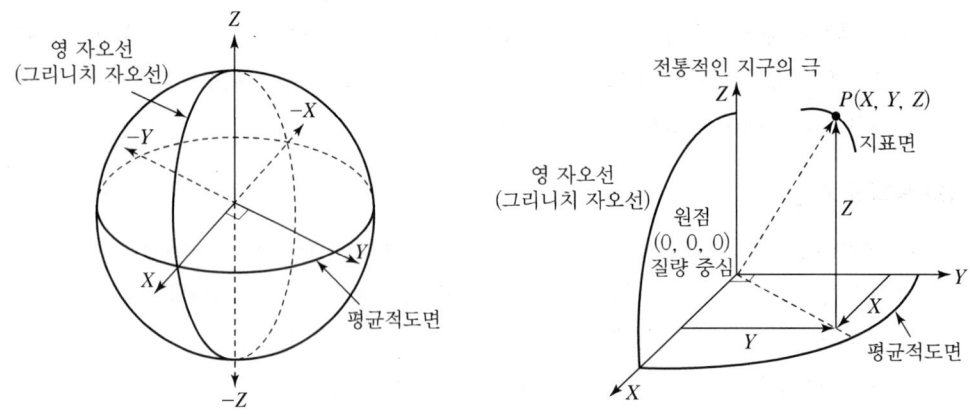

[그림 1-46] ITRF 좌표계

(4) 우리나라 TM 투영

① 좌표 지역대가 2°이고 중앙자오선에서의 축척계수가 1.0000인 평면직각좌표를 사용하고 있으며 4개 원점을 가지는 평면직각좌표계로 구분하여 사용하고 있다.

② 각 좌표계의 경계는 경도를 기준으로 경도 124~126° 구간을 서부원점, 126~128° 구간을 중부원점, 128~130° 구간을 동부원점, 130~132° 구간을 동해원점으로 하고 있다.

③ 각 좌표계에서는 위도 38°와 각 좌표계의 중앙자오선을 각각 종좌표와 횡좌표의 기준으로 한다.

(5) 평면직각좌표계

① 서부원점, 중부원점, 동부원점, 동해원점으로 구성되었다.
② 4개의 평면직각좌표 원점에 대한 4개의 평면직각좌표계를 사용하였다.
③ 각 좌표계의 투영법은 TM 투영법을 사용한다.
④ 축척계수는 1.0000으로 한다.

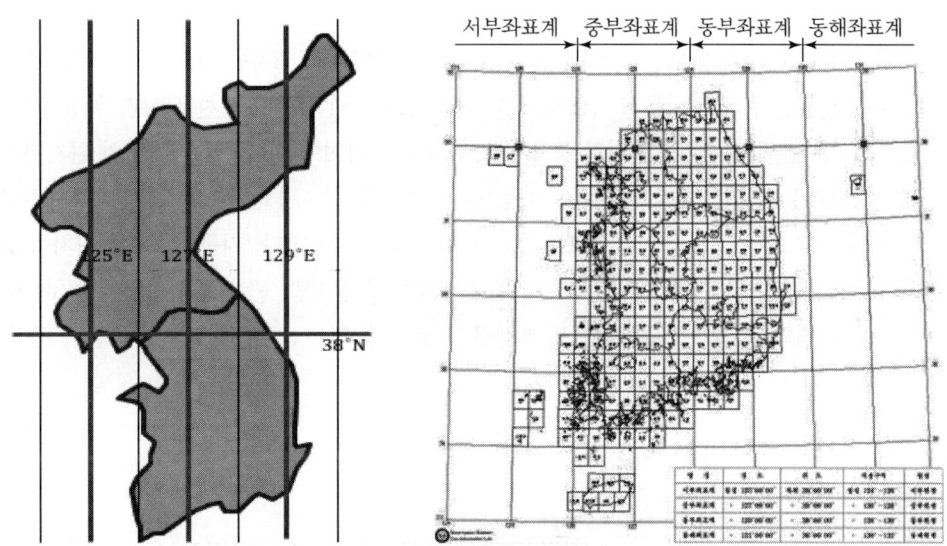

[그림 1-47] 평면직각좌표계 원점

(6) 지오이드(Geoid)

① 정지된 평균해수면을 육지까지 연장하여 지구 전체를 둘러싼다고 가정한 곡면이다.
② 중력 측량값과 GNSS Leveling 자료를 기반으로 한반도 정밀 지오이드 모델을 결정하였다.
③ 합성 지오이드 모델을 이용하여 KNGeoid 13/14/18을 결정하였다.
④ 표고에 대해서는 인천만 평균해면을 기준으로 한다.

5. 결론

측지계란 지구를 편평한 회전타원체로 가정해서 실시하는 위치측정의 기준이며 1910년 토지조사사업의 일환으로 도입된 것으로 최근까지도 일본의 동경 측지기준 1981을 기준으로 하고 있다. 현재 우리나라는 그동안 채택해왔던 지역적인 좌표계를 버리고 전 세계가 하나의 통합된 측지기준계 위에서 공통으로 사용할 수 있는 세계측지계를 도입하였다. 우리나라에서 사용하고 있는 투영법 및 좌표계는 TM 투영과 평면직각좌표계이다. 이 좌표계는 서부·중부·동부·동해원점 등 4개의 투영원점을 기준으로 한 측량 및 국가기본도 제작 등 여러 분야에 사용되고 있다.

02 지구좌표계

1. 개요

지구상 위치를 표시하기 위한 좌표계에는 평면좌표, 구면좌표, 3차원 좌표 등이 사용된다. 지표면의 위치결정을 위해서는 우선 측량원점을 정하고, 원점의 좌푯값을 천문측량, 위성측량, 관성측량 등을 통해 위도, 경도, 방위각 등을 정확하게 관측하여야 한다. 좁은 지역의 위치결정이나 평면측량에서는 평면직교좌표가 주로 이용되며, 수직위치는 평균해수면 또는 지구타원체면으로부터의 표고 또는 임의의 기준면으로부터의 높이를 쓰기도 한다. 지구상 3차원 위치를 표시하는데는 주로 경도, 위도, 표고(λ, ϕ, h)가 주로 사용되어 왔지만, 근래 위성측량이나 3차원 측량에서는 타원체와 관계없이 독립적으로 계산을 진행할 수 있는 3차원 직교좌표(X, Y, Z)가 이용된다.

2. 좌표계의 분류

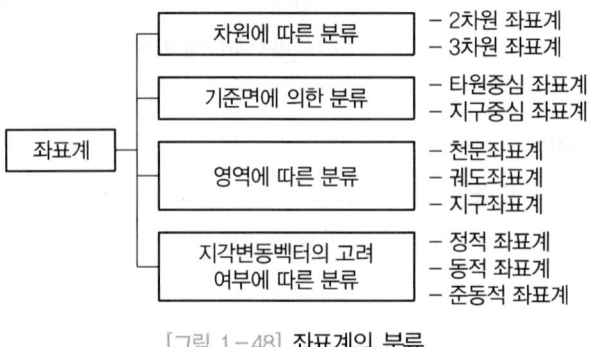

[그림 1-48] 좌표계의 분류

3. 지구좌표계

(1) 경위도 좌표계

① 일반적으로 지구상의 절대적 위치를 표시하는 데 가장 널리 쓰이는 좌표계이다.
② 경도(λ), 위도(ϕ), 표고(h)를 이용하여 3차원 위치를 표시한다.
③ 경도는 본초자오선과 적도의 교점을 원점 0°로 하여 임의 지점의 자오선이 만나는 적도상까지 잰 각거리로, 동서쪽으로 0°~180°까지 나타낸다.
④ 위도란 지표면상의 한 점에서 세운 법선이 적도면과 이루는 각으로 남·북위 0~90°로 표시한다.

(2) 평면직각좌표계

① 측량범위가 크지 않은 일반측량에서는 평면직각좌표(평면직교좌표)가 널리 사용된다.
② 지구 평면상 어느 한 점을 좌표의 원점으로 하고, 그 원점을 지나는 남북방향을 X축, 동서방향을 Y축으로 한다.
③ 각 지점의 위치는 직각좌푯값(x, y)으로 표시된다.

(3) 극좌표계

① 거리(S)와 방향각(α)으로 지상 여러 점의 위치를 표시하는 방법이다.
② 방향각은 특정한 목표를 기준으로 하여 시계방향으로 잰 각도를 말한다.

(4) UTM 좌표계

① UTM 좌표계는 국제 횡메르카토르 투영법에 의해 표현되는 좌표계이다.
② 적도를 횡축, 자오선을 종축으로 한다.
③ 경도는 서경 180° 기준으로 지구 전체 6° 간격으로 60등분한다.
④ 위도는 남북위 80°까지 포함하여 8° 간격으로 20등분한다.
⑤ 각 종대의 중앙자오선과 적도의 교점을 원점으로 하여 TM 투영한다.

(5) UPS 좌표계

① 국제 극심입체투영법으로 남·북위 80~90°의 양극 지역을 표시하는 데 사용된다.
② 양극을 원점으로 하는 평면직각좌표계를 사용한다.
③ 평면직각좌표(원점은 양극)로 표시하는 데 사용한다.
④ 축척계수는 극에서 0.9994이다.

(6) 3차원 직교좌표계

① 3차원 직교좌표의 원점은 지구중심이다.
② 적도면상에 X·Y축을 잡고, 지구 극축을 Z축으로 한다.
③ 일반적으로 사용되는 좌표축에는 그리니치 자오면과 적도면의 교선을 X축으로 한다.

④ Y축은 XZ면에 직교하도록 동쪽으로 택한다.

(7) WGS 좌표계

① 지심좌표 방식으로 위성측량에서 사용되는 좌표계(WGS60 → WGS66 → WGS72 → WGS84)이다.
② 지구의 질량 중심에 위치한 좌표원점과 X, Y, Z축으로 정의되는 좌표계이다.
③ Z축은 1984년 국제시보국(BIH)에서 채택한 지구 자전축과 평행하다.
④ X축은 BIH에서 정의한 본초자오선과 평행한 평면이 지구적도선과 교차하는 선이다.
⑤ Y축은 X축과 Z축이 이루는 평면에 동쪽으로 수직인 방향이다.

(8) ITRF 좌표계

① IERS 데이터 해석센터에서 제공하는 3차원 지구기준 좌표계이다.
② 1990년부터 우주측지기술인 SLR이나 VLBI 기술을 이용하여 매년 지축의 회전을 계산하고, 이를 준거한 정밀한 지구좌표계를 계산하여 발표해 오고 있다.
③ ITRF는 GNSS, SLR, LLR, VLBI 및 DORIS와 같은 우주측지기술의 관측결과로 구한 측점좌표들과 측점속도들을 결합하여 결정한다.
④ ITRF 좌표계 구성은 WGS 좌표계와 동일하다.

4. 결론

지구기준 좌표계는 경위도좌표계, 평면직각좌표계, 극좌표계, UTM 좌표계, UPS 좌표계, 3차원 직교좌표계, WGS 좌표계, ITRF 좌표계 등으로 구분된다. 지구기준좌표계는 위성측량시스템의 보급에 따라 측지분야, 지적 및 지형공간정보체계의 데이터 분야에서 그 활용성이 키지고 있으며, 기존 좌표체계로는 새로운 위성측지기술 및 장비 사용에 부적합하여 세계 단일의 지구중심좌표체계로 전환하고 있는 실정이다.

03 우리나라 TM 좌표계의 변천과정

1. 개요

일반적으로 국가별 좌표계는 각 국가마다 자국의 영토를 표현하기에 가장 적합한 타원체를 채택하여 영토 범위 내에서 타당성을 갖도록 한 것으로, 수준면(또는 지오이드면)에 일치하도록 조정된 좌표계를 의미한다. 우리나라는 대한제국 당시 경인지역 및 경북지역 부근의 27개 지역에서 소삼각측량을 실시하여 11개의 구소삼각원점을 설치하여 사용하였다. 또한 1912년 임시토지조사국에서 시가지 지세를 급히 징수하여 재정수요를 충당할 목적으로 독립된 특별소삼각측량을 실시하였다. 1910년대 전국적으로 이루어진 토지조사사업 및 임야조사사업으로 당시 사용한 타원체의 제원은 Bessel이며, 평면직각좌표 계산을 위한 투영법으로 가우스상사이중투영법을 사용하였다. 현재는 「공간정보의 구축 및 관리 등에 관한 법률」 제6조 위치의 기준에 따라 세계측지계가 도입되어 사용되고 있다.

2. TM 투영

(1) TM 투영의 정의

① 투영이란 곡면인 지구 표면을 평면상에 표현하는 방법을 말하며, 측지학적으로는 지구상의 경위도선을 평면인 지도상에 투영하는 것이다.
② 구형인 지구 표면이 평면으로 전개되면서 왜곡이 수반하게 된다.
③ 투영법은 이러한 왜곡현상의 형태 및 투영목적에 따라 등거리, 상사, 등적 투영으로 나뉜다.
④ TM 투영은 표준형 메르카토르 투영에서 원기둥을 90° 회전시켜 중앙자오선이 원기둥면에 접하도록 하여 지구타원체를 원기둥에 투영시킨다.
⑤ TM 투영은 측량의 표준투영이라 불릴 정도로 가장 많이 사용되고 있는 투영법이다.

(2) TM 투영의 특징

① 서로 교차하는 두 선분이 이루는 각은 항상 일정하다.
② 중앙자오선에 대하여 서로 대칭이다.
③ 중앙자오선에서의 축척은 실제 축척과 같다.
④ 중앙자오선이 투영면에 접하므로 중앙자오선에서의 축척계수는 1.0000이다.

3. 우리나라 TM 좌표계

지구평면상 임의 기준점을 좌표의 원점으로 하고, 이를 중심으로 TM 투영한 평면에서 원점을 지나는 자오선을 X축, 위도선을 Y축으로 삼아 각 지점의 위치를 m 단위의 2차원 평면직각좌표로 표시한다.

(1) 우리나라는 3대 통일원점이 있으며 모든 좌표를 정(+)으로 표시하기 위해 X축에 500,000m, Y축에 200,000m(단, 제주 좌표계는 X=550,000m, Y=200,000m)를 더하여 표시한다.
(2) 세계측지계에서는 4대 통일원점이 있으며, 모든 좌표를 정(+)으로 표시하기 위해 원점의 좌표에 X축에 600,000m, Y축에 200,000m를 더하여 표시한다.
(3) 원점에서 동서로 멀어질수록 원점을 지나는 진북과 평행한 도북이 서로 일치하지 않아 자오선 수차가 발생한다.

(4) 원점의 기준

① 서부원점 : 북위 38°, 동경 125°, X(N)=600,000m, Y(E)=200,000m
② 중부원점 : 북위 38°, 동경 127°, X(N)=600,000m, Y(E)=200,000m
③ 동부원점 : 북위 38°, 동경 129°, X(N)=600,000m, Y(E)=200,000m
④ 동해원점 : 북위 38°, 동경 131°, X(N)=600,000m, Y(E)=200,000m

4. 우리나라 TM 좌표계의 변천과정

토지조사사업 당시에 설치된 3개의 통일원점 좌표계와 1910년 이전 경기 및 경북 일부 지역 11개 구소삼각원점 좌표계, 경남 및 전남 일부 지역의 19개 특별소삼각원점 좌표계로 구성되어 있다.

(1) 구소삼각원점 좌표계

① 구소삼각측량은 대한제국 당시 경인지역 및 경북지역 부근의 27개 지역에서 소삼각측량을 실시했다.
② 종·횡 5,000방리를 1구역으로 설정하여 중앙부에 위치한 삼각점을 원점으로 하였다.
③ 망산·계양·조본 등 11개의 원점이 설치되었고, 원점의 좌표는 X=0, Y=0으로 하였다.

(2) 특별소삼각원점 좌표계

① 1912년 임시토지조사국에서 시가지 지세를 급히 징수하여 재정수요를 충당할 목적으로 독립된 특별소삼각측량을 하여 일반삼각측량과 연결하는 방식을 취한 측량을 말한다.
② 시행지역은 평양, 의주, 신의주, 진남포, 전주, 강경, 원산, 함흥, 청진, 경성, 나남, 회령, 마산, 진주, 광주, 나주, 목포, 군산, 울릉 등 19개 지역이다.
③ 측량지역의 서남단 삼각점을 원점으로 하였다.
④ 원점의 종횡선수치는 종선에 10,000m, 횡선에 30,000m를 부여하였다.

(3) 통일원점 좌표계

① 1910년 임시토지조사국에서 토지조사사업의 일환으로 실시된 것이다.
② 일본의 1등삼각점인 대마도의 어악과 유명산에서 부산의 절영도와 거제도를 연결하는 대삼각망으로부터 시작하여 13개의 기선측량을 실시하고, 대삼각본점 및 보점측량을 실시하였다.
③ 가상 원점이며, 3대 원점이다.
④ 원점은 종선(X)에 50만m(제주 55만m), 횡선(Y)에 20만m를 가산하였다.

(4) 세계측지 좌표계

① GRS80 타원체를 기준으로 ITRF 좌표계로 표현된다.
② 좌표 지역대가 2°이고 중앙자오선에서의 축척계수가 1.0000인 평면직각좌표를 사용하고 있으며, 4개 원점을 가지는 평면직각좌표계로 구분하여 사용하고 있다.

③ 각 좌표계의 경계는 경도를 기준으로 경도 124~126° 구간을 서부원점, 126~128° 구간을 중부원점, 128~130° 구간을 동부원점, 130~132° 구간을 동해원점으로 하고 있다.
④ 좌표계에서는 위도 38°과 각 좌표계의 중앙자오선을 종좌표와 횡좌표의 기준으로 한다.
⑤ 원점은 종선(X)에 60만m, 횡선(Y)에 20만m를 가산한다.

5. 결론

우리나라 좌표계는 대한제국 당시 설치한 구소삼각원점 좌표계, 1912년 임시토지조사국에서 시가지세를 급히 징수할 목적으로 설치한 특별소삼각원점 좌표계, 1910년대 토지조사사업 및 임야조사사업 일환으로 실시한 통일원점 좌표계를 거쳐 현재는 세계측지계를 도입하여 사용하고 있다. 지적좌표의 세계측지계 도입은 변환작업을 통해 이루어졌으며 향후 연속지적도 등의 고도화를 통해 공간정보 관련 분야에 제공하고 도해지역과 수치지역의 특성에 부합하도록 장기적인 관점에서 수치 형태로 지적공부에 적용하는 방안이 필요하다.

04 국가위치기준체계 개선방안

1. 개요

위치의 기준은 공간상에 존재하는 자연적 또는 인공적 객체에 대한 위치를 정하는 기준으로 수치좌표로 표기하며, 우리나라 위치기준체계는 평면과 높이 부분으로 각 기준체계에 적합한 기준면과 국가기준점으로 구성되어 있다. 그러나 현행 위치기준체계는 과거 측량기술에 의해 결정된 성과가 혼재되어 있고 성과결정을 위한 절차 및 이력도 미흡한 실정이다. 높이기준체계도 약 100년 전 관측결과로 결정된 평균해수면 및 원점 성과를 기준으로 장기간의 수준측량 및 망조정을 통해 계산되었다. 현재 과학기술의 발전으로 측위의 개념은 변화하고 정확도 요구수준도 향상되고 있으며, 이러한 변화에 대응하기 위해 측지인프라를 이용한 국가위치체계 고도화가 필요하다.

2. 현행 위치기준

(1) 평면기준

① 세계측지계 기반의 정적 기준계로 경위도원점, 위성기준점, 통합기준점으로 구성된다.
② 경위도원점은 천문측량에 의한 원점에서 VLBI 및 GNSS 측량을 통한 세계측지계 기반의 원점으로 변경되었다.
③ 경위도원점은 1995년 국토지리정보원 내 설치된 VLBI를 일본에 있는 VLBI를 기준으로 관측 후 GNSS 관측을 통해 성과를 산출한다.

④ 기준프레임은 ITRF 2000(기준시점 2002), 기준면(타원체)은 GRS80이다.
⑤ 상대적인 지각변동의 미소함을 고려한 정적 측지계(Static Datum) 형식이다.

(2) 높이기준

① 인천만 평균해수면을 기준으로 수준원점 및 전국의 수준망으로 구성되어 있으며 정규정표고 사용
② 인천만 평균해수면은 1913.12.~1916.6. 약 3년간의 조위데이터를 이용하였으며 면적측량 방법에 의한 중등조위면 계산
③ 수준원점은 1917년 설치된 인천항 수준기점으로부터 수준(레벨)을 이용하여 정밀수준측량을 통해 인하공업전문대학 내 설치 및 성과결정
④ 1967년부터 수준점 정비, 1987~1988년 망 조정, 2007~2008년 전면 재조정 등의 과정을 통해 현재 수준점 및 통합기준점 높이성과 고시
⑤ 내륙과 원거리에 위치한 도서지역은 해당 도서의 개별 조위관측소를 기준으로 높이값을 산출하여 제주도, 울릉도, 독도는 별도의 수준원점 존재
⑥ 서로 다른 높이 기준면 간의 연계(타원체면과 평균해수면, 육상과 해상)를 위해 국가지오이드모델 및 육·해상 수직기준 변화모델 구축

3. 한계 및 필요성

(1) 평면기준계의 한계

① 다양한 성과계산 이력 포함, 당시 계산에 사용된 인프라 부재 등으로 과학적 체계 미흡
② 2002년 ITRF 성과는 3일간의 VLBI 관측데이터와 모델 변환으로 산출된 성과로, VLBI 안테나 철거로 시계열데이터가 없는 ITRF와의 연결성 미약
③ 경위도원점을 기준으로 삼각점의 세계측지계 전환 시 일부 점은 재래식측량(EDM)성과 포함
④ 2011년 동일본대지진의 영향으로 위성·통합기준점 성과는 2014년 변경 고시하였으나 경위도원점 및 삼각점은 지진 이전 성과 유지
⑤ 2002년 시점의 고정된 좌푯값을 사용하여 공간정보상의 좌표와 현재 시점의 좌표 간의 위치 차이 발생(약 3cm/yr)

(2) 높이기준계의 한계

① 국제수로협회(IHO)의 권고에 따라 평균해수면 및 수준원점 검토결과(2017년) 평균해수면 ±3.5cm, 수준원점 −2.27cm 수준의 변동량 확인
② 직접수준측량에 의한 표고(정규정표고)를 사용함에 따라 중력이 반영되지 않고 측량경로 및 환경적 요인이 정확도에 영향을 크게 미침
③ 쓰나미, 기후변화 등 국제적 이슈에 대응하기 위해 국제사회는 전 지구 단일 수직기준체계에 대해 논의 중

(3) 필요성

① GNSS 측량 보편화로 표석형 기준점의 역할 축소, 높이 성과에 실측중력 반영 필요 등 과거 지도제작을 위한 기준점측량 중심의 위치기준체계에 변화의 필요성이 증가하였다.
② 자율차, 드론, 스마트건설 등 4차 산업혁명과 한국형 위성항법시스템 등은 정적기준계에서 실시간 측위체계로의 확대를 요구한다.
③ UN 등은 국제적 현안에 공동 대응할 수 있도록 전지구 단일위치기준계 구축을 추진 중이며, 이를 위해 각국에서 국제수준의 국가위치기준계 채택 및 운영을 권고한다.
④ 측지 VLBI를 통해 관측된 시계열 성과를 이용하여 평면기준계와 전지구 기준프레임(ITRF) 간의 호환성을 강화한다.
⑤ 최신 조위데이터 및 실측 중력데이터 등을 이용하여 중력 기반의 높이 기준계 정밀성과를 산출한다.

4. 개선방안

(1) 평면기준

① 2002년부터 현재까지 누적된 지각변동량을 반영하기 위해 현행 기준계 및 기준시점 최신화
② 전 지구 기준프레임(ITRF)과 우리나라 측지계 간의 호환성을 확보하기 위해 측지 VLBI 성과를 국가기준점과 연결하여 성과 산출

(2) 높이기준

① 기준점의 표고는 기하학적 높이인 정규정표고에서 중력을 반영한 물리적 높이인 정표고로 성과 산출
② 중력 기반의 높이체계 도입과 전 지구 높이기준과의 연계를 위해 우리나라 중력기준면을 결정하고 국가지오이드모델 등 갱신
③ 내륙과 도서지역 간 이원화되어 있는 높이기준체계를 중력을 기반으로 인천만 평균해수면 기준의 단일체계로 변경

5. 해외 주요국의 평면기준체계 운영 현황

[표 1-10] 평면기준체계 운영 현황

구분	미국	영국	일본	독일	네덜란드	호주	뉴질랜드
명칭	NAD83	OS Net	JGD2011	DREF91	ETRF2000	GDA2020	NZGD2000
도입년도	2013	2016	2011	2016	2010	2017	2000
종류	정적	정적	준동적	정적	정적	정적	준동적
측지기준	ITRS	ETR89	ITRS	ETR89	ETR89	ITRS	ITRS
프레임	ITRF2008	ETRF97	ITRF94	ITRF2005	ETRF2000	ITRF2014	ITRF96

6. 결론

국가위치기준은 모든 공간정보의 생산 및 융·복합의 기준으로 공간객체 간 연계 및 매칭 등을 위한 기준으로 이용되고 있다. 우리나라 위치기준체계는 세계측지계 기반의 정적 기준계와 인천만 평균해수면을 기준으로 하는 수준망을 운영하고 있으나 국제수준의 위치기준체계를 확보하기 위해서는 누적된 지각변동량을 반영하기 위한 최신화, 측지 VLBI 성과의 국가기준점 연결성과 산출, 중력을 반영한 물리적 높이인 정표고 성과 산출, 국가지오이드모델 갱신, 내륙과 도서지역 간 이원화되어 있는 높이기준체계를 인천만 평균해수면 기준의 단일체계로 변경 등이 필요하다.

05 지오이드 결정방법 및 지오이드모델

1. 개요

지구의 모양을 나타내는 방법에는 지표면을 그대로 나타내는 방법과 지구를 단순히 회전타원체로 나타내는 방법이 있다. 그러나 지표면을 그대로 나타내기는 매우 어렵고, 지구타원체를 이용하는 방법은 지표면의 요철을 전혀 나타낼 수 없다는 단점이 있다. 지오이드는 지표면의 70%를 차지하는 해수면의 평균을 잡아서 육지까지 연장한 것으로 어디에서나 중력방향에 수직이며, 해양에서는 평균해수면과 일치하고 육상에서는 땅속을 통과하게 된다. 지오이드는 중력측정, 천문측량 및 위성의 해면고도 자료에 의한 결정, GNSS/Leveling 또는 지구중력모델을 이용하여 결정할 수 있다. 지오이드모델은 지구의 물리적 형상을 파악한다는 의미가 있으며, 측량분야에서는 높이측량을 빠르고 효율적으로 수행할 수 있어 그 모델 구축이 중요하다. 최근 2018년에 KNGeoid 14 발표 이후 자료를 반영하여 개선된 KNGeoid 18이 발표되었다.

2. 지오이드

(1) 지오이드의 정의

① 정지된 평균해수면을 육지까지 연장하여 지구 전체를 둘러싼다고 가상한 곡면이다.
② 육지를 수로망으로 덮은 후에 바닷물을 흐르게 하면 이 수로와 바다의 수면은 지오이드를 형성한다.
③ 지오이드는 각기 다른 중력포텐셜에서 무수한 종류의 등포텐셜면 중의 하나이다.
④ 지오이드면은 지구의 평균해수면에 근사하는 등포텐셜면으로 일종의 수면이다.
⑤ 중력가속도는 어떤 물체를 지구가 끌어당기는 중력을 통해 구할 수 있다.

$$mg = G\frac{Mm}{r^2}\ (r : 지구의\ 반지름,\ M : 지구의\ 질량,\ G : 중력상수)$$

(2) 지오이드의 특징

① 물리적 지표면보다는 기복이 훨씬 적지만 지구 내부의 밀도가 국지적으로 변화함에 따라 그 지역의 중력도 변하므로 지오이드면도 불규칙한 모습을 하고 있다.
② 지오이드가 등포텐셜면이므로 이 면 위의 모든 점에서는 중력방향에 대해서 수직이다.
③ 측량에서의 관측은 기포관이 수평으로 맞춰지도록 지오이드에 수직으로 수행된다.
④ 표고는 평균해수면으로부터 연직거리로, 고저측량은 지오이드면을 기준으로 고도 "0m"로 하여 관측된다.
⑤ 정지된 해면과 가장 근사한 것으로 평균해수면을 구하고 이것을 통과하는 등포텐셜면을 높이의 기준으로 채용한다.
⑥ 지오이드면은 높이가 0m이므로 위치에너지($E = mgh$)가 "0"이다.
⑦ 측지학에서는 참지구로 생각하는 지구의 형상이다.
⑧ 지오이드는 장시간에 걸쳐 조금씩 변화한다.

(3) 지오이드고

① 지오이드고(N)는 타원체면을 기준으로 하여 지오이드까지의 높이이다.
② 타원체고(h)는 타원체면에서 물리적 표면까지의 차이를 말한다.
③ 정표고(H)는 지오이드면과 물리적 지표면의 차이이다.
④ 지오이드고(N) = 타원체고(h) − 정표고(H)

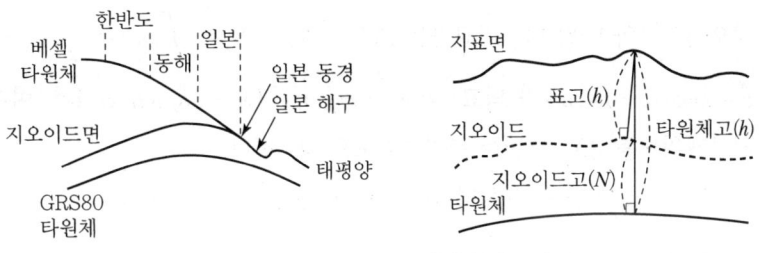

[그림 1-49] 지오이드고

3. 지오이드 결정방법

(1) 중력측정 자료에 의한 방법

① 중력자료로부터 중력이상을 구하고 이로부터 지오이드고를 구하는 방법이다.
② 중력이상은 실측 중력치와 이론 중력치와의 차이를 말한다.
③ 프리에어 보정은 고도에 의한 지역적인 중력 변화를 보정하는 것을 의미한다.
④ 부게이상은 측정지점과 기준면 사이에 존재하는 물질의 인력에 의하여 나타나는 중력의 차이를 보정하는 것이다.

(2) 천문측량 자료에 의한 방법

① 지구자전축과 연직선을 기준으로 태양, 별 등을 관측함으로써 미지점의 경위도와 방위각을 결정하는 측량방법을 말한다.
② 일반적으로 지오이드와 타원체는 일치하지 않기 때문에 지오이드면에 대한 연직선과 타원체면에 대한 법선이 이루는 사잇각을 연직선편차라 한다.
③ 연직선편차를 거리에 대해 적분하면 지오이드고의 변화를 구할 수 있다.

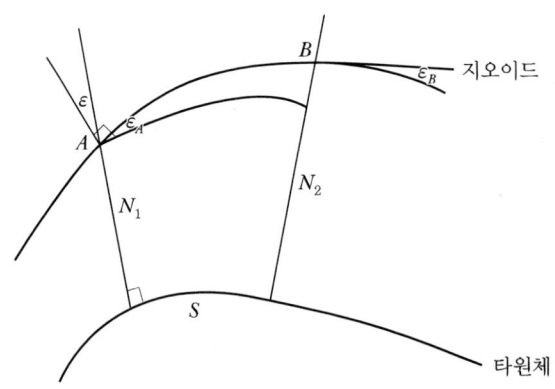

[그림 1-50] 지오이드고와 연직선편차

④ A점에서의 연직선편차를 ε_A, B점에서의 연직선 편차를 ε_B라고 하면 A, B에 있어서의 지오이드고와 타원체의 비교차는 $\Delta N = N_2 - N_1 = \int \varepsilon ds = \frac{1}{2}(\varepsilon_A + \varepsilon_B)S$이다.
⑤ $\varepsilon = \zeta \cos\alpha + \eta \sin\alpha$가 되고 $\zeta = \phi_a - \phi_g$, $\eta = (\lambda_a - \lambda_g)\cos\phi$이며, 여기서 (λ_a, ϕ_a)는 천문경위도를, (λ_g, ϕ_g)는 측지경위도를 의미한다.
⑥ 각 점 간의 ΔN를 구하여 더하면 지오이드고를 얻을 수 있다.

(3) 위성의 해면고도 자료에 의한 방법

① 위성의 해면고도 데이터로부터 중력이상값을 계산하여 지오이드고를 구할 수 있다.
② 해면고도의 관측은 인공위성에 탑재한 고도계로부터 해면에 수직방향으로 radar pulse를 발사하여 해면으로부터 반사되어 오는 시간을 측정함으로써 해면과 위성 간 거리 h'를 구한다.
③ 인공위성의 위치정보에 의하여 지구타원체면으로부터 인공위성까지의 거리 h를 결정함으로써 해면고도 SSH(Sea Surface Height)를 구할 수 있다.
$$SSH = h - h' + Hc$$
④ Hc는 대기층 및 전리층에 의한 rader pulse의 시간지연, 태양 및 달에 의한 조석, 대기압의 차이 등에 기인하는 각종 보정항을 나타낸다.

⑤ 해상고도 데이터를 이용하여 육상중력측량 및 지구중력장모델에 의한 방법에서처럼 FFT(Fast Fourier Transform)법에 의한 Stocks 역계산 방법으로 중력이상값을 이용하여 지오이드고를 계산할 수 있다.

(4) GNSS/Leveling에 의한 방법

① 지오이드 결정에 있어서 중력학적 방법을 주로 사용하나 결정된 중력지오이드를 검증하기 위한 수단으로 기하학적 지오이드고가 많이 사용된다.
② 기하학적 지오이드고란 GNSS 측량을 통해서 구한 타원체고와 수준측량을 통해 구한 그 점의 정표고를 이용하여 지오이드고를 구한 것을 말한다.
③ 표고를 정확히 아는 점에서 GNSS 측량을 실시하여 타원체고를 구하고, 그 점에서 표고와 타원체고를 이용하여 지오이드고를 계산할 수 있다.

$$지오이드고(N) = 타원체고(h) - 정표고(H)$$

④ 이 방법으로 관측점의 정표고를 구할 수 있으며 정표고를 알고 있는 경우에는 수식을 변환하여 역으로 지오이드고를 구할 수도 있다.

(5) 지구중력모델을 이용하는 방법

① 지구중력모델이란 각종 중력자료원을 이용하여 위도 및 경도 간격이 일정한 중력포텐셜을 계산한 뒤 이를 구조화분석(Spherical harmonic analysis)하여 구면조화 계수로 나타낸 것이다.
② 지구중력장모델을 이용하면 중력이상과 지오이드고, 연직선편차 등을 비교적 정밀하면서도 간단히 계산할 수 있다.

4. 지오이드모델

지오이드모델은 지역별로 다른 해발고도와 타원체고의 높이 차이를 연속적으로 표현한 것이다.

(1) 우리나라 지오이드모델 구축현황

① 베셀 지오이드모델(1996년 발표)
② KGEOID 99(1998년 발표)
③ KGD 2002(2002년 발표)
④ GMK 09(2009년 발표)
⑤ KNGeoid 13(2013년 발표)
⑥ KNGeoid 14(2014년 발표)
⑦ KNGeoid 18(2018년 발표)

(2) KNGeoid 13

① 2013년에 산악지역의 정밀도를 보완하고자 삼각점 중력자료를 획득하고 이를 반영하여 지오이드모델 KNGeoid 13을 구축하였다.
② 정밀도는 3.41cm 정도이다.

(3) KNGeoid 14

2014년에 재처리가 완성된 선상중력자료와 신규 삼각점 중력자료를 반영하여 육지와 해양을 아우르는 고정밀 국가지오이드모델이 구축되었다.

(4) KNGeoid 18

① 2014년 이후의 삼각점 중력자료, 2차 통합기준점 중력자료, 1·2차 통합기준점 GNSS/Leveling 자료를 반영하여 지오이드를 개선하였고, GOCE 위성관측자료가 포함된 신규 범지구장모델(XGM 2016)을 적용하였다.
② 정밀도는 2.33cm 정도이다.

(5) 활용

① GNSS 타원체고의 표고 전환에 활용된다.
② 기준점측량 및 응용측량에 활용된다.
③ 무인자동차, 자율주행 및 드론에 활용된다.
④ 해수면 측정 및 수고측정에 활용된다.
⑤ 홍수예방 및 모니터링에 활용된다.

5. 결론

지오이드는 평균해수면을 육지 내부까지 연장하여 지구의 형상을 나타낸 것으로 등포텐셜면 중 평균해수면에 가장 가까운 면으로서 중력방향에 직각인 면을 의미한다. 결국 지오이드는 평균해면을 기준으로 하는 정표고 또는 정규표고를 위한 수직기준으로 정의되며, 지오이드고는 특정한 기준타원체와 지오이드면 사이의 차이를 뜻한다. 지오이드모델은 이러한 지오이드고를 특정한 해상도를 가지는 격자화된 모델로서 표현한 것을 말하며, 일반적으로 중력관측치를 특정한 지구타원체를 기준으로 처리하는 것에 의해서 구해지는 중력학적 지오이드고를 이용하여 모델링된다.

06 중력측량에 의한 중력이상 계산 및 활용방안

1. 개요

지구상의 물체는 지구의 질량에 의해 인력을 받는 동시에 회전각속도로 극축을 중심으로 자전하고 있음에 따른 원심력도 아울러 받는다. 따라서 지구상의 물체에 작용하는 두 가지 힘인 인력과 원심력의 합력을 중력이라 한다. 지상에서의 중력값 측정은 중력의 절대측정과 상대측정의 2가지 방법이 있다. 절대측정은 다른 지점의 중력값과는 아무런 관계없이 어느 한 점에서 독립적으로 측정하여 중력값을 결정하는 것이며, 상대측정은 중력값이 기지인 점의 중력값을 기준으로 하여 미지점의 중력값을 결정하는 것이다. 중력은 서로 다른 고도 및 위도의 중력값을 직접 비교할 수 없으며 중력의 지리적 분포를 구하기 위해서는 실측된 중력값을 기준면의 값으로 보정해야 한다. 중력이상은 중력보정을 통하여 계산된 기준면의 중력값에서 정규중력값을 뺀 값으로 기준면으로 지오이드가 사용되며 중력이상은 프리에어 이상, 지형이상, 부게이상, 에트뵈스 이상 등으로 나뉜다.

2. 지구의 중력

(1) 중력의 정의

① 중력은 지상의 물체를 지구의 질량 중심 방향으로 끌어당기는 힘으로 지구의 만유인력과 지구 자전에 의한 원심력을 합한 힘이다.
② 지구의 중력은 보통 직접 측정할 수 없기 때문에 중력가속도를 측정하며, 지구의 질량 중심 방향으로 인력과 원심가속도 벡터의 합력으로 표현한다.
③ 지구상 임의의 점을 통과하는 자오선과 적도의 교점방향을 X축으로 하고, 지구중심으로부터 북극방향을 Z축으로 하면 Z축은 지구자전축이 된다.
④ 지구중심을 향하는 인력의 X성분과 Z성분은 각각 $X: -\frac{GM}{R^2}cos\theta$, $Z: -\frac{GM}{R^2}sin\theta$가 되며, 원심력은 $F = \omega^2 R cos\theta$이므로 중력은 $g_x : \left(-\frac{GM}{R^2} + \omega^2 R\right)cos\theta$, $g_z : -\frac{GM}{R^2}sin\theta$ 이다. 따라서 중력 $g = \sqrt{\left(-\frac{GM}{R^2} + \omega^2 R\right)^2 cos\theta^2 + \left(\frac{GM}{R^2}\right)^2 sin\theta}$ 이다.

여기서, G : 만유인력상수
M : 지구의 질량
R : 지구의 반경
ω : 지구의 자전각속도

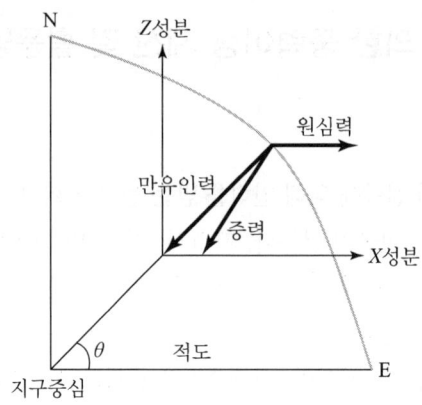

[그림 1-51] 지구의 중력

(2) 정규중력

① 지구중력은 위도에 따라 지구반지름과 원심력 등의 차이로 중력가속도에 영향을 미치며 정규중력은 지구중력의 수학적 모델이다.

② 지구타원체상에서 위도 φ에 따른 이론적인 중력가속도는 $g_\varphi = g_0(1+\alpha\sin^2\varphi+\beta\sin^2 2\varphi)$ 이며, 상수 α와 β는 지구 회전타원체의 편평률과 회전속도에 의해 결정된다.

③ IUGG가 1976년에 Canberra 총회에서 채택한 측지기준계 1980(GRS80)의 표준 중력식은 $g_\varphi = 9.780327(1+0.0053024\sin^2\varphi+0.0000058\sin^2 2\varphi)\text{ms}^{-2}$이다.

④ 지구 표면상 단위질량의 물체에 작용하는 인력은 약 982gal이 되고 적도상에서의 원심력의 크기는 3.4gal이므로 지구 표면상 중력의 크기는 978~982gal이다.

⑤ 지구타원체면 위도 45°를 기준으로 한 정규 중력가속도는 위도에 따른 평균값 980gal을 사용하고 단위는 cm/sec^2을 사용한다. 중력은 적도에서 최저가 되고 극지방으로 갈수록 커진다.

(3) 정규중력 변화율

① 정규중력값은 지구가 기하학적인 회전타원체이며 지구 내부 물질의 밀도분포가 일정하다고 가정된 위도에 따른 이론적인 계산 값이다.

② 지오이드로부터 표고에 갖는 지점까지 원심력의 차이는 무시될 수 있으므로 지구의 중력을 만유인력의 영향으로 가정하면 $g = \dfrac{GM}{r^2}$과 같다.

③ 고도에 따른 중력값의 차이를 구하기 위해서 만유인력을 지구 반경으로 미분하면 중력의 변화율은 $\dfrac{\partial g}{\partial r} = 2\dfrac{GM}{r^3} = \dfrac{2g}{r}$이다.

④ 중력가속도 g와 지구반경을 대입하면 높이에 따르는 정규중력 변화율은 $\dfrac{\partial g}{\partial r} = 0.3086\text{mgl} \cdot h$이다.

(4) 중력의 활용

① 중력은 지표상의 수준측량을 위한 기준면인 평균해수면을 정의하는 데 활용된다.
② 평균해수면은 규칙적인 조석관측에 의하여 결정될 수 있으나 거리가 먼 곳 간에는 평균해수면의 차이가 커질 수밖에 없으므로 조석관측으로 얻어진 평균해수면은 일정하지 않다.
③ 가상의 평균해수면을 정의하기 위하여 중력을 측량한 자료를 바탕으로 계산된 등포텐셜면 중 각 지역의 평균해수면과 가장 유사한 면을 지오이드로 정의하여 수준측량을 위한 기준면으로 활용한다.

3. 중력보정 및 중력이상 계산

(1) 중력은 위도와 높이의 함수이므로 서로 다른 고도 및 위도의 중력값을 직접 비교할 수 없고 중력의 지리적 분포를 구하기 위해서는 실측된 중력값을 기준면의 값으로 보정하여야 한다.
(2) 중력보정은 관측 중력을 어떤 기준면에서의 값으로 환산해 주는 것이며, 중력이상은 중력보정을 통하여 계산된 기준면의 중력과 정규중력값의 차이를 말한다.
(3) 기준면으로 지오이드가 사용되고 중력이상은 크게 프리에어 이상과 부게이상으로 나누며, 이는 중력보정 방법에 따라 구분된다.
(4) **중력보정** : 측정 중력을 평균해수면에서의 중력값으로 보정해야 한다.
　① **계기보정** : 스프링 크리프 현상으로 생기는 주역의 시간에 따른 변화를 보정하는 것
　② **위도보정** : 지구의 적도반경과 극반경 차이에 의해 적도에서 극으로 갈수록 중력이 커지므로 위도차에 의한 영향을 제거하는 것
　③ **고도보정** : 관측점 사이의 고도차가 중력에 미치는 영향을 제거하는 것이다.
　　㉠ 프리에어 보정 : 관측값으로부터 기준면 사이에 질량을 무시하고 기준면으로부터 높이의 영향을 고려하여 보정하는 것
　　㉡ 부게보정 : 관측점들의 고도차에 존재하는 물질의 인력이 중력에 미치는 영향을 보정하는 것
　④ **지형보정** : 실제 지형이 능선이나 계곡 등의 불규칙한 형태를 이루고 있으므로 이러한 지형의 영향을 보정하는 것
　⑤ **지각균형보정** : 지각균형설에 의하면 밀도는 일정하지 않기 때문에 이를 보정하는 것
　⑥ **조석보정** : 달과 태양의 인력에 의해 지구 자체가 주기적으로 변형하는 지구 조석현상은 중력값에도 영향을 주게 되므로 이것을 보정하는 것
　⑦ **에트뵈스 보정** : 선박이나 항공기 등의 동체에서 중력을 관측하게 되는 경우에 지구에 대한 동체의 상대운동의 영향에 의한 중력효과를 보정하는 것
　⑧ **대기보정** : 대기에 의한 중력의 영향을 보정하는 것

(5) 중력이상

① 고도이상(프리에어 이상)
  ㉠ 프리에어 이상은 높이가 h인 측점에서 측정된 중력값을 지오이드면에 보정할 때 물질의 인력은 고려하지 않고 중력을 구하는 것으로 "1m"에 대하여 0.0003086gal이다.
  ㉡ 지표면의 중력을 g_1, 지오이드에 투영된 점에서의 중력을 g_0, 지구의 반경을 R이라 하면 $g_0 - g_1 = g_0 \dfrac{2h}{R} = 0.0030863\,\text{gal} \cdot h$로 $0.0030863\,\text{gal} \cdot h$를 중력의 프리에어 보정이라 한다.
  ㉢ 프리에어 이상은 프리에어 보정 후의 중력값(g_0)과 정규중력값(Υ)의 차이로
   $\Delta g_{Free-air} = g_0 + 0.30863\,\text{mgal} \cdot h - \Upsilon$,
   $\Upsilon = 9.780327(1 + 0.0053024\sin^2\varphi + 0.0000058\sin^2 2\varphi)$이다.

② 부게이상
  ㉠ 지오이드 위의 물질의 인력을 계산하기 위해서는 실제 지형이 점 P보다 상부에 있는 물질(질량)은 제거하고 점 P보다 하부에 있을 때에는 물질을 보충하면 점 P는 두께가 h인 얇은 판위의 점이 되는데, 이것을 지형보정이라 한다.

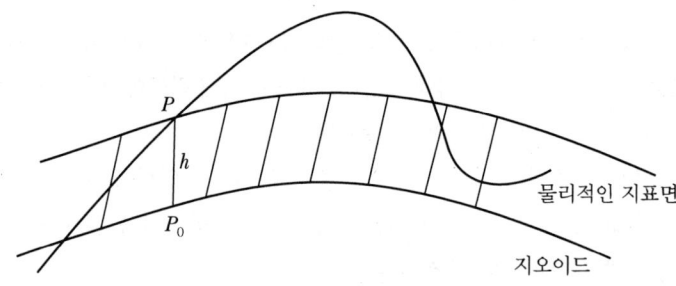

[그림 1-52] 부게보정

  ㉡ 부게이상은 측정지점과 기준면 사이에 존재하는 물질의 인력에 의하여 나타나는 중력의 차이를 보정하는 것으로 지형보정을 한 후에 두께가 h인 얇은 판의 물질의 인력을 보정하면 해면보다 위에 있는 물질을 취하여 제거한 중력이 얻어진다.
  ㉢ 측점과 기준면 사이의 높이 차이를 두께(h)로 하고 밀도(p)가 균일한 수평판(부게판)을 가정하면 원판 전체의 인력의 연직성분 $\Delta g_b = -2\pi G\rho h$이다.
  ㉣ 지구의 평균밀도 $2.67\,\text{g/cm}^3$를 적용하면 $\Delta g_b = 0.112a\,\text{mgal} \cdot h$가 된다.
  ㉤ 지형보정을 pT라 하면 부게보정 후의 중력은
   $g' = g + 0.30863\,\text{mgal} \cdot h - 2\pi G\rho h + pT$이다.

4. 활용방안

(1) 지구물리학
① 지각의 밀도 구조의 변화 규명
② 지층이나 암상의 변화를 규명함으로써 지진 예측 구역 설정, 지층구조, 해산, 해구, 해령 및 해분 등의 구조 해석
③ 지하수 이동 연구

(2) 측지학 및 측량학
① 지구의 형상 결정
② 중력도 및 중력이상도 작성
③ 측지 및 측량의 기준고도에 필요한 지오이드모델 구축
④ 수준측량의 보정자료로 사용

(3) 해양자원학
해저자원 부존지역을 파악함으로써 해저가스, 석유자원 탐사 등 산업적인 측면에서 활용

(4) 기타
① 태양계의 역학적 관계를 규명하는 천문학적 분야의 자료 수집
② 미사일, 우주선 등 국방과학 연구
③ 대륙붕 퇴적층의 기반암 추정

5. 결론

중력측량은 지오이드 및 연직선편차 등을 계산하여 지구의 형상을 결정하거나 지하 내부구조의 밀도분포 등을 연구하기 위한 목적으로 지리적 분포나 시간변화를 정밀하게 구하기 위해 중력가속도의 크기를 측정하는 작업이다. 지구상의 중력값은 물리적 조건에 따라 다양하게 변화하기 때문에 물리적 조건에 맞게 측정값을 보정해야 한다. 이러한 중력보정을 통해 계산된 기준면의 중력값에서 정규중력값을 뺀 것을 중력이상이라 하며 중력이상을 해석하여 지하구조나 지하자원의 탐사에 이용할 수 있고, 중력이상값이 지오이드고를 계산하기 위한 입력자료가 된다.

07 지적공부 세계측지계 변환

1. 개요

좌표변환이란 공간상의 절대위치는 변하지 않으며, 하나의 측지기준계를 기준으로 정의된 지구 표면상의 점을 다른 측지계로 표현하기 위하여 기존 측지계에 이동이나 회전 등에 변화를 주어 변환 대상이 되는 측지계와 일치시키는 것이다. 지적공부의 세계측지계 변환은 동경측지계와 세계측지계 상호 간의 변환을 의미하며, 동경측지계에서 세계측지계로의 변환을 정변환이라 하고 그 반대의 경우를 역변환이라 한다.

2. 좌표변환 모델

측지계의 좌표변환 모델은 변환 차원에서 2D 변환과 3D 변환으로 구분되고, 변환요소에 따라 등각 변환과 부등각 변환이 있으며, 변환모델은 Helmert 4변환모델, Affine 6변환모델, Helmert 7변환모델, Bursa-Wolf 모델, Molodensky-Badekas 모델, Veis 모델 등이 있다.

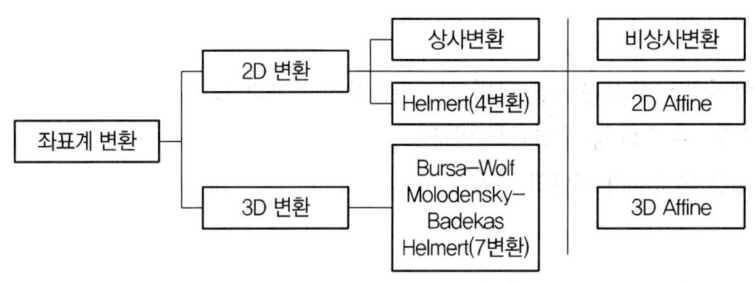

[그림 1-53] 좌표변환 종류

(1) 2D 변환모델

2D 변환모델은 대표적으로 Helmert, Affine 모델이 있다. 2D 변환모델의 경우 평면좌표계 간의 유사성을 고려하여 2차원 평면상의 선형방정식을 추출하여 지역좌표계를 변환계수에 대입하여 세계측지계 좌표를 산출한다.

① Helmert 변환
  ㉠ 2차원 등각으로서 원점이동, 축척변경, 회전의 세 단계로 이루어지며 순서가 바뀌어도 동일한 결과를 얻을 수 있다.
  ㉡ 2차원 상사변환에서는 축 회전각 θ, 축척계수 S, X축 평행변위 Δx, Y축 평행변위 Δy 총 4개의 변환계수가 필요하다.
  ㉢ 변환계수 4개의 값을 구하려면 최소한 2개의 기준점과 2개의 좌표계상의 위치를 공통적으로 알고 있는 점이 필요하다.

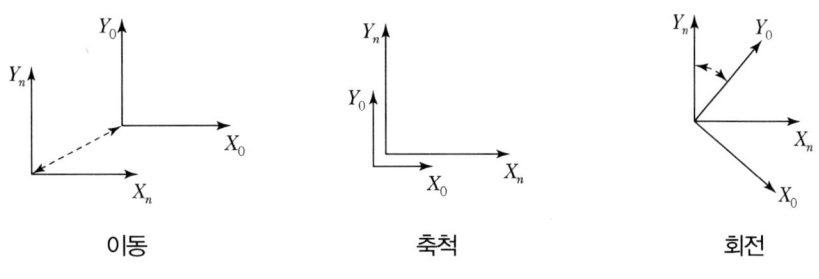

[그림 1-54] 2차원 상사변환

② 2D Affine 변환

좌표축의 비직교성에 의해 생기는 각 δ를 고려한 변환방법으로 변환하기 전의 좌표와 변환 후의 좌표가 등각을 유지하지 않는 방법이다.

㉠ 2D Affine은 부등각 변환으로서 X축에 따른 축척변화율(S_x)과 Y축 축척변화율(S_y)이 다르다.

㉡ X축을 중심으로 회전각(R_x)과 Y축 회전각(R_y)이 다르다.

㉢ 축 회전각 θ, S_x(X축 축척변화율), S_y(Y축 축척변화율), δ(좌표축의 비직교성에 의해 생기는 각), Δx(X축 평행변위), Δy(Y축 평행변위)이며, 6변수 변환이라고도 한다.

㉣ Affine 변환의 변환식을 정의하기 위해서는 각각 좌표계상으로 위치를 동시에 알고 있는 최소한 3개의 기준점이 필요하나 기준점의 수가 많을수록 균질성을 확보에 유리하다.

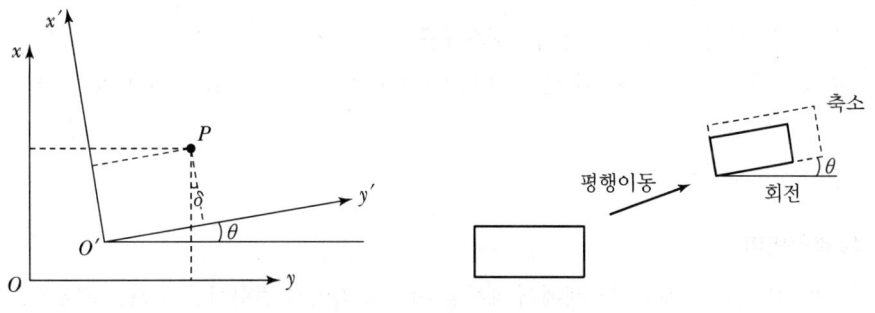

[그림 1-55] 2차원 부등각 변환

(2) 3D 변환모델

① Bursa-Wolf

㉠ Bursa-Wolf 모델은 데이텀 간의 7개의 변환계수로 변환하며, 변환지역은 일반적으로 협소지역보다는 중광대역 지역에서 적합하다.

㉡ 변환 파라미터는 회전량(R_x, R_y, R_z) 3개, 변위량(Δx, Δy, Δz) 3개, 축척(S) 1개 총 7개의 변환계수로 구성되어 있다.

$$\begin{bmatrix} X_n \\ Y_n \\ Z_n \end{bmatrix} = (1 + \Delta S) \begin{bmatrix} 1 & R_z & -R_y \\ -R_z & 1 & R_x \\ R_y & -R_x & 1 \end{bmatrix} \begin{bmatrix} X_{old} \\ Y_{old} \\ Z_{old} \end{bmatrix} + \begin{bmatrix} \Delta x \\ \Delta y \\ \Delta z \end{bmatrix}$$

② Molodensky – Badekas

㉠ Bursa – Wolf 모델을 개선하여 공통 기준점들의 무게중심 또는 측지원점에 대한 회전 및 축척변화를 연관시켜서 상관관계로 인한 편차 현상을 해결하고자 적용되는 방식이다.

㉡ 3D 상사변환으로서 측지학에서 널리 이용되는 방법 중의 하나로 형상을 유지하면서 각이 변하지 않고, 선의 길이와 점의 위치들이 변할 수 있는 변환방법이다.

㉢ 두 측지망에 계통적인 왜곡이 없는 경우를 가정한다. 변환계수는 7개의 변환계수 이외에 중심점에 대한 3개의 변화계수가 추가된다.

$$\begin{bmatrix} X_n \\ Y_n \\ Z_n \end{bmatrix} = (1 + \Delta S) \begin{bmatrix} 1 & R_z & -R_y \\ -R_z & 1 & R_x \\ R_y & -R_x & 1 \end{bmatrix} \begin{bmatrix} X_{old} - X_m \\ Y_{old} - Y_m \\ Z_{old} - Z_m \end{bmatrix} + \begin{bmatrix} \Delta x \\ \Delta y \\ \Delta z \end{bmatrix} + \begin{bmatrix} X_m \\ Y_m \\ Z_m \end{bmatrix}$$

- 평행이동량 : Δx, Δy, Δz
- 각 축에 대한 회전량 : R_x, R_y, R_z
- 측지계 중심좌표 간 차이 : $X_{old} - X_m$, $Y_{old} - Y_m$, $Z_{old} - Z_m$

3. 지적공부 세계측지계 변환

2개 이상의 지역좌표계와 세계측지계좌표를 가지고 있는 공통점에서 4개의 상수인 a, b, c, d를 구한 다음에 이것을 구하고자 하는 지역좌표계에 적용하여 세계측지계 좌표로 변환을 수행한다. 4개의 상수는 $S\cos\theta = a$, $S\sin\theta = b$, $\Delta x = c$, $\Delta y = d$로 정의되고, 축척변환과 회전변환 및 원점이동의 순으로 수식을 만들 수 있다.

(1) 축척변환

축척은 하나의 좌표시스템에서 계산된 선분의 길이를 변환하고자 하는 좌표시스템의 길이와 동일하게 하는 것이며 축척계수(S)의 곱으로 계산된다. 따라서 축척변환된 x'과 y'은 다음과 같다.

$$S = \frac{AB}{ab} = \frac{\sqrt{(x'^B - x'^A)^2 + (y'^B - y'^A)^2}}{\sqrt{(x_b - x_a)^2 + (y_b - y_a)^2}}$$

$$x' = S \times x, \ y' = S \times y$$

(2) 회전변환

두 좌표계 간에 θ만큼 회전량을 구하게 되면 x', y' 좌표계에서 X', Y'으로의 회전변환은 다음과 같다.

$$X' = x' \times \cos\theta - y' \times \sin\theta$$
$$Y' = x' \times \sin\theta + y' \times \cos\theta$$

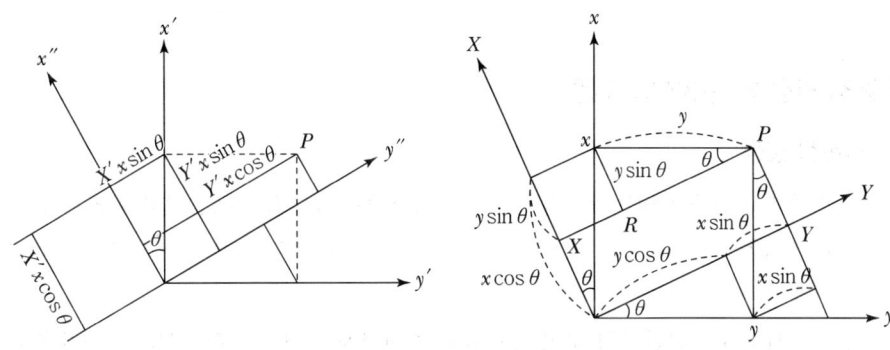

[그림 1-56] 회전변환

(3) 원점이동

마지막으로 2개의 서로 다른 좌표계의 원점을 일치시키게 된다. 두 좌표계에서 X, Y축으로 Δx, Δy만큼 이동하면 다음과 같다.

$$X = X' + \Delta x \text{ 그리고 } Y = Y' + \Delta y$$

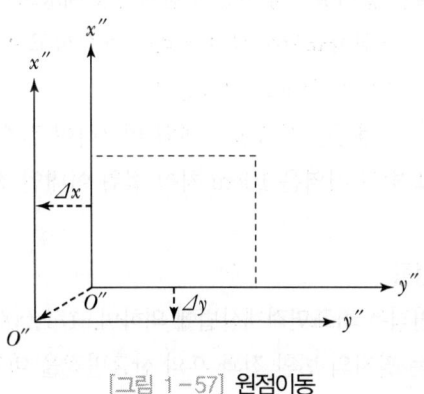

[그림 1-57] 원점이동

(4) 변환식

① 축척변환, 회전변환, 원점이동식을 결합하면

$$X = (S\cos\theta)x - (S\sin\theta)y + \Delta x$$
$$Y = (S\sin\theta)x + (S\cos\theta)y + \Delta y$$

② $S\cos\theta = a$, $S\sin\theta = b$, $\Delta x = c$, $\Delta y = d$로 놓으면

$X = ax - by + c$

$Y = ay + bx + d$

③ 행렬식으로 표현하면

$$\begin{bmatrix} X \\ Y \end{bmatrix} = \begin{bmatrix} a & -b \\ b & a \end{bmatrix} \begin{bmatrix} x \\ y \end{bmatrix} + \begin{bmatrix} c \\ d \end{bmatrix}$$

4. 공통점 결정 및 변환성과 검증

(1) 공통점 결정

① 변환계수 산출에 필요한 공통점은 세계측지계 관측성과와 대상지역의 변환성 간 연결교차가 경계점좌표등록부 시행지역은 7.5cm, 그 밖의 지역은 12.5cm 이내인 지적기준점으로 결정한다.

② 사업시행자는 변환구역 내 필지에 대하여 변환 이전의 지적측량성과 결정방법으로 지적측량이 실시될 수 있도록 공통점 수량을 고려하여 결정한다.

(2) 변환성과 검증

① 변환성과 검증은 위치 검증과 면적 검증으로 구분하여 실시한다.

② 검증필지는 변환구역 내 모든 필지를 대상으로 하며, 부득이한 경우 지적소관청이 정하는 기준으로 할 수 있다.

③ 변환성과 위치 검증
  ㉠ 위치 검증성과는 필지별 2개 이상의 경계점을 대상으로 공통점의 지역측지계 성과에서 변환 전 필지의 도상좌표까지 각과 거리를 계산하고 이 값을 사용하여 공통점의 세계측지계 성과를 기준으로 좌표를 산출한다.
  ㉡ 변환성과의 위치 검증은 산출한 성과와 비교하여 검증하며, 경계점좌표등록부 시행지역은 5cm, 그 밖의 지역은 10cm 차이 범위 이내인 경우에는 변환성과를 최종성과로 결정한다.

④ 변환성과 면적 검증
  ㉠ 필지의 산출면적은 좌표면적계산법에 의하며, 1/1,000m² 까지 계산하여 정한다.
  ㉡ 면적의 비교는 필지의 변환 전과 후의 산출면적을 비교하여 검증한다.
  ㉢ 면적비교에 따른 허용면적 공차는 (변환 전 산출면적)$\times \dfrac{1}{10,000}$m² 이내로 한다.

5. 결론

좌표변환모델은 변환 차원에서 2차원 변환과 3차원 변환으로 구분되고, 변환요소에 따라 등각 변환과 부등각 변환이 있으며, 변환모델은 Helmert 4변환모델, Affine 6변환모델, Helmert 7변환모델, Bursa-Wolf 모델, Molodensky-Badekas 모델, Veis 모델 등이 있다. 지적공부 세계측지계 변환은 공통점을 이용하여 2차원 헬머트(Helmert) 변환모델의 변환계수를 산출하고 변환구역을 대상으로 변환한다. 다만, 경계점좌표등록부 시행지역은 축척계수를 제외한 이동·회전 변환계수만 산출하여 변환한다. 또한 공통점을 이용한 변환방법이 변환구역 변환에 적합하지 않는 경우에는 평균편차조정방법, 현형변환방법 및 좌표재계산방법으로 변환할 수 있다.

08 지하공간통합지도

1. 개요

2014년 서울 송파구 석촌호수 인근 지하차도에서 발생한 지하안전사고를 계기로 지반침하(싱크홀)에 대한 국민 불안이 증대되고 사회적인 이슈로 부각됨에 따라 정부에서는 지하공간에 대한 안전한 관리와 정확한 현황분석을 위해 지반침하 예방대책의 일환으로 지하공간통합지도를 구축하게 되었다. 지하공간통합지도는 지하공간을 개발·이용·관리함에 있어 기본이 되는 지하시설물, 지하구조물, 지반정보를 3D 기반으로 통합·연계한 지도로, 지하시설물은 상·하수도, 통신 등 관로형태로 땅속에 매설된 시설물을 의미하며, 지하구조물은 지하철, 공동구 등 콘크리트 구조물 형태의 시설물, 지반은 지하 지층구조를 확인할 수 있는 시추, 지질 등으로 구성된다.

2. 지하공간통합지도의 전담기구

국토교통부장관은 한국국토정보공사를 지하공간통합지도의 제작과 지하정보 구축을 지원하기 위한 전담기구로 지정하였다.

(1) 지하공간통합지도의 제작 지원
(2) 지하정보 개선계획 수립 지원
(3) 지하정보 정확도 개선사업 성과에 대한 품질 검증 및 관리
(4) 갱신정보 및 개선된 지하정보의 지하공간통합지도로의 반영 지원
(5) 지하공간통합지도 제작과 지하정보 정확도 개선 관련 조사·연구 및 데이터 표준화
(6) 지하공간통합지도 제작과 지하정보 정확도 개선에 필요한 기술 개발, 외국 기술 도입 및 국제협력

3. 지하공간통합지도 데이터

(1) 지하시설물(관로형) 정보

① 지하공간에 인공적으로 매설된 6종의 지하시설물(「지하안전법」 제2조 제11호) : 상수도, 하수도, 통신, 난방, 전력, 가스

② 제작 공정 : 지하시설물의 경우에는 기존에 구축된 2차원 지도의 위치정보와 깊이 값, 관지름 등 속성정보를 이용하여 3차원 형태의 관로지도를 작성

[그림 1-58] 지하시설물 정보 제작 흐름도

(2) 지하구조물 정보

① 지하공간에 인공적으로 제작된 6종의 지하구조물(「지하안전법」 제2조 제11호) : 지하철, 공동구, 지하상가, 지하도로, 지하보도, 지하주차장

② 제작 공정 : 지하구조물은 구조물 준공도면을 이용하여 3차원 모델링을 수행하고 현지 측량을 통해 취득한 좌푯값을 모델링 정보에 부여하여 3차원 구조물 지도를 구축

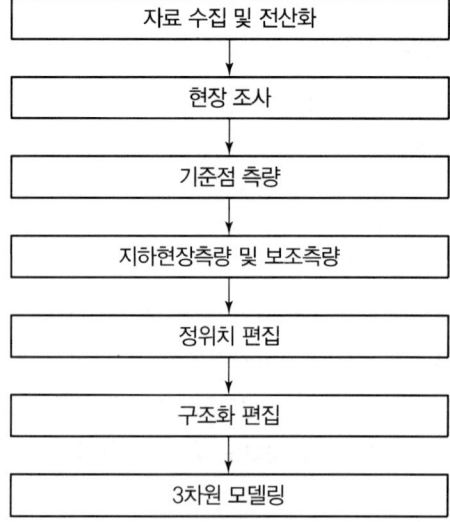

[그림 1-59] 지하구조물 정보 제작 흐름도

(3) 지반정보(「지하안전법 시행령」 제3조 제1~3호)

① 지하공간에 자연적으로 형성된 토층 및 암층에 관한 시추, 지질, 관정에 관한 정보
  ㉠ 시추정보 : 지반의 특성, 지층의 종류 및 지하수위 등 시추기계 또는 기구를 사용하여 생산된 정보
  ㉡ 지질정보 : 암석의 종류·성질·분포상태 및 지질구조 등 지질을 조사하여 생산된 정보
  ㉢ 관정정보 : 지하수의 수위분포 및 지하수를 함유하고 있는 지층의 구조와 수리적(水理的) 특성 등 관정을 통하여 측정된 정보

② 제작 공정 : 지반정보는 기존 시추공에서 포함하고 있는 개별 지층정보와 인접 시추공 동일 지층을 연결하여 3차원 지층구조를 생성

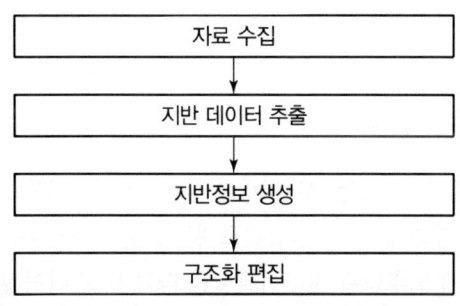

[그림 1-60] 지반정보 제작 흐름도

4. 지하공간통합지도 유지·관리

(1) 지하정보 활용지원센터

한국건설기술연구원이 지하공간통합지도 활용의 정착 및 활성화와 사용자 편의성 중심의 지하공간통합지도 활용 서비스 체계 마련을 목적으로 운영되고 있다.

(2) 지하정보 활용지원센터 주요 업무

① 지하안전영향평가, 지반침하위험도평가 등 지하공간통합지도 활용 지원 및 기술 컨설팅 지하정보의 수집 및 관리를 지원한다.
② 지하정보 및 지하공간통합지도의 활용 활성화를 위한 교육·홍보 및 대외협력을 추진한다.
③ 스마트시티, 재해·재난, 도시재생 등 지하공간통합지도 활용분야를 지원한다.

(3) 절차

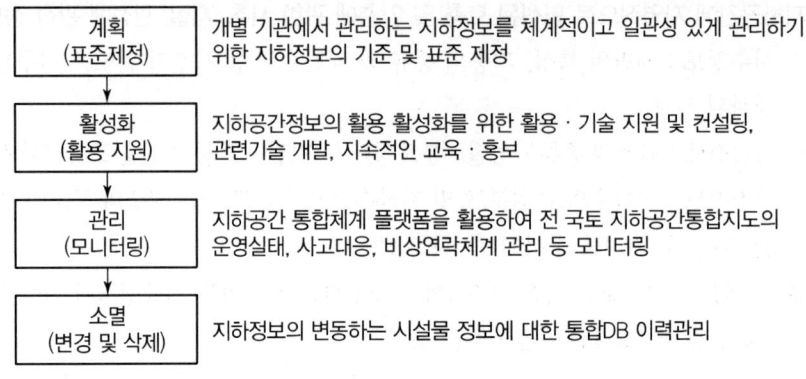

[그림 1-61] 지하공간통합지도 유지관리 흐름도

5. 지하공간통합지도 기대효과

(1) 지하안전사고 발생 시 실시간 모니터링을 통해 신속한 대응이 가능하다.
(2) 가상 굴착 기능을 통해 공사 구간의 관로 위치, 깊이 등을 파악할 수 있다.
(3) 속성정보 등을 통해 노후화된 지하시설물을 파악 및 관리를 할 수 있다.

6. 결론

지하시설물 안전관리를 위해 여러 전문분야의 다각적인 활동이 필요하고 이를 통한 정책, 시스템, 안전관리 개선방안을 모색해야 하며 지하공간통합지도가 공공기관과 지하 안전영역 평가 전문 민간기관 등의 활용도를 높이기 위해서는 지도의 자동화기술 개발이 시급할 것으로 판단된다.

PART 02

관측값 해석

CHAPTER 01 Summary
CHAPTER 02 단답형(용어해설)
CHAPTER 03 주관식 논문형(논술)

PART 02 CONTENTS

CHAPTER 01 _ Summary

CHAPTER 02 _ 단답형(용어해설)
    01. 오차곡선 ·· 128
    02. 오차타원 ·· 130
    03. 최확값 ··· 132
    04. 오차전파법칙 ·· 134
    05. EDM의 오차 ·· 138

CHAPTER 03 _ 주관식 논문형(논술)
    01. 측량에서 발생하는 오차 ·· 140
    02. 정밀도(Precision)와 정확도(Accuracy)의 비교 ··· 144
    03. 직접 거리측량 오차의 종류와 보정 ··· 147
    04. 관측방정식에 의한 최소제곱법 조정방법 ··· 150

CHAPTER 01 Summary

01 오차의 분류
측량에 있어서 오차는 관측자의 습관과 부주의, 기계의 결함 또는 자연적 원인에 의해 일어나며, 일반적으로 원인에 의한 오차, 성질에 의한 오차, 관측값과 기준값의 차이에 따른 오차로 크게 분류된다.

02 참값
대상물의 길이, 무게, 부피 등 여러 가지 형태의 진값을 말한다. 참값은 추상적인 개념의 값으로 관념적인 값이므로 절대 발견될 수 없다. 일반적으로 통계학적·확률론적으로 추정한 최확값을 참값으로 사용한다.

03 정오차
원인이 분명하여 어떤 조건에서는 언제나 일정한 질과 양의 오차가 생기는 것을 말한다. 정오차는 개인적 정오차, 기계적 정오차, 온도에 의한 팽창 등인 물리적 정오차가 있다. 그 오차의 발생원인과 특성을 규명하면 이론적으로 정오차를 제거할 수 있다.

04 부정오차
모든 측정값에는 오차가 포함되어 있고 오차를 보정하더라도 원인이 불명확하거나 알아도 소거할 수 없는 부정오차(우연오차)가 존재한다.

05 개인오차
관측자의 습관과 부주의에 의해 발생하는 오차로 숙련자에게는 적게 일어난다. 이 오차를 예방하기 위해서는 관측자를 교체하든지 관측자 스스로 자기의 습성을 잘 알아서 교정하여야 한다.

06 착오
착오는 관측자의 과실, 부주의에 의해 일어나는 오차이다. 눈금 읽기 잘못, 야장기입을 잘못한 경우도 포함되며 주의하면 방지할 수 있다. 일반적으로 관측한 값에 큰 오차가 있을 때는 반드시 착오가 있음을 알 수 있다.

07 확률곡선
어떤 측정에서 부정오차의 발생 가능성을 확률이라 하면 측정횟수를 충분히 많이 할 경우 이러한 확률을 연속적인 변수로 하여 평균과 분산을 갖는 곡선을 오차곡선 또는 확률곡선이라 한다.

08 오차곡선(정규분포)

연속적인 확률변수 X가 분포하고 평균 μ와 분산 σ^2을 가질 때 정규분포라 하며, 오차법칙을 따르는 정규분포를 확률곡선이라 한다.

09 표준정규분포

정규분포는 2개의 매개변수 평균 μ와 표준편차 σ에 따라서 모양이 결정되고, 이때의 분포를 $N(\mu, \sigma^2)$으로 표기한다. 특히, 평균이 "0"이고 표준편차가 "1"인 정규분포 $N(0, 1)$을 표준정규분포라고 한다.

10 오차타원

분산이나 표준편차는 각이나 거리와 같이 1차원의 경우에 대한 정밀도의 척도로 나타내고, 점의 수평위치와 같이 2차원상에서의 정밀도 영역은 오차타원으로 나타낸다.

11 최확값

측량은 반복 관측하여도 참값을 얻을 수 없으며 참값에 가까운 값에 도달될 수밖에 없다. 이 값을 참값에 대한 최확값이라 한다.

12 경중률

미지의 관측에서 개개 관측값의 정밀도가 동일하지 않을 경우에는 어떤 계수를 곱하여 개개 관측값 간에 균형을 이루게 한 후 최확값을 구한다. 이때 이 계수를 경중률이라 하는데, 개개관측값들의 신뢰도를 나타내는 값이다.

13 오차전파

오차란 참값과 관측값의 차를 말하며 측정값의 오차가 구하고자 하는 값의 오차에 영향을 미치는 것을 오차전파라고 한다. 오차전파는 정오차 전파와 우연오차 전파로 구분된다.

14 최소제곱법

측량에 있어 변수들은 여러 번 관측했을 때 서로 다른 관측값들을 갖는 임의의 변수들이다. 관측값과 참값의 차이인 잔차의 절대치가 작을수록 그 측정치는 참값에 가까운 값이라는 것을 알 수 있다. 각 측정치의 잔차를 제곱하고 이들의 총계가 최소가 되도록 최확값을 결정하는 수학적 방법을 최소제곱법이라 한다.

15 EDM(Electro-optical Distance Meter)

EDM은 전파에너지를 발사하여 다른 쪽으로부터 반사되어 되돌아오는 시간을 측정하여 두 기점 사이의 거리를 결정하는 장비이다. 사용하는 전파에너지의 종류에 따라 광파 방식과 극초단파 방식으로 분류된다.

16 정확도와 정밀도

정확도는 측정값이 참값에 얼마나 가까운지를 나타내는 것이고, 정밀도는 측정값들이 얼마만큼 퍼져 있는가를 나타낸다. 정확하다고 해서 꼭 정밀한 것은 아니며, 반대로 정밀하다고 해서 정확한 것이 아니다.

CHAPTER 02 단답형(용어해설)

01 오차곡선

모든 측정값에는 오차가 포함되어 있고 오차를 보정하더라도 원인이 불명확하거나 알아도 소거할 수 없는 부정오차(우연오차)가 존재한다. 어떤 측정에서 부정오차의 발생 가능성을 확률이라 하면 측정횟수를 충분히 많이 할 경우 이러한 확률을 연속적인 변수로 하여 평균과 분산을 갖는 곡선을 오차곡선 또는 확률곡선이라 한다.

1. 확률법칙

(1) 큰 오차가 생길 확률은 작은 오차가 생길 확률보다 매우 작다.
(2) 같은 크기의 정(+)오차와 부(−)오차가 발생할 확률은 거의 같다.
(3) 매우 큰 오차는 거의 발생하지 않는다.

2. 오차곡선(정규분포)

(1) 확률함수

확률변수 X가 특정한 값(x)을 취하는 확률을 x의 함수로 표현한 것을 확률함수(Probability Function)라 하고, $f(x)$로 표기한다.

(2) 확률밀도함수

연속확률변수 X가 취할 수 있는 실수구간에 대하여 확률을 대응시키는 방법 또는 규칙을 말한다. X가 임의의 두 실수 x_0와 x_n 사이에 속할 확률 $P(x_0 \leq X \leq x_n) = \int_{x_0}^{x_n} f(x)dx$ 이다.

① 모든 실수값 x에 대해 $f(x) \geq 0$

② $\int_{-\infty}^{\infty} f(x)dx = 1$ 연속적으로 더하는 적분에서, 구간에서 확률의 합은 1이다.

③ $P(a \leq X \leq b) = \int_{a}^{b} f(x)dx$ 적분하면(더하면) a에서 b까지 확률이 된다.

(3) 오차곡선(정규분포)

연속확률변수 X가 분포하고 평균 μ와 분산 σ^2을 가질 때 정규분포라 하며, 오차법칙을 따르는 정규분포를 확률곡선이라 한다.

$$f(x) = \frac{1}{\sqrt{2\pi}\sigma} e^{-\frac{1}{2}\left(\frac{x-\mu}{\sigma}\right)^2}, \quad f(x) = \frac{h}{\sqrt{\pi}} e^{-h^2 v^2}$$

여기서, 정밀도 계수$(h) = \frac{1}{\sigma\sqrt{2}}$, $(x-\mu) = v$, $e = 2.71828$

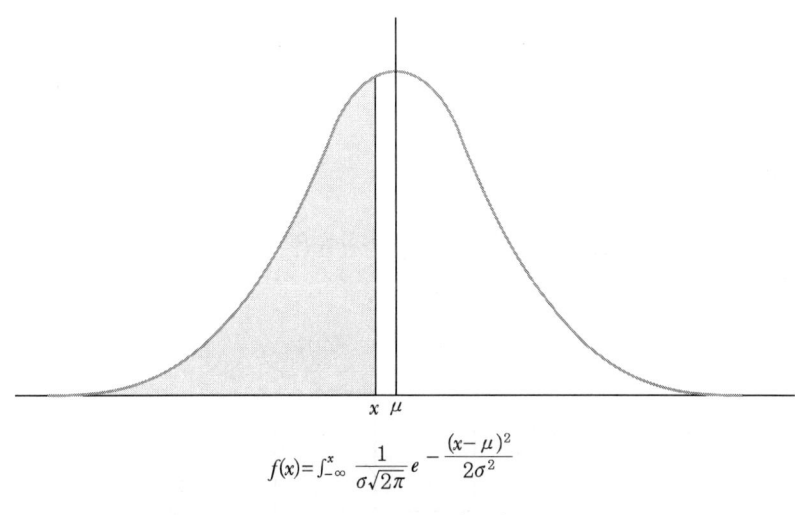

$$f(x) = \int_{-\infty}^{x} \frac{1}{\sigma\sqrt{2\pi}} e^{-\frac{(x-\mu)^2}{2\sigma^2}}$$

[그림 2-1] 오차곡선

(4) 표준정규분포

정규분포는 2개의 매개변수 평균 μ와 표준편차 σ에 따라서 모양이 결정되고, 이때의 분포를 $N(\mu, \sigma^2)$으로 표기한다. 특히, 평균이 0이고 표준편차가 1인 정규분포 $N(0, 1)$을 표준정규분포라고 한다.

(5) 확률오차(Probable Error)

전체 관측값의 50%에 있을 확률은 평균제곱근오차에 0.6745배를 한 값이다.

$$\gamma = \pm 0.6745 \sqrt{\frac{[vv]}{n-1}}$$

3. 오차곡선의 특징

(1) 오차곡선은 평균 μ에 대칭인 종모양이다.
(2) 정규분포는 $N(\mu, \sigma^2)$으로 표기한다.

(3) X가 a와 b 사이에 존재할 확률은 $p(a \leq X \leq b) = \int_a^b f(x)dx$이다.

(4) σ가 클 때 확률변수는 평균값에서 멀리 분포하고, σ가 작을 때 확률변수는 평균값에 밀집한다.

(5) 독립확률변수 l_i가 $N(\mu_i, \sigma_i^2)$일 때 l_i의 전체 평균(μ)과 분산(σ^2)은 $\mu = \dfrac{1}{n}\sum_{i=1}^{n}\mu_i$, $\sigma^2 = \dfrac{1}{n}\sum_{i=1}^{n}\sigma_i^2$로 표시한다.

(6) 확률변수 X가 $N(0, 1)$일 때 분포도 $Z = \dfrac{X-\mu}{\sigma}$는 표준정규분포이다.

4. 정규분포의 영역

정규분포 $N(\mu, \sigma^2)$에서 σ의 상수배인 영역의 확률은 다음과 같다.

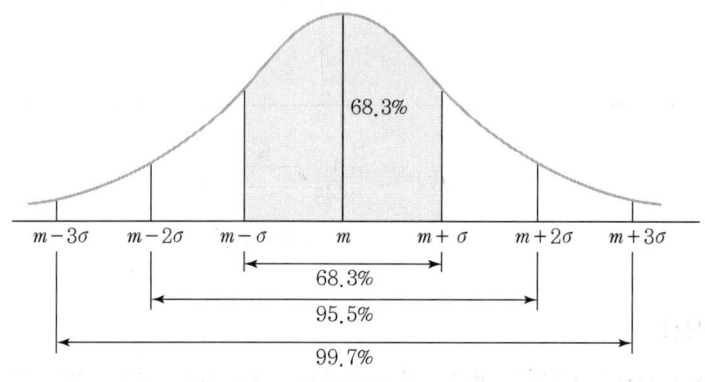

[그림 2-2] 정규분포곡선

[표 2-1] 표준편차와 확률

표준편차	±0.6745σ 범위 내	±1σ 범위 내	±1.6450σ 범위 내	±1.960σ 범위 내	±3σ 범위 내
확률(%)	50.0	68.3	90.0	95.7	99.7

02 오차타원

분산이나 표준편차는 각이나 거리와 같이 1차원의 경우에 대한 정밀도의 척도로 나타내고, 점의 수평위치와 같이 2차원상에서의 정밀도 영역은 오차타원으로 나타낸다.

1. 오차타원

(1) 관측값 x, y에 대해 σ_x를 장반경, σ_y를 단반경으로 하는 타원을 말한다.

(2) **오차곡선**: 오차타원에서 X축을 기준으로 각 θ를 이룬 선분 $\overline{OQ}$ 상의 점 S에서 수선을 그어 타원과 접할 때 점 S가 나타내는 궤적이다.

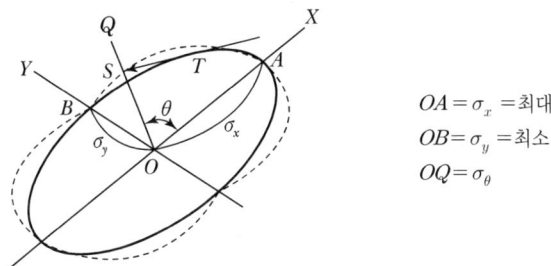

$OA = \sigma_x$ = 최대
$OB = \sigma_y$ = 최소
$OQ = \sigma_\theta$

[그림 2-3] **오차타원**

2. 오차타원의 특징

(1) 오차타원의 크기가 작을수록 정확도가 높다.
(2) 오차타원이 원에 가까울수록 오차의 균질성이 좋다.
(3) 오차타원의 요소는 타원의 장·단축과 회전각이다.
(4) 오차타원은 분산, 공분산 행렬의 계수로부터 구할 수 있다.

3. 표준오차타원

(1) 장반경축이 $\sigma_{\max}$이고, 단반경축이 $\sigma_{\min}$인 타원을 말한다.
(2) 신뢰타원에서 표준오차타원 내 존재할 확률은 0.394이다.

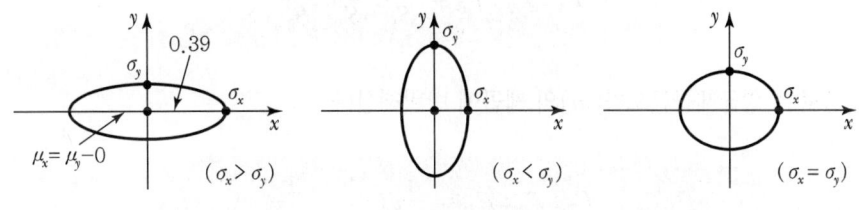

[그림 2-4] **표준오차타원**

4. 신뢰타원

표준오차타원의 장반경과 단반경에 2.447배가 되는 타원을 말한다.

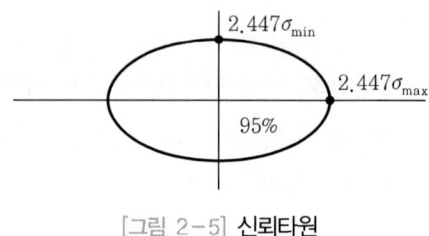

[그림 2-5] 신뢰타원

03 최확값

측량은 반복 관측하여도 참값을 얻을 수 없으며 참값에 가까운 값에 도달될 수밖에 없다. 이 값을 참값에 대한 최확값이라 한다.

1. 경중률(Weight) = 무게, 비중, 중량값

정밀도를 서로 상이하게 측정하는 경우에는 최확값을 구할 때 정밀도를 고려하는 적용계수를 경중률이라고 한다.

(1) 경중률은 관측횟수(N)에 비례한다.

$$P_1 : P_2 : P_3 = N_1 : N_2 : N_3$$

(2) 경중률은 노선거리(S)에 반비례한다.

$$P_1 : P_2 : P_3 = \frac{1}{S_1} : \frac{1}{S_2} : \frac{1}{S_3}$$

(3) 경중률은 평균제곱근오차(m)의 제곱에 반비례한다.

$$P_1 : P_2 : P_3 = \frac{1}{m_1^2} : \frac{1}{m_2^2} : \frac{1}{m_3^2}$$

2. 최확값 산정

최확값 산정은 독립관측에서는 관측값들을 경중률에 따라 평균값의 산정하는 과정을 의미하고, 조건부관측에서는 관측값과 조건 이론값의 차를 경중률에 따라 보정하는 과정을 의미한다.

(1) 독립관측

① 경중률이 일정할 때

- 거리는 거리에 비례하여 조정 : $L_0 = \dfrac{L_1 + L_2 + \cdots + L_n}{n}$

- 각은 각의 대소에 관계없이 등배분 : $\alpha_0 = \dfrac{\alpha_1 + \alpha_2 + \cdots + \alpha_n}{n}$

  (L_0=거리 최확값, $L_1, L_2, \cdots, L_n$=관측값, α_0=각 최확값, $\alpha_1, \alpha_2, \cdots, \alpha_n$=관측값)

② 경중률을 고려할 때

- 거리 $L_0 = \dfrac{P_1 \ell_1 + P_2 \ell_2 + \cdots + P_n \ell_n}{P_1 + P_2 + \cdots + P_n}$

- 각 $\alpha_0 = \dfrac{P_1 \alpha_1 + P_2 \alpha_2 + \cdots + P_n \alpha_n}{P_1 + P_2 + \cdots + P_n}$ ($P_1, P_2, \cdots, P_n$ =경중률)

(2) 조건부관측

① 경중률이 일정할 때 : 관측값과 조건 이론값의 차이를 등배분한다.

$$조정량 = \dfrac{[W]}{n}, \quad W = 오차$$

② 경중률이 일정하지 않을 때 : 보정량을 경중률에 반비례하여 배분한다.

$$조정량 = \dfrac{W}{경중률의 합} \times 그 각의 경중률$$

3. 평균제곱근오차(RMSE, 표준편차)

잔차의 제곱을 산술평균한 값의 제곱근을 평균제곱근오차라 하며 관측값들 상호 간의 편차를 의미하는 표준편차와 같은 의미로 사용한다. 확률밀도함수 68.26% 범위에서 잔차의 제곱을 산술평균한 값의 제곱근을 말한다.

(1) 경중률이 일정할 때

$$M_0 = \pm \sqrt{\dfrac{[\nu\nu]}{n(n-1)}}$$

여기서, M_0 : 평균제곱근오차
n : 관측횟수
ν : 잔차(관측값 – 최확값)

(2) 경중률을 고려할 때

$$M_0 = \pm \sqrt{\frac{[PVV]}{[P](n-1)}}$$

여기서, P : 경중률

(3) 1회 관측 시(각각 관측 시)

① 경중률이 일정할 때 : $M_0 = \pm \sqrt{\dfrac{[VV]}{n-1}}$

② 경중률을 고려할 때 : $M_0 = \pm \sqrt{\dfrac{[PVV]}{n-1}}$

04 오차전파법칙

오차란 참값과 관측값의 차를 말하며 거리 또는 각에 대한 측정값의 오차가 최종적으로 구하고자 하는 값의 오차에 영향을 미치는 것을 오차전파라 한다. 각각의 오차에 대한 전파값을 계산하고 관측오차가 허용오차 범위 내에 있음을 확인하여야 한다. 오차전파는 정오차 전파와 우연오차 전파로 구분된다.

1. 오차의 종류

(1) 과실, 착오

관측자의 잘못과 부주의로 측량작업에 과오를 초래하는 것으로 오차가 크게 발생하므로 제거하는 것이 원칙이다.

(2) 정오차

조건이 같으면 언제나 같은 방향으로 발생되는 오차로 누적오차라고도 하며 원인과 상태를 알면 제거할 수 있다.

(3) 부정오차

오차 발생원인이 불명확하거나 원인을 알아도 소거할 수 없이 복잡하게 겹쳐서 생기는 오차로 일어나는 방향도 일정하지 않으며 확률법칙에 의해 처리된다.

2. 정오차 전파

(1) 오차의 부호와 크기를 알 때 선형 함수에 대한 오차함수가 $y = f(x_1, x_2, x_3, \cdots, x_n)$로 구성되면 $x_1, x_2, x_3 \cdots x_n$의 오차를 $\Delta x_1, \Delta x_2, \Delta x_3 \cdots \Delta x_n$라 하고, 이때 y에 전파되는 정오차 dy는 다음과 같이 편미분 방정식으로 구할 수 있다.

$$dy = \frac{\partial y}{\partial x_1}\Delta x_1 + \frac{\partial y}{\partial x_2}\Delta x_2 + \frac{\partial y}{\partial x_3}\Delta x_n + \cdots + \frac{\partial y}{\partial x_n}\Delta x_n$$

(2) 비선형함수일 경우에는 테일러급수 전개를 통한 선형화가 필요하다.
(3) 정오차 전파의 예시
① 면적의 계산에서 밑변 $l_1 + dl_1$, 높이 $l_2 + dl_2$일 때

$$A = l_1 \times l_2, \ dA = \left(\frac{\partial A}{\partial l_1}\right)dl_1 + \left(\frac{\partial A}{\partial l_2}\right)dl_2 = (l_2)dl_1 + (l_1)dl_2$$

② 수평거리 $D = L\cos\theta$에서 $\Delta D = \Delta L\cos\theta + L(-\sin\theta) \cdot \frac{d\theta''}{\rho''}$

3. 부정오차 전파

관측값 x가 서로 독립일 때, 함수 $y = f(x_1, x_2, x_3 \cdots x_n)$에 대하여 $x_1, x_2, x_3 \cdots x_n$의 오차를 $\vartheta x_1, \vartheta x_2, \vartheta x_3 \cdots \vartheta x_n$라고 하면, 이때 y에 전파되는 우연오차 ϑy는 표준오차의 제곱합의 제곱근으로 표현된다.

$$\vartheta y^2 = \left(\frac{\partial y}{\partial x_1}\right)^2 \vartheta x_1^2 + \left(\frac{\partial y}{\partial x_2}\right)^2 \vartheta x_2^2 + \left(\frac{\partial y}{\partial x_3}\right)^2 \vartheta x_3^2 + \cdots + \left(\frac{\partial y}{\partial x_n}\right)^2 \vartheta x_n^2$$

(1) 부정오차 전파의 응용
① $Y = X_1 + X_2 + \cdots + X_n$인 경우

$$M = \pm \sqrt{m_1^2 + m_2^2 + \cdots + m_n^2}$$

> 어떤 기선을 4구간으로 나누어 측정했을 때 각 구간에 대한 표준오차는 0.0014, 0.0012, 0.0015, 0.0015였다. 전 거리에 대한 표준오차는?

$$M = \pm \sqrt{0.0014^2 + 0.0012^2 + 0.0015^2 + 0.0015^2} = \pm 0.00281\text{m}$$

② $Y = X_1 \times X_2$ 인 경우

$$M = \pm \sqrt{(X_2 \times m_1)^2 + (X_1 \times m_2)^2}$$

> 장방형 두 변을 측정해 $X_1 = 25\text{m}$, $X_2 = 50\text{m}$를 얻었다. 줄자 1m당 평균 자승오차는 $\pm 3\text{mm}$일 때 면적의 평균 자승오차는?

$m_1 = \pm 0.003 \sqrt{\dfrac{25}{1}} = \pm 0.015\text{m}$, $m_2 = \pm 0.003 \sqrt{\dfrac{50}{1}} = \pm 0.021\text{m}$

면적의 평균 자승오차 $= \pm \sqrt{(50 \times 0.015)^2 + (25 \times 0.021)^2} = \pm 0.92\text{m}^2$

③ $Y = \dfrac{X_1}{X_2}$ 인 경우

$$M = \pm \dfrac{X_1}{X_2} \sqrt{\left(\dfrac{m_1}{X_1}\right)^2 + \left(\dfrac{m_2}{X_2}\right)^2}$$

④ $Y = \sqrt{X_1^2 + X_2^2}$ 인 경우

$$M = \pm \sqrt{\left(\dfrac{X_1}{\sqrt{X_1^2 + X_2^2}}\right)^2 m_1^2 + \left(\dfrac{X_2}{\sqrt{X_1^2 + X_2^2}}\right)^2 m_2^2}$$

(2) 부정오차 전파의 예시

직육면체인 저수탱크의 체적을 구하고자 한다. 밑변 a, b와 높이 h에 대한 측정결과가 $a = 40.00 \pm 0.05\text{m}$, $b = 10.00 \pm 0.03\text{m}$, $h = 20.00 \pm 0.03\text{m}$일 때 부피오차를 구하면 $V = a \times b \times h$이며 일반식은 다음과 같다.

$$\begin{aligned}
\vartheta_V^2 &= \left(\dfrac{\partial V}{\partial a}\right)^2 \cdot \vartheta_a^2 + \left(\dfrac{\partial V}{\partial b}\right)^2 \cdot \vartheta_b^2 + \left(\dfrac{\partial V}{\partial h}\right)^2 \cdot \vartheta_h^2 \\
&= (bh)^2 \cdot \vartheta_a^2 + (ah)^2 \cdot \vartheta_b^2 + (ab)^2 \cdot \vartheta_h^2 \\
&= (10 \times 20)^2 \cdot 0.05^2 + (40 \times 20)^2 \cdot 0.03^2 + (40 \times 10)^2 \cdot 0.03^2 \\
&= 740 \\
\therefore \vartheta_V &= \pm \sqrt{740} = \pm 27.2\text{m}^3
\end{aligned}$$

4. 부정오차 전파의 실례

(1) 거리측량의 부정오차 전파

① 구간거리가 다르고 평균제곱근 오차가 다를 때

$$L_0 = L \pm M$$
$$L = L_1 + L_2 + L_3 + \cdots + L_n$$
$$M = \pm \sqrt{m_1^2 + m_2^2 + m_3^2 + \cdots + m_n^2}$$

여기서, L : 전 구간 최확길이
M : 전 구간의 평균제곱근 오차 합계
$L_1, L_2, L_3 \cdots L_n$: 구간 최확값
$m_1, m_2, m_3 \cdots m_n$: 구간 표준오차

② 평균제곱근 오차가 같다고 가정할 때

$$L_0 = L \pm M$$
$$L = L_1 + L_2 + L_3 + \cdots + L_n$$
$$M = \pm \sqrt{m_1^2 + m_1^2 + m_1^2 + \cdots + m_1^2} = m_1 \sqrt{n}$$

여기서, m_1 : 1구간 평균제곱근 오차
n : 관측횟수

(2) 다각측량의 부정오차 전파

$$X = S\cos\alpha, \ Y = S\sin\alpha$$

여기서, X, Y : 임의점 좌표
S : 관측거리
α : 관측각

$$\Delta X = \pm \sqrt{(\Delta s \cdot \cos\alpha)^2 + \left(S(-\sin\alpha)\frac{d\alpha''}{\rho''}\right)^2}$$

$$\Delta Y = \pm \sqrt{(\Delta s \cdot \sin\alpha)^2 + \left(S\cos\alpha \frac{d\alpha''}{\rho''}\right)^2}$$

여기서, $\Delta X, \Delta Y$: 부정오차의 합계
$\Delta s, d\alpha''$: 거리 및 각의 부정오차

(3) 면적관측 시 최확값 및 평균제곱근 오차의 합

$$A_0 = A \pm M$$
$$A = L_1 \times L_2$$
$$M = \pm \sqrt{(L_1 \cdot m_1)^2 + (L_2 \cdot m_2)^2}$$

여기서, L_1, L_2 : 각 변의 관측길이
m_1, m_2 : 각 변의 평균제곱근 오차

05 EDM의 오차

EDM(Electro-optical Distance Meter)은 전파에너지를 발사하여 다른 쪽으로부터 반사되어 되돌아오는 시간을 측정하여 두 기점 사이의 거리를 결정하는 장비이다. 사용하는 전파에너지의 종류에 따라 광파 방식과 극초단파 방식으로 분류된다.

1. EDM의 오차

(1) EDM의 내·외적오차

① 내적오차는 EDM 기계와 프리즘의 불안정 때문에 발생하는 오차로서 영점오차, 축척오차, 주파수오차, 위상측정오차 등이 있다.
② 영점오차, 축척오차, 주파수오차는 정오차에 해당되며, 위상측정오차는 우연오차에 해당된다.
③ 외적오차에는 대기굴절오차가 있다.

(2) 거리에 비례하는 오차

① 광속도 오차 : 공기저항에 의한 광속도의 미소오차
② 광변조 주파수오차 : 거리에 비례하여 증가하는 주파수오차로 관측거리에 크게 영향을 받는 오차
③ 굴절률 오차 : 파의 진행 시 통과하는 매질상의 속도비인 굴절률의 대기상태에 따른 변화오차 굴절오차를 Δn이라 하면 $dD = -(\Delta n/n) \cdot D$

(3) 거리에 비례하지 않는 오차

① 위상차 관측오차 : 기계 자체가 갖는 분해능, 기계의 분해능에 가해지는 관측자의 오차로 1~2cm 정도이다.

② 영점오차(기계상수와 반사경상수의 오차) : 거리측량기에는 기계상수가 있으나 이 오차의 크기는 2~3mm 정도이다.
③ 편심오차(거리측량기와 반사경의 기준점이 지상점에서 벗어남에 따른 오차) : 일반적으로 수직추를 쓰나 1~2mm 정도의 오차가 있다.

2. EDM의 오차보정

(1) 기상보정

① 전자기파거리측정기를 사용하여 거리를 관측할 경우 가장 기본적인 값은 광속도이다.
② 진공 중 광속도 $C_0 = 299,792.5$km이다.
③ 실제 관측할 때의 광속도 $C = C_0/n$
④ 위 식에서 n = 대기의 굴절률이며 기압, 기온, 습도에 의해 결정된다.
⑤ 관측에 필요한 정확도가 수 cm이면 기상의 보정을 전혀 할 필요가 없다.
⑥ 정확한 거리를 구하기 위해서는 관측 시에 기온, 기압을 관측하여 보정식, 보정표 또는 보정척을 사용하여 거리의 보정값을 관측값에 가한다.

(2) 영점보정

① 전자기파 거리측정기에 의한 거리측량은 기계중심점이지만, 반사경의 중심점은 지상의 측점과 통상 일치하지 않으므로 영점오차를 보정해 주어야 한다.
② 영점오차는 광파거리측량기의 경우 2~3mm, 전자기파 거리측정기의 경우 최대 30mm에 이르기도 한다.
③ 영점오차는 기계마다 그 정확한 값이 주어져 있고 최신 기계에서는 대부분 자동적으로 보정된다.
④ **프리즘 정수** : 프리즘 정수는 장비회사에 따라 출고 당시 정수가 정해져 있으나 수정하여 사용할 수 있다.

CHAPTER 03 주관식 논문형(논술)

01 측량에서 발생하는 오차

1. 개요

측량에 있어서 어느 측정값의 절대적 정확성을 확보하는 것은 불가능한데, 이처럼 절대적으로 정확한 값인 참값과 측정값의 차이를 '오차'라고 한다. 이러한 오차는 관측자의 습관과 부주의, 기계의 결함 또는 자연적 원인에 의해 일어나며, 일반적으로 원인에 의한 오차, 성질에 의한 오차, 관측값과 기준값의 차이에 따른 오차로 크게 분류된다.

2. 오차의 원인에 의한 분류

(1) 개인적 오차
① 관측자의 시각 또는 청각의 습관에 의하여 일정한 오차가 관측치에 부여되는 것
② 데오도라이트의 망원경 십자선을 기준으로 어떤 목표를 시준할 때 한쪽으로 기울어져서 독취
③ 강권척, 표척 등의 눈금을 독정할 때 언제나 크게 또는 적게 읽는 습관
④ 관측방법과 관측자를 교체하여 보정

(2) 기계적 오차
① 관측에 사용되는 관측기기에 의한 오차로 관측 전 사전점검이 필요
② 데오도라이트의 시준축오차, 수평축오차, 수직축오차
③ 데오도라이트의 외심오차, 편심오차, 눈금오차 등
④ 권척, 강권척, 표척 등의 표준길이에 대한 오차

(3) 자연적 오차
① 온도나 기상조건 등 주위환경 및 자연현상에 의해 생기는 오차
② 강권척, 표척 등의 온도에 의한 신축오차
③ 삼각수준측량에서 공기 중의 빛의 굴절에 의한 오차

3. 오차의 성질에 의한 분류

(1) 과실(착오) 또는 과대오차
① 관측자의 과실, 부주의에서 생기는 오차로 눈금읽기 잘못, 야장기입 잘못 등이다.
② 반복 관측하여 제거하며, 주의하면 방지가 가능하다.

(2) 정오차 또는 계통오차
① 관측값이 일정한 조건하에서 일정한 크기와 일정한 방향으로 발생된다.
② 정오차는 측정횟수를 거듭할수록 누적되므로 '누차'라고도 한다.
③ 정오차는 발생원인과 특성을 파악하면 제거할 수 있다.
④ 관측값에 +, − 할 수 있는 특징이 있다.
⑤ 기계적 · 자연적 · 개인적 오차가 주로 해당된다.

(3) 부정오차(우연오차)
① 오차의 원인이 불명확하거나 알아도 소거할 수 없는, 복잡하게 겹쳐서 생기는 오차이다.
② 서로 상쇄되기도 해서 '상차'라고도 한다.
③ 부정오차는 최소제곱법에 의한 확률법칙에 의해 처리된다.
④ 관측값에 +, − 할 수 없는 특징이 있다.

(4) 부정오차(우연오차)의 가정
관측값은 정규분포를 이루고 다음과 같은 오차법칙을 따른다고 가정한다.

① 큰 오차가 생길 확률은 작은 오차가 생길 확률보다 매우 작다.
② 같은 크기의 정(+)오차와 부(−)오차가 발생할 확률은 거의 같다.
③ 매우 큰 오차는 거의 발생하지 않는다.
④ 이상을 만족하면 오차들은 확률법칙을 따른다.

4. 관측값과 기준값의 차이에 따른 오차의 분류

관측값과 기준값의 차이에 따른 오차는 참오차, 편의, 평균제곱근오차, 표준오차, 확률오차 등으로 구분된다.

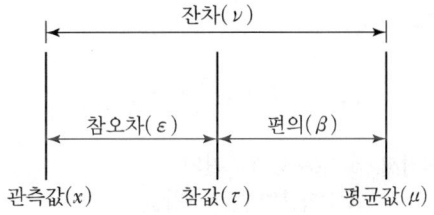

[그림 2-6] 관측값과 기준값의 차이에 따른 오차

(1) 참오차(True Error)

관측값과 참값의 차, 추상적 개념, 실제 측량에서는 잔차를 이용하여 관측값 조정

$$\varepsilon = x - \tau$$

(2) 최확값

측정값으로 구할 수 있는 참값에 가까운 추정값

(3) 잔차(Residual)

최확값과 관측값들 사이의 차

$$\nu = x - \mu$$

(4) 편의(Bias)

참값과 최확값과의 차

$$\beta = \mu - \tau$$

(5) 상대오차(Relative Error)

참값에 대한 절대오차의 비율

$$R_E = \frac{|v|}{x}$$

(6) 평균오차(Mean Error)

오차의 절대적인 산술평균

$$ME = \frac{\sum |v|}{n}$$

(7) 평균제곱오차(MSE : Mean Square Error)

분산과 편의 제곱의 합

$$M^2 = \sigma^2 + \beta^2 = E[(X - \tau)^2]$$

여기서, α : 분산, β : 편의
X : 확률변수, τ : 참값

(8) 평균제곱근오차(RMSE : Root Mean Square Error)
잔차의 제곱합을 산술평균한 값의 제곱근(밀도함수의 68.26%)

$$SE = \sigma = \pm \sqrt{\frac{[VV]}{n-1}}$$

(9) 표준편차(SD : Standard Deviation)
잔차의 제곱합을 산술평균한 값의 제곱근을 이용하여 표현

$$분산 : \sigma_x^2 = \sum_{i=1}^{n}(x_i - \mu)^2/n$$

여기서 μ는 모집단의 평균이고, n은 변수가 무한일 경우에 적용된다. 실제로는 한정된 변수만을 가지고 측정이 이루어지므로 표본 평균값 $\bar{x}$를 사용한다.

또한 μ 대신 사용된 $\bar{x}$는 항상 기댓값보다 적어 모집단의 평균값이 편의된다. 따라서 n 대신 $n-1$이 사용된다.

$$\sigma_x = \pm \sum_{i=1}^{n}(x_i - \bar{x})^2/(n-1)^{\frac{1}{2}}, \ \sigma = \pm \sqrt{\frac{[VV]}{n-1}}$$

(10) 표준오차(SE : Standard Error)
표본평균들에 대한 표준편차를 표준오차라 한다. 표본평균의 기댓값은 모평균인데 기댓값과의 오차라는 의미에서 편차가 아닌 오차로 표현한다.

$$\sigma_{\bar{x}} = \frac{\sigma}{\sqrt{n}}$$

모표준편차를 표본의 크기(n)의 제곱근으로 나누면 표본평균의 표준오차가 된다.

$$\sigma = \pm \sqrt{\frac{[VV]}{n(n-1)}}$$

(11) 확률오차(PE : Probability Error)
절댓값이 큰 오차가 생기는 확률과 절댓값이 작은 오차가 생기는 확률이 같은 오차(밀도함수의 50%)

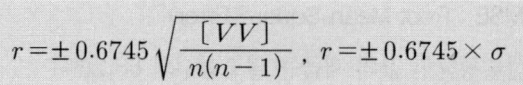

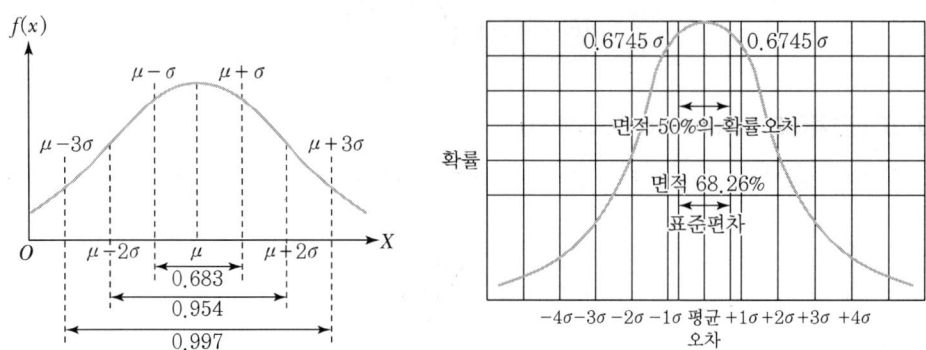

[그림 2-7] 확률분포

5. 결론

오차는 참값과 관측값의 차이를 말하며 원인에 의한 오차, 성질에 의한 오차, 관측값과 기준값의 차이에 따른 오차로 크게 분류된다. 측량에서 관측 시 수반되는 오차는 관측값의 신뢰성에 많은 영향을 미친다. 현장측량에서의 반복 관측에도 불구하고 오차에 대한 개념과 처리능력이 현실적으로 부족한 실정이며 관측값의 신뢰성 향상을 위해서는 정확성 및 제도적 뒷받침이 수행되어야 한다.

02 정밀도(Precision)와 정확도(Accuracy)의 비교

1. 개요

측량에서 정확도는 측정값이 어느 정도 신뢰할 수 있는지를 나타내는 것으로 오차의 크기나 범위가 기준과 일치하는 정도를 말한다. 정확도는 측정값이 참값에 얼마나 가까운지를 나타내는 것이고, 정밀도는 측정값들이 얼마만큼 퍼져 있는가를 나타낸다. 정확하다고 해서 반드시 정밀한 것은 아니며, 반대로 정밀하다고 해서 정확한 것은 아니다.

2. 부정오차(우연오차)의 가정

관측값은 정규분포를 이루고 다음과 같은 오차법칙을 따른다고 가정한다.

(1) 큰 오차가 생길 확률은 작은 오차가 생길 확률보다 매우 작다.
(2) 같은 크기의 정(+)오차와 부(-)오차가 발생할 확률은 거의 같다.
(3) 매우 큰 오차는 거의 발생하지 않는다.
(4) 이상을 만족하면 오차들은 확률법칙을 따른다.

3. 정밀도(Precision)

(1) 정밀도 해석

① 정밀도는 어느 관측값에 대한 균질성을 표시하며 우연오차(부정오차)와 매우 밀접한 관계가 있다.
② 측정값의 정밀도는 측정값의 분포상태, 즉 산포도에 의해서 표현되며, 산포도는 측정값이 대푯값 주위에 어떻게 퍼져 있는가를 나타내는 지표이다.
③ 표준편차(σ)는 정밀도를 나타내는 척도이며 정밀도는 반복 관측일 경우 각 관측값의 편차를 의미한다.

$$\sigma = \pm \sqrt{\frac{[VV]}{n-1}}$$

④ **확률곡선** : 연속적인 확률변수 x가 분포할 때 평균 μ와 분산 σ^2을 갖는 정규분포라 하면, 이 분포곡선을 확률곡선이라 한다.

$$f_{(x)} = \frac{1}{\sqrt{2\pi}\,\sigma} e - \frac{1}{2}\left(\frac{x-\mu}{\sigma}\right)^2 \qquad f_{(x)} = \frac{h}{\sqrt{\pi}} e^{-h^2 \varepsilon^2}$$

여기서, $h = \dfrac{1}{\sigma\sqrt{2}}$는 정밀도계수, $x - \mu = \varepsilon$

(2) 정밀도의 특징

① 관측의 균질성을 표시하는 척도이다.
② 관측값의 편차가 작으면 정밀하고, 크면 정밀하지 못하다.
③ 정밀도는 관측과정과 밀접한 관계가 있다.
④ 관측장비와 방법에 영향을 받는다.
⑤ 우연오차와 매우 밀접한 관계가 있다.

4. 정확도(Accuracy)

(1) 정확도 해석

① 정확도는 참값과 관측값의 편차이다.
② 우연오차, 보정되지 않은 정오차 또는 과실에 의한 Bias에 의해 영향을 받는다.
③ 정확도 해석 : 평균제곱오차(MSE)

$$M^2 = E\left[(x-\tau)^2\right] = \sigma^2 + \beta^2$$

여기서, τ는 참값이고 평균제곱오차는 정확도를 나타내는 척도이다.

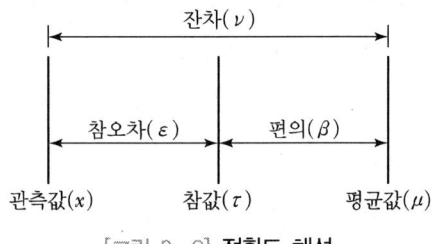

[그림 2-8] 정확도 해석

(2) 정확도의 특징

① 관측값과 얼마나 일치되는가를 표시하는 척도이다.
② 관측의 정교성이나 균질성과는 무관하다.
③ 정오차와 착오가 얼마나 제거되었는가에 관계가 있다.

5. 정밀도와 정확도의 표현

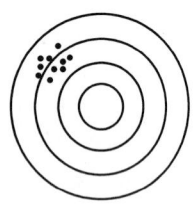 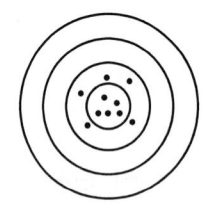 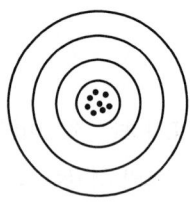 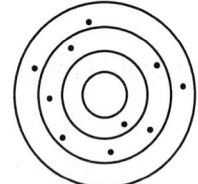

정밀하나 정확하지 않다.   정확하나 정밀하지 않다.   정밀하고 정확하다.   정밀도, 정확도와 무관하다.

[그림 2-9] 정밀도의 표현

6. 결론

측량에서는 아무리 관측하여도 정확성의 한계로 인하여 참값을 얻을 수 없다. 관측값의 신뢰도 판단은 정확도와 정밀도로 해석할 수 있으며 정확도는 측정값이 참값에 얼마나 가까운지를 나타내는 것이고, 정밀도는 측정값들이 얼마만큼 퍼져 있는가를 나타낸다. 따라서 관측값의 신뢰도 확보를 위해서는 정확도와 정밀도의 개념을 파악하여 신뢰성 있는 측정값을 획득하는 것이 중요하다.

03 직접 거리측량 오차의 종류와 보정

1. 개요

거리측량은 두 점 간의 거리를 직접 또는 간접으로 측량하는 것을 말하며, 직접 거리측량의 관측값에 대한 오차는 줄자의 길이가 표준길이와 다를 경우, 관측 시 온도가 표준온도와 다를 경우, 관측 시 장력이 표준장력과 다를 경우, 줄자가 처질 경우, 줄자가 수평이 아닐 경우 등에서 발생된다. 관측된 값은 적절한 방법으로 보정을 엄밀히 수행하여야 한다.

2. 거리측량의 분류

(1) 직접 거리측량
① 줄자 및 측쇄에 의한 방법
② 보측 및 측간에 의한 방법

(2) 간접 거리측량
① 평판 알리다드에 의한 방법
② 수평표척에 의한 방법
③ 음측 및 시거측량에 의한 방법
④ 전자기파거리측량(EDM)에 의한 방법
⑤ 사진측량에 의한 방법
⑥ VLBI 및 GNSS에 의한 방법

3. 직접 거리측량 오차

(1) 줄자의 길이가 표준길이와 다를 경우(줄자의 특성값 보정)
(2) 관측 시 온도가 표준온도와 다를 경우(온도보정)
(3) 관측 시 장력이 표준장력과 다를 경우(장력보정)

(4) 줄자가 처질 경우(처짐보정)

(5) 줄자가 수평이 아닐 경우(경사보정)

(6) 기준면상(평균해수면)의 길이로 되지 않는 경우(표고보정)

4. 직접 거리측량의 보정

(1) 줄자의 길이가 표준길이와 다를 경우

특성값 보정이라고도 하며 보정량은 다음과 같다.

$$n = \frac{L}{l}, \ C_i = n \times \Delta l, \ L_0 = L \pm C_i$$

여기서, L_0 : 정확한 길이, L : 관측 전체 길이, l : 구간 관측 길이
Δl : 구간 관측오차, C_i : 표준줄자 보정량, n : 관측횟수

(2) 관측 시 온도가 표준온도와 다를 경우

관측 시 온도가 표준온도와 다를 경우 줄자의 선팽창계수를 고려한 온도 보정량은 다음과 같다.

$$C_t = \alpha \cdot L(t - t_0), \ L_0 = L \pm C_t$$

여기서, C_t : 온도 보정량, L : 관측 길이, α : 선팽창계수
t : 당시의 온도, t_0 : 표준온도(15°)

(3) 관측 시 장력이 표준장력과 다를 경우

줄자를 표준장력에 비해 관측 장력으로 당길 때 장력 보정량은 후크의 법칙에 의해 다음과 같다.

$$C_p = \frac{L}{AE}(P - P_0), \ L_0 = L \pm C_p$$

여기서, C_p : 장력 보정량, P_0 : 표준장력, P : 관측 시 장력
A : 줄자의 단면적, E : 탄성계수

(4) 줄자가 처질 경우

줄자는 자중에 의해 처지므로 관측거리는 실제거리보다 크게 나타난다.

$$C_s = \frac{l}{24} \cdot \frac{W^2 l^2}{P^2}, \ L_0 = L - C_s$$

여기서, C_s : 처짐 보정량, P : 장력, W : 쇠줄자의 자중
L : 길이, l : 등간격의 길이

(5) 줄자가 수평이 아닐 경우

줄자의 관측거리는 경사거리이므로 수평거리로 환산해야 하며, 표고차를 잰 경우와 경사각을 잰 경우로 구분한 보정량은 다음과 같다.

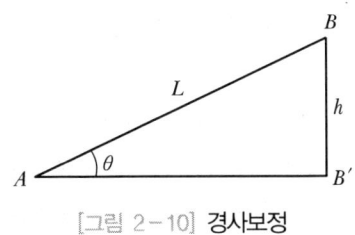

[그림 2-10] 경사보정

① 고저차를 잰 경우 : $C_i = -\dfrac{h^2}{2L}$, $L_0 = L - C_i$

② 경사각을 잰 경우 : $C_i = -2L\sin^2\dfrac{\theta}{2}$, $L_0 = L - C_i$

여기서, C_i : 경사 보정량, h : 고저차, L : 경사거리, L_0 : 수평거리

(6) 기준면상(평균해수면)의 길이로 되지 않는 경우

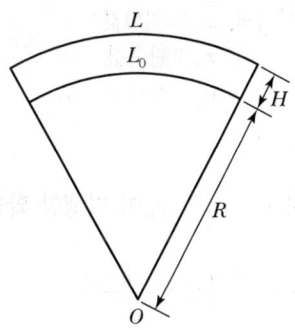

[그림 2-11] 표고보정

$$C_h = -\dfrac{H}{R}L, \quad L_0 = L - C_h$$

여기서, R : 지구반경 L : 수평거리 H : 높이
  L_0 : 기준면상 거리 C_h : 표고보정량

5. 결론

거리측량의 정오차 보정은 주로 기계오차 및 자연오차 보정이므로 면밀히 점검하여 수행하여야 정확한 관측값을 얻을 수 있다. 그러나 최근 첨단 측량기계에서 발생되는 오차의 종류 및 보정내용의 확인이 어려운 실정이며, 이에 대한 연구 및 교육 등이 필요하다.

04 관측방정식에 의한 최소제곱법 조정방법

1. 개요

측량은 관측을 통해 미지의 양을 정밀하게 추정하는 조정계산을 수행한다. 일반적으로 관측값에 포함된 오차의 효과를 감소시켜 추정 미지수의 정밀도를 높이기 위해서는 미지수의 개수보다 훨씬 많은 관측을 수행한다. 측량에 있어 변수들은 여러 번 관측을 행하였을 때 서로 다른 관측값들을 갖는 임의의 변수들이며 이러한 변수들은 관측값을 조정하여 최확값으로 결정된다. 여기서 관측값과 참값의 차이인 잔차의 절대치가 작을수록 그 측정치는 참값에 가까운 값이며, 각 측정치의 잔차를 제곱하고 이들의 총계가 최소가 되도록 최확값을 결정하는 수학적 방법을 최소제곱법이라 한다.

2. 최소제곱법 기본이론

관측값으로부터 최확값을 구하여 참값 대신 활용한다.

$$\overline{x} - x_1 = v_1$$
$$\overline{x} - x_2 = v_2$$
$$\vdots$$
$$\overline{x} - x_n = v_n$$

여기서, $\overline{x}$: 최확값
x_n : 관측값
v_n : 잔차$(x - \mu)$

확률곡선에서 알 수 있듯이 잔차 $v_1, v_2 \cdots v_n$이 발생할 확률 P_i는

$$P_i = \frac{h}{\sqrt{\pi}} e^{-h^2 v^2} = Ce^{-h^2 v^2} \left(C = \frac{h}{\sqrt{\pi}} \right)$$

여기서, 정밀도계수$(h) = \dfrac{1}{\sigma\sqrt{2}}$, $(x - \mu) = v$, $e = 2.71828$

각각의 잔차가 발생할 확률은

$$P_1 = Ce^{-h_1^2 v_1^2}$$
$$P_2 = Ce^{-h_2^2 v_2^2}$$
$$\vdots$$
$$P_n = Ce^{-h_n^2 v_n^2}$$

동시에 발생할 확률 P는

$$P = P_1 \times P_2 \times \ldots \times P_n$$

$$P = C^m e^{-(h_1^2 v_1^2 + \cdots + h_n^2 v_n^2)}$$

$$P = \frac{C^m}{e^{(h_1^2 v_1^2 + \cdots + h_n^2 v_n^2)}}$$

측정에서는 오차를 최소로 하는 것이므로 P가 최대로 되면 좋다. 즉, 측정 정밀도가 같은 조건에서 P가 최대가 되기 위한 조건은 $v_1^2 + v_2^2 + \cdots + v_n^2 = \min$이며, 측정 정밀도가 다른 조건에서 P가 최대가 되기 위한 조건은 $h_1 v_1^2 + h_2 v_2^2 + \cdots + h_n v_n^2 = \min$이다.

3. 최소제곱법의 특징

(1) 같은 정밀도로 관측된 관측값에서 잔차 제곱의 합이 최소일 때 최확값이 된다.
(2) 서로 다른 경중률로 관측된 관측값을 고려하여 최확값을 구한다.
(3) 오차의 빈도 분포는 정규분포로 가정한다.
(4) 관측값에는 과대오차 및 정오차는 모두 제거되고 우연오차만이 측정값에 남아 있는 것으로 가정한다.
(5) 통계적 이론에 충실하므로 조정결과가 엄격하다.
(6) 관측인자에 관계없이 미지변수를 조정할 수 있어 알고리즘 적용이 용이하다.
(7) 결과의 통계학적 정밀도 분석이 가능하므로 조정 후 최확값에 대한 정밀 분석이 가능하다.
(8) 관측계획에 대한 모의가 가능하여 실행 전 관측계획을 수립할 수 있다.
(9) 행렬연산이 가능하다.
(10) 각 관측값의 신뢰성에 따라 관측값의 무게(경중률)를 달리 할 수 있다.

> 잔차를 최소화하는 방법으로 단순히 잔차의 총합의 최솟값을 구할 경우 잔차가 양의 수 또는 음의 수가 되어 잔차를 모두 더하면 상쇄되므로 이를 방지하기 위해 제곱합을 최소화하는 방법이다.

4. 최소제곱법에 의한 조정 순서

(1) 관측방정식에 의한 조정 순서

관측방정식에 의한 최소제곱법의 조정은 $h_1 v_1^2 + h_2 v_2^2 + \cdots + h_n v_n^2 = \min$ 조건을 만족하는 관측값들의 상호관계를 이용하여 방정식을 해석한다.

① 정밀도가 같을 때 : $\phi = v_1^2 + v_2^2 \cdots + v_n^2 = \sum_{i=1}^{n} v_i^2$

② 정밀도가 다를 때 : $\phi = w_1 v_1^2 + w_2 v_2^2 \cdots + w_n v_n^2 = \sum_{i=1}^{n} w_i v_i^2$

여기서, $w_1, w_2 \cdots w_n$은 경중률을 구하고 $v_i = x_i - \mu_i$를 대입해서 최확값 μ_i을 구하기 위해 ϕ를 각 $\mu_i \cdots \mu_n$으로 편미분하여 "0"이 되는 값을 찾는다.

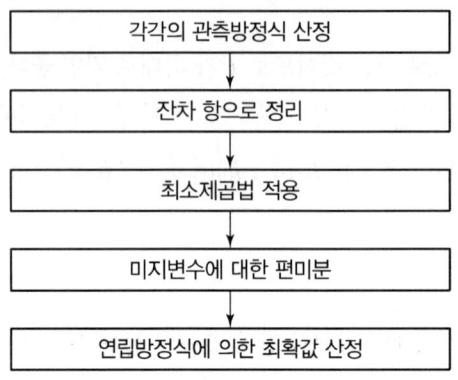

[그림 2-12] 관측방정식에 의한 조정 순서

(2) 조건방정식에 의한 조정 순서(미정계수법)

조건방정식에 대한 최소제곱법의 조정은 n개의 관측값의 잔차에 대한 K개의 조건방정식이다.

$$A \cdot v = f$$

K가 n보다 작으면 이 조건만으로는 해를 얻을 수 없고 추가 방정식이 있어야 한다. w를 경중률 행렬, K를 Lagrange 승수벡터라 하고 일반적으로 경중률을 고려한 ϕ는 조건방정식에 제한되었음을 이용해 v를 잔차벡터로 나타내면 다음과 같다.

$$\phi = v^T w v \rightarrow \phi = v^T w v - 2K^T(Av - f)$$
$$\rightarrow \frac{\partial \phi}{\partial v} = 0 \rightarrow 2v^T w - 2K^T A = 0 \rightarrow v^T w - K^T A \rightarrow wv = A^T K \rightarrow v = w^{-1} A^T K$$

$v = w^{-1} A^T K = QA^T K$ (여기서, $Q = w^{-1}$ 여인수 행렬)

$A \cdot v = f$로부터
$Av = (AQA^T)K = f$ (여기서, $AQA^T = Q_e$로 정규방정식의 계수 행렬)
$Q_e K = f$
$K = Q_e^{-1} f = w_e f$ (여기서, $w_e = Q_e^{-1} = (AQA^T)^{-1}$)

조정과정은 A, Q로 Q_e를 구하고 Q_e로 K를 구한다. 그리고 K와 A, Q로 v를 산정하여 최확값을 결정한다.

[그림 2-13] 조건방정식에 의한 조정 순서

5. 최소제곱법 조정방법

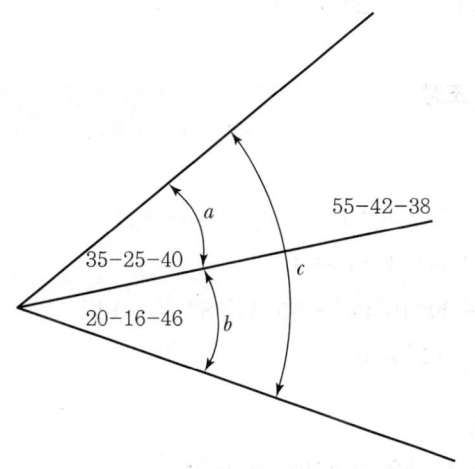

[그림 2-14] 최소제곱법에 의한 조정 예시

(1) 관측방정식에 의한 조정

① 관측방정식

$$\bar{a} = a + v_1,\ \bar{b} = b + v_2,\ \bar{c} = c + v_3 = \bar{a} + \bar{b} - c$$

② 잔차 항으로 정리

$$v_1 = \bar{a} - 35°25'40'',\ v_2 = \bar{b} - 20°16'46'',\ v_3 = \bar{a} + \bar{b} - 55°42'38''$$

③ 최소제곱법 적용

$$P = v_1^2 + v_2^2 + v_3^3$$
$$= (\overline{a} - 35°25'40'')^2 + (\overline{b} - 20°16'46'')^2 + (\overline{a} + \overline{b} - 55°42'38'')^2 = \min$$

④ 미지변수에 대한 편미분

$$\frac{\partial \overline{P}}{\partial \overline{a}} = 2(\overline{b} - 20°16'46'') + 2(\overline{a} + \overline{b} - 55°42'38'') = 0$$
$$\Rightarrow 2\overline{a} + 4\overline{b} = 151°58'48''$$
$$\frac{\partial \overline{P}}{\partial \overline{b}} = 2(\overline{a} - 35°25'40'') + 2(\overline{a} + \overline{b} - 55°42'38'') = 0$$
$$\Rightarrow 4\overline{a} + 2\overline{b} = 182°16'36''$$

⑤ 연립방정식에 의한 최확값 산정

$$\overline{a} = 35°25'44'', \quad \overline{b} = 20°16'50'', \quad \overline{c} = 55°42'34''$$

(2) 조건방정식에 의한 조정

① 조건식

$$\overline{a} + \overline{b} = \overline{c} \Rightarrow (a + v_1) + (b + v_2) = (c + v_3)$$
$$v_1 + v_2 - v_3 + (a + b - c) = 0$$
$$35°25'40'' + 20°16'46'' - 55°42'38'' = -12''$$
$$v_1 + v_2 - v_3 - 12'' = 0$$

② 최소제곱법 적용

Lagrange 승수 K 값을 고려하여 정리하면

$$P = v_1^2 + v_2^2 - v_3^2 - 2K(v_1 + v_2 + v_3 - 12'') = 0$$

③ 각 잔차에 대한 편미분

$$\frac{\partial \overline{P}}{\partial v_1} = 2v_1 - 2K = 0 \Rightarrow v_1 = K$$
$$\frac{\partial \overline{P}}{\partial v_2} = 2v_2 - 2K = 0 \Rightarrow v_2 = K$$
$$\frac{\partial \overline{P}}{\partial v_3} = 2v_3 + 2K = 0 \Rightarrow v_3 = -K$$

④ 연립방정식에 의한 K 산정

$$v_1 + v_2 - v_3 - 12'' = 0 \Rightarrow K + K + K = 12'' \Rightarrow K = 4''$$

⑤ 최확값 산정

$$\overline{a} = 35°25'44'',\ \overline{b} = 20°16'50'',\ \overline{c} = 55°42'34''$$

6. 결론

최소제곱법은 1809년 독일의 카를 프리드리히 가우스(Karl Friderich Gauss, 1777~1855)에 의해 소개되었으며, 수준망 조정, 수평망 조정, 좌표변환, GNSS 관측망 조정 등 관측값에서 발생하는 우연오차를 조정하기 위한 방법으로 널리 사용되고 있다. 최소제곱법은 관측값의 오차가 정규분포를 이룬다는 가정에서 잔차(Residual)의 제곱의 합, 즉 분산(Variance)이 최소가 되는 조건을 최확값으로 결정한다.

PART 03

지적사

CHAPTER 01 Summary
CHAPTER 02 단답형(용어해설)
CHAPTER 03 주관식 논문형(논술)

PART 03 CONTENTS

CHAPTER 01 _ Summary

CHAPTER 02 _ 단답형(용어해설)

 01. 시대별 지적제도의 특징 ·············· 166
 02. 경무법 ·· 170
 03. 결부법 ·· 171
 04. 두락제 ·· 172
 05. 구장산술 ·· 173
 06. 신라장적〈촌락〉문서 ····················· 175
 07. 둠즈데이 북 ··································· 177
 08. 정전제(井田制) ······························ 179
 09. 정전제(丁田制) ······························ 181
 10. 전시과 제도 ··································· 182
 11. 과전법(科田法) ······························ 183
 12. 수등이척제 ···································· 185
 13. 망척제 ·· 185
 14. 양안 ··· 186
 15. 일자오결제도 ································ 189
 16. 사표, 전답도형도 ························· 190
 17. 어린도 ·· 191
 18. 양전개정론 ···································· 193
 19. 입안(立案) ····································· 195
 20. 문기(文記) ····································· 196
 21. 가계(家契)·지계(地契)·토지증명제도
   (土地證明制度) ····························· 197
 22. 결수연명부 ···································· 200
 23. 과세지견취도 ································ 202
 24. 지세명기장 ···································· 203
 25. 투화전(投化田) ······························ 205
 26. 투탁지 ·· 206
 27. 궁장토 ·· 207
 28. 역둔토 ·· 208
 29. 인지의 ·· 209
 30. 기리고차 ·· 210
 31. 양전척 ·· 211
 32. 이조척 ·· 212
 33. 분쟁지 조사 ··································· 214
 34. 토지의 사정 ··································· 216
 35. 재결 ··· 217
 36. 강계선 ·· 218
 37. 간주지적도, 산토지대장, 간주임야도 ···· 220
 38. 임야조사사업 ································ 221
 39. 일필지조사 도부의 조제 ············· 222
 40. 개황도 ·· 223
 41. 지적도 작성 ··································· 224
 42. 전제상정소 ···································· 225
 43. 판적국 ·· 227
 44. 양지아문 ·· 229
 45. 지계아문 ·· 230
 46. 탁지부 양지국, 탁지부 사세국 양지과 ···· 231
 47. 민유산야약도 ································ 232
 48. 대구시가지 토지측량규정 ··········· 234
 49. 증보도 ·· 235
 50. 측량소도 ·· 236

CHAPTER 03 _ 주관식 논문형(논술)

 01. 토지조사사업 ································ 237
 02. 토지조사사업 업무 ······················· 240
 03. 임야조사사업 ································ 246
 04. 양전사업 시행 ······························ 248

CHAPTER 01 Summary

01 고조선
균형 있는 촌락의 설치와 토지분급 및 수확량 파악을 위하여 정전제(井田制)를 실시하였으며, 이에 따르면 소득의 1/9을 세금으로 하였다. 수장격인 풍백의 지휘를 받아 봉가(鳳加)가 지적을 담당하였고 측량실무는 오경박사가 시행하였다. 오경박사 우문충이 토지를 측량하고 지도를 제작하였으며 유성설(遊星說)을 저술하였다.

02 정전제(井田制)
정전제란 1방리(사방 1리)를 정(井)자형으로 9등분하고 8농가가 각각 한 구역씩 경작하여 그 수확은 사유로 하고, 중앙의 한 구역을 공동 경작하여 그 수확물을 납세하게 하였던 토지제도이다.

03 부여
수도를 중심으로 영토를 사방으로 구획하는 사출도(四出道)란 구획방법을 시행하였고, 국왕은 중앙에서 사출도를 각각 맡은 사가(史家)를 통솔하고, 제가(馬·牛·猪·狗加)는 일종의 행정구역인 사출도를 관할하였다. 이 사출도를 시공할 때 간단한 측량을 하였을 것으로 보인다.

04 고구려
길이단위로 척(尺)을 사용하였으며, 면적단위로는 경무법(頃畝法)을 사용하였고, 구장산술에 의한 방전장과 구고장 등의 면적측량법을 이용하였다. 국토를 조사·수록한 봉역도(封域圖)와 요동성총도(遼東城冢圖)가 있었는데, 이 지도는 군사작전상·행정상 필요에 의하여 작성되었다. 담당부서는 주부(主簿), 실무는 사자(使者)이다.

05 백제
길이단위로 척을 사용하였으며, 면적단위는 두락제(斗落制)와 결부제(結負制)를 사용하였고, 구장산술에 의해 면적측량법을 수행하였다. 특히 토지도면으로 근강국수소간전도(일본에 전례)가 지금까지 전해지고 있으며, 백제 무령왕릉의 지석 이면에 새겨진 방위도인 능역도와 신과의 묘지매매에 관해 문기에 나타낸 묘지한계의 표지로 방위간지를 사용한 것을 알 수 있다. 담당부서는 내두좌평(內頭佐平)이며, 실무는 산학박사(算學博士), 화사(畫師)이다.

06 신라

길이단위로 척을 사용하였으며, 면적단위는 결부제(結負制)를 사용하였고, 구장산술에 의해 면적측량법을 수행하였다. 신라의 토지제도로는 사전, 관료전, 녹전, 정전, 구분전의 제도가 있었고, 이러한 토지에 대하여 토지의 면적과 소재 위치 등을 명확히 한 토지측량술이 발달하였으며, 산학박사가 가르친 구장산술 방전장 내용에는 토지를 방전, 직전, 구고전, 규전, 제전, 원전, 호전, 화전 등의 형태로 설정하고 있었다. 담당부서는 품주(稟主)와 창부(倉部)가 있으며, 실무는 산학박사(算學博士)가 담당하였다.

07 정전제(丁田制)

정전은 통일신라시대의 특징적인 토지제도로서 일반 백성에게 지급한 토지로 국가에 조를 바쳐야 했다. 상대적으로 문무관인에게 지급한 토지를 관료전이라 한다. 전국의 모든 토지를 공전으로 하고 백성이 정년에 달하면 공전을 지급하고 면적에 따라 일정한 수확물을 징수하는 것을 조(租)라 한다. 국가가 매정(每丁)에게 일정한 면적의 토지를 반급(班給)해 주고, 그것을 바탕으로 조세를 거두어들이는 제도였다.

08 경무법

경무법은 원래 중국의 토지면적 측정 단위로 고구려에 전파되어 사용되었으며, 농지의 광협에 따라 면적을 파악하는 객관적인 방법이다. 경우에 따라서 국가가 전국의 토지를 정확히 파악한 다음, 토지의 비옥도에 따라 세금을 거두기 위한 방법이다.

09 결부법

결부법은 전지의 면적을 측정할 때 토지의 면적과 수확량을 동시에 나타내는 단위로 일정한 소출이 생산될 수 있는 농지 면적을 확정하는 제도이다.

10 두락제

두락제는 백제시대에 전답에 뿌리는 씨앗의 수량으로 면적을 표시하기 위한 제도로 구장산술에 의하여 면적을 산정하였으며 그 결과는 도적에 기록하였다.

11 구장산술

구장산술은 관리들이 실무적인 일을 처리하는 데 부딪히는 여러 가지 문제를 포함하여 동양 최대의 수학지식을 집대성하여 정리한 책이다. 시초는 중국이며 원, 청, 명나라, 조선, 일본에까지 커다란 영향을 미쳤다. 지적 분야에서는 토지측량방식으로 적용하였다.

12 신라장적문서

신라장적문서는 8세기 중엽부터 9세기 초에 작성된 통일신라 서원경(현재 청주) 지방 4개 촌락의 장적으로 1933년 일본 도다이사 정창원에서 처음 발견되어 현재 일본에 보관 중이다.

13 둠즈데이 북

둠즈데이 북(Domesday Book)은 겔드 북(Geld Book)이라고도 하며 1066년 헤이스팅스 전투(Battle of Hastings)에서 노르만족이 색슨족을 격퇴한 후 20년이 지난 1086년에 윌리엄 1세가 자기가 정복한 전 영국의 자원목록으로 국토를 조직적으로 작성하였다.

14 수등이척제

수등이척제란 고려 말기에 농부수(농부들의 손뼘)를 기준으로 전품을 상, 중, 하 3등급으로 나누어 척수의 길이를 다르게 하여 면적을 계산하던 방법이다.

15 망척제

망척제는 전지를 측량할 때에 정방형의 눈들을 가진 그물을 사용하여 어느 토지의 그물 속에 들어온 그물눈을 계산하여 면적을 산출하는 방법이다.

16 과전법

과전법은 수조권적 토지지배로 국가에서 백성으로부터 세금을 거두어들여 이것으로 관료들에게 녹봉을 지급하는 것이 아니라, 관료들이 토지를 소유하는 백성들로부터 국가의 세금을 직접 거두었다. 즉, 관료들은 백성들로부터 조세를 수취할 수 있는 권리를 국가로부터 녹봉 대신에 받는 것이다. 그리고 각종 국가기관은 국가로부터 현물로 재정을 지원받는 것이 아니라 일정한 범위의 토지에 대한 조세를 직접 수치하여 운영하였다. 이러한 토지를 공해전이라고 한다.

17 양안

양안은 고려·조선시대 양전에 의해 작성된 토지대장으로서 토지와 납세자를 파악하고 조세를 부과하는 기본장부이다. 지금은 토지대장과 지적도가 분리되어 있으나 당시에는 지적도가 없었으며 양안에 소재지, 지번, 토지 등급, 지목, 면적, 토지 형태, 사표, 소유자 등 토지에 대한 모든 사항을 기록하였다. 토지의 이동에 따라 정리되지는 않았으나 토지의 성격 및 연혁 등을 알 수 있는 중요한 장부 역할을 하였다.

18 일자오결제도

양안에 토지의 표시는 양전의 순서에 따라 1필지마다 천자문의 자번호를 부여하였는데 지번제도로서 자번호 또는 일자오결이라 한다.

19 사표

사표란 양안에서 토지의 위치를 나타낼 때 동서남북에 있는 토지경계로 표시한 것이며 1필지의 경계를 명확히 구분하고자 동서남북 인접지에 접속된 땅의 지목, 자번호, 지주의 성명 등을 양안의 해당란에 기입하거나 별도의 도면을 통해서 나타낸 것이다.

20 어린도

어린도란 일정한 구역의 전체 토지를 세분한 지적도의 모양이 물고기의 비늘처럼 연속적으로 잇닿아 있어 붙여진 명칭으로 정확하게는 어린도책에 있는 지도를 말한다.

21 양전개정론

조선 중기 임진왜란, 병자호란 이후 전란에 따른 토지의 황폐화와 관리들의 부정부패로 인해 토지제도가 극심하게 문란하여 조선의 실학자들은 전제와 세제의 개혁을 중심으로 한 양전개정론을 제시하였다. 양전개정론은 19세기 전후 과세의 평준을 위한 합리적이고 근본적인 양전법의 개정이 필요하다는 주장으로 애매모호한 지적측량을 개선하여 정확한 도부를 만들어 세수를 늘리자는 것이다.

22 입안

입안은 오늘날의 부동산등기 권리증과 같은 것으로 토지매매 시 관청에서 증명한 공적 소유권증서로 소유자 확인 및 토지매매를 증명하는 제도이다. 부동산의 소유권이전을 관에 신고하는 절차이며 토지의 매매·양도·소송 등을 증명하는 제도이다.

23 문기

문기는 토지 및 가옥을 매수 또는 매도할 때에 작성하는 오늘날의 매매계약서를 말하며 명문문권이라고도 한다. 매매계약의 성립요건이며 입안을 청구할 경우와 소송을 할 경우 유일한 증거로 제출된다.

24 가계(家契)·지계(地契)·토지증명제도(土地證明制度)

1893년부터 1905년에 이르는 기간에는 가계·지계제도가 시행된 시기로서 토지의 상품화가 이루어져 가면서 구 제도로부터 근대적 공시제도로 발전하는 과도기라 할 수 있다. 가계, 지계는 본질적으로 입안과 같은 것이었으나 근대화된 것이었고 토지조사의 미비와 국민들의 의식 부족으로 충청남도와 강원도 일부에서 실시하다가 후에 중지되었다. 토지증명제도는 가계·지계제도에 뒤이어 근대적인 공시방법인 등기제도에 해당하는 제도이며 소유권 및 저당권의 2종에 한해서 그 계약의 내용을 간접 조사하여 인증을 주었다.

25 결수연명부

결수연명부는 한 면 내에 소재하는 토지의 결수에 대하여 납세의무자가 신고한 결수신고서를 각 면단위, 각 납세의무자별로 편철한 장부로 지세징수대장과 결수신고서를 합쳐서 작성한 작부장부이다. 당초 지세대장의 성격을 가진 장부에서 토지조사사업에서는 토지소유자를 증명하는 장부로 발전되어 갔다.

26 과세지견취도

과세지견취도는 과세토지, 즉 민유지에 대한 지세를 부과하기 위하여 각 필지의 개형을 실측작성, 각 필지의 주위를 간승으로 측정작성, 각 필지 주위의 보측작성 등 견취측량이라는 원시적인 측량방법을 사용하여 작성한 도면이다.

27 지세명기장

지세명기장은 토지세를 징수하기 위하여 이동정리를 끝낸 토지대장 중에서 민유과세지만을 뽑아 각 면마다 소유자별로 기록한 것으로 과세지에 대한 인적편성주의에 따라 작성된 성명별 목록부라고 할 수 있다.

28 투화전

투화전은 외국인이 고려에 내투(來投)한 귀화자에게 지급한 토지를 말하며 사전 등 사인에 소속된 토지는 투화전, 입진가급, 보급전, 등과전 등이 있다.

29 역둔토

역둔토는 체신·운송·관리들의 출장에 따른 숙박과 식사 등을 제공하는 데 필요한 경비와 그 역을 담당하던 역장, 부역장, 찰방 등 관리들의 인건비를 보전해 주기 위하여 사여하였던 역토와 주요 군사요충지 등에 국가방위를 목적으로 하여 군사를 주둔시키고 그 경비를 충당하기 위하여 토지를 사여한 둔토를 말한다.

30 한반도의 근대적인 측량

1898년에 양지아문의 고빙에 의하여 미국인 수기사 크럼(Krumm)이 내한하여 최초로 근대적인 측량기술에 관한 교육을 실시하였으며, 그 후 일본이 조선총독부를 설치하고 추진한 토지조사사업에 의하여 확대·전파되었다.

31 토지조사사업

우리나라는 대만과 동일하게 일본의 식민지 지배하에서 조선총독부에 의하여 1910년부터 토지조사사업을 실시하여 과세대장 토지를 토지대장과 지적도에 등록하고 1918년 11월 4일 임시토지조사국을 폐지하였다.

32 임야조사사업

토지조사사업에 이어 1916년부터 1924년까지 임야조사사업을 실시하여 비과세 대상 임야를 임야대장과 임야도에 등록하였다.

33 토지의 사정

사정이란 토지조사사업 당시 토지조사부와 지적도에 의하여 토지의 소유자 및 그 강계를 확정하는 행정처분으로서 사정에 의하여 소유권자로 결정되면 사정전의 소유권은 소멸하고 사정으로 새로이 소유권을 취득하게 되는 이른바 원시취득에 해당된다.

34. 재결

재결은 어떤 토지에 대한 사정에 불복이 있는 자의 신청이 있는 때에 그 토지에 대한 권리관계의 존재를 확인하는 행정처분이며, 이 재결에 의하여 사정된 소유권자나 강계에 변경이 생긴 때에는 그 변경의 효력은 사정일에 소급하였다.

35. 강계

토지조사령에 의해 임시 토지조사국장의 사정을 거친, 소유자가 다른 토지 간의 경계선을 말하는데 강계선의 반대쪽은 반드시 소유자가 다르다는 법칙이 성립된다. 그러나 임야조사령에 의해 도장관의 사정을 거친 것은 이를 강계선이라 하지 않고 경계선이라 하였다. 따라서 사정에 의한 강계선 또는 경계선은 그 용어가 다를 뿐 법률상의 효력은 동일하다.

36. 간주지적도

토지조사지역 밖인 산림지대에 전·답·대 등 과세지가 있더라도 지적도에 신규등록할 것 없이 그 지목만을 수정하여 임야도에 그냥 존치하도록 하되 그에 대한 대장은 일반적인 토지대장과는 별도로 작성하여 별책토지대장, 을호토지대장, 산토지대장으로 불렀으며 이와 같이 지적도로 간주하는 임야도를 간주지적도라 한다. 개재지는 도서지방 토지와 함께 임야조사사업 시 임야도면에 등록하고 임야도를 간주지적도라 하였다.

37. 양지아문

조선시대에는 양전사업은 원래 호조 소관이었고 갑오년의 양전에 관한 조칙에서는 양전을 내무부에서 담당하도록 하였는데 1898년 내무대신 박정양과 농공무대신 이도재가 토지측량에 관한 청의서를 제출하여 양전을 위한 독립관청을 마련하고 전국 측량에 착수하였다.

38. 지계아문

지계아문은 1901년 설치된 지적중앙관서로서 각 도에 지계감리를 두어 대한제국 전답관계라는 지계를 발급하였다. 지계란 '지권'을 말하며 본질적으로 입안과 같은 것이나 근대화된 것이다.

39. 우리나라 토지소유권

임진왜란 이후 조선의 토지제도가 무너지면서 사유화가 진행되었고, 이러한 토지에 대한 사유는 조선 후기의 소지, 입안이나 문기 등에서도 확인할 수 있다. 또한 토지에 대한 사유가 정부의 공식적인 문서로 확인될 수 있는 것이 양안이다. 양안은 국가의 조세징수를 목적으로 만들어진 장부이지만, 이것은 토지의 개인소유를 전제로 하여 조세를 부담하는 점에서 매우 중요한 문서이다. 이 외에도 깃기와 작부부가 있다.

40 깃기

징세업무를 담당한 서원들이 지주의 이름과 조세의 액수를 기록한 장부로서 어느 한 사람이 그가 소유한 토지를 모두 취합하여 납부할 세금을 계산하였다. 깃기는 신라의 이두음이다. 지방마다 이름이 일정하지 않아 유초, 명자책이라고도 했다.

41 작부

지세는 서원에 의해서 간평*, 고복**, 작부***의 과정을 거쳐 부과되고, 호수, 면리임, 서리에 의해 징수되었다. 서원은 각 단계마다 수고의 대가로 수수료를 받았다. 간평은 그 해의 농사상황을 직접 조사하여 재실을 구별하는 것을 말하고, 고복은 각 면의 고준서원이 각 면 단위로 결민의 원복을 확인·대조·정리하였다. 작부는 고준된 결부를 일정한 단위, 주비로 묶어 납세의 가장 기초적인 단위를 만드는 작업을 말한다.

  *소작지에서 농작물을 수확하기 전에 지주나 지주의 대리인이 미리 소작료를 결정하던 제도
  **결부에 이동과 변경이 있을 때에 실지로 이것을 조사하는 일
  ***과세의 객체를 사정하여 징세의 기초를 확정하는 수단, 지세를 징수함에 있어서 그 해의 작황 및 작부지역을 조사하여 각 개인의 납세액을 조정하는 근거를 만듦

42 능, 원, 묘

능은 왕과 왕비 등의 사체를 관에 넣어 지중에 안치하고 제사를 지낼 수 있도록 돌 또는 흙으로 쌓아 올린 곳, 대왕, 대왕비, 태조대왕의 선대를 추존한 분묘, 왕 및 왕비의 위를 추존한 왕세자, 왕세자비가 될 위치에 있던 자가 일찍 죽어 후일에 왕위 및 왕비를 추존한 자의 분묘이다. 원은 왕위 및 왕비위로 추존되지 않은 왕세자 및 왕세자비의 분묘, 왕자 및 왕세자비의 부묘, 왕의 생모의 분묘가 해당된다. 묘는 연산군과 광해군의 분묘와 그들의 사친의 분묘, 출가하지 않은 공주 및 옹주의 분묘, 후궁의 분묘이다.

43 가경전(加耕田)

조선시대 한 번도 경작되지 않은 무주한광지(無主閑曠地)를 농지로 이용할 수 있도록 개간한 토지로, 크게 평지가경전(平地加耕田)과 해택가경전(海澤加耕田)이 있었다. 한광지로 있을 때는 토지대장에 등재되지 않다가 개간이 완료되면 등록되었으므로 양외가경전(量外加耕田)이라고도 불렀다.

CHAPTER 02 단답형(용어해설)

01 시대별 지적제도의 특징

우리나라의 지적제도는 상고시대부터 기원을 찾을 수 있으며 조선시대 말까지는 양전이란 용어를 사용하였다. 조선시대 말부터 토지조사사업계획을 수립하여 근대적인 지적제도의 창설을 시도하였으나 일제강점기 당시 조선총독부에서 토지조사사업과 임야조사사업을 실시함으로써 근대적 지적제도가 창설되었다.

1. 고조선 지적제도의 특징

(1) 단군조선에는 풍백·우사·운사의 3공제 외에 그 하부기구로 가(加)란 직관이 있었다. 「규원사화」 단군기에는 가를 호(虎)가, 마(馬)가, 우(牛)가, 웅(熊)가, 응(鷹)가, 노(鷺)가, 학(鶴)가, 구(狗)가 등으로 분류하여 이들을 단군 8가로 호칭하고 있다.
(2) 풍백은 임금 다음으로 최고의 지위에 있는 자이며 그 밑에는 우사·운사가 있어 이들은 풍백의 지시를 받을 뿐 아니라, 각자 독자적인 고유사무를 가지고 있었다. 직관 이외에 박사(博士) 등의 관직도 있었다.
(3) 토지 및 지적관리의 직관에 대하여 직접적이며 명문적으로 지적한 기록은 없지만 최고의 지적관리자는 임금이었을 것이며, 그 밑으로 수상격인 풍백과 그의 보좌역인 우사였을 것이다.
(4) 우사는 비가 내리는 것을 예측하는 직책으로서 고대 농경사회에서의 천문 전문직이었다.
(5) 국가재정이 주로 토지산물에 의존한 관계로 토지관리인 지적의 목적이 조세 징수에 있었으므로 가(加) 중에서 지적을 담당한 책임자는 재정을 맡은 봉가였을 것이다.
(6) 지적관리의 책임자 내지 관리자 이외에 현실적으로 실무에 종사한 자는 박사였다고 본다.

2. 삼국시대 지적제도의 특징

(1) 삼국시대 지적제도

구분	길이단위	면적	측량방식	측량실무
고구려	척	경무법	구장산술	• 부서 : 주부(主簿)　• 실무 : 사자(使者)
백제	척	두락제, 결부제	구장산술	• 내두좌평(內頭佐平) 산학박사 : 지적·측량 담당 • 화사 : 도면 작성　• 산사 : 측량 시행
신라	척	결부제	구장산술	• 조부 : 토지세수 파악 • 산학박사 : 토지측량 및 면적측정

(2) 삼국시대 지적 관련 부서

구분	담당부서				
고구려	담당부서 및 업무내용	• 주부 : 국왕 아래의 중앙기관으로 주부와 사자를 두어 도부 등의 지도를 관장함 • 울절 : 국가 경영담당으로 지적도와 호적을 다루었다고 전해짐			
백제	구분	한성시기	사비(부여)시기		
			내관		외관
	담당부서	내두좌평	곡내부	목부	점구부	사공부
	업무내용	재무	양정	토목	호구, 조세	토목, 재정
신라	구분	통일 전		통일 후	
	담당부서	품주	조부	창부	조부	예작부
	업무내용	토지, 조세	토지, 조세	조세의 출납 및 저장	공부	토목, 건축, 수리, 교각, 도로 등의 공사

(3) 삼국시대 지도 및 지적공부

구분	지도	지적공부
고구려	봉역도, 요동성총도	도부
백제	능역도	도적
신라	–	장적문서

① 봉역도
  ㉠ 봉역이란 흙을 쌓아서 만든 경계의 뜻을 가지며 봉역도에는 지리상의 원근, 지명, 산천 등을 기록하였다.
  ㉡ 국가의 토지를 조사하여 국가·행정적 목적 등에 사용하기 위해 작성되었다.
  ㉢ 울절이 사무를 주관하였으며 현존하지 않는다.

② 요동성총도
  ㉠ 평안남도 순천군에서 발견된 고굴 고분벽화이다.
  ㉡ 벽화에는 요동성의 지도가 그려져 있으며 요동성의 외곽, 내부와 외부의 시설 및 통로, 성과 하천의 관계, 하천의 흐름과 건물들이 유형별로 도식화 되어 있어 지리적 환경과 건물 배치에 대한 지식을 매우 중요시하였음을 알 수 있다.
  ㉢ 실물로 현존하는 도시평면도로 가장 오래되었다.

③ 능역도
  능역이란 임금의 무덤을 말하며, 백제 무령왕릉의 지석 뒷면에 동·남·북에 방위간지가 새겨져 있다. 이것은 능묘에 관한 방위도 또는 능역도를 겸한 것이다.

3. 고려시대 지적제도의 특징

(1) 고려시대 지적제도

길이단위	면적단위	측량방식	측량도구	토지기록부
척	경무법(초기) 결부제(후기)	구장산술	양전척(초기) 지척(후기) 수등이척제(후기)	양안

(2) 고려시대 지적 관련 부서

① 상설기구

구분	중앙		지방
	전기	후기	
담당기관	호부	판도사	• 양전사업 : 사창, 창정, 부창정, 향리 • 측량실무 : 향리
담당업무	호구, 공부, 전량에 관한 일을 맡음		

② 임시기구

급전도감	문종 때 토지 지급에 관한 사무를 관장하기 위하여 임시로 설치한 기구
방고감전별감	원종 14년에 설치되어 토지문서와 별고 소속 노비의 문서를 담당하는 기구
찰리변위도감	부정에 대한 감찰을 실시하는 기구
화자거집전민추고도감	내시들에게 빼앗긴 논밭의 소유자를 조사하여 원주민에게 환원하는 일을 담당한 기구
정치도감	논, 밭을 다시 측량하기 위하여 설치된 기구
절급도감	토지소유의 문란함과 불균형을 시정하고자 설치된 기구

4. 조선시대 지적제도의 특징

(1) 조선시대 지적제도

길이단위	면적단위	측량방식	측량도구	측량실무	토지기록부
척	결부제(후기)	구장산술	이조척, 기리고차, 인지의	균전사, 양전사	양안
전의형태 : 방전, 직전, 구고전, 규전, 제전					

(2) 조선시대 지적 관련 부서

구분	부서	담당업무
중앙관서	한성부(5부)	각옥의 측량
	호조(판적사)	양전업무를 담당
지방	양전사, 향리, 서리, 균전사	

구분	부서	담당업무
임시기구	전제상정소	토지의 측량 및 조세제도의 조사연구, 신법의 제정
	전제상정소에서 공법으로 확정한 토지의 세제법 • 연분 9등급 : 해마다 작황 또는 흉풍에 따라 토지를 9등급으로 나누어 전세를 차등하게 징수 • 전분 6등급 : 토지를 비옥도에 따라 6등급으로 나누어 전세를 차등하게 징수 • 결부제 채택	

5. 대한제국시대의 지적제도의 특징

내부 판적국	설치	고종 32년 칙령 제53호로 내부관제 공포, 판적국에 호적과와 지적과를 설치
	목적	호적업무와 지적업무를 관장하기 위하여 만들어진 기관으로 최초로 법령에 지적이라는 용어를 사용
양지아문	설치	광무 2년 칙령 제25호로 제정·공포되어 설치
	목적	전국의 양전사업을 관장하는 양전 독립기구를 발족하였으며 양전을 위한 최초의 지적행정관청
지계아문	설치	광무 5년 칙령 제22호로 설치
	목적	지계의 발행 전담기구로 설립
탁지부 양지국	설치	광무 8년 칙령 제11호로 관제 공포
	목적	국내 토지측량에 관한 사항과 지계아문이 하던 일의 마무리를 하였음
탁지부 사세국 양지과	설치	• 1906년 4월 13일 양지과를 설치 • 1908년 탁지부 분과규정으로 토지측량·정리사무의 조사 및 준비·토지양안 조제의 준비에 관한 사항을 최초로 법규에 규정 • 측량기술견습소를 설치

6. 토지조사사업의 내용

소유권조사	전국의 토지에 대하여 토지소유자 및 강계를 조사·사정함으로써 토지분쟁을 해결하고 토지조사부, 토지대장, 지적도를 작성한다.
가격조사	과세의 공평을 기하기 위하여 시가지의 경우 토지의 시가를 조사하며, 시가지 이외의 지역에서는 대지는 임대가격을, 기타 전, 답, 지소 및 잡종지는 그 수익을 기초로 지가를 결정하여 지세제도를 확립한다.
외모조사	국토 전체에 대한 자연적 또는 인위적으로 형성된 지물과 고저를 표시한 지형도를 작성하기 위해 지형·지모조사를 실시하였다.

7. 토지조사사업과 임야조사사업의 비교

구분	토지조사사업	임야조사사업
실시기간	1910~1918년	1916~1924년
사정기관	임시토지조사국장	도지사

구분	토지조사사업	임야조사사업
재결기관	고등토지조사위원회	임야조사위원회
조사 측량기관	임시토지조사국	부와 면
조사대상	전국에 걸친 평야부의 토지, 낙산임야	토지조사에서 제외된 임야, 산림 내 개재지
도면의 축척	1/600, 1/1,200, 1/2,400	1/3,000, 1/6,000
지적공부	토지대장, 지적도	임야대장, 임야도

02 경무법

경무법은 원래 중국의 토지면적 측정 단위로 고구려에 전파되어 사용되었으며, 농지의 광협에 따라 면적을 파악하는 객관적인 방법이다. 경우에 따라서 국가가 전국의 토지를 정확히 파악한 다음, 토지의 비옥도에 따라 세금을 거두기 위한 방법이다.

1. 경무법의 특징

(1) 토지의 넓이를 측량하여 면적을 파악하고 조세를 계산하기 위한 토지면적의 단위이다.
(2) 농지의 광협에 따라 세액을 파악하고, 전국의 농지를 정확히 파악한다.
(3) 세금을 경중에 따라 부과하는 객관적이고 공평한 방법이다.
(4) 세금의 총액은 해마다 일정하지는 않다.
(5) 정약용, 서유구 등 조선 후기 실학자들이 양전개정론으로 주장하였다.
(6) 1필지의 면적을 고정시켜 놓고 전품에 따라 차등 있게 세금을 거두어들였다.
(7) 1결당 면적은 같으나 1결당 징수세액은 다르다.

2. 경무법의 면적단위

(1) 경(頃), 무(畝), 보(步) 단위를 사용하였다.
(2) 6척(자) 평방=1보이다.
(3) 100보=1무, 100무=1경이다.
　① 1자=1척=10촌(치), 6척=1보, 6자=1간 : 현재 181.818cm
　② 촌은 손가락 한 마디
　③ 1자는 손을 폈을 때 엄지 끝에서 중지 끝까지 거리
　④ 보는 한 걸음

03 결부법

결부법은 전지의 면적을 측정할 때 토지의 면적과 수확량을 동시에 나타내는 단위로 일정한 소출이 생산될 수 있는 농지면적을 확정하는 제도이다.

1. 결부법의 특징

(1) 토지의 면적과 수확량을 이중으로 표시했던 제도이다.
(2) 토지가 기름진가 메마른가에 따라 토지세를 정하는 주관적인 방식이다.
(3) 일정한 소출을 전제로 농지 면적을 파악하는 것으로 동일한 1결이라도 농지의 비척에 따라 실제면적은 달라진다.
(4) 토지면적을 정확히 측정하기 어려우나 조세부과액을 간단히 파악할 수 있는 장점이 있다.

2. 결부법의 면적단위

(1) 결(結), 부(負), 속(束), 파(把) 단위를 사용하였다.
(2) 곡화 1악(握 : 한줌)을 1파(把)라 한다.
(3) 10파=1속, 10속=1부, 100부=1결이다.
(4) 1결이란 1결의 수확이 생산되는 면적이다.

3. 결부법의 단점

(1) 1결의 실제 면적은 토지의 등급에 따라 달라졌으나, 1결의 세금은 고정된다.
(2) 세금이 동일하게 부과되어 연중 세금 총액은 일정하나 전국의 토지가 정확하게 파악되지 못하는 단점이 있고 과세원리상 불합리한 방법이다.
(3) 세액의 총액이 일정하므로 관리들의 횡포와 착취가 심하여 농민에게 불리한 제도이다.
(4) 전품을 잘못 파악하거나 누락 등의 폐단이 있어서 조선 후기 실학자들은 결부법을 폐지하고 경무법을 주장하였다.

4. 결부법의 변천

(1) 당초에는 일정한 토지에서 생산되는 '수확량'을 표시하였다.
(2) 그 후 일정량의 수확량을 올리는 '토지면적'으로 변화하였다.
(3) 결부에 따라 세액을 정하기 때문에 '세율'을 표시하기도 한다.
(4) 고려 후기에 토지의 등급을 상·중·하등전으로 구분하는 수등이척제가 도입되었다.

5. 결부법과 경무법 비교

[표 3-1] 결부법과 경무법 비교

구분	결부법	경무법
의의	• 토지의 면적과 수확량 표시 • 백제와 신라에서 사용	• 고정된 면적을 표시 • 고구려에서 사용
단위	• 결, 부, 속, 파=악 단위 • 10파=속, 10속=부, 100부=1결 • 곡화의 수량을 기준	• 경, 무, 보 단위 • 6척 평방=1보 • 100보=1무, 100무=1경
특징	• 일정한 토지에서 생산되는 수확량을 표시 • 일정량의 수확량을 올리는 토지면적으로 변천 • 1결당 면적이 다르나 징수세액은 같음 • 평야지대가 적어 비옥도 차이가 큰 지역에 유리	• 중국의 전지면적 단위법 • 단순한 면적표준 • 1결당 면적은 같은 1결당 징수세액은 다름 • 평야지대가 많아 비옥도 차이가 적은 지역에서 유리
장점	• 1결당 수확량이 일정하므로 과세가 편리 • 재정인 측면에서 세수 추계가 편리 • 과전을 지급하고 공전인 둔전, 군전, 녹전을 운영하는 데 편리	1경의 면적이 동일하므로 양전이 쉬움
단점	• 비옥도에 따라 등급별 면적의 산정이 어려움 • 양전이 복잡 • 양전 전문가가 절대적으로 필요	• 각 전지별 수확량이 다르므로 징수세액의 결정이 어려움 • 세수 추계가 어려움 • 유능한 답험관이 필요

04 두락제

두락제는 백제시대에 전답에 뿌리는 씨앗의 수량으로 면적을 표시하기 위한 제도로서, 구장산술에 의하여 면적을 산정하였으며 그 결과는 도적에 기록하였다.

1. 두락제의 특징

(1) 전답에 뿌리는 씨앗의 파종량으로 면적을 표시하는 방법이다.

(2) 토지면적은 하두락, 하승락, 하홉락으로 구분하였다.

(3) 두락은 마지기의 줄임말로 논은 150~300평, 밭은 100평 안팎이다.

(4) 수확량으로는 벼 3~4가마를 수확할 수 있는 면적이다.

2. 두락제의 면적단위

(1) 1석락=20말, 1두락=1말, 1승락=1되, 1홉락=1홉이다.
(2) 1두락은 볍씨 한 말로 모를 부어 낼 수 있는 논밭의 넓이 또는 한 말의 씨를 뿌릴 만한 밭의 넓이를 말한다.
(3) 1석(石=20말)의 씨앗을 뿌리는 면적을 1석락(石落)이라 하였다.
(4) 한 되는 승락(升落), 한 홉은 홉락(合落)이라 한다.

3. 두락제의 변천

(1) 구한말의 두락은 도, 군, 면마다 넓이가 일정하지 않았다.
(2) 석두락(石斗落)을 사정하여 두락제적 토지 지배로 전환하려는 시도는 그 자체로 궁방, 아문의 사적지주로의 전환을 의미한다.
(3) 대한제국시대에 아문둔전과 역둔토 등은 왕실소유로 편입되면서 둔전이 두락으로 사정되고 두락단위로 도조가 책정되었다.

05 구장산술

구장산술은 관리들이 실무적인 일을 처리하는 데 부딪히는 여러 가지 문제를 포함하여 동양 최대의 수학지식을 집대성하여 정리한 책이다. 시초는 중국이며 원나라, 청나라, 명나라, 조선, 일본에까지 커다란 영향을 미쳤다. 지적 분야에서는 토지측량방식으로 적용하였다.

1. 구장산술의 유래

(1) 저자, 편찬연대 미상인 동양최고의 수학서적이다.
(2) 고대 중국의 계산법이 망라된 중국 수학의 결과물이다.
(3) 구장산술은 책의 목차가 제1장 방전부터 제9장 구고장까지 9가지 장으로 분류하였다고 하여 '구장'이라는 이름을 사용하였다. 특히 제9장 구고장은 토지의 면적계산과 측량술에 밀접한 관련이 있다.
(4) 고대 농경사회의 수확량 측정 및 토지를 측량하여 세금부과에 이용하였다.

2. 구장산술의 구성

삼국시대 토지측량방식으로 사용되었으며 당시 측량술로 측량하기 쉬운 형태로 구별하여 측량하는 방법에 응용되었다.

(1) 제1장 방전 : 여러 형태의 토지면적을 구하는 방법
(2) 제2장 속미 : 곡식의 교환 및 천 등의 매매
(3) 제3장 쇠분 : 안분비례의 문제, 등차·등비수열을 포함, 비례를 취급
(4) 제4장 소광 : 방전에 반대되는 문제, 직사각형·원 따위의 넓이로부터 변의 길이나 지름을 구함
(5) 제5장 상공 : 토목공사에 필요한 각종 입체의 부피 구하는 법과 필요한 인부의 수 계산
(6) 제6장 균륜 : 납세하는 곡식과 수송에 필요한 인부, 관청에서의 거리에 따라 부과하는 문제 등, 반비례·작업에 대한 계산문제
(7) 제7장 영부족 : 과부족산(過不足算) 및 이와 똑같은 모양의 공식으로 풀 수 있는 복가정법(複假定法) 문제를 수록
(8) 제8장 방정 : 1차 연립방정식을 가감법으로 푸는 문제
(9) 제9장 구고장 : 직사각형문제, 상사삼각형에 관한 비례의 정리 및 피타고라스 정리를 써서 계산

3. 전의 형태

方田(방전 : 정사각형), 直田(직전 : 직사각형), 句股田(구고전 : 직각삼각형), 圭田(규전 : 이등변삼각형), 梯田(제전 : 사다리꼴), 圓田(원전 : 원형), 弧田(호전 : 부채꼴, 호형태), 環田(환전 : 고리모양)

(1) 방전 : 정사각형의 토지로 장(長)과 광(廣)을 측량
(2) 직전 : 직사각형의 토지로 장(長)과 평(平)을 측량
(3) 구고전 : 직각삼각형의 토지로 구(句)와 고(股)를 측량
(4) 규전 : 이등변삼각형의 토지로 장(長)과 광(廣)을 측량
(5) 제전 : 사다리꼴의 토지로 장(長)과 동활·서활을 측량
(6) 원전 : 원형의 토지로 주(周)와 경(經)을 측량
(7) 호전 : 호형태의 토지로 현장과 시활을 측량
(8) 환전 : 고리모양의 토지로 내주와 외주를 측량

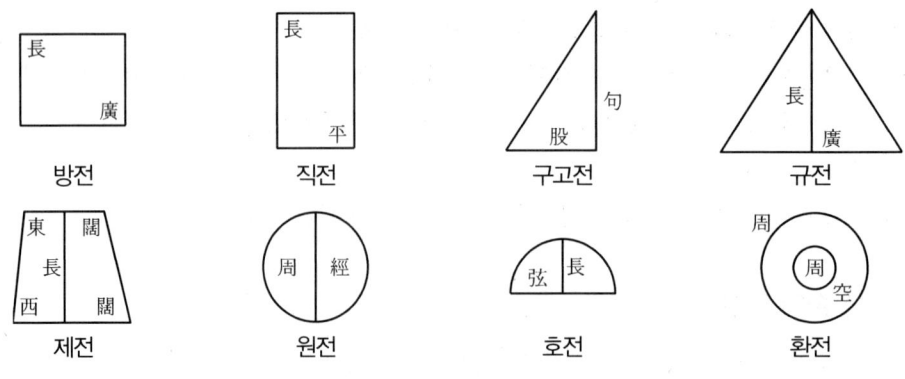

[그림 3-1] 전의 형태

4. 구장산술의 응용

(1) 삼국시대부터 산학관리 시험 문제집으로 사용하였다.
(2) 토지측량 방식에 사용하였다.
(3) 지형을 당시 측량술로 측량하기 쉬운 형태로 구별하여 측량하는 방법이다.
(4) 백제의 경우 화사가 회화적으로 지도나 지적도 등을 만들었다.

06 신라장적〈촌락〉문서

신라장적문서는 8세기 중엽부터 9세기 초에 작성된 통일신라 서원경(현재 청주) 지방 4개 촌락의 장적으로 1933년 일본 도다이사 정창원에서 처음 발견되어 현재 일본에 보관 중이다.

1. 장적문서의 의의

(1) 1933년 10월 일본 화엄종의 총본산인 동대사 후원 창고 정창원에 수납되어 있던 화엄경론 제7질 내부의 포심에 배접되어 있던 문서이다.
(2) 지금의 충청북도 청주에 근접한 군에 속했을 것으로 추정되는 현의 관할 아래 있던 사해점촌, 살하지촌, 모촌과 서원경의 직접관할 아래 있던 모촌의 4개 촌락에 대해 매우 자세한 기록을 남기고 있다.
(3) 통일신라기의 사회경제상을 밝히는 중요한 사료이다.
(4) 발견 당시부터 명칭이 기재되어 있지 않아 학자에 따라 문서의 명칭이 장적문서, 민정문서, 촌락문서, 향토장적, 장적 등 다양하게 불리고 있다.

2. 장적문서의 성격

(1) 촌락단위의 토지관리를 위한 장부로 촌 단위의 호구, 토지, 우마, 수목 등을 기록 집계한 당시의 종합정보 대장이다.
(2) 국가가 조세의 징수와 부역 징발 등 수취를 위해 촌의 경제상황을 작성한 기본적인 대장으로 장적의 성격을 띠고 있다.
(3) 촌민지배 및 과세를 목적으로 촌내의 사정을 자세히 파악하여 문서로 작성하는 치밀성을 보이고 있다.
(4) 국가 세금징수를 목적으로 작성된 장부로 지적공부 중 토지대장의 성격을 가지고 있는 현존하는 가장 오래된 자료이다.

(5) 중앙재정 운영의 참고자료로 활용하도록 하고 자체적으로 촌별 수취부담과 일부 산하관부의 재정 조달 여건을 파악하기 위한 통치의 기초자료로 활용하였다.

3. 장적문서의 작성방법

(1) 촌주가 개별, 가호의 호적 등 기초자료를 취합하여 관할 촌락의 경제상황을 보고한다.
(2) 해당 현과 소경, 군은 이를 종합하여 당식년에 주에 보고한다.
(3) 주에서는 이를 전식년의 문서 및 사본에 기록된 추기내용 등과 비교하여 현지 확인 절차를 거쳐 일관된 서식에 맞춰 새로운 촌락별 집계 장적을 작성한다.
(4) 거리의 단위는 보, 면적의 단위는 결부법에 의한다.
(5) 촌 단위의 면적, 호와 인구, 소와 말, 논과 밭, 뽕나무, 잣나무, 호두나무 등의 숫자와 3년 사이에 바뀐 사항을 함께 기록한다.

4. 장적문서의 기재사항

(1) 촌락명 및 촌락의 영역
(2) 토지종목 및 면적
(3) 호구 수 및 우마 수
(4) 잣나무, 추자목(호두나무), 뽕나무 등의 수량
(5) 호구, 우마, 수목의 감소 등을 기록

5. 장적문서의 내용

(1) 4개 촌락의 호수는 각 8~15호 정도이다.
(2) 매 호당 연수유전답 면적은 10결에서 16결 정도이다.
(3) 농민 개인당 토지면적에 차이가 있었으나 보유량은 대부분 1결 내의 적은 면적이다.
(4) 촌주는 촌락민에 대한 행정사무를 담당한다.
(5) 촌락의 임무는 과세의 수취와 수취대상의 변동사항을 정확하게 파악하는 것이다.
(6) 촌주에게는 촌주위전의 전답을 준다.

[표 3-2] 신라장적의 현황

구분	사해점촌	살하지촌	실명촌	서원경촌
규모(둘레)	5,725보	12,830보	-	4,800보
호수	11	15	8	10
인구	147	125	72	118
마	28두	18두	8두	10두

구분	사해점촌	살하지촌	실명촌	서원경촌
우	22두	12두	11두	8두
연수유답	102결 2부 4속	63결 60부 9속	71결 67부	29결 19부
연수유전	62결 10부 5속	119결 5부 8속	58결 7부 1속	77결 19부
내시령답	4결	-	-	-
관모전답	답 7결	답 3결 66부 7속	답 3결	답 3결 20부 전 1결
마전	1결 9부	-	-	1결 8부
상	1004	1280	730	1235
백자목	1202	69	42	68
추자목	112	71	107	48

6. 장적문서의 의미

장적문서의 발견으로 미루어보아 지적의 발생근원은 과세에서부터 시작되었다는 설을 뒷받침해 준다. 즉, 국가가 과세를 목적으로 토지에 대한 각종 현상을 기록·관리하는 수단으로부터 지적이 발생되었다는 과세설의 근거라 할 수 있다.

07 둠즈데이 북

둠즈데이 북(Domesday Book)은 겔드 북(Geld Book)이라고도 하며 1066년 헤이스팅스 전투(Battle of Hastings)에서 노르만족이 색슨족을 격퇴한 후 20년이 지난 1086년에 윌리엄 1세가 자기가 정복한 전 영국의 자원목록으로 국토를 조직적으로 작성하였다.

1. 둠즈데이 북의 작성배경

(1) 둠즈데이 북에 앞서 앵글로색슨 시대에 토지에 기반한 세금인 겔드가 존재하였으며, 이를 부과하기 위한 지세장부인 겔드 북은 이후 데인겔드의 부과와 둠즈데이 북 작성에 영향을 미쳤다.

(2) 앵글로색슨족 지도자들이 약탈자들에게 돈을 지불하기 위해 그들의 소작인들에게 부과한 세금으로 노르만 정복 이전에는 겔드 또는 가폴이라고 하였다.

(3) 노르만 정복 이후 덴마크로부터의 침략위기에 대비하도록 윌리엄 1세가 그의 왕국을 지키기 위하여 고용한 용병들을 위해 돈을 지불해야 하였다. 이를 위해 모든 자원에 대한 정확한 정보를 파악하여 어떤 재정적·군사적 자원을 이용할 수 있는지를 파악할 필요가 있었다.

(4) 대대적인 토지조사를 감행하여 토지면적은 기본이고 인구, 시설물, 가축 수까지 빠짐없이 조사한 것이 둠즈데이 북이다.
(5) 작성의 주요 목적은 왕권강화, 외세로부터의 침략 우려에 대한 용병 고용 유지, 정복주민인 색슨족의 통제, 정복지 전·후의 정확한 재산 조사와 평가를 위해 실시하였다.

2. 둠즈데이 북의 성격

(1) 윌리엄 1세가 자원목록을 정리하기 전 덴마크 침략자들의 약탈을 피하기 위해 지불되는 보호금인 데인겔트를 모으기 위해 색슨 영국에서 사용되어 왔던 과세용 지세장부이다.
(2) 비용이 많이 드는 프랑스 북부의 전투현장을 유지하기 위한 전쟁비용을 조달할 목적으로 둠즈데이 북을 고려하였다.
(3) 노르만의 잉글랜드 정복 이후 국왕이 된 윌리엄 1세가 조세를 징수할 기반이 되는 토지현황을 조사하여 정리한 토지조사부, 과세장부이다.
(4) 두 권의 책으로 되어 있으며 현재 영국 국립 문서 보관소에 보관되어 있다.
(5) 노퍽, 서퍽, 에식스 조사내용을 수록한 책은 리틀 둠즈데이 북, 잉글랜드의 나머지 지역 전체를 수록한 책은 그레이트 둠즈데이 북이라 불린다.

3. 둠즈데이 북의 특징

(1) 과세설의 증거로 세금부과를 위한 일종의 지세장부, 지세대장의 성격을 가지고 있다.
(2) 영국 토지에 대한 과세 부과와 봉건제 확립에 목적을 두고 있고, 왕권강화와 토지분배를 이루고자 하였으며, 전국의 인구와 토지에 대한 조사대장이라 할 수 있다.
(3) 지적도면은 작성하지 않고 지세대장만 작성하였으며, 우리나라의 토지대장과 비슷하다고 할 수 있다.
(4) 각 주별 직할지 면적, 쟁기 수, 산림·목초지·방목지 등 공유지 면적, 자유농민 및 비자유 노동자 수, 자유농민 보유면적 등이 기록되어 있다.

4. 등록사항

(1) 토지소유자 성명
(2) 면적, 경지, 보유권
(3) 초원, 목장과 임야토지의 이용
(4) 소작인의 수
(5) 가축의 유형과 수량

※ 헤이스팅스 전투는 1066년 10월 14일 잉글랜드 남동부 헤이스팅스에서 노르망디 공화국의 정복왕 윌리엄과 잉글랜드 국왕 해럴드의 군대가 맞붙은 전투로, 이 전투에서 노르망디군이 승리하였다. 전투결과, 정복왕 윌리엄은 잉글랜드의 윌리엄 1세로 등극하였고, 노르만 왕조가 성립되었다. 이로써 노르만 정복이 완성된 것이다.

※ 노르만족은 영국해협에 가까운 프랑스의 노르망디(Normandy) 지방에 살던 사람들을 말하는데, 이들은 프랑스인이 아니고, 노르만족 출신 바이킹들이었다. 바이킹은 영국만 못살게 군 것이 아니라 프랑스에까지 들어갔었고, 그들의 등쌀에 못 견딘 프랑스 왕이 900년대에 '이제 우리 그만 괴롭히고 여기서 조용히 살아라.'라며 땅을 떼어주었는데, 이 땅에 정착해 프랑스어를 쓰고 프랑스 문화를 받아들여 완전히 프랑스화되어 살았던 바이킹들을 노르만-프렌치(Norman-French)라 불렀고, '노르망디'라는 지역 이름도 '노르만'에서 비롯된 것이었다. 이 바이킹 출신 노르만-프렌치족이 천성을 못버리고 바다 건너 영국을 넘보기 시작했다.

08 정전제(井田制)

정전제란 1방리(사방 1리)를 정(井)자형으로 9등분하고 8농가가 각각 한 구역씩 경작하여 그 수확은 사유로 하고, 중앙의 한 구역을 공동 경작하여 그 수확물을 납세하게 하였던 토지제도이다.

※ 지금까지의 학설은 기자조선 때 처음으로 정전법이 시행되었다고 하나 단군 제2세 부루 때 시작되었다고 기록되어 있다. 정전법은 옛날 토지제도이며 구획정리이다.

1. 정전제의 유래

(1) 고조선시대의 토지구획 방법으로 균형 있는 촌락의 설치와 토지의 분급 및 수확량을 파악하기 위하여 시행되었던 지적제도이다.
(2) 당시 납세의 의무를 지게 하여 소득의 1/9을 조공으로 바치게 하였다.
(3) 단기고사에 따르면 고조선에서 임금이 영고탑을 시찰하고 정전법을 가르쳤다고 알려져 있다.
(4) 고려사 지리지에 평양성 내를 정전제로 구획했다는 기록이 있다.

2. 정전제의 구획방법

(1) 맹자(孟子)에 사방 1리 토지를 정(井)자형으로 구획하여 정(井)이라고 하였다.
(2) 1정을 900묘로 구획하였다.
(3) 주변 800묘는 사전으로 8가구에 100묘씩 나누어 경작하였다.
(4) 중앙의 100묘는 공동으로 경작하여 그 수확물을 관에 바쳤다.

(5) 정전제에서 사전은 토지를 개인이 소유한 것이 아니고 수확물을 사유로 하는 토지를 의미한다.

사전	사전	사전
사전	공전	사전
사전	사전	사전

[그림 3-2] 정전제 구획방법

3. 정전제의 특징

(1) 측량을 수반한 것으로 추정된다.
(2) 왕도사상에 기반을 둔 제도이다.
(3) 공동체 형성의 기본사상이다.
(4) 국가 세수를 확보하였다(세금부과 명확화).
(5) 토지개량제도를 확립하였다.

4. 정전제의 발전(조방제)

(1) 정전제가 발전한 고대 구획정리로 한반도 최초의 도시계획제도이다.
(2) 토지를 격자형으로 구획한 것으로 동서를 조(Street), 남북을 방(Avenue)이라고 하였다.
(3) 고구려가 평양성을 구축할 때 조방제를 사용하였다.
(4) 고구려 도읍지인 평양에서 시작하여 부여, 공주, 경주 등에서 시행하였다.
(5) 나당 연합군에 패망한 백제가 일본 큐슈 후쿠오카 현에 대제부라는 관청을 세우고 조방제를 구축하였다.
(6) 조방도는 조방제에 의해 토지의 모양이 정방형 또는 장방형으로 그려진 지도를 말한다.

5. 조방제의 명칭

(1) 중국 : 방리(坊里)제
(2) 북한 : 리방(理坊)제
(3) 일본 : 조방(條坊)제(일본 대재부* 도시계획)

  *대재부 : 일본 중부 큐슈를 통치, 백제가 멸망하여 큐슈에 정착하여 대재부 건설

09 정전제(丁田制)

정전은 통일신라시대의 특징적인 토지제도로서 일반백성에게 지급한 토지로 국가에 조를 바쳐야 했다. 상대적으로 문무관인에게 지급한 토지를 관료전이라 한다. 전국에 모든 토지를 공전으로 하고 백성이 정년에 달하면 공전을 지급하고 면적에 따라 일정한 수확물을 징수하는 것을 조(租)라 한다. 국가가 매정(每丁)에게 일정한 면적의 토지를 반급(班給)해 주고, 그것을 바탕으로 조세를 거두어들이는 제도였다.

1. 통일신라시대의 토지제도

관료전, 정전(丁田), 연수유전답, 내시령전답, 관모답, 마전, 촌주위전답, 구분전, 전장 등이 있다.

(1) **관료전** : 문무관인에게 지급된 토지
(2) **정전** : 일반백성에게 지급된 토지
(3) **연수유전답** : 농민에게 지급된 전답
(4) **내시령전답** : 관직을 가진 자에게 지급된 전답
(5) **관모답** : 국가 직속의 관유지
(6) **마전** : 부락별로 1~2결씩 지급된 국가 소속의 마을 재배한 토지
(7) **촌주위전답** : 촌락의 촌주에게 지급된 토지

2. 정전제의 특징

(1) 국가가 정년(丁年)에 달한 자에게 일정량의 토지를 지급한 제도이다.
(2) 당나라 균전제를 모방하였던 것으로 판단된다.

[표 3-3] 정년의 구분

명칭	연령	명칭	연령
소(여)자	1~9세	정(녀)	16~57세
추(여)자	10~12세	제공(모)	58~60세
조(여)자	13~15세	노공(모)	61세 이상

3. 관료전

(1) 문무관료에게 적합한 토지를 주어 신분을 유지할 수 있는 제도를 마련하였다.
(2) 고려의 전시과와 조선의 과전법 및 직전법의 효시이다.
(3) 관직에 복무하는 대가로 받은 것으로 관직에서 물러나면 국가에 반납한다.

(4) 문무관료의 직위에 따라 차등을 두어 전(田)을 지급하는 제도이다.

4. 당나라 균전제

(1) 당나라 균전제는 정남은 21~59세, 중남은 16~20세까지이다.
(2) 정남, 중남에게 전일경(田一頃＝100무)을 지급하였다.
　① 20무는 영업전 : 상속 가능
　② 80무는 구분전 : 사망 후 국가에 반납

10 전시과 제도

고려 전기 중앙관료를 중앙집권체계 내에 편입시키면서 동시에 경제적 기반을 마련해 주기 위해 실시한 제도로 관리들의 등급(18등급)에 따라 전지와 시지를 지급하였다.

1. 전시과 제도의 특징

(1) **소유권** : 국유 원칙, 사유지도 인정
(2) **수조권** : 국가(공전), 개인·사원(사전)
(3) **경작권** : 농민과 외거 노비
(4) 수조권만 지급
(5) 세습 불가 원칙

2. 토지제도의 정비과정

(1) **녹읍, 식읍** : 건국 초
(2) **역분전(태조)** : 역할에 따라 나누어준 토지
　① 지급기준 : 개국 공신, 경기도
　② 전시과의 모체 : 전결을 단위로 면적기준 지급
　③ 충성도, 인품, 공훈, 논공행상*
　　*논공행상 : 공적의 크고 작음 따위를 논의하여 그에 알맞은 상을 줌

3. 시정전시과(경종)

(1) 전·현직에게 인품을 반영하여 전국에 지급
(2) 특징 : 무신 위주

(3) 최초 전국적 토지 분급
(4) 군인전시과 설치
(5) 분급량 축소

4. 개정전시과(목종)

(1) 전직과 현직에게 인품을 배제하고 관직만 고려하여 토지를 지급
(2) **관직** : 18품계만 고려
(3) **문관우대** : 무신차별, 직관우대
(4) 군인전 지급 시작
(5) 외역전 · 구분전 설치
(6) 토지별 지급 액수는 시정전시과보다 낮았는데, 특히 시지 지급이 줄어듦

5. 경정전시과(목종)

(1) 현직 관리에게만 수조권을 지급, 무신에 대한 차별 대우가 시정
(2) 18과에 들지 못한 세력을 한외과로 분류하여 지급하던 한외과를 폐지
(3) 전시과 완성
(4) 문무 차별 완화
(5) 공음전 · 한인전 · 별사전 설치

[표 3-4] 고려시대 토지제도

구분	내용	구분	내용
공전	내장전, 공해전, 둔전, 학전, 적전	외역전	향리
사전	공음전, 한인전, 구분전, 양반전, 향리전, 궁원전, 사원전, 식읍, 군인전	내장전	왕실
한인전	6급 이하 하급 관료	공신전	공신
구분전	하급 관료와 군인의 유가족	별사전	승려
공음전	문벌 귀족	공해전	관청
군인전	군역	둔전	군대의 경비 충당

11 과전법(科田法)

과전법은 고려 말과 조선 초에 관리에게 토지에서 세금을 걷을 권리를 주던 제도 가운데 하나이며, 그러한 토지를 과전이라 불렀다. 과전법은 좁게는 고려 말인 1391년(공양왕 3년)에 귀족들의 대토

지소유를 개혁하여 만들어 낸 토지의 재분급과 관련한 제도를 가리키며, 넓게는 조선 초에 과전을 지급한 일까지를 가리킨다.

1. 과전법의 특징

(1) 현직·퇴직관료에게 수조권을 준 것으로 관료 본인, 즉 일대(一代)에 한하여 수조권을 인정해 준 제도이다.
(2) 관료가 사망하면 반납하는 것이 원칙이나, 유족의 생계유지라는 명목으로 휼양전과 수신전을 통하여 그 토지를 일부라도 물려받을 수 있었다.
(3) 관리는 과전에서 나오는 소출의 1할(1/10)을 조세로 받았다.
(4) 1결의 수확량은 300두(말)로 30두까지 수조권으로 거두어들이는 것이 가능하였다.
(5) 세종대왕 때의 공법으로 1결당 생산량을 400두로 변경하고 수조량을 1/20로 변경하였을 때까지 유지되었다.
(6) 백성의 전세부담을 경감시키기 위해서 1결당 수조량을 30두에서 20두로 경감하였다.

2. 조선시대 과전법의 목적

(1) 신진사대부 세력이 권문세족의 토지를 몰수하여 관료에게 수조권을 재분배하여 관료들의 경제 자립권을 보장하고 관료국가의 틀을 온건적으로 정비한다.
(2) 토지의 국유화에 따른 사전(私田)을 재분배한다.
(3) 수확의 5/10가 일반화되었던 수조율을 대폭 경감하여 국고와 경작자 사이에 개재하는 중간착취를 배제한다.

3. 과전의 지급

(1) 과전은 왕경(王京)에 거주하는 시(時)·산(散) 문무관료에게 품계(品階)에 따라 18등급으로 나누어 토지에 대한 수조권만을 나누어주었다.
(2) 관료는 해당 직무의 보수로 이미 녹봉을 받고 있었기에 추가로 과전을 지급받는다는 것은 지배계층으로서 신분상 특전을 인정받는다는 것을 뜻했다.
(3) 고려 사전의 외방(外方)에 설치되었던 것과는 반대로 경기지방에 집중되었다는 데 큰 특징이 있는데, 이는 양반 관리들의 세력이 지방에서 성장하는 것을 방지하려는 것이었다.
(4) 과전은 1대에 한하는 것이 원칙이었으나 수신전, 휼양전이라 하여 실질적으로 세습되어 가는 경향이 많았다.

12 수등이척제

고려 말기에 농부수(농부의 손뼘)를 기준으로 전품을 상·중·하 3등급으로 나누어 척수의 길이를 다르게 하여 면적을 계산하던 방법이다.

1. 수등이척제의 변천

(1) 고려 말, 조선 초 전품을 3등급으로 나누어 척수를 달리하여 타량(打量)하였다.
(2) 세종 25년에 전제를 정비하기 위해 전제상정소를 설치하고, 세종 26년에 공법을 제정하여 전품을 6등급(1~6등전)으로 나누어 각 등급마다 척수를 달리하여 타량, 풍흉에 따라 연분을 9등급으로 나누었다.
(3) 효종 4년 전품 6등급 6종의 양전척을 1등급의 양전척 길이로 통일·양전하여 수등이척제를 폐지하였다.

2. 수등이척제의 면적 계산방법

(1) **상등급 전지** : 농부의 손뼘 20뼘을 1척으로 타량
(2) **중등급 전지** : 농부의 손뼘 25뼘을 1척으로 타량
(3) **하등급 전지** : 농부의 손뼘 30뼘을 1척으로 타량

3. 전의 형태

(1) 면적을 계산하는 데 결부법을 사용하였으나 전형이 각각 틀리고 문란해지기 쉬우므로 알기 쉬운 5가지 형태로만 타량하였다.
(2) 면적계산은 방전(方田), 직전(直田), 구고전(句股田), 규전(圭田), 제전(梯田) 등이 있다.

13 망척제

망척제는 전지를 측량할 때에 정방형의 눈들을 가진 그물을 사용하여 어느 토지의 그물 속에 들어온 그물눈을 계산하여 면적을 산출하는 방법이다.

1. 망척제의 면적 계산방법

(1) 정방형의 그물 속에 있는 그물눈을 계산하여 면적을 산출하는 방법이다.
(2) 방형, 원형, 직형, 호형에 상관없이 그물 한눈 한눈에 들어오는 것을 계산하는 방법이다.
(3) 그물눈의 수는 가로와 세로 모두 100눈씩이다.

2. 망척제의 특징

(1) 이기의 『해학유서』에서 수등이척제의 개선책으로 망척제를 주장하였다.
(2) 영조시대에 서해지방에서 시험하여 효과적으로 나타났다.
(3) 전지의 형태와 관계없이 면적 산출이 가능하다.
(4) 상호 절장을 보완하면 미진한 곳이 있어도 많은 차이는 없다.
(5) 망척의 눈금이 동일하므로 탐관오리에 의한 장세 횡포를 막을 수 있다.
(6) 그물 재료는 마를 사용하고 기름을 먹여 물 등으로 손상되지 않게 하였다.

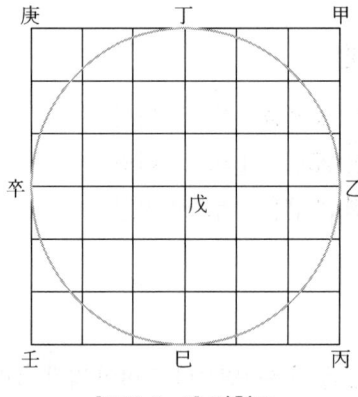

[그림 3-3] 망척도

14 양안

양안은 고려·조선시대 양전에 의해 작성된 토지대장으로서 토지와 납세자를 파악하고 조세를 부과하는 기본장부이다. 지금은 토지대장과 지적도가 분리되어 있으나 당시에는 지적도가 없었으며 양안에 소재지, 지번, 토지 등급, 지목, 면적, 토지 형태, 사표, 소유자 등 토지에 대한 모든 사항을 기록하였다. 토지의 이동에 따라 정리되지는 않았으나 토지의 성격 및 연혁 등을 알 수 있는 중요한 장부 역할을 하였다.

1. 양안의 특징

(1) 고려와 조선시대에 양전에 의해 작성된 토지대장으로 전적(田籍)이라고도 한다.
(2) 『경국대전』에 "20년마다 양전을 실시하여 새로이 양안을 3부씩 작성하여 호조, 본도, 본읍에 보관한다."라고 규정되어 있다.
(3) 비용과 인력의 소모가 막대하여 실제로는 원칙과 다르게 수십 년 내지 백여 년이 지난 뒤에 지방에 따라 부분적으로 양전하여 그때마다 양안을 새로이 작성하였다.
(4) 양안은 전답의 소재지·형상·등급·면적·소유자 등을 기록한 책으로서 경작 면적, 소득 관계 그리고 토지 소유 관계를 추정할 수 있게 하는 자료이다.
(5) 토지에 대한 세금징수를 목적으로 작성되었기 때문에 개인별 농지소유를 중심으로 양전을 하지 않고 전 면 단위 또는 전 군 단위를 대상으로 했다.
(6) 양안은 토지 실태 파악과 징세를 위한 대장이지만 토지소유자의 성명이 기록되고 토지소유자는 그가 소유하는 전토의 과다에 의하여 전세를 납부하며, 공부 등 기타의 요역을 부담하였다.
(7) 양안에 '主'로 등록된 자는 토지소유자로 확인되었다. 토지소유권을 보장하는 방법은 그 명의를 '主'로 양안에 기록하는 것이었다.

2. 양안의 기능

(1) 조선왕조의 사회적·경제적 문란으로 인한 토지문제를 해결하였다.
(2) 사유토지 거래에 있어 용이하다.
(3) 토지의 파악과 세금 징수에 사용된다.
(4) 토지소유자를 확정한다.

3. 양안의 종류

(1) 양안의 구분
① 고려시대 : 양전장적, 양전도장, 도전장, 전적, 전안
② 조선시대 : 양안 등 서책, 전답안, 성책, 양명 등 서차, 전답결대장, 전답결타량, 전답타량안, 전답양안, 전답행심, 양전도전장
③ 조제연대의 신구에 따라 : 신양안, 구양안
④ 행정구역에 따라 : 군양안, 현양안, 면양안, 동·리양안
⑤ 신분에 따라 : 어람양안, 궁타량성책, 아문둔전

(2) 신양안
① 신양안은 광무양안을 의미하고 양지아문에서 1899년부터 1901년까지 전국 331군 중 124군에서 양전을 실시하였다.

② 지계아문에서 1902년부터 1903년까지 94군에서 실시한 결과로 작성된 양안이다.
③ 1907년 4월 초 일본인이 석유등을 잘못 다루어 탁지부 측량과에 대화재가 발생하여 소장하던 전국의 양안이 많이 소실되었다.

4. 기재사항

토지소재지, 자호, 지번, 양전 방향, 지목, 토지 등급, 지형, 척수, 결부수, 사표, 진기, 소유자 등

(1) 자호는 일자오결제도로 양전할 때 각 표지에 천자문의 순서로 번호를 부여한다.
(2) 지번은 각 자호 안에서의 필지 순서를 나타낸다.
(3) 양전 방향은 남범(南犯) · 북범(北犯) 등으로 표시한다.
(4) 지목은 전 · 답 · 대 3종이다.
(5) 토지 등급은 토지의 비옥도에 따라 전분 6등급, 풍흉에 따라 연분 9등급으로 분류한다.
(6) 토지형상(지형)은 방형, 직형, 제형, 규형, 구고형 등 5가지 형태가 있다.
(7) 척수는 지형의 실제거리를 양전척으로 측량하여 표시한다.
(8) 결부수는 실제면적을 결부법에 따라 등급별로 계산한 넓이이다.
(9) 사표는 전답의 인접지역을 동서남북으로 나누어 표시한다.
(10) 진기는 경작 여부를 표시한다.
(11) 시주[*]는 토지소유자를 표시한다.

[*]시주 : 양전 당시 양무관리에게 토지소유자로서 신고된 사람의 성명

5. 양안의 작성단계

(1) 1단계(야초책양안)

각 면단위로 실제로 측량하여 작성하는 가장 기초적인 장부이다.

(2) 2단계(중초책양안)

각 면단위로 작성된 야초책양안을 관아에서 면의 순서에 따라 자호와 지번을 부여하고 사표와 시주의 일치 여부 등을 확인하면서 작성한 장부이다.

(3) 3단계(정초책양안)

양지아문에서 야초책과 중초책을 기초로 하여 만든 양안의 최종성과, 2부를 작성하여 1부는 탁지부에 보관하고 1부는 각 부 · 군에 보관한다.

15 일자오결제도

양안에 토지의 표시는 양전의 순서에 따라 1필지마다 천자문의 자번호를 부여하였는데 지번제도로서 자번호 또는 일자오결이라 한다.

1. 자번호 부여

(1) 양전의 순서에 의하여 1필지마다 천자문의 자번호를 부여한다.
(2) 자번호는 자(字)와 번호(番號)로서 천자문의 1자(字)는 폐경전, 기경전을 막론하고 5결이 되면 부여한다.
(3) 천자문의 각 자내에는 다시 제일, 제이, 제삼 등 번호를 붙여 토지소유별 토지를 구분한다.
(4) 천자문의 자를 부여하는 것은 토지의 구역을 나타내고 번호는 지금의 지번에 해당한다.
(5) 일단 양전하여 자번호를 부여한 토지에 대하여 후에 다시 개량한 경우에는 그의 자번호는 당초에 양안 기재의 자번호를 그대로 사용하고 변경하지 않는 것을 원칙으로 한다.
(6) 양전이 끝난 이후에 새로 개간한 토지가 있을 때는 그의 인접지의 자번호에 지번을 붙여 사용하는 부번제도를 실시한다.
(7) 조선 후기에는 양전관리가 개량을 할 때에 구자번호를 변경하도록 하였는데, 이 경우에는 양안 중 그의 토지의 상당란에 자번호 변경사유, 즉 구천자(舊天字), 금지자(今地字) 등을 기입하도록 했으나 잘 시행되지는 않았다.

2. 자번호의 특징

(1) 기간지 또는 화전 같은 것은 자호가 없는 경우가 있다.
(2) 새로 개간한 토지는 3년 경과 후 납세하고 군수로부터 소유권을 확인한다.
(3) 자호의 기점은 대다수 군의 객사(관청)로부터 시작한다.
(4) 자호의 부번 방향은 일정치 않다.
(5) 조선시대에는 고려의 천자정, 지자정 등의 정 단위를 답으로 천자답 제1호, 지자답 제2호 등으로 하였다.

3. 자호 기재

자호로 양안에 등록, 양안을 완비한 지방에 적어 양안 이외에 금기, 행심록, 전답성책, 기타 작부책 고복장안에도 기재한다.

4. 일자오결제도의 문제점

(1) 다산 정약용이 『경세유표』에서 일자오결제도를 사용하면 그 수가 너무 많아 혼잡하고 부정확하다고 주장하였다.
(2) 토지조사 시에는 리·동별로 자 없이 일련번호로 부번하였기 때문에 토지조사사업이 완료되고 이 제도도 없어졌다.

16 사표, 전답도형도

사표란 양안에서 토지의 위치를 나타낼 때 동서남북에 있는 토지경계로 표시한 것이며 1필지의 경계를 명확히 구분하고자 동서남북 인접지에 접속된 땅의 지목, 자번호, 지주의 성명 등을 양안의 해당란에 기입하거나 별도의 도면을 통해서 나타낸 것이다.

1. 사표의 유래

(1) 사표 표시방법은 고대 중국과 통일한 것이므로 우리나라 독자적인 것이 아니라 중국에서 전래된 것으로 추측된다.
(2) 사표는 통일신라시대 진성여왕 5년이 기원이다.
(3) 고려시대 정인사 석탑조성기 내용에서 기록을 찾을 수 있다.
(4) 광무양전(1899) 때 전답도형도가 있는 사표를 발행하였다.
(5) 토지조사 당시에도 사표를 신고하였다.
(6) 다산 정약용은 『경세유표』에서 사표의 문제점을 해결하기 위해 어린도 작성을 주장하였다.
(7) 성호 이익도 사표 표기방식의 단점을 지적하고 일자오결제도와 어린도 제작을 주장하였다.

2. 사표의 특징

(1) 양안에 나오는 사표가 초기에는 도면을 수반하지 않았지만 점차 전답도형도를 도입하여 양안에 토지형태를 개략적인 그림으로 그려 넣었다.
(2) 사표는 도면의 하나로 4필지 이상의 지적사항을 파악할 수 있다.
(3) 양지아문에서 작성한 위치, 면적, 형상을 쉽게 알 수 있도록 하였다.
(4) 사표의 전답도형도는 당시 지적도와 유사한 역할을 하였다.
(5) 도로, 구거, 하천 등의 소유자 성명을 기입하지 않았다.
(6) 1899년 광무양전 때 최초의 전답도형도의 사표가 발행되었다.
(7) 자호가 지번이라면 사표는 지적도의 모체라 할 수 있다.

3. 사표의 작성

(1) 토지의 형태를 도면으로 표시하고 이를 사방에 기입한다.
(2) 東某*畓, 서모산, 남모, 북모전 등
   *某 : 아무개라는 표기
(3) 경지 이외의 경우에는 路(길), 丘(언덕), 浦(갯가), 산(山) 등을 기입한다.
(4) 사표상의 필지에 관련된 기주의 성명이 일치하도록 작성한다.
(5) 양전과정에서 개별 필지마다 엄밀하게 측량하면서 빠짐없이 기록하기 위한 표기방식이다.

4. 사표의 문제점

(1) 분필, 합필 및 매매 시 변동사항을 정리하지 않아 토지분쟁의 원인이 된다.
(2) 다산 정약용은 『경세유표』에서 사표는 인접지가 대천 대로일 경우 수백 리에 이를 경우가 있고 분필, 합필, 소유권 변동 등이 수시로 일어나는 상황에서 사표 표시방법은 부정확하며, 이 문제점을 해결하기 위해 '어린도'라는 지적도를 작성하여야 한다고 주장하였다.

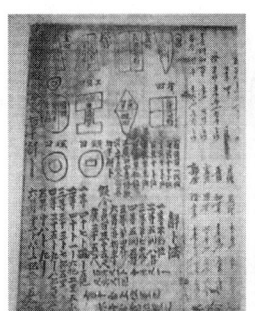 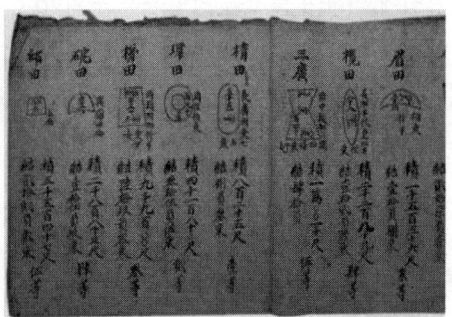

[그림 3-4] 양안과 전답도형도

17 어린도

어린도란 일정한 구역의 전체 토지를 세분한 지적도의 모양이 물고기의 비늘처럼 연속적으로 잇닿아 있어 붙여진 명칭으로 정확하게는 어린도 책에 있는 지도를 말한다.

1. 어린도의 특징

(1) 다산 정약용이 『목민심서』에서 일자오결제도와 사표의 부정확성 해결을 위해 주장하였다.
(2) 일정구역의 토지를 세분한 지적도의 모양이 물고기 비늘과 흡사하여 붙은 명칭이다.

(3) 본래 어린도 책 앞에 있는 지도를 의미하나 어린도 책과 같은 의미로 사용되었다.

2. 어린도 작성의 주장

(1) 성호 이익
① 『성호사설』을 통하여 어린도 작성을 처음으로 주장하였다.
② 양전개정을 주장하였으나 어린도 작성의 구체적인 방법을 제시하지는 못하였다.

(2) 다산 정약용
결부법을 폐지하고 경무법을 시행함과 동시에 『목민심서』를 통하여 방량법을 기초한 어린도 작성을 주장하였다.

3. 어린도 작성방법

(1) 자오선을 바르게 하고서 이 선에 의해서 도면을 작성한다.
(2) 먼저 방량법에 의하여 토지를 방방곡곡 구획한다.
(3) 누락된 토지에 대하여 어린도 작성 시 구획한다.
(4) 어린도는 25묘를 한 도엽으로 하는 휴도로 작성한다.
(5) 휴도를 기초로 하여 촌도를 작성한다.
(6) 촌도를 기초로 하여 향도를 작성한다.
(7) 향도를 기초로 하여 현도를 작성한다.
(8) 휴도, 촌도, 향도, 현도 모두 자오 방위를 구하고 경위선을 구획한다.

4. 방량법

(1) 정전(井田)제 시행을 전제로 주장되었다.
(2) 농지를 정정방방으로 구획할 수 있는 것은 구획한다.
(3) 그렇지 못한 곳은 어린도상으로 남아 구획한다.
(4) 전국의 농지를 일목요연하게 파악하는 방법이다.

5. 전통도

(1) 전통마다 각각 자호를 매겼으며 일자오결과 같은 뜻이다.
(2) 경마다 각각 제호를 제1호에서 제9호까지 매겼다.
(3) 곡선 위에 큰 점을 찍은 것이 산이고 직선 위에 점을 찍은 것은 촌락이다.
(4) 3선이 함께 그어진 것은 큰 길이고, 2선이 함께 그어진 것은 작은 길이며, 1선은 하천이다.

(5) 직선 위에 굴곡선이 그어진 것은 제방이며, 입구자 모양이 제2경과 제3경에 연해서 날일자 모양 같은 것은 택이다.

6. 휴도

방량법의 일환으로서 어린도의 가장 최소단위로 작성된 도면으로, 휴 단위로 전답, 가옥, 도랑, 울타리, 수목 따위의 경계를 표시한 것이다.

(1) 19세기 정약용은 토지제도의 문제점을 지적하고 어린도법 시행을 주장하였다.
(2) 어린도는 현대적 의미의 지적도라 할 수 있으며, 휴도는 어린도의 가장 최소단위로 작성되는 도면으로서 일휴지도, 즉 휴도라 한다.
(3) 방량(方量)으로 확정된 휴전(畦田)을 지도로 작성한 것이다.
(4) 휴는 묵필로 자오선을 기준으로 그어지는 경위선으로 그 경계를 구획한다.
(5) 휴 내의 25개 묘도 각각 1구로, 경위선으로 구획한다.
(6) 묘 내에 전답의 매 필지는 주필점선으로 구획한다.

18 양전개정론

조선 중기 임진왜란, 병자호란 이후 전란에 따른 토지의 황폐화와 관리들의 부정부패로 인해 토지제도가 극심하게 문란하여 실학자들은 전제와 세제의 개혁을 중심으로 한 양전개정론을 제시하였다. 양전개정론은 19세기 전후 과세의 평준을 위한 합리적이고 근본적인 양전법의 개정이 필요하다는 주장으로 애매모호한 지적측량을 개선하여 정확한 도부를 만들어 세수를 늘리자는 것이다.

1. 양전개정론자

양전법 개정에 대하여 정약용, 서유구, 이기 등의 실학자들이 방안을 제시하였다.

[표 3-5] 양전개정론자

실학자	저서	개정론
이익	균전론	영업전 제도
정약용	목민심서, 경세유표	정전제, 방량법, 어린도법
서유구	의상경계책	어린도법, 방량법
이기	해학유서, 전제망언	결부제 보완, 망척제
유길준	서유견문, 지제의	전통도 실시

2. 양전개정론자의 주장

(1) 성호 이익
① 영업전은 한 집에 필요한 기준량을 정하여 일정한 규모의 토지를 분배하고 매매할 수 없도록 하자는 것이다.
② 관에서 문서를 보관하여 사고팔지 못하게 하여 소농들이 안정적으로 농업에 종사할 수 있도록 하고자 했다.

(2) 다산 정약용
① 어린도법은 일정한 구역의 토지를 그린 모양이 물고기 비늘과 같다고 하여 붙여진 명칭이다.
② 방량법은 농지를 정정방방으로 구획할 수 있는 것은 하고 그렇지 못한 곳은 어린도상으로 구획하여 전국의 농지를 일목요연하게 파악하는 방법이다.

(3) 풍석 서유구
서유구는 양전법이 방량법과 어린도법으로 개정되어야 한다고 주장하였다.

(4) 해학 이기
이기는 수등이척제에 대한 개선으로서 망척제를 주장하였다.

(5) 구당 유길준
① 각 리를 양전하여 리 단위의 지적도를 작성하였는데 리 단위의 지적도를 전통도라 한다.
② 작성순서 : 통도(1평방리) → 면도(10통) → 구도(10면) → 군도(10구) → 진도(10군) → 주도(4진)

3. 양전 개정방안
(1) 양전사업을 전담하는 관청을 신설하였다.
(2) 수등이척제의 개선을 위해 망척제를 주장하였다.
(3) 결부법하의 양전법은 전지의 측도가 어렵기 때문에 경무법으로 개정을 주장하였다.
(4) 정전제(井田制)의 시행을 전제로 방량법과 어린도법을 시행한다(목민심서).
(5) 일자오결제도와 사표의 부정확성을 시정하기 위해 어린도를 작성한다.
(6) 정전제나 어린도 같은 국토의 조직적 관리가 필요하다.
(7) 전국의 토지를 정방형으로 구분하여 사방 100척으로 된 정방형의 1결의 형태로 작성한다.

19 입안(立案)

입안은 오늘날의 부동산등기 권리증과 같은 것으로 토지매매 시 관청에서 증명한 공적 소유권증서로 소유자 확인 및 토지매매를 증명하는 제도이다. 부동산의 소유권이전을 관에 신고하는 절차이며, 토지의 매매·양도·소송 등을 증명하는 제도이다.

1. 입안의 근거

(1) 속전등록

세종 26년에 '속전등록'의 규정에 입안을 받는 데 대한 기한 규정은 없으나 입안을 받지 않으면 그 토지를 몰관한다고 하였다.

(2) 경국대전

토지 또는 가옥을 매매하는 경우에는 100일, 토지 및 가옥 상속의 경우는 1년 이내에 해당 관청에 신고하여 입안을 받아야 한다.

2. 입안의 특징

(1) 입안의 효력은 매매계약에 대한 확정력·공증력이 부여되어 권리관계가 명확하게 된다.
(2) 입안은 진실한 권리자 보호 및 거래의 안전보장에 기여함을 목적으로 한다.
(3) 입안일자, 입안관청명, 입안사유, 당해관의 서명을 기재한다.
(4) 토지의 매매·점유·상속은 입안을 받아야 하며 입안에는 문기가 필요하다.

3. 입안의 절차

(1) 매매계약이 성립되고 소유권이 이전되면 매수인이 매매문기(계약서)나 구문기 등을 첨부하여 입안청구의 소지(所志)를 매도인의 소재관에게 제출한다.
(2) 관은 그 진위를 조사하고 매매 당사자, 증인, 집필인 등이 봉인하여 진위를 조사한 후 매매의 합법성 여부를 확인하여 입안을 발급한다.
(3) 소지의 신청이 한성부인 경우에는 당하관, 판관, 서윤이 화합하고 당상관 중 1인이 화합하여 당하관과 당상관의 화합이 되면 입안성급(立案成給)을 결정하고 관인을 날인한다.
(4) 소지의 신청이 지방관인 경우에는 수령이 단독으로 화압하고 결정의 의사를 기입한다.

4. 입안의 운용 실태

입안은 활용이 미약하여 양안에 등재된 최초의 소유자 이후 소유자의 변동사항을 정리하지 않아 결국은 원래의 소유자를 양안에 의하여 확인하는 경향이 있었다.

5. 입안의 폐지

(1) 매매에 관하여 매도인, 매수인, 집필인 등 관계인이 모두 관사에 출두해야 하는 절차상의 번거로움과 수수료 부담이 가중되었다.
(2) 과중한 세금부담 등으로 입안을 받지 않는 백문매매 계약서가 난립하여 이를 폐지하였다.
(3) 입안을 받지 않은 매매계약서인 백문매매가 관습상 성행하였으며 후에 관에서도 합법화되었다.

20 문기(文記)

문기는 토지 및 가옥을 매수 또는 매도할 때에 작성하는 오늘날의 매매계약서를 말하며 명문문권이라고도 한다. 매매계약의 성립요건이며 입안을 청구할 경우와 소송을 할 경우 유일한 증거로 제출된다.

1. 문기의 의의

(1) 토지 및 가옥을 매수 또는 매매할 때 작성한 매매계약서를 말한다.
(2) 구두계약일 경우에도 후에 문기를 작성한다.
(3) 토지매매 시에 매도인은 신문기는 물론 권리전승의 유래를 증명하는 구문기도 함께 인도한다.
(4) 백문매매는 입안을 받지 않은 매매계약서를 말한다.

2. 문기의 작성

(1) 작성절차
  ① 양 당사자와 증인, 집필인이 서면으로 계약서를 작성한다.
  ② 3부를 작성하여 매도인, 집필인, 관청에서 각각 1부씩 비치한다. 이를 증명하는 문서로 입지를 받는다.
  ③ 입지란 전답의 소유자가 문기를 분실 또는 멸실, 가옥전세계약 체결 후 관청에서 이를 증명하는 문서이다.

(2) 작성내용
  ① 매도 연월일, 매수인 등록
  ② 매매의 이유

③ 권리전승의 유래
④ 토지가옥의 소재지와 사표
⑤ 매매대금과 그 수취의 사실
⑥ 담보문헌
⑦ 매도인, 증인 또는 입회인 필집이 기명화

3. 문기의 효력

(1) 토지가옥 매매계약의 성립요건이며 매매 사실의 사적공시수단 및 증명수단이 된다.
(2) 상속, 증여, 소송 등의 증거가 되고, 입안 청구 시 증거로 제출된다.
(3) 권리자임을 증명하는 권원 증서로서 확정적 효력이 있다.

4. 문기의 종류

(1) 작성시기에 따라 신문기, 구문기로 나눈다.
(2) 관의 증명을 필요로 하는 것을 공문기라 한다.
(3) 당사자만 임의로 작성한 것을 사문기라 한다.
(4) 매매문기, 명문문권, 매려문기 등 약 11개 종의 문기가 있다.

21 가계(家契)·지계(地契)·토지증명제도(土地證明制度)

1893년부터 1905년에 이르는 기간에는 가계·지계제도가 시행된 시기로서 토지의 상품화가 이루어져 가면서 구제도로부터 근대적 공시제도로 발전하는 과도기라 할 수 있다. 가계, 지계는 본질적으로 입안과 같은 것이었으나 근대화된 것이었고 토지조사의 미비와 국민들의 의식 부족으로 충청남도와 강원도 일부에서 실시하다가 후에 중지되었다. 토지증명제도는 가계·지계제도에 뒤이어 근대적인 공시방법인 등기제도에 해당하는 제도이며, 소유권 및 저당권의 2종에 한해서 그 계약의 내용을 간접 조사하여 인증을 주었다.

1. 가계제도

(1) 가계제도의 의의

① 가계는 가옥소유에 대한 관의 인증(증명)이며, 매매 등으로 가옥을 양도할 때에 발급되었다.

② 고종 30년(1893)에 한성부에서 처음으로 발급된 이래 개항지, 개시지(開市地)에서도 발급된 후 점차 다른 도시에 영향을 미쳤다.
③ 가계의 효력은 제3자에 대하여 권리를 대항하기 위한 요건이다.
④ 일부의 토지에서만 행하여졌지만 소유권의 증명을 위한 근대적 제도이다.
⑤ 가계의 발급은 필요적 행적이며 가사구권(家舍舊券)이 없는 경우 보증인의 성명과 화압이 없으면 가계를 발급해 주지 않았다.
⑥ 매주(買主)는 신계(新契)를 교부받아야 비로소 소유권자로서 인정받았다.

(2) 가계형식

가계 앞면에는 가계문언(家契文言)이 인쇄되어 있고 끝부분에 담당공무원, 매도인, 매수인 들이 서명하고 당상관(堂上官)이 화압(花押)하는 것으로 대체로 입안과 같은 형식의 것이었고, 뒷면에는 가계제도의 규칙이 인쇄되었다.

(3) 가계발급

광무 10년(1906) 내부령 제2호 가계발급규칙에 의하여 가옥의 신축, 매매, 상속, 전당의 경우에는 구문권을 첨부해서 관할 관청에 신청하면 신계를 발급하거나 구권에 배서해서 발급하였으며 가옥의 신축에는 관청에 비치하는 가계원부에 등록하여야 했다.

2. 지계제도

지계는 전답의 소유에 대한 관의 인증으로서 1901년 지계아문을 설치하고 각 도에 '지계감리'를 두어 '대한제국전답관계'라는 지계를 발급하였다. 지계아문 설치 이전에는 외국인에게 지계를 발급하였지만, 지계아문 설치 이후에는 전·답 소유자에게 발급하였다.

(1) 지계제도의 의의

① 관계발급 대상을 종전과 같이 전·토로 한정하지 않고 전체 부동산에 확대하면서 계권(契券)도 지계라는 용어 대신 관계(官契)라는 명칭을 부여하였다.
② 대한제국전답관계는 대한전토지계와 대한전토매매증권 두 양식을 통합하여 만든 양식이다.
③ 대한전토지계는 토지소유권 증명, 대한전토매매증권은 토지매매를 보증하는 것이다.
④ 두 양식은 상호보완적 기능을 하도록 구성되었으며, 각기 별도로 존재하는 것은 아니다. 매매행위가 발생할 경우 매득자는 지계와 증명문서를 함께 소유하도록 하였다.
⑤ 지계는 지계아문에서 발행하고 지방관청에서 보관하며, 매매증권은 해당 지방관청에서 발행과 보관을 함께 하였다.

(2) 대한전토지계

① 가로줄에 발행일자, 세로줄에 토지소재지, 자호, 두락, 일경, 형(形), 등(等), 적(積), 결수, 시주(時主), 주소, 해당 지계발행 관장(官長)의 성명이 기재되어 있다.
② 관장은 한성부의 경우 지계 총재관, 지방의 경우 지계감리가 담당하였다.
③ 좌우동형으로 구성되어 있으며, 가운데 발행번호를 기입하고 그곳에 관인을 찍도록 하였다.

(3) 대한전토매매증권

① 지계와 비슷한 양식의 매매증권이기에 당연히 매주(賣主)와 매주(買主)의 성명과 함께 인장을 찍도록 하였다.
② 토지의 매매가격, 끝부분은 발행담당 관청 관장의 성명과 관장, 실무담당자인 한성부의 경우 주사, 지방의 경우 서기의 성명과 관장으로 구성되었으며, 매매증권 역시 좌우동형의 한 쌍으로 구성되었다.

(4) 대한제국전답관계

① 대한제국전답관계라는 표제의 중간에 태극 문양이 있고, 그 아래 부분에 기재하도록 되어 있다.
② 첫 번째 줄은 소재, 자호, 지목, 두 번째 줄은 전답형태, 일경, 두락, 등급, 결부, 세 번째 줄은 사표, 네 번째 줄은 발행 연월일, 시주의 주소·성명, 다섯 번째 줄은 매매가격, 매주 등으로 구성되었다.

(5) 지계에 관한 규칙

① 전답소유자가 전답을 매매·양여한 경우 관계(官契)를 받아야 하고, 전질(典質)할 경우 인허가를 받아야 한다.
② 매매 시의 관계와 전당 시의 인·허가가 없으면 전답을 몰수하며, 외국인은 규정된 지역 이외에는 전답을 소유할 수 없다.
③ 관계를 침수·화재·유실한 경우 확인 후 재발급한다.
④ 관계는 3편으로 구성하여 1편은 본 아문, 제2편은 소유자, 제3편은 지방관청에 보존한다.

3. 토지증명제도(土地證明制度)

(1) 토지증명제도의 의의

① 토지증명제도는 근대적인 공시방법인 등기제도에 해당하는 제도로서 토지소유의 한계를 마련하는 근거가 되었다.
② 당시 소유할 수 있는 토지는 거류지로부터 4km 이내로 제한하였다.
③ 증명제도는 증명부라는 공부를 작성하여 공시의 기능을 갖게 하였고, 실질적 심사주의를 취하여 증명부의 신속도를 높임으로써 등기제도에 근접하게 되었다.

(2) 증명발급

① 광무 10년(1906)에 시행된 토지가옥증명규칙을 보면 물권변동 중 토지가옥을 매매·증여, 교환·전당할 경우에 한하여 그 계약서에 통수, 동장의 인증을 거친 후 군수 또는 부윤의 증명을 받을 수 있다.
② 군수 또는 부윤은 토지가옥증명대장에 곧 그 증명을 한 사항을 기재해야 하고, 이 대장은 군수, 부윤에게 신청하여 열람할 수 있다.
③ 이의가 있는 자가 지체 없이 그 증명의 취소·변경을 신청할 수 있으나 이의신청 없이 기간이 지나면 증명된 사항이 확정되었다.

22 결수연명부

결수연명부는 한 면 내에 소재하는 토지의 결수에 대하여 납세의무자가 신고한 결수신고서를 각 면 단위, 각 납세의무자별로 편철한 장부로 지세징수대장과 결수신고서를 합쳐서 작성한 작부장부이다. 당초 지세대장의 성격을 가진 장부에서 토지조사사업에서는 토지소유자를 증명하는 장부로 발전되어 갔다.

1. 결수연명부의 성격

(1) 토지신고서가 제출되기 시작한 본격적인 토지조사사업을 수행하기 이전(한일합방 이전)에 작성된 징세대장이다.
(2) 재무감독국별로 상이한 형태로 제작되고 있던 징세대장을 통일시킨 지세징수대장이다.
(3) 리동계와 면계를 조사한 것이 지세징수대장이고, 결수신고서를 취합하고 리동계와 면계를 첨부한 것이 결수연명부이다.
(4) 임시토지조사국에서 토지신고서와 결수연명부를 대조하도록 지시하였으며, 결수연명부는 토지소유권의 확인 장부로서 기능을 하였다.
(5) 토지신고서의 소유자 이름을 결수연명부의 소유자 이름과 대조하여 처리하였다.
(6) 1915년 지세령시행규칙을 개정하면서 토지대장이 있는 군은 지세명기장을 작성하고 결수연명부를 폐지하였다.

2. 결수연명부의 작성배경

(1) 토지조사사업을 수행하기 이전인 1908년 과세지 조사에서는 통일된 규격이 없어 전주, 대구, 공주, 광주 등 각 재무감독국별로 형태와 내용이 다르게 독자적인 작부가 이루어졌다.

(2) 지세부과 목적의 장부가 통일되지 않아 종전의 작부를 통일시킬 필요가 있었다.
(3) 1909년 통감부는 결수연명부 조제에 관한 통첩을 지시하여 통일된 양식의 결수연명부를 작성하도록 하였다.
(4) 토지의 소재지, 자번호, 지목, 두락수, 결수, 납세자의 주소·성명, 지주의 주소, 성명 등을 납세자별로 기재한 결수신고서를 동·리별로 동·리장이 작성하여 면에 제출하게 하여 작부방식이 통일되었다.

3. 결수연명부의 작성방법

(1) 동·리 단위로 납세자의 신고를 받아 작성하였으며 부·군·면에 비치하여 지세징수업무에 활용한다.
(2) 실지조사를 통한 것이 아니라 관청에 보관 중이던 기록(구 양안 등)을 위주로 작성하였기 때문에 결부·누락에 의해 부정확하게 파악되었다.
(3) 지세를 부과하는 토지를 전, 답, 대, 잡종지로 구분하여 작성하였으며 비과세지는 제외되었다.
(4) 결수연명부는 과세지견취도의 기초로 보완하고 토지신고서 작성의 기초가 되었으며 결국 토지대장이 만들어졌다.
(5) 면을 단위로 개인별로 작성하고 인적편성주의에 해당하는 속인주의로 기초자료가 되었다.
※ 공적장부의 계승관계 : 결수연명부 → 토지대장 → 깃기(지세명기장)

4. 결수연명부 등록사항

(1) 토지의 소재   (2) 지번
(3) 지목   (4) 지적
(5) 결수·결가 및 세액   (6) 납세자의 주소·성명 또는 명칭 서원

5. 결수연명부의 특징

(1) 한일합방 직전에 작성한 일종의 징세대장, 지금의 토지대장의 역할을 하였다.
(2) 1909년의 결수연명부 작성은 모든 지역에서 완성되지 못하였고, 지방에 따라서는 종전의 작부책을 그대로 사용하였다.
(3) 납세자인 경작자, 즉 소작인의 변동이 심하였다.
(4) 1909년 지세의 징수실적이 부진하자 통감부는 지세를 안정적으로 확보하기 위해서 소작인 납세를 폐지하고 지주납세를 제도화하는 방향으로 결수연명부 작성방침을 변경하였다.
(5) 1910년의 결수연명부는 지주의 입장에서는 자기 소유지에 대한 최초의 신고에 해당된다.

23 과세지견취도

과세지견취도는 과세토지, 즉 민유지에 대한 지세를 부과하기 위하여 각 필지의 개형을 실측작성, 각 필지 주위를 간승으로 측정작성, 각 필지 주위의 보측작성 등 견취측량이라는 원시적인 측량방법을 사용하여 작성한 도면이다.

1. 과세지견취도의 작성배경

(1) 통감부는 1909년에 국유지 조사를 실시하여 국유지대장과 국유지실측도를 작성하고, 민유지는 1909년부터 1911년까지 결수연명부를 작성하여 과세지에 결세를 부과하고자 하였다.
(2) 민유지에 대한 결수연명부 작성 후에 개별 토지의 소재를 파악하고 그에 대해 소유권자를 정확히 파악하는 일이 필요하였다.
(3) 과세지에 대한 전국적인 견취도를 작성하여 이것을 결수연명부와 대조하여 누락된 과세지를 결수연명부에 등록하거나 잘못 기재된 사항을 정정하도록 하였다.
(4) 과세지견취도는 지적원도를 거쳐서 지적도로 발전되어 지금의 지적도 역할을 하였다.

2. 과세지견취도의 목적

(1) 결수연명부에 기록된 과세지의 위치를 확인하고, 결수연명부를 보완한다.
(2) 은결과 환기지 등 결수연명부에 누락된 토지를 찾아내어 결수연명부에 등재하고 지세를 부과함으로써 조세수입을 증가시킨다.
(3) 동·리의 경계 확인 등의 효과가 있다.
(4) 조선총독부의 중앙집중적 통치체제를 강화시켰으며, 이를 바탕으로 토지조사사업을 시행함으로써 중앙집권적 식민지배 체제를 구축한다.

3. 과세지견취도의 특징

(1) 고지대 또는 일정한 지점으로부터 전망하고 리·동의 대략적인 지형을 감안하며, 인접 리·동의 경계를 확정한다.
(2) 리·동 내의 경지를 순서하여 대략적인 형태와 그 개념을 파악하고 다음에 도로, 하천과 구거, 산의 형태를 묘사한다.
(3) 각 필지마다 설치해 놓은 표목에 의하여 사표, 배미, 열좌수를 실사한 다음 여기에 일필지의 형태를 묘화하고 제도심득의 각 요목을 써 넣도록 하였다.
(4) 굴곡이 없는 곡선으로 제도하였다.
(5) 축척은 1/1,200을 사용했으며, 북방을 표시하였다.

(6) 부와 군에서 소유자의 신고에 근거하여 조제하였을 뿐 그 신고가 정당한가에 대해서는 조사를 하지 않았다.

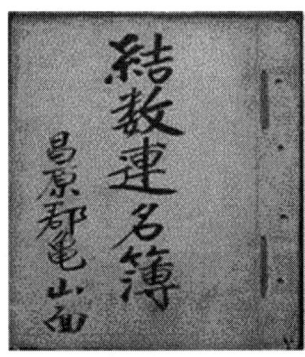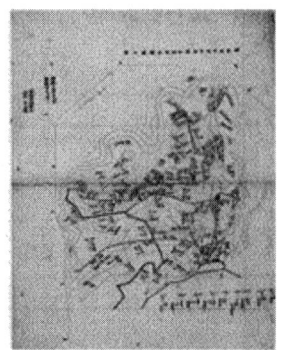

[그림 3-5] 결수연명부와 과세지견취도

24 지세명기장

지세명기장은 토지세를 징수하기 위하여 이동정리를 끝낸 토지대장 중에서 '민유과세지'만을 뽑아 각 면마다 소유자별로 기록한 것으로 과세지에 대한 인적편성주의에 따라 작성된 성명별 목록부라고 할 수 있다.

1. 지세명기장의 작성배경

(1) 1915년 5월 12일 지세령 시행규칙을 개정하면서 토지대장이 있는 군에서는 지세명기장을 사용하고, 토지대장이 없는 군에서는 결수연명부를 사용하였다.
(2) 1918년 7월 17일 지세령 시행규칙에서 지세를 부과하는 토지에 대해 '면'에 지세명기장을 비치하도록 하였다.
(3) 토지대장에 기초하여 작성되었는데, 토지대장에는 결수가 기록되어 있지 않기 때문에 결수는 지세명기장과 결수연명부를 대조하여 결수연명부에 기재된 결수를 지세명기장에 기입하였다.
(4) 임시토지조사국의 개황도에 의해 과세지견취도가 작성된 군에서는 지적도를 대조하여 과세지견취도상의 결수를 지세명기장에 기재하는 방법을 사용하였다.

2. 지세명기장의 작성방법

(1) 소유자명을 50음순(일본어 가나 순)으로 작성한다.
(2) 성이 같은 자가 많을 경우에는 이름의 첫 자를 50음 횡열순으로 인명란에 기입한다.
(3) 동명이인의 경우 동·리별, 통호명을 부기하여 식별한다.
(4) 난외 상부에다 번호를 매겨서 약 200매를 한 권으로 작성한다.
(5) 책머리에 소유자 색인을 붙이고 책 끝에는 면계를 붙인다.
   ※ 토지대장의 편책을 풀고 1동리마다 국유지, 민유과세지, 민유불과세지로 크게 나누어 그 중 민유과세지만을 각 면마다 소유자 성명별로 한 다음 성이 같은 자 중에서 이름의 첫 자가 같은 자를 골라서 동일 성명인 자와 구별하여 동일 성명인 자는 동·리별 지번 순으로 명기장의 조제자료를 완비하도록 하였다.

3. 지세명기장 등록사항

(1) 토지의 소재
(2) 지번, 지목, 지적
(3) 지가
(4) 세액
(5) 납세의무자의 주소·성명 또는 명칭
(6) 납세관리인의 주소·성명

4. 지세명기장의 특징

(1) 지세명기장은 면별로 토지대장에 기초하여 작성한다.
(2) 지세징수를 위해 이동정리를 끝낸 토지대장 중에서 민유과세지만을 면별로 지번을 통하여 소유자별로 연기한 후 합계한다.
(3) 지세명기장은 과세지에 대한 인적편성주의에 따라 성명별로 목록을 작성한다.
(4) 결가제에 의한 지세부과방식을 폐지하고 지가에 따라 지세를 부과함으로써 지세명기장에는 결수를 기재할 필요가 없게 되어 결수란이 삭제된다.
   ※ 토지대장이 작성된 지역은 과세표준지로 지가가 산정되었음에도 불구하고, 결가제에 의한 지세납부체계가 계속되고 있었다. 결가제가 완전히 폐지될 때까지 현실적으로 결가제에 근거할 수밖에 없었으며 토지대장이 작성 완료되면서 토지대장을 비치한 군에서는 그날로부터 결수연명부를 폐지하면서 장부의 통일을 기하였다.

5. 결수의 기입방법

(1) 토지대장에는 결수가 기록되어 있지 않아 결수는 다른 장부를 참고하여 기입한다.
(2) 결수연명부에 기재된 경우에는 결수를 그대로 옮겨 적는다.
(3) 과세지견취도가 작성된 군에서 이것과 지적도를 대조하여 과세지견취도상의 결수를 옮겨 적는다.
(4) 지주총대로 하여금 토지신고서와 결수연명부를 대조하여 토지신고서상의 결수를 옮겨 적는다.

25 투화전(投化田)

투화전은 외국인이 고려에 내투(來投)하여 귀화자에게 지급한 토지를 말하며, 사전 등 사인에 소속된 토지는 투화전, 입진가급, 보급전, 등과전 등이 있다.

1. 투화전의 특징

(1) 외국인 중 고려에 귀화한 자 중에서 일정한 신분과 지위에 따라 지급하였다.
(2) 일본과 여진 등에서 내투한 투화인은 대개의 경우 지방 군·현에 호적을 편성하여 국적을 제공하였다.
(3) 이들은 대체로 투화전의 지급을 받을 수 있는 기준에 미치지 못하는 사람들로서 공한지를 경작해서 생업에 정착하고, 세역상의 의무에 있어서도 민호와 같은 대우를 받았다.
(4) 발해가 멸망하자 그 망민들이 대거 고려에 투항하였다.
(5) 고려 건국 이래 발해 이외에도 오월국, 송나라에서 많은 문사들이 귀화하였다.

2. 입진가급과 보급전

(1) 변진에 입성한 군인에 대해서 그의 노고에 보답하는 의미로 일정한 토지를 가급(加給) 또는 보급(補給)하였다.
(2) 가급(加給)되는 전토는 입성(入城) 중인 군인에게 그들의 본고장에 있는 토지를 나누어 주었다.

3. 등과전

(1) 과거에 합격한 자에게 지급되는 토지로서 품계에 따라 지급되는 양과 지급하는 기간을 달리하고 있다.

(2) 등과는 장차 관료가 될 후보자이기 때문에 국가는 특별한 대우를 행한 것이다.

4. 사전(賜田)

(1) 사전은 국왕이 특별하게 지급하는 토지이다.
(2) 고려 초부터 실시되었다.
(3) 고려 후기에는 사전이 남발되어 전제 문란의 큰 원인이 되었다.

26 투탁지

민간인이 자신의 토지를 궁방에 투탁한 것으로, 외관상 궁장토로 가장되어 있는 토지를 말한다. 처음에는 궁방과 민간인 사이에서 은밀하게 행하여졌으나 뒤에는 공공연하게 시행되었다.

1. 투탁의 원인

(1) 부역을 면제받고 세금의 부담을 경감하기 위해 투탁한 것으로 가장하였다.
(2) 궁방에서는 전세(田稅)만 받으므로 민간인의 경우에는 세금의 부담이 경감되었다.
(3) 궁방에 자신의 토지를 투탁하고 도장이 되는 경우가 있었다.
(4) 미간지를 개간한 농민이 궁방에 투탁하여 권세가들이 침탈을 막기 위한 수단이 되었다.
(5) 농민이 자손의 토지 전매를 막고 토지유산을 영구히 보장하기 위해 투탁하였다.

2. 투탁제도의 특징

(1) 궁장토는 국세를 면세하고 경작자에게 부역을 면제하였다.
(2) 궁장토의 소작료는 적었으며 궁장토를 경작하는 자는 부역을 면제받았다.
(3) 투탁제도가 공공연하게 됨으로써 토지제도의 문란을 가져오는 요인이 되었다.
(4) 사유지를 궁방에 투탁함으로써 도장이 되었다.
(5) 농민의 경우에는 토지의 유산을 자손에게 상속하였다.

3. 도장(導掌)

(1) 도장은 궁장토를 관리하면서 궁방에게 일정한 세미를 바치고 그 이외의 수익권을 갖는 자를 말한다.
(2) 도장은 소작인의 감독 및 추수에 관한 일을 하였다.

(3) 도장은 원래 궁방의 직원으로서 궁장토의 관리임무를 담당하였다.
(4) 궁방에서는 해당 궁장토에 특별한 연고가 있는 자로 도장의 임무를 담당하였다.
(5) 도장에 지정되면 특별한 과실이 없는 한 해임되지 않았으며 자손에 상속된 자도 있었다.
(6) 1908년 6월에 궁장토의 전부를 국유화하였다.

27 궁장토

궁방이란 후궁, 대군, 공주, 옹주 등의 존칭으로서 각 궁방 소속의 토지를 궁방전 또는 궁장토라 하며, 일사칠궁(내수사와 칠궁) 소속의 토지도 역시 궁장토라 불렀다.

1. 일사칠궁

일사칠궁이란 내수사와 칠궁을 통틀어 부르는 명칭이다. 즉 내수사, 수진궁, 명례궁, 어의궁, 용동궁, 육상궁, 선희궁, 경우궁을 말한다.

2. 토지의 투탁(投托)

(1) 궁장토는 국세를 면제할 뿐만 아니라 그 경작자에 대해서도 부역을 면제하는 특전이 있었다.
(2) 각 궁방은 소작료를 적게 받았으므로 농민들은 궁장토의 소작인이 된 것을 기뻐하였다.
(3) 농민들은 스스로 궁방에 청탁하여 자기의 전토를 궁장토인 것처럼 가장함으로써 권력의 그늘에서 타인의 약탈을 면하려 하였다.
(4) 조세나 부역을 면제받으려는 예가 생겼는데, 이를 토지의 투탁이라 하였다.

3. 궁장토의 획득

(1) 국비를 지출하여 구입하거나 궁방이 구입하여 호조에 면세를 신청하였다.
(2) 국유지 또는 각 궁방의 폐지 등으로 이속하였다.
(3) 소속 노비의 자손이 단절된 토지를 인수하였다.
(4) 범죄자에게서 몰수한 토지를 분급하였다.
(5) 미개간지를 개간하였다.
(6) 궁방의 권세로서 남의 토지를 빼앗는 등의 방법을 취하였다.
(7) 농민들이 피역, 기타의 편의를 위하여 투탁한 토지를 인수하였다.

28 역둔토

역둔토는 체신·운송·관리들의 출장에 따른 숙박과 식사 등을 제공하는 데 필요한 경비와 그 역을 담당하던 역장, 부역장, 찰방 등 관리들의 인건비를 보전해 주기 위하여 사여하였던 역토와 주요 군사요충지 등에 국가방위를 목적으로 하여 군사를 주둔시키고 그 경비를 충당하기 위하여 토지를 사여한 둔토를 말한다.

1. 역토

(1) 역토의 특징

① 역참에 부속된 토지의 총칭이다.
② 부속지를 확보하여 소작을 주고 수확량의 절반을 받아 사용하였다.
③ 공용문서 및 물품의 운송 또는 관리의 공무상 여행에 있어서 필요한 말, 인부, 기타 일체의 용품 및 숙박, 음식 등에 쓰이기 위함이다.

(2) 역참 구성

① 각 도 중요지점 및 도 소재지에서 군 소재지로 통하는 도로에 약 40리마다 1개의 역참을 두었다.
② 역참에는 역장, 부역장이 있어 이 사무를 관장하되 항상 말과 인부를 대기시키고 있었다.

(3) 역토의 종류

① 공수전 : 관리의 숙박, 음식비, 역장의 판공비 등을 충당
② 장전 : 역장의 급료
③ 부장전 : 부역장의 급료
④ 급주전 : 역졸의 급료
⑤ 마위전(馬位田) : 말의 사육을 위해 지급(말의 등급에 따라 차등 지급)

2. 둔토(둔전)

국경지대의 군수품을 충당하기 위하여 그 부근에 있는 미간지를 주둔군에 부속시켜 놓고 주둔병사로 하여금 이를 개간·경작시킨 데서 시작된 토지제도이다. 개간·경작하는 군인을 둔전병, 이를 감독하는 상관을 둔전관이라고 한다.

(1) 둔전의 종류

① 국둔전 : 국경지대 또는 군사상의 요충지에 설치하여 그곳에서 나오는 수입으로 군수에 충당

② 관둔전 : 각 부군에서 소요경비를 조달할 목적으로 토지를 부속시켜 그 수확물로 경비를 충당

(2) 둔전의 변천
① 고려 현종 15년 경기 내 하음부곡의 주민을 평안북도 박천군으로 옮겨 그들을 둔병으로 한 다음 토지를 부속시켜 경작하게 한 것이 효시이다.
② 이태조가 등극하여 경기도 이천군 1개 군의 둔전만을 남기고 다른 둔전은 폐지하였다가 그 후 다시 부활하였다.
③ 임진왜란으로 농민들이 피난을 하자 군사들에게 직접 토지를 경작시켜 수확물의 반은 경작자에게 주고 나머지 반은 관청에 수납하였다.
④ 선조 26년에 훈련도감을 두어 병사를 모집한 다음 군사훈련과 동시에 그 소속 둔전까지 경작시키며, 민유토지도 경작시켜 세납하도록 하였다.

(3) 둔전의 폐단
① 개인 소유 토지를 둔전이라고 사칭하여 과세를 면세받는 사례가 발생하였다.
② 조선 후기 역토와 둔전에 대하여 관리들이 그 수익의 대부분을 착복하였다.
③ 이후 조정에서는 군부 소관에서 탁지부, 궁내부로 그 사무를 이관하고, 이 두 토지를 역둔토라 하였다.

3. 역둔토의 변천

(1) 1906년 제실재산(황실재산)과 국유재산을 정리할 때 국공유지를 총칭하여 역둔토라 하였다.
(2) 1909년 실측도 하지 않고 동양척식주식회사에 인수하였다.
(3) 일제는 역둔토를 수탈하기 위하여 1909년 6월부터 1910년 9월까지 탁지부 소관 국유지와 함께 전국의 역둔토를 조사측량하였다.
(4) 탁지부 소속 국유지는 역둔토, 각 궁장토, 능, 원, 묘의 부속토지 및 기타 국유지로 하였다.
(5) 1931년 설립한 재단법인 역둔토협회에서 전담하였다.
(6) 1938년 역둔토협회 해산 후 남은 돈으로 조선지적협회를 설립하였다.

29 인지의

인지의는 세조 13년(1468)에 제작된 토지의 원근을 측량하는 평판측량기구로서 고도와 방위각까지 측정할 수 있으며, 규형 또는 규형인지의라고도 한다.

1. 인지의의 특징

(1) 축척과 각도의 원리를 이용하여 토지의 길이와 높이를 측정하는 데 사용한 기구이다.
(2) 자북침이 부착되어 있어 기계의 정향이 가능하다.
(3) 실물은 현재 남아 있지 않다.

2. 인지의의 측량

(1) 세조 때 영릉에서 인지의를 이용하여 땅의 측량을 시도하였다.
(2) 한양성을 인지의로 측량하여 단종 2년에 한양지도를 완성하였다.

3. 인지의의 구조

(1) 구리로 제작된다.
(2) 수직축과 수평눈금판의 두 부분으로 구성된다.
(3) 수평눈금판에 24방위가 새겨져 있으며 약 7° 정확도로 방위를 측정한다.
(4) 가운데에 구리 기둥을 세우고, 그 기둥에 가로 구멍을 뚫어서 그 위에 동형을 끼운다.
(5) 동형을 위아래로 높였다 낮추었다 움직이면서 토지를 측량한다.

30 기리고차

조선시대 거리를 측정하던 장치로 반자동이며 수레의 형태를 띠고 있다. 수레바퀴와 연결된 톱니바퀴가 돌면서 종과 북을 울리게 하여 거리를 측정할 수 있는 기구이다.

1. 기리고차의 특징

(1) 중국 진나라 시대에 처음 사용된 기록이 있다.
(2) 세종 때 장영실이 중국에 있었던 거리 측정장치를 조선에 들여와 개량하여 만들었다.
(3) 문종 1년에 현재의 서울 지역 제방공사에 기리고차를 사용하여 거리를 측량했다는 기록이 있다.
(4) 홍대용의 『주해수용』에 기리고차의 구조가 자세히 기록되어 있다.

2. 기리고차의 구조

(1) 말이 끄는 수레에 말을 모는 사람과 수레에 앉아 있는 사람이 보이는 평범한 모습이다.
(2) 기리고차는 3개의 톱니바퀴가 서로 연결된 구조로 되어 있다.
(3) 수레에 붙인 바퀴로 측정하는 것이므로 평지에 사용하기 편리하나 산지 등의 험지에서는 이용하기 힘들었다.
(4) 북이 울릴 때마다 사람이 기록해야 하므로 반자동거리 측정기구이다.

3. 기리고차의 측정방법

(1) 수레의 바퀴가 굴러가면서 바로 위에 얹혀진 첫 번째 톱니바퀴를 돌린다.
(2) 10자의 둘레길이를 가진 수레의 안쪽바퀴가 12회 회전하면 첫 번째 톱니바퀴가 한 번 회전하게 되며, 그 거리는 120자가 된다.
(3) 첫 번째 톱니바퀴가 15회 회전하면 두 번째 톱니바퀴가 한 번 회전하고, 두 번째 톱니바퀴가 10회 회전하면 세 번째 바퀴가 한 번 회전하게 되며, 그 거리는 18,000자가 된다.
(4) 수레가 1/2리를 가면 종이 한 번 울리고, 1리를 가면 종이 여러 번 울리며, 5리를 가면 북이 한 번 울리고, 10리를 가면 북이 여러 번 울린다.
(5) 수레 위에서 종과 북의 소리만을 듣고 거리를 기록한다.

31 양전척

양전척이란 토지를 측량하는 데 쓰이는 자를 말하는데, 시대에 따라 길이가 변하였으며 더욱이 조선시대에는 양전척의 길이 변화가 심하였다.

1. 고려시대

(1) 문종 때

전품을 불역상전, 일역중전, 재역하전으로 3등급으로 나누고, 1결의 면적은 당시에 만든 양전척의 33보 평방으로 정하였으며, 세액은 불역 1결과 일역 2결, 재역 3결을 똑같게 하였다.
① 불역상전 : 묵히지 않고 해마다 경작하는 땅
② 일역중전 : 한 해씩 교대로 경작하고 묵히는 땅
③ 재역하전 : 2년간 묵히고 한 해는 경작하는 땅

(2) 공양왕 때(수등이척제)

① 전품을 상, 중, 하 3등급으로 나누어 등급에 따라 척수를 달리함
② 1결의 면적은 33보 평방으로 문종 때와 동일
③ 농부수(농부의 손뼘)을 기준
④ 상전척은 20뼘, 중전척은 25뼘, 하전척은 30뼘으로 하여 양전

2. 조선시대

- 초기 : 전품을 상·중·하(농부수 기준으로 각각 20, 25, 30指) 전척 사용
- 세종 26년 이후 : 1~6등의 양안척 사용
- 인조 12년 이후 : 갑술척 사용
- 효종 4년 이후 : 1등척 하나로 양전하여 비율을 정해 1~6등까지의 면적 산출

(1) 세종 때

① 세종 12년에 황종척을 원기로 하여 모든 척도가 교정되어 신규도량형제가 실시됨에 따라 양전척도 필연적으로 개정되어야 했음
② 전품을 6등급으로 나누어 6종의 양전척을 사용하여 양전
③ 세액도 풍흉에 따라 연분9등법을 실시하여 조세액에 차이를 둠
④ 각 등급마다 척수를 달리 타량하였으며, 풍흉에 따라 연분9등법을 실시

(2) 인조 이후

① 임진왜란으로 인하여 문란해진 양전제를 바로 잡기 위하여 인조 때 호조에서 새로운 양전척을 만들려 하였으나 옛 표준척은 전부 분실되고 판각 하나만 남게 되어 하는 수 없이 여기에 맞춰서 소위 '갑술척'이란 신척을 만들어 지방으로 분급하여 양전이 실시됨
② 이후 양전척에 관하여 포백척(준수 양전척)과 갑술척과의 시시비비가 양전이 있을 때마다 거듭되었으나 결국 조선 말까지 모두 갑술척으로 양전이 실시됨

32 이조척

1. 이조척의 유래

태조 이성계의 꿈속에서 어떤 선인이 하늘에서 내려와 태조에게 금척을 주면서 "그대는 마땅히 금척을 가지고 나라를 바로 잡아라."고 하였다는 이것은 바로 도량형이 갖는 정치적 상징성을 나타낸다. 따라서 당시는 도량형을 통일하여 국가의 재정원으로서의 조세 및 지적제도를 확립하는 것이 필연적이었다.

2. 황종척

(1) 황종척의 특징
① 국악의 기본 음인 황종음을 낼 수 있는 황종률관의 길이를 결정하는 데 사용하던 자이다.
② 도량형의 원기로서 조선시대 자의 기본이 되었다.
③ 황종척의 길이는 1척이 34.72cm이었다고 한다.
④ 농작물의 대표인 벼과의 알곡을 기준으로 이 자를 만들었다.
⑤ 이 자를 만든 것은 벼의 생산지인 논밭을 잰다는 뜻으로 생각된다.

(2) 황종척의 단위
① 세종 7년에 박연이 황해도 해주에서 생산되는 기장(벼과의 1년생 풀) 가운데 크기가 중간 치인 것을 골라서 100알을 나란히 쌓아 그 길이를 황종척의 1척으로 하였다.
② 기장 한 알의 길이를 1푼(分), 10알을 쌓아서 1촌(寸), 100알을 쌓아서 1척이라 하였다.
③ 황종관의 길이는 황종척 1척에서 1촌을 뺀 9촌이었다.

[그림 3-6] 황종척

3. 주척

(1) 측우기 등 천측기구를 측정하거나 사대부집 사당의 신주(神主)를 만들 때 사용하였으며, 특히 토지를 측량할 때 많이 사용하였다.
(2) 도로의 거리수, 묘지의 영역, 훈련관 교관의 거리수, 활터의 거리수를 잴 때, 시체 검사를 할 때 사용하였다.
(3) 원래 주나라 때 거리, 면적 등을 측정하는 데 사용하는 기준자로 삼국시대에 당나라부터 들어와 고려·조선시대까지 사용하였다.
(4) 주척을 미터법으로 환산하면 대략 20cm 정도이다.

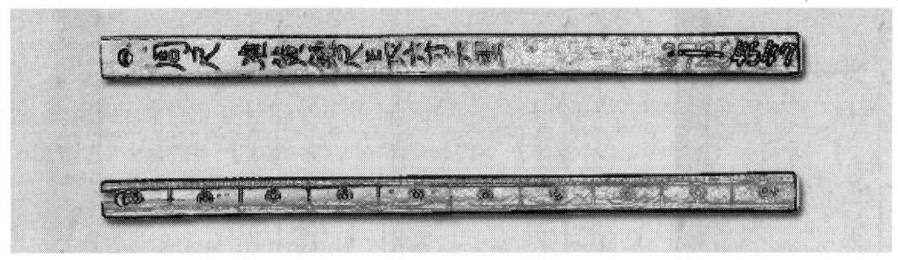

[그림 3-7] 주척

4. 영조척

(1) 목수들이 쓰는 자를 말한다.
(2) 구리로 주조하기도 하고, 상아로 만들기도 하였다.
(3) 무기와 형구(刑具)의 제조, 성곽의 축조, 교량과 도로의 축조, 건축, 선박제조, 차량제조 등에 사용하는 자이다.
(4) 『경국대전』에서 영조척 1척의 길이는 황종척으로 8촌 9분 9리였다.

5. 포백척

(1) 포목 등의 무역과 의복 제조에 사용하던 자를 말한다.
(2) 황종척을 기준으로 표준적인 크기를 정해 배포하였다.
(3) 세종 때 정한 포백척의 크기는 『경국대전』에서 법제화하였다.
(4) 『경국대전』에서 포백척 1척의 길이는 황종척으로 1척 3촌 4분 8리이다.

33 분쟁지 조사

사정은 토지조사부와 지적도를 기반으로 토지소유권과 강계를 확정하는 행정처분으로 사정의 기초자료는 민유지에서는 지주가 제출한 토지신고서, 국유지에서는 해당 관청이 제출한 국유지통지서였다.
분쟁지 정리작업은 사정 직전에 실시되었다. 토지조사사업 당시 토지소유권 결정은 특별한 이유가 없는 한 신고자를 지주로 인정하였으나 한 토지에 대해 2명 이상의 신고서가 제출되었을 경우 사실을 조사한 후 당사자들 사이에 화해 조정을 시도하고 화해가 이루어지지 않았을 때에는 분쟁지로 처리하여 분쟁지심사위원회로 넘겼다.

1. 분쟁의 유형

(1) 분쟁의 유형은 소유권 분쟁과 강계의 분쟁으로 나눌 수 있는데, 당시 소유권의 분쟁은 국유지와 개인소유지와의 관계가 대부분이었고 강계의 분쟁은 개인 상호 간의 관계가 대부분이었다.
(2) 국유지분쟁은 임시토지조사국이 토지신고서의 소유권에 의심이 있다고 판단하여 이의를 제기한 경우이고 민유지 사이의 분쟁은 조선인 사이의 분쟁, 일본인과 조선인 주민 사이의 분쟁이 있다.
(3) 조선인 사이의 분쟁은 문서상의 소유권자와 실효적 지배를 하고 있는 점유권자 사이의 분쟁이었으며, 이때 전자를 소유권자로 인정했다.

2. 분쟁의 원인

(1) 국유지와 민유지가 혼재되어 백성들과 물의가 많았다.
(2) **미정리된 역둔토와 궁장토** : 역둔토 중 둔병이나 역졸에게 개간시킨 것이나 적몰지를 부속시킨 것은 국유지이고, 민결의 징수를 위임한 토지는 민유지나 오랜 세월 동안 단순히 역둔토라 불렸기 때문에 그 소속을 구별하기 어렵다. 궁장토에도 국유지와 민유지가 혼재되어 백성들과 물의가 많았다.
(3) **소유권이 불확실한 미간지** : 임자 없는 황무지를 개간한 자를 지주로 인정하였으나 개간이 완료된 후에 자신의 소유라고 주장하는 자가 나타나고, 국유미간지를 자기 소유라고 타인에게 매도하는 사례가 발생하였다.
(4) **토지소속의 불분명** : 왕족의 제실유지와 국유지 구분이 명확하지 않아 분쟁의 원인, 제언모경지에 대해 국유 또는 민유로 인정하는 등 처분이 일정하지 않아 혼란이 발생하였다.
(5) **토지소유권 증명의 미비** : 경국대전에 토지를 매매할 경우 100일 이내에 관청에 신고하여 입안을 받도록 하였으나 활성화되지 못하였고 문기라는 사문서로 이전하는 방식이 이루어졌으나 그 사증은 권위와 공신력이 없었다.
(6) **세제의 불균일** : 토지에 대한 공과를 징수한 경우 관청에서는 국유지에 대한 소작료를 징수하였다고 주장하고 민간인은 자기 소유 토지에 대한 결세(지세)를 납부한 것이라고 주장하여 세제의 결함으로 인하여 국유지와 민유지의 분쟁이 발생하였다.
(7) **제언의 모경** : 제언 내의 모경을 방치하여 제언에 대한 매매가 이루어지고 제언의 모경자 사이에 소유권분쟁이 발생하였다.

3. 분쟁지 조사방법

(1) 외업조사
실지에서 분쟁지에 관한 제반 사실을 조사하고 필요한 서류를 정비하는 업무로서 측지외업반을 이 사무에 종사하게 하였다.

(2) 내업조사
외업반이 조사한 것을 내업반(총무과)에서 다시 반복 심사한 다음 심사서를 작성하여 이를 심사위원회에 회부하였다.

(3) 위원회의 심사
심사위원이 심사서를 심사 검열한 다음 의견을 붙여 위원장에게 제출하면 위원장은 이를 결정하여 조사국장이 결재를 받았다.

34 토지의 사정

사정이란 토지조사사업 당시 토지조사부와 지적도에 의하여 토지의 소유자 및 그 강계를 확정하는 행정처분으로서 사정에 의하여 소유권자로 결정되면 사정 전의 소유권은 소멸하고 사정으로 새로이 소유권을 취득하게 되는 이른바 원시취득에 해당된다.

1. 토지사정의 특징

  (1) 사정 대상은 토지소유자와 토지강계이다.
  (2) 토지의 강계는 강계선만이 사정의 대상이 되었고 지역선은 제외되었다.
  (3) 지방토지조사위원회의 자문을 받아 임시토지조사국장이 사정을 하였다.
  (4) 사정의 확정 또는 재결은 다시 사법재판에 회부할 수 없다.
  (5) 토지조사 이전에 있던 모든 사유는 사정을 함으로써 일체 단절되었다.

2. 토지사정의 방법

  (1) 사정은 토지신고 또는 통지가 있은 그 날 현재의 토지소유자 및 강계를 기초로 한다.
  (2) 신고 또는 통지를 하지 않은 토지에 대하여서는 그 사정 당일의 현재 토지소유자 및 강계를 기초로 한다.
  (3) 사정은 토지조사부 및 지적도를 기초로 한다.
  (4) 토지조사부는 지번, 지목, 지적(면적), 소유자에 관한 사항 등을 등록한다.
  (5) 지적도는 강계선, 지역선 등을 등록한 것을 말한다.

3. 토지사정의 효력

  (1) 토지대장에 등록한 소유권의 취득 효력은 원시취득에 해당한다.
  (2) 사정사항에 불복하여 재결을 받은 때의 효력 발생은 사정일로 소급한다.
  (3) 사정은 30일간 공시하고 불복하는 자는 60일 이내 고등토지조사위원회에 재결을 요청한다.
  (4) 토지소유자는 자연인, 법인, 서원, 종중 등을 인정한다.
  (5) 토지의 강계는 지적도에 등록된 토지의 경계선인 강계선이 대상이 된다.
  (6) 지역선에 대하여는 사정하지 않았기 때문에 이는 이의 신청 대상에서 제외된다.
  (7) 토지조사에 입회하지 않은 자는 사정에 대한 이의를 제기할 수 없다.

4. 임야의 사정

(1) 토지조사령에 의하여 사정을 하지 않은 임야와 임야 내 개재지에 대해 행정처분을 한다.
(2) 토지의 소유자와 강계를 임야조사서와 임야도에 의하여 도지사가 사정한다.
(3) 사정에 불복한 자는 공시기간 후 60일 이내 임야조사위원회에 재결한다.
(4) 경계는 강계선이라 하지 않고 경계선이라 하였다.
(5) 임야조사위원회는 조선총독부 정무총감이 위원장을 맡고, 총독부 판사 및 고등관 중에서 임명된 위원 15인(이후 25인으로 증원)으로 구성된다.

35 재결

재결은 어떤 토지에 대한 사정에 불복이 있는 자의 신청이 있는 때에 그 토지에 대한 권리관계의 존재를 확인하는 행정처분이며, 이 재결에 의하여 사정된 소유권자나 강계에 변경이 생긴 때에는 그 변경의 효력은 사정일에 소급하였다.

1. 고등토지조사위원회

고등토지조사위원회는 소유자와 강계를 확정하는 행정처분인 토지사정에 대한 불복신립 및 재결의 심의기관이다.

2. 조직의 구성과 운영

(1) 위원회는 위원장 1인, 위원 25인으로 구성되었으며, 위원장은 조선총독부 정무총감이다.
(2) 위원회는 5부로 나눴으며, 회의는 총회와 부회로 개최된다.
(3) 부회는 불복 또는 재심사건을 재결하기 위한 부장 포함 5인 이상의 합의제로 구성된다.
(4) 총회는 법규해석의 통일 및 재결례[*]를 변경할 시 16인 이상의 출석으로 개회된다.

[*] 소송에 대한 법원의 판단은 판례이며, 행정심판 청구에 대한 재결청의 판단은 재결례이다.

3. 지방토지조사위원회

(1) 토지조사령에 의해 설치되어 토지조사국장의 토지 사정 시 각 필지의 소유자 및 그 강계의 조사에 관한 자문에 응하는 기관이다.
(2) 각 도에 설치하며 위원장 1인, 상임위원 5인, 필요시 3인 이내의 임시위원으로 구성된다.

(3) 위원장은 도지사와 위원장을 포함하여 정원의 반수 이상 출석으로 개회하고 출석위원의 과반수로 의결하며, 가부 동수일 경우에는 위원장이 결정한다.

4. 지방토지조사위원회와 고등토지조사위원회의 비교

[표 3-6] 지방토지조사위원회와 고등토지조사위원회의 비교

구분	지방토지조사위원회	고등토지조사위원회
기능	사정권자의 자문기관	불복신립 및 재결의 심의기관
조직	• 위원장 1인과 상임위원 5인으로 구성 • 필요시 임시위원 3인 추가 가능	• 위원장 1인과 위원 25인으로 구성 • 5부로 분리 운영
위원장	도지사	조선총독부 정무총감
위원회 운영	• 정원의 반수 이상 출석으로 개회 • 출석위원의 과반수로 의결	• 부회 : 5인 이상의 합의제 • 총회 : 16인 이상 출석 개회, 과반수 의결
운영 기간	• 1913년 10월 최초 개최 • 1917년 폐회	• 1912년 8월 16일 조직 • 1920년 12월 폐회

36 강계선

강계선은 토지조사사업 당시 사정선으로서 지목을 구별하고 소유권의 분계를 확정하기 위한 것으로 토지의 소유자 및 지목이 동일하고 연속된 토지를 1필로 하였으며, 소유자가 같은 토지와의 구획선인 지역선과는 구별되었다. 1918년 때부터 도지사가 조선임야조사령에 의하여 사정한 임야의 구획선은 토지조사의 경우와는 달리 강계선이라 하지 않고 경계선이라고 불렀다.

1. 토지의 사정

(1) 토지 사정은 소유권과 강계를 확정하는 행정처분을 말한다.
(2) 지방토지조사위원회의 자문을 받아 임시토지조사국장이 사정을 하였다.
(3) 사정은 30일간 공시하고 불복하는 자는 60일 이내 고등토지조사위원회에 재결을 요청한다.
(4) 사정사항에 불복하여 재결을 받은 때의 효력 발생은 사정일로 소급한다.

2. 강계선

(1) 토지조사사업 당시 임시토지조사국장이 사정한 경계선을 말한다.
(2) 도면상에 등록된 토지의 경계선 및 소유자가 각각 다른 토지와의 경계선을 말한다.

(3) 토지소유자와 지목이 동일하고 지반이 연속된 토지를 1필로 함이 원칙이다.
(4) 지목을 구별하고, 소유권의 분계를 확정한다.
(5) 강계선의 반대쪽은 반드시 소유자가 다르다.

3. 지역선

(1) 토지조사사업 당시 사정을 하지 않는 경계선
(2) 지반이 연속되지 않아 지적정리상 별필로 하여야 하는 토지와의 경계선
(3) 소유자는 같으나 지목이 다른 관계로 지적정리상 별필로 하여야 하는 토지와의 경계선
(4) 소유자를 알 수 없는 토지와의 구획선
(5) 토지조사 시행지와 토지조사 미시행지와의 지계선

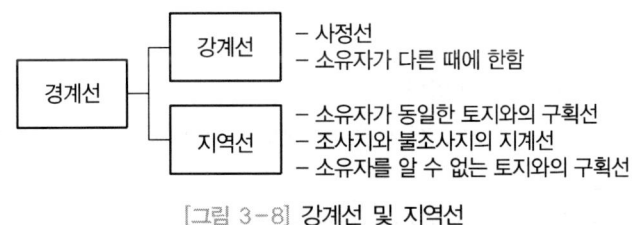

[그림 3-8] 강계선 및 지역선

4. 경계선

(1) 지적도상의 구획선을 경계라 지칭하고 강계선과 지역선으로 구분하며, 강계선은 사정선이라고 하고 임야조사 당시의 사정선은 경계선이라고 했다.
(2) 최근 경계선의 의미는 강계선이나 지역선에 관계없이 2개의 인접한 토지 사이의 구획선을 말한다.
(3) 도해지적에서는 지적도나 임야도에 그려진 토지의 구획선을 말하는데, 물론 지상에 있는 논둑, 밭둑, 표항 따위를 말하는 것은 아니다.
(4) 경계점좌표 시행지역에서 경계선이라고 할 때에는 어떤 점의 좌표(우리나라 지적 분야에서는 평면직각종횡선 수치와 그 이웃하는 점의 좌표와의 연결을 말함)경계선의 종류에는 시대 및 등록방법에 따라 다르게 부르기도 하였다.
(5) 경계는 일반경계, 고정경계, 자연경계, 인공경계 등으로 사용처에 따라 다르게 부르기도 한다.

37 간주지적도, 산토지대장, 간주임야도

토지조사지역 밖인 산림지대에 전·답·대 등 과세지가 있더라도 지적도에 신규등록할 것 없이 그 지목만을 수정하여 임야도에 그냥 존치하도록 하되 그에 대한 대장은 일반적인 토지대장과는 별도로 작성하여 별책토지대장, 을호토지대장, 산토지대장으로 불렀으며, 이와 같이 지적도로 간주하는 임야도를 간주지적도라 한다. 개재지*는 도서지방 토지와 함께 임야조사사업 시 임야도면에 등록하고 임야도를 간주지적도라 하였다.

*개재지(介在地) : 임야 내에 산간벽지에 있는 전, 답, 대, 염전, 광천지, 지소, 잡종지 및 사사지, 공원지, 철도용지, 수도용지 등

1. 작성배경

(1) 토지조사령에 의한 토지조사는 우리나라 전체 토지를 대상으로 하였지만 산림지대에 있는 토지는 지적도가 만들어지지 않았다.

(2) 토지조사령에 의한 조사지역 밖인 산림지대에도 지목에 전, 답, 대 등 지적도에 올려야 할 토지가 존재하였다.

(3) 간주지적도의 토지는 보통 토지조사 시행지역에서 약 200간(間) 이상 떨어진 곳에 위치하여 기존 지적도에는 등록할 수 없는 경우가 대부분이다.

(4) 새로 증보도를 만들 경우 많은 노력과 경비가 소요되고 도면의 매수가 늘어나서 취급이 불편하였다.

2. 간주지적도 작성지역

(1) 간주지적도는 원칙적으로 토지조사령에 의하여 조사를 한 최종 지역선에서 거리 약 200간을 넘는 지역이다.

(2) 산림지역 내의 전, 답, 대 등을 대상으로 한다.

(3) 1924. 4. 1. 조선총독부 고시를 시작으로 15차에 걸쳐 추가 고시하였다.

(4) 산간벽지와 도서지방은 대부분 간주지적도 지역에 속한다.

3. 산토지대장

(1) 간주지적도에 등록된 토지는 일반적인 토지대장과 별도로 작성하였으며, 그 대장을 산토지대장이라고 말한다.

(2) 별책토지대장, 을호토지대장이라고도 부른다.

(3) 면적단위는 30평 단위로 등록한다.

(4) 산토지대장은 1975년 토지대장카드화 작업으로 제곱미터 단위로 환산하여 등록한다.

4. 간주임야도

간주임야도는 조선 임야조사사업 당시 이용가치가 낮고 임야조사 측량을 실시하기가 곤란한 광대한 면적을 가진 국유임야지 가운데 일부 지역에 대하여 축척 1/3000, 1/6000 임야도를 작성하지 않고 축척 1/25,000이나 1/50,000 지형도상에 조사하고 임야대장을 작성하였는데, 이때 임야도로 간주하는 지형도를 말한다.

(1) 임야도로 간주하는 지형도를 간주임야도라고 한다.
(2) 임야의 가치가 낮고 측량이 곤란하며 면적이 매우 커서 임야도를 조제하기 어려운 경우에는 축척 1/25,000 또는 1/50,000 지형도에 등록하고 임야대장을 작성한다.
(3) 지형도상에서 면적을 측정하였기 때문에 신뢰성이 낮고 공신력 있는 공부로서의 역할을 다하지 못하였다.
(4) 축척 1/25,000 또는 1/50,000 지형도는 경도, 위도로 구분한 도곽을 사용하였기 때문에 위도에 따라 그 도곽의 절대 길이가 약간씩 변화되는데, 북반구에서는 위도가 높을수록 그 횡선 길이가 짧다.
(5) 전북 덕유산, 경남 지리산, 경북 일월산 등 국유임야가 해당한다.

5. 면적등록 단위

임야대장 등록지의 지적은 무 단위로 하여 이를 정하되 지적에 1무 미만의 단수가 있을 때에는 15보 미만은 버리고 15보 이상은 1무로 올리며, 1지번의 토지면적이 1무 미만일 때에는 보위를 존치하고 1보 미만일 때에는 1보로 하였다. 간주지적도지역 내의 면적은 무를 단위로 되어 있는 임야대장 등록면적을 평수로 환산하여 별책토지대장에 게기하였기 때문에 30평 단위가 되어 30평, 60평, 90평… 등 그 면적의 대부분이 30의 배수가 되는 것이 특징이다.

38 임야조사사업

임야조사사업은 1916년부터 1924년까지 토지조사에서 제외된 임야와 산림 내에 개재한 토지를 대상으로 도지사가 사정하고 임야조사위원회가 재결하여 조사·등록한 사업이다.

1. 임야의 사정

(1) 토지조사령에 의하여 사정을 하지 않은 임야와 임야 내 개재지에 대해 행정처분을 한다.
(2) 토지의 소유자와 강계를 임야조사서와 임야도에 의하여 도지사가 사정한다.
(3) 사정에 불복한 자는 공시기간 후 60일 이내 임야조사위원회에 재결한다.
(4) 경계는 강계선이라 하지 않고 경계선이라 한다.

2. 장부의 조제

(1) 임야도

① 임야도 중 지적도 시행지역은 담홍색으로 표시한다.
② 하천은 청색, 임야도 내 미등록 도로는 양홍색으로 등록한다.
③ 임야도의 도곽은 남북으로 1척 3촌 2리(40cm), 동서로 1척 6촌 5리(50cm)로 구획한다.
④ 아주 넓은 국유임야 등에 대해서는 축척 1/25,000이나 1/50,000 지형도에 등록하여 임야도로 간주하여 사용하였다.

(2) 간주임야도

간주임야도는 조선 임야조사사업 당시 이용가치가 낮고 임야조사 측량을 실시하기가 곤란한 광대한 면적을 가진 국유임야지 가운데 일부 지역에 대하여 축척 1/3,000, 1/6,000 임야도를 작성하지 않고 축척 1/25,000이나 1/50,000 지형도 위에 임야경계선을 조사·등록하고 임야도로 간주한 것을 말한다.

39 일필지조사 도부의 조제

1. 토지신고서

(1) 토지신고서는 토지조사령에 의한 민유지의 소재, 지목, 사표 등을 토지조사국에 신고하는 서류이다.
(2) 국유지통지서는 국유지의 보관관청에서 토지신고서에 준하여 토지조사국에 제출한 서류이다.
(3) 토지신고서는 결수연명부의 체계를 기초로 작성하여 보고하도록 하고 자번호란에 과세지견취도 번호와 동시에 기재한다.
(4) 토지대장의 작성을 위한 장부이다.

2. 실지조사부

(1) 일필지조사 도부의 조제에는 개황도, 실지조사부, 조서, 토지신고서로 분류된다.
(2) 실지조사부는 측량원도에 기초하고 토지신고서를 참고하여 동·리마다 가지번 순서로 작성하였으며, 사정공시를 할 때 필요한 토지조사부를 작성하는 데 참고자료로 이용되었다.
(3) 실지조사부는 토지조사부를 기록하는 자료로서 중요한 역할을 하였으며 토지대장 작성의 기초자료로 할 수 있다.
(4) 실지조사부의 등록내용은 소유권증명 등을 거친 토지일 때에는 조사한 순서에 따라 증명번호와 가지번을 부여하고 지목 및 사용세목을 조사한 내용을 기록하고 1913년 10월부터 신고 또는 통지일자를 기록하였다.
(5) 지번, 가지번, 지목, 등급, 주소, 성명을 기재하고 적요란에는 등록 연월일을 기재하였다.

3. 토지소유자의 사정

토지소유자의 사정은 지적원도의 소유자 기재 그 자체에 의거하여 이루어지는 것이 아니라, 원도 및 토지소유자의 신고서에 의하여 실지조사부를 조제한 다음 그 실지조사부를 자료로 다시 토지조사부를 조제하여 그 토지조사부에 의하여 비로소 이루어지는 것이다.

4. 지적장부의 조제

지적장부의 조제는 토지조사부, 토지대장, 토지대장집계부 및 지세명기장을 작성하는 업무로 우선 각 장부의 서식을 결정한 후 1911년 11월 토지조사부의 조제를 착수하고 1913년 1월 토지대장 조제에, 1914년 1월 토지대장집계부 및 지세명기장 조제에 착수하여 1918년 5월 완료하였다.

40 개황도

개황도는 일필지조사를 끝마친 후 그 강계 및 지역을 보측하여 개황을 그리고 여기에 각종 조사사항을 기재함으로써 장보조제의 참고자료 또는 세부측량의 안내자료로 활용한 것이다. 1912년 11월부터 조사와 측량을 한꺼번에 하게 되어 안내도가 필요 없게 되었고, 지위등급 조사 시 따로 세부 측량원도를 등사하여 이를 지위등급도로 하였기 때문에 개황도를 폐지하였다.

1. 개황도의 규격

(1) 길이 : 1척 6촌
(2) 너비 : 1척 2촌
(3) 축척 : 1/600, 1/1200, 1/2400

2. 개황도의 기재사항

(1) 가지번 및 지번
(2) 지목 및 사용세목
(3) 지주의 성명 및 이해관계인의 성명
(4) 지위등급
(5) 행정구역의 강계
(6) 죽목, 초생지, 기타 강계의 목표로 할 수 있는 것
(7) 삼각점, 도근점

41 지적도 작성

지적도는 토지대장에 등록한 토지의 경계를 밝히는 것을 주 목적으로 국가가 만들어 국가에 비치하는 유일할 도면으로 지적공부의 일종이다.

1. 지적도 작성

(1) 토지조사령 제17조에 "임시토지조사국은 토지대장 및 지적도를 조제하여 토지의 조사 및 측량에 대하여 사정함으로써 확정된 사항 또는 재결을 거친 사항을 이에 등록함"이라고 규정하였다.
(2) 토지대장과 함께 부·군·도에 비치하기 위하여 지적원도에 그린 1필지 경계 및 도로, 하천, 구거와 같은 각종의 선체 및 기타의 삼각점과 도근점의 위치 등을 등사하여 작성한다.
(3) 초기의 지적도는 세부측량원도를 점사법 또는 직접자사법으로 등사하여 작성하고 정비작업은 수기법에서 활판인쇄를 하고 지번, 지목도 번호기를 사용하여 작성한다.
(4) 지적도에는 토지경계와 지번, 지목이 등록되고, 토지대장에 등록된 토지 외에 "산"자나 "해"자의 아래위에 괄호를 하여 표시한다.
(5) 도곽은 남북으로 1척 1촌(33.33cm), 동서는 1척 3촌 5리(41.67cm)이다.
(6) 초기의 지적도에는 등고선을 표시하여 표고에 의한 지형 구별이 용이하도록 하였다.

(7) 토지분할의 경우에는 지적도 정리 시 신강계선을 양홍선으로 정리하였으나 그 후에는 흑색으로 변경하였다.
(8) 도면축척은 1/600, 1/1200, 1/2400이었다.

2. 지적도 편철

(1) 1필당 1매를 작성하며 동·리마다 별책을 함을 원칙으로 한다. 단, 매수가 적은 경우 합철할 수 있다.
(2) 지번지역 내 지번 순서대로 순차적으로 편철하였다.
(3) 공유자가 2명으로 그 소유권 비율이 동일한 경우 토지대장이 성명을 연기하고, 이외의 공유지에 대해서는 공유지연명부를 따로 작성하여야 한다.
(4) 토지대장은 약 200매를 1책으로 하나, 토지이동 등의 사유로 인하여 취급상 불편한 경우 분철하여 사용하여야 한다.

42 전제상정소

전제상정소는 세종 25년(1443)에 토지 및 조세제도의 조사연구 및 새로운 법의 제정을 위하여 설치하였던 양전기관으로 임시기구이기는 하나 지적을 관장하는 중앙기관이었다. 상설기구로는 양전청이 있다.

1. 전제상정소의 설치

(1) 고려 말, 조선 초 조세법인 답험손실법은 그 해의 풍·흉에 따라 국고의 세입에 변동이 심했다.
(2) 세종 18년에 공법상정소를 설치하고 각 도의 토지를 비척에 따라 3등급으로 나누어 세율을 달리하는 안을 실시하였으나 결함이 많았다.
(3) 공법(貢法), 즉 정율법의 논의에 따라 전제상정소를 설치하였다.
(4) 세종 25년에 토지 및 조세제도의 조사연구와 새로운 법의 제정을 위하여 설치하였고, 전·답 제도를 상세하게 정하는 곳이다.

2. 전제상정소의 역할

(1) 전제상정소는 공법을 전담하여 추진한다.
(2) 독자적인 의견을 상부에 제출하는 상부의 자문기관이다.
(3) 전을 6등급으로 나누어 척수를 달리하는 전분6등법과 풍흉에 따른 연분9등법을 새로이 만들었다.

3. 답험손실법

(1) 답험손실법의 의의

답험손실법은 1391년(공양왕 3)의 전제개혁 때부터 1444년(세종 26) 공법 시행 때까지 시행되었던 수세법(收稅法)의 하나이다.

① 토지를 3등급으로 나누고 관리가 직접 답사해서(답험), 농사가 잘 안됐는지(손), 평년작인지(실)를 확인해서 등급을 매기는 방식
② 손실 규정은 공전과 사전을 막론하고 손실의 정도를 10등분
③ 명년에 비해 수확이 10% 감소할 때마다 조(租)도 10%씩 감면
④ 수확이 80% 이상 감소하면 조는 전액 면제

(2) 답험 규정

① 공전은 3차에 걸친 관답험(官踏驗)을 시행
② 사전은 전주답험제(田主踏驗制)를 채택한다고 되어 있음
③ 흉작으로 인한 농민의 고충을 덜어줄 목적에서 시행
④ 시행되는 과정에서 별다른 효과를 거두지 못하고 오히려 농민의 부담만 가중
⑤ 관내의 모든 농지를 수령이 1답험하게 되어 있으나 사실상 불가능하여서 토착 향리에 의해 실시되었는데, 그 과정에서 여러 가지 협잡이 자행되었으며, 필요한 경비를 농민에게 전가시킴
⑥ 사전의 경우에는 전주들이 손실을 인정하지 않아 폐단이 더욱 컸음
⑦ 1444년(세종 26) 공법(貢法)이 마련되어 답험손실법은 폐지됨

4. 공법 시행

(1) 공법이란 원래 여러 해 동안의 토지생산량 평균치를 기준으로 잡아 1/10에 해당하는 일정한 액수를 과세하는 일종의 정액세법이다.
(2) 1결당(약 1만m^2), 10두(약 80kg)를 원칙으로 한다.
(3) 전국적으로 동일한 규정을 적용하는 데 어려움이 있어 1441년 전라도와 경상도부터 시범적으로 시행하고 3년 뒤에 전국적으로 실시되었다.

5. 전제상정소준수조화

(1) 효종 때 전제상정소준수조화라는 우리나라 최초의 독자적인 양전법규를 만들었다.
(2) 1653년 양전의 원칙을 정리하기 위해 호조에서 간행·반포하였다.
(3) 수등이척제를 폐지하고 1등급 양전척으로 척도의 기준을 통일하였다.

(4) 토지의 등급을 나누는 방법, 양안의 개정방식, 다양한 토지모양의 측량방법, 등급에 따른 면적산출방법, 영조척 · 주척 · 포백척 등의 척도양식을 규정하였다.
(5) 현재 목판본 1책이 규장각에 소장되어 있다.

43 판적국

1894년 갑오개혁을 통해 관제개혁을 단행하여 중앙관제를 의정부와 궁내부로 나누고 의정부에 내무, 외무, 탁지, 법무, 학무, 공무, 군무, 농상 등 8아문을 설치하였으며, 1895년 정부조직법 개정으로 내무아문을 내부로 변경하였다. 1895년 칙령 제53호로 내부관제가 공포되었고 이에 주현국, 토목국, 판적국, 위생국, 회계국의 5국을 설치하였다. 근대적인 지적제도가 처음으로 나타나 있다.

1. 내부관제

(1) 주현국

지방의 이재(理財 : 재물관리) 기타, 일체의 지방 행정, 구휼과 구제, 자선에 제공하는 공립 건축물에 관한 사무를 본다.

(2) 토목국

① 본부에서 직접 관할하는 토목공사에 관한 사항을 관장한다.
② 지방에서 운영하는 토목공사와 기타 공공 토목공사에 관한 사항을 관장한다.
③ 직접 관할하는 공사비용과 지방 공사비용의 보조 조사에 관한 사항을 관장한다.
④ 토지 측량에 관한 사항을 관장한다.
⑤ 물이 있는 곳을 메워서 평탄하게 하는 일에 관한 사항을 관장한다.
⑥ 토지를 수용(收用)하는 일에 관한 사항을 관장한다.

(3) 판적국

① 호구적(戶口籍) 문서에 관한 사항을 관장한다.
② 지적(地籍)에 관한 사항을 관장한다.
③ 조세가 없는 관유지(무세관) 처분과 관리에 관한 사항을 관장한다.
④ 관유지의 명목을 변경(지목변환)시키는 일에 관한 사항을 관장한다.

(4) 위생국

① 전염병 · 토질병의 예방과 종두, 기타 일체의 공중 위생에 관한 사항을 관장한다.

② 정박한 선박의 검역에 관한 사항을 관장한다.
③ 의사, 약제사의 업무 및 약품 판매의 관리와 조사에 관한 사항을 관장한다.

(5) 회계국
① 본부에서 관리하는 경비, 모든 수입의 예산과 결산, 회계에 관한 사항을 관장한다.
② 본부에서 관리하는 관청 소유의 재산과 물품, 장부 작성에 관한 사항을 관장한다.

2. 판적국의 조직

(1) 1895년 4월 17일 내무분과규정 제정 당시

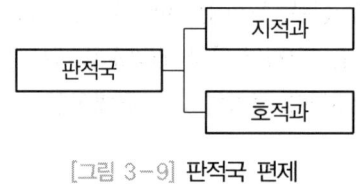

[그림 3-9] 판적국 편제

(2) 1905년 4월 12일 내부분과규정 개정 당시

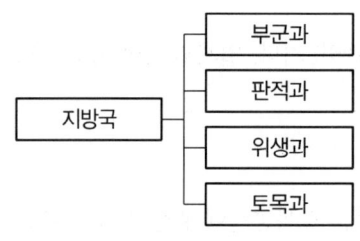

[그림 3-10] 지방국 편제

3. 판적국의 사무내용

(1) 호적과

호구적에 관한 사항을 관장한다.

(2) 지적과
① 지적에 관한 사항을 관장한다.
② 무세관 유지의 처분 및 관리에 관한 사항을 관장한다.
③ 관유지와 지목변환에 관한 사항 등을 관장한다.
④ 지적이라는 용어를 최초로 사용한 사항을 관장한다.

4. 판적국의 기능

(1) 양전사무를 맡았던 내무아문 내에 판적국이 설치되어 호구, 토지, 조세, 부역, 공물 따위의 일을 관장하였다.
(2) 갑오경장 이후부터는 판적국에 호적과와 지적과를 두었다.
(3) 1893년부터 1905년까지 지계제도와 가계제도가 시행되던 시기로 우리나라에서 지적이란 용어가 최초로 사용되었다.

5. 측량의 이원화

1895년 4월 17일 내부분과 규정을 반포하였는데 판적국에 호적과와 지적과를 두고 토목국 안에 토목과와 지리과를 둔다고 하였고, 지리과에서는 토지측량과 수용에 관한 사항을 관장한다고 하였다. 이는 근대 초기부터 지적(측량)과 측량은 별개 부서로 되어 있다는 것을 알 수 있다.

44 양지아문

조선시대에 있어서는 양전사업은 원래 호조 소관이었고 갑오년의 양전에 관한 조칙에서는 양전을 내무부에서 담당하도록 하였는데, 1898년 내부대신 박정양과 농상공부대신 이도재가 토지측량에 관한 청의서를 제출하여 양전을 위한 독립관청을 마련하고 전국 측량에 착수하였다.

1. 조직

(1) 양전을 지휘·감독하는 본부의 임원과 실제로 양전에 종사하는 실무진 및 기술진으로 구성되었다.
(2) 양전사업에 관한 총본부는 양지아문이며, 총재관, 부총재관, 기사원, 서기, 고원, 사령, 방직 등의 직제가 있다.
(3) 총재관은 3인이며 조칙으로서 임명하였고 박정양, 이도재, 심상후가 총재가 되어 추진하였다.
(4) 1901년 폐지되고 지계아문에 병합되었다.
　※ 한편 이 시기의 양전사업은 농지에 한하지 않고 전체 토지를 조사 대상으로 한다는 점에서 일단 종래의 양전이 단지 수세지 확보라는 차원에서 이루어져 왔던 것과는 다르다.

2. 양지아문의 대상

(1) 양전사업에 종사하는 실무진으로는 양무감리, 양무위원, 조사위원 등이 있다.

(2) 각 도마다 양무감리를 두고 그들로 하여금 양전을 감독하게 하였다.
(3) 각 군에는 양무위원을 파견하여 양전을 실시하였다.
(4) 전, 답, 가사, 염전, 화전 등 전국의 토지재산을 파악하였다.
(5) 전국 부동산에 대한 소유자 파악을 목적으로 하였다.

3. 토지측량

(1) 토지 파악 단위는 생산량을 기준으로 한 결부법을 채용하였다.
(2) 일자오결제도를 적용하였다.
(3) 양안작성의 또다른 특징은 각 토지에 실적수를 기입하여 절대면적을 표시하였다.
(4) 전답도형도의 각 변에 척수를 기입하고 전체 실적을 표시함으로써 매 필지마다 토지면적을 확정하였다.
(5) 양안에 기록된 전답도형 표기법은 전통적인 측량법을 확대·발전시키고 토지의 형상을 있는 그대로 표시하였다.

4. 측량교육 실시

(1) 미국인 수기사 크럼(한국명 '거렴')을 초빙하여 5년간 서울 시내를 양전(측량)하였고 견습생에게 지적 측량 교육을 실시하여 전국을 양전하였다.
(2) 민영환의 홍화학교, 유길준의 수진학교 등 100여 개 교육기관에서 지적측량 교육을 실시하였다.

45 지계아문

지계아문은 1901년 설치된 지적중앙관서로서 각 도에 지계감리를 두어 대한제국 전답관계라는 지계를 발급하였다. 지계란 '지권'을 말하며 본질적으로 입안과 같은 것이나 근대화된 것이다.

1. 지계아문의 구성

(1) 1902년 1월부터 양지아문의 양전과 양안작성 업무를 인수하는 작업이 수행되었다.
(2) 1902년 3월 지계아문을 설치하고 양지아문을 지계아문에 병합하였다.
(3) 총재관 1인, 부총재관 2인, 위원 8인, 기수 2인으로 구성된다.
(4) 각 도에는 양무감리를 두었으며 양무위원을 각 군에 파견 견습생을 대동하여 양전을 실시하였다.
(5) 1904년 탁지부 양지국으로 흡수하여 축소하고 지계아문을 폐지하였다.

(6) 1905년 2월 탁지부 양지국이 탁지부 사세국 양지과로 기구를 축소하였다.

※ 내부판적국 → 양지아문 → 지계아문 → 양지국 → 양지과

2. 지계아문의 설치목적

(1) 토지소유권 이전의 폐단을 제거한다.
(2) 관계의 발급기관으로서 지권을 발행한다.
(3) 양지사무를 관장한다.

3. 지계아문의 관계발급 3단계

(1) 관계의 발급

① 제1편 : 지계아문 보관
② 제2편 : 소유자 보관
③ 제3편 : 지방관청 보관

(2) 관계발급의 3단계

① 1단계 : 토지소유자가 누구인가를 조사하는 양전사업의 과정
② 2단계 : 현실의 실소유자와 일치하는가 확인하는 사정의 과정
③ 3단계 : 사정의 내용에 기초해서 관계를 발급하는 과정

4. 지계아문의 특징

(1) 토지가옥 증명규칙에 의거 토지의 매매, 증여, 교환 시에는 토지가옥 증명대장에 기재하여 공시하는 실질적인 심사주의를 채택하였다.
(2) 일본인 기사를 채용하여 한국인 약간 명에게 측량기술을 강습하였다.
(3) 당시에는 전답의 소유주가 매매·양여한 경우 관계를 받아야만 했으나 토지조사의 미비와 국민들의 의식 부족으로 충청남도와 강원도 일부에서 실시하다 중단되었다.

46 탁지부 양지국, 탁지부 사세국 양지과

1. 탁지부 양지국

(1) 설치

광무 8년 칙령 제11호로 관제 공포하였다.

(2) 목적
국내 토지측량에 관한 사항과 지계아문이 하던 일을 마무리하였다.

(3) 폐지
1904년 탁지부 양지과 업무가 탁지부 사세국 양지과로 축소 이관되었고, 1905년 2월 26일에 양지국이 폐지되었다.

2. 탁지부 사세국 양지과

(1) 설치
① 1906년 4월 13일에 양지과를 설치하였다.
② 1908년 탁지부 분과규정으로 토지측량, 정리사무의 조사 및 준비, 토지 양안 조제의 준비에 관한 사항을 최초로 법규에 규정하였다.

(2) 측량기술견습소
탁지부 재정고문 메가타 다네타로우가 토지 조사·측량을 위해 설치하였다.

(3) 활동
① 일본인 측량기사 쓰시미 게이죠를 초빙하여 한국인 수습 측량기사 일부에게 측량기술을 속성·강습하였다.
② 기술자 300명을 기수로 임명하여 국유지측량과 민유지측량을 구별하기 위해 전국 국지측량을 실시하였다.
③ 대구, 평양, 전주에 출장소를 설치하였다.
④ 구소삼각측량을 실시하였으며, 미터법을 채용하였다.

47 민유산야약도

민유산야약도는 삼림법에 의해 민유산야측량기간 사이에 소유자의 자비로 이루어진 측량에 의해서 작성된 지도이다.

1. 작성근거
(1) 대한제국은 1908년 1월 21일 삼림법을 공포하였다.
(2) 소유자는 본법 시행일로부터 3개년 농상공부대신에게 신고한다.

(3) 삼림산야의 지적과 약도를 첨부한다.
(4) 기간 내에 제출하지 않으면 국유지로 처리한다.

2. 민유산야약도의 의의

(1) 그동안 조세를 위한 과세지, 논밭과 같은 경작지 중심으로 측량하였다.
(2) 민유산야약도는 건국 이래 최초로 임야측량을 실시한 도면이다.

3. 민유산야약도의 특징

(1) 산발적으로 개인별로 시행하였다.
(2) 수수료가 일정하지 않았다.
(3) 대서업자와 계약하거나 토지소유자가 직접 측량기사를 초빙하였다.

4. 민유산야약도의 작성방법

(1) 채색으로 되어 있으며, 범례와 등고선이 그려져 있다.
(2) 측량년도는 대체로 융희를 썼고, 1910년과 1911년은 명치연호를 사용하였다.
(3) 측량자가 임야의 크기에 따라 축척을 정한다.
(4) 폐쇄다각형으로 작성한다.
(5) 해당 토지는 소유자와 경계만을 표시한다.
(6) 인접토지는 소유자만 표시한다.
(7) 면적단위는 정, 반, 보를 사용한다.
(8) 지번을 기재하지 않는다.

5. 민유산야약도의 기재내용

(1) 임야지의 소재 및 면적
(2) 소유자의 주소 및 성명을 기재하고 날인
(3) 측량도면의 축척 및 사표
(4) 측량 연월일 및 측량자 성명과 날인
(5) 방위 및 범례

48 대구시가지 토지측량규정

1906년 측량기술자 양성을 위해 대구측량기술견습소가 개설되고 시범사업을 위해 대구시가 및 부근을 측량하기 위한 측량규정인 「대구시가지 토지측량에 관한 타합사항」, 「대구시가지 토지측량에 대한 군수(민단역소)로부터의 통달」, 「대구시가 토지측량규정」이 1907년 제정되었으며, 탁지부 정기간행물인 〈재무주보〉 제11호에 수록되었다.

1. 대구시가지 토지측량에 관한 타합사항

(1) 1907년 5월 16일 대구재무관 대 가와가미 재정감사관이 제정하였다.
(2) 법 조문 형식으로 11개 조항으로 구성되었다.
(3) 주요 내용
　① 경계조사 시 지방관리 입회
　② 면 및 동의 경계설정 기준
　③ 지목의 구분 및 표기방법
　④ 밭둑의 경계설정방법
　⑤ 지목 및 소유자가 동일한 연속된 토지의 조사방법 등

2. 대구시가지 토지측량에 대한 군수(민단역소)로부터의 통달

(1) 1907년 5월 16일 대구재무관 대 가와가미 재정감사관이 제정하였다.
(2) 법 조문 형식으로 8개 조항으로 구성되었다.
(3) 주요 내용
　① 토지측량 착수 전 경계점표지 설치 의무
　② 경계점표지의 기재사항 및 규격
　③ 토지측량 시 소유자 또는 관리 및 동장의 입회의무 부여
　④ 경계점표지 설치 시 모인 및 착오를 일으킬 경우 처벌
　⑤ 지방관리의 측량방해 금지

3. 대구시가지 토지측량규정

(1) 1907년 5월 16일 대구재무관 대 가와가미 재정감사관이 제정하였다.
(2) 제3장 141개 조항으로 구성되었다.
(3) 주요 내용
　① 제1장 도근측량(제1조~제47조) : 경위도선법, 도근점의 배치, 선점, 도선 및 도근점의 번호, 방위각 및 거리 등

② 제2장 세부측량(제48조~제123조) : 도면의 축척, 도근점의 전개, 보점측량, 일필지측량, 원도 등
③ 제3장 면적계산(제124조~제131조), 복무(제1조~제5조) 및 검사(제1조~제5조) : 면적측정, 면적측정부 양식, 면적결정 방법, 복무, 검사 등

49 증보도

신규등록, 등록전환 등의 사유로 새로이 토지대장에 등록할 토지가 기존 지적도의 지역 밖에 있어 지적도 여백에 이를 등록할 수 없는 경우에 새로이 지적도를 조제하여 이를 등재하게 되는데, 이때 기존 지적도 도곽 이외에 새로 작성된 지적도를 증보도라 하였다. 증보도에는 도면번호 위에 증보라고 기재하였다. 일람도의 당해 위치에 도곽을 그리고 증보지적도의 도호는 증1, 증2 등으로 기재한다.

1. 증보도의 의의

본도(지적도)에 등록하지 못할 위치에 새로 등록할 토지가 생긴 경우 새롭게 만드는 지적도이다.

2. 증보도의 특징

(1) 토지조사령에 의한 지적도와 대등한 도면이다.
(2) 지적도는 토지조사 당시 작성된 지적도와 그 이후에 작성된 증보도를 합한 개념이다.
(3) '증1호', '증2호' 등으로 색인표에 표시하기도 한다.
(4) 소관청에 따라 해당 지역 지적도의 최종도면번호 다음의 번호를 부여하기도 한다.
(5) 증보도는 지적도이지 지적도의 부속도면 또는 보조도면이 아니다.

3. 부호도

(1) 지적도에 등록된 필지가 너무 작아서 지번, 지목을 주기할 수 없는 경우 해당 필지에 부호를 넣고 도곽 밖에 기재하는 것을 말한다.
(2) 지적도곽 내 부호필지가 너무 많아서 해당 지적도에 부호의 지번을 기록하지 못하는 경우 다른 도면에 작성하였다.
(3) 부호도는 지적도의 일부분으로 부속도면이며, 보조도면이 아니다.

50 측량소도

측량소도는 지적도를 등사하여 원도에 작성한 것을 말하며, 소도의 작성은 해당 토지의 지적도 또는 임야도와 동일한 축척으로 측량소도를 작성하여 현지측량에 임하고 측량외업이 완료되면 세부측량 성과도를 작성한다.

1. 평판측량지역 소도작성

(1) 평판측량방법에 의할 경우는 측량대상토지 및 인근 토지의 경계선, 지번, 지목, 임야지역에서 지적도와 동일한 축척으로 작성한다.
(2) 측량을 할 경우에는 경계점의 좌표를 전개하여 연결한 선, 행정구역 선과 명칭, 기초점 및 그 번호를 기재한다.
(3) 기타 측량의 기지점이 될 만한 기지점, 도곽선과 도곽선의 종횡선수치, 도관선의 신축이 있는 때에는 그 신축량과 보정계수를 기재한다.

2. 경위의측량지역 소도작성

(1) 경위의측량방법으로 세부측량을 하고자 하는 때에는 미리 기존의 경계점좌표등록부와 지적도에 의하여 작성한다.
(2) 측량대상지 및 인근 토지의 경계선과 경계점의 좌표 및 부호도, 지번, 지목, 기초점 및 그 번호와 기초점 간 방위각 및 거리, 행정구역 선과 그 명칭, 경계점 간 계산거리, 도곽선과 그 종횡수치에 대한 사항을 기재한 측량소도를 작성하여야 한다.

3. 도해지역 소도작성

(1) 도해지역은 켄트지에 등사도를 이용하여 자사한 후 연사지를 넣어 작성하며 측량대상토지의 경계선, 지번, 지목은 묵선으로 하고 인근 토지의 경계선, 지번, 지목은 연필선으로 작성한다.
(2) 임야도지역은 일반적으로 인근 지적도 축척으로 측량하기 때문에 임야도를 좌표독취 후 확대하여 전개하거나 도상에서 지적도 축척으로 확대하여야 한다.

4. 수치지역 소도작성

(1) 수치지역의 소도작성은 수치지적부와 지적도에 의해 작성한다.
(2) 소도에는 경계선, 좌표, 부호도, 지번, 측량대상 토지와 인근 토지의 지목, 행정구역 경계선, 행정구역 명칭, 기초점 번호, 방위각, 지상측정거리 경계점 간 계산거리, 도곽선과 그 종횡선 수치 등이 기재된다.

CHAPTER 03 주관식 논문형(논술)

01 토지조사사업

1. 개요

토지조사사업은 1910년부터 1918년까지 일제가 한국의 식민지체제 수립을 위한 기초작업으로 시행한 대규모 사업이다. 이 사업은 일본 자본의 토지점유에 적합한 토지소유의 증명제도를 확립하고 은결 등을 찾아내어 지세수입을 증대시킴으로써 식민통치를 위해 재정자금을 확보하며, 국유지를 창출하여 조선총독부의 소유지로 개편하기 위한 목적으로 실시되었다. 토지조사사업은 전국에 걸친 평야부의 토지와 낙산임야를 대상으로 임시토지조사국장이 사정하고 고등토지조사위원회가 재결하여 조사·등록한 사업이다.

2. 토지조사사업의 목적과 특징

(1) 토지조사사업의 목적

① 자본주의적 토지제도 확립으로 식민통치를 안정화시킨다.
② 토지조사사업 이전에 진출한 일본 상업고리대 자본의 토지점유가 보장되는 법률적 제도를 확립한다.
③ 무지주·무신고 토지의 국유화로 통치기구의 재정을 굳건히 하고자 하였다.
④ 식민지적 지주계층으로 개편하여 식민사회 기반을 구축한다.
⑤ 거주를 토지와 결부시켜 한국인의 동정을 살핌으로써 영구적인 식민통치 기반을 구축한다.
⑥ 모든 자원과 세금 파악을 확실히 하는 수탈경제의 기반을 마련한다.
⑦ 일본의 식량 부족에 대비하여 식량과 원료, 특히 미곡의 일본으로의 수출증가를 위해서 이를 지원할 수 있는 토지이용제도를 정비한다.

(2) 토지조사사업의 특징

① 일본의 지조개정사업이나 대만에서의 토지조사사업의 경험을 총괄하여 토지조사사업을 시행하였으므로 연속성·통일성을 기하였다.
② 일본의 요구에 부응할 수 있는 특정 지주적인 토지소유를 옹호하고 육성하였다.
③ 지가결정의 기준이 되는 수확량의 사정에 있어서 개량농법, 개량품종의 우대조치에서 나타나는 쌀 수출정책으로서의 의의가 있다.

④ 국유지 강제적 창출에 따른 토지분쟁의 해결을 사법적 권리에 의하지 않고 행정처분, 즉 사업주체인 토지조사국 및 고등토지조사위원회의 판단에 위임하여 토지소유자가 명확하게 되지 못하는 사례가 발생하였다.
⑤ 토지에 대한 정량성을 지닌 면적단위의 통일과 일필지 측량방법에 있어서는 완전히 당국이 시행하여 처음부터 비교적 정확도가 높은 도면을 만들었다.
⑥ 조선총독부가 한국 내 미개간권의 광대한 면적에 착안하고 경작지로 개간 가능한 미개간지를 점유하였다.

3. 토지조사사업의 내용

토지조사사업은 지적제도의 확립을 위한 소유권조사 및 가격조사, 국토의 지리를 밝히려는 외모조사 등으로 이루어졌다.

(1) 소유권조사

① 임야를 제외한 우리나라 전체 토지의 종류와 소유자 등을 조사하여 토지조사부 및 지적도를 작성한다.
② 토지의 소재, 지적 및 소유권자 등을 조사하고 지적도에 그 위치 및 형상을 그림으로 표현한다.
③ 토지의 소유자 및 강계를 사정함으로써 오랜 세월을 두고 내려오던 토지에 대한 분쟁을 일거에 해결하여 지적제도를 확립하였다.

(2) 가격조사

① 시가지는 그 지목 여하에 불구하고 전부 시가에 따라 지가를 평정한다.
② 시가지 이외에 있어서 대(垈)는 임대가격을 기초로 하여 지가를 정한다.
③ 기타의 전, 답, 지소(池沼) 및 잡종지는 그 수익을 기초로 하여 지가를 결정한다.

(3) 외모조사

① 토지의 외모조사는 지형측량이라 일컫는다.
② 우리나라 전체에 걸쳐 자연적 또는 인위적으로 형성된 지물을 그리며 고저를 표시한 지형도를 작성한다.
③ 지리를 밝힘으로써 군사, 산업, 교통 등에 활용하고자 하였다.
④ 지형측량은 대삼각점·소삼각점 및 세부측량용 도근점을 기초로 하여 작성된 지적도를 축도한 도면 위에 일반적인 지형과 행정구역 등을 그려 넣어 지형원도를 만드는 업무이다.
⑤ 1/10,000, 1/25,000, 1/50,000의 지형도를 작성한다.

4. 불조사지

토지조사사업의 조사대상은 예산, 인원 등 경제적 가치가 있는 것에 한하여 실시하였으므로 도로, 하천, 구거, 제방, 성첩, 철도선로, 수도선로는 지목만 조사하고 지반을 측량하거나 지번을 붙이지 않았다.

(1) 임야 속에 존재하거나 이에 접속되어 조사의 필요성이 없는 경우
① 도로, 하천, 구거, 제방, 성첩, 철도선로, 수도선로
② 일시적인 시험경작으로 인정되는 전·답
③ 경사 30° 이상의 화전

(2) 임야 속에 여기저기 흩어져 있어 조사하지 않는 경우
① 지소, 분묘지, 포대용지, 등대용지
② 사사지
③ 보안림 및 국유임야로 결정된 구역 내에서 다른 용도로 쓰이는 토지
④ 산림령 또는 국유미간지 이용법에 의하여 대부한 토지로서 아직 개간 등을 완료하지 못한 토지
⑤ 산간부 경사지에 있는 3,000평 미만의 화전
⑥ 한 집단지의 면적이 10,000평 이내인 화전
⑦ 가장 가까운 조사지역에서 2,000간 이상 떨어진 지역으로 그 집단지의 면적이 10,000평 이내인 토지
⑧ 조사를 하지 않은 화전과 임야 사이에 흩어져 있는 대지

(3) 도서로서 조사하지 않는 경우
① 압록강, 두만강 유역 내에 있어 1개 도서가 행정구역상 1개 면을 구성하지 못하는 경우 또는 경작면적이 100결 이하인 경우
② 1개 섬이 1면을 이루지 못한 도서로서 대(垈) 및 경지의 총계가 10정보 또는 2결 미만이거나 편의한 지역에서 매월 3회 이상의 선편이 없고 또는 임시 용선이 불가능하여 1항해에 2일을 넘는 경우

5. 별필지로 하는 경우

(1) 도로, 하천, 구거, 제방, 성곽 등에 의하여 자연적으로 구획을 이룬 것
(2) 특히 면적이 광대한 것
(3) 심히 형상이 만곡하거나 협장한 것
(4) 지방 기타의 상황이 현저히 상이한 것
(5) 지반의 고저가 심하게 차이가 있는 것

(6) 시가지로서 벽돌담, 석원, 기타 영구적 건축물로서 구획된 지역
(7) 분쟁에 걸린 것
(8) 국·도·부·군·면 또는 조선총독부가 지정한 공공단체의 소유에 속한 공용 또는 공공의 용에 공하는 토지
(9) 잡종지 중의 염전 및 광천지로서 그 구역이 명확한 것
(10) 전당권설정의 증명이 있는 것은 그 증명마다 별필로 할 것
(11) 소유권 증명을 거친 것은 그 증명번호마다 별필로 할 것

6. 결론

토지조사사업은 토지소유증명제도를 확립하였으며 지세수입의 증대를 위하여 은결 등을 찾아내고 각 필지의 면적, 경계 등을 정확히 조사하여 세원을 확보하기 위한 조세수입체제를 확립하였다. 18세기 초 양안에 기초하여 그 이후의 토지소유관계를 무시한 채 역둔토 등을 조사·정리하여 무상으로 국유지를 창출하고 조선총독부의 소지지를 확보하였으며 각종 관유지와 일부 민유지까지도 조선총독부의 소유로 하여 이를 동양척식주식회사를 비롯한 일본의 식민사회를 통해 일본인 이민에게 토지를 불하하여 일본 식민에 대한 제도적 지원대책을 확립하였다. 또한 일본의 공업화에 따르는 노동력 부족문제를 한국의 소작농을 임금노동화함으로써 충당하도록 하는 제도적·구조적 기초를 마련하기 위하여 소작농의 제 권리를 완전히 배제하고 노동인력을 흡수하여 토지소유형태를 합리화하였다.

02 토지조사사업 업무

1. 개요

일제가 토지조사사업을 처음 계획한 것은 1905년 을사보호조약에 의하여 대한제국을 반식민지 상태로 만든 직후이다. 이전에 대한제국 정부가 재정상의 필요로 인하여 독자적으로 양전사업을 추진하다가 1903년 중단한 적이 있다. 1910년 구한국 정부 계획에 따라 시행했으며 1909년 준비작업으로 경기도 부평군 구소삼각 일부 지역에 예비모범조사를 실시하여 그 성과와 경험으로 전국적인 조사사업을 수행하였다. 토지조사의 방법은 사무업무와 측량업무의 2가지로 크게 나눌 수 있다. 사무에 속하는 것은 주로 인사, 회계, 문서의 처리 외에 소유권의 조사, 지가조사 및 일반업무의 계획 관리에 관한 것들과 측량의 외업 및 내업 등으로 구분할 수 있다.

[표 3-7] 토지조사업무

사무업무	측량업무
준비조사, 일필지조사, 분쟁지조사, 지위등급조사, 장부작성, 지방토지조사위원회, 사정, 고등토지조사위원회, 이동지조서	삼각측량, 도근측량, 세부측량, 면적측량, 지적도 등의 작성, 이동지측량, 지형측량

2. 사무업무

(1) 준비조사
① 면 · 동 · 리의 강계(경계) 및 그 명칭 조사
② 구역 · 경계의 혼선을 정리
③ 지방 관공서가 가지고 있는 토지조사 참고자료의 조사
④ 토지소유신고서의 용지 배부 · 작성방법 설명 및 취합
⑤ 지방경제상황 및 토지에 대한 관습의 조사
⑥ 토지조사 취지의 홍보(선전)

(2) 일필지조사
일필지조사는 필지단위로 지주(토지소유자)의 조사, 강계 및 지역의 조사, 지목의 조사, 지번의 조사 등을 하였다.

① 지주(토지소유자)의 조사
  ㉠ 민유지는 토지신고서, 국유지는 보관청의 통지서에 의하는 것을 원칙으로 함
  ㉡ 2인 이상의 소유 권리를 주장하는 경우와 1인이 권리를 주장하는 경우라 하더라도 그가 의심스러운 때 등을 제외하고는 신고의무인을 지주로 인정
  ㉢ 지주의 조사는 원칙적으로 신고주의를 채택하였기 때문에 소유권조사를 거칠 것 없이 신고의무인을 지주로 인정

② 지목의 조사
  전체 토지는 18종으로 구분하였으며, 과세지, 비과세지, 면세지로 구별
  ㉠ 과세지 : 전, 답, 대, 지소, 임야, 잡종지
  ㉡ 비과세지 : 도로, 하천, 구거, 제방, 성첩, 철도선로, 수도선로
  ㉢ 면세지 : 사사지, 분묘지, 공원지, 철도용지, 수도용지

③ 강계의 조사
  ㉠ 강계선과 지역선을 모두 조사하였으나 토지소유자가 다른 강계선만 사정을 실시
  ㉡ 강계의 조사는 신고자로 하여금 자기 토지의 사방에 말뚝을 세우게 한 후 지주나 이해관계인 또는 지주총대를 입회시켜 지주의 조사와 아울러 부근 토지와의 관계도 조사

④ 지주총대
　㉠ 각 동·리마다 오래 거주하고 동장·이장을 지냈으며 신망이 두텁고 사정에 정통한 자로 지주총대를 선정하여 부윤·면장을 보좌하도록 하였다.
　㉡ 1910년 8월 24일 토지조사국 총재 고영희는 같은 국 고시 제3호로 '토지조사법 시행규칙 제4조에 의하여 선정된 지주총대의 명시요령'(1554)을 다음과 같이 고시하였다.

[표 3-8] 지주총대의 명시요령

구분	내용
제1조	지주총대(이하 '총대'라고 한다)는 토지조사의 취지를 알리고 지주 또는 이해관계인에게 그 행할 바를 설명하는 등 사업의 진행상 관민의 편리를 도모하도록 힘쓴다.
제2조	총대는 토지조사에 관하여 사사로운 행위가 있어서는 안 된다.
제3조	총대가 종사할 일은 첫째 강계와 실지조사의 안내, 둘째 신고서류의 취합, 셋째 강계표를 세우고 보조하는 일, 넷째 지주 등 실지 입회와 소환, 다섯째 토지의 이동, 여섯째 기타 조사관리의 지시에 따를 것
제4조	총대는 1동·리의 강계를 확정할 때는 속히 신고서류를 취합한다.
제5조	총대는 신고서와 매 구역 강계표에 기재한 성명, 지목 그리고 자번호 등을 조사하여 그 부합함을 힘써 살펴야 한다.
제6조	총대는 신고사항 또는 미신고 토지에 관하여 참고될 만한 사항을 알 때에는 조사관리에게 신고한다.

⑤ 지번의 조사
　지번의 조사는 1개 동·리를 통산하여 1필지마다 순서적으로 번호를 붙이게 하였으며, 도로, 하천, 구거, 제방, 성첩, 철도선로, 수도선로는 지목만 조사하고 지반을 측량하거나 지번을 붙이지 않았다.

(3) 분쟁지조사
① 분쟁의 원인
　㉠ 불분명한 국유지와 민유지
　㉡ 미정리된 역둔토와 궁장토
　㉢ 소유권이 불확실한 미개간지
　㉣ 토지소속의 불분명
　㉤ 토지소유권 증명의 미비
　㉥ 세제의 불균일
　㉦ 제언의 모경
② 분쟁지 조사방법
　㉠ 외업조사 : 실지에서 분쟁지에 관한 제반 사실을 조사하고 필요한 서류를 정비하는 업무로서 측지외업반을 이 사무에 종사하게 하였다.

ⓒ 내업조사 : 외업반이 조사한 것을 내업반(총무과)에서 다시 반복 심사한 다음 심사서를 작성하여 이를 심사위원회에 회부하였다.

ⓒ 위원회의 심사 : 심사위원이 심사서를 심사 검열한 다음 의견을 붙여 위원장에게 제출하면 위원장은 이를 결정하여 조사국장이 결재를 받았다.

(4) 지위등급조사

① 토지의 지목에 따라 수익성의 차이에 근거하여 지력의 우월을 구별하는 조사이다.
② 대는 임대가격을 기초로 지가를 산정하였다.

3. 측량업무

국토 전체에 대한 자연적 또는 인위적으로 형성된 지물과 고저를 표시한 지형도를 작성하기 위해 지형지모조사를 실시하였다.

(1) 삼각측량
(2) 도근측량
(3) 세부측량
(4) 면적측량
(5) 지적도 등의 작성
(6) 이동지측량
(7) 지형측량

4. 토지의 사정

(1) 의의

사정은 토지조사사업 당시 토지조사부와 지적도를 기반으로 토지소유권과 강계를 확정하는 행정처분으로, 토지조사사업을 마무리하는 일이었다. 지적도에 등록된 강계선이 대상이며, 지역선은 사정하지 않았다.

(2) 사정권자

임시토지조사국장은 지방토지조사위원회에 자문하여 토지소유자 및 그 강계를 사정하며, 임시토지조사국장은 사정을 하는 때에는 30일간 이를 공시한다.

(3) 재결

사정에 대하여 불복하는 자는 공시기간 만료 후 60일 내에 고등토지조사위원회에 제기하여 재결을 받을 수 있다. 다만, 정당한 사유 없이 입회를 하지 아니한 자는 그러하지 아니하다.

[표 3-9] 토지조사위원회

구분	지방토지조사위원회	고등토지조사위원회
기능	사정권자의 자문기관	불복신립 및 재결의 심의기관
조직	• 위원장 1인과 상임위원 5인으로 구성 • 필요시 임시위원 3인 추가 가능	• 위원장 1인과 위원 25인으로 구성 • 5부로 분리 운영
위원장	도지사	조선총독부 정무총감
위원회 운영	• 정원의 반수 이상 출석으로 개회 • 출석위원의 과반수로 의결	• 부회 : 5인 이상의 합의제 • 총회 : 16인 이상 출석 개회, 과반수 의결

5. 장부의 조제

(1) 지적도

① 최초의 원도상에 있는 도곽(남북 1척 1촌, 동서 1척 3촌 7분 5리)의 신축을 검사하여 그 차가 2리를 초과하는 것에 대하여는 교정을 한 다음 점사법 또는 직접자사법으로 작성한 후 활판인쇄한다.
② 도곽 외에 있는 군·면·동·리·명·매수도서번호 등을 활판인쇄한다.
③ 지번 및 지목 등은 입안기로 표시하고 입안기를 사용할 수 없는 경우 손으로 기재한다.
④ 조사지역 외의 토지에 대한 지물의 부호는 활자로 산, 해, 호 등과 같이 표시한다.
⑤ 초기에는 등고선을 표시하였으며 분할선은 양홍색으로 정리하였다.
⑥ 지적도의 축척 : 1/600(시가지), 1/1200(평지), 1/2400(산지)

(2) 증보도

① 신규등록, 등록전환 등의 사유로 토지대장에 새로 등록할 토지가 기존 지적도의 지역 밖에 있어 지적도 여백에 이를 등록할 수 없는 경우에 작성한다.
② 기존 지적도 도곽 이외에 새로 작성된 지적도를 증보도라 하였다.
③ 증보도에는 도면번호 위에 증보라고 기재하였다.
④ 일람도의 당해 위치에 도곽을 그리고 증보지적도의 도호는 증1, 증2 등으로 기재한다.

(3) 부호도

① 지적도에 등록된 필지가 너무 작아서 지번, 지목을 주기할 수 없는 경우 해당 필지에 부호를 넣고 도곽 밖에 기재하는 것을 말한다.
② 지적도곽 내 부호필지가 너무 많아서 해당 지적도에 부호의 지번을 기록하지 못하는 경우 다른 도면에 작성하였다.
③ 부호도는 지적도의 일부분으로 부속도면이며, 보조도면이 아니다.

(4) 간주지적도

① 토지조사지역 밖인 산림지대에 전·답·대 등 과세지가 있더라도 지적도에 신규등록할 것

없이 그 지목만을 수정하여 임야도에 그냥 존치하도록 하였다.
② 그에 대한 대장은 일반적인 토지대장과는 별도로 작성하여 별책토지대장, 을호토지대장, 산토지대장으로 불렀다.
③ 이와 같이 지적도로 간주하는 임야도를 간주지적도라 한다.

(5) 결수연명부

① 결수연명부는 토지신고서가 제출되기 시작한 본격적인 토지조사사업을 수행하기 이전(한일합방 이전)에 작성된 징세대장이다.
② 재무감독국별로 상이한 형태로 제작되고 있던 징세대장을 통일시킨 지세징수대장이다.
③ 1915년 지세령시행규칙을 개정하면서 토지대장이 있는 군은 지세명기장을 작성하고 결수연명부를 폐지하였다.

(6) 과세지견취도

① 과세지견취도는 과세토지, 즉 민유지에 대한 지세를 부과하기 위하여 각 필지의 개형을 실측작성, 각 필지의 주위를 간승으로 측정작성하였다.
② 각 필지 주위의 보측작성 등 견취측량이라는 원시적인 측량방법을 사용하여 작성한 도면이다.

(7) 개황도

① 개황도는 일필지조사를 끝마친 후 그 강계 및 지역을 보측하여 개황을 그리고 여기에 각종 조사사항을 기재함으로써 장보조제의 참고자료 또는 세부측량의 안내자료로 활용한 것이다.
② 1912년 11월부터 조사와 측량을 한꺼번에 하게 되어 안내도가 필요 없게 되었고, 지위등급 조사 시 따로 세부 측량원도를 등사하여 이를 지위등급도로 하였기 때문에 개황도를 폐지하였다.

(8) 토지조사부

① 토지조사부는 1911년 11월부터 작성한 토지에 대한 소유권의 사정원부이다.
② 지목별로 지적과 필수를 집계하고 국유지와 민유지를 구분하여 합계한 것을 기재하였다.
③ 토지조사사업 당시에 작성한 지적장부 중의 하나이다.
④ 토지조사부에 의하여 토지소유자 및 그 강계를 확정하였다.
⑤ 지방설정지역의 단위인 동·리마다 지번, 가지번, 지목, 지적, 신고 연월일, 소유자의 주소와 성명, 분쟁과 기타 특수한 사고가 있는 토지는 적요란에 그 요점을 책의 말미에 기재하였다.
⑥ 소유자가 2인 이상인 공유지인 경우는 이름을 연기하여 적요란에 공유지라는 것을 표시하였다.
⑦ 토지조사부는 토지조사사업이 완료되어 토지대장을 작성함으로써 그 기능은 상실하였다.

(9) 지세명기장

① 지세명기장은 토지세를 징수하기 위하여 이동정리를 끝낸 토지대장 중에서 '민유과세지'만을 뽑아 각 면마다 소유자별로 기록한 것이다.
② 과세지에 대한 인적편성주의에 따라 작성된 성명별 목록부라고 할 수 있다.

6. 결론

일제는 토지조사사업을 하면서 우리나라 토지를 측량하고, 이를 토대로 토지소유자를 사정하고, 토지대장을 조제하고, 토지등기부를 만들었다. 일제는 1910. 1.에 토지조사사업계획(1차)을 수립하고 토지조사사업을 시작하였다. 1910. 3.에는 토지조사국 관제를 공포하고, 1910. 8. 23. 토지조사법을 공포하였다. 1912. 8.에는 조선총독부 고등토지조사위원회 관제와 조선총독부 지방토지조사위원회 관제를 공포하고, 1912. 8. 13.에는 토지조사령을 공포하여 토지조사법을 폐지하였다. 토지조사의 사정업무는 임시토지조사국장이 하였고, 재결사무는 고등토지조사위원회가 하였다. 1913. 4.에는 수정한 3차 토지조사사업계획을 수립하였으며, 1913. 11. 12.에는 충북 청주군 청주면을 시작으로 토지소유권 사정을 개시하였다. 1914. 3.에는 지세령을 공포하고, 1915. 3.에는 수정한 4차 토지조사사업계획을 수립하였다. 1918. 6.에는 지세령을 개정하고, 1918. 10.에는 조선토지조사사업을 완료하였다.

03 임야조사사업

1. 개요

농경지 사이에 끼어 있는 5만 평 이하의 낙산 임야는 토지조사 대상으로 하였으나, 그 이외 대부분의 임야에 대해서는 1916년에 시험조사부터 시행하여 1924년까지에 걸쳐 조선임야조사사업을 실행하였다.

2. 임야조사사업의 특징

(1) 조사방법이나 그 절차는 토지조사의 경우와 유사하였으나 조사 및 측량기관은 부(府)나 면(面)이 되고 조정기관은 도, 분쟁지에 대한 재결은 도지사 산하에 설치된 임야심사위원회가 처리하였다.
(2) 조사대상에 있어서도 토지조사에 제외된 임야, 임야 내에 개재된 임야 이외의 토지로 되어 있었다.
(3) 소유자 사정에 있어서는 1908년 시행된 산림법의 규정에 따라 소유신고 불이행으로 부당하게 국유로 귀속된 민유임야에 대하여 양여형식으로 원래의 소유자에게 사정하도록 조치하였다.

3. 임야조사사업의 목적

(1) 소유권을 확정하여 지적제도를 확립한다.
(2) 일반주민의 이용에 기여한다.
(3) 임야정책, 산업, 건설의 기초자료를 제공한다.
(4) 지세부담의 균형을 조정하여 국가재정의 기초를 확립한다.

4. 임야조사사업의 면적 결정

지적에 1묘 미만의 단수가 있는 때에는 15보 미만은 절사하고 15보 이상은 1묘로 절상하며, 지적이 1묘 미만인 때에는 이를 보위로 하고, 1보 미만인 때에는 1보로 한다.

5. 임야도 작성

(1) 조선임야조사령 제17조에 "도장관은 임야대장 및 임야도를 조제하여 제8조 제1항의 규정에 의해 사정으로 확정된 사항, 재결을 거친 사항을 등록할 것"이라고 규정하였다.
(2) 임야조사서와 함께 도면을 임야소재, 부, 군, 도청에 비치하여 30일간 공람하고 조선총독부 관보와 임야소재지 도의 도보에 게재해야 했다.
(3) 도곽은 남북으로 1척 3촌 2리(40cm), 동서는 1척 6촌 5리(50cm)이다.
(4) 임야원도 작성 시 도곽의 종횡선수치는 약 7리 크기의 아라비아숫자로 주서한다.
(5) 경계선은 실선으로 묵서하며, 실측한 도 · 부 · 군 · 면 · 동 · 리의 경계선 및 명칭은 묵서로 한다.
(6) 하천 · 구거 및 호해는 남색의 실선으로 하고, 호해는 복선으로 표시한다.
(7) 도로는 실선으로 주서하고, 삼각점의 부호 · 명칭 및 번호는 주서, 인접한 도부, 군 · 면 · 동 · 리의 명칭, 지번, 지목, 임야 도곽 외의 각종 주기는 묵서로 한다.
(8) 임야도는 임야원도를 등사하여 그대로 사용하거나 약간 수정하여 사용한다.
(9) 임야도 축척은 1/3000, 1/6000이었다.

6. 결론

임야조사사업은 1910년 임적조사사업과 1911~1924년까지의 국유임야구분조사사업의 준비기간을 거쳐 1918. 5. 1.에 조선임야조사령을 제정하여 1917~1924년까지 8년간 1차 사정사무를 도장관이 맡아 하였고, 1918. 5. 1.에는 조선임야조사령 시행규칙을 제정하고, 1918. 11. 25.에는 조선임야조사령 시행수속을 시행하였다. 제2차 재결사무는 조선총독부 임야조사위원회가 맡아 1919년부터 시작하여 1935년에 완결하였다.

04 양전사업 시행

1. 개요

우리 조상들은 토지의 계량 및 등록을 양전과 양안이란 모형을 가지고 고조선시대부터 구한말까지 사용하여 왔다. 양전이란 토지측량으로 『경국대전』에 따르면 모든 토지는 6등급으로 나누며 20년마다 한 번씩 토지를 다시 측량하여 양안을 새로 만들어 호조, 본도, 본읍에 보관한다는 것이다. 양전을 할 때는 토지의 형태가 뚜렷하지 못한 곳은 토지를 정방형이나 구형으로 만들며, 경사진 토지는 별도로 토지의 형태를 만들어서 측량하였다. 고려 말 1389년 완료된 기사양전을 시작으로 전국적인 양전사업을 단행하였다.

2. 양전의 성격

(1) 조선시대에 있어서 농토와 농민을 구체적으로 파악하는 일은 왕권유지를 위해 필요 불가결한 요건이었다.
(2) 양전은 국가가 조세 수취의 기초단위를 파악하는 것으로 결부제를 통해 조세 수취를 실현해 온 조선에 있어서 결·부·속·파의 구체적인 수를 파악하는 일이었다.
(3) 조선시대는 세정의 공정한 운영을 위한 근본적인 해결책을 양전에 두었으며, 토지에 대한 세가 공평하려면 그 세의 부과대상이 되는 토지의 파악이 정확하지 않으면 안 되었으므로 양전이 전정의 기반이었다.
(4) 양전의 철저한 시행 없이는 공정하고 원활한 전정도 기대하기 어려웠으며, 양전은 조선시대의 토지제도 위에서 그 토지를 운영하기 위한 첫 작업이기도 하였다.

3. 양전기관

(1) 의정부(영의정·좌의정·우의정)와 그 아래 육조(이조·호조·예조·병조·형조·공조)가 있었고, 왕의 직속기관으로 승정원·사헌부·홍문관·사간원·의금부·춘추관·예문관·포도청·한성부 등이, 지방관으로는 팔도에 관찰사(감사)와 고을에 수령(목민관)이 있었다.
(2) 중앙 관제 중에서 양전을 맡은 기관은 1392년(태조 원년)에 설치된 호조였으며, 소속기관으로는 3사(판적사, 회계사, 경비사)가 있었는데, 호구, 전지, 조세, 부역, 공납, 농사, 잠업의 권장, 흉풍의 조사 등에 관한 일을 맡은 판적사가 양전을 담당했다.
(3) 세종 25년(1443)에 임시 관청인 전제상정소를 설치하였고, 세종 26년(1444) 6월에는 전제상정소가 주관하여 결부법, 전분6등법, 연분9등법 등의 경정공법이 확정되었다. 효종 4년(1653)에는 전제상정소에서 양전에 관한 준수책인 〈전제상정소준수조화〉를 간행하였다.
(4) 조선시대에는 양전을 맡은 중앙의 책임부서가 호조였지만 실제로 양전을 담당한 실무자는 중앙에서 파견한 양전사였으며, 양전사를 파견하지 않을 때는 감사의 감찰 아래 수령으로 하여

금 양전에 종사하게 하였다.
(5) 실제로 양전을 하는 사람은 향리·서리 등이었으며, 이들의 농간으로 많은 전정의 폐단을 가져오자 중앙에서는 백성의 부담을 공평히 할 목적으로 실정을 살피거나 토지의 등급을 다시 사정하기 위해 지방에 균전사를 어사로 파견하기도 했다.
(6) 조선 말인 고종 32년(1895)에 토지 관계의 국가적 정리사업에 착수하여 호조를 폐지하고 내무, 외무, 탁지, 법무, 학무, 공무, 군무, 농상의 8개 아문을 두었다. 지적사무는 내무아문 판적국 지적과에서 관장하였으며, 현대 지적체제로 넘어오는 전환점이 되었다.

4. 양전사업 시행

(1) 양전방법

① 전형이 각각 틀리고 현란하게 되기 쉬우므로 알기 쉬운 '방전(方田)·직전(直田)·제전(梯田)·규전(圭田)·구고전(句股田)'의 5가지 형태로만 타량하여 양안에 기록하였다.
② 17~19세기 실학자들은 결부제 양전법의 문제점을 들어 결부제 개혁론과 양전법 개정론을 주장하였으나 개정되지 못하고 조선 말까지 사용되었다.

[그림 3-11] **전의 형태**

③ 넓이를 구하는 법은 방전은 한 길이를 자승하고, 직전은 장광을 곱하고, 제전은 대소두(大小頭)의 절반을 아울러 장으로 곱하고, 규전은 장활을 곱하여 절반한다.
④ 늘 경작하는 것은 정전, 경작하기도 하고 묵히기도 하는 것은 속전, 등급을 낮추어 세를 감하는 것은 강등전, 강등한 뒤에 경작하기를 원치 않으면 또 강등해서 속전으로 하는 것은 강속전이라 한다.
⑤ 새로 일군 것은 가경전, 불을 질러서 밭을 일군 것은 화전이라 한다.
⑥ 묵은 밭은 경작하기를 권하여 개간한 곳은 일일이 기록하여 호조에 보고해서 3년 동안 감세케 하고, 개간하였다가 도로 묵힌 것은 세를 징수하지 않는다.

(2) 양전척

양전척은 토지를 측량하는 데 쓰이는 자를 말하는데 조선시대에는 양전척이 일정하지 않았으며 또 길이도 변하였다. 측량기구로는 토지의 원근을 측량하는 인지의 및 자와 줄을 사용하였으며, 측량은 사람이 직접 줄을 잡고 실제로 토지의 장광을 재어서 척수를 계산하였고, 면적 계산은 결부제를 사용하였다.

① 고려 말과 조선 초기의 양전척

조선시대의 양전은 초기까지는 고려 말에 사용하던 양전방식을 계승하여 토지를 상, 중, 하 3등급으로 나누었다.

[표 3-10] 양전척 길이

양전척종	기록치(周尺=20.81cm)			양전척長 기록 (장년 농부수)
	1결 주척수(주척)²	1결 주척 보수	계산된 양전척(cm)	
상전척	152,568	6,102	38.71	20指 (2指計10)
중전척	239,414	9,576	48.49	25指 (2指計5 3指計5)
하전척	345,744	13,829	58.27	30指 (3指計10)

② 세종 이후의 양전척

㉠ 세종 12년(1430)에 황종척을 원기로 하여 모든 척도가 교정되어 신규 도량형제가 실시됨에 따라 양전척도 필연적으로 개정되어야 했다. 그리하여 종전의 결부속파법은 주척을 기준으로 한 경무법으로 고쳐 공법을 실시하려 했다.

㉡ 주척 5尺長=1步, 5尺平方(25尺2)=1步積, 24步積=1分, 240步=1畝, 100畝=1頃, 5頃=1字로 하여 전품에 따라 6등분을 하고 풍흉에 따라 연분을 9등분하여 조세액에 차이를 두었다.

- 1등전1결=38무=주척 228,000尺2
- 2등전1결=44무 7푼=주척 268,200尺2
- 3등전1결=54무 2푼=주척 325,200尺2
- 4등전1결=69무=주척 410,040尺2
- 5등전1결=95무=주척 570,000尺2
- 6등전1결=152무=주척 910,020尺2

③ 인조 12년 이후의 양전척

㉠ 인조는 임진란으로 인하여 문란해진 양전제도를 바로잡기 위하여 12년(甲戌 1634)에 삼남(三南)의 전토부터 개량전을 실시하기로 하였다.

㉡ 호조 관리들의 무책임으로 세종 때 만들어진 표준척도나 양전척의 표준까지도 전부 분실하여 옛 양전척을 만들 수 없게 되자 창고에 남아 있던 판각(板刻) 하나를 찾아내 갑술척이라는 신척을 만들어 삼남지방을 양전하였다.

㉢ 양전척에 관해서는 그 후 구척과 신척에 대한 시시비비가 양전사업이 있을 때마다 거듭되었다.

④ 순조 19년

순조 19년(己卯, 1819)에 경상도를 개량할 때부터 갑술양전척으로 양전하기로 결정한 이후 1척은 주척 4척 9촌 9푼 9리라는 것이 규정되었으며, 결국 조선 후기까지 모두 이 갑술척으로 양전이 실시되었다.

⑤ 효종 4년

㉠ 효종 4년(1653)에는 구제의 등급에 따라 척수를 달리한 법을 고쳐 1등 양전척 하나만을 가지고 양전하도록 하였다.

㉡ 등급의 높낮이를 논할 것 없이 통틀어 해부(解負)하여 전의 1척을 파(把)로, 10파를 속(束)으로 10속을 부(負)로, 100부를 1결(結)로 하였다.

㉢ 1만척이 되는 전지에 대하여 1등전은 1결, 2등전은 85부, 3등전은 70부, 4등전은 55부, 5등전은 40부, 6등전은 25부로 정하여 전품(田品)의 차등에 따라 수세하게 하였다.

(3) 양전사업

① 고려시대 기사양전을 제1차 양전이라고도 하며 고려 귀족의 사적 토지지배를 폐지하기 위해 전국적인 토지조사를 단행하여 귀족층의 반발을 봉쇄하고자 1390년 9월에 종래의 공사양적을 불태워 버렸다.

② 조선 태종 5년(1405)에 경차관 45인을 충청·경상·전라도에 파견하여 토지를 다시 측량하게 하였다. 이 양전을 을유양전이라 한다.

③ 세종 10년(1428)에 경기·강원·전라 등지에 경차관을 보내어 양전을 시행하게 하였다. 또한 세종 11년(1429) 강원과 전라 두 도의 전지를 측량하도록 하였다. 세종 10년과 11년에 거행된 양전을 무신·을유양전이라고 한다.

④ 숙종 45년(1719)의 기해양전이 시행되었고, 숙종 46년(1720)에 경자양전이 시행되었다.

⑤ 한말 개혁기에는 대규모의 토지조사사업이 있었다. 광무 2년(1898)에서 동 8년(1904)에 이르기까지 행하여진 양전·지계사업이었다. 광무양전은 경자양전 이후 그에 필적할 만한 전국적 규모의 최초의 양전이었으며 조선말, 즉 대한제국시대에 시도한 최대이자 최후의 양전이었다.

5. 양안

(1) 양안은 토지를 측량하여 등록하는 지적공부로서 현재의 토지대장에 해당한다. 소재지, 지번, 토지 등급, 토지 형태, 지목, 면적, 사표, 소유자 등 토지에 대한 모든 사항을 기록하여 3부를 만들어 호조, 본도, 본읍에 비치하였다.

(2) 양안에 토지를 표시함에 있어서는 양전의 순서에 의하여 1필지마다 천자문의 자번호를 부여했는데, 자번호는 자와 번호로서 천자문의 1자는 폐경전, 기경전을 막론하고 5결이 되면 부여했다.

(3) 전은 자호를 붙이되 천자문의 차례를 사용하고 다시 1·2·3으로 차례를 정하였는데, 묵은 밭과 일군 밭을 막론하고 만5결이 되면 자호를 붙인 다음에 전의 동·서·남·북의 사표와 주인의 이름을 양안에 기록하였다.

(4) 양안의 종류에는 일반양안, 궁방양안, 개인양안, 속·진전양안 등이 있었으며 양안의 형식은 시대에 따라, 필요에 따라, 기록하는 사람에 따라 조금씩 다르게 나타나서 일정한 양식이 없었다.

6. 결론

조선 건국 직전인 1391년의 기사양전을 필두로 조선에서는 여러 차례 전국 단위 양전이 실시되었다. 그러나 현존하는 양안은 1719~1720년의 경자양안과 1898~1904년의 광무양안이 대부분이다. 대한제국은 전국 토지를 조사하고 토지소유자에게 지계를 발급하기 위해 양전·지계사업을 실시하였다. 1897년 7월 대한제국 정부는 양전을 담당할 기구로서 양지아문을 설립하고, 한성부로부터 전국적으로 토지측량사업을 확대시켰다. 1910년 10월 지계를 발급하기 위한 기구로서 지계아문을 설립했다. 이 기관은 양지아문의 토지측량사업을 인수받아 1902년 3월부터 순차적으로 양전과 관계발급을 동시에 진행시켰다. 식민지시기 조선총독부에서는 한반도의 필지를 조사하는 작업을 진행하였다. 1910년부터 1918년까지 실시한 토지조사사업이다.

토지조사령

[시행 1912.8.13.] [조선총독부제령 제2호, 1912.8.13. 제정]

제1조 토지의 조사 및 측량은 이 영에 의한다.

제2조 ① 토지는 종류에 따라 다음의 지목을 정하고 지반을 측량하여 1구역별로 지번을 부여한다. 다만, 제3호에 게기하는 토지에 대하여는 지번을 부여하지 아니할 수 있다.
  1. 전, 답, 대지, 지소, 임야, 잡종지
  2. 사사지(社寺地), 분묘지, 공원지, 철도용지, 수도용지
  3. 도로, 하천, 주거, 제방, 성첩, 철도선로, 수도선로
  ② 전 항의 규정에 의하여 조사 및 측량하여야 하는 임야는 다른 조사 및 측량지 간에 개재하는 것에 한한다.

제3조 지반의 측량에 대하여는 평 또는 보를 지적의 단위로 한다.

제4조 토지의 소유자는 조선총독이 정하는 기간 내에 그 주소, 성명·명칭 및 소유지의 소재, 지목, 자번호, 사표, 등급, 지적, 결수를 임시토지조사국장에게 신고하여야 한다. 다만, 국유지는 보관관청에서 임시토지조사국장에게 통지하여야 한다.

제5조 토지의 소유자 또는 임차인 기타 관리인은 조선총독이 정하는 기간 내에 그 토지의 사위의 강계에 표항을 세우고, 지목 및 자번호와 민유지에는 소유자의 성명 또는 명칭, 국유지에는 보관관청명을 기재하여야 한다.

제6조 토지의 조사 및 측량을 행함에 대하여는 그 조사 및 측량지역 내의 지주 중에서 2인 이상의 대표를 선정하여 조사 및 측량에 관한 사무에 종사하게 할 수 있다.

제7조 토지의 조사 및 측량을 행함에 있어서 필요한 때에는 당해 관리는 토지의 소유자, 이해관계인 또는 대리인을 실지에 입회시키거나 토지에 관한 서류를 소지한 자에 대하여 그 서류의 제출을 명할 수 있다.

제8조 ① 토지의 조사 및 측량을 위하여 필요한 때에는 당해 관리는 토지에 출입하여 측량표를 설치하거나 장애물을 제거할 수 있다.
  ② 전 항의 경우는 당해 관리는 사전에 토지 또는 장애물의 소유자 또는 점유자에게 통지하여야 한다.
  ③ 제1항의 경우에 발생하는 손해는 보상하여야 하며, 보상금액에 대하여 불복하는 자는 보상금액의 통지를 받은 날부터 30일 내에 조선총독의 재정을 청구할 수 있다.

제9조 ① 임시토지조사국장은 지방토지조사위원회에 자문하여 토지소유자 및 그 강계를 사정한다.
  ② 임시토지조사국장은 전 항의 사정을 하는 때에는 30일간 이를 공시한다.

제10조 전 조 제1항의 사정은 제4조의 규정에 의한 신고 또는 통지 당일의 현재에 의하여 행한다. 다만, 신고 또는 통지를 하지 아니한 토지에 대하여는 사정 당일의 현재에 의한다.

제11조 제9조 제1항의 사정에 대하여 불복하는 자는 동조 제2항의 공시기간 만료 후 60일 내에 고등토지조사위원회에 제기하여 재결을 받을 수 있다. 다만, 정당한 사유 없이 제7조의 규정에 의한 입회를 하지 아니한 자는 그러하지 아니하다.

제12조 고등토지조사위원회는 당사자, 이해관계인, 증인 또는 감정인을 소환하거나 재결에 필요한 서류를 소지한 자에 대하여 그 서류의 제출을 명할 수 있다.

제13조 ① 고등토지조사위원회의 재결은 이유를 부기한 문서로서 하며 그 등본을 불복을 제기한 자에게 교부하여야 한다.
② 전 항의 재결은 공시한다.

제14조 고등토지조사위원회에서 재결을 하는 때에는 재결서의 등본을 첨부하여 임시토지조사국장 및 지방관청에 통지한다.

제15조 토지소유자의 권리는 사정의 확정 또는 재결에 의하여 확정한다.

제16조 사정으로써 확정된 사항 또는 재결을 거친 사항에 대하여는 다음의 경우에 사정을 확정하거나 재결한 날부터 3년 내에 고등토지조사위원회에 재심을 제기할 수 있다. 다만, 벌에 처할 만한 행위에 대한 판결이 확정 되는 때에 한한다.
1. 벌에 처할 만한 행위에 근거하여 사정 또는 재결이 있은 때
2. 사정 또는 재결의 빙거가 되는 문서가 위조 또는 변조된 때

제17조 임시토지조사국은 토지대장 및 지도를 작성하여 토지의 조사 및 측량에 대한 사정으로 확정하는 사항 또는 재결을 거치는 사항을 등록한다.

제18조 제4조의 사항에 대하여 허위신고를 한 자는 100원 이하의 벌금에 처한다.

제19조 정당한 사유 없이 제4조의 신고를 하지 아니하거나 제7조 또는 제12조의 명령을 위반한 자는 30원 이하의 벌금 또는 과료에 처한다.

부칙 〈제2호, 1912. 8. 13.〉
① 이 영은 공포일부터 시행한다.
② 종전의 규정에 의하여 행한 처분, 수속 기타 행위는 이 영에 의하여 행한 것으로 본다.

지세령

[시행 1914.3.16.] [조선총독부제령 제1호, 1914.3.16. 제정]

제1조 ① 토지의 지목은 그 종류에 따라 다음과 같이 구별한다.
  1. 밭·논·대지·저수지·잡종지
  2. 임야·사사지·분묘지·공원지·철도용지·수도용지·도로·하천·개거·제방·성첩·철도선로·수도선로
  ② 전 항 제1호에 게기한 토지에는 지세를 부과하고 사사지로서 유료차지인 때에도 같다.
  ③ 국유토지에는 지세를 부과하지 아니한다.

제2조 지세는 토지의 결수에 그 결가를 곱한 것을 1년의 세액으로 한다.

제3조 결가는 11원·9원·8원·6원·5원·4원 및 2원의 7종으로 한다.

제4조 토지에 결수를 붙이고 이를 수정하거나 결가를 정하는 경우 및 방법은 관습에 의한다.

제5조 부·군에 토지대장 또는 결수연명부를 비치하여 지세에 관한 사항을 등록한다.

제6조 ① 지세는 다음 각 호의 자에게 징수한다.
  1. 질권 또는 질의 성질을 가지는 전당권의 목적인 토지에는 질권자 또는 전당권자
  2. 20년 이상의 존속기간을 정한 지상권의 목적인 토지에는 지상권자
  3. 전 2호 이외의 토지에는 소유자
  ② 전 항의 질권자·전당권자·지상권자·소유자라 함은 토지대장 또는 결수연명부에 질권자·전당권자·지상권자·소유자로 등록된 자를 말한다.

제7조 지세는 연액을 이분하여 다음의 납기에 징수한다.
  제1기 12월 1일부터 동월 28일까지
  제2기 이듬해 2월 1일부터 동월 말일까지

제8조 다음 각 호의 토지에는 지세를 면제한다.
  1. 국가·도·부·군·면 또는 조선총독이 지정한 공공단체가 공용 또는 공공의 용도로 제공하는 토지. 다만, 유료차지는 그러하지 아니하다.
  2. 저수지

제9조 천재로 인하여 토지의 형상이 변하거나 작토를 해한 때에는 상황에 따라 10년 이내의 기간을 정하여 지세를 면제할 수 있다.

제10조 다음 각 호의 토지는 상황에 따라 10년 이내의 기간을 정하여 지세를 면제할 수 있다.
  1. 지세를 부과하지 아니하는 토지에 노비를 가하여 지세를 부과하는 토지로 한 것

2. 해면·수면·부주 등에 노비를 가하여 지세를 부과하는 토지로 한 것

제11조 ① 지세를 부과하는 토지가 지세를 부과하지 아니하는 토지로 된 때 또는 지세를 면제받은 때에는 그 이후에 개시하는 납기부터 지세를 징수하지 아니한다.

② 지세를 부과하지 아니하는 토지가 지세를 부과하는 토지로 된 때 또는 지세를 면제하는 토지의 면제사유가 소멸된 때에는 그 이후에 개시하는 납기부터 지세를 징수한다. 다만, 그 해가 경과한 후 지세를 부과하는 토지로 된 것 또는 지세면제의 사유가 소멸된 것은 그해 분 지세의 이듬해 납기에는 지세를 징수하지 아니한다.

제12조 결수를 수정한 토지는 그해부터 수정결수에 의하여 지세를 징수한다. 다만, 그해에 관련된 지세의 납기개시 후에 결수를 수정한 때에는 이듬해 분부터 수정결수에 의하여 지세를 징수한다.

제13조 세무관리는 토지의 검사를 하거나 납세의무자 또는 토지소유자에게 필요한 사항을 심문할 수 있다.

제14조 납세의무자가 지세를 포탈한 때에는 100원 이하의 벌금 또는 과료에 처하고, 토지의 현상에 의하여 세액을 정하여 포탈한 지세를 추징한다. 다만, 자수한 자는 형을 면한다.

부칙 〈제1호, 1914.3.16.〉
① 이 영은 1914년분 지세부터 적용한다.
② 종래의 각 토지에 대한 결가 8원은 11원으로, 6원 60전은 9원으로, 5원 30전은 8원으로, 4원 20전 또는 3원 70전은 6원으로, 3원 20전은 5원으로, 2원 60전 또는 2원 10전은 4원으로, 1원 30전 이하는 2원으로 한다.

토지대장규칙

[시행 1914.4.25.] [조선총독부령 제45호, 1914.4.25. 제정]

제1조 ① 토지대장에는 다음 각 호의 사항을 등록한다.
  1. 토지의 소재
  2. 지번
  3. 지목
  4. 지적
  5. 지가
  6. 소유자의 주소·성명 또는 명칭
  7. 질권·질의 성질을 가진 전당권 또는 20년 이상의 존속기간을 정한 지상권의 설정이 있는 토지인 때에는 그 질권자·전당권자·지상권자의 주소·성명 또는 명칭
  ② 전 항 제5호 및 제7호의 사항은 지세 또는 시가지세를 부과하는 토지에 한하여 등록한다.
  ③ 도로·하천·구거·제방·성첩·철도선로·수도선로 및 토지조사를 하지 아니하는 임야는 토지대장에 등록하지 아니한다.
  ④ 토지대장은 제1호 양식에 의하여야 한다.

제2조 ① 다음 각 호의 사항은 등기관리의 통지가 있지 아니하면 토지대장에 등록할 수 없다. 다만, 국유지의 불하·교환·양여 또는 미등기 토지의 수용으로 인하여 소유권을 이전한 경우 및 미등기 토지가 국유로 된 경우에는 그러하지 아니하다.
  1. 소유권의 이전
  2. 질권·질의 성질을 가진 전당권 또는 지상권의 설정·이전·소멸 또는 지상권 존속기간의 변경
  ② 상속 또는 유증의 경우에 상속인 또는 수유자가 미등기 토지에 대하여 소유권 보존의 등기를 한 때에는 보존등기에 관한 등기관리의 통지에 의하여 소유권의 이전을 등록한다.

제3조 부·군에는 지적도를 비치하여야 한다.

제4조 ① 토지대장 또는 지적도를 열람하거나 토지대장 등본의 교부를 받고자 하는 자는 다음 각 호의 수수료를 첨부하여 부윤 또는 군수에게 신청하여야 한다.
  1. 토지대장 또는 지적도의 열람 1회에 대하여 10전
  2. 토지대장의 등본 1지번에 대하여 5전
  ② 전 항의 수수료는 수입인지로서 납부하여야 한다.
  ③ 등본은 우편으로 청구할 수 있다. 이 경우에는 반신료에 상당하는 우편우표를 첨송하여야 한다.
  ④ 국가가 토지대장·지적도의 열람 또는 토지대장 등본의 교부를 청구하는 때에는 수수료의 납부를 요하지 아니한다.

제5조 ① 토지대장의 등본은 제2호 양식에 의하여 조제하여야 한다.

② 동일인이 2지번 이상의 등본을 청구한 때에는 동일 용지에 연기할 수 있다. 다만, 청구자가 지번마다 각각 별도의 등본을 청구한 때에는 그러하지 아니하다.

제6조 토지대장에 등록한 토지의 소유자 · 질권자 · 전당권자 또는 지상권자가 그 주소 · 성명 또는 명칭을 변경한 때에는 제3호 양식에 의하여 즉시 부윤 또는 군수에게 신고하여야 한다. 다만, 변경에 대하여 등기를 신청한 때에는 그러하지 아니하다.

제7조 새로 토지대장에 토지를 등록하는 때에는 부윤 또는 군수는 지반을 측량하여야 한다.

제8조 지적에 1평 미만의 단수가 있는 때에는 절사하고, 지적이 1평 미만인 때에는 합단위로 하며, 1합 미만인 때에는 1합으로 한다.

부칙 〈제45호, 1914.4.25.〉
이 영은 공포한 날부터 시행한다.

조선임야조사령

[시행 1918.5.1.] [조선총독부제령 제5호, 1918.5.1. 제정]

제1조 임야의 조사 및 측량은 토지조사령에 의하여 행하는 것을 제외하고 이 영에 의한다.

제2조 임야는 지반을 측정하고 그 지목을 정하여 1구역마다 지번을 부여한다.

제3조 ① 임야의 소유자는 도장관이 정하는 기간 내에 성명 또는 명칭, 주소와 임야의 소재 및 지적을 부윤 또는 면장에게 신고하여야 한다.
② 국유임야에 대하여 조선총독이 정하는 연고를 가진 자는 전항의 규정에 준하여 신고하여야 하며, 이 경우에는 그 연고도 신고하여야 한다.
③ 전 항의 규정에 의한 연고자가 없는 국유임야에 대하여는 보관관청이 조선총독이 정하는 바에 의하여 제1항에 규정하는 사항을 부윤 또는 면장에게 통지하여야 한다.
   * 도장관 : 관찰사 → 도장관 → 도지사
   * 부윤 : 조선시대 지방관청인 부의 우두머리이며, 1949년 8월 15일 부를 시로 변경하기까지 존재함

제4조 ① 부윤 또는 면장은 조선총독이 정하는 바에 의하여 임야의 조사 및 측량을 행하여 임야 조사서 및 도면을 작성하고 전 조의 규정에 의한 신고서 및 통지서를 첨부하여 도장관에게 제출하여야 한다.
② 부·면은 전 항의 조사 및 측량을 위하여 필요한 비용을 부담하여야 하며 이 경우에는 조선총독이 정하는 바에 의하여 임야의 소유자 또는 국유임야의 연고자에게 그 비용을 부과할 수 있다.

제5조 임야의 조사 및 측량을 위하여 필요한 때에는 부윤 또는 면장은 임야의 소유자 또는 국유임야의 연고자에게 2인 이상의 대표를 선정하게 하여 조사 및 측량 사무에 종사하게 할 수 있다.

제6조 임야의 조사 및 측량을 위하여 필요한 때에는 부윤 또는 면장은 임야의 소유자, 국유임야의 연고자, 이해관계인 또는 그 대리인에게 실지에 입회하게 하거나 조사상 필요한 서류를 소지한 자에 대하여 그 서류의 제출을 명할 수 있다.

제7조 ① 임야의 조사 및 측량을 위하여 필요한 때에는 당해 관리 또는 이원은 토지에 출입하여 측량표를 설치하거나 장애물을 제거할 수 있다.
② 전 항의 경우에 당해 관리 또는 이원은 미리 토지 또는 장애물의 소유자 또는 점유자에게 통지하여야 한다.
③ 제1항의 경우에 발생하는 손해는 보상하여야 한다.
④ 전 항의 규정에 의한 보상금액에 대하여 불복하는 자는 보상금액 통지를 받은 날부터 30일 내에 도장관의 재정을 청구할 수 있다.

제8조 ① 도장관은 임야의 소유자 및 그 경계를 사정한다.
② 도장관은 사정상 필요하다고 인정되는 때에는 재차 임야의 조사 및 측량을 행할 수 있다.
③ 제6조 및 제7조 제1항 내지 제3항의 규정은 전 항의 조사 및 측량에 준용한다.
④ 도장관은 제1항의 규정에 의한 사정을 한 때에는 30일간 이를 공시한다.

제9조 전 조 제1항의 규정에 의한 사정은 제3조의 규정에 의한 신고 또는 통지 당일에 이를 하여야 한다. 다만, 신고 또는 통지를 하지 아니한 임야에 대하여는 사정 당일 현재에 의한다.

제10조 1908년 법률 제1호 삼림법 제19조의 규정에 의한 지적 신고를 하지 아니하여 국유로 귀속된 임야는 구 소유자 또는 그 상속인의 소유로 하여 사정하여야 한다.

제11조 제8조 제1항의 규정에 의한 사정에 대하여 불복하는 자는 동조 제4항에 정하는 공시기간 만료 후 60일 내에 임야조사위원회에 신고하여 재결을 청구할 수 있다. 다만, 정당한 사유 없이 제6조의 규정에 의한 입회를 하지 아니한 자는 그러하지 아니하다.

제12조 임야조사위원회는 당사자, 이해관계인, 증인 또는 감정인을 소환하거나 재결을 하는 데 필요한 서류를 소지한 자에 대하여 그 서류의 제출을 명할 수 있다.

제13조 ① 임야조사위원회의 재결은 이유를 첨부하여 문서로써 이를 행하며 그 등본을 불복 신고인에게 교부하여야 한다.
② 전 항의 재결은 공시한다.

제14조 임야조사위원회에서 재결을 한 때에는 재결서의 등본을 첨부하여 도장관에게 통지하여야 한다.

제15조 임야소유자의 권리는 사정의 확정 또는 재결에 의하여 확정된다.

제16조 사정에 의하여 확정된 사항 또는 재결을 거친 사항에 대하여는 다음 각 호의 경우에 사정이 확정되거나 재결이 있은 날부터 3년 내에 임야조사위원회에 재심 신청을 할 수 있다. 다만, 벌을 받을 만한 행위에 대한 판결의 확정 또는 증거 부족 외의 이유로 형사소송수속의 개시 또는 실행할 수 없는 경우에 한한다.
1. 벌을 받을 만한 행위에 근거하여 사정 또는 재결이 있은 때
2. 사정 또는 재결의 빙거가 되는 문서가 위조 또는 변조된 때

제17조 도장관은 임야대장 및 임야도를 작성하여 제8조 제1항의 규정에 의한 사정에 의하여 확정된 사항 또는 제11조의 규정에 의한 재결을 거친 사항을 등록하여야 한다.

제18조 제3조 제1항 또는 제2항의 규정에 의한 신고사항에 대하여 허위신고를 한 자는 100원 이하의 벌금에 처한다.

제19조 정당한 사유 없이 제3조 제1항 또는 제2항의 규정에 의한 신고를 하지 아니하거나 제6조, 제6조 및 제8조 제3항 또는 제12조의 규정에 의한 명령을 위반한 자는 30원 이하의 벌금 또는 과료에 처한다.

제20조 ① 조선총독은 임야 안에 개재하는 임야 이외의 토지로서 토지조사령에 의한 조사 및 측량을 하지 아니한 것에 대하여 이 영의 전부 또는 일부를 준용할 수 있다.
② 토지조사령 제2조 제1항의 규정은 전 항의 토지의 지목을 정하는 경우에 준용한다.

부칙 〈제5호, 1918.5.1.〉
① 이 영은 1918년 5월 1일부터 시행한다.
② 이 영 시행 전에 도장관이 행한 임야의 조사 및 측량에 관한 수속 기타 행위로 조선총독이 지정한 지구 안의 임야에 관한 것은 이 영에 의하여 행한 것으로 본다.

임야대장규칙
[시행 1920.8.23.] [조선총독부령 제113호, 1920.8.23. 제정]

제1조 부·군·도에 임야대장 및 임야도를 비치한다.

제2조 토지대장규칙 제1조 내지 제6조와 지세령시행규칙 제12조, 제15조 내지 제18조 및 제25조의 규정은 질권·전당권 및 지상권에 관한 규정을 제외하고는 이 영에 준용한다.

제3조 전 조에 의하여 신고를 하여야 하는 경우에 지세령시행규칙, 시가지세령시행규칙 및 토지대장규칙에 의하여 신고를 하여야 하는 것인 때에는 이 영의 신고를 요하지 아니한다.

제4조 임야대장에 등록한 토지를 토지대장에 등록한 때에는 그 토지에 관한 임야대장의 등록을 말소하여야 한다.

제5조 지적에 1묘 미만의 단수가 있는 때에는 15보 미만은 절사하고 15보 이상은 1묘로 절상하며, 지적이 1묘 미만인 때에는 이를 보위로 하고, 1보 미만인 때에는 1보로 한다.

부칙 〈제113호, 1920.8.23.〉
① 이 영은 공포한 날부터 시행한다.
② 이 영에 의하여 임야에 관한 사무를 취급하는 부·군·도는 별도로 고시한다.

PART 04

지적제도

CHAPTER 01　Summary
CHAPTER 02　단답형(용어해설)
CHAPTER 03　주관식 논문형(논술)

PART 04 CONTENTS

CHAPTER **01** _ Summary

CHAPTER **02** _ 단답형(용어해설)

- 01. 지적의 구성요소 ········ 269
- 02. 지적의 발생설 ········ 271
- 03. 발달단계에 따른 지적제도의 분류 ········ 273
- 04. 측량방법에 따른 지적제도의 분류 ········ 275
- 05. 등록방법에 따른 지적제도의 분류 ········ 276
- 06. 토지등록의 유형 ········ 277
- 07. 토렌스 시스템 ········ 279
- 08. 일괄등록제도 및 분산등록제도 ········ 280
- 09. 토지대장의 편성 ········ 282
- 10. 토지등록의 원칙 ········ 283
- 11. 토지등록의 효력 ········ 285
- 12. 지적공부(Cadastral Record) ········ 287
- 13. 토지대장의 유형 ········ 288
- 14. 필지(筆地, Parcel) ········ 290
- 15. 토지경계의 분류 ········ 291
- 16. 경계 결정방법 ········ 292
- 17. 지상경계 결정기준 ········ 293
- 18. 경계의 설정원칙 ········ 297
- 19. 지목의 변천 ········ 298
- 20. 면적체계의 변천 ········ 300
- 21. 해양지적 ········ 301

CHAPTER **03** _ 주관식 논문형(논술)

- 01. 지번제도 ········ 304
- 02. 지번의 부여방법 ········ 307
- 03. 지목(Land Category) ········ 313
- 04. 면적측정 ········ 318
- 05. 수치 및 도해지역 토지 면적단위 일원화 방안 ········ 322
- 06. 경계 일반 ········ 324
- 07. 미등록도서 신규등록 추진 ········ 330
- 08. 바닷가 미등록 토지의 관리방안 ········ 332
- 09. 지적제도의 혁신방안 ········ 335

Summary

01 지적제도
등록주체인 국가가 등록객체인 토지의 제반 현황을 조사·측량하여 등록형식인 지적공부에 등록·관리하고 이를 정보소유자에게 공시하는 제도이다.

02 지적의 구성요소
지적의 구성요소는 외부요소와 내부요소로 구분할 수 있다. 지적제도 운영에 간접적이고 거시적인 영향력을 보이는 외부요소로는 지리적 요소, 법률적 요소, 사회·정치·경제적 요소가 있고, 직접적이고 미시적인 영향력을 보이는 내부요소로는 토지, 경계설정과 측량, 등록, 지적공부가 있다.

03 지적의 발생설
지적의 발생설은 지적에 관련된 어떤 사건이나 현상이 어느 곳에서 생겨나거나 나타나는지를 밝혀내는 것으로 과세설, 치수설, 지배설, 침략설 등이 해당된다.

04 지적제도의 발달단계
지적의 발달단계별 형태는 주된 시행목적에 따라 구분할 수 있는데 국가재정에 필요한 세금징수 목적을 위한 과세지적, 시장경제가 발전하여 소유권보호 기능을 목적으로 하는 법지적, 토지이용의 복잡화·다양화에 따른 다목적지적으로 구분된다.

05 토지등록의 유형
토지등록의 유형은 부동산양도 절차에 국가의 개입 정도 및 본질에 따라 날인증서등록제도와 권원등록제도로 구분, 토지등록의 의무형태에 따라 소극적 등록주의와 적극적 등록주의로 구분되며, 토지사정의 방법 및 등록시점에 따라 분산등록주의와 일괄등록주의로 구분된다.

06 토렌스 시스템
토렌스 제도는 호주 연방의 오스트레일리아 Robert Torrens경에 의해 창안되었고, 선박의 양도·입질에 관한 등록제도로부터 시준을 받아 창안한 제도이다.

07 토지대장의 편성
토지대장의 편성은 편성방법에 따라 물적 편성주의, 인적 편성주의, 연대적 편성주의, 물적·인적 편성주의가 있다.

08 토지등록

토지의 등록은 국가기관인 토지소관청이 토지등록사항의 공시를 위하여 토지에 관한 공부를 비치하고 이를 토지소유자나 기타 이해관계자에게 필요한 정보를 제공하기 위한 행정행위이다.

09 토지등록의 효력

지적공부에 새로이 토지를 등록하거나 이미 등록된 토지의 지번, 지목, 경계, 면적 등을 변경·등록하는 행위에 대한 법률적 효력은 일반적으로 행정처분에 의한 구속력·공정력·확정력·강제력이 있는 것으로 보고 있다.

10 지적공부

토지대장, 임야대장, 공유지연명부, 대지권등록부, 지적도, 임야도 및 경계점좌표등록부 등 지적측량 등을 통하여 조사된 토지의 표시와 해당 토지의 소유자 등을 기록한 대장 및 도면(정보처리시스템을 통하여 기록·저장된 것을 포함)을 말한다.

11 부동산종합공부

토지의 표시와 소유자에 관한 사항, 건축물의 표시와 소유자에 관한 사항, 토지의 이용 및 규제에 관한 사항, 부동산의 가격에 관한 사항 등 부동산에 관한 종합정보를 정보관리체계를 통하여 기록·저장한 것을 말한다.

12 토지대장의 유형

토지대장의 형식은 대장 및 등기부의 변화에 따라 구분할 수 있으며, 대체로 장부식 대장(Ledger), 편철식 대장(Bound Volume), 편철식 바인더(Looseoleap Binder), 카드식 대장(Card or Loose Page System) 등으로 구분된다.

13 필지(筆地, Parcel)

토지에 대한 물권의 효력이 미치는 범위를 정하고 거래단위로서 개별화시키기 위하여 인위적으로 구획한 법적 등록단위를 말한다. 지적공부에 등록하는 필지는 지적측량에 의하여 연속되어 있는 모든 영토를 인위적으로 구획하여 하나의 지번을 부여한 토지의 등록단위를 말한다.

14 경계 결정방법

현지 경계의 결정에 있어서 토지경계가 명확하지 못할 때에는 지적공부에 의한 경계복원을 원칙으로 하지만, 지적공부가 현지와 부합하지 않을 때에는 지적공부에 의한 경계복원은 불가능하다. 따라서 지상경계를 결정하기 곤란한 때의 처리방법은 점유설, 평분설, 보완설 등에 의한다.

15 경계의 설정원칙

축척종대의 원칙, 경계불가분의 원칙, 선등록우선의 원칙, 경계국정주의, 경계직선주의, 행정구역경계 중앙설정의 원칙 등이 있으며, 이 중에서 가장 일반적인 경계의 결정원칙은 축척종대의 원칙, 경계불가분의 원칙, 선등록우선의 원칙이다.

16 지번

토지등록의 단위구역인 필지에 대한 지리적 위치의 고정성과 개별성을 보장하기 위하여 동·리 단위로 필지마다 아라비아 숫자로 순차적으로 토지에 붙이는 번호를 말한다.

17 지번변경

지번변경은 설정된 지번의 무질서로 인해 지번색인이 어려워 국민의 공부 활용이 불편하고, 효율적인 지적행정의 수행이 곤란하여 지번설정기준에 따라 새로이 지번을 정하는 것을 말한다.

18 지목

지목은 토지의 주된 사용목적 또는 용도에 따라 토지의 종류를 구분하여 표시하는 명칭으로서 전, 답, 과수원, 목장용지 등 토지의 사용목적이나 용도에 따라 28개의 지목으로 구분하여 필지단위로 지적공부에 등록하는 토지의 종류를 말한다.

19 지목변경

지목변경은 지적공부에 등록된 지목을 다른 지목으로 바꾸어 등록하는 것으로 공부상 등록된 지목과 현지 이용현황이 다르게 된 경우에 현지와 지적공부에 등록사항이 일치되도록 변경하여 등록하는 행정처분이다.

20 면적

토지의 면적은 일필지를 둘러싼 경계선을 기준면에 투영시켰을 때 그 경계선 내의 넓이를 말하며 도면 또는 경계점좌표로 측정하는 것으로 평균해수면에 의한 수평면적을 말한다. 지적공부에 등록된 면적은 경계점좌표로부터 측정 또는 계산하고 제곱미터(m^2) 단위로 사용하고 있다.

21 경계점

필지를 구획하는 선의 굴곡점으로서 지적도나 임야도에 도해형태로 등록하거나 경계점좌표등록부에 좌표형태로 등록하는 점을 말한다.

22 경계

필지별로 경계점들을 직선으로 연결하여 지적공부에 등록한 선을 말한다. 지적측량이라는 기술적인 수단을 활용하여 지번별로 획정하여 등록한 선 또는 경계점좌표등록부에 등록된 평면직각종횡선수치의 교차점의 연결을 뜻한다.

23 토지의 이동
토지의 표시를 새로 정하거나 변경 또는 말소하는 것을 말한다.

24 지목변경
지적공부에 등록된 지목을 다른 지목으로 바꾸어 등록하는 것을 말한다.

25 축척변경
지적도에 등록된 경계점의 정밀도를 높이기 위하여 작은 축척을 큰 축척으로 변경하여 등록하는 것을 말한다.

26 입체지적
토지에 대한 지표·지상·지하시설물 등을 등록·관리하는 지적제도로서 3차원 지적이라고도 한다. 토지에 대한 지표 및 지표와 일정한 권리관계를 달리하는 지상과 지하에 대한 물리적인 현황과 소유자 및 기타 권리관계 등을 지적공부에 등록하고 관리하는 것이다.

27 연속지적도
지적측량을 하지 아니하고 전산화된 지적도 및 임야도 파일을 이용하여, 도면상 경계점들을 연결하여 작성한 도면으로서 측량에 활용할 수 없는 도면을 말한다.

28 토지의 표시
지적공부에 토지의 소재·지번·지목·면적·경계 또는 좌표를 등록한 것을 말한다.

CHAPTER 02 단답형(용어해설)

01 지적의 구성요소

지적의 구성요소는 외부요소와 내부요소로 구분할 수 있다. 지적제도 운영에 간접적이고 거시적인 영향력을 보이는 외부요소로는 지리적 요소, 법률적 요소, 사회·정치·경제적 요소가 있고, 직접적이고 미시적인 영향력을 보이는 내부요소로는 토지, 경계설정과 측량, 등록, 지적공부가 있다.

1. 지적의 구성요소

(1) 외부요소
① **지리적** : 지형, 식생, 토지이용 및 기후 등
② **법률적** : 지적제도와 등기제도에 관련된 제반 법률관계
③ **사회·정치·경제적** : 사회 전체의 이익을 위한 공익적 측면에서 개선

(2) 내부요소
① **토지** : 지적의 등록객체로서 그 국가의 전체 토지를 대상
② **경계설정과 측량** : 토지의 명확한 한계를 확정하는 경계설정과 측량이 필요
③ **등록** : 필지마다 지번, 지목, 경계, 좌표, 면적 등을 지적공부에 등록하는 행위
④ **지적공부** : 토지를 구획하여 일정한 사항을 기록한 장부

2. 지적의 3대 구성요소

지적과 등기의 일원화 또는 이원화에 따라 협의의 구성요소와 광의의 구성요소로 구분할 수 있다.

(1) 협의의 구성요소
① 토지
  ㉠ 지적등록객체는 토지로, 여기서 토지란 국가의 통치권이 미치는 모든 영토를 말한다.
  ㉡ 한반도와 그 부속도서를 의미하며, 바다는 지적의 대상이 아니다.
  ㉢ 토지의 등록단위를 필지라 하며, 이를 기준으로 토지를 관리한다.
  ㉣ 유인도, 무인도, 과세지, 비과세지, 국유지, 민유지 관계없이 모두 등록 대상이다.

② 등록
　㉠ 지적공부에 등록하는 행위
　㉡ 토지표시에 관한 사항 : 소재, 지번, 지목, 면적, 경계, 좌표
　㉢ 소유권에 관한 사항 : 성명, 주소, 주민등록번호
　㉣ 기타 사항 : 토지등급, 용도지역, 개별공시지가
③ 공부
　㉠ 토지대장, 임야대장, 공유지연명부, 대지권등록부, 지적도, 임야도 및 경계점좌표등록부 등
　㉡ 지적측량 등을 통해 조사된 토지의 표시와 해당 토지의 소유자 등을 기록한 대장 및 도면
　㉢ 국민이 언제라도 활용할 수 있도록 항상 비치되어 있어야 한다.
　㉣ 지적공부에 등록된 내용과 실제 내용과는 일치되어야 하며, 토지의 이동이 있는 경우 그 변동사항을 계속적으로 정리하여야 한다.

(2) 광의의 구성요소

① 소유자
　㉠ 법적으로 토지를 소유할 수 있는 권리주체
　㉡ 자연인, 국가, 지자체, 법인, 국가기관 등
② 권리
　㉠ 작게는 토지를 소유할 수 있는 법적권리
　㉡ 크게는 토지취득 및 관리와 관련한 소유자들 사이의 법적관계
③ 필지
　㉠ 하나의 지번이 붙는 토지의 등록단위
　㉡ 지적공부에 등록하는 가장 기초가 되는 등록단위

3. 다목적지적제도의 구성요소

(1) 측지기준망

① 토지경계와 지형 간 위치적 상관관계를 맺어주고 지적도의 경계선 현지에 복원하도록 정확도를 유지하는 기초점의 연결망을 말한다.
② 모든 측량은 기본망을 연계하여 측량하여야 하므로 국가 전체의 측량과 관련된 각각의 기준점들이 하나의 단일망으로 통일되어 영구히 보존할 필요가 있다.

(2) 기본도

① 측지기준망을 기초로 일정지역을 축소시켜 등록한 지형도를 말한다.
② 도해형태 또는 수치형태로 등록한다.

(3) 지적중첩도

① 측지기준망 및 지적중첩도와 연계하여 활용한다.
② 토지소유권에 관한 경계식별을 위해 토지와 관련된 모든 도면을 중첩시킨 도면이다.

(4) 필지식별번호

① 각 필지의 고유한 특성을 식별하기 위한 번호로 등록된 모든 필지에 부여한다.
② 전국 모든 필지에 각기 다른 고유번호(필지고유번호 : PNU)를 부여한다.

(5) 토지자료화일

① 필지식별번호가 포함된 일련의 공부 또는 토지자료철을 말한다.
② 과세대장, 건축물관리대장, 천연자원기록, 기타 토지이용, 도로, 시설물 등 토지관련 자료를 등록한 대장이다.
③ 필지식별번호에 의거하여 상호 정보교환과 자료검색이 가능하다.

02 지적의 발생설

지적의 발생설은 지적에 관련된 어떤 사건이나 현상이 어느 곳에서 생겨나거나 나타나는지를 밝혀내는 것으로 과세설, 치수설, 지배설. 침략설 등이 해당된다.

1. 과세설

(1) 특징

① 국가가 과세를 목적으로 토지에 대한 각종 현상을 기록·관리하는 수단으로부터 출발하였다.
② 공동생활과 집단생활을 위한 경비를 마련하기 위한 경제적 수단이다.
③ 토지의 측정은 과세목적을 위해 측정되고 경계의 확정량에 따라 세금이 부과된다.
④ 고대의 전쟁은 정복한 지역의 공납물을 징수하는 수단이다.
⑤ 과세설의 증거자료로는 Domesday Book(영국의 토지대장)과 신라의 장적문서 등이 있다.

(2) 영국의 둠즈데이 북

① 1066년 헤이스팅스 전투에서 노르만족이 색슨족을 격퇴한 후 20년이 지난 1085~1086년 윌리엄 1세가 작성한 토지조사부이다.
② 노르만족 출신 윌리엄 1세가 정복한 전 영국의 자원목록으로 국토를 조직적으로 작성한 토지기록이며, 영국에서 사용되어 왔던 과세장부이다.

③ 과세설의 증거로 세금부과를 위한 일종의 지세장부, 지세대장의 성격을 가지고 있다.
④ 윌리엄 1세가 자원목록으로 정리하기 전에 덴마크 침략자들의 약탈을 피하기 위해 지불되는 보호금인 겔트를 모으기 위해 색슨 영국에서 사용되어 왔던 과세장부이다.
⑤ 각 주별 직할지 면적, 쟁기 수, 산림, 목초지, 방목지 등 공유지 면적, 자유농민 및 비자유 노동자의 수, 자유농민 보유면적 등이 기록되어 있다.
⑥ 지적도면은 작성하지 않았으며, 지세대장만 작성하였다.
⑦ 영국의 공문서 보관소에 두 권의 책으로 보관되어 있다.

(3) 신라의 장적문서

통일신라의 세금징수 목적으로 작성된 문서이며, 지적공부 중 토지대장의 성격을 가지며 가장 오래된 문서이다.

① 현·촌명 및 촌락의 영역
② 호구 수, 우마 수
③ 토지의 종목, 면적
④ 뽕나무, 백자목, 추자목의 수량

2. 치수설

(1) 국가가 토지를 농업생산수단으로 이용하기 위하여 관개시설 등을 측량하고 기록·유지·관리하는 데서 비롯되었다고 보는 설이다.
(2) 물을 다스려 보국안민을 이룬다는 데서 유래를 찾아볼 수 있고, 주로 4대강 유역이 치수설을 뒷받침하고 있다.
(3) 나일강 유역의 이집트와 티그리스·유프라테스 하류지역의 메소포타미아 지방에서부터 시작되었다.
(4) 이집트의 측량가들은 나일강 범람에 의해 파괴된 소유지의 경계를 복원하기 위해 먼 곳에 위치한 기준점을 사용하였다.
(5) 제방·수로 등 토목공사나 홍수 뒤의 경지정리의 필요로 삼각법에 의한 토지측량의 방법, 사면이나 지렛대를 이용하여 큰 물체를 운반하는 방법 등도 알아냈다.
(6) 피라미드나 신전 건축에 이용된 그들의 기하학이나 역할의 지식 등이 여기서 나온 것이다.
(7) 치수설의 근간은 관개시설에 의한 농업적 용도에서 물을 다스릴 수 있는 토목과 측량술의 발달에 있고, 이는 농경지의 생산성에 대한 합리적인 과세목적에서 토지기록이 이루어지게 된 계기라 할 수 있다.

3. 지배설

(1) 국가가 토지를 다스리기 위한 통치수단으로 토지에 대한 각종 현황을 관리하는 데서 출발했다고 보는 설이다.
(2) 영토 보존과 통치수단에서 유래를 찾아볼 수 있다.
(3) 국가형태를 유지하면서 백성을 다스리는 근본적인 것을 토지로 생각했으며 영토의 보존수단으로 하였다.
(4) 고대의 영토는 경계에 의해서 국경선이 표시되었다.

4. 침략설

영토를 확장하고 침략상 우위를 점하는 데서 유래를 찾아볼 수 있으며, 영토 확장이나 이권을 위해 약소국을 침략하였는데 이를 위해서는 상대국의 토지현황을 미리 조사·분석하여야 한다.

03 발달단계에 따른 지적제도의 분류

지적의 발달단계별 형태는 주된 시행목적에 따라 구분할 수 있는데 국가재정에 필요한 세금징수 목적을 위한 과세지적, 시장경제가 발전하여 소유권보호 기능을 목적으로 하는 법지적, 토지이용의 복잡화·다양화에 따른 다목적지적으로 구분된다.

1. 과세지적(Fiscal Cadastre)

(1) 최초의 지적제도로 국가재정에 필요한 세금징수를 가장 큰 목적으로 개발된 제도이다.
(2) 국가 재정수입의 대부분을 토지세에 의존하던 농경시대에 개발된 지적제도이다.
(3) 국가가 과세를 목적으로 토지에 대한 각종 현상을 기록·관리하는 수단으로부터 출발했다는 과세설에 근거를 두고 있다.
(4) 토지에 대한 조세를 부과함에 있어서 그 세액을 결정함을 가장 큰 목적으로 개발된 지적제도로, 각 필지에 대한 세액을 정확하게 산정하기 위하여 면적 위주로 운영된다.
(5) 1720~1723년 사이에 이탈리아 밀라노의 지적도 제작사업과 1807년 프랑스의 나폴레옹 1세가 이룩한 지적제도가 대표적이다.
(6) 과세지적과 과세설은 둠즈데이 북과 신라 장적으로서 등록되는 대상을 토대로 추론되고 있다.

2. 법지적(Legal Cadastre)

(1) 시장경제가 발전함에 따라 토지소유권 보호기능을 목적으로 한다.
(2) 과세지적에서 진일보한 제도로, 과세목적 이외에도 토지소유권의 등록보호 목적이 추가된다.
(3) 소유지적 또는 경제지적이라고도 한다.
(4) 토지거래의 안전을 보장하기 위하여 권리관계를 보다 상세하게 기록한다.
(5) 토지평가보다는 소유권의 한계설정과 경계복원의 가능성을 강조한다.
(6) 토지에 대한 이용이 다양해지고 권리관계가 복잡해짐에 따라 지적의 개념이 토지소유권보호를 위한 기능으로 변화하게 되었다.

3. 다목적지적(Multi-purpose Cadastre)

(1) 토지이용의 복잡화·다양화에 따라 보다 많은 토지정보가 요구되어 다목적지적으로 발전하는 추세이다.
(2) 토지에 관한 등록 자료의 용도가 다양해짐에 따라 많은 자료를 관리하고 이를 신속하게 공급하기 위한 지적제도가 필요하게 되었다.
(3) 사회가 발달하고 그 기능이 복잡하게 분화됨에 따라 토지이용의 효율화를 위하여 토지에 관한 각종 정보관리가 필요하게 되어 토지관련 정보의 종합적 기록유지와 공급을 해주는 종합적 토지정보시스템에 관련된다.
(4) 토지소유권, 토지이용, 토지평가 그리고 토지자원관리에 관한 의사결정을 함에 있어서 필요로 하는 정보를 포함한다.
(5) 막대한 등록자료에 대하여 통계·추정·검증·분석 등을 자유롭게 할 수 있는 프로그램을 개발하여 컴퓨터 시스템으로 운용할 때 가능하다.
(6) 구성요소로는 측지기준망, 기본도, 중첩도, 필지식별번호, 토지자료파일 등이 있다.

4. 다목적지적의 구성요소

(1) 측지기준망
지적측량의 기준이 되는 삼각점들을 연결한 삼각망, 수준점들을 연결한 수준망을 의미한다.

(2) 기본도
측지기준망을 기초로 하여 작성된 도면으로서 지도 작성에 필요한 정보를 일정한 축적의 도면 위에 등록한 것이다.

(3) 중첩도
측지기준망 및 기본도와 연계하여 활용할 수 있고 토지소유권에 대한 경계를 식별할 수 있도록 명확히 구분하여 정한 토지의 등록단위인 필지를 등록한 지적도와 시설물, 토지이용도, 지역지구도 등을 결합한 상태의 도면을 말한다.

(4) 필지식별번호

각 필지별 등록사항의 저장과 수정 등을 쉽게 처리할 수 있는 가변성이 없는 고유번호를 말한다.

(5) 토지자료파일

필지식별번호가 포함된 일련의 공부 또는 토지자료철을 말하는데 과세대장, 건축물관리대장, 천연자원기록, 기타 토지이용, 도로, 시설물 등 토지관련 자료를 등록한 대장을 뜻하며, 필지식별번호에 의거하여 상호 정보교환과 자료검색이 가능하다.

04 측량방법에 따른 지적제도의 분류

지적제도는 발단단계, 측량방법, 등록방법에 따라 구분할 수 있으며, 토지의 경계표시 방법에 따라 도해지적측량과 수치지적측량으로 분류할 수 있다.

1. 도해지적(Graphical Cadastre)

(1) 도해지적은 토지의 경계점을 도해적으로 측정하여 지적도·임야도에 등록하고 토지경계의 효력을 도면에 등록된 경계에만 의존하는 지적제도를 말한다.
(2) 토지에 대한 경계를 도면에 표시하는 지적제도로서 각 필지의 경계점을 일정한 축척의 도면 위에 기하학적으로 폐합된 다각형의 형태로 표시하여 등록하는 제도이다.
(3) 지적도 또는 임야도에 등록된 경계선에 의하여 대상 토지의 형상을 시각적으로 용이하게 파악할 수 있다.
(4) 장단점
  ① 장점
    ㉠ 측량에 소요되는 비용이 비교적 저렴하다.
    ㉡ 수치지적에 비해 고도의 기술을 요하지 않는다.
    ㉢ 시각적으로 양호하여 필지의 형상을 파악하기 쉽다.
    ㉣ 현지에서 오류 조정이 가능하다.
    ㉤ 시가지 외의 지역인 농촌지역 등에 상대적으로 적합하다.
  ② 단점
    ㉠ 축척의 허용오차가 다르고, 도면의 신축 방지와 보관·관리가 어렵다.

ⓒ 작업상 인위적 · 기계적 · 자연적 오차가 유발되기 쉽다.
ⓒ 측량오차에 대한 신뢰성이 저하된다.

2. 수치지적(Numerical Cadastre)

(1) 토지의 경계점을 도해적으로 표시하지 않고 수학적인 좌표로 표시하는 제도로서 각 필지의 경계점을 평면직각종횡선수치(X, Y)의 형태로 표시하여 등록하는 제도이다.
(2) 수치지적은 각 필지의 경계점이 좌표로 등록되어 있어 토지의 형상을 시각적으로 용이하게 파악할 수 없다.
(3) 장단점
   ① 장점
      ㉠ 정밀한 경계표시가 가능하다.
      ㉡ 경계복원 시 당시의 정확도로 재현 가능하다.
      ㉢ 일필지의 면적이 넓고 토지의 형상이 정사각형에 가까운 굴곡점이 적은 경우에 편리하다.
      ㉣ 지적의 자동화가 용이(보존과 관리가 용이)하다.
   ② 단점
      ㉠ 측량과정이 매우 복잡하고 고도의 기술이 필요하다.
      ㉡ 측량장비가 고가이며, 측량비용이 높다.
      ㉢ 시각적으로 양호하지 못하므로 형상 파악이 힘들어 별도의 지적도를 비치해야 한다.
      ㉣ 경지정리가 이루어지지 않은 농촌지역은 불리하다.

05 등록방법에 따른 지적제도의 분류

지적제도는 발단단계, 측량방법, 등록방법에 따라 구분할 수 있으며, 등록방법에 따라 2차원 지적, 3차원 지적, 4차원 지적으로 분류할 수 있다.

1. 2차원 지적

(1) 2차원 지적은 토지의 고저에는 관계없이 수평면상의 투영만을 가상하여 각 필지의 경계를 등록 · 관리 · 공시하는 제도로서 평면지적이라고 한다.
(2) 토지의 경계 · 지목 등 지표에 관한 물리적 현황만을 등록 · 관리 · 공시하는 제도이다.
(3) 점과 선을 도면에 기하학적으로 폐합된 다각형(면)의 형태로 등록하여 관리하고 있다.
(4) 세계 각국에서 일반적으로 가장 많이 채택하고 있는 지적제도이다.

2. 3차원 지적

(1) 토지의 이용이 다양화됨에 따라 토지의 경계·지목 등 지표에 관한 물리적 현황은 물론 지상과 지하에 설치된 시설물 등을 수치 형태로 등록·공시하거나 또는 시설물의 관리를 지원하는 제도이다.
(2) 3차원 지적은 2차원 지적에서 발달된 형태로 선과 면으로 구성되어 있는 2차원 지적에 높이를 추가하는 것이다.
(3) 토지이용도가 다양한 현대에 필요한 제도로서 입체지적이라고 한다.
(4) 토지의 지표·지하·공중에 형성되는 선·면·높이로 구성된다.
(5) 3차원 지적은 제도 구축에 많은 인력·비용·시간이 소요된다.
(6) 지상의 건축물과 지하의 상수도·하수도·전기·가스·전화선 등 공공시설물을 효율적으로 등록·관리하거나 이를 지원할 수 있다.

3. 4차원 지적

(1) 단순히 연혁에 초점을 두는 것이 아니라 필지의 진보과정, 법적 경과, 권리의 변동 등에 대하여 시간위상을 고려한다.
(2) 지표·지상건축물·지하시설물 등을 효율적으로 등록·공시하거나 관리·지원할 수 있다.
(3) 등록사항의 변경내용을 정확하게 유지·관리할 수 있는 제도이다.
(4) 토지정보시스템이 구축되는 것을 전제로 한다.

06 토지등록의 유형

토지등록의 유형은 부동산양도 절차에 국가의 개입 정도 및 본질에 따라 날인증서등록제도와 권원등록제도로, 토지등록의 의무형태에 따라 소극적 등록주의와 적극적 등록주의로 구분된다.

1. 날인증서등록제도

(1) 토지의 이익에 영향을 미치는 문서의 공적등기를 보전하는 제도이다.
(2) 모든 토지의 거래에 있어서 매도자와 매수자 간에 합의 작성한 최초의 증서인 매매계약서로부터 최근의 거래를 위하여 작성한 증서인 매매계약서까지 포함한다.
(3) 중간이 누락되지 않도록 모든 증서를 하나로 묶어 종전의 권리와 현재까지 모든 권리의 변동사실이 집성되어 있는 증서부를 작성하는 제도이다.
(4) 등록된 문서가 등록되지 않은 문서 또는 뒤늦게 등록된 서류보다 우선권을 갖는다.

(5) 소유권을 입증하지 못하며 단지 독립된 거래에 대해 기록한다.
(6) 날인증서등록제도를 채택하고 있는 국가로는 네덜란드, 남아프리카, 인도, 네팔 등이 있다.
(7) 날인증서등록제도 보완으로 토렌스 제도를 창설하였다.

2. 권원등록제도

(1) 공적기관에서 보존되는 특정한 사람에게 귀속된 명확히 한정된 단위의 토지에 대한 권리와 그러한 권리들이 존속되는 한계에 대한 권위 있는 등록제도이다.
(2) 날인증서등록제도의 결점을 보완하였다.
(3) 소유권 등록은 언제나 최후의 권리이다.
(4) 정부는 등록한 이후에 이루어지는 거래의 유효성에 대해 책임진다.
(5) 채택 국가로는 프랑스, 독일, 스위스, 덴마크 등을 비롯하여 한국, 일본, 말레이시아 등이 있다.
(6) 토렌스 제도를 따르는 영국, 미국, 캐나다, 호주 등의 일부 주에서 채택하고 있다.

3. 소극적 등록제도

(1) 거래와 그에 관한 거래증서의 변경기록을 수행하는 것이며, 일필지의 소유권이 거래되면서 발생되는 거래증서를 변경 등록하는 제도이다.
(2) 토지등록은 일반적으로 사유재산 양도증서의 작성과 거래증서의 등록으로 구분한다.
(3) 사유재산의 개인적인 양도증서 작성은 모든 사인 간의 계약에 의하여 발생한다.
(4) 거래증서의 등록은 법률가에 의해서 조정되고 취급된다.
(5) 토지등록을 의무화하고 있는 것은 아니다.
(6) 거래의 등록은 정부에 의해서 수행되지만 서류의 합법성 또는 유용성에 대한 사실조사가 이루어지는 것은 아니다.
(7) 채택하는 국가는 네덜란드, 영국, 프랑스, 이탈리아 그리고 미국 일부 주, 캐나다 일부이다.

4. 적극적 등록제도

(1) 토지등록은 법적인 권리보장이 인증되고 정부에 의해서 그러한 합법성과 효력이 발생한다.
(2) 지적공부에 등록되지 아니한 토지는 그 토지에 대한 어떠한 권리도 인정될 수 없다.
(3) 등록은 강제되고 의무적이며, 공적인 지적측량이 시행되지 않는 한 토지등기도 허가되지 않는다.
(4) 토지등록의 효력이 정부에 의해 보장되기 때문에 선의의 제3자에 대하여도 토지등록상의 문제로 인한 피해는 법적으로 보호된다.
(5) 피해자는 정부에 대하여 소송을 제기할 수 있고 부당성에 대하여는 보상을 받을 수 있다.

(6) 적극적 등록제도의 발달된 형태로 유명한 것은 토렌스 시스템이다.
(7) 채택 국가는 대만, 일본, 오스트레일리아, 뉴질랜드, 스위스, 미국의 일부 주와 캐나다 일부이다.

07 토렌스 시스템

토렌스 제도는 호주 연방의 오스트레일리아 Robert Torrens경에 의해 창안되었고, 선박의 양도·입질*에 관한 등록제도로부터 시준을 받아 창안한 제도이다.
* 입질 : 돈을 빌리기 위하여 물품을 저당 잡히는 일

1. 토렌스 제도의 도입배경

(1) 1857년 토렌스 경이 아델에이드시의 시장으로 취임한 후 스스로 입안하여 지방의회에 제출한 부동산재산법이 1858년에 통과되어 확정·시행되었다.
(2) 토지의 권원을 명확히 하고 토지거래에 따른 변동사항 정리를 용이하게 하여 권리증서의 발행을 손쉽게 행하는 데 목적이 있다.
(3) 법률적으로 토지의 권리를 확인하는 대신에 토지의 권원을 등록하는 행위라 할 수 있다.

2. 토렌스 제도의 특징

(1) 토렌스 제도는 최초 등기를 매우 중요시하며 신중한 절차로 행하여진다.
(2) 미등기 토지에 대하여 처음으로 등기용지를 개설하기 위해서는 철저한 권원심사를 실시한다.
(3) 실질적 심사주의의 원칙에 따라 권리자가 제출하는 과거의 거래증서와 기타 모든 증거방법에 의하여 실질적으로 신청자의 소유권을 심사한다.
(4) 이해관계인을 위하여 통지나 공고를 하여 일정 기간 내에 이의 신청서를 제출케 하여 심리할 뿐만 아니라 필요하면 직권조사를 실시한다.
(5) 이러한 절차를 거쳐 최초의 등기를 하게 되면 등기된 토지소유자에게 권원증명서를 교부한다.
(6) 토렌스 제도에 의한 등기에는 공신력이 인정된다.
(7) 진정한 권리자가 그의 권리를 잃게 되는 경우 국가배상제도를 채택한다.

3. 거울이론

(1) 권원등기부가 정확하고 완벽하게 반영하는 거울과 같고 권원의 실체인 현 사실을 정리하는 것 이상이라는 진술을 의미한다.

(2) 토지권리증서의 등록은 토지의 거래사실을 이론의 여지없이 완벽하게 반영하는 거울과 같다.
(3) 등기부가 실제 법적 상태를 대표하는 것으로 소유권에 관한 현재의 법적 상태는 오직 등기부에 의해서만 이론의 여지없이 완벽하고 투명하게 보인다.
(4) 권원증명서에 기재된 사항은 국가에 의하여 적법성을 보장받게 되며, 등기부에는 필지별로 현존하는 모든 법적 권리 상태를 완벽하고 투명하게 등록·공시하여야 한다.

4. 커튼이론

(1) 등기부가 커튼 뒤에 놓인 공정성과 신빙성에 관여할 필요도 없고 관여해서도 안 되는 매입신청자를 위한 유일한 정보의 원천을 제공한다.
(2) 일단 권리증명서가 발급되면 당해 토지에 대한 새로운 권리증명서 발급 이전의 모든 권리관계와 거래사실 등은 고려대상이 될 수 없다.
(3) 소유권의 법적 상태와 관련한 확실성을 보장하기 위하여 단지 현재의 등기부에 등기된 사항만 논의되어야 한다.
(4) 종전의 권리관계에 관한 내용을 국민들이 받아보기가 불가능하게 되며, 현행 권리증명서에 기재된 권리가 실제적인 권리관계와 일치하여야 한다는 이론이다.

5. 보험이론

(1) 등기부가 토지의 권원을 아주 정확하게 반영하지만 인간의 과실로 인하여 착오가 발생하는 경우에 해를 입은 사람은 누구나 피해보상에 관하여 법률적으로 선의의 제3자와 동등한 입장에 놓여야만 된다.
(2) 권원증명서에 등기된 모든 정보는 정부에 의하여 보장된다.
(3) 권원증명서에 기재된 모든 사항은 정확성이 보장되고 실체적인 권리관계와 일치되어야 한다.
(4) 사실 소유자가 등기부와 부합하지 아니하여 권리를 잃게 되는 경우나 실제 법적 상태와 다르게 공시된 등기로 인하여 손해를 입었을 때에는 국가나 이러한 목적으로 특별히 적립된 기금을 통하여 그 피해를 보상해야 한다는 이론이다.

08 일괄등록제도 및 분산등록제도

토지등록의 유형은 토지사정의 방법 및 등록시점에 따라 분산등록주의와 일괄등록주의로 구분된다. 일괄등록제도는 일정지역 내의 모든 필지를 일시에 체계적으로 조사·측량하여 지적공부에 등록하는 제도를 말한다.

1. 일괄등록제도

(1) 일정지역 내의 모든 필지를 일시에 체계적으로 조사·측량하여 공부에 등록하는 제도로 국토가 좁고 인구가 많은 국가에서 채택한다.
(2) 국토면적이 비교적 작고 평야지역이 많으며 인구밀도가 높은 국가에서 채택하고 있는 제도이다.
(3) 초기에 많은 예산이 소요되는 반면, 분산등록제도에 비하여 소유권의 안전한 보호와 국토의 체계적 이용관리가 가능하다.
(4) 필지별 등록 단가가 비교적 저렴하다.
(5) 정확도가 높은 지적도에 의하여 국토관리하며 지적도를 기본도로 활용한다.
(6) 일괄등록제도를 채택하고 있는 국가에서는 적극적 등록제도국가의 개입 여부에 따른 권원등록제도를 적용한다.

2. 분산등록제도

(1) 토지의 매매가 이루어지거나 소유자가 토지의 등록을 요구할 경우 필요에 따라 그때그때 토지를 공부에 등록하는 제도이다.
(2) 국토가 넓고 인구가 비교적 적은 도시지역에 집중 거주하는 국가에서 채택하고 있다.
(3) 토지의 등록이 점진적으로 이루어지며, 도시지역에만 지적도를 작성하고 산간지역이나 사막지역 등은 지적도를 작성하지 아니한다.
(4) 일시에 많은 예산이 소요되지 않는 장점이 있다.
(5) 지적공부 등록에 관한 예측이 불가능하며 필지별 등록 단가가 비교적 높은 단점이 있다.
(6) 국토관리를 지적도에 비하여 상대적으로 정확도가 낮은 지형도에 의존할 수밖에 없다.
(7) 전국적으로 지적도가 작성되어 있지 않기 때문에 지형도를 기본도로 활용한다.
(8) 분산등록제도를 채택하고 있는 국가에서는 대체로 소극적 등록주의를 채택하고 국가의 개입 여부에 따른 날인증서등록제도를 적용한다.

3. 연속형 지적도

(1) 연속형 지적도는 도곽에 의하여 인접 도면과의 접합이 가능한 연속되어 있는 지적도면이다.
(2) 토지를 일괄 조사측량하여 일괄등록제도를 채택하고 있는 지역에 적용한다.

4. 고립형 지적도

(1) 고립형 지적도는 도로, 구거, 하천 등의 지형지물에 의한 블록별로 지적도면을 작성한다.
(2) 도곽 개념이 없으며 인접도면과의 접합이 불가능한 지적도면을 말하며, 분산등록제도를 채택하고 있는 지역에서 적용한다.

(3) 도면관리가 불편하고 대규모 개발사업 추진 시 사업계획수립 등이 어렵다.
(4) 특정 지역의 전체 현황을 알아보기 위해서는 집성도를 별도 작성하여야 하기 때문에 연속형 지적도의 형태로 바꾸는 추세이다.

09 토지대장의 편성

토지대장의 편성은 편성방법에 따라 물적 편성주의, 인적 편성주의, 연대적 편성주의, 물적 · 인적 편성주의가 있다.

1. 물적 편성주의

(1) 개개의 토지를 중심으로 해서 등록부를 편성하는 것으로서 1토지에 1등기용지를 두는 경우를 말한다.
(2) 우리나라의 토지대장과 같이 지번 순에 따라 등록되고 분할하더라도 본번과 관련하여 편철하고 소유자의 변동이 있을 때에는 이를 계속 수정하여 관리하는 방식이다.
(3) 가장 합리적이고 우수한 제도로, 등록객체인 토지를 필지로 구획하고 이를 등록단위로 하므로 토지의 이용 · 관리 · 개발 측면에서는 편리하다.
(4) 권리주체인 소유자별 파악이 곤란한 단점이 있다.

2. 인적 편성주의

(1) 개개의 토지소유자를 중심으로 해서 편성하는 방법이다.
(2) 토지대장이나 등기부를 소유자별로 작성하여 동일 소유자에 속하는 모든 토지는 당해 소유자의 대장에 기록하는 방식이다.
(3) 같은 성명을 가진 사람이 많을 뿐만 아니라 동일인이 여러 부동산을 소유하고 있으면 특정 소유자의 부동산을 찾기가 곤란하다.

3. 연대적 편성주의

(1) 당사자의 신청 순서에 따라서 순차로 기록해 가는 것을 말한다.
(2) 등기부 편성방법으로서는 가장 유효한 것이다.
(3) 토지에 관한 권리 자체를 등록하는 것이 아니라 단순히 토지의 처분에 관한 증서의 내용을 등록한다.

4. 물적 · 인적 편성주의

(1) 물적 편성주의를 기준으로 하여 운영하되 인적 편성주의 요소를 가미하는 것이다.
(2) 소유자별 토지등록부를 동시에 설치함으로써 효과적인 토지행정을 수행하는 방법이다.
(3) 스위스와 독일의 경우 2개 이상의 토지를 하나의 등기용지, 즉 공동용지를 사용한다.

[표 4-1] 토지등록 편성방법의 비교

구분	의의	특징
물적 편성	개개의 토지를 중심으로 등록부를 편성	• 1토지에 1등기용지 • 지번 순서에 따라 등록 • 분할할 경우 본번과 관련하여 편철 • 소유자의 변동이 있을 때 계속 수정하여 관리하는 방식 • 토지의 이용 · 관리 · 개발 측면에서 편리 • 권리주체인 소유자 파악이 곤란
인적 편성	개개의 소유자를 중심으로 편성(동일 소유자에 속하는 모든 토지는 당해 소유자의 대장에 기록)	• 과세에 목적을 둔 세지적의 소산 • 토지행정상 지장이 많음 • 네덜란드에서 사용
연대적 편성	당사자의 신청 순서에 따라서 순차적으로 기록하는 것	• 프랑스 등기부, 미국의 리코딩 시스템 • 공시기능을 발휘하기 위해서 색인 등의 보완이 필요
물적 · 인적 편성	물적 편성주의를 기본으로 인적 편성주의 요소를 가미	• 소유자별 토지등록부를 동시에 설치함으로써 효과적인 토지행정을 수반 • 스위스, 독일에서 채택

10 토지등록의 원칙

토지등록은 부동산 과세 및 양도를 지원하는 것뿐만 아니라 토지에 법적으로 인정된 권익을 공적으로 등록하는 것, 부동산의 증서 또는 권원을 통하여 토지에 대한 권리를 공적으로 등록하는 과정, 사람과 토지 사이에 법적 관계에 대한 정보의 수집 · 저장 · 공급 · 유지 등 연계된 복합체, 또한 토지의 등록은 국가기관인 토지소관청이 토지등록사항의 공시를 위하여 토지에 관한 공부를 비치하고 이를 토지소유자나 기타 이해관계자에게 필요한 정보를 제공하기 위한 행정행위이다.

1. 등록의 원칙

(1) 토지의 모든 권리 행사는 토지대장 또는 토지등록부에 등록하지 않고는 모든 법률상의 효력을 갖지 못한다는 것이다.
(2) 우리나라의 경우 형식주의와 유사한 개념이다.

(3) 토지에 관한 표시사항은 공적 장부에 반드시 등록하여야 하며, 토지의 이동이 발생하면 그 이동사항을 공적장부에 등록하여야 한다는 원칙이다.
(4) 거래에 의한 부동산의 실제 권리 변화는 기대된 권리가 토지대장에 등록 또는 기록되어서야 비로소 법률적 효력이 발생한다는 것이다.
(5) 「공간정보의 구축 및 관리 등에 관한 법률」에서는 토지에 관한 표시사항을 지적공부에 반드시 등록하여야 하며, 토지의 이동이 있으면 지적공부에 그 변동사항을 등록하여야 한다는 토지등록의 원칙이다.

2. 신청의 원칙

(1) 토지를 지적공부에 등록하기 위해서는 우선 토지소유자의 신청을 전제로 처리하는 원칙을 말한다.
(2) 토지소유자의 신청이 없을 때에는 직권으로 직접 조사하거나 측량하여 지적공부에 등록한다.
(3) 지적공부에의 등록은 토지의 실상을 정확하게 파악하는 것을 목적으로 한다.
(4) 등록사항이 있는 경우에는 소유자 등에게 신고의무를 부과하고 있다.

3. 국정주의 및 직권주의

(1) 지적사무는 국가의 고유사무로, 지적에 관한 사항인 토지의 지번, 지목, 경계, 좌표 및 면적의 결정은 국가공권력으로서 결정된다.
(2) 아무리 전문기술자나 법률가라 하더라도 개인이나 법인의 자격으로는 토지표시사항의 결정 권한이 없고 국가만이 가능하다.
(3) 국가의사의 공정력 · 확정력 · 강제집행력을 갖고 있음을 뒷받침한다.

4. 특정화의 원칙

(1) 권리의 객체로서의 모든 토지는 반드시 특정적이면서도 단순하고 그 명확한 방법에 의하여 의식될 수 있도록 개별화함을 의미한다.
(2) 토지등록을 위해서 제출된 서류들에 관련된 주체 및 객체는 명확하게 확인되어야 하며, 이런 관계는 성명으로 주체를 확인하거나 주민번호의 사용에 의하여 확인한다.
(3) 사람의 개인번호는 토지대장 및 관련 서류에 포함되는데, 아주 편리해야 한다.
(4) 민감한 개인자료를 결합시키는 자동화된 시스템의 이용 때문에 성명 · 주민번호 · 개인번호 등으로 야기되는 프라이버시 문제가 있을 수 있다.
(5) 지번은 독립적으로 다른 일필지에 대하여 단순하고도 명확한 방법으로 구별될 수 있게 작용하고 부동산을 식별할 수 있도록 적절히 표시하고 있다.

5. 공시의 원칙 및 공개주의

(1) 토지등록의 법적 지위에 있어서 토지이동이나 물권의 변동은 반드시 외부에 알려야 한다는 것을 공시의 원칙이라 한다.
(2) 토지소유자는 물론 이해관계자 및 기타 누구나 이용할 수 있도록 토지의 등록사항을 언제나 외부에서 인식하고 활용할 수 있도록 한다는 것을 공개주의라 한다.
(3) 법적 공부는 공적 조사를 위해서 개방되어야 하고, 공시된 사실은 선의의 제3자에 의해 더 정당화되거나 그렇지 않게 될 수가 있으므로 법에 의해 보호를 받을 수 있게 된다.
(4) 적극적 등록제도와 법지적을 채택하고 있는 국가에서 주로 적용하고 있는 원칙이다.
(5) 토지의 모든 권리 행사는 토지대장 또는 토지등록부에 등록하지 않고는 모든 법률상의 효력을 갖지 못하도록 하는 원칙이다.
(6) 이러한 원리가 가장 잘 보장되는 국가는 스위스, 오스트리아, 호주, 네덜란드, 대만 등 토렌스 시스템(Torrens System)을 채택하고 있는 국가이다.

6. 공신의 원칙

(1) 선의의 거래자를 보호하여 진실로 그러한 등기내용과 같은 권리관계가 존재한 것처럼 법률효과를 인정하려는 원칙이다.
(2) 지적공부를 신뢰해서 거래한 자가 있는 경우에, 비록 그 공시방법이 진실한 권리관계에 일치하고 있지 않더라도 마치 그 공시된 대로의 권리가 존재하는 것처럼 다루어서 그 자의 신뢰를 보호하여야 한다는 원칙이다.
(3) 독일, 스위스 그리고 토렌스식 등기제도하에서는 이러한 공신의 원칙을 인정한다.
(4) 우리나라에 있어서는 지적과 등기 모두 공신의 원칙을 인정하지 않는다.

11 토지등록의 효력

지적공부에 새로이 토지를 등록하거나 이미 등록된 토지의 지번·지목·경계·면적 등을 변경 등록하는 행위에 대한 법률적 효력은 일반적으로 행정처분에 의한 구속력·공정력·확정력·강제력이 있는 것으로 보고 있다.

1. 토지등록의 구속력

(1) 구속력이란 법정요건을 갖추어 행정행위가 행하여진 경우에는 그 내용에 따라 상대방과 행정청을 구속하는 효력을 말한다.

(2) 상대방은 행정행위에 대하여 불복이 있는 경우에는 법률에 의하여 이를 다툴 수 있으나 이 경우에도 취소가 있기 전까지는 그 행위에 의하여 구속된다.
(3) 행정청도 그 행위가 취소되지 않는 한 그에 구속된다.
(4) 지적공부에 새로이 토지를 등록하거나 이미 등록된 토지의 지번·지목·면적 등을 변경 등록하는 행위가 법정요건을 갖추어 이루어진 경우에는 행정청과 상대방을 구속한다.
(5) 소관청이나 토지소유자 또는 이해관계인은 토지등록의 행정처분이 유효하게 존재하는 한 그것을 존중하고 또 그에 복종하여야 한다.

2. 토지등록의 공정력

(1) 행정행위가 이루어지면 법정요건을 갖추지 못하여 흠이 있더라도 절대무효인 경우를 제외하고는 권한 있는 기관에 의하여 취소되기까지는 상대방·제3자에 대하여 구속력이 있는 것으로 통용되는 힘이다.
(2) 토지등록에 있어서 그 행위는 적법의 추정을 받고 누구도 그 효력을 부인할 수 없는 것으로서 무하자추정 또는 적법성이 추정되는 것이다
(3) 행정행위의 내용이나 법률의 규정에 따라 일정한 효력을 발생하는 실체법상 효력이지만 공정력은 그러한 구속력이 있는 것을 승인시키는 절차적 효력이다.

3. 토지등록의 확정력

(1) 일단 유효하게 등록된 표시사항은 일정한 기간이 경과한 뒤에는 그 상대방이나 이해관계인의 그 효력을 다툴 수 없을 뿐만 아니라 소관청 자신도 특별한 사유가 없는 한 그 처분행위를 다툴 수 없는 것을 불가쟁력 또는 형식적 확정력이라 한다.
(2) 유효하게 지적공부에 새로 등록하거나 이미 등록된 사항을 변경 등록한 경우에는 그 상대방이나 이해관계인이 그 효력을 다툴 수 없을 뿐만 아니라 소관청이 임의로 이를 취소·변경 또는 철회할 수 없다.

4. 토지등록의 강제력

(1) 강제력은 의무를 부과하는 하명행위에 있어 그 상대방이 의무를 이행하지 않을 때 사법행위와는 달리 법원의 힘을 빌리지 않고 행정청이 자력으로 이를 실현할 수 있는 것을 말한다.
(2) 지적측량이나 토지등록사항에 대하여 사법권의 힘을 빌릴 것이 없이 행정청 자체의 명의로서 자력으로 집행할 수 있는 강력한 효력을 갖는 것을 말한다.
(3) 토지분할이나 신규등록 또는 경계복원측량 등을 대행시키는 것도 국가업무를 대행하는 것으로, 이에 따른 모든 효력이 동일하며 그 처분결과는 물론 국가가 최종적으로 책임을 지게 된다.

5. 토지등록의 효력 비교

[표 4-2] 토지등록의 효력

효력	주요내용
구속력	법정요건을 갖추어 행정행위가 행하여진 경우 그 내용에 따라 상대방과 행정청을 구속하는 효력
공정력	행정행위가 행해지면 법령이나 조례에 위반되는 경우에 권한 있는 기관이 이를 취소하기 전까지는 유효
불가쟁력	위법한 행정행위일지라도 취소하지 않는 한 국민은 행정행위에 의하여 구속을 면치 못함(형식적 확정력)
불가변력	행정행위를 한 행정청이 스스로 행정행위를 취소·변경 또는 철회할 수 없는 힘(실질적 확정력)
강제력	상대방의 의무를 이행하지 않을 때 행정청이 자력으로 이를 실현할 수 있는 것(자력집행력)

12 지적공부(Cadastral Record)

지적공부는 국가기관인 지적소관청이 작성하여 관리하는 토지대장, 임야대장, 공유지연명부, 대지권등록부, 지적도, 임야도, 경계점좌표등록부, 지적파일을 말한다. 대장은 물리적 현황, 법적 권리현황, 등록대상의 가치현황, 등록대상의 규제현황 등 속성자료를 등록·공시하기 위하여 작성하는 국가의 공적장부의 일종이라 할 수 있으며, 지적도는 토지에 대한 물권이 미치는 범위를 나타내는 경계, 지번, 지목, 축척 등 물리적 현황과 규제현황을 등록·공시하는 지적공부의 하나로 국가의 공적장부를 의미한다.

1. 지적공부의 효력

국가의 통치권이 미치는 모든 영토는 지적공부에 등록이 되어야 하며, 지적공부에 등록할 경우 창설적·대항적·형성적·공증적·공시적·보고적 효력 등이 발생한다.

(1) 창설적 효력

신규등록이란 새로 조성된 토지 및 등록이 누락되어 있는 토지를 지적공부에 등록하는 것을 말한다. 이 경우에 발생되는 효력을 창설적 효력이라 한다.

(2) 대항적 효력

지번이란 필지에 부여하여 지적공부에 등록하는 번호를 말한다. 즉, 지적공부에 등록된 토지의 표시사항은 제3자에게 대항할 수 있다.

(3) 형성적 효력

분할이란 지적공부에 등록된 1필지를 2필지 이상으로 나누어 등록하는 것을 말하며, 합병이란 지적공부에 등록된 2필지 이상을 1필지로 합하여 등록하는 것을 말한다. 이러한 분할, 합병 등에 의하여 새로운 권리가 형성된다.

(4) 공증적 효력

지적공부에 등록되는 사항, 즉 토지에 관한 사항, 소유자에 관한 사항, 기타 등은 공증하는 효력을 가진다.

(5) 공시적 효력

토지의 표시를 법적으로 공개·표시하는 효력을 공시적 효력이라 한다.

(6) 보고적 효력

지적공부에 등록하기 전에 지적공부의 신뢰성을 확보하기 위하여 지적공부정리결의서를 작성하여 보고하여야 하는 효력을 보고적 효력이라 한다.

2. 지적공부의 종류

(1) 가시적인 지적공부

① 대장 : 토지대장, 임야대장, 공유지연명부, 대지권등록부
② 도면 : 지적도, 임야도
③ 경계점좌표등록부

(2) 불가시적인 지적공부

정보처리시스템

13 토지대장의 유형

토지대장의 형식은 대장 및 등기부의 변화에 따라 구분할 수 있으며, 대체로 장부식 대장(Ledger), 편철식 대장(Bound Volume), 편철식 바인더(Looseoleap Binder), 카드식 대장(Card or Loose Page System), 정보처리시스템에 의한 전산파일 등으로 구분된다.

1. 장부식 대장(Ledger)

우리나라의 부동산 등기부나 영국, 네덜란드의 구 토지대장은 한정된 크기로 제작된 부기원장과 같은 대장에 순서대로 수기방법에 의하여 기록한다. 이러한 대장은 토지대장의 열람이나 이동 정리 시 취급하기가 매우 불편하고, 말소된 필지를 제거할 수 없으며 새로운 페이지를 추가할 수도 없어 추가사항은 관련 장부번호로 연결하여 다음 번호의 대장을 참조해야 한다. 연대적 편성주의를 채택하는 경우에 사용된다.

2. 편철식 대장(Bound Volume)

우리나라의 구 토지대장과 같이 최초의 사정 필지를 기준으로 하여 50~200필지별로 장부식으로 편철하였다가, 토지분할 등에 의하여 추가할 때에는 삽지를 넣어 다시 편철 정리하며 불필요한 부분은 제거할 수 있어 장부식 대장의 불편을 보완한 것이다. 물적 편성주의와 토렌스 시스템에 주로 쓰인다.

3. 편철식 바인더(Looseoleap Binder)

우리나라는 토지대장을 카드화한 이후 분실 또는 다른 카드화의 혼합을 방지하기 위하여 다시 지번설정지역별로 바인더에 묶어 관리하고 있는 소관청이 있다. 이 편철식 바인더 대장은 필요한 필지별 카드나 자료를 빼내거나 삽입하기가 용이하고 바인더의 크기에 따라 필지 수를 증감시킬 수 있다는 장점이 있다. 영국, 독일에서 이 방법을 사용하고 있다.

4. 카드식 대장(Card or Loose Page System)

카드의 재질이나 크기, 규격 등은 나라마다 다양하나 최근에는 대장을 카드화하는 경향이 두드러지고 있다. 우리나라에서는 토지대장의 카드화 작업 시 켄트지 사이에 나일론 망사를 넣고 접착시켜 잘 찢어지지 않고 오래 견딜 수 있도록 하였다.

5. 정보처리시스템에 의한 전산파일

지적공부에 등록할 사항을 「공간정보의 구축 및 관리 등에 관한 법률」이 정한 절차에 따라 전산정보처리조직에 의하여 자기디스크·자기테이프, 그 밖에 이와 유사한 매체에 기록·저장 및 관리하는 집합물을 말한다.

14 필지(筆地, Parcel)

필지는 토지에 대한 물권의 효력이 미치는 범위를 정하고 거래단위로서 개별화시키기 위하여 인위적으로 구획한 법적 등록단위를 말한다. 지적공부에 등록하는 필지는 자연적인 토지의 구획단위가 아니고 지적측량에 의하여 연속되어 있는 모든 영토를 인위적으로 구획하여 하나의 지번을 부여한 토지의 등록단위를 말한다.

1. 일필지의 성립요건(조건)

(1) 지반이 연속될 것
토지가 도로·구거·하천·철도·제방 등 주요 지형지물에 의하여 연속하지 못한 경우에는 별개의 필지로 획정하여야 한다.

(2) 지번부여지역이 같을 것
지번을 부여하는 단위지역으로서 동·리 또는 이에 준하는 지역을 말한다. 행정상의 리·동이 아닌 법정상의 리·동을 의미한다.

(3) 지목이 같을 것
지목의 설정원칙 중 1필1목의 원칙에 따라 1필지의 지목은 하나의 지목만을 정하여 지적공부에 등록하여야 한다. 만약 1필지의 일부의 형질변경 등으로 용도가 변경되는 경우에는 토지소유자는 지적소관청에 분할신청을 하여야 한다.

(4) 지적공부의 축척이 같을 것
일필지가 성립하기 위해서는 축척이 동일하여야 하며, 축척이 다른 경우에는 축척을 일치시켜야 한다.

(5) 소유자가 같을 것
일필지는 토지소유권이 미치는 범위를 정하는 기준이 되므로 소유자가 동일하고, 소유자의 주소와 지분도 동일하여야 한다.

(6) 등기 여부가 같을 것
기등기지끼리 또는 미등기지끼리가 아니면 일필지로 등록할 수 없다.

2. 일필지의 특징

(1) 도로·구거·하천·계곡·능선 등 주요 지형지물에 의하여 지반이 연속되지 아니하는 경우에는 별개의 필지로 획정하여야 한다.

(2) 일단의 토지가 소유자와 지목이 동일하고 지반이 연속되어 있더라도 법정 리·동이 다른 경우에는 별개의 필지로 획정하여야 한다.
(3) 토지의 사용목적 또는 용도가 다를 경우에는 별개의 필지로 획정하여야 한다.
(4) 토지가 축척이 다를 경우에는 별개의 필지로 획정하여야 한다.
(5) 일필지 구획의 가장 중요한 목적은 토지에 대한 소유권이 미치는 범위의 한계를 분명히 하는 것으로 일필지의 소유자는 동일인이어야 한다.
(6) 일필지로 할 수 있는 토지는 등기 또는 미등기의 구별이 같아야 한다. 즉, 기등기지는 기등기지와, 미등기지는 미등기지가 아니면 일필지로 구획할 수 없다.
(7) 토지에 대하여 소유권 이외의 물권이 같아야 일필지로 구획할 수 있다. 다만, 소유권 이외의 권리가 서로 다르더라도 그 전원이 동의가 있으면 이를 일필지로 할 수 있다.

3. 필지정보

(1) 필지와 관련된 모든 정보를 일컫는 말이며 유사한 표현으로 지적정보, 토지정보가 있다.
(2) 필지정보에는 토지대장, 임야대장, 건축물대장 같은 대장에서 제공하는 속성과 관련된 정보와 지적도, 임야도, 연속지적도, 수치지형도 같이 도면과 관련된 정보가 있다.
(3) 지적측량을 통한 결과물인 지적측량결과도, 지적측량성과도, 지적측량결과부 등에서 제공하는 정보도 있다.

15 토지경계의 분류

토지의 경계는 단순히 지적공부상에 등록된 것만을 지칭하지는 않고, 소유권의 범위 또는 지상의 담이나 둑 등을 표현하는 경우에도 사용된다. 이러한 토지의 경계는 설정내용, 법률적 효력, 경계표시물의 대상, 등록방법에 따라 분류할 수 있다.

1. 설정내용에 의한 분류

(1) 지적공부에 등록이 된 경계는 도상경계라 하고, 도상경계와는 반대로 도상경계를 지상에 복원하여 표시한 경계를 지상경계라 한다.
(2) 법정경계는 필지 간에 존재하는 다양한 경계 중에서 「공간정보관리법」에 의한 도상경계와 법원이 인정하는 경계확정의 판결에 의한 경계를 말한다.
(3) 점유경계는 토지권리자가 사실상의 점유권을 행사하며 지배하고 있는 토지의 지상경계를 말한다.

(4) 현실경계는 인접한 필지 간의 소유자들이 사실상의 경계로 보고 묵시적으로 인정하고 있는 경계를 말한다.
(5) 사실경계는 토지경계에 있어 원시적으로 토지소유자들이 결정한 지상경계로서 진정한 토지소유권을 가진 경계를 말한다.

2. 법률적 효력에 의한 분류

(1) 사법상 경계는 민법상 경계로 지상에 설치한 담장이나, 전, 답 등의 구획된 둑 또는 주요 지형지물에 의하여 구획된 구거 등을 말하며 지표상의 경계인 현실경계를 뜻한다.
(2) 공법상 경계는 지적법상의 경계를 말하는 것으로, 지적도 또는 임야도 위에 지적측량에 의해 지번별로 측정하여 등록한 선 또는 경계점좌표등록부에 등록된 좌표의 연결을 말한다.
(3) 형법상 경계는 장소적 한계를 나타내는 지표로, 실제 소유권 등 권리관계에 부합하지 않더라도 관습적으로 인정·용인·승인되어 왔거나 이해관계인의 명시·묵시·합의에 의해 구획된 사실상 경계를 말한다.

3. 경계표시물의 대상에 의한 분류

(1) 자연적 지형지물을 경계의 기준으로 삼은 경우 자연경계라 한다.
(2) 담장, 울타리, 철조망, 경계석 등 인공물을 경계의 기준으로 삼은 경우 인공경계라 한다.

4. 등록방법에 의한 분류

(1) 도해경계는 지적측량에 의해 확정된 토지경계를 지적도에 각 필지의 경계점을 일정한 축척으로 기하학적인 폐합다각형 형태로 표시하는 경계이다.
(2) 수치경계는 평면직각종횡선좌표를 산출하고, 이를 경계점좌표등록부에 부호도와 함께 등록하는 경계이다.

16 경계 결정방법

현지 경계의 결정에 있어서 토지경계가 명확하지 않을 경우 지적공부에 의한 경계복원을 원칙으로 하지만, 지적공부가 현지와 부합하지 않을 때에는 지적공부에 의한 경계복원은 불가능하다. 따라서 지상경계를 결정하기 곤란한 때의 처리방법은 점유설, 평분설, 보완설 등에 의한다.

1. 점유설

(1) 현재 점유하고 있는 구획선이 하나일 경우 그를 양 토지의 경계로 한다.
(2) 토지소유권의 경계는 불명확하지만 양지의 소유자가 각자 점유하는 지역의 명확한 1개의 선으로서 구분되어 있을 때에는 이 1개의 선을 소유자의 경계로 한다.
(3) 민법 제197조에 "점유자는 소유의 의사로 선의·평온·공연하게 점유한 것으로 추정한다."라고 명백히 규정하고 있다.
(4) 민법 제245조에 "20년간 소유의 의사로 평온·공연하게 부동산을 점유하는 자는 등기함으로써 그 소유권을 취득한다."라고 규정하고 있다.
(5) 민법 제245조에 "부동산의 소유자로 등기한 자가 10년간 소유의 의사로 평온·공연하게 선의이며 과실 없이 그 부동산을 점유한 때에는 소유권을 취득한다."라고 규정하고 있다.

2. 평분설

(1) 경계가 불명확하고 또 점유상태까지 확정할 수 없을 경우에는 분쟁지를 물리적으로 평분하여 쌍방토지에 소속시킨다.
(2) 분쟁당사자를 대등한 입장에서 자기의 점유경계선을 상대방과는 다르게 주장하기 때문에 이에 대한 해결은 마땅히 평등 배분하는 것이 합리적이기 때문이다.

3. 보완설

(1) 새로이 결정한 경계가 다른 확정된 자료에 비추어 볼 때 형평 타당하지 못할 때에는 그에 따른 상당한 보완을 한다.
(2) 현 점유선에 의하거나 평분하여 경계를 결정하고자 할 때에 그 새로 결정되는 경계가 이미 조사된 신빙할 만한 다른 자료와 일치하지 않을 경우에 적용한다.
(3) 자료를 감안하여 공평하고도 적당한 방법에 따라 그 경계를 보완한다.
(4) 반드시 경계의 일직선화를 고집할 필요 없이 적당한 형태로 결정하는 것이 바람직하다.

17 지상경계 결정기준

토지의 지상경계는 둑·담 그밖에 구획의 목표가 될 만한 구조물 및 경계점표지 등으로 표시한다.

1. 지형지물을 이용한 경계결정

경계를 새로이 정하기 위하여 토지의 구획이 되는 지형지물 또는 지상구조물을 경계로 결정할 때 기준은 다음과 같다.

(1) 연접되는 토지 사이에 고저가 없는 경우

그 구조물의 중앙

[그림 4-1] 토지 사이에 고저가 없는 경우

(2) 연접되는 토지 사이에 고저가 있는 경우

그 구조물의 하단부

[그림 4-2] 토지 사이에 고저가 있는 경우

(3) 도로·구거 등의 토지에 절토된 부분이 있는 경우

그 경사면의 상단부

[그림 4-3] 도로·구거 등의 절토된 부분이 있는 경우

(4) 토지가 해면 또는 수면에 접하는 경우

최대만조위선 또는 최대만수위선

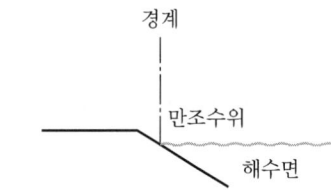

[그림 4-4] 토지가 해면 또는 수면에 접하는 경우

(5) 공유수면매립지의 토지 중 제방 등을 토지에 편입하여 등록하는 경우

　바깥쪽 어깨 부분으로 경계를 설정

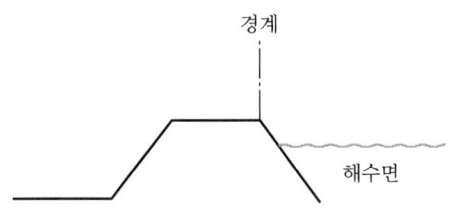

[그림 4-5] 공유수면매립지에 접하는 경우

2. 경계점표지를 이용한 경계설정

(1) 도시개발사업 등의 사업시행자가 사업지구의 경계를 결정하기 위하여 분할하고자 하는 경우
(2) 사업시행자와 국가기관 또는 지방자치단체의 장이 토지를 취득하기 위하여 분할하고자 하는 경우
(3) 「국토의 계획 및 이용에 관한 법률」에 의한 도시관리계획 결정고시와 지형도면고시가 된 지역의 도시관리계획선에 따라 토지를 분할하고자 하는 경우
(4) 소유권이전, 매매 등을 위하여 필요한 경우
(5) 관계법령에 의하여 인·허가 등을 받아 분할하고자 하는 경우에 경계점 표지를 설치한 후 경계설정이 가능

3. 토지용도에 따른 경계설정

(1) 산림지역에서는 자연적으로 형성된 산의 능선 또는 계곡
(2) 농지 사이의 경계는 휴반이 기준
(3) 낙수가 있는 때에는 낙수가 되는 쪽을 기준
(4) 용수로 또는 배수로와 농지경계에 둑이 있는 경우 그 둑의 끝
(5) 인접한 가옥에 토지로서 경계가 불명확한 경우 양쪽 건물의 중심
(6) 건물의 반대 측이 공지로서 명확한 경계가 없는 경우는 처마 끝으로, 옹벽에 의하여 인접지와 구별되는 경우에는 옹벽의 하단

4. 행정구역 경계의 결정기준

(1) 도로, 구거, 하천 등으로 행정구역선을 결정하는 경우에 도로, 하천, 구거 등의 중앙
(2) 지적소관청이 필요한 경우

5. 분쟁지의 경우 경계의 확정방법

(1) 지적공부에 등록하는 토지표시사항은 국정주의 원칙에 따라 소관청이 결정한다.
(2) 지적측량수행자가 실시하는 도상경계를 지상경계로 복원하는 측량이다.
(3) 법원의 경계감정측량에 의거하여 법원에 의해 확정판결을 받아 경계를 결정한다.
(4) 분쟁당사자 또는 제3자 개입에 따른 화해와 조정으로 사실경계, 도상경계, 지상경계 중 일정한 경계로 합의하여 법정경계화한다.

6. 경계의 등록방법

공부의 성질상 경계는 지적도나 임야도에 기하학적으로 표시한 선이며, 경계점좌표등록부의 좌표에 의하여 계산된 경계점 간 거리도 등록한다.

(1) 도해지적 방법
① 지표상에 설정된 경계를 정해진 축척에 따라 측량하여 그 성과를 지적도나 임야도에 선으로 등록하는 방법이다.
② 작업이 간편하고 경계를 기하학적으로 표현하고 있어 위치나 형태 파악이 용이하나, 인위적·자연적·기계적 오차 등이 수반되어 정확도가 낮다.

(2) 수치지적 방법
① 경계의 굴곡점을 평면직각좌표로 수치지적부에 등록하는 방법이다.
② 정확도가 높고 토지정보시스템에 적합한 제도이나, 작업과정이 복잡하고 측량기준점의 관리가 절대적으로 보장되어야 한다.

7. 지상경계의 문제점

(1) 경계에 대한 법률해석 상이
민법과 형법상 경계에서는 경계를 법률상 정당한 경계가 아니라 사실상의 경계를 의미하고 있으나, 지적에서는 일반적인 지표상의 경계가 아닌 지적공부에 등록된 경계를 의미하고 있다.

(2) 도해지역에서 경계복원측량 방법의 부적정
경계복원측량 방법에 있어서 도해지적측량 방법은 가장 원시적인 측량 방법의 하나로 토지의 경계를 도상에 도해적으로 표시함으로써 정확도에 있어서 제도오차, 축척오차, 신축오차 등의 기술적인 오차의 한계로 인하여 경계복원 능력이 떨어진다.

(3) 등록 당시 일필지측량방법과 측량장비 진화에 따른 문제점
토지조사사업 당시 거리측정 장비는 죽제권척으로, 측정단위는 척관법과 30평의 면적측정 단위를 사용하였다. 1976년 지적법이 전면 개정되면서부터 미터법을 적용하였고 T/S, GNSS, 전자평판 등 측량장비가 발달하면서 도상경계에 대한 신뢰에 의문이 생기기 시작하였다.

(4) 공인된 영구 경계표지의 미사용

경계복원측량은 영구표식이 되어 있지 않아 과거의 정확한 위치를 회복하기가 상당히 어렵다.

18 경계의 설정원칙

경계를 설정하는 원칙으로는 경계국정주의, 경계직선주의, 축척종대의 원칙, 경계불가분의 원칙, 선등록우선의 원칙 등이 있으며, 이 중에서 가장 일반적인 경계의 설정원칙은 축척종대의 원칙, 경계불가분의 원칙, 선등록우선의 원칙이다.

1. 경계국정주의

경계는 국가기관이 지적측량을 실시하여 정한다.

2. 경계직선주의

경계는 곡선이 아닌 최단거리, 즉 경계는 직선이어야 한다.

3. 축척종대의 원칙

(1) 동일한 경계가 축척이 서로 다른 도면에 각각 등록되어 있는 때에는 축척이 큰 것에 따른다는 원칙이다.
(2) 일반적으로 축척이 큰 도면은 축척이 작은 도면보다 그 정밀도가 높다.
(3) 경계복원은 축척이 큰 도면의 경계를 우선 결정하고 축척이 작은 도면의 경계는 이를 따른다.

4. 경계불가분의 원칙

(1) 토지의 경계는 유일무이한 것으로 어느 한쪽의 필지에만 전속하는 것이 아니고 인접 토지에 공통으로 작용하기 때문에 이를 분리할 수 없다는 것을 말한다.
(2) 인접된 토지의 경계는 이를 양 필지로 나누어 분리할 수 없으며 경계선은 위치와 길이가 있을 뿐 너비는 없다.
(3) 기하학상의 선과 동일한 성질을 갖고 있다.

5. 선등록우선의 원칙

(1) 동일한 경계가 축척이 서로 다른 도면에 각각 등록되어 있는 경우에는 등록시기가 빠른 것에 따른다는 원칙이다.
(2) 경계가 상호 일치하지 않는 경우에는 경계에 잘못이 있는 경우를 제외하고 등록시기가 빠른 토지의 경계를 따른다.

19 지목의 변천

지목은 토지의 주된 사용목적 또는 용도에 따라 토지의 종류를 구분하여 표시하는 명칭으로서 토지의 소재·지번·경계 또는 좌표 및 면적 등과 함께 필지구성의 중요 요소이다.

(1) 대구시가지「토지측량에 관한 타합사항」제3조에 지목은 전·답·대·산림·원야·지소·잡지·사묘·사원·묘지·철도용지·공원·도로·구거·하천·제방·철도 등 17개로 규정되어 있다.

(2) 「토지조사법」제3조에 지목은 전답·대·지소·임야·잡종지·사사지·분묘지·공원지·철도용지·수도용지·도로·하천·구거·제방·성첩·철도선로·수도선로 등 17개 지목으로 규정되어 있다.
① 토지측량에 관한 타합사항의 지목 중 전과 답을 전답으로, 산림과 원야를 임야로, 사묘와 사원을 사사지로 각각 통합하였다.
② 잡지를 잡종지로, 묘지를 분묘지로, 공원을 공원지로, 철도를 철도선로로 명칭을 변경하였고, 수도용지, 성첩, 수도선로 등 3개의 지목을 신설하였다.

(3) 「토지조사령」제2조에 지목은 전·답·대·지소·임야·잡종지·사사지·분묘지·공원지·철도용지·수도용지·도로·하천·구거·제방·성첩·철도선로·수도선로 등 18개 지목으로 규정되어 있다.

(4) 개정「지세령」제1조에 지목은 전·답·대·지소·임야·잡종지·사사지·분묘지·공원지·철도용지·수도용지·도로·하천·구거·유지·제방·성첩·철도선로·수도선로 등 19개 지목으로 규정되어 있다. 이는 토지조사령과 지세령의 지목유형에 유지를 신설하여 1개 지목을 추가한 것으로 판단된다.

(5) 「조선지세령」제7조에 지목은 전·답·대·염전·광천지·지소·잡종지·사사지·공원지·철도용지·수도용지·임야·분묘지·도로·하천·구거·유지·제방·성첩·철도

선로·수도선로 등 21개 지목으로 규정되어 있다. 이는 이전의 19개 지목에 염전과 광천지를 신설하여 2개 지목이 늘어났다.

(6) 제2차 개정 「지적법」 제5조에 지목은 전·답·과수원·목장용지·임야·광천지·염전·대·공장용지·학교용지·도로·철도용지·하천·제방·구거·유지·수도용지·공원·운동장·유원지·종교용지·사적지·묘지·잡종지 등 24개 지목으로 규정하고 있다.
   ① 이전의 21개 지목 중에서 철도용지와 철도선로를 철도용지로, 수도용지와 수도선로를 수도용지로, 유지와 지소를 유지로 각각 6개의 지목을 3개 지목으로 통합
   ② 공원지를 공원으로, 사사지를 종교용지로, 성첩을 사적지로, 분묘지를 묘지로 4개 지목의 명칭을 변경
   ③ 과수원·목장용지·공장용지·학교용지·운동장·유원지의 6개 지목을 신설

(7) 제10차 개정 「지적법」 제5조에 지목은 이전의 24개 지목에 주차장·주유소용지·창고용지·양어장 등 4개 지목이 추가되어 28개 지목으로 확대되었다.

[표 4-3] **지목의 변천**

법령	수	과세구분	지목의 구분
토지측량에 관한 타합사항 (1907.05.27)	17		전, 답, 대, 산림, 원야, 지소, 잡지, 사묘, 사원, 묘지, 철도용지, 공원, 도로, 구거, 하천, 제방, 철도
토지조사법 (1910.8.23)	17	과세지목	전답, 대, 지소, 임야, 잡종지
		면세지목	사사지, 분묘지, 공원지, 철도용지, 수도용지
		비과세지목	도로, 하천, 구거, 제방, 성첩, 철도선로, 수도선로
토지조사령 (1912.8.13)	18		이전의 "전답"을 전과 답으로 구분됨
지세령 (1914.3.6)	18	과세지목	전, 답, 대, 지소, 잡종지
		면세·비과세 지목	임야, 사사지, 분묘지, 공원지, 철도용지, 수도용지, 도로, 하천, 구거, 제방, 성첩, 철도선로, 수도선로
개정 지세령 (1918.6.18)	19	과세지목	전, 답, 대, 지소, 잡종지
		면세·비과세 지목	임야, 사사지, 분묘지, 공원지, 철도용지, 수도용지, 도로, 하천, 구거, 유지, 제방, 성첩, 철도선로, 수도선로
조선지세령 (1943.3.31)	21	과세지목	전, 답, 대, 염전, 광천지, 지소, 잡종지
		면세·비과세 지목	임야, 사사지, 분묘지, 공원지, 철도용지, 수도용지, 도로, 하천, 구거, 유지, 제방, 성첩, 철도선로, 수도선로
지적법 (1950.12.1)	21	과세지목	전, 답, 대, 염전, 광천지, 지소, 잡종지
		면세지목	사사지, 공원지, 철도용지, 수도용지
		비과세지목	임야, 분묘지, 도로, 하천, 구거, 유지, 제방, 성첩, 철도선로, 수도선로

법령	수	과세구분	지목의 구분
개정 지적법 (1975.12.31)	24		전, 답, 과수원, 목장용지, 임야, 광천지, 염전, 대, 공장용지, 학교용지, 도로, 철도용지, 하천, 제방, 구거, 유지, 수도용지, 공원, 운동장, 유원지, 종교용지, 사적지, 묘지, 잡종지
개정 지적법 (1991.11.30)	24		"운동장"을 "체육용지"로 명칭 변경
개정 지적법 (2001.1.26)	28		"주차장", "주유소용지", "창고용지", "양어장" 등 신설

20 면적체계의 변천

토지조사사업 이후부터 1975년 지적법 전문개정 전까지는 척관법에 따라 평과 정, 보를 단위로 하였으나 현재에는 m²를 사용한다.

1. 면적의 등록단위

(1) 토지조사사업, 임야조사사업 당시부터 1975년 지적법 전문개정 이전까지는 척관법에 의한 면적단위를 사용하였다.
(2) 토지대장에는 평 또는 보, 임야대장에는 정, 단, 무, 보를 사용한다.
(3) 척관법에 의하면 1정=10단, 1단=10무, 1무=30보, 1보=1평으로 환산한다.
(4) 1975년 지적법 전문개정 이후부터 현재까지는 미터법에 의한 제곱미터(m²)를 면적단위로 사용한다.

※ 평 또는 보 × $\frac{400}{121}$ = 제곱미터(m²) (1평=3.30578m², 1m²=0.3025평)

2. 척관법

척관법은 길이의 단위로 척, 무게의 단위로 관 따위를 쓰는 도량형의 한 종류로서 우리나라와 일본, 중국 등 한자 민족 사이에서 발달한 도량형 제도이다. 우리나라는 고구려, 백제, 신라의 삼국시대에 이미 과세제도가 제정되었으며, 조선 초기에 반전제도가 시행됨에 따라 토지의 측량에는 면적이 사용되었다.

(1) 토지조사사업 당시 토지조사령에 의거 지적의 단위로 평 또는 보를 사용하였다.
(2) 구 지적법에 토지대장 등록지의 지적은 평단위로 정하며, 등록의 최소단위는 합(10합=1평)이다.
(3) 구 지적법에 임야대장 등록지의 지적은 무단위로 정하며, 등록의 최소단위는 보(1보=1평)이다.

(4) 산토지대장의 면적은 30평(=1무) 단위로 등록한다.

(5) 기본단위

1평 ⇒ 6척×6척=1간×1간

1습(합 또는 홉) ⇒ 1/10평

1보 ⇒ 1평=10합

1무 ⇒ 30평

1단 ⇒ 300평=10무

1정 ⇒ 3000평=100무=10단

3. 면적의 결정 및 측량계산의 끝수처리

(1) 면적의 결정

① 토지의 면적에 $1m^2$ 미만의 끝수가 있는 경우 $0.5m^2$ 미만일 때에는 버리고 $0.5m^2$를 초과하는 때에는 올리며, $0.5m^2$일 때에는 구하려는 끝자리의 숫자가 0 또는 짝수이면 버리고 홀수이면 올린다. 다만, 1필지의 면적이 $1m^2$ 미만일 때에는 $1m^2$로 한다.

② 지적도의 축척이 1/600인 지역과 경계점좌표등록부에 등록하는 지역의 토지 면적은 m^2 이하 한 자리 단위로 하되, $0.1m^2$ 미만의 끝수가 있는 경우 $0.05m^2$ 미만일 때에는 버리고 $0.05m^2$를 초과할 때에는 올리며, $0.05m^2$일 때에는 구하려는 끝자리의 숫자가 0 또는 짝수이면 버리고 홀수이면 올린다. 다만, 1필지의 면적이 $0.1m^2$ 미만일 때에는 $0.1m^2$로 한다.

(2) 측량계산의 끝수처리

방위각의 각치, 종횡선 수치 또는 거리의 계산에 있어서 구하고자 하는 자릿수의 다음 숫자가 5를 초과하는 경우에 올리고, 5 미만인 경우에는 버리고, 5인 경우에는 구하고자 하는 끝자리의 숫자가 0 또는 짝수인 때에는 버리고 홀수인 때에는 올리는 것을 오사오입이라 한다. 다만, 전자계산조직에 의하여 연산할 때에는 최종수치에 한하여 이를 적용한다.

21 해양지적

해양지적은 해양을 대상으로 가치·이용·권익의 한계를 공적 기관에 의하여 체계적으로 관리하는 해양지적 관리시스템을 말한다.

1. 일반지적과 해양지적의 비교요인

(1) 정책원리
국가 행정정책에 기반하고 경계보다는 권리에 목적을 두며 동태적으로 운영된다.

(2) 보유원리
자산의 보유는 임대차 중심으로 비배타성을 갖고 지방자치단체는 해양환경에 관련된 업무를 수행한다.

(3) 법적원리
경계의 정확한 위치설정에 근간을 두고 경계표시보다는 규제에 우선을 두고 있다.

(4) 제도원리
계층적 조직구조로 구성되며, 계층적 구조에 따른 중앙집권적 성향을 갖고 있다.

(5) 기술원리
경계는 범위설정에 두므로 정확성이 육지보다 낮고, 경계의 중복이 일반적이며, 바다 자체의 3차원 중심으로 이루어져 일괄등록이 일반적이다.

2. 해양지적의 기능 및 구성요소

(1) 기능
① 토지 및 고정된 개량물에 부여되는 권리, 책임, 제한을 명확히 기록하고 한정
② 토지 위 권익의 물리적 범위 공시
③ 권익을 향유하는 사람의 명확한 기록 및 한정
④ 경제·문화적 또는 물리적인 지역에 권익의 가치를 결정하기 위한 수단 및 정보 제공
⑤ 재산권에 관련된 분쟁조정을 위한 수단 제공

(2) 구성요소
① 권리 : 해양활동에서 파생되는 각종 특별한 이익을 누릴 수 있는 법률상의 힘을 말한다.
② 제한 : 해양환경에서 활동하는 데 부여된 권리를 향유하기 위하여 일정한 범위를 설정하여 제한을 가하는 것을 말한다.
③ 책임 : 위법한 행위를 한 사람에 대한 법률적 제재를 의미한다.

3. 해양탐사 방법

(1) 단빔 음향탐사기

① Echo Sounder는 수면과 수직으로 음파를 방사하고 수신시간을 측정해서 수심을 구한다.
② 이 방법은 계획된 격자망을 따라 경로 바로 아래의 수심만 측정하기 때문에 탐사가 안 되고 놓치는 부분이 발생하는 단점이 있다.

(2) 다중 빔 음향탐사기

① 안테나가 장착된 배의 운동방향 수직으로 하나의 방사선이 아닌 부채꼴 형식의 N개의 다중 빔으로 측정한다.
② 각각의 방향에서 바닥까지의 거리를 측정하여 바닥 기록정보를 얻을 수 있다.
③ N개의 송신채널과 수신채널이 필요하다.
④ 측정폭은 깊이의 4배까지 탐사할 수 있다.
⑤ 기존의 Echo Sounder보다 효율적이고 정밀한 측량을 할 수 있으나 음향 이미지는 얻을 수 없고 3D 기복자료만을 얻을 수 있다.

(3) 음향 영상탐사기

① 측면으로 폭이 좁고 넓은 각으로 방사되며 면적단위로 탐사하는 방식이다.
② 수역조사 시 수중바닥표면탐사에서 고해상도의 음향 이미지를 얻을 수 있다.
③ 대상물의 상태 및 크기를 측정할 수 있는 특징이 있다.
④ 방사형태는 날의 모양을 하고 있다.
⑤ 해심측정기처럼 임의 지역을 음향화하는 것이 아니라 지역면적 단위로 음향화하기 때문에 수중바닥 탐사 시 필요한 정보를 정확히 얻을 수 있다.

CHAPTER 03 주관식 논문형(논술)

01 지번제도

1. 개요

지번이란 토지의 특정화를 위하여 지번부여지역별로 시작하여 필지마다 하나씩 붙이는 번호를 말한다. 토지의 등록을 위해서는 토지를 필지별로 개별화하고 특정화해야 하는데, 이를 위하여 물리적으로 연속되는 토지를 구획한 필지를 각각 필지와의 구분을 위하여 중복되지 않는 고유의 번호를 부여한 것으로 토지의 식별과 위치확인에 활용된다. 우리나라 지번부여방식은 법정 동·리를 지번부여지역으로 하여 지번부여지역별로 순차적으로 번호를 붙여 필지마다 지번을 부여한 후 합병의 경우 선순위 지번을 남기고 분할의 경우 최종 순번의 다음 번호를 설정하는 방식이다. 일필지가 2필지 이상으로 분할될 경우 원번지인 본번에 가지번호인 부번을 붙여 2지번으로 한다.

2. 지번의 기능 및 표기방법

(1) 지번의 기능

① 토지를 필지별로 구별하는 개별성과 특정성의 기능
② 물권의 객체의 구분
③ 주소 표기의 기준
④ 토지의 위치파악 및 위치추측이 가능
⑤ 각종 토지정보관련 정보시스템의 검색키로서 기능
⑥ 등록공시단위

[표 4-4] 지번의 기능과 역할

기능	역할
토지특정화 기능	토지등록을 위해서는 토지를 필지별로 개별화하고 특정화하여야 하는데, 물리적으로 무한히 연속된 토지를 인위적으로 구획한 각각의 필지를 다른 필지와 구별하기 위해서 중복되지 않은 고유의 번호를 부여한 것이 바로 지번이다.
위치명시 기능	지번은 고정된 토지에 이름을 붙임으로써 다른 토지와 구별될 뿐만 아니라, 자연스레 그 토지가 위치한 장소를 가리키게 되어 위치식별의 기능을 한다.
부동산 물권기준	우리나라의 부동산등기는 물적 편성주의를 채택하고 있어 필지별로 등기기록을 하는데, 지번은 이러한 부동산물권의 객체가 되는 필지에 부여하는 번호로서 부동산물권의 기준이 된다.

기능	역할
부동산 경제기준	지번은 부동산매매·임대차와 같은 부동산거래와 저당·신탁·경매와 같은 부동산금융 그리고 부동산개발지에 대한 정보 조회, 부동산투자, 부동산입지분석, 부동산시장분석 등 여러 부동산관련 경제활동의 기준이 된다.
토지 행정기준	종합부동산세, 취득세, 등록세, 증여세, 양도소득세 등과 같은 조세에서부터 토지측량, 공시지가, 개별주택가격, 보상, 건축허가, 재건축, 도시계획, 개발행위허가, 개발부담금, 토지거래허가, 부동산실거래신고, 농지원부, 주민등록, 사업자등록, 호적, 도로명주소, 국공유지관리 등에 이르기까지 지번은 토지와 관련된 행정의 기준이 된다.
공간 정보기준	토지, 건축, 세무, 도시계획, 농업, 축산, 산림 등과 같은 토지와 관련된 데이터들의 연결 및 정보의 검색과 이용에도 지번이 식별자 역할을 하고 있어 현대의 다목적지적 및 토지정보체계에서 지번은 공간정보의 기준으로서 그 역할이 더욱 중요해졌다.

(2) 필지식별자의 역할

① 이해하기 쉬워야 한다.
② 토지소유자가 기억하기 쉬워야 한다.
③ 일반 대중과 행정가들이 이용하기 쉬워야 한다.
④ 매매의 사례에 따라 변화되는 것이 아니라 영구적이어야 한다.
⑤ 분할 또는 합병에 따라 갱신이 가능해야 한다.
⑥ 공부의 등록사항과 실제 현장 사이에는 완벽하게 일치해야 하고 독특해야 한다.
⑦ 착오를 범하지 않고 정확해야 한다.
⑧ 토지행정의 모든 수행에 이용될 수 있을 만큼 유연해야 한다.
⑨ 도입 및 유지에 경제적이어야 한다.

(3) 지번의 구성과 표기방법

① 지번의 구성
  ㉠ 본번 : "-"가 없거나 "-" 앞에 있는 지번
  ㉡ 부번 : "-" 뒤에 있는 지번

② 표기방법
  ㉠ 아라비아숫자로 표기
  ㉡ 임야대장 및 임야도에 등록하는 토지의 지번은 숫자 앞에 "산"자를 붙여서 지번을 설정
  ㉢ 지번에서 "-"는 "의"로 읽음
  ㉣ 북서기번법에 의하여 설정

3. 지번설정원칙

(1) 신규등록 등에 따른 지번설정(신규등록, 등록전환, 지번변경, 행정구역변경 등의 경우)

① 당해 지번부여지역 내 인접토지의 본번에 부번을 붙여서 설정

② 부번을 붙이는 것이 부적당하다고 인정될 때 최종 본번 다음부터 설정

(2) 분할에 따른 지번설정
① 분할 후 1필은 원지번, 나머지는 부번을 붙여 설정
② 소유자의 신청이 있을 경우 특정 지번의 설정도 가능

(3) 합병에 따른 지번설정
① 합병 전 지번 중 선순위 지번으로 설정
② 합병 전 지번이 본번과 부번이 혼재할 경우 본번 중 선순위 지번으로 설정
③ 소유자의 신청이 있을 때는 특정 지번으로 설정이 가능

(4) 토지구획정리사업 등에 따른 지번설정
① 편입된 토지 중 본번만으로 설정
② 종전 본번이 새로 정할 지번수보다 작을 때에는 최종지번 다음 번호부터 블록단위로 1개의 본번을 부여하고 부번을 붙여 순차적으로 설정
③ 토지의 지번이 "대"인 경우(택지조성) 주요가로의 진행방향에 따라 같은 본번에 부번을 붙여 설정

4. 지번변경 및 결번

(1) 지번변경
① 지번변경의 의의
지번변경은 설정된 지번의 무질서로 인해 지번색인이 어려워 국민의 공부활용이 불편하고, 효율적인 지적행정의 수행이 곤란하여 지번설정기준에 따라 새로이 지번을 정하는 것을 말한다.
② 지번변경의 사유
㉠ 행정구역의 통·폐합으로 동일 지역 내에 동일 지번이 존재할 때
㉡ 행정구역의 분할 등으로 지번지역 내의 지번이 연속되지 않는 때
㉢ 빈번한 토지이동으로 지번이 무질서하게 부여된 경우
㉣ 토지이동 정리 시 지번설정 착오로 인하여 지번을 정정할 토지
㉤ 기타 지번변경이 필요한 경우

(2) 결번
① 결번의 의의
결번이란 지번부여지역의 동·리 단위로 순차적으로 연속하여 지번을 부여하여야 하나, 지번이 여러 가지 사유로 인하여 그 지번 순서대로 지적공부에 등록되지 아니한 번호가 생

기는 경우를 말한다. 토지구획정리사업, 농지개량사업, 지번변경, 행정구역변경 등에 따라 지번의 순서에 결번이 발생한 경우 소관청은 지체 없이 그 사유를 결번대장에 등록하여 영구 보존하여야 한다.

② 결번의 발생 사유
  ㉠ 지번변경
  ㉡ 토지의 합병
  ㉢ 등록전환
  ㉣ 해면성 말소
  ㉤ 도시개발사업, 경지정리
  ㉥ 축척변경
  ㉦ 행정구역변경 등

5. 결론

지번은 필지에 부여하여 지적공부에 등록한 번호를 말하는데 토지의 특성과 개별성을 확보하기 위하여 지적소관청이 지번부여지역인 법정 동·리 단위로 기번하여 필지마다 아라비아숫자를 순차적으로 부여한 번호를 말한다. 지번을 붙이는 가장 중요한 목적은 토지의 식별에 있고 그 다음은 위치의 추측에 있으며, 지번지역은 일반적으로 법정 동·리로서 지번은 숫자를 요소로 한다. 현재 지번제도는 행정구역의 통·폐합으로 지번의 중복을 야기할 수 있어 토지의 개별성을 위협하고 합병분할에 따른 결번 및 신규지번의 발행으로 위치 예측성이 약화되어 위치정보의 정확성 측면에서 다양한 문제를 발생시키고 있다.

02 지번의 부여방법

1. 개요

지번이란 토지의 고정성·개별성을 확보하기 위해 소관청이 지번부여지역인 법정 동·리 단위로 1번부터 기번하여 필지마다 아라비아숫자로 순차적으로 연속하여 부여한 번호를 말한다. 지번을 부여함에 있어 토지조사사업 당시부터 1913년 4월까지 지역단위법을 사용해 왔으나, 그 후로는 도엽단위법을 사용하였다. 그리고 임야대장 작성을 위한 임야조사사업에서는 지역단위법을 사용하였으며, 그 이후는 토지구획정리사업, 농지개량사업, 도시개발사업, 기타 지역개발사업 등을 시행하는 지역에서는 단지단위법을 사용하였다. 따라서 현재 도면의 지번은 지역단위법, 도엽단위법, 단지단위법 등이 혼용되어 존재하고 있다. 또한, 기번하는 위치에 있어 지번 표기를 한자로 하던 1976년 5월 7일 이전에는 북동기번법을 사용하였으나, 1976년 5월 7일부터 지번을 아라비아숫자로 표기하면서 북서기번법을 채택하게 되었다.

2. 지번부여지역

지번부여지역은 지번을 부여하는 단위지역으로서 동·리 또는 이에 준하는 지역을 말한다.
(1) 동·리 또는 이에 준하는 지역으로서 지번을 설정하는 단위지역이다.
(2) 동·리란 법적 동·리를 뜻한다.
(3) 동·리에 준하는 지역이란 외딴섬을 의미하는 것으로서, 토지조사사업 당시 도서는 별개의 지번부여지역으로 하였다가 1975년 지적법 전문개정 시 동·리 단위로 지번변경을 완료하였다.
(4) 토지조사사업 당시에는 기번지역, 제2차 지적법 개정 시 지번지역, 제7차 지적법 개정 시 지번설정지역으로 하였다.
(5) 제10차 지적법 전문개정 시 지번설정지역에서 설정이란 용어가 부적합하여 지번부여지역으로 용어를 변경하였다.

3. 지번의 부여방식

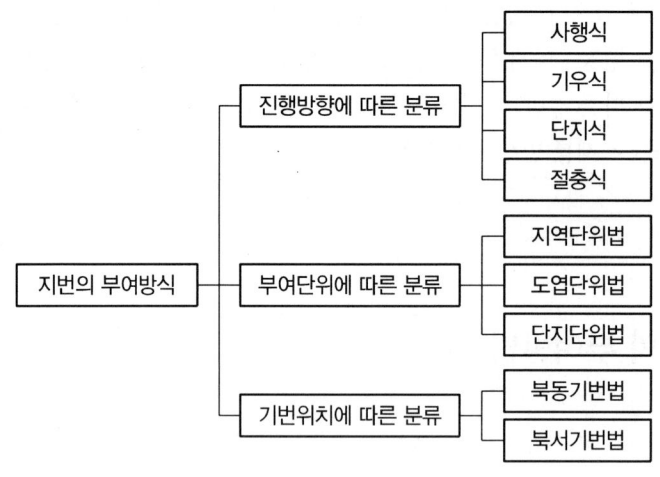

[그림 4-6] 지번의 부여방식

(1) 진행방향에 따른 분류

① 사행식
   ㉠ 필지의 배열이 불규칙한 지역에서 진행순서에 따라 지번을 부여하는 방법
   ㉡ 진행방향에 따라 지번이 순차적으로 연속됨
   ㉢ 농촌지역에 적합하나, 상하좌우로 볼 때 어느 방향에서는 지번이 뛰어넘는 단점
   ㉣ 사행식은 글자 그대로 뱀이 기어가는 형상으로 지번을 부여하는 것을 말함

㉥ 지번부여 진행방법 중 가장 많이 쓰이는 것으로서 우리나라 토지의 대부분은 이 방법에 의하여 지번을 부여
② 기우식(교호식)
㉠ 도로를 중심으로 한쪽은 홀수인 기수로, 그 반대쪽은 짝수인 우수로 지번을 부여하는 방법으로서 교호식이라고도 함
㉡ 시가지 지역의 지번설정에 적합
㉢ 시가지를 형성하는 지역 등에 이용할 때에는 토지의 소재를 추측하기 쉬워 통신·방문 등에 편리
③ 단지식(블록식)
㉠ 여러 필지가 모여 하나의 단지를 형성하는 경우 각각의 단지마다 본번을 부여하고 부번을 다르게 부여하는 방법으로 블록식이라고도 함
㉡ 토지구획정리사업 및 농지개량사업시행지역에 적합
㉢ 1단지마다 하나의 지번을 부여하고 단지 내 필지마다 부번을 부여하는 방법

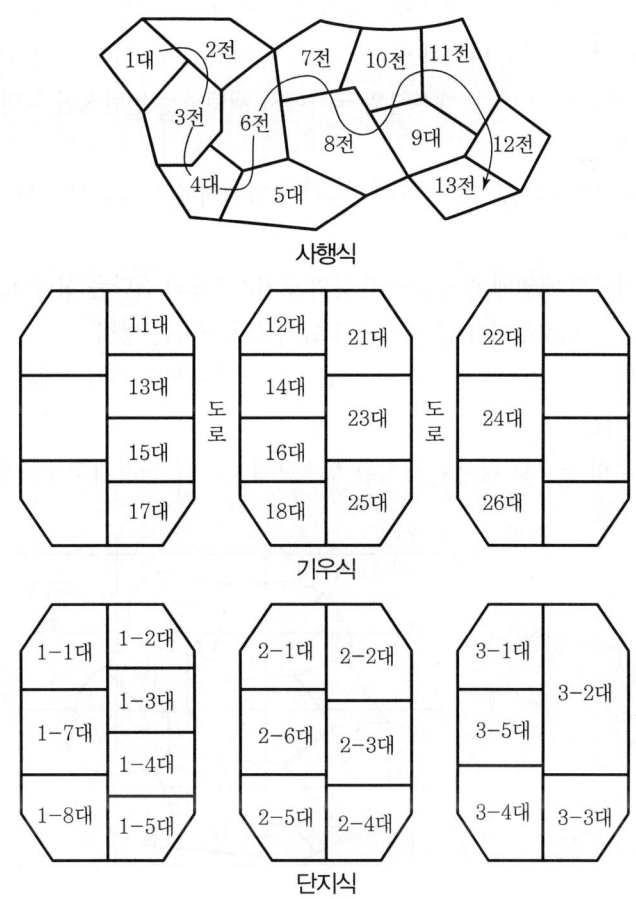

[그림 4-7] 진행방향에 따른 분류

④ 절충식

절충식은 사행법·기우법 등을 적당히 취사·선택하여 번호를 부여하는 방식으로 토지 배열이 불규칙한 지역은 사행식을, 토지 배열이 규칙적인 곳은 기우식을 붙이는 방법

(2) 부여단위에 따른 분류

① 지역단위법
  ㉠ 지번부여지역 전체를 대상으로 하여 순차적으로 지번을 부여하는 방법
  ㉡ 지번부여지역 내의 지적도 또는 블록 등의 배열과는 관계없이 그 지번부여지역을 통하여 순차적으로 번호를 부여하는 방식
  ㉢ 지번부여지역의 면적이 넓지 않거나 도면의 매수가 적은 지역에 적합
  ㉣ 토지의 구획이 정연한 시가지 등에서 노선전장이 비교적 긴 가로별로 지번을 연속시킬 필요가 있을 때에 채택하면 좋은 방법

② 도엽단위법
  ㉠ 지번부여지역을 지적도·임야도의 도엽단위로 세분하여 도엽순서에 따라 지번부여
  ㉡ 지번부여지역 내의 지적도 단위도엽의 지번이 끝나면 그 다음 도엽으로 옮겨가는 방식
  ㉢ 지번설정지역의 면적이 비교적 넓고 또 지적도의 매수가 많을 때에 흔히 채택하는 방식
  ㉣ 우리나라를 비롯한 대부분의 국가에서 채택하는 일반적인 지번부여방식

③ 단지단위법
  ㉠ 지번부여지역을 단지단위로 세분하여 단지의 순서에 따라 순차적으로 지번을 부여하는 방법
  ㉡ 지적도의 배열에 관계없이 몇 필의 토지가 1개의 집단을 형성하고 있는 1단지마다 연속적으로 번호부여가 끝나면 다른 단지로 옮겨가는 방식
  ㉢ 단지 수는 많으면서도 그 면적이 각각 작게 구획된 시가지계획지구나 경지정리지구 등에 적합
  ㉣ 다수의 소규모 단지로 구성된 토지구획정리 및 농지개량사업의 시행지역에 적합

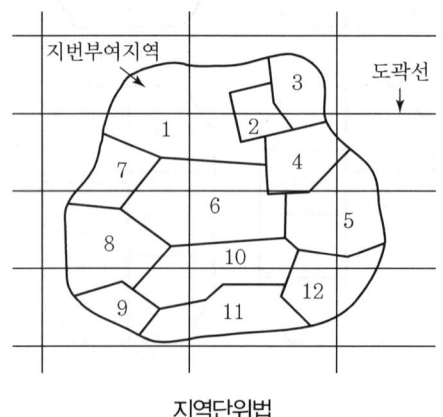

지역단위법

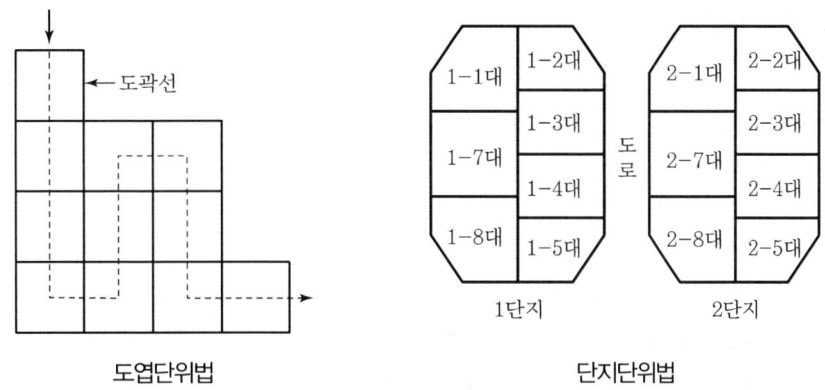

[그림 4-8] 부여단위에 따른 분류

(3) 기번위치에 따른 분류

① 북동기번법
  ㉠ 북동쪽에서 1번부터 번호를 부여하고 순차로 진행하다가 남서쪽에서 끝내도록 하는 방식
  ㉡ 주로 한자문화권에서 사용
  ㉢ 우리나라도 과거 북동기번법을 사용한 적이 있음

② 북서기번법
  ㉠ 지번부여지역의 북서쪽에서부터 번호를 부여하고 순차로 진행하다가 남동쪽에서 끝내도록 하는 방식
  ㉡ 한글, 영어, 아라비아숫자 등을 사용하는 문화권에서 많이 사용
  ㉢ 우리나라는 북서기번법을 사용

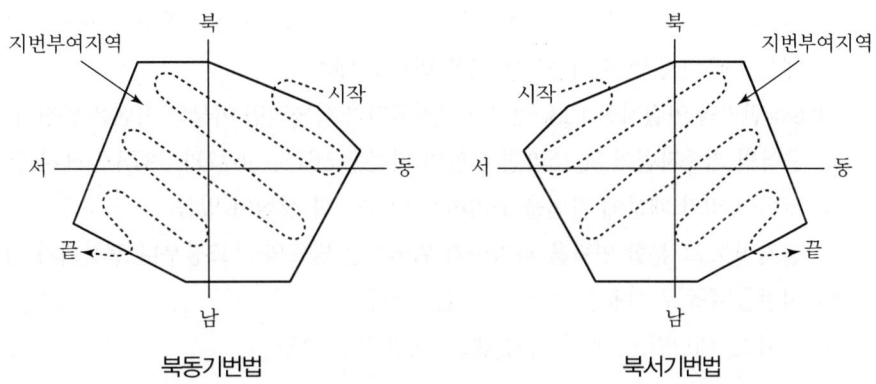

[그림 4-9] 기번위치에 따른 분류

4. 외국의 부번제도

지번은 국가마다 서로 다른 방법으로 부여하고 있는데 일반적으로 분수식 지번부여제도, 기번식 지번부여제도, 자유식 지번부여제도 등으로 구분할 수 있다.

(1) 분수식 지번부여제도

① 본번을 분자로 하고 부번을 분모로 한 분수형태로 나타내는 지번형태
② 독일의 경우 원지번 6의 2는 6/2로 표시되며 이것이 2필지로 분할되고 동일구역의 유효한 최종지번이 6/3일 때 원지번 6/2번지는 사라지고 6/4, 6/5로 표시
③ 오스트리아, 핀란드, 불가리아에서는 본번이 분모가 되고 부번이 분자가 되며, 567번지가 2필로 분할되고 동일구역 내 최종 부번이 1234라면 새로운 지번은 1235/567, 1236/567로 표시
④ 본번을 변경하지 아니하는 장점이 있으나 분할 후의 지번이 정확히 어느 지번에서 파생되었는지 그 연혁을 파악하기가 용이하지 아니하며 지번을 주소로 활용할 수 없는 단점이 있음

(2) 기번식 지번부여제도

① 모지번에 기초하여 문자나 기호색인을 사용하여 수학의 자승형태로 표시하는 방법
② 989번지가 분할될 경우 이것을 989a, 989b, 989c로 표시하고 그중 989b가 또 3필로 분할될 경우 이것은 989b1, 989b2, 989b3으로 표시
③ 분할된 유래를 잘 설명할 수 있으나 여러 차례 분할될 경우 반복정리로 인하여 배열이 혼잡
④ 벨기에 등의 국가에서 채택

(3) 자유식 지번부여제도

① 새로운 경계가 설정되면 그때까지의 모든 절차상의 번호가 영원히 소멸되고 토지등록구역에서 사용되지 않는 최종지번 다음 번호로 대치
② 545번지와 인접지번 1230번지가 분할되거나 합병되면 이상의 지번은 완전히 사라지고 그 구역의 최종지번이 5675라면 분할된 지번은 5676, 5677과 5678로 표시
③ 부번이 없기 때문에 지번을 표기하는 데 용이한 장점이 있음
④ 필지별로 그 분할 연혁을 파악하기 위해서는 별도의 보조장부나 전산화가 필요
⑤ 지번을 주소로 사용할 수 없는 단점이 있음
⑥ 스위스, 네덜란드, 호주, 뉴질랜드, 이란 등이 해당

(4) 기타

① 계층형 지번부여 체계 : 일정한 계층에 따라 지번을 부여하는 제도로서 권과 쪽, 도면번호와 구획번호, 자치단체, 블록, 서브블록, 필지번호, 자치단체와 가로명 등의 방법으로 구분할 수 있다.

② **격자형 지번부여 체계** : 격자(Grid)를 사용하여 지번을 부여하는 제도를 말하며, 격자는 어떠한 점과 선에 대한 좌표체계의 기준으로 사용되며 지도상에 동일한 정사각형을 형성해 주는 수평과 수직선으로 구성되어 있다.

③ **혼합형 지번부여 체계** : 계층형 지번부여 체계와 격자형 지번부여 체계를 혼용해서 지번을 부여하는 제도를 말한다. 지방과 시·군은 명칭 또는 번호로서 구별하고, 필지에 대한 더 자세한 구별은 격자체계를 따르도록 지번을 부여할 수 있다.

5. 결론

지번은 하나의 필지와 위치를 의미하며 규칙적인 지번의 설정방법은 특정 필지의 위치을 추측 가능하게 한다. 그동안 도시화와 산업화가 진행되면서 토지조사사업 당시 설정된 지번의 규칙성은 무질서하게 되었고 잦은 행정구역의 통·폐합으로 지번부여단위인 지번부여지역은 고정된 위치를 정의하는 지번의 설정기준으로서 더이상 적합하지 않게 되었다. 따라서 현 지번부여제도의 개선이 필요하다.

03 지목(Land Category)

1. 개요

지목은 토지의 주된 사용목적 또는 용도에 따라 토지의 종류를 구분하여 표시하는 명칭으로서 전, 답, 과수원, 목장용지 등 토지의 사용목적이나 용도에 따라 28개의 지목으로 구분하여 필지단위로 지적공부에 등록하는 토지의 종류를 말한다. 지목의 변경은 지적공부에 등록된 지목을 다른 지목으로 바꾸어 등록하는 것을 말하는데 산림법, 도시계획법, 건축법 등 관계법령에 의한 각종 인·허가 및 준공 등에 의하여 토지의 주된 사용목적 및 용도가 변경됨에 따라 지적공부에 등록된 지목을 다른 지목으로 바꾸어 등록하는 행정처분을 뜻한다. 지목은 토지의 소재·지번·경계 또는 좌표 및 면적 등과 함께 필지구성의 중요 요소이다.

2. 지목의 변천 연혁

(1) 토지조사사업 이후~지적법 시행 이전(1910~1950년)

토지조사령에 의거 전, 답, 대, 지소, 임야, 잡종지, 사사지, 분묘지, 공원지, 철도용지, 수도용지, 도로, 하천, 구거, 제방, 성첩, 철도선로, 수도선로 등 18개 지목으로 구분

(2) 지적법 시행 이후~지적법 전부개정 전(1950~1975년)

① 구 지적법에 의거 21개 지목으로 구분

② 3개 지목 신설(지소 : 지소 · 유지, 잡종지 : 잡종지 · 염전 · 광천지)

(3) 제1차 지적법 전부개정(1976~2001년)

① 24개 지목으로 구분

② 신설 : 과수원, 목장용지, 공장용지, 학교용지, 운동장, 유원지

③ 통합 : 철도용지 · 철도선로 → 철도용지, 수도용지 · 수도선로 → 수도용지, 유지 · 지소 → 유지

④ 명칭변경 : 공원지 → 공원, 사사지 → 종교용지, 성첩 → 사적지, 분묘지 → 묘지, 운동장 → 체육용지(1991. 11. 30.)

(4) 제2차 지적법 전부개정(2002년~현재)

① 28개 지목으로 구분

② 4개 지목 신설(주차장, 주유소용지, 창고용지, 양어장)

3. 지목의 분류 및 기능

(1) 토지의 현황에 따른 분류

① 용도지목 : 토지의 주된 사용목적에 따라 지목을 결정하는 것으로 우리나라에서 지목을 결정할 때 사용하는 방법

② 토성지목 : 지층, 암석, 토양 등 토지의 구성물질에 분류한 지목

③ 지형지목 : 지표면의 형상, 토지의 고저, 수륙의 분포형태 등 토지의 모양에 따라 분류한 지목

(2) 지목의 구성내용에 따른 분류

① 단식지목 : 1개의 토지에 대하여 1가지 기준에 의해 분류된 지목

② 복식지목 : 1개의 토지에 대하여 2가지 이상의 기준에 의하여 분류된 지목

(3) 지목의 기능

① 관리적 기능 : 토지관리, 지방행정의 기초자료, 도시 및 국토계획의 원천

② 경제적 기능 : 토지평가의 기초, 공시지가 산정의 근거, 토지유통의 자료

③ 사회적 기능 : 토지이용의 공공성, 토지투기의 방지, 인구이동의 변수, 주택건설의 정보

(4) 지목의 구분

지목은 전 · 답 · 과수원 · 목장용지 · 임야 · 광천지 · 염전 · 대(垈) · 공장용지 · 학교용지 ·

주차장·주유소용지·창고용지·도로·철도용지·제방·하천·구거(溝渠)·유지(溜池)·양어장·수도용지·공원·체육용지·유원지·종교용지·사적지·묘지·잡종지로 구분하여 정한다.

4. 지목의 설정원칙

지목의 일반적인 원칙에는 지목 법정주의, 1필1지목의 원칙, 주지목 추종의 원칙, 등록 선후의 원칙, 용도 경중의 원칙, 사용목적 추종의 원칙, 일시변경불변의 원칙(영속성의 원칙)이 적용된다.

(1) 지목 법정주의
① 현실의 다양한 토지이용의 형태에 따라 그대로 모두를 지목화하여 지적공부에 지목으로 등록할 수 없다.
② 지목의 종류를 법률로 정하여 이용형태를 분류하여 지목을 정하고 이외는 등록을 인정하지 않는 원칙으로 현재 법정 지목은 28개로 규정되어 있다.

(2) 1필1지목의 원칙
① 모든 토지는 필지마다 하나의 지목만을 설정하는 원칙이며, 1필의 일부가 용도 변경된 경우에는 분할 후에 지목을 변경한다.
② 토지의 이용이 고도화 또는 입체화되면서 지하상가를 설치하는 등 수직적 경합이 되고 있으나 모든 토지는 필지별로 하나의 지목만을 설정토록 하고 있다.
③ 1필지의 토지에 2개 이상의 지목설정이 불가능하기 때문에 1필지의 토지가 2개 이상의 용도로 사용하는 때에는 그중에서 가장 주되는 용도의 지목 1개만을 등록하여야 한다.
④ 토지의 이용이 다양화·입체화되고 있지만 주용도, 용도 경중, 등록 선후를 판단하여 1필지에 하나의 지목을 설정하거나 토지를 분할하여 지목을 각각 설정한다.

(3) 주지목 추종의 원칙
① 일필지의 토지가 단일지목으로만 사용되지 못하고 2종 이상의 지목이 수평적으로 경합하여 다양하게 이용될 때에는 주된 토지의 이용상태에 따라 지목을 결정하게 된다.
② 주된 토지의 편익을 위해 설치된 작은 면적의 도로, 구거 등의 부지와 주된 지목의 토지에 접속되거나 둘러싸인 다른 지목의 협소한 토지는 지목을 따로 정하지 않고 주된 사용목적에 따라 지목을 설정한다.
③ 지목의 판단기준은 장기적이고 직접적인 이용행태를 보아야 하므로 임시적·일시적인 용도변경은 지목의 변경으로 보지 않는다.
④ 주거용 건축물을 중심으로 농기구 창고, 축사, 마당, 우물, 텃밭 등 다양하게 이용되고 있는 경우 주거용 건물에 부합하는 대지가 바람직한 지목이 되는 것이다.

(4) 등록 선후의 원칙

① 도로, 철도용지, 하천, 구거, 제방, 수도용지 등의 지목이 서로 중복될 때에는 먼저 등록된 토지의 사용목적에 따라 지목을 설정하여야 한다는 원칙이다.
② 하천 위에 교량을 축조하여 개설한 도로와 제방 위의 도로 및 하천을 복개하여 도로로 사용하는 경우 등은 지목변경을 하지 아니하고 지적공부에 앞서 등록된 지목으로 결정하는 것이다.
③ 비슷한 규모의 도로와 철도가 교차하는 지점의 지목설정 방법이다.

(5) 용도 경중의 원칙

① 도로, 철도용지, 하천, 구거, 제방, 수도용지 등의 지목이 서로 중복될 때에는 그 용도가 중요한 토지의 사용목적에 따라 지목을 설정하여야 한다는 원칙이다.
② 도로를 가로질러 철도를 개설한 경우에는 당해 부분을 분할하여 철도용지로 지목을 설정하여야 하나 도로지하 또는 지상에 고가를 설치하여 개설하는 경우에는 그렇지 않다.
③ 도로 위에 건축물을 건축하여 이용되고 있던 낙원상가, 세운상가의 지목은 도로이다.

(6) 사용목적 추종의 원칙

① 도시개발사업, 토지구획정리사업, 농지개량사업 등의 완료에 따라 조성된 토지는 해당 사업계획에 의한 사용목적에 따라 지목을 설정하는 것이다.
② 택지조성을 목적으로 시행한 도시개발사업 내에 있어 각 필지의 지목은 "대"로 설정하여야 한다.
③ 도시관련 법률에 의하여 공원이나 학교용지 등으로 지정된 경우에는 그 지정목적에 부합되도록 지목을 설정하여야 한다.

(7) 일시변경불변의 원칙(영속성의 원칙)

① 다른 지목에 해당하는 용도로 변경시킬 목적이 아닌 임시적 · 일시적인 용도로 사용되는 때에는 지목을 변경하지 아니하는 것이다.
② 임시적이고 일시적인 용도의 변경은 토지의 이동으로 볼 수 없기 때문에 지목변경을 하여서는 아니 된다는 원칙이다.
③ 건축물을 개축 또는 증축하기 위하여 일시 철거하였거나 농경지의 지력을 증진시키기 위하여 일시 휴경하는 경우에는 임시적이고 일시적인 사용목적의 변경으로 보아 지목변경을 하지 아니하고 종전 지목으로 존치하여야 한다.

5. 지목변경

(1) 지목변경의 의의

지목변경이란 지적공부에 등록된 지목을 다른 지목으로 바꾸어 등록하는 것으로 공부상 등록된 지목과 현지 이용현황이 다르게 된 경우에 현지와 지적공부에 등록사항이 일치되도록 변경하여 등록하는 행정처분이다.

(2) 지목변경의 대상
① 관계법령에 의한 토지의 형질변경 등의 공사가 준공된 토지
② 토지나 건축물의 용도가 변경된 토지
③ 토지구획정리사업, 택지개발사업, 도시재개발사업 등의 추진을 위해 사업시행자 또는 토지소유자가 공사준공 전이라도 토지의 합병을 신청하는 경우에는 토지의 사용목적 또는 용도가 변경된 토지로 보아 지목변경을 신청할 수 있다.

(3) 지목변경 신청기한
토지소유자는 지목변경을 할 토지가 있으면 대통령령으로 정하는 바에 따라 그 사유가 발생한 날부터 60일 이내에 지적소관청에 지목변경을 신청하여야 한다.

(4) 지목변경 신청서류
① 관계법령에 의한 토지의 형질변경 등의 공사가 준공되었음을 증명하는 서류의 사본
② 국유지·공유지의 경우에는 용도폐지되었거나 사실상 공공용으로 사용되고 있지 아니함을 증명하는 서류의 사본
③ 토지 또는 건축물의 용도가 변경되었음을 증명하는 서류의 사본
④ 개발행위허가·농지전용허가·보전산지전용허가 등 지목변경과 관련된 규제를 받지 아니하는 토지의 지목변경이나 전·답·과수원 상호 간의 지목변경인 경우에는 서류의 첨부를 생략할 수 있음
⑤ 서류의 원본을 소관청이 관리하는 경우에는 소관청의 확인으로서 당해서류의 제출에 갈음함

6. 지목의 표기방법

(1) 대장에 지목등록
지목명칭 전체를 기재한다.

(2) 도면에 지목등록
지목을 뜻하는 부호를 기재한다.
① 두문자 표기지목 : 지목의 첫 번째 문자를 지목표기의 부호로 사용하는 지목으로서 전, 답, 대 등 24개 지목이 여기에 해당
② 차문자 표기지목 : 지목명칭의 두 번째 문자를 지목표기의 부호로 사용하는 지목으로서 장(공장용지), 천(하천), 원(유원지), 차(주차장)로 표기한다.

[표 4-5] 지목의 표기방법

지목	부호	지목	부호	지목	부호	지목	부호
전	전	대	대	철도용지	철	공원	공
답	답	공장용지	장	제방	제	체육용지	체
과수원	과	학교용지	학	하천	천	유원지	원
목장용지	목	주차장	차	구거	구	종교용지	종
임야	임	주유소용지	주	유지	유	사적지	사
광천지	광	창고용지	창	양어장	양	묘지	묘
염전	염	도로	도	수도용지	수	잡종지	잡

7. 결론

지목은 토지의 주된 사용목적 또는 용도에 따라 토지의 종류를 구분하여 지적공부에 등록한 것을 말한다. 지목은 토지의 다양한 이용을 나타내는 정보로 과세뿐만 아니라 행정, 국토개발, 토지거래 등에서 중요한 자료로 활용되고 있다. 지목은 사회의 발전에 따라 세분화되고 있으므로 시대에 따라서 변천되고 있으며, 토지조사사업 당시에 18개 지목에서 2001년 지적법 개정 시에는 28개 지목으로 구분되고 있다. 산업화와 도시화로 인해 복잡하고 다양하게 변하고 있는 토지이용현황을 현 지목 구분으로 정확하게 지적공부에 등록할 수 없어 이를 개선하고자 하는 연구와 노력이 필요하다.

04 면적측정

1. 개요

일반적으로 면적은 수평면상의 면적, 구면상의 면적, 경사면상의 면적 등으로 구분할 수 있는데 지적공부에 등록하는 면적은 수평면상의 면적을 말한다. 즉, 토지의 면적은 일필지를 둘러싼 경계선을 기준면에 투영시켰을 때 그 경계선 내의 넓이를 말하며 도면 또는 경계점좌표로 측정하는 것으로 평균해수면에 의한 수평면적을 말한다. 지적공부에 등록된 면적은 경계점좌표로부터 측정 또는 계산하고 제곱미터(m^2) 단위로 사용하고 있다.

2. 면적의 종류

(1) 측정위치에 따른 분류

① 지상면적 : 현장에서 측량기기를 이용하여 산출한 면적

② **도상면적** : 실제의 토지를 축척에 따라 축소 또는 확대하여 작성된 도면에 의하여 산출한 면적

(2) 성질에 따른 분류

① **경사면적** : 종·횡단면도에 계획선을 넣은 경우 절토·성토 부분의 경사면의 면적 등이 포함되며 공사비 등 소요경비 등을 계산할 때 쓰임
② **수평면적** : 토지를 수평면상에 투영시켰을 때의 면적
③ **평균해수면상 면적** : 토지 경계선을 평균해수면상에 투영시켰을 때의 면적

3. 면적의 측정

(1) 측정대상

① 지적공부의 복구·신규등록·등록전환·분할 및 축척변경을 하는 경우
② 면적 또는 경계를 정정하는 경우
③ 도시개발사업 등으로 인한 토지의 이동에 의하여 토지의 표시를 새로 결정하는 경우
④ 경계복원측량 및 지적현황측량에 의하여 면적측정이 수반되는 경우
⑤ 면적측정대상에서 제외되는 것은 합병, 지목변경, 위치정정, 지적도의 재작성 등

(2) 면적측정의 절차

① 세부측량 시 필지마다 측정
② 필지별 면적측정은 좌표면적계산법 또는 전자면적계법에 의함
③ 도곽선 길이에 0.5mm 이상의 신축 발생 시 이를 보정
④ **차인법** : 토지가 둘 이상의 도곽에 걸치고 분할 전 면적이 5,000m² 이상으로서 분할 후 1필의 면적이 2할 미만일 경우 그 필지의 면적을 측정한 다음 분할 전 면적에서 그 측정된 면적을 뺀 나머지를 다른 필지의 면적으로 할 수 있음

(3) 면적측정의 방법

① **좌표면적계산법**
 ㉠ 경위의 측량법으로 세부측량을 한 지역에 적용
 ㉡ 경계점좌표에 의해 1/1,000m²까지 계산하여 1/10m² 단위로 결정
② **전자면적계법**
 ㉠ 도상 2회 측정 후 그 교차가 $A = 0.023^2 M\sqrt{F}$ 식에 의한 허용면적 이하인 때에는 그 평균치를 측정치로 함(A : 허용면적, M : 축척분모, M : 측정면적)
 ㉡ 산출면적은 1/1,000m²까지 계산하여 1/10m² 단위로 결정

4. 면적의 결정방법

(1) 면적의 최소 등록단위
① 축척 1/500, 1/600, 경계점좌표등록부 시행지역 : $0.1m^2$
② 축척 1/1,000~1/6,000 지역 : $1m^2$

(2) 측량계산의 끝수처리(방위각, 종횡선좌표, 거리, 면적에 적용되는 원칙임)
① 경계점좌표등록부지역 및 축척 1/600 지역 : 구하려는 끝자리의 다음 숫자가 $0.05m^2$ 초과 시에는 올리고 미만은 버리며, $0.05m^2$인 경우 끝자리 숫자가 0 또는 짝수이면 버리고 홀수이면 올림
② 축척 1/1,000~1/6,000 지역 : $0.5m^2$ 미만은 버리고 초과는 올림, $0.5m^2$인 경우는 위와 같음

(3) 도곽 신축에 의한 보정
① 도곽선 길이에 0.5mm 이상의 신축 시 측정면적을 보정하여야 함
② 도곽선의 신축량 계산

$$S = \frac{\Delta X_1 + \Delta X_2 + \Delta Y_1 + \Delta Y_2}{4}$$

여기서, S : 신축량
$\Delta X_1, \Delta X_2$: 종선신축차
$\Delta Y_1, \Delta Y_2$: 횡선신축차

③ 신축차(mm) $= \dfrac{1000(L-L_0)}{M}$

(여기서, L : 신축된 도곽선 지상길이, L_0 : 도곽선의 지상길이, M : 축척분모)

④ 도곽선의 보정계수 계산

$$Z = \frac{X \cdot Y}{\Delta X \cdot \Delta Y}$$

여기서, Z : 보정계수
$X \cdot Y$: 도곽선의 종횡선길이
$\Delta X \cdot \Delta Y$: 신축된 도곽선 종횡선길이의 합÷2

(4) 등록전환이나 토지분할 시 면적오차의 허용범위 및 처리방법
① 등록전환의 경우
㉠ 임야대장의 면적과 등록전환될 면적의 오차 허용범위는 $A = 0.026^2 M \sqrt{F}$의 계산식에 따른다. 이 경우 오차의 허용범위를 계산할 때 축척이 1/3,000인 지역의 축척분모는

6,000으로 한다(A : 오차 허용면적, M : 임야도 축척분모, F : 등록전환될 면적).

ⓒ 임야대장의 면적과 등록전환될 면적의 차이가 허용범위 이내인 경우에는 등록전환될 면적을 등록전환 면적으로 결정하고, 허용범위를 초과하는 경우에는 임야대장의 면적 또는 임야도의 경계를 지적소관청이 직권으로 정정하여야 한다.

② 토지를 분할하는 경우

ⓐ 오차의 허용범위 : 토지분할 시 분할 후 각 필지의 면적의 합과 분할 전 면적과의 오차가 $A=0.026^2M\sqrt{F}$ 식에 의한 허용면적 이하인 때에는 분할 전 면적에 증감이 없도록 각 필지의 면적에 안분배부하여 결정한다(A : 허용면적, M : 축척분모, F : 원면적).

ⓑ 오차의 배부

$$r = \frac{F}{A} \times a$$

여기서, r : 각 필지의 산출면적　　　　F : 원면적
　　　　A : 측정면적의 합계 또는 보정면적의 합계
　　　　a : 각 필지의 측정면적 또는 보정면적

③ 경계점좌표등록부가 있는 지역의 토지분할

ⓐ 분할 후 각 필지의 면적합계가 분할 전 면적보다 많은 경우에는 구하려는 끝자리의 다음 숫자가 작은 것부터 순차적으로 버려서 정하되, 분할 전 면적에 증감이 없도록 할 것

ⓑ 분할 후 각 필지의 면적합계가 분할 전 면적보다 적은 경우에는 구하려는 끝자리의 다음 숫자가 큰 것부터 순차적으로 올려서 정하되, 분할 전 면적에 증감이 없도록 할 것

5. 결론

면적이란 지적측량에 의하여 지적공부에 등록된 토지의 경계선을 기준면에 투영시켰을 때 그 경계선 내의 넓이를 말하며 평균해수면에 의한 수평면적을 말한다. 토지조사사업 이후부터 1975년까지는 척관법에 따라 평(坪)과 보(步)를 단위로 하였으며, 그 당시에는 면적을 지적(地積)이라 하였으나 지적(地籍)과 혼동되어 "면적"으로 개정하여 현재까지 사용하고 있다. 척관법에 의하여 토지대장등록지의 최소 등록단위는 합(合)(10合 → 1坪)이고, 임야대장의 최소 등록단위는 보(步)이며 1보(步) → 1평(坪), 30보(步) → 1무(畝), 10무 → 1단(段), 10단(段) → 1정(町)으로 등록하였다. 지적법 제2차 개정 시 미터법을 도입하였으며, 1976년부터 1980년까지 척관법을 미터법으로 환산 등록하였다.

05 수치 및 도해지역 토지 면적단위 일원화 방안

1. 개요

지적측량은 토지를 필지로 구획하여 지상에 그 위치를 복원하거나 도상에 등록하는 측량으로 지적확정측량 및 지적재조사측량을 포함한다. 지적측량은 토지를 등록하거나 경계점을 지상에 복원하는 과정에서 경계 또는 좌표와 면적을 정하는 측량을 하게 된다. 여기서 면적은 지적공부에 등록한 필지의 수평면상 넓이를 의미한다. 그러나 도해지역의 면적 등록단위($1m^2$)와 지적도 1/600 및 수치지역의 면적 등록단위($0.1m^2$)가 이원화되어 있어 토지분할 시 면적 불일치 문제가 발생하고 도해지역 지적도 도곽 변화에 따른 면적 보정문제가 발생한다. 이에 따라 토지면적 등록단위의 이원화에 따른 불편을 해소하기 위한 개선이 필요하다.

2. 면적단위

(1) 도해지역의 면적

① 전자면적측정기에 따라 면적을 측정한다.
② 측정면적은 $1/1,000m^2$까지 계산하여 $1/10m^2$ 단위로 정한다.
③ $1m^2$ 단위로 등록, 1필지의 면적이 $1m^2$ 미만일 때에는 $1m^2$로 한다.
④ 토지를 분할하는 경우 분할 후의 각 필지의 면적의 합계와 분할 전 면적과의 오차의 허용범위는 $A = 0.026^2 M\sqrt{F}$로 계산한다(A : 오차 허용면적, M : 축척분모, F : 원면적으로 하며, 축척이 1/3,000인 지역의 축척분모는 6,000).
⑤ 분할 전후 면적의 차이가 허용범위 이내인 경우에는 오차를 분할 후의 각 필지의 면적에 따라 나누어 산출면적 $r = \dfrac{F}{A} \times a$로 계산한다($r$: 각 필지의 산출면적, F : 원면적, A : 측정면적의 합계 또는 보정면적의 합계, a : 각 필지의 측정면적 또는 보정면적).

(2) 수치지역의 면적

① 좌표면적계산법에 따라 면적을 측정한다.
② 산출면적은 $1/1,000m^2$까지 계산하여 $1/10m^2$ 단위로 정한다.
③ $0.1m^2$ 단위로 등록, 1필지의 면적이 $0.1m^2$ 미만일 때에는 $0.1m^2$로 한다.
④ 토지분할을 위하여 면적을 정할 때에는 분할 전 면적에 증감이 없도록 해야 한다.
⑤ 경계점좌표등록부 시행지역의 분할 후 면적결정은 구하고자 하는 끝자리의 다음 숫자가 큰 것부터 순차적으로 올리거나 버려서 정한다.

3. 면적 등록단위 이원화

(1) 지적통계상 면적

① 토지(임야)대장의 면적 및 소유 구분, 축척을 기준으로 작성함에 있어 면적은 m^2 단위로 기재하며 소수점 첫째 자리까지 기재함을 명시하고 있다.

② 소수점 자리가 없는 경우 '.0'을 반드시 표기하도록 하고 있으며, 임야대장에 대한 통계이거나 축적별 통계 중 수치를 제외한 축척은 소수점을 표시하지 않고 있다.

(2) 공간정보관리법상 면적

① 면적의 결정 및 측량계산의 끝수처리에 대하여 규정하고 면적의 결정은 오사오입을 적용하여 토지의 면적에 $1m^2$ 미만의 끝수가 있는 경우 $0.5m^2$ 미만일 때에는 버리고 $0.5m^2$를 초과하는 때에는 올리며 1필지의 면적이 $1m^2$ 미만일 경우 $1m^2$로 한다.

② 지적도의 축척이 1 : 600인 지역과 경계점좌표등록부에 등록하는 지역의 토지면적은 m^2 이하 한 자리 단위로 하되 $0.1m^2$ 미만의 끝수가 있는 경우 $0.05m^2$ 미만일 때에는 버리고 $0.05m^2$를 초과할 때에는 올리며, 1필지의 면적이 $0.1m^2$ 미만일 경우 $0.1m^2$로 한다.

(3) 지적재조사특별법상 면적

① 지적재조사사업에 따른 경계 확정으로 지적공부상의 면적이 증감된 경우에는 필지별 면적 증감내역을 기준으로 조정금이 발생할 수 있어 필지면적 증감에 대한 토지소유자의 관심이 높다.

② 지적재조사사업 결과 경계의 변동 없이 면적등록단위에 따라 면적변동이 발생되어 토지소유자들에게 혼란과 측량의 신뢰도 저하에 다른 민원 발생의 원인이 되고 있다.

4. 개선방안

(1) 도해지역의 경우 도곽신축에 따른 면적보정에 있어 실제 필지 면적의 최소필지 면적을 고려해야 한다.

(2) 수치지역의 경우 면적분할 측량 시 분할면적의 합과 원면적의 차이에서 오는 면적 불일치 및 면적허용오차 등을 고려해야 한다.

(3) 도해지역의 $1m^2$ 등록단위 및 수치지역의 $0.1m^2$ 등록단위는 위의 두 사항을 고려할 때 $1m^2$ 단위로 일원화하여 등록하면 대부분 문제점을 해소할 수 있다.

(4) GNSS 및 토털 스테이션 측량장비의 고도화로 측정 정밀도가 높아 $0.001m^2$ 이하 단위까지 계산되는 점을 고려한다면 대지 등과 같은 일부 지목에 대해서는 1평방미터의 1/100인 $0.01m^2$까지 소수점 이하 둘째 자리까지 표시하는 것도 고려해 볼 수 있다.

5. 기대효과

(1) 토지 면적등록 단위를 일원화할 경우 토지행정의 간소화와 명확성을 확보할 수 있다.
(2) 표시양식과 계산이 단순화를 통해 지적행정에 효율성을 제고할 수 있다.
(3) 지적측량에서 사용하는 반올림체계(오사오입)의 적용에서 발생하는 미세면적의 불부합 문제를 해소할 수 있다.
(4) 토지소유자들에게 일원화된 토지등록 단위를 제시하는 것이 신뢰성을 확보하고 혼란을 줄일 수 있는 방안이다.

6. 결론

분할측량, 등록전환측량, 확정측량 및 지적재조사측량 등의 지적측량을 수행하는 과정에서 도해지역 및 수치지역의 면적등록 단위가 달라 일부 혼란 및 등록면적에 대한 신뢰성 확보를 위해 일원화된 면적등록 방안이 필요하다. 수치지역은 토지면적을 $0.1m^2$ 단위로 등록하고 그 밖의 도해지역은 $1m^2$ 단위로 등록하도록 되어 있으나 도해지역의 경우 도곽신축에 따른 면적보정 및 최소필지면적을 고려하고 수치지역 같은 경우 면적분할 측량 시 면적 불일치 및 면적허용오차 등을 고려할 때 $1m^2$ 단위로 일원화하여 등록하면 대부분 문제점이 해소할 수 있으리라 판단된다.

06 경계 일반

1. 개요

경계란 필지별로 경계점 간을 직선으로 연결하여 지적공부에 등록한 선을 말하며 경계점이란 지적공부에 등록하는 필지를 구획하는 선의 굴곡점과 경계점좌표등록부에 등록하는 평면직각종횡선수치의 교차점이라 규정하고 있다. 경계는 지적공부에 등록하는 단위 토지인 일필지의 구획선을 의미하는 것이며, 도상이나 지상임을 밝히지 않고 단지 경계라고만 할 때에는 도상의 경계를 가리키는 것이 원칙이다. 경계는 한 지역과 다른 지역을 구분하는데, 외적 표시로서 일필지에 있어서의 경계는 두 인접한 토지를 분할하는 선 또는 경계를 표시하는 가상의 선을 말한다.

2. 경계의 연혁

(1) 토지조사 이전의 경계

① 지적제도가 발달되기 전에는 휴반, 애안 등의 현지경계를 토지의 경계로 봄
② 집터의 경계는 가기(家基=담장을 뜻함), 묘지의 경계는 지류계라 함
③ 1910년 이후 토지조사사업 시행으로 경계란 지적공부상의 등록선으로 인식

(2) 토지조사 이후의 경계선
① 지적도상의 구획된 선을 경계라 지칭하고 강계선과 지역선으로 구분
② 강계선은 사정선이라고 하며, 임야조사 당시의 사정선을 경계선이라 함

(3) 임야조사에서의 경계선
조선임야조사령에 의한 임야조사에서 도지사가 임야를 사정할 때의 사정선을 경계선이라는 말로 사용

(4) 경계선으로 통합
① 경계선은 토지조사 당시의 경계선, 임야조사 당시의 경계선이 있으며, 토지조사 당시의 경계선(사정선)과 지역선(비사정선)으로 구별하며 사정선에 대해서만 이의 신청을 할 수 있음
② 강계선, 지역선 모두가 일필지의 경계선임이 확실하고 토지의 이동 때문에 그를 식별할 수 없으므로 경계선이라 통합하여 부름

3. 경계의 기능

토지경계의 역할은 토지소유권의 범위, 필지의 모양과 면적의 결정, 상린권에 있어서 거리측정의 기준선, 필지 간의 이질성을 구분하는 구분선 등으로 분류할 수 있다.

(1) 토지소유권의 범위 결정
토지소유권의 범위는 토지경계선에 따라서 한정된다.

(2) 필지의 모양 결정
필지의 모양은 폐쇄된 외곽선인 토지경계선에 의해 결정된다.

(3) 면적의 결정
경계선으로 폐쇄된 다각형이 포함한 넓이를 면적이라고 하며, 필지의 경계선에 의해 그 양이 결정된다.

(4) 기준선
① 인접지의 수목가지나 뿌리가 경계를 넘어올 때 수목뿌리와 가지 제거
② 건축물을 축조함에 있어서 특별한 관습이 없으면 경계로부터 반 미터 이상의 거리를 두고 건축
③ 경계로부터 2m 이내의 거리에서 이웃의 주택을 볼 수 있는 경우에는 차면시설을 설치해야 하는 의무

④ 우물을 파거나 용수, 하수 또는 오물 등을 처치할 지하시설을 하는 때에는 경계로부터 2m 이상의 거리를 두어야 함
⑤ 상린권에서 거리를 측정하는 기준선으로서의 기능

(5) 구분선
특정한 필지와 필지를 구분하는 선, 상호 이질적인 특성으로 대칭되는 두 지점을 구분하는 역할

4. 경계의 종류와 분류방법

(1) 경계의 특성에 따른 분류
① 일반경계(General Boundary)
  ㉠ 1875년 영국의 토지거래법에서부터 규정
  ㉡ 자연적 또는 인위적 형태의 지형지물에 의하여 필지별 경계로 결정
  ㉢ 지형지물의 형태가 바뀌면 이에 따라 경계위치가 변함
  ㉣ 토지등기부에 첨부되는 도면에는 경계선이 울타리·담장·도로·구거 등의 중심선을 지나는지 또는 안쪽이나 바깥 면을 지나는지 정확하게 나타내 주지는 못함
  ㉤ 지역공동체는 이러한 것들을 소유권이 미치는 진정한 경계로 받아들이고 있음
  ㉥ 지가가 저렴한 농촌지역 등에서 토지등록방법으로 이용
  ㉦ 이러한 시스템은 필지별로 측량해야 할 명확한 경계가 없음
  ㉧ 거래 당시에 토지측량사가 당해 토지를 측량할 필요가 없어 등록비용이 저렴
  ㉨ 홍수 등 자연재해에 의하여 경계가 유실되었을 경우 정확한 경계복원이 곤란
② 고정경계(Fixed Boundary)
  ㉠ 특정 토지에 대한 경계점의 지상에 석주, 철주, 말뚝 등의 경계표지를 설치하거나 또는 이를 정확하게 측량하여 지적도상에 등록·관리하는 경계
  ㉡ 특정경계로 표현되며 정밀한 지적측량에 의하여 결정된 경계
  ㉢ 일반경계와 법률적 효력은 유사하나 그 정확도는 높음
  ㉣ 제도적 범위 내에서 공식적으로 인정하기 때문에 토지소유자가 토지소유권의 범위에 대한 확신을 가질 수 있다는 장점이 있음
  ㉤ 영구 지형물이 없는 경우, 정확히 측량된 고정경계가 경계분쟁을 줄이는 데 효과적
  ㉥ 경계선은 최초 등록 당시에 소유자 간 합의에 따른 경계결정이 주를 이룸
  ㉦ 경계표지의 위치와 경계점 간의 측정결과를 정확하게 기록하고 망실되었을 경우 언제든지 경계표지를 재설치하거나 복원 가능
  ㉧ 고정경계는 프랑스, 독일, 네덜란드, 일본, 대만 등 지적제도를 갖고 있는 대부분의 국가에서 채택

③ 보증경계(Guaranteed Boundary)
　㉠ 보증경계는 토지측량사에 의하여 정밀지적측량이 수행되고 또한 토지소관청으로부터 사정의 행정처리가 완료되어 확정된 토지경계
　㉡ 보증경계도 토지경계에 대한 정확도에 대하여는 특별한 보장이 없음
　㉢ 토지소유권이 법률적으로 보증되기 때문에 토지경계와 일반경계와의 구별은 의미가 없음
　㉣ 토렌스 시스템 시행지역에서 법률적으로 보호하는 것은 선의의 제3자에 대한 소유권이며 경계를 보증하는 것은 아님
　㉤ 경계의 보장이란 수치지적제도 또는 도해지적제도에 있어서 하자 있는 지적측량을 수행하였을 경우 이에 대한 경제적 피해보상을 의미하는 것이나 이것을 법률적으로 보장할 수는 없음

(2) 물리적 경계에 따른 분류

설정위치에 따라 지상경계와 도상경계로 구분, 설정주체에 따라 현실경계와 법정경계로 구분, 설정권리에 따라 점유경계와 사실경계로 구분한다.

① 지상경계
　㉠ 지상에 존재하는 경계로 도상경계에 상반된 경계
　㉡ 토지소유자들이 사실상 소유하고 있는 지상의 점유경계
　㉢ 도상경계를 지표상에 복원하여 표시한 경계
　㉣ 도상경계와 일치하지 않는 경우 토지경계 분쟁이 발생

② 도상경계
　㉠ 지적도나 임야도의 도면상에 표시된 경계이며 공부상 경계라고도 함
　㉡ 사실경계 및 법정경계와 상관 없이 현재 도면상에 표시된 경계선
　㉢ 법률에서는 특별한 사정이 없는 한 도상경계를 법정경계로 보고 있음

③ 현실경계
　㉠ 최초의 지형지물 모양이 바뀐 후 현재의 경계 형태
　㉡ 인접한 토지소유자들이 사실경계로 보고 묵시적으로 인정하고 있는 지상경계
　㉢ 소유자 또는 이웃이 임의로 경계를 바꿀 수 있기에 경계측량의 주된 목적이 됨
　㉣ 일반경계가 아닌 고정경계를 채택한 국가에서는 현실경계는 인정하지 않음
　㉤ 고정경계를 침범한 경우 원래의 상태로 복구해야 함

④ 법정경계
　㉠ 법원이 인정하는 토지경계를 의미
　㉡ 특별한 사정이 없는 경우 법률에 의한 도상경계와 경계확정의 판결에 의한 경계를 말함
　㉢ 특별한 사정이 있는 경우의 현실경계를 말함
　㉣ 현실경계와 도상경계가 모두 법정경계와 일치하지 않는 경우 경계분쟁이 발생

⑤ 점유경계
  ㉠ 토지권리자가 사실상의 점유권을 행사하며 지배하고 있는 토지의 지상경계를 말함
  ㉡ 현실경계, 도상경계와 일치될 때 토지경계는 법정경계로 인정되었다고 볼 수 있음
⑥ 사실경계
  ㉠ 원시적으로 토지소유자들이 결정한 지상경계
  ㉡ 진정한 토지소유권을 가진 경계를 말함
  ㉢ 경계복원 측량은 사실경계를 복원할 목적으로 진행됨

(3) 법 규정에 따른 분류
① 사법상(민법상) 경계
  ㉠ 사법상 경계는 민법상 경계로서 지상경계인 현실경계를 말함
  ㉡ 실제 토지 위에 설치한 담장이나 전·답 등의 구획된 둑 또는 주요 지형지물에 의하여 구획된 구거 등 지상경계
  ㉢ 토지에 대한 소유권이 미치는 범위를 경계로 봄
  ㉣ 민법 제237조는 "인접토지소유자는 공동비용으로 경계표나 담을 설치"(제1항)하고, "비용은 쌍방이 절반하여 부담하고 측량비용은 면적에 비례하여 부담한다."(제2항)고 규정하고 있음
② 공법상 경계(공간정보의 구축 및 관리 등에 관한 법률상 경계)
  ㉠ 필지별로 경계점들을 직선으로 연결하여 지적공부에 등록한 선
  ㉡ 지상의 경계가 아닌 현재 도면상에 나타난 경계
  ㉢ 경계점은 필지를 구획하는 선의 굴곡점
  ㉣ 지적도나 임야도에 도해형태로 등록하거나 경계점좌표등록부에 좌표형태로 등록
  ㉤ 도상경계이며 합병을 제외하고는 반드시 지적측량에 의해 경계가 결정됨
③ 형법상 경계
  ㉠ 형법상의 경계는 형법에서 규정하는 경계로서 지상경계인 현실경계를 의미
  ㉡ 지상경계인 현실경계를 중심으로 경계침범죄의 성립 여부가 정해짐
  ㉢ 경계선에 인접한 토지의 소유자가 경계선 분쟁으로 타인이 경계표시를 해놓은 물건을 훼손한 경우에 문제가 발생
  ㉣ 토지의 소유권 등 권리의 장소적 한계를 나타내는 표지
  ㉤ 형법상 경계란 권리자를 달리하는 토지의 한계선으로 파악됨
  ㉥ 사법상 토지경계와 공법상 토지경계를 포함
  ㉦ 사실상 경계를 의미하므로 법률상 정당한 경계와 일치하지 않아도 법상 보호됨
  ㉧ 소유권·지상권·임차권 등 토지에 관한 사법상 권리의 범위를 표시하는 지상경계
  ㉨ 도·시·군·읍·면·동·리의 경계 등 공법상의 관계에 있는 토지의 지상경계도 포함

(4) 경계표지물의 대상에 따른 분류
   ① 자연적 경계
      ㉠ 토지의 경계가 산등선·계곡·하천·호수·해안·구거 등의 자연적 지형지물로 이루어짐
      ㉡ 지상에서 지형지물 등에 의하여 경계로 인식될 수 있는 경계
      ㉢ 지상경계이며 관습법상 인정되는 경계
   ② 인공적 경계
      ㉠ 토지의 경계가 담장·울타리·철조망·운하·철도선로·경계석·경계표지 등을 이용하여 인위적으로 설정
      ㉡ 지상경계이며 사람에 의하여 설정된 경계

(5) 토지사정 여부에 따른 분류
   ① 사정경계
      ㉠ 토지조사령과 조선임야조사령에 따라 최초로 사정하여 등록한 경계
      ㉡ 토지조사령에 의한 경계선과 조선임야조사령에 의한 경계선을 말함
   ② 분할경계
      최초 강계선, 지역선, 경계선의 형태로 등록된 필지가 토지이동 등으로 인해 새로이 분할 설정된 경계선을 말함

5. 결론

경계는 부동산의 각 넓이의 한계를 표시하는 것 또는 한 지역과 다른 지역을 구분하는 외적표시이며, 토지의 소유권 등 사법상의 권리의 범위를 표시하는 구획선이다. 두 인접한 토지를 분할하는 선 또는 경계를 표시하는 가상의 선으로서 지적도에 등록된 것을 법률적으로 유효한 경계로 본다. 공간정보관리법상 경계란 필지별로 경계점들을 직선으로 연결하여 지적공부에 등록한 선을 말한다. 따라서 경계는 지적공부상 필지를 구획하는 선으로 지적공부에 등록되어 있으며 도해형태 또는 좌표형태로 등록되어 있다. 또한 경계점이란 필지를 구획하는 선의 굴곡점으로 지적도나 임야도에 도해형태로 등록하거나 경계점좌표등록부에 좌표형태로 등록하는 점을 말한다.

07 미등록도서 신규등록 추진

1. 개요

도서는 잠재적인 해양관광의 가치가 크고 해양영토 수로 측면에서 중요한 역할을 담당하며, 영토 최외곽에 다수의 도서가 분포되어 있어 해양관할권 및 안보 측면에서도 중요한 역할을 하고 있다. 하지만 지적공부 작성 당시 사람이 살기 어렵거나 규모가 작아 경제적 가치가 없는 도서들을 지적공부에 등록하지 않아 관리의 사각지대가 발생되고 있다. 미등록도서 신규등록사업은 도서의 지번·지목·면적·소유자 등을 조사·측량하여 지적공부에 등록함으로써 관리의 사각지대를 해소하고, 국토의 효율적 관리에 기여하여 해양지적의 기초를 다지는 것에 목적이 있다.

2. 추진근거 및 연혁

(1) 추진근거

① 헌법 : 제3조에 대한민국의 영토는 한반도와 그 부속도서로 한다고 규정되어 있다.
② 국유재산법
③ 무인도서법 : 무인도서의 보전 및 관리에 관한 법률
④ 공간정보법 : 국가공간정보기본법

(2) 추진연혁

① 미등록도서 지적등록 계획(내무부 1977)
② 미등록도서 일제조사 등록계획(국토해양부 2010)
③ 미등록 섬에 대한 지적공부 등록 추진계획(국토교통부 2014)
④ 섬정보 구축 추진계획(부동산 종합공부시스템에 섬정보 등록·관리 2014)
⑤ 무인도서 종합관리계획(해양수산부 2010)
⑥ 제2차 무인도서 종합관리 계획(해양수산부 2020)

3. 추진체계 및 역할

(1) 추진체계

① 해양수산부에서 관리하는 지적공부 미등록 무인섬의 자료를 지방자치단체와 협의하여 대상지를 선정하여 조사·측량
② 섬경계 설정기준, 지적측량 성과검사 방법, 드론영상 활용 및 지적공부 등록방안 등의 매뉴얼 마련
③ 국토교통부, 해양수산부, 지방자치단체, 한국국토정보공사 등 관련 기관 협의체를 구성하여 무인섬에 대해 지적공부 등록방안 마련

(2) 추진체계별 역할

① 국토교통부는 미등록 토지 일제정비 총괄 관리, 연차별 사업계획 수립, 정비물량 조사·산출 및 예산 집행, 관계기관 협업체계 조율 등 추진
② 지적소관청은 지적이용현황조사 기초자료 제공 및 협의·정비방향 결정, 등록사항 정정 대상 토지 정비, 신규등록 신청지 공부정리 등 추진
③ 조달청은 신규등록 대상지 공부정리 신청, 무주부동산 공고, 중앙관서 지정, 소유권 보존등기, 지적공부 소유권 정리 등 권리보전 절차 진행
④ 한국국토정보공사는 지적이용현황조사서 작성 후 협의 결과에 따라 신규등록 측량, 지적현황 측량을 통한 등록사항 정정, 단순정비 진행

4. 주요내용

(1) 섬위치 바로잡기 사업

① 우리나라 도서는 지적공부 등록 당시 기술력의 한계로 인하여 위치가 잘못 등록된 경우가 많아 경계정정의 필요성이 대두되었다.
② 국토의 효율적인 이용관리 기반을 마련하고 도서지역의 개발 및 영토분쟁의 사전예방을 위해 정확한 도서의 경계정비가 필요하다.
③ 섬지역의 지적측량은 위성측량을 실시하고 절벽, 해안가 등 측량자가 접근이 어려운 지역은 드론영상을 활용하여 경계를 결정한다.
④ 섬위치와 지적공부에 등록된 경계가 상이한 유형은 과소등록형, 과대등록형, 회전등록형, 위치오류형이 있다.

(2) 미등록도서 일제정비

감사원의 국유재산 실태조사 과정에서 지적도 등록 누락으로 인한 국유재산 관리소홀이 지적되어 조달청과 협업으로 일제정비를 추진하고 있다. 지적도에 등록이 누락된 공백지의 신규등록을 통한 국유화와 경계가 잘못 등록된 토지의 지적도 경계정정을 통한 정비사업의 추진이다.

① 신규등록 정비
  ㉠ 미등록 토지 정비사업에 따라 대상 토지에 대한 현황조사와 지적소관청 협의결과에 따라 보류, 단순정비, 등록사항 정정, 신규등록 등으로 분류하여 필요한 경우 지적측량을 시행한다.
  ㉡ 등록 당시 누락, 행정구역·도곽 접합 발생 공백지 등 지적공부 미등록 토지에 대한 신규등록 측량 및 권리보전 조치를 통하여 신규등록 정비가 이루어진다.

② 등록사항정정 정비
  ㉠ 등록사항정정은 지적공부의 등록사항(면적·경계·위치 등)에 잘못이 있음을 발견한 경우 직권 또는 신청에 의하여 정정등록하는 것을 말한다.
  ㉡ 등록사항정정은 면적에 관계없이 경계가 변경되는 경우(경계정정), 면적증감 없이 위치가 변경되는 경우(위치정정), 경계 및 위치변동 없이 면적만 변경되는 경우(면적정정)이다.
  ㉢ 지적공부 정리 중에 잘못 정리하였음을 즉시 발견 정정하는 경우(오기정정), 지적측량 성과와 다르게 정리된 경우, 지적공부의 등록사항이 잘못 입력된 경우 등이 있다.

5. 결론

등록 당시 기술적·경제적 측면에서 수행하기 어려웠던 미등록도서의 오류는 국가나 지방자치단체의 도서 활용과 보전 등을 위한 관리정책에 활용할 수 없을 뿐만 아니라 국가 측면에서의 국토와 해양관리에 부정적인 영향을 미칠 수 있다. 따라서 도서개발과 해상경계에 정책적 자료 확보를 위해 정밀한 위치조사가 필요하며, 이를 통해 국토정보의 정확성과 국토관리의 효율화에 긍정적인 영향을 미칠 것이다.

08 바닷가 미등록 토지의 관리방안

1. 개요

바닷가 미등록 토지는 만조수위선으로부터 연안해역 공간 안에 토지로서 지적공부에 등록되지 않은 토지를 말한다. 바닷가 미등록 토지의 유형은 원시적 미등록 토지와 인공조성 미등록 토지로 구분할 수 있고, 전자는 토지·임야조사사업 당시 누락된 토지, 자연현상에 의하여 형성된 토지, 지적측량의 부정확성에 기인한 토지 등이 있으며, 후자는 계획된 공유수면매립의 변경에 의하여 발생된 토지, 자의적 공유수면매립에 따른 토지, 점유에 따른 인공매립으로 인한 토지 등이 있다. 바닷가 미등록 토지의 유형에 따른 실태조사를 수행하고 그 결과를 토대로 지적공부에 등록할 수 있는 방안이 필요하다.

2. 미등록 토지의 유형

미등록 토지는 바닷가 원시적 미등록 토지와 바닷가 인공조성에 의한 미등록 토지로 구분할 수 있다.

(1) 바닷가 원시적 미등록 토지

① 토지·임야조사사업 당시 누락에 의한 미등록 토지, 자연현상에 의해 형성된 미등록 토지, 지적측량의 부정확성에 의한 미등록 토지 등의 유형이 있다.
② 토지·임야조사사업 당시 누락에 의한 미등록 토지는 당시 비과세 및 면세지의 경우 상대적으로 국가 세수입에 도움이 되지 않아 의도적으로 등록을 배제한 것이다.
③ 기준선의 불분명은 만조수위선의 설정이 지적측량수행자 및 자연현상에 따라 달라질 수 있어 미등록 토지의 존재 가능성이 상존하게 된다.
④ 지적측량의 오류 및 부정확에 의한 미등록 토지는 임야에서 빈번히 발생하는 것으로 소축척에 의해서 작성되기 때문에 오차의 발생 가능성이 높아 미등록 토지가 발생한 것으론 본다.

(2) 바닷가 인공조성에 의한 미등록 토지

공유수면매립에 의한 미등록 토지, 자의적인 공유수면매립에 의한 미등록 토지, 점유를 통한 인공매립에 의한 미등록 토지 등의 유형이 있다.

① 일반적으로 매립준공 토지는 계획에 입각하여 등록되는 경우가 일반적이지만 예외적인 상황이 발생하여 미등록 토지로 존재하는 경우를 유발한다.
② 공유수면매립의 자의적인 공사는 의도된·계획된 사업내용 및 공정에 따르지 않아서 발생하는 미등록 토지를 의미한다.
③ 점유에 의한 인공조성은 인근 지역의 개인이 사적 이익을 위하여 인위적으로 조성하여 발생하는 경우로서 소규모 매립에 의한 미등록 토지가 유발된다.

3. 바닷가 미등록 토지 등록의 한계

(1) 법적 한계

① 인접토지 소유자 및 점유자에 관한 근거법상 구체적 규정의 미흡
② 용어 정의의 불명확성
③ 소규모 공유수면매립과 같은 인공조성의 토지 법적 근거 미비
④ 점유로 인한 부동산 소유권의 취득시효 처리

(2) 행정적 한계

① 관리주체 및 객체의 불분명성
② 등록절차의 복잡성
③ 중복조사 및 중복측량의 가능성 내포
④ 주변 토지이용의 연계성 고려
⑤ 무분별한 인공조성 토지의 남발

(3) 기술적 한계

① 바닷가 토지경계의 기준이 되는 만조수위선의 정확한 설정이 난해
② 지적측량 시행의 난해
③ 바다와 육지 정보관리시스템의 분리
④ 바닷가 조사를 위한 전문인력 및 장비의 한계

4. 바닷가 미등록 토지의 관리방향

(1) 관리주체의 조정방향

① 연안 관념으로 접근하여 보면 해양 부분에 속한 토지로 관리주체가 서로 상이하여 부서 간의 중복 및 배제 가능성을 내포하고 있다.
② 바닷가 토지의 합리적이고 효율적인 관리를 위해서는 자료의 수집관리, 정보의 통합관리 등 정보의 정확성·일관성을 제고할 수 있도록 관리주체의 명확한 지정이 있어야 한다.
③ 바닷가 토지를 조사·등록할 수 있는 전문인력과 최신 장비를 확보하여야 한다.
④ 바닷가 토지 조사·등록에 대한 계획수립 및 입안, 법령근거 마련은 중앙부처에서 관장하고, 실태조사 및 실질적인 관리는 지방자치단체에 위임하여야 한다.

(2) 관리객체의 등록방향

① 필지에 따라서 도로 및 제방, 임야 및 전, 전 및 잡종지 등 여러 용도가 중복되거나 하나의 필지 내에서도 여러 용도로 사용되는 경우가 발생할 수 있어 지목설정에 주의가 요구된다.
② 인접토지와의 경계설정을 위해 미등록 토지를 등록하기 위해서는 반드시 측량이 수반되어야 한다.
③ 지속 가능한 토지관리가 될 수 있도록 관리객체의 설정이 되어야 한다.

(3) 등록관리 지원체계의 정비방향

① 바닷가 미등록된 토지의 등록 지원체계는 토지관리의 주체 및 객체 고려사항을 감안한 정비방향이 설정되어야 한다.
② 어느 일면만을 정비하는 체제가 아니라 상호 연관된 분야의 종합적인 정비가 이루어져야 한다.

5. 지원체계의 보완

(1) 법적 지원체계의 보완

① 국토관리, 경계관리, 자원관리, 환경관리의 법률적 측면으로 접근하여 미등록 토지 사무처리 규정의 제정, 상호 관련 법규의 재정비, 지속 가능한 관리를 위한 근거법의 규정 조항 등을 검토하여야 한다.

② 신규등록 및 등록사항정정에 의한 토지이동정리 외에도 분할, 합병, 등록전환, 지목변경 등이 수반될 수 있어 절차상 우선순위의 결정 및 법에 근거한 규정을 준수하여야 한다.
③ 무주부동산에 대한 민법의 부동산취득시효 규정은 소유권에 대한 법적 분쟁도 발생할 수 있어 바닷가 미등록 토지에 대한 취득에 관한 특별법을 제정하여야 한다.

(2) 행정적 지원체계의 보완

① 관리주체의 명확화, 토지등록의 통합 관리화, 조사과정의 표준화, 불법점유 토지이용의 제한 등을 보완하여야 한다.
② 관리주체의 명확화는 만조수위선에 의하여 바다와 육지로 구분되고 관리주체가 달라짐으로써 토지관리의 사각지대가 발생하여 업무처리의 비효율성을 초래할 수 있어 이에 대한 대안이 필요하다.

(3) 기술적 지원체계의 보완

① 최신 지적측량방법을 적용하여야 한다.
② 부동산종합공부시스템과 해양환경정보시스템을 단기적으로는 연계성을 고려한 활용 측면에 초점을 두고, 장기적으로는 각 시스템을 통합하는 형태로 전환이 이루어져야 한다.
③ 바닷가의 지형적 특성 및 인문적 특성으로 인한 제반 상황을 파악하고 정확한 진단을 내릴 수 있는 전문인력의 확보와 바다와 인접한 지역을 측량하기 위한 다양한 장비의 지원이 필요하다.

6. 결론

바닷가 토지는 시대의 상황변화에 따라 그 가치가 급상승하는 데 비해 공적관리는 상대적으로 열악한 현실이다. 이런 현실에 문제의식을 갖고 바닷가 미등록 토지의 유형과 발생사유를 검토하고 지원체계의 정비를 통해 바닷가 미등록 토지의 효율적 등록을 위한 관리체계가 필요하다.

09 지적제도의 혁신방안

1. 개요

지적정보는 민간 · 정부 · 공공기관에서 토지거래, 토지평가, 토지과세, 토지이용계획, 공간정보 구축 등 다양한 분야의 필수정보로 이용 중이나, 1910년대 일제에 의해 도입된 지적제도는 도해지적으로 구축되어 경계, 면적 등이 부정확한 경우가 많아 활용에 한계가 있다. 도해지적의 근본적 문제해결을 위해 토지개발지구 지적확정측량, 지적재조사사업으로 수치지적으로 전환 중에 있으나 지적재조사사업 업무량이 전 국토의 14.8%이며 토지개발사업 업무량도 매년 전 국토의 약 0.2% 증가함에 불과해 수치지적으로 전환이 더디게 진행되고 있어 이에 대한 혁신방안이 요구된다.

2. 현 지적제도의 문제점

(1) 도해지적의 수치화 장기화 및 측량시장 성장둔화

① 지적측량의 정확성 및 일관성을 확보하고 지적확정측량을 도입하여 도해지적을 수치지적으로 전환 중이나 속도가 느린 상황
② 민간 측량산업 활성화를 위하여 지적재조사사업 등 수치지역 확대를 추진하고 있으나 시장규모가 크게 확대되고 있지 않는 실정

(2) 토지경계제도 개선 필요성 증대

① 지난 100여 년간 실제 경계가 변형되어 현재 지적도 경계와 맞지 않거나 비정형의 형상으로 등록된 토지는 효율적인 이·활용이 어려움
② 2014년부터 지적측량을 하지 않고도 토지경계를 확인하는 지상경계점등록부 제도를 운영하고 있느나 국민이 직접 활용하는 사례는 없고 유명무실한 실정임

(3) 도해지적정보는 다른 공간정보와 융·복합에 한계

① 도형형태의 도해지적은 정밀한 측량성과 제공이 어렵고 이미 좌표로 등록된 지형도, 해도 등 다른 공간정보와 융·복합 활용 곤란
② 현 지적정보는 토지에 대한 평면정보만 수록하여 입체적으로 새로 형성된 권리나 복합적인 토지 이용현황의 등록 및 관리가 곤란

(4) 지적측량 신기술 도입 및 행정환경 변화에 취약

① 4차 산업혁명으로 산업 전반에 IOT, 클라우드, AI, VR 기술의 융·복합이 확산되는 등 기술 고도화가 진행되고 있으나 지적측량 분야는 여전히 인력집약적 평판측량방식에 머물러 있음
② 지적측량 성과검사 등의 업무를 Off-Line 방식으로 처리하는 등 비대면 페이퍼리스(Paperless) 행정환경 구축도 미흡

3. 혁신방안

(1) 도해지적 경계의 수치화 추진

① 지적재조사시행지역, 지적확정측량대상지역 이외의 나머지 도해지역의 지적도 경계를 수치화

② 효율적인 추진을 위해 지적도면 정비를 병행, 수치화 구역설정, 일괄 수치화 단계로 추진
③ 심의위원회 의결을 거쳐 지적도를 정비하여 경계를 확정하고 새로이 산출된 좌표면적을 지적공부에 등록

(2) 지적확정측량 대상사업 확대

① 개별 법률에서 정한 토지개발사업을 전수조사·검토하여 지적확정측량을 시행할 수 있는 사업을 선정
② 개별면적 1만m^2 이상의 토지개발사업 중 지적확정측량이 가능한 사업을 대상으로 사업빈도·사업지속성 등 검토
③ 지적확정측량 대상사업과 유사한 형태의 토지개발사업방식인 토지 등을 수용하거나 사용할 수 있는 사업을 중심으로 대상사업을 추가 검토

(3) 토지경계조정제도 마련

① 토지의 활용성을 높이고 경계분쟁 해소를 위해 소유자 간 합의로 경계를 현실에 맞게 조정하는 제도 마련
② 토지경계조정특별법을 제정하여 사업추진 근거를 마련하되, 다른 법령에서 규제하고 있는 사항은 관련 부처와 협의를 거쳐 추진

(4) 입체지적제도 도입

① 토지의 상·하에 형성된 시설물과 권리를 지적공부에 등록 및 공시하여 국민재산권을 보호하고 등기 및 공간정보정책과 융·복합을 지원
② 건축물대장 등록을 위해 실시하는 측량결과를 지적공부에 등록·공시하여 건물의 연접 토지침범 및 분쟁을 예방
③ 집합건물, 지하도 상가의 구분소유권, 임차권 등 부동산등기에서 정한 사항과 토지경계점을 입체적으로 등록

(5) 지목체계 개편

① 전 국토의 토지이용현황을 일제조사하고 등록하여 활용이 가능하도록 지목체계를 개편
② 활용도가 높은 토지정보의 항목을 선별하여 조사항목을 선정 후 전 국토를 일제조사하고 변동분에 대해 매년 조사를 실시하여 관련 분야에서 활용할 수 있도록 표준화
③ 지목 이외에 토지의 세부적인 이용현황과 지상·지하에 걸쳐 입체적으로 이용되는 현황을 반영한 지목체계를 마련

(6) 신기술(드론)을 활용한 지적측량방법 제도화

① 무인도, 산악지역 등 접근 위험지역에서 안전한 측량, 인력 및 측량기간이 많이 소요되는 지역 및 측량성과검사 업무 등 현업에 적용

② 지적측량용 드론 영상을 관리·갱신하는 체계를 마련하여 공간정보 등 다른 분야에서 활용할 수 있도록 지원
③ 항공영상 대비 정밀도가 높고 최신 영상으로 갱신이 쉬운 드론 영상을 활용하여 국토관리 및 모니터링 활용

(7) 비대면 지적행정 실현
① 지적측량결과도 등 성과검사자료를 종이에 작성하여 제출하는 방식을 온라인 성과검사로 전환함으로써 업무편의 및 행정효율성 제고
② 부동산종합공부시스템(KRAS)에서 바로처리센터 및 문서24와 연동하여 측량준비도 신청, 측량성과검사 요청 등이 온라인으로 가능하도록 개선

4. 결론

현 지적도상의 경계는 100여 년 전 낙후된 기술로 정확한 좌푯값 없이 도형형태로 등록되어 정확한 지적측량이 어려운 실정이다. 그간 도해지적의 문제점을 해결하고자 지적확정측량, 지적재조사사업을 추진하여 왔으나 속도가 느린 상황으로 근본적인 해결방안이 필요한 실정이다. 따라서 도해지적 수치화 및 지적확정측량 대상을 확대하여 수치지적으로 전환을 속도감 있게 추진, 실제 경계와 부합하도록 토지경계조정제도 도입, 지상경계점등록부를 쉽게 활용하는 방안을 마련, 지적공부의 등록범위를 토지의 이용현황 및 지하·공중까지 확대함으로써 다른 공간정보와 융·복합 및 활용을 지원, 드론 등 최신 기술을 활용하여 원격으로 측량하는 신기술 도입, 온라인 측량성과검사로 전환 등이 필요하다.

PART 05

지적측량

CHAPTER 01 Summary
CHAPTER 02 단답형(용어해설)
CHAPTER 03 주관식 논문형(논술)

PART 05 CONTENTS

CHAPTER 01 _ Summary

CHAPTER 02 _ 단답형(용어해설)

01. 지적측량의 법률적 효력 ·············· 346
02. 지적측량에 따른 책임 ················ 347
03. 기속측량 ································ 349
04. 평면직각좌표 원점 ···················· 350
05. 특별도근측량 ··························· 352
06. 토지조사사업 당시 기준점측량 ······ 354
07. 기선측량 ································ 355
08. 삼각측량 및 삼변측량 ················ 357
09. 지적삼각점측량 ························ 359
10. 지적삼각점측량의 관측 및 계산 ···· 361
11. 지적삼각망 계산 ······················· 364
12. 편심관측 ································ 372
13. 지적삼각점측량의 엄밀(정밀)조정법 ····· 373
14. 지적삼각보조점측량 ··················· 375
15. 지적삼각보조점측량의 관측 및 계산 ···· 377
16. 교회법 ··································· 380
17. 다각망도선법 ··························· 383
18. 지적도근점측량 ························ 390
19. 지적도근점의 관측 및 계산 ········· 392
20. 배각법 ··································· 394
21. 방위각법 ································ 398
22. 신규등록 측량 ·························· 402
23. 분할측량 ································ 404
24. 지적현황측량 ··························· 405
25. 경계복원측량 ··························· 406
26. 등록전환측량 ··························· 407
27. 축척변경 ································ 408
28. 지적복구측량 ··························· 410
29. 등록사항정정 ··························· 412
30. 예정지적좌표도 작성 ·················· 414
31. 지적확정측량 대상업무 ··············· 416
32. 평판측량의 교회법 ···················· 417
33. 시오삼각형 ····························· 419
34. 도선법 ··································· 420
35. 지거법 ··································· 421
36. 전자평판측량 ··························· 422
37. 상치측량사 ····························· 424
38. 지적측량 수행자 ······················· 425
39. 지적측량수행기관 ······················ 426
40. 지적측량수수료 ························ 430

CHAPTER 03 _ 주관식 논문형(논술)

01. 지적측량의 분류 ······················· 432
02. 근사조정법과 엄밀조정법 ············ 437
03. 지적확정측량의 절차 및 방법 ······· 440
04. 지적측량과 일반측량 ················· 446
05. 지적측량성과 검사제도의 문제점 ··· 449
06. 모바일 지적측량시스템 기술개발과 적용방법 ···· 454
07. 드론 지적측량 방법 ··················· 456

CHAPTER 01 Summary

01 지적측량

토지에 대한 물권이 미치는 한계를 밝히기 위한 측량으로서 토지를 지적공부에 등록하거나 지적공부에 등록된 경계를 지표상에 복원할 목적으로 소관청이 직권 또는 이해관계인의 신청에 의하여 각 필지의 경계 또는 좌표와 면적을 정하는 측량을 말하며, 기초측량과 세부측량으로 구분한다.

02 지적측량의 역사

초기 이집트는 국왕 파라오와 성직자들의 재정을 주로 토지세에 의존하였으며, 이러한 과세의 목적을 위하여 경계를 표시하고 토지를 측량하였다. 수메르 지방의 유적에서 발굴된 점토판을 보면 BC 1200년경 메소포타미아에서의 토지과세 기록과 마을 지도, 넓은 면적의 토지도, 면적 계산 그리고 토지소유 및 경계분쟁에 대한 법정판결 등이 있다.

03 지적측량의 기원

고조선 시대의 균형 있는 촌락 설치와 토지분급 및 수확량 파악을 위해 정전제가 시행되었다. 『단기고사』에 단군 조선의 최고 관직의 하나인 풍백 아래에 봉가가 있었으며, 그 아래에 박사가 토지를 측량하고 지적도를 제작하였다고 기록되어 있다. 또한 전토와 산야를 측량하여 조세율을 정하거나, 오경박사 우문충이 토지를 측량하여 지도를 제작하였다는 기록이 있다.

04 지적측량의 특징

토지경계를 확정하기 위한 필요정보의 수집, 토지경계 내의 정보분석, 지상에의 토지경계 설정과 보호, 토지경계의 도해 및 수치 등록, 토지경계 내의 정보 보존 및 관리, 토지 일필지별 정보의 토지행정 기초자료 제공, 토지경계의 법률적 보장 등의 기능을 갖고 있다.

05 지적측량의 법률적 효력

지적측량은 토지를 지적공부에 등록하거나 지적공부에 등록된 경계를 지표상에 복원할 목적으로 소관청이 직권 또는 이해관계인의 신청에 의해 각 필지의 경계 또는 좌표와 면적을 결정하는 측량이므로 행정주체인 국가가 법을 집행함으로써 공법행위가 되는 행정행위이며, 행정행위가 성립할 때 발생하는 구속력·공정력·확정력·강제력이 발생한다.

06 우리나라 지적측량의 원점

통일원점, 구소삼각원점, 특별소삼각원점 등이며 3대 통일원점은 동부원점, 중부원점, 서부원점이다.

07 구소삼각측량원점
구 한국정부에서 시행한 측량으로 27개 지역에 대하여 독립적으로 삼각측량을 실시하였으며, 구소삼각측량의 원점은 11개이다.

08 구소삼각측량
광대한 지역의 삼각측량을 실시하기 위해서는 대삼각본점측량을 시행하여야 하나 구 한국정부에서는 대삼각측량을 시행하지 않고 독립적인 소삼각측량을 시행하였는데, 이를 구소삼각측량이라 한다.

09 특별소삼각측량
임시토지조사국에서 시가지세를 급히 징수하여 재정수요를 충당할 목적으로 대삼각측량을 끝내지 못한 지역에 대하여 독립된 특별소삼각측량을 실시하였으며 원점은 측량지역의 서남단 삼각점으로 하였다.

10 우리나라의 기선측량
1910년 6월 대전기선을 시초로 하여 1913년 10월 함경북도 고건원기선을 끝으로 측량하였다. 우리나라 기선의 수는 13개소이며, 가장 긴 기선은 평양기선(4625.47770m)이며 가장 짧은 기선은 안동기선(2000.41516m)이다. 기선장의 위치는 2~5km이며 대삼각본점의 한 변의 크기가 약 30km까지 확대하였다.

11 검기선
삼각망에서 한 변에 기선을 설치하고 각관측각을 사용하여 그 기선으로부터 삼각망의 각 변의 길이를 계산하면 오차가 누적된다. 이 계산된 변 길이가 관측 기선길이와 일치되는가를 점검하기 위하여 또는 삼각망 전체의 오차를 작게 할 목적으로 삼각망 기선의 반대편에 별도로 설치하는 기선이다. 보통 1등 삼각망에서는 200~250km 또는 삼각형 15~20개마다 설치한다.

12 대삼각본점측량
기선을 확대해서 대삼각점의 1변으로 하도록 삼각망인 기선망과 우리나라 전체에 걸쳐 대삼각본점을 배치하는 삼각망인 대삼각본점망으로 구분된다.

13 대삼각보점측량
삼각측량의 제2차점으로 대삼각보점을 설치하였는데 경도 20분과 위도 15분 방안 내 대삼각본점을 포함하여 9점의 비율로 설치하였으며 변장은 10km가 되도록 하였다.

14 기속측량
지적측량은 법률에 규정한 범위 내에서 행하는 측량으로 측량사의 의사가 배제된 행정행위에 해당된다.

15 삼각측량 및 삼변측량

지적삼각점측량은 측량지역의 지형상 지적삼각점 설치 또는 재설치가 필요한 경우, 지적도근점의 설치 또는 재설치를 위하여 지적삼각점 설치가 필요한 경우, 세부측량을 하기 위하여 지적삼각점 설치가 필요한 경우에 실시한다. 삼변측량은 전파, 광파 및 GNSS로 변장만을 측정하고 삼각형의 내각을 계산하여 삼각점의 위치를 결정하는 방법이다.

16 지적삼각점측량

지적삼각점측량은 측량지역의 지형상 지적삼각점 설치 또는 재설치가 필요한 경우, 지적도근점의 설치 또는 재설치를 위하여 지적삼각점 설치가 필요한 경우, 세부측량을 하기 위하여 지적삼각점 설치가 필요한 경우에 실시한다.

17 지적삼각보조점측량

지적삼각보조점측량은 위성기준점, 통합기준점, 삼각점, 지적삼각점 및 지적삼각보조점을 기초로 하여 경위의측량방법, 전파기 또는 광파기측량방법, 위성측량방법 및 국토교통부장관이 승인한 측량방법에 의해 수행하고, 그 계산은 교회법 또는 다각망도선법에 따른다.

18 교회법

교회법은 지적삼각보조점측량과 도근점측량에서 시행되며 교회점은 1개 또는 2개 삼각형으로부터 방위각 또는 내각을 관측하고 관측방향선을 수치적으로 교차시켜 소구점의 위치를 결정하는 방법이다.

19 다각망도선법

동일한 측량지역에서 지적삼각보조점 및 지적도근점들의 동일한 정밀도 유지를 위해 다각망도선법이 많이 이용되며 다각망도선법의 유형은 X형, Y형, H형, A형이 있다. X형과 Y형은 교점이 1개, H형과 A형은 교점이 2개 존재한다.

20 지적도근점측량

지적도근점측량은 지적세부측량의 기준으로 사용하기 위한, 도근점을 정하기 위한 측량으로 위성기준점, 통합기준점, 삼각점 및 지적기준점을 기초로 경위의측량방법, 전파기 또는 광파기 측량방법, 위성측량방법 및 국토교통부장관이 승인한 측량방법에 따른다. 계산은 도선법, 교회법 및 다각망도선법에 의한다.

21 신규등록

신규등록은 새로 조성된 토지와 지적공부에 등록되지 않은 토지가 발견된 때에 토지의 소재·지번·지목·경계 또는 좌표와 면적, 소유자 등을 조사·결정하여 지적공부에 등록하기 위한 측량이다.

22 등록전환측량
임야대장 및 임야도에 등록된 토지를 토지대장 및 지적도에 옮겨 등록하는 측량으로 보통 1필지 전체를 등록전환하는 경우와 일필지의 일부를 등록전환하는 경우가 있다.

23 분할측량
지적공부에 등록된 1필지의 토지를 2필지 이상으로 나누어 지적공부에 등록하는 것으로서 1필지의 일부가 다른 지목이 된 경우와 소유자가 다르게 된 때 또는 소유자가 필요로 하는 때에 분할측량을 실시한다.

24 경계복원측량
지적도와 임야도에 등록된 경계 또는 경계점좌표등록부에 등록된 좌표에 의해 지적공부에 등록할 당시의 지상경계를 찾아내어 지표상에 복원하는 측량을 말한다.

25 지적현황측량
지상구조물 또는 지형지물이 점유하는 위치현황을 실측하여 지적도 또는 임야도, 경계점좌표등록부에 등록된 경계와 대비하여 현황을 표시하는 측량을 말한다.

26 축척변경
지적도에 등록된 경계점의 정밀도를 높이기 위해 작은 축척을 큰 축척으로 변경하여 등록하는 것을 말한다.

27 지적공부의 복구측량
소관청이 지적공부가 멸실 또는 분실, 소실된 경우에 멸실 당시의 지적공부와 가장 부합된다고 인정되는 관계자료에 의하여 지적공부를 복구 등록하는 행정처분을 말한다.

28 등록사항정정
등록사항정정은 지적공부의 등록에 잘못이 있는 토지를 바르게 정정하여 지적공부에 정리하는 것으로 정정유형에는 면적정정, 경계정정, 위치정정, 오기정정이 있다.

29 건축물 등록측량
건축물에 관한 사실관계를 명확히 하여 건축물의 소유권을 보존하기 위하여 우선적으로 행정부의 공부에 등재하여 이를 공사 및 공증하는 공법상의 행위를 수행하는 것이다.

30 측판측량
도해적으로 지형지물의 위치 및 토지경계의 위치와 형상을 결정하는 방법으로 지적세부측량에 주로 이용되고 있다. 측판측량에 의한 수평위치 결정방법은 교회법, 방사법, 전진법 등이 있으며, 교회법은 전방교회법, 후방교회법, 측방교회법으로 나뉜다.

31 전자평판측량

전자평판측량은 토털 스테이션과 전자평판을 연결한 후 전자평판에서 측량준비도파일을 이용하여 지적측량업무를 수행하는 측량을 말한다. 전자평판은 컴퓨터 등에 전자평판측량 운영프로그램 등이 설치된 시스템을 말한다.

32 수준측량의 목적

높이의 기초가 되는 수준점을 설치하여 이를 기준으로 삼각점의 고저를 측정하거나 삼각측량의 기선의 길이를 기준면상의 길이로 환산하기 위하여 측정하였으며, 임시토지조사국에서 청진, 진남포, 원산, 목포, 인천 등의 5개소에 험조장을 설치하였다.

33 도해지적 및 수치지적

토지의 각 필지경계점을 측량하여 지적도 및 임야도에 일정한 축척의 그림으로 묘화하는 것으로서 토지경계의 효력을 도면에 등록된 경계에 의존하는 제도를 도해지적이라 한다. 수치지적은 토지의 경계점을 도해적으로 표시하지 않고 수학적인 좌표로서 표시하는 지적제도를 말한다.

34 지적확정측량

「공간정보의 구축 및 관리 등에 관한 법률」 제86조 제1항에 따른 사업이 끝나 토지의 표시를 새로 정하기 위하여 실시하는 지적측량을 말한다.

35 지적확정측량 대상업무

지적확정측량업무는 「공간정보의 구축 및 관리 등에 관한 법률」 제86조 제1항에 따라 「도시개발법」에 따른 도시개발사업, 「농어촌정비법」에 따른 농어촌정비사업과 그 밖에 대통령령으로 정하는 토지개발사업 및 국토교통부장관이 고시하는 요건에 해당하는 토지개발사업을 대상으로 한다.

36 예정지적좌표도 작성

예정지적좌표는 도시개발사업 등의 사업시행 초기에 실시하여 확정된 지구계점, 가로중심점, 가구점 등을 수치화하여 산출한 좌표를 말하며, 예정지적좌표도는 평판측량방법 또는 전자평판측량방법으로 사업지구의 경계점(굴곡점)을 분할측량, 경계복원측량 및 지적현황측량에 의해 지상에 복원한 후 그 경계점을 수치측량방법으로 산출한 지적좌표에 의해 작성한다.

37 지적재조사측량

「지적재조사에 관한 특별법」에 따른 지적재조사사업에 따라 토지의 표시를 새로 정하기 위하여 실시하는 지적측량을 말한다.

CHAPTER 02 단답형(용어해설)

01 지적측량의 법률적 효력

지적측량은 토지를 지적공부에 등록하거나 지적공부에 등록된 경계를 지표상에 복원할 목적으로 소관청이 직권 또는 이해관계인의 신청에 의해 각 필지의 경계 또는 좌표와 면적을 결정하는 측량이므로 행정주체인 국가가 법을 집행함으로써 공법행위가 되는 행정행위이며, 행정행위가 성립할 때 발생하는 구속력·공정력·확정력·강제력이 발생한다.

1. 지적측량의 구속력

(1) 지적측량 내용에 대해 지적측량을 실시한 자를 포함한 소유자 및 이해관계인을 기속하는 효력이 있다.
(2) 지적측량을 한 경우 그 결과에 대해 정당한 절차 없이 부정하거나 효력을 부인할 수 없다.
(3) 명백한 착오가 있다고 인정된 경우라도 이를 정정하기 위해서는 법 규정에 따라야 한다.
(4) 지적측량의 효력발생이 불확정한 상태를 제외하고는 지적측량의 완료와 동시에 구속력이 발생한다.

2. 지적측량의 공정력

(1) 지적측량에 하자가 있어 절대무효인 경우를 제외하고는 권한 있는 기관이 취소할 때까지 상대방 또는 이해관계인들이 그의 효력을 부인할 수 없다.
(2) 행정행위의 잠정적 통용력 또는 적법성 추정력이라고도 한다.
(3) 지적측량을 실시한 결과에 착오가 발생한 경우에도 그 효력이 무효가 되는 경우를 제외하고는 그 내용이 취소되기 전까지는 적법성을 추정받는 효력이 있다.

3. 지적측량의 확정력

(1) 일단 유효하게 성립된 지적측량에 대해서는 일정 기간이 경과한 뒤 상대방이나 기타 이해관계인이 그 효력을 다툴 여지가 없이 확정력을 가진다.
(2) 소관청 자체도 특별한 사유가 없는 경우 그 성과를 변경할 수 없는 효력을 가진다.

4. 지적측량의 강제력

(1) 행정청 자체의 자격으로 집행할 수 있는 강력한 효력을 갖는다.
(2) 집행력, 제재력이라 한다.
(3) 사법권의 힘을 빌릴 것 없이 행정행위를 실현할 수 있는 자력집행력을 갖는다.
(4) 경계복원측량의 이의는 소원법의 적용이 배제되고 지적위원회가 적부심사를 맡아 처리한다.
(5) 지적측량은 권한을 가진 소관청이 시행하는 것이기 때문에 강제력이 있다.

02 지적측량에 따른 책임

지적측량에 따른 책임은 형사, 민사, 징계, 도의적·기능적 책임으로 구분할 수 있다. 형사책임은 사실행위에 대한 비난 내지 비난 가능성을 말하며, 행위자가 법률규범의 기대에 반하여 입법행위를 행한 경우에 비난이 가해지는 것을 의미한다. 민사책임은 권리 내지 이익을 위법하게 침해한 가해자가 피해자에 대해서 지는 사법상의 책임을 말한다. 징계책임은 어떤 업무에 대하여 그 직무의 수임자로서 직무에 관계된 법령의 규정을 위배한 데 대한 책임이라 할 수 있다. 도의적 책임은 지적측량의 신뢰성에 대한 광범위한 책임을 의미한다.

1. 형사책임

형사책임은 고의에 대한 책임을 원칙으로 하며 고의는 범죄의 구성요건에 해당한 사실과 그 위법성을 인식하여 인용하면서 위법행위를 기대할 수 있었음에도 불구하고 위법행위를 함으로써 성립된다.

(1) 의의
　① 고의에 대한 책임을 원칙으로 함
　② 고의성이 있는 경우 범죄의 구성요건이 됨
　③ 지적측량이 공적기록인 지적공부에 의하여 행하는 업무이기 때문에 공문서 취급에 따른 위법행위

(2) 형사책임 대상
　① 지적공부, 지적측량부 등의 위조 또는 변조
　② 지적측량부 허위 작성 또는 허위 지적공부정리
　③ 위·변조된 지적공부 또는 지적측량부 사용
　④ 지적공부 또는 지적측량부의 타 목적 이용
　⑤ 지적측량 수수료 횡령 또는 반환 거부

⑥ 지적측량 임무의 행위로 부당이득 취득
⑦ 지적측량에 관하여 청탁을 받고 부당이득 취득
⑧ 경계표의 손괴·이동 또는 제거
⑨ 지적기술 무자격자의 지적측량
⑩ 지적측량 업무집행 방해 또는 거부

2. 민사책임

지적측량에 따른 민사책임은 그 측량에서 어떤 행위가 고의나 과실로 인한 불법행위이고 그 행위로 인해 손해가 있었으며, 행위와 손해 간 인과관계가 있는 경우에 비로소 발생하고 지적측량업자는 그 행위에 대하여 민사상의 손해배상책임을 지게 된다.

(1) 의의
① 권리 내지 이익을 위법하게 침해한 가해자가 피해자에게 지는 사법상 책임
② 측량에서 어떤 행위가 고의나 과실로 인한 불법행위이고 그로 인한 손해

(2) 민사책임 대상
① 지적측량 과정에서 고의 또는 과실로 토지 내 수목 제거
② 지적측량 과정에서 고의 또는 과실로 토지 내 시설물 파손
③ 지적측량 오측으로 인한 타인의 재산피해

3. 징계책임

징계는 일정한 신분관계에 있는 자가 그 신분에 관한 규정에 위배되는 행위를 한 경우에 그 신분에 대해 어떤 제재를 가함으로써 장래에 그와 같은 행위가 재발되는 것을 방지하는 데 목적을 두고 있다. 즉, 어떤 업무에 대해 그 직무의 수임자로서 직무에 관계된 법령의 규정을 위반하고 일정한 신분관계를 전제로 하여 발생한다.

(1) 의의
① 어떤 업무에 대해 그 직무의 수임자로서 직무에 관계된 법령의 규정을 위반한 데 대한 책임
② 일정한 신분관계를 전제로 하여 발생

(2) 징계처분행위
① 부정한 방법으로 지적기술자격을 취득할 때
② 무능력, 형집행, 징계 등의 사유로 지적측량 종사가 금지된 지적기술자가 측량할 때
③ 고의 또는 중과실로 지적측량에 잘못을 범한 때
④ 지적기술자로서 명예를 훼손하거나 품위를 실추시킨 때
⑤ 기타 지적관계 법령의 규정을 위반한 때

4. 도의적 · 기능적 책임

지적기술자는 자기가 행한 지적측량에 대하여 법적인 책임은 없으면서도 도의적인 책임을 지는 경우가 있으며 도의적 책임은 주로 개인의 기본양심에 의해 확보된다. 즉, 기술적 책임은 지적기술자 개개인의 의무감각이나 책임감각에 크게 의존하게 되며, 이러한 책임은 각자의 마음가짐에 호소하는 윤리강령이나 소속기관의 내규 또는 운영방침 등에 의해 확보된다. 따라서 도의적 책임은 지적측량에 대하여 법적인 책임은 없으면서 도의적 책임을 지는 경우가 그 대상이라 할 수 있다.

(1) 의의
① 도의적 책임과 기술적 직무의 책임
② 마음가짐에 호소하는 윤리강령으로 지적측량의 신뢰성에 대한 광범위한 책임
③ 각자의 윤리강령과 소속기관의 내규 또는 운영방침에 의해 확보

(2) 대상
지적측량에 대하여 법적인 책임은 없으면서 도의적인 책임을 지는 경우

03 기속측량

지적측량은 법률로 정하여진 규정에 따라 시행하는 행정행위로서 지적측량의 성과는 새로운 기술이 개발되더라도 법률이 정한 내용과 다른 방법으로 측량성과를 결정할 수 없다.

1. 지적측량의 특성
(1) **기속측량** : 법률이 정하는 범위 내에서 행하는 측량
(2) **사법측량** : 토지에 대한 물권이 미치는 범위, 위치, 수량 결정
(3) **평면측량(소지측량)** : 경계와 면적을 평면적으로 측정하는 측량
(4) **측량성과의 영속성** : 지적측량성과는 영구보존
(5) **토지표시의 공시측량**

2. 기속측량
(1) 법률이 정하는 범위 내에서 행하는 측량이다.
(2) 측량자의 의사를 배제한 측량이다.
(3) 행정행위이다.

(4) 측량방법과 절차는 물론이고 측량성과의 작성에 따른 모든 문자, 부호 등의 크기와 규격을 법령에 상세하게 규정한다.

3. 사법측량

토지에 대한 물권이 미치는 범위, 위치, 수량 등을 결정하고 보장하는 것으로 지적측량은 규제된 방법과 절차에 의하여 토지에 대한 물권이 미치는 범위인 일필지의 경계를 확정해야 한다.

04 평면직각좌표 원점

우리나라 평면직각좌표 원점은 구소삼각원점, 특별소삼각원점, 통일원점 등의 다양한 원점체계를 가지고 있으며, 그 구성시기 및 방법이 다양하다. 구 한국정부에서는 규제상 삼각측량을 1·2·3·4등으로 구분하였고, 1등 삼각측량은 대삼각측량에 해당하고 2·3·4등 삼각측량은 소삼각측량에 해당하였으나 1등 삼각측량은 실시하지 못하였다.

1. 구소삼각원점

구소삼각측량은 대한제국 당시 경인지역 및 경북지역 부근의 27개 지역에서 소삼각측량을 실시했는데, 이는 한 지역의 독립된 원점으로 구과량을 고려하지 않았다. 11개의 원점이 설치되어 사용되고 있다.

(1) 구소삼각원점의 특징
① 구소삼각지역은 종·횡 5,000방리를 1구역으로 설정한다.
② 중앙부에 위치한 삼각점에서 북극성의 최대이각을 측정하여 진자오선과 방위각을 결정한다.
③ 원점의 좌표는 X=0, Y=0으로 한다.
④ 거리의 단위는 간(間)이며 종횡선 수치에 정(+), 부(−)의 부호를 사용한다.
⑤ 1975년 지적법 개정으로 미터 단위로 수정한다.
⑥ 구소삼각원점 : 망산, 계양, 조본, 가리, 등경, 고초, 율곡, 현창, 구암, 금산, 소라

(2) 구소삼각측량 시행지역
① 경기도 19개 지역과 경상북도 8개 지역 총 27개 지역
② 경기도 시행지역 : 시흥, 교동, 김포, 양천, 강화, 진위, 안산, 양성, 수원, 용인, 남양, 통진, 안성, 죽산, 광주, 인천, 양지, 과천, 부평
③ 경상북도 시행지역 : 대구, 고령, 청도, 영천, 현풍, 자인, 하양, 경산

[표 5-1] 구소삼각원점 지역

원점명	북위	동경
망산	37 – 43 – 07.060	126 – 22 – 24.596
계양	37 – 33 – 01.124	126 – 42 – 49.685
조본	37 – 26 – 35.262	127 – 14 – 07.387
가리	37 – 25 – 30.532	126 – 51 – 59.430
등경	37 – 11 – 52.885	126 – 51 – 32.845
고초	37 – 09 – 03.530	127 – 14 – 41.585
율곡	35 – 57 – 21.322	128 – 57 – 30.916
현창	35 – 51 – 46.967	128 – 46 – 03.947
구암	35 – 51 – 30.878	128 – 35 – 46.185
금산	35 – 43 – 46.532	128 – 17 – 26.070
소라	35 – 39 – 58.199	128 – 43 – 36.841

- 경기도 : 시흥, 교동, 김포, 양천, 강화, 진위, 안산, 양성, 수원, 용인, 남양, 통진, 안성, 죽산, 광주, 인천, 양지, 과천, 부평 (19개 지역)
- 경상북도 : 대구, 고령, 청도, 영천, 현풍, 자인, 하양, 경산 (8개 지역)

2. 특별소삼각원점

특별소삼각측량은 1912년 임시토지조사국에서 시가지 지세를 급히 징수하여 재정수요를 충당할 목적으로 독립된 특별소삼각측량을 하여 일반삼각측량과 연결하는 방식을 취한 측량을 말한다.

(1) 특별소삼각원점의 특징

① 대삼각측량을 끝내지 못한 지역에 독립된 소삼각측량을 실시한다.
② 천문측량에 의해 방위각을 결정한다.
③ 측량지역의 서남단 삼각점을 원점으로 한다.
④ 원점의 종횡선수치는 종선에 10,000m, 횡선에 30,000m이다.
⑤ 측정단위는 "m"이며 구과량을 고려하여 실시한다.
⑥ 원점의 위치는 현재 성과표에 나타나 있지 않다.

(2) 특별소삼각측량 시행지역

특별소삼각측량 시행지역은 평양, 의주, 신의주, 진남포, 전주, 강경, 원산, 함흥, 청진, 경성, 나남, 회령, 마산, 진주, 광주, 나주, 목포, 군산, 울릉 등 19개 지역이다.

(3) 특별도근측량

우리나라 서북지방(함경도, 평안도 등)에 있는 산간부 및 도서지방에서 삼각점에 근거하지 않고 단독으로 도근측량을 시행하였는데, 이를 특별도근측량이라 한다.

3. 통일원점

통일원점(대삼각망)은 1910년 일제강점 이후 임시토지조사국에서 토지조사사업의 일환으로 실시된 것으로 일본의 1등 삼각점인 대마도의 어악과 유명산에서 부산의 절영도와 거제도를 연결하는 대삼각망으로부터 시작하여 13개의 기선측량을 실시하고, 대삼각본점 및 보점측량을 실시하였다.

(1) 통일원점의 설치
① 당초 계획은 한국 중앙에 기본점을 설치하고 남북으로 망을 확대할 방침이었다.
② 시간과 경비관계로 일본 본토의 1등 삼각망을 연결한다.
③ 통일원점은 방위각과 거리를 계산하여 결정한다.
④ 모든 삼각점의 평면위치(X, Y)를 나타내는 기준이다.

(2) 통일원점의 특징
① 가상 원점이며, 3대 원점이다.
② 원점은 종선(X)에 50만m(제주 55만m), 횡선(Y)에 20만m를 가산한다.
③ 가우스상사이중투영법에 의해 베셀(Bessel)이 발표한 값에 의해 계산된 좌표이다.
④ 1910년 토지조사사업을 위해 설치하였다.
⑤ 각각의 원점은 위도 38°에 위치한다.

[표 5-2] 통일원점

서부원점	동경 125°	북위 38°
중부원점	동경 127°	북위 38°
동부원점	동경 129°	북위 38°

05 특별도근측량

도서지방은 육지와 서로 떨어져 삼각점을 설치하지 않은 곳도 있고, 삼각점이 있다 하더라도 다른 삼각점을 시준할 수 없는 것들이 있었다. 이러한 토지에는 이미 설치된 삼각점을 기초로 도근측량을 하기에는 애로가 많을 뿐만 아니라 당시의 정황으로서는 구태여 보통조사지역과 산간부 또는 도서지방에 연락할 필요를 느끼지 않아 삼각점에 근거하지 않고 단독으로 도근측량을 시행한 것이 있는데, 이를 특별도근측량이라 했다.

1. 도근측량의 종류
(1) 특별도근측량 : 우리나라 서북지방의 산간부 및 도서지방에서 삼각점에 근거하지 않고 실시한다.

(2) 보통도근측량 : 각 도면의 접합을 위해 1매의 원도상에 6점 이상의 도근점을 배치한다.

2. 특별도근측량 시행지역

(1) 도서지방에서 도내에 삼각점이 없을 때 또는 삼각점이 있어도 다른 삼각점 시준이 곤란할 때
(2) 조사지역 내 보조삼각점 설정이 곤란한 도서지방
(3) 산간부지역으로 조사지역으로부터 300간 이상 떨어지고 조사지 이외의 토지로 둘러싸여 있으며, 집단면적이 축척 1/1,200 지역에서 약 200,000평, 축척 1/2,400 지역에서 약 500,000평을 넘지 않을 때

3. 특별도근측량의 원점

보통도근측량의 경우와 같이 삼각점 간을 연결할 수 없으므로 삼각점의 유무에 따라 특별도근측량의 원점이 달라진다.

(1) 삼각점이 존재할 때는 삼각점을 원점으로 사용한다.
(2) 삼각점이 존재하지 않을 때에는 적당한 지역에 도근원점을 선정하고 회귀도선을 설치한 후 원점 및 도선점 간 또는 도선점 상호 간 연결한다.
(3) 도근점과 삼각점 또는 삼각점에 의한 도근점과의 관계위치를 축척 1/10,000 도해적 측량방법으로 측정하여 도근망도를 작성한다.

4. 특별도근측량의 관측

특별도근측량은 보통도근측량의 경우처럼 삼각점 간의 방위각을 측정할 수 없으므로 가상자오선을 기초로 도근측량을 시행한다.

(1) 삼각점 또는 삼각점에 의한 도근점에서 나침편차를 측정한다.
(2) 가상자오선을 결정하여 도근측량을 시행한다.
(3) 종횡선의 원점은 관계위치 도면상에서 측정한 약치를 사용한다.
(4) 도서지방에서는 각 점의 종횡선 수치에 부수가 발생하지 않도록 원점을 설치한다.
(5) **도근측량부 기재** : 원점의 소재, 목표, 나침편차, 기타 필요한 사항

5. 도근측량 생략

보통도근측량이나 특별도근측량을 시행하는 조사지로부터 약 300간 이상 떨어져 조사지역 이외의 토지로 둘러싸여 있고 그 집단지의 면적이 축척 1/1,200 지역에서 약 100,000평, 축척 1/2,400 지역에서 약 300,000평을 넘지 않는 토지는 도근측량을 생략하였다.

06 토지조사사업 당시 기준점측량

토지조사사업 당시 기준점측량은 기선측량, 대삼각본점측량, 대삼각보점측량, 소삼각 1등점, 소삼각 2등점 순으로 진행하였다. 우리나라 측지망은 1910~1918년에 조선임시토지조사국에 의하여 삼각측량방법으로 정비되었으며, 삼각점을 총 34,447점 설치하였고, 이 중 남한에는 16,089점이 설치되었다.

1. 기선측량

(1) 삼각망의 진행 중 방위와 변장의 뒤틀림을 막기 위해 전국 13개소에 기선을 설치하였다.
(2) 천문측량에 의하여 기선망의 방위각을 측정하여 절영도와 거제도에서 북상하는 삼각망의 방위와 변장을 수정하였다.
(3) 1910년 6월에 대전 기선의 위치선정을 시작으로 1913년 10월에 고건원 기선 측량을 완료하였다.
(4) 가장 긴 것은 평양 약 4,600m, 가장 짧은 것은 안동기선 2,000m이다.

2. 대삼각본점측량(1등 삼각점)

(1) 1910년부터 1918년까지 8년에 걸친 단기간에 경상남도를 시작하여 총수 400점을 측정하였다.
(2) 대삼각측량의 기선망 및 대삼각망의 배치는 기선의 최종 확대변을 기초로 하여 경도 20분, 위도 15분의 방안 내 1개 점이 배치되었다.
(3) 대삼각본점측량은 대마연락망부터 함중망까지 23개의 망으로 구분하였다.
(4) 부산, 대전, 서울, 신의주 방향으로 진행한 후 동서 방향으로 진행하는 방법으로 설치하였다.

3. 대삼각보점측량(2등 삼각점)

대삼각보점측량은 대삼각본점 상호 간의 거리가 멀어 바로 소삼각측량의 기지점으로 적합하지 않아 대삼각보점을 설치했는데 경도 20분, 위도 15분의 방안 내에 기지본점을 합쳐서 9점의 비율로 하고 점 간 평균거리는 약 10km가 되도록 하여 총수 2,401점을 측정하였다.

4. 소삼각측량(3, 4등 삼각점)

소삼각점을 설치하는 소삼각측량은 도근측량의 기초가 되는 것으로 대삼각측량을 기초로 시행하였으며 삼각점의 배치는 5km 방안에 1등 삼각점 1점에, 2등 삼각점 3점의 비율로 배치하였다.

5. 보통도근측량

(1) 의의

① 도근점은 세부측량의 정확한 시행을 보장하기 위해 삼각점 간을 연결하는 기초점을 의미한다.
② 삼각점을 기초로 도근측량 도선등급은 1등 도선과 2등 도선으로 구분한다.
③ 1등 도선은 삼각점 간 또는 삼각점과 1등 도선점만을 연결하여 제1차점을 설정한다.
④ 2등 도선은 삼각점, 1등 도선, 2등 도선 간 또는 부득이한 경우 교회점 간을 연결하여 제2차점을 설정한다.

(2) 도근점 배치

① 도근점 배치는 일필지 측량원도의 1도곽 내에 축척 1/1,200 지역은 당초 4점 이상을 배치한다.
② 1913년 10월부터는 6점 이상으로 배치한다.
③ 축척 1/600 구역 중에서도 시가지에 속하는 부분은 8점 이상을 배치한다.
④ 1원도 내에 측량지역이 좁을 때에는 적당히 도근점 수를 감소할 수 있도록 했다.
⑤ 각 측량원도에 도근점을 전개하여 오차의 누적을 방지하기 위한 것이다.

07 기선측량

기선측량은 삼각측량에 있어서 최초 한 변의 길이를 재는 거리측량으로 기초가 되는 기선의 길이를 측정하는 것이다. 우리나라의 기선측량은 1910년 6월 대전기선에서 시작하여 1913년 10월 함경북도 고건원기선의 측량으로 끝이 났으며 우리나라 기선의 수는 13개이다.

1. 우리나라 기선의 위치와 길이

[표 5-3] 기선의 위치 및 길이

위치	길이(m)	위치	길이(m)	위치	길이(m)
대전	2500.39410	노량진	3075.97442	안동	2000.41516
하동	2000.84321	의주	2701.23491	평양	4625.47770
영산포	3400.89002	간성	3126.11155	함흥	4000.91794
길주	4226.45669	강계	2524.33613	혜산진	2175.31361
고건원	3000.81838				

2. 기선측량의 특징

(1) 기선의 위치는 지형이 거의 평탄하고 견고한 곳에 설치한다.
(2) 기선의 길이는 2km 내지 5km 정도이다.
(3) 대삼각본점의 한 변의 길이가 30km가 될 때까지 확대하였으며 확대한 삼각망은 이등변삼각형이다.
(4) 삼각형의 정각은 33° 32′에 가깝게 한다.
(5) 기선로의 직선측량, 기선의 전장측량, 기선척의 비교검정으로 구분한다.

3. 기선측량 방법

(1) 기선로의 직선측량

① 기선로는 넓이 3m, 경사 1/25을 넘지 않을 정도로 확보
② 초목·암석을 제거하고, 구거·하천 등은 매몰 또는 교량 설치
③ 기선점의 양단은 기선측량 이후 대삼각본점 표석 매설
④ 30×30×9cm의 화강암으로 만든 반석
⑤ 기선 양단의 수직간 6대회 관측
⑥ 수준의로 고저측량 실시

(2) 기선의 전장측량

① 기선 전장측량반은 1개 반을 13명으로 편성
② 1개 기선척으로 시작점에서 끝점으로 오전에 측정하고 도착점에서 시작하여 오후에 측정
③ 전단과 후단의 독정자와 현추자는 위치를 바꾸어 개인오차 제거
④ 2회의 산술평균을 측정치로 사용

(3) 기선척의 비교검정

① 토지조사국에서 기선측량을 실시
② 육지측량부에서 10회 비교검정 실시
③ 각 기선척을 상모원비교기선(相模原比較基線)에서 10회 비교검정

(4) 기선장의 계산

① 직선의 계산
② 경사보정수의 계산
③ 온도보정수의 계산
④ 기선척 전장의 계산
⑤ 중등해면상화성수의 계산

⑥ 천체측량의 계산
⑦ 전장 평균위 계산

4. 기선의 확대

(1) 삼각측량에서는 가능한 한 긴 기선을 취하는 것이 좋으나 실제로 기선의 길이는 삼각형의 변 길이보다 훨씬 짧은 것이 보통이다.
(2) 짧은 기선을 삼각형 한 변의 길이와 같게 확대시켜야 한다.
(3) 기선을 설치하고자 하는 위치는 이것을 증대시켜 삼각형의 한 변에 연결시키기에 적합한 장소라야 한다.
(4) 정밀도를 떨어뜨리지 않고 기선을 증대시키려면 삼각망을 만들어야 하며, 이것을 기선삼각망이라고 한다.
(5) 보통 1회 확대하는 데 기선길이의 3배, 2회 확대는 8배, 3회 확대는 10배 이상을 확대치 못한다.
(6) 기선은 삼각형수의 15~20개마다 기선을 설치하며, 이것을 검기선이라 한다.

5. 기선측량의 허용오차

(1) 기선의 전장(全長)에 대하여 1/500,000 이내로 규정한다.
(2) 토지조사국에서 시행한 기선측량의 성과는 매우 양호하다.
(3) 가장 정밀한 기선측량 : 고건원 기선, 1/14,360,000
(4) 가장 오차가 많은 기선측량 : 강계 기선, 1/1,250,000

08 삼각측량 및 삼변측량

삼각측량은 지구 표면상의 여러 점을 삼각형으로 연결하여 삼각형 각 변의 방향과 길이를 직접 또는 간접적으로 측정하여 상호관계위치를 결정하기 위한 기초측량이며, 삼변측량은 전파, 광파 및 GNSS로 변장만을 측정하고 삼각형의 내각을 계산하여 삼각점의 위치를 결정하는 방법이다.

1. 삼각측량

(1) 삼각측량의 원리

① 지적삼각측량은 기선 거리와 삼각망을 이루는 삼각형의 내각만을 관측하고 삼각법을 이용해서 각 측점의 위치(좌표)를 계산하는 방법이다.

② 삼각형의 한 변과 세 내각을 측정하고 sin 법칙으로 나머지 두 변의 길이를 계산하여 각 측점의 위치를 결정한다.

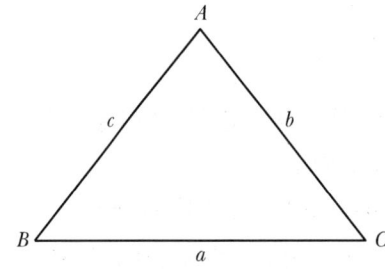

[그림 5-1] 삼각측량의 원리

$$\frac{a}{\sin A} = \frac{b}{\sin B} = \frac{c}{\sin C}$$
$$(\because a = \frac{\sin A}{\sin C} \times c, \ b = \frac{\sin B}{\sin C} \times c)$$

(2) 삼각측량의 특징

① 변의 관측보다 각의 관측에 더 정밀성을 요구한다.
② 정밀한 각 관측장비가 필요하다.
③ 내각의 크기는 30° 이상 120° 이하이다.
④ 가장 정밀도가 높은 측량이다.
⑤ 삼각점 간의 거리를 비교적 길게 취할 수 있어 넓은 지역의 측량에 적합하다.
⑥ 삼각망은 최소 한 점 이상의 기지점에 고정되고, 출발변의 방위각을 알아야 한다.
⑦ 측지 삼각측량에서는 구면삼각형의 지식이 필요하다.
⑧ 삼각점은 시통이 잘 되고 후속 측량에 이용되므로 전망이 좋은 곳에 설치한다.
⑨ 조건식의 수가 많아 조정방법과 계산이 복잡하여 시간이 많이 소요된다.
⑩ 기선 설치에 어려움이 많다.

2. 삼변측량

(1) 삼변측량의 원리

① 관측한 세 변의 길이를 이용해 세 내각을 구한다.
② 구한 각과 변을 이용하여 각 점의 수평위치를 구한다.
③ cos 제2법칙을 이용한다.

$$a^2 = b^2 + c^2 - 2bc\cos A$$
$$b^2 = c^2 + a^2 - 2ca\cos B$$
$$c^2 = a^2 + b^2 - 2ab\cos C$$

(2) 삼변측량의 특징

① 장거리 관측 시 관측탑이 필요 없다.
② 신속하게 관측 가능하다.
③ 변의 수가 증가할수록 방위각의 오차가 누적되므로 많은 방위각의 관측이 필수이다.
④ 삼각측량에 비해 신속하고 경제적이다.
⑤ 변장만으로 삼각망을 만든다.
⑥ 조건식의 수가 적어 계산이 용이하다.
⑦ 측정된 거리는 모두 기계오차와 기상보정을 해야 한다.
⑧ 경사거리를 관측하므로 평균수면상의 수평거리로 환산한다.

09 지적삼각점측량

지적삼각점측량은 측량지역의 지형상 지적삼각점 설치 또는 재설치가 필요한 경우, 지적도근점의 설치 또는 재설치를 위하여 지적삼각점 설치가 필요한 경우, 세부측량을 하기 위하여 지적삼각점 설치가 필요한 경우에 실시한다.

1. 지적삼각점측량의 조건

(1) 지적삼각점측량을 할 때에는 미리 지적삼각점표지를 설치하여야 한다.
(2) 지적삼각점의 명칭은 측량지역이 소재하고 있는 특별시 · 광역시 · 도 또는 특별자치도의 명칭 중 두 글자를 선택하고 시 · 도 단위로 일련번호를 붙여서 정한다.
(3) 지적삼각점은 유심다각망 · 삽입망 · 사각망 · 삼각쇄 또는 세 변 이상의 망으로 구성하여야 한다.
(4) 삼각형의 각 내각은 30° 이상 120° 이하로 한다. 다만, 망평균계산법과 삼변측량에 따르는 경우에는 그러하지 아니하다.
(5) 지적삼각점표지의 점간거리는 평균 2~5km 이하로 한다.

2. 시·도별 지적삼각점의 명칭

[표 5-4] 지적삼각점의 명칭

기관명	명칭	기관명	명칭	기관명	명칭
서울특별시	서울	울산광역시	울산	전라북도	전북
부산광역시	부산	경기도	경기	전라남도	전남
대구광역시	대구	강원도	강원	경상북도	경북
인천광역시	인천	충청북도	충북	경상남도	경남
광주광역시	광주	충청남도	충남	제주특별자치도	제주
대전광역시	대전	세종특별자치시	세종		

3. 지적삼각망의 종류

(1) 유심다각망
① 대규모 지역의 측량에 적합한 망이며 많이 사용된다.
② 1개의 기선에서 확대되므로 기선이 확고하여야 한다.
③ 삼각형의 중심각 조건을 만족하는 각 조건과 변 조건에 대한 조정을 실시한다.
④ 두 점 삼각점을 이용하여 1개의 기지변을 사용하므로 정확도가 사변형보다 낮다.

(2) 삽입망
① 기지변이 2개로 구성되어 있다.
② 변장의 계산은 기지변에서 출발하여 도착기지변에 폐색하므로 가장 합리적이다.
③ 삼각형의 번호와 기호는 출발변에서 시작하여 도착변 쪽으로 순차적으로 부여한다.
④ 기지점 3개에 의해 소구점 1 또는 2 이상 결정 시 사용된다.
⑤ 지적삼각측량에서 가장 적합한 형태이며, 가장 많이 사용된다.

(3) 사각망
① 이론상 가장 이상적인 방법이나 계산방법이 복잡하다.
② 사각형의 기하학적 성질을 이용하여 각 조건과 변 조건에 대한 조정을 실시한다.
③ 최근 컴퓨터의 발달로 많이 이용된다.
④ 높은 정밀도를 필요로 하는 측량이나 기선의 확대 등에 많이 이용되는 방법이다.

(4) 삼각쇄(단열삼각망)
① 노선, 하천, 터널 등 폭이 좁고 길이가 긴 지역에 적합하다.
② 거리에 비해 관측량이 적어 신속하고 경제적이다.
③ 조건식이 적어 정도가 낮다.

(5) 정밀삼각망

① 소구점을 중앙에 두고 기지삼각점을 주위에 두는 망 형태이다.
② 삼각망의 형태는 기하학적인 조건을 충분히 만족하여야 한다.
③ 계산방식이 복잡하나 최근에는 컴퓨터의 발달로 많이 이용된다.
④ 정밀조정을 필요로 할 때 적합한 방식이다.

4. 지적삼각점측량 조건식 총수

(1) 각 관측의 3조건

① 각 조건 : 삼각망 중 각각 삼각형 내각의 합은 180°가 되어야 한다.
② 변 조건 : 삼각망 중에서 임의 한 변의 길이는 계산순서에 관계없이 동일하여야 한다.
③ 점 조건 : 각 측점 주위에 있는 모든 각의 총합은 360°가 되어야 한다.

(2) 조건식 계산

① 각 조건식 수 : $K_1 = S - P + 1 = 6 - 4 + 1 = 3$
② 변 조건식 수 : $K_2 = B + S - 2P + 2 = 6 - 8 + 1 + 2 = 1$
③ 점 조건식 수 : $K_3 = a + P - 2S = 8 + 4 - 12 = 0$
④ 조건식 총수 : $K_4 = B + a - 2P + 3 = 8 + 1 - 8 + 3 = 4$

(여기서, S : 변의 수, P : 삼각점의 수, B : 기선의 수, a : 관측각의 수)

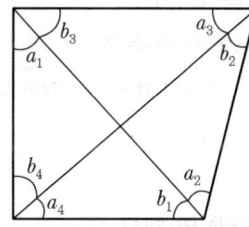

[그림 5-2] 지적삼각점측량 조건식

10 지적삼각점측량의 관측 및 계산

지적삼각점측량은 경위의측량방법에 의해 삼각형의 내각을 측정하고 전파기 또는 광파기에 의해 관측한 거리를 평면거리로 환산하여 소구점의 위치를 결정한다.

1. 지적삼각점측량의 방법

(1) 위성기준점, 통합기준점, 삼각점 및 지적삼각점을 기초로 하여 경위의측량방법, 전파기 또는 광파기 측량방법, 위성측량방법 및 국토교통부장관이 승인한 측량방법에 따른다.
(2) 지적삼각점측량의 계산은 평균계산법이나 망평균계산법에 따른다.

2. 지적삼각점측량의 관측 및 계산

(1) 경위의측량방법에 의한 관측 및 계산

① 관측은 10초독 이상의 경위의를 사용한다.
② 수평각 관측은 3대회(윤곽도는 0°, 60°, 120°로 함)의 방향관측법에 따른다.

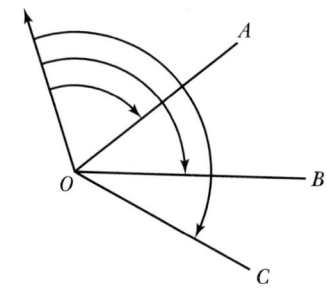

[그림 5-3] 방향관측법

③ 지적삼각점측량의 수평각 측각공차

[표 5-5] 지적삼각점측량의 수평각 측각공차

종별	1방향각	1측회의 폐색	삼각형 내각관측의 합과 180°와의 차	기지각과의 차
공차	30초 이내	±30초 이내	±30초 이내	±40초 이내

(2) 전파기 또는 광파기에 의한 관측 및 계산

① 거리관측 및 계산
  ㉠ 표준편차가 ±(5mm+5ppm) 이상인 정밀측거기를 사용한다.
  ㉡ 점간거리는 5회 측정하여 그 측정치의 최대치와 최소치의 교차가 평균치의 1/10만 이하일 때에는 그 평균치를 측정거리로 하고, 원점에 투영된 평면거리에 따라 계산한다.
  ㉢ 삼각형의 내각은 세 변의 평면거리에 따라 계산하며, 기지각과의 차는 ±40초 이내로 한다.
② 연직각 관측 및 계산
  ㉠ 각 측점에서 정반으로 각 2회 관측한다.
  ㉡ 관측치의 최대치와 최소치의 교차가 30초 이내일 때에는 그 평균치를 연직각으로 한다.

ⓒ 두 점의 기지점에서 소구점의 표고를 계산한 결과 그 교차가 $0.05\text{m}+0.05(S_1+S_2)\text{m}$ 이하일 때에는 그 평균치를 표고로 한다. 여기서 S_1과 S_2는 기지점에서 소구점까지의 평면거리로서 킬로미터(km) 단위로 표시한 수를 말한다.

③ 계산단위

지적삼각점의 계산은 진수를 사용하여 각규약과 변규약에 따른 평균계산법 또는 망평균계산법에 따른다.

[표 5-6] 지적삼각점측량의 계산단위

종별	각	변의 길이	진수	좌표 또는 표고	경위도	자오선수차
단위	초	cm	6자리 이상	cm	초 아래 3자리	초 아래 1자리

3. 평면거리 계산

기준면상 거리를 평면에 투영했을 때의 거리를 평면거리라 하며, 연직각에 의한 기준면거리와 표고에 의한 기준면거리를 구한 다음 축척계수를 이용하여 평면거리를 구한다.

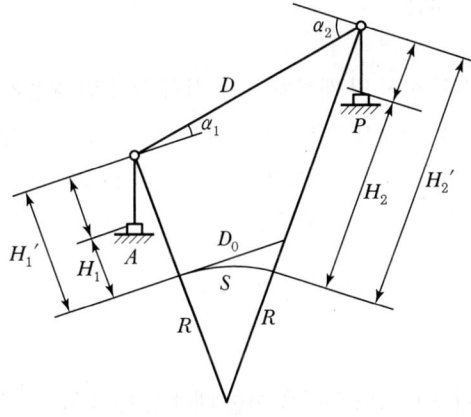

[그림 5-4] 평면거리 계산

(1) 연직각에 의한 계산

$$S = d \cdot \cos \frac{1}{2}(\alpha_1 + \alpha_2) - \frac{D(H_1' + H_2')}{2R}$$

(2) 표고에 의한 계산

$$S = D - \frac{(H_1' - H_2')^2}{2D} - \frac{D(H_1' + H_2')}{2R}$$

(3) 평면거리

$$D_0 = S \times K \left(K = 1 + \frac{(Y_1 + Y_2)^2}{8R^2} \right)$$

여기서, D : 경사거리
S : 기준면거리
H_1, H_2 : 표고
R : 곡률반경(6372199.7m)
i : 기계고
f : 시준고
α_1, α_2 : 연직각(절대치)
K : 축척계수
Y_1, Y_2 : 원점에서 삼각점까지의 횡선거리(km)

11 지적삼각망 계산

지적삼각측량은 지적삼각점의 신설 및 재설치, 도근점의 신설 및 재설치, 세부측량의 시행상 필요로 할 때 실시되는 기초측량이다. 지적삼각측량에서 삼각망의 유형은 측점배치에 따른 모양에 따라 유심다각망, 삽입망, 사각망, 삼각쇄(단열삼각망) 등으로 구성된다.

1. 유심다각망 조정계산

(1) 유심다각망의 특징

유심다각망은 측량지역이 거의 원형을 이룰 때에 넓은 지역의 측량에 적합한 방법으로 1개의 기선에서 확대하는 것이기 때문에 기선이 확고해야만 한다.

① 기지 두 점 간의 거리와 방위각을 기준으로 폐다각형을 형성한 삼각형의 계산으로 일시에 여러 점을 설치할 수 있는 이점이 있다.
② 동일 측점 수에 비하여 포함하는 지역이 가장 넓다. 따라서 넓은 지역의 측량에 적합하다.
③ 1개의 기선에서 확대되므로 기선이 확고해야 한다.
④ 2개의 삼각점을 이용하여 1개의 기지변을 사용하므로 사변형보다 정확도가 낮다.
⑤ 정밀도는 사변형보다 낮지만, 단열삼각망보다는 높다.
⑥ 교차점을 측점으로 사용한다.

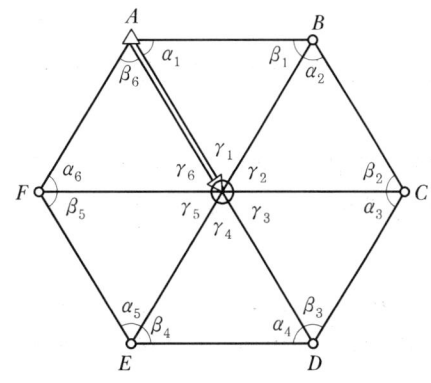

[그림 5-5] 유심다각망

(2) 각규약 조정식

① 삼각규약

㉠ 각 삼각형의 내각의 합은 180°가 되어야 한다.

$$\alpha_1 + \beta_1 + \gamma_1 = 180°$$

㉡ 각 관측의 오차와 구과량 등의 원인으로 작은 오차(ε)가 생기게 되며 오차공식으로 바꾸면 다음과 같다.

$$\alpha_1 + \beta_1 + \gamma_1 - 180° = \varepsilon_1$$

② 망규약

㉠ 망의 중심점에서 관측한 각의 합은 360°가 되어야 한다.

$$\gamma_1 + \gamma_2 + \gamma_3 + \gamma_4 + \gamma_5 + \gamma_6 = 360°$$

㉡ 오차 수반공식으로 고쳐 쓰면 다음과 같다.

$$\gamma_1 + \gamma_2 + \gamma_3 + \gamma_4 + \gamma_5 + \gamma_6 - 360° = e$$

③ 오차배부

각 삼각형 내각오차의 합($\sum \varepsilon$)을 구하여 망규약(Ⅱ)과 삼각규약(Ⅰ)을 계산한다.

㉠ 망규약(Ⅱ) $= \dfrac{\sum \varepsilon - 3e}{2n}$ (여기서, n : 삼각형 수)

㉡ 삼각규약(Ⅰ) $= \dfrac{-\varepsilon - (Ⅱ)}{3}$

(3) 변규약 조정식

① 기선을 기초로 하여 계산하는 변장이 계산 경로에 관계없이 반드시 동일한 값이 되도록 하는 조정이다.

② 기선 AO에서 출발하여 삼각형 번호를 시계방향으로 변장을 계산하여 도착변인 기선 OA와 일치되어야 한다. 변 방정식을 만들기 위하여 각 삼각형을 sin 법칙에 의하여 풀면 다음과 같다.

$\triangle ABO$에서 $\dfrac{OB}{\sin\alpha_1} = \dfrac{OA}{\sin\beta_1}$ $\therefore \dfrac{OB}{OA} = \dfrac{\sin\alpha_1}{\sin\beta_1}$

$\triangle BCO$에서 $\dfrac{OC}{\sin\alpha_2} = \dfrac{OB}{\sin\beta_2}$ $\therefore \dfrac{OC}{OB} = \dfrac{\sin\alpha_2}{\sin\beta_2}$

$\triangle CDO$에서 $\dfrac{OD}{\sin\alpha_3} = \dfrac{OC}{\sin\beta_3}$ $\therefore \dfrac{OD}{OC} = \dfrac{\sin\alpha_3}{\sin\beta_3}$

$\triangle DEO$에서 $\dfrac{OE}{\sin\alpha_4} = \dfrac{OD}{\sin\beta_4}$ $\therefore \dfrac{OE}{OD} = \dfrac{\sin\alpha_4}{\sin\beta_4}$

$\triangle EFO$에서 $\dfrac{OF}{\sin\alpha_5} = \dfrac{OE}{\sin\beta_5}$ $\therefore \dfrac{OF}{OE} = \dfrac{\sin\alpha_5}{\sin\beta_5}$

$\triangle FAO$에서 $\dfrac{OA}{\sin\alpha_6} = \dfrac{OF}{\sin\beta_6}$ $\therefore \dfrac{OA}{OF} = \dfrac{\sin\alpha_6}{\sin\beta_6}$

③ 상기 식에 의하여 변 방정식을 만들면 다음과 같다.

$$\dfrac{OB}{OA} \times \dfrac{OC}{OB} \times \dfrac{OD}{OC} \times \dfrac{OE}{OD} \times \dfrac{OF}{OE} \times \dfrac{OA}{OF} = \dfrac{OA}{OA} = 1$$

$$\dfrac{\sin\alpha_1 \cdot \sin\alpha_2 \cdot \sin\alpha_3 \cdot \sin\alpha_4 \cdot \sin\alpha_5 \cdot \sin\alpha_6}{\sin\beta_1 \cdot \sin\beta_2 \cdot \sin\beta_3 \cdot \sin\beta_4 \cdot \sin\beta_5 \cdot \sin\beta_6} = 1$$

이것을 다시 고쳐 쓰면 $\dfrac{\Pi\sin\alpha}{\Pi\sin\beta} = 1$이 된다.

1차 계산 $= E_1 = \dfrac{\Pi\sin\alpha}{\Pi\sin\beta} - 1$

④ E_2 계산

각 규약 조정각으로 계산한 sin 값에 초차(Δ)를 더하여 $\sin\alpha'$와 $\sin\beta'$를 구한 후 E_2의 값을 계산한다.

$$E_2 = \dfrac{\Pi\sin\alpha'}{\Pi\sin\beta'} - 1$$

⑤ 경정수 x'' 계산

$$x_1'' = \frac{10'' \times E_1}{|E_1 - E_2|}$$

$$x_2'' = \frac{10'' \times E_2}{|E_1 - E_2|}$$

⑥ 변 조건식에 따른 각 오차의 배부

α = 각규약 조정각 $- x_1''$

β = 각규약 조정각 $+ x_1''$

2. 삽입망의 조정계산

(1) 삽입망의 특징

① 기지변 2개를 기준으로 하여 신설 삼각점 1개 이상 수 개를 측설하는 방법이며, 일반적으로 안전하고 실무에 가장 많이 이용된다.
② 변장계산은 기지변에서 출발하여 도착 기지변에 폐색함으로써 가장 합리적인 삼각망이다.
③ 지적삼각측량에 가장 적합하다.
④ 삼각형의 번호와 기호는 출발변에서 시작하여 도착변으로 순차적으로 부여한다.

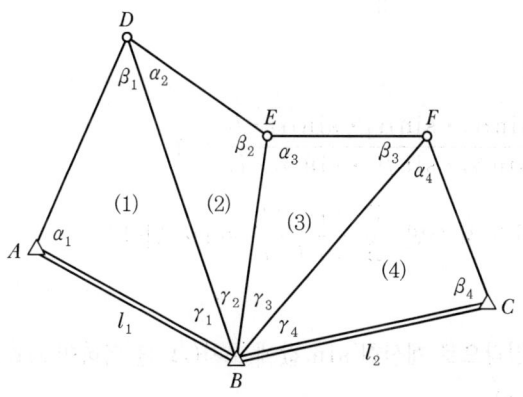

[그림 5-6] 삽입망

(2) 각규약 조정식

① 삼각규약

㉠ 각 삼각형의 내각의 합은 180°가 되어야 한다.

$$\alpha_1 + \beta_1 + \gamma_1 = 180°$$

ⓛ 각 관측의 오차와 구과량 등의 원인으로 작은 오차(ε)가 생기게 되며 오차공식으로 바꾸면 다음과 같다.

$$\alpha_1 + \beta_1 + \gamma_1 - 180° = \varepsilon_1$$

② 망규약

㉠ 각 삼각형의 중심각의 합과 기지내각이 동일하여야 한다.

$$\gamma_1 + \gamma_2 + \gamma_3 = 기지내각$$

ⓛ 오차 수반공식으로 고쳐 쓰면 다음과 같다.

$$\gamma_1 + \gamma_2 + \gamma_3 - 기지내각 = e$$

③ 오차배부

각 삼각형 내각오차의 합($\sum \varepsilon$)을 구하여 망규약(Ⅱ)과 삼각규약(Ⅰ)을 계산한다.

㉠ 망규약(Ⅱ) $= \dfrac{\sum \varepsilon - 3e}{2n}$ (여기서, n : 삼각형 수)

ⓛ 삼각규약(Ⅰ) $= \dfrac{-\varepsilon - (Ⅱ)}{3}$

(3) 변규약 조정식

① $\dfrac{\sin\alpha_1 \cdot \sin\alpha_2 \cdot \sin\alpha_3 \cdot \sin\alpha_4 \cdot l_1}{\sin\beta_1 \cdot \sin\beta_2 \cdot \sin\beta_3 \cdot \sin\beta_4 \cdot l_2} = 1$

이것을 다시 고쳐 쓰면 $\dfrac{\Pi \sin\alpha \times l_1}{\Pi \sin\beta \times l_2} = 1$이 된다.

② E_2 계산

각 규약 조정각으로 계산한 sin 값에 초차(Δ)를 더하여 $\sin\alpha'$와 $\sin\beta'$를 구한 후 E_2의 값을 계산한다.

$$E_2 = \dfrac{\Pi \sin\alpha' \times l_1}{\Pi \sin\beta' \times l_2} - 1$$

③ 경정수 x'' 계산

$$x_1'' = \dfrac{10'' \times E_1}{|E_1 - E_2|}$$

$$x_2'' = \dfrac{10'' \times E_2}{|E_1 - E_2|}$$

④ 변 조건식에 따른 각 오차의 배부
   α = 각규약 조정각 $- x_1''$
   β = 각규약 조정각 $+ x_1''$

3. 사각망 조정계산

(1) 사각망의 특징

① 사각형의 기하학적 성질을 이용하여 각 조건과 변 조건에 대한 조정이다.
② 조건식 수가 가장 많기 때문에 가장 높은 정밀도를 얻을 수 있으나, 조정과정이 복잡하다.
③ 높은 정밀도를 요구하는 측량이나 기선삼각망(기선확대) 등에 이용된다.
④ 포함 면적이 적으며, 많은 시간과 비용이 필요하다.
⑤ 교차점은 측점으로 사용하지 않는다.

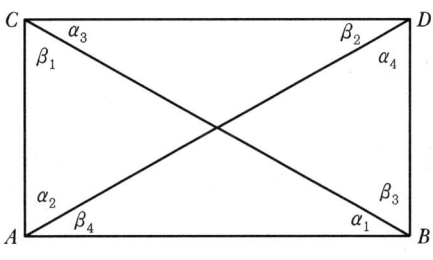

[그림 5-7] 사각망

(2) 각규약 조정식

① 망규약
$$\alpha_1 + \beta_1 + \alpha_2 + \beta_2 + \alpha_3 + \beta_3 + \alpha_4 + \beta_4 = 360°$$
$$\alpha_1 + \beta_1 + \alpha_2 + \beta_2 + \alpha_3 + \beta_3 + \alpha_4 + \beta_4 - 360° = \varepsilon$$
$$\varepsilon_1 = \frac{\varepsilon}{8}$$

각 오차는 8개의 관측각에 균등하게 배부한다.

② 삼각규약
$$(\alpha_1 + \beta_4) - (\alpha_3 + \beta_2) = e_1$$
$$(\alpha_2 + \beta_1) - (\alpha_4 + \beta_3) = e_2$$

오차배부는 $\frac{e_1}{4}$ 과 $\frac{e_2}{4}$ 가 된다.

③ 오차배부

e_1이 +일 경우 α_1, β_4는 $-$로 배부하고 α_3, β_2는 $+$로 배부
e_1이 $-$일 경우 α_1, β_4는 $+$로 배부하고 α_3, β_2는 $-$로 배부
e_2가 +일 경우 α_2, β_1은 $-$로 배부하고 α_4, β_3은 $+$로 배부
e_2가 $-$일 경우 α_2, β_1은 $+$로 배부하고 α_4, β_3은 $-$로 배부

(3) 변규약 조정식

① $\dfrac{\sin\alpha_1 \cdot \sin\alpha_2 \cdot \sin\alpha_3 \cdot \sin\alpha_4}{\sin\beta_1 \cdot \sin\beta_2 \cdot \sin\beta_3 \cdot \sin\beta_4} = 1$

이것을 다시 고쳐 쓰면 $\dfrac{\Pi \sin\alpha}{\Pi \sin\beta} = 1$이 된다.

② E_2 계산

각규약 조정각으로 계산한 sin 값에 초차(Δ)를 더하여 $\sin\alpha'$와 $\sin\beta'$를 구한 후 E_2의 값을 계산한다.

$$E_2 = \dfrac{\Pi \sin\alpha'}{\Pi \sin\beta'} - 1$$

③ 경정수 x'' 계산

$$x_1'' = \dfrac{10'' \times E_1}{|E_1 - E_2|}$$

$$x_2'' = \dfrac{10'' \times E_2}{|E_1 - E_2|}$$

④ 변 조건식에 따른 각 오차의 배부

$\alpha = $ 각규약 조정각 $- x_1''$
$\beta = $ 각규약 조정각 $+ x_1''$

4. 삼각쇄(단열삼각망) 조정계산

(1) 삼각쇄(단열삼각망)의 특징

① 양단의 기선을 두고 삼각형이 단열로 이어진 삼각망이다.
② 동일 측점 수에 비하여 도달거리가 가장 길다.
③ 노선, 하천, 터널 등 길이가 길고 폭이 좁은 선형의 지역에 적합하다.
④ 거리에 비하여 관측 수가 적으므로 측량이 신속하고 경비가 적게 든다.
⑤ 조건식이 적어 정밀도가 낮다.

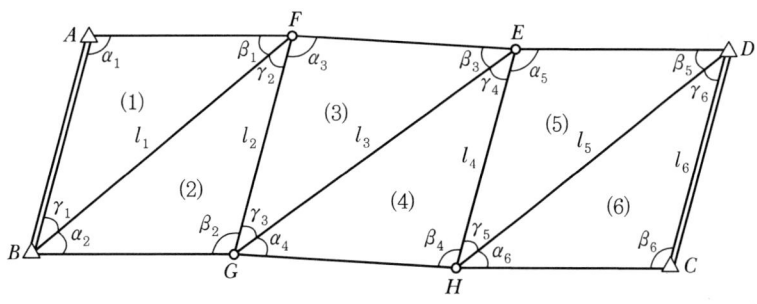

[그림 5-8] 단열삼각망

(2) 각규약 조정식

① 삼각규약

㉠ 각 삼각형의 내각의 합은 180°가 되어야 한다.

$$\alpha_1 + \beta_1 + \gamma_1 = 180°$$

㉡ 각 관측의 오차와 구과량 등의 원인으로 작은 오차(ε)가 생기게 되며 오차공식으로 바꾸면 다음과 같다.

$$\alpha_1 + \beta_1 + \gamma_1 - 180° = \varepsilon_1$$

② 망규약

기지내각이나 내각규약에 의하여 오차를 계산할 수 없고 출발점으로부터 시작하여 도축점에 폐색시키는 방법으로 방위각에 의한 오차를 계산한다.

$$V_B^A\text{(출발 방위각)} + \sum \gamma \text{ 홀수} - \sum \gamma \text{ 짝수} = V_D^C\text{(도착 방위각)}$$

③ 오차배부

㉠ 1차 삼각형 오차 $e = \alpha_1 + \beta_1 + \gamma_1 - 180°$

㉡ 방위각오차(q)

$V_D^C -$ 기지 도착 방위각 $= q$

㉢ 2차 삼각형 오차

γ 각이 좌측에 있을 때 $(+)$, 우측에 있을 때 $(-)$ 배부
삼각형에 배분한 각의 흐트러짐을 방지하기 위해 α, β에 절반씩 배부한다.

$$\alpha = \pm \frac{q}{2n}$$

$$\beta = \pm \frac{q}{2n}$$

$$\gamma = \mp \frac{q}{n}$$

(3) 변규약 조정식

① $\dfrac{\sin\alpha_1 \cdot \sin\alpha_2 \cdot \sin\alpha_3 \cdot \sin\alpha_4 \cdot l_1}{\sin\beta_1 \cdot \sin\beta_2 \cdot \sin\beta_3 \cdot \sin\beta_4 \cdot l_2} = 1$

   이것을 다시 고쳐 쓰면 $\dfrac{\Pi \sin\alpha \times l_1}{\Pi \sin\beta \times l_2} = 1$이 된다.

② E_2 계산

   각규약 조정각으로 계산한 sin 값에 초차(Δ)를 더하여 $\sin\alpha'$와 $\sin\beta'$를 구한 후 E_2의 값을 계산한다.

$$E_2 = \frac{\Pi \sin\alpha' \times l_1}{\Pi \sin\beta' \times l_2} - 1$$

③ 경정수 x'' 계산

$$x_1'' = \frac{10'' \times E_1}{|E_1 - E_2|}$$

$$x_2'' = \frac{10'' \times E_2}{|E_1 - E_2|}$$

④ 변조건식에 따른 각 오차의 배부

   $\alpha = $ 각규약 조정각 $- x_1''$

   $\beta = $ 각규약 조정각 $+ x_1''$

12 편심관측

삼각측량에서 삼각점의 표석, 측표 및 기계 중심이 연직선의 한 점에 일치될 수 없는 조건에서 부득이 측량하여야 할 때에는 편심을 시켜서 관측하여야 하며, 이를 편심관측 또는 귀심관측이라 한다.

1. 편심요소 관측

(1) 편심조정에 필요한 편심요소에는 편심거리 e 및 편심각 φ가 있다.
(2) 관측점과 표석 중심 간의 거리인 편심거리는 mm까지 관측한다.
(3) 편심각은 편심거리에 따라 $30'\sim 1''$ 단위까지 관측한다.

2. 편심조정

$$\frac{a}{\sin A} = \frac{b}{\sin B} = \frac{c}{\sin C}$$

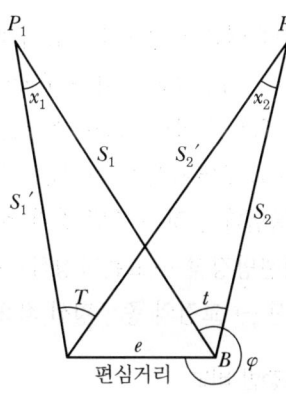

[그림 5-9] 편심조정

$$\frac{e}{\sin x_1} = \frac{S_1'}{\sin(360°-\varphi)} \Rightarrow x_1'' = \frac{e\sin(360°-\varphi)}{S_1'}\rho''$$

$$\frac{e}{\sin x_2} = \frac{S_2'}{\sin(360°-\varphi+t)} \Rightarrow x_2'' = \frac{e\sin(360°-\varphi+t)}{S_2'}\rho''$$

$$\therefore T = t + x_2'' - x_1''$$

13 지적삼각점측량의 엄밀(정밀)조정법

지적삼각점측량에서 삼각망을 조정하는 방법에는 근사조정법과 엄밀(정밀)조정법으로 구분된다. 근사조정법은 삼각점의 평균계산인 삼각규약과 망규약 및 변규약을 계산순서에 의하여 별개로 조정하는 방법이며, 망방식에 의한 각규약·변규약 계산을 동시에 처리하는 조정방법을 엄밀(정밀)조정법이라 한다.

1. 근사조정법

(1) 삼각규약, 망규약, 변규약 등을 만족시키는 데 있어 규약마다 따로 조정계산한다.
(2) 기지점과 소구점이 반대편에 있게 되는 망 형태이다.
(3) 삼각망 형태로는 유심다각망, 삽입망, 사각망, 삼각쇄가 있다.
(4) 모두 소구점이 동일한 망 내에 구성된 기지점에 부합되도록 조정이 이루어지나 주변에 다른 기지점 성과와의 차이는 어느 정도의 범위 내에서 발생한다.
(5) 관측값에 포함된 오차뿐만 아니라 기지점 자체에도 오차가 포함된다.

2. 엄밀(정밀)조정법

(1) 삼각규약, 망규약, 변규약 등에 대한 조정계산을 동시에 실시하는 방법이다.
(2) 소구점을 중앙에 두고 주변의 기지삼각점을 다수 포함시키는 망 형태로 구성된다.
(3) 최소제곱법의 원리에 의하여 오차를 합리적으로 소거한다.
(4) 망 형태는 소구점을 중앙에 두고 주변에 있는 기지삼각점을 모두 포함시키게 되므로 이에 맞는 규약에 대한 조건식을 만족한다는 것은 주변 기지삼각점의 성과에 부합한다.
(5) 계산순서는 조건방정식 → 상관방정식 → 표준방정식 → 정해계산 → 상관계수 계산 → 보정계수 계산 → 평균방위각 계산 → 교점의 종·횡선 좌표 계산의 순이다.

[표 5-7] 근사조정법과 엄밀(정밀)조정법 비교

근사조정법	엄밀(정밀)조정법
삼각규약, 망규약, 변규약을 별도로 조정계산	삼각규약, 망규약, 변규약을 동시 조정계산
기지점과 소구점이 반대편에 있는 망 형태로 구성	소구점을 중앙에 두고 주변의 기지삼각점을 포함하는 망 형태
삼각망 형태는 유심다각망, 삽입망, 사각망, 삼각쇄	최소제곱법에 의한 합리적인 오차 소거
기지점 자체에도 오차가 포함	각규약(삼각, 망), 변규약을 동시에 만족하도록 조정계산
계산이 간단	계산절차가 복잡하고 번거로움
도해지역에서의 지적삼각측량에 적용 가능	고정도가 요구되는 수치지역의 지적삼각측량 조정에 사용

3. 세부조정 방법

(1) 각 조건에 의한 조정
각각의 삼각형 내각의 합이 180°가 되도록 조정한다.

(2) 점 조건에 의한 조정
1점 주위의 각의 합이 360°가 되도록 조정한다.

(3) 변 조건에 의한 조정

기선을 기초로 하여 계산하는 변장이 계산 경로에 관계없이 반드시 동일한 값이 되도록 하는 조정이다.

(4) 망 조건에 의한 조정

망의 중심점에서 관측한 각의 합이 360° 또는 기지내각에 맞도록 조정(지적삼각측량에서 근사조정 및 엄밀조정)한다.

14 지적삼각보조점측량

지적삼각보조점측량은 지적삼각점의 배치밀도가 약하여 지적도근측량을 실시하기 곤란한 지역에 지적삼각점의 밀도를 보완하고 지적도근측량의 정확도를 향상시키기 위해 실시하는 측량이다.

1. 지적삼각보조점측량의 조건

(1) 지적삼각보조점측량을 할 때에 필요한 경우에는 미리 지적삼각보조점표지를 설치하여야 한다.
(2) 지적삼각보조점은 측량지역별로 설치순서에 따라 일련번호를 부여하되, 영구표지를 설치하는 경우에는 시·군·구별로 일련번호를 부여한다.
(3) 지적삼각보조점의 일련번호 앞에 "보"자를 붙인다.
(4) 지적삼각보조점은 교회망 또는 교점다각망으로 구성하여야 한다.

2. 지적삼각보조점측량의 방법

(1) 위성기준점, 통합기준점, 삼각점, 지적삼각점 및 지적삼각보조점을 기초로 경위의측량방법, 전파기 또는 광파기 측량방법, 위성측량방법 및 국토교통부장관이 승인한 측량방법에 따른다.
(2) 계산은 교회법 또는 다각망도선법에 의한다.

[표 5-8] 지적삼각보조점측량의 방법

측량방법	경위의측량방법		전파기 또는 광파기 측량방법
계산방법	교회법, 다각망도선법		
측량 및 계산방법의 구분	경위의측량방법과 교회법	전·광파기 측량방법과 교회법	경위의 및 전·광파기 측량방법과 다각망도선법

3. 지적삼각보조점측량의 기준

(1) 경위의측량방법과 전파기 또는 광파기 측량방법에 따른 교회법

① 3방향의 교회에 의한다. 다만, 지형상 부득이하여 2방향의 교회에 의하여 결정하려는 경우에는 각 내각을 관측하여 각 내각의 관측치의 합계와 180°와의 차가 ±40초 이내일 때에는 이를 각 내각에 고르게 배분하여 사용할 수 있다.

② 삼각형의 각 내각은 30° 이상 120° 이하로 한다.

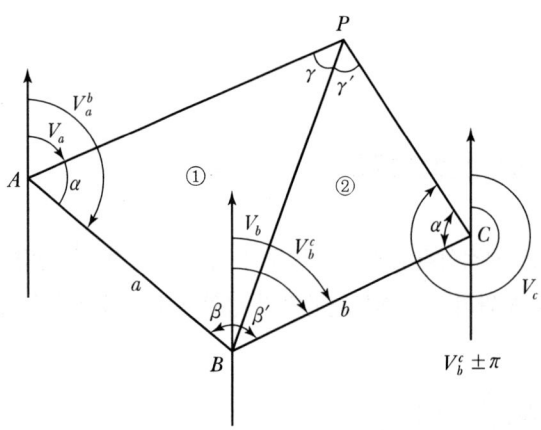

[그림 5-10] 교회법

삼각형 내각 계산식은 다음과 같다.

$$a = V_a^b - V_a \qquad a' = V_c - V_b^c \pm \pi$$
$$\beta = Vb - V_a^b \pm \pi \qquad \beta' = V_b^c - Vb$$
$$\gamma = Va - Vb \qquad \gamma' = Vb - Vc$$

(2) 전파기 또는 광파기 측량방법에 따른 다각망도선법

① 3점 이상의 기지점을 포함한 결합다각방식에 의한다.

② 1도선(기지점과 교점 간 또는 교점과 교점 간을 말함)의 점의 수는 기지점과 교점을 포함하여 5점 이하로 한다.

③ 1도선의 거리(기지점과 교점 또는 교점과 교점 간의 점간거리의 총합계를 말함)는 4km 이하로 한다.

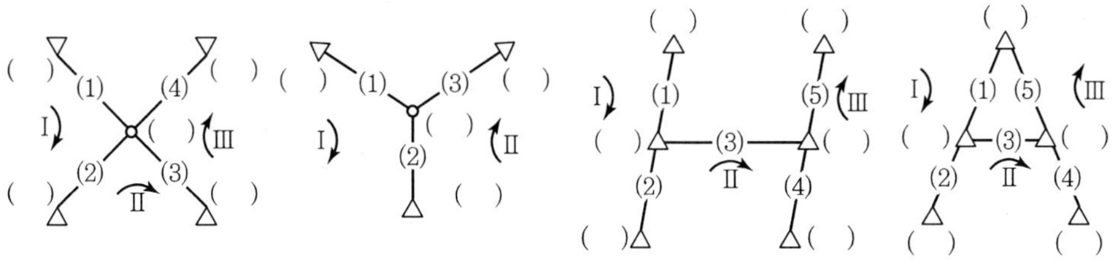

[그림 5-11] 교점다각망

15 지적삼각보조점측량의 관측 및 계산

지적삼각보조점측량은 경위의측량방법에 의한 각의 측정과 전파기 또는 광파기 측량방법에 의한 거리측정으로 교회법 또는 다각망도선법에 의해 소구점의 위치를 계산한다.

1. 교회법에 의한 관측 및 계산

(1) 경위의측량방법

① 관측은 20초독 이상의 경위의를 사용하여야 한다.
② 수평각 관측은 2대회(윤곽도는 0°, 90°로 함)의 방향관측법에 의한다.
③ 수평각의 측각공차는 다음과 같으며, 삼각형 내각의 관측치를 합한 값과 180°와의 차는 내각을 전부 관측한 경우에 적용한다.

[표 5-9] 지적삼각보조점측량 교회법의 수평각 측각공차

종별	1방향각	1측회의 폐색	삼각형 내각관측의 합과 180°와의 차	기지각과의 차
공차	40초 이내	±40초 이내	±50초 이내	±50초 이내

④ 계산단위

[표 5-10] 지적삼각보조점측량의 계산단위

종별	각	변의 길이	진수	좌표
공차	초	cm	6자리 이상	cm

⑤ 2개의 삼각형으로부터 계산한 위치의 연결교차($\sqrt{종선교차^2 + 횡선교차^2}$)가 0.30m 이하일 때에는 그 평균치를 지적삼각보조점의 위치로 한다. 이 경우 기지점과 소구점 사이의 방위각 및 거리는 평균치에 따라 새로 계산하여 정한다.

(2) 전파기 또는 광파기 측량방법

① 점간거리 측정방법

    ㉠ 전파 또는 광파측거기는 표준편차가 ±(5mm+5ppm) 이상인 정밀측거기를 사용하여야 한다.

    ㉡ 점간거리는 5회 측정하여 그 측정치의 최대치와 최소치의 교차가 평균치의 1/10만 이하일 때에는 그 평균치를 측정거리로 하고, 원점에 투영된 평면거리에 따라 계산한다.

    ㉢ 삼각형의 내각은 세 변의 평면거리에 따라 계산하며, 기지각과의 차는 ±50초 이내로 한다.

② 연직각 관측 및 계산

    ㉠ 각 측점에서 정반으로 각 2회 관측한다.

    ㉡ 관측치의 최대치와 최소치의 교차가 30초 이내일 때에는 그 평균치를 연직각으로 한다.

    ㉢ 두 점의 기지점에서 소구점의 표고를 계산한 결과 그 교차가 $0.05m + 0.05(S_1 + S_2)m$ 이하일 때에는 그 평균치를 표고로 한다. 여기서 S_1과 S_2는 기지점에서 소구점까지의 평면거리로서 킬로미터(km) 단위로 표시한 수를 말한다.

    ㉣ 2개의 삼각형으로부터 계산한 위치의 연결교차($\sqrt{종선교차^2 + 횡선교차^2}$)가 0.30m 이하일 때에는 그 평균치를 지적삼각보조점의 위치로 한다. 이 경우 기지점과 소구점 사이의 방위각 및 거리는 평균치에 따라 새로 계산하여 정한다.

2. 다각망도선법에 따른 관측 및 계산

(1) 관측 및 계산

① 관측은 20초독 이상의 경위의를 사용하여야 한다.

② 수평각 관측은 2대회(윤곽도는 0°, 90°로 함)의 방향관측법에 의한다.

③ 수평각의 측각공차는 다음과 같으며, 삼각형 내각의 관측치를 합한 값과 180°와의 차는 내각을 전부 관측한 경우에 적용한다.

[표 5-11] 지적삼각보조점측량 다각망도선법의 수평각 측각공차

종별	1방향각	1측회의 폐색	삼각형 내각관측의 합과 180°와의 차	기지각과의 차
공차	40초 이내	±40초 이내	±50초 이내	±50초 이내

(2) 점간거리 측정방법

① 전파 또는 광파측거기는 표준편차가 ±(5mm+5ppm) 이상인 정밀측거기를 사용하여야 한다.

② 점간거리는 5회 측정하여 그 측정치의 최대치와 최소치의 교차가 평균치의 1/10 이하일 때에는 그 평균치를 측정거리로 하고, 원점에 투영된 평면거리에 따라 계산한다.

③ 삼각형의 내각은 세 변의 평면거리에 따라 계산하며, 기지각과의 차는 ±50초 이내로 한다.

(3) 연직각 관측 및 계산
① 각 측점에서 정반으로 각 2회 관측한다.
② 관측치의 최대치와 최소치의 교차가 30초 이내일 때에는 그 평균치를 연직각으로 한다.
③ 두 점의 기지점에서 소구점의 표고를 계산한 결과 그 교차가 $0.05m + 0.05(S_1 + S_2)m$ 이하일 때에는 그 평균치를 표고로 한다. 여기서 S_1과 S_2는 기지점에서 소구점까지의 평면거리로서 킬로미터(km) 단위로 표시한 수를 말한다.

3. 수평각 관측 및 오차배분
(1) 다각망도선법에 따른 지적삼각보조점의 수평각관측은 2대회 방향관측법이 아닌 배각법을 따를 수 있으며, 1회 측정각과 3회 측정각의 평균치에 대한 교차는 30초 이내로 한다.
(2) 도선별 평균방위각과 관측방위각의 폐색오차는 $±10\sqrt{n}$ 이내로 한다(n은 폐색변을 포함한 변의 수).
(3) 도선별 측각오차는 측선장에 반비례하여 각 측선의 관측각에 배분한다.

$$K = -\frac{e}{R} \times r$$

여기서, K : 각 측선에 배분할 초 단위의 각도
 e : 초 단위의 오차
 R : 폐색변을 포함한 각 측선장의 반수의 총합계
 r : 각 측선장의 반수(반수 : 1,000을 측선장으로 나눈 것)

4. 연결오차 및 배분
(1) 도선별 연결오차는 $0.05 \times S$m 이하로 한다(S는 도선의 거리를 1천으로 나눈 수).
(2) 도선별 종선오차 및 횡선오차는 각 측선의 종선차 또는 횡선차 길이에 비례하여 배분한다.

$$T = -\frac{e}{L} \times l$$

여기서, T : 각 측선의 종선차 또는 횡선차에 배분할 센티미터(cm) 단위의 수치
 e : 종선오차 또는 횡선오차
 L : 종선차 또는 횡선차의 절대치의 합계
 l : 각 측선의 종선차 또는 횡선차

16 교회법

교회법은 지적삼각보조점측량과 도근측량에서 시행되며 교회점은 1개 또는 2개 삼각형으로부터 방위각 또는 내각을 관측하고 관측방향선을 수치적으로 교차시켜 소구점의 위치를 결정하는 방법이다.

1. 계산순서

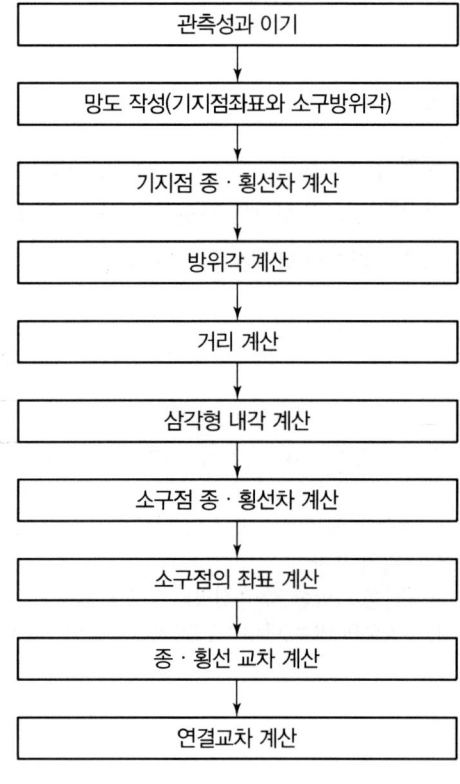

[그림 5-12] 교회법의 계산순서

2. 망도 작성

교회점 계산부 계산에 앞서 기지점좌표와 소구방위각 등을 이용하여 대략적인 망도를 작성하며, B점의 위치를 기준으로 A점과 C점의 배치상태에 따라 교회법의 유형이 3가지로 구분된다.

[표 5-12] 망도 작성

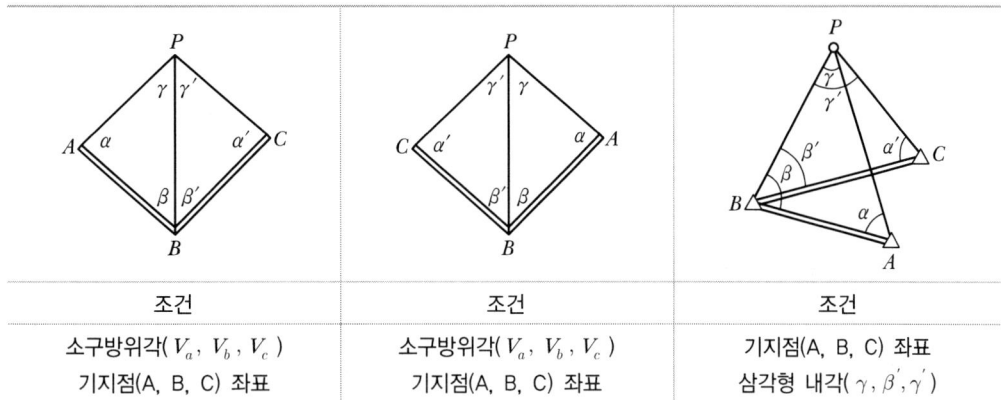

조건	조건	조건
소구방위각(V_a, V_b, V_c)	소구방위각(V_a, V_b, V_c)	기지점(A, B, C) 좌표
기지점(A, B, C) 좌표	기지점(A, B, C) 좌표	삼각형 내각(γ, β', γ')

3. 기지점 종·횡선차 계산

[표 5-13] 기지점 종·횡선차 계산

방향	⊿X	⊿Y
A → B	(B점의 X좌표) − (A점의 X좌표)	(B점의 Y좌표) − (A점의 Y좌표)
B → C	(C점의 X좌표) − (B점의 X좌표)	(C점의 Y좌표) − (B점의 Y좌표)
A → C	(C점의 X좌표) − (A점의 X좌표)	(C점의 Y좌표) − (A점의 Y좌표)

4. 방위각 및 거리 계산

(1) 방위각 계산

종선차(Δx), 횡선차(Δy)에 의하여 방위(θ)를 구하고 종선차와 횡선차의 부호에 따라 방위각을 계산한다.

$$방위(\theta) = \tan^{-1} \frac{\Delta y}{\Delta x}$$

방위각은 종선차(Δx)와 횡선차(Δy)의 부호에 의하여 방위각을 계산한다.

상한	부호		방위각 계산
	Δx	Δy	
I	+	+	$V = \theta$
II	−	+	$V = 180° - \theta$
III	−	−	$V = 180° + \theta$
IV	+	−	$V = 360° - \theta$

(2) 거리 계산

$$A \to B의 \ 거리(a) = \sqrt{\Delta x^2 + \Delta y^2}$$

$$B \to C의 \ 거리(b) = \sqrt{\Delta x^2 + \Delta y^2}$$

5. 삼각형 내각 또는 소구방위각 계산

(1) 방위각에 의하여 내각 계산

① △ABP의 경우

$$\alpha = V_a^{\ b} - V_a$$
$$\beta = V_b - (V_a^{\ b} \pm 180°)$$
$$\gamma = V_a - V_b$$

② △BCP의 경우

$$\alpha' = V_c - (V_b^{\ c} \pm 180°)$$
$$\beta' = V_b^{\ c} - V_b$$
$$\gamma' = V_b - V_c$$

(2) 내각에 의하여 방위각 계산

$$V_a = V_a^{\ b} - V_a$$
$$V_b = (V_a^{\ b} \pm 180°) + \beta \ 또는 \ V_b = V_b^{\ c} - \beta'$$
$$V^c = (V_b^{\ c} \pm 180°) + \alpha'$$

6. 소구점 종·횡선차 계산 및 좌표 계산

구분	종선차 및 종선좌표	횡선차 및 횡선좌표
△ABP의 경우	$\Delta X_1 = \dfrac{a \times \sin\beta}{\sin\gamma} \times \cos V_a$ $X_{p1} = X_A + \Delta X_1$	$\Delta Y_1 = \dfrac{a \times \sin\beta}{\sin\gamma} \times \sin V_a$ $Y_{p1} = Y_A + \Delta Y_1$
△BCP의 경우	$\Delta X_2 = \dfrac{b \times \sin\beta'}{\sin\gamma'} \times \cos V_c$ $X_{p2} = X_C + \Delta X_2$	$\Delta Y_2 = \dfrac{b \times \sin\beta'}{\sin\gamma'} \times \sin V_c$ $Y_{p2} = Y_C + \Delta Y_2$
소구점 좌표	$X = \dfrac{X_{P1} + X_{P2}}{2}$	$Y = \dfrac{Y_{P1} + Y_{P2}}{2}$

7. 교차 및 공차 계산

(1) 교차 계산

① 종선교차 $= X_{P2} - X_{P1}$

② 횡선교차 $= Y_{P2} - Y_{P1}$

③ 연결교차 $= \sqrt{(종선교차)^2 + (횡선교차)^2}$

(2) 공차

지적삼각보조점 측량에서 연결오차의 공차는 0.30m이다.

17 다각망도선법

동일한 측량지역에서 지적삼각보조점 및 지적도근점들의 동일한 정밀도 유지를 위해 다각망도선법이 많이 이용되며, 다각망도선법의 유형은 X형, Y형, H형, A형이 있다. X형과 Y형은 교점이 1개, H형과 A형은 교점이 2개 존재한다.

1. X, Y형

(1) 조건방정식

구분	X망	Y망
I	$(1)-(2)+W_1=0$	$(1)-(2)+W_1=0$
II	$(2)-(3)+W_2=0$	$(2)-(3)+W_2=0$
III	$(3)-(4)+W_3=0$	

X망   Y망

(2) 방위각 및 종·횡선 좌표 오차 계산

① 방위각 오차 계산

순서	방위각
I	W_1 = (1)도선 방위각 − (2)도선 방위각
II	W_2 = (2)도선 방위각 − (3)도선 방위각
III	W_3 = (3)도선 방위각 − (4)도선 방위각

② 종·횡선 좌표 오차 계산

순서	종선좌표	횡선좌표
I	W_1 = (1)도선 종선좌표 − (2)도선 종선좌표	W_1 = (1)도선 횡선좌표 − (2)도선 횡선좌표
II	W_2 = (2)도선 종선좌표 − (3)도선 종선좌표	W_2 = (2)도선 횡선좌표 − (3)도선 횡선좌표
III	W_3 = (3)도선 종선좌표 − (4)도선 종선좌표	W_3 = (3)도선 횡선좌표 − (4)도선 횡선좌표

(3) 평균값 산출

① 평균방위각 산출

경중률(측점수)에 역수를 취하여 평균값을 계산한다.

$$\text{평균방위각} = \frac{\dfrac{\alpha_1}{N_1} + \dfrac{\alpha_2}{N_2} + \dfrac{\alpha_3}{N_3} + \dfrac{\alpha_4}{N_4}}{\dfrac{1}{N_1} + \dfrac{1}{N_2} + \dfrac{1}{N_3} + \dfrac{1}{N_4}} = \frac{\sum \dfrac{\alpha}{N}}{\sum \dfrac{1}{N}}$$

여기서, α_n : 방위각으로서 초 단위
 N_n : 경중률로서 측점수

② 평균 종·횡선 좌표 계산

$$\text{평균 종·횡선 좌표} = \frac{\dfrac{\beta_1}{S_1} + \dfrac{\beta_2}{S_2} + \dfrac{\beta_3}{S_3} + \dfrac{\beta_4}{S_4}}{\dfrac{1}{S_1} + \dfrac{1}{S_2} + \dfrac{1}{S_3} + \dfrac{1}{S_4}} = \frac{\sum \dfrac{\beta}{S}}{\sum \dfrac{1}{S}}$$

여기서, β_n : 종·횡선 좌표
 S_n : 경중률로서 측점 간 거리

(4) 측각오차의 배부

① 산출된 평균방위각으로 도선별 각 오차를 계산한다.

$$\text{도선별 각 오차} = \text{도선별 관측방위각} - \text{평균방위각}$$

② 측각오차 배부식에 의하여 각 측점의 관측각에 배부한다.

$$\text{배부수} = -(\text{측각오차} \div \text{반수의 총합}) \times \text{해당 반수}$$

(5) 교점에 대한 종·횡선 좌표 계산

보정된 방위각과 수평거리에 의해 종·횡선차를 구하고 교점에 대한 종·횡선 좌표를 산출한다.

$$\text{종선좌표} = \sum \Delta x + X$$
$$\text{횡선좌표} = \sum \Delta y + Y$$

(6) 종·횡선 좌표 오차 계산

$$W_1 = (1) \text{ 도선 종·횡선 좌표} - (2) \text{ 도선 종·횡선 좌표}$$
$$W_2 = (2) \text{ 도선 종·횡선 좌표} - (3) \text{ 도선 종·횡선 좌표}$$
$$W_3 = (3) \text{ 도선 종·횡선 좌표} - (4) \text{ 도선 종·횡선 좌표}$$

(7) 평균 종·횡선 좌표 오차 계산

$$\text{종선좌표 평균값} = \frac{\dfrac{X_1}{S_1} + \dfrac{X_2}{S_2} + \dfrac{X_3}{S_3} + \dfrac{X_4}{S_4}}{\dfrac{1}{S_1} + \dfrac{1}{S_2} + \dfrac{1}{S_3} + \dfrac{1}{S_4}} = \frac{\dfrac{\sum X}{\sum S}}{\dfrac{1}{\sum S}}$$

$$\text{횡선좌표 평균값} = \frac{\dfrac{Y_1}{S_1} + \dfrac{Y_2}{S_2} + \dfrac{Y_3}{S_3} + \dfrac{Y_4}{S_4}}{\dfrac{1}{S_1} + \dfrac{1}{S_2} + \dfrac{1}{S_3} + \dfrac{1}{S_4}} = \frac{\dfrac{\sum Y}{\sum S}}{\dfrac{1}{\sum S}}$$

여기서, X_n, Y_n : 교점의 좌푯값
S_n : 경중률로서 도선별 거리의 합계(km)

(8) 종 · 횡선 오차의 배부

① 산출된 평균 종 · 횡선 좌표로 도선별 종 · 횡선 오차를 계산한다.

> 종 · 횡선 오차 = 도선별 종 · 횡선 좌표 − 평균좌표

② 종 · 횡선오차 배부식에 의하여 각 측점의 종 · 횡선차의 크기에 비례하여 배부한다.

> 배부수 = −(종 · 횡선 오차 ÷ 종 · 횡선 오차의 절대치의 합계)
> × 각 측선의 종 · 횡선차

2. H, A형

(1) 조건방정식

$\mathrm{I} : (1)-(2)+W_1=0$

$\mathrm{II} : (2)+(3)-(4)+W_2=0$

$\mathrm{III} : (4)-(5)+W_3=0$

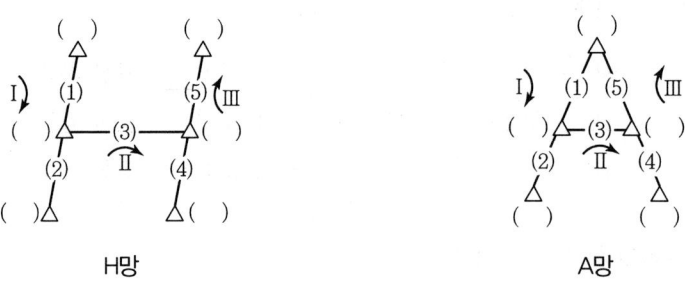

H망　　　　　　　　　A망

(2) 방위각 및 종 · 횡선 좌표 오차 계산

① 방위각 오차 계산

순서	방위각
I	W_1 = (1)도선 방위각 − (2)도선 방위각
II	W_2 = (2)+(3)도선 방위각 − (4)도선 방위각
III	W_3 = (4)도선 방위각 − (5)도선 방위각

② 종 · 횡선 좌표 오차 계산

순서	종선좌표	횡선좌표
I	W_1 = (1)도선 종선좌표 − (2)도선 종선좌표	W_1 = (1)도선 횡선좌표 − (2)도선 횡선좌표
II	W_2 = (2)+(3)도선 종선좌표 − (4)도선 종선좌표	W_2 = (2)+(3)도선 횡선좌표 − (4)도선 횡선좌표
III	W_3 = (4)도선 종선좌표 − (5)도선 종선좌표	W_3 = (4)도선 횡선좌표 − (5)도선 횡선좌표

(3) 상관방정식

조건방정식을 가지고 상관방정식을 구성한다.
① 도선의 수만큼 "행", 방정식의 수만큼 "열" 격자망을 형성한다.
② $\sum N$과 $\sum S$를 이기한다.
③ 각각의 조건방정식에 도선의 번호를 맞추어 계수를 기재한다.
④ "1"을 계수로 부호에 의하여 조건방정식과 같이 기재한다.

도선	$\sum N$	$\sum S$	I	II	III
(1)			+1	0	0
(2)			−1	+1	0
(3)			0	+1	0
(4)			0	−1	+1
(5)			0	0	−1

(4) 표준방정식 계산

상관방정식과 각 도선의 측점수에 대한 경중률을 가지고 표준방정식을 만들며, 방정식의 격자만큼 격자망이 형성된다.

① 표준방정식(방위각)

상관순서 I, II, III의 "1" 계수를 각각 a, b, c라 하고 경중률($\sum N$) = P라 하면 미정계수법에 의하여

제1식 : $[Paa]K_1 + [Pab]K_2 + [Pac]K_3 + W_1 = 0$

제2식 : $[Pbb]K_2 + [Pbc]K_3 + W_2 = 0$

제3식 : $[Pcc]K_3 + W_3 = 0$

위 식 중 [ ] 기호는 가우스 기호라 하여 같은 조건에 해당하는 항의 합을 뜻하며, W_a는 오차이므로 계산의 편리를 위하여 10으로 나누어 기록한다.

순서	I	II	III	W_a	$\sum$
I	$[Paa]$	$[Pab]$	0	W_1	
II		$[Pbb]$	$[Pbc]$	W_2	
III			$W_3[Pcc]$	W_3	

② 표준방정식(종선좌표, 횡선좌표)

상관순서 I, II, III의 "1" 계수를 각각 a, b, c라 하고 경중률($\sum S$) = P라 하면 미정계수법에 의하여

제1식 : $[Paa]K_1 + [Pab]K_2 + [Pac]K_3 + W_1 = 0$

제2식 : $[Pbb]K_2 + [Pbc]K_3 + W_2 = 0$

제3식 : $[Pcc]K_3 + W_3 = 0$

(5) 정해(방위각) 계산

표준방정식의 정해는 가우스소거법에 의해 가우스행렬로 변형하면 그 연립방정식의 해는 간단한 단계에 의하여 쉽게 해결될 수 있다.

① 제1행에는 표준방정식의 1행을 이기한다.
② 제2행의 1열에는 C_1을 기재하고, 2열부터는 1행의 좌측 수로 우측 수들을 각각 나누어 반대부호를 부여한다.
③ 제3행에는 표준방정식의 2행을 이기한다.
④ 제4행에는 1행 2열수를 C_1계수에 각각 곱하여 구한 값을 기입한다.
⑤ 제5행에는 3행과 4행의 수를 합산하여 기입한다.
⑥ 제6행의 2열에는 C_2를 기재하고, 3열부터는 5행의 좌측 수로 우측 수들을 각각 나누어 반대부호를 부여한다.
⑦ 제7행에는 표준방정식의 3행을 이기한다.
⑧ 제8행에는 5행 3열수를 C_2계수에 각각 곱하여 구한 값을 기입한다.
⑨ 제9행에는 7행과 8행의 수를 합산하여 기입한다.
⑩ 제10행의 3열에는 C_3을 기재하고, 4열부터는 9행의 좌측 수로 우측 수들을 각각 나누어 반대부호를 부여한다.

I	II	III	W_α	$\sum$	비고
$[Paa]$	$[Pab]$	0	W_1	$\sum$ I	1행
C_1	$-[\{1,2\}\div\{1,1\}]$	$-[\{1,3\}\div\{1,1\}]$	$-[\{1,4\}\div\{1,1\}]$	$-[\{1,5\}\div\{1,1\}]$	2행
	$[Pbb]$	$[Pbc]$	W_2	$\sum$ II	3행
	$[\{1,2\}\times\{2,1\}]$	$[\{1,2\}\times\{2,2\}]$	$[\{1,2\}\times\{2,3\}]$	$[\{1,2\}\times\{2,4\}]$	4행
	$[\{3,1\}+\{4,1\}]$	$[\{3,2\}+\{4,2\}]$	$[\{3,3\}+\{4,3\}]$	$[\{3,4+\{4,4\}]$	5행
	C_2	$\{5,3\}\div\{5,2\}$	$\{5,4\}\div\{5,2\}$	$\{5,5\}\div\{5,2\}$	6행
		$[Pcc]$	W_3	$\sum$ III	7행
		$-[\{5,3\}\times\{6,3\}]$	$-[\{5,3\}\times\{6,4\}]$	$-[\{5,3\}\times\{6,5\}]$	8행
		$[\{7,3\}+\{8,3\}]$	$[\{7,4\}+\{8,4\}]$	$[\{7,5\}+\{8,5\}]$	9행
		C_3	$-[\{9,4\}\div\{9,3\}]$	$-[\{9,5\}\div\{9,3\}]$	10행

(6) 상관계수(방위각) 계산

상관계수의 계산은 역해라고도 하며, 정해 계산에서 산출된 C_1, C_2, C_3을 인수로 하여 산출한다. 합계란의 수들이 상관계수가 된다.

① W_a열의 C_n계수들을 순서대로 1항에 이기한다. C_3을 합계란에 기재한다.
② 2행에는 C_3열의 합계수와 정해의 Ⅲ열 C_1, C_2를 각각 곱하여 기재한다. 그리고 합계란에 C_2열을 합산하여 기재한다.
③ 3행에는 C_3열의 합계수와 정해의 Ⅱ열 C_1계수를 곱하여 기재한다. 그리고 합계란에 합산하여 기재한다.

C_1	C_2	C_3	비고
$\{C_1, W_a\}$	$\{C_2, W_a\}$	$\{C_3, W_a\}$	1
$\{C_3, W_a\} \times \{C_1, Ⅲ\}$	$\{C_3, W_a\} \times \{C_2, Ⅲ\}$	-	2
C_2 합계 $\times \{C_1, Ⅱ\}$			3
[{1,1}+{1,2}+{1,3}]	[{1,2}+{2,2}]	$\{C_3, W_a\}$	Σ

(7) 보정계수(방위각) 계산

상관방정식의 각 항에 상관계수를 대입하여 산출한다. 상관계수로 상관방정식 Ⅰ, Ⅱ, Ⅲ란의 각 행과 해당 경중률($\sum N$)을 곱하여 기입한다.

① C_1열에는 C_1상관계수와 상관방정식 Ⅰ열의 1행과 해당 경중률, 2행과 해당 경중률을 곱하여 기재한다.
② C_2열에는 C_2상관계수와 상관방정식 Ⅱ열의 2행과 해당 경중률, 3행과 해당 경중률, 4행과 해당 경중률을 곱하여 기재한다.
③ C_3열에는 C_3상관계수와 상관방정식 Ⅲ열의 4행과 해당 경중률, 5행과 해당 경중률을 곱하여 기재한다.
④ $\sum$열에는 각 행을 합산하여 10을 곱하여 기록한다. 표준방정식을 구성할 때 오차를 1/10로 하였기 때문이다.
⑤ 보정수가 맞는지 여부는 조건방정식에 대입하여 방위각 오차가 동일한지를 확인하다.

도선	C_1	C_2	C_3	Σ
(1)	o			▶ o ×10
(2)	o	o		▶ o × 0
(3)		o		▶ o ×10
(4)		o	o	▶ o ×10
(5)			o	▶ o ×10

(8) 평균방위각 계산

각 도선별로 관측방위각에 보정계수를 가감하여 평균방위각을 결정한다.

$$\text{평균방위각} = \text{관측방위각} + \text{보정계수}(\textstyle\sum)$$

(9) 교점의 평균 종·횡선좌표 계산

① 평균방위각과 관측된 거리에 의해 각 도선의 교점에 대한 좌표를 계산한다.

$$\text{종선좌표} = \sum \Delta x + X$$
$$\text{횡선좌표} = \sum \Delta y + Y$$

② 종·횡선좌표의 평균계산은 방위각의 평균계산과 동일한 방법으로 실시하면 되며, 경중률 ($\sum S$)은 거리의 합을 적용한다.

18 지적도근점측량

지적도근점측량은 지적세부측량의 기준으로 사용하기 위한 도근점을 정하기 위한 측량으로 위성기준점, 통합기준점, 삼각점 및 지적기준점을 기초로 경위의측량방법, 전파기 또는 광파기 측량방법, 위성측량방법 및 국토교통부장관이 승인한 측량방법에 따른다. 계산은 도선법, 교회법 및 다각망도선법에 의한다.

1. 지적도근점측량의 조건

(1) 미리 지적도근점표지를 설치하여야 한다.
(2) 지적도근점의 번호는 영구표지를 설치하는 경우에는 시·군·구별, 영구표지를 설치하지 아니하는 경우에는 시행지역별로 설치순서에 따라 일련번호를 부여한다.
(3) 각 도선의 교점은 지적도근점의 번호 앞에 "교"자를 붙인다.

2. 도선의 구분

(1) 지적도근점측량의 도선은 1등 도선과 2등 도선으로 구분한다.
(2) 1등 도선은 위성기준점, 통합기준점, 삼각점, 지적삼각점 및 지적삼각보조점의 상호 간을 연결하는 도선 또는 다각망도선으로 한다.

(3) 2등 도선은 위성기준점, 통합기준점, 삼각점, 지적삼각점 및 지적삼각보조점과 지적도근점을 연결하거나 지적도근점 상호 간을 연결하는 도선으로 한다.

(4) 1등 도선은 가·나·다 순으로 표기하고, 2등 도선은 ㄱ·ㄴ·ㄷ 순으로 표기한다.

3. 지적도근점망 구성

지적도근점은 결합도선·폐합도선·왕복도선 및 다각망도선으로 구성하여야 한다.

(1) 결합도선
① 대규모 지역의 도근점 측량에 사용
② 지적도근측량에서 가장 많이 이용됨

(2) 폐합도선
① 소규모 지역에 적합하나 오차의 발견이 어려움
② 정도가 낮아 부득이한 경우 외에는 사용하지 않음

(3) 왕복도선
① 기지점에서 출발하여 도선의 중앙점에서 출발점으로 되돌아옴
② 동일점에서 2개의 좌푯값이 산출되어 평균치로 성과 결정

(4) 다각망도선
① 3점 이상의 기지점을 사용한 도선
② 여러 개의 도선으로 조합된 망의 형태
③ 오차를 효과적으로 배분하여 많이 사용됨

[그림 5-13] 지적도근점망

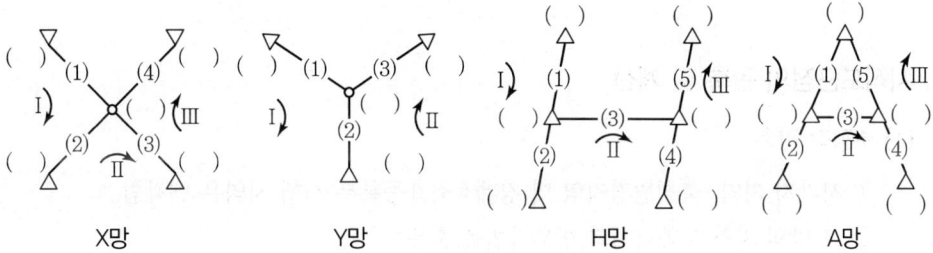

[그림 5-14] 교점다각망

4. 경위의측량방법에 따른 도선법

(1) 도선은 위성기준점, 통합기준점, 삼각점, 지적삼각점, 지적삼각보조점 및 지적도근점 상호 간을 연결하는 결합도선에 따른다. 지형상 부득이한 경우에는 폐합도선 또는 왕복도선에 따를 수 있다.
(2) 1도선의 점의 수는 40점 이하로 한다. 지형상 부득이한 경우에는 50점까지로 할 수 있다.
(3) 지적도근점표지의 점간거리는 평균 50~300m 이하로 한다.

19 지적도근점의 관측 및 계산

지적도근점측량은 시가지 지역과 축척변경지역 및 경계점좌표등록부 시행 지역은 배각법, 그 밖의 지역은 배각법과 방위각법을 혼용하여 수평각을 관측하고 수평거리를 측정하여 도선법, 교회법 및 다각망도선법에 의해 계산한다.

1. 지적도근점측량의 기준

(1) **경위의측량방법에 따른 도선법**
　① 도선은 위성기준점, 통합기준점, 삼각점, 지적삼각점, 지적삼각보조점 및 지적도근점의 상호 간을 연결하는 결합도선에 따른다. 지형상 부득이한 경우에는 폐합도선 또는 왕복도선에 따를 수 있다.
　② 1도선의 점의 수는 40점 이하로 한다. 지형상 부득이한 경우에는 50점까지로 할 수 있다.
　③ 지적도근점표지의 점간거리는 평균 50~300m 이하로 한다.

(2) **경위의측량방법이나 전파기 또는 광파기 측량방법에 따른 다각망도선법**
　① 3점 이상의 기지점을 포함한 결합다각방식에 의한다.
　② 1도선의 점의 수는 20점 이하로 한다.
　③ 다각망도선법에 따르는 경우에 도근점 간 평균거리는 500m 이하로 한다.

2. 지적도근점의 관측 및 계산

(1) **수평각 관측**
　① 시가지 지역, 축척변경지역 및 경계점좌표등록부 시행 지역은 배각법
　② 그 밖의 지역은 배각법과 방위각법을 혼용
　③ 관측은 20초독 이상의 경위의를 사용

④ 관측과 계산

종별	각	측정 횟수	거리	진수	좌표
배각법	초	3회	cm	5자리 이상	cm
방위각법	분	1회	cm	5자리 이상	cm

(2) 점간거리 측정

① 2회 측정하여 그 측정치의 교차가 평균치의 1/3,000 이하일 때 그 평균치로 계산
② 점간거리가 경사거리일 때에는 수평거리로 계산

(3) 연직각 관측

올려본 각과 내려본 각을 관측하여 그 교차가 90초 이내일 때에는 그 평균치이다.

3. 교회법

교회법은 지적삼각보조점측량과 도근측량에서 시행되며 교회점은 1개 또는 2개 삼각형으로부터 방위각 또는 내각을 관측하고 관측방향선을 수치적으로 교차시켜 위치를 결정한다.

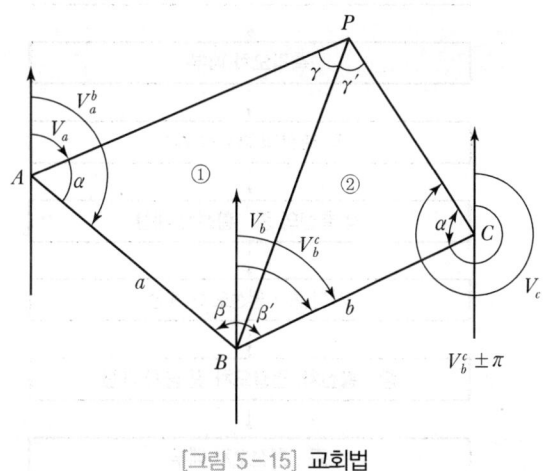

[그림 5-15] 교회법

4. 다각망도선법

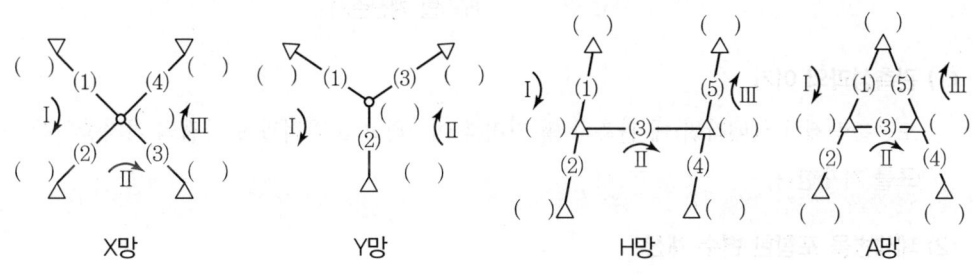

[그림 5-16] 다각망도선법 종류

20 배각법

배각법에 의해 지적도근점측량을 시행하는 경우는 각 측선의 교각을 3배각으로 측정하고 그 평균치를 관측각으로 하며 측각오차는 측선장에 반비례하여 각 측선의 관측각에 배분한다.

1. 배각법의 계산순서

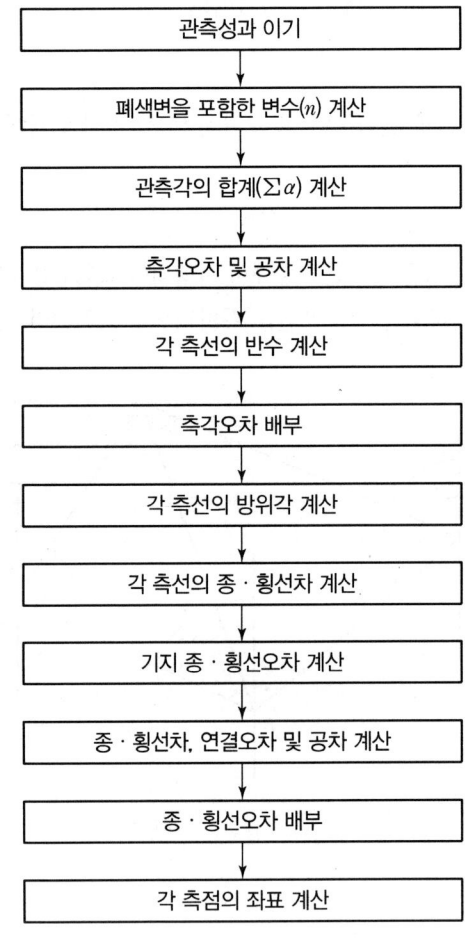

[그림 5-17] 배각법 계산순서

(1) 관측성과의 이기

도근측량계산부(배각법)에 관측각 및 거리를 이기하고 출발점과 도착점의 기지방위각 및 좌표를 기재한다.

(2) 폐색변을 포함한 변수 계산

출발점에서부터 폐색변까지 변수를 계산한다.

(3) 관측값의 합계 계산
관측각을 합산하여 기재한다.

(4) 측각오차 및 공차의 계산
① 측각오차 계산

$$각오차 = T_1 + \sum \alpha - 180(n-1) - T_2$$

여기서, T_1 : 출발방위각　　$\sum \alpha$: 관측각의 합
　　　　n : 폐색변을 포함한 변수　T_2 : 도착방위각

② 공차 계산

$$1등 도선 : \pm 20\sqrt{n} \text{ 초}$$
$$2등 도선 : \pm 30\sqrt{n} \text{ 초}$$

여기서, n : 폐색변을 포함한 변의 수

(5) 반수의 계산
측각오차는 측선장에 반비례하여 배부한다. 즉, 측선장의 길이가 길수록 관측오차가 적고, 짧을수록 관측오차가 많다는 원리에 의한 것이다. 그러나 측각오차를 측선장에 직접적으로 반비례하여 배부하는 것이 매우 복잡하므로 측선장에 반수를 구하여 여기에 비례하여 배부한다.

$$반수 = \frac{1,000}{L}$$

여기서, L : 측선장

(6) 측각오차의 배부
측선장에 반비례하여 각 측선의 관측각에 배분한다.

$$K = -\frac{e}{R} \times r$$

여기서, K : 각 측선에 배분할 초 단위의 각도
　　　　e : 초 단위의 오차
　　　　R : 폐색변을 포함한 각 측선장의 반수의 총합계
　　　　r : 각 측선장의 반수(반수 : 1,000을 측선장으로 나눈 것)

배부량의 합계가 측각 오차와 차이가 있을 때에는 계산의 단수처리를 확인하여 0.5초에 가까운 수부터 더하거나 감하여 조정한다.

(7) 방위각 계산

$$V_1 = T_1 + \alpha_1$$
$$V_2 = (V_1 \pm 180) + \alpha_2$$
$$V_3 = (V_2 \pm 180) + \alpha_3$$

(8) 종·횡선차의 계산

당해 측선의 수평거리(L)와 방위각(V)에 의해 계산한다.

$$\Delta_x = L \times \cos V$$
$$\Delta_y = L \times \sin V$$

(9) 기지 종·횡선오차 계산

$$기지종선차 = 도착점의\ X좌표 - 출발점의\ X좌표$$
$$기지횡선차 = 도착점의\ Y좌표 - 출발점의\ Y좌표$$

(10) 종·횡선오차, 연결오차 및 공차 계산

① 종·횡선오차 계산

$$종선오차(f_x) = 종선차의\ 합(\sum \Delta_x) - 기지종선차$$
$$횡선오차(f_y) = 횡선차의\ 합(\sum \Delta_y) - 기지횡선차$$

② 연결오차 계산

$$연결오차 = \sqrt{f_x^2 + f_y^2}$$

③ 공차 계산

$$1등\ 도선 : 축척분모 \times \frac{1}{100}\sqrt{n}\ \text{cm 이내}$$
$$2등\ 도선 : 축척분모 \times \frac{1.5}{100}\sqrt{n}\ \text{cm 이내}$$

여기서, n : 수평거리의 합을 100으로 나눈 수

(11) 종·횡선오차 배부

배부량의 합계가 종·횡선오차와 차이가 있을 때에는 계산의 단수처리를 확인하여 0.5cm에 가까운 수부터 더하거나 감하여 조정한다.

$$T = -\frac{e}{L} \times l$$

여기서, T : 각 측선의 종선차 또는 횡선차에 배분할 cm 단위의 수치
e : 종선오차 또는 횡선오차
L : 종선차 또는 횡선차의 절대치의 합계
l : 각 측선의 종선차 또는 횡선차

(12) 좌표 계산

출발점의 기지점 좌표의 종선에서 종선차와 보정값을, 횡선에는 횡선차와 보정값을 각각 순차적으로 더하여 계산을 완료한다.

2. 폐색오차의 허용범위 및 측각오차의 배분

(1) 폐색오차의 계산

$$E = T_1 + \sum 관측값 - 180(n-1) - T_2$$

여기서, T_1 : 출발기지 방위각 T_2 : 도착기지 방위각
n : 폐색변을 포함한 변의 수

(2) 폐색오차의 허용범위

① 1회 측정각과 3회 측정각의 평균값에 대한 교차는 30초 이내
② 1도선의 기지방위각 또는 평균방위각과 관측방위각의 폐색오차의 경우 1등 도선은 $\pm 20\sqrt{n}$, 2등 도선은 $\pm 30\sqrt{n}$ (n은 폐색변을 포함한 변의 수) 이내로 한다.

(3) 측각오차의 배분

측선장에 반비례하여 각 측선의 관측각에 배분한다.

$$K = -\frac{e}{R} \times r$$

여기서, K : 각 측선에 배분할 초 단위의 각도
e : 초 단위의 오차
R : 폐색변을 포함한 각 측선장의 반수의 총합계
r : 각 측선장의 반수(반수 : 1,000을 측선장으로 나눈 것)

3. 연결오차의 허용범위 및 종·횡선오차의 배분

(1) 연결오차의 허용범위

① 1등 도선 : $\frac{1}{100}\sqrt{n} \times M$cm 이하

② 2등 도선 : $\frac{1.5}{100}\sqrt{n} \times M$cm 이하

(여기서, M : 축척분모, n : 각 측선의 수평거리의 총합계를 100으로 나눈 수)

③ 경계점좌표등록부를 갖춰 두는 지역의 축척분모는 500으로 하고, 축척이 1/6,000인 지역의 축척분모는 3,000으로 한다. 이 경우 하나의 도선에 속해 있는 지역의 축척이 2 이상일 때에는 대축척의 축척분모에 따른다.

(2) 연결오차의 배분

① 측선의 종선차 또는 횡선차 길이에 비례하여 배분한다.
② 종선 또는 횡선의 오차가 매우 작아 이를 배분하기 곤란할 경우 종선차 및 횡선차가 긴 것부터 차례로 배분하여 종선 및 횡선의 수치를 결정할 수 있다.

$$T = -\frac{e}{L} \times l$$

여기서, T : 각 측선의 종선차 또는 횡선차에 배분할 cm 단위의 수치
　　　　e : 종선오차 또는 횡선오차
　　　　L : 종선차 또는 횡선차의 절대치의 합계
　　　　l : 각 측선의 종선차 또는 횡선차

21 방위각법

방위각법에 의해 지적도근점측량을 시행하는 경우는 기지방위각에 의해 순차적으로 각 측선의 방위각을 직접 측정하며 측각오차는 변의 수에 비례하여 각 측선의 방위각에 배분한다.

1. 방위각법의 계산순서

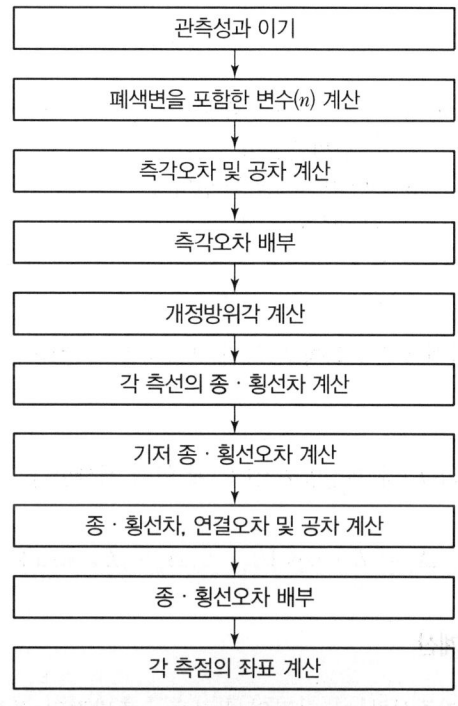

[그림 5-18] 방위각법 계산순서

(1) 관측성과의 이기

도근측량계산부(방위각법)에 관측방위각 및 거리를 이기하고 출발점과 도착점의 기지방위각 및 좌표를 기재한다.

(2) 폐색변을 포함한 변수 계산

출발점에서부터 폐색변까지 변수를 계산한다.

(3) 측각오차 및 공차의 계산

① 측각오차 계산

$$각오차 = 관측방위각 - 기지방위각$$

② 공차 계산

$$1등 도선 : \pm \sqrt{n} \text{ 분}$$
$$2등 도선 : \pm 1.5\sqrt{n} \text{ 분}$$

여기서, n : 폐색변을 포함한 변의 수

(4) 측각오차의 배부

$$K_n = -\frac{e}{S} \times s$$

여기서, K_n : 각 측선의 순서대로 배분할 분 단위의 각도
 e : 분 단위의 오차
 S : 폐색변을 포함한 변의 수
 s : 각 측선의 순서

(5) 개정방위각 계산

기지방위각에서 순차적으로 관측방위각 및 보정치를 가감하여 계산한다.

(6) 종·횡선차 계산

당해 측선의 수평거리(L)와 개정방위각(V)에 의해 계산한다.

$$\Delta_x = L \times \cos V \qquad \Delta_y = L \times \sin V$$

(7) 기지 종·횡선오차 계산

$$기지종선차 = 도착점의\ X좌표 - 출발점의\ X좌표$$
$$기지횡선차 = 도착점의\ Y좌표 - 출발점의\ Y좌표$$

(8) 종·횡선오차, 연결오차 및 공차 계산

① 종·횡선오차 계산

$$종선오차(f_x) = 종선차의\ 합(\sum \Delta_x) - 기지종선차$$
$$횡선오차(f_y) = 횡선차의\ 합(\sum \Delta_y) - 기지횡선차$$

② 연결오차 계산

$$연결오차 = \sqrt{f_x^2 + f_y^2}$$

③ 공차 계산

$$1등\ 도선 : 축척분모 \times \frac{1}{100}\sqrt{n}\ \text{cm 이내}$$
$$2등\ 도선 : 축척분모 \times \frac{1.5}{100}\sqrt{n}\ \text{cm 이내}$$

여기서, n : 수평거리의 합 100으로 나눈 수

(9) 종 · 횡선오차 배부

배부량의 합계가 종 · 횡선오차와 차이가 있을 때에는 계산의 단수처리를 확인하여 0.5cm에 가까운 수부터 더하거나 감하여 조정한다.

$$C = -\frac{e}{L} \times l$$

여기서, C : 각 측선의 종선차 또는 횡선차에 배분할 cm 단위의 수치
  e : 종선오차 또는 횡선오차
  L : 각 측선장의 총합계
  l : 각 측선의 측선장

(10) 좌표 계산

출발점의 기지점 좌표의 종선에서 종선차와 보정값을, 횡선에는 횡선차와 보정값을 각각 순차적으로 더하여 계산을 완료한다.

2. 폐색오차의 허용범위 및 측각오차의 배분

(1) 폐색오차의 계산

$$e = 관측방위각 - 기지방위각$$

(2) 폐색오차의 허용범위

1도선의 폐색오차의 경우 1등 도선은 $\pm\sqrt{n}$ 분, 2등 도선은 $\pm 1.5\sqrt{n}$ 분(n은 폐색변을 포함한 변의 수) 이내로 한다.

(3) 측각오차의 배분

변의 수에 비례하여 각 측선의 방위각에 배분한다.

$$K_n = -\frac{e}{S} \times s$$

여기서, K_n : 각 측선의 순서대로 배분할 분 단위의 각도
  e : 분 단위의 오차
  S : 폐색변을 포함한 변의 수
  s : 각 측선의 순서

3. 연결오차의 허용범위 및 종선 및 횡선오차의 배분

(1) 연결오차의 허용범위

① 1등 도선 : $\dfrac{1}{100}\sqrt{n} \times M$cm 이하

② 2등 도선 : $\dfrac{1.5}{100}\sqrt{n} \times M$cm 이하

(여기서, M : 축척분모, n : 각 측선의 수평거리의 총합계를 100으로 나눈 수)

③ 경계점좌표등록부를 갖춰 두는 지역의 축척분모는 500으로 하고, 축척이 1/6,000인 지역의 축척분모는 3,000으로 한다. 이 경우 하나의 도선에 속해 있는 지역의 축척이 2 이상일 때에는 대축척의 축척분모에 따른다.

(2) 연결오차의 배분

① 각 측선장에 비례하여 배분한다.

② 종선 또는 횡선의 오차가 매우 작아 이를 배분하기 곤란할 경우 측선장이 긴 것부터 차례로 배분하여 종선 및 횡선의 수치를 결정할 수 있다.

$$C = -\dfrac{e}{L} \times l$$

여기서, C : 각 측선의 종선차 또는 횡선차에 배분할 cm 단위의 수치
  e : 종선오차 또는 횡선오차
  L : 각 측선장의 총합계
  l : 각 측선의 측선장

22 신규등록 측량

신규등록은 새로 조성된 토지와 지적공부에 등록되지 않은 토지가 발견된 때에 토지소재, 지번, 지목, 경계 또는 좌표와 면적, 소유자 등을 조사·결정하여 지적공부에 등록하기 위한 측량이다.

1. 신규등록측량의 특징

(1) 경계는 도면에 등록된 인접토지의 경계를 기준으로 하여 결정한다.
(2) 토지의 경계와 이용현황 등을 조사하기 위한 측량을 하여야 한다.
(3) 토지의 소유자는 지적소관청이 직접 조사하여 등록한다.
(4) 지목은 토지의 주된 용도에 맞게 설정하여야 한다.

2. 신규등록 대상토지

(1) 공유수면매립으로 준공된 토지
(2) 도로, 구거, 하천 등 미등록된 공공용 토지
(3) 미등록 도서를 등록하는 경우
(4) 그 밖에 새로이 지적공부에 등록할 토지

3. 신청서 첨부서류

(1) 법원의 확정판결서 정본 또는 사본
(2) 「공유수면매립법」에 따른 준공검사확인증 사본
(3) 도시계획구역의 토지를 그 지방자치단체의 명의로 등록하는 때에는 기획재정부장관과 협의한 문서의 사본
(4) 그 밖에 소유권을 증명할 수 있는 서류의 사본
(5) 지적소관청이 관리하는 서류는 지적소관청의 확인으로 그 서류의 제출을 갈음할 수 있음

4. 신규등록 절차

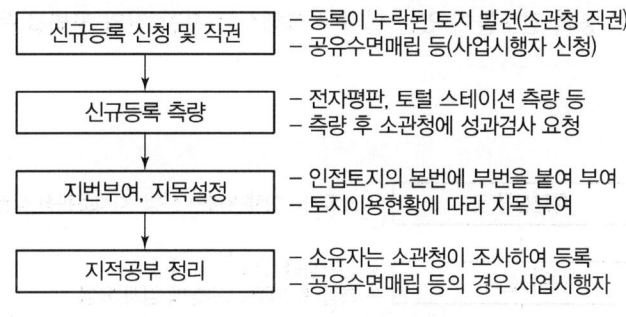

[그림 5-19] 신규등록 절차

5. 지번부여방법

(1) 지번부여지역에서 인접토지의 본번에 부번을 붙여서 지번을 부여한다.
(2) 지번부여지역의 최종 본번의 다음 순번부터 본번으로 하여 순차적으로 지번을 부여할 수 있다.
   ① 대상토지가 그 지번부여지역의 최종 지번의 토지에 인접하여 있는 경우
   ② 대상토지가 이미 등록된 토지와 멀리 떨어져 있어서 등록된 토지의 본번에 부번을 부여하는 것이 불합리한 경우
   ③ 대상토지가 여러 필지로 되어 있는 경우

23 분할측량

분할은 지적공부에 등록된 1필지를 2필지 이상으로 나누어 등록하는 것으로 1필지 토지의 일부가 다른 지목으로 변경된 경우와 소유자가 다르게 된 경우에 시행하며 또한 소유자가 필요로 하는 경우에 분할측량에 의하여 지적공부를 정리하는 것을 말한다.

1. 분할대상 토지

(1) 소유권이전, 매매 등을 위하여 필요한 경우
(2) 토지이용상 불합리한 지상경계를 시정하기 위한 경우
(3) 1필지의 일부가 형질변경 등으로 용도가 변경된 경우
(4) 관계 법령에 따라 개발행위 허가 등을 받은 경우

2. 분할신청 기한

(1) 토지소유자는 지적공부에 등록된 1필지의 일부가 형질변경 등으로 용도가 변경된 경우에는 용도가 변경된 날부터 60일 이내에 지적소관청에 토지의 분할을 신청하여야 한다.
(2) 주거·사무실 등의 건축물이 있는 필지에 대해서는 분할 전의 지번을 우선하여 부여한다.

3. 분할측량 절차

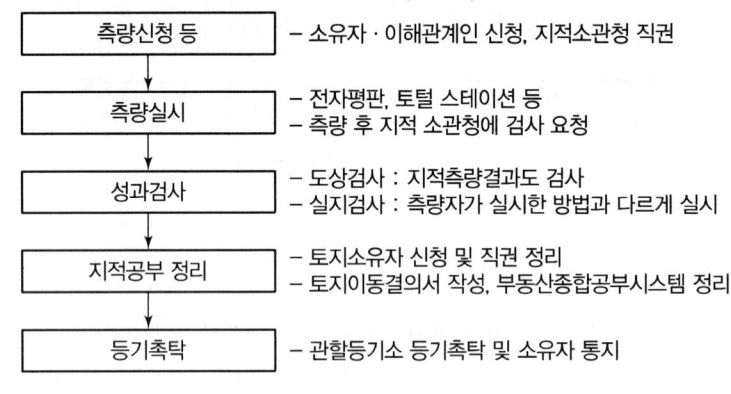

[그림 5-20] 분할측량 절차

4. 면적결정

(1) 도해지적 면적결정

① 분할 전후 오차 허용범위 $= 0.026^2 \times M\sqrt{F}$ (여기서, M : 축척분모, F : 원면적)

② 분할 전후 면적의 차이가 허용범위 이내인 경우에는 그 오차를 분할 후의 각 필지의 면적에 따라 나눈다.

③ 허용범위를 초과하는 경우에는 지적공부상의 면적 또는 경계를 정정한다.

④ 분할 전후 면적의 차이를 배분한 산출면적 $= \dfrac{F}{A} \times a$

(여기서, F : 원면적, A : 측정면적 합계 또는 보정면적 합계, a : 각 필지의 측정면적 또는 보정면적)

⑤ 결정면적은 원면적과 일치하도록 산출면적의 구하려는 끝자리의 다음 숫자가 큰 것부터 순차로 올려서 정하되, 구하려는 끝자리의 다음 숫자가 서로 같을 때에는 산출면적이 큰 것을 올려서 정한다.

(2) 수치지적 면적결정

① 분할 후 각 필지의 면적 합계가 분할 전 면적보다 많은 경우에는 구하려는 끝자리의 다음 숫자가 작은 것부터 순차적으로 버려서 정하되, 분할 전 면적에 증감이 없도록 한다.

② 분할 후 각 필지의 면적 합계가 분할 전 면적보다 적은 경우에는 구하려는 끝자리의 다음 숫자가 큰 것부터 순차적으로 올려서 정하되, 분할 전 면적에 증감이 없도록 한다.

(3) 면적 차인

① 면적이 5,000m² 이상인 필지를 분할하는 경우에 해당

② 분할 후의 면적이 분할 전 면적의 80% 이상이 되는 필지의 면적을 측정할 때

③ 분할 전 면적의 20% 미만이 되는 필지의 면적을 먼저 측정

④ 분할 전 면적에서 그 측정된 면적을 **빼는** 방법

24 지적현황측량

지상구조물 또는 지형, 지물이 점유하는 위치현황을 실측하여 지적도 또는 임야도, 경계점좌표등록부에 등록된 경계와 대비하여 현황을 표시하는 측량을 말한다.

1. 점유현황 측량

(1) 토지의 소유한계와 점유한계의 상호위치 관계를 확인할 목적으로 측량한다.

(2) 지적공부를 기초로 필지의 경계 내에 지형·지물의 점유한계를 실측한다.

(3) 점유현황도를 작성하고 점유면적을 측정한다.

(4) 소유한계는 지적공부에 등록되어 있는 경계를 말한다.
(5) 점유한계는 실제 사용되고 있는 지상의 한계로서 울타리, 담장, 건물, 벽 둑 등으로 한정된 것을 말한다.
(6) 1필지의 일부분을 점유한 경우는 점유면적을 확인하는 것이 주목적이다.
(7) 국·공유지의 점유허가 또는 사유토지의 매매·양도 등에 필요한 서류를 작성하기 위해 실시하는 측량이다.

2. 시설물현황 측량

(1) 토지에 부속되어 있는 각종 시설물과 필지의 경계 상호 간의 위치관계를 결정하는 측량을 말한다.
(2) 건축허가에 따라 처음으로 시공된 옹벽, 기둥 등 측량이 가능한 건축구조물에 대한 현황을 지적도, 임야도에 등록된 경계와 대비하여 표시한다.
(3) 건축물의 양성화 또는 각종 시설물의 준공검사 등에 필요한 서류를 갖추기 위한 시설현황 측량이다.

25 경계복원측량

경계복원측량은 지적공부에 등록되어 있는 경계점의 설정 위치를 지상에 복원하기 위해 실시하는 측량이다. 주로 복원할 경계점의 등록과 관련된 지적공부 및 측량성과 등의 자료와 지상에 설치되어 있는 지적측량기준점이나 기지경계점을 기초로 복원하는 측량을 말한다.

1. 경계복원측량 기준

(1) 경계복원측량을 하려는 경우 지적공부에 등록할 당시 측량성과의 착오 또는 경계 오인 등의 사유로 경계가 잘못 등록되었다고 판단될 때에는 등록사항을 정정한 후 측량하여야 한다.
(2) 지표상에 복원할 토지의 경계점에는 경계점표지를 설치하여야 한다.
(3) 건축물이 경계에 걸쳐 있거나 부득이하여 경계점표지를 설치할 수 없는 경우에는 경계점표지를 생략할 수 있다.

2. 경계복원측량 방법

(1) 등록 당시의 측량방법에 따르는 것이 원칙이다.
(2) 등록 당시의 측량방법은 경계를 등록하기 위해 사용했던 측량 기준점, 위치결정방법 등을 그대로 사용하는 것을 의미한다.

(3) 동일한 지상의 경계가 축척이 다른 도면에 각각 등록되어 있을 때에는 축척이 큰 쪽 도면에 등록된 경계를 복원한다.

26 등록전환측량

등록전환은 임야대장 및 임야도에 등록된 토지를 토지대장 및 지적도에 옮겨 등록하는 것을 말한다. 축척이 1/3,000 또는 1/6,000인 임야도에 등록된 토지를 축척 1/600 또는 1/1,200의 지적도에 옮겨 등록하는 것을 말한다.

1. 등록전환 대상 토지

(1) 「산지관리법」, 「건축법」 등 관계 법령에 따른 토지의 형질변경 또는 건축물의 사용승인 등으로 인하여 지목을 변경하여야 할 토지
(2) 지목변경 없이 등록전환을 신청할 수 있는 경우
    ① 대부분의 토지가 등록전환되어 나머지 토지를 임야도에 계속 존치하는 것이 불합리한 경우
    ② 임야도에 등록된 토지가 사실상 형질변경이 되었으나 지목변경을 할 수 없는 경우
    ③ 도시·군관리계획선에 따라 토지를 분할하는 경우

2. 등록전환 신청기한

토지소유자는 등록전환할 토지가 있으면 그 사유가 발생한 날부터 60일 이내에 지적소관청에 등록전환을 신청하여야 한다.

3. 등록전환신청서에 첨부할 서류

(1) 토지소유자는 등록전환을 신청할 때에는 등록전환 사유를 적은 신청서류를 첨부하여 지적소관청에 제출하여야 한다.
(2) 관계 법령에 따라 토지의 형질변경 등의 공사가 준공되었음을 증명하는 서류의 사본을 첨부하여야 한다.
(3) 증명서류를 당해 지적소관청이 관리하는 경우에는 지적소관청의 확인으로 그 서류의 제출을 갈음할 수 있다.

4. 등록전환측량

(1) 1필지 전체를 등록전환할 경우에는 임야대장등록사항과 토지대장등록사항의 부합 여부 등을 확인하고 토지의 경계와 이용현황 등을 조사하기 위한 측량을 한다.

(2) 등록전환할 일단의 토지가 2필지 이상으로 분할되어야 할 토지의 경우에는 1필지로 등록전환 후 지목별로 분할하여야 한다. 이 경우 등록전환할 토지의 지목은 임야대장에 등록된 지목으로 설정하되, 분할 및 지목변경은 등록전환과 동시에 정리한다.
(3) 경계점좌표등록부를 비치하는 지역과 연접되어 있는 토지를 등록전환하려면 경계점좌표등록부에 등록한다.
(4) 토지대장에 등록하는 면적은 등록전환측량의 결과에 따라야 하며, 임야대장의 면적을 그대로 정리할 수 없다.
(5) 1필지의 일부를 등록전환하려면 등록전환으로 인하여 말소하여야 할 필지의 면적은 반드시 임야분할측량결과도에서 측정하여야 한다.
(6) 임야도에 도곽선 또는 도곽선수치가 없거나, 1필지 전체를 등록전환할 경우에만 등록전환으로 인하여 말소해야 할 필지의 임야측량결과도를 등록전환측량결과도에 함께 작성할 수 있다.
(7) 토지의 형질변경이 수반되는 등록전환측량은 토목공사 등이 완료된 후에 실시하여야 한다.

5. 지번부여방법

(1) 지번부여지역에서 인접토지의 본번에 부번을 붙여서 지번을 부여한다.
(2) 지번부여지역의 최종 본번의 다음 순번부터 본번으로 하여 순차적으로 지번을 부여할 수 있다.
  ① 대상토지가 그 지번부여지역의 최종 지번의 토지에 인접하여 있는 경우
  ② 대상토지가 이미 등록된 토지와 멀리 떨어져 있어서 등록된 토지의 본번에 부번을 부여하는 것이 불합리한 경우
  ③ 대상토지가 여러 필지로 되어 있는 경우

6. 면적결정

(1) 임야대장의 면적과 등록전환될 면적의 오차 허용범위는 $A = 0.026^2 \times M\sqrt{F}$ 로 한다.
  (여기서, A : 오차 허용면적, M : 임야도 축척분모, F : 등록전환될 면적)
(2) 오차의 허용범위를 계산할 때 축척이 1/3,000 지역의 축척분모는 6,000으로 한다.
(3) 임야대장의 면적과 등록전환될 면적의 차이가 허용범위 이내인 경우에는 등록전환될 면적을 등록전환 면적으로 결정한다.
(4) 허용범위를 초과하는 경우에는 임야대장의 면적 또는 임야도의 경계를 지적소관청이 직권으로 정정하여야 한다.

27 축척변경

지적도에 등록된 경계점의 정밀도를 높이기 위해 작은 축척을 큰 축척으로 변경하여 등록하는 것을 말한다.

1. 축척변경의 특징

(1) 변경승인 신청 전 대상토지 소유자 2/3 이상 동의를 얻어 위원회 의결을 거쳐야 한다.
(2) 축척변경 확정공고일에 토지의 이동이 있는 것으로 본다.
(3) 축척변경 시행지역의 축척은 1/500로 한다.
(4) 시가지 지역의 축척변경측량은 경위의측량, 전파기 또는 광파기 측량방법 및 위성측량방법에 따른다.

2. 축척변경 대상토지

(1) 위원회 의결 및 시·도지사, 대도시시장 승인 필요
① 잦은 토지의 이동으로 1필지의 규모가 작아 소축척으로는 성과결정이나 토지이동에 따른 정리를 하기가 곤란한 경우
② 하나의 지번부여지역에 서로 다른 축척의 지적도가 있는 경우
③ 그 밖에 지적공부를 관리하기 위하여 필요하다고 인정되는 경우

(2) 위원회 의결 및 시·도지사, 대도시시장 승인 불필요
① 합병하려는 토지가 축척이 다른 지적도에 각각 등록되어 있는 경우
② 도시개발사업 시행지역 내 토지로 사업시행에서 제외된 토지의 경우
③ 등록전환에 따른 축척변경의 경우

3. 축척변경 절차

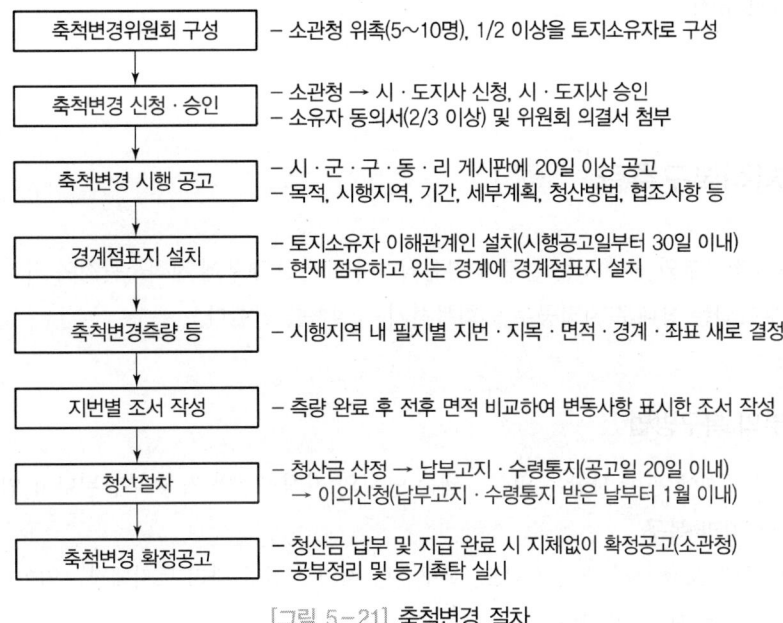

[그림 5-21] 축척변경 절차

4. 축척변경위원회

(1) 구성
① 5명 이상 10명 이하의 위원으로 구성
② 위원의 1/2 이상을 시행지역 토지소유자로 함
③ 시행지역 토지소유자가 5명 이하일 때 전원 위촉
④ 위원장은 위원 중 소관청이 지명

(2) 위원의 위촉
① 지역 사정에 정통한 해당 축척변경 시행지역 토지소유자
② 지적에 관하여 전문지식을 가진 사람

(3) 심의 · 의결사항
① 축척변경 시행계획에 관한 사항
② 지번별 m^2당 금액 결정과 청산금 산정에 관한 사항
③ 청산금의 이의신청에 관한 사항
④ 그 밖에 축척변경과 관련하여 지적소관청이 회의에 부치는 사항

(4) 위원회의 운영
① 지적소관청이 축척변경위원회에 회부하거나, 위원장이 필요하다고 인정할 때 위원장이 소집
② 위원장 포함 재적위원 과반수의 출석으로 개의, 출석위원 과반수의 찬성으로 의결
③ 위원장은 회의소집 시 회의일시 · 장소 · 심의안건을 회의 개최 5일 전까지 각 위원에게 서면 통지

28 지적복구측량

지적복구는 지적공부의 전부 또는 일부가 멸실되거나 훼손된 경우에 지적소관청이 지적공부 멸실 직전의 가장 부합되는 상태로 지적공부를 회복시키는 절차를 말한다.

1. 지적공부의 복구방법

(1) 토지의 표시에 관한 사항은 멸실 · 훼손 당시의 지적공부와 가장 부합된다고 인정되는 관계자료에 따라 복구
(2) 지적복구자료 조사서, 복구자료도, 복구측량 결과도 등에 따라 토지대장 · 임야대장 · 공유지연명부 또는 지적도면 복구

(3) 대장은 복구되고 지적도면이 복구되지 않은 토지가 축척변경 시행지역이나 도시개발사업 등의 시행지역에 편입된 때에는 지적도면을 복구하지 아니할 수 있음
(4) 소유자에 관한 사항은 부동산등기부나 법원의 확정판결에 따라 복구

2. 지적공부의 복구자료

(1) 지적공부의 등본
(2) 측량결과도
(3) 토지이동정리 결의서
(4) 부동산등기부 등본 등 등기사실을 증명하는 서류
(5) 지적소관청이 작성하거나 발행한 지적공부의 등록내용을 증명하는 서류
(6) 정보처리시스템에 따라 복제된 지적공부
(7) 법원의 확정판결서 정본 또는 사본

3. 지적공부의 복구절차

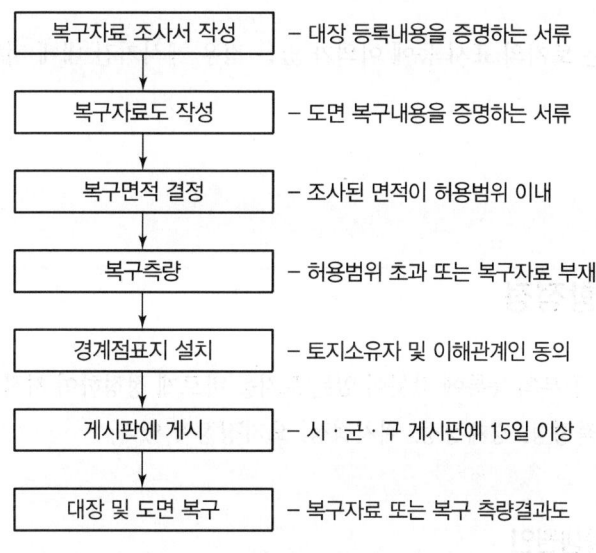

[그림 5-22] 지적공부 복구절차

(1) 복구자료 조사서 작성

토지대장·임야대장 및 공유지연명부의 등록내용을 증명하는 서류 등에 의해 지적복구자료 조사서를 작성한다.

(2) 복구자료도 작성

지적도면의 등록내용을 증명하는 서류 등에 의해 복구자료도를 작성한다.

(3) 복구면적 결정

① 지적복구자료 조사면적과 복구자료도 측정면적 증감이 토지분할 면적오차 허용범위 이내일 경우 조사면적으로 결정한다.

② 허용범위 : $A = 0.026^2 M \sqrt{F}$ (여기서, A : 오차허용면적, M : 축척분모, F : 조사된 면적)

(4) 복구측량

복구자료도의 측정면적과 지적복구자료 조사서에 작성된 면적의 증감이 허용범위를 초과한 경우와 복구자료도를 작성할 복구자료가 없는 경우에 복구측량을 실시한다.

(5) 경계점표지 설치

① 복구측량 결과와 복구자료가 부합하지 아니한 경우 토지소유자 및 이해관계인의 동의를 받아 경계 또는 면적 등을 조정할 수 있다.

② 경계를 조정할 때에는 경계점표지를 설치하여야 한다.

(6) 시·군·구 게시판 및 홈페이지 게시

① 복구하려는 토지의 표시 등을 시·군·구 게시판 및 인터넷 홈페이지에 15일 이상 게시한다.

② 복구하려는 토지의 표시 등에 이의가 있는 경우 게시기간 내에 지적소관청에 이의신청을 한다.

29 등록사항정정

등록사항정정은 지적공부의 등록에 잘못이 있는 토지를 바르게 정정하여 지적공부에 정리하는 것으로 정정유형에는 면적정정, 경계정정, 위치정정, 오기정정이 있다.

1. 정정대상토지 발생원인

(1) 토지조사사업 당시 잘못된 토지의 사정
(2) 지적측량수행자의 기술적 착오 및 과실
(3) 척관법에서 미터법으로 환산 등록 시 착오
(4) 도면전산화 사업 수행과정에서 도곽접합 문제
(5) 지적공부정리 시 오기 및 착오로 인해 발생

2. 정정유형

(1) **면적정정** : 경계와 위치 변경 없이 면적만 변경
(2) **경계정정** : 면적의 변경 없이 경계만 변경
(3) **위치정정** : 면적의 변경 없이 위치만 변경
(4) **오기정정** : 지적공부 정리 중 잘못 정리된 경우

3. 등록사항정정 대상토지 관리

(1) 등록사항정정에 필요한 서류 및 측량성과도를 작성한다.
(2) 관리대장을 작성 및 비치하고 그 내용을 기재하여 관리한다.
(3) 토지이동정리결의서 작성 후 사유에 등록사항정정 대상토지라고 기재한다.
(4) 등본 발급 시 등록사항정정 대상토지라 기재한 부분을 붉은색으로 표시한다.

4. 등록사항정정 방법

(1) 직권에 의한 등록사항정정

① 토지이동정리결의서의 내용과 다르게 처리된 경우
② 지적측량 성과와 다르게 정리된 경우
③ 다른 지적도나 임야도에 등록된 토지가 서로 접합되지 않아 지상의 경계에 맞추어 도면상 경계를 정정하는 경우
④ 도면에 등록된 필지가 면적 증감 없이 경계의 위치가 잘못된 경우
⑤ 지적공부의 작성, 재작성 당시 잘못 처리된 경우
⑥ 척관법에서 미터법으로 환산 등록 시 착오
⑦ 지적위원회의 의결에 따른 지적공부의 정정
⑧ 부동산등기법의 규정에 의한 통지가 있는 경우(합병 오류)

(2) 토지소유자의 신청에 의한 등록사항정정

① 토지소유자는 지적공부의 등록사항에 잘못이 있음을 발견하면 지적소관청에 그 정정을 신청할 수 있다.
② 토지소유자는 지적공부의 등록사항에 대한 정정신청을 하는 때에는 정정사유를 적은 신청서에 정정측량성과도 또는 변경사항을 확인할 수 있는 서류를 첨부하여 지적소관청에 제출하여야 한다.

5. 등록사항정정 절차

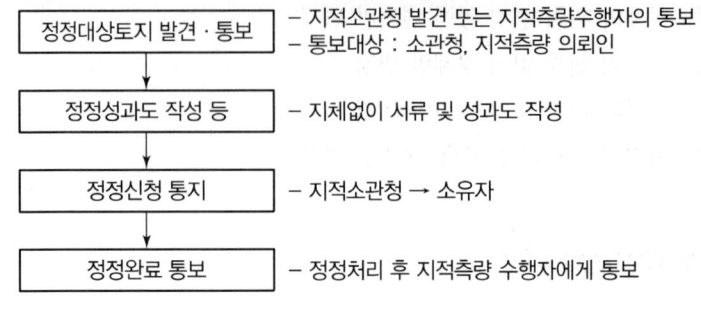

[그림 5-23] 등록사항정정 절차

30 예정지적좌표도 작성

예정지적좌표는 도시개발사업 등의 사업시행 초기에 실시하여 확정된 지구계점, 가로중심점, 가구점 등을 수치화하여 산출한 좌표를 말한다. 예정지적좌표도는 평판측량방법 또는 전자평판측량방법으로 사업지구의 경계점(굴곡점)을 분할측량, 경계복원측량 및 지적현황측량에 의해 지상에 복원한 후 그 경계점을 수치측량방법으로 산출한 지적좌표에 의해 작성한다.

1. 예정지적좌표도 작성목적

(1) 사업승인 전이나 사업승인 후 지구계 분할 시 작성한다.
(2) 사업계획을 정확하게 설계하고 시공한다.
(3) 사업계획 변경 및 재시공을 예방한다.
(4) 사업 준공 지연을 방지하고 경계분쟁 등을 사전에 해결한다.

2. 예정지적좌표도 작성절차

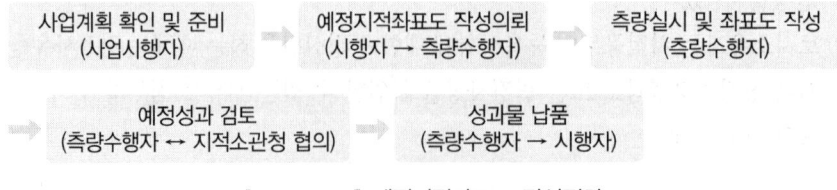

[그림 5-24] 예정지적좌표도 작성절차

(1) 준비도 작성 및 확인

① 지구계선 중 도시계획선은 관할지자체 도시계획부서의 담당 공무원, 사업계획선은 사업시행자의 대조 또는 확인 후 착수
② 지적현황측량 준비도상의 지구계선과 지구지정 및 승인용 도면을 대조·확인하고 상이한 부분 발생 시 원인규명과 재작성

(2) 지구계 측량

① 지구계 측량은 도해지역의 특성을 고려하여 기준점성과, 기준점성과 가감, 현형성과 등으로 성과를 결정한다.
② 지구계점좌표는 도해측량 또는 수치측량방법으로 설치된 경계점표지를 경위의 또는 지적위성측량방법으로 측량하여 산출한다.
③ 지구계에 사업지구 외 건축물 등이 저촉되어 있을 경우에는 반드시 사업시행자에게 그 사실을 통보한다.
④ 예정지적좌표도 작성은 사업승인 전이나 사업승인 후 지구계 측량에 따라 지구계점이 설치된 이후 작성된다.

(3) 지구 내 예정지적좌표 작성

① 지구계점의 예정지적좌표도가 작성되면 사업시행자와 협의하여 택지, 기반시설 등의 사업계획선을 지구계와 접합
② 지구 내 사업계획도 및 지역·지구 등의 도면과 비교하여 가구점 및 필계점 등의 좌표 산출
③ 지구 내 예정지적좌표 작성은 자료조사, 계획준비, 현장조사, 준비도 작성 및 확인, 예정면적 산출, 예정결과도 작성, 성과작성, 점검, 성과인계의 공정으로 진행

3. 예정지적좌표도 성과물 작성

관련 도면 서식은 지적확정측량 서식에 따라 작성한다.

[표 5-14] 예정지적좌표도 성과물 목록

구분	제출목록	
지적측량기준점	• 지적측량기준점 측량계산부 및 조서 • 지적측량기준점 관측 및 거리측량부 • 지적측량기준점 성과표 및 망도	
도면	• 예정지적좌표도(전산파일 포함) • 신구대조도 • 결과도	• 종전도 • 지구계점망도 • 성과도
예정지적좌표측량부	• 면적집계표(총괄, 지목별) • 종전 토지 지번별 조서 • 좌표면적 및 경계점 간 거리계산부	• 예정좌표조서(예정좌표면적 포함) • 경계점 관측 및 좌표계산부

31. 지적확정측량 대상업무

지적확정측량업무는 「공간정보의 구축 및 관리 등에 관한 법률」 제86조 제1항에 따라 「도시개발법」에 따른 도시개발사업, 「농어촌정비법」에 따른 농어촌정비사업과 그 밖에 대통령령으로 정하는 토지개발사업 및 국토교통부장관이 고시하는 요건에 해당하는 토지개발사업을 대상으로 한다.

1. 대통령령으로 정하는 토지개발사업

(1) 「주택법」에 따른 주택건설사업
(2) 「택지개발촉진법」에 따른 택지개발사업
(3) 「산업입지 및 개발에 관한 법률」에 따른 산업단지개발사업
(4) 「도시 및 주거환경정비법」에 따른 정비사업
(5) 「지역 개발 및 지원에 관한 법률」에 따른 지역개발사업
(6) 「체육시설의 설치·이용에 관한 법률」에 따른 체육시설 설치를 위한 토지개발사업
(7) 「관광진흥법」에 따른 관광단지 개발사업
(8) 「공유수면 관리 및 매립에 관한 법률」에 따른 매립사업
(9) 「항만법, 신항만건설촉진법」에 따른 항만개발사업 및 「항만 재개발 및 주변지역 발전에 관한 법」에 따른 항만재개발사업
(10) 「공공주택 특별법」에 따른 공공주택지구조성사업
(11) 「물류시설의 개발 및 운영에 관한 법률」 및 「경제자유구역의 지정 및 운영에 관한 특별법」에 따른 개발사업
(12) 「철도의 건설 및 철도시설 유지관리에 관한 법률」에 따른 고속철도, 일반철도 및 광역철도 건설사업
(13) 「도로법」에 따른 고속국도 및 일반국도 건설사업

2. 국토교통부장관이 고시하는 요건에 해당하는 토지개발사업(토지면적 10,000m^2 이상)

(1) 「도시공원 및 녹지 등에 관한 법률」에 따른 공원시설사업
(2) 「국토의 계획 및 이용에 관한 법률」에 따른 도시·군계획사업
(3) 「공공기관 지방이전에 따른 혁신도시건설 및 지원에 관한 특별법」에 따른 혁신도시개발사업
(4) 「전원개발촉진법」에 따른 변전소 신축사업
(5) 「산업집적활성화 및 공장설립에 관한 법률」에 따른 공장설립 사업
(6) 「도시가스사업법」에 따른 가스공급시설 사업
(7) 「국가균형발전 특별법」에 따른 개발사업
(8) 「수도법」에 따른 정수시설부지 조성사업

(9) 「학교시설사업 촉진법」에 따른 학교시설사업
(10) 「주택법」에 따른 대지조성사업
(11) 「기업도시개발 특별법」에 따른 기업도시개발사업
(12) 「연구개발특구의 육성에 관한 특별법」에 따른 연구개발특구개발사업
(13) 「신행정수도 후속대책을 위한 연기·공주지역 행정중심복합도시 건설을 위한 특별법」에 따른 행정중심복합도시건설사업
(14) 「민간임대주택에 관한 특별법」에 따른 민간임대주택사업
(15) 「중소기업진흥에 관한 법률」에 따른 단지조성사업
(16) 「도로법」에 따른 도로건설사업

3. 도시개발사업의 시행방식

도시개발사업은 시행자가 도시개발구역의 토지 등을 수용 또는 사용하는 방식이나 환지방식 또는 이를 혼용하는 방식으로 시행할 수 있다.

(1) 환지방식
① 대지로서의 효용증진과 공공시설의 정비를 위하여 토지의 교환·분할·합병, 그 밖의 구획변경, 지목 또는 형질의 변경이나 공공시설의 설치·변경이 필요한 경우
② 도시개발사업을 시행하는 지역의 지가가 인근의 다른 지역에 비하여 현저히 높아 수용 또는 사용방식으로 시행하는 것이 어려운 경우

(2) 수용 또는 사용방식
계획적이고 체계적인 도시개발 등 집단적인 조성과 공급이 필요한 경우

(3) 혼용방식
① 분할 혼용방식 : 수용 또는 사용방식이 적용되는 지역과 환지방식이 적용되는 지역을 사업시행지구별로 분할하여 시행하는 방식
② 미분할 혼용방식 : 사업시행지구를 분할하지 아니하고 수용 또는 사용방식과 환지방식을 혼용하여 시행하는 방식

32 평판측량의 교회법

교회법이란 방향선의 교회로서 점의 위치를 결정하는 방법으로 전방교회법, 후방교회법, 측방교회법으로 구분한다.

1. 교회법의 종류

(1) **전방교회법** : 2개 이상의 기지점을 측점으로 하여 미지점을 시준하여 미지점의 위치를 결정하는 방법이다.

(2) **후방교회법** : 미지점에 측판을 세워 기지의 두 점 또는 세 점을 이용하여 미지점의 위치를 결정한다.

(3) **측방교회법** : 전방교회법과 후방교회법의 원리를 혼합한 방법이다.

2. 전방교회법

(1) 전방교회법의 특징

① 2개 이상의 기지점을 측점으로 하여 미지점을 시준하여 교차점으로부터 미지점의 위치를 결정하는 방법
② 평판상에 도시되어 있는 2개 또는 3개의 기지점에 평판을 세우고 방향선만으로 다른 소구점의 평면도상의 위치를 결정하는 방법
③ 측량지역이 넓고 장애물이 있어 직접 거리 측정이 불가능할 때 적합
④ 3점 이상의 기지점을 사용하여 작업의 정확성 확보
⑤ 표정을 정확히 하지 않으면 정도가 극히 저하

(2) 전방교회법의 원리

① 기지점 한 점 A에 측판을 세우고 다른 기지점에 의한 측판을 표정
② 도상 a에 측침을 꽂고 조준의로 소구점 P를 시준하여 전방에 방향선을 그음
③ 다른 한 점 B에 측판을 옮겨 같은 방법으로 방향선을 그음
④ 양 방향선은 P점에서 교차되고 이 점이 P점의 도상위치
⑤ C점에 측판을 세워 같은 방법으로 P점에 방향선을 그어 위치를 결정

3. 후방교회법

(1) 후방교회법의 특징

① 미지점에 측판을 세워 기지의 두 점 또는 세 점을 이용하여 미지점의 위치 결정
② 기지점이 많은 지형에 적합
③ 소축척의 측량이나 약도에 사용

(2) 후방교회법의 원리

① 미지점 P에 평판을 세우고 기지점을 시준
② 기지점 A, B, C를 각각 시준하여 도상에서 후방으로 방향선 aP, bP, cP를 그음
③ 방향선의 교점 P가 구하고자 하는 점

4. 측방교회법

(1) 측방교회법의 특징
① 전방교회법과 후방교회법의 원리를 혼합
② 미지점에 설치한 측판의 위치를 기지점에서의 방향선을 이용하여 도상에서 결정
③ 여러 기지점을 시준하여 정확도 확보
④ 정밀도는 전방교회법보다 못하나 후방교회법보다 우수

(2) 측방교회법의 원리
① 한 점 A에 측판을 세우고 다른 기지점에 의한 측판을 표정
② 도상 a에 측침을 꽂고 조준의로 소구점 P를 시준하여 전방에, 방향선을 그음
③ 소구점 P에 측판을 세우고 먼저 그은 방향선으로 측판을 표정
④ 후방교회법의 이론으로 다른 기지점을 시준
⑤ 후방에 그은 방향선과 앞에서 그은 시준선이 교회하는 점 P를 얻는데 이 점이 소구점 P의 도면상에 위치

33 시오삼각형

평판측량에서 교회법으로 측점의 위치를 결정하려 할 때 세 방향선이 1점에 정확히 교차하지 않고 삼각형을 이룰 때가 있는데 이를 시오삼각형이라고 한다.

1. 교회법 실시기준
(1) 전방교회법, 측방교회법에 따른다.
(2) 3방향 이상의 교회에 따른다.
(3) 방향각의 교각은 30° 이상 150° 이하로 한다.
(4) 방향선의 도상길이는 10cm 이하로 한다. 다만 광파조준의 또는 광파측거기를 사용하는 경우에는 30cm 이하로 할 수 있다.
(5) 시오삼각형 발생 시 내접원의 지름이 1mm 이하인 때에는 그 중심을 점의 위치로 한다.

2. 시오삼각형

(1) 시오삼각형의 발생원인
① 기지점의 위치를 오인하였을 경우

② 기계점검이 불충분하였을 경우
③ 방향조준을 잘못하였을 경우
④ 측판의 표정이 잘못된 경우

(2) 시오삼각형의 처리
① 시오삼각형은 전항의 원인으로 생기므로 그 원인을 찾아 재실시
② 시오삼각형의 내접원의 지름이 1mm 이하인 경우 그 중심점을 점의 위치로 함
③ 시오삼각형의 내점원의 지름이 1mm 이상인 경우 작업을 재실시함

34 도선법

도선법은 평판측량에서 차례대로 평판을 옮겨가며 측점 간 거리 및 방향을 측정하는 측량방법으로 측량구역 내에 장애물이 있는 경우나 지형이 길고 좁은 지역에 활용한다.

1. 도선법의 특징
(1) 측량구역 내에 장애물이 있는 경우나 지형이 길고 좁은 지역에 활용
(2) 측량 도중 오차를 즉시 발견할 수 있음

2. 도선법 종류 및 등급
(1) 도선의 종류 : 결합도선, 폐합도선, 왕복도선, 다각망도선
(2) 도선의 등급 : 1등 도선, 2등 도선

3. 도선법에 의한 측량

(1) 실시기준
① 위성기준점, 통합기준점, 삼각점, 지적삼각점 및 지적삼각보조점의 상호 간을 연결하는 결합도선에 따른다.
② 지형상 부득이한 때는 폐합도선 또는 왕복도선에 따를 수 있다.
③ 1도선 내 측점수는 40점 이하로 한다. 지형상 부득이한 경우 50점까지 가능하다.

(2) 도선의 편성
① 도선은 되도록 직선에 가깝게 편성, 측점수를 적게 한다.

② 도선 내 측점 간 거리는 50m 기준 300m 이하이다.

4. 평판측량에 따른 세부측량을 도선법으로 하는 경우

(1) 위성기준점, 통합기준점, 삼각점, 지적삼각점, 지적삼각보조점 및 지적도근점, 그밖에 명확한 기지점 사이를 서로 연결한다.
(2) 도선 측선장 8cm 이하로 한다. 다만, 광파조준의 또는 광파측거기를 사용하는 경우에는 30cm 이하로 할 수 있다.
(3) 도선의 변은 20개 이하로 한다.

35 지거법

측판측량방법에는 교회법, 도선법, 방사법, 비례법, 지거법 등이 있으며, 지거법은 측량할 지물에서 기지 직선에 내린 수선의 길이를 측정하여 도면에 그려 넣는 방법이다.

1. 측판측량방법의 종류

(1) **교회법** : 방향선의 교회로서 점의 위치를 결정한다.
(2) **도선법** : 다각선을 경유하여 각 변의 방향과 거리를 이용하여 점의 위치를 결정한다.
(3) **방사법** : 한 측점에서 많은 점을 시준할 수 있을 경우 사용한다.
(4) **비례법** : 교회법, 도선법, 방사법 등을 실시할 수 없을 경우 사용한다.
(5) **지거법** : 기지 직선에 가까이 있는 점들 결정 시 사용한다.

2. 지거법

(1) **지거법의 특징**

① 기지 직선 부근의 점을 결정 시 그 점에서 기지 직선에 내린 수선발과 수선의 길이를 측정하는 방법
② 종횡법이라 하며, 검증할 방법이 없으므로 짧은 거리에서 사용

(2) **지거법의 실시기준**

① 지거의 길이는 짧게 하며 도상 2cm 이하
② 지거의 직선과 지거가 직각을 이루는 값

(3) 지거측량 시 유의사항
   ① 경사가 적은 평지에서 유용
   ② 지거의 길이는 짧게 하고 축척에 따라 허용범위와 정확도를 달리 함
   ③ 건물 측정 시 정확한 사지거법이 유용

(4) 사지거법
   ① 장애물이 있어 직접 수선을 내리지 못할 때 사용
   ② 경사거리 2개 이상을 측정하여 위치 결정
   ③ 정삼각형을 만들어 정확한 성과 획득
   ④ 사지거법의 원리를 이용하여 측정점 위치를 표시

36 전자평판측량

전자평판측량은 토털 스테이션과 전자평판을 연결한 후 전자평판에서 측량준비도파일을 이용하여 지적측량업무를 수행하는 측량을 말한다. 전자평판은 컴퓨터 등에 전자평판측량 운영프로그램 등이 설치된 시스템을 말한다.

1. 평판측량 방법

(1) 종래의 평판측량
   ① 평판을 세우고 평판에 제도지를 붙여 평판 시준기로 목표물의 방향 · 거리 · 높이차들을 관측하여 직접 현장에서 위치를 결정하는 측량방법이다.
   ② 측량기법 중 가장 오래된 것으로 지적측량뿐만 아니라 지형도 제작, 토목, 광산, 산림, 지질, 농업, 고고학 평판측량이 광범위하게 이용되고 있다.
   ③ 현장에서 직접 제도하므로 잘못된 곳은 즉시 수정할 수 있으며 시간과 노력이 적게 든다.
   ④ 날씨의 영향을 받으므로 종이도면의 팽창 수축에 주의하여야 한다.

(2) 전자평판시스템
   ① 기존 평판측량방법과 경위의측량방법을 일체화하여 경위의측량방법으로 기존의 측판을 컴퓨터로 대체하여 개발되었다.
   ② 전산화되어 있는 파일을 컴퓨터에서 불러들여서 실측 후 현장에서 측량성과를 결정하는 방법이다
   ③ 수작업으로 하였던 등사, 자사, 준비도 작성, 성과도 작성 등의 과정을 자동화한 시스템이다.

④ 컴퓨터와 토털 스테이션을 연결하여 상호 측량 데이터를 송수신하면서 측량결과가 화면에 표시된다.

2. 전자평판시스템의 구성

(1) 전자평판시스템은 토털 스테이션, 노트북, 소프트웨어 등으로 구성되어 있다.
(2) 전자평판시스템은 정확한 기본지형데이터를 얻기 위한 방법으로 EDM(Total Station)과 GNSS 장비 두 가지를 이용한다.
(3) 측량기기는 RS-232C 직렬 및 블루투스 통신을 지원하며 측량기기의 각종 제어를 소프트웨어적으로 할 수 있어야 하고 통신 프로토콜 등 그에 관련된 자료를 모두 제공받을 수 있는 기기이어야 한다.
(4) 전자평판시스템은 실외에서 이루어지기 때문에 펜 컴퓨터 및 노트북과 같이 제품의 내구성 및 휴대성, 디스플레이가 실외에서 우수한 기기를 사용한다.

[표 5-15] 전자평판시스템 구성

작업구분	하드웨어 및 소프트웨어
현장관측	• 토털 스테이션 • 펜 컴퓨터 또는 노트북 • RS-232 케이블 또는 블루투스
내업처리	소프트웨어

3. 전자평판측량의 특징

(1) 전자평판은 지적전산파일인 CIF 파일을 이용하기 때문에 컴퓨터 화면상에서 지적도와 현황선을 보다 정확하게 대비하여 측량성과를 제시할 수 있다.
(2) 측량업무를 처리하면서 매번 반복 측량하던 종전의 방법을 파일 형태로 된 실측자료를 활용함으로써 작업시간을 단축시킬 수 있다.
(3) 동일한 기지현황 자료에 의한 성과결정으로 측량사별 관측 오차 소거가 가능하며 관측한 현형 자료에 의하여 편리한 도곽접합을 수행할 수 있다.
(4) 컴퓨터에서 직접 토털 스테이션을 제어하게 되며 성과결정은 화면상에서 직접 운영된다.
(5) 전자평판은 토털 스테이션과 컴퓨터를 유선이나 블루투스 등의 무선 통신포트로 서로 연결하고 컴퓨터 내에 설치된 측량시스템을 이용하여 토털 스테이션에서 송신하는 좌표정보를 컴퓨터에서 수치화 처리 후 측량을 수행하는 방법이다.
(6) 측량에서부터 도면 작성까지를 일괄적으로 처리하는 시스템으로 측각과 측거 자료를 저장할 수 있는 토털 스테이션과 데이터 저장장치로 전자야장과 데이터를 전산처리하기 위한 컴퓨터 및 각종 출력장치와 소프트웨어를 말한다.

37 상치측량사

「지적측량사규정」에 지적측량사는 상치측량사와 대행측량사로 구분한다. 국가공무원으로서 그 소속관서의 지적측량사무에 종사하는 자를 상치측량사라 하고, 타인으로부터 측량업무를 위탁받아 이를 행하는 자를 대행측량사라 한다.

1. 지적측량사 규정

1960년 「지적측량사규정」을 제정, 1961년 「지적측량사규정 시행규칙」을 제정 및 공포하여 지적측량사에 관한 측량사의 구분과 자격의 종류, 응시자격, 시험과목 등을 자세히 규정하였다.

2. 측량사의 구분

(1) 상치측량사

국가공무원으로 그 소속관서의 지적측량 사무에 종사하는 자를 말한다. 내부무를 비롯하여 각 시·도와 시·군·구에 근무하는 지적직 공무원은 물론이고 철도청, 문화재관리국 등 국가기관에서 근무하는 공무원도 상치측량사에 포함된다.

(2) 대행측량사

① 타인으로부터 지적법에 의한 측량업무를 위탁받아 이를 행하는 자
② 1967년 「지적측량사 규정」을 개정하여(1967. 12. 14.) 대행측량사를 타인으로부터 지적법에 의한 측량업무를 위탁받아 이를 행하는 법인격인 지적단체의 지적측량업무를 대행하는 자로 정의

3. 지적측량사 자격시험

세부측량과, 기초측량과, 확정측량과 등 3개 과의 지적측량사자격시험제도가 시행되었으며, 자격시험에 합격하여야만 지적측량과 지적공부의 열람과 등사를 할 수 있도록 규정하였다.

4. 지적측량사 응시자격

(1) 「교육법」에 의한 대학·초급대학·실업고등전문학교 또는 외국의 대학을 졸업한 자 및 이와 동등 이상의 자격자로서 재학 중 측량에 관한 과목을 이수하고 지적측량에 관하여 1년 이상의 실무경험을 가진 자
(2) 「교육법」에 의한 고등학교 또는 외국의 고등학교를 졸업한 자 및 이와 동등 이상의 자격자로서 재학 중 측량에 관한 과목을 이수하고 지적측량에 관하여 4년 이상의 실무경험을 가진 자

(3) 내무부장관이 인정하는 측량기술자 양성기관에서 6월 이상의 소정의 과정을 이수하고 지적측량에 관하여 1년 이상의 실무경험을 가진 자
(4) 기타 지적측량에 관하여 7년 이상의 실무경험을 가진 자

5. 국가기술자격제도

(1) 1973년 「국가기술자격법」을 제정하고 국가기술자격을 기술계와 기능계로 구분하였다.
(2) 기술계의 자격은 지적기술사, 지적기사 1급, 지적기사 2급으로, 기능계의 자격은 지적기능장, 지적기능사 1급, 지적기능사 2급으로 구분하였다.
(3) 현재는 지적기술사, 지적기사, 지적산업기사, 지적기능사 등으로 구분되었다.

38 지적측량 수행자

지적측량을 대한지적공사만 수행하던 것이 헌법불합치 결정됨에 따라 2003. 12. 31. 제11차 지적법을 개정하여 대한지적공사와 지적측량업자로 나누어 지적측량업자도 지적측량을 수행할 수 있도록 지적측량업의 등록에 관한 기준 및 절차 등을 규정되었다.

1. 지적측량 수행자

(1) 한국국토정보공사
(2) 지적측량업자

2. 한국국토정보공사

(1) 설립
① 공간정보체계의 구축 지원, 공간정보와 지적제도에 관한 연구, 기술 개발 및 지적측량 등을 수행
② 공사는 법인으로 함
③ 공사는 그 주된 사무소의 소재지에서 설립등기를 함으로써 성립
④ 공사의 설립등기에 필요한 사항은 대통령령으로 정함

(2) 한국국토정보공사의 사업
① 「공간정보의 구축 및 관리 등에 관한 법률」에 따른 측량업
② 「중소기업제품 구매촉진 및 판로지원에 관한 법률」에 따른 중소기업자 간 경쟁 제품에 해당하는 사업

③ 공간정보·지적제도에 관한 연구, 기술 개발, 표준화 및 교육사업
④ 공간정보·지적제도에 관한 외국 기술의 도입, 국제 교류·협력 및 국외 진출 사업
⑤ 「공간정보의 구축 및 관리 등에 관한 법률」 제23조 제1항 제1호 및 제3호부터 제5호까지의 어느 하나에 해당하는 사유로 실시하는 지적측량
⑥ 「지적재조사에 관한 특별법」에 따른 지적재조사사업
⑦ 다른 법률에 따라 공사가 수행할 수 있는 사업
⑧ 그 밖에 공사의 설립 목적을 달성하기 위하여 필요한 사업으로서 정관으로 정하는 사업

3. 지적측량업자

(1) 지적측량업자의 업무범위
① 경계점좌표등록부가 있는 지역에서의 지적측량
② 지적재조사지구에서 실시하는 지적재조사측량
③ 도시개발사업 등이 끝남에 따라 하는 지적확정측량

(2) 지적측량업의 등록취소 및 영업정지
① 거짓, 그 밖의 부정한 방법으로 등록할 때
② 대통령이 정하는 등록사항이 변경된 때에는 국토교통부장관에게 신고해야 하나 규정을 위반하여 변경신고는 하지 아니한 때
③ 지적측량업의 등록기준, 등록절차, 등록증의 교부, 등록사항의 변경 등 규정에 의한 등록기준에 미달하게 된 때
④ 지적측량업자의 업무범위를 위반하여 지적측량을 한 때
⑤ 다른 사람에게 자기의 등록증을 빌려준 때
⑥ 지적측량업자의 결격사유에 해당할 때
⑦ 영업정지 기간 중에 지적측량업을 영위한 때
⑧ 지적측량수행자가 성실의무 등을 위반할 때
⑨ 손해배상책임의 규정에 의한 보험가입 등 필요한 조치를 하지 아니한 때
⑩ 지적측량수수료를 과다 또는 과소하게 받은 때

39 지적측량 수행기관

지적측량업무의 운영체계는 크게 국가직영체계, 경쟁체계, 전담대행체계, 국가직영과 경쟁체계의 혼합형태로 나눌 수 있다. 우리나라는 대한제국의 양지아문과 토지조사사업 및 임야조사사업기간의

임시토지조사국, 미군정시기의 지정측량자제도, 조선지적협회 창설 이전까지의 기업자측량제도 및 지정측량자제도, 대한지적협회 및 대한지적공사의 전담대행, 지적측량수행자제도로 변천되었다.

1. 국가직영체제(1910~1923년)

토지조사사업(1910~1918), 임야조사사업(1916~1924) 및 토지·임야조사사업결과 1918년 지적공부(토지대장과 지적도)가 시·군에 이관된 후, 지적에 관한 이동정리는 신청제를 채택하여 법정수수료를 징수하고 시·군에 상치기수를 배치하여 관에서 직접 집행하는 관직영제도로 운영하였다.

2. 경쟁체제(1923~1938년)

(1) 기업자측량제도

① 토지조사사업과 임야조사사업을 완료한 후 철도의 시설, 공유수면의 매립, 사유토지의 이동이 급격하게 증가하자 부·군·도에 근무하는 직원만으로 소화할 수 없어 관청이 지적측량기술자를 채용하여 지적측량을 시키는 제도이다.
② 도로, 하천, 구거, 철도, 수도 등의 신설 또는 보수를 할 때 보수기업가인 관청이나 개인이 자기의 산하에 지적측량기술자를 채용하고 지적주무관청의 승인을 얻어 자기 사업에 따른 지적측량을 하는 것이다.
③ 도로소관청, 수리조합, 철도회사, 기타 토지기업가로 하여금 이동지의 측량에 종사할 직원의 선정을 부·군·도에 위탁한다.
④ 부·군·도의 직접 지도·감독하에 측량에 종사한다.

(2) 지정측량자제도

① 도에서 민간인 지적측량기술자을 지정하여 지적측량을 시키는 제도로 이동지측량도를 제출한 경우에 부·군·도에서 실지측량의 일부를 생략하도록 하는 제도이다.
② 최초 1도 1인으로 하고 이동지 증가의 추세 및 측량자의 업무상황에 따라 점차 증가할 수 있도록 하였다.
③ 자격은 본부(조선총독부)에서 기사로 2년 이상 지적측량에 종사하였거나, 기수로 10년 이상 지적측량에 종사하여 그 성적이 우수한 자이다.
④ 지정측량자로 지정한 때에는 도보에 게재하여 이를 공고하였다.

3. 재단법인 역둔토협회(1931~1938년)

(1) 국유지 역둔토에 대한 이동정리업무는 역둔토협회가 전담하였다.
(2) 농가경제의 진전, 자작농의 보호, 구제와 납세개량 및 이동지 정리·조성 등을 목적으로 설립되었다.

(3) 역둔토의 매각 완료에 의하여 더이상 존립이 필요 없게 됨에 따라 해산하였다.

4. 전담대행체계(1938~1944년) : 재단법인 조선지적협회

(1) 지적업무 대행기관으로 지정하여 기업자측량제도 및 지정측량자제도가 폐지되었다.
(2) 토지이동이 매년 증가하는 추세였으나 현재의 기구로는 도저히 지적정리를 할 수 없어 국가기구의 확충을 고려하였으나, 국가 재정상 관계기관의 신설이 어려운 실정이어서 토지이동정리를 제때에 처리하고자 설립하였다.
(3) 지적 및 지적제도의 운영을 조성함을 설립목적으로 하고 있으며, 사업으로 지적에 관한 측량, 이동지의 조사, 토지에 관한 신고·신청수속의 대행, 측량기술원의 양성 등

[표 5-16] 지적측량수행기관(1895~1945년)

기간(년)	지적측량수행기관	감독기관	비고
1895~1910	국가 직영	내무~토지조사국	양지아문, 지계아문
1910~1918		임시토지조사국	토지조사사업
1919~1924		농상공부	임야조사사업
1923~1938	기업자측량제도 지정측량자제도	재무국	경쟁체제
1931~1938	재단법인 역둔토협회	재무국	국유지 역둔토 이동정리업무
1938~1945	재단법인 조선지적협회	재무국	최초의 전국적인 지적측량 대행기관임

5. 국가직영체계(1945~1948년) : 지정측량사제도

(1) 광복과 함께 미군정이 실시됨에 따라 지적업무는 재무국에서 관장했고 무질서한 혼란기에 조선지적협회는 사실상 휴면상태 놓이게 되었다.
(2) 지적업무는 국가에서 직접업무를 취급했고 세무서 지세지적계에서 집행하였다.
(3) 군정청과 지정측량자 간에 용역계약으로 측량업무를 처리하였다.

6. 전담대행체계(1949~2003년) : 재단법인 대한지적협회

(1) 토지개혁 이후 분배농지 분할측량과 무신고 이동정리측량 등으로 업무가 폭주하였다.
(2) 방대한 지적업무를 직접 처리할 수 없게 되어 1949년 4월 29일 "지적협의 사업개시에 관한 건"이라는 재무부장관의 통첩으로 1949년 5월 1일부터 조선지적협회가 업무를 재개하였다.
(3) 업무 재개에 따라 1949년 7월 1일 기부행위를 제정하여 재단법인 조선지적협회를 대한지적협회로 명칭을 변경하고 사업내용과 자산을 모두 승계하였다.
(4) 1962년 국세이던 토지세가 지방세로 이관됨에 따라 지적업무도 재무부 소관에서 내무부 소관으로 이관되고, 지적측량대행기관에 대한 감독권도 재무부에서 내무부로 이관되었다.

7. 비영리 대행법인

(1) 1975년 지적법을 개정하여 대한지적협회만이 지적측량을 집행하는 유일한 대행기관으로 명시함으로써 비영리 대행법인의 설립과 요건에 관한 법적 근거를 마련하였다.
(2) 1977년 7월 1일 대한지적협회의 정관을 전면 개정하여 대한지적공사로 명칭을 변경하고, 동년 9월 5일 내무부장관이 대한지적공사를 지적측량업무의 대행법인으로 지정하였다.
(3) 1998년 7월 행정자치부의 구조조정에 의하여 지적측량대행기관에 대한 감독권이 내무부에서 행정자치부로 이관되었다.

[표 5-17] 지적측량수행기관(1945~1998년)

기간(년)	지적측량수행기관	감독기관	비고
1945~1949	국가 직영	재무부	조선지적협회가 휴면상태에 들어감
1949~1961	재단법인 대한지적협회	재무부	조선지적협회를 재편성
1962~1977	재단법인 대한지적협회	내무부	재무부에서 이관
1977~1998	재단법인 대한지적공사	내무부	대한지적협회에서 명칭 변경

(4) 1995년 행정쇄신위원회에서 대한지적공사가 전담하고 있는 지적측량을 개방하는 문제에 대한 논의가 있었고 계속 개선·보완하면서 장기적으로 검토한다는 입장으로 정리되었다.
(5) 1998년 기획예산위원회에서 「정부출연위탁기관에 대한 경영혁신방안」의 일환으로 지적측량 시장에 복수경쟁체제 도입을 결정하고, 2001년 1월 1일로 정하였다.
(6) 1999년 지적법이 개정되어 전담대행업체는 1개 법인으로 한다는 조항을 삭제하였다.
(7) 2003년 12월 31일 법률 제7036호로 지적법을 개정하여 지적측량수행자가 지적측량업무를 수행하였다.

[표 5-18] 지적측량수행기관(1998년~현재)

기간(년)	지적측량수행기관	감독기관	비고
1998~2003	재단법인 대한지적공사	행정자치부	내무부와 총무처 통합
2004~2008	특수법인 대한지적공사 지적측량업자	행정자치부	지적측량업무의 일부 개방
2008~2015	특수법인 대한지적공사 지적측량업자	국토해양부	행정자치부에서 국토해양부로 이관
2015~현재	한국국토정보공사 지적측량업자	국토교통부	국가공간정보기본법 명칭 변경

40 지적측량수수료

지적측량을 신청하는 자는 국토교통부령이 정하는 바에 따라 수수료를 내야 하고 지적측량수수료는 국토교통부장관이 매년 12월 말일까지 고시하여야 한다. 수수료 산정은 지적측량수수료 산정기준에 따라 표준품셈 중 지적측량품에 지적기술자의 정부노임단가를 적용하여 산정하고 지적측량 종목별 지적측량수수료의 세부 산정기준 등에 필요한 사항은 국토교통부장관이 정한다.

1. 지적측량수수료 구성

지적측량수수료는 크게 직접측량비와 간접측량비로 구성되어 있고 기본요소는 지적기술자 노임단가, 현장여비, 기계경비, 재료소모품비 및 제경비 · 기술료 등이다.

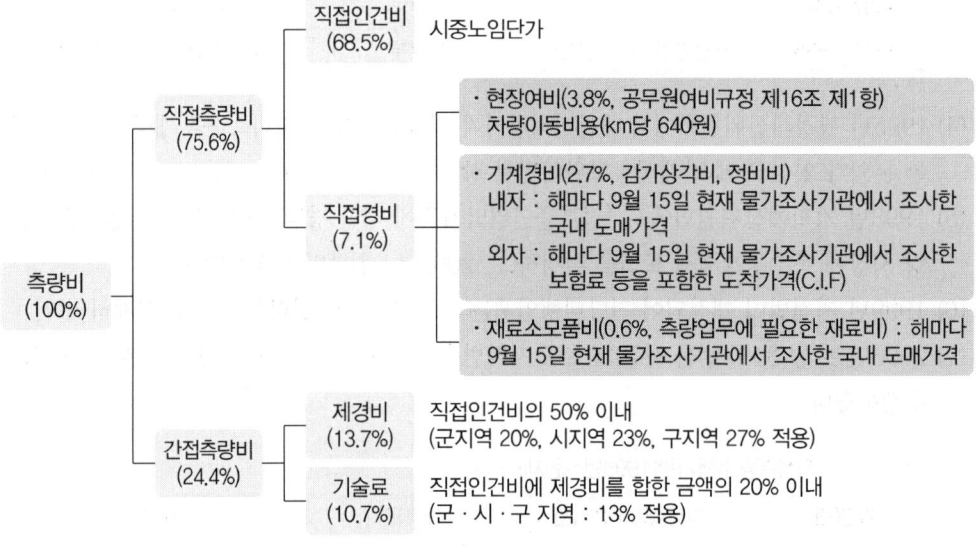

[그림 5-25] 지적측량수수료 구성

(1) 관련근거

① 「공간정보의 구축 및 관리 등에 관한 법률」 제106조 제3항
② 지적측량수수료 산정기준 등에 관한 규정(국토해양부 예규)

(2) 직접측량비

① 직접인건비

직접인건비는 당해 측량업무에 직접 종사하는 지적기술자 및 인부에게 지급되는 급료, 제수당, 상여금 및 퇴직적립금을 의미한다.

② 직접경비

직접경비는 현장여비, 기계경비, 재료소모품비로 구성되어 있다.

㉠ 현장여비는 기술자격에 구분 없이 20,000원의 일비를 적용하고 있다.
㉡ 기계경비는 수수료 단가산정 연도의 9월 15일 현재 물가 조사기관에서 조사한 국내 도매가격(수입품은 C.I.F 가격)에 내용연수 및 연간 가동일수를 감안하여 기계의 감가상각비 및 정비비를 산출한다.
㉢ 재료·소모품비는 수수료 단가산정 연도의 9월 15일 현재 물가조사기관에서 조사한 국내 도매가격에 지적측량종목별 소모량을 산정하여 계산하고 있다.

(3) 간접측량비

간접측량비 중 제경비는 지적측량업의 유지·관리를 위한 임원, 서무, 경리직원 등의 급여 사무실비, 광열수도비, 소모품비, 비품비, 통신비, 제세공과금 등을 위한 경비이며, 기술료는 측량기술 개발, 지적재조사업, 통일 시 북한지적조사사업, 지적기술자의 교육훈련 및 지적제도의 개선발전을 위한 투자비를 의미한다.

① 제경비는 직접인건비의 50% 이내로 계상
② 기술료는 직접인건비에 제경비를 합한 금액의 20% 이내로 계상

2. 지적측량수수료 적용

지적측량수수료는 지적측량 종목별, 지역별(시·군·구), 토지면적별, 대장별(토지, 수치), 지가별로 구분하여 산정하고 있으며 산정규정과 고시된 지적측량수수료는 다음해 1월 1일부터 적용하게 된다.

CHAPTER 03 주관식 논문형(논술)

01 지적측량의 분류

1. 개요

지적측량은 토지를 지적공부에 등록하거나 지적공부에 등록된 경계점을 지상에 복원할 목적으로 소관청이 직권 또는 이해관계인의 신청에 의하여 각 필지의 경계 또는 좌표와 면적을 정하는 측량으로 국토의 기본자료를 효율적으로 관리하기 위하여 토지의 물리적 현황과 소유자 등 토지에 관한 정보의 수집과 물권이 미치는 한계를 밝히는 측량이며 측량방법상 기초측량과 세부측량으로 구분된다.

2. 지적측량의 목적

지적측량의 목적은 토지를 지적공부에 등록하기 위한 지적측량과 지적공부에 등록된 경계점을 지상에 복원하는 지적측량으로 구분된다.

(1) 토지를 지적공부에 등록하기 위한 지적측량

토지의 효율적인 관리와 소유권의 보호에 기여하기 위해 일필지마다 지번, 지목, 경계 또는 좌표와 면적을 결정하여 지적공부에 등록하고 토지이동에 따라 변경된 사항도 신속하게 지적공부에 등록하여 정리 보존한다.

(2) 지적공부에 등록된 경계점을 지상에 복원하는 지적측량

일필지를 확정하여 지적공부에 등록 공시하고 공시된 토지의 경계점을 지상에 복원함으로써 토지에 대한 소유권이 미치는 범위를 확정하여 물권의 소재를 명확히 하는 측량이다.

3. 지적측량의 대상

소관청이 직권 또는 이해관계인의 신청에 의하여 각 필지의 경계 또는 좌표와 면적을 정하여 지적공부에 등록할 경계의 설정과 복원을 위한 측량 및 경계와 관련하여 관계 위치를 밝히는 측량은 모두 지적측량의 대상이 된다.

(1) 지적기준점을 정하는 경우(지적기준점측량)
(2) 지적측량성과를 검사하는 경우(검사측량)

(3) 지적공부를 복구하는 경우(복구측량)
(4) 토지를 신규등록하는 경우(신규등록)
(5) 토지를 등록전환하는 경우(등록전환)
(6) 토지를 분할하는 경우(분할)
(7) 바다가 된 토지의 등록을 말소하는 경우(해면성 말소)
(8) 축척을 변경하는 경우(축척변경)
(9) 지적공부의 등록사항을 정정하는 경우(등록사항정정)
(10) 도시개발사업 등의 시행지역에서 토지의 이동이 있는 경우
(11) 지적재조사업에 따라 토지의 이동이 있는 경우(지적재조사측량)
(12) 경계점을 지상에 복원하는 경우(경계복원측량)
(13) 지상건축물 등의 현황을 지적도 및 임야도에 등록된 경계와 대비하여 표시하는 데 필요한 경우(지적현황측량)

4. 지적측량의 성격

(1) 지적측량은 토지표시 사항 중 경계점과 면적을 수평면적으로 측정하는 측량
(2) 사익적인 성격보다는 규정 속에서 국가가 시행하는 행정행위이며 토지의 경계를 결정 공시하는 공익적 성격
(3) 측량방법은 법률로써 정하고, 법률로 정하여진 규정을 철저히 준수하여 시행하는 측면에서 기속측량
(4) 토지에 대한 물권이 미치는 범위, 위치, 수량을 결정하고 보장하는 토지의 한계를 정하는 측량으로 사법측량
(5) 토지의 경계를 결정·공시하는 공익적 성격
(6) 지방자치법에서도 전국적 기준의 통일 및 조정을 요하는 측량단위 등에 관한 사무는 국가사무로 규정
(7) 측량의 결과가 토지의 경계를 확정한다는 점에서 공법적 성격
(8) 지적측량의 성과는 지적공부에 등록공시가 되므로 영구적으로 보존
(9) 측량성과의 활용에 있어서 지적측량은 대중성

5. 지적측량의 종류

지적측량은 그 실시단계에 따라 측량의 골격을 형성하는 기초측량과 그 골격을 바탕으로 실시하는 세부측량으로 구분된다. 세부측량은 지적기준점에 기초하여 일필지마다 형상을 측량하는 것으로 일필지 경계 또는 좌표를 결정하여 지적공부를 작성한다.

(1) 기초측량

기초측량은 지적기준점을 정하기 위한 측량으로 지적삼각점·지적삼각보조점·지적도근점 측량이 해당된다.

① **지적삼각점측량** : 지적삼각점측량은 주로 지적기준점 설치에 이용되고 있으며 최근 전파·광파측거기 및 GNSS 등에 의하여 직접적으로 변장을 측정하는 이른바 삼변측량 방식으로 많이 활용되고 있다.
② **지적삼각보조점측량** : 지적삼각보조점측량은 지적삼각점의 배점밀도가 약하여 직접 도근측량을 수행하기 곤란한 경우에 지적삼각점의 밀도를 보완하고 도근측량의 정확도를 향상시키기 위해 실시하는 측량으로 지적삼각보조점 신설 또는 재설치를 필요로 할 때 시행한다.
③ **지적도근점측량** : 지적도근측량은 지적기초점을 설치하기 위하여 사용되는 편리하고 신속한 측량방법이며 도근측량은 삼각측량이나 삼변측량으로 시행하기 어려운 밀집한 시가지에서나 삼림지역에서 시준거리가 짧은 경우에 유효하다.

(2) 세부측량

세부측량은 일필지측량이라고도 말하며 지적삼각점측량과 지적도근점측량에서 얻어진 정확한 지적측량기준점을 근거로 하여 행정구역 경계와 일필지별 토지경계의 굴곡점을 결정하여 지적도와 수치지적부에 등록하고자 하는 목적을 가지고 행하는 측량이다. 측량방법은 교회법, 방사법, 도선법이 있으며 경계점좌표등록 시행지역과 지적재조사지역에서는 경위의측량방법과 항공사진 측량방법으로 실시한다.

6. 지적측량의 분류

(1) 지적측량의 절차에 의한 분류
① **기초측량** : 지적삼각점측량, 지적삼각보조점측량, 지적도근점측량, 위성측량
② **세부측량** : 경위의측량과 평판측량 및 전자평판측량

(2) 지적성과의 등록방법에 따른 분류

지적측량은 그 결과의 등록방법에 따라 도해지적측량과 수치지적측량으로 구분된다.

① **도해지적측량** : 각 필지의 경계점을 측량하여 지적도면에 일정한 축척의 그림으로 묘화하는 방식이다.
② **수치지적측량** : 토지의 경계점에 대한 평면직각좌표를 경계점좌표등록부에 등록·관리하는 것을 말한다.

[표 5-19] 도해지적측량과 수치지적측량의 비교

구분	도해지적측량	수치지적측량
장점	• 육안으로 판별하기 쉬움 • 도면 작성이 간편 • 측량기간이 짧고 장비가 저렴 • 고도의 기술을 요하지 않음	• 자동제도방식에 의한 지적도 작성 가능 • 측량 신속, 컴퓨터를 이용한 내업이 간편 • 축척제한 없이 도면 작성이 가능 • 도해지적에 비해 정밀도가 높음
단점	• 축척에 따라 허용오차가 다름 • 도면 신축방지와 보관관리 곤란 • 인위적 · 기계적 · 자연적 오차가 많음 • 수치지적에 비해 정밀도가 낮음	• 등록 당시 기준점에 따라 정확도에 영향 • 측량장비가 고가 • 측량사의 전문지식이 요구됨
도입시기	1910년	1975년
기준	지적도, 임야도 기준	경계점좌표등록부 기준
오차	3/10×M(mm), M은 축척분모수	10cm
방법	평판측량	경위의측량, 위성측량, 전자평판측량 등

(3) 측량범위에 따른 분류

지적측량을 실시하는 필지의 상하 범위에 따라 2차원 지적측량과 3차원 지적측량으로 구분된다.

① **2차원 지적측량** : 지표상의 필지를 측량하고 평면상에 도시하여 등록하는 지적측량을 말하며, 토지의 입체적 현황을 고려하지 않고 평면적 위치관계만을 고려하는 것이다.

② **3차원 지적측량** : 토지에 대한 지표 및 지표와 일정한 권리관계를 달리하는 지상과 지하 부분에 대한 물리적 현황과 소유자 및 기타 권리관계 등을 지적공부에 등록 · 관리하기 위해 실시하는 지적측량을 말한다.

(4) 사용기기에 의한 분류

어떠한 기기를 사용하는지 여부에 따라 평판측량 및 전자평판측량, 경위의측량, 전파기 또는 광파기측량, 사진측량, 위성측량 등으로 구분할 수 있다.

① **평판측량 및 전자평판측량**
  ㉠ 평판측량 : 평판에 도면용지를 붙여 조준의로 목표물의 방향과 거리를 관측하여 현장에서 지점의 도면상 위치를 직접 결정하는 측량방법이다.
  ㉡ 전자평판측량 : 노트북에 지적도 파일을 탑재하여 토털 스테이션과 연동하여 측량하는 방법을 말한다.

② **경위의측량** : 경위의는 측각용 트랜싯이나 데오돌라이트를 말하는데 주로 수평각과 연직각을 정밀하게 관측하는 데에 사용하는 장비이다. 경위의를 사용하는 측량을 경위의측량이라고 한다.

③ **전파기 또는 광파기측량** : 전파측거기 또는 광파측거기를 이용하여 주로 점 간 거리측량에 이용된다.
④ **사진측량** : 지상 또는 항공에서 사진을 촬영하여 지점의 위치를 결정하는 측량이다.
⑤ **위성측량** : 인공위성에서 송신되는 전파 신호를 지상의 수신기로 수신하여 점의 3차원 위치를 결정하는 측량방법이다.

(5) 측량목적에 따른 분류

복구측량, 신규등록측량, 등록전환, 분할, 확정측량, 축척변경, 기초측량, 등록사항정정, 수치측량, 검사측량, 경계복원측량, 현황측량 등

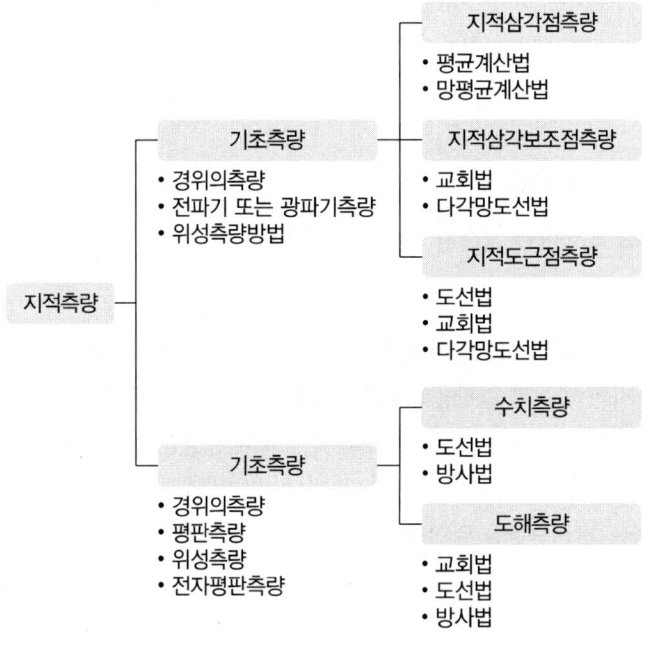

[그림 5-26] **지적측량 분류**

7. 결론

지적측량은 토지를 지적공부에 등록하거나 지적공부에 등록된 경계점을 지상에 복원할 목적으로 소관청이 직권 또는 이해관계인의 신청에 의하여 각 필지의 경계 또는 좌표와 면적을 정하는 측량이다. 토지 경계점의 위치를 정확하게 결정하여 소유권을 비롯한 모든 토지에 대한 권리가 미치는 한계를 정확히 밝히는 것이 가장 큰 목적이다.

02 근사조정법과 엄밀조정법

1. 개요

지적삼각측량은 지적삼각점의 신설 및 재설치, 도근점의 신설 및 재설치, 세부측량의 시행상 필요로 할 때 실시되는 기초측량이다. 이러한 삼각측량에 의한 삼각망 조정방법에는 근사조정법과 엄밀조정법이 있다.

2. 근사조정법, 엄밀조정법

(1) 삼각측량 조정방법의 종류
① 근사조정법 : 삼각규약, 변규약, 망규약 등을 별도로 조정계산
② 엄밀조정법 : 삼각규약, 변규약, 망규약 등을 동시에 조정계산

(2) 근사조정법
① 엄밀조정법에 비해 계산이 간단
② 도해지역에서의 지적삼각측량에 적용
③ 기지점이 소구점 반대편에 있는 망 형태로 구성
④ 기지점 자체에도 오차가 포함
⑤ 삼각망 형태는 유심다각망, 삽입망, 사각망, 삼각쇄 등이 있음

(3) 엄밀조정법
① 근사조정법에 비해 계산절차가 복잡
② 경계점좌표등록지역에서 높은 정도의 기준점 요구 시 사용
③ 망방식에 의한 삼각망 조정 계산
④ 소구점을 중앙에 두고 주변의 기지 삼각점을 포함시키는 망 형태 구성
⑤ 최소제곱법의 원리에 의해 오차 소거

[표 5-20] 근사조정법과 엄밀조정법

근사조정법	엄밀조정법
삼각규약, 망규약, 변규약 등을 별도로 조정계산	삼각규약, 망규약, 변규약 등을 동시에 조정계산
기지점과 소구점이 반대편에 있는 망 형태로 구성	소구점을 중앙에 두고 주변의 기지 삼각점을 포함시키는 망형태로 구성
삼각망 형태는 유심다각망, 삽입망, 사각망, 삼각쇄 등이 있음	최소제곱법 원리에 의한 합리적인 오차 소거
기지점 자체에도 오차가 포함	각규약, 변규약 등을 동시에 만족하도록 조정계산
계산이 간단	계산과정이 복잡
도해지역에서의 지적삼각측량에 적용이 가능	수치지역에서의 조정에 사용

3. 삼각측량의 조정 계산

(1) 삼각형 각도측정의 3가지 조건

① 하나의 측점 주위에 있는 모든 각의 합은 360°
② 삼각망에서 임의의 한 변의 길이는 계산순서에 관계없이 어느 변에서 계산하여도 동일
③ 삼각망에서 각 삼각형 내각의 합은 180°

(2) 조정에 필요한 조건

① 측점조건(측점규약)

　㉠ 각 관측을 측점을 기준으로 실시할 때 둘레각의 합은 360°
　㉡ 1측점에 있어 각들의 합은 그 전체각을 1각으로 측정한 값과 같음
　㉢ 임의의 1측점을 공통으로 하는 각각의 각 사이에 성립하는 기하학적 조건

② 도형조건(도형규약)

　㉠ 삼각망 내의 삼각형 내각의 합은 180°
　㉡ 이 조정에는 각도조정과 변조정으로 구성되며, 각도조정에는 삼각조정과 망조정으로 구성
　㉢ 삼각조정 : 각 삼각형의 내각의 합과 180°의 오차량 조정
　㉣ 망조정 : 삼각형이 2개 이상인 결합체, 즉 삼각망 구성오차 조정
　㉤ 변조정 : 기선에서 출발하여 삼각형의 순서에 따라 산출하는 임의의 변장은 그 계산 경로와 관계없이 모두 일치하여야 하며, 이 오차를 조정하여 배부하는 것

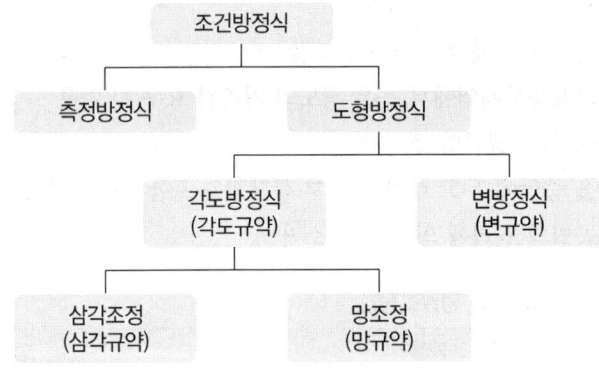

[그림 5-27] 조건방정식

4. 근사법에 의한 삼각망 조정

(1) 사각망 조정계산

① 각규약 조정 : 사각형 내각의 합이 360°가 되어야 하고 삼각형도 180°가 되어야 함

② 변규약 조정 : 기지변 AB를 이용하여 각 삼각형의 측선을 계산하면 어느 방향으로 계산해 오든지 동일한 결괏값 AB가 구해져야 한다는 원칙
③ 변장계산 : sin법칙을 이용해서 계산
④ 방위각과 좌표계산

(2) 삽입망 조정계산

기지삼각점 3개에 의하여 소구점 1개 또는 2개 이상 결정할 때에 쓰이는 삼각망의 일종

① 각규약 조정 : 삼각형의 내각의 합이 180°가 되어야 함
② 변규약 조정 : 제1기선 L1, 제2기선 L2로 함
③ 변장계산 : 각 변의 거리는 sin 법칙에 의하여 산출
④ 방위각과 좌표계산

(3) 유심다각망 조정계산

① 삽입망의 경우와 동일하나 망규약오차 e를 계산하는 것이 다름
② 변장계산, 방위각계산, 좌표계산은 삽입망과 동일

(4) 삼각쇄 조정계산

① 삼각규약 중 내각을 합한 후 그 값을 180°와의 차이를 계산하여 3으로 나눈 후 조정함
② 산출방위각과 기지방위각의 차이를 배부함

5. 엄밀조정법에 의한 삼각망 조정

(1) 최소제곱의 적용

① 잔차제곱오차가 최소가 되도록 함
② 각조건과 변조건을 조정할 수 있도록 방정식을 구성
③ 소구점은 주변 기지점의 성과와 부합되도록 해야 함
④ 때로는 두 소구점 이상을 동시에 구할 수 있어야 함

(2) 엄밀조정법에 의한 삽입망 조정

① 각조건과 변조건이 결정된 다음 각 오차의 발생할 오차를 상관방정식으로 구성
② 가우스 소거법에 의한 표준방정식 처리
③ 보정량(잔차)계산

(3) 엄밀조정법에 의한 사각망 조정

① 3개의 각조건과 1개의 변조건을 이용
② 삼각측량에 있어서 가장 정도가 높은 조정방법

6. 결론

근사조정법은 삼각규약, 망규약, 변규약 등을 만족시키는 데 있어 규약마다 따로 조정계산하는 것으로 유심다각망, 삽입망, 사각망, 삼각쇄로 구별할 수 있으며, 엄밀조정법은 망방식에 의한 삼각망 조정계산으로 삼각규약, 망규약, 변규약 등에 대한 조정계산을 동시에 실시하는 방법이다.

03 지적확정측량의 절차 및 방법

1. 개요

지적확정측량은 「도시개발법」에 따른 도시개발사업, 「농어촌정비법」에 따른 농어촌정비사업, 그 밖에 대통령령으로 정하는 토지개발사업에 따른 사업이 완료된 토지의 표시사항을 새로 정하기 위하여 실시하는 지적측량이다. 사업시행자 등이 시공한 일정한 범위의 토지를 지적측량에 의해서 경계와 면적을 결정하게 되며, 종전 지적공부를 폐쇄하고 지적확정측량을 실시하여 토지의 소재, 지번, 지목, 면적 및 좌표 등을 새로 정하여 지적공부에 등록하는 행정행위를 말한다.

2. 지적확정측량 연혁

(1) 초기에는 측판측량방법에 의하여 시행되었으나, 법 개정의 수치측량방법으로 개선되었다.
(2) 1881년 독일에서 처음 시행되었으며 우리나라에서는 1934년 6월 2일 조선시가지계획령을 공포하였다.
(3) 1934년 11월에 나진지구 331만㎡(100만 평)를 조선총독부에서 구획정리한 것이 최초이다.
(4) 남한지역에서는 1937년 10월 서울 돈암동 및 영등포지구 757만㎡(229만평) 시행하였다.
(5) 1950년 12월 1일 지적법, 1961년 12월 31일 토지개량사업법과 1962년 1월 20일 도시계획법이 제정되면서 토지구획정리사업에 대한 체계를 마련하였다.
(6) 1966년 8월 3일 도시계획법에서 토지구획정리사업법을 독립적인 법으로 분리하였다.
(7) 1970년 1월 12일 농지의 개량·개발·보전 및 농업생산력을 증가시키고자 「농촌근대화촉진법」을 제정하여 농경지에 대한 경지정리를 시행하였다.
(8) 1975년 12월 31일 「지적법」 전문개정으로 지적확정측량 성과를 수치로 등록하도록 명문화하였다.
(9) 토지구획정리사업 등의 시행지역이 환지를 수반하는 경우 토지이동정리에 관한 특례규정 도입, 현 도시개발사업의 시행방식은 수용 또는 사용방식, 환지방식, 혼용방식으로 구분하였다.

3. 지적확정측량 업무처리 절차

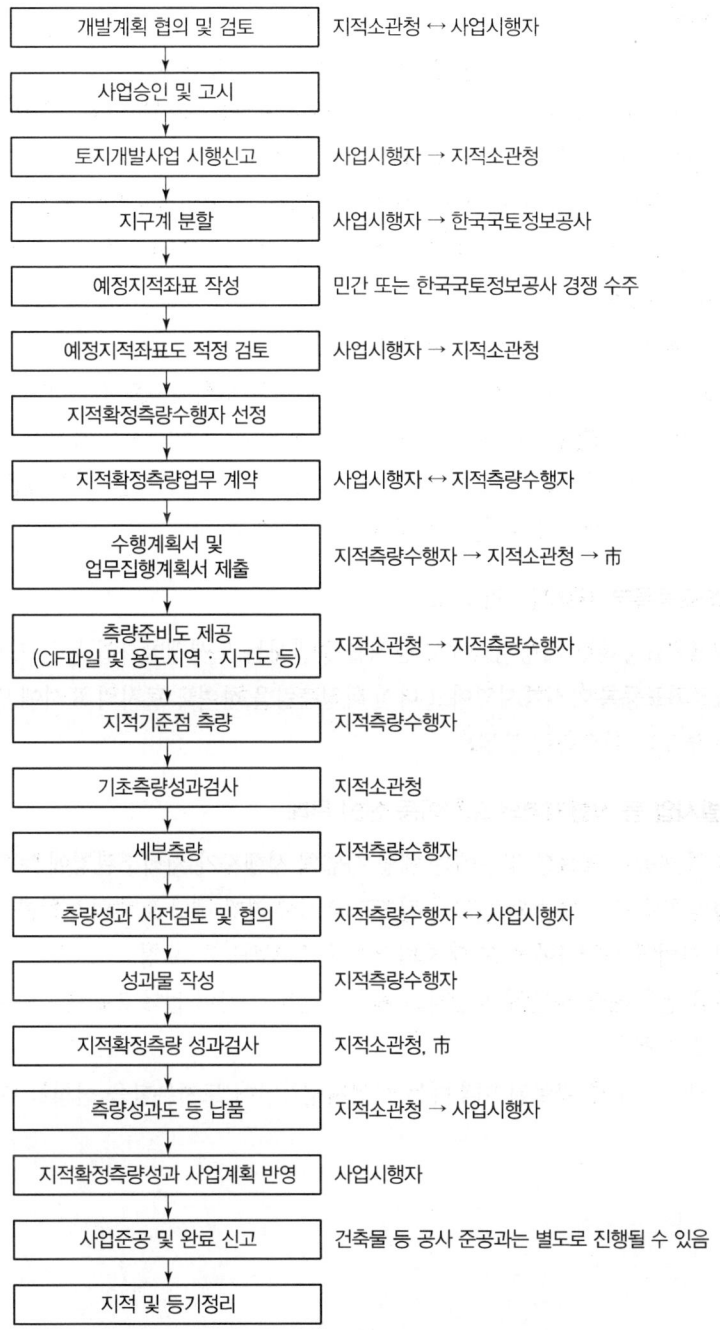

[그림 5-28] 지적확정측량 업무처리 절차

4. 도시개발사업 등의 신고

(1) 착수・변경신고
① 사업시행자는 그 사유가 발생한 날부터 15일 이내에 신고
② 사업시행자가 착수 또는 변경사실을 신고한 경우에는 사업인가서, 지번별조서, 사업계획도 첨부(변경신고의 경우에는 변경된 부분으로 한정)
③ 지적소관청은 착수 또는 변경신고가 있는 때에는 지번별조서와 지적공부등록사항과의 부합 여부, 지번별조서・지적(임야)도와 사업계획도와의 부합 여부, 착수 전 각종 집계의 정확 여부 등을 확인
④ 서류의 확인이 완료된 때에는 지체없이 지적공부에 그 사유를 정리
⑤ 토지를 수용 또는 사용하기 위하여 관보에 고시된 토지세목을 검토하여 누락된 필지가 있는지 확인하고 만일 누락된 필지가 발견될 경우, 추후 변경승인에 반영되도록 조치
⑥ 주택건설사업의 시행자가 파산 등의 이유로 토지의 이동신청을 할 수 없을 때에는 그 주택의 시공을 보증한 자 또는 입주예정자 등이 신청 가능

(2) 경계점좌표등록부 시행지역의 신고
① 경계점좌표등록부 시행지역에서 환지를 수반하는 도시개발사업 등은 지적확정측량 실시
② 경계점좌표등록부 시행지역이고 다시 확정측량을 하여도 토지의 표시에 변경이 없는 경우에는 별도의 확정측량 불필요

(3) 도시개발사업 등 시행지역의 토지이동 신청 특례
① 토지의 이동이 필요한 경우에는 해당 사업의 시행자가 지적소관청에 토지의 이동을 신청
② 사업의 착수 또는 변경의 신고가 된 토지의 소유자가 해당 토지의 이동을 원하는 경우에는 해당 사업의 시행자에게 그 토지의 이동을 신청하도록 요청
③ 요청을 받은 해당 사업의 시행자는 해당 사업에 지장이 없다고 판단되면 지적소관청에 그 이동을 신청
④ 사업착수 신고가 완료된 이후에는 사업시행자만이 토지분할을 신청할 수 있음

5. 지적확정측량 절차

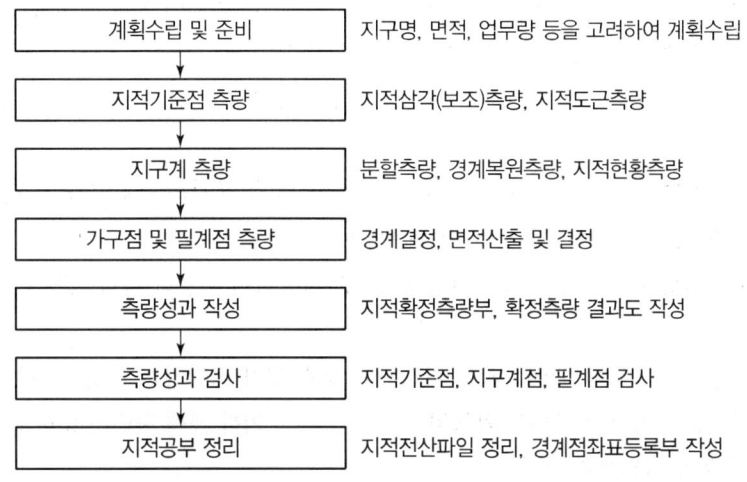

[그림 5-29] 지적확정측량 절차

6. 지적확정측량 방법

(1) 계획 및 준비

① 사업지역에 대하여 토지소재, 지구명, 면적, 업무량, 작업여건, 측량기간, 인원, 장비 등을 고려하여 계획을 수립하여야 한다.

② 현지답사를 통해 사업계획도, 지구계 현황, 가로망 상황, 기준점과의 시통 여부 등 확정측량에 필요한 사항을 조사한다.

③ 측량원점 등 기준에 관한 사항, 사용하여야 할 국가기준점 및 지적기준점에 관한 사항, 도면의 축척 결정, 국유지·공유지 관리에 따른 필지 구획에 관한 사항을 시·도지사, 대도시시장 및 지적소관청과 협의하여 계획에 반영할 수 있다.

(2) 자료조사 및 현지조사

① 지적확정측량 지구에 대한 고시된 지형도면, 설계도면, 평면 및 종단면도, 횡단면도, 구조물도 등 필요한 서류를 인수한다.

② 현지답사를 통하여 확정측량에 필요한 사항을 조사한다.

③ 토지소재, 지구명, 면적 등 사업내용을 파악하고 원점체계와 삼각점 또는 지적삼각점의 분포상태 및 좌표조사를 수행한다.

④ 지적전산파일과 지적측량성과 정사영상자료를 활용하여 도면의 축척과 행정구역 간 접합상태를 확인하고 지적측량수행자별로 지적확정측량 담당구역을 결정한다.

(3) 지적기준점 측량

① 지적기준점 측량은 지구계 결정, 가구점 및 필계점의 골격이 되는 지적삼각점 또는 지적삼각보조점과 지적기준점을 결정하기 위한 측량이다.
② 지적기준점의 좌표는 세계좌표를 산출하며, 사업지구계 결정을 위하여 필요한 경우 지역좌표 산출을 병행할 수 있다.
③ 지적삼각(보조)점은 위성측량방법으로 실시할 경우 정지측량에 의하며, 지적도근점은 정지측량 및 다중기준국 실시간 이동측량에 의한다.
④ 경위의측량방법에 의할 경우 사업계획도를 활용하여 가능한 다각망도선법으로 망구성을 한다.
⑤ 기준점성과는 담당자별로 기선 처리하여 상호 교차 점검하는 과정을 거쳐야 한다.
⑥ 지적기준점 및 지적공부상 좌표의 산출은 소수점 이하 셋째 자리까지 하고 결정은 소수점 이하 둘째 자리까지 한다.

(4) 지구계 측량

① 지구계 측량은 사업승인된 도면 또는 설계도서에 의하여 사업지구의 내·외를 구분하는 측량이다.
② 지적측량기준점을 기준으로 기지경계선과 지구계점을 측정하여 그 부합 여부를 도해측량방법으로 결정한다.
③ 지구계점 좌표는 도해적으로 설치된 경계점표지를 경위도 또는 지적위성측량방법으로 측량하여 산출한다.
④ 기존 경계점좌표등록부 지역을 재확정 측량하는 경우에는 수치측량방법으로 결정한다.
⑤ 사업지구 인가·허가선에 의한 지구계 확정을 위하여 필요시 분할측량, 경계복원측량 또는 지적현황측량을 실시하여야 한다.
⑥ 사업계획의 승인을 받아 지구계선을 분할할 경우에 사업지구 외 구조물이 침범하는 경우에도 지구계 분할은 가능하며, 건축법 규정에 의한 대지면적 미만으로도 토지분할이 가능하다.
⑦ 필요한 모든 사항은 관련 법령에 저축되지 않는 범위 내에서 담당공무원, 지적측량수행자, 사업시행자 등과 협의를 통하여 결정해야 한다.

(5) 가구점 측량

① 가구점 측량은 현장에서 시공된 현황을 측정하여 중심점 좌표를 산출한 후 가구정점과 가구계점 등을 계산하여 확정하는 측량이다.
② 도로 모퉁이의 길이 등에 관하여는 「도시·군계획시설의 결정·구조 및 설치기준에 관한 규칙」에 따르며, 지적측량수행자는 설계 및 시공의 적합 여부를 확인하여야 한다.

③ 지적기준점을 기준으로 하여 측량한 시공 현황과 사업계획에 따라 가로중심점 좌표를 산출한 후 가구정점과 가구점을 확정한다.
④ 가구의 경계가 곡선을 이루고 있을 때에는 곡선 중앙 종거의 길이는 10cm 이내로 결정할 수 있다.

(6) 필계점 측량

① 필계점 측량은 사업계획도와 도면을 대조하여 각 필지의 위치 등을 확인하여 확정된 가구별로 필지를 구획하기 위한 측량으로 지적측량기준점에 의하여 측정한다.
② 지구계선에 접한 필계점은 그 가구계선의 가구계점으로부터의 방위각과 거리에 의거 측정하거나 교차점 계산방법에 의거 실시한다.
③ 필계점에 대한 경계점 표지의 설치는 사업시행자가 사업계획에 따라 설치하여야 한다. 다만, 사업시행자가 경계점 표지를 직접 설치하기 어려울 경우에는 지적측량수행자에게 위탁할 수 있다.

(7) 지번부여 및 지목설정

① 본번으로 부여하되, 종전 지번의 수가 새로 부여할 지번의 수보다 적을 때에는 블록 단위로 하나의 본번을 부여한 후 필지별로 부번을 부여하거나, 그 지번부여지역의 최종 본번 다음 순번부터 본번으로 하여 차례로 지번을 부여할 수 있다.
② 부번은 지번의 진행방향에 따라 부여하되 도곽이 다른 경우에도 같은 본번에 부번을 차례로 부여한다.
③ 도시개발사업 등이 준공되기 전에 지번을 부여하는 경우에는 사업계획도에 따른다.
④ 지목은 필지마다 하나의 지목을 설정하며, 1필지가 둘 이상의 용도로 활용되는 경우에는 주된 용도에 따라 지목을 설정한다. 토지의 이용이 일시적인 경우 사업계획에 따라 지목을 설정할 수 있다.
⑤ 사업지역 내의 제척 토지는 축척변경을 할 수 있다.

(8) 좌표면적 계산

① 좌표면적은 확정된 지구계나 필지별로 계산되며, 필계점은 각 필지별 좌측 상단에서 시계방향으로 번호를 부여하고 결선하는 것을 원칙으로 좌표면적계산법에 의해 필지별 면적을 산출한다.
② 행정구역으로 경계가 구분되는 지역에서는 지역별로 필지를 별필로 구성하여 결선을 하여야 한다.

(9) 결과도 및 계산부 작성

① 지구계 측량결과도, 지구계점 및 필계점 관측 및 계산부, 지구계 및 필계점 좌표면적 및 점 간거리 계산부 등을 작성한다.

② 최종적으로 도서류 및 측량성과검사파일(DAT파일)을 납품하게 된다.

(10) 측량성과 검사
① 검사대상은 지적기준점, 지구계점, 필계점 등이다.
② 10,000m² 이상은 시·도지사가 검사하고 10,000m² 이내는 지적소관청이 검사한다.
③ 경계결정 기준의 부합 여부, 필계점의 각, 거리, 좌표 등 측정 적정 여부를 검사한다.
④ 건축물 등 구조물의 지구계 저촉 여부, 확정측량 결과도의 지구계선과 지상경계의 부합 여부 등을 현지 검사원칙에 따라 검사한다.
⑤ 검사성과와의 연결오차 기준은 지적삼각점 ±20cm 이내, 지적삼각보조점은 ±25cm 이내, 지적도근점은 ±15cm 이내, 경계점은 ±10cm 이내이다.

7. 결론

지적확정측량은 도시개발사업, 농지개량사업 등에 의해 토지를 구획하고 지번, 지목, 면적 및 경계 또는 좌표를 지적공부에 새로이 등록하기 위해 실시하는 측량을 말한다. 지적확정측량은 사업계획도와 도면을 대조하여 각 필지의 위치 등을 확인하여야 하며 경위의측량방법으로 필지별 경계점은 지적측량기준점에 의해 측정하여야 한다.

04 지적측량과 일반측량

1. 개요

지적측량은 토지를 지적공부에 등록하거나 지적공부에 등록된 경계점을 지표상에 복원할 목적으로 소관청이 직권 또는 이해관계인의 신청에 의해 각 필지의 경계 또는 좌표와 면적을 결정하는 측량으로 국민의 재산권 보호에 매우 중요한 역할을 하는 측량이다. 일반측량은 각종 건설공사의 시공을 위해 공작물과 구조물의 형태와 위치 및 주요 지형·지물 등을 나타내기 위해 실시하는 측량이다.

2. 측량의 성격

(1) 지적측량의 성격
① 지적측량은 토지표시 사항 중 경계점과 면적을 수평면으로 측정하는 측량
② 사익적인 성격보다는 규정 속에서 국가가 시행하는 행정행위이며 토지의 경계를 결정 공시하는 공익적 성격

③ 측량방법은 법률로써 정하고, 법률로 정하여진 규정을 철저히 준수하여 시행하는 측면에서 기속측량
④ 토지에 대한 물권이 미치는 범위·위치·수량을 결정하고 보장하는 토지의 한계를 정하는 측량으로 사법측량
⑤ 토지의 경계를 결정·공시하는 공익적 성격
⑥ 지방자치법에서도 전국적 기준의 통일 및 조정을 요하는 측량단위 등에 관한 사무는 국가사무로 규정
⑦ 측량의 결과가 토지의 경계를 확정한다는 점에서 공법적 성격
⑧ 지적측량의 성과는 지적공부에 등록공시가 되므로 영구적으로 보존
⑨ 측량성과의 활용에 있어서 지적측량은 대중성 있음

(2) 일반측량의 성격
① 일반측량(토목측량, 측지측량)은 각종 공사를 목적으로 시행
② 공사의 시공과 완성을 지원하는 위치에서 실시하는 측량
③ 공작물과 지형현황을 파악하는 역할을 하는 단위공사의 부분적인 기능
④ 공사의 목적에 따라 각종 측량방법 동원
⑤ 공사가 완료되면 측량성과는 보존의 의미가 없음
⑥ 측량성과의 활용에 있어서 대중성 없음

3. 지적측량과 일반측량의 비교

지적측량은 일필지 토지의 경계와 소유권의 범위를 지적공부에 등록하기 위하여 실시하는 측량이며 일반측량은 지표상의 형태를 존재하는 모습 그대로 측량하여 현황을 파악하는 측량이다. 지적측량과 측지측량은 측량이라는 범주 내에서 적용되는 기준에 따라 다소의 차이를 보이고 있다. 즉, 추구하는 목적, 측량방법, 측량유형, 측량기관, 성과검사 등에서 양자는 다른 양상을 보이고 있다.

[표 5-21] 지적측량과 일반측량 비교

구분	지적측량	일반측량
목적	토지에 대한 물권이 미치는 범위와 면적 등을 등록·공시하기 위한 사법적 측량	건설공사의 시공을 위하여 주요 지형·지물의 형태와 위치 등을 나타내기 위한 측량
측량 방법	• 평판측량 및 전자평판측량 • 경위의측량 • 전파기 또는 광파기측량 • 사진측량 및 위성측량	특별한 제한 없음
기술상	인위적, 1필지에 맞추는 측량	현황대로 하는 측량
성질상	토지소유권을 확보하기 위한 측량	공사를 하기 위한 측량

구분	지적측량	일반측량
이익상	토지소유자의 입장에서 토지소유자를 대신하여 시행하는 측량	기업자의 입장에서 하는 측량
신뢰상	독자적인 체계로서 오랜 역사를 가짐	측량학의 일반원칙에 의하여 행해짐
효력상	영속적인 법적 효력을 갖는 측량	기본측량을 제외하고는 공사의 완료와 동시에 측량성과 불필요
측량기관	한국국토정보공사, 지적측량업자	측량업등록자(자유업)
성과검사	국가(소관청)	• 기준점측량성과 : 공간정보산업협회 • 일반측량성과 : 미검사

(1) 측량목적

① 지적측량은 토지에 대한 물권이 미치는 범위와 면적 등을 등록·관리·공시하기 위한 법적 측량
② 측지측량은 건설공사의 시공을 위하여 주요 지형지물의 형태와 위치 등을 나타내기 위한 측량
③ 일반측량은 공간상에 존재하는 일정한 점들의 위치를 측정하고 그 특성을 조사하여 도면 및 수치로 표현하거나 도면상의 위치를 현지에 재현하는 것
④ 측량용 사진의 촬영, 지도의 제작 및 각종 건설사업에서 요구하는 도면 작성 등을 포함

(2) 측량방법 차원

① 지적측량은 평판측량, 경위의측량, 전자평판측량, 사진측량 및 위성측량 등을 적용
② 측지측량은 별도의 규정 없이 모든 측량방법의 적용이 가능
③ 측지측량은 측량방법과 절차 등이 상세히 규정되어 있지 않고 목적에 따라 측량방법과 절차 등을 당해 측량사가 여러 가지 방법 중에서 선택적이고 자의적으로 선택하여 측량을 실시

(3) 측량유형

① 지적측량은 기초측량과 세부측량으로 구분되고, 기초측량은 지적삼각점측량, 지적삼각보조점측량, 지적도근측량, 지적위성측량 등이 해당
② 세부측량은 신규등록, 분할, 경계복원, 현황측량 등이 해당
③ 측지측량은 기본측량과 공공측량으로 구분된다. 기본측량은 모든 측량의 기초가 되는 공간정보를 제공하기 위하여 국토교통부장관이 실시하는 측량
④ 공공측량은 국가, 지방자치단체, 그 밖에 대통령령으로 정하는 기관이 관계 법령에 따른 사업 등을 시행하기 위하여 기본측량을 기초로 실시하는 측량과 공공의 이해 또는 안전과 밀접한 관련이 있는 측량으로서 대통령령으로 정하는 측량

(4) 측량기관 및 검사

① 지적측량은 한국국토정보공사와 지적측량업자로 구분하여 실시하고 있을 뿐만 아니라 측량성과의 검사기관인 소관청과 지적측량수행자로 이원화하여 측량성과에 대한 정확성을 확보할 수 있도록 제도적인 장치 마련

② 지적측량에 대한 공신력을 인정하고 있어 측량착오로 인하여 민원이 야기되면 1차적인 책임은 한국국토정보공사와 지적측량업자가 지게 되나 최종 책임은 국가기관의 장이나 소관청이 지게 됨

③ 측지측량은 공간정보기술자격을 취득한 후 국토교통부 산하 국토지리정보원 또는 지방국토관리청에 측량업을 하기 위하여 등록한 기술자만이 종사할 수 있도록 규정

(5) 측량의 성격

① 지적측량은 기술상 인위적이고 1필지에 맞추는 측량, 성질상 토지소유권을 확보하기 위한 측량, 이해관계상 토지소유자의 입장에서 토지소유자를 대신하여 시행하는 측량을 의미

② 측지측량은 기술상 현황대로 하는 측량, 성질상 공사를 위한 측량, 이해관계상 기업자의 입장에서 하는 측량의 의미

4. 결론

측량은 공간상에 존재하는 일정한 점들의 위치를 측정하고 그 특성을 조사하여 도면 및 수치로 표현하거나 도면상의 위치를 현지에 재현하는 것을 말하며, 측량용 사진의 촬영, 지도의 제작 및 각종 건설사업에서 요구하는 도면 작성 등을 포함한다. 지적은 효율적인 토지관리와 소유권보호를 목적으로 지적공부에 등록·관리하는 고유업무로서 토지의 소재·지번·지목·면적·경계 및 위치와 소유자 등 토지에 관한 필요한 정보의 수집과 물권이 미치는 한계를 밝히는 지적측량은 일반측량과는 다른 성격을 가지고 있다.

05 지적측량성과 검사제도의 문제점

1. 개요

지적측량은 기술적 측면 못지않게 권리적 측면이 중시되어야 하는 특성을 가지고 있다. 따라서 소관청에서의 지적측량검사는 현지에서 측량을 시행하여 성과의 대비로써 실질적인 방법에 의하여 확인하는 것이 원칙이나 현재의 행정조직 여건상 부족한 인력구조에 따라 실지의 측량이 이루어지지 않고 제출된 측량결과도를 가지고 도상검사를 하고 있어 정확한 검사가 이루어지지 않고 있다. 지적측량 성과검사는 개인의 재산권을 다루는 업무로서 정확성과 안정성을 유지하기 위해서

는 현재의 형식적인 검사에서 실질적인 검사체계를 확립하여 국민의 재산권을 보호할 수 있는 측량성과 검사업무 개선방안이 필요하고, 안정적이고 정확한 측량성과를 제시하고 수요자 중심의 지적제도로 거듭나기 위해 측량성과 검사업무에 감리제도 도입을 적극 검토하여야 한다.

2. 지적측량성과 검사제도 목적 및 대상

(1) 지적측량성과 검사제도의 목적

① 지적측량 검사는 법적인 경계등록을 목적으로 지적측량수행자가 실시하는 지적측량 중 경계·현황측량을 제외하고 있다.
② 토지이동에 따른 측량은 측량부, 측량결과도, 면적측정부, 관련 인·허가 서류 등 측량성과에 관한 자료를 소관청에 제출하여 그 성과의 정확성에 관한 검사를 받아야 한다.
③ 지적측량은 지적측량수행자가 실시하고 지적공무원의 검사측량이 뒤따르는 이원적 체계로 운영되며, 소관청의 검사를 받지 아니한 측량성과는 신청인에게 교부할 수 없도록 되어 있다.
④ 지적측량은 소관청 또는 지적측량수행자가 각 필지의 경계 또는 좌표와 면적을 정하는 측량으로서 토지의 권리관계와 사실관계가 부합되도록 하기 위한 공신력과 안정성이 요구된다.
⑤ 통일적이고 획일적인 지적측량 및 검사를 통해 지적제도의 공공성과 법률관계의 안정성을 보장하고 국민의 재산권을 보호하는 데 검사의 목적이 있다.

(2) 지적측량성과 검사대상

① 지적공부의 전부 또는 일부가 멸실·훼손된 경우의 지적공부 복구측량
② 새로이 조성된 토지나 등록이 누락되어 있는 토지를 지적공부에 등록하는 신규등록측량
③ 임야대장 및 임야도에 등록된 토지를 토지대장 및 지적도에 옮겨 등록하는 등록전환측량
④ 1필지를 2필지 이상으로 나누는 분할측량
⑤ 지적도에 등록된 경계점의 정밀도를 높이기 위하여 작은 축척을 큰 축척으로 변경하여 등록하는 축척변경측량
⑥ 지적공부의 등록사항에 잘못이 있음을 발견한 때 하는 등록사항정정측량
⑦ 도시개발사업 및 농어촌정비사업 등에 의한 지적측량수행자가 측량한 업무 중 지적공부정리를 목적으로 하는 지적측량

3. 지적측량성과 검사제도 연혁

(1) 1914년 임시토지조사국

① 도근측량 검사는 1등 도선만 검사하고, 기타는 생략하되 계산부는 전량 검사하였다. 부·군·도 소속 공무원이 직접측량을 하였다.

② 검사내용은 행정구역 명칭, 도곽 크기와 종횡선수치 기재의 적정 여부, 삼각점 및 도근점의 전개 적정, 지번부여, 측판점 이동 및 기하적 묘화의 적정성 확인, 삼각점측량과 도근점측량 중 범위가 큰 것은 조선총독부에서 직접검사를 하였다.

(2) 토지조사사업의 완료 이전

① 1915년 5월 12일 지세령 시행규칙(조선총독부령 제51호), 지반측량의 검사에 관한 건(1923. 12. 30.), 총독부 재무국 내에 역둔토협회 설립(1931. 6. 5.)에 규정하였다.
② 지정측량자가 현지측량을 완료하면 공무원이 측량원도 및 신청서를 제출받아 사안에 따라 현지검사 실시성과가 불량할 경우에는 개측과정을 거쳐 지적공부를 정리하였다.

(3) 1938년 4월 2일 조선총독부 재무국장

① 지적협회의 이동측량에 대한 검사 및 연락에 관한 건을 발령하여 지적협회 업무가 정상 가동되고 그 소속직원의 기능이 향상될 때까지 당분간 검사를 완화토록 지시하였다.
② 평판측량검사는 시가지 측량은 가급적 검사하되 지형상 측량하기 곤란한 지역은 검사를 생략하고 1938년 5월 9일 도근측량의 검사방법을 구체적으로 지시하였다.

(4) 1950년대에 지세령 및 조선임야대장규칙을 통·폐합

1950년 12월 1일(법률 제165호) 지적법, 1951년 4월 1일 지적법 시행령, 1954년 11월 12일 지적측량규정을 제정·공포하여 지적측량이 법적으로 보장하였으며 지적협회 업무 개시에 관한 건(1949. 4. 29.)에서 세무 공무원은 토지검사, 토지측량을 한다는 규정을 두었다.

(5) 1970년대 내무부장관 지시각서 제1호, 시행지시 제5호

① 지적사무개선지침이 발령되고 지적사무처리규정을 제정하여 지적측량검사제도가 정부수립 후 처음으로 내무부 예규로 도입되었다.
② 신규 및 분할측량은 모두 검사하되 지상위치변동이 적은 농촌지역에서 기술능력, 난이도 등을 참작하여 지적업무 담당공무원이 선택적으로 검사를 생략하였다.
③ 내무부 예규에서는 일반세부측량검사는 소속기관에서 주관하고 도에서는 감독기관에서 검사·시행한 것을 발췌하여 확인토록 규정하였다.
④ 1960년 12월 31일 지적측량사 규정에 의거 자격을 취득한 경우, 수년의 실무경험이 있어야 가능하도록 하였다.

4. 검사방법

측량검사 방법으로는 실지검사와 도상검사 방법이 있다.

(1) 실지검사는 현지 출장하여 측량자가 한 측량방법과 다른 방법으로 하는 것으로 지적삼각측량 및 지적삼각보조측량은 신설된 점을, 지적도근측량은 주요 도선별로, 세부측량은 새로 결정

된 경계를 측량장비 등을 이용하여 검사한다.
(2) 도상검사는 측량결과도만으로 그 측량성과가 정확하다고 인정되는 경우 현지측량검사를 생략하고 도상검사를 할 수 있도록 지적사무처리규정 제51조에 명시되어 있다.

5. 문제점

지적측량 성과검사 업무를 하는 전담기구가 없고 인력 부족 및 업무 폭주 등으로 인하여 현지 출장에 의한 실지검사를 하지 못하고 측량결과도만을 확인하는 도상검사방법으로 실시하고 있다.

(1) 전담기구 및 인력 부족으로 측량성과검사 대부분을 도상검사방법에 의존한다.
(2) 도해지적제도의 불합리성으로 정확한 측량성과 제시에 한계가 있다.
(3) 측량 및 면적결정 오류 발생 시 검사공무원이 손해배상을 부담하여야 하므로 측량성과 검사업무를 기피한다.
(4) 검사공무원의 측량실무 경험 부족으로 실질적인 측량성과 검사의 미이행으로 인한 부실검사이다.
(5) 분배농지측량, 무신고 이동지 측량 및 농로분할에 의한 지적불부합지 누적과 측량장비 부족, 검사공무원의 책임의식 부족 등이 있다.

6. 개선방안

(1) 전담기구 신설 및 인력확충

측량검사 전담기구 신설과 대폭적인 인력확충에 의한 검사기능 강화이다. 이를 위해서는 검사공무원에 대한 전문교육을 강화하여 이론과 실무를 겸비한 능력 있는 지적기술자 양성으로 실질적인 측량성과 검사가 이루어져 지적측량의 공신력 강화와 국민 재산권 보호에 기여한다.

(2) 감리제도 도입

① 현행 소관청의 검사기능이 미흡하므로 지적제도의 공신력을 높이기 위한 감리제도의 도입이 필요하다.
② 지적측량 시장의 개방에 따른 소규모 지적측량업자 난립으로 지적측량수행자 간 성과 다툼이 발생될 우려가 크므로 지적측량에 대한 전문성과 책임성이 있는 감리기관으로 하여금 지적측량검사를 받도록 하는 것이다.
③ 측량결과에 대하여는 감리자가 전적으로 책임지도록 하며, 측량오류에 따른 보상제도를 체계화하여 측량자나 지적공무원이 측량 민원 발생에 따른 신분상 불안감을 갖지 않고 일을 할 수 있도록 하여야 한다.

④ 측량성과 검사업무의 아웃소싱으로 실질적이고 체계적인 검사업무 실시로 정확한 지적측량성과를 제시할 수 있다.

⑤ 지적측량에 대한 공신력이 강화되고, 측량성과 감리만을 전담함으로써 처리기간을 단축할 수 있다.

⑥ 지적기술자의 지적측량감리업 진출로 청년 일자리 창출의 고용효과를 얻을 수 있는 많은 장점이 있다.

⑦ 감리제도가 도입되면 별도의 감리비용 책정으로 인한 측량비용의 증가로 국민부담이 늘어나게 되는 단점이 있다.

(3) 지적측량수행자 자체검사

① 경계, 현황측량의 경우처럼 일반 이동지, 특수업무 등을 지적측량수행자 자체적으로 검사하는 것으로 법령의 규정 · 절차 · 방법 등을 개정하여 시행하는 것이다.

② 지적측량수행자 자체검사에 필요한 인력의 증원이 전제되어야 하므로 측량수수료 인상이 불가피하여 국민 부담이 가중된다.

③ 같은 기관 소속의 측량자가 작성한 성과를 검사하는 것이 형식적인 검사 관행으로 이어질 때 결국 부실한 측량성과를 양산할 수 있다.

④ 지적공무원 감원문제가 따르는 등 단점이 있고 측량결과에 대하여는 그 책임을 엄격히 적용하여야만 할 것이다.

⑤ 장점으로는 측량업무 처리기간이 단축되고 지적측량 업무를 시행함에 있어서 자율성과 독립성을 가질 수 있다.

7. 기대효과

(1) 측량성과 검사업무의 아웃소싱으로 전문성 있고 책임감 있는 측량성과 감리로 지적측량의 투명성 강화와 국민 재산권의 안정성을 유지할 수 있다.

(2) 측량기술자의 성과 제시에 따른 중압감 해소와 측량 오류에 따른 손해배상 부담 해소로 측량자 및 검사공무원의 권익이 보호된다.

(3) 전량 실지검사로 정확한 측량성과를 제시함으로써 공신력 확보와 지적불부합지 발생의 사전 방지로 국민 피해를 최소화시킨다.

(4) 지적기술자의 측량감리업 진출 확대로 청년 일자리 고용을 창출로 국가경제 활성화를 도모한다.

8. 결론

지적소관청은 측량성과를 검사하여 그 측량성과가 정확하다고 인정하는 경우에는 측량결과도 및 측량성과도 등에 측량성과검사 필인을 각각 날인하고, 측량성과가 부정확하다고 판단되는 경우에는 지적측량수행자가 제출한 측량성과를 보완하도록 조치하고 측량성과 검사정리부에 그 사유를 기재한다. 지적측량성과 검사의 정확성 여부는 토지소유자의 재산권 이익이 좌우되고 등록사항과 사실관계 부합 여부가 좌우되며 부동산물권 공시제도의 신뢰성이 결정된다고 할 수 있다.

06 모바일 지적측량시스템 기술개발과 적용방법

1. 개요

최근 네트워크 환경과 IT기술의 고도화에 따라 모바일 기기의 대중화로 유선환경에서의 정적인 서비스에서 이동성을 기반으로 하는 동적인 서비스로 요구가 높아지고 있다. 업무 형태 역시 스마트워크가 활발히 추진되면서 실시간 정보 제공 및 공유가 이루어지고 있다. 지적측량 현장에서도 아날로그식의 평판측량방법에서 지적도면 전산화 및 지적관련 응용시스템의 개발 사용으로 디지털화된 전자평판측량이 도입되어 측량방법의 혁신을 가져왔다. 그러나 보다 지적측량의 효율적 수행을 위해서는 최근 발달하고 있는 모바일 환경을 활용한 여러 기술이 연구개발되어야 하나 아직까지는 지적측량 현장 업무 적용을 위한 시스템개발 등은 아직 미비한 실정이다.

2. 모바일 GIS

(1) 개념

① 모바일 GIS는 모바일 단말기를 통해 공간정보 처리결과를 화면에 표시하고 사용자의 요청에 따라 다양한 정보를 검색·분석할 수 있는 기술이다.
② 모바일 단말기는 모바일 GIS 기능을 실현하기 위해 GIS 데이터의 탑재가 가능하거나 네트워크를 통해 전송받을 수 있어야 한다.
③ GIS 데이터와 각종 센서 데이터를 처리하기 위해 모바일용 GIS S/W 플랫폼과 사용자가 원하는 특정 업무를 수행하기 위한 커스터마이징된 애플리케이션이 존재하게 된다.

(2) 유형

모바일 GIS 기술의 유형은 데이터 처리방식에 따라 현장기반 GIS와 위치기반 GIS(LBS)로 분류할 수 있다.

① 현장기반 GIS(Field based GIS)
　㉠ 현장기반의 현장에서 직접 GIS 데이터를 수집하는 업무에 초점을 맞춘 모바일 GIS이다.
　㉡ 현장기반 GIS는 주로 해당 분야의 전문가들이 사용하며 현장에서의 GIS 데이터 조사 및 검증이나 도형정보와 속성정보를 편집하는 데 그 목적이 있다.

② 위치기반 GIS(LBS : Location Based Service)
　　㉠ 위치기반서비스는 주로 일반 사용자를 대상으로 하며 이동성을 기반으로 한 위치정보와 부가적인 공간정보를 결합하여 사용자에게 유용한 정보를 제공한다.
　　㉡ 인근 지역의 할인 중인 음식점 정보나 날씨 정보, 빠른 길찾기, 실시간 버스운행정보 등 개인화, 접근성, 이동성, 적시성을 필요로 하는 업무에 적용된다.

3. 아키텍처(Architecture)

(1) 모바일 GIS를 구성하는 아키텍처는 무선 네트워크에 연결된 OS와 디바이스로 구성되어 있다.

(2) 모바일 GIS 인프라스트럭처(Infrastructure) 영역은 모바일 GIS의 기반을 담당하며 무선 네트워크에 연결된 모바일 OS와 모바일 장비(Device)의 GIS 기능을 수행하기 위한 모바일 GIS 소프트웨어가 존재한다.

(3) 모바일 GIS 개발영역은 업무처리를 담당하며 모바일 GIS 애플리케이션은 모바일 GIS 소프트웨어를 통해 기본적인 GIS 기능을 수행한다.

(4) GNSS 신호와 같은 센서(Sensor)와 공간 데이터(Geospatial Data)를 이용하여 사용자의 요구를 처리한다.

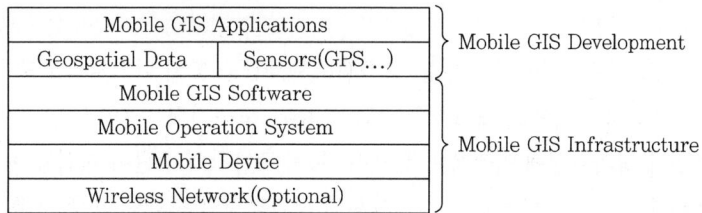

[그림 5-30] 모바일 GIS 아키텍처

4. 모바일 지적측량 체계

(1) 지적측량 현장에서 토털 스테이션으로 관측된 위치정보가 실시간 등록된 모바일기기로 전송되어 지적측량 현장에서 신속한 의사결정을 지원할 수 있도록 한다.

(2) 관측된 현장데이터는 사무실이나 다른 측량팀에게도 실시간 전송되어 네트워크에 의한 팀 간 유기적 적극적인 성과결정이 가능하도록 구성한다.

5. 모바일지적측량 현장지원시스템의 애플리케이션 구성화면

(1) 구성화면

사용자 권한을 확인하기 위한 로그인 화면이 실행되며 로그인 후 애플리케이션을 실행하면 위성사진, 지적도, 도로 등 레이어별 중첩할 수 있는 기능을 가질 수 있도록 구현한다.

(2) 시스템 세부메뉴

거리측정, 면적측정, 화면이동, 확대기능으로 구성 또한 현장에서 조사업무 등의 편의성을 돕기 위해 조사내용을 메모하고 이미지로 저장할 수 있는 사진첨부, 메모 기능을 포함한다.

6. 결론

모바일 GIS를 활용한 지적측량 현장지원 시스템은 현장에서의 지적측량 정보의 공유는 물론 성과결정에 관한 정보를 사무실과 타 팀 간 공유할 수 있어 보다 안정적이고 정확한 성과결정을 지원할 수 있을 것으로 기대된다. 또한 거리측정기능과 면적측정기능, 관측된 점 또는 현장조사업무에 필요한 현장 사진 첨부기능, 메모기능 등을 추가해 구현함으로써 각종 토지정보의 조사업무나 지적재조사 업무에 활용할 경우 효율성을 기대할 수 있을 것으로 판단된다.

07 드론 지적측량 방법

1. 개요

우리나라는 2013년부터 시행되고 있는 지적재조사사업을 통해 디지털국토를 구축하고 있으나, 아직까지는 대부분의 지역이 도해지적으로 남아 있다. 도해지적은 종이도면의 한계성, 원점의 다양성 등으로 인해 성과결정에 어려움이 있으며, 특히 측량자의 주관이 개입될 여지가 있기에 최근 활발하게 사용되고 있는 드론측량기술을 활용해 성과결정의 정확도 향상 및 통일성 확보가 필요해 보인다.

2. 세부측량 성과결정 방법

(1) 기준점 존재 지역
① 기준점 성과결정
② 기준점 가감 성과결정(현형법)

(2) 기준점 미존재 지역
① 현형법
② 도상원호교회법
③ 지상원호교회법
④ 거리비교확인법

3. 드론 지적측량 및 드론 지적재조사측량 절차

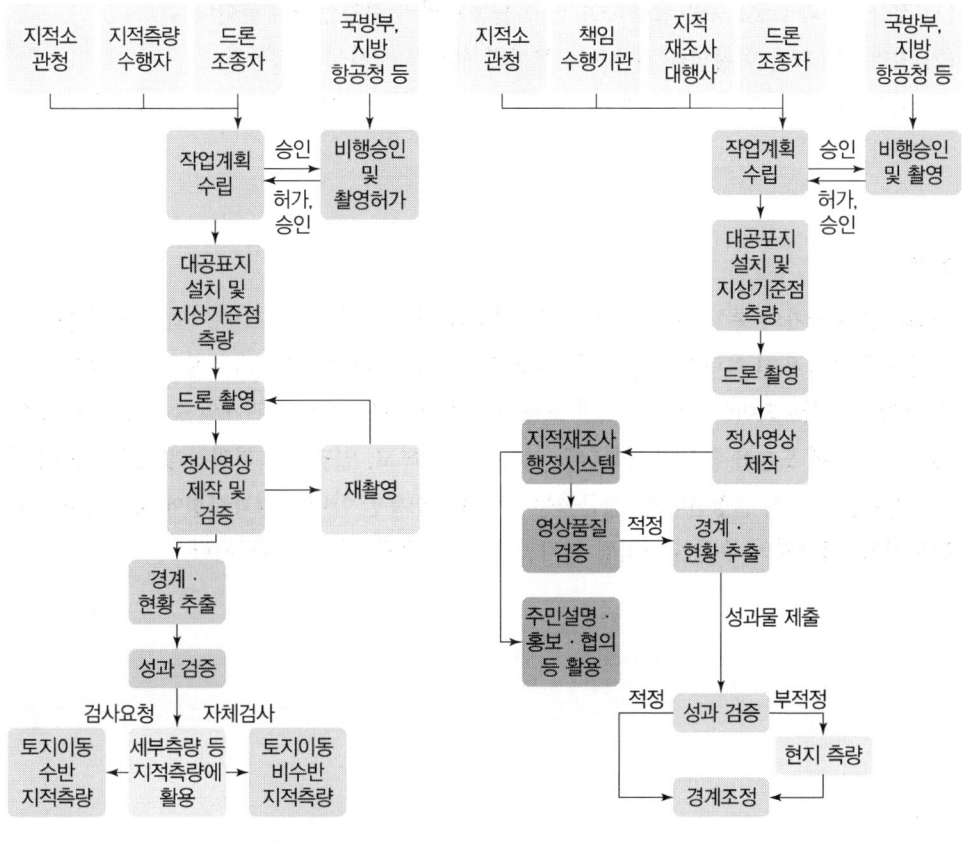

[그림 5-31] 드론 지적측량 절차도   [그림 5-32] 드론 지적재조사측량 절차도

4. 드론 측량의 특징

(1) 소규모 지역 촬영 시 유인항공기보다 경제적이다.
(2) 원하는 시간에 원하는 지역데이터를 빠르게 취득한다.
(3) 항공측량보다 높은 공간해상도를 가진다.
(4) 회전익드론의 경우 별도의 활주로는 불필요하다.

5. 현재 지적측량 성과결정의 문제점

(1) 접근 불능지역(건물밀집, 임야 등) 현황선 확인이 불가능해 성과결정이 어렵다.
(2) 도해지적의 한계로 측량자 주관개입 가능성이 있다.
(3) 다양한 측량원점에 따른 상이한 측량성과가 발생한다.

6. 드론을 활용한 성과결정 개선방안

(1) 정사영상과 DSM 등을 활용하여 접근 불능지역의 현황선을 추출한다.
(2) 지역단위 드론 현황선을 기준으로 블록별 성과를 사전에 확정한다.
(3) 이전 지적측량성과에 부합하는 기준점을 GCP와 검사점으로 설정하여 성과통일성을 확보한다.

7. 결론

지적측량은 국가의 통치권이 미치는 모든 영토를 필지별로 구획하고 토지의 표지사항을 공적장부에 등록하기 위한 측량으로서 토지소유권과 밀접한 연관이 있다. 때문에 성과결정에는 통일성과 정확성이 확보되어야 한다. 하지만 도해지적의 경우 측량자의 주관개입 등 다양한 문제점이 존재하기 때문에 드론을 활용해 블록단위 영상을 취득하고, 일필지의 현황경계선을 추출해 지역별 가감성과를 사전에 결정한다면, 접근불능지역의 해소뿐만 아니라 성과결정에 통일성과 정확성을 확보하고, 측량자의 주관이 개입될 여지를 줄일 수 있을 것으로 사료된다.

PART 06

지적학

CHAPTER 01 Summary
CHAPTER 02 단답형(용어해설)
CHAPTER 03 주관식 논문형(논술)

PART 06 CONTENTS

CHAPTER **01** _ Summary

CHAPTER **02** _ 단답형(용어해설)

    01. 지적의 어원 · 464
    02. 현대 지적의 원리 · 465
    03. 현대 지적의 성격 · 467
    04. 현대 지적의 기능 · 468
    05. 지적제도의 특징 · 470
    06. 지적의 기본이념 · 471
    07. 「공간정보구축 및 관리에 관한 법률」의 성격 · 474
    08. 「공간정보구축 및 관리에 관한 법률」의 목적 · 475
    09. 지적법의 위치 · 476
    10. 지적법의 연혁 · 476
    11. 토지이동 · 480
    12. 등기촉탁 · 482
    13. 신고와 신청 · 483
    14. 신청의 대위(대위신청) · 483
    15. 토지검사 / 지압조사 · 484
    16. 지적위원회 · 487
    17. 지적재조사위원회 및 경계결정위원회 · 489
    18. 축척변경위원회 · 491
    19. 지상경계점등록부 · 492
    20. 과세지성 / 비과세지성 · 493
    21. 토지등록의 말소 · 494
    22. 물권 · 495
    23. 공유(公有), 합유(合有), 총유(總有) · 497
    24. 지상권 · 500
    25. 구분지상권 · 502
    26. 지역권 · 503
    27. 전세권 · 504
    28. 외국의 지적제도 · 505

CHAPTER **03** _ 주관식 논문형(논술)

    01. 부동산등기제도 · 509
    02. 지적제도와 등기제도의 일원화 방안 · 512
    03. ADR을 통한 경계분쟁 해결방안 · 516

Summary

01 지적의 고전적인 정의
과세부과에 이용되는 부동산에 관련된 실제 현황 및 권리의 공적 기록을 의미하는 것으로 과세부과는 지적의 어원을 찾는 실마리를 부여하고 있다. 즉, 과세부과와 관련된 단어의 어원을 찾는 것에서 Cadastre의 유래를 찾고자 하였다.

02 지적의 어원
고전적으로 Cadastre에서 찾을 것인가 아니면 현대적으로 Land Management 또는 Land Registration에서 찾을 것인가에 귀결된다고 할 수 있다. 그러나 세계의 어원학자 또는 지적 학자들은 Cadastre에서 찾고자 하였으며, 이것이 바람직한 사실로 믿어오고 있다.

03 지적의 정의
국토 전반에 걸쳐 일정한 사항을 국가 또는 국가의 위임을 받은 기관이 등록하여 비치하는 기록 또는 자기 영토의 토지현상을 공적으로 조사하여 체계적으로 등록한 데이터로서 모든 토지활동의 계획관리에 이용되는 토지정보원을 의미한다.

04 지적의 의미
국가 또는 국가의 위임을 받는 기관이 통치권이 미치는 모든 영토를 필지 단위로 구획하여 토지에 대한 물리적 현황과 법적 권리관계 등을 공적장부에 등록·공시하고 그 변경사항을 영속적으로 등록·관리하는 국가의 사무를 말한다.

05 현대 지적의 원리
지적의 원리란 지적활동에 따른 현상을 성립시키는 기본법칙이 되는 것으로 공기능성·민주성·능률성·정확성의 원리이다.

06 현대 지적의 성격
현대 지적의 성격은 역사성과 영구성, 반복적 민원성, 전문성과 기술성, 서비스성과 윤리성, 정보원 등이 있다.

07 현대 지적의 기능
지적의 기능은 지적 관련 조직이 지적활동을 수행하는 데 요구되는 일정한 능력이나 작용으로 볼 수 있다. 지적의 기능은 크게 일반적 기능과 실제적 기능으로 구분할 수 있다.

08 지적제도의 특징

지적제도의 성공 여부를 측정하는 가장 기본적인 필수요건은 안전성, 간편성, 정확성, 신속성, 저렴성, 적합성, 완전성 등이다.

09 지적의 기본이념

지적국정주의, 지적형식(등록)주의, 지적공개주의를 3대 기본이념으로 하고 실질적 심사주의, 직권등록주의를 더해 5대 이념이라 한다.

10 「공간정보구축 및 관리에 관한 법률」의 성격

2008년 정부조직 개편에 따라 지적업무가 행정안전부에서 국토교통부로 이관되었다. 이에 따라 2009년 「지적법」, 「측량법」, 「수로조사법」이 「측량수로조사 및 지적에 관한 법률」로 통합·제정되어 현재는 「공간정보의 구축 및 관리 등에 관한 법률」로 명칭이 변경되어 시행되고 있다.

11 토지이동

토지이동은 광의로는 지적관리상의 일체의 변동을 의미하고, 법률적으로는 토지표시사항이 달라지는 것을 말한다. 토지이동은 법률적 토지이동과 토지의 특수이동으로 구분할 수 있다.

12 등기촉탁

등기는 당사자의 신청에 의하는 것이 원칙이나, 예외적으로 법률의 규정이 있는 경우 법원 및 그 밖의 관공서가 등기소에 촉탁하여 등기하는 경우가 있는데, 이를 등기촉탁 또는 촉탁등기라 한다.

13 신고와 신청

토지의 등록 및 이동에 관하여 지적공부정리할 것을 요청하는 방법에는 신고 또는 신청주의를 채택하고 있으며, 신고 또는 신청이 없거나 불필요한 때에는 소관청에서 직접 조사하는 직권주의를 적용하고 있다.

14 신청의 대위(대위신청)

토지이동신청은 토지이동에 따른 지적정리 등록을 원한다는 뜻의 소관청에 대한 당사자의 의사표시이며, 신청의 주체는 토지소유자이고 등록의 주체는 지적소관청이나 토지소유자를 대신하여 지적공부정리를 신청하는 행위를 대위신청이라 한다.

15 토지검사 / 지압조사

토지검사란 토지의 이동이 있을 경우 관계법령에 의하여 실시하는 검사로서 신고 또는 신청사항의 확인을 목적으로 하였다. 토지소유자로 하여금 그 사실을 일정한 기일 내에 소관청에 신고하게 하였으나 토지의 이동정리를 순전히 소유자의 신고에만 의존하지 않고 토지소유자의 신고가 있거나 없거나 국가가 고유의 권한으로서 이를 조사 정리할 수 있도록 하는 이른바 지적국정주의를 채택하였으며, 이의 대표적인 사례가 토지검사와 지압조사이다.

16 토지등록의 말소

토지의 멸실에 따른 등록말소는 물권의 대상인 토지가 자연적 또는 인위적 원인으로 사실상 소멸되고 또 등록요건을 갖춘 토지가 그 요건을 상실하게 되었을 때 그에 대한 법상의 등록 내용과 등록효력을 해제케 하는 행정처분을 하게 된다.

17 지상권

지상권은 타인의 토지 위에 건물, 공작물이나 수목을 소유하기 위하여 그 토지를 사용하는 용익물권을 말한다. 토지 위에 존재하는 건물, 기타 공작물이나 수목은 지상물이라 한다.

18 구분지상권

구분지상권은 지상권의 한 종류로 건물, 기타 공작물을 소유하기 위하여 타인 소유 토지의 지상 또는 지하의 공간을 일정한 범위를 정하여 사용하는 물권을 말한다.

19 지역권

지역권은 설정계약서에서 정한 일정한 목적을 위하여 타인의 토지를 자기의 토지의 편익에 이용하는 용익물권을 말한다.

20 전세권

전세권은 전세권자가 전세금을 지급하고 타인의 부동산을 점유하여 그 부동산의 용도에 따라 사용·수익하는 용익물권을 말한다.

CHAPTER 02 단답형(용어해설)

01 지적의 어원

지적의 어원은 고전적으로 Cadastre에서 찾을 것인가 아니면 현대적으로 Land Management 또는 Land Registration에서 찾을 것인가에 귀결된다고 할 수 있다. 그러나 세계의 어원학자 또는 지적학자들은 Cadastre에서 찾고자 하였으며, 이것이 바람직한 사실로 믿어오고 있다.

1. 나폴레옹 지적

근대적 세지적의 완성과 소유권제도의 확립을 위한 지적제도 성립의 전환점으로 평가되는 역사적인 사건이다.

(1) 지적이라는 용어는 나폴레옹 1세가 제정한 지적법이 그 효시를 이루고 있다.
(2) 1808년부터 1850년까지 프랑스 전 국토를 대상으로 나폴레옹 1세가 작성하였다.
(3) 조세징수를 제도화하고 공평성을 도모하기 위하여 본격적인 지적조사가 시작되었다.
(4) 높은 정도의 통일적인 지적측량이 실시되었.
(5) 나폴레옹은 측량위원회를 발족시켜 전 국토에 대한 필지별 측량을 실시하고 생산량과 소유자를 조사하여 지적도와 지적부를 작성하였다.

2. 우리나라의 지적

(1) 용어의 사용

우리나라의 근대적인 지적제도는 고종 32년(1895) 3월 26일 칙령 제53호로 내부관제를 공포하고 내부관제의 판적국에서 지적에 관한 사항을 담당하였다. 따라서 법령에 최초로 지적이라는 용어를 사용하였다.

(2) 판적국(版籍局)

1894년 6월 의정부 8아문 체제하에서 내무아문의 산하 부서로 판적국이 설치되었다. 판적국은 전국의 호수와 인구를 조사하고 출생과 사망에 관한 모든 문서와 장부를 맡아보는 부서였다. 1895년 의정부 관제가 내각 관제로 개편되면서 내무아문은 내부로 개편되었다.
① 호구 문서에 관한 사항
② 지적에 관한 사항

③ 조세가 없는 관유지 처분에 관한 사항
④ 관유지의 명복을 변경시키는 일에 관한 사항

(3) 지적사무의 의의

① 국가 또는 국가의 위임을 받은 기관이 통치권이 미치는 모든 영토를 필지단위로 구획하여 토지에 대한 물리적 현황과 법적 권리관계 등을 공적장부에 등록·공시하고 그 변경사항을 영속적으로 등록·관리하는 국가의 사무를 말한다.
② 국가공권력에 의하여 토지의 일정한 사항을 공정하게 지적공부에 등록·공시하는 업무이다.

(4) 지적사무의 특징

① **전통적이고 영속적인 사무** : 토지조사사업으로 지적제도가 창설된 후 일부 제도개선을 하면서 시행 당시 작성된 지적도면과 대장에 의해 전통성과 영속성을 유지하면서 관리·운영되고 있기 때문에 새로운 측량기술이 발달되어도 즉시 적용할 수 없고, 법률에 기속되는 보수적인 측면이 있다.
② **이면적이고 내재적인 사무** : 지적업무는 대장이나 도면에 토지에 관한 사항을 등록해야 하는 형식주의를 기본이념으로 하고 있으며, 그 사업의 성과가 표면적이나 외재적으로 나타나지 않는 내재적인 사무이다.
③ **준사법적이고 기속적인 사무** : 토지에 대한 물권이 미치는 범위와 양을 직권으로 결정하여 지적공부에 등록·공시하는 준사법적이고 기속적인 제도이다. 이에 지적에 관한 업무는 법령이 정하는 방법과 절차에 따라 실시하며, 등록사항에 대해서도 실질적 심사주의를 채택하고 있다.
④ **기술적이고 전문적인 사무** : 지적사무는 측량과 같은 기술적이고 전문성 있는 업무로서의 특성을 갖는다. 법령에서 지적측량의 기술적인 측면과 그 시행절차 등을 상세히 규정하고 있다.
⑤ **통일적이고 획일적인 국가사무** : 지적사무에 대해 관련 법률 등에 자세히 규정하여 전국적인 통일성과 획일성을 유지할 수 있도록 운영되고 있으며 지적소관청이 지적사무를 담당하는데, 이는 지방자치단체의 장으로서가 아닌 국가의 위임을 받은 국가기관의 장으로서 처리하는 것이다.

02 현대 지적의 원리

지적의 원리란 지적활동에 따른 현상을 성립시키는 기본법칙이 되는 것으로 공기능성·민주성·능률성·정확성의 원리이다.

1. 공기능성

(1) 지적은 국가가 국토에 대한 상황을 국민 다수의 이익을 추구하기 위하여 기록·공시하는 국가의 공공업무이며 고유사무이다.
(2) 지적활동에 대한 정보의 입수는 이권이나 특혜의 대상이 되기 때문에 지적사항을 필요로 하는 모든 이에게 알려야 한다.
(3) 지적은 최초부터 세금부과를 위한 공적장부로 토지의 속성이 공공성을 요구한다.
(4) 공기능성의 원리에 부합하는 것으로 지적국정주의와 지적공개주의가 대표적이다.

2. 민주성

(1) 내적으로 행정의 인간화가 이루어지고 외적으로 주민의 뜻이 반영되는 행정이다.
(2) 국가가 지적활동의 주체로서 업무를 추진하지만 최후의 목표는 국민의 욕구충족에 있다.
(3) 인격을 존중하고 국민과의 관계에서 국민 의사의 우월적인 가치가 인정된다.
(4) 정책결정에서 국민의 참여, 국민에 대한 봉사, 국민에 대한 행정책임 등의 확산을 말한다.
(5) 집행권을 중앙에 집중시키지 않고 가능한 지방자치단체에 분산시킨다.

3. 능률성

(1) 지적행정의 능률성은 실무활동과 이론개발 및 그 전달과정의 능률성으로 구분된다.
(2) 실무활동과 이론개발 측면에서 능률성은 토지현상을 조사하여 지적공부를 만드는 데 따른다.
(3) 전달과정의 능률성은 주어진 여건과 실행과정의 개선을 말한다.
(4) 지적활동을 능률화한다는 것은 지적문제의 해소, 지적활동의 과학화, 기술화 내지는 합리화, 근대화를 의미한다.

4. 정확성

(1) 세수원으로서 각종 정책의 기초자료로서 신속하고 정확한 현황유지를 생명으로 하고 있다.
(2) 지적활동의 정확도는 크게 토지현황조사, 기록과 도면, 관리와 운영의 정확한 정도이다.
(3) 토지현황조사의 정확성은 일필지조사에 관계한다.
(4) 기록과 도면의 정확성은 측량의 정확도를 말한다.
(5) 관리·운영의 정확성은 지적조직의 업무분화의 정확도를 말한다.

03 현대 지적의 성격

현대 지적의 성격은 역사성과 영구성, 반복적 민원성, 전문성과 기술성, 서비스성과 윤리성, 정보원 등이 있다.

1. 역사성과 영구성

(1) 역사성은 지적이 세지적, 법지적, 다목적지적으로 발달되고 지적사항이 인간의 뜻에 따라 가변적이다.
(2) 영구성은 일단 정해진 기록은 영구히 존속된다는 것이다.
(3) 토지가 자연물로서 영속성을 지니고 있으므로 지적 또한 영구적이다.

2. 반복적 민원성

(1) 토지등록업무는 토지등록을 하기 위한 업무와 토지등록 후의 관리업무로 구분할 수 있으나 시·군·구의 지적업무는 민원성을 띤다.
(2) 지적업무는 민원업무가 주종을 이루고 지속되는 반복성을 띤다.
(3) 지적공부의 열람과 등본, 지적공부 소유권 득실변경, 토지이용계획확인원의 발급, 토지이동의 신청접수 및 정리, 등록사항정정신청 및 정리 등에서 찾아볼 수 있다.
(4) 지적측량은 민원인과 국가의 필요에 의해 측량을 실시하는데 특히 민원인들의 신청이 주를 이룬다.
(5) 지적공부에 등록된 사항을 현장에 복원하는 경우, 필지 분할 등의 신청에 의해 측량이 실시되므로 지적측량은 민원성을 갖는다.

3. 전문성과 기술성

(1) 전문성은 토지에 관한 인간의 필요정보를 정확하게 제한된 지면에 기록하고 도화하는 과정에서 필요하다.
(2) 토지관리의 효율화와 소유권 보호를 전제로 하여 지적공부를 관장하는 데 전문성이 요구된다.
(3) 지적이 지적측량을 기초로 하므로 기술성을 요하게 된다.
(4) 지적측량은 국가기술자격법에 의한 기술계 지적측량자격자가 아니면 이를 할 수 없으므로 전문성이 요구된다.
(5) 지적측량은 측량기술 및 정확성을 뒷받침할 수 있는 장비와 기술이 있어야 하므로 기술성이 요구된다.

4. 서비스성과 윤리성

(1) 지적민원의 증가현상에 따라 양질의 서비스가 요구된다.
(2) 지적민원의 현장처리는 대민봉사 행정구현과 적극적인 민원처리로 행정서비스를 제공한다.
(3) 토지의 중요성과 함께 공공정책으로서 큰 비중을 갖는 것으로 윤리성이 요구된다.
(4) 윤리성은 지적공무원의 책임성, 민주성, 성실성, 정직성과 상호 관련된다.
(5) 복무규율에 있어 지적공무원의 청렴성, 도덕적 자질과 윤리적 행위 등이 강조된다.
(6) 토지표시사항과 권리관계에 있어 이해 당사자의 득실이 발생할 수 있으므로 공익차원에서 윤리성이 강조된다.

5. 정보원

(1) 지적행정정보의 상업적 가치이다. 지적공부의 열람 또는 등본교부의 신청과 지적전산자료를 이용 또는 활용하고자 하는 자는 수수료를 수입증지로 소관청에 납부한다.
(2) 지적정보의 사적 가치이다. 국민 개개인과 관련되어 토지소유자의 권리를 확실히 해주고 토지거래를 안전하고 신속하게 하는 지적정보의 역할을 한다.
(3) 지적정보의 공적 가치이다. 지적행정정보는 국가 편의에만 사용되는 것이 아니라 일반에게 공시하여 토지소유자는 물론 이해관계자 및 기타 누구나 이용할 수 있도록 한다.

04 현대 지적의 기능

지적의 기능은 지적 관련 조직이 지적활동을 수행하는 데 요구되는 일정한 능력이나 작용으로 볼 수 있다. 지적의 기능은 크게 일반적 기능과 실제적 기능으로 구분할 수 있다.

1. 지적의 일반적 기능

(1) 사회적 기능

① 지적의 유용성은 명확한 지적정보와 이 정보가 사회의 다른 자료들과 어떻게 화합하여 반영되느냐에 달려 있다.
② 지적은 국토의 모든 토지를 측량하여 공부에 등록하는 것으로서 공부상 필지별로 정확하게 등록되어야 한다.
③ 공정한 토지거래를 위하여 토지의 실지와 지적공부가 일치할 때 사회적 기능을 발휘할 수 있다.

④ 토지의 실지와 지적공부가 일치하지 않으면 토지소유권 행사에 지장을 초래하고 거래의 불공정이 발생하고 나아가서는 토지거래의 불안전이라는 사회적 혼란이 야기된다.
⑤ 지적은 정확하게 토지를 등록하여 완전한 공시기능을 확립함으로써 사회적으로 토지문제를 해결하는 데 중요한 기능을 한다.

(2) 법률적 기능
① 지적의 법률적 기능은 사법적 기능과 공법적 기능으로 구분할 수 있다.
② 사법적 기능은 사인 간의 토지거래에 있어서의 용이성을 갖게 하며 경비의 절감이나 거래의 안전성을 갖게 한다.
③ 공법적 기능은 「공간정보의 구축 및 관리 등에 관한 법률」을 근거로 하여 토지를 지적공부에 등록하게 되면 토지등록은 법적 효력을 갖게 되고 공적 확인의 자료가 되는 것이다.
④ 지적은 적극적 등록주의를 채택하여 모든 토지를 지적공부에 등록하도록 규정하고 있다.
⑤ 토지에 등록되는 사항은 일정 형식에 맞춰 수행되며, 국가의 적극적인 공권력에 의하여 결정되도록 함으로써 토지표시의 공신력과 국민재산권 보호 및 정확한 데이터로서의 기능을 한다.
⑥ 토지등록사항을 믿고 거래한 선의의 제3자를 보호하며 공신력이 있는 정보로서 그 기능을 높인다.

(3) 행정적 기능
① 지적의 행정적 기능은 토지거래와 토지규제, 공공계획 수행을 위한 기술적 자료, 공공행정을 위한 자료, 인구조사 등의 자료로써 이용될 때 역할을 하게 된다.
② 토지정책 자료의 공급 역할을 효율적으로 수행하기 위하여 지방자치단체별로 토지정보시스템을 구축하여 운영하고 있다.

2. 지적의 실제적 기능

(1) 토지등록의 법적 효력과 공시
지적은 지번, 지목, 면적, 경계, 좌표, 지형, 토지등급의 원천으로서 법적 효력과 공시기능을 갖게 되며, 등기는 토지의 소유권과 소유권 이외의 권리인 지상권, 지역권, 전세권, 저당권, 임차권 등 사법상 제 권리관계의 법적 효력과 공시의 기능을 갖는다.

(2) 도시 및 국토계획의 원천
토지이용계획은 지역별로 지적사항을 기초로 하며, 토지이용계획을 위한 외생변수를 고려하여 개발가능지역과 개발가능지역의 토지자원의 재평가, 도시기본구조 구상과 도시기능배분 구상, 토지이용배분 등은 현장 확인과 지적공부를 토대로 한다.

(3) 지방행정의 자료

지방행정이 일정지역, 즉 토지를 기반으로 하는 지역사회의 공공복지 목적을 실현하는 작용이라는 점과 이러한 목적달성을 위해서 다양한 행정수요에 부응하여 많은 제원이 필요하다는 점에서 지적공부는 자료로서의 역할을 한다.

(4) 토지감정평가의 기초

토지평가에서 중요한 것은 지목, 면적, 입지, 형상, 경계, 좌표 등이 공부의 표시와 동일하며 이러한 것을 토대로 평가가 이루어진다.

(5) 토지유통의 매개체

토지의 유통은 수요와 공급의 시장원리에 의하여 나타나는 현상으로 매매, 교환, 임대차가 있으며, 이러한 현상은 지적공부의 열람과 실물 확인에 의하여 이루어진다.

(6) 토지관리의 지침

다목적지적은 계획을 위한 토지이용 가능성, 가치, 점유관계, 통계 등을 제공하고 있으며, 토지관리를 위한 정보의 수집, 보관, 공급의 완벽한 토지정보시스템은 현대 지적의 추구 이상이다.

05 지적제도의 특징

지적제도의 성공 여부를 측정하는 가장 기본적인 필수요건은 안전성, 간편성, 정확성, 신속성, 저렴성, 적합성, 완전성 등이다.

1. 안정성

토지소유자와 권리에 관련된 자는 권리가 일단 등록되면 불가침의 영역이며 안정성을 확보한다.

2. 간편성

소유권 등록은 단순한 형태로 사용되어야 하며 절차는 명확하고 확실해야 한다.

3. 정확성

지적제도가 효과적으로 운영되기 위해 정확성이 요구된다.

4. 신속성

토지등록 절차가 신속하지 않을 경우 불평이 정당화되고 체계에 대한 비판을 받게 된다.

5. 저렴성

효율적인 소유권 등록에 의해 소유권 입증은 저렴성을 내포한다.

6. 적합성

현재와 미래에 발생할 상황이 적합하여야 하며 비용, 인력, 전문적 기술에 유용해야 한다.

7. 완전성

등록은 모든 토지에 대하여 완전해야 하며, 개별적인 구획토지의 등록은 실질적인 최근 상황을 반영할 수 있도록 그 자체가 완전해야 한다.

06 지적의 기본이념

지적국정주의, 지적형식(등록)주의, 지적공개주의를 3대 기본이념으로 하고 실질적 심사주의, 직권등록주의를 더해 5대 이념이라 한다.

1. 지적국정주의

(1) 지적공부의 등록사항인 토지소재, 지번, 지목, 경계 또는 좌표와 면적 등은 국가의 공권력에 의하여 국가만이 이를 결정할 수 있는 권한을 가진다는 이념이다.
(2) 토지소유자가 자연인·국가·지방자치단체·법인 또는 비법인 사단·재단 등에 관계없이 필지를 구성하고 있는 기본요소인 토지의 소재·지번·지목·경계 또는 좌표와 면적 등은 국가기관의 장인 시장·군수·구청장이 등록이란 행정처분으로 결정한다는 이념이다.
(3) 지적공부의 등록사항은 토지소유자나 지적측량사 또는 지적직공무원이 결정하는 것이 아니고 국가기관의 장인 시장·군수·구청장이 국가의 공권력에 의해 결정한다.
(4) 지적업무는 전국적으로 표준화하여 통일적이고 획일성 있게 수행되어야 하는 국가의 고유업무이기 때문에 지적제도 창설 당시부터 국정주의를 채택하여 적용하고 있다.

(5) 국토교통부장관은 모든 토지에 대하여 필지별로 소재, 지번, 지목, 경계 또는 좌표 등을 조사·측량하여 지적공부에 등록하여야 한다[「공간정보의 구축 및 관리 등에 관한 법률」 제64조(토지의 조사·등록 등)].
(6) 미국·캐나다·호주 등을 제외한 대부분의 국가에서도 국정주의 원리를 채택하고 있다.

2. 지적형식주의

(1) 모든 영토를 필지 단위로 구획하여 토지에 관한 사항을 결정하여 국가기관의 장인 시장, 군수, 구청장이 비치하고 있는 공적 장부인 지적공부에 등록·공시하는 법적인 형식을 갖추어야만 공식적인 효력이 인정된다.
(2) 토지에 대한 지번, 지목, 경계, 면적 등 물리적 현황을 외부에서 인식할 수 있도록 일정한 법정의 형식을 갖추어 지적공부에 등록·공시하여야만 제3자로부터 보호를 받게 되며 배타적인 소유권을 인정받을 수 있다.
(3) 지적공부에 등록된 토지표시사항은 토지에 대한 평가·과세·거리·토지이용 및 도시계획 등 업무에 기초자료를 활용하게 된다.
(4) 국토교통부장관은 모든 토지에 대하여 필지별로 지번, 지목, 경계 또는 좌표와 면적 등을 조사·측량하여 지적공부에 등록하여야 한다.

3. 지적공개주의

(1) 토지에 관한 사항은 국가의 편의뿐만 아니라 국민 일반인에게도 공개함으로써 토지소유자 및 기타 이해관계인으로 하여금 이용할 수 있도록 한다는 원리이다.
(2) 토지이동신고 및 신청, 경계복원측량, 지적공부등본 및 열람, 지적측량기준점등본 및 열람 등이 이에 해당된다.
(3) 지적공부에 등록된 모든 사항은 토지소유자나 이해관계인 등에게 신속 정확하게 공개하여 정당하게 이용할 수 있도록 하여야 한다.
(4) 지적공부에 등록·공시하여 국가기관의 행정목적에만 이용하는 것이 아니라 다른 국가기관이나 지방자치단체 및 공공기관 등은 물론 일반 국민에게 널리 공개하고 이를 정당하게 이용할 수 있도록 하여 각종 토지정책의 기초자료로 활용한다.
(5) **지적공개주의 예**
　① 지적공부의 열람 및 등본과 지적전산자료의 이용
　② 등록된 사항을 실지에 복원하여 등록된 결정사항을 파악
　③ 등록된 사항과 현장상황이 틀린 경우 변경등록
　④ 토지에 대한 경계분쟁이 발생할 경우 경계를 현지에 복원함으로써 토지분쟁 해결

4. 실질적 심사주의(사실심사주의)

(1) 지적공부에 새로이 등록하거나 등록된 사항의 변경 등은 국가기관의 장인 소관청이 법령이 정한 절차상의 적법성 및 실체법상의 사실관계 부합 여부를 심사하여 지적공부에 등록한다는 것을 말한다.

(2) 지적공부에 등록된 토지의 현황이 변경된 때에는 토지소유자의 신청이 없더라도 소관청이 직권으로 이를 조사·측량하여 지적공부의 등록사항을 실제 현황과 부합되도록 변경정리를 하여야 한다.

(3) 실질적 심사주의 예
   ① 구 지적법에서 신청을 허위로 하였거나 신청의무를 게을리한 자에게 벌금을 부과하거나 과태료를 부과한 사례
   ② 지적측량업자가 실시한 측량성과는 반드시 소관청이 그 정확 여부에 대한 측량검사를 받아야 함
   ③ 토지이동이 있을 때 소관청이 사실관계와 부합 여부를 확인한 후 지적공부에 정리

5. 직권등록주의(강제등록주의)

(1) 국가통치권이 미치는 모든 영토를 필지 단위로 구획하여 시장, 군수, 구청장이 강제적으로 지적공부에 등록·공시한다는 이념이다.

(2) 모든 토지를 지적공부에 등록하여야 하며, 지적공부에 등록되지 아니한 미등록 도서 또는 도로, 구거, 하천 등 미등록 공공용지 등을 발견한 때에는 이를 직권으로 조사 측량을 하여 토지의 표시사항 등을 지적공부에 새로 등록하여야 한다.

(3) 1950년에 제정된 「지적법」 제37조의 규정에 의하여 1960년대 초에 전국적으로 지적공부에 등록되어 있지 아니한 도로, 구거, 하천 등 공공용지를 일제 조사하여 등록하였다.

(4) 최근까지 실시하고 있는 미등록 도서와 지적공부에 등록된 도서 중 정위치에 등록되어 있지 아니한 도서를 조사하여 지적공부에 등록하는 등은 직권등록주의 이념을 실현하는 경우이다.

(5) 직권등록주의 예
   ① 소관청은 지적공부에 등록되지 아니한 미등록 도서 또는 도로·구거·하천 등 미등록 공공용지 등을 발견한 때에는 이를 직권으로 조사·측량을 하여 지적공부에 등록
   ② 토지의 이동이 있는 경우에는 토지소유자의 신청이 없는 때에는 직권으로 조사·측량하여 등록
   ③ 토지조사사업과 임야조사사업 당시부터 지적공부에 등록하지 아니한 도로·구거·하천 등 공공용지를 1950년대 후반에 전국적으로 일제 조사하여 지적공부에 등록하는 소위 「지적법」 제37조의 규정에 의한 미등록지 등록업무를 추진하였다.

07 「공간정보구축 및 관리에 관한 법률」의 성격

2008년 정부조직 개편에 따라 지적업무가 행정안전부에서 국토교통부로 이관되었다. 이에 따라 2009년 「지적법」, 「측량법」, 「수로조사법」이 「측량수로조사 및 지적에 관한 법률」로 통합 제정되어 현재는 「공간정보의 구축 및 관리 등에 관한 법률」로 명칭이 변경되어 시행되고 있다.

1. 토지등록 공시에 관한 기본법
(1) 국가의 통치권이 미치는 모든 영토를 필지 단위로 구획하고 토지의 소재, 지번, 지목, 면적, 경계 또는 좌표 등을 정하여 지적공부에 등록·공시하고 관리하는 절차와 방법 등을 규율하고 있다.
(2) 공부에 등록된 사항을 중심으로 토지등기부, 토지과세, 토지의 평가, 토지거래, 토지이용 등에 관한 사무 및 행정이 수행되므로 토지등록·공시에 관한 기본법이라 할 수 있다.

2. 사법적 성격을 지닌 토지공법
(1) 토지에 관련된 정보를 조사·측량하여 지적공부에 등록·관리하고 등록된 정보의 제공에 관한 사항을 규정함으로써 효율적인 토지관리와 소유권보호에 이바지함을 목적으로 한다.
(2) 소유권보호라는 사법적 성격과 토지를 효율적으로 관리하는 공법적 성격을 지니므로 사법적 성격을 가진 토지공법이라 할 수 있다.

3. 임의법적 성격을 지닌 강행법
(1) 토지등록 및 토지이동은 토지소유자 의사에 따라 신청을 우선으로 하지만 토지소유자의 의사 여하에 불구하고 강제적으로 지적공부에 등록·공시하여야 하는 강행법적 성격을 지니고 있다.
(2) 임의법적 성격을 가진 강제법이라 할 수 있다.

4. 실체법적 성격을 지닌 절차법
(1) 관리법은 지적공부에 등록하는 절차와 지적측량에 관한 방법과 절차를 규정하고 있으므로 절차법에 해당된다.
(2) 국가기관의 장인 시장, 군수, 구청장 및 토지소유자가 하여야 할 행위와 의무 등에 관한 사항도 함께 규정하고 있으므로 실체법적 성격을 가진다.
(3) 실체법적 성격을 가진 절차법이라 할 수 있다.

08 「공간정보구축 및 관리에 관한 법률」의 목적

측량의 기준 및 절차와 지적공부·부동산종합공부의 작성 및 관리 등에 관한 사항을 규정함으로써 국토의 효율적 관리 및 국민의 소유권 보호에 기여함을 목적으로 한다.

1. 등록주체

지적등록주체는 국가이어야 하므로 지적소관청은 지방자치단체의 장으로서가 아닌 국가기관으로서의 시장·군수·구청장 등이어야 한다.

2. 등록객체

지적등록객체는 토지이다. 토지란 국가의 통치권이 미치는 모든 영토를 말한다. 즉, 한반도와 그 부속도서를 의미하며 바다는 지적의 대상이 아니다.

3. 등록방법

국가기관으로서의 지적소관청은 모든 영토에 대한 지적측량과 토지이동조서를 실질적으로 실시하여 지적공부에 등록하여야 한다.

4. 등록공부

토지대장, 임야대장, 공유지연명부, 대지권등록부, 지적도, 임야도 및 경계점좌표등록부 등 지적측량 등을 통하여 조사된 토지의 표시와 해당 토지의 소유자 등을 기록한 대장 및 도면을 말한다.

5. 등록사항

(1) 토지표시에 관한 사항 : 토지소재, 지번, 지목, 면적, 경계, 좌표
(2) 소유권에 관한 사항 : 성명, 주소, 주민등록번호
(3) 그 밖에 관한 사항 : 토지등급, 용도지역, 개별공시지가

09 지적법의 위치

지적법은 토지의 행정적 관리에 목적을 두고 있으며 토지의 소유권을 형식주의에 입각하여 정리하고 있지만 소유권의 표시사항은 사법적인 위치에 놓여 있으며 부동산 공시제도의 하나로 볼 수 있다.

1. 공법적 위치

(1) 모든 토지는 지적법에 의하여 국가기관인 소관청에서 필지의 기본요소인 지번, 지목, 경계 또는 좌표와 면적 등을 행정처분으로 결정하므로 지적법은 공법이다.
(2) 지적법은 건축법, 측량법 등과 함께 건설규제 및 공시에 관한 법으로서 국가기관이 토지관리를 위하여 토지등록의 절차적 규정을 정하고 있다.
(3) 지적법에 의한 토지등록 행정은 국토 전반에 걸쳐 상세한 정보를 유지·관리하여 부동산등기 행정, 호적 및 주민등록행정에 직접적 영향을 미치고 국토계획, 건설행정, 농림행정, 조세행정, 국토이용관리 등에 필수적인 기초자료를 제공한다.
(4) 지적법의 법률관계는 공법관계인 행정법 관계이다.

2. 사법적 위치

(1) 지적법은 토지의 물권변동에 의한 소유권 보호 측면에서 사법적 위치에 있다.
(2) 지적법이 채택한 강제적 등록주의(직권등록주의)와 실질적 심사주의는 토지등록의 정확성을 도모하여 실체와 등기부 기록사항의 일치를 유도하게 되고 이에 따라 개인의 소유권보호가 달성되게 된다.

10 지적법의 연혁

지적법은 토지조사법(1910), 토지조사령(1912), 지세령(1914), 조선임야조사령(1918), 조선지세령(1943), 지적법(1950), 측량·수로조사 및 지적에 관한 법률(2009), 공간정보의 구축 및 관리에 관한 법률(2015)로 변천되었다.

1. 지적법 제정(1950. 12. 1. 법률 제165호)

(1) 토지대장·지적도·임야대장 및 임야도를 지적공부로 규정

(2) 지목을 18개 종목에서 21개 종목으로 분리 · 신설하도록 규정
(3) 洞 · 里 · 路 · 街 또는 이에 준할 만한 지역을 지번지역으로 규정

2. 제1차 지적법 개정(1961. 12. 8. 법률 제829호)

(1) 지적공부의 비치 기관을 "세무서"에서 "서울특별시 또는 시 · 군"으로 개정
(2) 토지대장의 등록사항 중 "질권자의 주소 · 성명 · 명칭" 등의 등록 규정을 삭제
(3) 토지에 대한 "지세"를 "재산세, 농지세"로 개정

3. 제2차 지적법 전문개정(1975. 12. 31. 법률 제2801호)

(1) 지적공부 · 소관청 · 필지 · 지번 · 지번지역 · 지목 등 지적에 관한 용어의 정의 규정
(2) 시 · 군 · 구에 토지대장 · 지적도 · 임야대장 · 임야도 및 수치지적부를 비치 · 관리하도록 하고 그 등록사항을 규정
(3) 지목을 21개 종목에서 24개 종목으로 통 · 폐합 · 신설하도록 규정
(4) 면적을 척관법에 의한 "坪"과 "畝"에서 미터법에 의한 "평방미터"로 개정
(5) 경계복원측량, 현황측량 등을 지적측량으로 규정
(6) 지적측량을 사진측량과 수치측량방법으로 실시할 수 있도록 제도 신설

4. 제3차 지적법 개정(1986. 5. 8. 법률 제3810호)

(1) 면적 단위를 "평방미터"에서 "제곱미터"로 개정
(2) 市의 洞에 지적공부부본 및 약도의 비치규정을 삭제
(3) 지적도와 임야도를 각각 2부씩 작성하여 1부는 재조제를 위한 경우를 제외하고는 열람 등을 하지 못하도록 제도 신설
(4) 토지대장 및 임야대장에 국가 · 지방자치단체, 법인 또는 법인 아닌 사단이나 재단 및 외국인 등의 등록번호를 등록하도록 제도 신설

5. 제4차 지적법 개정(1990. 12. 31. 법률 제4273호)

(1) 지적공부의 등록사항을 전산정보처리조직에 의하여 처리할 경우 전산등록파일을 지적공부로 보도록 개정
(2) 전산정보처리조직에 의하여 입력된 지적공부는 시 · 도의 지적전산본부에 보관 · 관리하도록 하고 복구 등을 위한 경우 이외에는 등록파일의 형태로 복제할 수 없도록 제도 신설
(3) 지적공부의 열람 및 등본의 교부를 전국 어디서나 가까운 시 · 군 · 구에 신청할 수 있도록 제도 신설

6. 제5차 지적법 개정(1991. 11. 30. 법률 제4405호)

(1) 지목 중 "운동장"을 "체육용지"로 명칭을 변경하도록 개정
(2) 지적공부의 등록사항을 전산정보처리조직에 의하여 처리하는 경우에는 카드식 대장에 등록·정리하지 아니할 수 있도록 개정
(3) 군의 읍·면에는 토지대장부본과 임야대장부본을 전산등록파일에 의하여 작성·비치할 수 있도록 개정

7. 제6차 지적법 개정(1991. 12. 14. 법률 제4422호)

(1) 합병하고자 하는 토지에 관하여 소유권·지상권·전세권·임차권 및 승역지에 관하여 하는 지역권의 등기 이외의 등기가 있는 경우에는 합병을 할 수 없도록 개정
(2) 합병하고자 하는 토지 전부에 관하여 등기원인 및 그 연월일과 접수번호가 동일한 저당권에 관한 등기가 있는 경우에는 합병이 가능하도록 개정

8. 제7차 지적법 개정(1995. 1. 5. 법률 제4869호)

(1) 지적공부에 지적파일을 추가하도록 개정
(2) 위성측량방법에 의하여 지적측량을 할 수 있도록 개정
(3) 어려운 용어를 쉬운 용어로 변경 또는 현실에 적합하도록 용어 변경
(4) 지번지역 → 지번설정지역, 재조제 → 재작성, 경정 → 변경, 조제 → 작성, 오손 또는 마멸 → 더럽혀지거나 헐어져서

9. 제8차 지적법 개정(1997. 12. 13. 법률 제5454호)

정부 부처 명칭 등의 변경에 따른 「건축법 등의 정비에 관한 법률」 제42조(다른 법률의 개정)에 의거 개정, 서울특별시·직할시 → 서울특별시·광역시

10. 제9차 지적법 개정(1999. 1. 18. 법률 제5630호)

(1) 지목변경, 지적공부 반출, 지적공부의 재작성 및 축척변경에 대한 행정자치부장관의 승인권을 시·도지사에게 이양함
(2) 토지분할·합병·지목변경 등 토지의 이동사유가 발생한 경우 토지소유자가 소관청에 토지이동을 신청하는 기간을 30일에서 60일 이내로 연장함
(3) 정부 조직개편에 따른 내무부령 → 행정자치부령, 내무부장관 → 행정자치부장관, 도지사 → 시·도지사로 용어 변경

11. 제10차 지적법 전문개정(2001. 1. 26. 법률 제6389호)

(1) GNSS 상시관측소를 지적측량기준점으로 추가
(2) 도시화 및 산업화 등으로 급속히 증가하고 있는 주차장·주유소용지·창고용지 및 양어장을 별도의 지목으로 신설
(3) 지적공부에 등록된 토지가 지형의 변화 등으로 바다로 된 경우 토지소유자가 일정 기간 내에 지적공부의 등록말소신청을 하지 아니하면 소관청이 직권으로 말소할 수 있도록 제도 개선

12. 제13차 지적법 개정(2003. 12. 31. 법률 제7036호)

(1) 지적측량업자는 경계점좌표등록부가 비치된 지역의 지적측량과 도시개발사업 등이 완료됨에 따라 실시하는 지적확정측량을 수행할 수 있도록 업무범위를 정함
(2) 지적측량업무를 대행하던 기존의 재단법인 대한지적공사를 지적법에 의한 법인으로 전환하여 제반 지적측량을 수행하도록 제도 신설
(3) 지적측량업의 등록을 하지 아니하고 지적측량업을 영위하거나 지적측량업의 등록증을 다른 사람에게 빌려준 때에는 5년 이하의 징역 또는 5천만 원 이하의 벌금에 처하도록 하는 벌칙규정 신설
(4) 그 밖에 용어의 신설 및 변경, 신설 : 지적측량수행자, 지적측량업자, 변경 : 지적측량신청 → 지적측량 의뢰

13. 측량·수로조사 및 지적에 관한 법률 제정(2009. 6. 9. 법률 제9774호)

(1) (법령 통합) 2009년 6월 9일「지적법」은「측량법」과「수로업무법」이 합쳐져「측량·수로조사 및 지적에 관한 법률」로 통합·제정
(2) (법령 개정)「측량·수로조사 및 지적에 관한 법률」은 2015년 6월 4일부터「공간정보의 구축 및 관리 등에 관한 법률」로 개정되었으나, 그 제정 목적 등 대부분의 규정은 그대로 시행

14. 공간정보의 구축 및 관리에 관한 법률(2014. 6. 3. 법률 제12738호)

(1) 제명을「공간정보의 구축 및 관리 등에 관한 법률」로 변경
(2) 국가안보와 국익을 해칠 우려가 있는 측량성과의 경우 원칙적으로 국외로 반출할 수 없으나, 국가정보원장 등 관계기관의 장과 구성한 협의체에서 반출하기로 결정한 경우는 예외적으로 반출할 수 있도록 함
(3) 공간정보산업의 건전한 발전을 도모하기 위해 "측량협회"와 "지적협회"를「공간정보산업 진흥법」에 의한 "공간정보산업협회"로 전환함과 동시에 이 법에서 협회 관련 조문을 삭제
(4) "대한지적공사"의 공적 기능 확대에 따라 그 설립근거 및 사업범위를 공간정보에 관한 기본법적 성격인「국가공간정보 기본법」으로 이관하고, 이 법에서 관련 조문을 삭제

11 토지이동

토지이동은 광의로는 지적관리상의 일체의 변동을 의미하고, 법률적으로는 토지표시사항이 달라지는 것을 말한다. 토지이동은 법률적 토지이동과 토지의 특수이동으로 구분할 수 있다.

1. 토지이동의 주체

(1) 신청의 주체

① 일반적 토지이동 신청 : 토지소유자
② 도시개발사업 등 시행지역 : 사업시행자
③ 공공사업시행 등으로 공공용지로 되는 토지 : 사업시행자
④ 국가·지자체가 취득하는 토지 : 토지를 관리하는 행정기관장 등
⑤ 주택법에 따른 공동주택부지 : 집합건물법에 따른 관리인, 사업시행자

(2) 등록의 주체

지적소관청

2. 토지이동의 분류

(1) 법률적 토지이동

① 토지이동은 토지의 표시를 새로이 정하거나 변경 또는 말소하는 것을 말한다.
② 신규등록할 토지가 생기거나 기 등록지의 지번, 지목, 경계, 좌표 또는 면적이 달라지는 것이다.
③ 일반적 토지이동은 신규등록, 등록전환, 합병, 분할, 지목변경, 토지구획정리 등이다.
④ 광의의 토지이동은 토지소유자의 주소, 성명 또는 명칭의 변경 혹은 등록을 말소할 때 또는 토지소유권의 이전까지 토지에 관한 일체의 변동이 해당된다.

(2) 토지의 특수이동

① 지적공부에 등록된 사항 중 오류가 있을 경우 이를 정정함으로써 생기는 지번, 지목, 경계, 면적의 이동을 말한다.
② 현재의 지번이 아주 혼란한 경우 이를 전면적으로 개정함으로써 일어나는 지번의 이동이다.
③ 행정구역의 통합·폐합 등 변경으로 인한 지번의 변경이다.
④ 도시개발사업이나 농지개량사업 등으로 일어나는 지번, 지목, 경계, 면적의 이동이다.
⑤ 지번의 증설, 측량규정의 변경 등 토지표시방법의 변경 등의 경우를 말한다.

3. 토지이동의 종류

(1) 지적측량을 요구하는 경우 : 신규등록, 등록전환, 분할, 해면성말소, 축척변경, 등록사항정정, 도시개발사업 등
(2) 토지이동조서를 요구하는 경우 : 합병, 지목변경
(3) 기타 : 지번변경, 행정구역변경

4. 토지이동의 절차

(1) 측량을 수반하는 경우

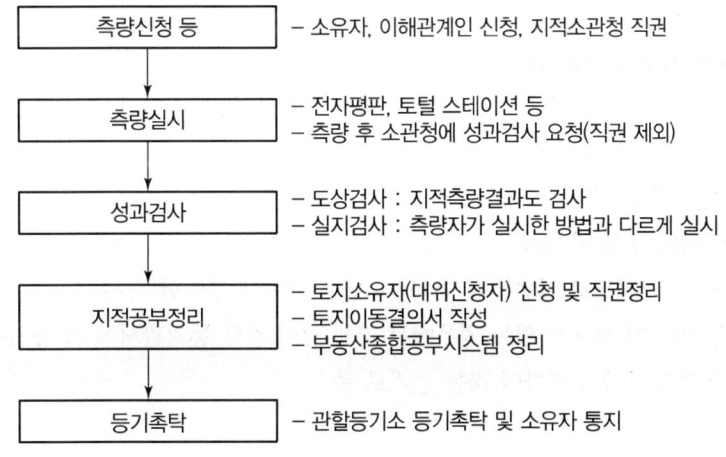

[그림 6-1] 측량을 수반하는 토지이동

(2) 측량을 수반하지 않는 경우

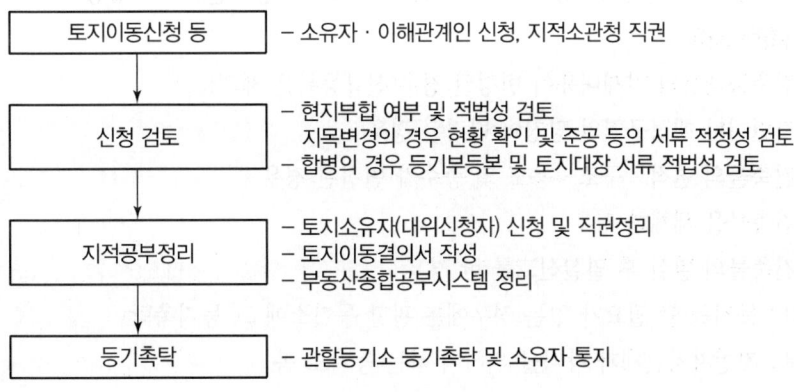

[그림 6-2] 측량을 수반하지 않는 토지이동

12 등기촉탁

등기는 당사자의 신청에 의하는 것이 원칙이나, 예외적으로 법률의 규정이 있는 경우 법원 및 그 밖의 관공서가 등기소에 촉탁하여 등기하는 경우가 있는데, 이를 등기촉탁 또는 촉탁등기라 한다.

1. 토지의 등기촉탁

(1) 관련 법률 : 「공간정보의 구축 및 관리 등에 관한 법률」
(2) 등기신청인 : 지적소관청
(3) 등기촉탁 사유
   ① 토지의 이동(신규등록은 제외) 있는 경우
   ② 지번부여지역의 전부 또는 일부에 대하여 지번을 새로 부여한 경우
   ③ 바다로 된 토지의 등록말소가 된 경우
   ④ 축척변경을 한 경우
   ⑤ 등록사항정정을 한 경우
   ⑥ 행정구역 개편으로 지번부여지역의 지번을 새롭게 부여한 경우
(4) 시기 : 등기를 할 필요가 있는 경우에는 지체 없이 관할 등기관서에 그 등기촉탁
(5) 효력 : 국가가 국가를 위하여 하는 등기로 봄

2. 건물의 등기촉탁

(1) 관련 법률 : 「건축법」
(2) 등기신청인 : 특별자치시장 · 특별자치도지사 또는 시장 · 군수 · 구청장
(3) 등기촉탁 사유
   ① 건축물대장의 기재내용이 변경된 경우(신규등록은 제외)
   ② 지번이나 행정구역의 명칭이 변경된 경우
   ③ 건축물의 면적 · 구조 · 용도 및 층수가 변경된 경우
   ④ 건축물을 해체한 경우
   ⑤ 건축물의 멸실 후 멸실신고를 한 경우
(4) 시기 : 등기를 할 필요가 있는 경우에는 관할 등기소에 그 등기촉탁
(5) 효력 : 지방자치단체가 자기를 위하여 하는 등기로 봄

13 신고와 신청

토지의 등록 및 이동에 관하여 지적공부정리할 것을 요청하는 방법에는 신고 또는 신청주의를 채택하고 있으며, 신고 또는 신청이 없거나 불필요한 때에는 소관청에서 직접 조사하는 직권주의를 적용하고 있다.

1. 신고주의

(1) 토지의 이동이 있을 경우에 소유자 본인의 의사와는 관계없이 의무적으로 정부에 그 사유와 이동현황에 대하여 소정기일 내에 소정양식에 의한 신고서를 제출하여야 함을 의미한다.
(2) 이행하지 아니할 경우 벌금과 과태료 처분의 벌칙이 적용된다.

2. 신청주의

(1) 토지이동에 대하여 법률적으로 강제되지 않고 소유자의 의사에 맡겨 정리하는 것을 말한다.
(2) 이전에는 토지의 합병을 제외한 대부분의 토지이동에 대하여 신고주의를 채택하였으나 최근에는 신고사항도 대민관계에 있어서는 신청으로 표현하는 경향이 나타나고 있다.
(3) 법률용어로서 신고와 신청은 구분할 수 없고 다만 관행상 구분해 오던 것을 모두 신청으로 용어를 통일하고 있다.

3. 직권조사주의

(1) 토지의 이동이 있어도 신청을 기피하거나 신청을 강제하지 않는 경우에는 소관청의 공무원이 토지이동의 사실을 인지한 때 또는 일정기간마다 조사를 실시하여 지적정리를 실시하는 것을 말한다.
(2) 소유자가 의무적으로 신청해야 하는 경우는 신청이 없더라도 소관청이 직권으로 처리할 수 있고 소유자의 의사에 의하여 처리되는 경우는 소관청의 직권처리를 할 수 없다.

14 신청의 대위(대위신청)

토지이동 신청은 토지이동에 따른 지적정리 등록을 원한다는 뜻의 소관청에 대한 당사자의 의사표시이다. 신청의 주체는 토지소유자이고 등록의 주체는 지적소관청이나 토지소유자를 대신하여 지적공부정리를 신청하는 행위를 대위신청이라 한다.

1. 토지이동 신청

(1) 토지이동의 신청은 당해 토지의 소유자가 하는 것이 원칙이다.
(2) 신청이 없을 때에는 소관청이 직권으로 조사·측량하여 결정할 수 있다.
(3) 도시개발사업 등 사업시행자의 신청도시개발사업 등으로 인하여 토지의 이동이 있는 때에는 그 사업시행자가 소관청에 그 이동을 신청하여야 한다.

2. 신청의 대위

(1) 도시개발사업 등 시행지역 : 사업시행자
(2) 공공사업 등에 따라 공공용지로 되는 토지 : 사업시행자
(3) 국가나 지방자치단체가 취득하는 토지 : 토지를 관리하는 행정기관의 장
(4) 「주택법」에 따른 공동주택의 부지인 경우 : 「집합건물법」에 따른 관리인 또는 사업시행자
(5) 「민법」 제404조에 따른 채권자

3. 대위신청의 장단점

(1) 장점
  ① 일괄적인 지적공부정리 신청으로 사업의 조기 수행이 가능하다.
  ② 채권자가 채무자에게 권리를 행사할 수 있도록 도움을 준다.

(2) 단점
  ① 토지소유자가 원하지 않는 토지분할 등이 이루어질 수 있다.
  ② 토지의 세분화로 지적공부 관리에 어려움이 발생할 수 있다.

15 토지검사 / 지압조사

토지검사란 토지의 이동이 있을 경우 관계법령에 의하여 실시하는 검사로서 신고 또는 신청사항의 확인을 목적으로 하였다. 토지소유자로 하여금 그 사실을 일정한 기일 내에 소관청에 신고하게 하였으나 토지의 이동정리를 순전히 소유자의 신고에만 의존하지 않고 토지소유자의 신고가 있거나 없거나 국가가 고유의 권한으로써 이를 조사·정리할 수 있도록 하는 이른바 지적국정주의를 채택하였으며, 이의 대표적인 사례가 토지검사와 지압조사이다.

1. 토지검사

토지검사란 넓은 의미에서 지압조사를 포함하며 지세관계법령에 의하여 세금관리로 하여금 매년 6월에서 9월 사이에 하는 것을 원칙으로 하나 필요시에는 임시로 할 수 있도록 하는 토지이동 사항의 조사를 말한다.

(1) 토지검사 대상
① 비과세지성(국유지성은 제외)
② 분할지의 지위품 등이 동일하지 않은 경우
③ 지목 및 임대가격의 설정 또는 수정
④ 각종면세연기, 감세연기 또는 연기연장
⑤ 재해지 면세 및 사립학교용지 면세
⑥ 지적오류정정

(2) 토지검사의 생략
① 비과세지 상호 간의 지목 변환
② 조선지적협회에 대행하여 이를 소관청이 인정한 경우
③ 도면 및 기타 자료에 의해 임대가격이 적당하다고 인정된 경우

(3) 토지검사의 시행
① 매년 6~9월 시행 원칙, 필요시 임시로 시행 가능
② 업무처리내용은 토지검사수첩에 등재
③ 무신고 이동지 발견을 위해 지압조사

2. 지압조사

토지의 이동이 있을 경우 관계법령에 따라 토지소유자가 지적소관청에 신고하도록 되어 있으나 이것이 잘 이행되지 못할 경우에는 그 신고 없는 이동지를 조사·발견할 목적으로 국가가 자진하여 현지조사를 하는 것을 지압조사라 한다. 지압조사란 무신고 이동지를 발견하기 위하여 실시하는 토지검사의 일종이다.

(1) 지압조사의 특징
① 지압조사는 일반적으로 등급도 등을 펼쳐들고 현지에서 지번 1로부터 시작하여 2, 3, 4, 5 등 순서적으로 실지와 도면을 대조하여 그 이동 유무를 검사하는 방법을 사용하였다.
② 국지적인 경우에는 반드시 지번의 순서를 따를 필요 없이 해당 지역을 중점적으로 검사하는 편이 좋다.

③ 지압조사의 성과는 일정한 서식의 야장에 기입하며, 지압조사에서 발견된 무신고 이동지는 소관청의 직권으로 지적공부정리한다.
④ 필요하다면 토지소유자 또는 이해관계인에게 통지하는 등의 조치가 있어야 한다.

(2) 지압조사의 성격
① 토지의 이동이 있는 경우에 토지소유자는 관계법령에 따라 소관청에 신고하여야 하나 이것이 잘 시행되지 못할 경우에 무신고 이동지를 조사·발견할 목적으로 현지조사를 실시한다.
② 토지등록에 대한 사실심사주의, 직권등록주의와 관련된 개념이다.

(3) 지압조사의 계획
① 지적소관청은 지압조사를 실시하기 위해 그 집행계획서를 수리조합, 지적협회 등에 통지하여 협력을 요청한다.
② 필요시 본조사 전에 모범조사를 실시한다.
③ 지압조사를 시행한다.
④ 지적약도와 실지를 대조하여 이동 유무를 조사함을 원칙으로 한다.
⑤ 조사결과 발견된 무신고 이동지는 무신고 이동정리부에 등록한다.

3. 광의의 토지검사

토지의 현황에 대한 국가 또는 그 권한이 있는 다른 기관의 점검사무 일체를 뜻한다. 토지소유자의 신고·신청사항을 현지에 가서 점검하는 것뿐만 아니라 토지소유자의 신고·신청이 없는 경우에 당국이 자진해서 이동 유무를 점검하는 일 및 토지측량의 적부를 확인하는 것까지도 광의적인 토지검사에 포함되고 있다.

4. 협의의 토지검사

(1) 의의
① 토지측량에 관한 사항을 제외하고 순수한 토지의 현황검사만을 가리킨다.
② 토지소유자 등의 신청·신고가 있는 토지의 이동사실을 확인하려고 행하는 현지검사를 토지검사라 한다.
③ 토지이동에 대한 아무 신청·신고도 없지만 국가 또는 그 권한이 있는 다른 기관이 자진하여 무신고 이동지를 발견하기 위하여 행하는 현지검사를 특히 지압조사라고 한다.

(2) 토지검사 시기
① 새로이 토지대장이나 임야대장에 토지를 등록할 때(지목 설정을 포함)

② 지목을 변경할 때
③ 토지의 분할·합병을 하거나 지위등급을 알 필요가 있을 때
④ 지적공부의 오기를 정정할 때(필요한 것에 한함)
⑤ 지적공부에서 토지를 말소할 때
⑥ 기타 특히 실지의 검사를 필요로 할 때 등

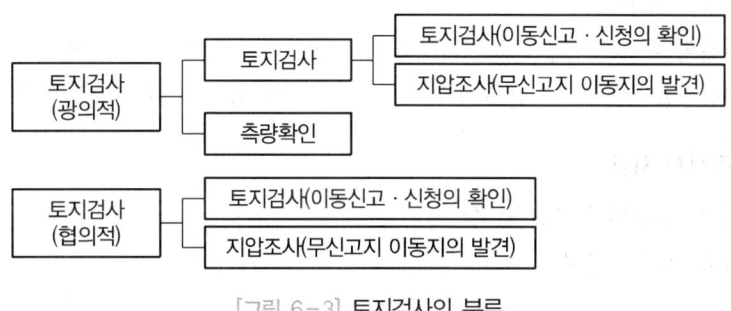

[그림 6-3] 토지검사의 분류

16 지적위원회

토지소유자, 이해관계인 또는 지적측량수행자는 지적측량성과에 대해 다툼이 있는 경우 지적측량적부심사를 청구할 수 있으며 적부심사청구사항을 심의·의결하기 위해 시·도지사 소속하에 지방지적위원회를 두고 이에 대한 재심사를 위하여 국토교통부장관 소관하에 중앙지적위원회를 두고 있다.

1. 중앙지적위원회

(1) 구성

① 위원장 1명과 부위원장 1명을 포함하여 5명 이상 10명 이하의 위원
② 위원장 : 국토교통부 지적업무 담당 국장
③ 부위원장 : 국토교통부 지적업무 담당 과장
④ 위원 : 지적에 관한 학식과 경험이 풍부한 사람 중 국토부장관이 임명·위촉
⑤ 간사 : 국토교통부 지적업무 담당 공무원 중 장관이 임명, 회의준비·회의록 작성 및 회의 결과에 따른 업무 등 서무 담당
⑥ 위원장 및 부위원장을 제외한 위원의 임기는 2년

(2) 운영

① 중앙지적위원회 위원장은 회의를 소집하고 의장이 됨

② 위원장이 부득이한 사유로 직무를 수행할 수 없을 때 부위원장이 직무대행
③ 위원장 및 부위원장이 직무를 수행할 수 없을 때 위원장이 미리 지명한 위원이 직무 수행
④ 재적위원 과반수 출석으로 개의하고 출석위원 과반수 찬성으로 의결
⑤ 위원장이 회의 일시, 장소 및 심의안건을 회의 5일 전까지 서면으로 통지
⑥ 위원이 적부심사의 재심사 시 그 측량사안에 관하여 관련이 있는 경우 그 안건의 심의 또는 의결 참석 불가
⑦ 위원회 회의는 비공개를 원칙으로 하나 필요하다고 인정 시 공개
⑧ 의견수용 : 인용 / 의견 불수용 : 기각 / 청구에 중대한 하자 등 : 각하

(3) 현지조사자 지정
① 지적측량업의 등록을 한 자
② 한국국토정보공사

(4) 심의 의결사항
① 지적 관련 정책개발 및 업무개선에 관한 사항
② 지적측량기술의 연구·개발 및 보급에 관한 사항
③ 지적측량적부심사에 대한 재심사
④ 측량기술자 중 지적분야 지적기술자 양성에 관한 사항

(5) 지적기술자의 업무정지 처분 및 징계요구에 관한 사항

2. 지방지적위원회

(1) 구성
① 위원장 1명과 부위원장 1명을 포함하여 5명 이상 10명 이하의 위원
② 위원장 : 시·도 담당업무 국장
③ 부위원장 : 시·도 지적업무 과장
④ 위원 : 지적에 관한 학식과 경험이 풍부한 사람 중 시·도지사가 임명·위촉
⑤ 간사 : 시·도 지적업무 담당 공무원 중 장관이 임명, 회의준비, 회의록 작성 및 회의결과에 따른 업무 등 서무 담당

(2) 운영
① 위원장은 위원회 회의를 소집하고 의장이 됨
② 회의는 재적위원 과반수 출석으로 개의하고 출석위원 과반수 찬성으로 의결
③ 위원회는 관계인을 출석시켜 의견을 들을 수 있으며, 필요한 경우 현지조사 가능
④ 위원장이 회의 일시, 장소 및 심의안건을 회의 5일 전까지 서면으로 통지

17 지적재조사위원회 및 경계결정위원회

지적재조사사업의 필요사항을 심의 · 의결하기 위해 중앙지적재조사위원회, 시 · 도 지적재조사위원회 및 시 · 군 · 구 지적재조사위원회를 두고 있으며 경계설정에 관한 결정 및 경계설정에 따른 이의신청에 관한 결정을 심의 · 의결하기 위해 경계결정위원회를 두고 있다.

1. 지적재조사위원회

(1) 중앙지적재조사위원회

① 구성
  ㉠ 위원장 및 부위원장 각 1명을 포함한 15명 이상 20명 이하의 위원으로 구성
  ㉡ 위원장은 국토교통부장관이 되며, 부위원장은 위원 중에서 위원장이 지명

② 역할
  ㉠ 기본계획의 수립 및 변경의 심의 의결
  ㉡ 관계 법령의 제정 · 개정 및 제도의 개선에 관한 사항의 심의 의결
  ㉢ 그 밖에 지적재조사사업에 필요하여 중앙위원회의 위원장이 회의에 부치는 사항의 심의 · 의결

(2) 시 · 도 지적재조사위원회

① 구성
  ㉠ 위원장 및 부위원장 각 1명을 포함한 10명 이내의 위원으로 구성함
  ㉡ 위원장은 시 · 도지사가 되며, 부위원장은 위원 중에서 위원장이 지명함

② 역할
  ㉠ 지적소관청이 수립한 실시계획의 심의 · 의결
  ㉡ 시 · 도종합계획의 수립 및 변경의 심의 · 의결
  ㉢ 지적재조사지구의 지정 및 변경의 심의 · 의결
  ㉣ 시 · 군 · 구별로 사업 우선순위의 조정에 관한 심의 · 의결
  ㉤ 그 밖에 지적재조사사업에 필요하여 시 · 도 위원회의 위원장이 회의에 부치는 사항의 심의 · 의결

(3) 시 · 군 · 구 지적재조사위원회

① 구성
  ㉠ 위원장 및 부위원장 각 1명을 포함한 10명 이내의 위원으로 구성
  ㉡ 위원장은 시장 · 군수 또는 구청장이 되며, 부위원장은 위원 중에서 위원장이 지명

② 역할
　　㉠ 경계복원측량 또는 지적공부정리의 허용 여부의 심의·의결
　　㉡ 조정금 산정의 심의·의결
　　㉢ 조정금 이의신청에 관한 결정의 심의·의결
　　㉣ 그 밖에 지적재조사사업에 필요하여 시·군·구 위원회의 위원장이 회의에 부치는 사항의 심의·의결

2. 경계결정위원회

(1) 구성
① 위원장 및 부위원장 각 1명을 포함한 11명 이내의 위원으로 구성
② 위원장은 위원인 판사가 되며 부위원장은 위원 중에서 소관청이 지정함
③ 위원 중에는 각 재조사지구의 토지소유자를 반드시 포함시켜야 함

(2) 역할
① 경계설정에 관한 결정
② 경계설정에 따른 이의신청에 관한 결정을 심의·의결

3. 위원회의 문제점

(1) 위원회의 위원장
① 지적재조사위원회 : 시·군·구청장, 경계결정위원회 : 판사
② 경계의 결정 및 확정과 관련하여 준사법적 성격 확보 의도
③ 위원장을 판사로 지정한다는 것 자체만으로 그 위원회가 재결권을 가지는 위원회가 될 수 없음

(2) 경계결정위원회 위원 중 지구 내 토지소유자 포함 조항
① 경계결정과정에서 토지소유자 이의신청 최소화를 통한 신속한 사업 추진
② 위원으로 참여하는 토지소유자의 역할과 경계결정 의결 사이에 직접적인 상관관계가 크지 않음

(3) 각각의 위원회를 설치 및 운영하는 과정에서 위원 확보가 곤란
동일인이 각 위원회의 위원을 맡고 있어 인적·물적 구성에 큰 제약

(4) 당위성 부족
경계결정위원회와 시·군·구 지적재조사위원회를 개별적으로 설치·운영해야만 하는 당위성이 부족

4. 개선방안

(1) 경계결정위원회의 기능과 그에 따른 권한을 시·군·구 지적재조사위원회로 통합

① 시·군·구 지적재조사위원회에 경계결정위원회의 기능을 포함시킨다면, 단일위원회의 운영에 따라 심의·의결 과정이 단순화될 수 있다.

② 경계결정에 따른 심의·의결권에 더하여 경계분쟁의 조정권한까지 부여한다면, 그 기능은 배가될 수 있다.

(2) 위원장 변경사항

① 현행 경계결정위원회의 위원장을 판사에서 시·군·구청장으로 변경한다.

② 실무적으로 볼 때 위원장이 판사일 경우라도 경계결정위원회의 결정에 불복하고 행정쟁송으로 이어지는 사례가 적지 않다.

18 축척변경위원회

축척변경위원회는 축척변경 시행계획에 관한 사항, 지번별 m^2당 금액 결정과 청산금 산정에 관한 사항, 청산금의 이의신청에 관한 사항, 그 밖에 축척변경과 관련하여 지적소관청이 회의에 부치는 사항을 심의·의결한다.

1. 구성

(1) 5명 이상 10명 이하의 위원으로 구성된다.
(2) 위원의 1/2 이상을 시행지역 토지소유자로 한다.
(3) 시행지역 토지소유자가 5명 이하일 때 전원 위촉한다.
(4) 위원장은 위원 중 소관청이 지명한다.

2. 위원의 위촉

(1) 지역 사정에 정통한 해당 축척변경 시행지역 토지소유자
(2) 지적에 관하여 전문지식을 가진 사람

3. 심의·의결사항

(1) 축척변경 시행계획에 관한 사항

(2) 지번별 m²당 금액 결정과 청산금 산정에 관한 사항
(3) 청산금의 이의신청에 관한 사항
(4) 그 밖에 축척변경과 관련하여 지적소관청이 회의에 부치는 사항

4. 위원회의 운영

(1) 지적소관청이 축척변경위원회에 회부하거나, 위원장이 필요하다고 인정할 때 위원장이 소집한다.
(2) 위원장 포함 재적위원 과반수의 출석으로 개의, 출석위원 과반수의 찬성으로 의결한다.
(3) 위원장은 회의소집시 회의일 시·장소·심의안건을 회의 개최 5일 전까지 각 위원에게 서면 통지한다.

19 지상경계점등록부

지상경계점등록부는 지상경계점의 위치 등을 작성·관리하는 대장으로 경계점관리를 강화할 목적으로 경계점의 위치를 상세하게 기록·관리하는 장부이다.

1. 법적 근거

(1) 지상경계점등록부가 지적 관련 법령에 처음 명시된 것은 2009년에 제정된 「측량 수로조사 및 지적에 관한 법률 시행령」 제54조에서 지적소관청의 지상경계점등록부 작성 관리의무이다.
(2) 2013년 7월 17일에 개정되어 2014년 1월 18일부터 시행된 「측량 수로조사 및 지적에 관한 법률」 제65조에서 지적소관청은 토지의 이동에 따라 지상경계를 새로 정한 경우에 지상경계점등록부를 작성·관리하도록 규정하고 있다.

2. 등록사항

토지의 소재, 지번, 공부상 지목과 실제 토지이용현황, 면적, 위치도, 토지이용계획, 개별공시지가, 측량자(측량 연월일) 및 검사자(검사 연월일), 입회인, 부호도 또는 현형 실측도, 경계점표지의 규격과 재질 및 표시된 위치, 경계점 좌표(경계점좌표등록부 시행지역에 한정), 경계점 위치 설명도, 경계점의 사진, 경계에 지상건물 등이 걸리는 경우에는 그 위치현황

3. 지상경계점등록부의 장단점

[표 6-1] 지상경계점등록부의 장단점

장점	단점

• 경계점표지를 설치하게 된다.
• 경계에 대한 자세한 정보를 가지고 있다.
• 경계점복원측량의 신뢰성이 높다.
• 경계분쟁이 줄어든다.
• 지적측량사별 개인에 따른 측량결과의 차이가 없어진다.
• 지적측량사의 측량 잘못의 위험부담이 없어진다.
• 경계등록 후에 수행되는 측량에서 지적측량사의 잘못된 측량으로 인한 민사적 배상의 위험이 없어진다.
• 등본발급을 통해 수수료를 받을 수 있다.
• 경계점표지는 해당 필지의 경계복원만 이용될 수 있는 것이 아니라 주변의 다른 경계를 복원할 때에도 중요한 참고가 될 수 있으며, 도근점의 재설에도 활용할 수 있다.
	• 경계점표지 설치에 따른 비용이 증가한다.
	  - 경계점표지 구입비용의 발생
	  - 매설비용의 발생
	  - 작업자의 증가
	  - 작업시간의 증가
	• 경계점표지 조사·기록에 대한 비용이 증가한다.
	  - 사진촬용비용
	  - 경계점위치 작성시간 증가
	• 경계점표지의 위치를 측량하는 비용이 소요된다.
	• 모든 점에 대한 설치를 하면 비용이 급격히 증가한다.
	• 전산입력시간이 증가한다.
	• 컴퓨터 데이터량이 증가하고 고사양 컴퓨터 하드웨어가 필요하다.
	• 주변 필지의 경계복원측량을 할 때 융통성이 없어진다(주변의 경계들의 등록내용과 지상의 실제현황과 부합하지 않을 때).

20 과세지성 / 비과세지성

과세지성은 토지에 대한 세금를 부과하지 않던 토지가 세금를 부과하는 토지로 되는 것을 말하며, 비과세지성은 반대 개념이다.

1. 과세지, 면세지, 비과세지

(1) 과세지

① 직접적인 수익이 있는 토지로, 현재 과세 중에 있으며 장래 과세의 목적이 될 수 있는 토지를 말한다.
② 전, 답, 대, 지소, 임야, 잡종지

(2) 면세지

① 직접적인 수익이 없으며 대부분이 공공용에 속하여 지세를 면세한 토지를 말한다.
② 사사지, 분묘지, 공원지, 철도용지, 수도용지

(3) 비과세지
　① 일반적으로 개인이 소유할 수 없는 토지로, 전혀 과세의 목적으로 하지 않는 것을 말한다.
　② 도로, 하천, 구거, 제방, 성첩, 철도선로, 수도선로

2. 과제지성

(1) 과세지성은 토지에 대한 세를 부과하지 않던 토지가 세를 부과하는 토지로 되는 것이다.
(2) 토지에 대한 세가 국세이던 시절에 국세를 새로이 부과할 토지를 가리킨다.
(3) 국세가 지방세로 이관된 1962년부터는 과세지성이라는 관념을 "토지에 대한 세를 부과하게 된 토지"가 되었다.
(4) 대표적인 예로서는 공유수면을 매립 준공한 경우가 있다.
(5) 임야·도로·하천·구거 등이 전·답·대 등으로 되는 경우도 종전에는 과세지성이라 하였다.
(6) 신 지적법에서는 공유수면 매립의 경우를 신규등록과 지목변경이라 하고 있다.

3. 비과세지성

(1) 비과세지성은 과세지성의 반대 개념으로 해석할 수 있다.
(2) 각종의 면세년기 토지, 재해면세지, 사립학교용 면세지는 비과세지로 취급하지 않았다.
(3) 신 지적법에서는 비과세지성이라 하지 않고 모두 지목변경이라 하고 있다.

21 토지등록의 말소

토지의 멸실에 따른 등록말소는 물권의 대상인 토지가 자연적 또는 인위적 원인으로 사실상 소멸되고 또 등록요건을 갖춘 토지가 그 요건을 상실하게 되었을 때 그에 대한 법상의 등록내용과 등록효력을 해제케 하는 행정처분을 하게 된다.

1. 토지등록의 특징

(1) 토지등록의 말소가 될 수 있는 경우는 해면성 말소가 있다.
(2) 임야의 등록전환이나 토지합병 등 등록요건 변경에 따른 말소도 있으나 물건으로서의 말소가 아니라 등록사항의 변경에 따른 말소이므로 엄밀한 의미에서 말소로 보기는 어렵다.
(3) 토지가 해면성되어 객관성과 특정성을 상실하여 일정한 지목을 부여할 수 없는 토지로 된 경우에는 등록말소의 절차를 취하게 된다.

(4) 해면성 말소는 등록의 객체인 토지가 해면이 됨으로써 토지 실체의 물리적 소멸이 되고, 실체상 특정된 등록사항을 지속시킬 수 없는 상태가 되어 토지 실체를 법상으로 말소하게 되는 것이다.

2. 해면성토지의 등록말소

(1) 토지 함몰이나 호수 침식 등의 원인으로 등록된 토지가 해면으로 될 때가 있다.
(2) 해면으로 된 토지는 물리적·인위적으로 확인될 수 없는 상태가 되어 지번, 지목, 경계, 면적 등을 등록할 수 없다.
(3) 토지가 해면이 되어 원상복구할 수 없다고 판단되는 경우는 "권리의 목적물이 멸실한 때는 그에 대한 물권이 소멸된다."는 민법의 입법정신에 따라 당연히 지적공부 등록도 말소된다.
(4) 토지의 합병이나 분할은 형성적 처분이고, 토지멸실은 실체적 내지 물리적 변경이다.

3. 멸실의 원인

(1) 멸실의 원인은 자연적 해몰과 인위적 해몰로 구분할 수 있다.
　① 자연적 해몰의 원인으로서 일반적으로 고려되고 있는 것은 지반의 침하, 지진, 파도 등의 자연현상에 의하여 토지가 해면하에 침몰하는 경우이다.
　② 인위적 해몰은 인공을 가하여 해안선이 변경되어 공부상 등록된 토지가 해면으로 된 경우 그 토지 또한 법적으로 멸실되게 된다.
(2) 항만건설 등의 목적을 위하여 인공적으로 토지를 굴삭함으로써 해몰된 경우에도 일반적으로 토지가 멸실되는 것으로 취급된다.
(3) 토지의 멸실(해면성)로 보는 기준은 등록된 토지가 해면이 될 것(자연적 기준)과 원상회복 또는 다른 지목으로 될 가능성이 없는 것(인위적 기준) 등이 제시되고 있다.

22 물권

물권은 사람이 물권을 직접 지배하는 권리를 말하는 것으로 점유권과 본권으로 구분되며, 여기서 본권은 소유권 및 제한물권으로 분류할 수 있다.

1. 물권의 특징

(1) **직접적 지배권성** : 사람이 직접 물건을 지배하여 이익을 얻을 수 있는 권리이다.

(2) **배타성** : 하나의 물건 위에 양립할 수 없는 물권이 동시에 성립할 수 없다. 물권의 존재를 외부에 알려주는 공시제도가 중요한 의미를 가진다.
(3) **절대성** : 물권은 모든 자에게 주장할 수 있는 절대권이다.
(4) **관념성** : 본권은 물건에 대한 지배 가능성을 기초로 하는 관념적인 권리이고, 점유권은 물건에 대한 사실상의 지배를 기초로 하는 사실적인 권리이다.
(5) **양도성** : 물권은 재산권에 속하므로 양도성을 가진다.

2. 물권의 종류

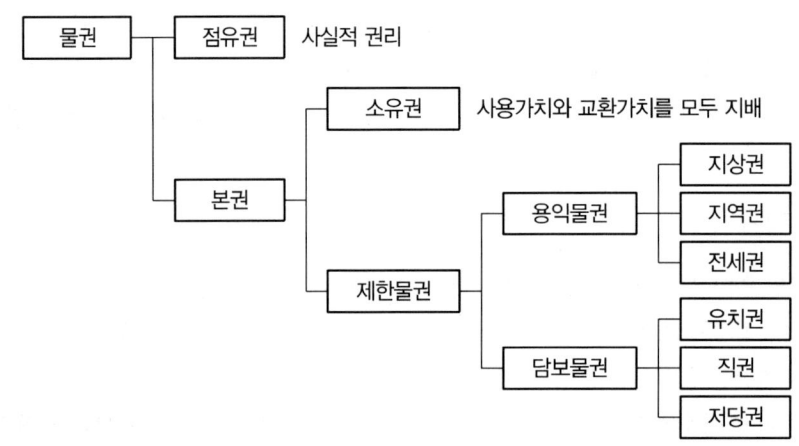

[그림 6-4] 물권의 종류

3. 공시의 원칙과 공신의 원칙

(1) 공시의 원칙

공시의 원칙이란 물권이 변동한 경우 이를 외부에 알려주어야 한다는 원칙을 말한다.

① 필요성

물권은 배타적인 권리이므로 물권의 내용과 변동을 외부에서 인식할 수 있는 일정한 표상, 즉 공시방법을 통해 공시하여야 거래 안전을 도모할 수 있다.

② 특징
  ㉠ 물권의 변동은 공시방법을 수반하여야 한다는 원칙
  ㉡ 물권관계를 공시함으로써 거래의 안전을 보호하기 위한 원칙
  ㉢ 현행법상 공시의 원칙으로 부동산은 등기, 동산은 점유가 해당
  ㉣ 공시의 원칙은 우리 법제에서 인정

(2) 공신의 원칙

공신의 원칙이란 물권에 관한 공시방법을 신뢰하여 거래한 자가 있는 경우에 그 공시내용이 진실한 권리관계와 일치하지 않더라도 마치 공시된 대로의 권리가 존재하는 것처럼 취급하여 그 자의 신뢰를 보호하여야 한다는 원칙을 말한다.

① 필요성
    ㉠ 물권거래의 안전과 신속을 도모하기 위해 인정되는 것이다.
    ㉡ 진정한 권리자의 권리를 희생하고 거래상대방의 신뢰를 보호하는 제도이다.
    ㉢ 권리를 잃게 되는 진정한 권리자는 진정한 권리자임을 사칭한 양도인에 대해 불법행위에 대한 손해배상청구권이나 부당이익반환청구권을 행사할 수 있다.

② 특징
    ㉠ 물권에 관한 공시방법을 신뢰한 제3자를 보호하여야 한다는 원칙
    ㉡ 우리 민법은 동산에 관하여 선의취득제도를 인정함으로써 공신의 원칙이 인정
    ㉢ 부동산의 등기에는 공신력을 인정하지 않음
    ㉣ 부동산의 공시방법인 등기를 신뢰하고 거래한 상대방이라 하더라도 전 소유자가 무권리자인 경우에는 상대방은 소유권을 취득할 수 없음
    ㉤ 선의의 제3자 보호규정이 있는 경우 권리를 취득할 수는 있으나 이는 공신의 원칙과 무관

23 공유(公有), 합유(合有), 총유(總有)

하나의 물건을 2인 이상의 다수인이 공동으로 소유하는 것을 공동소유라 하며, 공동소유의 유형으로 당사자 간의 인적 결합관계의 정도에 따라 공유, 합유, 총유의 3가지를 인정하고 있다.

[표 6-2] 공동소유의 유형

구분	공유	합유	총유
공동목적	공동목적 ×	공동목적 ○	공동목적 ○
지분	공유지분	합유지분	지분이 없음
지분처분	자유(지분처분금지 특약 가능)	전원의 동의	없음
분할청구	자유	조합이 존속하는 동안은 불가	불가
보존행위	각자 단독	각자 단독	총회의 결의를 거쳐 사단 자신의 명으로 하거나 구성원 전원의 이름으로
관리행위	지분의 과반수	조합계약 ⇒ 조합원의 과반수	사원총회의 결의
처분·변경행위	전원의 동의	전원의 동의	사원총회의 결의
사용·수익	지분의 비율로 전부	지분비율, 조합계약	정관 기타 규약

1. 공유

(1) 개념
① 1개의 소유권이 분량적으로 분할되어 수인에게 귀속하는 공동소유 형태를 말한다.
② 지분은 1개의 소유권 분량적 일부이다.

(2) 공유관계의 성립
① 수인이 하나의 물건을 공동으로 소유하기로 합의함으로써 성립한다.
② 동산인 경우 공동점유, 부동산인 경우에는 등기가 요구된다.
③ 등기는 공유의 등기와 지분의 등기를 모두 하여야 한다.

(3) 공유의 지분
① 지분 비율은 공유자 사이의 약정 또는 법률규정에 의하여 정하여지나, 그것이 분명하지 않은 경우에는 균등한 것으로 추정한다.
② 공유자가 그 지분을 포기하거나 상속인 없이 사망한 때에는 그 지분은 다른 공유자에게 각 지분이 비율로 귀속한다.
③ 각 공유자는 자유로이 자신의 지분을 처분할 수 있다.

(4) 공유자 간의 법률관계
① 공유자는 공유물 전부를 지분 비율로 사용하고 수익할 수 있다.
② 공유물의 관리(공유물의 이용·개량)에 관한 사항은 공유자 지분의 과반수로 결정한다.
③ 공유물의 보존행위(공유물의 멸실 또는 훼손을 방지하고 그 현상을 유지하기 위하여 하는 행위) 각자가 단독으로 할 수 있다.
④ 공유물을 처분하기 위해서는 공유자 전원의 동의가 필요하다.

(5) 공유물의 분할
① 공유자는 언제든지 공유물의 분할을 청구할 수 있다.
② 건물 구분 소유 공유부분 및 경계에 설치된 경계표·담·구거 등은 분할이 인정되지 않는다.
③ 공동소유자 사이에 아무런 인적 결합관계 내지 단체적 통제가 없고, 목적물에 대한 각 고유의 지배권한은 서로 완전히 자유롭고 독립적이다.
④ 목적물이 동일하기 때문에 그 행사에 제약을 받고 있는 데 지나지 않는다.
⑤ 아파트와 같이 한 동 전체 건물이 있지만 호수별로 각자 소유권을 개별적으로 가지고 있는 것이 특징이다.
⑥ 각자가 가지는 지배권능은 지분이라고 불리며 자기 지분을 동의받지 않고 자유롭게 처분할 수 있다.
⑦ 원칙적으로 언제든지 공동소유관계를 해소하여 각자의 단독소유로 전환할 수 있다.

2. 합유

(1) 법률의 규정 또는 계약에 의하여 수인이 조합체로서 물건을 소유하는 때의 그 공동소유를 말한다.
(2) 조합재산을 소유하는 형태이며, 합유에 있어서도 공유와 같이 합유자는 지분을 가진다.
(3) 합유자의 지분은 자유로이 처분하지 못하는 점에서 공유지분과 다르다.
(4) 조합관계가 종료될 때까지 분할을 청구하지도 못하는 단체주의적인 특징이 있다.

3. 총유

(1) 법인 아닌 사단의 공동소유형태를 말한다.
(2) 총유의 주체는 법인 아닌 사단, 즉 법인격이 없는 인적 결합체이며 권리능력 없는 사단, 종중(宗中)이 그 예이다.
(3) 부동산의 총유는 등기하여야 하며, 등기신청은 사단의 명의로 그 대표자 또는 관리인이 하여야 한다.
(4) "교회나 동창회, 문중 등"과 같이 목적물의 관리·처분권한은 사단 자체에 귀속되지만 사단의 사원들은 일정한 범위 내에서 각자 사용·수익하는 권능이 인정된다.
(5) 단체의 구성원들이 가지는 사용·수익권은 그 자격을 가지고 있는 때에만 인정되는 것이며 이를 타인에게 양도하거나 상속의 목적으로 하지 못한다.
(6) 대표적인 특징이 공유나 합유처럼 지분이 없다.

4. 공유, 합유, 총유 비교

[표 6-3] 공유, 합유, 총유 비교

구분	공유	합유	총유
정의	물건이 지분에 의하여 수인의 소유로 된 경우	법률의 규정 또는 계약에 의하여 수인이 조합체로서 물건을 소유하는 경우	법인이 아닌 사단의 사원이 집합체로서 물건을 소유한 경우
인적결합 형태	공동소유자 간에 아무런 인적 결합관계가 없는 매우 개인적인 소유형태	공동의 사업목적을 위하여 다수인이 결합한 조합의 재산소유 형태	권리능력 없는 사단의 재산소유 형태로 사실상 법인의 소유이나 법인이 권리능력이 없으므로 불가피하게 구성원들의 공동소유
지분의 처분	지분의 처분은 공유자의 동의 없이 자유롭게 처분이 가능함	합유자들의 지분은 인정되나 지분의 처분은 임의로 처분하지 못하며, 합유자 전원의 동의를 필요로 함	사단 자신이 목적물에 대한 처분권한을 갖는 점에서 지분은 인정되지 않음
처분·변경	전원의 동의	전원의 동의	사원총회 결의

구분	공유	합유	총유
사용·수익	공유자는 공유물 전부를 지분의 비율로 사용·수익할 수 있음	합유물의 사용은 조합계약, 기타 규약의 정함에 따름	정관, 기타 규약에 좇아 공유물을 사용·수익할 수 있으나 사용수익권은 양도하거나 상속의 목적으로 할 수 없음
관리·보존	공유자의 관리에 관한 사항은 공유자의 지분의 과반수로 결정하며, 보존행위는 각자 단독으로 할 수 있음	보존행위는 각자가 할 수 있음	총유물의 관리 및 처분은 사원총회 결의에 의함
분할청구	• 각 공유자는 언제든지 분할을 청구하여 공유관계를 종료시킬 수 있음 • 5년 내의 기간으로 분할하지 아니할 것을 약정할 수 있음 • 갱신의 경우는 5년을 넘지 못함 구분소유건물의 공용부분과 경계선상의 경계표는 분할청구 불인정	• 조합체가 지속되는 한 합유물의 분할은 청구할 수 없음 • 합유물을 분할하려면 조합체를 해산, 공유관계로 전환시켜야 함	분할 청구할 수 없음
부동산인 경우의 등기방식	공유자 전원의 명의로 등기를 하되, 그 지분을 기재(분수적으로 표시)(「부동산등기법」 제44조 제1항)	합유자 전원의 명의로 등기를 하되, 합유의 취지를 기재(「부동산등기법」 제44조 제2항)	사단 자체의 명의로 등기(「부동산등기법」 제30조 제1항)
사례	수인이 공동 매입한 물건	수인의 동업자 재산	종중, 동창회, 정당의 재산

24 지상권

지상권은 타인의 토지 위에 건물, 공작물이나 수목을 소유하기 위하여 그 토지를 사용하는 용익물권을 말한다. 토지 위에 존재하는 건물, 기타 공작물이나 수목은 지상물이라 한다.

1. 지상권의 객체

(1) 1필의 토지의 전부에 대하여 설정하는 것이 보통이지만 1필의 토지의 일부에도 설정할 수 있다.
(2) 단독소유 또는 공동소유인 토지의 전부 또는 일부에도 설정할 수 있다.
(3) 공작물에는 지상공작물뿐만 아니라 지하공작물도 포함된다.
(4) 지분 또는 공유지분에는 설정할 수 없다.
(5) 수목이란 식재의 대상이 되는 식물만을 말하고 경작의 대상이 되는 식물은 포함되지 않는다.
(6) 지상물의 소유에 필요한 범위 내에서 그 부속지까지 그 효력이 미친다.

2. 지상권의 신청

(1) 신청인
등기 의무자(지상권설정자)와 등기권리자(지상권자)의 공동신청에 의한다.

(2) 신청정보의 내용
① 필요적 내용
  ㉠ 지상권 설정의 목적
  ㉡ 지상권 설정의 범위
② 임의적 내용
  ㉠ 존속기간
  ㉡ 지료, 지료지급 시기

3. 구분지상권

(1) 구분지상권의 개념
① 지하 또는 지상의 공간은 상·하의 범위를 정하여 건물, 기타 공작물을 소유하기 위한 지상권의 목적으로 할 수 있다.
② 제3자가 토지를 사용·수익할 권리를 가진 때에도 그 권리자 및 그 권리를 목적으로 하는 권리를 가진 자 전원의 승낙이 있으면 이를 설정할 수 있으며, 토지를 사용·수익할 권리를 가진 제3자는 그 지상권 행사를 방해하여서는 아니 된다.

(2) 구분지상권의 특징
① 과학기술의 발달 및 경제적 필요에 따라 토지이용의 입체화가 가능함에 따라 현실화된 권리이다.
② 구분지상권이 설정되는 경우에는 그 목적이 되는 층 이외의 층은 원칙적으로 토지소유자가 그대로 이용한다.
③ 구분지상권은 건물이나 기타 공작물을 소유하기 위한 권리이므로 지상권과 본질적인 차이는 없다.
④ 객체가 토지의 상·하의 어느 층에 한정된다는 점에서 지상권과 양적인 차이만 있는 것이다.
⑤ 수목을 소유하기 위한 구분지상권을 설정할 수 없다.

25 구분지상권

구분지상권은 지상권의 한 종류로 건물, 기타 공작물을 소유하기 위하여 타인 소유 토지의 지상 또는 지하의 공간을 일정한 범위를 정하여 사용하는 물권을 말한다.

1. 구분지상권의 특징

(1) 구분지상권은 토지의 입체적 이용을 목적으로 한 특수한 형태의 지상권으로서 1984년 민법의 개정으로 신설되었다.
(2) 구분지상권은 토지의 상·하의 어떤 층만을 객체로 하며, 1필지의 토지의 어떤 층에만 설정할 수도 있다.
(3) 일반적인 지상권은 지표에 관한 지상권인데 비해 구분지상권은 지상 또는 지하에 관한 지상권으로서 지상지상권 및 지하지상권이라고 할 수 있다.
(4) 목적이 되는 층 이외의 층, 즉 구분지상권이 미치지 못하는 토지부분은 토지소유자 또는 용익권자가 사용권을 갖는다.
(5) 구분지상권은 터널, 고가도로, 지하철, 송전탑, 지하상가, 지하연결통로, 지하철 출입구 등을 건설할 때 사용된다.

2. 구분지상권의 법적 성질

(1) 타인 토지의 지상이나 지하의 공간을 직접적으로 지배하는 물권으로서 일반지상권과 마찬가지로 상속성, 양도성이 있다.
(2) 토지의 어느 일정 층만을 그 대상으로 하는 점에서 보통지상권의 범위가 축소된 지상권이라 할 수 있다.
(3) 수목까지 소유하기 위하여 설정할 수 있는 보통지상권과는 달리 지상 또는 지하의 공간에 인공적으로 설치된 모든 건축물이나 설비를 대상으로 한다.
(4) 보통지상권이 설정되면 토지소유자의 토지이용은 전면적으로 배제되나 구분지상권이 설정되면 그 목적이 되는 층 이외의 층은 원칙적으로 토지소유자가 그대로 이용할 수 있게 된다.

3. 구분지상권의 객체 구분

(1) 목적토지의 어떤 층에 한정되므로 층의 한계, 즉 토지의 상하의 범위를 반드시 정해서 등기하여야 한다.
(2) 보통은 평행하는 2개의 수평면으로 구분하게 된다.
(3) 지표의 상 00m부터 상 00m 사이의 공간이라는 형식으로 그 범위를 표시하는 것과 같다.
(4) 구분지상권의 객체인 층을 수평면이 아닌 곡면으로 구획하는 것도 가능하다.

26 지역권

지역권은 설정계약서에서 정한 일정한 목적을 위하여 타인의 토지를 자기의 토지의 편익에 이용하는 용익물권을 말한다.

1. 지역권의 개념
(1) 일정한 목적을 위하여 타인의 토지를 자기 토지의 편익에 이용하는 물권을 말한다.
(2) 편익을 받는 토지를 요역지라 하고, 편익을 위하여 제공하는 토지를 승역지라 한다.
(3) 지역권은 승역지를 요역지 편익에 이용하는 권리이다.
(4) 요역지는 반드시 1필의 토지이어야 한다.
(5) 승역지는 1필 토지의 일부이어도 무방하다.
(6) 요역지와 승역지는 인접할 필요는 없다.

2. 지역권의 신청

(1) 신청인
    요역지 소유자인 등기권리자와 승역지 소유자인 등기의무자의 공동신청에 의한다.

(2) 신청정보의 내용
    ① 필요적 내용
        ㉠ 지역권설정의 목적
        ㉡ 지역권설정의 범위
        ㉢ 요역지·승역지의 표시
    ② 임의적 내용
        ㉠ 부종성을 배제하는 약정이 있는 경우
        ㉡ 용수 승역지의 수량에 관하여 다른 약정이 있는 경우
        ㉢ 승역지 소유자가 자기 비용으로 지역권 행사를 위하여 공작물의 설치·수선의 의무를 부담하는 약정을 한 경우

3. 지역권의 성질

(1) 비배타성
    지역권은 배타성이 없으므로 하나의 승역기에 수 개의 지역권이 설정될 수 있다.

(2) 부종성
    ① 지역권은 요역지 소유권에 부종하여 이전하며 또는 요역지에 대한 소유권 이외의 권리의 목적이 된다.
    ② 요역지와 분리하여 양도하거나 다른 권리의 목적으로 하지 못한다.

(3) 불가분성
    ① 토지의 공유자 중 1인은 자기의 지분에 관하여 그 토지를 위한 지역권이나 그 토지가 부담한 지역권을 소멸시킬 수 없다.
    ② 토지가 분할되거나 토지의 일부가 양도된 경우에는 지역권은 요역지의 각 부분을 위하여 존속하거나 편익을 위하여 제공되는 토지의 각 부분에 존속한다.
    ③ 토지의 공유자 중 1인이 지역권을 취득하는 경우에는 다른 공유자도 지역권을 취득한다.

27 전세권

전세권은 전세권자가 전세금을 지급하고 타인의 부동산을 점유하여 그 부동산의 용도에 따라 사용·수익하는 용익물권을 말한다.

1. 전세권의 개념

(1) 전세금을 지급하고 타인의 부동산을 점유하여 그 부동산의 용도에 따라 사용·수익하는 용익물권을 말한다.
(2) 부동산 전부에 대하여 후순위 권리자나 기타 채권자보다 우선하여 전세금을 변제받을 권리가 있다.

2. 전세권의 객체

(1) 1개의 부동산 전부 또는 일부에 대하여 설정할 수 있다.
(2) 공유지분 또는 농경지에는 전세권을 설정할 수 없다.
(3) 동일한 부동산에 대하여 2중의 전세권을 설정할 수 없다.

3. 전세권의 신청

(1) 신청인
    등기의무자(전세권 설정자)와 등기권리자(전세권자) 공동신청

(2) 신청정보의 내용
  ① 필요적 내용
    ㉠ 전세금
    ㉡ 전세설정의 목적
    ㉢ 전세설정의 범위
  ② 임의적 내용
    ㉠ 존속기간
    ㉡ 위약금 도는 배상금
    ㉢ 전세금의 처분금지 특약

4. 전세권의 효력

(1) 전세권의 효력은 그 건물 소유를 목적으로 하는 지상권이나 임차권에 미친다.
(2) 전세권설정자는 전세권자의 동의 없이 지상권이나 임차권을 소멸시키는 행위를 할 수 없다.

28 외국의 지적제도

근세 유럽의 지적제도는 프랑스의 지적을 효시로 하여 1800년대 초에 완성되었으며, 이어 네덜란드, 스위스, 독일 등으로 전파되어 1900년까지 근대 지적제도로 발전하였다. 이들 나라에서는 지적측량과 지적조사를 통하여 대축척 도면과 대장을 작성하고 소유권의 한계를 지적도로서 복원능력을 갖도록 하였다.

1. 프랑스의 지적제도

(1) 프랑스는 근대적인 지적제도를 최초로 창설한 국가로서 오랜 역사와 전통을 간직하고 있을 뿐만 아니라 근대적인 지적제도의 효시라고 일컬어지는 나폴레옹 지적은 세지적의 대표적인 사례로 꼽히고 있다.
(2) 1807년에 나폴레옹 지적법을 제정하였고, 1808년부터 1850년까지 군인과 측량사를 동원하여 전국에 걸쳐 실시한 지적측량성과에 의하여 완성되었다.
(3) 나폴레옹은 미터법을 창안한 드람브르(Delambre)를 위원장으로 한 측량위원회를 발족시켜 전 국토에 대한 필지별 측량을 실시하고 생산량과 소유자를 조사하여 지적도와 지적부를 작성하여 근대적인 지적제도를 창설하였다.

(4) 지적제도 창설 당시에 도해지적으로 출발하여 1930년부터 1950년까지 전 국토에 대한 지적재조사사업을 실시하였다.
(5) 지적과 등기가 이원화되어 있으나 접수창구 일원화 및 전산처리로 사실상 일원화로 운영되고 있다.
(6) 지적 관련 법률로는 민법 및 지적법이 있으며, 1807년에 나폴레옹 지적법을 제정하여 37개 조문으로 구성되어 있었으나 1955년에 지적법을 개정하여 지적재조사, 지적수정, 지적개조, 경계확정위원회, 측량도면의 작성 등에 관한 사항을 규정하였다.

2. 독일의 지적제도

(1) 독일의 지적제도는 1801년 비바리아 지방에서 지적측량을 시작하여 1864년에 완성되었으나, 전국적인 지적제도는 1870년에 측량에 착수하여 1900년에 완료함으로써 확립되었다.
(2) 독일의 지적제도는 19세기에 세지적을 목적으로 출발하였으나 점차 다목적지적의 기능으로 개선하고 있으며, 지적개선사업은 지적전산화사업을 통하여 수행하고 있다.
(3) 지적업무에 대하여 주정부에 대한 지도·감독과 조정·통제기능이 전혀 없는 상태로 운영되고 있다.
(4) 16개 주정부 중 9개 주정부에서 내무부의 지적국 또는 지적 및 측량국 등에서 지적업무를 관장하고 있으며, 나머지 주정부는 재무부·무역부·상공부 등에서 관장하고 있다.
(5) 주마다 3~4개소의 관구에 주 측량사무소를 설치하고 있으며, 주 측량사무소의 하부기관으로서 시·군 단위에 지적사무소를 설치하고 있다.
(6) 지적 관련 법령은 민법, 지적법, 토지측량법, 지적 및 측량법과 부동산등기법 등이 있으며, 니더작센 주의 경우에는 공공측량사법을 별도로 제정하여 지적측량을 집행하는 공공측량사 자격을 엄격히 통제·관리하고 있다.

3. 네덜란드의 지적제도

(1) 네덜란드의 지적제도는 1811년에 프랑스의 영향으로 세지적 구축을 추진하였고 토지와 건물의 세금부과를 위한 시스템 구축을 지속적으로 추진하여 1938년에 이르러 토지조사사업을 완료하였다.
(2) 네덜란드의 지적제도는 창설 당시부터 지적과 등기가 통합된 상태로 출발하였기 때문에 일반적으로 지적이라고 하면 등기를 포함하는 개념으로 존재한다.
(3) 네덜란드의 지적공부는 공공등기부, 지적대장 및 지적도로 구분할 수 있고 공공등기부는 장부식 거래증서 형태인 아날로그 형태로 유지되고, 지적대장 및 지적도는 디지털 형태로 유지된다.

4. 스위스의 지적제도

(1) 19세기 초 프랑스의 지적제도를 도입하여 토지에 대한 과세를 목적으로 지적공부의 작성을 시도하는 등 부동산거래와 지적조사에 관한 법령을 제정하여 지적제도를 창설하기 시작하였다.
(2) 지적사무는 연방정부의 국방·시민보호·체육부 소속 연방지형사무소의 지적측량국과 주 측량사무소, 시와 지방자치단체 단위의 측량사무소 및 민간 토지측량사무소에서 관장하고 있다.
(3) 등기사무는 연방정부의 법무·경찰부 소속 연방법무사무소의 사법국과 지방의 지역토지등기사무소 및 민간 공증사무소에서 담당하고 있다.
(4) 지적 관련 공부는 부동산등록부, 소유자별대장, 지적도, 수치지적부 등을 작성·관리하고 있으며 등기 관련 장부는 주장부, 일기장, 평면도, 부동산기술서 등을 작성·관리하고 있다.
(5) 1910년대 초 지적제도 창설 당시부터 지적측량과 지적 관련 공부의 유지·관리 등 모든 지적 관련 사무를 민간부문의 측량업체에 위탁·관리하고 있다.

5. 일본의 지적제도

(1) 일본의 근대적인 지적제도는 1867년 메이지 유신 이후 1872년 2월 토지매매양도에 대한 지권도방규칙을 제정하고 토지거래 금지령을 해제하여 토지의 개인소유와 거래의 자유를 인정하면서 비롯되었다.
(2) 토지조사는 농경지, 시가지, 산림, 원야의 순으로 실시되었으며, 1876년부터 1877년경에 농경지와 시가지 조사를 완료하였고, 1988년 전국을 완료하였다.
(3) 일본의 지적행정조직은 법무성을 근간으로 이루어지고 있다. 즉, 법무성에서 지적·등기업무를 관장하고 있으며 법무성은 대신관방과 6국체계로 이루어져 있다.
(4) 일본의 지적측량 업무 전문조직은 토지가옥조사사연합회, 국토조사측량협회 등이 있다.
(5) 1960년 부동산등기법을 개정하여 토지대장과 등기부의 통합 일원화에 착수하여 1966년 완료하였다.
(6) 1951년 국토청 주관으로 국토조사법을 제정하여 본격적인 국토조사를 시행하여 현재에 이르고 있다.
(7) 일본의 현 관련 공부로는 표제부, 갑구, 을구로 편성된 토지·건물등기부, 지적도, 지적측량도, 건물도면 등이 있다.

6. 대만의 지적제도

(1) 1888년부터 토지조사에 착수하여 외업은 1902년 9월에, 내업은 1903년 2월에 각각 완료하였다.
(2) 1909년 10월 임야조사규칙을 공포하여 토지조사에서 제외된 토지를 대상으로 1914년까지 임야조사를 완료하였다.

(3) 1930년 6월에 토지법을 제정·공포하여 지적사무와 부동산등기사무를 일원화하여 단일기관에서 수행하도록 하였다.
(4) 대만은 1976년부터 2008년까지 지적도 중측사업을 완성하였다.

[표 6-4] 지적도 중측사업 내용

- 지적 재측량을 실시하여 지적을 전반적으로 정리
- 토지세 부담을 합리화, 과세를 편리·완전한 지적자료를 구축하여 토지사용계획을 수립하여 국가 경제발전에 부응
- 도시계획을 지적도에 표시하여 지적도와 도시계획을 일치시킴으로써 도시계획의 관리와 통제 또는 공공시설 용지의 징수 등의 근거로 사용
- 미등록 토지를 재측량하여 공익재산으로 등록

CHAPTER 03 주관식 논문형(논술)

01 부동산등기제도

1. 개요

지적은 토지와 그 정착물 등에 대한 물리적 현황·법적 관리·제한사항·의무사항 등을 조사·측량하여 체계적으로 공부에 등록·공시하는 토지정보시스템을 말하며, 등기는 국가기관으로서 등기관이 등기부라는 공적장부에 토지와 건물 등 부동산의 표시와 이에 대한 일정한 권리관계 등을 법정절차에 따라 기재하는 것 또는 그러한 기재 자체를 말한다. 지적은 토지에 대한 사실관계를 공시하고 등기는 토지에 대한 권리관계를 공시한다. 등기에 있어서 토지의 표시에 관하여는 지적을 기초로 하고 지적에 있어서 소유자의 표시는 등기를 기초로 한다. 미등기토지의 소유자 표시에 관하여는 지적을 기초로 하는 것은 등록기관의 사실조사권에 바탕을 두고 등기기관의 형식적 서면심사권 밖에 없는 데에 기인한다.

2. 공부 및 운영체계

(1) 지적공부와 부동산등기부

① 지적공부는 토지대장, 임야대장, 공유지연명부, 대지권등록부, 지적도, 임야도 및 경계점좌표등록부 등 지적측량 등을 통하여 조사된 토지의 표시와 해당 토지의 소유자 등을 기록한 대장 및 도면(정보처리시스템을 통하여 기록·저장된 것을 포함)을 말한다.
② 부동산등기부는 표제부, 갑구, 을구로 구분된다.
　㉠ 표제부는 부동산에 관한 표시사항으로 부동산의 소재지와 내용을 나타내며 지번, 지목, 면적, 구조가 기록되며 지적공부의 기록을 토대로 작성된다.
　㉡ 갑구에는 소유권에 관한 사항으로 압류, 가등기, 예고등기, 가처분등기, 경매개시결정 등이 담겨 있으며 지적공부 작성의 토대가 된다.
　㉢ 을구에는 소유권 이외의 권리로 지상권, 지역권, 저당권, 권리질권 및 임차권에 관한 사항을 확인할 수 있다.

(2) 운영체계

① 지적제도와 등기제도를 처음부터 일원화하여 운영하는 국가 : 네덜란드, 미얀마
② 지적제도와 등기제도가 창설 당시 이원체제였으나 현재는 일원화하여 운영하는 국가 : 일본, 중국, 터키, 인도네시아

③ 지적제도와 등기제도가 창설 당시부터 이원화되어 운영되는 국가 : 한국, 독일

3. 등기제도

(1) 등기의 의의
① 등기관이 법정절차에 따라서 공적장부인 등기부에 부동산의 물리적 현황 또는 소유권 및 소유권 이외의 권리를 기재하는 것 또는 기재 그 자체를 말한다.
② 등기로서의 효력발생 시기는 등기부에 기재한 때이며, 완료시기는 등기부에 기재하고 날인이 있을 때이다.
③ 등기부에 등기사항을 기입하고 날인함으로써 완성되고 그 날인이 누락되었다 하여 그 등기가 무효가 된다고 할 수 없다.
④ 등기관이 등기신청을 수리하고 나아가 등기필증까지 교부한 경우라도 등기관의 과실로 등기부에 기재하지 않았다면 등기가 있다고 할 수 없다.
⑤ 등기부에 기재가 되어 있더라도 부동산의 표시나 권리관계와는 상관이 없는 등기번호, 등기관의 날인, 신등기용지에 이기 등은 절차상의 기재이므로 등기라 할 수 없다.

(2) 등기관
① 등기관은 자기 책임하에서 독립적으로 등기사무를 처리하는 자로 위법하고 부당한 사무처리에 대하여는 책임을 진다.
② 등기관은 4급(법원 서기관), 5급(등기 사무관), 6급(등기 주사), 7급(등기 주사보) 등 지방법원장이 지정한 자가 되며, 등기소장(과장)은 보직발령을 받으면 등기관이 된다.
③ 등기관은 위법 또는 부당한 사무처리에 대하여는 책임을 진다.
④ 부동산등기법에는 등기관의 책임사항을 명문으로 규정하지 않으며, 국가배상법의 규정에 의하여 국가배상책임주의를 인정하고 있다.

(3) 법정절차
① 등기의 신청은 당사자신청, 관공서의 촉탁이 아니면 이를 할 수 없다.
② 당사자신청에서도 공동신청을 원칙으로 하고 있다. 예외적으로 단독신청, 제3자 대위신청, 대리인의 신청이 있다.
③ 등기는 원칙적으로 신청주의이며, 등기소에 출석하여 등기를 신청하여야 하며 반드시 서면으로 등기를 신청하여야 한다.
④ 관공서의 등기촉탁인 경우에는 등기소에 직접 출석하지 아니하고 우편으로 등기신청이 가능하며, 전자신청의 경우에도 출석주의를 적용하지 아니한다.
⑤ 등기관은 등기의 신청이 있게 되면 어떠한 경우라도 접수를 거부하여서는 아니 된다.
⑥ 등기관은 등기신청서 및 그 첨부서류와 등기부에 의하여 등기요건에 합당하는 여부를 심사하는 형식적 심사권한을 가진다.

⑦ 구분건물의 등기신청 시 구분건물의 요건에 대하여서는 실질적 심사권한을 가질 수 있다.

4. 등기부

등기부는 부동산의 물리적 현황, 소유권 및 소유권 이외의 권리에 관한 사항을 기재하는 공적인 장부로 토지등기부와 건물등기부로 이원화되어 있어 같은 지번상에 토지등기부와 건물등기부가 존재하게 된다.

(1) 등기부 편성은 부동산을 중심으로 편성하는 물적 편성주의를 채택하고 있다.
(2) 1부동산 1등기 용지이며 1등기 용지는 표제부, 갑구, 을구를 말한다.
(3) 1동 건물을 구분한 건물에 있어서는 1동 건물에 속하는 전부에 대하여 1등기 용지를 둔다.
(4) 1동 건물의 표제부와 각 전유부분의 표제부, 갑구, 을구를 1등기 용지로 한다.

5. 지적제도와 등기제도의 비교

(1) 지적사무의 담당기관은 국토교통부이며, 등기사무의 담당기관은 사법부이다.
(2) 지적은 토지를 그 객체로 하며, 등기부는 부동산, 즉 토지와 건물을 객체로 한다.
(3) 지적은 권리의 객체인 사실관계를 중시하는 반면, 등기는 권리의 주체인 권리관계를 중시한다.
(4) 지적과 등기 모두 지적공부, 등기부를 편성하는 방법으로 물적 편성주의를 채택하고 있다.
(5) 지적은 직권등록주의, 강제주의, 단독신청이며, 등기는 신청주의, 공동신청주의이다.
(6) 지적은 토지를 지적공부에 등록하는 데 있어서 실질적 심사주의를 취하는 반면, 등기는 형식적 심사주의를 취하고 있다.
(7) 대장과 등기부가 이원화되어 있기 때문에 이를 일치시키기 위한 조치로서 등기촉탁과 등기필토지의 제도가 있다.

[표 6-5] 지적제도와 등기제도 비교

구분	지적제도	등기제도
모법	「공간정보의 구축 및 관리 등에 관한 법률」	「부동산 등기법」
담당기관	국토교통부	사법부
목적	• 효율적인 토지 관리와 소유권의 보호 목적으로 토지의 실체를 명확히 하기 위한 제도 • 토지에 대한 물리적 현황 등록 공시 • 국가적 필요에 의한 제도	• 토지에 대한 법적 권리관계 등기 공시 • 부동산물권의 공시수단 및 권리 변동의 효력 발생요건으로 거래의 안전을 위한 공시제도 • 개인의 권리보호를 위한 제도
기본이념	지적국정주의, 지적형식주의, 지적공개주의, 실질적 심사주의, 직권등록주의	당사자 신청주의, 성립요건주의
객체	토지	토지, 건물
기능	사실관계 중시	권리관계 중시
신청	직권등록주의, 강제등록주의, 단독신청	신청주의, 출석주의, 서면신청, 공동신청
공부편성	물적 편성주의	물적 편성주의

구분	지적제도	등기제도
등록사항	• 토지표시사항 • 소유권에 관한 사항 • 기타	• 부동산 표시에 관한 사항 • 소유권에 관한 사항 • 소유권 이외의 권리에 관한 사항
심사방법	실질적 심사주의	형식적 심사주의(서면심사)

6. 결론

지적제도와 등기제도는 토지에 대한 물리적인 현황인 토지의 소재, 지번, 지목, 경계, 면적 등과 부동산물권인 소유권과 기타 권리인 지상권, 지역권, 전세권 등을 등록·공시하기 위한 국가의 기본제도로 고도의 전문성을 요구한다.

02 지적제도와 등기제도의 일원화 방안

1. 개요

우리나라의 공시제도인 지적제도와 등기제도가 이원화되어 있어 관장조직의 이원화로 국가적 측면에서 인력 및 예산낭비, 행정적 측면에서 효율성이 떨어지고 있다. 또한 지적공부와 등기부 등 재사항이 불일치함에 따라 부동산공시의 신뢰도를 저하시키고 국민적 측면에서는 불편과 부담을 초래하고 있다. 따라서 이를 해결하기 위해 두 제도를 통합하여 동일한 기관에서 지적공부와 등기부가 통합된 하나의 공부에 토지에 대한 물리적 현황과 법적 권리관계 등을 공시하는 제도가 필요하다.

2. 지적제도와 등기제도의 일원화 및 이원화

(1) 지적제도

① 지적제도의 개념

지적이란 국가 또는 국가의 위임을 받은 기관이 통치권이 미치는 모든 영토를 필지단위로 구획하여 토지에 대한 물리적 현황과 법적 권리관계 등을 공적장부에 등록·공시하고 그 변경사항을 영속적으로 등록·관리하는 국가의 사무를 말한다.

② 특징

㉠ 토지에 대한 표시의 공시기능
㉡ 토지대장, 임야대장, 지적도, 임야도, 경계점좌표등록부, 공유지연명부, 대지권등록부 등
㉢ 지적국정주의, 지적형식주의, 지적공개주의, 실질적 심사주의, 직권등록주의 채택

② 담당기관은 행정부(국토교통부 – 지적소관청)
③ 등록사항
  ㉠ **토지표시사항** : 소재, 지번, 지목, 면적 등
  ㉡ **소유권에 관한 사항** : 성명, 주소, 등록번호 등
  ㉢ **기타 사항** : 토지등급, 개별공시지가

(2) 등기제도

① 등기제도의 개념
  국가기관으로서의 등기관이 등기부라는 공적장부에 토지와 건물 등 부동산의 표시와 이에 대한 일정한 권리관계 등을 법정절차에 따라 기재하는 제도이다.
② 특징
  ㉠ 토지에 대한 권리관계 공시기능
  ㉡ 부동산등기부는 토지등기부와 건물등기부로 구분
  ㉢ 당사자신청주의, 형식적 심사주의 채택
  ㉣ 담당기관은 사법부(법원 – 등기소)
③ 등록사항
  ㉠ **표제부** : 토지표시에 관한 사항
  ㉡ **갑구** : 소유권에 관한 사항
  ㉢ **을구** : 소유권 이외의 권리에 관한 사항

(3) 일원화 및 이원화

① 일원화
  ㉠ 지적제도와 등기제도를 통합하여 동일한 기관에서 동일한 법령에 의하여 지적공부와 등기부가 통합된 형태이다.
  ㉡ 통합된 공부에 토지에 대한 물리적 현황인 사실관계와 법적권리 관계인 소유권과 소유권 이외의 기타 권리인 지상권, 지역권, 전세권 등을 등록·공시하는 제도를 말한다.
  ㉢ 일원화 국가는 프랑스, 네덜란드, 일본, 대만, 터키, 인도네시아, 헝가리, 체코, 리투아니아, 노르웨이, 스웨덴, 핀란드 등이다.
② 이원화
  ㉠ 선등록 후 등기 원칙을 채택하여 지적제도와 등기제도를 서로 다른 기관과 법령에 의하여 별도의 공부를 작성하여 운영하는 제도이다.
  ㉡ 지적공부에는 토지에 대한 물리적 현황인 사실관계와 소유권 등을 등록·공시하며 등기부에는 물리적 현황인 사실관계와 법적권리 관계인 소유권 및 기타 권리 등을 등록·공시한다.

ⓒ 이원화 국가는 한국, 독일, 스위스, 이탈리아, 스페인, 포르투갈, 오스트리아, 벨기에, 크로아티아, 오스트레일리아, 몽골 등이다.

3. 이원화 제도의 문제점

(1) 지적공부와 등기부의 이원화에 관한 문제
① 대장과 등기부의 이원화로 토지에 관한 공시기능 저하
② 대장과 등기부의 불일치로 토지분쟁이 빈번하게 발생
③ 토지수용, 조세부과 등 행정정책의 일관성 있는 업무추진에 장애
④ 국민의 사유재산권 보호와 행사에 지장
⑤ 각기 다른 기관에서 관리하여 상호 업무 연계가 원활하지 못해 행정력 낭비

(2) 담당기관의 이원화와 등록기관의 비능률성 문제
① 관장하는 기관의 양립뿐만 아니라 각 관청의 업무사항도 다양하여 상호 간의 업무상 연계가 원활하지 못함
② 등기소에는 지적과 건축업무를 잘 알지 못하는 법원 공무원이 등기업무를 담당하고 있을 뿐더러 소송업무, 호적업무 등 다른 사무도 관장하고 있어 등기업무의 전문성이 부족
③ 창구의 이원화로 민원인의 부담 가중뿐 아니라 민원처리시간이 두 배로 증가하여 민원인의 불편과 시간의 낭비 초래
④ 소유권변경 등기에 의한 지적공부정리 또는 지적공부에 의한 등기부의 정리가 지연

(3) 부동산 관련 공부 및 기재의 다양성 문제
① 부동산 관련 공부가 많고 각 공부상 등재항목이 중복되어 인력 및 행정예산의 낭비
② 부동산에 대한 종합적인 내용을 동시에 파악하기 곤란하여 일관성 있는 부동산 정책수립의 어려움

4. 지적제도와 등기제도의 일원화 방안

(1) 부동산공시업무의 일원화
① 부동산등기법과 관리법 등을 통합하여 새로운 대체법률을 제정
② 부동산등기법과 관리법의 내용을 포함한 체계적인 부동산 정보의 공시와 관련한 법률 제정
③ 관리체계의 일원화와 함께 토지등기 이외 건물등기, 법인등기 등이 포함되도록 하여 공시사항에 대한 공신력을 부여하도록 내용을 포함

(2) 부동산종합증명서 고도화

① 지적 · 건축 · 토지이용 · 등기 등 18종의 부동산과 관련된 공부를 통합하여 제공되고 있지만, 아직까지는 토지대장과 등기부등본을 더 많이 사용하고 있다.
② 기존 공부들의 등록내용에 건물 및 토지등기부등본에 대한 상세한 내용들을 등재 · 통합하고 각각의 장으로 구분하여 더욱 고도화된 부동산종합증명서를 유일한 부동산공시부로 채택한다.

(3) 관리기관의 일원화

① 접수창구의 일원화와 등본 등의 발급창구를 일원화할 수 있는 기관의 통합이 필요하며, 공부와 등기를 열람 · 발급할 수 있는 관리체계의 통합이 필요하다.
② 대부분의 국가에서는 지적제도와 등기제도를 행정부에서 관할하고 있다.
③ 지적과 등기업무는 행정적 성격이 강하고, 토지정보 관리의 효율성과 능률성, 공신력의 제공 등의 입장에서 볼 때 행정부에서 관장하여야 한다.
④ 행정부 내에서도 국토교통부 산하 부동산정보 통합추진단을 설립하여 일원화 안정기까지 전담하여 운영하며, 안정화된 후 국토교통부 주택토지실로 이관하여 관리하여야 한다.

(4) 일원화 제도의 기대효과

① 부동산 관련 법률분쟁 및 국민 불편 해소
② 예산과 인력낭비 방지, 업무의 효율성 증대, 국민의 편리성 증대
③ 부동산공시제도의 공신력 향상 및 국가경쟁력 제고
④ 대국민 서비스정보 향상 및 행정업무의 효율적 지원

5. 해외 사례

(1) 프랑스와 터키 등의 국가

① 지적제도와 등기제도를 지역에 따라 행정부의 동일한 기관에서 관장
② 정부와 주단위 기관은 지적사무와 등기사무를 동일한 기관에서 담당
③ 시 · 군 단위는 지적사무와 등기사무를 분리하여 지적사무소와 등기사무소에서 분리하여 담당

(2) 네덜란드 · 인도네시아 · 리투아니아 등의 국가

지적제도와 등기제도를 창설 당시부터 통합하여 행정부의 1개 부서에서 관장하는 제도를 채택

(3) 일본 · 대만 · 헝가리 · 체코 등의 국가

① 지적제도와 등기제도의 창설 당시에는 지적사무는 행정부와 그 산하기관에서, 등기제도는 사법부와 그 산하기관에서 관장

② 이렇게 이원화된 제도를 통합하여 행정부의 1개 부서와 산하기관에서 담당하는 제도를 채택

6. 결론

지적과 등기의 이원화 제도는 국가적 측면에서 인력과 예산의 낭비요인, 행정적 측면에서 효율성이 떨어지고, 국민적 측면에서 불편과 부담을 초래하는 단점이 있다. 반면에 지적제도와 등기제도가 상호 보완·의존적인 역할을 하기 때문에 천재지변 등으로 어느 한쪽의 공부가 분·손실되었을 경우 관련 공부의 복구가 용이하고 양 공부의 등록사항에 오류가 있거나 서로 부합하지 아니할 경우 이를 조사·확인하여 실체관계와 부합하도록 정정하기가 용이한 장점이 있다. 일원화 제도는 이원화된 제도의 단점을 해소할 수 있는 장점이 있으나 상호 보완적인 역할을 할 수 없는 단점이 있다. 그러나 이러한 단점은 전산화된 시스템에서 관련 공부의 파일을 정기적으로 복제하여 별도의 안전한 장소에 보존·관리하는 제도를 채택함으로써 해소할 수 있다.

03 ADR을 통한 경계분쟁 해결방안

1. 개요

우리나라의 지적불부합에 대한 문제는 대부분 소유권에 관련된 문제이고, 소유권에 관련된 문제는 경계분쟁으로 연결된다. 경계분쟁은 경계의 확정 및 소유권의 범위에 관한 분쟁, 도상경계와 현실경계의 불일치로 인한 분쟁, 경계 침범에 관한 분쟁 등으로 발생한다. 이러한 경계분쟁의 대부분은 인접한 필지의 경계를 중심으로 재산권 확보를 위한 이웃 간의 다툼이며, 소유권과 재산권에 관련되어 있고, 장기적 분쟁이며, 분쟁 당사자 모두에게 실익이 적다고 볼 수 있다. 따라서 소모적이고 투쟁적인 기존의 경계분쟁을 쌍방의 이익을 도모하는 한편 시간적·경제적·정신적 피해도 최소화하기 위해 대안적 분쟁해결기구에 의한 분쟁해결방안이 필요하다.

2. 대안적 분쟁조절기구(ADR : Alternative Dispute Resolution)

대안적 분쟁해결이란 공식적, 법적 해결방법이나 전통적 규칙 제정에 의한 대안으로서 중립적인 제3자가 분쟁당사자 쌍방을 도와 서로 합의에 의해 수용하는 해결방안을 찾아내는 문제해결식 분쟁해결기법을 말한다.

(1) ADR의 개념

① ADR은 형식적으로는 법원에서 행하여지는 소송의 형태 이외의 방식으로 이루어지는 분쟁해결제도를 의미한다.

② 실질적으로는 법원에서 행하여지는 판결 형태가 아닌 화해라든가 조정·중재 등과 같이 제3자의 관여나 또는 직접 당사자 간에 교섭과 타협으로 이루어지는 분쟁해결제도를 말한다.
③ 분쟁당사자 간에 분쟁해결을 위해서 중립적인 제3자를 동원하는 형식으로서 전통적인 사법체계에서 벗어난 분쟁해결제도를 의미한다.
④ 완전히 외부의 개입이나 관여 없이 분쟁당사자 스스로 분쟁을 해결하는 제도를 의미하기도 한다.

(2) ADR의 기능

① 당사자들이 법정에 서야 하는 부담을 줄여주고, 비용 및 시간의 절약을 가능하게 해준다.
② 법원에 의한 일원화된 분쟁해결의 부담을 덜어줌으로써 분쟁해결이 지연되는 것을 해소할 수 있게 해준다.
③ 분쟁을 신속하게 해결함으로써 사회적 안정을 도모할 수 있다.
④ 국민의 분쟁해결제도에 대한 접근을 용이하게 해준다.

(3) ADR의 특징

① 분쟁해결의 과정은 대립적 과정이 아닌 합의형성, 공동문제해결 또는 협상의 형태로 자발적인 합의에 의한 과정이다.
② 정부와 주민 간의 관계를 일방적인 복종이나 명령이 아닌 상호 대등한 입장으로 보고 그를 바탕으로 해결책을 제시하고 있다.
③ ADR을 통해 분쟁을 해결할 경우 신속성과 경제성 등을 도모할 수 있을 뿐만 아니라 법원의 개입이 가급적 배제되어 업무를 덜어주는 효과까지 얻을 수 있는 장점이 있다.
④ 판결과정에서 발생하게 되는 감정대립의 문제를 어느 정도 방지할 수 있으며 당사자의 임의변제를 기대할 수 있다.
⑤ 형식적인 절차를 최소화할 수 있으며, 공개적이 아닌 사적인 절차진행을 통해 프라이버시를 보장받을 수 있다.

3. ADR의 유형

(1) 화해제도

① 분쟁의 당사자가 서로 자신의 주장을 양보하여 합의가 이루어질 때 분쟁을 종료하게 되는 자주적 분쟁해결제도이다. 현행법상의 화해는 재판 외의 화해와 재판상의 화해로 나뉜다.
② 재판 외의 화해는 민사법의 화해계약을 뜻하는 것으로 당사자가 상호 양보하여 당사자 간의 분쟁을 끝낼 것을 약정하는 것이다.
③ 재판상의 화해는 제소 전 화해와 소송상 화해로 분류되는데 제소 전 화해는 소송계속 전에 당사자 일방이 지방법원에 화해신청을 하여 법관 앞에서 행하는 것이다.

④ 소송상 화해는 소송계속 중 소송물인 권리관계에 대하여 당사자가 상호 양보한 끝에 일치된 결과를 법원에 진술함으로써 화해가 성립되는 것이다.

(2) 조정

① 조정은 법관이나 조정위원회가 분쟁관계인 사이에 개입하여 화해로 이끄는 절차를 말한다.
② 조정이 성립되어 조정조서가 작성되면 재판상 화해와 동일한 효력을 가지며 그 효력은 준재심의 절차에 의하여서만 다툴 수 있다.
③ 현행법상 조정제도에는 민사소송법에 의한 민사조정과 가사사건에 대하여 하는 가사조정 및 각종 특별법에 의하여 행정부 산하에 설치된 각종 조정위원회에 의한 조정이 있다.
④ 조정은 당사자가 상호 양보하여 분쟁이 해결되므로 국가기관의 노력에도 불구하고 당사자 사이에 합의가 이루어지지 않을 경우, 분쟁의 해결에 이를 수 없는 한계가 있다.

(3) 중재

① 중재는 당사자의 일정한 합의에 의하여 제3자인 중재인의 중재판정에 맡기고 그 판단에 복종함으로써 당사자 간의 분쟁을 해결하는 제도이다.
② 중재의 본질은 그것이 사적재판이라는 데에 있으며 당사자의 양보에 의한 자주적 해결인 재판상 화해 및 조정과 다르다.
③ 내국관계에서의 국내중재이건 국제중재이건 분쟁해결방식에 별다른 차이점은 없고 중재절차의 개시를 위해서는 당사자 사이에 중재계약이 필요하다.
④ 중재제도는 단심의 형태를 취하고 있어서 신속하고 경제적인 분쟁의 해결이 가능하고 전문가를 중재인으로 함에 따라 사회상황에 적합한 분쟁해결을 할 수 있다.

(4) ADR의 장단점

① ADR의 장점
　㉠ 법원의 간섭이나 통제는 필요한 경우 최소한에 그친다.
　㉡ 관계분야의 전문지식과 풍부한 경험을 가진 사람들 중에서 분쟁을 해결할 중재인 등을 당사자 스스로 선임할 수 있다.
　㉢ 소송보다 비교적 절차진행이 신속하고 경제적이어서 시간과 비용을 절약할 수 있다.
　㉣ 절차의 진행이 법에 얽매이지 않아 탄력적이며 특히 엄격한 소송절차가 적용되지 않는다.
　㉤ 절차진행이 비공개적이기 때문에 기업의 비밀이나 개인의 이익이 잘 보호된다.
　㉥ 비형식적이기 때문에 분쟁을 해결한 후에도 당사자 간에는 재판에서처럼 적대적 관계가 아닌 우호적 관계를 유지할 수 있다.

② ADR의 단점
　㉠ 충분한 절차보장과 사실관계의 조사가 행해지지 않을 수 있기 때문에 경제적·사회적 강자로부터 양보를 얻어내는 절차로 전락할 수 있다.

ⓒ 경제적 약자를 위한 소송상 구조가 어렵고 기업의 소비자보호보다는 그들의 책임회피를 위한 도구로 변질될 수 있다.
　　　ⓒ 신속하고 저렴한 비용에 의한 분쟁해결만을 강조하다가 분쟁의 공정한 해결을 침해받을 가능성이 많다.
　　　ⓔ 중재는 판단의 기준이 애매하여 주관적, 자의적이거나 양 당사자의 주장을 단순히 반으로 나누는 식의 절충주의적 판단이 될 위험성이 있다.
　　　ⓜ 당사자에 의해 선임된 중재인은 대리인 의식이 작용하여 공정한 판단을 해할 우려가 있고 상소절차가 없기 때문에 잘못된 판단이 내려지면 돌이킬 수 없다.

4. 경계분쟁 해결방안

(1) 소관청에 의한 중재와 조정
① 소관청의 귀책사유로 인한 경계분쟁의 경우 사유재산권의 보호라는 헌법적 가치의 보장이라는 측면에서 손해배상의 의무를 다하는 자세가 필요하다.
② 소관청의 귀책사유로 인하지 않은 경계분쟁의 경우도 노사 간의 노동쟁의 조정과 같은 입장에서 소송 이전에 소관청이 중재와 조정을 할 수 있는 제도적 장치가 마련되어야 한다.

(2) 지적위원회에 의한 중재와 조정
① 지적위원회에는 지적측량적부심사결정에 있어 경계결정에 대한 어떠한 권한도 갖지 않고 단지 지적측량기술자에 대한 징계 의결권의 행사라는 소극적인 방법을 취하고 있다.
② 적극적인 방법으로 전환하여 지적위원회에 경계의 확정권을 부여하여 법원의 확정판결과 같은 효력을 행사할 수 있도록 한다.
③ 경계감정을 하기 위한 소송이나 변호사의 수임, 소장의 작성 등의 절차를 없애 소송의 형식은 없애되 효력은 소송을 한 것과 같은 효과를 낼 수 있도록 한다.

(3) 경계상담센터의 설치
① 일본에서는 토지가옥조사사협회에 경계문제 상담센터를 설치하여 토지경계 문제해결을 위한 ADR로서의 역할을 수행하고 있다.
② 경계 전문기관에 변호사와 지적기술자로 구성된 경계상담센터를 마련하여 경계에 관한 각종 문제를 재판이라는 절차를 거치지 않고 경계분쟁을 전문적으로 처리할 수 있도록 한다.
③ 지적분쟁에 대해 소송 이전에 간단한 절차와 신속·공정하게 분쟁해결을 기하고, 문제해결 결과를 지적공부에 반영시켜 국민의 재산권보호에 기여한다.

5. 결론
토지에 대한 경계분쟁은 일반적으로 이웃 간에 발생하게 되고 이런 경우 대부분의 사람들은 분쟁을 피하고 당사자끼리 해결하는 것을 선호하고 있다. 보통의 분쟁이나 토지경계분쟁이 발생하게 되어 소송으로 진행된다면 시간적·물질적·정신적 노력이 많이 들게 된다. 대부분의 경계분쟁이 위치상의 아주 작은 차이에 기인하는 것을 고려한다면 이와 같은 소송절차는 매우 비합리적인 방법이 되고 경계분쟁을 해결하기 위해 오로지 법원의 경계감정측량을 의존하는 기존의 소송 대신 대안적 분쟁해결을 활용하는 것이 보다 합리적이라 할 수 있다. 대안적 분쟁해결은 이해관계인 간의 상충되는 의견을 조정하고 이웃과의 갈등 없이 의구심을 해결하는 데 초점을 맞추고 있으며 분쟁을 해결하고 예방하는 데 가장 적합한 방법이 된다.

PART 07

토지정보체계

CHAPTER 01 Summary
CHAPTER 02 단답형(용어해설)
CHAPTER 03 주관식 논문형(논술)

PART 07 CONTENTS

CHAPTER 01 _ Summary

CHAPTER 02 _ 단답형(용어해설)

01. 토지정보 ·· 527
02. 토지정보체계 ··· 529
03. 토지정보체계의 정보 ···························· 531
04. 데이터 취득방법 ··································· 533
05. 지형공간정보체계(GSIS) ······················ 535
06. 공간정보 Agent ···································· 539
07. 국가공간정보기본법 ····························· 540
08. 국가지리정보체계(NGIS : National
    Geographic Information System) ······· 541
09. 인터넷(Internet) GIS(Web GIS) ··········· 542
10. 개방형 지리정보시스템(OGIS : Open GIS) ·· 543
11. 공간데이터 유형 ··································· 544
12. 벡터자료 구조 ······································· 548
13. 데이터구조 변환 ··································· 550
14. 사지수형(Quadtree) ····························· 551
15. 자료관리 ·· 553
16. 데이터베이스 방식 ······························· 554
17. 데이터베이스 관리시스템(DBMS) ······· 556
18. PostSQL DBMS
    (Data Base Management System) ····· 558
19. 객체지향형 모델(OODBMS : Object Oriented
    DataBase Management System) ········ 560
20. SQL(Structured Query Language) ····· 560
21. 스키마(Schema) ··································· 562
22. 공간분석(Spatial Analysis) ·················· 562
23. 데이터의 가공 및 표면 모델링 ············ 564
24. 메타데이터 ··· 566
25. 데이터의 입력 ······································· 567
26. 데이터 편집 ··· 569
27. 개체와 객체 ··· 570
28. 공간정보 표준 ······································· 571
29. 지적표준화 ··· 572
30. 공간자료 교환표준(SDTS) ··················· 574
31. 데이터 표준화 ······································· 577
32. 공간정보 오픈 플랫폼(SOPC) ·············· 578
33. 브이월드(V-world) ······························· 579
34. 스마트 시티 ··· 581
35. 디지털 트윈(Digital Twin) ··················· 584
36. 디지털 트윈 주요 동향 ························ 586
37. 증강현실(AR : Augmented Reality) ···· 588
38. 위치기반서비스
    (LBS : Location Based Service) ········· 589
39. MMS(Mobile Mapping System) ········· 591
40. 레이저 스캐너(Laser Scanner) ············ 594
41. 자율주행 정밀도로지도 ························ 595
42. 도로대장 전산화 ··································· 596
43. CityGML 3.0 기반 LoD
    (Level of Detail) ·································· 598

CHAPTER 03 _ 주관식 논문형(논술)

01. 데이터 3법 개정에 따른 「공간정보관리법」 연관성 분석 및 제도개선사항 ················ 601
02. 부동산종합공부시스템 ·· 604
03. 지적공부 전산화 ·· 608
04. 연속지적도의 정확도 향상방안 ·· 613
05. 도로명주소 ·· 618
06. 3차원 입체모형 구축 기술 ··· 621

Summary

01 토지정보
토지정보는 토지와 관련된 모든 정보로 토지의 경계, 면적, 물리적인 형상, 토지에 관한 권리, 토지이용, 개발, 가격 등 토지에 관련된 모든 정보의 총칭이며 지표, 지하, 지상에 나타나는 토지현상을 조사하여 체계화한 것으로 토지정책 결정의 매개체이다.

02 지리정보체계(GIS : Geographic Information System)
국토계획에서부터 도시계획, 수자원, 교통, 운송, 도로망, 토지, 환경생태, 지리정보, 지하매설물 등 지리정보를 컴퓨터로 관리하는 시스템이다.

03 토지정보체계(LIS : Land Information System)
인간의 생활에 필요한 토지정보를 효율적으로 활용하기 위해 지형분석, 토지이용, 개발, 행정, 다목적지적 등 각종 토지와 관련된 정책과 의사결정능력의 지원에 필요한 토지정보의 관측과 수집에서부터 보존과 분석, 출력에 이르기까지 일련의 조작을 위한 정보시스템을 의미한다.

04 토지정보체계의 정보
토지정보체계의 정보란 평면적인 지형과 입체적인 표고로 표현되는 자연적인 정보와 토지의 이용형태, 토지소유 및 토지가치 등을 나타내는 인위적인 정보까지 포함된다. 크게 위치정보와 특성정보로 나눌 수 있으며, 위치정보는 절대위치정보와 상대위치정보로 세분되고, 특성정보는 도형정보, 영상정보 그리고 속성정보로 세분된다.

05 지형공간정보체계(GSIS : GeoSpatial Information System)
지구 및 우주공간 등 인간의 활동공간에 관련된 제반 현상을 위치정보와 특성정보로 정보화하고 시공간적 분석을 하고자 하는 정보체계이다.

06 개방형 지리정보체계(Open GIS)
개방적 상호 운용적 지리정보처리 또는 서로 다른 지리자료와 지리정보처리 자원을 통신망 환경에서 쉽게 공유할 수 있도록 해주는 기능을 말한다.

07 국가기본지리정보
지리정보들 간의 통합 및 연동을 지원하기 위한 기초적이고 기본적인 지리정보로서 공공목적을 위해 국가가 제공하는 것이 바람직한 기본지리정보를 의미한다.

08 국가지리정보체계

국가의 관리기관이 구축·관리하는 지리정보체계이다. 국토교통부가 중심으로 각 부처가 협조하여 추진하는 지리정보체계 구축사업, 공간 및 지리정보자료를 효과적으로 생산·관리·사용할 수 있도록 지원하기 위한 기술·조직·제도적 체계이다.

09 벡터자료

공간상에 있는 객체나 객체와 관련되는 모든 형상을 공간정보의 기본단위인 점, 선, 면을 이용하여 실세계의 위치를 2차원 또는 3차원의 좌푯값으로 표현한 자료구조를 말한다.

10 래스터자료(Raster Data)

래스터는 "그리드"라고도 하며 격자 또는 셀(cell)로 구성되어 있는 공간데이터 구조를 말한다. 각 격자에는 코드가 입력되어 그 격자가 보유한 특별한 속성을 나타낸다.

11 스파게티(Spaghetti) 구조

스파게티 자료구조는 X, Y좌표의 나열에 의한 선의 연결을 의미하며 국수가락처럼 X, Y좌표가 길게 연결되어 있어 스파게티 구조라 한다.

12 위상(Topology) 구조

객체 간 공간상의 위치나 관계성을 정량적으로 구현한 것으로 벡터자료의 점, 선, 면에 대해 공간상의 관계를 정의하는 데 쓰이는 수학적 방법이다.

13 노드

노드는 무차원적인 위상적 연결이나 끝점을 나타낸다. GSIS에서 사용하는 용어로 점과 구분되고 호의 시작과 끝을 나타내며, 다른 호와의 연결지점으로 노드는 노드에서 만나는 모든 호와 위상관계로 연결된다.

14 메타데이터

실제 데이터는 아니지만 데이터베이스, 레이어, 속성, 공간형상 등과 관련된 데이터의 내용, 품질, 조건 및 특징 등을 저장한 데이터로 데이터에 대한 데이터를 말한다.

15 사지수형(Quadtree)

공간자료를 표현하기 위해서는 래스터구조와 벡터구조 2가지 방식이 있다. 래스터자료를 압축하는 방법에는 체인코드(Chain Code), 런 랭스코드(Run-length Code), 블록코드(Block Code), 사지수형(Quadtree) 등이 있다.

16 데이터베이스 관리시스템(DBMS)

GIS와 관련된 다양한 유형의 자료는 공간자료와 비공간자료 또는 속성자료로 구분되며 데이터베이스 관리시스템은 벡터자료의 계층형, 네트워크형, 관계형, 객체지향 등 다양한 데이터베이스를 효율적으로 저장하고 관리하기 위한 시스템을 말한다.

17 개념스키마

스키마는 데이터 시스템 언어회의(CODASYL)에서 데이터베이스의 조직과 구조에 대해 전반적으로 기술하기 위해 사용하기 시작한 개념이다. 개념스키마는 객체에 관한 정보를 활용할 수 있는 내용과 구조와 제약을 추상적으로 설명하고 정의한 것을 말한다.

18 공간정보자료표준(SDTS : Spatial Data Transfer Standard)

지리공간에 관한 정보를 서로 전달하는 교환표준이다. SDTS는 9년간의 개발과정을 거쳐 1992년 7월 29일 미국 연방정보처리표준으로 승인되었고 오스트레일리아, 뉴질랜드 국가 표준으로 정한 대표적인 공간자료 교환표준이다. 우리나라도 NGIS 체계에서의 국가 교환표준으로 제정되었다.

19 공간데이터 품질관리

데이터 품질은 데이터를 활용하는 사용자의 다양한 활용목적이나 만족도를 지속적으로 충족시킬 수 있는 수준으로 정의되며, 데이터 품질관리는 데이터의 품질을 지속적으로 유지하고 개선함으로써 사용자의 만족도를 높이기 위해 수행하는 일련의 활동으로 정의할 수 있다.

20 스마트 시티

스마트 시티는 도시에 ICT, 빅데이터 등 신기술을 접목하여 각종 도시문제를 해결하고, 삶의 질을 개선할 수 있는 도시모델이다. 최근에는 다양한 혁신기술을 도시 인프라와 결합해 구현하고 융·복합할 수 있는 공간이라는 의미의 "도시 플랫폼"으로 활용되고 있다.

21 디지털 트윈

디지털 트윈은 컴퓨터에 현실 속 사물의 쌍둥이를 만들고 현실에서 발생할 수 있는 상황을 컴퓨터로 시뮬레이션함으로써 결과를 미리 예측하는 기술이다. 과거와 현재의 운용 상태를 이해하고 미래를 예측할 수 있는 인터페이스라고 할 수 있다.

22 레코딩 시스템

미국의 레코딩 시스템에서는 등기소가 단지 권원증서(Deed) 등 토지의 양도와 관련한 문서를 보관하는 역할을 수행할 뿐, 소유자를 공시하는 역할을 수행하지 않는다. 이에 따라 레코딩 시스템에서는 토지소유자가 누구인지 불분명하여 토지 사기가 빈번히 발생하고 그 사기로 인한 피해를 사보험으로 해소하고 있는 실정이다.

23 증강현실(AR : Augmented Reality)

쉽게 말해 현실의 정보에 가상의 관련 정보를 덧붙여서 보여주는 기술이다. 증강현실의 유형은 크게 위치정보형 증강현실과 영상인식형 증강현실로 나눌 수 있다.

24 POI(Point Of Interest)

사용자 관심지점으로 지도서비스 등에서 필요로 하는 핵심 데이터로서 주로 생활 편의시설 등과 관련된 주요 시설물, 역, 공항, 터미널, 호텔 등을 좌표로 전자 수치지도에 표시하는 데이터이다.

CHAPTER 02 단답형(용어해설)

01 토지정보

토지정보는 토지와 관련된 모든 정보로 토지의 경계, 면적, 물리적인 형상, 토지에 관한 권리, 토지이용, 개발, 가격 등 토지에 관련된 모든 정보의 총칭이며 지표, 지하, 지상에 나타나는 토지현상을 조사하여 체계화한 것으로 토지정책 결정의 매개체이다. 또한 토지의 효율적인 이용과 관리를 목적으로 각종 토지 관련 자료를 체계적·종합적으로 수집·관리하여 토지와 관련된 활동과 정책을 집행하기 위하여 신속·정확하게 제공한다.

1. 광의의 토지정보

(1) 법률적·행정적·경제적·지리적 측면에 기초하여 수집된 토지에 관한 정보
(2) 법률적 사항으로 소유권, 저당권, 법률 효력의 기한 등
(3) 행정·경제·사회적 사항으로 인구, 산업, 교통, 주택 등의 통계 및 표시자료
(4) 기술적 사항으로 지형, 지질, 경계 등을 확인하는 측지자료와 지하매설물 및 공공시설 등을 확인하는 각종 시설자료
(5) 환경적 사항으로 토지에 영향을 미치는 수질, 공해, 소음 등에 관한 자료

2. 협의의 토지정보

(1) 토지의 다양한 정보 중 기초가 되는 지적과 등기에 관한 정보
(2) 소유권의 확인, 토지평가의 기초, 토지과세 및 거래의 기준, 토지이용계획의 기초가 되는 자료 등 공식적인 성격의 정보

3. 토지정보의 분류

(1) **지적정보** : 「공간정보의 구축 및 관리 등에 관한 법률」에 의하여 작성하며 지적소관청에서 관리하는 지적공부 등에 수록되어 있는 정보
(2) **등기정보** : 「부동산등기법」에 의하여 등기소에서 작성·관리하는 토지등기부에 등록되어 있는 정보
(3) **토지평가정보** : 「부동산가격공시에 관한 법률」에 의거 국토교통부장관이 매년 1월 1일을 기

준으로 전국 50만 표준지의 공시지가를 공시하며, 약 3,000만 필지(표준지 포함)의 개별공시지가 및 토지특성에 관한 정보
(4) **토지과세정보** : 토지에 관한 국세 정보, 토지취득에 관한 도세 정보, 토지에 관한 시·군세 정보 등
(5) **토지거래정보** : 토지거래허가대장, 토지거래신고대장, 부동산검인대장 등에 수록되어 있는 토지거래에 관한 정보
(6) **토지이용정보** : 토지이용계획확인원, 도시계획도면, 국토이용계획도면 등에 등록되어 있는 토지이용에 관한 정보
(7) **건축물정보** : 건축물대장, 지적도, 항측도 등에 수록되어 있는 건축물에 관한 정보
(8) **지하시설물정보** : 상하수도, 전기, 전화, 가스, 통신 등의 관련 장부 및 도면에 등록된 정보
(9) **기타 정보** : 행정구역도, 지형도, 도로망도 등에 등록된 정보

4. 토지정보의 기능

(1) **토지등기의 기초** : 지적공부에 등록된 사항을 기준으로 소유권보전등기를 신청
(2) **토지평가의 기초** : 지적공부에 등록된 토지등급과 기준수확량등급 등을 설정하여 토지평가
(3) **토지과세의 기초** : 지적공부에 등록된 토지등급과 기준수확량등급 등을 설정하여 토지과세
(4) **토지거래의 기준** : 지적공부에 등록된 지번, 지목, 면적, 경계 등을 기준으로 거래
(5) **도시 및 토지이용계획의 기초** : 지적공부에 등록된 사항은 각종 토지이용계획 및 개발계획 등의 입안, 결정, 집행 등을 위한 기초자료
(6) **주소표시의 기준** : 지적공부에 등록된 지번에 의하여 주소 표기의 기준

5. 지적정보

(1) 전국에 대한 토지의 위치, 면적, 가격, 소유정보 등의 토지 관련 정보를 말한다.
(2) 지적·임야도, 연속·편집도, 용도지역지구도 등 토지의 경계를 나타내는 도면정보와 토지·임야대장, 등기정보, 공시지가, 건축물정보 등의 속성정보로 구분될 수 있다.
(3) 장부는 물리적 현황을 공시하는 지적정보, 건축물에 대한 물리적 현황을 공시하는 건축물대장, 토지와 건물에 대한 소유자 및 기타 권리관계를 공시하는 부동산등기부가 있다.
(4) 토지와 건물에 대하여 가격을 공시하는 개별공시지가, 토지와 건축물에 대하여 공법적인 규제사항을 다루는 국토이용계획 및 도시계획 등이 있다.

6. 다목적지적(Multipurpose Cadastre)

각 필지에 대한 종합적인 정보를 가지고 있는 지적도로서 과세, 토지 소유권 보호, 시설물 등 토지 관련 정보를 등록·관리하기 위한 목적으로 설립하여 운영하는 지적을 의미하며 다목적지적제도

는 일필지를 단위로 토지 관련 정보를 종합적으로 등록하고 그 변경사항을 항상 최신화하여 신속·정확하고 지속적으로 토지에 대한 정보를 제공하는 제도이다.

(1) 측지기준망

① 지상에 영구적으로 표시되어 도면상에 등록된 경계선을 현지에 복원할 수 있는 정확도 유지
② 측량의 기준이 되는 좌표체계로서 일반적 측량기법뿐만 아니라 인공위성을 이용한 GNSS 측량을 이용하여 정확성 및 경제성 도모
③ 측량의 기준이 되는 삼각점들을 연결한 삼각망, 수준점들을 연결한 수준망

(2) 기본도

측지기준망을 기초로 하여 작성된 도면으로서 지도 작성에 필요한 정보를 일정한 축척의 도면 위에 등록한 것

(3) 지적중첩도

측지기준망 및 기본도와 연계하여 활용할 수 있고 토지소유권에 대한 경계를 식물, 토지이용도, 지역지구도 등과 결합한 상태의 도면

(4) 필지식별번호

① 필지의 등록사항 저장과 수정 등을 용이하게 처리할 수 있는 고유번호
② 필지에 관련된 모든 자료의 공통적 색인번호의 역할
③ 필지별 대장의 등록사항과 도면의 등록사항을 연결
④ 필지의 등록사항 저장, 검색, 수정 등을 처리하는 데 이용

(5) 토지자료파일

① 필지 식별번호가 포함된 일련의 공부 또는 토지자료철을 말하며 과세대장, 건축물대장, 천연자원기록, 기타 토지이용, 도로, 시설물 등 토지 관련 자료를 등록한 대장을 의미
② 필지 식별번호에 의하여 상호 정보교환과 자료검색 가능

02 토지정보체계

토지와 관련된 공간정보를 수집·처리·저장·관리하기 위한 정보체계로 생산자보다는 사용자의 이익을 위해 설계되었으며 유용성은 정확성과 접근성에 중점을 두고 있다.

1. 토지정보체계의 기본방향

    (1) 토지정보체계의 표준화
    (2) 통합된 토지이용정보체계의 구축
    (3) 경제적·효과적인 정보체계의 구축
    (4) 자료수집의 용이성 확보
    (5) 자료의 중복저장 방지
    (6) 확장성 및 지속적인 갱신체계 구축
    (7) 토지이용정보의 공개 및 네트워크화
    (8) 개인의 프라이버시 보호

2. 토지정보체계의 필요성 및 구축효과

    (1) 필요성

        ① 토지 관련 정책자료의 다목적 활용
        ② 토지 관련 과세자료로 이용
        ③ 지적민원사항의 신속·정확한 처리
        ④ 지방행정전산화의 획기적인 계기
        ⑤ 여러 종류의 대장 및 도면을 쉽게 관리
        ⑥ 지적공부의 노후화
        ⑦ 수작업으로 인한 오류 방지
        ⑧ 자료를 쉽게 공유

    (2) 구축효과

        ① 체계적이고 과학적인 지적사무와 지적행정 실현
        ② 다목적 국토정보체계 구축
        ③ 토지기록변동자료의 신속한 온라인 처리로 업무의 이중성 배제
        ④ 최신의 자료 확보로 지적통계와 정책정보의 정확성 제고
        ⑤ 수치지형모형을 이용한 지형분석 및 경관정보 추출
        ⑥ 토지 부동산 정보관리체계 및 다목적지적정보체계 구축
        ⑦ 지적도면 전산화의 기초 확립

3. 토지정보체계의 구성요소

    (1) 조직과 인력

        ① 토지정보체계의 구성요소 중에서 가장 중요하며 데이터를 구축하고 실제 업무에 활용하는 사람이다.

② 전문성과 기술을 필요로 하며 이에 전념할 수 있는 숙련된 전담요원과 조직이 필요하다.
③ 시스템을 설계하고 관리하는 전문인력과 일상업무에 토지정보체계를 활용하는 사용자 모두가 포함된다.

(2) 자료
① 지도로부터 추출한 도형정보와 각종 공부와 대장으로부터 추출한 속성정보가 해당된다.
② 최근에는 지도 외에 항공사진이나 인공위성영상으로부터 취득한 공간데이터정보까지 포함된다.
③ 토지정보체계의 핵심적인 요소로 구축에 많은 시간과 노력이 필요하다.

(3) 소프트웨어
① 자료입력, 출력, 데이터베이스 관리용 소프트웨어가 해당된다.
② 각종 통계, 문서 작성기, 그래프 작성기 등과 같은 지원 프로그램 등이 포함된다.
③ **운영체제** : MS-DOS, Windows 2000, Windows XP, Windows NT, UNIX 등
④ **GIS용 소프트웨어** : ArcGIS, Auto CAD, QGIS 등

(4) 하드웨어
① 토지정보체계를 운용하는 데 필요한 컴퓨터와 각종 입·출력장치 및 자료관리 장치까지 포함된다.
② **입력장치** : 디지타이저, 스캐너, 키보드
③ **저장장치** : 자기테이프, 디지털 선형테이프(DLT), 자기디스크, 개인용 컴퓨터, 워크스테이션
④ **출력장치** : 플로터, 프린터, 모니터

03 토지정보체계의 정보

토지정보체계의 정보란 평면적인 지형과 입체적인 표고로 표현되는 자연적인 정보와 토지의 이용형태, 토지소유 및 토지가치 등을 나타내는 인위적인 정보까지 포함된다. 그러므로 토지정보체계는 지형과 관련된 모든 정보를 말하는 것으로 토지의 경계, 면적과 물리적인 형상, 토지에 대한 권리 그리고 토지의 이용, 개발, 가격 등에 대한 각종 정보의 총칭으로 그 개념을 정의할 수 있다.

1. 토지정보체계의 정보 분류

토지정보체계의 정보는 크게 위치정보와 특성정보로 나눌 수 있으며, 위치정보는 절대위치정보와 상대위치정보로 세분되고, 특성정보는 도형정보, 영상정보 그리고 속성정보로 세분된다.

[그림 7-1] 토지정보체계의 정보 분류

2. 위치정보

점, 선, 면 또는 다각형과 같은 공간적 양들의 개개의 위치를 판별하는 것으로서 절대위치정보와 상대위치정보로 구분된다.

(1) 절대위치정보

절대 변하지 않는 실제 공간에서의 위치정보로 경·위도 및 표고 등을 말하며, 지상, 지하, 해양, 공중 등 지구공간 및 우주공간에서의 위치의 기준이 된다.

(2) 상대위치정보

가변성을 지니고 있으며 주변 정세에 따라 변할 수 있는 관계적 위치, 즉 모형공간에서의 위치로 임의의 기준으로부터 결정되는 위치 또는 위상관계를 부여하는 기준이 된다.

3. 특성정보

(1) 도형정보

① 위치정보를 이용하여 대상을 가시화시킨 것으로 지도 형상의 수치적 설명으로 특정한 지도요소를 설명하는 것으로, 좌표체계를 기준으로 하여 지형지물의 위치와 모양을 나타내는 정보이다.
② 토지정보에서의 도형정보는 도면상에서의 필지 모양 등을 나타내는 경계이고 폐합된 다각형으로 구성되며, 지도형상이 수치적 설명이며, 일정한 격자구조로 정의된다.
③ 도형정보는 지도 형상과 주석을 설명하기 위하여 점, 선, 면, 격자셀, 영상소, 기호 등 6가지 도형요소로 사용된다.

(2) 영상정보

① 센서(일반사진기, 지상 및 항공사진기, 비디오사진기, 수치사진기, 스캐너, 레이더, 레이저 등)에 의해 얻은 사진 등으로 인공위성에서 직접 취득하여 수치영상과 항공사진측량에서 획득한 사진을 디지타이징 또는 스캐닝하여 컴퓨터에 적합하도록 변환된 정보를 말한다.
② 인공위성에서 전송된 영상은 영상소 단위로 형성되어 격자형으로 자료가 처리·조작되며 영상에 나타난 대상물의 정확한 위치관계와 그 특성을 해석한다.

(3) 속성정보

① 속성정보는 도형이나 영상 속에 있는 내용 등으로 대상물의 성격이나 그와 관련된 사항들을 기술하는 자료이며, 지형도상의 특성이나 지질, 지형, 지물의 관계를 나타낸다.
② 도형요소에 나타내는 성질을 기호, 문자, 숫자로 설명되며 속성정보는 비도형정보라고도 하며, 문자형태로서 격자형으로 처리된다.

04 데이터 취득방법

데이터 취득은 기존 지도를 이용하는 방법, 지상측량에 의한 방법, 항공사진측량에 의한 방법, 원격탐사에 의한 방법 등이 있다.

1. 기존 지도를 이용하는 방법

데이터의 취득방법 중 기존 지도를 이용하여 생성하는 방법은 가장 간단한 방법으로 데이터 취득을 위한 비용이 저렴하고 신속하지만 정확도가 낮은 단점이 있다.

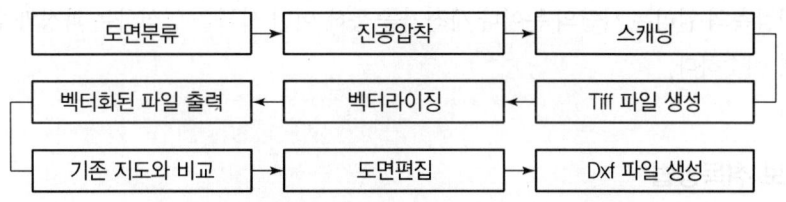

[그림 7-2] 기존 지도를 이용한 데이터 취득방법

2. 지상측량에 의한 데이터 취득방법

지상측량에 의하여 토지정보체계의 데이터를 취득하는 방법은 비교적 정확하지만 대규모 지역에서는 비용이 고가이며, 데이터 취득에 따른 공간적 한계가 있다.

(1) 측량에 의한 자료 취득

① 현지측량 등으로 얻은 대상물의 좌표를 직접 입력하여 공간정보를 구축하는 방식
② 거리, 방향각 등 관측값을 입력하여 컴퓨터에서 각 점의 좌표를 계산하여 처리하는 방법
③ 기존 지도를 사용하는 디지타이징보다는 수치지도의 정확도가 높음

(2) COGO(Coordinate Geometry)

① 실제 현장에서 측량의 결과로 얻은 자료를 이용하여 수치지도를 작성하는 방식
② 현장의 각 측량 지점에서의 측량결과를 컴퓨터에 입력시킨 후 지형 분석용 소프트웨어로 지표면의 형태를 생성한 후, 수치의 형태로 저장시키는 방식
③ 디지타이징에 의한 입력방법보다 수치지도의 정확도가 매우 높음
④ 최근 GNSS 장비와 함께 사용함으로써 정확하고 경제적인 수치지도 제작이 가능

3. 항공사진에 의한 데이터 취득방법

데이터 취득방법 중 가장 일반적인 방법이며 정확도가 높고 대규모 지역의 자료생성에 유용한 방법이다.

4. 원격탐사(Remote Sensing)에 의한 데이터 취득방법

(1) 지표, 지상, 지하, 대기권 및 우주공간의 대상들에서 반사 혹은 방사되는 전자기파를 탐지하고 이들 자료로부터 토지, 환경 및 자원에 대한 정보를 얻어 이를 해석하는 기법이다.
(2) 취득한 영상 데이터를 이용하여 화면상에서 벡터데이터를 독취한 후 이를 편집, 검사를 거쳐 수치지도를 작성한다.
(3) 원격탐사는 지상이나 항공기 및 인공위성 등의 탑재기(Platform)에 설치된 탐측기(Sensor)를 이용한다.
(4) 원격탐측의 원리는 사람의 눈이나 사진기를 통해 어떤 사물을 인식하는 과정과 원리면에서는 거의 비슷하다.

5. 지적정보 취득방법

(1) 도형정보 취득방법

① 디지타이저에 의한 입력
② 스캐너에 의한 입력

(2) 속성정보 취득방법

① 현지조사에 의한 경우

② 민원신청에 의한 경우
③ 관련 기관의 통보에 의한 경우
④ 담당공무원의 직권에 의한 경우

05 지형공간정보체계(GSIS)

GSIS는 국토계획, 지역계획, 자원개발계획, 공사계획 등의 각종 계획을 성공적으로 수행하기 위해서 토지, 자원, 환경 또는 이와 관련된 각종 정보 등을 컴퓨터에 의해 종합적·연계적으로 처리하는 방식이다. 지형정보와 공간정보를 시공간적으로 분석하여 신속·정확하고 융통성·완결성 있게 처리하여 모든 사항의 의사결정, 편의 제공 등을 극대화시켜준다.

1. GSIS의 분류

[표 7-1] 지형공간정보체계

구분	주요내용
지리정보시스템 : GIS	지리정보를 효율적으로 활용하기 위한 시스템, 다양한 지리정보를 수집·저장·처리·분석·출력하는 정보체계
토지정보체계 : LIS	다목적 국토정보, 토지이용계획수립, 지형분석 및 경관정보추출, 토지부동산관리, 지적정보구축에 활용
도시정보체계 : UIS	도시현황파악, 도시계획, 도시정비, 도시기반시설관리, 도시행정, 도시방재 등의 분야에 활용
지역정보시스템 : RIS	건설공사계획수립을 위한 지질, 지형자료의 구축, 각종 토지이용계획의 수립 및 관리에 활용
도면자동화 및 시설물관리시스템 : AM/FM	도면작성 자동화, 대규모의 공장, 관로망 또는 공공시설물 등에 대한 제반 정보 및 관리에 활용
기상정보시스템 : MIS	기상변동추적 및 일기예보, 기상정보의 실시간처리, 태풍경로추적 및 피해예측 등에 활용
교통정보시스템 : TIS	육상·해상·항공교통관리, 교통계획 및 교통영향평가에 활용
수치지도제작 및 지도정보시스템 : DM/MIS	중·소축척 지도 제작, 각종 주제도 제작에 활용
측량정보시스템 : SIS	측지정보, 사진측량정보, 원격탐사정보를 체계화하는 데 활용
도형 및 영상정보체계 : GIIS	수치영상처리, 전산도형해석, 전산지원설계, 모의관측분야에 활용
환경정보시스템 : EIS	대기, 수질, 폐기물 관련 정보관리에 활용
자원정보시스템 : RIS	농수산자원, 삼림자원, 수자원, 에너지자원을 관리하는 데 활용
재해정보체계 : DIS	각종 자연재해방재, 대기오염경보, 해저지질정보, 해양에너지조사에 활용
해양정보체계 : MIS	해저영상수집, 해저지형정보, 해저지질정보, 해양에너지조사에 활용

구분	주요내용
국방정보체계 : NDIS	가시도분석, 국방정보자료기반, 작전정보구축에 활용
조경/경관정보시스템 : LIS/VIS	조경설계, 경관분석, 경관계획에 활용
국가지리정보시스템 : NGIS	국가 공간정보기반을 확충하여 디지털 국토를 실현

2. GSIS의 특징 및 구비요건

(1) GSIS의 특징

① 대량의 정보를 저장하고 관리
② 원하는 정보를 쉽게 찾아볼 수 있고, 새로운 정보의 추가와 수정 용이
③ 표현방식이 다른 여러 가지 지도나 도형으로 표현이 가능
④ 지도의 축소·확대가 자유롭고 계측이 용이
⑤ 복잡한 정보의 분류나 분석에 유용
⑥ 자료의 중첩을 통하여 종합적 정보 획득이 용이
⑦ 입지 선정의 적합성 판정 용이

(2) GSIS의 구비요건

① 하나 또는 그 이상의 자료 입력 형식
② 소요 공간 관계와 관련된 정보의 저장 및 유지 기능
③ 자료 간의 상관성과 적절한 요소들의 원인과 결과 반응을 고려한 모형화
④ 다양한 방식에 의한 자료 출력

3. GSIS의 구성요소

GSIS는 자료의 입력과 저장에 필요한 하드웨어, 소프트웨어, 데이터베이스, 인적자원으로 구성된다.

(1) 하드웨어(Hardware)

GSIS를 운용하는 데 필요한 컴퓨터와 각종 입·출력장치 및 자료 관리장치를 말하며 데스크탑 PC, 워크스테이션, 스캐너, 프린터, 디지타이저, 플로터 등 각종 주변 장치를 말한다.

① **입력장치** : 디지타이저, 스캐너, 키보드 등
② **저장장치** : 워크스테이션, 자기디스크, 자기테이프, 개인용 컴퓨터 등
③ **출력장치** : 프린터, 모니터, 플로터 등

(2) 소프트웨어(Software)

자료를 입력·출력·관리하기 위해서 반드시 필요하며, 자료입력을 위한 입력소프트웨어, 저장 및 관리하는 관리소프트웨어 그리고 분석결과를 출력할 수 있는 출력소프트웨어로 구성된다.

① 입력 소프트웨어 : 디지타이저, 스캐너, 단말기, 마그네틱 테이프 등
② 출력 소프트웨어 : 프린터, 플로터, 자기테이프 등

(3) 데이터베이스(Database)

GSIS의 주된 작업은 자료의 입력에 관련된 일이다. 보다 정확하고 핵심적인 요소의 자료가 다양하게 입력되어야 더욱 효율성 있는 운용체계를 구축할 수 있다.

(4) 인적자원(Man Power)

GSIS의 모든 요소를 운영하는 것으로서 데이터를 구축하고 관리하는 전문가뿐만 아니라 일상, 실제 업무에 GSIS를 활용하는 사용자들 모두를 포함한다.

4. GSIS의 자료처리

지형공간정보체계의 자료처리는 자료입력, 자료처리, 자료출력의 3단계로 구분할 수 있다.

(1) 자료입력

① 자료의 입력방식에는 수동방식과 자동방식
② 기본 투영법 및 축척 등에 맞도록 재편집
③ 점, 선, 면, 다각형 등에 포함되어 있는 변량을 부호화
④ 부호화 방식에는 벡터방식(Vector Coding), 격자방식(Raster Coding)

(2) 자료처리

① GSIS의 효율적 작업의 성공 여부에 매우 중요
② 모든 자료의 등록, 저장, 재생 및 유지에 관련된 일련의 프로그램으로 구성
③ **표면분석** : 하나의 자료 층상에 있는 변량들 간의 관계분석 적용
④ **중첩분석** : 둘 이상의 자료 층에 있는 변량들 간의 관계분석 적용

(3) 자료출력

① 도면이나 도표의 형태로 검색 및 출력
② 사진이나 필름기록으로 출력

(4) GSIS 구축과정

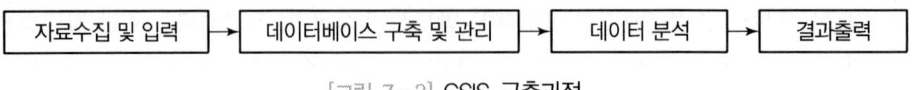

[그림 7-3] GSIS 구축과정

(5) GSIS 자료 구성

① 위치자료
  ㉠ 절대위치 : 경도, 위도, 좌표, 표고 등 실제 공간의 위치 자료
  ㉡ 상대위치 : 설계도 같이 임의의 기준으로부터 결정되는 모델 공간의 위치

② 특성자료
  ㉠ 도형자료 : 위치자료를 이용하여 대상을 가시화한 것으로 지형지물의 위치와 모양을 나타냄
  ㉡ 영상자료 : 센서(스캐너, 레이저, 항공사진기 등)에 의해 얻은 정보
  ㉢ 속성자료 : 도형이나 영상 속의 내용

(6) GSIS 오차

① 입력자료의 질에 따른 오차
  ㉠ 위치정확도에 따른 오차
  ㉡ 속성정확도에 따른 오차
  ㉢ 논리적 일관성에 따른 오차
  ㉣ 완결성에 따른 오차
  ㉤ 자료 변천과정에 따른 오차

② 데이터베이스 구축 시 발생하는 오차
  ㉠ 절대위치 자료 생성 시 기준점 오차
  ㉡ 위치자료 생성 시 발생되는 항공사진 및 위성영상 정확도에 따른 오차
  ㉢ 점의 조정 시 정확도가 균등하지 않음에 따른 오차
  ㉣ 디지타이징 시 발생되는 점·흐름양식에 발생되는 오차
  ㉤ 좌표변환 시 투영법에 따른 오차
  ㉥ 항공사진 판독 및 위성영상으로 분류되는 속성오차
  ㉦ 사회자료 부정확성에 따른 오차
  ㉧ 지형분할을 수행하는 과정에서 발생되는 편집오차
  ㉨ 자료처리 시 발생되는 오차

5. GSIS의 활용 및 응용분야

(1) **토지 관련 분야** : 공공기관의 토지 관련 정책수립에 정보를 제공하며 민원인에게 토지정보를 제공한다.
(2) **시설물 관리분야** : 시설물 관리에 소요되는 비용과 인력을 절감하고 재난을 사전에 방지하는 것이 목적이다.
(3) **교통분야** : 교통정보를 제공한다(교통개선, 도로 유지·보수 등).
(4) **도시계획 및 관리분야** : 도시 현황 및 도시계획 수립, 도시정비, 도시기반 시설물을 관리한다.
(5) **환경분야** : 각종 환경 영향평가와 환경변화 예측 등에 활용한다.
(6) **농업분야** : 토양특성에 적합한 작목추천, 수확량 예측 등 과학적으로 영농지원을 한다.
(7) **재해 재난분야** : 지진예측, 재난 발생 시 긴급 출동 및 피해 최소화 방안 수립에 활용한다.
(8) **기타분야** : 건설, 금융, 보험, 부동산 등 많은 민간산업에 활용한다.

06 공간정보 Agent

서버에 저장된 엑셀, Shape 파일을 지도로 생성한 후, 서비스 공유를 지원하는 오픈소스 기반의 GIS 엔진이다.

1. 추진배경

공간정보 Dream의 안정적 확산으로 공간정보의 활용 수요 및 기술수준이 높아짐에 따라 각 기관별 맞춤형 특화서비스가 요구되고 있으며, 자체 보유한 데이터를 공간화 및 지도서비스를 생성하고, 시스템 간 공유할 수 있는 GIS서비스 SW(공간정보 Agent)를 구축한다.

2. 서비스 개념

(1) 데이터는 중앙의 정보시스템에 등록하는 방법에서 공간정보 사용자가 직접 제작·공유·활용하는 서비스 체계로 확대한다.
(2) 행정망을 사용하는 공공기관에 설치하여 사용하는 GIS 서버와 클라이언트 서비스가 결합된 SW이다.
(3) 데이터는 설치기관에 저장되고, 사용자가 공유한 지도는 공간정보 Dream에서 활용하는 공유체계이다.

3. Agent 주요 기능

(1) 지도드림
자체 생산·관리 중인 공가정보를 지도에 표출 및 서비스 관리, 공간정보 Dream에서 조회·중첩하여 활용한다.

(2) 지오코딩
기관 보유 Text, 엑셀 등 파일을 좌푯값으로 변환하여 지원한다.

(3) 공유체계
Agent가 설치된 기관의 내부 정보시스템에서 등록된 맵 서비스를 활용할 수 있도록 공유체계 및 개발자 기능을 지원한다.

07 국가공간정보기본법

「공간정보기본법」은 국가공간정보체계의 효율적인 구축과 종합적 활용 및 관리에 관한 사항을 규정함으로써 국토 및 자원을 합리적으로 이용하여 국민경제의 발전에 이바지함을 목적으로 한다.

1. 정의

(1) **공간정보** : 지상·지하·수상·수중 등 공간상에 존재하는 자연적 또는 인공적인 객체에 대한 위치정보 및 이와 관련된 공간적 인지 및 의사결정에 필요한 정보를 말한다.

(2) **공간정보데이터베이스** : 공간정보를 체계적으로 정리하여 사용자가 검색하고 활용할 수 있도록 가공한 정보의 집합체를 말한다.

(3) **공간정보체계** : 공간정보를 효과적으로 수집·저장·가공·분석·표현할 수 있도록 서로 유기적으로 연계된 컴퓨터의 하드웨어, 소프트웨어, 데이터베이스 및 인적자원의 결합체를 말한다.

(4) **관리기관** : 공간정보를 생산하거나 관리하는 중앙행정기관, 지방자치단체, 「공공기관의 운영에 관한 법률」 제4조에 따른 공공기관(이하 "공공기관"이라 함), 그 밖에 대통령령으로 정하는 민간기관을 말한다.

(5) **국가공간정보체계** : 관리기관이 구축 및 관리하는 공간정보체계를 말한다.

(6) **국가공간정보통합체계** : 기본공간정보데이터베이스를 기반으로 국가공간정보체계를 통합 또는 연계하여 국토교통부장관이 구축·운용하는 공간정보체계를 말한다.

(7) **공간객체등록번호** : 공간정보를 효율적으로 관리 및 활용하기 위하여 자연적 또는 인공적 객체에 부여하는 공간정보의 유일식별번호를 말한다.

2. 기본계획 수립

정부는 국가공간정보체계의 구축 및 활용을 촉진하기 위하여 국가공간정보정책 기본계획을 5년마다 수립하고 시행하여야 한다.

3. 자료의 가공

국토교통부장관은 공간정보의 이용을 촉진하기 위하여 수집한 공간정보를 분석 또는 가공하여 정보이용자에게 제공할 수 있다.

08 국가지리정보체계
(NGIS : National Geographic Information System)

국가지리정보체계는 국가 차원에서 추진하는 GIS 사업으로 토지와 각종 시설물 관리뿐 아니라 도시계획과 환경관리, 재해·재난대비 등 다양한 분야에서 활용하는 사업을 말하며 우리나라는 1995년부터 국가지리정보체계(NGIS) 사업에 착수하였다.

1. NGIS 구축과정

[표 7-2] NGIS 구축과정

구분	구축 연도	주요내용
제1차 NGIS	1995~2000	국가 GIS 기반형성단계(국가 GIS 기본계획 수립) • 지형도, 공통주제도, 지하시설물도, 지적도의 DB 구축 추진 • 공간정보의 표준 정립, GIS 기술개발
제2차 NGIS	2001~2005	국토공간정보의 활용단계 • 국가공간정보기반 확충을 통한 디지털 국토실현 추진 • 토지·지하·환경·농림·해양 등 부문별 응용시스템 구축
제3차 NGIS	2006~2009	GIS 정착단계(유비쿼터스 국토실현을 위한 기반조성) • 국가기본지리정보 선정 및 구축 • 차세대 GIS분야 핵심기술(RFID, USN, 센서기술) 개발계획 • GIS 활용가치 극대화 • GIS 관련 제도 정비, 산업육성, 인력양성 • 전자정부 실현 및 G-콘텐츠 등 새로운 비즈니스 창출
제4차 국가공간정보정책 기본계획	2010~2012	녹색성장을 위한 그린(GREEN) 공간정보사회 실현 • 상호 협력적 거버넌스 • 쉽고 편리한 공간정보 접근 • 공간정보 상호 운용 • 공간정보기반 통합 • 공간정보기술 지능화

구분	구축 연도	주요내용
제5차 국가공간정보정책 기본계획	2013~2017	공간정보로 실현하는 국민행복과 국가발전 • 고품질 공간정보 구축 및 개방 확대 • 공간정보 융·복합산업 활성화 • 공간 빅데이터 기반 플랫폼서비스 강화 • 공간정보 융합기술 연구 개발 추진 • 협력적 공간정보체계 고도화 및 활용 확대 • 공간정보 창의인재 양성 • 융·복합 공간정보정책 추진체계 확립
제6차 국가공간정보정책 기본계획	2018~2022	공간정보 융·복합 르네상스로 살기 좋고 풍요로운 스마트코리아 실현 • 기반전략 : 가치를 창출하는 공간정보 생산 • 융합전략 : 혁신을 공유하는 공간정보 플랫폼 활성화 • 성장전략 : 일자리 중심 공간정보산업 육성 • 협력전략 : 참여하여 상생하는 정책환경 조성

2. 토지정보체계와 지형공간정보체계 비교

[표 7-3] 토지정보체계와 지형공간정보체계 비교

구분	토지정보체계	지형공간정보체계
공간기본단위	필지(Parcel)	지역, 구역
축척 및 기본도	대축척, 지적도	소축척, 지형도(지형, 지물)
정보갱신주기	즉시	비정규적(2~5년)
세분 정도	토지이용의 최소단위(필지)	보편적(지역범위)
자료수집의 목적	정확한 관청의 과업을 수행하기 위한 관공서의 중요한 영구 자료	대규모 사업설계도, 도시 및 지역계획 수립 등에 의사결정자료 확보
자료의 수명	영구 보존	사업 종료 시(필요에 따라 영구 보존 가능)
정보내용	필지중심자료 • 토지소재, 지번, 지목, 경계, 면적 • 권리관계(지적/등기) • 가치정보(개별공시지가)	지형중심자료 • 지형, 경사, 고도 • 환경, 토양, 토지이용 • 도로, 구조물 등
장점	자료관리 및 제공(법적, 제도적)	자료분석 용이

09 인터넷(Internet) GIS(Web GIS)

인터넷 GIS는 인터넷의 WWW(World Wide Web) 구현 기술을 GIS와 결합하여 인터넷 또는 인트라넷 환경에서 지리정보의 입력, 수정, 조작, 분석, 출력 등의 작업을 처리하여 네트워크 환경에서 서비스를 제공할 수 있도록 구축된 시스템을 말한다.

1. 특징

(1) 인터넷 기술을 GIS와 접목시켜 네트워크 환경에서 GIS 서비스를 제공할 수 있도록 구축한 시스템을 말한다.
(2) 서버-클라이언트 형태의 시스템으로 대용량 공간자료의 저장, 관리와 분산처리가 가능하다.
(3) 데이터베이스와 웹의 상호 연결로 시공간상의 한계를 극복하고 실시간으로 정보 취득과 공유가 가능하다.
(4) 인터넷을 이용한 분석이나 확대, 축소나 기본적인 질의가 가능하다.
(5) 네트워크 환경에서 GIS 서비스를 제공받을 수 있다.
(6) 다른 기종 간에 접속이 가능하며 각종 시스템에 접속할 수 있다.

2. 인터넷(Internet) GIS 서버시스템의 종류 및 기능

[표 7-4] 인터넷(Internet) GIS 서버시스템의 종류 및 기능

서버 종류	서버 기능
기본 패키지	클라이언트 초기화 기능
GIS 패키지	웹 이용자에게 GIS 기능 제공
GUI 패키지	사용자와 내부 객체들과의 사이에서 상호작용 제공
네트워크 패키지	서버와 클라이언트의 안전성 보장
인터페이스 패키지	GIS 엔진과 데이터베이스 시스템을 통합시켜 인터넷 GIS 기능 향상

3. 기능

(1) 분산적(Distributed)
(2) 대화형(Interactive)
(3) 동적(Dynamic)
(4) 상호 운영적(Interoperable)
(5) 통합적(Integrative)

10 개방형 지리정보시스템(OGIS : Open GIS)

서로 다른 분야에서 작성되어 분산·저장되어 있는 다양한 지리정보를 사용자들이 접근하여 자료처리를 할 수 있도록 개발된 지리정보체계이다. 지리자료의 공유와 지리정보처리의 상호 운용성을 가능하게 하는 일종의 소프트웨어 사양으로 상호 운용적 지리정보처리를 위한 인터페이스 표준으로

1994년 세계 각국의 산업계, 학계, 정부 등으로 구성된 비영리단체인 개방형 GIS협회(Open GIS Consortium)에 의해 구성되었다.

1. 구축조건

(1) 시스템 상호 간의 접속에 대한 용이성과 분산처리 기술 확보
(2) 국가 공간정보 유통기구를 통해 유통할 경우 개방형 GIS 구축 필수
(3) 정보의 교환 및 시스템의 통합과 다양한 분야에서 공유

2. GSIS의 기술동향

(1) 시공간 GIS(Temporal GIS)

인간과 환경의 상호 관련된 지리현상의 공간적 분석에 시간의 개념을 도입하여 시간의 변화에 따른 공간변화를 이해하는 시스템이다.

(2) 가상 GIS(Virtual GIS)

가상현실(Virtual Reality)과 GIS가 합쳐진 개념으로 실시간(Real Time) 3D GIS라고도 한다. 높은 하늘에서 실제 지형을 보는 것처럼 화면에 구현하며 3차원 이미지로 각종 GIS 분석이 가능하며 2차원으로 입력되어 있는 공간데이터를 실제와 같은 3차원 공간데이터로 보여주는 시스템이다.

(3) 유비쿼터스(Ubiquitous)

"언제, 어디에나 존재한다."라는 뜻을 가진 라틴어에서 유래되었으며 사용자가 네트워크나 컴퓨터를 의식하지 않고, 시간과 장소에 구애받지 않고 언제, 어디서나 자유롭게 네트워크에 접속할 수 있는 통신환경을 의미한다.

11 공간데이터 유형

GIS에서는 목적에 따라 데이터 유형을 다르게 사용하고 있다. 일반적으로 GIS에서 가장 많이 사용하는 데이터 유형은 벡터자료와 래스터자료로 구분할 수 있다.

1. 벡터자료(Vector Data)

벡터자료 구조는 토지정보체계의 정보를 GIS 자료로 활용하기 위해 컴퓨터에 입력하여 수치의 형태로 정량화하며, 공간상에 있는 객체나 객체와 관련되는 모든 형상을 공간정보의 기본단위인

점·선·면을 이용하여 실세계의 위치를 0차원, 1차원 또는 2차원의 좌푯값으로 표현한 자료구조를 말한다.

(1) 벡터자료의 표현

벡터자료 구조는 객체의 위치를 공간상에서 방향성과 크기로 나타내며 토지정보의 지리적 객체의 형상을 이루는 점·선·면의 위치를 정확히 표현하기 위해 좌표계를 사용하여 2차원의 지도형태로 표시한다.

① 점(Point)
  ㉠ 거리와 폭이 존재하지 않는 0차원의 공간객체
  ㉡ X, Y좌표를 이용하여 공간상 어느 한 지점의 위치 표시
  ㉢ X, Y좌표 이외에도 속성정보도 포함
  ㉣ 노드(Node) 또는 버텍스(Vertex)라고 함

② 선(Line)
  ㉠ 지도상에 표현되는 1차원적 요소
  ㉡ 시작점과 끝점을 가지고 길이와 방향을 가짐
  ㉢ 2개 이상의 X, Y좌표들로 이루어짐
  ㉣ 점이 연결되어 만들어지는 집합
  ㉤ 도로, 하천, 경계 등 시작점과 끝점을 표시하는 형태로 구성
  ㉥ 노드에서 시작하여 노드에서 끝남
  ㉦ 시작과 끝점의 두 개의 노드와 수 개의 버텍스로 구성
  ㉧ 노드 또는 버텍스는 링크로 연결
  ㉨ 아크(Arc), 스트링(String), 체인(Chain) 등 다양한 용어로 사용

③ 면(Polygon, Area)
  ㉠ 공간적 대상물의 범주로 간주되며 연속적인 자료의 표현
  ㉡ 선 또는 아크가 연장되어 폐합형태 구조
  ㉢ 면은 경계선 내의 영역을 정의하고 면적을 가짐
  ㉣ 행정구역, 지적도의 필지, 건물, 지정구역, 호수 등

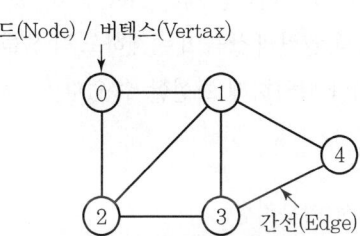

[그림 7-4] 벡터자료의 표현

⑪ 하나의 노드와 수 개의 버텍스로 구성, 노드 또는 버텍스는 링크로 연결

(2) 벡터자료의 파일형식

① Shape 파일 : ESRI의 ArcGIS에서 사용되는 벡터자료 형식 위치정보와 속성정보를 포함
② Coverage 파일 : ESRI의 Arc/Info에서 사용되는 벡터자료 형식 위치정보와 속성정보를 포함
③ CAD 파일 : Autodesk의 AutoCAD에서 사용되는 벡터자료 형식 국내의 NGIS 사업에서 DXF(DWG) 파일형식의 수치지도 구축
④ DLG 파일 : USGS(U.S. Geological Survey)에서 지도학적 정보를 표현하기 위해 고안한 디지털 벡터파일 형식
⑤ VPF 파일 : 미 국방성의 NIMA(National Imagery and Mapping Agency)에서 개발한 군사목적의 벡터파일 형식

(3) 벡터자료의 장단점

① 장점
　㉠ 실제 지도와 가장 유사하게 표현됨으로써 일반대중이 이해하기 쉽다.
　㉡ 실제 지형지물의 위치와 구축된 벡터자료가 공간적으로 일치한다.
　㉢ 위상관계를 이용하여 객체 간 공간적 상호관계, 네트워크 분석 등을 손쉽게 수행할 수 있다.

② 단점
　㉠ 위상구조를 구축하기 위해 여러 속성테이블을 생성해야 하는 복잡한 구조를 갖는다.
　㉡ 객체 추가, 삭제, 변동될 때마다 위상관계를 새로이 계산하고 정립하는 작업수행으로 시간이 많이 소요된다.
　㉢ 래스터에 비해 높은 기술력이 필요하고, 소프트웨어와 하드웨어 구입에 상대적으로 높은 비용을 지불해야 한다.

2. 래스터자료(Raster Data)

실세계 공간현상을 일정 크기의 규칙적인 격자(Cell, Pixel)로 나누어서 표현하는 방법이다. 격자형의 영역에서 X, Y축을 따라 일련의 셀들이 존재하고 각 셀들이 속성값(Value)을 가지므로 이들 값에 따라 셀들을 분류하거나 다양하게 표현할 수 있다.

(1) 래스터자료 구조의 특징

① 동일한 크기의 셀로서 이루어짐
② 격자형의 영역에서 X, Y축을 따라 일련의 셀들이 존재
③ 각 셀들이 속성값을 가지므로 셀의 크기에 따라 데이터의 해상도와 저장 크기가 다름

④ 셀 크기가 작을수록 보다 정밀한 공간현상을 잘 표현할 수 있음
⑤ 각 영상정보에 대해 좌표정보(Georeferencing)를 가지도록 전환하여 생성
⑥ 점은 하나의 셀로 표현되며, 선은 한 방향으로 배열되어 인접하고 있는 셀들에 의해 구성되고, 면은 사방으로 인접하고 있는 셀의 집합으로 표현

(2) 격자자료의 파일형식
① Grid 파일 : ESRI의 Arc/Info나 ArcView에서 사용하는 래스터 파일형식
② BMP 파일 : MS Windows에서 비트맵 그래픽에 사용되는 파일형식
③ PCX 파일 : 이미지 스캐너에서 지원되는 비트맵 파일형식
④ TIFF 파일 : 스캔 이미지의 저장과 그래픽 패키지 사이의 데이터 교환을 위한 파일형식
⑤ GeoTIFF 파일 : TIFF 파일의 확장형식으로서 거리 참조를 포함하는 파일형식
⑥ 기타 GIF, JPEG, PNG 파일

(3) 래스터자료의 장단점
① 장점
  ㉠ 자료구조가 간단하다.
  ㉡ 지도 중첩, 버퍼, 내삽 등 공간분석뿐만 아니라 모델링 작업이 손쉽다.
  ㉢ 저가 · 저사양의 시스템으로도 분석이 가능하다.
  ㉣ 원격탐사형상자료와 자료호환이 가능하다.
② 단점
  ㉠ 곡선반경이 작을수록 계단형태의 모습이 나타나 형태를 왜곡시켜 표현이 부자연스럽다.
  ㉡ 격자크기 이하의 지형지물의 표현이 불가능하다.
  ㉢ 모든 격자에 하나의 코드를 부여하기 때문에 자료량이 커진다.
  ㉣ 위상구조 구축이 어렵다.

(4) 격자자료의 압축방법
격자자료는 각 셀의 크기에 따라 데이터의 해상도와 저장 크기가 다르나 벡터자료에 비해 파일용량이 크므로 저장용량을 줄이기 위해 연속분할부호, 사지수형, 블록코드, 사슬부호 등의 방법으로 압축하여 기록한다.

① 연속분할부호
  ㉠ 각 행마다 왼쪽에서 오른쪽으로 진행하면서 하나의 행에서 동일한 수치값을 갖는 셀들을 묶어 Run이라 함
  ㉡ 각 셀들의 동일한 속성값을 개별적으로 저장하는 대신 하나의 Run에 해당되는 속성값을 한 번만 저장

ⓒ Run의 길이와 위치가 저장되는 압축방법(Run-length code)
② 사지수형(Quadtree)
ⓐ Run-length 코드기법과 함께 가장 많이 사용하는 자료압축방법
ⓑ 크기가 다른 정사각형을 이용하여 Run-length 코드기법보다 더 많은 자료의 압축 가능
ⓒ 공간을 4개의 동일한 면적으로 분할하는 작업을 하나의 속성값이 존재할 때까지 반복하는 압축방법
ⓓ 매우 효과적인 압축방법
③ 블록코드(Block code)
ⓐ Run-length 코드기법에 기반을 두고 정사각형으로 전체 객체의 형상을 나눔
ⓑ 각각의 블록에 대하여 블록의 중심이나 좌하측 시작점의 좌표와 셀의 크기를 나타내는 3개의 숫자만으로 표기가 가능
ⓒ 정사각형의 크기가 클수록 경계가 단순해지고 효율적인 Block Coding 가능
④ 사슬부호
ⓐ 대상지역에 해당하는 셀들의 연속적인 연결상태를 파악하여 압축시키는 방법
ⓑ 시작점부터 연결상태 파악을 위해 각각의 방향에 대하여 임의의 수치 부여 가능
ⓒ 객체와 객체 간의 중복되는 경계부분은 이중으로 입력된다는 단점

12 벡터자료 구조

벡터자료 모형은 스파게티 모형과 위상모형으로 나누어진다. 위상이란 점·선·면들의 공간현상들 간의 공간관계를 말한다.

1. 스파게티(Spaghetti) 모형

스파게티 모형은 X, Y좌표의 나열에 의한 선의 연결을 의미하며 국수가락처럼 X, Y좌표가 길게 연결되어 있어 붙여진 명칭이다.

(1) 디지타이징에 의해 취득한 벡터데이터 구조이다.
(2) 하나의 점(X, Y좌표)을 기본으로 하고 있어 자료구조가 간단하며 파일용량이 적다.
(3) 공간정보를 저장하는 점·선·면이 모두 X, Y좌표로 저장되어 위상관계가 정의되지 못하였다.
(4) 모형의 구조가 아주 단순하며 이해하기 쉽다.

(5) 객체 간의 상호 연관성에 관한 정보를 기록하지 못한다.
(6) 객체들 간의 공간관계가 설정되지 않아 공간분석에 비효율적이다.
(7) 데이터파일을 이용한 수치지도 인쇄 등 단순작업에 효율적이다.
(8) 인접한 다각형을 나타낼 때에 경계는 2번씩 저장한다.

2. 위상(Topology) 모형

객체 간 공간상의 위치나 관계성을 정량적으로 구현한 것으로 벡터자료의 점·선·면에 대해 공간상의 관계를 정의하는 데 쓰이는 수학적 방법이다. 입력된 자료의 위치를 좌푯값으로 인식하고 각각의 자료 간의 정보를 상대적 위치로 저장하며, 점·선·면의 요소들이 기하학적으로 어떠한 관계에 있는지를 설명해 주는 것으로 각 요소 간의 연결성, 인접성, 포함성 등을 나타낸다.

(1) 위상모형 설정
① 인접성 : 관심대상 사상의 좌측과 우측에 어떤 사상이 있는지를 정의
② 연결성 : 특정 사상이 어떤 사상과 연결되어 있는지를 정의
③ 포함성 : 특정 사상이 다른 사상의 내부에 포함되느냐 또는 다른 사상을 포함하느냐를 정의

(2) 위상모형 구성
① 노드 : 2개의 선이 교차하는 지점으로 선의 양 끝점 또는 선상에 주어진 특정한 지점, 예를 들어 도로망, 거주지역의 경계 교차지점 등은 대표적인 노드를 형성
② 링크 : 2개의 노드를 연결하는 선

(3) 위상모형을 통해 가능한 공간분석
① 중첩 분석
② 네트워크 분석
③ 인접성 분석
④ 연결성 분석

(4) 위상구조 특징
① 스파게티 모형에 비해 다양한 공간분석이 가능
② GIS에서 매우 유용한 데이터 구조로서 점·선·면으로 객체 간의 공간관계를 파악
③ 일련의 좌표에 의한 그래픽 형태로 저장되는 구조
④ 자료구조가 매우 간단하여 수치지도를 제작하고 갱신하는 경우에는 효율적인 자료구조
⑤ 벡터데이터의 기본적인 구조로 점으로 표현되며 객체들은 점들을 직선으로 연결하여 표현
⑥ 토폴로지는 폴리곤 토폴로지, 아크 토폴로지, 노드 토폴로지로 구분
⑦ 관망분석을 이용하여 최적경로 선정에서는 위상구조의 연결성이 주로 활용

13 데이터구조 변환

데이터구조의 변환은 격자구조에서 벡터구조로의 벡터화 변환 및 벡터구조에서 격자구조로의 격자화 변환방법이 있다.

1. 벡터화(Vectorization) 변환

(1) 격자구조에서 벡터구조로의 변환방법이다.
(2) 동일한 수치값을 갖는 격자들은 하나의 폴리곤을 이룬다.
(3) 격자화보다 기술적인 난이도가 크며 처리시간도 많이 소요된다.
(4) 변환의 결과물은 원시자료보다 정확도가 떨어진다.
(5) 벡터화 과정

전처리 단계(Pre-processing), 벡터화 단계(Raster to Vector Conversion), 후처리 단계(Post-processing)로 구분된다.

(6) 전처리 단계

① 필터링(Filtering) 단계 : 격자영상에 생긴 잡음(Noise)을 제거하고 연속적이지 않은 외곽선을 이어주는 영상처리 과정
② 세션화(Thinning) 단계 : 하나의 패턴을 가늘고 긴 선과 같은 표현으로 세션화하는 단계

(7) 벡터화 단계

전처리 단계를 거친 격자영상은 벡터화가 가능하며 격자영상의 좌표는 왼쪽 상단에서 오른쪽 하단으로 증가하므로 격자영상을 반복문에 의하여 픽셀들 중의 하나가 발견될 때까지 계속 진행하는 단계이다.

(8) 후처리 단계

경계선을 매끄럽게 하기 위하여 과도한 Vertex나 Spike를 제거하는 단계이며 결과물에 위상(Topology)을 생성시키는 과정이다.

2. 격자화(Rasterization) 변환

(1) 벡터구조에서 격자구조로의 변환방법이다.
(2) 전체의 벡터구조를 일정 크기의 격자로 나눈 후, 동일한 폴리곤에 속하는 모든 격자들은 해당 폴리곤의 속성값을 격자에 저장한다.

14 사지수형(Quadtree)

공간자료를 표현하기 위해서는 래스터구조와 벡터구조 2가지 방식이 있다. 래스터자료를 압축하는 방법에는 체인코드(Chain Code), 런 랭스코드(Run-length Code), 블록코드(Block Code), 사지수형(Quadtree) 등이 있다.

1. 래스터구조와 벡터구조

(1) 래스터구조

① 그리드(Grid), 셀(Cell), 픽셀(Pixel)로 구성된 배열(Array, Raster, Matrix)이다.
② 각 셀은 행과 열의 값으로 참조되며, 지도화되는 속성의 값이나 유형을 나타내는 수치를 가지고 있다.
③ 래스터구조는 점은 하나의 셀로 표시되고, 선은 한 방향으로 배열되어 있는 인접하고 있는 셀들로 나타내며, 면은 사방으로 인접하고 있는 셀의 집합이다.

(2) 벡터구조

① 기점좌표와 거기에 부수된 변위, 방향을 지닌 양으로 표현되는 벡터구조는 사상을 정확하게 나타내는 데 목적이 있다.
② 좌표공간을 래스터 공간과 같이 분할하는 것이 아니라, 위치·길이 차원을 정확하게 표현할 수 있는 연속적인 것으로 가정하고 복잡한 자료를 최소한의 공간에 저장시킬 수 있는 내재적 관련성(Implicit Relations)을 지닌다.
③ 벡터구조에서는 위치적인 제약을 받지 않고 어떤 곳에서도 배치가 가능하며 임의의 정도(精度)로 위치를 정할 수 있다.
④ 원의 경우 래스터의 경우는 경계부의 셀을 모두 부호화해야 하나 이 구조에서는 원의 중심위치·반경을 특정화함으로써 보존이 가능하다.
⑤ 대부분의 GIS에서는 공간벡터데이터는 좌푯값을 부호화하여 입력처리하고 이를 점·선·면으로 편성하여 보존한다.

2. 지형공간정보체계 자료구조

(1) 지형과 공간은 크게 현상을 표현하는 방법과 사상을 표현하는 방법으로 대별된다.
(2) 공간은 어떤 일에 대한 위치, 경계선 등을 나타내어 상호 연결성을 합성하는 기법으로 지도제작과 같다.
(3) 사상은 공간에서 설정된 위치나 경계 등에 대하여 일정한 격자를 형성하고 그 격자 속에 주어진 사상의 존재 여부를 표현하는 기법이다.

(4) 공간은 벡터 자료구조, 사상은 래스터 자료구조라 한다.

3. 자료압축

(1) 래스터구조에서 표현되는 사상에 비해 셀의 크기가 클 때 길이와 면적의 계산에 큰 영향을 준다.
(2) 해상력과 축척은 데이터베이스 내에서 셀의 크기와 셀이 실제 지표상에서 차지하는 면적의 관계에 따라 정해진다.
(3) 격자식의 자료구조에서 지물에 따라 상세한 위치를 표현할 때 하나의 셀을 작게 할 필요가 있다.
(4) 셀을 작게 할수록 셀의 수가 기하급수적으로 증가한다. 따라서 셀을 줄여서 자료량을 압축할 자료구조가 필요하다.
(5) 래스터 표현에서 상세한 위치를 나타낼 때 Mesh의 수가 폭발적으로 증가하기 때문에 압축한 자료구조가 필요한데, 그 대표적인 것이 사지수형이다.

4. 사지수형

(1) 사지수형의 개념

① 사지수형은 공간을 4개의 정사각형을 계층적으로 분할하는 원리에 바탕을 둔 위계적 자료구조이다.
② 공간을 반복하여 셀을 구분하는 것으로 4개로 분할한 공간이 모두 같은 속성 값을 가질 때 분할은 중단된다.
③ 사지수형 자료구조는 대상체를 정보의 조밀 여부에 따라 세분하여 나가는 방법이며 계층적 래스터 자료구조의 변형이다.
④ 계층적 자료구조란 공간 분할에 사용되는 단위의 크기를 달리해 데이터베이스를 구축하는 기법으로 원자료의 정보 그대로 자료를 저장하고 있어 단순한 자료압축의 한 기법이 아니라 래스터의 또 다른 자료구조로서 인식되기도 한다.

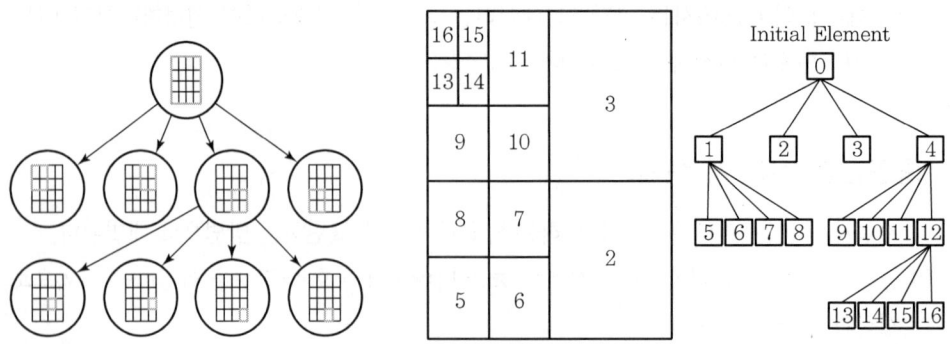

[그림 7-5] **사지수형**

(2) 사지수형의 장단점
　① 장점
　　㉠ 특성을 효율적으로 계산할 수 있으며 가변적인 해상력을 가지는 배열이기 때문에 정보가 비어 있는 부분을 단순하게 처리한다.
　　㉡ 정보가 있는 부분은 자세하게 다룰 수 있어 컴퓨터의 기억용량을 효율적으로 이용할 수 있다.
　② 단점
　　㉠ 격자망의 위치와 방향을 객관적으로 정할 수 없기 때문에 적용마다 다른 결과가 나타날 수 있다.
　　㉡ 같은 형태와 크기를 가진 2개의 지역이 다른 사지수형으로 될 수가 있기 때문에 이 방법은 형태의 분석이나 패턴의 인식에는 적합하지 않다.

15 자료관리

무수히 많은 데이터(Data)를 처리하여 사용자에게 유용한 정보(Information)를 만들어 여러 사람이 공유하고 사용할 목적으로 통합하여 관리되는 데이터의 집합을 자료관리 또는 데이터베이스(DB : Data Base)라고 한다. 자료 항목의 중복을 없애고 자료를 구조화하여 저장함으로써 자료 검색과 갱신의 효율을 높일 수 있다.

1. 특징

(1) 실시간 접근 가능하다.
(2) 계속 변화한다.
(3) 여러 사람이 동시에 공유할 수 있다.
(4) 내용으로 참조 가능하다.

2. 구성요소

(1) 개체(Entity) : 데이터베이스가 표현하려고 하는 유·무형의 정보 객체
(2) 관계(Relationship) : 개체 간에 존재하는 연관성
(3) 속성(Attribute) : 데이터베이스의 가장 작은 논리적 단위, 개체의 구성 원소로서 그 개체의 특성이나 상태

3. 데이터베이스 구조

데이터베이스를 쉽게 이해하고 이용할 수 있도록 하나의 데이터베이스를 관점에 따라 세 단계(외부 단계, 개념 단계, 내부 단계)로 구분한다.

(1) **외부 단계** : 데이터베이스를 개별 사용자 관점에서 이해하고 표현
(2) **개념 단계** : 데이터베이스를 조직 전체의 관점에서 이해하고 표현
(3) **내부 단계** : 데이터베이스를 저장장치의 관점에서 이해하고 표현

16 데이터베이스 방식

데이터베이스는 컴퓨터, 서버 또는 클라우드에 디지털 방식으로 저장되는 정보로 일반적으로 파일 처리 방식 또는 DBMS 방식으로 구성된다.

1. 파일처리 방식

(1) 구성

파일은 유사한 성질이나 관계를 가진 자료의 집합체로 데이터의 파일은 레코드(Record), 필드(Field), 키(Key)의 3가지로 구성된다.

① **레코드(Record)** : 하나의 주제에 관한 자료 저장
② **필드(Field)** : 레코드를 구성하는 각각의 항목
③ **키(Key)** : 파일에서 정보를 추출할 때 쓰이는 필드

[그림 7-6] 데이터파일의 레코드 구성

(2) 특징

① 데이터베이스의 가장 보편화된 방식

② 토지정보체계에서 필요한 자료를 추출하기 위해 각각의 파일에 대하여 자세한 정보 필요

③ 많은 양의 중복 작업 유발

④ 데이터베이스와 응용프로그램 간의 연결에서 자료를 직접 관리하기 때문에 자료의 저장 및 관리가 중복적이며 비효율적이고, 처리속도가 늦음

2. DBMS(DataBase Management System) 방식

(1) 개념

① 데이터베이스를 관리해주는 소프트웨어를 의미하며 사용자의 요구(데이터의 검색·삽입·수정·삭제·생성 등)에 의해 연산을 수행하여 정보를 생성해주는 소프트웨어를 말한다.

② DBMS는 파일처리방식의 단점을 보완하기 위해 도입되었으며 자료의 중복을 최소화하여 검색시간을 단축시켜 작업의 효율성을 향상시키게 되었다.

③ 대표적인 DBMS의 소프트웨어는 Oracle, MySQL 등이 있으며 PC용으로는 Acess 등이 있다.

(2) 주요 기능

① 정의기능 : 데이터베이스에 저장될 데이터의 유형(Type)과 구조를 정의하거나 수정

② 조작기능 : 데이터베이스에 접근하여 데이터의 검색·삽입·삭제·수정 등 수행

③ 제어기능 : 데이터를 항상 정확하고 안전하게 유지하고 같은 데이터를 동시에 처리할 때 병행 수행 제어

(3) 장단점

① 장점

㉠ 시스템 개발 비용 감소

㉡ 데이터의 보안 향상

㉢ 표준화

㉣ 데이터 독립성·무결성·일관성 유지

㉤ 데이터의 동시 공유 가능

㉥ 장애 발생 시 복구 가능

㉦ 데이터 중복의 최소화

② 단점

㉠ 데이터의 백업과 복구작업 복잡

㉡ 중앙집중관리로 인한 취약점이 존재

ⓒ 시스템 구성의 복잡성
ⓔ 유지비용의 증대

3. 파일처리 방식과 DBMS 방식 비교

[표 7-5] 파일처리 방식과 DBMS 방식 비교

구분	파일처리 방식	DBMS 방식
개념	파일은 유사한 성질이나 관계를 가진 자료의 집합체로 데이터의 파일은 레코드, 필드, 키로 구성되며, 데이터베이스의 가장 보편화된 방식이다.	데이터베이스를 관리해주는 소프트웨어를 의미하며 사용자의 요구(데이터의 검색·삽입·수정·삭제·생성 등)에 의해 연산을 수행하여 정보를 생성해주는 소프트웨어를 말한다.
장점	시스템 별도 구입 비용 없음	• 시스템 개발 비용 감소 • 보안 향상 • 표준화 • 데이터 독립성·무결성·일관성 유지 • 데이터의 동시 공유 가능 • 장애 발생 시 복구 가능 • 데이터 중복의 최소화
단점	• 자료의 저장 및 관리가 중복되어 비효율 • 처리속도가 늦음 • 데이터의 접근에 어려움 • 데이터의 독립성 미확보 • 데이터의 동시 공유 미지원 • 보안체계 미흡 • 데이터의 복구 불가	• 데이터의 백업과 복구작업 복잡 • 중앙집중관리로 인한 취약점이 존재 • 시스템 구성의 복잡성 • 유지비용의 증대

17 데이터베이스 관리시스템(DBMS)

GIS와 관련된 다양한 유형의 자료는 공간자료와 비공간자료 또는 속성자료로 구분되며, 데이터베이스 관리시스템은 벡터자료의 계층형, 네트워크형, 관계형, 객체지향 등 다양한 데이터베이스를 효율적으로 저장하고 관리하기 위한 시스템을 말한다.

1. 계층형 데이터 모델(HDBMS : Hierarchical DataBase Management System)

(1) 레코드의 계층적 구조를 지원하는 시스템으로서 각각의 레코드는 다양한 논리적 수준과 각 수준 간의 논리적 연결관계로 조직된다.
(2) 나무줄기와 같은 트리(Tree)구조이다.

(3) 가장 상위의 계층을 뿌리라 할 때 뿌리를 제외한 모든 계층들의 경우 부모-자녀와 같은 관계를 갖는 데이터 모델이다.
  (4) IBM사의 Information Management System
  (5) MRI사의 System 2000

2. 네트워크형 데이터 모델(Network Data Model)

  (1) 네트워크형 모델은 현실세계의 지리적 객체들 사이에 나타나는 복잡한 상호관계의 효율적 표현이 가능하고, 1 : 다(多), 다(多) : 1, 다(多) : 다(多) 의 연결이 가능하다.
  (2) 계층형 DBMS의 단점을 보완한 것으로 서로 관련 있는 레코드들이 그물처럼 얽혀 하나의 망 모양을 이루고 있는 구조이다.
  (3) 각각의 객체는 여러 개의 부모 레코드와 자식 레코드로 구성된다.
  (4) 계층형 DBMS와 같이 일정 객체에 대하여 모든 상위 계급의 데이터를 검색하지 않고도 관련 데이터 검색이 가능하다.
  (5) Computer Associates사의 IDMS
  (6) PRIME Computer사의 PRIME DBMS
  (7) UNISYS사의 DMS-1100

3. 관계형 데이터 모델(RDBMS : Relationship DataBase Management System)

2차원의 테이블로 구성되어 테이블형 데이터베이스라고도 불리며 관계형 모델에서는 모든 공간객체와 속성이 서로 연계될 수 있다. 즉, 공간자료와 속성자료의 연계가 가능하다.

  (1) 개념
  ① 공간정보를 관리하기 위한 데이터 모델로 현재 가장 보편적으로 사용
  ② 데이터의 독립성이 높고 높은 수준의 데이터 조작언어 사용
  ③ 데이터를 2차원의 테이블 형태로 저장
  ④ 2개 이상의 테이블을 공통의 키필드에 의해 효율적인 자료관리가 가능한 데이터 모델
  ⑤ 다른 모델에 비하여 관련 데이터 필드가 존재하는 한 필요한 정보를 추출하기 위한 질의 형태에 제한이 없음
  ⑥ 데이터의 갱신이 용이하고 융통성 증대

  (2) 구성요소
  ① 테이블(Table), 뷰(View), 인덱스(Index) 등의 객체로 구성
  ② 데이터를 저장하는 개체(Entity)와 관계(Relation)들의 집합
  ③ 일관성, 정확성, 신뢰성을 위한 트랜잭션, 무결성, 동시성 제어 등의 개념 존재

(3) 종류

① IBM사의 DB2와 SQL/SC, Oracle사의 Oracle
② Computer Associates사의 CA-OpenIngres, Microsoft사의 SQL Server
③ ESRI사의 ARC/Info

(4) 주요 객체

[표 7-6] 관계형 데이터 모델의 주요 객체

테이블(TABLE)	• 행과 열로 구성된 기본적인 데이터의 저장 단위 • 한 개 이상의 테이블로 구성 • 데이터를 저장하고 관리하며 데이터의 접근을 통제하고 검색, 삽입, 수정, 삭제를 위한 체계 제공
뷰(VIEW)	하나 이상의 테이블로부터 데이터를 선택하여 만든 부분 집합이자 가상의 테이블
인덱스(INDEX)	주소를 사용하여 행을 빠르게 검색할 수 있음
시퀀스(SEQUENCE)	고유한 번호를 자동으로 생성하며 주로 키를 생성하는 데 사용함
동의어(SYNONYM)	관리 편의성과 보안을 위해 객체에 별칭을 부여

18 PostSQL DBMS(Data Base Management System)

데이터베이스 관리시스템(DBMS : DataBase Management System)이란 데이터베이스를 관리하며 응용 프로그램들이 데이터베이스를 공유하며 사용할 수 있는 환경을 제공하는 소프트웨어를 말한다. 데이터베이스를 사용하기 위해서는 DBMS를 설치해야 하는데 대표적으로 MySQL, 오라클(Oracle), SQL서버, PostgreSQL 등이 있다.

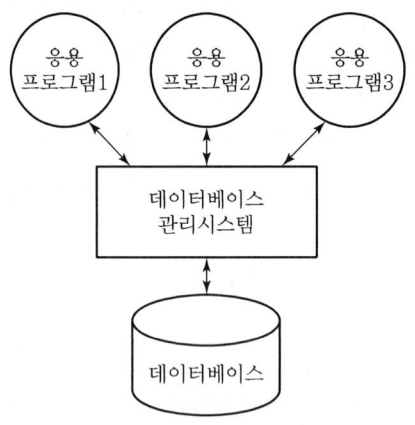

[그림 7-7] 데이터베이스 관리시스템

1. PostSQL DBMS

(1) PostgreSQL
① 확장 가능성과 표준 준수를 강조하는 객체-관계형 데이터베이스 시스템(ORDBMS)
② 오픈소스 DBMS로 자유롭게 사용, 수정 및 배포할 수 있으며 무료
③ 다른 관계형 데이터베이스 시스템과 달리 연산자, 복잡 자료형, 집계 함수, 자료형 변환자, 확장기능 등 다양한 데이터베이스 객체를 사용자가 임의로 만들 수 있는 기능 제공

(2) PostgreSQL의 특징
① 최다 SQL 기능과 표준 지원
  ㉠ 가장 오랜 기간 개발을 거쳐 최다 SQL 기능을 지원
  ㉡ SQL : 2016 또는 ISO/IEC 9075 : 2016은 SQL 데이터베이스 쿼리 언어에 대한 ISO 및 ANSI 표준의 8번째 개정판으로 전체 179항목 중 170항목인 95%의 SQL 표준을 지원

② 풍부한 데이터 유형 지원
  차별화된 확장 기능(extension)으로 NoSQL 유형도 제공
  (예) Key-Value, XML, JSON, JSONB 등

③ 다양한 프로그램 언어 지원
  ㉠ Server-side Language, C/C++, PL/PgSQL, PL/Tcl, PL/Perl, PL/Python, PL/Ruby
  ㉡ External Language
  ㉢ PL/Java, PL/Lua, PL/R, PL/sh, PL/v8

④ 대량 데이터 처리
  ㉠ 다음 기능으로 대량의 데이터 처리 가능
  ㉡ Table Partitioning, Parallel Query & Multiple Processes, Analytic & Aggregate Functions, Indexing & JOIN

2. DBMS의 종류

[표 7-7] DBMS의 종류

DBMS	제작사	작동 운영체제	기타
MySQL	Oracle	Unix, Linux, Windows, Mac	오픈소스(무료), 상용
MariaDB	MariaDB	Unix, Linux, Windows	오픈소스(무료), MySQL 초기 개발자들이 독립하여 개발
PostgreSQL	PostgreSQL	Unix, Linux, Windows, Mac	오픈소스(무료)
Oracle	Oracle	Unix, Linux, Windows	상용 시장 점유율 1위

DBMS	제작사	작동 운영체제	기타
SQL Server	Microsoft	Windows	주로 중·대형급 시장에서 사용
DB2	IBM	Unix, Linux, Windows	메인프레임 시장 점유율 1위
Access	Microsoft	Windows	PC용
SQLite	SQLite	Android, iOS	모바일 전용, 오픈 소스(무료)

19 객체지향형 모델
(OODBMS : Object Oriented DataBase Management System)

공간객체의 다양한 내·외부적인 관계를 다룰 수 있으므로 복잡한 객체로 구성된 현실세계를 재현하는 데 효과적이며, 단순하나 지능적인 데이터베이스를 채택하므로 사용자에게 전문성을 요구한다.

(1) 복잡하지만 동질성을 가지고 구성되어 있는 현실세계의 객체(Object)들을 보다 정확히 묘사하는 DBMS 구조이다.
(2) 관계형 DBMS의 단점을 보완하여 등장한 새로운 DBMS이다.
(3) 클래스의 주요한 특성으로 계승 또는 상속성의 구조를 가진다.
(4) CAD, GIS, 사무정보시스템, 비디오, 영상 등의 다중매체 분야에서 활용한다.
(5) 객체의 구조는 데이터, 메소드(Method), 객체식별자가 있다.
(6) GIS 시스템에서 객체지향형 데이터베이스 시스템이 널리 활용되지 않았으나, 최근 ESRI 사의 ArcGIS 소프트웨어에서는 Geodatabase라는 객체지향형 데이터베이스 모델을 채택한다.

20 SQL(Structured Query Language)

SQL은 관계형 데이터베이스로부터 정보를 얻거나 갱신하기 위한 표준 질의어로 많이 사용되는 프로그래밍 언어이다. 1974년에 개발된 이후 많은 회사에서 상용 관계형 데이터베이스 관리시스템을 개발하면서 서로 다른 질의어를 제공함에 따라 불편한 점이 많아져 1986년 미국표준연구소(ANSI : American National Standards Institute)와 국제표준화기구(ISO)에서 SQL을 관계 데이터베이스의 표준 질의어로 채택하고 표준화 작업을 진행하였다.

1. 특징

(1) 관계형 DBMS를 위한 산업표준으로 사용되는 대표적인 구조화 질의 언어이다.
(2) 관계형 DBMS에서 자료를 구축하고 활용하기 위해 사용하는 언어이다.
(3) 상호대화식 언어이다.
(4) 집합단위로 연산하는 언어이다.
(5) 컴퓨터 시스템 상호 간에 이식성이 용이하다.
(6) 영어와 같은 일반 언어의 구조로 이루어졌다.
(7) 자료조회 시 뷰(View)를 제공한다.

2. SQL 표현

(1) SELECT : 선택 열과 질의의 결과 속성들을 나열하는 데 사용한다.
(2) FROM : 이들 열이 속한 테이블 혹은 테이블의 명칭을 알려주며 조회문 마지막에는 세미콜론(;)으로 문장을 마친다.
(3) WHERE : 열에 대한 조건값이다.

3. 데이터 언어

데이터베이스에서 사용하는 데이터 언어(Data Language)는 데이터베이스를 구축하고 이용하기 위한 데이터베이스 관리시스템과의 통신수단이다.

(1) 데이터 정의어(DDL : Data Definition Language)
① 데이터베이스 구조, 데이터 형식, 접근방식 등 데이터베이스의 스키마를 정의하거나 수정할 목적으로 사용하는 언어
② 데이터 사전에 저장
③ 어떤 데이터를 쓸 것인지 정의
④ CREATE(테이블 생성), ALTER(테이블 수정), DROP(테이블 삭제), RENAME(테이블 이름 변경), TURNCATE(테이블 잘라내기)

(2) 데이터 조작어(DML : Data Manipulation Language)
① 정의한 데이터에 맞추어 데이터를 조작
② 사용자가 데이터베이스에 접근하여 데이터를 처리하는 데 이용하는 언어
③ SELECT(검색), INSERT(삽입), UPDATE(갱신), DELETE(삭제)

(3) 데이터 제어어(DCL : Data Control Language)
① 사용자의 권한을 관리자가 설정

② 데이터 보안 : 권한이 없는 사용자로부터 데이터베이스(DB)를 보호
③ 데이터 무결성 : 데이터베이스 관리시스템(DBMS)이 데이터를 삽입·삭제·갱신할 때마다 제약조건 자동검사
④ 데이터 회복 : 시스템 오류 등으로부터 데이터베이스(DB) 회복
⑤ 병행 제어 : 여러 사용자가 동시에 데이터베이스(DB) 공유가 가능
⑥ COMMIT(데이터 변경 완료), ROLLBACK(데이터 변경 취소), GRANT(권한 부여), REVOKE(권한 해제)

21 스키마(Schema)

스키마는 데이터 시스템 언어회의(CODASYL)에서 데이터베이스의 조직과 구조에 대해 전반적으로 기술하기 위해 사용하기 시작한 개념이다.

(1) 개념 스키마 : 응용 프로그래머나 사용자가 필요로 하는 자료를 통합한 것으로 데이터 전체의 구조를 정의한다.
(2) 외부 스키마 : 사용자 관점의 스키마로 이용자가 취급하는 데이터 구조를 정의한다.
(3) 내부 스키마 : 데이터베이스에서 자료가 실제로 저장되는 방법을 기술한 물리적인 데이터의 구조이다.

22 공간분석(Spatial Analysis)

공간분석은 공간데이터베이스 내에 들어 있는 도형과 속성자료를 분석하는 방법으로 도형자료 분석, 속성자료 분석, 도형자료와 속성자료 통합분석, 데이터 분석으로 구분된다.

1. 도형자료 분석

(1) 포맷변환 : 속성자료의 ASCⅡ 코드와 같이 단순 포맷을 이용한 상호 호환 가능, 도형자료의 CAD 분야의 데이터 호환을 위해 DXF를 사용한다.
(2) 동형화 : 서로 다른 레이어 간에 존재하는 동일한 객체의 크기와 형태를 동일하게 보정하는 방식이다.
(3) 경계부합 : 지도 한 장의 경계뿐만 아니라 다른 지도로 연장되는 객체의 형태를 정확하게 나타내기 위하여 사용한다.

(4) **면적분할** : 넓은 지역에 해당하는 자료를 관리 목적상 작은 단위로 나누어 관리하는 방법이다.
(5) **좌표삭감** : 객체의 형태를 변화시키지 않는 범위에서 적절히 좌표 수를 줄이는 방법이다.

2. 속성자료 분석

(1) **편집(Edit)** : 속성의 추출·검색 및 수정을 위한 제반 기능을 제공한다.
(2) **질의(Query)** : 작업자가 부여하는 조건에 따라 속성 데이터베이스에서 정보를 추출한다.
(3) **분류(Classification)** : 사용자의 필요에 따라 일정한 기준에 맞추어 자료를 나눈다.
(4) **일반화(Generalization)** : 나누어진 분류를 필요에 따라 항목을 합쳐서 분류항목을 줄인다.

3. 도형자료와 속성자료 통합분석

(1) 중첩(Overlay) 분석

① **결합(UNION)** : 두 개 또는 더 많은 레이어들에 대하여 불린(Boolean)의 OR 연산자를 적용하여 합병하는 방법으로 기준이 되는 레이어의 모든 특징이 결과 레이어에 포함되는 중첩분석

② **교차(INTERSECT)** : 두 개 이상의 레이어를 불린(Boolean)의 AND 연산자를 적용하여 입력레이어와 중첩레이어의 공통부분 정보가 결과 레이어로 생성되는 중첩분석

③ **통일성(IDENTITY)** : 입력레이어의 범위에 위치한 모든 정보는 결과 레이어에 포함되며, 레이어의 외부 경계는 입력레이어와 동일하게 되는 중첩분석

(2) 공간보간(Spatial Interpolation)

① 공간보간법 또는 내삽법은 공간상의 특정지점 선정 후 표고값이나 속성값 취득 후, 이 데이터를 이용하여 표고나 속성값이 알려지지 않은 지점에 대한 값을 예측 또는 추정하는 방법이다.

② 내삽법은 알려진 점들을 이용하여 만들어진 선형식(Linear Function), 다항식의 회귀분석(Regression Analysis), 푸리에(Fourier) 급수, Spline, Moving Average, Kriging 등에 의하여 이루어진다.

(3) 지형분석(Topographic Analysis)

지형분석은 수치에 의하여 지형의 상태를 나타낸 자료를 수치표고자료라 하며 지표면에 일정 간격으로 분포된 지점의 높이값을 수치로 기록한 것으로 컴퓨터를 이용하여 분석이 용이하도록 만든 것이다.

(4) 연결성 분석(Connectivity Analysis)

일련의 점 또는 절점이 서로 연결되었는가를 분석하는 것으로 연속성 분석, 근접성 분석, 관망 분석, 확산 분석 등이 포함된다.

① 연속성(Continuity) 분석 : 공간상의 객체가 서로 끊김 없이 계속적으로 연결된 것을 의미
② 근접성(Proximity) 분석 : 공간상의 객체가 상호 얼마나 가깝게 존재하는가를 분석
③ 관망(Network) 분석 : 도로와 같은 교통망이나 하천, 상·하수도 등과 같은 관망의 연결성과 경로를 분석하는 기법으로 최단경로분석, 상하수도 관망분석 등이 해당
④ 확산 분석 : 일정 공간상의 위치에서 특정기능이나 현상이 일정방향으로 영향을 넓혀 가는 것을 의미

(5) 지역 분석(Neighborhood Analysis)

지역 분석은 특정지역을 둘러싸고 있는 주변지역의 특징을 추출하기 위한 공간분석기법이다.
① 검색기능(Search) : 지역 분석에서 가장 보편적인 기능
② Line-in-polygon : Quadtree를 기반으로 일정한 폴리곤에 속한 선의 확인 작업
③ Point-in-polygon : Quadtree를 기반으로 일정한 폴리곤에 속한 점의 확인 작업

4. 데이터 분석

(1) 질의(Query) : 작업자가 부여하는 조건에 따라 속성데이터베이스에서 정보를 추출한다.
(2) 재부호화(Record) : 속성값의 숫자나 명칭을 변경한다.
(3) 재분류(Reclassification) : 속성데이터의 수를 줄여 데이터베이스를 간략화시킨다.
(4) 근접 분석(Neighborhood analysis) : 공간상에서 주어진 지점과 주변의 객체들이 얼마나 가까운가를 파악한다.

23 데이터의 가공 및 표면 모델링

데이터의 가공에는 분리, 분할, 합병, 폴리곤 생성, 러버시팅, 투영법 및 좌표계 변환 등이 있다.

1. 데이터 가공

(1) 분할

하나의 객체를 두 개 이상으로 나누는 것으로 객체의 분할 전과 후에 도형데이터와 링크된 속성테이블의 구조는 그대로 유지할 수 있다.

(2) 합병

처음에 두 개로 만들어진 인접한 객체를 하나로 만드는 것으로 지적도의 도곽을 접합할 때에도 사용되며 합병할 두 객체와 링크된 속성테이블이 같아야 한다.

(3) 러버시팅(Rubber Sheeting)

① 고무판 변환 작업이라고 하며, 서로 다른 두 도면에서 동일 지역을 중첩했을 때 위치상 일치하지 않을 경우 사용하는 기법이다.
② 수치지도를 정해진 틀에 맞추어 넣기 위해 임의의 기준점에 준하여 도형을 고무판처럼 늘리거나 줄여 변형시킴으로써 다른 도면과 일치하도록 하는 방법을 말한다.
③ 훼손된 지도의 독취나 디지타이징에 의한 격자, 벡터지도의 왜곡현상을 보정하기 위해 필수적인 기능이다.
④ 자료의 변형 없이 축척의 크기만 달라지고 모양은 유지되지만 경계복원에 영향을 미친다.

2. 표면 모델링(Surface Modeling)

표면 모델링은 지표상에서 연속적으로 분포되어 있는 현상을 컴퓨터상에서 표현하기 위한 방법을 말한다. 지표면상에 연속적으로 나타나는 현상을 점·선·면으로 나타내기 어려워 표면 (Surface)으로 나타내는데, 표면이란 일련의 X, Y좌표로 위치한 관심 대상지역에서 Z값(높이) 의 변이를 가지고 연속적으로 분포되어 나타나는 현상을 말한다.

(1) 표면 모델링에서 표현되는 현상

① 자연적 표면(Physical Surface) 모델링
  ㉠ 표면의 고도를 실제로 관찰할 수 있는 모델링
  ㉡ 대표적인 지형모델은 수문학적 분석, 토목공학, 토양분석, 경관의 시각화 등 다양한 분야에서 사용
② 추상적 표면(Abstract Surface) 모델링
  ㉠ 비가시적인 현상에 대해 통계수치를 통해 표면으로 나타내는 모델링
  ㉡ 인구밀도나 소득분포 등과 같은 사회·경제분야에서 활용

(2) 표면 표현방법

① 완전한 표면
  ㉠ 연속적 표면 : 점 데이터를 보간법에 의해 생성하는 표면
  ㉡ 불연속적 표면 : 토양도, 지질도, 토지이용도
② 불완전한 표면
  ㉠ 점 표본 표면 : 격자의 X, Y좌표가 알려져 있고, Z좌푯값만 입력하면 된다.
  ㉡ 선 표본 표면 : 등고선, 등치선, 산등선, 계곡, 경사

3. 데이터베이스 설계(Database Design)

(1) 데이터베이스 설계는 데이터베이스의 상세한 자료 모형을 만드는 과정이다.

(2) 데이터베이스 설계과정은 DB 목적 정의 → DB 테이블 정의 → DB 필드 정의 → 테이블 간의 관계 정의의 순서로 진행된다.

4. 데이터베이스 색인화(Database Indexing)

(1) 색인화는 특정 내용이 들어 있는 정보를 쉽게 찾아볼 수 있도록 표지를 넣거나 일정한 순서에 따라 배열하는 방법이다.

(2) 색인방법에는 그리드 색인화, R-Tree 색인화, 역파일(Inverted) 색인화, 사지수형 색인화, 해싱(Hashing) 등이 있다.

24 메타데이터

메타데이터는 실제 데이터는 아니지만 데이터베이스, 레이어, 속성, 공간형상 등과 관련된 데이터의 내용, 품질, 조건 및 특징 등을 저장한 데이터로 데이터에 관한 데이터를 말한다.

1. 메타데이터의 기본요소

(1) **개요 및 자료 소개** : 데이터 명칭, 개발자, 지리적 영역 및 내용 등
(2) **자료품질** : 위치 및 속성의 정확도, 완전성, 일관성 등
(3) **자료의 구성** : 자료의 코드화에 이용된 데이터 모형(벡터나 래스터) 등
(4) **공간참조를 위한 정보** : 사용된 지도 투영법, 변수, 좌표계 등
(5) **형상 및 속성정보** : 지리정보와 수록 방식
(6) **정보획득 방법** : 관련된 기관, 획득형태, 정보의 가격 등
(7) **참조정보** : 작성자, 일시 등

2. 메타데이터의 특징

(1) 데이터의 직접적인 접근이 용이하지 않을 경우 데이터를 참조하기 위한 보조데이터로 사용된다.
(2) 대용량의 공간데이터를 구축하는 데 비용과 시간이 절감된다.
(3) 데이터 교환을 원활하게 지원한다.
(4) 작성한 실무자가 바뀌더라도 변함없는 데이터의 기본체계를 유지하므로 시간이 지나도 일관성 있는 데이터를 사용자에게 제공할 수 있다.

3. 메타데이터의 필요성

(1) 시간과 비용의 낭비를 줄일 수 있다.
(2) 공간정보 유통의 효율성
(3) 데이터에 대한 유지, 관리, 갱신의 효율성
(4) 데이터에 대한 목록화
(5) 데이터에 대한 적합성 및 장단점을 평가한다.
(6) 기관과의 정보가 공유되면 중복 구축을 피할 수 있다.
(7) GIS 자료제작 목적에 사용하기 위해서는 자료에 대한 접근이 용이해야 한다.
(8) 자료에 대한 접근의 용이성을 제공하기 위하여 메타데이터가 필요하다.
(9) 사용목적에 적합한 데이터인지 미리 알아볼 수 있다.
(10) 시간과 비용을 절감하고 불필요한 송수신과정을 제거한다.

4. 메타데이터의 역할

(1) 원하는 지역에 관한 데이터 셋이 존재하는지에 관한 정보를 제공한다.
(2) 데이터 셋에 대한 목록을 체계적이고 표준화된 방식으로 제공한다.
(3) 현재 존재하는 자료상태를 문서화하는 데 필요한 정보를 제공한다.

25 데이터의 입력

데이터의 입력이란 토지정보체계 자료기반을 위해 컴퓨터가 저장ㆍ수정ㆍ분석할 수 있도록 컴퓨터에 자료를 부호화하는 방법으로 도형정보와 속성정보의 입력으로 구분된다.

1. 자판(Keyboard) 입력

(1) 컴퓨터의 자판에 의해 수치형식으로 입력하는 방식으로 대부분의 속성정보가 자판에 의해 입력된다.
(2) 데이터 처리 중 속성정보를 입력할 때에는 토지이동사항인 신규등록, 등록전환, 토지(임야)분할, 합병, 지목변경 등의 토지이동 등이 있을 때 속성정보 입력과 소유권에 관한 사항인 토지소유권 변동에 따른 속성정보 입력에 따른 대장정리가 대표적이다.

2. 디지타이저에 의한 입력

종이로 작성된 지적(임야)도를 컴퓨터에 입력하는 방법으로 디지타이저라는 테이블에 컴퓨터와 연결된 커서를 이용하여 필요한 객체의 형태를 컴퓨터에 입력한다. 해당 객체의 형태를 따라서 마우스를 움직이면 X, Y좌푯값을 컴퓨터에 입력하는 방법이다.

(1) 방법
① 지적(임야)도를 디지타이저 위에 거치
② 도면상의 좌표와 디지타이저 좌표 사이의 관계를 맺어주기 위한 기준점들의 위치를 커서로 지정한 후, 그 점의 지적도 좌표 입력
③ 입력하고자 하는 점·선·면의 위치에 따라 커서의 버튼을 누르면서 도면상의 자료들을 컴퓨터에 입력

(2) 특징
① 자료입력 구조는 벡터구조이며 스파게티 모형이다.
② 지적(임야)도의 훼손·마멸 등 보관상태에 영향을 적게 받는다.
③ 수동방식으로 진행되므로 많은 시간이 소요된다.
④ 작업시간은 작업자의 숙련도와 소프트웨어의 성능에 의해 좌우된다.

3. 스캐너에 의한 입력

스캐너를 이용하여 지적(임야)도를 저장하면 격자자료가 생성되며 격자자료를 벡터로 변환하는 작업을 거쳐 컴퓨터에 수치형식으로 입력하는 방식이다.

(1) 특징
① 스캐너를 이용하여 정보를 신속하게 입력시킬 수 있다.
② 스캐너는 광학주사기 등을 이용하여 레이저 광선을 도면에 주사하여 반사되는 값에 수치값을 부여하여 데이터의 영상자료를 만드는 것이다.
③ 자료입력 구조는 격자자료이다.
④ 작업할 도면은 보존상태가 양호한 도면이어야 한다.
⑤ 스캐닝은 문자나 그래픽 심벌과 같은 부수적 정보를 많이 포함한 도면을 입력하는 데 부적합하다.
⑥ 벡터라이징 작업 시 경계선의 굵기는 0.1mm로 작업하여야 한다.
⑦ 스캐너 영상자료는 소프트웨어를 이용하여 벡터라이징을 통해 수치지도로 제작된다.
⑧ 벡터라이징은 수동방법으로 처리한다.

(2) 오차
① 기계적인 오차
② 도면 등록 시 오차
③ 입력도면의 평탄성 오차

4. 종전의 수치파일에 의한 입력

경계점좌표등록부가 비치된 지역은 경계점좌표등록부의 좌표를 컴퓨터의 자판(Keyboard)에 의해 입력한다.

5. 디지타이저와 스캐너의 입력방법 비교

[표 7-8] 디지타이저와 스캐너의 입력방법 비교

구분	디지타이저	스캐너
입력방식	수동	자동 및 반자동
결과자료	벡터자료	격자자료
구축비용	고가	저렴
구축시간	많은 시간 필요	작업시간 단축
장점	• 정확도가 높음 • 필요한 정보 선택 추출 가능 • 도면의 상태에 따른 영향이 적음	• 작업시간 단축 • 자동화로 인하여 인건비 절감
단점	• 작업시간이 많이 소요됨 • 인건비 증가로 인한 비용 증대	• 벡터구조로의 변환 필수 • 벡터라이징 변환 소프트웨어 필요 • 문자 등 부수적 정보가 많을 경우 부적합 • 도면의 상태에 따른 영향이 많음

26 데이터 편집

초기 자료를 취득한 후 현지조사 및 현지 보완 측량에서 얻은 성과 및 자료를 이용하여 데이터를 수정·보완하는 작업을 정위치 편집이라 하며, 정위치 편집된 지형, 지물에 대한 도형 자료의 내부에서 기하학적인 요소들 간의 관계를 구조화하는 작업을 구조화 편집이라고 한다.

1. 정위치 편집

(1) 항공사진측량에 의할 경우 도화과정에서 사진의 판독이 부정확한 경우도 있으며, 도화기 조작과정에서 실제 지물의 상황과 일치하지 않거나 누락되는 경우가 발생하게 된다.

(2) 부정확한 자료를 바로잡기 위해 초기 자료를 취득한 후 현지조사 및 현지 보완 측량에서 얻은 성과 및 자료를 이용하여 데이터를 수정·보완하는 작업을 정위치 편집이라 한다.

(3) 지상측량을 실시하였을 경우에는 현장에서 현지조사가 이루어지고 별도의 보완 측량이 실시되지 않으므로 정위치 편집 작업은 실시되지 않는 경우가 많다.

2. 구조화 편집

(1) 데이터의 지리적 상관관계를 파악할 때 컴퓨터가 처리할 수 있도록 정위치 편집된 지형지물에 대한 도형자료의 내부에서 기하학적인 요소들 간의 관계를 구조화하는 작업을 구조화 편집이라고 한다.

(2) 구조화 편집이 된 도면에서는 도형을 이루는 각 부분들 간의 관계에 대한 정보가 추가되어 이 정보를 이용하여 인접관계, 연결관계 등에 대한 정보를 이용하는 특별한 분석이 가능하며 구조화에는 선형 구조화와 면형 구조화가 있다.

① **선형 구조화** : 선형 구조화는 도로망, 상하수도, 통신선로, 전기 등과 같이 선으로 표현되는 것들에 적용되는 구조화이며 선형 구조화에서는 선의 끝점 및 선이 갈라지는 지점에 노드(Node) 정보를 추가한다. 노드는 단순히 선이 꺾이는 절점과는 구별된다.

② **면형 구조화** : 면형 구조화는 개별 필지나 행정구역과 같이 경계는 선으로 구성되지만 내부가 비어 있지 않고 채워진 것이며 각 면별로 고유한 정보를 부여할 수 있도록 하는 것이다. 면형 구조화를 위해서는 필지별로 경계선들의 정보를 기억하고, 각 경계선은 인접하는 면에 대한 정보를 기억하는 작업이 필요하다.

27 개체와 객체

지표면에 존재하는 모든 사물의 형태는 있는 그대로 컴퓨터에 입력하는 것이 불가능하여 적절한 형식에 맞추어 GIS 자료의 형태로 구축되며 구축된 각종 자료는 현실세계의 모델을 최대한 반영하여 각종 분석을 통하여 필요한 자료의 추출이 가능해진다.

1. 개체(Entity)

(1) 현실세계의 모델은 현실의 형상을 GIS에서 사용할 수 있는 자료로 표현하기 위하여 개체라는 기본적인 단위를 사용한다.

(2) 도로나 가옥과 같이 공간상에 존재하는 모든 지리적 정보를 생성하는 기본단위는 각각의 개체로 간주된다.

(3) 각각의 개체는 도형과 속성정보를 가지고 있으며 일반적으로 점 · 선 · 면을 기본적인 구성요소로 한다.
(4) 개체는 서로 다른 개체들과의 관계성을 가지고 구성되며 데이터 모델을 이용하여 정량적인 정보를 갖게 된다.

2. 객체(Object)

(1) 현실세계의 모델을 이용하여 만들어진 개체는 데이터 모델을 이용하여 보다 정량적인 정보를 갖게 되며 컴퓨터에 입력된 이후에는 객체라고 불린다.
(2) 현실세계 모델에서의 개체는 데이터 모델에서의 객체와 동일한 의미로 사용된다.
(3) 공간 데이터베이스 내에 저장되는 객체는 도형과 속성정보 이외에도 위상정보(Topology)를 갖게 된다.
(4) 위상정보는 객체 간의 공간상의 위치나 관계성을 정량적으로 구현한 것이다.

28 공간정보 표준

공간정보의 상호 교환 및 효율적 활용을 위해 이해 당사자들이 합의에 의해 만든 규칙 및 지침 또는 제품의 특성, 관련 공정, 생산방법 등을 규정한 것이다. 넓은 의미로 표준 제 · 개정 활동 및 이를 지원하는 조직 및 제도 등 공간정보 표준체계 전반을 의미한다.

1. 공간정보 표준의 특징

(1) 표준이란 제품의 종류, 품질, 모양, 크기 따위를 일정한 기준에 따라 통일한다.
(2) 공간정보표준이란 공간정보 구축 · 가공 · 서비스 등을 대상으로 한다.
(3) 상호이해를 촉진한다.
(4) 다양한 분야와 융 · 복합 활성화가 가능하다.
(5) 데이터나 시스템 구축과정에 필요한 연구 및 개발비용을 절감할 수 있다.
(6) 공간정보구축비용을 절감할 수 있다.
(7) 사용자 및 소비자의 이익을 보호할 수 있다(최저 품질과 안전성 보장).

2. 국내 공간정보 표준현황

(1) 공간정보 표준 현황
① 2009년 8월 공간정보 표준정책의 주관 부처가 국토교통부로 변경
② 국가 GIS 사업을 통해 총 99종의 표준제정(KS : 38건, TTA : 61건)
③ ISO : 유비쿼터스 참조 모델 표준 및 주소체계표준, 빌딩정보관리(GIS-BIM) 표준 참여
④ OGC : 실내공간정보 표준(IndoorGML) 참여 주도

(2) 공간정보 기술기준 현황
공간정보 기술기준은 총 65건 제정 : 기본지리정보 구축작업지침, 수치지도 작성작업내규, 지도도식규칙 등

3. 표준적용 현황

(1) 데이터 구축 관련 표준들이 준수되지 않음
① 시스템 개발 관련 표준은 대체적으로 잘 준수
② 공간정보의 공유를 위해서는 데이터 구축 표준이 준수되도록 해야 함

(2) 사업수행계획 수립 시 표준 준수 계획이 없음
① 표준에 대한 무관심
② 지켜야 할 표준이 너무 많고, 내용을 이해하기 어려움
③ 공간정보표준보다는 과업지시서의 기술기준 우선 적용

(3) 공간정보표준 서비스 확대 필요
① 교육 및 컨설팅 서비스 제한적
② 공간정보사업 발주처와 사업수행자를 위한 다양한 교육 콘텐츠 개발 필요
③ 표준 적용을 위한 전문 컨설팅 서비스 필요

(4) 표준에 대한 정비가 우선
실효성 없는 표준에 대한 정비가 선행되어야 함

29 지적표준화

지적표준화는 지적정보의 상호 운영성 확보를 통한 활용성 증대와 타 기본공간정보의 연계 활용을 목적으로 국제표준화기구(ISO), 개방형 공간정보표준화기구(OGC), 유럽표준화기구(CEN) 등에서 표준작업을 수행하고 있다.

1. 표준화의 목적

(1) 지적정보의 상호 운영성 확보를 통해 활용성을 증대시킨다.
(2) 지적정보에 대한 데이터 모델 및 메타데이터 표준을 개발한다.
(3) 지적정보와 타 기본공간정보의 연계에 활용한다.

2. 표준화의 필요성

(1) 지적정보의 가공 및 활용상의 문제로 인해 서비스의 어려움이 있다.
(2) 국가공간정보통합체계 구축에 따른 지적정보의 활용성이 증가 추세이다.
(3) 기본공간정보 간의 관계성 유지 및 상호 운영상 확보를 위한 표준의 개발은 필수불가결한 시대적 흐름이다.

3. 표준화기구

(1) 국제표준화기구(ISO : International Standard Organization)

국가마다 다른 공업규격을 조정 및 통일하고 물자 및 서비스의 국제적 교류를 원활히 하고 제품 및 서비스의 국제적 교환을 촉진하기 위하여 국제규격을 제정하고 보급하며, 기술발전을 위한 정보와 지식의 국제 간 교류를 촉진하기 위해 1947년 2월에 설립된 국제기구이다.

① 지리정보기술위원회(ISO/TC 211)에서 1994년 공간정보분야의 국제표준 제정
② 회원의 구성은 투표권을 행사하는 P-Members(Participanting Members : 32개국)
③ 회원국은 62개국이며 우리나라는 투표권을 행사하는 P-Members
④ 표준화 분야별 작업분과 단위로 운영되며 5개의 작업분과(Working Group)와 특별분과로 구성
⑤ WG7에서 지적행정도메인모델(LADM) 등의 지적분야 표준화가 추진되고 있음
⑥ LADM은 제29차 ISO 총회에서 CD(Committee Draft) EC로 채택

(2) 개방형 공간정보표준화기구(OGC : Open GIS Consortium)

① 개방형 첨단기술을 GIS 분야에 활용하기 위해 세계적인 S/W, H/W업체, 데이터 제공기관 등 민간업체를 기반으로 1994년 8월 설립
② 지리정보를 활용하고 관련 응용분야를 주요 업무로 하는 공공기관 및 민간기관들로 구성된 컨소시엄
③ 지리정보를 상호 운용이 가능하게 하고 기술적·상업적 접근을 촉진하기 위해 조직된 비영리단체
④ OGIS(Open Geodata Interoperability Specification)를 개발하고 추진하는 데 필요한 합의된 절차를 정립할 목적으로 설립
⑤ 주요 활동은 지리공간정보 데이터의 호환성과 기술 표준을 연구하고 제정

⑥ 조직은 기술위원회(TC), 기획위원회(PC), 상호운영성관리팀(IPMT)으로 구성
⑦ 국내에는 2009년 OGC Korea 승인 및 활동 시작

(3) 유럽표준화기구(CEN : Comite European de Normalization)
① EU 국가들의 무역 촉진 및 유럽 표준의 이행을 촉진하기 위해 1957년에 설립된 유럽표준화기구이며 유럽 표준화에 맞추어 유럽 경쟁력 강화를 목표로 하며 ISO 국제표준에 대응하기 위해 설립
② CEN/TC 287은 지형공간 정보에 관한 표준작업 수행

4. 국가별 지적표준화 동향

(1) 미국
연방지리정보위원회(FGDC : Federal Geographic Data Committee)의 소위원회 작업분과 단위로 수행하며, 지적분야에서는 지적소위원회가 구성되어 국가지적공간데이터기반(Cadastral NSDI) 구현을 위해 노력하고 있다.

(2) 유럽
유럽공동체(EU)는 2007년 3월 유럽의회 및 이사회를 통해 공간정보에 대한 인프라 구축 지침인 INSPIRE(Infrastructure for Spatial Information for Europe)를 채택

5. 기대효과
(1) 국내 최초 지적공간정보의 단체표준을 개발한다.
(2) 지적정보의 일관성 있는 생산을 도모한다.
(3) 타 기본공간정보와의 상호운영성 강화를 통한 지적정보의 활용성을 증진한다.
(4) 지적분야 기술 선진국으로서의 위상을 제고한다.

30 공간자료 교환표준(SDTS)

국가지리정보체계(NGIS)를 구성함에 있어 지리정보시스템 간 위상벡터데이터 형식의 지리정보 교환을 위한 공통데이터 교환 포맷을 공간자료 교환표준이라 한다. 모든 종류의 공간자료, 속성, 위치체계 등을 호환 가능하도록 해주는 표준으로 서로 다른 지리정보시스템들은 서로 간의 데이터를 긴밀하게 공유할 필요가 발생하지만 상이한 하드웨어, 소프트웨어, 운영체제 사이에서 데이터 교환을 가능하게 해주는 것을 말한다.

1. 분류

(1) **USGS DEM** : 1980년 USGS에서 격자 고도데이터의 작성을 위하여 만들었으며 격자당 한 가지의 속성자료를 가진다.

(2) **USGS DLG** : USGS의 수치지도가 지원하며 자료의 교환에 가장 많이 사용된다.

(3) **GBF/DIME** : 1970년대 미국 통계청에서 인구 조사작업을 위하여 만든 포맷(좌표+속성자료)이다.

(4) **TIGER** : DBF/DIME이 변환되어 만들어진 센서스 데이터 포맷이다.

(5) **IGES** : CAD/CAM 데이터의 교환을 위하여 만들어진 포맷이다.

(6) **SDDEF** : NOAA에서 FAA, DMA와의 데이터 교환을 위하여 만든 포맷(점데이터 지원)이다.

(7) **SIF** : Intergraph사에서 다른 회사의 소프트웨어와 데이터 교환을 위하여 개발되었다.

(8) **MOSS** : MOSS GIS의 한 부분으로 개발되어 다양한 공간정보 교환을 위해 개발되었다.

(9) **DXF** : Autodesk에서 AutoCAD 자료의 호환을 위하여 개발, 도형정보의 교환에 널리 사용되고 있다.

2. SDTS의 특징

(1) SDTS는 모든 종류의 공간자료를 교환 및 공유가 가능하도록 구성되었다.

(2) 서로 다른 체계들 간의 자료공유를 위하여 개발되었다.

(3) 공간자료의 가치를 무한히 확대시키는 데 중요한 역할을 한다.

(4) SDTS는 1995년 12월 우리나라 NGIS의 공통데이터 교환표준화로 제정되었다.

(5) 위상구조로서의 순서(Order), 연결성(Connectivity), 인접성(Adjacency) 정보를 규정한다.

(6) 공간위치 속성값 등의 개념 및 모델을 제공하고 표준화된 용어의 리스트를 포괄한다.

(7) SDTS는 일반적으로 자료교환 표준 ISO/ANSI 8211을 사용하여 논리적인 규약을 물리적 수준으로 전환 가능하도록 규정하였다.

3. SDTS 공간자료 구성

(1) 개념적 모델

① 공간현상(Spatial Phenomena) : 실세계 현상
② 공간객체(Spatial objects) : 공간현실
③ 공간형상(Spatial feature) : 공간현상과 공간객체와의 결합

(2) 객체의 분류

① 0차원 : 점(Point), 노드(Node)
② 1차원 : Line Segment, String, Arc, Link, Chain, Ring

③ 2차원 : Internal Area, Pixel, Grid Cell, G-polygon, GT-polygon

4. SDTS 공간자료 품질

데이터의 품질은 사용자가 자신의 용도에 맞는 자료의 확인, 저장 및 관리를 위한 부분으로 추가·갱신·삭제가 자유로우며 독립적으로 전환하는 것이 가능하다.

(1) 데이터의 이력
공간데이터의 생성에서 현재까지의 자료기술, 처리과정, 날짜 등을 포함한다.

(2) 위치정확도
변화되는 정보에서 위치정확도는 매우 중요한 요소이다.

(3) 속성정확도
① 속성정확도를 측정하는 방법이나 절차는 위치정확도와 비슷하다.
② 속성정확도의 검사기록은 검사일, 자료의 사용일을 포함하여 날짜의 기록에 의하여 현상의 시간적 변화를 기술한다.

(4) 논리적 일관성
① 유훗값의 검사
② 그래픽자료에 대한 일반검사
③ 특정 위상구조 검사
④ 검사일

(5) 무결성
지도제작과 관련된 선택기준, 정의, 규칙 등의 정보를 제공한다.

5. 수치지형공간정보 교환표준(DIGEST)

DIGEST(Digital Geographic Exchange Standard)는 원래 미국의 국방분야 지도제작기관인 DMA(Defence Mapping Agency)가 주도적으로 개발한 데이터 교환 포맷인 VPF(Vector Product Format)가 발전된 형태로 미국뿐만 아니라 나토국가들 간에 통일된 규약에 의한 공간데이터 제작에 사용되고 있으며, 우리나라에서도 국방분야에서 표준으로 사용하고 있다.

31 데이터 표준화

국가 또는 지방자치단체에서 막대한 예산을 투입하여 정보화사업을 하여 효율적인 관리 및 활용을 하고 서로 다른 GIS 소프트웨어와 시스템 상호 간 호환성을 확보하기 위하여 기초 연구의 강화와 함께 운영기반 조성에 필요한 데이터의 표준화 추진이 필요하다.

1. 데이터 표준화 추진 목적

(1) 각종 수치지형도 및 속성자료에 대한 구축, 유통, 관리, 활용 분야의 체계적이고 미래 지향적인 표준을 개발한다.
(2) 고도의 정보화 사회에 대비하여 국가 차원에서 GIS 활용기반과 여건을 성숙시켜 국토관리, 국가 중요시설관리, 재해관리 등 국가정책 및 행정, 공공분야 등에 활용한다.

2. 데이터 표준화의 필요성

(1) **비용 절감** : 데이터의 중복 구축을 방지한다.
(2) **접근 용이성** : 기존에 구축된 모든 데이터에 쉽게 접근할 수 있다.
(3) **상호 연계성** : 시스템 간의 상호 연계성을 강화한다.
(4) **활용의 극대화** : 데이터를 효율적으로 관리 및 활용한다.

3. 데이터의 표준화 유형 분류

(1) **기능 측면**
   ① 데이터 표준
   ② 기술 표준
   ③ 프로세스 표준
   ④ 조직 표준

(2) **데이터 측면**
   ① 내용적 요소
      ㉠ 데이터 모델 표준
      ㉡ 데이터 내용 표준
      ㉢ 메타데이터 표준
      ㉣ 데이터 교환 표준
   ② 외부적 요소
      ㉠ 데이터 품질 표준
      ㉡ 데이터 수집 표준
      ㉢ 위치참조 표준

(3) **영역 측면**
   ① 국가 단위
   ② 지역 단위
   ③ 국가 간 단위
   ④ 국제 단위

32 공간정보 오픈 플랫폼(SOPC)

다양한 국가공간정보와 콘텐츠를 누구나 쉽게 사용할 수 있는 서비스이다. 다양한 애플리케이션을 개발할 수 있도록 2D/3D 기반의 국가공간정보 및 검색기능을 오픈 API 형태로 제공하고 있다.

1. SOPC 설립 배경

(1) 세계 공간정보산업은 첨단기술과 접목하여 빠르게 성장 중이다.
(2) 우리나라도 방대한 공간정보를 구축하였으나 공간정보를 활용한 새로운 비즈니스 창출에 한계가 있다.
(3) 1995년부터 국가 GIS 사업을 통해 방대한 공간정보를 제작하였으나 민간 비즈니스 활용은 부진하다.
(4) 공간정보를 활용한 모바일·웹서비스가 급속히 발전하고 있으나 국가의 공간정보는 활용이 미비하다.
(5) 국가공간정보센터의 유통망(NSIC)과 지리원에서 공공기관이 제작한 공간정보를 유통하고 있으나 한계에 직면하였다.
(6) 스마트폰·IT 등의 발달로 공간정보 유통경로도 다양해지고 있으나 파일 다운로드, 종이지도 판매 등 고전적 유통을 답습하고 있다.

2. SOPC 설립 목적

(1) 공간정보 유통체계의 시장친화적 혁신
① 민간 주도 유통체계를 통해 급변하는 수요자 니즈에 신속하게 적응하는 유통구조 확립
② 수요조사 등을 통해 그간 유통되지 않았던 공공의 공간정보 중 유통대상 발굴 및 유통 확산 촉진
③ 보안성 검토 등 사용자의 활용을 제약하던 전처리과정을 대신 수행하는 등 공공의 공간정보의 상품화 추진
④ '공간정보 오픈 플랫폼'을 시장친화적으로 운영
⑤ 웹을 통한 공간정보 유통, Open-API 서비스 등 공무원 조직이 수행하기 어려운 첨단기술 분야 위탁 수행
⑥ 포털, SI, 게임, 내비게이션 등 대규모 공간정보 수요자와 유기적인 협력관계를 맺고 플랫폼 이용 확산 촉진

(2) 국내 공간정보산업발전 지원
① 공간정보산업진흥원으로 지정하여 침체되어 있는 국내 공간정보산업의 발전을 지원하기 위한 업무 수행

② 공간정보 수요조사, 유통현황 조사, 정보분석, 지적재산권 보호 등 플랫폼을 통해 지원할 수 있는 업무 담당

3. SOPC 설립 형태 및 법적 근거

(1) 설립 형태

① 「민법」 제32조에 의한 비영리 재단법인으로 설립
② 2011년 6월 중 협회, 학회, 연구원, 업계 등으로 구성된 설립위원회를 출범하여 CEO 및 이사진 선임
③ 민·관이 함께 법인을 설립하며, 민간부문에서 대표, 이사진 선임 등 설립과정 주도, 정부는 지원

(2) 법적 근거

① 법적 지위 : 공간정보산업진흥원
② 「공간정보산업진흥법」 제23조에 근거하여 비영리법인을 공간정보산업진흥원으로 지정

33 브이월드(V-world)

국토교통부에서 다양한 공간정보를 서비스하는 오픈 플랫폼(www.vworld.kr)으로 2차원(2D)과 3차원(3D) 공간정보 데이터를 Open API 방식으로 무료로 제공하며, 모든 국민이 공개정보를 활용할 수 있도록 다양한 방법을 제공한다.

1. 공간정보 오픈플랫폼(Spatial Information Open Platform)

(1) 공간정보(Spatial Information)

우리가 사는 실세계의 형상과 그것을 바탕으로 도형으로 구성한 물리적인 공간 구성요소(건물, 도로 등)와 논리적인 공간 구성요소(행정경계, 연속지적 등), 그리고 그 도형에 속한 속성을 모두 포괄하여 공간정보라고 하며 표현의 수준에 따라 2차원 공간정보와 3차원 공간정보로 나눈다.

(2) 플랫폼(Platform)

기존의 단상, 무대 따위의 의미가 바뀌어 컴퓨터 시스템 기반이 되는 하드웨어, 소프트웨어, 응용프로그램이 실행될 수 있는 기초를 이루는 컴퓨터 시스템이다.

(3) 오픈(Open)

공간정보를 공개하는 것으로 단순히 볼 수 있게만 하는 것이 아니라, 2차원 · 3차원으로도 활용할 수 있도록 다양한 서비스 체계로 공간정보를 공개한다.

(4) 오픈 API(Open Application Programming Interface)

브이월드 2D/3D 기반의 다양한 국가공간정보 및 검색기능을 외부에 웹 서비스(Web Service) 형태로 공개하여 사용자가 원하는 지도 콘텐츠를 만들 수 있는 웹 개발 프로그램이다.

2. V-world에서 제공하는 서비스

(1) 제공 데이터

① 영상지도

[표 7-9] 영상지도 데이터

지역	해상도	자료출처	서비스 구분
대한민국	25~50cm	국토지리정보원	2차원, 3차원
북한(평양, 백두산 등)	50cm	Pleiades 위성	3차원
북한	1m	교육과학기술부(아리랑 위성2호)	3차원
전 세계(육지)	15m	Landsat	3차원
전 세계(바다)	450m	해저기복도	3차원

② 3차원 건물 및 지형

[표 7-10] 3차원 건물 및 지형 데이터

구분	설명	서비스 구분
3차원 건물	LOD4 이상 모델과 건물면 이미지로 구성	3차원
지형	전 세계(90m SRTM DEM), 대한민국(5m DEM)	3차원

㉠ DEM(Digital Elevation Model) : 지형표면의 높이를 일정간격으로 측정하여 만든 수치표고모델

㉡ SRTM(The Shuttle Radar Topography Mission) : 인공위성을 이용하여 전 세계 지형 모델을 구축하는 프로젝트

㉢ LOD(Level of Detail) : 3D 건물 모델의 상세표현 기준으로 단계가 높을수록 실제 건물 모습에 근사하며, 데이터 처리량은 많아짐

③ 행정경계 및 교통시설

[표 7-11] 행정경계 및 교통시설 데이터

지역	자료명	출처	서비스 구분
대한민국	연속수치지도 2.0	국토지리정보원	2차원, 3차원
북한	1/25,000 수치지도	국토지리정보원	3차원

④ 지적도 관련 정보

[표 7-12] 지적도 관련 데이터

구분	자료명	출처	서비스 구분
지적도	연속지적도, 지적부과정보 (공시지가, 토이지용현황)	국토교통부	2차원, 3차원

⑤ 배경지도 및 시설 명칭

[표 7-13] 배경지도 및 시설 명칭 데이터

구분	설명	서비스 구분
배경지도	수치지도 2.0 기반 제작(도로, 교통시설, 지형지물 등)	2차원
시설명칭	대한민국 약 90만 개(2차원), 북한지역 약 3만 개(3차원), 전 세계 약 5만 개(3차원)	2차원, 3차원

(2) 지도 서비스

공간정보 오픈플랫폼 지도는 다양한 국가공간정보(주제도), 부동산 정보(공시지가, 토지이용도 등), 건축물 정보(건물용도, 면적, 준공일자 등), 다양한 검색지원(장소, 새주소 검색), 3D 장소 콘텐츠 등을 제공한다.

3. 기대효과

(1) 국가공간정보를 민간이 활용한다.
(2) 국가공간정보 품질이 선순환된다.
(3) 사용자의 예산규모와 서비스 유형에 맞는 서비스 채널 선택이 가능하다.

34 스마트 시티

스마트 시티는 도시에 ICT, 빅데이터 등 신기술을 접목하여 각종 도시문제를 해결하고, 삶의 질을 개선할 수 있는 도시모델이다. 최근에는 다양한 혁신기술을 도시 인프라와 결합해 구현하고 융·복합할 수 있는 공간이라는 의미의 "도시 플랫폼"으로 활용되고 있다.

1. 스마트 시티 등장 배경

(1) 전 세계적으로 도시화에 따른 자원 및 인프라 부족, 교통 혼잡, 에너지 부족 등 각종 도시문제가 점차 심화될 것으로 전망된다.

(2) 이에 대한 해결책으로 도시 인프라 확충 대신 기존 인프라의 효율적 활용을 통해 저비용으로 도시문제를 해결하는 접근 방식이 주목받고 있다.
(3) 도시문제의 효율적 해결과 함께, 4차 산업혁명에 선제적으로 대응하고 신 성장동력을 창출하고자 스마트 시티가 빠르게 확산 중이다.
(4) 글로벌 저성장 추세, 첨단 ICT의 급격한 발전, 증가하는 도시개발 수요를 바탕으로 전 세계 각국에서 경쟁적으로 추진하고 있다.

2. 스마트 시티 유형

(1) 에너지 효율화, 신도시 개발, 스마트 시티의 융·복합적 특징을 반영한 정보통신기술 혁신, 데이터의 개방, 통합적 도시 관리를 위한 지능화, 시민참여 등에 관심을 가진다.

[표 7-14] 스마트 시티 유형

추진 목표	주요 사업분야	추진 목표	주요 사업분야
에너지 효율화	탄소배출 저감, 에너지 절감	데이터 개방	공공데이터 구축, 오픈 데이터
신도시 개발	도시개발, 고용창출, 경제개발	도시관리	통합적 도시관리, 지능화 시설
혁신기술 개발	ICT 인프라, 정보통신기술 고도화	시민참여	공공데이터 활용, 네트워킹 형성

(2) 유럽, 북미, 중남미, 오세아니아 지역 등은 에너지 효율화에 높은 비중을 두고, 아시아 및 아프리카 등의 개발도상국은 신도시 개발에 스마트 시티의 개념을 도입하고 있다.
(3) 아시아지역의 개발도상국들은 급격히 증가하는 도시인구를 수용하는 동시에 경제 활성화 전략으로 스마트 시티를 추진하고 있기 때문에 선진국과 비교했을 때 투자규모가 상대적으로 크다.

3. 스마트 시티 핵심 구성요소

[표 7-15] 스마트 시티 핵심 구성요소

스마트 교통	스마트 경제
• 접근성 향상 • 안전한 교통 • 효율적·지능적인 교통시스템 • 네크워킹을 활용하여 정체를 줄이는 효율적인 교통시스템 구축 • 카쉐어링, 카풀링, 카바이크 등과 같은 '새로운 사회적 형태'	• 지역/세계에서의 경쟁력 • 기업가 정신과 혁신 모멘텀 • 높은 생산성 • 사업 기회에 대한 시민들과 기업들의 광대역적인 접근 • 지역의 독립성 • 전자 비즈니스 프로세스
스마트 생활	스마트 거버넌스
• 삶의 질 향상 • 사회적 측면 : 교육, 헬스, 케어, 공공안전, 주택 • 고품질 헬스 케어 서비스, 전자건강 기록관리 • 홈 자동화, 스마트 홈 및 스마트 빌딩 서비스 • 모든 사회 서비스의 접근성 향상	• 참여 의사결정 • 공공 및 사회적 서비스 • 투명성 • 민주적 절차와 결과 • 정부, 행정기관과의 상호 연계 • 지역사회에서 정부 서비스 접근성 향상

스마트 피플	스마트 환경
• 사회적 및 인적 자본 • 창의적이며 교양을 갖춘 시민 • 스마트 서비스 기반의 ICT 활용 • 도시, 시골지역 모두 일관된 교육경험을 제공 • E-education은 시민들에게 양질의 정보 제공 솔루션	• 환경오염 모니터링 • 지속 가능한 기술의 활용 • 환경적·지속 가능한·에너지 소비 • 에너지 보존과 자원 재활용을 촉진시키면서 새로운 기술 혁신을 통한 에너지 소비 축소

4. 스마트 시티 현황 및 정책

(1) 해외 스마트 시티 현황 및 정책

① 선진국·신흥국 모두 도시혁신의 새로운 모델로 스마트 시티를 추진

② 싱가포르, 바르셀로나 등 대표적인 스마트 시티의 경우 민관협업을 기반으로 데이터 중심 플랫폼을 구축하여 다양한 솔루션을 제공 중

③ 아시아 등 신흥국가는 국가경쟁력 강화를 위해 공공주도의 스마트 시티 정책을 추진, 급격한 도시화 문제해결과 경기부양 도모

④ 최근에는 도시 여건에 따라 도시 플랫폼(데이터 허브), 리빙랩, 시범도시 구축 등 다양한 전략과 콘텐츠를 가진 스마트 시티 등장

⑤ IBM, Cisco, Google 등 글로벌 기업들도 AI 빅데이터 자율주행 등 첨단기술 분야를 선점하면서 세계시장을 선도 중이며, 기존 도시문제 해결을 위한 솔루션 제공(IBM 등)뿐만 아니라, 신도시에 신기술을 테스트(Google Sidewalk Lab)하는 방식도 추진

⑥ 글로벌 네트워크 구축, 자국기술 홍보를 위한 박람회 등도 개최

(2) 국내 스마트 시티 현황 및 정책

① ICT 융합기술과 친환경기술 등을 적용하여 행정, 교통, 물류, 방범·방재, 환경, 물관리, 주거, 복지 등의 도시기능을 효율화하고 도시문제를 해결

② 우리나라 스마트 시티에 적용되는 기술은 에너지 분야의 스마트그리드, 제로에너지빌딩, ESS(Energy Storage System), 교통분야 ITS(Intelligent Transport System) 등이 대표적

③ 에너지 관련 스마트 그리드 분야에서 민간기업과 공기업이 참여하여 전국 주요 도시에서 관련 기술개발과 스마트 시티 조성사업이 추진 중에 있음

④ 2003년 최초의 스마트 시티라 할 수 있는 U-City 구축을 시작으로 최근 글로벌 스마트 시티 실증단지 조성사업, K-Smart City 특화형 실증단지 조성사업 등의 정책을 추진 중

⑤ 2016년에는 국토교통부가 '한국형 스마트 시티 해외진출 확대 방안'을 발표하고 세종, 동탄, 판교, 평택 고덕 등 4개 지역에 대한 특화형 실증단지 조성계획을 발표

⑥ 우리나라 스마트 시티 사업은 관련 법령(「유비쿼터스 도시의 건설 등에 관한 법률」, 2008. 3)제정, 시범사업 추진, 지능형 교통시스템 해외시장 수출 등을 통해 초기 시장에서 선도적 위치를 구축

35 디지털 트윈(Digital Twin)

4차 산업혁명과 관련된 개념의 하나인 디지털 트윈은 실제로 존재하는 사물과 똑같은 쌍둥이를 가상의 공간에서 만들어 내는 기술로, 현실에서 발생할 수 있는 상황을 컴퓨터로 시뮬레이션함으로써 결과를 미리 예측한다. 과거와 현재의 운용 상태를 이해하고 미래를 예측할 수 있는 인터페이스라고 할 수 있다.

1. 디지털 트윈 개념

디지털 트윈은 사이버물리시스템의 일부라고 할 수 있다. 사이버물리시스템은 모니터링과 제어 등이 주 관심사로 임베디드 시스템이나 제어계측, 공정모니터링 쪽에서 발전해 왔고, 디지털 트윈은 제품수명주기 관리나 가상 시뮬레이션 분야에서 주로 개념을 발전시켜 왔다.

(1) 사이버물리시스템(Cyber-physical System)

① 실제 공간에 존재하는 물리적 환경과 컴퓨터상에 존재하는 사이버 환경이 사물인터넷, 클라우드, 빅데이터 등의 기술발달에 힘입어 서로 연계되고 상호작용하는 다이내믹한 시스템이다.

② 정보를 활용하여 물리적 환경에 대한 이해를 높여주고, 스스로 인지하고 반응하는 자율성을 기반으로 모니터링, 분석, 시뮬레이션을 통해 문제해결 및 최적화가 가능하다.

③ 물리적 세계와 사이버 세계의 융합을 추구하는 새로운 패러다임으로 생산성 향상은 물론 교통, 안전, 환경, 재난재해 등 사회의 각 부문에 적용하여 인간의 삶의 변화를 일으킬 수 있는 혁신적 기술이다.

(2) 디지털 트윈

① 디지털로 만든 실제 제품의 쌍둥이가 가상환경(컴퓨터 안)에서 미리 동작을 해 시행착오를 겪어 보게 하는 기술을 말한다.

② 제품 개발 및 제조 방식에 변화를 가져오며, 더 나아가서 전 산업분야에서 경쟁사보다 더 빠른 제품 출시를 위해 노력하는 과정에서의 혁신적 변혁이다.

③ 실제 공간의 데이터를 공간정보와 연계하여 가상화한 것이다.

④ 사이버물리시스템 기반의 스마트 시티를 구현하여 재난 대응과 시설물 관리 등에 활용한다.

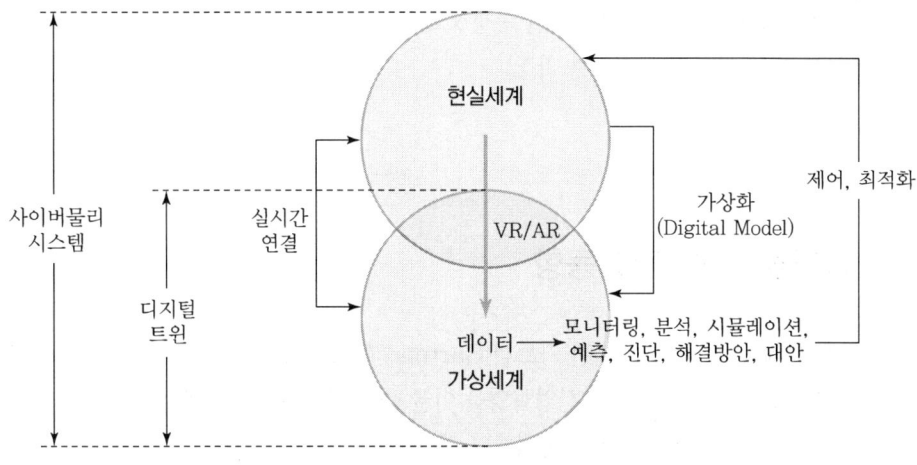

[그림 7-8] 현실세계와 가상세계의 융합 개념

2. 디지털 트윈 모델

(1) 디지털 트윈 모델

① Digital Twin Space(DTS)는 3차원 모델링을 통해 현실공간의 물리적 자산이나 객체, 프로세스 등을 디지털로 복제하는 것을 말하며 위치, 모양, 움직임, 상태 등을 포함한다.
② 스마트 시티나 스마트 사회는 하드웨어와 소프트웨어의 통합시스템이 필요하며, DTS는 물리적 환경을 가상환경으로 구현하는 가장 효과적인 수단이자 현실세계와 가상세계를 연결하는 플랫폼이다.
③ 실세계의 데이터를 활용하여 DTS에서 모니터링, 분석, 예측, 시뮬레이션 등을 통해 얻은 정보를 현실세계에 반영하여 운영 최적화, 문제해결, 사전예방이 가능하다.

(2) 구성요소

디지털 트윈을 구성하는 요소는 현실사물, 분석시스템, 디지털 트윈 등 세 가지로 나눌 수 있다.

[그림 7-9] 디지털 트윈의 구성요소

3. 공간정보 분야에 활용하는 방안

(1) 3D 지도 : 지하공간, 지상 3차원, 정밀도로지도, 스마트 시티 문제해결, 실내공간정보 구축
(2) 스마트 시티 통합플랫폼을 연계한 서비스인 방범, 방재, 교통, 환경 등의 서비스

(3) 예측 플랫폼 : 예측 데이터 기반 공간 속성정보 확장(타 분야 응용에 활용 가능한 공간분석, 시뮬레이션 예측 기반의 속성정보 확장)

36 디지털 트윈 주요 동향

디지털 트윈은 세계적인 시장조사기관 가트너(Gartner)가 매년 발표하는 '10대 전략 기술 트렌드'에 2년 연속 그 이름을 올릴 만큼 4차 산업혁명을 이끌 핵심 기술로 꼽히고 있으며, 우리나라 공간정보 분야를 중심으로 차츰 그 영역을 확장해가고 있다.

1. 국내 동향

(1) 서울특별시
① 화재, 시설물안전, 미세먼지 등 서울에서 발생하고 있는 도시문제에 과학적으로 대처하고 합리적인 정책 의사결정을 지원하기 위해 3D 가상공간에 동일하게 구현한 S-Map을 구축하였다.
② 도시계획, 도시환경, 도시안전과 관련한 변화를 시뮬레이션 등을 토대로 사전에 예측하여 과학적인 정책대응과 도시관리를 지원하는 첨단시스템을 적용 및 활용 중이다.
③ 도시계획, 기후환경, 건축설계, 재난안전분야 등에 활용되며 사용되는 데이터는 서울시 전 지역의 건물, 실내·외 시설물에 대한 3D 데이터와 행정정보 등을 연계 및 구축하였다.

(2) 인천광역시
① 도시정보, 실시간 센서정보 등을 3차원 가상화 도시에 연계하였으며 관련 서비스를 점차적으로 확대·개발하고 있다.
② 공공데이터 개방과 인공지능, 빅데이터 등의 4차 산업혁명 기술을 활용하여 다양한 분석과 예측 시뮬레이션이 가능한 디지털 트윈 플랫폼을 구축하였다.
③ 도시계획·개발, 재난 안전사고 예측·대응, 에너지·물 등의 자원 활용 관련 의사결정 지원체계를 마련하였다.
④ 인천경제자유구역 스마트 시티 서비스와 연계하여 기존보다 향상된 서비스 및 다양한 신규 서비스의 개발 및 제공을 위한 3D 디지털 트윈 구축사업을 추진하고 있다.

(3) 울산광역시
① 울산광역시의 유해화학물질 관리시스템은 울산 국가산업단지 내 화학물질 사고예방을 위한 사물인터넷 기반의 체계적 관리 및 대응체계 도출을 위한 관리시스템이다.

② 울산 국가산업단지 내 화학물질 관련 데이터를 구축하고 사고 발생 시 영향범위 예측 및 관련 관리지침 등을 제시한다.
③ 폭발, 화학물질 유출 등 사고 발생 시 화학물질의 확산속도, 방향, 범위와 이에 따른 피해를 예측하며 분석결과를 통해 기존 산업단지의 체계적 관리방안을 마련하고 신규사업단지 조성 시 주변지역을 고려한 단지조성계획 수립 및 관리체계 구축에 활용하고 있다.

2. 국외 동향

(1) 뉴질랜드 웰링턴

① 시민에게 보다 나은 서비스를 제공하고 자원을 효과적으로 활용할 뿐만 아니라 기후변화 문제를 완화하기 위해 도시 기후변화 대응을 위한 디지털 트윈을 개발하였다.
② 기후변화에 영향을 미치는 각종 데이터들을 구축하여 도시계획 시뮬레이션에 반영했다는 점에서 그 의의가 크다고 할 수 있다.
③ 기후변화에 초점을 둔 웰링턴은 99개 국가 중 631개 도시가 경쟁한 Bloomberg Mayors Chalenge에서 세계 15대 혁신도시로 선정되는 성과를 거두기도 하였다.

(2) 미국 샌프란시스코

① 미국은 2014년 사이버 물리시스템을 기반으로 도처에 산재한 사물인터넷을 하나로 묶어 상호 연동 가능한 인프라를 구축하는 스마트 아메리카 첼린지 프로젝트를 추진해 왔다.
② 샌프란시스코를 바탕으로 한 CAVE 프로젝트는 동굴과 같은 가상현실 환경을 구축하여 사용자에게 몰입감 있는 가상환경과의 상호작용을 가능하도록 지원해 준다.
③ 시뮬레이터를 통해 기체의 방향, 위치, 속도 등 다양한 비행기록이 가능하며 사용자들은 CAVE 가상환경을 통해 도심항공교통과 인간 사이의 제어권 교환과 기체조정에 대한 경험을 간접적으로 체험해 볼 수 있다.

(3) 싱가포르

① 다양한 도시문제 해결을 위해 3D 모델링과 시뮬레이션을 함께 수행할 수 있는 통합된 3D 도시 플랫폼의 필요성이 강조되었으며 이에 싱가포르를 3D 모델링하고 활용할 수 있는 Virtual Singapore를 구축하였다.
② Visualize & Virtualize 단계에서는 싱가포르를 3D 모델로 구축하고 이를 기반으로 에너지, 교통, 소음, 바람, 그늘 등 시뮬레이션을 시험하였다.
③ Experience the city 단계에서는 시뮬레이션의 범위를 확대하고 버스 운영, 교통정보 등 시민에게 제공 가능한 서비스를 다양화하였다.
④ Operate & Manage the city에서는 도시운영을 최적화하고 데이터 중심의 의사결정을 지원하는 기능을 개발하였다.

37 증강현실(AR : Augmented Reality)

증강현실은 가상현실의 한 분야로 실제 환경에 가상 사물이나 정보를 합성하여 원래의 환경에 존재하는 사물처럼 보이도록 하는 컴퓨터 그래픽 기법이다.

1. 증강현실의 개념

(1) 사용자가 눈으로 보는 현실세계와 부가정보를 담은 그래픽을 하나의 영상으로 겹쳐 보여주는 가상현실의 한 분야이다.
(2) 가상환경 및 가상현실에서 파생된 용어로 실제 환경에 컴퓨터 그래픽 영상을 삽입하여 실제 눈으로 보는 영상과 가상의 그래픽을 오버랩한다.
(3) 부가정보를 실시간으로 삽입해 사용자의 현실 인식능력을 향상시키는 인터페이스 기술로 사용자에게 보다 향상된 현실감과 몰입감을 제공한다.

2. 증강현실의 요소 기술

(1) 디스플레이 기술

① HMD(Head Mounted Device) : 머리에 착용하는 형태
② None-HMD : 소형 및 대형 디스플레이 장치
③ Hand Held : 휴대폰, PMP, PDA 등

(2) 마커기술

컴퓨터 비전(vision)기술로 인식하기 용이한 임의의 물체를 의미한다.

(3) 영상합성 기술

카메라 교정 장비 및 3차원 위치 센서를 이용한 방법이다.

3. 증강현실 구동방식

(1) 위치정보를 사용하는 방식

① 위치정보를 바탕으로 해당 정보를 모바일 디바이스에 배치하는 방식이다.
② GNSS로부터 위도-경도-고도값, 지자기 센서로부터 모바일 디바이스가 향하고 있는 방향을, 자이로 센서로부터 디바이스의 기울기 값을 얻는다.
③ 게임이나 엔터테인먼트 산업에 활용되고 있다.

(2) 마커를 사용하는 방식

① 2차원 바코드와 같은 흑백 패턴과 미리 등록한 사진, 적외선 LED 등을 마커로 사용한다.
② 디바이스의 카메라로 영상인식 과정을 통하여 마커가 놓여 있는 곳에 디지털 정보를 배치하는 방식이다.
③ 기업의 마케팅이나 교육에 활용되고 있다.

(3) 마커리스 방식

① 영상이 평면을 실시간으로 추정하여 그 평면 위에 디지털 정보를 배치하는 방식이다.
② 바코드나 QR코드가 아닌 이미지 자체를 인식하여 증강현실 콘텐츠를 제공한다.
③ 실제로 가구를 배치하는 것과 같은 서비스, 가상으로 의류 착용 모습을 볼 수 있다.

4. 증강현실과 가상현실의 차이

(1) **가상현실** : 현실에서 존재하지 않는 정보를 디스플레이 및 렌더링 장비를 통해 사용자로 하여금 볼 수 있게 한다. 그리고 이미 제작된 2차원, 3차원 기반 가상환경을 투사하므로 사용자가 현실감각을 느낄 수는 있지만 현실과 다른 공간 안에 몰입하게 된다.

(2) **증강현실** : 가상현실과는 달리 사용자가 현재 보고 있는 환경에 가상 정보를 부가해준다는 형태이다. 즉, 가상현실이 현실과 접목되면서 변형된 형태 중 하나이다. 때문에 사용자가 실제 환경을 볼 수 있으므로 가상의 정보 객체(예 : 기후정보, 버스노선도, 길 안내)가 현실에 있는 간판에 표시되기도 한다.

(3) 디스플레이를 통해 모든 정보를 보여준다면 이는 가상현실이며, 음식점 간판에 외부 투영장치를 통해 현재 착석 가능한 자리 정보를 제공한다면 이는 증강현실이라 말할 수 있다.

38 위치기반서비스(LBS : Location Based Service)

LBS는 이동통신망을 기반으로 사람이나 사물의 위치를 정확히 파악하고 이를 활용하는 응용 시스템 및 서비스를 통칭하는 것으로서 비상 구조지원, 위치정보 서비스, ITS 관련 서비스 등의 기능이 수행되며, 수치지도 기반에서의 위치정보 획득 및 추적이 가장 중요한 요소로 대두된다.

1. LBS의 기능 및 기대효과

(1) 비상 구조지원 서비스

① 응급 재난 상황에서의 위치 정보 제공
② 차량사고, 도난 방지, 응급 구조, 범죄 예방 분야 서비스

③ 119 · 112 시스템과의 연계를 통한 자동통지 기능

(2) 위치정보 서비스

영업, 관광, 물류, 택배, 보안 등 다양한 산업 분야에 사용자의 현재 위치와 연관된 각종 서비스 제공

(3) 교통정보 서비스

① 실시간 교통정보 제공 및 CNS(Car Navigation System) 가능
② 최단경로 및 최적경로 제공
③ 물류관리 가능

2. LBS의 운용체계

LBS는 이동통신 기지국망과 개인휴대 단말기 그리고 LBS 운용센터의 무선 통신체계로 이루어진다.

3. LBS의 위치 측위 방법

(1) 기존의 이동통신용 기지국망을 이용하는 방법

① AOA(Angle Of Arrival) 방식 : 2개 이상의 기지국에서 단말기로 오는 신호의 방향을 측정하여 방위각을 구하며, 이때 2개 이상의 기지국에서 단말기로 오는 신호의 방향을 측정하여야만 단말기의 위치 측위가 가능
② TOA(Time Of Arrival) 방식 : 3개 이상의 기지국에서 단말기로 오는 신호의 전파 전달시간을 측정하여 단말기의 위치 측위

(2) GNSS를 이용하는 방법

① 단말기에 GNSS를 장착하여 직접 위치 측정
② 측정된 위치를 기지국을 통해 운용센터로 직접 전송

4. LBS 시스템의 구축을 위한 측량조건

(1) 기존 이동통신 기지국망을 이용하는 경우

① 각 기지국에 대하여 국가 삼각점에 근거한 절대좌표측량 필요
② 기지국 상호 간에 시준선이 확보되어야 함
③ 도심지의 경우 건물 등에 의한 반사신호에 의해 단말기 위치의 오차가 발생되므로 이에 대한 기술 개발이 필요함

(2) GNSS를 이용하는 경우

① 개인휴대 단말기에 GNSS가 장착되어야 함
② GNSS로 측정한 사용자의 정보 전송과 LBS 운용센터에서 처리한 서비스 데이터가 이동통신으로 양방향 전송되어야 함

39 MMS(Mobile Mapping System)

MMS는 차량, 열차, 선박과 같은 다양한 지상 이동체에 디지털 카메라, 레이저 스캐너, GNSS, INS, DMI 등과 같은 다양한 센서를 조합하여 주변에 있는 지형지물의 위치와 속성정보를 획득할 수 있은 이동형 측량시스템으로서, GNSS/INS 통합기술과 근접사진측량기술 및 모바일 지상 레이저 측량기술 등을 근간으로 하는 시스템이다.

1. MMS의 특징 및 장점

(1) 특징

① 측량 및 자료획득의 시간과 비용 절감
② GIS DB 구축을 위한 현장 작업의 최소화
③ 각종 자료의 신속한 수정 및 갱신
④ 위치정보 및 영상정보 제공
⑤ 3차원 객체에 대한 지상 Laser Mapping 정보 제공
⑥ 각종 센서의 하드웨어 및 소프트웨어 통합기술 확보
⑦ 측량분야 응용 기술 및 신기술 지원
⑧ 항공사진측량, 라이다(Lidar) 및 위성영상과 지상정보의 통합 기반 구축
⑨ 현실세계 재현(가상현실, 가상도시)을 위한 자료 제공

(2) 장점

① 정밀측량용 영상 또는 레이저 측정 자료를 지형지물과 상당히 근접한 위치에서 운전자의 시점으로 취득할 수 있다.
② 항공사진측량으로는 구축할 수 없었던 보다 상세한 도로지도 정보를 구축할 수 있다.

2. 장비 구성 및 자료처리

(1) 장비 구성
① 지형지물을 측량하기 위한 디지털 카메라, 레이저 스캐너 및 비디오 카메라 등과 같은 측량 센서
② GNSS, INS, DMI 등과 같은 위치결정 센서
③ 센서들을 이용하여 지형·지물의 위치와 형상 정보를 획득하기 위해서는 센서 간의 상대위치 결정과 오차모델이 필요

(2) MMS 자료 획득방법
① 탑재체인 차량에 장착된 위치측정 센서와 지형·지물 측량센서를 사용하여 정보를 획득
② GNSS/INS 통합기술을 이용하여 측량센서들의 위치와 자세를 수 밀리초 수준의 간격으로 결정
③ GNSS/INS 자료처리는 실시간 처리 방법이나 후처리 방법으로 수행
④ 측량센서들의 위치·자세정보와 측량센서들을 이용하여 수집한 정보(영상 또는 라이다 데이터)를 이용하여 차량 주변에 위치한 지형·지물들의 위치정보, 형상정보 및 속성정보를 획득

(3) MMS 표준자료 제작
① MMS 표준자료는 위치보정 및 정합이 완료된 점군 및 사진데이터를 의미
② 자료처리는 GNSS/INS 자료처리 단계와 GNSS/INS 처리결과를 기반으로 LAS 데이터 생성 및 보정작업으로 진행
③ GNSS/INS 자료처리 단계는 MMS 현장조사 데이터와 GNSS/INS 데이터의 준비, DGNSS 처리, IMU 데이터 통합, 주행경로선 결정 등의 단계로 진행
④ 최종 MMS 표준자료 생성은 GNSS/INS 후처리 데이터와 라이다, 카메라 정보를 융합하여 LAS 데이터의 생성 및 보정과정을 거쳐 진행

3. MMS의 활용사례
(1) 국가 기간시설 자료의 데이터베이스 구축
(2) 각종 시설 현장사진의 데이터베이스 구축
(3) GIS용 선형 도로망도 제작
(4) 도로시설물 관리 및 데이터베이스 구축(교통표지 및 신호)
(5) 교량위치 및 정보
(6) 교차로 위치 및 정보
(7) 항공사진의 지상기준점 좌표에 의한 정사 보정

(8) 차선 및 배후도로 지도 작성
(9) 전신주 및 관련 시설의 도화
(10) 불법시설의 감시
(11) 시설물 작업 계획 및 지시
(12) 교통사고 조사 및 발생 약도 제작

4. 차량 MMS를 이용한 국가기본도 제작

(1) 차량 MMS 표준 제작
① 표준 공정과 공정별 산출물의 표준 형식 정의
② 공정별 적용 가능 소프트웨어의 필요조건 정의
③ 차량 MMS 데이터의 표준 포맷 정의
④ 검정장의 요건과 검정방법 정의

(2) 차량 MMS 측량의 공공측량 등록
① 공공측량 작업규정상 장비의 성능기준과 등급 구분
② 적용 가능한 측량작업의 종류와 적용방법 정의
③ 세부기준과 세부기준 운용세칙에 기재될 내용 작성

(3) 차세대 국가기본도 개발 부분
① 새로운 국가기본도의 형식 정의
  지형레이어+교통 네트워크 레이어+증강현실 지원용 3차원 POI 레이어
② 지형레이어
  ㉠ 기존 수치지도 V1.0 레이어를 주로 사용함
  ㉡ 선, 심볼, 문자 일색의 표현방법을 대폭 개선하여 가독성을 향상시킴
  ㉢ 차량 MMS를 이용한 수시 수정 주기와 프로세스 정립
③ 교통 네트워크 레이어
  ㉠ 국가교통 DB의 주요 내용을 준용하되 정밀측량 부분을 적용하여 개발함
  ㉡ 차량 MMS를 이용하여 가장 정확하고 유용한 데이터 구축방안 정립
  ㉢ 지형레이어와의 연계방안 제시
④ 증강현실 지원용 3차원 POI 레이어
  ㉠ 차량 MMS를 이용한 현지조사를 통하여 영상, 3차원 GIS 등과 연계 가능한 3차원 좌표 정보를 가지고 있는 POI를 구축함
  ㉡ 민간분야에서의 지리정보 활용도를 획기적으로 향상시킬 수 있는 지리정보 레이어임
  ㉢ 현지조사 결과를 2D 지형도 레이어상에도 표시할 수 있고, 3차원 영상에서도 표시할 수 있도록 함

40 레이저 스캐너(Laser Scanner)

물체에 레이저를 발사하고 대상물에서 반사된 레이저를 광센서를 통해 검출하여 거리를 측정하는 기술이다. 레이저가 물체에 반사되어 수신되는 시간차 또는 위상차를 관측하여 물체까지의 거리를 계산하고, 동시에 다량의 점들에 대한 3차원 위치좌표를 획득한다.

1. 레이저 스캐너의 원리 및 특징

(1) 근적외 레이저광을 펄스 상태로 조사하고 대상물에 닿아 반사될 때까지의 시간차를 계측한다.
(2) 측량대상과의 거리뿐만 아니라, 위치 및 형상까지 정확하게 검출한다.
(3) 고도의 시준성과 방향성, 일관된 동 위상 전자기 방사선의 빔을 생성하여 방출하고, 물체의 표면에 반사된 빛이 수신되면 시스템 내에서 비행시간으로 범위를 계산하고 표면의 반사율을 얻을 수 있다.

2. 스캐너 측정방식

지상레이저 스캐너 측정방식은 TOF(Time of Flight) 방식, 위상차(Phase Shift) 방식, 그리고 삼각법(Triangulation Method) 방식이 있다.

(1) TOF(Time of Flight) 방식

레이저 센서를 물체 표면에 쏘아 반사되는 레이저가 돌아오는 시간을 이용하여 물체와 측정원점 사이의 거리를 구하는 방식이다.

(2) 위상차(Phase Shift) 방식

특정 주파수를 가지고 연속적으로 변조되는 레이저 빔을 방출하고 측정범위 내에 있는 물체로부터 반사되어 되돌아오는 신호의 위상 변화량을 측정하여 시간 및 거리를 계산하는 방식이다.

(3) 삼각법(Triangulation Method) 방식

되돌아온 레이저 빔이 맺히는 광소자(CCD 또는 카메라)와 레이저기 중심 사이에 일정간격 기선으로 구분하여 삼각법으로 3차원 데이터를 추출하는 방식이다.

41 자율주행 정밀도로지도

자율주행자동차는 사람의 도움 없이 실시간으로 주변환경을 스스로 인지하고 도로상황 및 위험요소를 판단하여 자체적으로 주행함으로써 교통사고를 대폭 줄일 수 있는 인간친화적인 자동차로 전 세계적으로 이목이 집중되고 있다.

1. 자율주행자동차 발전단계별 분류

[표 7-16] 자율주행자동차 발전단계별 분류

단계	기술수준	단계	기술수준
0 (No Automation)	자율 · 자동 주행기능 없음	3 (Condition Automation)	부분주행이 가능하며 시스템이 주변환경 인지 가능
1 (Driver Assistance)	주행기능에 일부 보조적인 도움을 줄 수 있는 수준	4 (High Automation)	특정한 조건과 환경에서 자율주행 가능
2 (Partical Automation)	부분 자율주행 가능	5 (Full Automation)	완전자율주행

2. 자율주행 기반기술

(1) 자율주행 차량 시스템

① 차량은 항법 노드, 장애물 노드, 통합 노드, 차량 노드로 구분된다.
② 항법 노드는 전역경로에 대한 정보를 통합 노드에 전달한다.
③ 장애물 노드는 지역경로의 생성에 필요한 장애물에 대한 정보를 수집하며 이 정보는 통합 노드로 보내진다.
④ 통합 노드는 항법 노드 외 장애물 노드에 대한 정보를 수집하고 상황에 맞게 분석한 뒤 각 노드의 우선권을 부여하고 최종값을 차량 노드에 전달한다.
⑤ 차량 노드는 통합 노드에서 보내는 최종값을 바탕으로 차량을 가속하거나 감속하고 핸들을 조작한다.

(2) 자율주행 기반기술

① 자율주행자동차가 스스로 움직이기 위해서는 여러 가지 기반기술이 필요하며 대표적인 기술이 인식 · 판단 · 제어기술이다.
② 인식기술은 센서기술과 인식시스템을 이용하여 정적 및 동적 장애물을 포함한 도로환경을 인식하여 주행에 활용하는 기술이다.
③ 자율주행시스템은 인식기술을 실현하기 위해서 GNSS/INS, 카메라, 레이저 스캐너, 라이다, 초음파센서를 활용하고 있다.

3. 정밀전자지도 특징

(1) 센서는 눈, 비, 안개 등의 악천후 상황과 고층건물이나 터널 등을 통과할 때 발생하는 상공장애 그리고 인식거리의 한계를 가지고 있는 성능 발휘에 한계가 있다.
(2) 특정 센서로 인해 발생할 수 있는 인식오차의 한계를 극복하기 위해 정밀전자지도와 센서의 융합이 필요하다.
(3) 자율주행 정밀전자지도는 어떤 도로의 구간에서 몇 번째 차선 등에 위치하고 있는지를 알려주고, GNSS 음영지역에서 자차의 위치결정에 이용된다.
(4) 도로와 주변 지형의 정보를 담아 지형지물을 오차범위 10~20cm 이내에서 식별할 수 있는 신뢰성 높은 지도이다.
(5) 기존 디지털지도보다 10배 이상 정확할 뿐만 아니라 지형의 고저, 도로, 곡선반경, 곡률 및 주변 환경을 3D 속성으로 제공한다.

4. 정밀전자지도 제작기술

(1) 정밀지도를 제작하기 위한 기술로 MMS 시스템을 가장 일반적으로 사용하고 있으나 도심지에서 각종 장애물로 인해 완벽한 정밀전자지도를 구축하지 못하고 있다.
(2) 항공사진측량 시스템은 항공기에 디지털 카메라를 장착하여 촬영한 사진영상을 이용하여 대상물의 3차원 위치정보를 생성하는 기술이다.
(3) 건물이나 터널 등에 의한 GNSS 상공장애 없이 3차원 도화시스템을 활용하여 차선, 중앙선, 횡단보도, 노면표시 등이 포함된 기본 전자지도를 생성한다.
(4) MMS 시스템을 이용하여 가로등, 신호등, 교통표지판 등과 자율주행차량의 상대위치 인식방법에 융합되는 Landmark를 구축하고 항공사진측량에서 식별하지 못하는 도로선형을 보완한다.
(5) 지상측량은 항공사진측량과 MMS 측량에서 구축된 디지털 맵과 Landmark 검증을 수행하고, GNSS 음영지역의 정확도 확보를 위한 보완측량을 수행한다.

42 도로대장 전산화

도로대장이란 도로관리청에서 관리 및 유지·보수해야 하는 시설물(자산) 목록(세부내용 포함)과 도로의 기하구조를 알 수 있도록 작성해 놓은 공적장부이다. 이러한 장부를 작성하고 보관해야 하는 것은 「도로법」 제56조와 동법 시행규칙 제24조에 명시되어 있다. 도로대장은 1962년 법제화를 시작으로 도로관리통합시스템(HMS) 구축까지 다양한 변화를 거쳐왔다.

1. 도로대장 전산화 연혁

(1) 1962년에는 처음으로 도로관리청에서 관리 및 유지·보수를 해야 할 시설물(자산) 목록과 도로의 기하구조를 알 수 있도록 한 공적 장부인 도로대장을 작성하도록 명문화하였고 이때 도로대장은 도면과 조서로 구성하여 호선별로 작성하도록 규정하였다.

(2) 1990년에는 도로대장 전산화 시범사업(3개년)을 착수하여 종이로 작성된 도면을 전산화하고 법정서식(조서)를 DB화하기 시작하였으며, 1993년에는 3년간의 시범사업을 완료하고 도로대장관리시스템(NAHMIS)을 운영하였다.

(3) 1997년에는 기존의 도로대장전산화(NAHMIS), 포장관리시스템(PMS : Pavement Management System), 교량관리시스템(BMS : Bridge Management System), 교통량조사시스템(TMS), 비탈면유지관리시스템(CSMS) 등의 관련 시스템에서 구축된 데이터를 기반으로 도로관리통합시스템 구축을 시작하여 2003년에 완료하였다.

(4) 2003년부터는 건설 CALS/EC 전자도면 작성표준을 적용하여 이 시기부터 발주된 지방국토관리청의 토목사업(도로, 하천)에 대하여는 의무적으로 「전자설계도서 작성 및 납품 지침」에 따라 제출하도록 하였다. 따라서 준공도면을 레이어 표준에 맞추어 CAD 형태로 납품하도록 규정하였고 공종(토공, 배수공 등)별로 도면명을 부여하였다.

(5) 2012년에는 서울청과 원주청에 대하여 도로대장전산화 자료(도면 및 조서)에 대한 현행화를 실시하였다. 이러한 현행화 사업은 오래전에 작성된 도로대장이 실제 현황과 맞지 않는 문제점 개선을 목적으로 실시하였으나 세계측지계변환 측량 및 성과심사에 의하여 사업비와 구축시간이 과다하게 소요되었다.

(6) 2013년에는 도로대장전산화 사업의 패러다임이 전환되어 국가공간정보(국가기본도 등)를 최대한 활용하여 현장 중심의 유지관리용 도로 기본도를 구축하는 것이 새로운 목표로 설정되었다.

2. 도로대장 구성

도로대장은 도면과 조서로 구성되어 있으며 이것은 호선별로 작성해야 함을 규정하고 있다. 도형자료인 종평면도는 종단도, 평면도, 표준횡단도가 하나의 도면형태로 작성된 것이며, 속성자료에는 도로대장 총괄 및 7개의 주요 시설물 재원, 각종 조서 등 도로대장 법정서식의 모든 항목을 포함하고 있다. 또한 7개의 주요 시설물(교량, 터널, 지하차도 등)에 대한 구조물도면(구조물 일반도, 구조물 상세 등)을 작성하도록 하고 있다.

[표 7-17] 도로대장 구성

분류	내용
도형(도면)자료	• 단위도면 : 종평면도, 용지도, 지하매설물도 • 구간도면 : 구간도 • 구조물도면 : 구조물 일반도
이미지자료	• 구조물도면 : 구조물 상세도, 구조물 사진, 교량 위치도
속성자료	• 도로대장 총괄 및 7개의 주요 시설물 제원, 각종 조서 등 • 이력정보, 구간정보, 단위도면정보 등

도로대장 구축 대상은 도로관리청에서 발주한 도로건설사업, 도로구조형태가 변경되는 사업, 도로대장 및 준공도서가 존재하지 않는 경우, 도로굴착 등으로 도로대장 데이터의 갱신이 필요한 경우, 도로와 다른 도로 및 시설을 연결하여 자료의 갱신이 필요한 경우의 5가지를 지정하여 이 경우에 해당할 경우에는 도로대장을 구축하도록 명시하고 있다.

[표 7-18] 도로대장 구축 대상

번호	대상
1	도로관리청에서 발주한 도로건설사업
2	도로구조형태가 변경되는 사업(위험도로 개선, 오르막차로 설치, 교차로 개선, 버스정차대 설치, 낙석·산사태 정비, 노후교량 개축, 도로표지 설치 및 정비, 보도 설치, 자전거도로 공사, 기타 안전시설공사 등)
3	도로대장 및 준공도서가 존재하지 않아 도로관리에 지장이 있는 경우
4	도로점용공사 중 특히 도로굴착이 이루어져 도로대장 전자도면(지하매설물도 등) 및 지하매설물조서, 점용조서 등의 갱신이 필요한 경우
5	도로와 다른 도로 및 시설을 연결하여 도로대장 전자도면(종평면도 등) 및 점용조서 등의 갱신이 필요한 경우

43 CityGML 3.0 기반 LoD(Level of Detail)

CityGML은 인터넷 환경에서 3차원 공간정보를 표현하고 저장·공유할 수 있는 XML(eXtensible Markup Language) 기반 언어이자 데이터 구조로 3차원 공간정보를 인터넷에 연결된 시스템끼리 쉽게 주고받을 수 있도록 하는 국제표준이다. 3차원 도시 모델의 공통 기본 항목(Entity), 속성(Attribute), 관계(Relation)들을 정의하여, 서로 다른 응용분야에서 공유 및 유지관리를 위하여 개발되었으며, 2021년 8월에 3차원 공간정보의 주요 표준인 CityGML이 3.0 버전으로 개정되었다.

1. CityGML

OGC 표준 중 하나이며, 가상 3D 도시 및 경관 모델에 대해서 표현하거나 저장교환하기 위한 개방형 데이터 모델로서 3차원 공간 객체 간의 관계를 기하(geometry), 위상(topology), 의미(semantics), 외관(appearance) 등의 속성으로 정의한다.

[표 7-19] CityGML 표준의 변화

구분	CityGML1.0	CityGML2.0	CityGML3.0
제·개정	2008년 표준 제정	2012년 개정	2021년 개정
모듈구성	• City GML Core(핵심) • Appearance(외관) • Building(건물) • City Furniture(도시시설물) • City ObjectGroup(도시객체그룹) • Generics(일반화) • Land Use(지구표면) • Relilef(지형 표현) • Transportation(교통) • Water Body(수역) • Vegetation(식물)	CityGML 1.0모듈에서 Bridge(교량), Tunnel(터널) 추가	CityGML 2.0 모듈에서 Dynamizer(활성화), Versioning(버전관리), Point Cloud(포인트 클라우드), Construction(건축물) 추가
LOD 설정	LOD(1-(4) 4단계로 구분	LOD(0-(4) 5단계로 구분	LOD(0-(3) 4단계로 구분
실내 표현	LOD4만 실내공간 표현	LOD4만 실내공간 표현	LOD(0-(3)을 통합하여 실내 표현
기타	GML교환형식의 표준화	지형지물 표현에 집중	공간(space) 개념 도입

2. CityGML 3.0 기반 LoD(Level of Detail)

(1) LoD(Level of Detail)

LoD는 세밀도라 하며, 3차원 국토공간정보의 위치·기하정보와 텍스처에 대한 표현 한계를 말한다. 기본 개념은 가까운 객체는 자세히 표현하고, 먼 객체는 세부적인 레벨을 낮추어 자세히 표현하지 않는 것을 말한다.

(2) CityGML 2.0 기반의 LoD

다수의 데이터 모델은 LoD(Level of Detail)별로 표현 가능한 기하 표현 수준을 정의하고 있다. 다만, LoD에 따라 표현 가능한 수준이 제한적이었기 때문에 LoD를 활용한 응용에 많은 제약이 존재한다.

① LoD0은 면으로만 표현이 가능하다.
② LoD1은 고정된 높이의 불록 이외에는 표현이 불가능하다.
③ LoD3부터 표현 가능한 창문, 문과 같은 오프닝(Opening) 개념이 하위 LoD(0, 1 및 2)에서 표현 불가능하다.

④ LoD4를 제외하고 실내 정보를 표현하는 것이 불가능하다.

LoD0
건물의 2D 표현

LoD1
LoD0+수직 확장
(평면 지붕)

LoD2
LoD1+지붕 형상

LoD3
LoD3+문, 창문,
세부적인
벽/지붕 구조

LoD4
LoD3+실내 공간
(방, 계단 및 가구 등)

[그림 7-10] CityGML2.0 기반의 LoD

(3) CityGML 3.0 기반의 LoD

CityGML 3.0은 그림과 같이 LoD의 다중 표현(Multi Representation)을 지원하는 방식으로 개선하였다.

① 다중 표현은 하나의 LoD에서 고정적인 표현이 아닌 다양한 기하(점, 선, 면 등)를 사용한 표현방식이다.
② 기존 LoD0은 풋프린트(Footprint)로 대표되는 면으로만 표현했으나, 다중 표현 LoD0은 MultiLayer-2D 기반의 점, 선, 면으로 건물 데이터를 표현한다.
③ 다중 표현 LoD는 모든 LoD 수준에서 실내 공간 표현이 가능하다.

  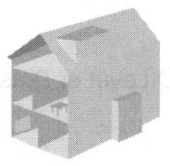 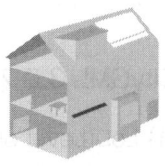

LoD0　　　　　LoD1　　　　　LoD2　　　　　LoD3

[그림 7-11] CityGML 3.0 기반의 LoD

CHAPTER 03 주관식 논문형(논술)

01 데이터 3법 개정에 따른 「공간정보관리법」 연관성 분석 및 제도 개선사항

1. 개요

개인정보는 우리 사회의 미래 발전을 위해 널리 이·활용해야 할 소중한 자산으로의 가치가 있는데 비해, 다른 한편으로는 그 이·활용을 통해 개인의 이익을 침해할 수 있는 동전의 양면과 같은 성격을 가지고 있다. 우리나라는 「유럽연합 개인정보보호 규정」의 영향을 받아 2020년 「개인정보보호법」, 「신용정보의 이용 및 보호에 관한 법률」 및 「정보통신망 이용촉진 및 정보보호 등에 관한 법률」 등을 개정하였다.

「개인정보보호법」을 개인정보보호에 관한 일반법으로 삼고 다른 법률들은 개인정보에 관한 특별법으로 만드는 한편, 각 법률의 구체적 내용 역시 대대적으로 개정하는 법체계적 변혁 및 법령 내용 보완을 마련하였다. 이를 소위 데이터 3법의 개정이라고 한다.

이에 따라 다양한 개인정보보호에 관한 내용을 담고 있는 「공간정보의 구축 및 관리 등에 관한 법률」 역시 개인정보보호에 관한 일반법인 「개인정보보호법」을 기반으로 개정할 필요가 있다.

2. 데이터 3법의 개정 목적

데이터 3법이란 개인정보를 처리하는 일반 상거래 기업을 대상으로 하는 「개인정보보호법」, 정보통신서비스 제공업자를 대상으로 하는 「정보통신망법」, 금융회사를 대상으로 하는 「신용정보법」 등 3가지 법률을 통칭하는 것으로 2018년 11월에 발의됐다.

(1) 개인정보보호법

① 인공지능, 클라우드, 사물인터넷 등 신산업 육성을 위한 데이터 이용 활성화 지원에 한계
② 정보주체의 동의 없이 과학적 연구, 통계 작성, 공익적 기록 보존 등을 목적으로 가명정보를 이용할 수 있는 근거 마련
③ 개인정보처리자의 책임성 강화 등 개인정보를 안전하게 보호하기 위한 제도적 장치 마련
④ 개인정보의 감독기구는 개인정보보호위원회, 관련 법률의 유사·중복 규정을 일원화

(2) 정보통신망법

① 이 법에 규정된 개인정보 보호에 관한 사항을 삭제하고, 이를 「개인정보보호법」으로 이관

② 방송통신위원회가 그 권한 중 일부를 소속기관에 위임할 수 있는 근거를 마련
③ 현행 제도의 운영상 나타난 일부 미비점을 개선·보완하려는 것임

(3) 신용정보법

① 소비자 중심의 금융혁신 등의 계기 마련을 위하여 빅데이터 분석·이용의 법적 근거를 명확히
② 빅데이터 활용에 따라 발생할 수 있는 부작용을 방지하기 위한 안전장치를 강화
③ 「개인정보보호법」과의 유사·중복 조항을 정비하는 등 데이터 경제의 활성화를 위하여 규제를 혁신
④ 본인신용정보관리업, 전문개인신용평가업 및 개인사업자신용평가업의 도입 등을 통하여 신용정보 관련 산업에 관한 규제체계를 선진화
⑤ 개인신용정보의 전송요구권 부여 등을 통해 신용정보주체의 권리를 강화하는 등 현행 제도의 운영상 나타난 일부 미비점을 개선·보완

3. 데이터 3법의 개정

(1) 개인정보보호법 개정

① 특정 개인을 알아볼 수 없도록 보안 처리한 가명정보를 개인 동의 없이 연구·개발, 시장조사, 상업적 용도의 통계 등에 활용 가능
② 정보 결합은 보안시설을 갖춘 전문기관에서만 하도록 제한
③ 어떤 수단을 동원하더라도 개인을 알아볼 수 없는 정보, 즉 '익명정보'의 자유로운 활용
④ 관리·감독기구인 '개인정보보호위원회'는 국무총리 소속 합의제 중앙행정기관으로 격상했고, 감독 권한을 일원화
⑤ 고의로 재식별한다면 5년 이하의 징역, 5천만 원 이하의 벌금형에 처함. 또한 기업은 전체 매출액 3%에 해당하는 과징금을 납부

(2) 정보통신망법 개정

① 정보통신망법 안의 개인정보 관련 사항을 개인정보보호법으로 모두 이관
② 온라인상 개인정보 보호 관련 규제와 감독 주체는 '방송통신위원회'가 아닌 '개인정보보호위원회'로 변경

(3) 신용정보법 개정안

① 개인정보는 사전적이고 구체적인 동의를 받은 범위 안에서만, 가명정보는 통계 작성, 연구에 동의 없이 활용 가능, 익명정보는 제한 없이 자유롭게 활용 가능
② 통신료·전기·가스·수도요금 등 비금융 정보로 신용을 평가하는 '비금융정보 전문CB'가 신설

③ 본인정보 통합 조회를 제공하고 정보 분석을 통한 맞춤형 서비스를 제공하는 '마이데이터 산업'이 신용정보법 개정안을 기반으로 본격화
④ 금융권의 정보 활용 및 관리 실태를 상시 평가하는 제도가 마련되었고, 개인 신용정보 유출에 대한 손해배상금도 손해액의 3배에서 5배로 강화

4. 공간정보 관련 법령의 개선방안

지적 관련 공부 중 개인정보와 관련한 사항은 소유자의 성명 또는 명칭, 주소 및 주민등록번호, 건축물의 표시와 건축물 현황도에 관한 사항 중 평면도에 관한 사항 등이 있다.

(1) 개인정보의 수집

① 성명이나 명칭은 「공간정보관리법」에 근거한 등록사항이므로, "법률에 특별한 규정이 있는" 경우에 해당되므로 소유자의 성명이나 명칭을 포함해 각 등록사항에 관해 개인정보를 수집할 수 있다.
② 지적 관련 공부는 그 등록사항을 명시함으로써 개인정보 수집의 근거를 마련하였기 때문에, 「개인정보보호법」 외의 다른 법령에 특별한 규정이 있는 경우에 해당하여 그 수집이 정당화될 수 있다.
③ 주민등록번호의 처리와 관련해서는 다른 법률에서 그 근거 법령이 명확하지 않은 경우 「개인정보보호법」에 따른 보호위원회의 심사를 받을 여지가 있다.

(2) 개인정보의 처리

① 지적 관련 공부가 토지의 사실관계를 공시하는 역할을 수행하며, 부동산등기부는 토지의 권리관계를 공시하는 역할을 수행
② 토지소유자의 성명이나 명칭은 누구에게 권리가 있는지를 밝히는 권리관계에 관한 문제
③ 지적 관련 공부는 부동산등기부의 등기를 기준으로 이를 일치시켜야 함
④ 토지소유자의 성명이나 명칭을 익명 또는 가명으로 처리하게 되면 개인정보의 수집 목적을 달성할 수 없으므로 이를 실명으로 처리하는 것은 타당함

(3) 개인정보의 제공

① 지적소관청 등(개인정보처리자)은 법률에 특별한 규정이 있거나 법령상 의무를 준수하기 위하여 불가피한 경우를 사유로 개인정보를 그 목적 범위 내에서 제3자에게 제공할 수 있음
② 개인정보의 수집 목적 외의 경우는 지적 관련 공부가 조세자료나 부동산 공시 기능 외의 목적으로 이용되거나 활용되는 것을 의미함

5. 공간정보기본법 개정(안)

(1) 개인정보의 수집

① 민감정보 등의 처리에 관해 「개인정보보호법」과 다른 특별한 근거 규정 마련 필요

② 제75조(지적공부의 열람 및 등본발급)에 "지적 관련 정보를 공시하기 위한 목적 범위 내에서 개인정보보호법 제23조에 따른 민감정보, 제24조에 따른 고유식별정보 및 제24조에 따른 주민등록번호를 처리할 수 있다."라는 규정 신설 필요

(2) 공간정보의 제공

① 지적전산자료의 목적 범위 외 이용 및 제공에 관해 「개인정보보호법」과 다른 「공간정보관리법」에 특별한 규정을 명확히 정할 필요

② 제76조(지적전산자료의 이용 등)에 "국토교통부장관, 시·도지사 또는 지적소관청은 지적전산자료에 포함된 개인정보를 목적 외의 용도로 이용하거나 3자에게 제공하는 경우에는 개인정보 목적 외 이용·제공에 관해 기록하고 이를 관리하여야 한다."라는 규정 신설 필요

6. 결론

최근 데이터 3법으로 약칭되고 있는 「개인정보보호법」, 「신용정보법」, 「정보통신망법」의 개정에 따라 개인정보에 관한 법제적 변화가 이루어졌다. 이에 따라 개인정보보호에 관한 내용을 담고 있는 「공간정보의 구축 및 관리 등에 관한 법률」을 「개인정보보호법」을 기반으로 개정할 필요가 있다. 지적 관련 공부 중 개인정보와 관련한 사항은 소유자의 성명 또는 명칭, 주소 및 주민등록번호, 건축물의 표시와 건축물 현황도에 관한 사항 중 평면도에 관한 사항 등이 있으며, 개인정보의 수집, 개인정보의 처리 및 개인정보의 제공 측면에서 개선이 요구되며, 개인정보의 수집과 공간정보의 제공에 대한 법령 개정이 필요하다.

02 부동산종합공부시스템

1. 개요

부동산종합공부는 토지의 표시와 소유자에 관한 사항, 건축물의 표시와 소유자에 관한 사항, 토지의 이용 및 규제에 관한 사항, 부동산의 가격에 관한 사항 등 부동산에 관한 종합정보를 정보관리체계를 통하여 기록·저장한 것을 말한다. 부동산종합공부시스템은 부동산과 관련된 정보의 종합적 관리·운영을 위해 지적, 건축물, 토지이용, 등기 등 18종의 부동산 공부의 안정적인 통

합·운영을 위해 개발된 토지정보시스템이다. 필지 중심 토지정보시스템, 토지관리정보시스템, 한국토지정보시스템을 거쳐 현재 사용되고 있는 토지정보시스템으로 지방자치단체가 지적공부 및 부동산종합공부정보를 전자적으로 관리·운영하는 시스템을 말하며 KRAS라 약칭한다.

2. 토지정보시스템 변천과정

(1) 필지 중심 토지정보시스템(PBLIS)

① PBLIS 개념

지적공부에 등록·공시된 필지를 중심으로 토지관련 속성정보와 도형정보를 효과적으로 수집·저장·가공·분석·표현할 수 있도록 서로 유기적으로 연계된 컴퓨터의 하드웨어, 소프트웨어, 데이터베이스 및 인적자원의 결합체

② 추진경위

㉠ 지적전산화사업으로 토지대장과 임야대장에 등록된 문자정보인 속성정보를 전산입력하여 데이터베이스를 구축 완료

㉡ 지적도와 임야도에 등록된 필지에 대한 도형정보를 전산 입력하여 데이터베이스를 구축

㉢ 대장과 도면에 등록된 속성정보와 도형정보가 통합된 데이터베이스 구축의 필요성 대두

③ 추진체계

㉠ 내부무 : 지적행정업무지원과 자문 및 지적데이터의 제공 등 총괄관리

㉡ 기타 사항에 대해서는 여러 유관 기관별로 업무를 분담하여 추진

(2) 토지관리정보시스템(LMIS)

① LMIS 개념

기초지방자치단체의 6개 토지관리업무시스템과 건설교통부의 토지정책 수립지원을 위한 토지정책지원시스템을 말한다.

② 추진경위

㉠ 연속지적도·편집지적도·용도지역지구도의 데이터베이스 구축, 이를 기반으로 시·군·구 토지행정정보시스템과 건설교통부 토지정책지원시스템을 개발

㉡ 토지거래·개발부담금·부동산중개업·공시지가·용도지역지구·외국인토지거래업무

③ 추진체계

㉠ 건설교통부 토지국 : 업무 추진, 협력체계 구축, 역할 조정, 제도 개선

㉡ 국토연구원 : 연구개발, 학술연구 수행

㉢ 한국토지공사 : 운영관리대행

(3) 한국토지정보시스템(KLIS)

① KLIS 개념

행정자치부의 PBLIS와 건설교통부의 LMIS를 통합하여 국가와 지방자치단체에서 토지 관련 업무를 수행하는 시스템

② 추진경위

㉠ 2000년에 감사원에서 NGIS 국책사업에 관한 감사결과 행정자치부의 PBLIS와 건설교통부의 LMIS를 보완하여 하나의 시스템으로 통합하도록 권고함에 따라 추진

㉡ 하나의 시스템으로 통합·구축함으로써 전산정보의 공공 활용과 행정의 효율성을 제고하기 위하여 개발

③ 추진체계

㉠ 건설교통부, 행정자치부 공동주관

㉡ 시스템 개발 : 국토연구원, 대한지적공사, 개발사업자(쌍용정보통신, 삼성SDS, SK C&C 등 참여)

3. 부동산종합공부시스템

KLIS를 기반으로 부동산가격, 토지이용현황, 투기억제시책, 각종 통계정보를 제공하기 위해 부동산종합공부시스템 구축사업을 추진한다.

(1) 개발 목적

① 지적공부 및 부동산과 관련한 정보의 종합적 관리·운영을 위해 개발

② 지적, 건축물, 토지이용, 등기 등 18종의 부동산 공부 통합 발급 필요

(2) 기능

① KLIS를 기반으로 부동산가격·토지이용현황·투기억제시책·각종 통계정보 제공

② 지적공부, 건축물대장, 토지이용 등 토지관련 각종 공부 제공

③ 지적공부정리 및 지적측량성과검사에 활용

(3) 단위업무(관리)

지적공부, 지적측량성과, 연속지적도, 용도지역지구, 개별공시지가, 개별주택가격통합민원발급, GIS건물통합정보, 섬, 통합정보열람, 시·도 통합정보열람, 일사편리포털

4. 시스템 고도화

(1) 추진 배경

① KRAS 통합 구축 시 외국산 소프트웨어인 ArcGIS, Oracle을 도입하여 사용

② 해당 제품들의 기술지원이 종료
③ 외국 기업의 독점적 지위로 과도한 유지·보수비용 요구문제 발생

(2) 추진 필요성
① 국내 SW기업 육성과 산업활성화를 위해 시·군·구 부동산종합공부시스템의 외산 SW를 대체할 국산 SW 개발 및 교체 필요
② 국내 중소기업을 육성하여 일자리 창출 및 소프트웨어 산업 활성화 도모

(3) 추진경과
① 부동산종합공부시스템의 외산 공간 SW를 대체할 국산 SW 개발 완료
② 2020년 KRAS에 국산 SW 설치 등 1차 확산을 완료
③ 2021년 국산 SW 점검 등 병행운영을 거쳐 실운영 실시
④ 국토부(국산 SW 사용기반 마련)와 시·군·구(국산 SW 구매 및 유지·보수)가 역할분담을 통해 국산 SW의 개발·구매 및 전국 확산 추진

(4) 확산계획
① 1단계로 KRAS(외산 SW 기반)와 국산 SW 적용 KRAS의 동시 운영을 통해 국산 SW 기능 점검 및 부동산 공부DB 정합 여부 비교·검증
② 2단계로 국산 SW에 대한 검증이 완료된 시·군·구부터 실 운영을 위한 부동산 공부DB 자료 전환 및 국산 SW 기반 KRAS 단독 운영
③ 3단계로 국산 SW 확산 완료(~2021.4.) 이후 KRAS 모니터링 체계 운영(~2021.12.)을 통하여 지속적 기능 점검 등 안정화 추진

(5) 블록체인 기반 부동산종합공부시스템
① 블록체인 기술을 기반으로 종합공부시스템을 새롭게 구현
② 기존에는 부동산 관련업무에 필요한 부동산 공부를 종이 형태로 발급
③ 실시간, 투영성, 보안성이 뛰어난 블록체인 기술기반의 데이터 형태로 전환
④ 은행 등 관련 기관에서 자동으로 실시간 확인·검증하게 하기 위해 추진한 사업

5. 결론

우리나라 토지정보시스템은 필지 중심 토지정보시스템(PBLIS), 토지관리시스템(LMIS), 한국토지정보시스템(KLIS), 부동산종합공부시스템(KRAS)으로 변천되었으며, 부동산종합공부는 토지의 표시와 소유자에 관한 사항, 건축물의 표시와 소유자에 관한 사항, 토지의 이용 및 규제에 관한 사항, 부동산의 가격에 관한 사항 등 부동산에 관한 종합정보를 정보관리체계를 통하여 기록·저장한 것을 말한다.

03 지적공부 전산화

1. 개요

지적공부의 전산화는 기존 수작업으로 운영되던 각종 토지(임야)대장과 지적(임야)도 등 지적정보를 좀 더 체계적이며 통합적으로 운용하기 위해 컴퓨터를 이용해 전산자료로 구축하는 것을 말한다. 우리나라의 지적공부 전산화는 대장전산화와 도면전산화로 구분할 수 있다.

2. 지적공부 전산화 목적

(1) 토지 관련 정책자료의 다목적 활용을 위한 기반 조성
(2) 신속하고 정확한 지적민원의 처리
(3) 토지소유권 등 변동자료의 신속한 정리 및 파악
(4) 업무처리의 능률 및 정확도 향상
(5) 지적도면의 신축으로 인한 원형 보관, 관리의 어려움 해소
(6) 전국적으로 통일된 시스템 활용

3. 토지(임야)대장 전산화

(1) 최초의 토지(임야)대장이 토지(임야)조사사업의 결과로 만들어진 부책(簿册)식 대장으로 작성·관리됨에 따라 지적업무처리에 많은 인력과 시간이 소요되었다.
(2) 60여 년간 사용으로 훼손 및 마멸이 심하여 계속적인 유지·관리가 곤란하고 서식 및 기재사항의 표준화 미흡으로 인하여 기입 착오가 발생할 가능성이 있었다.
(3) 소유권의 신뢰성을 보장하여 행정기능을 높이고 신속한 대민 업무처리를 위해 전산화가 가능하도록 하기 위해 1975년 12월 31일 「지적법」 전문개정을 통해 토지(임야)대장을 전산입력하는 토지기록전산화사업을 시행하게 되었다.
  ① 토지기록전산화 기반조성(1975년)
    ㉠ 「지적법」 제2차 전문개정(1975년 12월 31일)을 통해 토지기록전산화 기반조성
    ㉡ 토지(임야)대장의 카드식 전환
    ㉢ 대장의 등록사항에 대한 코드번호 개발·등록
    ㉣ 소유자의 등록번호 개발·등록(주민등록번호·법인등록번호·재외국민 등록번호)
    ㉤ 면적단위를 척관법에서 미터법으로 전환
    ㉥ 수치측량방법의 전환
  ② 토지(임야)대장 카드화(1976~1978년)
    ㉠ 토지(임야)대장 전산화를 위하여 고유번호 부여(전국 1필지 1번호)

ⓛ 토지의 등록사항 표준화
  ⓒ 소유자의 성명 및 명칭 외에는 한글과 아라비아숫자로 통일
  ⓔ 소유자의 동명이인 발견, 변조 방지 및 소유현황의 전산화를 위해 주민등록번호 기재란 마련
  ⓜ 지적(임야)도의 도호 매수 및 비고란 마련
  ⓗ 위·변조 방지를 위해 시장·군수·구청장의 직인과 실인 날인
  ⓢ 도시계획상 토지이용현황과의 연결을 위하여 용도지역 표시
  ⓞ 토지·기준수확량 등급은 이면 말미에 집약 기재

③ 토지(임야)대장 전산화 추진과정

[표 7-20] 토지(임야)대장 전산화 추진과정

구분		기간	추진내용
준비단계		1975~1978년	토지(임야)대장 카드화
		1978~1979년	시범사업지구 선정(대전시)
		1979~1980년	소유자 주민등록번호 등재 관리
		1981~1984년	면적단위의 미터법 환산정리 등
		1985~1986년	자료정비
구축단계	1단계	1982~1984년	시·도 및 중앙전산기 도입 토지(임야)대장 원시자료 3,200만 필 전산입력
	2단계	1985~1990년	전산통신망 구축 S/W 개발 및 자료정비
운영단계		1992년 2월 1일	전국 온라인 운영

④ 토지기록 전산화 개발업무

토지이동관리업무, 소유권변동관리업무, 창구민원업무관리, 지적일반업무관리, 토지 관련 정책정보관리업무 등 약 179개 세부업무에 대하여 전산화 추진

⑤ 웹 LIS

인터넷 기술과 토지기록전산화를 접목하여 LIS 데이터와 서비스 제공이 웹 환경에서 가능하도록 구축된 토지정보시스템

[표 7-21] 웹 LIS 필요성 및 구축효과

필요성	구축효과
• 토지정책자료의 다목적 활용 • 수작업에 의한 오류 방지 • 토지 관련 과세 자료로 활용 • 공공기관 간의 토지정보 공유 • 지적민원의 신속·정확한 처리 • 도면과 대장의 통합 관리 • 지방행정 전산화의 획기적 계기 • 지적공부의 노후화	• 지적통계와 정책의 정확성과 신속성 • 지적서고 팽창 방지 • 지적업무의 중복성 배제 • 분산처리 실현 • 능률성과 정확도 향상 • 처리로 민원인의 편의 증진 • 시스템 간의 인터페이스 확보 • 정보와 자원의 공유

⑥ 토지기록 전산화의 기대효과

[표 7-22] 토지기록 전산화의 기대효과

정책적 기대효과	관리적 기대효과
• 토지정책정보의 공동이용 : 토지정책정보의 신속 제공 및 다목적 활용 • 건전한 토지거래 질서 확립 : 토지공시제도의 공신력 제고, 토지공개념의 정착 • 국토의 효율적 이용관리 : 국·공유지의 효율적 관리	• 토지정보관리의 과학화 : 정확한 토지정보의 신속 처리 • 주민편익 위주의 민원처리 : 전국 온라인에 의한 등본의 열람 및 발급 가능 • 지방행정 전산화 기반조성 : 지방행정전산화의 촉진 등 많은 효과 기대

4. 지적도면 전산화

(1) 지적도면 전산화는 국가지리정보사업과 관련하여 기관들 간의 정보 활용을 위한 기반조성과 지적도면의 신·축으로 인한 보관·관리 어려움을 해소하여 정확한 지적측량의 자료를 구축하고 활용하는 것을 목적으로 한다.

(2) 더불어 대장과 도면을 통합함으로써 정보화 사회 기반의 기초자료 구축에 대비하여, 신속하고 효율적인 대민서비스를 실시하기 위한 기반을 마련한다.

(3) 1998년부터 2003년까지 행정자치부에서 주관하여 대한지적공사로의 업무용역과 소관청 담당 공무원의 직접 참여로 구축되었다.

(4) 지적도 연혁

① 현재 전산파일로 관리되고 있는 지적도의 모체는 종이도면에 작성되었던 도곽별 낱장지적도이다.

② 구한말 구소삼각측량 및 일본의 토지·임야조사사업으로 구축되었으며, 전국에 분포하는 대부분의 지적도는 조선총독부령 제21호(1913.4.22.)의 「임시토지조사국 측량규정」에 의해 작성된 것이다.

③ 세부원도 작성을 위한 외업은 원점을 기준으로 축척별로 도곽선을 구획하여 측량에 기준이 되는 삼각점 및 도근점을 전개하여 지상 지물의 주요한 점 또는 선에 대해 도선법, 교회법, 방사법, 지거법으로 측정을 실시하였다.

④ 도곽선의 수치는 축척에 따라 달라지는데 일반적으로 축척은 1/1,200을 사용하였으나 특수한 상황에서는 1/600, 1/2,400을 사용하였다.

(5) 구축과정 및 방법

① 1980년부터 10년 동안 진행되었던 토지·임야대장 전산화 사업을 시작으로 필지 중심 토지정보시스템(PBLIS) 구축방안 연구(경남창원시, 1991~1995) 진행

② 지적도면 전산화를 위한 실험사업(경남 창원시, 1994), 시범사업(대전광역시 유성구, 1996~1997) 실시, 이를 통해 PBLIS 개발(1996~2000)과 시·군·구 확산(2000~2002) 계획

③ 감사원에서 PBLIS 구축 시 토지관리정보체계(LMIS)와 중복 투자로 인해 두 시스템을 통합할 것을 권고
④ 2003년부터 2005년까지 3년간의 통합작업을 통해 한국토지정보시스템(KLIS)이 구축되었으며 현재까지 이용
⑤ PBLIS를 통해 구축한 지적도면 전산화 실적은 1998년부터 2003년까지의 5년이란 사업기간 동안 최종적으로 738,902장의 지적도면 전량에 대한 전산입력을 완료
⑥ 도해지역의 경우 지적도면의 보존상태를 파악하여 필지식별 여부 및 도곽 내 필지 수에 따라 스캐닝 방식과 디지타이징 방식을 혼용
⑦ 수치지역의 경우 필계점의 좌표를 수기로 전산입력

[표 7-23] 지적도면 전산화 추진과정

구분		기간	추진내용
준비단계		1992~1993년	• 지적도면 전산화(사전연구한국전산원 연구 용역)
시범사업	1차	1994~1995년	• LIS 추진기획단 구성 • 경남 창원시 시범사업지구 선정 • 토지정보시스템 프로토타입 개발
	2차	1996~1997년	• 대전광역시 유성구 시범사업지구 선정 • 도면DB 구축방법, 토지이동전산처리방법 표준화 방안 등 연구 개발
구축단계		1999~2003년	• 전국 시·군·구 지적도면 전산입력(지적·임야도 약 72만 매, 약 3,500만 필지)

[표 7-24] 지적도면 전산화 추진실적

연도	목표	원시자료 취득	시스템 개발	DB 구축
1999	지적도면전산화사업	지적도 20천 장		
2000	지적도면전산화사업	지적도 184천 장	PBLIS 개발 시연회 개최	
2001	지적도면전산화사업	지적도 184천 장	PBLIS 시범운영 실시 (경기 일산구)	
2002	지적도면전산화사업	지적도 247천 장	PBLIS 전국 확산	PBLIS 데이터 구축
2003	지적도면전산화사업	지적도 113천 장	KLIS 개발추진	PBLIS 데이터 구축 완료 및 변동자료 처리
2004~2008	대민서비스 실시, 적도 품질향상 추진	지적불부합지 정비	KLIS 시범운영 추진	PBLIS 운영 • 오류자료 정비 • 지적도 품질향상 추진

(6) 도곽선 보정

전산화되어 입력된 도곽선과 필지별 경계선은 도곽선을 기준으로 2차원 등각변환 방식인 '정규도곽보정'의 5단계 과정을 통해 도곽보정을 실시하였다. 순서는 원점변환 계산, 회전변환 계산, 평행이동, 마지막으로 축보정이다.

① 원점변환 : 측량원점을 기준으로 축척별로 도곽선을 전산으로 구획하여 작성된 정규도곽의 원점 P에 신축된 도곽의 원점의 이동량 Δx, Δy를 가산한다.
② 회전변환 : 정규도곽의 하단부 동서축을 기준으로 신축된 도곽선을 회전하여 일치시킨다. (도곽선 하단 평행일치)
③ 평행이동 : 동서축을 고정하여 신축된 도곽선 좌측 남북축을 회전하여 좌푯값을 구한다.
④ Y축 보정 계산 : 정규도곽의 상단부 동서축을 기준으로 신축된 도곽선을 회전하여 일치시킨다(도곽선 상단 평행일치).
⑤ X축 보정 계산 : 신축된 도곽선 우측 남북축을 회전하여 좌푯값을 구한다.

(7) 지적정보의 전산시스템 구축

① 대장 및 도면 전산화 완료
　㉠ 기존까지 종이대장 및 도면 등에 의한 관리체계에서 전산화를 통한 정보관리시스템으로의 전환
　㉡ 대장 전산화사업은 1단계(1982~1984년), 2단계(1985~1990년) 사업을 통해 DB 구축 및 SW 개발로 1990년부터 전국 온라인 서비스 제공
　㉢ 도면전산화 사업은 1994년에 실험사업을 실시하고 이후 2003년까지 DB 구축을 완료하고, 2004년에 데이터의 오류 정비사업을 완료하여 2005년부터 시행
　㉣ 1단계에서 기존 종이도면을 1 : 1로 디지타이징 및 스캐닝 후 벡터라이징하여 구축하고, 2단계에서 도면 보정을 통해 DB 구축
　㉤ 수치지역에 대해서는 수치지적부(경계점좌표등록부)의 좌표를 입력하여 데이터 구축 후 dxf 파일로 저장

② 부동산행정정보 일원화체계 구축
　㉠ 지적공부를 비롯한 총 18종의 공부가 이원화 또는 분리 · 단절되어 발생되는 문제를 해결하고자 1종의 부동산종합공부로 일원화하여 제공
　㉡ 18종의 부종산 행정정보 : 지적정보(7종), 건축물정보(4종), 지가 및 토지이용계획정보(4종), 부동산등기(3종)

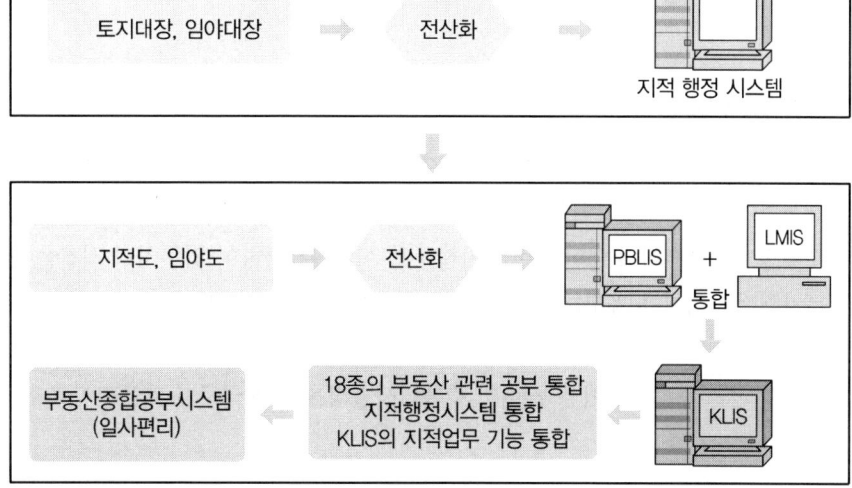

[그림 7-12] 부동산종합공부시스템 구축

5. 결론

지적공부의 전산화는 토지(임야)대장과 지적(임야)도 등 지적정보를 컴퓨터를 이용해 전산자료로 구축하는 것을 말하며, 대장 전산화와 도면 전산화로 구분할 수 있다. 토지대장 전산화는 1975년 12월 31일 「지적법」 전문개정을 통해 토지기록전산화사업을 시행하게 되었다. 도면 전산화는 1998년부터 2003년까지 행정자치부에서 주관하여 대한지적공사로의 업무용역과 소관청 담당 공무원의 직접 참여로 구축되었다.

04 연속지적도의 정확도 향상방안

1. 개요

연속지적도는 지적도를 전산파일로 입력하고 도곽보정과 필지경계선의 인접처리를 거쳐 연속된 형태로 연결시킨 도면을 말한다. 현재 공시지가현황도, 도시계획도, 농지관리도, 삼림관리도 등 지형도면고시의 기본도로 활용되고 있으며 그 외 여러 기관에서 각 시스템의 기본도로 이용되고 있다. 하지만 연속지적도는 축척별·도곽별로 만들어진 기존 종이도면을 이용하여 작성한 것으로 지적도면의 신축, 지적도면의 관리 소홀로 인한 오손과 훼손, 다양한 축척 및 지적측량오차에 대한 보정작업을 거치지 않고 작성된 것으로 개별지적도의 문제를 그대로 안고 구축되었다. 연속지적도는 토지의 이용 및 활용이 다양화됨에 따라 국토공간정보화 사업의 가장 기초가 되는 자료로서 그 활용도가 더욱 커질 것으로 예상된다. 따라서 연속지적도의 지속적인 활용을 위해서는 정확도 향상을 위한 방안이 필요하다.

2. 연속지적도 필요성

(1) 지적도면의 신축 및 분할, 합병 등 토지이동 측량 시 발생하는 오차와 측량기준점의 망실 및 재설치에 따른 누적 오차로 인한 경계분쟁 등의 민원에 대한 문제를 해결한다.
(2) 토지정보관리체계의 일환으로 토지행정업무를 전산화하여 업무처리 시간을 단축한다.
(3) 토지행정의 능률을 제고하여 토지와 관련된 각종 정보를 실시간으로 파악하여 토지투기를 방지한다.
(4) 토지의 합리적 수급정책 등 신속한 정책의사결정을 통해 국토를 효율적이고 합리적으로 활용한다.

3. 연속지적도 구축

(1) 구 건설교통부 주관으로 제작한 연속지적도는 1998년도 초반부터 작업이 수행되었다.
(2) 2004년 12월 말까지 전국 163개 지자체에서 사업이 완료되었다.
(3) 2005년 전국 250개 지자체를 대상으로 토지종합정보망 구축사업의 일환으로 연속지적도 제작을 완료하였다.

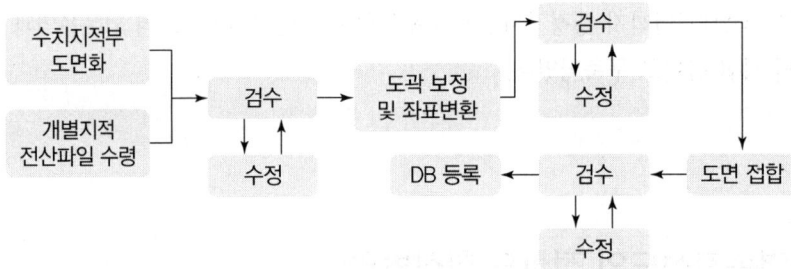

[그림 7-13] 연속지적도 구축체계

4. 연속지적도 오류

(1) 연속지적도 오류 발생원인

연속지적도의 오류 발생원인은 제도적·행정적·정책적·기술적 원인 등으로 구분할 수 있다.

① 제도적 원인
  ㉠ 지적관리체계의 비효율성에 기인

ⓛ 다양한 도면의 축척에 의한 오류
ⓒ 법 개정에 따른 일관성 및 통일성 저하에서 오는 오류
ⓔ 측량수행체계의 변화에서 오는 일관성 저하
ⓜ 조직체계의 조정에 따른 유지관리의 저하
ⓗ 지적 관련 부서와 업무의 다원화 등으로 안정적이고 체계적인 토지관리가 이루어지지 못함

② 행정적 원인
ⓐ 지적업무 수행과정에서 발생
ⓛ 수작업에 의한 도면 작성
ⓒ 천재지변에 따른 지적복구의 부정확
ⓔ 행정구역경계의 차이
ⓜ 도면 재작성에서 오는 제도(製圖)적 오차
ⓗ 토지이동정리과정에서 파생되는 오류
ⓢ 도면의 보존·관리에서 발생하는 오류

③ 정책적 원인
ⓐ 지적제도 발전을 위한 대안의 집행과정에서 파생
ⓛ 원점 및 좌표계 적용상 발생하는 원인
ⓒ 전자지적을 지향하기 위한 수치지적으로의 전환에 따른 오류
ⓔ 측량방법의 적용에 따른 일시적 혼돈
ⓜ 정보화 환경에 부합하는 시스템 구축과정에서 발생하는 오차

④ 기술적 원인
ⓐ 전문성과 숙련도의 결여에서 오는 원인
ⓛ 기준점을 설치하는 경우 사용원점의 차이
ⓒ 경계점 복원과정에서 발생하는 제반 문제
ⓔ 장비 운영의 미숙련에서 발생하는 오류
ⓜ 측량기술의 변화와 측량기기의 운용 미숙

(2) 연속지적도 오류 유형

① 중복형 오류
ⓐ 중복형 오류는 접합된 도면이 중복되는 형태로 도곽 간 접합, 상이한 축척의 접합, 행정구역 간 접합과정에서 주로 발생한다.
ⓛ 연속지적도는 전산화된 지적도를 이용하여 도상접합 방식으로 접합을 하기 때문에 보정된 원시파일을 접합하면 화면상에서 도곽이 겹치는 부분에서 중복 또는 공백이 발생한다.

ⓒ 도곽을 기준으로 축척별로 접합을 하고 축척 간 접합을 실시하게 되는데 각 축척을 도상 연결하면 필지 경계선에 중복 또는 공백이 나타나며 이 경우 대축척을 기준으로 접합하게 된다.
ⓓ 행정구역 간 접합에 의한 중복의 오류는 담당 행정청 내 지적도면이 동·리별로 관리되고 있어 행정구역 간에 중복이나 공백이 생겨도 확인이 곤란하다.

② 공백형 오류
ⓐ 공백형 오류는 접합된 도면이 이격되는 형태로 중복형과 마찬가지로 도곽 간 접합, 상이한 축척 간 접합, 원점 간 접합과정에서 주로 발생한다.
ⓑ 도곽 접합과 전산에 의한 공백형은 활발한 토지이동에 따른 도면의 열람, 등사 등으로 도면이 신축·훼손·마모되어 도면 불일치의 원인이 되고 있다.
ⓒ 상이한 축척에 의한 접합의 공백형은 소축척에서 대축척으로 전환하는 과정에서 중복 및 공백이 나타난다.
ⓓ 상이한 원점에서 부합하는 도면을 접합하는 과정에서 인위적 또는 오류의 지속성에 의하여 중복 또는 공백이 나타난다.

③ 위치형 오류
ⓐ 위치형 오류는 임야 내 독립적인 전·답 등 개간지의 측량 착오로 정 위치에 등록되지 않은 경우로 등록된 위치와 현지 위치가 서로 달라 나타나게 되는 유형이다.
ⓑ 위치 식별 및 경계의 기준이 되는 고정물을 중심으로 일정한 넓이만큼의 위치가 이동되어 있는 유형을 의미한다.
ⓒ 지적측량에 의한 토지이동이 발생할 경우 이동정리 파일을 기준으로 연속지적도 정리를 하여야 하나 이를 고려하지 않고 정리해 치우침 현상이 발생하는 유형이다.

④ 불규칙형 오류
ⓐ 연속지적도의 불규칙형 오류는 어떤 규칙이나 정형화된 틀에 얽매이지 않고 위치가 치우침 현상이 나타나는 유형을 의미한다.
ⓑ 도곽선으로 필지 및 지번이 나누어지는 경우와 개개의 굴곡점이 일정한 규칙을 보이지 않고 불일치하는 경우가 이에 해당된다.
ⓒ 천재지변, 재난, 재해 등으로 토지형상이 변동되어 경계가 보존되지 못하고 있는 경우이며, 등록 당시의 이용상황이 달라 경계선이 지형의 변동에 따라 변위된 형상이다.
ⓓ 일부 기준점의 위치변동으로 경계결정 착오로 인하여 일정한 방향으로 밀리거나, 중복되지 않고 산발적으로 잘못 등록된 경우 경계선이 불규칙하게 밀리거나 틀어져 나타나는 유형이다.

5. 정확도 향상방안

(1) 세부측량원도를 이용한 보정
① 왜곡된 현행 지적도의 사정선을 세부측량원도의 사정선을 기준으로 위치와 형태를 그대로 복원하여 보정하는 것이다.
② 정부기록보존소에 보관되어 있는 원도를 전산화하고, 전산화된 도면을 정규 도곽 크기로 보정하는 절차를 거쳐야 한다.
③ 도곽 보정을 거친 원도와 도곽 보정 대상인 현재 지적(임야)도를 비교하여 사정필지의 경계점을 1 : 1로 매칭한 후 지적도의 경계를 조정한다.

(2) 구「지적법」제37조 등록지 정비
① 토지조사사업과 임야조사사업 당시 도로, 구거, 하천 등은 국유지로서 측량을 수반하지 않고 신규등록사업(1975~1976년)이 진행되었다.
② 미등록토지와 지적도, 임야도 간 경계가 부합되지 않는 토지들이 현재까지 남아 있어 연속도면에 가지번 형태로 등재되어 관리되고 있는 실정이다.
③ 가지번으로 등록되어 있는 토지들을 조사하여, 등록사항 정정에 따른 측량결과도 작성을 통해 정비하여야 한다.

(3) 등록전환에 따른 관계법령 정비
① 임야도 도곽선에 접해 토지의 면적을 측정하면 대부분 허용공차를 미세하게 초과한다.
② 도곽선에 접해 있는 허용공차 토지에 대하여는 등록전환 처리과정을 통하여 해소할 수 있다.
③ 측량지역이 서로 다른 축척으로 등록되어 있는 경우 동일한 축척으로 신도·축도하여 측량하는 번거로움을 해소하고 축척 간 불부합 토지를 조기에 발견하여 정리할 수 있다.
④ 대축척으로 등록함으로써 측량의 정밀도 제고와 토지경계의 식별을 용이하게 하여 대국민서비스 향상에 기여할 것으로 판단된다.

(4) 항공정사영상을 이용하는 방안
① 수치정사영상을 제작하여 지적도면과 중첩시킴으로써 지적도의 접합보정 시 나타나는 오류들을 최소화할 수 있다.
② 경계설정기준은 경계가 뚜렷이 나타나는 부분 이외에 농경지의 경우 경사면의 하단부, 건물의 경우 건물의 외벽을 기준으로 경계를 설정한다.
③ 토지경계 결정방법과 지형도 제작 시의 경계현황측정 방법이 동일해야 한다.
④ 사전에 경계측정 방법의 차이 유무 등을 확인한 후 이를 활용하도록 해야 한다.

(5) 현지보완측량
① 현지 경계선을 확인하여 불일치한 토지경계를 수정하기 위해 현지측량을 실시하여 보완한다.

② 도면의 접합오차기준의 범위를 초과한 경우 항공측량에 의한 정사사진 지적도나 수치지도 성과를 이용해 비교분석을 하기 위한 부분적 보완측량이다.
③ 현지보완측량 작업을 원활히 수행하기 위해서는 원점 및 측량기준점 정비 등이 체계적으로 선행되어야 한다.
④ 토지현황을 정확하게 측정함에 있어서 가장 중요한 요건은 통일된 측량원점체계 아래서 기준점망을 점검하고 구축하여 이 기준점에 따라 후속작업을 하여야 한다.
⑤ 중복되거나 이격 또는 교차되는 등의 접합정리는 경계 및 도면의 공차 내일 경우와 공차 외일 경우를 구분한 후 현지 경계선에 맞추어 직권정리와 등록사항정정 처리방법 등에 따라 정비하도록 하여야 한다.

6. 결론

최근 각 기관에서 공간정보시스템의 기본도로 이용되는 연속지적도의 이용 및 활용영역의 극대화를 위해서는 정확도의 향상이 우선적으로 이루어져야 한다. 이를 위해 세부측량원도를 이용한 보정, 구「지적법」제37조 등록지 정비, 등록전환에 따른 관계법령 정비, 항공정사영상을 이용하는 방안, 현지보완측량을 통한 정비가 필요하다. 제시한 정확도 향상방안을 적극 활용하여 중·장기적인 추진계획을 수립하여 연속지적도 정비를 실시한다면 공적장부로서의 공신력을 향상시키는 결과를 가져올 뿐만 아니라 향후 국가 디지털지적 구축사업을 실시함에 있어서 정확한 기초자료가 될 수 있을 것이다.

05 도로명주소

1. 개요

우리나라 주소표시체계는 토지에 붙이는 번호, 즉 지번에 기초하고 있었다. 1910년대 토지조사사업 당시 지번이 부여된 이후 폭발적 도시팽창, 도시구조의 복잡화 각종 지역개발사업 등에 따른 토지의 등록, 분할, 합병 등 토지이동이 빈번하게 발생하여 지번배열 순서가 무질서하게 부여되었고, 이러한 주소체계는 지번배열 순서가 불규칙적이고 연계성이 부족하여 많은 문제점이 발생하고 있었다. 따라서 지번주소체계의 문제점을 해소하기 위해 주소의 기준을 지번에서 도로명과 건물번호로 변경하게 되었으며 도로명주소 부여방법은 크게 도로명, 건물번호, 상세주소의 부여방법으로 나뉜다.

2. 도로명주소 도입 배경

(1) 지번주소의 문제점

① 행정동과 법정동의 이원화
② 도시화로 인한 지번의 연속성 결여
③ 하나의 지점을 표현하기 곤란하여 경로안내와 위치안내의 기능저하

(2) 도입 배경

① 100년간 지속되어 온 지번주소체계의 문제점을 해소
② 21세기 물류 및 정보화시대에 맞는 위치정보체계의 도입
③ 대부분 국가에서 도로명주소 사용 등 국제표준 채택
④ 국민생활양식의 일대 형식을 기하고 국가경쟁력을 강화

3. 도로명주소의 구성

도로명주소는 행정구역명(시·도, 시·군·구, 읍·면)과 도로명, 건물번호, 상세주소(동·층·호), 참고항목(법정동, 공동주택명)으로 구성되어 있다.

(1) 도로명 부여

① 도로명과 기초번호를 기초로 도로명주소를 부여한다.
② 도로명 부여 대상 도로는 도로명주소 부여에 필요하거나 지역 간을 연결하는 도로로 서 → 동, 남 → 북 방향으로 도로구간을 설정하고 명칭을 부여한다.
③ 도로의 시작점부터 20m 단위로 끊어 진행방향을 따라 왼쪽에는 홀수, 오른쪽에는 짝수의 기초번호를 순차적으로 부여한다.

(2) 건물번호 부여

① 건물의 주된 출입구에 가장 인접한 도로의 기초번호를 건물번호로 부여한다.
② 하나의 기초번호 구간에 여러 개의 건물이 있는 경우 또는 기초번호 구간에 종속구간이 있는 경우에는 부번을 사용한다.

(3) 상세주소 부여

① 상세주소는 동·층·호로 나뉜다.
② 아리비아숫자 또는 한글을 이용하여 주 출입구를 기준으로 시계 반대 방향으로 부여한다.

| 시·도, 시·군·구, 읍·면 | 도로명, 건물번호 | 동·층·호 | 법정동, 공동주택명 |

[그림 7-14] 도로명주소 구성

4. 개선방안

(1) 입체화된 주소체계

① 종전 도로명 부여 대상 : 지상도로에 한정하여 부여
② 개선 도로명 부여 대상 : 입체도로(고가도로, 지하도로), 내부도로(건물, 구조물 안 도로)
③ 고가도로에 인접한 편의시설 및 지하철 승강장 매점에도 부여 가능

(2) 건물중심 주소체계를 사물과 공터까지 확대

종전	개선
• 건물 등 주소 찾기 : 도로명주소 • 동·층·호 찾기 : 상세주소 • 산악 등에서 위치 찾기 : 국가지점번호 • 도로면 등 위치 찾기 : 기초번호	• 기존의 주소체계를 포함하여 사물주소 등 추가 • 사물찾기 : 사물주소 • 다중이 자주 찾는 시설물(공원, 버스정류장 등)과 공터에서도 위치 찾기 가능

(3) 보다 편리해진 주소서비스

① 자주 찾는 길에 도로명이 없는 경우 도로명 부여 신청 가능
② 상세주소 부여 신청권을 확대하여 언제든지 직접 신청 가능
③ 행정구역이 결정되지 않은 지역에도 주소 부여 가능
　㉠ 시·군·구 미결정 시 : 시·도지사가 변경
　㉡ 시·도 미결정 시 : 행정안정부장관

(4) 국민 불편사항 해소

① 기존 : 도로명주소 변경 시 국민이 해당 공공기관 방문 후 주소정정 신청
② 개선 : 도로명주소 변경 시 해당 공공기관에서 30일 이내 일괄정정

5. 기대효과

(1) 정량적 기대효과

① 여가활동, 여행, 업무상 이동 시 길 찾는 비용 절감
② 외국인 관광객, 대리운전 길 찾는 비용 절검, 유류비 절감
③ 택배 배달시간 및 운행비용, 우편배달 교육시간 절감
④ 지번주소 정제비용, 반송우편처리 비용, 구급구조 출동시간 감소

(2) 정성적 기대효과

① 다양한 위치 표현, 길 찾기 효율화, 안전한 생활 영위
② 고객관리 마케팅 강화, 전자지도 신규사업 확산, 배달업 고효율화
③ 대국민 응급서비스 제공, 내부행정 효율화
④ 방문객 이미지 제고, 도시미관 개선, 건물 세입자 경쟁력 강화

6. 결론

산업화와 도시화로 지번주소가 정확한 건물의 위치정보를 주지 못하므로 1996년에 도로명 주소를 생활주소로 도입하여 2007년에 법정주소로 되어 2014년부터 전면 사용하도록 되었다. 건물에는 도로명주소를 사용하고 토지에는 지번을 사용하도록 하였다. 도로주소 체계에서는 도로명과 번호로 배달지점을 쉽게 찾을 수 있다.

06 3차원 입체모형 구축 기술

1. 개요

도시, 건설, 교통, 에너지 등의 기존 국토교통정보화 서비스뿐만 아니라 디지털 트윈, 자율주행, VR/AR, 디지털 콘텐츠 등의 4차 산업혁명 관련 신규 서비스에 능동적으로 대처하기 위하여 공공 및 민간의 3차원 입체모형 수요가 크게 증가하고 있으며, 3차원 입체모형의 활용분야별로 다양한 정밀도의 입체모형이 요구되고 있다. 현재 입체모형을 구축할 때 고려해 볼 수 있는 기술은 수치지도를 이용한 방식, 항공사진 입체도화를 통한 기존방식, 영상매칭 방식 등이 있다.

2. 3차원 입체모형 활용현황

(1) 공공분야

도시행정 효율화 및 최신 스마트 시티 서비스 등 LOD 1~4수준의 3차원 입체모형을 활용하고 있다.

(2) 민간분야

언론사, 대학교, 건축사무소, 부동산, 3차원 게임, VR/AR 등 LOD 3 또는 LOD 4의 입체모형을 활용하고 있다.

3. 3차원 입체모형구축 방법

(1) 수치지도 이용방식

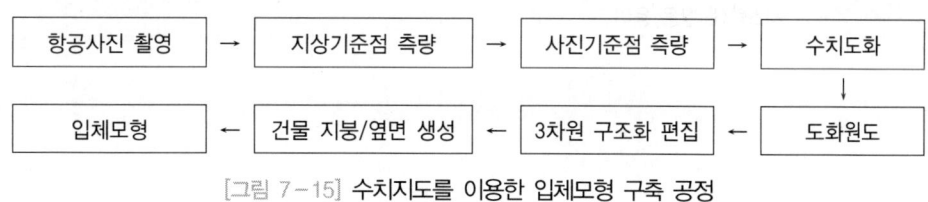

[그림 7-15] 수치지도를 이용한 입체모형 구축 공정

(2) 영상매칭 방식

항공사진 촬영 후 영상매칭을 통해 건물형태를 추출하여 모델링하고 항공사진을 이용하여 텍스처 데이터를 구축하는 방식으로 입체모형, 수치표고모형 실감정상영상이 동시에 제작되는 특징이 있다.

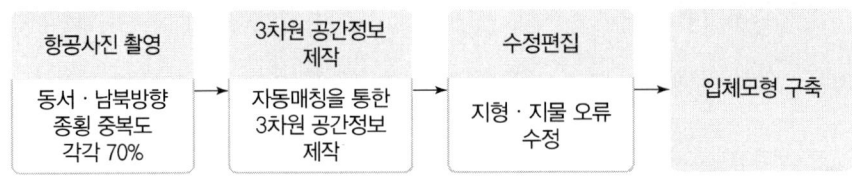

[그림 7-16] 영상매칭 방식을 이용한 입체모형 구축 공정

(3) 객체형 입체모형 구축방식

항공사진 촬영 후 3차원 도화를 통해 건물형태를 추출 및 모델링하고 항공사진을 이용하여 획득한 텍스처 데이터를 부착하는 방식이며, 이때 입체모형의 바탕이 되는 실감정사영상과 수치표고모형도 개별적으로 구축해야 한다.

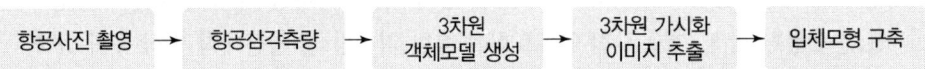

[그림 7-17] 객체형 방식을 이용한 입체모형 구축 공정

4. 3차원 입체모형 구축기술 비교·분석

[표 7-25] 3차원 입체모형 구축기술 비교·분석

구분	수치지도 이용	영상매칭 방식	객체형
구축방안	1:5000 도화원도를 이용한 구축	항공사진 매칭을 통한 구축	항공사진 입체도화를 통한 반자동 구축
세밀도	LOD 2	LOD 3	LOD 4
장점	• 최소비용으로 구축가능 • 추가 항공사진 촬영 없이 기구축된 도화원도 활용 가능 • 수시 갱신체계에 맞춘 입체모형 갱신 가능 • 가벼운 용량으로 인해 정보 시스템에 활용 용이	기존 방식에 비해 저비용이지만 높은 효율로 입체모형 구축 가능	• 고정밀 데이터 구축 가능 • 활용범위가 가장 넓음

구분	수치지도 이용	영상매칭 방식	객체형
단점	수치도화 시 건물 옥상의 높낮이와는 상관없이 하나의 폴리곤으로 묘사되고 옥상 구조물에 대한 묘사가 없으므로 실상과 다른 형태로 구축	• 중복률 70% 이상의 촬영사진 필요 • 정상영상 수치지도 구축사업의 항공사진 촬영성과와 예산중복 절감 방안 필요 • 수치지도 성과, 드론 활용 등 별도의 수시 갱신 방안 필요	• 활용도가 높지 않음 • 작업소요시간이 오래 걸림 • 타 방식에 비해 매우 높은 구축단가 발생 • 수치지도 성과, 드론 활용 등 별도의 수시 갱신, 방안 필요
활용분야	• 각종 기본 공간 분석 • 지상·지하 3차원 구축 • 드론 택배	• 각종 시뮬레이션(재난 방지 등) • 3D 게임 데이터 • BIM, 스마트 시티, VR	• 건축설계 • 통신기지국 입지 선정

5. 3차원 입체모형의 서비스 방안

(1) 유지·관리 및 갱신

입체모형 등 공간정보의 활용 활성화를 위해서는 데이터의 최신성과 정확도를 유지하는 것이 가장 중요하다.

(2) 입체모형 서비스

① **플랫폼을 통한 입체모형 서비스** : 입체모형 데이터를 활용하기 위한 기술, 인프라, 자금 등이 부족한 중소기업, 스타트업, 1인 창조기업 등을 대상으로 활용 지원하기 위해서는 3차원 플랫폼을 활용

② **데이터 제공** : 4차 산업시대의 공간정보기반 융·복합 산업 활성화를 위해서 기본 인프라 성격의 데이터인 입체모형의 활용 수요 증가에 대한 데이터 제공 절차 검토 필요

6. 결론

디지털 트윈 시대에 전 국토의 입체모형 구축을 위해서는 기존의 구축방법 외에도 UAV, MMS, 스마트폰 등을 활용한 3차원 입체모형 방법이 연구되어야 하며 정밀도에 따른 입체모형 구축방안을 마련한다면 효율적인 3차원 입체모형정보를 구축할 수 있을 것으로 판단된다.

PART 08

GNSS

CHAPTER 01 Summary
CHAPTER 02 단답형(용어해설)
CHAPTER 03 주관식 논문형(논술)

PART 08 CONTENTS

CHAPTER **01** _ Summary

CHAPTER **02** _ 단답형(용어해설)

  01. GNSS(Global Navigation Satellite System) 개요 ·· 633
  02. GNSS 구성 ·· 637
  03. GPS 구성 ·· 640
  04. GPS 신호 ·· 643
  05. GNSS 보정신호의 종류 ·· 646
  06. 위성측위 원리 ·· 649
  07. 다중경로오차(Multipath Error) ·· 652
  08. VRS(Virtual Reference Station) ··· 653
  09. PPP-RTK ·· 654
  10. Broadcast-RTK ··· 655
  11. 차분기법 ·· 657
  12. 위성력, 정밀궤도력/방송궤도력 ·· 661
  13. 모호정수(Integer Ambiguity) ··· 662
  14. OTF ·· 663
  15. 에포크(Epoch) ··· 664
  16. 케플러 행성운동 ··· 665
  17. GNSS의 표준자료 ··· 667
  18. 변조 및 복조 ··· 668
  19. Network RTK-GNSS 활용분야 ·· 669

CHAPTER **03** _ 주관식 논문형(논술)

  01. GNSS 측위방법 ·· 672
  02. GNSS 측위오차 ·· 676
  03. Network RTK ·· 680

Summary

01 GNSS(Global Navigation Satellite System)
인공위성을 이용한 위치해석 체계로 위성에서 발사한 전파가 수신기까지 도달하는 소요시간을 관측함으로써 미지점 위치를 구하는 시스템이다.

02 Block I(블록 I)
실험을 위해 발사한 GPS위성으로 1978~1985년까지 11개가 발사되었다. 궤도경사각은 63°이며 고의로 정확도를 약화시키는 S/A 기능이 탑재되어 있지 않다.

03 Block II(블록 II)
실용위성의 명칭으로 블록 I 위성보다 대형 위성이며 S/A의 기능이 탑재되어 있다.

04 트랜싯 시스템(TRANSIT System)
NNSS(Navy Navigation Satellite System)라고도 하며, 미 해군의 항법용 시스템으로 고도 약 1,100km 상공에서 극궤도와 가깝게 궤도운동을 하는 6개의 인공위성으로 구성되어 있다. 원래는 항공모함이나 항공기의 위치를 결정하기 위한 목적으로 미군에 의해 개발되었다.

05 C/A-Code(Coarse Acquisition-Code)
GPS 위성에서 송신되는 코드로 PRN 코드와 같은 계열의 코드이다. 각각의 위성은 32개의 고유한 코드를 한 개씩 나누어 가지고 있으며, 각각의 코드는 1,023chips로 구성되어 초당 1,023Mb(메가비트)의 속도로 전송된다. 이 코드의 순서는 1/1,000초마다 반복된다. C/A코드는 현재 L1 주파수로 송신된다.

06 캐리어(Carrier)
어떤 변조된 신호를 실어 나르는 라디오파를 말한다.

07 불명확 상수(모호정수, Ambiguity)
임의의 사이클(Cycle) 수로 관측된 반송파 위상의 초기 바이어스(Bias) 초기의 위상 관측치는 GNSS 수신기가 GNSS 신호를 처음 잡았을 때 만들어지는데, 이때 위성과 수신기 간에 정확한 사이클 수를 알 수 없으므로 사이클 정수에 대한 모호성분이 생긴다.

08 On The Fly(OTF)
GNSS 수신기가 어떤 시각에 정지되어 있을 필요 없이 움직이면서 디퍼렌셜(Differential)

반송파위상의 모호정수(Ambiguity)를 분해하는 기술을 일컫는 용어이다.

09 2중차(Double Difference)

두 수신기가 같은 두 위성을 동시에 추정하여 측정한 반송파 위상의 수학적인 차이를 이용하여, 첫 번째 위성으로부터 각각의 수신기가 수신한 위상의 차이, 두 번째 위성으로부터 각각의 수신기가 수신한 위상의 차이, 이 차이들을 빼줌으로써 위성과 수신기의 시계오차를 제거할 수 있다.

10 궤도정보(Ephemeris, 위성력)

위성에 의한 위치관측은 위성과 수신기 사이의 거리 및 위성의 위치자료, 즉 위성의 궤도력을 이용하여 이루어진다. 궤도정보는 방송력과 정밀력으로 대별되며, 방송력은 사전에 계산되어 위성에 입력한 예보궤도로 지상으로 송신하는 궤도정보이며, 정밀력은 실제 위성의 궤도정보로 지상 추적국에서 위성전파를 수신하여 계산된 궤도정보이다.

11 궤도요소

천체의 궤도위치, 모양, 크기를 나타내는 6가지 요소로는 타원 궤도의 장반경, 이심률, 근지점 경도, 근지점 통과시간, 경사각, 승강점의 경도가 있다.

12 칼만필터(Kalman Filter)

잡음이 섞여 있는 관측치로부터 역학적으로 변하는 변수를 연속적으로 추적해내는 최적의 수학적 계산과정이다.

13 도플러 항법

신호원(음원 또는 광원)과의 상대적인 이동에 의한 주파수의 변화를 측정하여 현재 위치를 아는 항법으로 측위에 연속적인 수신이 필요하다.

14 도플러 효과

관측자에 의해 파동의 진동수가 정지한 경우와 다른 현상으로서 신호원과 관측자가 가까워질수록 진동수는 높고 멀어질수록 낮아진다. 사이렌을 요란하게 울리며 달려오던 소방차가 자기 옆을 스쳐지나고 나면 다가오는 동안 크게 들리던 소리가 갑자기 작게 들리는 경우와 같다.

15 RINEX(Receiver INdepedent EXchange format)

GNSS 장비는 제작사마다 관측데이터를 저장하는 형식이 서로 다르다. 따라서 제작사가 다른 GNSS 장비를 혼용하여 GNSS 측량을 할 경우 데이터 저장 형식이 달라 처리하는 데 문제가 생길 수 있으므로 장비사의 고유 저장방식 외에 상호 운용하기 위한 표준화된 포맷이 필요한데, 이러한 공통된 GNSS 자료형식을 RINEX라 한다.

16 WGS84(World Geodetic System 84)
전 세계를 하나의 통일된 좌표계로 나타내기 위해 중력측량(중력장과 지구형상)을 근거로 개발된 지심좌표계를 세계측지측량기준계(WGS)라 하며 GPS의 사용 좌표계이다.

17 GNSS의 오차요인
위성의 궤도오차, 전파혼선, 전리층에 의한 오차, 건조공기 및 수증기(대류권 오차)에 의한 오차, 의사거리 측정오차, 관측지점의 멀티패스 등이 있다.

18 전리층(Ionosphere)
지표에서 50~200km있으며 전파가 통과하는 속도는 진공속도보다 느리다. 달속도에는 주파수의 존성이 있으며 주야, 계절, 태양의 활동 등에 따라서도 변동한다. L1과 L2의 두 반송파에 의해 보정이 가능하다.

19 Cycle Slip
반송파 위상 관측치의 끊김 현상으로 일시적인 신호 손실에 의한다. 만일 어떤 장애물에 의해 일시적으로 신호가 끊긴다면 수신한 신호에는 jump가 생긴다. 위성으로부터의 전파가 도중에서 끊기기 때문에 발생하는 위상의 차이이다.

20 DOP(Dilution Of Precision)
위성들의 상대적인 기하학이 위치결정에 미치는 오차를 나타내는 무차원의 수

21 SA(Selective Availability)
GNSS 사용자에게 정밀도를 의도적으로 저하시키는 조치를 말한다. 이 조치는 암호를 해독하거나 DGNSS 방법으로 대처할 수 있으며, 2000년 5월 1일 해지되었다.

22 AS(Anti Spoofing, 코드의 암호화, 신호 차단)
군사목적의 P코드를 적의 교란으로부터 방지하기 위해 암호화시키는 기법이며, 암호를 풀 수 있는 수신기를 가진 사용자만이 위성신호 수신이 가능하다.

23 Y-code
P-code를 암호화한 것이다.

24 Bias
오차가 발생하는 원인, 위성이나 수신기의 시계오차, 전리층이나 대류권에서의 전달 지연시간 등을 거리로 환산하여 표시한다.

25 세션(Session)
관측측량을 위하여 일정한 관측간격을 두고 동시에 GNSS 측량을 실시하는 단위작업을 말한다.

26 NMEA(National Marine Electronics Assocation, 미국해양전자협회) 포맷
GNSS의 다양한 활용은 물론 위치정보를 필요로 하는 각종 관측장비와의 호환을 위하여 제정한 GNSS 출력데이터의 표준을 의미하며, 일반적으로 NMEA0183 포맷이 사용되고 있다.

27 RTCM(Radio Technical Commission for Maritime service)
기준국 GNSS에서 생성한 위치보정 데이터(신호)를 이동국 GNSS로 송신하는 데 있어 그 신호의 표준형식을 말한다.

28 DGNSS(Differential GNSS)
기지점에서 기준국용 GNSS 수신기를 설치하며 위성을 관측하여 각 위성의 의사거리 보정값을 구한 뒤 이 보정값을 이용하여 이동국용 GNSS 수신기의 위치 결정오차를 개선하는 위치 결정 형태를 말한다.

29 WADGNSS(Wide Area DGNSS)
WADGNSS는 지상에 기지국을 설치하지 않고 통신위성을 이용하여 다수의 기지국 네트워크를 통하여 생성한 위치보정 신호를 방송함으로써 적어도 1개 국가 내에서는 어디서나 1개의 GNSS 수신기만으로도 약 1m 이내의 위치정확도로 실시간 측위가 가능하도록 하는 광역 DGNSS 측위체계이다.

30 RTK(Real Time Kinematic)
상대측위에 있어서 위성신호 중 L1/L2의 반송파 위상에 대한 보정치를 실시간으로 기준국 수신기로부터 사용자에서 송신하여 1~2cm 정도의 위치정확도를 얻는 방법이다.

31 B-RTK(Broadcast-RTK)
상시관측소에서 관측되는 위치오차량을 보간하여 생성되는 반송파위치 보정신호를 방송망을 통해 전송받아 이동국 GNSS 관측값을 보정함으로써 수신기 1대만으로 고정밀의 RTK 측량을 수행하는 기법이다.

32 VRS(Virtual Reference Station)
가상기준점방식의 실시간 GNSS 측량법으로 기지국 GNSS를 설치하지 않고 이동국 GNSS만을 이용하여 VRS 서비스센터에서 제공하는 위치보정데이터를 휴대전화로 수신함으로써 RTK 또는 DGNSS 측량을 수행할 수 있는 기법이다.

33 가상기준국

위치기반서비스를 하기 위해 GNSS 위성 수신방식과 GNSS 기지국으로부터 얻은 정보를 통합하여 임의의 지점에서 단말기 또는 휴대폰을 통하여 그 지점에서 정보를 얻기 위한 가상의 기지국이다.

34 FKP

단방향 통신방식으로 사용자가 GNSS 수신기에서 계산한(보정되지 않는) 개략적 위치를 FKP 시스템으로 전송하여 사용자에게 사용자 주변에 가장 가까운 관측소의 관측데이터와 Cell을 보정하기 위한 파라메타를 인터넷망으로 전송하는 방식이다.

35 PPP-RTK

GNSS 기준국 네트워크에서 수집된 신호를 실시간으로 처리해 위성 궤도오차와 시계오차의 보정량을 계산하고(위성항법 메시지에 대한 보정량) 더불어 동일한 네트워크 기반으로 전리층과 대류권 오차를 산출해 사용자에게 제공한다. 사용자는 수신기 시계오차와 좌표만을 추정한다.

36 GNSS time

GNSS 선호가 기준이 되는 시간으로 지상의 관측소와 위성의 원자시계로 유지된다. 이 시간은 세계표준시와 $1\mu s$(마이크로초) 이내에서 일치하도록 미해군 천문대에서 유지하고 있으며 세계 표준시에서 적용되는 윤초는 적용되지 않는다.

37 세계시(UT0 Universal Time)

지구자전을 기준으로 한 시간 시스템 극운동을 보정한 것을 UT1 계절변동을 보정한 것을 UT2라고 한다.

38 역학시(TD0 Dynamical Time)

상대론적 시간 시스템, 지구 중심을 기준으로 한 지구역학시(TDT : Terrestrial Dynamic Time), 태양을 기준으로 한 태양계 역학시(TDB : Barycentric Dynamic Time), 상대론적 시간시스템의 전신인 역표시(ET : Ephemeris Time)

39 국제원자시(TAI : International Atomic Time)

원자 진동을 기준으로 한 시간시스템으로 일상적으로 사용하고 있는 시각이다.

40 협정세계시(UTC : Coordinated Universal Time)

지구자전과 원자시를 타협한 시간시스템으로 일상적으로 사용하고 있는 시각이다.

41 GNSS-Leveling

GNSS를 이용한 간접방식의 수준측량을 말한다. GNSS로 관측된 높이는 타원체고를 나타내기 때문에 평균해수면을 기준으로 하는 표고를 계산하기 위해서는 타원체고와 표고의 차이인 고를 알아야 한다. GNSS-Leveling에서는 사전에 계산된 모델을 이용하거나 현지 수준점을 직접 관측하여 수직 망조정을 수행한 후 실시하게 된다.

42 Airborne GNSS

항공기에 GNSS 수신장치를 탑재하여 실시간으로 위치자료를 손쉽게 제공하는 에어본 GNSS의 이용이 증가될 전망이다. 에어본 GNSS는 이용 측면에서 측량(Surveying) 및 지도제작(Mapping) 부분과 운송(Transportation) 부분으로 구분된다.

43 GNSS-VAN

GNSS-VAN은 주행차량에 GNSS 수신기, 관성항법체계, CCD 사진기 및 각종 탐측장치를 탑재하여 고속으로 주행하면서 도로와 관련된 각종 시설물의 현황과 속성정보를 자동으로 취득하는 이동식 도로도면화 체계이다

44 GNSS 사진측량학

GNSS 사진측량학은 기존의 사진측량기법에 GNSS 측량기술을 접목시킨 새로운 학문으로서 지형도 작성을 위한 GNSS 항공사진측량, GNSS-VAN에 의한 도면화 체계를 위한 지상사진측량 등에 이용되고 있다.

45 CNS(Car Navigation System)

차량주행(CNS)이란 선박, 항공기 등 항법장치에 쓰이고 있는 GNSS 수신기를 장착하여 GNSS 위치, 시간정보를 받아 진행차량의 현 위치 결정, 진행방향, 목적지 검색, 차량의 최적경로 및 각종 편의정보를 제공해 편안한 운전환경을 제공하는 최첨단시스템이다.

46 LBS(Location Based Service, 위치기반서비스)

LBS는 이동통신망을 기반으로 사람이나 사물의 위치를 정확히 파악하고 이를 활용하는 응용시스템 및 서비스를 통칭하는 위치기반서비스체계이다.

CHAPTER 02 단답형(용어해설)

01 GNSS(Global Navigation Satellite System) 개요

GNSS는 인공위성을 이용한 범지구 위치결정 시스템으로 기지점인 위성에서 방송하는 전파신호를 관측점에서 수신하여 전파의 소요시간 또는 위상차 관측에 의해 위성과 관측점까지 거리를 계산함으로써 후방교회법에 의해 관측점의 위치를 결정해 주는 위치결정시스템이다. 다수의 인공위성을 이용하여 사용자의 정확한 위치 및 시각정보를 제공하는 측위시스템이며, 위성체 연구, GNSS 전파의 정확도 향상, 위성궤도의 향상 및 수신기술 개발이 접목되어 측지분야뿐만 아니라 여러 분야로의 응용이 급진전되고 있다. 정밀한 위치 및 시각정보를 이용하여 측량뿐만 아니라 육·해·공 항법, 국방, 행정, 정보통신 등 다양한 분야에서 활용하고 있다.

1. GNSS의 특징

(1) 장점

① 고정밀 측량이 가능하다.
② 장거리를 신속하게 측량할 수 있다.
③ 관측점 간의 시통이 필요하지 않다.
④ 기상조건에 영향을 받지 않으며, 야간 관측도 가능하다.
⑤ 움직이는 대상물의 측정이 가능하다.
⑥ 3차원(X, Y, Z) 측정이 가능하다.

(2) 단점

① 위성궤도 정보가 필요하다.
② 전리층 및 대류권에 관한 정보를 필요로 한다.

(3) GNSS 효과

① 두 개 이상의 GNSS를 상호 간의 서비스나 신호에 대한 간섭 없이 독립적으로 또는 함께 이용할 수 있다.
② 두 개 이상의 GNSS를 이용하여 독립적으로 하나의 서비스만을 이용한 경우보다 우수한 성능을 사용자에게 제공할 수 있다.

③ GNSS뿐만 아니라 다른 다양한 시스템의 신호를 동시에 수신하여 서비스 가용성과 정확성 향상 등 고성능의 항법 서비스를 이용할 수 있다.

2. 위성항법시스템의 종류

(1) **전 지구 위성항법시스템(GNSS)** : 지구 전체를 서비스 대상 범위로 하는 위성항법시스템으로 미국의 GPS, 유럽(EU)의 갈릴레오(Galileo), 러시아의 글로나스(GLONASS), 중국의 북두(Beidou-2) 등
(2) **지역보정시스템(RNSS)** : 특정지역을 서비스 대상으로 하는 위성항법시스템으로 중국의 Beidou-1, 일본의 QZSS, 인도 IRNSS
(3) **GNSS 보강시스템** : SBAS, GBAS

3. GNSS

(1) GPS만을 이용한 위성항법체계가 유럽의 갈릴레오(Galileo), 러시아의 글로나스(GLONASS), 중국의 북두(Beidou-2)와 연동되어 있다.
(2) GNSS를 구성하는 각국의 위성신호는 GPS 신호체계와 거의 비슷한 반면 위성고도와 궤도가 달라 GPS 단독으로 위치 결정 시 문제가 되는 상공 차폐지역(도심지)의 감소 효과가 기대된다.

4. RNSS

(1) 자국 부근에서 GNSS의 정확도 및 가용성을 향상하는 위치보강시스템이다.
(2) SBAS가 DGNSS 보정신호만을 제공하는 데 반해 RNSS는 자체적으로 단독측위 및 상대측위가 가능하고 GNSS와 결합하여 악조건에서의 측위성능이 향상된다.
(3) 특정지역에서의 극궤도 또는 정지궤도 위성시스템이다.
(4) QZSS(Quasi-Zenith Satellite System), Beidou-1(중국), IRNSS(Indian Regional Navigation System)

5. 위성항법보강시스템(Augmentation System)

(1) **위성항법보강시스템의 특징**

① 육·해·공 항법, 측량 등 높은 위치정확도와 무결성을 요구하는 분야를 위해, 위성항법시스템의 위치정보의 오차를 보정하고 신뢰도가 향상된 정보를 제공하는 시스템
② 기준국이 항법위성 제공정보의 오차를 계산하고, 수신기에 전송함으로써 위치 및 시각정보의 정확도 향상
③ **위성기반** : 정지궤도 위성, 관제국, 기준국, 수신기로 구성
④ **지상기반** : 기준국(별도의 송신시설 포함), 수신기로 구성

(2) 위성항법보강시스템의 종류

① SBAS(Satellite-Based Augmentation System)
  ㉠ 개념 : 위성기반의 위치보강시스템으로 GNSS 상시관측망에서 생성한 네트워크 기반의 코드위치보정데이터를 정지위성을 통해 지상으로 중계 방송하는 광역 DGNSS 체계의 하나이다.
  ㉡ SBAS의 특징
    • 항공항법용 보정정보 제공을 주된 목적으로 미국, 유럽 등 다수 국가가 구축·운용
    • 다수의 지상국망으로부터 위성데이터를 수신하여 보정데이터 생성
    • 생성된 보정데이터를 통신위성으로 전송하면 통신위성은 다시 지상으로 보정데이터를 재송신
    • 사용자는 GNSS 수신에 장애가 있는 지역(도시, 임야 등)에서도 통신위성으로부터 전송된 보정데이터를 결합하여 비교적 정밀한 위치(1m 내외) 결정이 가능
    • 넓은 지역을 대상으로 하는 WADGNSS 개념
    • SBAS 신호의 수신이 가능한 GNSS 안테나를 사용하면 누구나 자유롭게 이용 가능
  ㉢ SBAS의 종류
    • 미국 : WAAS(Wide Area Augmentation System)
    • EU : EGNOS(European Geostationary Navigation Overlay Service)
    • 일본 : MSAS(Multi-functional Satellite-based Augmentation System)
    • 인도 : GAGAN(GPS Aided Geo Augmented Navigation system)
    • 캐나다 : CWAAS(Canada Wide Area Augmentation System)
    • 러시아 : SDCM(System of Differential Correction and Monitoring)

② GBAS(Ground-Based Augmentation System)
  ㉠ 지상기반의 위치보강시스템으로 GBAS 또는 GRAS(Ground-based Regional Augmentation System)라고도 함
  ㉡ 지상 기준국에서 VHF 또는 UHF 전파를 통해 위치보정신호를 방송하므로 일반적으로 반경 20km 이내에서만 이용 가능
  ㉢ 공항 등에서의 항공기 자동관제, 특정기관 또는 회사에서 사용
  ㉣ 단일 기준국 방식의 DGNSS 체계이므로 근거리에서는 측위정확도가 높은 반면, 장거리에서는 거리에 따라 오차 증가

6. GPS 개발의 역사

GPS는 군사적 목적으로 NNSS(미해군항법체계)의 대체용으로 개발된 항법지원시스템으로 일부신호체계를 민간에 개방하여 전 세계적으로 상업화되었으며 위성체의 연구, GPS 전파의 정확도 향상, 위성궤도의 향상 및 수신기술개발이 접목되어 측지분야뿐만 아니라 다양한 분야에서 활용되고 있다.

(1) 1950년대 후반과 1960년대 초기에 걸쳐 미 해군은 위성에 기초한 두 종류의 측량 및 항해시스템인 트랜싯과 티메이션을 준비하였고 공군에서는 시스템 621B를 착수하였다.
(2) 트랜싯(Transit)이라고 불리는 시스템은 1964년부터 가동되기 시작하였고 1969년에 일반에게 공개되었다.
(3) 티메이션(Timation)은 위성에 기초한 측량 및 항해 체계의 원형으로만 자리 잡았을 뿐 실행에 옮겨지지 못하였다.
(4) 시스템 621B 라고 일컬어지는 계획을 미 공군에서 착수하였는데 1973년에 미 국방차관이 해군에서 계획했던 티메이션과 시스템 621B를 통합할 것을 지시하였고 이것이 DNSS(Defense Navigation Satellite System)으로 명명되었으며, 후에 NAVSTAR(NAVigation System with Timing And Ranging) GPS로 발전되었다.

① 1978년 : 첫 Block Ⅰ 위성 발사, 1978~1985년 사이 11개 발사, Rockwell사에서 제작
② 1983년 : 레이건 대통령의 선언(KAL-007 피격사건 후), GPS 완성 후 민간에게 무료로 사용 허용
③ 1989년 : 첫 Block Ⅱ 위성 발사, Rockwell사 제작
④ 1990년 3월 25일 : SA를 처음 가동
⑤ 1990년 8월 : SA 가동 중지(1991년 6월 1일 까지 - 걸프전)
⑥ 1991년 : SPS 서비스 1993년부터 가능하고, 향후 최소 10년간 무료사용 허용 선언
⑦ 1992년 : ICAO와 1991년의 선언을 확인하고 SPS를 변경할 경우 최소 6년 전에 통보하기로 함
⑧ 1993년 : 초기 정상가동 선언, 24개의 GPS 위성군 완성(Block Ⅰ/Ⅱ/ⅡA), SPS 실시
⑨ 1995년 : 미국 클린턴 대통령의 선언, GPS 신호를 국제사회에 제공할 것을 공표
⑩ 1995년 4월 27일 : 정상가동(FOC : Full Operation Capability) 선언, 24개의 Block Ⅱ 와 ⅡA 위성의 정상 운행, 군사용 기능 실험 종료
⑪ 1996년 : 미 대통령 지시문 발표, 안정적이고 지속적인 GPS 무료 사용, 10년 이내 고의 오차 SA 제거
⑫ 1997년 : IGEB 결성 - 미 DoD와 DoT의 공동기구, 민간용 서비스(SPS)를 위한 새로운 신호 추가 및 주파수 할당 계획
⑬ 1998, 1999년 : 미 부통령 고어 발표, L2 주파수(1227.6Mhz)에 민간용 C/A-code 신호 추가, 2005년까지 제3의 민간용 신호 추가(인명 구조용)
⑭ 1999년 : IGEB Working Group, 제3의 민간용 GPS 신호를 1176.45Mhz(L5)에 할당
⑮ 2000년 : 미 대통령 SA 해제 발표
⑯ 2000년 : 5월 1일 SA 해제 실시

02 GNSS 구성

미국의 GPS와 러시아의 GLONASS 등과 같이 측위 위성체계를 활용한 전 세계적 위치정보서비스 시스템으로 주로 실외의 위치측위 체계로 이용되며, 스마트폰 등 모바일 환경의 측위체계로 활용되고 있다. 사용자는 최소한 4개 이상의 위성신호를 받아 3차원 위치정보와 나노-초 단위의 세계시를 결정(X, Y, Z, T)하고, 위성의 위치와 항법정보(위성시계, 전리층모델, 위성궤도요소, 위성상태 등)를 기반으로 사용자의 현재 위치를 결정한다.

1. GNSS 서비스 현황

(1) 미국의 GPS
① 미국 국방성에서 1973년부터 운영, NAVSTAR GPS
② 고도 20,180km, 위성 수 24기(2007년 이래 31기 운영)

(2) 러시아의 GLONASS
① 러시아 국방성에서 1982년 위성 발사, 위성 수 24기 운영
② 고도 19,100km, 2011년 11월 이후 전 세계 서비스, GLONASS-K 시리즈 운영

(3) 유럽연합의 Galileo
① 1999년 사업 착수, 2018년 30개 위성 운영 중
② 고도 24,000km, 3개 궤도당 10개 위성씩 총 30개 위성 운영 중

(4) 중국의 Beidou
① 중국과 주변지역을 대상으로 하고 있으며, 14개 위성 수 운영 중
② 고도 21,530km 전 세계를 대상으로 총 35개 위성으로 서비스를 계획하고 있음

2. GNSS 서비스

(1) GPS 특징
① 위성전파를 이용한 범세계적 위치결정시스템으로 전 세계를 포괄
② 미국 정부가 1978년 이후 DNSS의 대체형으로 군사 목적으로 개발
③ 위성고도가 20,180km이며, 회전주기는 약 11시간 58분
④ 어디에서나 기상에 관계없이 24시간 위치결정 가능
⑤ 관측점 간의 시통 확보와 관계없이 측량 가능
⑥ GIS 데이터의 실시간 취득에 활용 가능
⑦ 위치결정의 정확성 및 신속성을 확보하여 경제적임

⑧ 컴퓨터와 통신기기의 결합으로 다양한 분야에서 위치기반 서비스로 산업화
⑨ 장거리 관측 시 전리층 지연오차 등을 소거해야 함
⑩ 위성전파 수신이 어려운 실내 관측에는 사용하기 어려움
⑪ 1983년 9월 16일 KAL-007기 격추 후 미국 GPS 민간 무료 활용

(2) GLONASS 특징
① 미국의 GPS에 대응한 러시아의 위성항법시스템
② 1982년 위성발사 : 고도 19,100km
③ 자국의 경제불안정, GPS와 경쟁력 열세로 한계에 직면
④ 1999년 2월 대통령 성명 발표 : GLONASS 국제협력의사
⑤ 유럽연합과 장래 GNSS에서 GLONASS 공동운영 의사 천명
⑥ 유럽은 러시아의 항법위성 운용기술과 항법주파수 활용방안 모색
⑦ 2011년 11월 이후 전 세계 서비스 중
⑧ 현재 24기 작동 중
⑨ GPS+GLONASS의 G2로 운영 후 사용자 증가

(3) Galileo : 유럽연합
① 유럽연합(EU)의 독자적인 위성항법시스템
② GPS에 의존할 경우, 유럽주권의 종속 우려(사용료, 기술 종속 등)
③ GPS 호환, 독자적인 GNSS 개발 : Galileo 프로젝트
④ 고도 : 24,000km, 3개 궤도면
⑤ 2048년 이후 30기로 운영 중

(4) Beidou : 중국
① 중국이 개발한 지구측위시스템용 인공위성
② 2013년에 아시아, 태평양 10만 명 상당 거주지역으로 서비스
③ 서비스 권역을 2014년 30만 명, 2015년 50만 명으로 넓히는 계획에 맞춰 계속 발사할 예정
④ 위성의 지상위치 측정오차를 2012년 말 10m로 줄이는 등 내비게이션 서비스에 적극적임
⑤ 2020년까지 미국 위성을 이용한 GPS 시장의 80%를 대체한다는 목표를 세움

(5) QZSS : 일본
① 일본의 준천정위성항법시스템 QZSS(Quasi Zenith Satellite System)
② 최대의 GPS 활용 국가
③ 현재 1,200점 이상의 GPS 기준국 운영 중(지진예지, 지각변동, 측지측량, CNS)
④ 친 GPS 정책
⑤ GPS 보정항법시스템

⑥ 장기적으로 대체항법시스템 구축 연구 수행
⑦ 독자시스템 핵심기술 연구 : 원자시계, 위성시각관리기술(CRL)
⑧ 지역 위성항법시스템 구축 : 8자 궤도형 구축기술 연구
⑨ 2017년 아이폰 8 이후부터 측위체계로 활용

3. SBAS 보강서비스

(1) GNSS는 전파를 통해 여러 위성까지의 거리를 측정함으로써 사용자의 위치를 파악하는 시스템을 말한다.
(2) 전리층에서 전파가 굴절되기 때문에 측정한 거리는 실제 거리와 다소 차이가 발생한다.
(3) 차이를 보정해 주는 시스템은 보정데이터를 어떻게 보내느냐에 따라 DGNSS, SBAS, VRS로 분류한다.
(4) SBAS는 작성한 보정데이터를 통신위성으로 보낸 후 다시 통신위성에서 지상의 각 수신기로 보정데이터를 전파에 실어 보내는 방식이다.
(5) 별도의 안테나가 필요하지 않고 SBAS를 지원하는 수신기 칩만 내장되어 있으면 사용 가능하다.
(6) 보정데이터를 넓은 지역에 발송할 수 있고, 보정데이터가 도달하지 않는 음영 지역이 크게 줄어드는 장점이 있다.
(7) 전리층은 전 세계적으로 다르기 때문에 각 대륙별로 별도의 SBAS를 구축한다.
  ① 북아메리카 : WAAS(Wide Area Augmentaion System)
  ② 유럽 : EGNOS(European Geoststionary Navigation Overlay System)
  ③ 동북아시아 : MSAS[MTSAT(Multi-functional Transport Satellite) Satellite-based Augmentation System]
  ④ 인도 : GAGAN(GPS And GEO Augumented Navigaton)

4. 한국형 위성항법시스템 구축사업

(1) 제3차 우주개발진흥 기본계획(2018. 2.)을 통해 6대 중점 전략을 선정하고 범부처 차원의 한국형 위성항법시스템(KPS) 구축하여 세부 추진방안을 마련한다.
(2) GPS와 상호 호환되는 지역항법시스템 구축을 통해 위성기반 위치·시각 인프라 자립성을 강화하고, 초정밀 위치정보, 시각정보 등 GPS 보강신호를 제공한다.
(3) 3개의 정지궤도 항법위성 및 4개의 경사궤도 항법위성과 지상 감시국을 이용하여, 한반도 인근의 지역항법시스템을 구축한다.
(4) 글로벌 위성항법시스템(GNSS) 보강신호 및 KPS 독자신호, 위성항법보정시스템(GNSS) 신호를 동시에 제공하여 향상되고 안정된 성능의 항법 서비스를 공급한다.

(5) 한반도 중심 반경 1,000km에 정밀 위치·시각결정에 활용할 수 있는 항법신호를 발송한다.

[표 8-1] KPS 서비스 내용

서비스명	용도	오차범위
공개 서비스	기본적 위치결정(GPS와 유사)	10~15m
미터급 서비스	운전편의정보, 휴대폰 위치정보 파악 등	1~3m
센티미터급 서비스	자율주행차, 드론, 측량 등	10cm 이하
공공안전 서비스	기본적 위치결정	10~15m
SBAS 서비스	항공기 위치결정	1~3m
추가 서비스		

03 GPS 구성

GPS는 크게 우주 부문, 제어 부문, 사용자 부문으로 구성된다.

[표 8-2] GPS 구성요소

구분	구성요소	주요기능
우주 부문	항법용 위성(탑재체 포함)	항법 메시지의 전파
제어 부문	관제국(Control Station) / 감시국	궤도 추적·감시·제어 등 항법용 위성 운용 총괄
사용자 부문	수신기	위성신호를 수신하여 위치와 시각정보를 추출

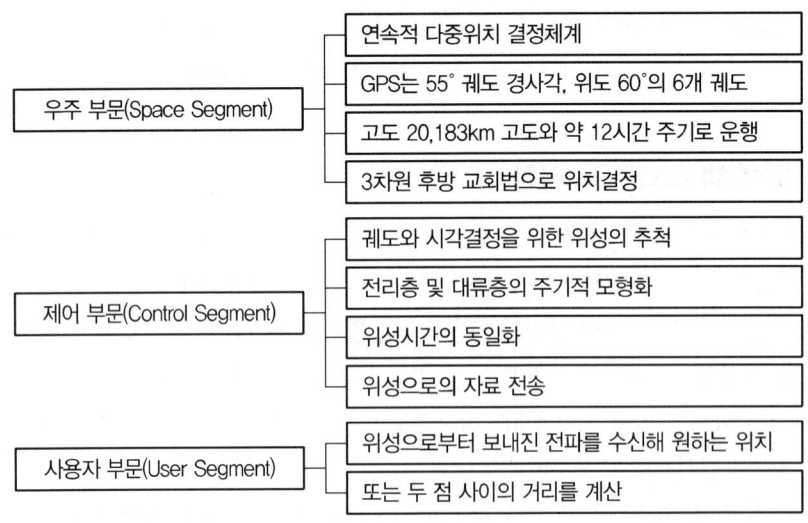

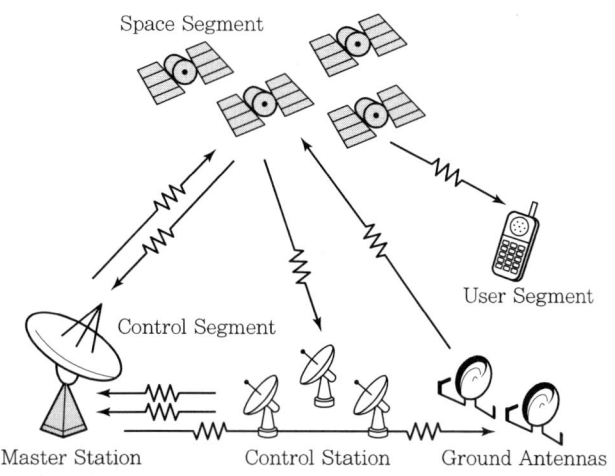

[그림 8-1] GPS 구성요소

1. 우주 부문(Space Segment)

우주 부문은 위성에 대한 부분, 위성이 움직이는 길과도 같은 궤도 부문, 정밀한 시각 측정시스템인 시계 부문, 수신기와 통신을 위한 신호체계로 구성되며, 전파신호의 발사를 주 임무로 한다.

(1) 구성

① 32개의 GPS 위성으로 구성, 전파신호의 발사가 주 임무
② 약 20,200km 상공에서 약 12시간(0.5항성일, 11h 58min) 주기로 이동
③ 지구 적도면과 55°의 기울기를 갖는 6개의 궤도면에 4개씩 배치
④ 지구 전역 어디서나 동시에 4개 이상의 위성이 보이도록 구성
⑤ 전파송신기, 원자시계, 전산기 등의 보조장치가 탑재

(2) 기능

① 측위용 전파 상시방송
② 위성궤도정보, 시각신호 등 측위 계산에 필요한 정보 방송
③ 각 위성의 번호에 따라 PRN 코드를 포함하여 전송함으로써 수신기에서 각 위성의 항법데이터를 명확하게 수신 가능

2. 제어 부문(Control Segment)

제어 부문은 위성 운용에 대하여 모든 책임을 지는 부분이며 모든 인공위성을 추적하고 감시한다. 주요 임무는 궤도와 시각의 예측 및 결정을 위한 위성의 추적, 전류층 및 대류층의 주기적 모형화, 시각동기 및 위성으로의 데이터 전송 등이다.

(1) 구성
　① 1개의 주관제국, 5개의 감시국 및 3개의 지상관제국
　② 주관제국은 미국 콜로라도주 콜로라도 스프링의 팰콘 공군기지에 있는 종합우주운영센터
　③ 감시국은 서대서양의 하와이, 콜로라도 스프링스, 남대서양의 아센션 섬, 인도양 디에고 가르시아, 북태평양 콰잘렌에 위치
　④ 남대서양의 아센션 섬, 인도양 디에고 가르시아, 북태평양 콰잘렌에 위치한 감시국과 함께 배치되어 있는 지상관제국은 주로 지상안테나로 구성

(2) 기능
　① 주관제국
　　㉠ 각 감시국의 위성추적 자료를 수집한 후 칼만필터 기법을 통해 위성의 궤도 및 시각 파라미터를 계산
　　㉡ 지상안테나를 통해 위성으로의 자료 전송
　　㉢ 위성의 관제 및 시스템 운영
　② 감시국
　　㉠ 관측 가능한 모든 위성에 대한 의사거리를 연속적으로 측정
　　㉡ 정밀한 세슘시계와 수신기를 갖추고 있음
　　㉢ GPS 위성의 신호를 수신하여 주제어국으로 전송
　　㉣ 모든 의사거리는 1.5초마다 측정하여 15분 간격의 데이터로 보정된 후 주관제국에 전송
　③ 지상관제국
　　㉠ 위성과 연결하여 통신을 수행
　　㉡ 주관제국에서 계산된 위성궤도와 위성시계 정보를 GPS 위성으로 전송

3. 사용자 부문(User Segment)

(1) 구성
　① 사용자 부문은 위성 수신기 및 안테나와 자료처리 S/W로 구성된다.
　② 위성수신 신호를 처리, 수신기 위치, 속도시간을 계산한다.

(2) 기능
　① 위성으로 전파를 수신하여 수신기의 위치, 속도, 시간을 계산한다.
　② GPS 수신기는 높은 위치정확도를 요구하는 지적측량, 항공기 자동 이·착륙시스템, 정밀측위 등 매우 광범위한 분야에 이용된다.
　③ 4개 이상 위성의 동시 관측이 필요하며, 이것은 3차원 좌표와 시간이 합쳐져 4개의 미지수를 결정해야 하기 때문이다.

$$PR_1 = \sqrt{(X_{s1}-X_{r1})^2 + (Y_{s1}-Y_{r1})^2 + (Z_{s1}-Z_{r1})^2} + \triangle T$$
$$PR_2 = \sqrt{(X_{s2}-X_{r2})^2 + (Y_{s2}-Y_{r2})^2 + (Z_{s2}-Z_{r2})^2} + \triangle T$$
$$PR_3 = \sqrt{(X_{s3}-X_{r3})^2 + (Y_{s3}-Y_{r3})^2 + (Z_{s3}-Z_{r3})^2} + \triangle T$$
$$PR_4 = \sqrt{(X_{s4}-X_{r4})^2 + (Y_{s4}-Y_{r4})^2 + (Z_{s4}-Z_{r4})^2} + \triangle T$$

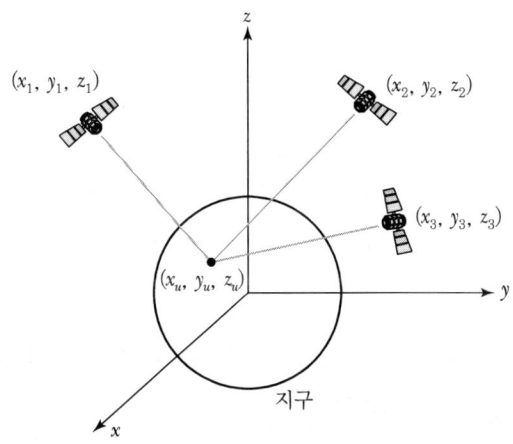

[그림 8-2] 사용자의 위치결정

04 GPS 신호

GPS 신호는 반송파 신호, 각 위성에 할당된 고유 코드 및 위성위치, 속도 및 시각 편의에 대한 정보를 전달하는 데이터 메시지로 구성된다. 위성에 탑재되어 있는 주파수 발신기는 기본주파수 10.23MHz의 L밴드를 생성한다.

1. 반송파 신호

(1) 반송파 주파수는 수신기에 위성시각 정보, 궤도 파라미터와 같은 정보를 사용자에게 전달하기 위해 데이터 메시지와 고유 코드 조합에 의해 변조된다.
(2) 각 위성에서 송신하는 L밴드의 반송파(L1, L2, L5)는 기본 주파수에 정수배하여 생성한다.

[표 8-3] 반송파 신호

요소	주파수(MHz)	요소	주파수(MHz)
기본주파수	$f_0 = 10.23$	P코드	$f_0 = = 10.23$
L1 반송파	$154 f_0 = 1575.42 (\fallingdotseq 19.0cm)$	C/A코드	$f_0/10 = 1.023$
L2 반송파	$120 f_0 = 1227.60 (\fallingdotseq 24.4cm)$	항법메시지	$f_0/204,600 = 50 \times 10^{-6}$
L5 반송파	$115 f_0 = 1176.45 (\fallingdotseq 25.5cm)$		

(3) L1 반송파

① 일반 항측용에 많이 사용되며 C/A코드와 P코드로 변조 가능

② C/A코드(1.023MHZ) : 위성의 식별정보

③ P코드(10.23MHZ) : 위성궤도 정보를 PRN 코드로 암호화된 코드

④ 항법메시지 : 시각정보, 궤도정보 및 타 위성의 궤도정보

(4) L2 반송파

① 정밀측위용으로 군사용이나 정밀측량에 사용되며 P코드만 변조 가능

② P코드(10.23MHZ), 항법메시지

(5) L5 반송파

① P코드로 대역확산된 신호 송출

② 항공 안전 관련으로 신규 추가됨

2. 코드 신호

(1) C/A 코드

① C/A코드는 1ms(밀리초)마다 반복되는 PRN(Pseudorandome Noise) 코드로서 일반 SPS(표준측위 서비스)에게 제공

② 주파수는 1.023MHz, 파장은 약 300m

③ L1 반송파에만 운반되고 PRN 코드는 의사잡음부호로서 "0"과 "1"이 불규칙적으로 교체되는 수치부호

④ 각 위성은 고유의 C/A PRN 코드가 있으며 서로 거의 직교하므로 동일한 반송파 주파수라도 GPS 수신기가 위성을 구별할 수 있음

(2) P코드

① P코드는 7일마다 반복되는 PRN 코드

② 주파수는 10.23MHz, 파장은 약 30m로 C/A코드에 비해 짧고 결과적으로 훨씬 더 정확

③ L1과 L2파 모두에 운반되고 0과 1의 디지털 부호로 구성
④ 특정한 사람에게만 쓰일 수 있게 Anti-Spoofing(AS) Mode로 동작하기 위해서 Y코드로 암호화되어 PPS 사용자에게 보내짐
⑤ 암호화된 Y코드는 사용자의 Receiver Channel에서 AS Module을 분류하여 암호해독이 이루어짐
⑥ 이 코드는 PPS(정밀측위서비스)에서 사용됨

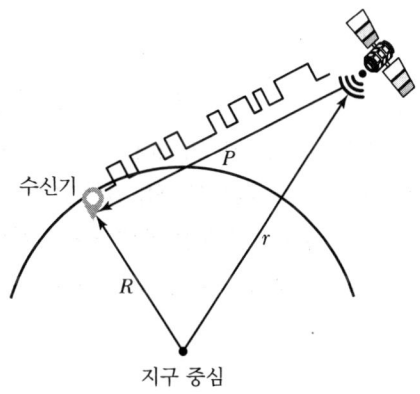

[그림 8-3] GNSS 측위의 위치계산 원리

$$R = r + \rho$$

여기서, R : X, Y, Z
r : 위성의 위치 벡터
ρ : 위성과 수신기 간 거리(광속×측정시간)

3. 항법메시지(Navigation Message)

(1) GPS 위성에서 송출되는 반송파에 실리는 메시지로 2진 부호화된 일련의 Pulse 신호의 형태를 띤다.
(2) 위성탑재 시계의 시각 및 오차, 위성의 상태 정보, 모든 위성과 관련된 궤도 정보 및 상태, 각 궤도 정보와 이력, 오차 보정을 위한 계수 등을 포함한 측위계산에 필요한 정보를 제공한다.
(3) 위성궤도 정보에는 평균근점각, 이심률, 궤도장반경, 승교점적경, 궤도경사각, 근지점인수 등과 같은 케플러 요소와 대기(전리층) 보정항이 포함된다.
(4) 50Hz의 속도로 GPS 위성의 궤도, 시간, 다른 System Parameter를 다운로드한다.
(5) 25개의 서브프레임으로 구성되어 있고, 다섯 개의 서브프레임으로 세분화되며 각 프레임은 30비트를 가지는 10개의 문자로 구성된다.

05 GNSS 보정신호의 종류

GNSS 보정신호의 종류는 SSR 방식과 OSR 방식으로 구분 할 수 있으며 SSR 방식에는 SBAS, PPP-RTK가 있고 OSR 방식에는 DGNSS, NRTK(FKP, VRS, MAC) 등이 있다.

1. SSR방식과 OSR 방식

(1) SSR 방식

① GNSS를 이용한 위치결정 작업에 개입하는 각각의 오차값들을 개별적으로 계산하는 방법으로 상태공간(SSR) 표현식에 근거하여 계산하는 보정신호
② GNSS 위성궤도 정보에 대한 보정값, GNSS 위성 신호가 전리층과 대류층을 통과할 때 발생한 지연량, GNSS 위성시계 오차 등을 개별적으로 계산하여 전송
③ 수신기는 개별적인 오차들을 분석하여 GNSS 신호 관측값에 포함된 총량적인 관측오차를 계산

(2) OSR 방식

① GNSS 수신기가 위치결정에 사용하기 위해 생산하는 관측값에 포함된 총량적인 오차값만을 계산하는 방식으로 관측공간(OSR) 표현식에 근거하여 계산하는 보정신호
② GNSS 관측값의 총량적인 관측오차를 직접 추정하여 GNSS 수신기에 전달
③ GNSS 기준국에서 계산한 관측오차와 GNSS 기준국과 이동국 사이의 거리를 고려하여 GNSS 이동국의 관측오차를 추정
④ 기준국의 관측오차를 기준으로 거리에 따른 관측오차의 변화를 고려하여 이동국의 관측오차를 추정하는 방식

(3) 특징

① OSR 방식
  ㉠ 기준국과 이동국의 사이가 길수록 정확도가 저하되는 현상
  ㉡ 넓은 지역을 대상으로 보정신호를 서비스 하기 위해서는 많은 수의 기준국 필요
② SSR 방식
  ㉠ 기준국과 이동국의 사이의 거리에 큰 영향을 받지 않음
  ㉡ OSR에 비해 설치해야 하는 기준국의 수가 상당량 줄어듦
  ㉢ OSR 방식 보정신호에 비해 크기가 작기 때문에 통신용량에 대한 부담이 상당히 경감

2. GNSS 보정신호의 종류

(1) SSR 방식 보정신호로는 SBAS 위성에서 송출한 보정신호와 차세대 보정신호로 여겨지고 있는 PPP-RTK 측위 지원 보정신호를 들 수 있다.
(2) OSR 방식의 보정신호에는 저가형 수신기를 이용한 m급 위치결정을 지원하는 DGNSS 보정신호와 고정밀 위치결정을 지원하는 NRTK 보정신호가 대표적이다.

[표 8-4] GNSS 보정신호

SSR 방식		OSR 방식	
• SBAS	• PPP-RTK	• DGNSS	• NRTK(FKP, VRS, MAC 등)

3. 보정신호의 종류별 특성

(1) DGNSS
① DGNSS 신호에는 GNSS 코드 관측값에 대한 보정값과 기준국의 위치정보가 포함되어 있으며, 반송파 위상에 대한 보정값은 포함되지 않음
② 코드 관측값에 대한 보정값은 위성과 안테나 사이의 거리에 대한 추정값인 의사거리에 대한 수정값
③ 기준국 위치에서의 보정값을 산술적으로 계산하기 때문에 이동국과 기준국의 거리를 고려하여 이동국 위치에서의 보정값을 산술적으로 계산하여 이동국 수신기에 적용
④ 이동국과 기준국의 거리가 가까울 때는 정확하나 거리가 멀어질수록 부정확해 지기 때문에 기준국으로부터 일정한 거리 내에 있을 때에만 정확도가 보장

(2) SBAS
① 코드 관측값에 오차를 발생시키는 오차요인들에 대한 정보를 제공
② 위성별 궤도오차, 속도오차, 시계오차, 의사거리 보정값을 각각 제공하고 이온층과 대류층에서의 굴절량(지연량)에 대한 정보를 각각 제공
③ 기준국 위치에 종속되지 않고 광범위한 지역을 대상으로 보정신호 제공
④ 주요 정보에는 신속 보정값, 장기 보정값, 이온층 및 대류층 지연량 정보

(3) RTK
① RTK 보정신호는 반송파 데이터를 중심으로 하는 위치결정을 지원
② 반송파 데이터의 관측주기가 매우 짧기 때문에 보다 정밀한 위치결정 작업을 지원
③ 수 cm 수준의 오차범위를 보임
④ 보정신호는 기준국 정보, 반송파 데이터, 코드 데이터 및 기타 데이터로 구성
⑤ OSR 방식으로 계산된 보정신호의 한계로 사용자 위치가 기준국으로부터 멀어질수록 정확도가 저하

(4) NRTK
  ① 사용자가 위치한 지점 인근에 배치된 다수의 기준국들로부터 RTK 보정신호를 수집하여 사용자 위치에 적합한 RTK 보정신호 계산
  ② 일반적인 RTK에 비하여 보다 넓은 지역에 적용할 수 있는 보정신호를 생성할 수 있음

(5) VRS(Virtual Reference System)
  ① NRTK 서버가 다수 기준국에서 관측된 정보를 이용하여 사용자 위치에 적합한 RTK 신호를 계산
  ② GNSS 수신기가 GNSS 위성신호만을 이용하여 결정한 개략적인 위치정보를 NRTK 서버에 제공
  ③ NRTK 서버는 제공된 위치정보에 근거하여 인접한 3개 이상의 기준국을 선정하고 해당 기준국들의 정보를 활용하여 사용자 위치에 가장 적합한 RTK 보정신호를 계산·제공
  ④ 보정신호 계산 작업을 전적으로 서버에 의존하여야 하고 사용자 위치정보를 지속적으로 서버에 전송하여야 하기 때문에 양방향 통신환경이 필요
  ⑤ 서버가 계산을 지속적으로 수행해야 하기 때문에 사용자 수가 증가할수록 서버의 연산 부담이 크게 증가

(6) FKP(Flächen Korrektur Parameter)
  ① 기준국들이 형성하는 관측망 전체에 적용할 수 있는 보정신호를 제공
  ② FKP 방식의 보정신호는 3개의 인접한 기준국들로 구성된 삼각망별로 보정신호 생성
  ③ 각 삼각망에 대한 보정신호는 삼각망 내의 모든 지점에 적용할 수 있는 보정정보를 포함
  ④ 서버는 여러 삼각망에 대한 보정정보를 종합하여 사용자 수신기에 제공
  ⑤ 삼각망의 수가 많을수록 보정신호의 용량은 증가
  ⑥ 수신기는 자신의 위치를 포함하고 있는 삼각망에 대한 보정정보를 선택하여 자신의 위치에 적용할 수 있는 보정신호를 계산
  ⑦ 서버에서 사용자에게 일방적으로 정보를 전달하는 단방향 통신환경에서도 활용 가능
  ⑧ 보정신호 계산 작업을 사용자 수신기가 담당하기 때문에 서버의 보정신호 계산 부담 경감
  ⑨ 넓은 영역을 대상으로 하는 보정신호의 물리적인 한계와 단순한 신호구조로 측위작업의 효율성과 정확도가 낮음

(7) MAC(Master Auxiliary Concept)
  ① 주 기준국(Master Station)과 인접한 다수의 보조기준국(Auxiliary)들로 구성되는 셀 단위의 보정신호
  ② 보조 기준국들은 주 기준국을 중심으로 약 100km 이내의 범위에 위치하여야 함

③ 주 기준국 부분은 GNSS 관측데이터를 모두 포함하고 있으며, 보조 기준국 부분은 주 기준국 데이터를 보조하기 위한 사전 데이터 분석결과들로 구성
④ 서버는 다수의 셀에 대한 보정신호를 통합하여 제공
⑤ 수신기는 통합된 정보를 수신한 이후 자신의 개략적인 위치를 기준으로 특정 셀에 대한 정보를 선택한 후 셀로부터 RTK 보정신호를 추산하여 위치결정
⑥ 보정신호는 셀 영역 내의 모든 지점에 대한 보정정보를 제공할 뿐만 아니라 기존 방식에 비해 충분한 향의 정보를 전달함으로써 정밀한 위치결정 작업을 안정적으로 제공
⑦ 단방향 통신환경에서 운영할 수 있으며, 사용자 수신기에 적합한 보정신호의 계산을 수신기가 부담

(8) PPP(Precise Point Positioning)-RTK

① 장시간 취득한 GNSS 데이터를 이용하여 GNSS 측정값에 오차를 유발하는 여러 오차원을 정밀하게 모델링
② 여러 오차원에 대한 정보를 서버로부터 전송받아 정밀한 위치결정 작업을 실시간 수행
③ 보정신호는 다양한 오차요인에 대한 보다 정밀한 추정값을 종합적으로 제공

06 위성측위 원리

위성에 의한 위치결정방법은 수신된 위성의 신호와 수신기에서 생성된 신호를 비교하는 것에 의해 얻어지는 신호의 이동시간 또는 위상차를 이용하여 산출되는 거리를 측정함으로써 미지의 점의 위치를 결정한다. 위치가 알려진 다수의 위성을 기지점으로 하여 수신기를 설치한 미지점까지의 거리를 관측하여 미지점의 위치를 결정하는 후방교회법으로서 GNSS위성과 수신기간의 거리측정은 코드측정방식과 반송파측정방식에 의해 이루어진다.

1. 위치결정

(1) 지구중심에 대한 각 위성의 우주공간상의 좌표 ρ^S는 위성의 방송궤도력으로부터 계산될 수 있다.
(2) 수신기의 위치벡터(ρ_R)는 코드화된 위성신호가 수신기에 도달하는 시간을 통해 정확하게 측정되는 물리적인 실제거리(ρ)를 이용하여 결정할 수 있다.
(3) 각 위성과의 거리는 각 위성의 좌표를 중심으로 하는 하나의 구면으로 표현되며, 이러한 구면의 교점이 바로 수신기의 정확한 위치를 의미한다.
(4) 수신기의 3차원 미지 좌표를 결정하기 위해서 3개의 위성에 대한 거리만이 필요하며 거리방정식($\rho = \| \rho^S - \rho_R \|$)에 의하여 결정된다.

2. 위성측위

(1) 수신기의 시계는 정밀도가 낮은 크리스털 시계를 채용하여 GNSS 시스템과 시각의 불일치가 발생하게 되므로 실제 거리보다 길거나 짧게 만드는 오차로 작용하게 된다.
(2) 위성까지의 거리(R)는 실제거리(ρ)와 시계오차 또는 편의(δ)에서 생성된 거리의 보정치 ($\triangle \rho$)를 더한 것으로 표현되며, 이를 의사거리라 한다. c는 빛의 속도이다.

$$R = \rho + \triangle \rho = \rho + c\delta$$

(3) 위치의 세 가지 성분과 시계의 편의를 포함한 네 가지의 미지수를 후방교회법에 의해 구하기 위해서는 동시에 4개의 의사거리가 필요하다.

3. 위성측위의 특징

(1) GNSS를 이용한 거리측정은 지상에서 사용되는 전파거리측정기(EDM)와는 상이하게 단방향 측정방식을 채용한다.
(2) 위성과 수신기에 각각 탑재된 2개의 시계가 사용된다.
(3) 위성과 수신기 시계 간의 시각오차에서 구해지는 거리의 편의량을 의사거리라 한다.
(4) 인공위성으로부터 수신기까지의 거리측정은 코드 측정방식과 반송파 측정방식에 의한다.

4. 코드 측정방식에 의한 위치결정 원리

(1) 기본원리

위성이 방사한 C/A코드와 P코드 등을 수신해, 수신기 자체가 발생시킨 동일한 코드와의 시간 차이를 관측하여 여기에 전파속도를 곱하여 거리를 구하는데 이때 시간에 오차가 포함되어 있으므로 의사거리라 한다.

(2) 계산식

$$R = [(X_r - X_s)^2 + (Y_r - Y_s)^2 + (Z_r - Z_s)^2]^{\frac{1}{2}} + \delta t \times c$$

여기서, R : 위성(s)와 수신기(r) 사이의 거리
X_r, Y_r, Z_r : 수신기의 좌푯값(미지값)
X_s, Y_s, Z_s : 위성의 좌푯값
δt : GNSS와 수신기 간의 시각동기오차
c : 전파속도

(3) 특징

① 동시에 4개 이상의 위성신호를 수신해야 3차원 좌표를 취득한다.
② 단독측위에 사용되며, 정확도는 5~15m 정도이다.
③ 코드신호를 이용한 상대측위 시 DGNSS 정확도는 약 1m 내외이다.
④ 근사적인 위치결정, 실시간 위치결정에 이용된다.

5. 반송파 측정방식에 의한 위치결정 원리

(1) 기본원리

위성에서 보낸 파장과 지상에서 수신된 파장의 위상차를 관측하여 거리를 계산하는 방식으로 코드방식에 비해 시간이 많이 소요되나 정밀도가 높다.

(2) 계산식

$$R = \left(N + \frac{\phi}{2\pi}\right)\lambda$$

여기서, R : 위성(s)와 수신기(r) 사이의 거리
N : 반송파 전체 파장수(불명확상수)
ϕ : 신호의 마지막 주기 위상 변화(위상차)
λ : 파장

(3) 특징

① 간섭측위라 하며 최소 2대 이상의 수신기로부터 정확한 위상차를 관측한다.
② GNSS 수신기로 수신된 반송파 위상의 개수를 기록한 자료로 계산을 실시한다.
③ 위성과 GNSS 수신기 사이에 존재했던 반송파의 정 현파수, 즉 위상수를 모호정수치라고 부르는데, 이를 알면 상대 측위에 의하여 두 점 간의 기선 벡터의 계산이 가능하게 된다.
④ 수신기에 마지막으로 수신되는 소수 부분의 위상은 측정이 가능하나 위성과 수신기 간의 정수 부분 파장의 위상은 정확히 알 수 없으며 이를 불명확상수라 한다.
⑤ 반송파는 모든 파장의 파형이 고르기 때문에 파장의 개수를 세기가 까다롭고 GNSS 측량 계산의 기본은 모호정수치를 빨리 또는 적은 양의 데이터로 구하느냐 하는 데 있다.
⑥ 모호정수치를 구하기 위한 상대측위 방법에는 Single Difference, Double Difference, Triple Difference가 있다.
⑦ 후처리용 정밀 기준점측량 및 RTK와 같은 실시간 이동측량에 이용된다.

07 다중경로오차(Multipath Error)

GNSS 측량을 실시할 때 위성으로부터 송신되는 신호가 수신기 주변의 장애물로 인해 위성신호의 굴절이 발생하는데, 이를 다중경로라 하고 이에 따른 오차를 다중경로오차라 한다.

1. 다중경로오차 개념

(1) GNSS 측량의 정확도는 위성과 수신기 사이의 거리를 얼마나 정확하게 계산하는가로 결정된다.
(2) 수신기에 도달하는 신호의 다중경로가 발생하는 경우에 위성에서 송신된 신호가 수신기 주변에 존재하는 여러 종류의 문제를 거쳐 수신기로 들어오기 때문에 거리의 오차를 발생시킨다.

2. GNSS 오차

GNSS 측량 시 발생되는 오차는 크게 구조적 요인에 의한 오차, 측위 환경에 따른 오차, 지각변동에 따른 오차로 구분할 수 있다.

[표 8-5] GNSS 오차

구조적 요인에 의한 오차	측위환경에 따른 오차	기타 오차	지각변동 오차
• 위성의 시간오차 • 위성의 궤도오차 • 대류층/전리층 지연 • 수신기 자체의 전파적 잡음	• 위성 배치에 따른 기하학적 오차 • Cycle Slip • 다중경로오차	• SA (Selective Availability) • PCV (Phase Center Variable)	• 판운동(Plate Motion) • 극조석(Pole Tide) • 대기압력부하 (Atmospheric Loading) • 고체지구조석 • 해양조석

3. 다중경로오차

위성신호는 GNSS 안테나에 직접파로만 수신되어야 하는데 건물 벽면 등에 부딪혀 들어오는 반사파와 같이 다른 경로로 신호가 수신되는 경우 정상적인 측위 계산이 되지 않는 현상을 멀티패스에 의한 오차라 한다.

(1) 멀티패스 원인

① 건물 벽면, 바닥면 등에 의한 반사파 수신
② 낮은 위성 고도각
③ 다중경로에 따른 영향은 위상측정방식보다 코드 측정방식이 더 큼

(2) 오차소거 방법

① 멀티패스가 발생하는 지점 회피

② 관측시간을 길게 선정하여 양호한 시간대 추출 계산

③ 위치계산 시 반송파와 코드를 조합하여 해석

(3) 멀티패스를 줄이는 방법

① 멀티패스 발생지점 회피

② 임계고도각을 앙각 15° 이상 설정

③ Chock Ring 안테나 사용

08 VRS(Virtual Reference Station)

VRS는 가상기준점 방식의 실시간 GNSS 측량법으로 기지국에 수신기를 설치하지 않고 이동국 수신기만을 이용하여 VRS 서비스센터에서 제공하는 위치보정 데이터를 수신함으로써 RTK 또는 DGNSS 측량을 수행할 수 있는 방법이다.

1. VRS 방식의 원리

(1) VRS 서비스센터는 상시관측소의 GNSS 관측데이터를 LAN/WAN 통신을 통해 수신기 고유의 포맷 또는 RTCM 메시지 형태로 24시간 수집한다.

(2) 이동국은 NMEA 등과 같은 프로토콜로 현재의 대략적인 위치를 서비스센터에 전달한다.

(3) VRS 서비스센터는 이동국의 대략적인 위치를 가상기준점으로 정하고 상시관측소와 가상기준점의 데이터를 정적간섭 측위 방식으로 순간 처리하여 가상기준점의 위치보정데이터를 생성한다.

(4) 이동국의 현재 위치에 적합한 RTCM 보정정보를 제공하고 이동국은 전송된 가상기준점의 위치정보와 보정데이터를 이용하여 RTK 방식의 데이터 처리를 통해 정확한 위치를 결정한다.

2. VRS 측위의 조건

(1) 국가 측지기준점 체계가 완벽히 갖춰져야 한다.

(2) 상시관측소가 최소 30~50km 간격으로 균등하게 배치되어야 한다.

(3) 위치보정데이터를 순간 생성할 수 있는 기선 해석 및 망조정 기술 능력이 확보되어야 한다.

(4) 위치보정데이터 전송을 위한 양방향 통신이 가능해야 한다.

3. VRS 측위의 장점

(1) 별도의 기준국, 통신장치, 거리의 제한 등 종래의 RTK 또는 DGNSS 측위의 제반 문제점을 해결할 수 있다.
(2) 기준국 GNSS 수신기가 필요 없어 경제적이다.
(3) 위치보정데이터 송수신을 위한 무선 모뎀 장치가 필요 없다.
(4) 휴대전화의 사용으로 통신거리에 제약이 없다.
(5) 실시간 측량을 위한 장비의 초기화가 필요 없다.
(6) 다양한 종류의 GNSS 측위 서비스를 제공할 수 있다.

4. VRS 측위의 단점

(1) GNSS 상시관측망에 근거한 VRS망 외부 지역에서는 측위가 불가능하다.
(2) 휴대전화 가청 범위로 측위가 제한된다.
(3) 양방향 통신, 동시 사용자의 수가 제한된다.
(4) 상시관측소 설치, VRS 서비스센터 구축, 휴대전화 기지국 망의 확충 및 통화 품질 등 전체적인 VRS 시스템 구축에 막대한 비용이 소요된다.

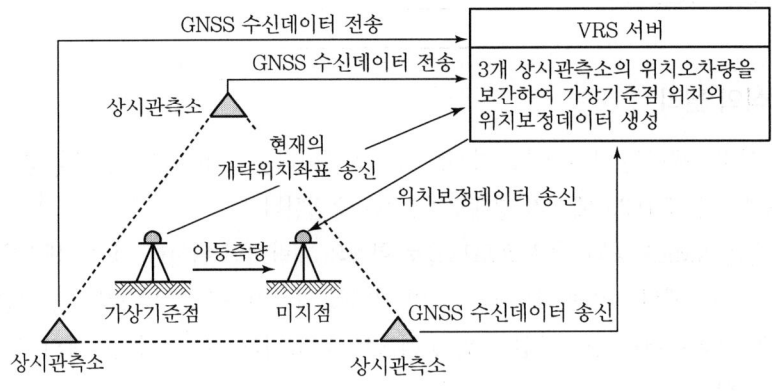

[그림 8-4] VRS 운영 체계도

09 PPP-RTK

GNSS 기준국 네트워크에서 수집된 신호를 실시간으로 처리해 위성궤도오차와 시계오차의 보정량을 계산하고(위성항법메시지에 의한 보정), 더불어 동일한 네트워크 기반으로 대류권 오차를 산출해 사용자에게 제공한다. 사용자는 수신기 시계오차와 좌표만을 추정한다.

1. PPP-RTK의 구분

(1) SSR(State Space Representation) 네트워크 RTK
(2) PPP(Precise Point Positioning) RTK

2. PPP-RTK의 특징

(1) GNSS 기준국 네트워크에서 수집된 신호를 실시간으로 처리해 위성궤도오차와 시계오차의 보정량(위성항법 메시지에 대한 보정량)을 계산한다.
(2) 동일한 네트워크 기반으로 전리층과 대류권오차를 산출해서 사용자에게 제공한다.
(3) 사용자는 수신기 시계오차와 좌표만을 추정한다.

3. 관측공간방식과 상태공간방식(PPP-RTK) 비교

(1) 관측공간방식

① 관측공간방식 중 FKP와 MAC는 이론적으로 단방향 통신이 가능하지만 기준국의 수에 따라 대역폭(Bandwidth)에 문제가 있을 수 있다.
② FKP의 경우 기준점당 약 5Kbps의 대역폭이 필요하다.

(2) 상태공간방식

① 대역폭과 전송간격을 조정해 대역폭을 현격히 줄일 수 있다[전송간격 : 특정오차(대류권 등)의 경우 1초 단위 전송이 불필요함].
② 국내는 20개 기준국으로 cm급 서비스가 가능하다(이 경우 약 1Kbps의 대역폭만 필요함).
③ 소요기술은 이미 확보된 상태이다.(Geo^{++} 등, 국내 자체 개발도 충분히 가능함).

10 Broadcast-RTK

Broadcast-RTK(B-RTK) 기법은 상시관측소에서 관측되는 위치오차량을 보간하여 생성되는 반송파위치 보정신호를 방송망을 통해 전송받아 이동국 GNSS 관측값을 보정함으로써 수신기 1대만으로 고정밀의 RTK 측량을 수행하는 기법으로 기존 IP 기반 Network RTK에서 발생할 수 있는 네트워크 부하 문제를 해결할 수 있고 단방향 서비스 제공이 가능하다.

1. 네트워크 RTK의 종류

(1) 보정정보에 따른 분류

① 관측공간정보(OSR) 기반의 네트워크 RTK

㉠ OSR : Observation Space Representation

㉡ 위성관련 오차, 전리층 및 대류층 오차 등 GNSS 측위 시 발생되는 모든 오차요소를 통합하여 생성한 보정신호를 서버에서 제공

㉢ 종류 : VRS, FKP

② 상태공간정보(SSR) 기반의 네트워크 RTK

㉠ SSR : State Space Representation

㉡ 서버에서 GNSS 오차요소를 각각 분리하여 모델링하고 파라미터 값으로 제공하므로 GNSS 수신기에서 위치보정신호를 생성

㉢ 종류 : PPP-RTK

(2) 오차 보간방법에 따른 분류

① 가상기준점 보정 : VRS

② 면보정 방식 : FKP

③ 단일기준점 방식 : B-RTK

(3) 보정신호 통신방법에 따른 분류

① IP 기반 : VRS, FKP

② 방송망 기반 : B-RTK

2. Broadcast-RTK(B-RTK)

(1) B-RTK 개념

① B-RTK는 보정신호의 전달매체로 지상파 DMB 통신망을 활용하는 기술이다.

② B-RTK의 구성

㉠ 보정신호 수집 : GNSS 상시관측소

㉡ RTK 보정신호 가공 : B-RTK 서버

㉢ RTK 보정신호 전달 : DMB 서버 및 안테나

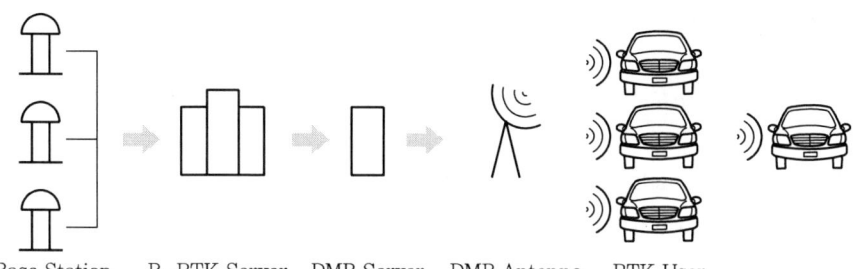

[그림 8-5] B-RTK 개념도

(2) Base Station
① GNSS 데이터 수신
② GNSS 데이터 B-RTK 서버로 송신

(3) B-RTK 서버
① 보정신호 가공 생성
② 보정신호 DMB 서버로 송신

(4) DMB 서버 및 안테나
① 보정신호 전달
② 보정신호 방송

(5) 사용자
① DMB 서버로부터 방송되는 위치보정신호를 수신
② GNSS 관측값을 위치보정신호를 이용 보정하여 위치 보정

3. Broadcast-RTK(B-RTK) 활용분야
(1) 자율주행차, 자율주행로봇, 드론, 스마트 모빌리티 등
(2) 각종 센서 기술과 융합
(3) 정밀 이동 측위

11 차분기법

GNSS 측위방법으로 위치측위를 실시할 때 기지점과 미지점에 복수의 GNSS 수신기를 설치하여 위상차를 측정·기선해석의 정확도를 높이는 방법으로 차분기법을 사용한다.

1. GNSS 오차방정식

$$\rho R = \rho + c(\delta tr - \delta ts) + \delta I + \delta T + \delta M + \delta r + \delta s + \varepsilon$$

① δI : Ionospheric delay(always a positive quantity)
② δT : Tropospheric delay(always a positive quantity)
③ δM : Multipath error
④ δr : Receiver hardware bias
⑤ δs : Satellite hardware bias
⑥ ε : Random measurement noise

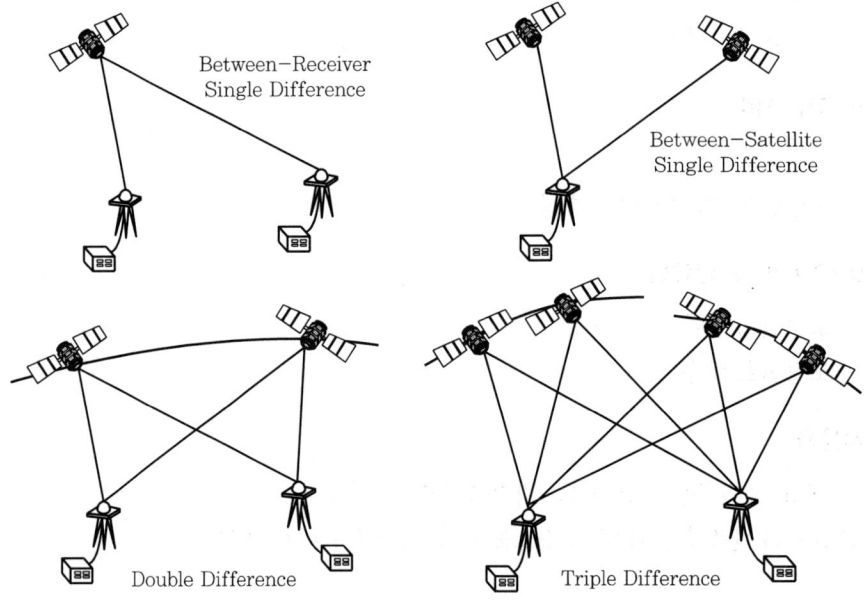

[그림 8-6] 차분기법

2. 단일차분(일중위상차, Single Phase Difference)

(1) 수신기간 단일차분

① 간섭측위에 의한 기선해석의 1단계
② 한 개의 위성과 두 대의 수신기를 이용한 위성과 수신기 간의 거리 측정차
③ 동일 위성에 대한 측정치이므로 위성의 궤도오차와 원자시계에 의한 오차가 소거된 상태
④ 방정식
㉠ 두 개의 수신기 i와 j가 동일위성 k의 신호를 수신

ⓒ 측정방정식은 다음과 같다.

$$\Delta \tilde{\rho}_{ij}^{\ k} = \tilde{\rho}_i^{\ k} - \tilde{\rho}_j^{\ k}$$
$$= [\rho_i^k + c(\delta t_i - \delta t^k) + \delta I_i^k + \delta T_i^k + \delta M_i^k + \delta_i + \delta^k + \varepsilon_i^k]$$
$$- [\rho_j^k + c(\delta t_j - \delta t^k) + \delta I_j^k + \delta T_j^k + \delta M_j^k + \delta_j + \delta^k + \varepsilon_j^k]$$
$$= (\rho_i^k - \rho_j^k) + c(\delta t_i - \delta t_j) + (\delta I_i^k - \delta I_j^k) + (\delta T_i^k - \delta T_j^k)$$

(2) 소거된 오차성분

① 위성의 시계오차 : δt^k

② 위성의 하드웨어 오차 : δ^k

3. 위성 간 단일차분

(1) 두 개의 위성과 하나의 수신기를 이용한 위성과 수신기 간의 거리 측정차

(2) 수신기의 시계오차와 수신기 하드웨어 지연오차가 소거

(3) 방정식

① 한 개의 수신기 i가 두 위성 k와 l의 신호를 수신

② 측정방정식은 다음과 같다.

$$\Delta \tilde{\rho}_i^{\ kl} = \tilde{\rho}_i^{\ k} - \tilde{\rho}_i^{\ l}$$
$$= [\rho_i^k + c(\delta t_i - \delta t^k) + \delta I_i^k + \delta T_i^k + \delta M_i^k + \delta_i + \delta^k + \varepsilon_i^k]$$
$$- [\rho_i^l + c(\delta t_i - \delta t^l) + \delta I_i^l + \delta T_i^l + \delta M_i^l + \delta_i + \delta^l + \varepsilon_i^l]$$
$$= (\rho_i^k - \rho_i^l) + c(\delta t^k - \delta t^l) + (\delta I_i^k - \delta I_i^l) + (\delta T_i^k - \delta T_i^l)$$

(4) 소거된 오차성분

① 수신기 시계오차 : δt_i

② 수신기 하드웨어 오차 : δ_i

4. 이중차분(이중위상차, Double Phase Difference)

(1) 이중차분 개념

① 두 개의 위성과 두 대의 수신기를 이용하여 각각의 위성에 대한 수신기 사이의 1중차끼리의 차이값

② 두 개의 위성에 대하여 두 대의 수신기로 관측함으로써 같은 양으로 존재하는 수신기의 시계오차를 소거한 상태

③ 일반적으로 최소 4개의 위성을 관측하여 3회의 이중차를 측정하여 기선해석을 하는 것이 통례

(2) 방정식

① 두 개의 수신기 i와 j가 두 개의 위성 k와 l의 신호를 수신
② 위성 간 두 개의 단일차분 또는 수신기 간 두 개의 단일차분

$$\begin{aligned}
\triangle \tilde{\rho}_{ij}^{kl} &= \tilde{\rho}_{ij}^{k} - \tilde{\rho}_{ij}^{l} \\
&= [(\rho_i^k - \rho_j^k) + c(\delta t_i - \delta t_j) + \triangle I_{ij}^k + \triangle T_{ij}^k + \triangle M_{ij}^k + \triangle_{ij} + \varepsilon_{ij}^k] \\
&\quad - [(\rho_j^l - \rho_j^l) + c(\delta t_i - \delta t_j) + \triangle I_{ij}^l + \triangle T_{ij}^l + \triangle M_{ij}^l + \triangle_{ij} + \varepsilon_{ij}^l] \\
&= (\rho_i^k - \rho_j^k) - (\rho_j^l - \rho_j^l) + \triangle I_{ij}^{kl} + \triangle T_{ij}^{kl} + \triangle M_{ij}^{kl} + \varepsilon_{ij}^{kl}
\end{aligned}$$

(3) 소거된 오차성분

① 위성과 수신기의 시계오차가 제거되고, 위성과 수신기 하드웨어 오차 소거
② 두 수신기 사이에 일정 거리가 유지된다면 이온층과 대류층 오차는 무시

5. 삼중차분(삼중위상차, Triple Phase Difference)

(1) 삼중차분 개념

① 한 개의 위성에 대하여 어떤 시각의 위상 적산치(측정치)와 다음 시각의 위상 적산치와의 차이값(적분 위상차라고도 함)
② 반송파의 모호정수(Ambiguity)를 소거하기 위하여 일정 시간 간격으로 이중차의 차이값을 측정하는 것
③ 일정 시간 동안의 위성거리 변화를 뜻하며 파장의 정수배의 불명확을 해결하는 방법으로 이용

(2) 방정식

① 4개의 미지수가 존재 : $x_r, y_r, z_r, \delta t_r$
② 4개의 위성에 대한 4개의 의사거리 방정식이 필요

$$\tilde{\rho}_r^{s1}(t) = \sqrt{(x^{s1} - x_r)^2 + (y^{s1} - y_r)^2 + (z^{s1} - z_r)^2} + c\delta t_r$$
$$\tilde{\rho}_r^{s2}(t) = \sqrt{(x^{s2} - x_r)^2 + (y^{s2} - y_r)^2 + (z^{s2} - z_r)^2} + c\delta t_r$$
$$\tilde{\rho}_r^{s3}(t) = \sqrt{(x^{s3} - x_r)^2 + (y^{s3} - y_r)^2 + (z^{s3} - z_r)^2} + c\delta t_r$$
$$\tilde{\rho}_r^{s4}(t) = \sqrt{(x^{s4} - x_r)^2 + (y^{s4} - y_r)^2 + (z^{s4} - z_r)^2} + c\delta t_r$$

(3) 요구사항

① 동시에 최소 4개 위성이 관측되어야 함
② 바다처럼 높이값을 알고 있다면 3개의 위성으로 충분
③ 4개 이상의 위성이 관측되면 최소제곱법으로 처리

12 위성력, 정밀궤도력/방송궤도력

GNSS 위성과 수신기 사이의 거리는 위성의 데이터, 즉 위성의 궤도력을 이용하며 방송력과 정밀력이 있다.

1. 방송력(Broadcast Ephemeris)

시간에 따른 천체의 궤적을 기록한 것으로 각각의 GNSS 위성으로부터 송신되는 항법메시지에는 앞으로의 궤도에 대한 예측치가 들어 있다. 형식은 30초마다 기록되어 있으며 6개의 케플러 궤도요소로 구성되어 있다.

(1) 케플러 6요소

① 궤도장반경(a) : 타원궤도의 장반경
② 궤도이심률(e) : 타원궤도의 이심률
③ 궤도경사각(i) : 궤도면의 적도면에 대한 각도
④ 승교점 적경(Ω) : 궤도가 남에서 북으로 지나는 점의 적경
⑤ 근지점 적위(w) : 궤도면 내에서 근지점 방향
⑥ 근지점 통과시각(T)

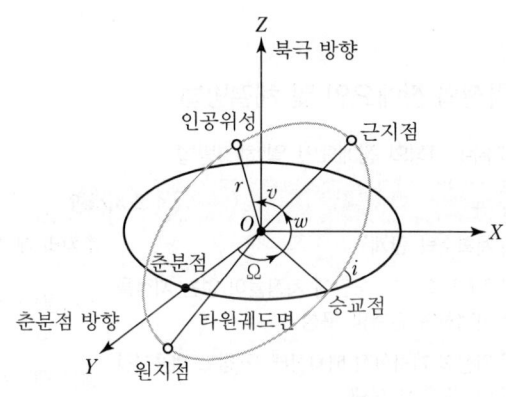

[그림 8-7] 케플러 6요소

2. 정밀력(Precise Ephemeris)

(1) 전 세계 약 110개 관측소가 참여하고 있는 국제 GNSS 관측망(IGS)에서 정밀 궤도력을 산출하여 공급 중(좌표형식으로 제공)
(2) GNSS 관측소에서 수신한 약 14일치의 GNSS 데이터를 종합하여 처리한 것으로 방송궤도력보다 정밀도가 높음
(3) 방송궤도력은 예측에 오차가 포함되어 있으므로 궤도력 오차가 지상의 위치측정오차로 전파됨(오차가 3cm 정도로 평가함)
(4) 정밀측지에서는 방송궤도력이 만족할 수 없으며 정밀궤도력이 필요함
(5) IGS에 관측자료가 국제데이터센터로 모아져 7개의 자료분석센터에서 처리
(6) IGS에서는 각 분석센터의 결과를 종합하여 최종인 IGS 정밀궤도력을 산출
(7) 정밀궤도력(Final Orbit)의 정밀도는 약 5cm 정도

13 모호정수(Integer Ambiguity)

임의의 사이클 수로 관측된 반송파 위상의 초기 Bias로 초기의 위상 관측치는 GNSS 수신기가 GNSS 신호를 처음 잡았을 때 만들어지는데 이때 위성과 수신기간에 정확한 사이클을 모르기 때문에 사이클 정수에 대한 모호성분이 생긴다.

1. 관측 시작

위성과 수신기 간의 전체 파장의 개수는 미지수인체로 GNSS 수신기가 한 파장 내의 위상차와 전체 파장수의 변화치만 측정한다. 따라서 전체 파장의 개수는 추가의 미지변수로 데이터 처리과정에서 동시 결정한다.

2. 모호정수(주파수) 확정의 장애요인 및 해결방법

[표 8-6] 모호정수(주파수) 확정의 장애요인 및 해결방법

장애요인	조치사항	
	계획수립 단계	후처리(계산)단계
사이클슬립	안테나의 15° 상단에 지장물이 없는 지점을 선택하여 관측망 구성	사이클슬립이 많은 시간대는 계산 시 제외
짧게 관측된 위성	위성의 기하학적 배치상태 표 참고 제공시간이 긴 위성 선택	짧은 관측시간대는 계산에서 제외

14 OTF

상대측위를 이용한 GNSS 측량은 정지측량, 이동측량으로 구분되며 위성으로부터 수신된 반송파를 이용해 위치를 결정하게 되는데, 이를 위해서는 초기화를 통해 미지정수(Ambiguity, 모호정수)를 결정해야 한다. 특히 이동측량(Kinematic)에서의 초기화는 안테나 교환(Swap) 또는 기지기선 초기화 방법을 이용하는데, 이 방법은 위성으로부터 수신이 끊기면 재초기화를 위해 기지점으로 되돌아가야 하는 단점이 있다. 이러한 단점을 보완한 초기화 방법이 OTF 기법이며 미지점뿐만 아니라 이동 중에도 자동으로 초기화가 가능한 기법이다.

1. OTF 기법

(1) GNSS 수신기가 어떤 시각에 정지되어 있을 필요 없이 움직이면서 Differential 반송파 위상의 정수 Ambiguity를 분해하는 기술을 말한다.
(2) 불명확 상수의 정확한 결정이 GNSS 정확도를 좌우한다.
(3) 불명확 상수문제 해결을 위해 On The Fly(OTF) 기법을 많이 사용한다.

2. OTF 기법을 이용한 미지정수 결정

OTF는 후처리와 실시간 Kinematic 측량에 모두 응용할 수 있는 것으로 초기화에 필요한 시간은 조건에 따라 0.5초에서 최대 10분 정도가 소요된다. OTF 기법도 일반적인 검색기법에 기초하고 있으며 다음과 같은 단계를 통해 미지정수를 결정한다.

(1) 1단계

① 초기 좌표 결정에 따른 표준편차의 일정한 곱으로 형성되는 정육면체의 검색범위 결정
② 정육면체 한 점에 대한 위치를 정의(8개의 모서리)
③ 초기 좌표가 정확할수록 미지정수의 검색범위를 줄이고 검색 알고리즘은 빨라짐
④ P코드와 C/A코드를 이용한 이중차 의사거리로 유도
⑤ 코드와 반송파 선형조합도 검색범위를 줄이는 데 도움
⑥ 실수값의 미지정수에 가장 근접한 3개의 예비 미지정수군을 구성

(2) 2단계

1단계에서 3개로 구성된 각각의 예비 미지정수군 각각에 대해 에포크(Epoch) 1에 대한 이동수신기의 지심거리(예비거리)를 계산한다.

(3) 3단계

삼중차 기법과 예비거리을 이용해 에포크 2에서 이동수신기에 대한 지심거리차를 계산하며, 삼중차 기법을 사용하기 때문에 미지정수에 관계되지 않는다.

(4) 4단계

3단계의 거리차를 이용해 미지정수를 재계산, 즉 3개의 미지정수로 구성된 각각의 미지정수 군에 대해 재계산을 수행하여 미지정수를 최종 결정한다.

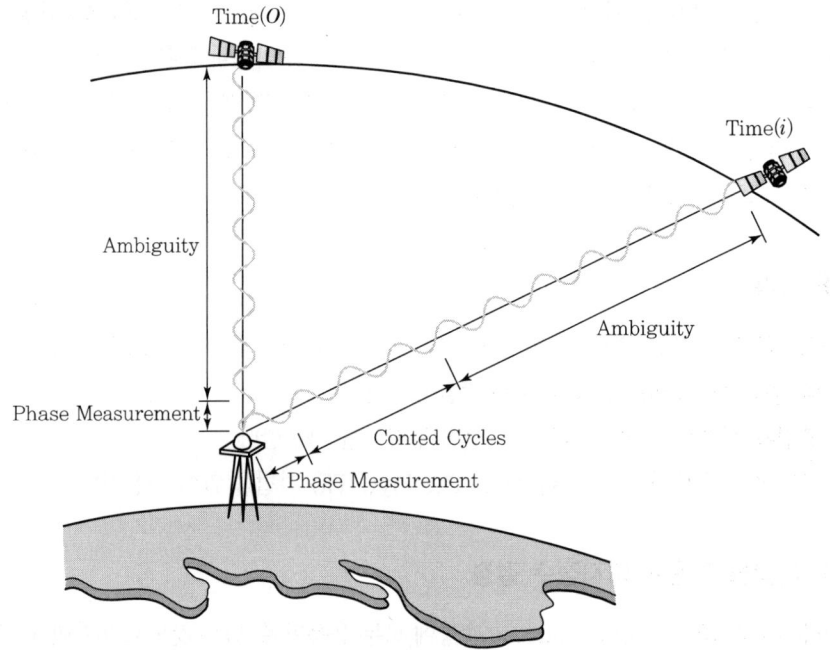

[그림 8-8] 반송파 측정에 의한 초기화 과정

15 에포크(Epoch)

위성에 의한 측량에서 일련의 관측을 세션(Session)이라 하며, 데이터 취득 간격을 에포크(Epoch) 라 한다.

1. 에포크의 정의

GNSS 측량 시 수신기 내부에서는 계속적으로 위성신호를 해석하면서 반송파 위상이나 의사거리 등을 연속적으로 측정하고 있는데, 이 측정값은 지정한 데이터 취득 간격마다 수신기 내부 메모리에 기록된다. 이와 같이 기록이 이루어진 각각의 시각을 에포크라 하고 샘플링 간격을 Δt, 측정 개시시각을 t라고 하면, i번째 에포크는 $t_i = t + (i-1) \cdot \Delta t$에 해당된다.

2. 에포크의 간격

(1) 정치측량 시 : 15초에서 30초

(2) 실시간 이동 측량 시 : 1~2초 또는 그 이하
(3) 에포크가 너무 길 경우 대류권, 전리층 변화 등에 영향을 미쳐 문제를 일으킬 수 있음

3. 에포크 계산

(1) 에포크를 30초로 3시간 관측하면 360개의 에포크가 생성
(2) 기선해석 시 서로 다른 위성에서 취득된 데이터(총 에포크)를 최소제곱법으로 해석하여 3차원 벡터 계산

16 케플러 행성운동

요하네스 케플러가 발표한 행성의 공전에 대한 법칙으로 타원궤도의 법칙, 면적속도 일정의 법칙, 주기의 법칙이다.

1. 제1법칙 〈타원궤도의 법칙〉

(1) 행성들은 태양을 한 초점으로 하는 타원궤도를 그리면서 태양 주위를 돈다.
(2) 위성궤도는 타원을 이루며, 초점 중의 하나는 지구 질량중심에 위치한다.

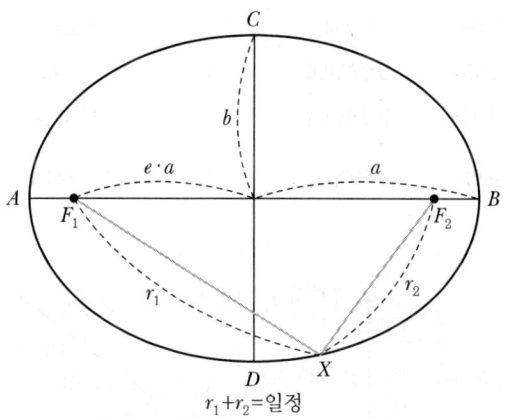

[그림 8-9] 케플러 제1법칙

2. 제2법칙 〈면적속도 일정의 법칙〉

(1) 지구 질량중심에서 인공위성을 연결하는 위치벡터는 동일한 시간에 동일한 면적을 지난다.
(2) 행성이 같은 시간 동안에 움직여 만드는 부채꼴 면적은 언제나 같다.

(3) 행성들은 태양에 가까울 때는 빠르게 돌고 태양에서 멀어지면 천천히 움직인다.

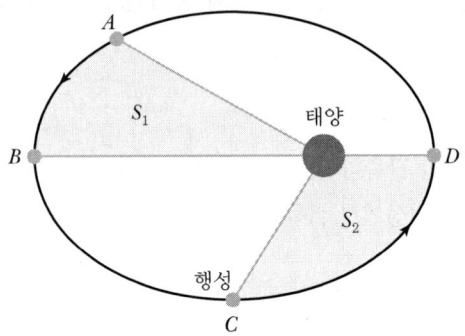

[그림 8-10] 케플러 제2법칙

3. 제3법칙 〈주기의 법칙〉

(1) 궤도 주기(P)의 제곱은 장반경(a)의 세제곱에 비례한다 $\left(\dfrac{P^2}{a^3} = 상수\right)$.

(2) 행성의 궤도 주기와 장반경은 모두 다르지만 주기의 제곱을 장반경의 세제곱으로 나눈 값은 어떤 행성에 대해서도 일치한다.

[표 8-7] 행성의 궤도 주기

구분	수성	금성	지구	화성	목성	토성
주기(P)	0.24	0.616	1	1.88	11.87	29.477
장반경(a)	0.388	0.724	1	1.524	5.2	9.51
P^2	0.0576	0.379456	1	3.5344	140.8969	868.8935
a^3	0.058411	0.379503	1	3.539606	140.608	860.0854
$\dfrac{a^3}{P^2}$	0.986114	0.999875	1	0.998529	1.002055	1.010241

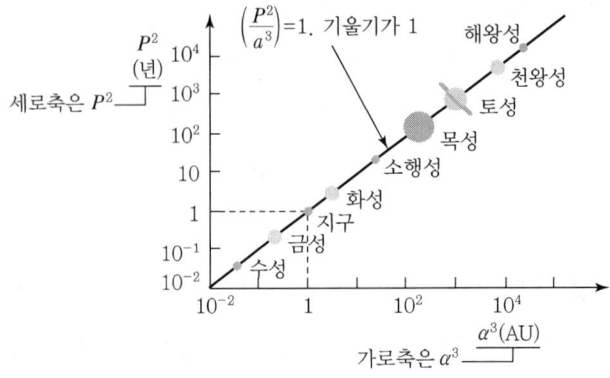

[그림 8-11] 케플러 주기의 법칙

17 GNSS의 표준자료

Binary 수신자료가 다운로딩 동안 컴퓨터 속에서 독립적인 ASC II 포맷으로 변환되더라도, 그 자료는 수신기에 의존된다. 이런 경우에 자료관리는 같은 기종의 수신기가 사용될 때 적합하다. 또한 GNSS 자료가 다른 GNSS 프로그램으로 처리될 때 S/W 내 고유형식에서 독립된 형식으로 변환하는 데 필요한 자신의 고유형식을 GNSS 처리 S/W들은 각각 가지고 있다.

1. 필요성

GNSS는 위성이나 라디오 비콘 등과 같은 다양한 자료 연결을 이용하기 때문에 자료신호의 표준화가 필요하다. 특히 실시간 응용에서 표준자료 형식의 필요성이 요구된다.

2. 표준화 추진단계

(1) 미국 : 실시간 DGNSS를 위한 표준형식 제정(RTCM 2.0, 3.0 등)
(2) 표준형식을 제정하여 자동항법, 항공기 이착륙 등의 분야에 이용
(3) 표준형식 제정 타 기종 수신기간의 자료 호환 가능

3. RINEX(Receiver Independent Exchange)

GNSS 자료의 수신기의 독립된 형식은 자료 교환을 가능하게 한다. 자료 교환은 수신기 독립 교환(RINEX) 형식에 의해서 가능하다.

(1) RINEX 형식

① 이기종 간의 GNSS 수신자료를 통합하여 후처리하기 위한 표준형식
② 데이터 포맷 : ASC II 파일형태
③ 1996년부터 GNSS 공동 포맷 이용

(2) RINEX 구성

RINEX 형식은 세 가지 형식의 ASC II 파일들로 구성된다.
① 범위자료를 포함하고 있는 관측자료파일(Observation File)
② 기상자료파일(Meteorological Data File)
③ 항해 메시지 파일(Navigation Message File)
④ 파일들은 헤더 부분과 자료 부분으로 구성되며, 헤더 부분은 포괄적인 파일정보를 포함하고 자료 부분은 실제 자료를 포함한다.

(3) RINEX 파일명

① RINEX는 국제 협정된 "ssssdddf.yyt"로 불리는 파일명을 사용한다.
② 처음 4개의 문자(ssss)는 site 이름, 다음 3개의 문자(ddd)는 올해의 오늘(Day)을 나타낸다. 8번째 문자(f)는 세션 번호이다.
③ 확장자에서 처음 2개의 문자(yy)는 올해의 뒷부분의 두 자리 수이다.
   (예) 2023 → 23을 나타내고 확장자 중 마지막 문자(t)는 파일형태를 나타낸다.
④ 파일형태에서 인공위성의 명칭은 "snn"의 형식으로 표현된다. 처음 1개의 문자(s)는 인공위성시스템의 확인자이고, 남아 있는 2개의 문자(nn)는 위성번호를 나타낸다.
   (예) PRN 번호

18 변조 및 복조

변조란 음성신호와 같이 저주파 신호를 무선이나 유선으로 먼 거리로 전송할 때 높은 주파수의 반송파에 옮기는 것을 말한다. 이때 변조된 신호는 반송파에 의해 전달받게 되며 수신측에서는 이 신호를 원래의 신호로 되돌려야 수신할 수 있는데 이를 복조라 한다.

1. 변조(Modulation)

신호 정보를 전송매체의 채널 특성에 맞게끔 신호(정보)의 세기나 변위, 주파수, 위상 등을 적절한 파형형태로 변환하는 것이다.

2. 복조(Demodulation)

(1) 변조되어 전송된 중에 손상된 파형을 원래의 정보신호 파형으로 복원하는 것이다.
(2) 동기 복조 : 수신 신호에서 반송파를 검출하여 이 반송파의 위상정보를 이용한다.
(3) 비동기 복조 : 수신 신호의 반송파 위상정보를 전혀 이용하지 않고 복조하는 방식이다.
(4) 송신 데이터에 확산코드 10110100101을 곱해준다.
(5) 확산코드는 원래의 데이터보다 훨씬 높은 비트 속도를 가지고 있으므로 하나의 송신 데이터에 여러 개, 〈예시〉에서는 11비트를 곱해준다.
(6) 이렇게 곱해진 원래의 송신 데이터는 훨씬 속도가 높은 확산코드와 같은 속도의 확산신호와 같이 된다.
(7) 이 확산신호를 전자파에 실어서 송신을 하고, 수신쪽에서는 이 확산신호에 다시 송신쪽에서 사용한 동일한 확산 코드를 곱해주면, 원래 송신하고자 했던 데이터와 동일한 수신 데이터를 얻을 수 있다.

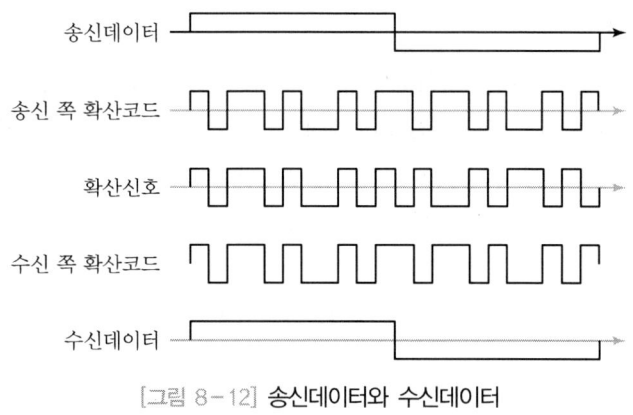

[그림 8-12] 송신데이터와 수신데이터

19 Network RTK-GNSS 활용분야

Network RTK-GNSS는 지적분야를 비롯한 측량분야 외에도 자율주행차, 무인비행체, 스마트폰, IOT, 구조물 안전관리, 레저용 LBS, 영상기기 등 다양한 분야에 널리 이용되고 있다.

1. 전체적인 작동원리

  (1) 시스템 구성

   기준국(상시관측소), 중앙센터, 사용자(이동국), 통신장치로 구성된다.

  (2) 각 시스템의 역할

   ① 기준국 역할 : 지속적인 위성신호 수신 및 중앙센터로 전송
   ② 중앙센터 역할 : 보정데이터 생성 및 사용자에게 전송
   ③ 사용자는 중앙센터의 보정데이터를 수신하여 자기 위치 결정(양방향 통신)
   ④ Network RTK-GNSS 측위에서는 중앙센터와 사용자 간에 양방향 통신이 필요

2. 지적분야

  (1) 위치를 결정하고자 하는 곳(이동국이라 함 : 도근점, 경계점 등)에 안테나가 부착된 폴을 설치하고, 수신기를 작동한 후 통신장치(핸드폰 : CDMA)를 통해 중앙센터와 통신을 연결한다.
  (2) 이동국의 GNSS 수신데이터를 통신장치를 통해 중앙센터로 지속적으로 전송한다.
  (3) 중앙센터에서는 이동국의 수신데이터를 이용해 보정데이터를 계산하여 이동국으로 전송한다.
  (4) 이동국에서는 보정데이터를 수신하여 원하는 곳의 위치를 결정한다.

3. 댐계측 활용분야

(1) 댐의 주요 부위에 GNSS를 설치하여 중앙센터로 관측데이터를 전송한다.
(2) 중앙센터에서는 댐에서 전송된 GNSS 데이터와 기준국 데이터를 이용해 보정데이터를 생성하여 다시 전송하면 댐의 GNSS 수신기는 정확한 자기 위치를 결정한다.
(3) 중앙센터에서는 댐의 수신기에서 실시간으로 전송되는 데이터를 이용하여 3차원(X, Y, Z축) 변위량을 모니터링한다.
(4) 실시간 3차원 모니터링으로 댐의 안정성을 판단한다.

4. 교량·사면 계측분야 활용

(1) 교량 및 사면의 주요 부위에 GNSS를 설치하여 중앙센터로 관측데이터를 전송한다.
(2) 중앙센터에서는 교량 및 사면에서 전송된 GNSS 데이터와 기준국 데이터를 이용해 보정데이터를 생성하여 다시 전송하면 교량 및 사면의 GNSS 수신기는 정확한 자기 위치를 결정한다.
(3) 중앙센터에서는 교량 및 사면의 수신기에서 실시간으로 전송되는 데이터를 이용하여 수직(Z축)변위량을 모니터링하여 교량 및 사면의 침하를 계측한다.
(4) 실시간 수직 모니터링으로 교량 및 사면의 안정성을 판단한다.

5. 지능형 교통시스템 활용

(1) 차량에 GNSS 수신기, 내비게이션, 통신장치를 장착한다.
(2) 차량을 운행하며 수신된 정보를 중앙센터로 전송하며, 중앙센터에서는 현재 운행 중인 차량의 위치를 추적한다.
(3) 중앙센터에서는 차량위치 주변 도로의 교통상황을 모니터링하여 최적의 노선을 선정한 후 운행 중인 차량으로 전송한다.
(4) 운행 중인 차량은 중앙센터로부터 전송된 교통정보를 이용해 실시간으로 주변 교통흐름을 파악할 수 있어 교통체증 없이 운행 가능하다.

6. 항만물류분야 활용

(1) 크레인에 GNSS 및 통신장치를 장착한다.
(2) 크레인에 장착된 수신기를 통해 취득된 GNSS 정보를 실시간으로 중앙센터로 전송하면 보정데이터를 생성하여 정확한 크레인 위치를 결정한다.
(3) 크레인 위치를 실시간으로 모니터링하여 하역 또는 선적하고자 하는 위치에 정확하게 크레인 작업을 진행한다.

(4) 컨테이너 소재의 경우도 크레인에 부착된 GNSS를 통해 어떤 컨테이너가 어디에 위치해 있는지를 실시간으로 파악이 가능(컨테이너 종류별로 놓여 있는 위치가 다르기 때문에 서로 다른 위치를 기준으로 재고나 하역관리가 가능)하다.

7. 건축물변위 및 측량분야 활용

(1) 시공이 완료된 빌딩 또는 시공 중인 초고층 빌딩에 GNSS와 통신장치를 장착한다.
(2) 빌딩거동의 경우 옥상에 설치된 GNSS를 통해 취득된 데이터를 중앙센터로 전송하면 중앙센터에서는 보정데이터를 생성하여 빌딩 GNSS 수신기의 정확한 위치를 결정한다.
(3) 빌딩의 평면 및 수직변위를 실시간으로 모니터링하여 안정성을 측정한다.
(4) 초고층 빌딩 선형 시공의 경우 매층이 올라갈 때마다 주요 골격지점에 수신기를 장착하여 수평 및 수직변위를 측정한 후 초고층 빌딩이 바르게 시공되는지 파악한다.

8. 농업 및 특수차량분야 활용

(1) 작업할 논의 네 모서리 좌표를 미리 측정하여 컴퓨터에 입력한다.
(2) 이앙기에 GNSS, 통신장치, 모양감지센서를 탑재한다.
(3) 이앙기에 설치된 GNSS를 통해 실시간으로 위치를 결정하고 모양센서를 이용해 논의 요철을 감지한다(이 과정은 프로그램에 의해 동시에 작동됨).
(4) 작업은 출입구 부근에 이앙기를 두고 프로그램을 작동시키면 자동적으로 작업장의 가운데에 들어가서 위치와 모양에 관한 데이터를 이용해 모를 심을 수 있다.

CHAPTER 03 주관식 논문형(논술)

01 GNSS 측위방법

측량방법에는 크게 단독측위와 상대측위 방법으로 나누고 있으며, 상대측위는 Static(정지측량) 방법과 Kinematic(이동측량), 실시간이동측량(Realtime kinematic)으로 구분된다.

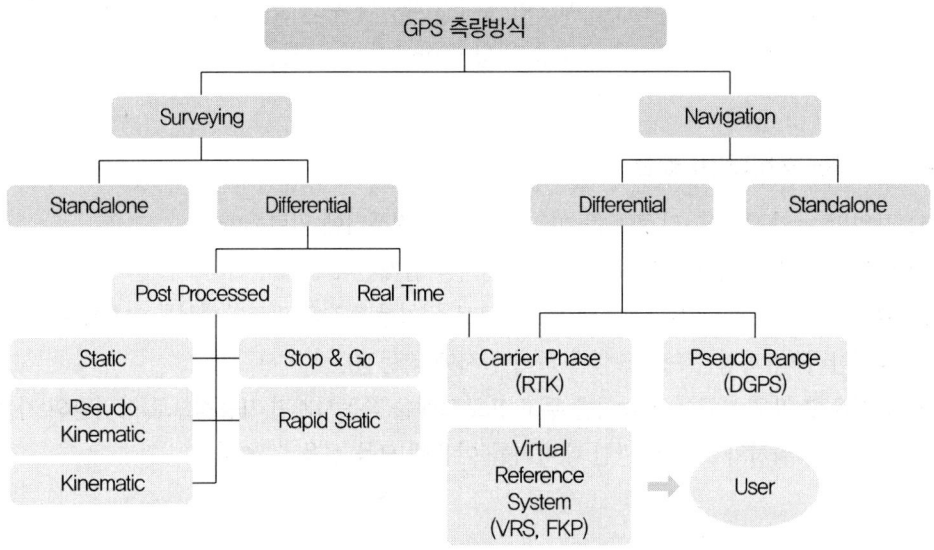

[그림 8-13] GNSS 측위방법

1. 단독측위

(1) 단독측위의 개념

4대 이상의 위성으로부터 수신한 전파 신호 가운데 C/A코드를 이용하여 실시간으로 사용자의 위치를 결정하는 방법이다.

① 지구상에 있는 사용자의 위치를 관측
② 실시간으로 수신기의 위치를 계산
③ 코드를 해석하므로 계산된 위치의 정확도가 낮음
④ 주로 비행기, 선박, 자동차 등의 항법에 이용

(2) 단독측위 정확도

① 한 대의 GNSS 수신기를 이용하여 위치측정을 수행할 경우, 위치 결정 정밀도는 수신기의 능력에 의해 좌우된다.
② GNSS 신호의 부호체계 중 C/A코드를 이용하여 수신자의 위치를 결정하는 저가의 상용 수신기는 그 정밀도가 수십 m에서 수백 m에 이른다.
③ 암호화된 P코드를 사용하는 수신기의 경우에도 1m 이하의 정밀도를 갖기가 어렵다.
④ 측지 및 측량, 지각변동의 감시 등과 같이 수 cm 이하의 고정밀 위치결정이 요구되는 분야에서는 단독측위에 따른 GNSS의 위치결정에 한계가 있다.

2. 상대측위

두 점 간에 도달하는 전파의 시간적 지연을 측정하여 두 점 간의 거리를 측정하는 방식으로 정지측량과 이동측량으로 구분된다.

(1) 정지측량(Static)

① 2개 이상의 수신기를 각 측점에 고정하고 양 측점에서 동시에 4대 이상의 위성으로부터 신호를 30분 이상 수신하는 방식이다.
② GNSS 데이터가 동시에 수집되고 처리된 한 쌍의 수신기를 연결하는 직선은 그 기선의 벡터이다.
③ VLBI의 보안 또는 대체가 가능하다.
④ 수신 완료 후 컴퓨터로 각 수신기의 위치 및 거리의 정확도가 월등하다.
⑤ 지적측량의 기준점 측량(지적삼각측량, 지적삼각보조측량)에 이용한다.
⑥ 정도는 수 cm(1~0.01ppm)이다.

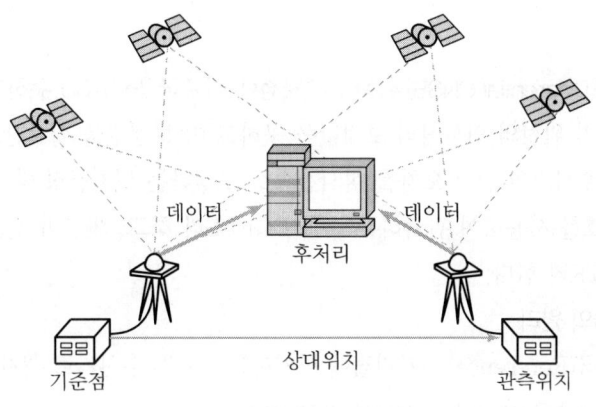

[그림 8-14] 정지측위

(2) 키네마틱(Kinematic, 이동측량)

정지측량의 관측시간에 소요되는 긴 시간을 해결하여 측량작업의 생산성을 높이기 위하여 개발된 방식이다.

① 기선 벡터의 계산에 필요한 정수파의 정수치를 신속히 결정하는 방법을 다양하게 개발·실용화한 것이다.
② 1대의 수신기를 고정국, 다른 수신기를 이동국으로 하여 이동국을 순차로 이동하면서 각 측점에 놓고 4대 이상의 위성으로부터 신호를 수 초 또는 수 분 정도 수신하는 방식이다.
③ 이동차량 위치 결정측량에 이용하며 공사측량 등에도 응용한다.
④ 정도는 수 cm 정도이다.

(3) 신속정지측량(Rapid Static)

① 측량방법은 정지측량과 동일하나 관측시간이 짧고(최소 20분 이상), 관측 위성 수 5개 이상이어야 한다.
② 데이터 수신 간격이 15초 이하로 신호를 좀 더 자주 관측해야 하는 점이 다르다.
③ 기선 벡터의 정도도 거의 동일하다.
④ L1과 L2의 주파를 더하거나 감소함으로써 얻어지는 합성주파의 위상을 이용하여 정수파의 정수치를 신속하게 결정할 수 있다.
⑤ 신속정지측량이 정지측량 방법과 다른 점은 수신기가 소구점에서 머무르는 시간이 짧다는 것이며 자료처리는 후처리에 의한다.

(4) 실시간 이동측량(Real Time Kinematic)

기준점에 설치한 수신기로부터 원시데이터를 취득하여 계산된 데이터 보정치(ΔX, ΔY, ΔZ)를 이동국 GNSS 수신기에 전송시켜 실시간으로 이동국의 정확한 위치를 알 수 있는 측량방법이다. 보정치를 전송하는 신호 종류에 따라 코드방식과 반송하 위상방식으로 구분할 수 있다.

① DGNSS(Differential GNSS) 측량 : 기지점에 기준국용 GNSS 수신기를 설치하고 위성을 관측하여 각 위성의 의사거리 보정값을 구하고 이 보정값을 실시간으로 이용하여 이동국용 GNSS 수신기의 위치 오차를 실시간으로 보정하는 위치결정 방식이다. DGNSS 측량 시 코드신호를 사용하여 관측하는 것을 DGNSS라 하고, 반송파 신호를 사용하여 관측하는 것을 RTK라 한다.
② DGNSS의 원리
  ㉠ 기준국(Reference) : 기지점에 설치하는 GNSS 수신기로 위치 보정데이터를 생성하여 이동국으로 송신하는 기능을 수행한다.
  ㉡ 이동국(Rover) : 기준국으로부터 송신된 보정데이터를 이용해 측정점의 정확한 위치를 결정한다.

3. DGNSS 측량

(1) 위성신호 중 C/A코드만을 처리 1m 내외의 위치정확도를 얻는 방법이다.
(2) 통상 4개 이상의 위성이 수신되면 측량이 가능하다.
(3) 코드 처리방식으로 계산속도는 빠르나 정확도는 떨어진다.
(4) 허용오차가 큰 해양위치측량, 자동차 항법 등에 적용한다.

4. RTK 측량

위도, 경도, 고도 등 이미 정밀한 위치값을 알고 있는 기준국에 GNSS 기지국을 설치하여 그곳의 GNSS 위상 오차를 계산하고, 근처의 이동국은 해당 데이터를 받아 GNSS 오차를 계산해 실시간으로 cm급의 정밀도의 좌푯값을 알 수 있는 측위 기법이다. 기준국과 멀어질수록 정밀도는 낮아진다.

(1) 원리

① 단일 기준점과 이동점에서 동시에 수신된 GNSS 관측자료 이용
② 이중차분 관측방정식을 생성한 후 조정계산하여 3차원 위치결정
③ 기준점의 좌표는 이미 알고 있는 값으로 고정
  ㉠ 위성신호 중 L1, L2의 반송파를 처리하여 1~2cm 정도의 위치정확도를 얻는 방법
  ㉡ 통상 5개 이상의 위성이 수신되어야 측량이 가능

(2) 특징

① 반송파 처리방식으로 계산과정이 복잡하나 정확도는 높음
② 정확도를 요하는 육상측량, 해상측량, 변위계측 등에 적용
③ 기선의 길이가 15km 이내일 경우에는 cm 수준의 위치 정확도를 실시간으로 제공
④ 기선이 길이가 증가할 경우에는 위성의 궤도력, 대류권, 전리층 영향에 의한 계통적 오차의 상관성이 저하됨에 따라 정확도가 감소

5. Network based RTK-GNSS

실시간 이동측량의 단점인 거리 의존 오차를 감소 또는 제거하여 위치결정에 효율성을 기하기 위해 개발된 것으로 대표적인 네트워크 RTK 보정방식은 OSR(VSR, FKP) 방식과 SSR 방식으로 구분된다.

(1) VRS(Vertual Reference Station) 기법

사용자 근처에 가상의 기준국이 있다고 가정하고 네트워크상 다수의 기준국 측정치 혹은 보정정보를 기반으로 가상기준국의 보정정보를 생성하여 사용자에게 전달함으로써 마치 사용자

근처에 기준국이 있는 것과 동일한 효과로 보정하는 방식이다. 가상기준점과 이동국의 RTK를 통해 정밀한 이동국의 위치를 결정한다.

(2) FKP(Flächen Korrektur Parameter) 기법

네트워크 모델링을 통해 네트워크 내부의 각 면 보정파라미터(FKP)를 생성한다. 면 보정파라미터를 이동국에 전송해 RTK의 거리에 따른 오차를 보정해 정밀한 이동국의 위치를 결정한다.

(3) SSR(State Space Representation) 방식

각 오차요인별 보정정보를 생성하여 제공하는 방식이다. 기존 고가형 장비 측지 측량 목적 외에 드론, 자율차 등의 이동체와 저가형 수신기에서 고정밀 위치정보를 서비스할 수 있다.

(4) 네트워크 RTK 측량의 가장 큰 장점은 별도의 기준국 설치 없이 곧바로 실시간 이동측량이 가능하다는 것이다.

(5) 단점은 별도의 통신비가 소요되고, 우리나라의 경우 망의 외곽(내륙의 끝지역, 도서지역, 강원도 북부지역 등)에서는 VRS 측위가 안정적이지 못하다.

02 GNSS 측위오차

1. 개요

GNSS 측위오차는 크게 구조적 요인에 의한 오차와 기하학적 오차로 나눌 수 있으며 구조적 오차는 위성 위치 및 시간, 전리층 및 대류층, 잡음, 다중경로오차 등이 있고, 기하학적 오차는 위성의 배치와 관련이 있다. 위성에 배치 상태에 따른 오차 및 SA에 의한 오차 등으로 구분된다.

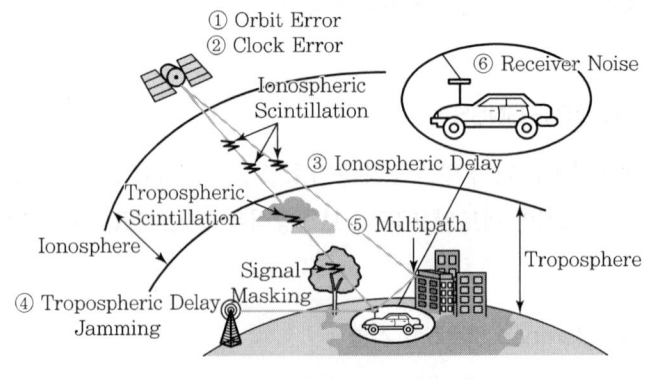

[그림 8-15] 위성신호 오차

2. 구조적 요인에 의한 오차

구조적 요인에 의한 오차는 위성에서 발생하는 오차, 전리권 지연 오차, 대류층 오차, 다중경로오차, 수신기에서 발생하는 오차로 나뉜다.

(1) 위성에서 발생하는 오차
① 위성시계오차 : 위성에 장착된 정밀한 원자시계의 미세한 오차
② 위성궤도오차 : 항법메시지에 의한 예상 궤도와 실제 궤도의 불일치
③ 오차의 크기는 약 1m(SA 제거 시)
④ 간섭측위에 의한 위상차 관측방법을 이용하여 소거(차분법으로 소거)
⑤ 제어국에서 조정하여 최소화

(2) 전리층 지연 오차
① 전리층 오차는 약 350km 고도상에 집중적으로 분포되어 있는 자유전자(Free Electron)와 GNSS 위성신호와의 간섭(Interference) 현상에 의해 발생
② 오차의 크기는 약 7m
③ 이중 주파수(L1, L2파)를 이용하여 감소시킬 수 있음
④ L1 신호와 L2 신호 굴절비율이 상이함을 이용하여 L1/L2의 선형조합을 통해 보정
⑤ 전리층에 대한 전파경로를 최소로 하기 위해 수평선 위로 어느 각도 밑에 있는 인공위성으로부터 오는 신호는 무시하도록 Mask Angle을 설정

(3) 대류층 오차
① 대류층 오차는 고도 50km까지의 대류층에 의한 GNSS 위성신호 굴절(Refraction) 현상으로 인해 발생
② 오차의 크기는 약 3~20m
③ 대류권의 수증기 성분에 의해 지연
④ 수학적 모델링을 통하여 감소시킬 수 있다.
⑤ 대부분의 기선해석 소프트웨어는 관측점에 대한 온도, 기압, 습도를 입력하여 대류권 지연을 계산하는 Saastamoinen 모델식을 사용하고 있다.

(4) 다중경로오차
① 위성의 신호가 직접적인 경로로 수신기까지 도착하지 않고 주위의 지형지물에 의해 반사되거나 산란되어 여러 간접적인 경로를 통해 도착하는 것
② 위치결정 시 정확도가 저하될 수 있으며 이중차분 등과 같은 상태측위를 이용하더라도 다중경로로 인한 오차의 제거가 불가능
③ 신호 세기에 따라 다중경로오차를 상쇄할 수 있음

(5) 수신기에서 발생하는 오차

① 수신기 자체의 전자파적 잡음에 의한 오차
② 안테나의 구심오차, 높이오차 등
③ 전파의 다중경로(Multipath)에 의한 오차

3. 위성의 배치상태에 따른 오차

위성과 수신기들 간의 기하학적 배치에 따른 오차로서 측위 정확도의 영향을 표시하는 계수로 DOP가 사용된다.

(1) DOP의 특징

① 후방교회법에 있어서 기준점 배치가 정확도에 영향을 주는 것과 마찬가지로 수신기와 위성들 간의 기하학적 배치에 따라 영향을 받으며 측위 정확도의 영향을 표시하는 계수로 DOP(정밀도저하율)이 사용한다.
② 측위 시 이용되는 위성들의 배치상황에 따라 오차가 증가하게 되는데 보이는 위성의 배치의 고른 정도를 DOP(Dilution Of Precision)이라고 한다.
③ 3차원 위치의 정확도는 PDOP에 따라 달라지는데 PDOP은 4개의 관측 위성들이 이루는 사면체의 체적이 최대일 때 가장 정확도가 좋으며 이때는 관측자의 머리 위에 다른 세 개의 위성이 각각 120°를 이룰 때이다.

(2) DOP의 종류

① GDOP : 기하학적 정밀도 저하율
② PDOP : 위치 정밀도 저하율
③ HDOP : 수평위치 정밀도 저하율(경도, 위도)
④ VDOP : 수직위치 정밀도 저하율(높이)
⑤ TDOP : 시간 정밀도 저하율(시간)
⑥ RDOP : 상대 정밀도 저하율

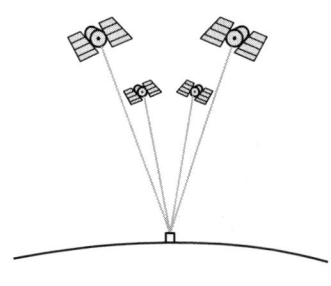

[그림 8-16] 나쁜 DOP 상태

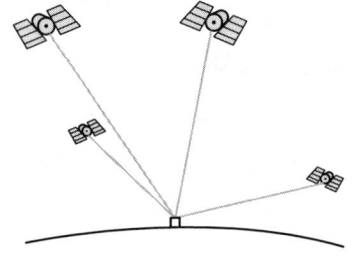

[그림 8-17] 좋은 DOP 상태

4. SA 및 Cycle Slip

(1) SA(Selective Availability : 선택적 가용성)

SA는 원자시계의 안정성 감소와 인공위성의 항법메시지 전송을 감소시키는 시간오차를 고의적으로 적용하여 사용자로 하여금 정밀도가 떨어진 해석을 하도록 만든 것이다.

① 미 국방성이 정책적 판단에 의하여 고의로 오차를 증가시키는 것을 말한다.
② 주로 천체 위치표에 의한 자료와 위성시계자료를 조작하여 위성과 수신기간에 거리오차를 유발시킨다.
③ SA 작동 중에 발생하는 단독측위의 오차는 약 100m 이상이지만 2000년 5월 1일부로 작동이 해제되어 지금은 SA에 대한 오차가 발생되지 않는다.

(2) Cycle Slip(주파단절)

사이클 슬립은 반송파 위상추적 회로에서 반송파 위상치의 값을 순간적으로 놓침으로 인해 발생되는 오차를 말한다.

① Cycle Slip의 원인
  ㉠ GNSS 안테나 주위의 지형, 지물에 의한 신호 단절
  ㉡ 높은 신호 잡음
  ㉢ 낮은 신호 강도
  ㉣ 낮은 위성의 고도각
  ㉤ 사이클 슬립은 이동측량에서 많이 발생
② Cycle Slip 처리
  ㉠ 정지측량과 같은 후처리 시에는 전처리 과정에서 사이클 슬립을 발견하여 편집함으로써 오차 소거 가능
  ㉡ RTK와 같은 실시간 측량 시에는 오차를 소거할 방법이 없으며, 사이클 슬립이 발생하지 않는 지점으로 이동하여야 함
  ㉢ RTK의 경우 칼만필터 기법의 적용 여부나 안테나의 성능에 따라 다소의 증상 개선 효과가 있으며, 최근에는 IMU를 융합한 사이클 슬립을 보정하는 연구가 진행 중임

5. 오차의 소거방법

(1) 구조적 요인에 의한 오차 소거

두 대 이상의 GNSS 수신기를 이용하여 동일한 오차 성분을 동시에 소거하는 상대측위방식을 통해 정확도를 높일 수 있다.

(2) 다중경로오차 소거방법

① 관측기간을 길게 한다.
② 안테나로 들어오는 위성신호의 입사각을 넓힌다.
③ 안테나의 설정환경을 잘 선택한다(높은 건물지역을 피한다).
④ 절대측위위치 계산 시 반송파와 코드를 조합하여 해석한다.
⑤ Choke Ring 안테나를 사용한다.
⑥ 각 위성신호에 대하여 칼만필터를 적용한다.

(3) 위성의 배치상태에 따른 오차

소거방법이 없으며 측량지역 상공의 위성배치가 좋아질 때까지 기다려야 한다.

(4) S/A에 의한 오차

상대측위방식으로 소거할 수 있다.

6. 결론

GNSS 측량은 기존의 광학식 측량장비에 의한 방법보다 매우 편리하고 정확하다. 그러나 요구하는 정확도를 실현하기 위해서는 관측이나 오차처리에 있어 다양한 지식이 요구된다. 특히 GNSS 측량 자료의 오차처리는 매우 중요한 사항으로서 이에 대한 정확한 이해가 반드시 선행되어야 한다.

03 Network RTK

1. 개요

RTK는 측량시간과 투입인력을 줄일 수 있고 cm 수준의 측량 정확도를 실시간으로 제공하여 널리 이용되지만 기준점으로부터 이동국 간의 거리가 증가할수록 위성의 궤도력, 대류권, 전리층의 영향에 의한 계통적 오차가 발생하고, 이러한 계통적 오차의 상관성이 저하됨에 따라 정확도가 감소하며 수신기의 초기화 시간이 증가되는 단점이 있다. Network RTK는 이러한 단점을 극복하기 위해 GNSS 상시관측소들로 이루어진 기준점망을 사용하여 계통적 오차를 분리하고 모델링하여 정밀한 이동국의 위치를 결정하는 시스템이다. 대표적인 방식으로 VRS, MAC 및 FKP 등이 있다. 이들 방식은 일반적으로 보정정보 계산방법, 데이터 전송방법 등에서 차이가 있다.

2. Network RTK 개념

(1) 실시간이동측량(RTK)은 정밀한 위치정보를 가지고 있는 기준국의 보정치를 이용하여 이동국에서 실시간 수 cm 정확도로 측위결과를 얻는 일련의 과정이다.
(2) 싱글 RTK 기법은 기준국와 이동국 사이의 거리가 멀어질수록 거리의존오차가 증가하여 정확도가 낮아지는 단점이 있어 이를 극복하기 위해 네트워크 RTK 기법이 개발되었다.
(3) 네트워크 RTK 기법은 이동국 주변에 위치한 복수의 기준국들을 네트워크로 연결하여 이동국의 위치에 따라 적절한 보정정보와 관측치를 제공하는 측위방법이다.

3. Network RTK의 종류 및 프로토콜 형식

(1) Network RTK의 종류

① VRS(Virtual Reference Station, 가상 기준점) 방식
② FKP(Flächen Korrektur Parameter, 면 보정파라미터) 방식
③ MAX(I-MAX) 방식
④ PRS(또는 MGRS) 방식

(2) 보정데이터 전송 프로토콜 형식

① 네트워크 RTK-GNSS 보정데이터 전송 프로토콜 형식으로는 크게 RTCM, CMR로 나눌 수 있다.
② RTCM은 기준국과 이동국 사이의 자료 송수신 표준이 되는 자료형태로 Radio Technical Commission for Maritime Service, Special Committee 104에 의해 제안되어 널리 통용되고 있는 보정데이터 형식이다.
③ CMR은 대표적인 수신기 제조업체인 Trimble사에서 개발한 RTK 전용 보정데이터 형식이다.

4. Network RTK 방식

VRS 기법과 같이 서버에서 각 사용자의 보정정보를 계산하여 송출하는 방식이 주로 사용되었으나 최근 측지·측량 분야의 수요 증대에 따른 요구로 인해 MAC, FKP와 같이 사용자가 보정정보를 모델링하여 사용함으로써 서버의 부담을 줄이는 단방향 Network RTK 방식이 도입되고 있다.

(1) VRS(Virtual Reference Station) 방식

① VRS 개념
  ㉠ 가상기준점은 실제로 존재하지 않지만 기존 기준국과 마찬가지로 사용자에게 보정정보를 제공할 수 있는 추상적인 개념의 기준국이다.

ⓒ 가상기준점을 설치하고자 하는 곳 주변에 이미 설치된 기준국들로부터 보정메시지를 전송받아 그 메시지들을 조합하여 그 위치에 적절한 가상의 보정메시지를 생성하는 것이다.

ⓒ 가상기준점 설치로 인해 실제로 다수의 기준국을 운용하지 않더라도 적은 수의 기준국 운용만으로도 다수의 기준국을 운용하는 효과를 얻을 수 있으며 이를 통하여 더욱더 넓은 지역을 포괄할 수 있게 된다.

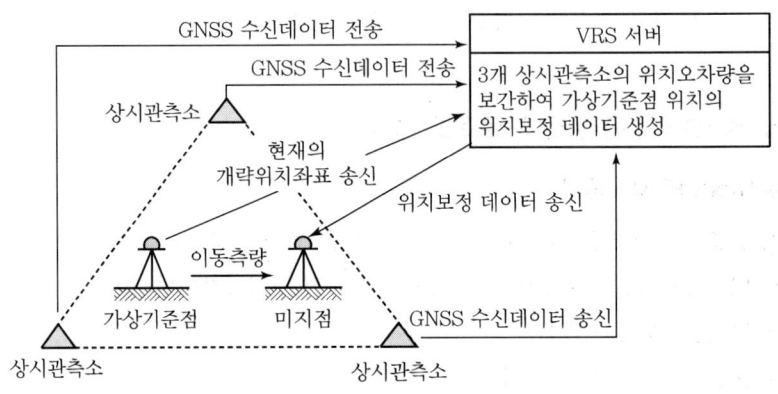

[그림 8-18] VRS 운영 체계도

② VRS 측량 흐름도
　㉠ 이동국 수신기의 개략적 위치좌표를 VRS 서버로 송신한다. 이때 NMEA 형식으로 이동통신망 등을 이용한다.
　ⓒ VRS 서버는 사용자 위치 주변의 기준국 네트워크를 활용하여 사용자와 인접한 지점에 가상기준국을 생성하고 관측치와 보정정보를 재전송하는 양방향 통신방법이다.
　ⓒ 각각의 기준국에 대한 위치오차량을 반복 보간하여 사용자의 현 위치를 가상기준점으로 하는 위치보정데이터를 생성하고 이를 사용자에게 RTCM 형식으로 전송한다.
　㉢ VRS 서버로부터 전송되는 위치보정데이터를 수신하여 이동국 GNSS의 관측값을 보정함으로써 단독 RTK 측량을 수행한다.

③ VRS 방식의 장단점
　㉠ 수신기가 위치되어 있는 곳으로부터 단지 수 m에 위치되어 있는 가상기준점을 생성하는데, 데이터가 마치 실제 기준국으로부터 전달된 것처럼 해석하고 사용
　ⓒ 양방향 통신이 요구되며 사용자 측면에서는 통신매체의 제한
　ⓒ 관제국에서는 사용자의 수가 제한
　㉢ 초기 위치에서 멀리 떨어질수록 성능이 저하된다는 단점

(2) MAC 방식(SpiderNET)

① MAC 개념

하나의 주 기준국과 다수의 부 기준국은 하나의 네트워크 셀로 결정되며 RTCM 3.0 네트워크 RTK 메시지 형식으로 주·보조 기준국의 보정치들이 이동국으로 전송되는데, 이 보정치를 MAX 보정치라고 정의한다.

㉠ 이동국 사용자가 가장 적합한 위치의 MAX 보정치를 제공하는 기준국으로 연결한다.

㉡ 네트워크의 크기에 따라서 보정메시지를 포함하는 최소한의 기준국을 사용하여 최적의 전송데이터를 결정할 수 있는 여러 개의 셀을 결정한다.

㉢ 네트워크 전송 데이터의 양을 줄이기 위해 MAC은 단독 기준국의 완전한 보정값과 좌표 정보를 주 기지국을 참조하여 보내게 된다.

㉣ 네트워크에 있는 다른 기준국은 보조 기준국으로서 보정 편차와 좌표 편차를 전송하게 된다.

㉤ MAX 보정치는 보정메시지 방송(Broadcast) 방식과 양방향 통신(Two way communication)의 두 방식을 통하여 보정데이터를 전송할 수 있다.

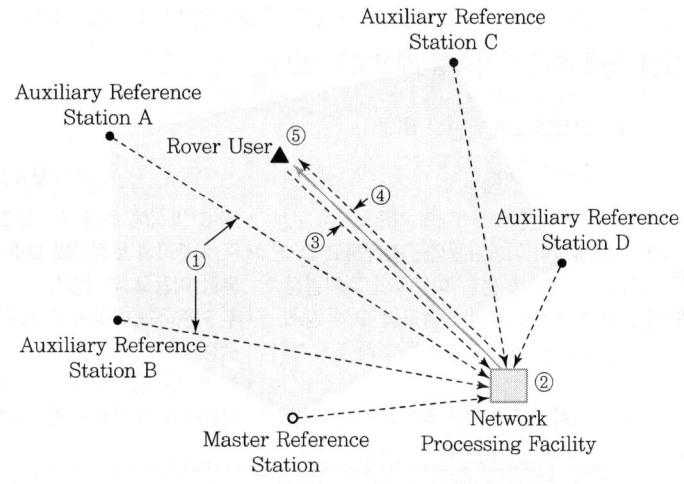

[그림 8-19] MAC 방식의 데이터 처리방식

② MAC 측량 흐름도

보정 편차 정보는 이동국에서 사용자의 위치오차를 간단히 결정하고 네트워크 내의 모든 기준국으로부터 모든 보정정보를 재구축하는 데 사용된다.

㉠ 기준국의 원시 관측데이터 네트워크 프로세싱 센터로 전송

㉡ 엠비규티 해석을 포함한 네트워크 계산 프로세싱을 통해 기준국들을 공통 엠비규티 레벨로 낮춤

ⓒ 네트워크 프로세싱 센터에서 이동국으로부터 NMEA GGA 수신 및 이동국이 있는 위치에서 가장 적합한 기준국 선택

ⓔ 네트워크 주 기준국의 보정치와 보조 기준국의 보정 편차를 사용한 RTCM 3.0 네트워크 메시지 생성 및 전송

ⓜ 기준국 네트워크의 모든 정보를 사용한 고정확 위치결정을 위해 로버에서 위치 계산

③ MAC 방식의 장단점

ⓐ 주 기준국과 보조 기준국의 기하학적 관계를 고려하여 보정정보의 가중치를 부여

ⓑ 오차요인별 시·공간적 변화 정도에 따라 보정정보의 전송간격을 달리함으로써 데이터 크기를 줄임

ⓒ 기존의 네트워크 RTK 방식에 비해 동일한 성능은 달성할 수 있으면서도 데이터 크기를 줄일 수 있음

ⓓ 시간변화율이 낮은 오차는 전송간격 또한 비교적 넓기 때문에 기존의 방식에 비해 초기화 시간이 수초 수준에서 더 소요될 수 있음

(3) VRS 방식과 MAC 방식 비교

VRS 방식과 MAC 방식은 Network RTK의 대표적인 방식으로, 이 두 방식은 현재 이미 상용화 중이며 그에 따른 서비스를 제공하고 있다.

[표 8-8] VRS 방식과 MAC 방식 비교

VRS	MAC
• 가상기준점 방식에 따른 최소 3개의 기준국으로 구성 • 이동국의 정보를 받아 가상기준점을 결정하고 그 가상기준점의 기선 모드를 통한 이동국의 위치결정 • 가상기준점의 보정치를 통한 이동국의 오차 감소 • 가상기준점을 이용한 국지적 기준점 설치 필요성의 감소 • 이동국의 근사 위치 전송에 따른 양방향 통신이 필수적임	• MAC 방식에 따른 주·보조 기준국으로 구성 • 주 기준국의 보정치와 보조 기준국의 보정치 편차를 통한 이동국 위치결정 • 주 기준국과 여러 보조 기준국을 이용한 네트워크 셀 결정 • 실제 기준국을 이용하기 때문에 보정치의 추적이 용이 • 네트워크 크기에 따른 여러 개의 셀을 결정

(4) FKP 방식

① FKP 개념

ⓐ FKP는 Flat 또는 Plane을 의미하는 단어이며, 위도와 경도에 따라 오차성분을 평면으로 산출하여 공간이격 오차를 줄이는 방식을 의미한다.

ⓑ 일종의 방송시스템으로 사용자가 최인근 기준국을 직접 선택하여 위치 보정신호와 면 보정계수를 수신하는 단방향 통신체계이다.

ⓒ FKP 방식을 채택하면 사용자 수는 이론적으로 무제한이지만 사용자 측에서는 가상의 관측치를 계산해야 하는 부담이 있다.

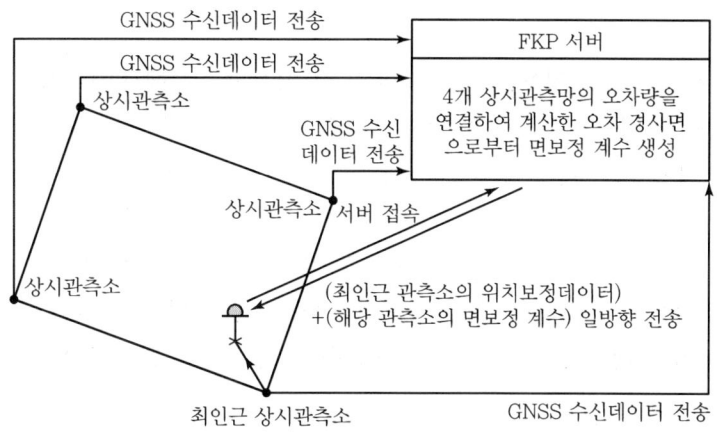

[그림 8-20] FKP 개념

② FKP 측량 흐름도
  ㉠ 사용자는 FKP 서버에 접속하여 최인근 기준국 선택(자동 또는 수동)
  ㉡ FKP 서버는 사용자 주변 기준국의 오차량을 연결하는 오차 경사면으로부터 생성된 면보정 계수와 최인근 기준국의 오차량을 사용자에게 단방향으로 전송
  ㉢ 사용자는 FKP 서버로부터 전송되는 최인근 관측소의 오차량을 이용하여 RTK 관측을 수행하고, 이에 면보정 계수를 적용하여 관측거리에 따른 오차를 보정

[표 8-9] VRS 방식과 FKP 방식 비교

구분	VRS	FKP
전송데이터	가상 기준국 기준의 GNSS 데이터	위도와 경도에 따른 네트워크 면보정 오차 성분
이동국에서 처리	RTK 수신기에서 직접 연결하여 측위	가상관측치 계산
부가장비	양방향 통신단말기	단방향 통신단말기
통신형태	양방향	단방향

③ FKP 방식의 장점
  ㉠ 양방향 통신이 아닌 방송의 형태로 파라미터의 전송이 가능
  ㉡ 서버에서는 계산 또는 통신에 대한 부담이 적음
  ㉢ 이론적으로 무제한의 사용자에게 서비스 가능
  ㉣ 고속으로 이동하는 이동국도 초기 위치와 무관하게 공간이격 오차 없이 위치결정 가능

④ FKP 방식의 단점
  ㉠ 시스템 전체의 성능이 서비스 제공자에 달려 있어 그 부담이 큼
  ㉡ 기준국과 사용자 사이의 기하학적 관계에 따른 보정정보를 주도적으로 보간할 수 없음
  ㉢ 보정정보에 포함된 내용이 측정치를 기반으로 가공된 값이므로 접근이 어려움
  ㉣ 알고리즘을 제안한 회사가 특허를 다수 보유하고 있어 그 활용에 제한적임

5. 결론

GNSS 측량은 이미 그 정확성과 효율성이 입증되어 현재 실무에서 많이 이용되고 있다. GNSS 측량 중 RTKP 측량은 이동국의 수신기가 하나의 기준국에서 발신하는 반송파 위상에 대한 계통오차의 보정치 정보를 수신하여 좌표를 계산하여야 한다. 그러나 기준국과 이동국 간의 거리가 멀어질수록 양 수신기간 전리층과 대류층 지연효과와 같은 계통오차가 적절히 제거되지 않는다. 따라서 둘 이상의 기준국에서 정보를 수신하여 위치결정에 이용한다면 계통오차의 보정을 더욱 적절히 할 수 있다. RTK 측량의 단점을 보완하기 위해 개발된 방식이 NRTK 측량이며, 일반적으로 보정정보 계산방법, 데이터 전송방법 등에 따라 VRS, MAC 및 FKP 방식 등이 있다.

PART 09

사진측량

CHAPTER 01　Summary
CHAPTER 02　단답형(용어해설)
CHAPTER 03　주관식 논문형(논술)

PART 09 CONTENTS

CHAPTER 01 _ Summary

CHAPTER 02 _ 단답형(용어해설)

　　01. 사진측량의 정의와 발전 ··· 692
　　02. 사진측량의 분류 ··· 694
　　03. 사진측량의 특성 ··· 695
　　04. 항공사진측량용 사진기의 특징 및 종류 ·································· 696
　　05. 항공사진측량용 디지털 카메라의 특징 및 종류 ······················· 697
　　06. 사진측량의 특수 3점 ··· 698
　　07. 중심투영 ·· 699
　　08. 기복변위(Relief Displacement) ··· 701
　　09. 입체사진 ·· 702
　　10. 시차와 시차공식 ··· 703
　　11. 편위수정(Rectification) ··· 704
　　12. 정밀수치 편위수정 ·· 705
　　13. 수치미분편위수정(정사투영)과 영상 재배열 ·························· 707
　　14. 공선조건(Collinearity Condition Equations) ··························· 708
　　15. 공면조건 ·· 710
　　16. 에피폴라 기하(Epipolar Geometry) ······································· 712
　　17. 외부표정 6요소(Exterior Orientation Parameter) ···················· 713
　　18. 순간시계(IFOV)와 지상표본거리(GSD) ··································· 714
　　19. 사진촬영 ·· 715
　　20. 사진측량에 필요한 점 ··· 718
　　21. 표정(Orientation) ··· 719
　　22. 광속조정법(Bundle Adjustment Method) ······························ 720
　　23. 사진판독 ·· 720
　　24. 음영기복도 ··· 722
　　25. 원격탐측(원격탐사) ·· 723
　　26. 다중분광(Multispectral) 및 초분광(Hyperspectral) 영상 ·········· 725
　　27. 위성영상의 특징과 기하보정 ·· 726
　　28. 위성영상 ·· 727

CHAPTER 03 _ 주관식 논문형(논술)

　　01. 항공사진측량 ·· 733
　　02. 사진측량의 표정(Orientation) ·· 737
　　03. 항공삼각측량(AT : Aerotriangulation) ·································· 742
　　04. 항공삼각측량의 조정 ··· 744
　　05. 영상정합 ·· 747
　　06. 항공레이저측량에 의한 수치표고모델 제작공정 ······················ 750
　　07. 수치표고모델(DEM : Digital Elevation Model) 제작 ················ 753
　　08. 정사영상 제작 ·· 757
　　09. 실감정사영상의 제작원리 ·· 760
　　10. 항공사진측량 디지털 카메라 분류 ··· 762
　　11. 무인비행장치측량에 의한 지도제작 ······································· 767
　　12. SAR를 이용한 지반변위 모니터링 방안 ·································· 772

Summary

01 항공사진측량

항공사진이란 항공기, 비행선 및 기구 등에 탑재된 측량용 사진기로 촬영된 영상을 말하며, 이러한 항공사진을 이용하여 지도제작이나 판독을 위해 측정 및 분석하는 기술을 사진측량이라고 한다.

02 영상(Image)

픽셀이 바둑판처럼 균일한 격자형태로 배열되어 표현된다. 영상에서 좌표를 표현할 때, 좌표 시작을 0부터 표현하는 방식을 0 : 기반(Zero : Based) 표현이라고 부른다.

03 격자(Grid)

규칙적인 패턴을 나타내는 점의 분포로 동일한 크기의 정방형 혹은 준정방형 셀의 배열에 의해서 정보를 표현하는 자료 모형이다.

04 Pixel(픽셀=화소, Picture Element의 줄임말)

그레이스케일 영상에서 하나의 픽셀은 0부터 255 사이의 정수값을 가질 수 있다. 하나의 픽셀을 표현하기 위하여 컴퓨터에서 1바이트의 메모리 공간을 사용한다. 컴퓨터에서 1바이트는 256가지의 수를 표현할 수 있다. 픽셀값이 "0"이면 검정색을 나타내고 "255"이면 흰색을 나타낸다.

05 Grayscale(그레이스케일)

그레이스케일 영상이란 색상 정보 없이 오직 밝기 정보만으로 구성된 영상을 의미하며 흑백 사진처럼 검정색, 회색, 흰색으로 구성된다.

06 True Color(트루컬러)

컬러 사진처럼 색상 정보를 가지고 있어서 다양한 색상을 표현할 수 있는 영상이다. 트루컬러 영상의 각 픽셀은 0~255 범위를 갖는 R, G, B 세 성분으로 구성된다.

07 경사사진

사진기의 각도가 연직 하방에서 3° 이상 경사지게 촬영된 사진으로 사진에 지평선이 나타나는 고각도 경사사진과 지평선이 나타나지 않는 저각도 경사사진으로 구분한다.

08 Mosaic(모자이크)
작은 사진을 모아서 하나의 거대한 사진으로 만드는 이미지 표현방법이다.

09 공선조건
공선조건식은 사진영상의 임의의 한 점과 투영중심(렌즈중심) 및 사진영상의 한 점과 대응하는 공간상의 한 점이 동일 직선 위에 존재한다는 조건식이다.

10 공면조건
한 쌍의 중복된 항공사진에서 두 노출점과 지상의 어느 한 점 및 이 점에 상응되는 두 사진상에서의 점은 모두 하나의 평면에 있어야 하는 조건이다. 좌측과 우측 투영중심 간의 벡터, 대상점까지의 좌측 영상 벡터 그리고 대상점까지의 우측 영상 벡터가 하나의 면(공면)상에 존재해야 한다는 조건을 말한다.

11 공액기하(Epipolar Geometry)
입체경을 이용하여 입체시를 얻기 위해서는 두 장의 입체사진을 촬영방향과 평행하게 맞춰야 한다. 바로 이 작업이 Epipolar Geometry를 구현하는 작업이다. 수치사진측량에서 자동매칭을 수행하는 경우 Epipolar Geometry를 구현하므로 탐색영역을 최소화하여 매칭의 효율성 및 정확성을 향상시키는 데 사용된다.

12 공액조건
공액기하(Epipolar Geometry)를 이루고 있는 각각의 투영중심이 C', C''인 입체쌍이 있을 때 공액면(Epipolar Plane)은 2개의 투영중심(C', C'')과 대상점 P에 의해 정의된다. 공액선(Epipolar line)은 공액면과 영상면의 교선인 e', e''이고 공액은 사진과 모든 가능한 공액면과의 교선인 공액들의 수렴중심이다. 공액선은 주사선에 대해 평행하고 동일하다. 또한 수직사진이므로 공액은 무한대에 놓여 있다.

13 영상정합(Image Matching)
입체영상 중 한 영상의 한 위치에 해당하는 실제의 대상물이 다른 영상의 어느 위치에 형성되었는가를 발견하는 작업으로서, 상응하는 위치를 발견하기 위해서 유사성 관측을 이용한다. 영상(사진)표정이 끝난 후 실시하는 단계로 영상매칭(Stereo Matching)이라고도 한다.

14 관계형정합
한 영상에서 Entity를 모양의 유사성을 기준으로 하여 검색된 다른 영상에서의 개체를 서로 비교하여 매칭하는 기법이다.

15 공속조정법(Bundle Adjustment)

블록에 포함되어 있는 관측 지상 기준점의 절대좌표와 지상 기준점 및 연결점, 접합점 또는 중복 촬영된 임의의 점에 대한 사진 좌표들을 이용하여 각 사진의 외부 표정요소와 주어진 사진 좌표들에 대응하는 절대 좌표를 결정하는 방법으로 광속(Bundle)을 조정의 기본단위로 한다.

16 카메론효과(Cameron Effect)

입체사진에서 이동하는 물체를 입체시하면 그 운동에 의해서 물체가 시차를 가져와 떠 있거나 가라앉아 보이는 효과를 말한다.

17 FMC(Forward Motion Compensation)

셔터가 개방되고 있는 사이에 항공기의 운항속도에 의해서 생기는 상의 흔들림을 제거하는 장치가 부착된 항공 촬영용 사진기이다.

18 과고감

지형지물의 높이 등이 실제보다 과장되어 보이는 현상을 말한다.

19 공간해상도(Spatial Resolution)

인공위성 영상을 통해 모양이나 배열의 식별이 가능한 하나의 영상소의 최소 지상면적을 뜻한다. 일반적으로 하나의 영상소의 실제 크기로 표현한다.

20 Landsat 위성

1972년 Landsat 1의 발사를 시작으로 2013년 1972년 Landsat 8이 발사되어 운영 중이다. Landsat 위성이 제공하는 다중분광 밴드로 구성된 위성영상은 가시광선 외에도 근적외선 및 열적외선 밴드를 포함하고 있어서 육안으로 식별이 가능한 객체와 식생의 활용도 및 지표온도 등 육안으로 식별이 불가능한 다양한 정보를 획득할 수 있다.

CHAPTER 02 단답형(용어해설)

01 사진측량의 정의와 발전

사진측량은 전자기파를 이용하여 대상물에 대하여 길이, 방향, 면적 및 체적 등의 위치 형상에 대한 해석(정량적)과 자원과 환경현상의 특성조사 및 분석(정성적)을 하는 학문이다.

1. 사진측량의 정의
   (1) 전자기파(사진영상)를 이용하여 대상물에 대하여 정량적·정성적인 해석을 하는 학문이다.
   (2) **정량적 해석** : 대상물에 대한 위치와 형상 해석(길이, 방향, 면적 및 체적 등)
   (3) **정성적 해석** : 자원 및 환경문제를 조사·분석하는 특성 해석
   (4) 사진상에 촬영된 피사체의 물리량을 측정하는 것이다.
   (5) 측정대상은 주로 피사체의 삼차원 좌표이다.
   (6) 피사체는 렌즈를 통하여 필름에 2차원 평면으로 촬영된다.
   (7) Photogrammetry(사진측량)=Photos(光, 전자기파, 사진)+Gramma(형상)+Metron(측량, 관측)

2. 사진측량의 역사
   (1) 사진측량의 개척기
   ① 사진측량의 개척시기
   ② 사진의 개발 및 열기구를 이용한 항공촬영

   (2) 기계식 사진측량
   ① 항공기의 발명(1889년 라이트 형제)
   ② 제1차 세계대전 후 항공기와 광학기계의 급속한 발전
   ③ 기계적 편위수정기와 입체 도화기 개발

   (3) 해석식 사진측량
   ① 컴퓨터의 지원을 통한 해석 도화기의 개념 도입
   ② 스트립의 다항식 조정, 광속조정법 등의 소개

(4) 수치 사진측량

① 수치영상처리기법의 발전과 디지털 카메라의 개발
② 수치영상처리의 자동화 기법에 대한 연구 개발

3. 사진측량기술의 발전

(1) 사진측량기술은 기계식 사진측량 ⇒ 해석식 사진측량 ⇒ 수치사진측량으로 발전

① 기계식 사진측량 : 광학방식에 의한 사진 처리(수동)
② 해석식 사진측량 : 좌표기반의 사진(영상) 처리(반자동)
③ 수치사진측량 : 화소단위의 디지털 영상 처리(자동)
④ 최근 사진측량은 디지털 카메라로 영상을 취득하여 처리

(2) 기계식 사진측량기술

① 기계식 도화기상에 촬영 당시의 기하학적 상태를 그대로 재현한다.
② 기계적인 조작을 통하여 수동 처리하는 시스템이다.
③ 물리적인 필름을 이용하여 현상, 인화, 밀착사진 제작과정을 거쳐 처리된 결과는 종이에 직접 기록된다.

(3) 해석식 사진측량기술

① 입력자료가 양화필름을 이용하는 측면에서 기계식 사진측량기술과 동일하지만 처리된 정보가 수치형태로 컴퓨터에 저장된다.
② 해석식 사진측량기술에서는 사진측량의 처리와 결과 표현에 컴퓨터의 지원을 받게 되었다.
③ 해석식 도화기의 발달로 항공삼각측량의 발전이 이루어졌다.

(4) 수치사진측량기술

① 영상변환에 의한 사진측량
  ㉠ 사진측량기술은 아날로그 카메라로 촬영한 필름을 스캐닝 과정을 거쳐 수치영상으로 변환하여 디지털 환경에서 처리하는 수치식 사진측량 방식으로 발전하였다.
  ㉡ 필름 스캐닝을 통하여 수치화된 영상과 이를 이용하는 수치사진측량시스템은 아날로그 항공사진 카메라를 이용하고 있다는 점에서 완전 수치화라 할 수 없다.
  ㉢ 필름의 스캐닝 과정에 많은 비용과 시간이 소요되며, 작업과정에서 오차가 발생하는 문제가 있다.
② 디지털 카메라에 의한 사진측량
  ㉠ 디지털 카메라를 이용하여 촬영된 수치영상을 이용하므로 사진측량작업의 자동화가 가능하게 되었다.

ⓛ 기계식 및 해석식 도화기에서 사용하는 기계와 광학장치 없이 컴퓨터와 주변기기만을 이용하여 입체시를 제공하고 있다.
ⓒ 수치데이터를 컴퓨터에 직접 저장·보관 및 유지·관리가 가능하고, 비행계획에서부터 자동화된 과정을 거치고 있다.
ⓔ 영상 품질관리가 용이하고, 보안지역 검열 등에서도 파일을 영상처리하여 문제지역의 삭제가 용이하다.

02 사진측량의 분류

사진측량은 전자기파를 수집하는 센서에 의하여 얻어진 영상을 이용하여 대상물에 대한 위치결정, 도면화 및 도형 해석, 각종 정보를 얻는 기술이다.

1. 사용 카메라에 의한 분류

[표 9-1] 항공사진측량용 카메라의 분류

종류	렌즈의 화각	초점거리(mm)	화면크기(cm)	용도
보통각 카메라	60°	210	18×18	산림조사용
광각 카메라	90°	152~153	23×23	일반도화, 판독용
초광각 카메라	120°	88~90	23×23	소축척 도화용

2. 촬영방향에 의한 분류

(1) 수직사진 : 광축이 연직선과 거의 일치하도록 촬영한 사진(경사각 3° 이내)
(2) 경사사진 : 광축이 연직선 또는 수평선에 경사지도록 촬영한 사진(경사각 3° 이상)
  ① 고각도 경사사진 : 3° 이상으로 지평선이 나타난다.
  ② 저각도 경사사진 : 3° 이상으로 지평선이 나타나지 않는다.
(3) 수평사진 : 광축이 수평선과 거의 일치하도록 지상에서 촬영한 사진

3. 축척에 따른 분류

(1) 대축척 : 고도 800m 이내의 저공에서 촬영한 항공사진
(2) 중축척 : 고도 800~3,000m에서 촬영한 항공사진
(3) 소축척 : 고도 3,000m 이상의 고공에서 촬영한 항공사진

4. 관측방법에 의한 분류

(1) **항공사진측량** : 항공기 및 기구 등에 탑재된 측량용 사진기로 연속촬영된 중복사진을 정성적 및 정량적으로 해석하는 측량방법으로 지형도 작성 및 판독에 이용된다.
(2) **지상사진측량** : 지상에서 촬영한 사진을 이용하여 건축물 및 시설물의 형태 및 변위관측을 위한 측량방법으로 건축물의 정면도·입면도 제작에 용이하다.
(3) **수중(해저)사진측량** : 수중사진기로 촬영한 영상을 해석함으로써 수중자원 및 환경을 조사(플랑크톤량, 수질조사, 해저의 기복상황, 수중식물의 활력도, 분포도 등)한다.
(4) **원격탐측** : 지상에서 방사 또는 반사하는 각종 파장의 전자기파를 수집·처리하여 환경 및 자원문제에 이용한다.
(5) **비지형사진측량** : 지도작성 이외의 목적으로 X선, 모아레(Moire) 사진, 홀로 그래피(레이저 사진) 등을 이용하여 의학, 고고학, 문화재조사, 변형조사 등에 이용한다.

5. 필름에 의한 분류

(1) **팬크로(Panchro) 사진** : 지형도 제작용 사진이다.
(2) **적외선(Infrared) 사진** : 지질, 토양, 수자원, 삼림조사와 판독에 이용된다.
(3) **팬인플러(Paninfra) 사진** : 팬크로 사진과 적외선 사진을 조합한다.
(4) **천연색(Color) 사진** : 판독용으로 이용된다.
(5) **위색(False Color) 사진** : 생물 및 식물의 연구조사에 이용된다.

03 사진측량의 특성

사진측량의 항공기에 카메라를 장착하여 대상물에 대한 사진을 촬영하여 지형 및 공간에 대한 정보를 취득하는 과정이다.

1. 사진측량의 장점

(1) 정량적 및 정성적 측정이 가능하다.
(2) 동체측정에 의한 현장 보존이 가능하다.
(3) 정확도가 균일하다.
(4) 접근하기 어려운 대상물의 측정도 가능하다.
(5) 분업화로 작업을 능률적으로 할 수 있다.
(6) 축척변경도 가능하다.

(7) 경제성이 높다.
(8) 시간을 포함한 4차원(x, y, z, t) 측정이 가능하다.

2. 사진측량의 단점

(1) 좁은 지역에서는 비경제적이다.
(2) 시설비용이 많이 든다.
(3) 피사체의 식별이 난해한 경우 현지 보완측량이 요구된다.
(4) 항공사진 촬영 시 기상조건, 태양고도 등에 영향을 받는다.

04 항공사진측량용 사진기의 특징 및 종류

항공사진측량용 카메라는 아날로그 카메라에서 CCD 센서 기술을 이용하여 촬영영상을 전자파일로 기록하는 디지털 방식으로 발전되어 왔다.

1. 사진기의 일반적인 특징

(1) 센서 분류

① 수동적 센서 : 대상물에서 방사(放射)되는 전자기파를 수집하는 방식
② 능동적 센서 : 감지기에서 전자기파를 발사하여 대상물에서 반사되는 전자기파를 수집하는 방식

(2) 항공사진측량용 사진기의 특징

① 초점거리가 깊다.
② 렌즈의 지름이 크다.
③ 왜곡이 극히 적으며 왜곡이 있더라도 역의 왜곡을 가진 보정판을 이용하여 왜곡을 제거한다.
④ 해상력과 선명도가 높다.
⑤ 피사각이 크다.
⑥ 거대하고 중량이 크다.
⑦ 셔터의 속도는 1/100~1/1,000초이다.
⑧ 필름은 폭 24cm(또는 19cm), 길이는 60m, 90m, 120m의 것을 이용한다.
⑨ 파인더(Finder)로 사진의 중복도를 조정한다.
⑩ 주변부라도 입사하는 광량의 감소가 거의 없다.

2. 항공사진측량용 사진기의 종류

항공사진촬영용 사진기를 피사각에 따라 분류하면 초광각, 광각, 보통각으로 구분할 수 있다.

[표 9-2] 항공사진측량용 카메라의 종류

종류	렌즈의 화각	초점거리(mm)	화면크기(cm)	용도
보통각 카메라	60°	210	18×18	산림조사용
광각 카메라	90°	152~153	23×23	일반도화, 판독용
초광각 카메라	120°	88~90	23×23	소축척 도화용

05 항공사진측량용 디지털 카메라의 특징 및 종류

항공사진측량에 사용되는 디지털 카메라는 CCD 구성에 따라 선형방식(Line Type)과 면형방식(Frame Type)으로 구분하고 있다.

1. 선형방식 카메라

촬영방향으로 마치 스캐너에 의한 스캔방식과 동일하게 지상을 촬영하는 방식으로 전방, 수직, 후방으로 총 세 방향의 영상을 촬영할 수 있어 100% 중복도를 가진 입체 영상 촬영이 가능하다. 따라서 기하학적 구조가 면형방식에 비해 안정적이지만 라인별 외부표정요소가 필요하기 때문에 GNSS/INS를 반드시 탑재해야 하는 단점이 있다.

2. 면형방식 카메라

기존 아날로그 필름 형태의 항공사진과 동일하게 중심투영방식으로 일정 면적을 한 장의 디지털 영상으로 촬영한다. GNSS/INS 없이도 촬영이 가능하며 자료처리가 용이하지만 선형방식에 비해 기하학적인 안정성이 낮다.

3. 센서 종류별 특징

(1) 선형센서
① 선형의 CCD 소자를 이용하여 지면을 스캐닝하는 방식
② 면형센서에 비해 높은 지상해상도를 얻을 수 있으나 움직이는 대상물의 촬영에 한계
③ 매 라인별로 서로 다른 외부표정요소를 가짐

④ 각 라인별 중심투영의 특징
⑤ 전방, 연직, 후방을 동시에 촬영하는 3 Line 카메라 사용

(2) 면형센서
① 2차원 평면형태의 CCD 소자를 이용하여 일정면적을 동시에 촬영
② 아날로그 카메라와 동일한 촬영방식이며 선형방식에 비해 상대적으로 해상도가 낮음
③ CCD 소자의 개수에 대한 기술적인 제약으로 촬영면적이 작아지는 문제를 해결하기 위해 여러 개의 센서를 병렬로 배치

06 사진측량의 특수 3점

사진의 특수 3점이란 주점, 연직점, 등각점을 총괄하여 말하며 사진의 성질을 설명하는 데 중요한 요소이다.

1. 주점
렌즈의 중심으로부터 사진면에 내린 수선의 발, 렌즈의 광축과 사진면과의 교점

2. 연직점
렌즈의 중심으로부터 지표면에 내린 수선의 발, 렌즈중심을 통한 연직축과 사진면과의 교점

3. 등각점
주점과 연직점이 이루는 각을 2등분하는 점, 등각점의 위치는 주점에서 최대경사방향선상으로 함

$$\overline{mj} = f \tan \frac{i}{2}$$

4. 활용
(1) 주점 : 거의 수직 사진에 이용한다.
(2) 연직점 : 경사사진에 이용한다(고조차 심한 지역).
(3) 등각점 : 경사사진에 이용한다(평탄하고 경사진 지역).

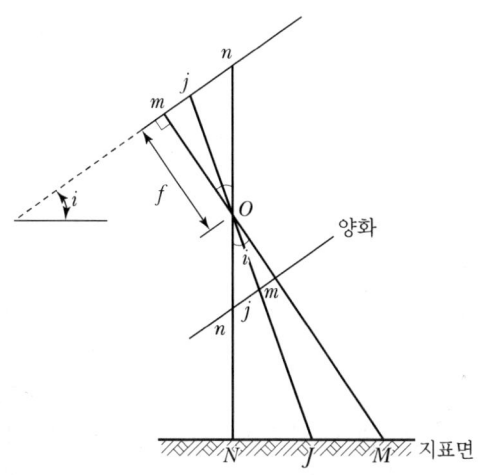

[그림 9-1] 사진의 특수 3점

07 중심투영

항공사진과 지도는 지표면이 평탄한 곳에서는 지도와 사진이 같으나 지표면에 높낮이가 있는 경우는 사진과 지도의 형상이 다르다. 항공사진이 중심투영인 것에 비해 지도는 정사투영이다.

1. 중심투영

(1) 사진의 상은 피사체로부터 반사된 빛이 렌즈중심을 직진하여 평면인 필름면에 투영된다.
(2) 사진원판(음화면)은 도립실상 → 밀착인화 → 투명양화면(정립실상)으로 만들어 사용한다.
(3) 지표면이 평탄한 경우는 지도와 사진이 같으나, 기복이 있는 지형에서는 정사투영인 지도와 중심투영인 사진에 차이가 있다.

2. 정사투영

(1) 도형이나 물체를 다른 평면에 옮겨 그릴 때 보는 시점을 그 평면으로부터 수직방향으로 무한대에 그리는 방법이다.
(2) 지도는 정사투영의 원리이다.

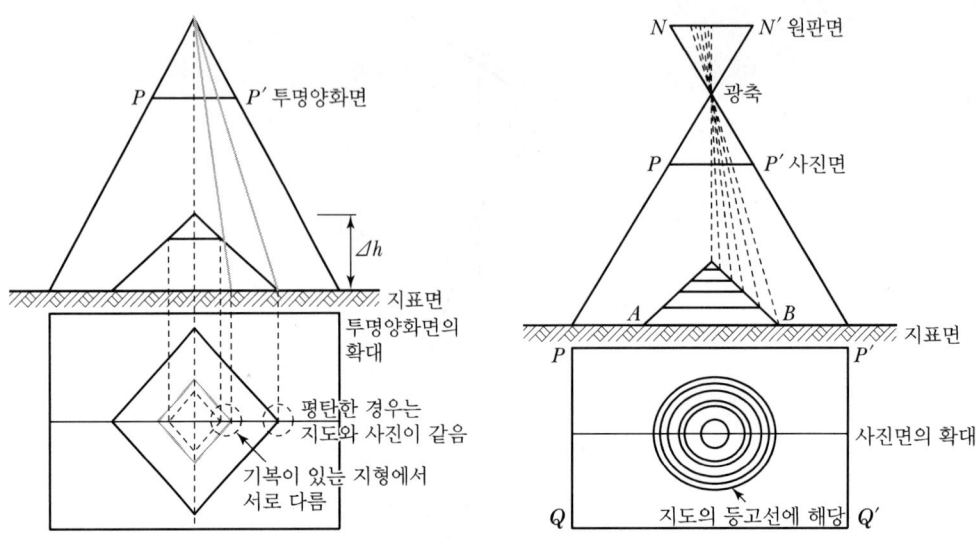

[그림 9-2] 중심촬영 및 중심투영

3. 중심투영과 정사투영의 관계

(1) 정사투영에서 지형상의 각 점들은 기준면에 수직으로 투영되며, 지도상의 임의의 두 점 간의 거리에 지도의 축척을 곱해주면 실제 지형에서 관측된 수평거리와 같다.

(2) 중심투영은 지형상의 모든 점이 투영중심점을 통해서 영상면으로 투영되는 방법이다.

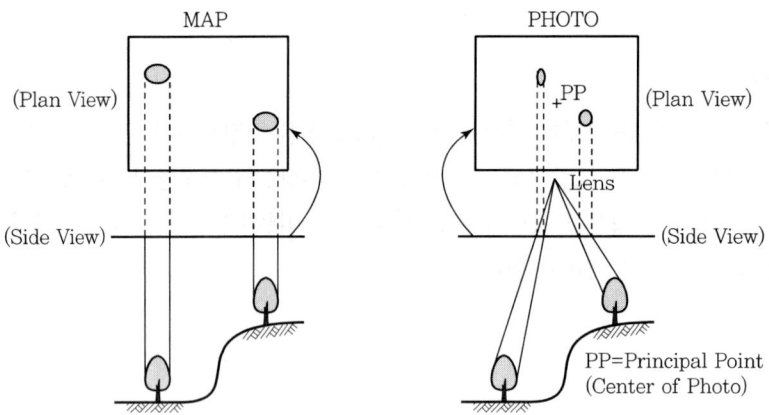

[그림 9-3] 정사투영과 중심투영

08 기복변위(Relief Displacement)

기복변위는 대상물에 기복이 있을 경우 연직으로 촬영하여도 축척은 동일하지 않으며, 사진면에서 연직점을 중심으로 생기는 방사상의 변위를 말한다.

1. 변위량

$$\Delta r = \frac{h}{H} \cdot r$$

여기서, Δr : 기복변위량　　h : 비고
　　　　H : 촬영고도　　　r : 연직점에서의 거리

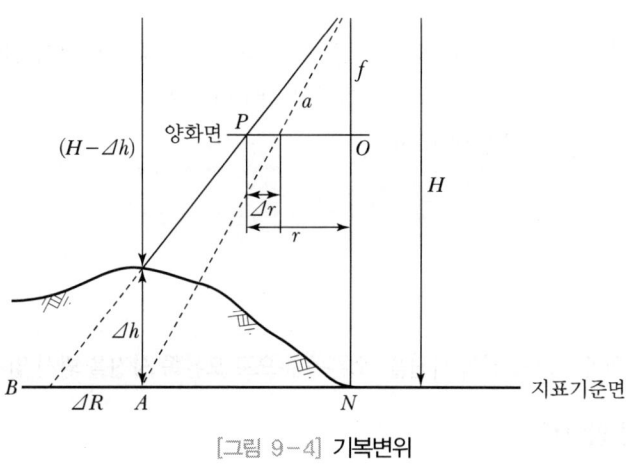

[그림 9-4] 기복변위

2. 최대 변위량

$$\Delta r_{\max} = \frac{h}{H} \cdot r_{\max}$$

3. 기복변위의 특징

(1) 기복변위는 비고에 비례한다.
(2) 기복변위는 촬영고도에 반비례한다.
(3) 연직점으로부터 상점까지의 거리에 비례한다.
(4) 표고차가 있는 물체에 대한 사진의 중심으로부터 방사상의 변위를 말한다.

(5) 돌출비고에서는 내측으로, 함몰지에서는 외측으로 조정한다.
(6) 정상투영에서는 기복변위가 발생하지 않는다.
(7) 지표면이 평탄하면 기복변위가 발생하지 않는다.

09 입체사진

중복사진을 명시거리(약 25cm 정도)에서 왼쪽 사진을 왼쪽 눈으로, 오른쪽 사진을 오른쪽 눈으로 보면 좌우가 하나의 상으로 융합되면서 입체감을 얻게 된다. 이것을 입체시 또는 정입체시라 한다.

1. 입체사진의 조건

(1) 한 쌍의 사진을 촬영한 사진기의 광축은 거의 동일평면 내에 있어야 한다.
(2) 기선고도비(B/H)가 약 0.25 정도의 적당한 값이어야 한다.
(3) 2매의 사진축척은 거의 같아야 한다.

2. 입체시의 종류

(1) **육안입체시**

중복사진을 왼쪽 눈으로 왼쪽 사진을, 오른쪽 눈으로 오른쪽 사진을 봐서 입체시를 얻는 방법이다.

(2) **기구에 의한 입체시**

① **입체경에 의한 입체시** : 렌즈식 입체시, 반사식 입체시
② **여색입체시** : 한 쌍의 입체사진의 오른쪽은 적색으로, 왼쪽은 청색으로 현상하여 이 사진의 왼쪽에 적색, 오른쪽에 청색의 안경으로 봐서 입체시를 얻는 방법
③ **편광입체시** : 서로 직교하는 진동면을 갖는 두 개의 편광광선이 한 개의 편광면을 통과할 때 그 편광면의 진동방향과 일치하는 진행방향의 광선만 통과하고 여기에 직교하는 광선은 통과하지 못하는 편광의 성질을 이용하는 방법
④ **순동법** : 영화와 같이 막망상의 잔상을 이용하며 입체시를 얻는 방법

(3) **역입체시**

① 입체시과정에서 본래의 고저가 반대되는 현상, 즉 높은 곳은 낮게, 낮은 곳은 높게 입체시되는 현상
② 한 쌍의 입체사진에 있어서 사진의 좌우를 바꾸어 놓을 때
③ 정상적인 여색입체시 과정에서 색안경의 적과 청을 바꾸어서 볼 경우

3. 입체상의 변화

(1) **기선의 변화에 의한 변화** : 입체상은 촬영기선이 긴 경우가 촬영기선이 짧은 경우보다 더 높게 보인다.
(2) **초점거리의 변화에 의한 변화** : 렌즈의 초점거리가 긴 쪽의 사진이 짧은 쪽의 사진보다 더 낮게 보인다.
(3) **촬영고도의 차에 의한 변화** : 같은 촬영기선에서 촬영하였을 때 낮은 촬영고도로 촬영한 사진이 촬영고도가 높은 경우보다 더 높게 보인다.
(4) **눈의 높이에 따른 변화** : 눈의 위치가 약간 높아짐에 따라 입체상은 더 높게 보인다.
(5) **눈을 옆으로 돌렸을 때의 변화** : 눈을 좌우로 움직여 옆에서 바라볼 때에 항공기의 방향선상에서 움직이면 눈이 움직이는 쪽으로 비스듬히 기울어져 보인다.

4. 입체시에 의한 과고감

(1) 인공입체시하는 경우 과장되어 보이는 정도이다.
(2) 항공사진을 입체시하면 평면축척에 대하여 수직축척이 크게 되기 때문에, 실제 모형보다 산이 더 높게 보인다.

10 시차와 시차공식

시차는 한 쌍의 사진상에 있어서 동일점에 대한 상점이 연직하에서 만나야 되는 일점에서 생기는 종·횡의 시각적인 오차를 말한다.

1. 시차차에 의한 변위량

$$D_1 = (d_1 + p_1)\frac{h}{f}, \quad D_2 = (d_2 + p_2)\frac{h}{f}$$

$$D_1 + D_2 = \frac{h}{f}(d_1 + d_2 + p_1 + p_2)$$

$$d_1 + d_2 = \Delta p, \quad p_1 + p_2 = b$$

$$h = \frac{f(D_1 + D_2)}{\Delta p + b} = \frac{f}{\Delta p + b} \cdot \frac{H}{f}(d_1 + d_2) = \frac{\Delta p}{(\Delta p + b)}H$$

여기서, H : 비행고도, Δp : 시차차, b : 주점기선 길이

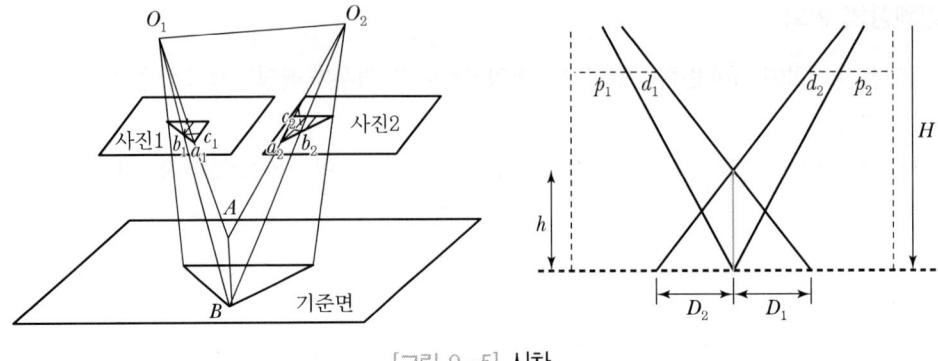

[그림 9-5] 시차

2. Δp가 b보다 무시할 정도로 작을 때

$$h = \frac{\Delta p}{b}H, \ \Delta p = \frac{h}{H}b$$

3. 시차의 특징

(1) 시차는 입체모델에서 비행고도의 차이 및 경사사진의 영향으로 나타난다.
(2) 입체모델에서 표고가 높은 곳이 낮은 곳보다 시차가 크다.
(3) 시차는 촬영기선을 기준으로 비행방향 성분을 횡시차, 비행방향에 직각인 성분을 종시차라 한다.
(4) 종시차는 대상물 간 수평위치 차이를 반영하며, 종시차가 커지면 입체시를 방해하게 된다.

11 편위수정(Rectification)

촬영 당시의 경사와 축척을 바로 수정하여 축척을 통일하고 변위가 없는 연속사진(수직사진)으로 수정하는 작업으로, 기계적 방법을 행할 경우 편위수정기가 사용된다. 이는 자료에서 오류를 제거하는 기법으로서 항공사진이나 원격탐측자료 또는 아날로그 지도를 보정하는 데 이용된다.

1. 편위수정 방법

(1) 수학적 방법

어느 특정한 기준점 하나 하나에 대하여 편위수정하는 것으로 편위수정 결과가 사진 이미지 전체를 형성하는 것이 아니기 때문에 사진이 아니라 어느 점의 편위수정된 위치를 결정한다.

(2) 기계적(광학적), 디지털 방법

사진 전체를 대상으로 하기 때문에 그 결과는 사진의 경사에 대한 변위가 완전히 수정된 사진을 얻는다.

2. 편위수정의 구분

(1) 항공사진의 변위를 수정하는 방법은 편위수정과 정사투영으로 구분된다.
(2) 편위수정은 사진의 경사변위를 소거하여 수직사진으로 보정한다.
(3) 편위수정 후에도 지형의 기복변위는 남아 있기 때문에 이를 제거하는 것을 미분편위수정(Differential Rectification) 또는 정사투영이라 한다.
(4) 정사투영을 위해 수치표고모형(DEM)이 필수적으로 필요하다.

12 정밀수치 편위수정

1930년대부터 1970년대 중반에 이르기까지는 주로 광학적 편위수정 방법에 의해 정사투영사진이 제작되었다. 1970년대 말부터 항공사진을 스캐닝한 후 수치고도모형을 이용하여 정밀수치 편위수정 방법으로 기복변위를 소거함으로써 점차 수치 편위수정 방법으로 변화하게 되었다.

1. 광학적 편위수정(기계법)

촬영 당시의 경사와 축척을 바로 수정하여 축척을 통일하고 변위가 없는 연속사진으로 수정하는 작업으로서 편위수정기가 사용되며, 일반적으로 4개의 표정점이 필요하다.

2. 정밀수치 편위수정

(1) 정밀수치 편위수정은 인공위성이나 항공사진에서 수집된 영상자료와 수치고도모형자료를 이용하여 정사투영사진을 생성하는 방법이다.
(2) 수치고도모형자료가 입력용으로 사용되는가, 출력용으로 사용되는가의 구분에 의해 직접법과 간접법으로 구분된다.
(3) 중심투영에서 발생할 수 있는 왜곡을 제거하여 정사투영 영상을 갖도록 재처리하는 작업이다.
(4) **직접법**(Direct Rectification)
① 직접법은 주로 인공위성 영상을 기하보정할 때 사용되는 방법이다.

② 지상좌표를 알고 있는 대상물의 영상좌표를 관측하여 각각의 출력 영상소의 위치를 결정하는 방법이다.
③ 직접 편위수정을 적용하기 위해 공선조건식을 이용하여 다음과 같이 정리할 수 있다.

$$X = (Z-Z_0)\frac{m_{11}(x-x_0)+m_{12}(y-y_0)+m_{13}f}{m_{31}(x-x_0)+m_{32}(y-y_0)+m_{33}f} + X_0$$

$$Y = (Z-Z_0)\frac{m_{21}(x-x_0)+m_{22}(y-y_0)+m_{23}f}{m_{31}(x-x_0)+m_{32}(y-y_0)+m_{33}f} + Y_0$$

여기서, X, Y, Z : 지상좌표
X_0, Y_0, Z_0 : 촬영점의 위치(투영중심)
x, y : 상좌표
x_0, y_0 : 상좌표의 중심좌표
f : 초점거리
$m_{11}, m_{12}, \cdots$: 회전행렬요소

(5) 간접법(Indirect Rectification)

① 수치고도모형자료에 의해 출력 영상소의 위치가 이미 결정되어 있으므로 입력 영상에서 밝기값을 찾아 출력 영상소 위치에 나타내는 방법이다.
② 항공사진을 이용하여 정사투영영상을 생성할 때 주로 이용된다.
③ 간접 편위수정을 위한 식은 다음과 같다.

$$x = x_0 - f\frac{m_{11}(X-X_0)+m_{12}(Y-Y_0)+m_{13}(Z-Z_0)}{m_{31}(X-X_0)+m_{32}(Y-Y_0)+m_{33}(Z-Z_0)}$$

$$y = y_0 - f\frac{m_{21}(X-X_0)+m_{22}(Y-Y_0)+m_{23}(Z-Z_0)}{m_{31}(X-X_0)+m_{32}(Y-Y_0)+m_{33}(Z-Z_0)}$$

(6) 정밀수치 편위수정 방법

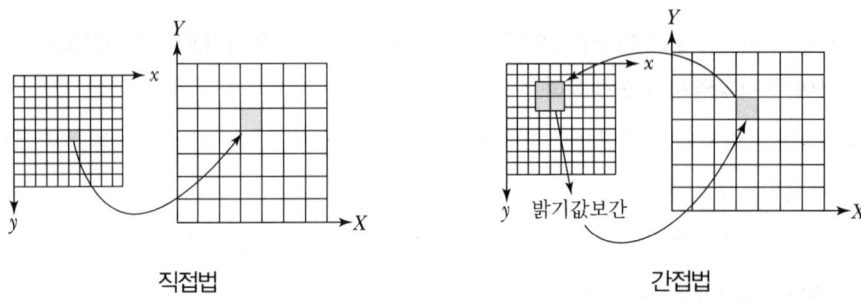

[그림 9-6] 정밀수치 편위수정

(7) 정밀수치 편위수정 과정에서 제거되는 오차
① 영상의 내부표정오차
② 지형의 기하학적 왜곡
③ 센서의 자세에 의한 오차

13 수치미분편위수정(정사투영)과 영상 재배열

수치표고모형자료를 이용하여 항공사진에 있는 피사체의 변위나 왜곡을 제거하는 과정으로 지상의 모든 점을 기준면에 수직으로 투영하는 정사투영으로 맞추는 과정이다. GIS에 저장된 수치지도와 수치영상의 조합, 중첩 등에도 활용된다.

1. 미분편위수정 방법

광학적으로 항공사진을 투영하여 정사투영사진을 제작하는 광학적 미분편위수정(Optical differential rectification)과 1970년대 초부터 연구된 항공사진을 영상자료로 변환한 후 영상처리기법을 이용하여 정사투영사진을 제작하는 수치미분편위수정이 있다.

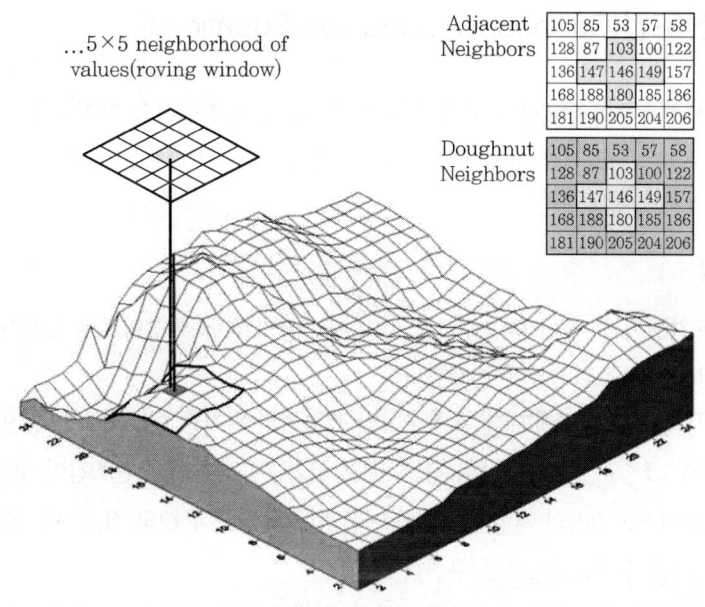

[그림 9-7] DEM을 이용한 기복변위 제거

2. 수치미분편위수정

취득된 원래의 영상을 DEM을 기준으로 영상 재배열(Image Resampling)하는 것으로서, 일반적으로 인공위성이나 항공사진측량에 의해 수집된 영상자료와 DEM을 이용하여 정사영상을 제작하는 방법이다. 이 과정에 있어 DEM의 정확도는 정사영상의 정확도에 매우 큰 영향을 미치는 중요한 요소가 된다.

3. 영상 재배열

(1) 외부표정요소에 의해 영상좌표로부터 부등각 사상변환에 의해 결정되며 영상의 화소는 원하는 해상도로 재배열된다.
(2) 최근린 비례계산법(Nearest : Neighbor Interpolation) : 입력 격자상에서 가장 가까운 새로운 위치에 화소의 값을 이용하여 출력격자로 변환한다.
(3) 공일차 비례계산법(Bilinear Interpolation) : 선택된 점에 대하여 가장 가까이 있는 4개 영상소의 평균값을 취한다.
(4) 3차중첩 비례계산법(Cubic Interpolation) : 인접한 16개의 화소값을 거리에 따르는 가중치를 고려하여 변환하여 계산한다.

14 공선조건(Collinearity Condition Equations)

공선조건식은 사진측량의 원리에서 가장 기본적인 것으로 사진영상의 임의의 한 점과 투영중심(렌즈중심) 및 사진영상의 한 점과 대응하는 공간상의 한 점이 동일 직선 위에 존재한다는 조건식이다.

1. 공선조건식

(1) 3차원 공간상의 한 점이 투영중심을 지나 사진상의 점에 투영되므로 공간상의 점, 사진상의 점, 촬영중심은 동일선상에 존재한다.
(2) 지상 좌표계 X, Y, Z에 대해 투영중심인 촬영점의 위치를 $O(X_0, Y_0, Z_0)$이라고 하면, 지상 좌표 $P(X_p, Y_p, Z_p)$와 사진상의 점 좌표$(x, y, -f)$ 사이에 공선조건이 성립한다.
(3) 이 공선조건식은 3점의 지상기준점을 이용하여 투영중심 O의 좌표 X_0, Y_0, Z_0와 표정인자 (κ, ϕ, ω)를 후방교회법으로 구한다.
(4) 외부표정인자 6개와 상점 (x, y)를 이용하여 새로운 지상점의 좌표 (X, Y, Z)를 구하는 전방교선법에 이용한다.

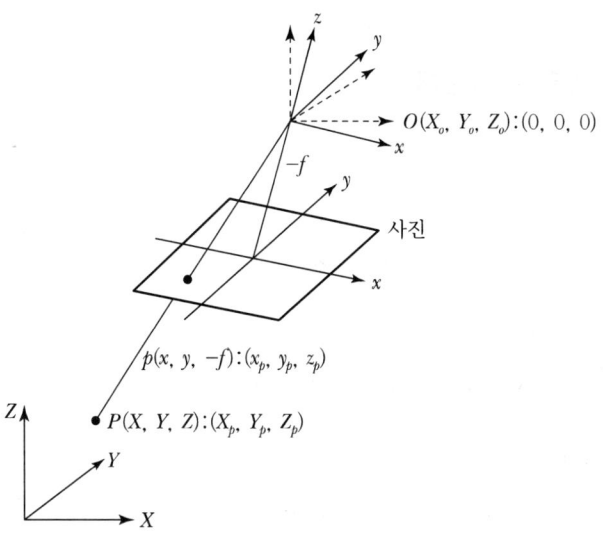

[그림 9-8] 공선조건

사진상 좌표와 지상좌표의 관계는 다음과 같다.

$$\begin{bmatrix} x \\ y \\ z \end{bmatrix} = \lambda M \begin{bmatrix} X_p - X_0 \\ Y_p - Y_0 \\ Z_p - Z_0 \end{bmatrix}, \lambda : \text{스케일 조정}, M(\text{3차원 회전행렬}) = \begin{bmatrix} m_{11} & m_{12} & m_{13} \\ m_{21} & m_{22} & m_{23} \\ m_{31} & m_{32} & m_{33} \end{bmatrix}$$

$$\begin{bmatrix} x \\ y \\ z \end{bmatrix} = \lambda \begin{bmatrix} m_{11} & m_{12} & m_{13} \\ m_{21} & m_{22} & m_{23} \\ m_{31} & m_{32} & m_{33} \end{bmatrix} \begin{bmatrix} X_p - X_0 \\ Y_p - Y_0 \\ Z_p - Z_0 \end{bmatrix}$$

$$x = \lambda (X_p - X_0) m_{11} + (Y_p - Y_0) m_{12} + (Z_p - Z_0) m_{13}$$
$$y = \lambda (X_p - X_0) m_{21} + (Y_p - Y_0) m_{22} + (Z_p - Z_0) m_{23}$$
$$z = \lambda (X_p - X_0) m_{31} + (Y_p - Y_0) m_{32} + (Z_p - Z_0) m_{33}$$

여기서 x, y를 z로 나누면 λ가 제거된다.

$$\frac{x}{z} = \frac{m_{11}(X_p - X_0) + m_{12}(Y_p - Y_0) + m_{13}(Z_p - Z_0)}{m_{31}(X_p - X_0) + m_{32}(Y_p - Y_0) + m_{33}(Z_p - Z_0)}$$

$$\frac{y}{z} = \frac{m_{21}(X_p - X_0) + m_{22}(Y_p - Y_0) + m_{23}(Z_p - Z_0)}{m_{31}(X_p - X_0) + m_{32}(Y_p - Y_0) + m_{33}(Z_p - Z_0)}$$

z값을 초점거리로 간주하면 다음과 같다.

$$x = -f \cdot \frac{m_{11}(X_p - X_0) + m_{12}(Y_p - Y_0) + m_{13}(Z_p - Z_0)}{m_{31}(X_p - X_0) + m_{32}(Y_p - Y_0) + m_{33}(Z_p - Z_0)}$$

$$y = -f \cdot \frac{m_{21}(X_p - X_0) + m_{22}(Y_p - Y_0) + m_{23}(Z_p - Z_0)}{m_{31}(X_p - X_0) + m_{32}(Y_p - Y_0) + m_{33}(Z_p - Z_0)}$$

2. 3차원 변환식

(1) 사진위치와 지상위치와의 관계

$$\frac{x}{-f} = \frac{X}{Z}, \quad x = -f\frac{X}{Z}$$

$$\frac{y}{-f} = \frac{Y}{Z}, \quad y = -f\frac{Y}{Z}$$

사진측량에서는 3축 방향으로 경사진 좌표계를 기준좌표계로 변환하기 위해서는 3축 방향에 대한 회전변환이 필요하며, z, y, x축에 대한 각각의 회전각을 κ, φ, ω라 한다.

(2) X축 회전에 대한 식

$$y' = y\cos\theta(\omega) + z\sin\theta(\omega), \quad z' = z\cos\theta(\omega) - y\sin\theta(\omega)$$

$$\begin{bmatrix} x' \\ y' \\ z' \end{bmatrix} = \begin{bmatrix} 1 & 0 & 0 \\ 0 & \cos\omega & \sin\omega \\ 0 & -\sin\omega & \cos\omega \end{bmatrix} \begin{bmatrix} x \\ y \\ z \end{bmatrix}$$

(3) Y축 회전에 대한 식

$$x'' = x'\cos\theta(\varphi) - z'\sin\theta(\varphi), \quad z'' = z'\cos\theta(\varphi) + x'\sin\theta(\varphi)$$

$$\begin{bmatrix} x'' \\ y'' \\ z'' \end{bmatrix} = \begin{bmatrix} \cos\varphi & 0 & -\sin\varphi \\ 0 & 1 & 0 \\ \sin\varphi & 0 & \cos\varphi \end{bmatrix} \begin{bmatrix} x' \\ y' \\ z' \end{bmatrix}$$

(4) Z축 회전에 대한 식

$$x''' = x''\cos\theta(\kappa) + y''\sin\theta(\kappa), \quad y''' = y''\cos\theta(\kappa) - x''\sin\theta(\kappa)$$

$$\begin{bmatrix} x''' \\ y''' \\ z''' \end{bmatrix} = \begin{bmatrix} \cos\kappa & \sin\kappa & 0 \\ -\sin\kappa & \cos\kappa & 0 \\ 0 & 0 & 1 \end{bmatrix} \begin{bmatrix} x'' \\ y'' \\ z'' \end{bmatrix}$$

(5) 3차원 회전에 대한 식

$$R_{\kappa\varphi\omega} = \begin{bmatrix} \cos\kappa & \sin\kappa & 0 \\ -\sin\kappa & \cos\kappa & 0 \\ 0 & 0 & 1 \end{bmatrix} \begin{bmatrix} \cos\varphi & 0 & -\sin\varphi \\ 0 & 1 & 0 \\ \sin\varphi & 0 & \cos\varphi \end{bmatrix} \begin{bmatrix} 1 & 0 & 0 \\ 0 & \cos\omega & \sin\omega \\ 0 & -\sin\omega & \cos\omega \end{bmatrix}$$

15 공면조건

한 쌍의 중복된 항공사진에서 두 노출점과 지상의 어느 한 점 및 이 점에 상응되는 두 사진상에서의 점은 모두 하나의 평면에 있어야 하는 조건이다.

1. 공면조건

(1) 한 쌍의 입체사진이 촬영된 시점과 상대적으로 동일한 공간적 관계를 재현하는 것을 상대표정이라고 하며, 대응하는 한 쌍의 공간직선이 서로 만나서 입체상(Model)을 형성한다.

(2) 두 개의 투영중심 O_1, O_2 및 두 개의 영상 P_1, P_2는 평면을 형성하고, 두 개의 공간직선 O_1P_1 및 O_2P_2는 P에서 교차하게 된다. 이것을 공면조건식이라고 한다.

(3) 공유하는 평면을 공역평면(Epipolar Plane)이라고 한다. 공역평면이 사진평면을 절단하여 생기는 선을 공역선(Epipolar Line)이라고 한다.

(4) 공역선은 사진에 경사가 없는 경우, x축과 평행하게 되지만, 경사가 있는 경우에는 x축에 평행하지 않게 된다. 공역선은 대응하는 상을 탐색하는 경우 매우 유용하게 사용된다.

2. 공면조건식

(1) 2개의 투영중심 ($O_1(X_{o1},\ Y_{o1},\ Z_{o1})$, $O_2(X_{o2},\ Y_{o2},\ Z_{o2})$)와 공간상의 임의의 점 P의 상점($P_1(X_{p1},\ Y_{p1},\ Z_{p1})$, $P_2(X_{p2},\ Y_{p2},\ Z_{p2})$)가 동일 평면상에 존재한다.

(2) 3차원 공간상의 평면의 일반식 $AX+BY+CZ+D=0$

$$\begin{bmatrix} X_{01} & Y_{01} & Z_{01} & 1 \\ X_{02} & Y_{02} & Z_{02} & 1 \\ X_{P1} & Y_{P1} & Z_{P1} & 1 \\ X_{P2} & Y_{P2} & Z_{P2} & 1 \end{bmatrix} \begin{bmatrix} A \\ B \\ C \\ D \end{bmatrix} = \begin{bmatrix} 0 \\ 0 \\ 0 \\ 0 \end{bmatrix}$$

(3) 4점(O_1, O_2, p_1, p_2)이 동일 평면 내에 있기 위한 공면조건을 만족하기 위해서는 다음의 행렬식이 0이 되어야 한다.

$$\begin{vmatrix} X_{01} & Y_{01} & Z_{01} & 1 \\ X_{02} & Y_{02} & Z_{02} & 1 \\ X_{P1} & Y_{P1} & Z_{P1} & 1 \\ X_{P2} & Y_{P2} & Z_{P2} & 1 \end{vmatrix} = 0$$

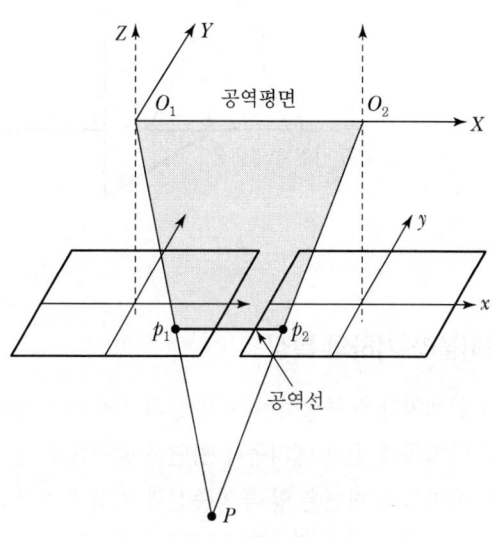

[그림 9-9] 공면조건

16 에피폴라 기하(Epipolar Geometry)

에피폴라 기하는 입체영상을 구현하기 위한 기하학적 상관관계를 나타내는 개념으로 수치사진측량에서 자동매칭을 수행하는 경우 에피폴라 기하를 구현하므로 탐색영역을 최소화하여 매칭의 효율성 및 정확성을 향상시키는 데 사용된다.

1. 에피폴라 기하

(1) Epipolar Axis는 두 개의 투영중심(L, R)을 연결하는 선이다.
(2) Epipole은 Epipolar Axis가 두 장의 사진 또는 사진의 연속면과 교차하여 만들어지는 교차점으로 Epipole(E_L, E_R)은 한 사진에서 다른 사진의 투영중심이 투영된 점이다.
(3) 에피폴라 평면(Epipolar Plane)은 공간에 존재하는 한 점(P)과 두 개의 투영중심(L, R)에 의해 만들어지는 평면, 또는 공간에 존재하는 한 점(P)이 입체영상에 투영된 점(P_L, P_R)과 두 개의 투영중심(L, R)에 의해 만들어지는 평면이다.
(4) 에피폴라 선(Epipolar Line)은 에피폴라 평면이 두 장 또는 그 이상의 사진과 교차하면서 만들어지는 직선($P_L E_L$, $P_R E_R$)이다. 모든 에피폴라 선은 Epipole에서 교차한다.

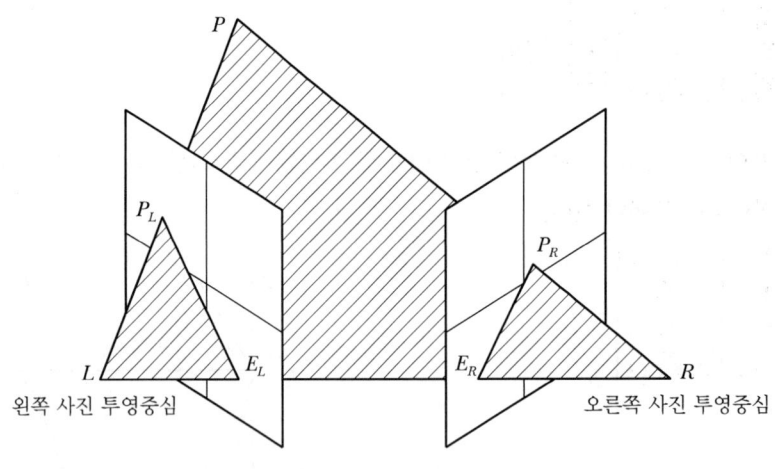

[그림 9-10] 에피폴라 기하

2. 에피폴라 기하의 특징

(1) 입체영상을 구성하는 두 영상의 기하학적 상관관계를 나타내는 개념이다.
(2) 에피폴라 선과 에피폴라 평면은 공액요소 결정에 이용된다.
(3) 에피폴라 평면은 양 투영중심과 지상점에 의해 정의된다.
(4) 에피폴라 선은 에피폴라 평면과 각 영상의 교차선이다.

(5) 입체모델을 구성하는 두 장의 영상 사이에는 반드시 에피폴라 선이 존재한다.
(6) 에피폴라 선은 공액점 결정에서 탐색영역을 크게 감소시켜 준다.
(7) 공액점 결정에 실제로 적용하기 위해서는 수치영상의 행과 에피폴라 선이 평행이 되도록 하는데 이러한 입체영상을 정규화 영상이라 한다.

3. 에피폴라 기하의 필요성

(1) 에피폴라 기하는 수치사진측량에서 3차원 입체시를 위해서 필요하다.
(2) 입체경을 이용하여 입체시를 얻기 위해서는 입체경 아래에서 두 장의 입체사진을 촬영방향과 평행하게 맞추어야 하며, 이 작업이 에피폴라 기하를 구현하는 작업이다.
(3) 수치사진측량에서 자동매칭을 수행하는 경우 에피폴라 기하를 구현하므로 탐색영역을 최소화하여 매칭의 효율성 및 정확성을 향상시키는 데 사용된다.

4. 효율성

(1) 에피폴라 기하학의 원리를 이용하면 영상정합점에 대한 추적이 매우 용이하다.
(2) 수치표고모델의 생성과 같이 수많은 점들의 영상정합이 필요한 경우 매우 효과적이다.
(3) 영상 재배열 작업을 통해 영상정합작업의 효율을 높일 수 있다.

17 외부표정 6요소(Exterior Orientation Parameter)

외부표정이란 촬영 광속의 공간에서의 위치를 정하는 조작과정인데, 이때 촬영점에 대한 세 개의 공간좌표와 세 개의 촬영방향이 필요하다. 이것을 외부표정의 6요소라 한다[기계식(아날로그식) 사진측량에서는 상호표정과 대지표정(절대표정)을 합하여 외부표정이라 하기도 한다].

1. 표정(Orientation)

(1) 중복하여 촬영한 한 쌍의 항공사진에 의하여 만들어진 실체 모델을 항공기가 공간상에서 촬영한 순간의 지상의 상태와 똑같도록 기하학적으로 재현하는 과정이다.
(2) 공간상에서 촬영 순간의 상태와 똑같은 실체모델을 기하학적으로 재현한다는 것은 촬영 순간의 카메라 노출중심에 대한 공간상의 3차원 위치를 결정하고 각 카메라의 경사상태를 재현하는 것을 말한다.
(3) 항공사진 촬영 시 연속 촬영된 두 장의 사진 사이의 기하학적 관계를 재현하고자 하는 것을 상호표정이라고 한다.

2. 상호표정

(1) 상호표정 수행 시 왼쪽 사진을 공간상에 고정시킨 상태에서 오른쪽 사진을 왼쪽 사진에 맞추어 주게 되는데, 이때 계산의 기준이 되는 점이 6의 상호표정점이 된다.
(2) 이 6개의 점을 좌우 영상에 대해 서로 매칭해 줌으로써 이 모델의 종시차(Y-Parallax)와 횡시차(X-Parallax)를 제거할 수 있다.
(3) 만일 모델을 구성하는 모든 점에서 종시차와 횡시차가 제거된다면 양쪽 사진에서 나오는 모든 대응 광선들은 서로 정확하게 교차하게 되어 완전한 입체시가 가능해지며, 3차원가상 좌표인 모델 좌표를 형성하게 된다.

3. 외부표정요소

(1) 외부표정요소는 공선조건을 이용해 공간후방교회법으로 6개의 표정요소를 결정하며 이 방법에서는 최소한 3점의 기준점이 필요하다(외부표정 6요소 : ω, ϕ, κ, X_0, Y_0, Z_0).
(2) 외부표정요소가 결정되면 사진상의 모든 점에 대한 지상좌표를 공선조건식으로 구할 수 있으며 이러한 방법을 공간전방교회법이라 한다.

18 순간시계(IFOV)와 지상표본거리(GSD)

순간시야각은 스캐너 형태를 지니고 있는 센서의 지상 분해능에 대한 척도로서 센서가 한 번의 노출로 커버하는 지상의 영역이며, GSD는 영상 선명도의 척도로서 1개 픽셀이 나타내는 X, Y 방향으로의 지상거리이다.

1. IFOV(Instantaneous Field Of View)

(1) 디지털 영상은 보통 화소의 크기로 표시하고 있으나 화소 대신 순간시계인 IFOV로 표시하기도 한다.
(2) IFOV는 화소의 크기와 초점거리에 의하여 결정되는 각을 말하는 것으로 초점거리가 작아지거나 화소 크기가 커지면 IFOV도 증가한다.
(3) IFOV 값이 크다는 것은 화소 한 개에 포함하는 면적이 넓으며 동시에 이미지의 공간해상도가 낮다는 것을 의미한다.
(4) IFOV 대신에 지상표본거리(GSD)를 사용하여 화소를 표현하기도 하며, 이는 해상도와 다른 의미를 지닌다.

2. GSD(Ground Sample Distance)

GSD는 화소의 크기를 지상에 투영한 것을 말하는 것으로 디지털영상의 해상도는 센서의 기하학적 요소와 대기조건 또는 플랫폼 운동 등과 같은 외부조건들에 의해 결정되기 때문에 GSD와 구분된다.

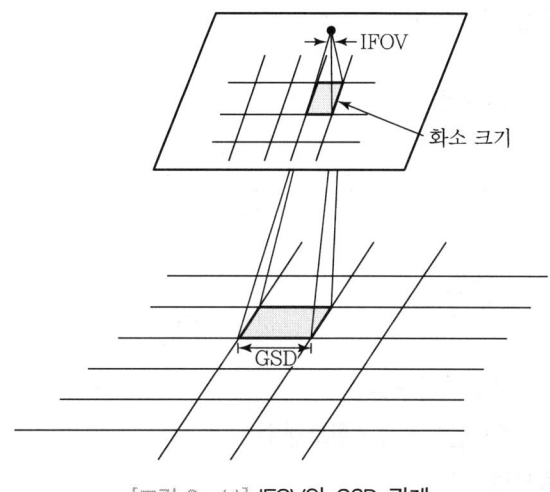

[그림 9-11] IFOV와 GSD 관계

19 사진촬영

항공사진촬영은 항공기에서 항공사진측량용 카메라를 이용한 사진 또는 영상의 촬영을 말한다. 항공사진촬영은 일반 촬영과는 달리 많은 주의를 요하고 촬영 후 사진의 성과검사 등이 중요한 공정 중 하나이다.

1. 사진 및 모델의 매수

(1) 유효면적계산

① $A = (m \cdot a)(m \cdot a) = m^2 a^2$
여기서, A : 실제면적, m : 축척의 분모수, a : 사진의 크기

② 단촬영 경로의 경우 : $A_1 = (m \cdot a)^2 \left(1 - \dfrac{p}{100}\right)$

③ 복촬영 경로의 경우 : $A_2 = (m \cdot a)^2 \left(1 - \dfrac{p}{100}\right)\left(1 - \dfrac{q}{100}\right)$

(2) 입체모형수 및 사진의 매수

① 사진의 매수 : $N = \dfrac{F}{A}$

여기서, F : 촬영대상지역의 면적
A : 유효면적

② 안전율을 고려한 경우 : $N = \dfrac{F}{A} \times (1 + 안전율)$

(3) 모델수에 의한 사진의 매수

① 종모델수 $= \dfrac{코스종길이}{종기선길이} = \dfrac{S_1}{B} = \dfrac{S_1}{ma\left(1 - \dfrac{p}{100}\right)}$

② 횡모델수 $= \dfrac{코스횡길이}{횡기선길이} = \dfrac{S_2}{C} = \dfrac{S_2}{ma\left(1 - \dfrac{q}{100}\right)}$

③ 총모델수 = 종모델수 × 횡모델수

④ 사진의 매수 = (종모델수 + 1) × 횡모델수

⑤ 삼각점수 = 총모델 × 2

2. 사진촬영

(1) 사진축척

① 기준면에 대한 축척 : $M = \dfrac{1}{m} = \dfrac{f}{H}$

② 비고가 있을 경우 축척 : $M = \dfrac{1}{m} = \dfrac{f}{H \pm h}$

여기서, M : 축척분모수
H : 촬영고도
f : 초점거리

(2) 중복도

① 종중복 : 촬영 진행방향에 따라 중복시키는 것으로 보통 60%, 최소한 50% 이상 중복

② 횡중복 : 촬영 진행방향에 직각으로 중복시키는 것으로 보통 30%, 최소한 5% 이상 중복

③ 산악지역(사진상의 고도차가 촬영고도의 10% 이상인 지역), 고층빌딩이 밀집된 시가지 : 10~20% 이상 중복도를 높여 촬영하거나 2단 촬영

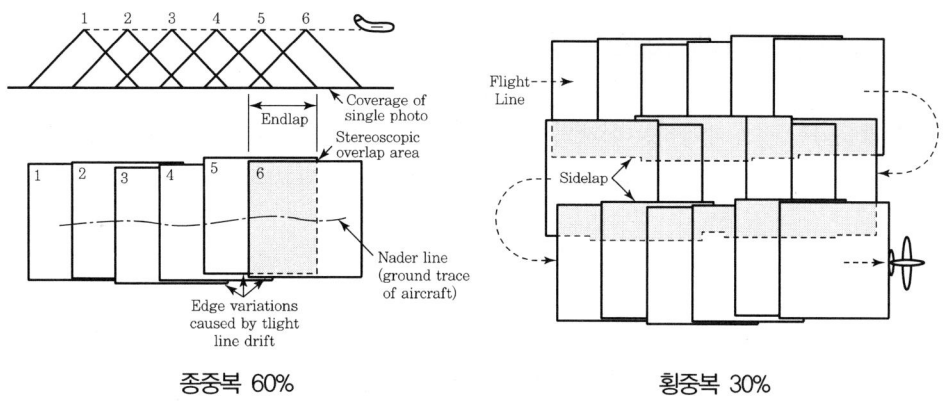

종중복 60%　　　　　　　　　횡중복 30%

[그림 9-12] 중복도

(3) 촬영기선길이(B)

① 하나의 촬영점으로부터 다음 촬영점까지의 실제거리

② 종촬영기선장 : $B = ma \times (1 - \dfrac{p}{100})$

③ 횡촬영기선장 : $C = ma \times (1 - \dfrac{q}{100})$

여기서, a : 화면크기
　　　　p : 종중복도
　　　　q : 횡중복도
　　　　m : 축척분모수

(4) 촬영고도

촬영고도는 사진축척과 사용 사진기의 초점거리에 의해서 결정할 수 있으며, 도화기 계수에 의해서도 결정할 수 있다.

$$H = C \cdot \Delta h$$

여기서, H : 촬영고도
　　　　C : 도화기에 따른 상수
　　　　Δh : 등고선 간격

(5) 촬영경로

① 촬영경로는 촬영지역을 완전히 덮도록 촬영경로 사이의 중복도를 고려하여 결정
② 도로, 하천과 같은 선형물체 촬영 시는 직선코스를 계획
③ 넓은 지역 촬영 시는 동서방향으로 직선코스를 계획
④ 남북으로 긴 경우는 남북방향으로 계획
⑤ 일반적인 촬영경로의 길이는 약 30km 이내

20 사진측량에 필요한 점

사진상에 나타난 점과 대응하는 실제의 점과의 상관성을 해석하기 위한 점을 표정점 또는 기준점이라 하며 자연점, 지상기준점, 대공표지, 종접합점, 횡접합점 및 자침점 등이 있다.

1. 표정점

(1) 표정점의 선점조건

① X, Y, H가 동시에 정확하게 결정될 수 있는 점이어야 한다.
② 사진상에서 명료한 점이어야 한다.
③ 상공에서 보이지 않거나 시간적으로 변화하는 것들은 안 된다.
④ 경사가 급한 지표면이나 경사변환선상을 택하거나 가상점을 사용해서는 안 된다.
⑤ 지표면에서 기준이 되는 높이의 점이어야 한다.

(2) 표정점의 종류

자연점, 지상기준점

2. 보조기준점

(1) **종접합점** : 항공삼각측량과정에서 종접합모형 형성을 하기 위하여 사용되는 점
(2) **횡접합점** : 항공삼각측량과정에서 종접합모형을 인접 종접합 모형에 연결시켜 종횡접합모형을 형성하기 위한 점
(3) **자침점** : 각 점들의 위치가 인접 사진에 옮겨진 점(정확히 분별할 수 없는 자연점이 없는 지역에 유용 : 산림, 사막)
(4) **점이사** : 사진상의 주점이나 표정점 등 각 점의 위치를 인접한 사진상에 옮기는 작업

3. 표정기준점측량과 대공표식

(1) 표정기준점측량

① 입체모형당 최소표정점은 축척을 결정하기 위한 삼각점(x, y) 2점과 경사를 조정하기 위한 수준점(z) 3점이 최소한 필요하다.
② 항공삼각측량의 경우 촬영경로 내의 최초 입체모형에 3~4점, 마지막에 2점, 중간에 4~5 입체모형마다 1점을 둔다.

(2) 대공표식

항공사진에 지상표정기준점의 위치를 정확하게 표시하기 위하여 촬영 전에 지상에 설치한 표시이다.

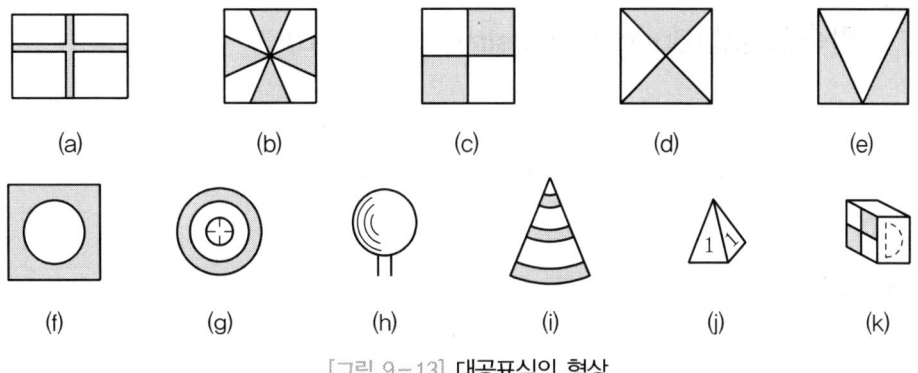

[그림 9-13] 대공표식의 형상

21 표정(Orientation)

표정은 촬영점의 위치(카메라 투영중심), 사진기의 경사 및 사진축척 등을 구하여 촬영 시 카메라와 대상물 좌표계와의 상호관계를 정하는 방법으로 지형의 정확한 입체모델을 기하학적으로 재현하는 과정을 말한다.

1. 내부표정

 (1) 주점의 위치결정
 (2) 화면거리 조정
 (3) 건판신축, 대기굴절, 지구곡률보정, 렌즈의 수차보정

2. 상호표정

 (1) 양 사진의 종시차(P_y)를 소거하여 입체사진의 상대적 위치를 맞추는 작업
 (2) 상호표정인자 : $\kappa,\ \phi,\ \omega, b_y, b_z$

3. 절대표정

 (1) 축척 결정
 (2) 수준면 결정(표고, 경사 결정)
 (3) 위치·방위 결정

22 광속조정법(Bundle Adjustment Method)

광속조정법은 지상기준점의 절대좌표와 지상기준점 및 접합점에 대한 사진좌표들을 이용하여 각 사진의 외부표정요소와 주어진 사진좌표들에 대응하는 절대좌표를 결정하는 방법이다.

1. 광속조정법의 특징
(1) 상좌표를 사진좌표로 변화시킨 다음 사진좌표로부터 직접 절대좌표를 구하는 방법이다.
(2) 내부표정만으로 항공삼각측량이 가능한 최신 방법이다.
(3) 블록 내의 각 사진상에 관측된 기준점, 접합점의 사진좌표를 이용하여 최소제곱법으로 각 사진의 외부표정요소 및 접합점의 최확값을 결정하는 방법이다.
(4) 비선형의 공선조건식을 선형화한 후 최소제곱법 기반 반복조정을 통해 최확값을 산출한다.
(5) 조절능력이 높은 방법이나 계산과정이 매우 복잡하다.

2. 조정순서

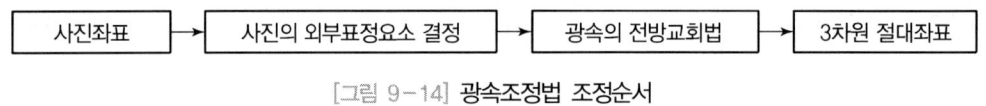

[그림 9-14] 광속조정법 조정순서

3. 세부적 조정순서
(1) 번들조정을 위한 기본 관측방정식은 공선조건식을 사용한다.
(2) 공선조건식은 비선형이므로 Taylar 급수 전개식에 의하여 선형화하여야 한다.
(3) 공간후방교회법에 의해 외부표정요소를 산정한다.
(4) 공간전방교회법에 의해 중복지역 내의 대상점에 대한 지상좌표를 산정한다.

23 사진판독

사진판독은 사진면으로부터 얻어진 여러 가지 피사체의 정보를 목적에 따라 적절히 해석하는 기술로서 이것을 기초로 대상체를 종합분석함으로써 피사체 또는 지표면의 형상, 지질, 식생, 토양 등의 연구수단으로 이용하고 있다.

1. 사진판독의 요소

(1) 사진판독 요소
① **주요소** : 색조, 모양, 질감, 형상, 크기, 음영
② **보조요소** : 상호위치관계, 과고감

(2) 주 요소
① 색조(Tone, Color) : 피사체가 갖는 빛의 반사에 의한 것(수목의 종류를 판독)으로 식물의 집단이나 대상물의 판별에 도움이 된다.
② 모양(Pattern) : 항공사진에 나타난 식생, 지형 또는 지표면 색조 등의 공간적 배열상태다.
③ 질감(Texture) : 색조, 형상, 크기, 음영 등의 여러 요소의 조합으로 구성된 조밀, 거침, 세밀함, 세선, 평활 등으로 표현한다(초목, 식물의 구분).
④ 형상(Shape) : 개체나 목표물의 윤곽 구성, 배치 및 일반적인 형태를 말한다.
⑤ 크기(Size) : 어느 피사체가 갖는 입체적·평면적인 넓이와 길이를 말한다.
⑥ 음영(Shadow) : 피사체 자체가 갖는 그림자(빛의 방향, 판독방향 고려)로 높은 탑과 같은 지물의 판독, 주위 색조와 대조가 어려운 지형의 판독에는 음영이 중요한 요소가 된다. 판독 시 빛의 방향과 촬영 시의 빛의 방향을 일치시키는 것이 입체감을 얻는 데 용이하다.

(3) 보조 요소
① 상호위치관계(Location) : 특정 영상면이 주위의 영상면과 어떤 관계가 있는가를 파악하는 것은 영상면 판독에 있어서 중요한 사항 중의 하나이다. 한 영상면은 일반적으로 주위의 영상면과 연관되어 있으므로 어떤 특정한 영상면만 보고 다른 영상면과의 관련사항은 고려하지 않으면 올바른 판독을 행하기 어렵다.
② 과고감(Vertical Exaggeration) : 과고감은 지표면의 기복을 과장하여 나타낸 것으로 낮고 평탄한 지역에서의 지형판독에 도움이 되는 반면, 경사면의 경사는 실제보다 급하게 보이므로 오판에 주의하여야 한다.

2. 사진판독의 장단점

(1) 장점
① 단시간에 넓은 지역을 판독할 수 있다.
② 대상지역의 정보를 종합적으로 획득할 수 있다.
③ 접근하기 어려운 지역의 정보취득이 가능하다.
④ 정보가 정확히 기록·보존된다.

(2) 단점
① 상대적인 판별이 불가능하다.
② 색조, 모양, 입체감 등이 나타나지 않는 지역의 판독이 불가능하다.

3. 사진판독의 활용
(1) 토지이용 및 도시계획조사
(2) 지형 및 지질판독
(3) 환경오염 및 재해판독
(4) 농업 및 산림조사

24 음영기복도

수치모델이란 지형을 수치적으로 표현한 것으로 그 표현대상에 따라 DEM, DTM, DSM으로 구분되며, 이 중 DEM은 지표면의 표고를 일정간격으로 측량하여 일정한 규칙에 따라 수치화하여 현실 지형처럼 재현한 자료를 말한다. 음영기복도란 이러한 수치표고모형을 기반으로 3차원의 형태를 가진 지형을 2차원의 평면 위에 자연스럽고 직관적인 방법으로 표현한 지도를 말한다.

1. 수치모델

(1) 종류
① 수치표고모형(DEM) : 지표면의 표고를 일정간격 격자마다 수치로 기록한 표고모형
② 수치지형모델(DTM) : 표고뿐 아니라 등고선, 경사, 표면 거칠기 등 지표의 다른 속성까지 포함하여 표현
③ 수치표면모델(DSM) : 수목, 건물, 인공구조물 등 공간상 표면의 모든 형태를 수치적으로 표현

(2) 활용방법
① NGIS 사업 지원 및 각종 GIS 사업, 국토계획 및 관리
② 음영기복도, 가시권분석, 침수흔적도 작성 등
③ 토목, 환경, 자원, 군사분야, 재난방지시스템 구축
④ 지형의 통계적 분석과 비교
⑤ 3차원 지형도 제작 → 공간정보 오픈 플랫폼(브이월드)

2. 음영기복도

(1) 음영기복도

3차원의 형태를 가진 지형을 2차원의 평면 위에 자연스럽고 직관적인 방법으로 표현한 지도를 말한다.

① 음영 : 불투명한 물체에 빛을 비출 때 면의 일부는 광선이 닿지 않아 어두운 부분이 발생하는 현상
② 기복 : 지세의 높낮이, 지도에서는 지형의 모양 및 지표면의 특징 표현, 등고선에 의해 표현

(2) 제작방법

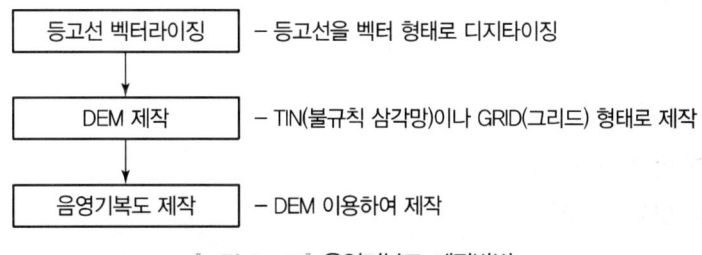

[그림 9-15] 음영기복도 제작방법

(3) 음영기복도 제작 필요요소

빛의 방향, 지형, 평평한 영역을 위한 명암, 상공투시법, 소축척, 기복일반화, 색조 및 주제도

(4) 음영기복도의 활용

① 포토샵, 에어브러시, Wenschow 등으로 제작
② 지도를 효과적으로 시각화하는 데 활용
③ 위성영상과 함께 활용하여 지진발생 대비

25 원격탐측(원격탐사)

원격탐측이란 지상이나 항공기 및 인공위성 등의 탑재기에 설치된 탐측기를 이용하여 지표, 지상, 지하, 대기권 및 우주공간의 대상들에게 반사 또는 방사되는 전자기파를 탐지하고 이들 자료로부터 토지, 환경 및 자원에 대한 정보를 얻어 이를 해석하는 기법이다.

1. 원격탐측의 특징

(1) 짧은 시간에 넓은 지역을 동시에 측정할 수 있으며 반복측정이 가능하다.
(2) 다중파장대에 의한 지구표면 정보획득이 용이하며 측정자료가 기록되어 판독이 자동적이고 정량화가 가능하다.
(3) 회전주기가 일정하므로 원하는 지점 및 시기에 관측하기가 어렵다.
(4) 관측이 좁은 시야각으로 얻어진 영상은 정사투영에 가깝다.
(5) 탐사된 자료가 즉시 이용될 수 있으므로 재해, 환경문제 해결에 편리하다.

2. 탐측기의 분류

(1) **수동적 탐측기**
① MSS   ② TM   ③ HRV

(2) **능동적 탐측기**
① 레이저 방식 : LIDAR
② 레이더 방식 : SLAR

3. 원격탐측의 장점

(1) 주기적인 데이터의 취득으로 지형지물의 변화 감독(주기성)
(2) 광범위한 지역을 빠른 시간에 처리(광역성)
(3) 비접근지역 탐사 및 지도제작(접근성)
(4) 다중분광을 이용한 토지이용 분류 및 환영오염 분석(분석성)
(5) 실시간으로 위성영상 처리 및 공급(신속성)
(6) 고해상도 위성영상을 이용한 지도제작 및 갱신(정확성)
(7) 항공사진에 비해 비용이 저렴(경제성)

4. 센서의 종류

(1) **수동적 센서**

태양에너지와 같은 지면에서 발생하는 빛을 감지하고, 기상조건에 크게 영향을 받는다.

(2) **능동적 센서**

에너지빔을 지표면으로 발사하고 그 센서로 반사되어 되돌아오는 에너지의 양을 측정하며, 기상조건에 영향을 받지 않는다.

5. 해상도의 구분

(1) 공간해상도(Spatial Resolution) : 물리적인 화소(Pixel)의 크기
(2) 방사해상도(Radiometric Resolution) : 전자기파 에너지의 크기를 구분하는 단계
(3) 분광해상도(Spectral Resolution) : 전자기파를 구분하는 단계
(4) 시간해상도(Temporal Resolution) : 데이터의 취득 주기

26 다중분광(Multispectral) 및 초분광(Hyperspectral) 영상

다중분광(Multispectral)은 몇 개의 파장에 대한 에너지를 기록하는 것을 의미하고, 초분광(Hyperspectral)은 수백 개의 분광채널을 통해 연속적인 분광정보를 수집하는 것을 말하며 두 영상은 각기 다음과 같은 특징이 있다.

1. 다중분광 영상(Multispectral Image)과 초분광 영상(Hyperspectral Image)

다중분광 영상은 서로 다른 파장대의 전자기파를 인식할 수 있는 센서들을 나열한 후 대상지역을 스캐닝하여 얻어진 영상이며, 초분광 영상은 매우 협소한 대역폭 내에서 또다시 전자체계를 세분화하여 운용함으로써 도출되는 영상이다.

2. 다중분광 영상과 초분광 영상의 특징

[표 9-3] 다중분광 영상과 초분광 영상의 특징

다중분광 영상	초분광 영상
• 지표로부터 반사되는 전자기파를 렌즈와 반사경으로 집광하여 필터를 통해 분광한 다음 각 센서와 파장대별 강도를 인식하여 영상 형태로 저장 • 파장대역이 3~10개 정도 • 지표의 고유한 분광특성을 이용하여 디지털화된 광학영상을 다양한 종류의 영상처리기법으로 분류 가능 • 위성영상의 특성상 낮은 공간해상도로 인해 넓은 지역 분류에만 해당되고 분류 정확도가 낮음	• 일반 카메라와 가시광선 영역(400~700nm)과 근적외선 영역(700~900nm) 파장대를 수백 개로 세분하여 촬영함으로써 사람의 눈으로 보는 것보다 훨씬 다양한 스펙트럼의 빛을 감지할 수 있음 • 영상 데이터 정보가 입방체(Cube) 형태의 개념으로 축적 • 많은 수의 밴드와 좁은 밴드 폭을 가지므로 분류정확도가 높음 • 밴드의 수와 비례하여 영상의 저장용량도 증가하기 때문에 대용량 저장공간을 요구 • 영상처리에 상당한 처리시간 소요 • 밴드마다 포함되는 잡음의 효과는 다중분광 영상에 비해 많이 발생

27 위성영상의 특징과 기하보정

위성영상은 일반 디지털 카메라로 찍은 영상과 달리, 사람의 눈으로 인지할 수 있는 가시광선 파장영역뿐만 아니라, 적외선 영역, 마이크로웨이브 영역 등 다양한 파장 영역의 영상을 얻을 수 있다. 따라서 방사·대기·기하·정사보정이 필요하다.

1. 특징

(1) 위성영상은 정사각형 형태의 격자망으로 이루어져 있으며, 이 각각의 정사각형 격자를 픽셀(Pixel, 화소)이라고 부른다.
(2) 지표면에 반사된 태양광선이 인공위성의 관측 센서로 들어오면 센서 내부의 전기소자에 의해 감지된 빛의 밝기가 하나의 픽셀로 저장된다.
(3) 각각의 독립적인 밝기 값을 가진 픽셀들이 조합되어 연속적인 명암을 가진 하나의 영상으로 구성된다.
(4) 획득된 자료는 일반 사진과 달리 별도의 영상처리 작업을 거쳐야 우리가 사용할 수 있는 형태의 영상이 되는데, 이를 전처리과정이라고 한다.

2. 영상보정 방법

(1) 방사보정

인공위성 센서에 의해 관측되는 전자기파는 센서와 지표면 물체 간의 지형, 대기효과 등에 의해 왜곡되는데, 이러한 오차를 보정계수 등을 이용해 수정한 후 지상 지형지물에 대한 순수한 반사값을 구하는 작업을 방사보정이라고 한다.

(2) 대기보정

위성영상은 태양 빛이 지표면 물체에 반사된 후 인공위성 관측 센서에 감지되어 얻어진다. 이 과정에서 태양광선은 대기의 산란, 흡수, 반사, 투과 등의 영향을 받게 되며, 이로 인해 태양광선의 세기가 약화되어 영상자료의 밝기에 영향을 주게 된다. 대기보정은 이러한 대기에 의한 왜곡을 보정해 주는 작업이다.

(3) 기하보정

인공위성이 촬영한 영상자료에는 기하학적 왜곡이 많이 포함되어 있다. 따라서 이를 보정하기 위해서는 위성영상의 픽셀좌표와 지상의 지리좌표와의 대응관계를 정량적으로 해석하는 과정이 반드시 요구되는데, 이러한 과정을 기하보정이라고 한다.

(4) 정사보정

지형기복에 의한 영향을 제거해 위성 영상의 모든 지형지물이 지도와 같이 바로 공중에서 수직으로 내려다 본 것과 같은 형태를 갖도록 투영하는 작업을 정사보정이라고 한다.

28 위성영상

항공사진은 항공기, 무인항공기 및 기구 등에서 촬영한 사진을 말한다. 최근 위성측량이 보편화 되면서 종래 항공사진보다는 위성영상을 많이 활용하고 있다.

1. WorldView-2

(1) WorldView-2는 DigitalGlobe사에서 2009년 10월 8일 발사한 고해상도 광학 카메라를 탑재하고 있는 지구 관측용 고해상도 위성으로 0.46m Pan(흑백 : Panchoromatic) 영상과 1.84m MS(컬러 : Multispectral) 영상을 획득할 수 있으며 한번에 촬영할 수 있는 관측폭은 16.4km 이다.

(2) 다른 고해상도 위성들이 Pan 밴드와 Red, Blue, Infra Red의 Multispectral 밴드에서 이미지를 획득하는 데 비해 WorldView-2는 4개의 밴드 외에 Near Infra Red 2, Coastal, Yellow, Red Edge 밴드에서 이미지 획득이 가능하다.

[그림 9-16] WorldView-2(해상도 50cm)

[그림 9-17] 이미지 화면

2. WorldView-1

(1) WorldView-1 위성영상은 촬영방식에 따라 모노 영상과 스테레오 영상 두 가지로 구분된다. 모노 영상은 영상의 처리과정에 따라 Raw 데이터인 Basic Imagery와 기본적인 기하보정 처리를 거치는 Ortho Ready Standard Imagery로 나뉘므로 스테레오 영상은 Basic Stereo

Imagery로 구성되어 있다.
(2) 기본적인 스테레오 위성영상은 동일한 궤도에서 촬영된 영상으로 전문적인 기술이나 소프트웨어상에서 3차원 고도화, 고도 자료 추출 등의 작업이 가능하여, 특히 접근 불가능 지역과 해외 지역의 수치지도 제작에 상당히 효율적이다.

[그림 9-18] WorldView-1(해상도 50cm)

[그림 9-19] 이미지 화면

3. Pleiades

(1) Pleiades 위성은 프랑스 AIRBUS DEFENCE & SPACE 사에서 2011년 12월과 2012년 12월에 발사한 위성으로 현재 2기가 운영되고 있으며, 해상도 50cm인 위성영상의 획득이 가능하다.
(2) 2기가 동시에 운영되고 있어서 영상의 빠른 획득이 가능하며 지도제작, 도시계획, 재난재해 관리, 농작물 관리, 국방 등 다양한 분야에 활용을 할 수 있다.
(3) Pleiades 위성 1기는 하루에 최대 1백만km^2의 영상을 촬영할 수 있으며, 2기를 동시에 운영 시 최대 2백만km^2의 영상 획득이 가능하다.
(4) Pleiades 위성은 촬영폭이 20km이며, 고해상도 위성 중 가장 넓은 촬영폭을 가지고 있어, 넓은 영역의 타켓과 타켓 주위의 정보를 획득할 수 있으며, 영상정합 작업을 거치지 않고 넓은 영역의 영상정보를 획득할 수 있는 장점을 보유하고 있다.
(5) Pleiades 위성의 가장 큰 특징은 고해상도 스테레오 영상 제공이 가능하고 스테레오 영상은 동일 궤도에서 획득되며 아래의 그림과 같이 2개의 영상으로 구성된 전통적인 스테레오 방식과 수직에서 촬영된 영상이 추가된 Tri-stereo 방식으로 촬영이 가능하다.

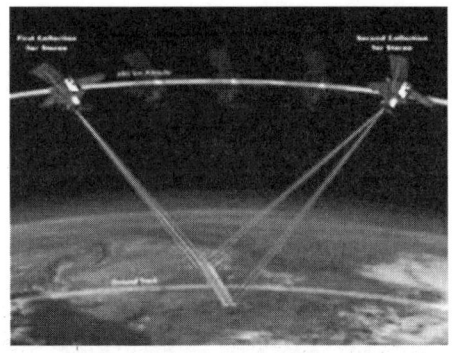 

[그림 9-20] 스테레오 촬영방식(Pleiades)　　[그림 9-21] Tri-sterco 촬영방식(Pleiades)

(6) 위성영상은 스테레오 촬영 시 기선고도비를 고려해야 한다.
(7) 기선고도비가 높을수록 넓은 지역에 대한 스테레오 영상을 획득할 수 있으며, 높은 건물이나 산이 있는 지역은 폐색지역이 발생할 수 있으므로 기선고도비를 낮게 촬영하여 모든 정보를 얻을 수 있다.

4. GeoEye-1

(1) GeoEye-1은 IKONOS를 운영하고 있는 GeoEye사에서 2008년 9월에 발사한 고해상도 위성영상으로 고도 681km 상공에서 하루에 15번 지구를 돌면서 관측이 가능하다.
(2) 해상도 0.41m의 Pan 카메라와 1.65m MS 카메라를 탑재하고 있으며 한 번에 촬영할 수 있는 관측폭은 15.2km이며, 스테레오 촬영이 가능하기 때문에 비접근지역의 지도제작 등에 유용하게 활용할 수 있다.
(3) 위성영상의 밴드는 멀티밴드(Multispectral)로 Blue, Green, Red, NIR로 구성되어 있으며 총파장대는 450~920mm이며, 방사해상도는 11비트, 재방문 주기는 일반적으로 2.6일로 나타낸다.

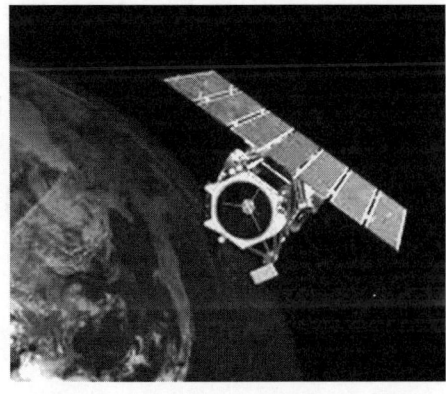 

[그림 9-22] GeoEye-1(해상도 0.41m)　　[그림 9-23] 이미지 화면

5. IKONOS

(1) IKONOS는 세계 최초의 상업용 고해상도 위성영상으로 0.82m 해상도의 Pan 영상과 3.2m 의 MS 영상의 획득이 가능하다.
(2) 관측폭은 11.3km이며 GeoEye와 마찬가지로 스테레오 촬영이 가능하며 지도제작 등의 분야에 활용이 가능하다.

[그림 9-24] IKONOS(해상도 0.82m)

[그림 9-25] 이미지 화면

6. KOMPSAT-2

(1) KOMPSAT-2는 2006년 7월 항공우주연구원이 발사한 다목적 실용위성으로, 지구상공 685km의 저궤도에서 지구를 하루에 14바퀴 반씩 돌며, Pan 1m급, MS 4m급 해상도와 촬영 폭이 가로·세로 15km 성능을 가지고 있는 고해상도 카메라를 탑재한 위성이다.
(2) 아리랑 2호는 우리나라가 개발을 주도한 실용위성으로, 이를 계기로 우리나라는 세계 7번째 1급 고해상도 위성영상을 보유한 위성강국 대역에 진입하였다.
(3) 특히 KOMPSAT-2 영상은 2012년 국토지리정보에서 항공우주연구원의 협조를 받아 접근 불능지역 1/25,000 수치지형도를 수정·갱신 수행 시 사용한다.
(4) 수정·갱신 수행에 사용된 영상은 단영상으로 제작된 정사영상을 사용하였으며, 영상 디지타이징 방식으로 수행되었다.
(5) 1/25,000 수치지형도의 최종 정확도는 17.5m이며 디지타이징 방식으로 수정할 때 최종 정확도의 오차범위 내 들어오는 것을 검증하여 작업을 완료한다.

[그림 9-26] KOMPSAT-2(해상도 1m) [그림 9-27] 이미지 화면

7. KOMPSAT-3

(1) KOMPSAT-3는 초고해상도 지구관측위성으로 특히 1m 미만의 물체까지 파악이 가능한 서브미터(Sub-meter)급 민간 지구관측위성으로, 건물과 도로를 겨우 분간했던 아리랑 1호(1999년 발사되어 2008년 2월 20일 공식임무 종료됨, 6.6m급)의 89배, 버스와 승용차를 구분했던 아리랑 2호(1m급)의 2배 이상 정밀하다.

(2) 특히 위성 전체를 국내 주도로 개발하였다는 점에서 의미를 지닌다.

(3) 위성 개발을 뒤늦게 시작해 선진국에 비해 열악한 기술 기반과 예산 확보 등의 문제를 극복하고, 해상도 0.7m급 광학관측위성을 국내 기술 주도로 개발해 운용한다.

(4) 아리랑 3호의 개발로 우리나라는 해외에 의존하던 한반도 위성관측영상을 독자적으로 확보하였다.

(5) KOMPSAT-3의 촬영폭은 16.8km이며 촬영고도는 685km에서 운영되고 있으며 재방문기는 1일로 국내에서 개발된 고해상도 위성으로, 2015년 11월에는 KOMPSAT-3A(해상도 55cm)가 운영 중이다.

[그림 9-28] KOMPSAT-3 [그림 9-29] 이미지 화면

8. KOMPSA-3A

(1) 아리랑 3A호는 한국항공우주연구원에서 개발한 55cm급 해상도의 전자광학카메라와 적외선 센서를 탑재한 고성능·고해상도 지구관측위성이다.

(2) 2015년 3월 26일 오전 7시 8분경 발사된 관측위성이며 다목적 실용위성 3A(KOMPSAT-3A)호라고도 불린다.

(3) 아리랑 3A호는 아리랑 3호 설계를 기반으로 개발되었으며, 아리랑 3호의 70cm급 해상도에서 55cm급으로 정밀도가 향상되었다.

(4) 아리랑 3A호는 아리랑 3호에 비해 임무궤도가 낮아지면서(3A호 : 528km, 3호 : 685km) 지구 궤도를 공전하는 속도가 증가함에 따라 영상자료처리장치(DHU) 속도 개선과 미세진동 최소화를 위한 탑재체 안테나 개선 등의 기술 개발이 필요하다.

(5) 영상자료 전송기는 전송 시 X밴드를 사용한다.

(6) 아리랑 3A호 개발사업은 국내 공공위성으로는 처음으로 위성 본체 개발을 국내 민간기업 (KAI/AP우주항공 컨소시엄)이 주관하도록 하여 위성산업의 저변을 확대할 수 있도록 추진되었다.

(7) 국산화율은 시스템과 본체가 88.9%, 광학 탑재체가 83.1%, 독일의 항공우주연구센터와 EADS 아스트리움에서 기술 지원을 받았으며, 아리랑 3A호는 지난 2006년 12월부터 개발되어 2015년 3월 26일 러시아 야스니 발사장에서 드네프르(Dnepr) 발사체로 발사되었으며 발사 후 4년간 임무를 수행할 예정이다.

[그림 9-30] KOMPSAT-3A　　　　　[그림 9-31] 이미지 화면

CHAPTER 03 주관식 논문형(논술)

01 항공사진측량

1. 개요

항공사진측량은 측량 대상지역에 대한 촬영계획수립, 항공사진촬영을 통한 고해상도 항공영상 취득, 영상전처리, 지상기준점측량, GNSS/INS를 연동한 항공삼각측량을 통해 외부표정요소를 추출한 후 최종 성과물을 제작하는 작업처리공정을 가지고 있다.

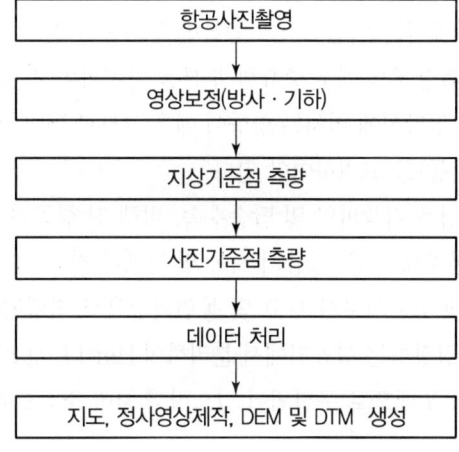

[그림 9-32] 항공사진측량 공정

2. 항공사진촬영

(1) 사진촬영계획

① 항공사진을 촬영하기 위해서는 촬영지역의 면적과 표고 등을 고려하여 비행고도와 속도, 촬영 중복도, 축척 및 지상표본거리, 비행기 사양 등을 고려하여 촬영계획을 수립하여야 한다.
② 촬영준비를 하는 단계에서는 촬영지역에 대한 협조 요청, 기상파악, 카메라 점검, 보안 검열, 비행계획서 제출, 조종사와 비행 협의 등을 수행한다.
③ 항공사진의 축척은 카메라의 초점거리와 항공기의 촬영고도의 비로 산출되며, 디지털항공 카메라로 촬영된 축척은 지상표본거리로 대체한다.

[표 9-4] 지상표본거리, 항공사진축척, 도화축척의 관계

지상표본거리(GSD)	항공사진축척	도화축척
8cm 이내	1/3,000~1/4,000	1/500~1/600
12cm 이내	1/5,000~1/8,000	1/1,000~1/1,200
25cm 이내	1/10,000~1/15,000	1/2,500~1/3,000
42cm 이내	1/18,000~1/20,000	1/5,000
65cm 이내	1/25,000~1/30,000	1/10,000
80cm 이내	1/37,500	1/25,000

(2) 사진촬영

① 항공사진촬영은 디지털 카메라를 이용하여 공중에서 지상의 지형지물에 대한 영상정보를 광학적인 방법에 의해 획득하는 작업이다.

② 중복도는 촬영 진행방향으로 종중복도 60%, 인접 코스 간 횡중복도 30%를 표준으로 하며, 필요에 따라 종중복도 80%, 횡중복도 50%까지 중복하여 촬영할 수 있으며, 선형방식의 디지털 카메라에서는 인접코스의 중복만을 적용한다.

③ 촬영은 항공사진측량에서 매우 중요한 부분을 차지하며 가장 기초가 되는 부분으로 후속 공정의 정밀도 및 정확성에 미치는 영향이 매우 크므로 태양의 고도, 기상상태(바람, 안개, 구름, 비, 스모그 등)를 고려하여야 한다.

④ 항공사진촬영 과정은 기상파악 및 탑승수속, 비행 전 항공기 및 장비점검, 비행계획서 제출, 대상지에 기본자료 제공, 항공기 시동 및 카메라 작동, 항공기 촬영, 임무지역 이탈 및 공항착륙, 촬영 데이터 기무사 보고 및 봉인과정으로 진행된다.

⑤ 촬영된 데이터 저장장치는 항공기에서 분리하여 Hard Disk로 복사하여 관리한다. 원시촬영 성과는 Binary 포맷으로 구성되어 있으며 후처리 소프트웨어를 이용하여 디지털 영상으로 제작한다.

3. 영상처리

(1) 디지털 항공사진영상 처리는 촬영 당시의 원시영상을 영상변환 소프트웨어를 이용하여 흑백, RGB, CIR 영상으로 변환한다.

(2) 변환하는 과정에서 영상의 방사보정(Radiometric), 기하보정(Geometric)을 수행하고, 화이트 밸런스(WB : White Balance), 밝기값, 색상보정, 노이즈 제거 등의 이미지 프로세싱을 수행하여 최적의 영상을 제작하는 과정이다.

(3) 화이트 밸런스는 촬영 당시 조명에 의해 발생하는 색상의 왜곡을 없애기 위해 흰색 물체를 흰색으로 보이게 설정해 주고, 이를 기준으로 다른 색상들의 상대적인 균형을 설정해 주는 것을 의미한다.

[표 9-5] 영상처리과정

영상입력	방사보정 및 기하보정	영상처리	영상 후 처리
• 수치영상 취득 • DX 저장장치 분리 • 수치영상 저장	• 방사보정 • 기하보정	• Color balancing • Gamma 값 조정 • 밴드별 히스토그램 조정 • 밝기값 조정	• 방사보정 • 기하보정

4. 지상기준점측량

(1) 지상기준점측량은 항공삼각측량, 수치도화작업 및 정상영상지도 제작에 필요한 기준점의 성과를 얻기 위하여 현지에서 실시하는 평면 및 표고측량을 말한다.

(2) 국가삼각점, 국가수준점으로부터 GNSS 측량방법에 의해 관측하고, 표고점의 경우 직접수준측량이 불가능한 점은 간접수준측량 방법으로 높이를 구한다.

(3) 지상기준점의 선점은 항공사진에서 명확히 분별될 수 있는 지점으로 지상기준점측량 성과를 활용하여 항공삼각측량을 실시할 수 있는 기반이 조성된다.

(4) 평면기준점 배치는 6모델마다 1점씩 배치하고, 촬영직각방향으로 촬영코스 중복부분마다 1점씩 배치하는 것을 원칙으로 하고, 촬영 횡중복도가 40%가 넘는 경우에는 촬영 2코스당 1점씩 배치할 수 있다.

(5) 표고기준점의 배치는 블록의 외곽을 우선적으로 배치하되 각 촬영 진행방향으로 4모델 간격으로 1점씩, 촬영 직각방향으로 코스 중복부분마다 1점씩 배치하도록 한다.

(6) 지상기준점측량에 사용되는 측량용 장비는 GNSS 관측기를 사용하여 오차를 최소화하여야 하며 GNSS 안테나를 설치할 수 없는 경우에는 토털 스테이션이나 정밀 레벨을 이용하여야 한다.

5. 항공삼각측량 및 수치도화

(1) 항공삼각측량

지상기준점측량은 현지에서 직접측량을 실시하기 때문에 비용 및 기간이 과다하게 소요되어 비경제적이며 이를 보완하기 위한 기법으로 수치사진측량 시스템에서 측정된 다수의 사진기준점을 일부 지상기준점과 연결하여 지상좌표로 변환하는 작업이다.

(2) 수치도화

수치도화는 수치사진측량 시스템에 의하여 항공사진상의 지형, 지물을 세부적으로 묘사하고 디지털데이터로 측정하여 이를 컴퓨터에 저장하는 작업을 말한다.

[표 9-6] 수치도화 작업방법

작업과정	작업방법
작업계획	전반적인 도화작업에 대한 필요 장비, 인원 등을 편성하고 작업단계별 공기 등을 계획하며 수치도화 작업단계 시에 발생될 수 있는 문제들을 사전 처리함
성과인수 준비작업	선점 완료된 수치영상, 측량성과(삼각, 수준) 및 사진기준점 측량성과를 인수하여 작업에 필요한 사항들을 점검
표정도 작성	작업사진 촬영코스, 촬영주점표시 및 정확한 작업구역을 표시하며 Index상에 데이터베이스 고유명칭 등 필요한 사항을 명시
표정	내부표정, 상호표정, 절대표정 등을 통하여 모델축척, 지형의 상대적 위치결정, 지표의 수준성과에 의한 결정 등을 통하여 도화를 위한 준비 완료
도화	촬영 카메라의 Calibration(제원) 입력, 도화의 범위 내에서 규정된 도식을 사용하여 수치도화 시행

6. 현지조사 및 보완측량

현지조사는 정위치 편집을 하기 위해 도화과정에서 누락되거나 표기되지 못한 사항 등의 지리·지명조사와 항공사진을 기초로 도면상에 나타내야 할 지형지물과 이에 관련되는 사항을 현지에서 조사하는 것을 말한다. 보완측량은 촬영 당시 지형지물과 도화 완료 후 지형변경에 대한 수정작업으로 토털 스테이션 등을 활용하여 지형도 보완·수정작업을 말한다.

[표 9-7] 현지조사 작업방법

작업과정	작업방법
자료수집	현지조사를 실시하기 전에 행정지도 등을 수집하여 현지조사를 실시할 때 참고자료로 이용
지명조사	지명조사는 법정지명, 행정지명, 주기명, 부락명, 인공지물지명 등을 모두 조사함
지리조사 작업방법	줄자, 삼각스케일 등을 사용하여 출력도면상에 거리측량방법으로 실측하고 축척에 맞춰 축척변환을 하여 정확히 도면상에 기록함
정리	지리조사에서 실시한 지형지물 등을 현황도에 정확히 정리하여 정위치 편집에 용이하도록 정리 작업을 수행

7. 정사영상 제작

(1) 정사영상은 지형·지물의 위치가 지형도와 동일하도록 항공사진을 처리하여 만든 사진을 카메라 자세 및 지형 기복에 의한 피사체의 변위를 제거하는 정사보정작업을 통하여 제작된다.
(2) 정사보정은 수치미분편위수정을 통해 원 영상을 화소단위로 재배열하여 영상의 기하학적 오차들을 소거하는 작업으로 수치표고모형과 항공삼각측량 작업을 통하여 결정된 외부표정요소를 이용하여 입력영상과 보정된 출력영상의 위치 변환관계를 결정한다.
(3) 결정된 변환관계를 이용하여 항공사진 영상을 화소단위로 변환하여 정상영상을 제작한다.

(4) 정사보정이 완료된 항공사진영상 데이터는 기복변위를 비롯한 기하학적 오차들이 소거되어 각 사진별로 정사영상이 분리되어 존재한다.
(5) 각 사진단위의 정사영상을 접합부위가 드러나지 않게 절취선을 설정하여 하나의 영상으로 제작하는 영상집성 과정을 거친다.
(6) 집성된 정사영상은 '수치지도작성작업규칙'에 따라 일정한 규격의 도곽 크기로 영상분할하여 최종 정상영상을 제작하게 된다.

8. 결론

항공사진측량은 사진을 이용하여 대상물을 관측하고 해석하여 대상물의 위치와 형상, 성질에 관한 정보를 얻는 기술을 말한다. 촬영계획수립, 항공사진촬영을 통한 고해상도 항공영상 취득, 영상전처리, 지상기준점측량, GNSS/INS를 연동한 항공삼각측량을 통해 외부표정요소를 추출한 후 최종 성과물을 제작하는 작업처리공정을 가지고 있으며 지도 제작뿐만 아니라 토지, 자원, 환경 및 사회기반시설 등 다양한 분야에서 활용되고 있다.

02 사진측량의 표정(Orientation)

1. 개요

표정은 가상값으로부터 소요로 하는 최확값을 구하는 단계적인 해석 및 작업을 말하며, 사진측량에서는 촬영 시 카메라와 사진촬영 시 주위의 사정으로 엄밀 수직사진을 얻을 수 없다. 촬영점의 위치(카메라 투영중심), 사진기의 경사 및 사진축척 등을 구하여 촬영 시 카메라와 대상물 좌표계와의 상호관계를 정하는 방법으로 지형의 정확한 입체모델을 기하학적으로 재현하는 과정을 말한다.

2. 표정의 종류

(1) 내부표정

사진주점을 도화기에 촬영중심에 일치시키고 초점거리를 도화기의 눈금에 맞추는 작업이 기계적 내부표정 방법이며, 상좌표로부터 사진좌표를 구하는 수치처리를 해석적 내부표정이라 한다.

① 주점의 위치결정
② 화면거리(f) 조정
③ 건판신축, 대기굴절, 지구곡률보정, 렌즈의 수차보정

(2) 상호표정

상호표정인자에 의하여 종시차(P_y)를 소거한 입체시를 통하여 3차원 가상좌표인 입체모형좌표를 구할 수 있는 작업을 기계적 상호표정이라 하며, 사진좌표로부터 수치적으로 입체모형좌표를 얻는 작업을 해석적 상호표정이라 한다. 상호표정의 경우 최소한 사진상에서 5점의 표정점이 필요하다.

① 양사진의 종시차(P_y)를 소거하여 입체사진의 상대적 위치를 맞추는 작업
② 표정인자 : $\kappa,\ \phi,\ \omega,\ b_y,\ b_z$

(3) 절대표정

상호표정이 끝난 모델을 피사체 기준점 또는 지상 기준점을 이용하여 피사체의 좌표계 또는 지상 좌표계와 일치하도록 하는 작업이다. 절대표정은 축척의 결정, 수준면의 결정, 위치결정 순으로 한다.

① 축척 결정
② 수준면 결정(표고, 경사결정)
③ 위치·방위 결정
④ 표정인자 : $\lambda,\ \kappa,\ \phi,\ \omega,\ S_x,\ S_y,\ S_z$

[표 9-8] 외부표정

내부표정		• 사진의 주점을 투영기의 중심에 일치 • 초점거리의 조정 • 건판신축 및 대기굴절, 지구곡률, 렌즈왜곡 보정
외부표정	상호표정	• 5개의 표정인자 사용($b_y, b_z, \kappa, \phi, \omega$) • 종시차 제거
	접합표정	• 7개의 표정인자 사용($\lambda, \kappa, \phi, \omega, S_x, S_y, S_z$) • 입체모형 간, 스트립의 접합요소
	절대표정	• 7개의 표정인자 사용($\lambda, \kappa, \phi, \omega, S_x, S_y, S_z$) • 축척 결정 • 수준면 결정 • 위치·방위 결정

3. 기계적 표정

기계식 도화기상에 촬영 당시의 기하학적 상태를 그대로 재현하는 것으로 사진의 주점, 축척, 사진기의 초점거리, 촬영 시 사진기의 방향 및 기울기 등을 기계적인 조작을 통하여 입체모형을 기계상에서 광학적으로 만들어 내는 과정이다.

(1) 내부표정

내부표정은 사진의 주점을 도화기의 촬영중심에 위치시키고 초점거리를 도화기의 눈금에 맞추는 작업이다.

① **주점의 결정** : 양화필름의 4개 지표를 건판기 유리에 있는 4개의 지표와 일키시켜 사진주점과 투영기의 중심점 일치

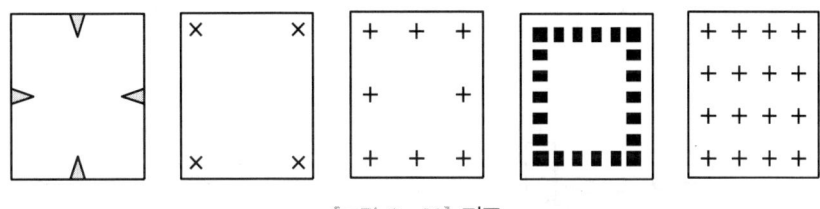

[그림 9-33] **지표**

② **주점(초점)거리의 결정** : 주점거리는 렌즈중심점으로부터 사진면까지 내린 수직거리이며, 일명 화면거리, 주점거리(c)는 다음과 같다.

$$c = \overline{ab} \cdot \frac{\Delta h}{\overline{AB} - \overline{A'B'}}$$

$\overline{A'B'}$에서 절점 O까지의 거리(h_1)는 다음과 같다.

$$h_1 = \overline{A'B'} \cdot \frac{\Delta h}{\overline{AB} - \overline{A'B'}}$$

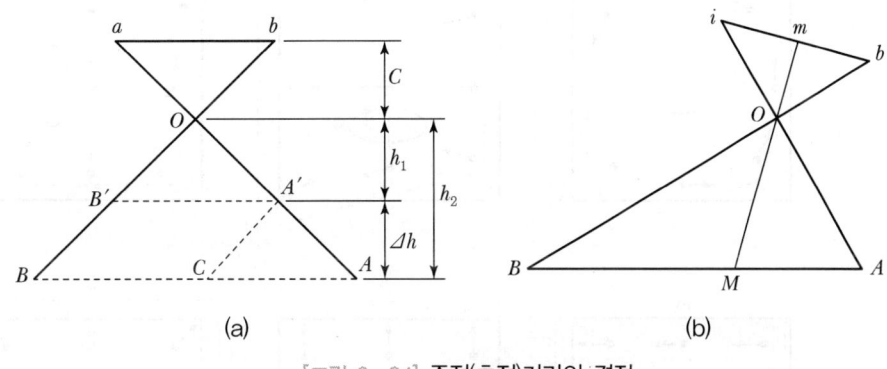

[그림 9-34] **주점(초점)거리의 결정**

(2) 외부표정

① 외부표정은 내부표정을 거친 후 상호표정인자에 의하여 종시차(b_y, b_z, κ, ϕ, ω)를 소거한 입체시를 통하여 3차원 가상좌표인 입체모델좌표를 구하는 작업
② 촬영 당시에 가지고 있던 기울기의 위치를 도화기상에 그대로 재현

③ 대상물과의 관계를 고려하지 않고 좌우 사진의 양 투영기에서 나오는 빛 줄기가 이루는 종시차를 소거하여 입체가 되도록 하는 작업
④ 상호표정인자는 회전인자인 κ, ϕ, ω와 평행이동 x, y, z 총 6개의 표정인자가 존재하나 x 방향변위는 주점기선길이에만 영향을 미치기 때문에 5개의 표정인자만이 대상
⑤ 외부표정요소는 공선조건식을 이용해 공간후방교회법으로 6개의 표정요소를 결정하며 최소한 3점의 지상기준점이 필요함
⑥ 일반적으로 상호표정의 수행 시 왼쪽 사진을 공간상에 고정시킨 상태에서 오른쪽 사진을 맞춤

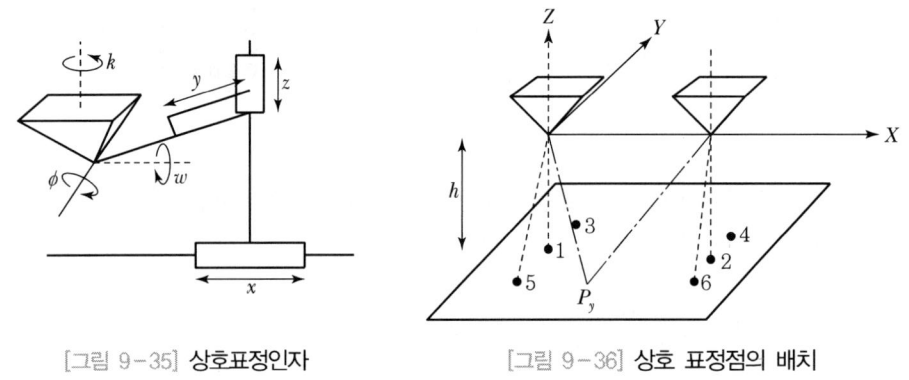

[그림 9-35] 상호표정인자   [그림 9-36] 상호 표정점의 배치

⑦ 표정을 위해서는 5점의 기준점만 있으면 되지만 일반적으로 모형 내에 대칭점으로 6점을 설치

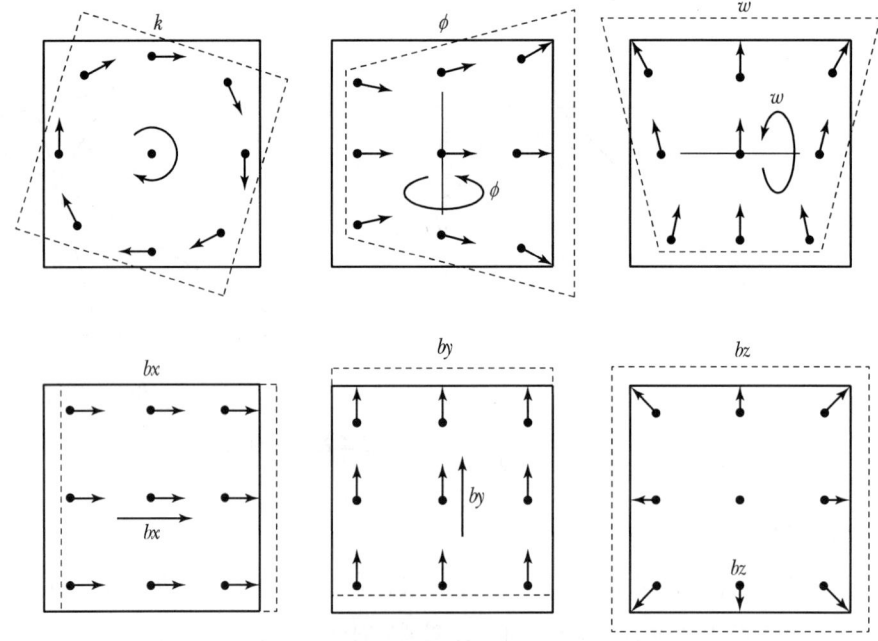

[그림 9-37] 표정인자의 미동에 의한 사진상의 변화

(3) 절대표정

① 입체모델을 대상물 공간의 기준점을 이용하여 대상물 공간좌표계와 일치하도록 하는 작업
② 2차원이나 3차원 가상좌표로부터 절대좌표를 구하는 것으로 사진상의 상과 대상물과의 상사관계를 이루는 작업
③ 입체모형과 대상물 간이 비례관계를 결정하여 축척을 결정
④ 대상물 공간의 기준면상에서 표고차가 각 점에서 비례적으로 맞도록 하는 수준면 결정과정 수행
⑤ 7개의 표정인자가 필요(λ, κ, ϕ, ω, S_x, S_y, S_z)
⑥ 두 점의 X, Y좌표와 3점의 H좌표가 필요하므로 최소한 3점의 표정점이 필요

4. 해석적 표정

(1) 내부표정

① 내부표정은 사진좌표(상좌표)로부터 사진 지표좌표를 구하는 작업
② 렌즈의 왜곡, 대기굴절, 지구곡률, 필름의 변형 등에 대한 보정을 실시하여 사진좌표를 보정

(2) 외부표정

① 외부표정은 사진좌표로부터 수치적으로 입체모형을 얻는 작업으로 사진상에서 최소 5점의 표정점이 필요
② 왼쪽과 오른쪽의 사진좌표를 취득하여 공선조건에 의하여 미지변량을 결정하고 사진좌표로부터 입체모델 좌표를 얻는 작업

(3) 절대표정

① 절대표정은 2차원이나 3차원 가상좌표를 대상물 절대좌표계로 환산하기 위한 인자의 수치적 처리
② 입체모형좌표, 스트립좌표, 블록좌표 등의 가상 3차원 좌표로부터 표정기준점 좌표를 이용하여 축척 및 경사 등을 3차원 좌표변환식을 이용하여 조정하여 절대좌표를 산출

5. 결론

사진측량에서 표정은 최종 절대좌표를 얻는 과정으로 항공사진측량의 중요한 공정이다. 항공삼각측량의 진보로 보다 향상된 기법을 사용하고 있지만 수치사진측량의 발달로 고가의 도화기를 이용하지 않고 컴퓨터상에서 사진측량의 모든 과정을 자동화할 수 있는 많은 연구가 필요하다.

03 항공삼각측량(AT : Aerotriangulation)

1. 개요

항공삼각측량은 사진상 점들의 좌표(X, Y, Z)를 관측한 후 소수의 지상기준점 성과를 이용하여 사진상의 무수한 점들의 절대좌표를 환산하는 기법으로서 컴퓨터를 이용하여 방대한 양의 자료를 처리하는 방식이며 최근 수치사진의 발달에 따라 자동화되고 있다. 항공사진 영상을 이용하여 미지 지상점의 3차원 좌표를 구하는 것으로 도화는 면을 묘사하는 반면 항공삼각측량은 점 좌표를 구하는 것을 말한다. 항공삼각측량 조정방법에는 다항식조정법(Ploynomial Method), 독립모델법(IMT), 광속조정법(Bundle Adjustment) 등이 있다. 현재는 GNSS/INS를 항공기에 장착하여 카메라의 외부표정 6요소를 결정함으로써 지상기준점을 최소화할 수 있는 방법이 도입되고 있다.

2. 항공삼각측량의 특징

(1) 항공삼각측량의 개념
① 사진상에서 무수한 점들의 좌표를 관측
② 소수의 지상기준점의 성과를 이용하여 관측된 무수한 점들의 좌표를 절대좌표 또는 측지좌표로 환산하여 내는 기법
③ 1개 입체모형의 절대표정에 최소 3점의 기준점이 필요하며, 입체모형수에 비례하여 기준점의 수가 증가
④ 항공사진을 이용하여 지상기준점수를 늘리는 것
⑤ 지상기준점들을 증설하는 데 드는 시간과 경비를 대폭 절감
⑥ 높은 정확도와 경제성 도모

(2) 항공삼각측량의 장점
① 실내 작업으로 지상기준점을 얻을 수 있다.
② 측량 대상지역 내로 진입하는 것을 줄일 수 있다.
③ 지상측량이 어려운 지역의 측량을 줄일 수 있다.
④ 실제 관측된 GCP의 정밀도를 항공삼각측량으로 점검할 수 있다.

3. 항공삼각측량 방법

(1) 사진측량에서 도화를 하기 위해서는 절대표정을 하여야 하며, 절대표정을 위해서는 각 모델 내에 평면좌표 두 점(축척조절)과 높이좌표 3점(경사조절)이 있어야 한다. 즉, 입체모형마다 사진기준점과 지상기준점이 필요하다.

(2) 지상기준점이 있는 모델에서 접합점의 지상좌표를 구하고, 그 접합점을 가상의 지상기준점으로 삼아 연결된 다음 모델의 절대표정을 하는 것이다.

(3) 항공사진을 이용하여 지상기준점의 수를 늘리는 것으로 종접합점과 횡접합점의 지상좌표를 구하고 이 종접합점과 횡접합점을 지상기준점으로 삼아 연결한 다음 사진상 미지점의 지상좌표를 구하는 것이다.

4. 접합점

(1) 종접합점

항공삼각측량과정에서 종접합모형을 형성하기 위하여 사용되는 점을 말한다.

(2) 횡접합점

항공삼각측량과정에서 종접합모형을 인접 종접합모형에 연결시켜 종횡접합모형을 형성하기 위한 점을 말한다.

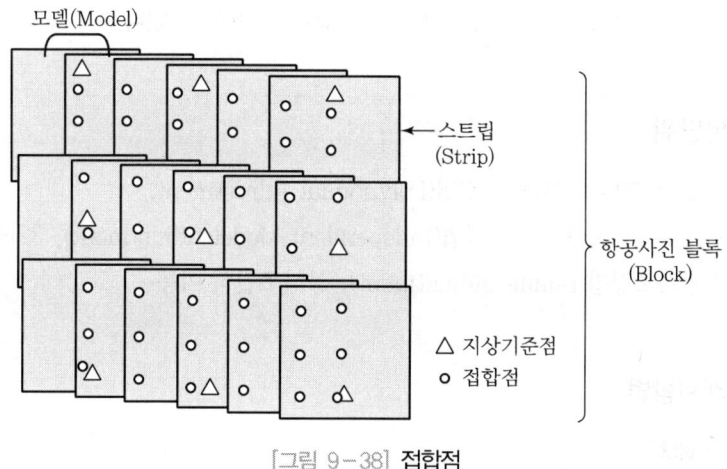

[그림 9-38] 접합점

5. Direct Georeferencing(외부표정요소 직접결정)

(1) 최근에는 항공기에 영상취득센서, GNSS, IMU를 연동하여 촬영함으로써 최소의 지상기준점(GCP)으로 또는 지상기준점 없이 곧바로 지상좌표를 결정할 수 있다.

(2) 항공사진측량에서 별도의 항공삼각측량(AT)을 수행하지 않고 촬영과 동시에 외부표정요소인 영상센서의 위치와 자세(회전요소)를 결정하여 디지털영상의 지상좌표를 결정하는 방식을 직접좌표부여(Direct georeferencing)방식이라 한다.

6. 결론

항공삼각측량은 사진측량 공정 중 가장 정확성을 요구하는 단계이므로 매우 중요한 공정이다. 따라서 철저한 표정점배치 및 효과적인 해석법이 지속적으로 연구되어야 한다.

04 항공삼각측량의 조정

1. 개요

항공삼각측량이란 항공사진을 이용하여 내부표정, 상호표정, 절대표정을 거쳐 사진상 여러 점의 절대좌표를 구하는 방법을 말한다. 사진기준점 좌표를 결정하기 위한 조정은 초기에는 스트립 또는 블록단위로 조정하는 다항식 조정법이 사용되었으나 점차 입체모델을 기본단위로 조정하는 독립입체모델 조정법이 실용화되었으며 최근에는 사진을 기본단위로 사용하고 다수의 광속을 공선조건에 따라 표정하는 광속조정법(번들조정법)이 사용되고 있다.

2. 조정 기본단위

(1) **스트립 또는 블록** : 다항식조정법(Polynomial Adjustment)
(2) **입체모형** : 독립입체모델 조정법(Independent Model Adjustment), 3차원 등각사상 변환
(3) **사진** : 광속조정법(Bundle Adjustment), 공선조건식 이용

3. 표정점 배치방법

(1) 스트립 배치

① 스트립은 10~15개의 입체사진마다 배치하는 것을 원칙으로 하며 일반적으로 첫 모델에 3점에서 4점을, 4~5 모델마다 1점씩 배치하며 마지막에 두 점을 배치한다.

② 삼각점은 x, y 평면에서 축척 조정에 이용되며 일반적으로 7점을 배치하고, 수준점은 높이(z)에 관한 조정에 이용되며 일반적으로 6점이 사용된다.

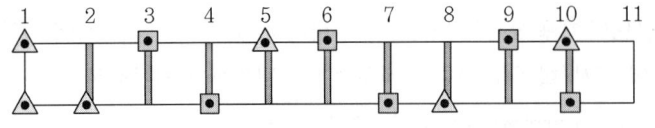

[그림 9-39] 스트립 배치방법

(2) 블록(Block) 배치

일반적으로 축척 조정에 관계되는 삼각점(x, y)은 외곽에 배치하고 경사 조정(z)에 관계하는 수준점은 횡방향으로 배치하여 조정을 수행한다.

① 수평위치 기준점과 높이 기준점의 정확도는 독립적이다
② 삼각(△ : x, y)점은 블록 주변부에 배치하는 것이 좋고, 축척조정에 관계한다.
③ 수준(□ : z)점은 스트립의 종방향과 횡방향의 처음, 중간, 마지막에 횡방향으로 설치하며, 비행방향에서의 노의 만곡, 직각방향의 비틀림(경사) 등을 조정한다.

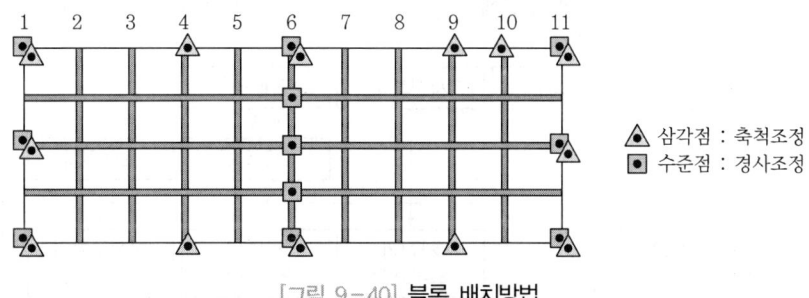

[그림 9-40] 블록 배치방법

4. 조정방법

(1) 다항식법

① 스트립을 단위로 하여 블록을 조정하는 것으로 스트립마다 접합표정 또는 개략의 절대표정을 한 후, 복 스트립에 포함된 기준점과 횡접합점을 이용하여 각 스트립의 절대표정을 다항식에 의한 최소제곱법으로 결정하는 방법이다.
② 표고와 수평위치조정으로 나누어 실시한다.
③ 타 방법에 비해 기준점수가 많이 소요되고 정확도가 낮은 단점과 계산량이 적은 장점이 있다.

(2) 독립모델법(IMT : Independent Model Triangulation)

① 각 입체모델을 하나씩 조정한 후에 입체모델을 형성하는 접합점 및 기준점을 이용하여 각 입체모델의 절대표정에 해당되는 미지계수를 최소제곱법으로 동시에 결정하는 방법이다.
② 각 모델을 기본단위로 하여 접합점과 기준점을 이용하여 여러 모델의 좌표를 조정하여 절대좌표로 환산하는 방법이다.
③ X, Y, Z 동시 조정방법과 Z를 분리하여 조정하는 방법으로 대별된다.
④ 복수 입체모델의 수평위치조정에는 Helmert 변환식, 높이에 대해서는 1차변환식이 이용된다.
⑤ 모델에 7개의 미지 변수가 존재하며, 각 점의 모델좌표가 관측값으로 취급된다.
⑥ 다항식법에 비해 기준점수가 감소되며, 전체적인 정확도가 향상되므로 큰 블록조정에 자주 이용된다.

(3) 광속법

각 사진의 촬영 시 렌즈중심을 통하는 일군(一群)의 광속을 말한다.

① 각 사진상에서 관측된 기준점과 사진좌표를 관측값으로 하여 최소제곱법을 이용하여 각 사진의 외부표정요소 및 미지의 지상 좌푯값에 대한 최확값을 결정하는 방법이다.
② 사진을 기본단위로 사용하여 다수의 광속을 공선조건에 따라 표정한다.
③ 상좌표를 사진좌표로 변환한 다음 직접 절대좌표로 환산한다.
④ 기준점 및 접합점을 이용하여 최소제곱법으로 절대좌표를 산정한다.
⑤ 각 점의 사진좌표가 관측값에 이용되며 가장 조정능력이 높은 방법이다.

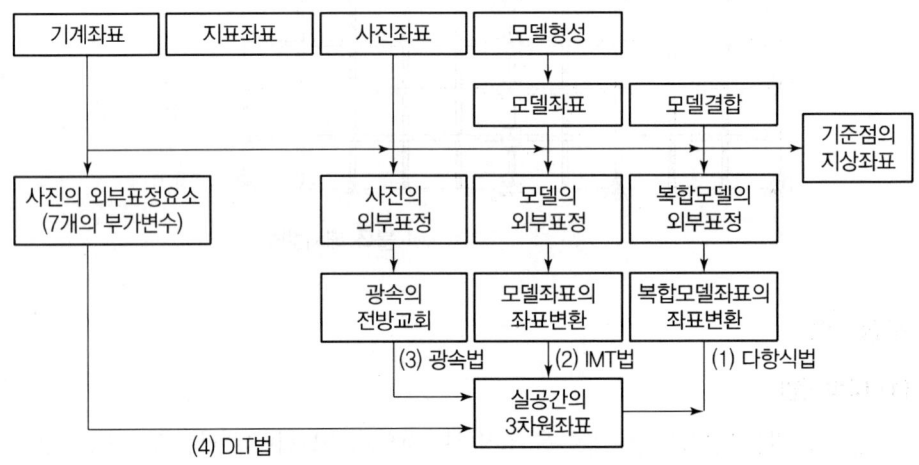

[그림 9-41] 항공삼각측량의 조정법

5. 결론

항공삼각측량(Aerial Triangulation)이란 지상기준점 성과를 기준으로 도화기로 사진기준점을 관측하여, 세부 도화에 필요한 촬영 당시 카메라의 위치 및 기준점의 지상좌표를 결정하는 작업이다. 사진기준점측량이라고도 하며, 사진상에서 관측된 점들의 좌표(x, y, z)를 관측한 다음, 현장에서 관측된 지상기준점 성과를 이용하여, 내부표정, 상호표정, 절대표정을 거쳐 사진상 여러 점의 절대좌표를 구하는 방법을 말한다. 항공삼각측량은 실내 작업으로 지상기준점을 얻을 수 있어 시간과 경비를 절약할 수 있고 지상측량이 어려운 지역의 측량을 줄일 수 있다. 또한 항공삼각측량은 높은 정확도를 갖는 좌푯값의 관측이 가능하고 관측된 지상 GCP의 정밀도를 점검할 수 있다.

05 영상정합

1. 개요

영상정합은 입체영상 중 한 영상의 한 위치에 해당하는 실제의 대상물이 다른 영상의 어느 위치에 형성되었는가를 발견하는 작업으로서, 상응하는 위치를 발견하기 위해서 유사성 관측을 이용한다. 사진측량학에서 가장 기본적인 처리과정 중의 하나는 둘 또는 그 이상의 사진상에서 공액점(Conjugate Point)을 찾고 관측하는 것이다. 기계적이거나 해석적 사진측량에서는 이러한 공액점을 수작업으로 식별하였으나 수치사진측량기술이 발달함에 따라 이러한 공정은 점차 자동화되고 있다.

2. 영상정합의 분류 및 수행과정

(1) 영상정합의 분류

① 영역기준정합(또는 단순정합)(Area Based Matching or Single Matching) : 영상소의 밝기값 이용
② 형상기준정합(Feature Based Matching) : 경계정보(Edge Information) 이용
③ 관계형정합(대상물 또는 기호정합)(Relational Matching, Structural Matching or Symbolic Matching) : 대상물(Structure)의 점, 선, 면의 밝기값 등을 이용

(2) 영상정합의 수행과정

① 하나의 영상에서 정합실체요소(점이나 특징)를 선택한다.
② 나머지 영상에서 대응되는 공액요소를 찾는다.
③ 대상공간(Object Space)에서 정합된 요소의 3차원 위치를 계산한다.
④ 영상정합의 품질을 평가한다.

3. 영역기준정합

(1) 개념

① 왼쪽 사진의 일정한 구역을 기준영역으로 설정한 후 이에 해당하는 오른쪽 사진의 동일 구역을 일정한 범위 내에서 이동시키면서 찾아내는 원리를 이용하는 기법이다.
② 사전정보가 필요 없으며 평균제곱근 오차가 최소가 되도록 점진적으로 정합을 시행한다.
③ 최근에는 상관 정합기법에 의해서 영상정보 취득의 효율을 크게 높이고 있다.
④ 영역기준정합에는 밝기값상관법과 최소제곱정합법을 이용하는 정합방법이 있다.

(2) 밝기값상관법

① 간단한 방법으로 왼쪽 영상에서 정의된 기준영역을 오른쪽 영상의 탐색영역상에서 한 점씩 이동하면서 모든 점들에 대해 통계적 유사성 관측값(상관계수)을 계산하는 것이다.
② 계산된 관측값 중에서 가장 큰 유사성을 보이는 점을 정합점으로 선택할 수 있다.
③ 탐색영역의 크기는 외부표정요소의 정확성과 허용 가능한 고도차에 따라 달라지며, 입체정합을 수행하기 전에 두 영상에 대해 공액 정렬을 수행하여 탐색영역 크기를 줄임으로써 정합의 효율성을 높일 수 있다.

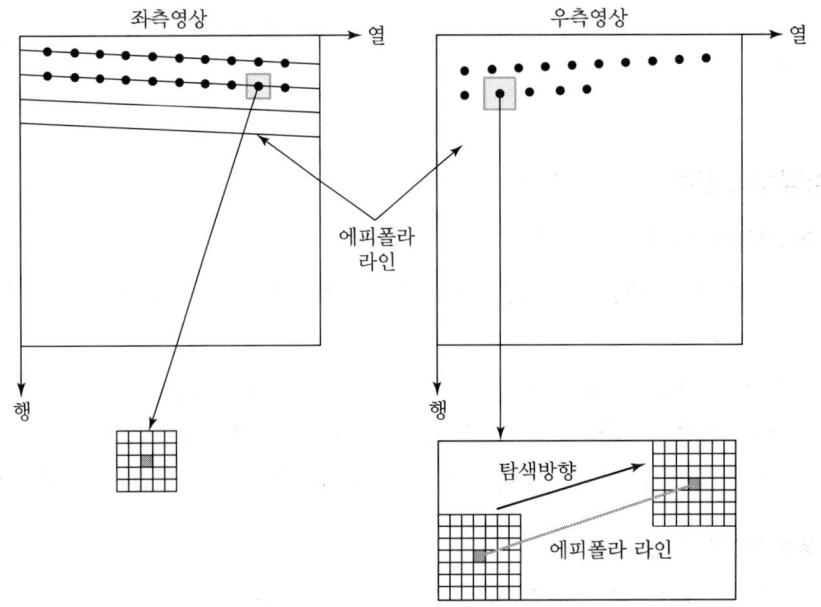

[그림 9-42] 영역기준 영상정합의 개념

(3) 최소제곱정합법

① 최소제곱정합법은 탐색영상에서 탐색점의 위치(x_s, y_s)를 기준영상 G_t와 탐색영역 G_s의 밝기값들의 함수로 정의하는 것이다.

$$g_t(x_t, y_t) = g_s(x_s, y_s) + n(x, y)$$

② (x_t, y_t)는 기준영역에서 주어진 좌표이고, (x_s, y_s)는 찾고자 하는 탐색점의 좌표이며, n은 잡영(Noise)이다. 위의 식을 최소제곱해로 풀면 이동량 $(\Delta x, \Delta y)$를 구할 수 있다.

$$\begin{bmatrix} \Delta x \\ \Delta y \end{bmatrix} = \begin{bmatrix} \sum g_x^2 & \sum g_x g_y \\ \sum g_x g_y & \sum g_y^2 \end{bmatrix}^{-1} \begin{bmatrix} \sum g_x \Delta g \\ \sum g_y \Delta g \end{bmatrix}$$

③ 여기서 $(g_x, g_y) = (dg_s/dx, dg_s/dy)$이며 $\Delta g = g_t(x, y) - g_s(x, y)$, 즉 기준영상의 영상소와 탐색영상의 영상소의 밝기값 차이를 말한다.

④ 초깃값 (x_0, y_0)을 이 식에 대입하여 이동량을 계산하고, 계산된 이동량을 적용하여 다음 식과 같이 근사위치를 구한다.

$$(x_{n+1}, y_{n+1}) = (x_n + \Delta x, y_n + \Delta y)$$

⑤ 이동량이 매우 작아질 때까지 이러한 과정을 계속 반복하면 원하는 탐색점의 위치로 수렴하게 된다.

4. 형상기준정합

(1) 개념

① 형상기준정합에서는 대응점을 발견하기 위한 기본자료로서 특징(점, 선, 영역 등이 될 수 있으나, 일반적 경계정보를 의미함)적인 인자를 추출하는 기법이다.

② 두 영상에서 대응하는 특징을 발견함으로써 대응점을 찾아내는데, 각 점에 대한 평균값이나 분산과 같은 대푯값을 계산하여 두 영상의 값을 서로 비교한 후 공액점을 이용한다.

③ 특징정보를 추출하는 연산자(Operator)는 이미 컴퓨터 시각분야에서 많이 연구되고 있으며, 대개 이러한 연산자들을 사용하거나 변경하여 사용한다.

(2) 방법

① 형상기준정합을 수행하기 위해서는, 먼저 두 영상에서 모두 특징을 추출해야 한다.

② 특징정보는 영상의 형태로 이루어지며, 대응하는 특징을 찾기 위한 탐색영역을 줄이기 위하여 공액 정렬을 수행해야 한다.

③ 특징검출자로는 LoG(Laplacian of Gaussian) 연산자, Sobel 연산자, Moravec 연산자, Föstner 연산자 등이 있다. 이러한 검출자들은 경계의 강도나 방향 등을 고려하여 특징을 추출한다.

④ 한 정합점이 있을 때 주변의 정합점과의 모순이 발생하지 않으려면 유사성만을 이용해서 해결할 수 없으며, 전역적인 정합점을 구하기 위해 완화법 동적 프로그래밍에 의한 최소경로계산, 모의관측단련 기법 등이 이용될 수 있다.

⑤ 정합의 정확도는 영상의 질에 많은 영향을 받으나 일반적으로 부영상소(Subpixel) 범위 내로 얻을 수 있다.

5. 관계형 정합(대상물 또는 기호정합)

(1) 관계형 정합은 영상에 나타나는 특징들을 선이나 영역 등의 부호적 표현을 이용하여 묘사하고, 이러한 관계대상들뿐만 아니라 관계대상들끼리의 관계까지도 포함하여 정합을 수행한다.

(2) 점(Points), 무늬(Blobs), 선(Line), 면 또는 영역(Region) 등과 같은 구성요소들은 길이, 면적, 형상, 평균밝기값 등의 속성을 이용하여 표현된다.
(3) 구성요소들은 공간적 관계에 의해 도형으로 구성되며, 두 영상에서 구성되는 도형(Graph)의 구성요소들의 속성들을 이용하여 두 영상을 정합한다.
(4) 입체영상의 시야각이 다르기 때문에 구성요소들의 차이가 발생할 수 있으며, 정합과정에서 이러한 차이를 보상할 수 있는 방법이 필요하다.

6. 정합의 특성 비교

(1) 세 가지 정합(영역, 형상 및 관계형)은 하나의 계층적 구조로 설명할 수 있다.
(2) 관계형 정합은 전역적인 개략 정합점들을 구하는 데 유리하며, 이러한 정합결과는 형상기준정합이 국부적이며 정밀한 정합점들을 구하는 데 이용될 수 있다.
(3) 형상기준정합의 결과는 매우 정밀한 정합점을 계산하기 위해서 영역기준정합의 근사 초깃값으로 사용될 수 있다.

7. 결론

디지털 사진측량은 2000년대 초 국내에 도입된 후 상당한 기술이 발전되었으며, 특히 영상정합은 사진상에서 공액점을 찾는 공정을 자동화하고 있다. 그러므로 영상처리 및 영상정합 기술에 관한 이론과 지식을 습득하여 다양한 기능이나 알고리즘 해석 및 응용분야에서 연구 및 제도적인 발전이 더욱 필요하다.

06 항공레이저측량에 의한 수치표고모델 제작공정

1. 개요

항공레이저측량이란 항공기에 탑재된 레이저 스캐너에서 레이저를 주사하여 반사되는 정보로 거리를 측정하고 GNSS/INS를 이용하여 관측점에 대한 3차원 위치좌표를 취득하는 시스템을 말한다. 항공레이저측량은 크게 자료수집, 처리 및 해석으로 구분되며 무작위 점군자료를 격자형 자료로 변환 후 수치표면모델(DSM)이나 수치표고모델(DEM) 또는 수치지형모델(DTM) 등의 자료로 변환한다.

2. 수치표고모델 제작을 위한 작업순서

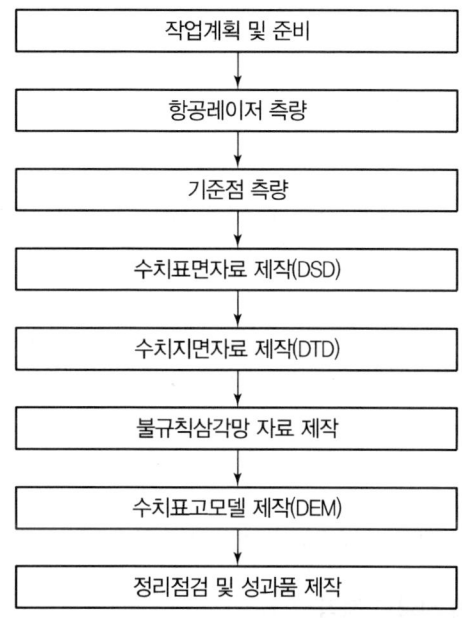

[그림 9-43] 수치표고모델 제작을 위한 작업 흐름도

3. 수치표면자료의 제작

수치표면자료란 원시자료를 기준점으로 이용하여 기준좌표계에 의한 3차원 좌표로 조정한 자료로서 지면 및 지표 피복물에 대한 점자료를 말한다.

(1) 수치표면자료의 제작

수치표면자료는 조정된 원시자료의 정확도를 검증 완료한 후 정확도 기준 이내인 경우에 제작한다.

(2) 정표고 전환

① 조정이 완료된 항공레이저측량 원시자료의 타원체고를 정표고로 변환
② 정표고 변환은 기준점 및 검사점 성과 또는 별도 성과를 이용하여 산출된 작업지역에 대한 지오이드 모델을 정하여 사용할 수 있음

4. 수치지면자료의 제작

수치지면자료란 수치표면자료에서 인공지물 및 식생 등과 같은 표면의 높이가 지면의 높이와 다른 지표피복물에 해당하는 점자료를 제거한 점의 자료를 말한다.

(1) 수치지면자료의 제작

① 필터링은 작업지역의 범위를 100m까지 연장하여 수행
② 필터링은 자동 또는 수동방식으로 수행
③ 수치지면자료는 지면과 지표 피복물로 구분되어야 함

(2) 수치지면자료의 점검 및 수정

동일한 시기에 촬영된 수치영상자료와 비교 또는 중첩하여 오류의 유무를 점검하고 수정

5. 불규칙삼각망 자료의 제작

불규칙삼각망 자료란 수치지면자료를 이용하여 불규칙삼각망을 구성하여 제작한 3차원 자료를 말한다.

(1) 불규칙삼각망 자료의 제작

불규칙삼각망 자료의 제작은 정표고로 변환된 수치지면자료를 이용하여 제작

(2) 불규칙삼각망 자료의 정확도 점검

실측된기준점 및 검사점과 불규칙삼각망 자료와의 표고차이에 대한 최댓값, 최솟값, 평균, 표준편차 및 불규칙삼각망 자료의 RMSE를 구하여 정확도를 점검

6. 수치표고모델의 제작

수치표고모델이란 수치지면자료를 이용하여 격자형태로 제작한 지표의 모형을 말한다.

(1) 수치표고모델의 제작

수치표고모델은 정표고로 변환된 수치지면자료를 이용하여 격자자료로 제작한다.

(2) 격자자료의 제작

격자자료는 사용목적 및 점밀도를 고려하여 불규칙삼각망, 크리깅 보간 또는 공삼차 보간 등 정확도를 확보할 수 있는 보간방법으로 제작한다.

(3) 수치표고모델 규격 및 정확도

① 평면위치 정확도 : H(비행고도) / 1,000
② 수직위치 정확도

[표 9-9] 수치표고모델 수직위치 정확도

격자규격	1m×1m	2m×2m	5m×5m
수치지도 축척	1/1,000	1/2,500	1/5,000
RMSE	0.5m 이내	0.7m 이내	1.0m 이내
최대오차	0.75m 이내	1.0m 이내	1.5m 이내

7. 결론

최근 위성영상 및 항공사진의 활용에 관한 관심이 증가되면서 레이저 및 레이더 센서에 대한 연구가 활발히 진행되고 있다. 그러나 장비의 고가 및 전문인력 미비로 측량 및 타 분야에 잘 활용되지 못하고 있으므로 전문인력 양성, 관계법령 개선 및 장비의 대중화를 통하여 다양한 분야에서 활용될 수 있는 기반을 마련해야 할 것으로 판단된다.

07 수치표고모델(DEM : Digital Elevation Model) 제작

1. 개요

DEM은 규칙적인 격자나 불규칙적인 삼각형으로 연결된 임의의 고도점을 이용하여 표면의 고도를 표현한다. 격자형 DEM은 고도만으로 구성되어 있으며, 밝기값(Gray value)으로 고도를 나타낼 수 있는 수치영상처럼 저장된다.

2. 수치자료모델

(1) 수치표고모델(DEM : Digital Elevation Model)

① 수치지표자료를 이용하여 지형의 연속적인 기복변화를 격자간격으로 제작한 수치표고모형
② 실세계 지형 정보 중 건물, 수목, 인공구조물 등을 제외한 지형 부분 표현
③ 지형을 일정 크기의 격자로 높이값 기록

(2) 수치표면모델(DSM : Digital Surface Model)

① 일정한 크기의 격자간격으로 연속적인 기복변화를 표현한다는 점에서 DEM과 동일
② DEM은 자연적인 지형의 변화를 표현하는데, DSM은 건물, 수목, 인공구조물 등의 높이까지 반영한 연속적인 변화 표현
③ DEM과 중첩하여 건물이나 수목의 높이 추출, 지표변화 관찰 등에 활용 가능
④ 동일한 좌표에 대한 DSM의 고도값에서 DEM의 고도값을 차감하여 계산

(3) 수치지형표고모델(DTM : Digital Terrain Model)

① 지형의 표고뿐만 아니라 벡터데이터 모델로 지표상의 다른 속성도 포함
② 측량 및 원격탐사와 관련 있음
③ 지형의 다른 속성까지 포함하므로 자료가 복잡하고 대용량 정보를 가짐
④ 여러 가지 속성을 레이어를 이용하여 다양한 정보제공 가능
⑤ DTM은 표현방법에 따라 DEM과 DSM으로 구분되며 DTM은 DEM과 DSM의 혼합형

(4) 수치지형 표고 데이터(DTED : Digital Terrain Elevation Data)

① 미국의 국가영상 및 지도제작국(NIMA : National Imagery and Mapping Agency)에서 사용하는 용어로 격자형태로 저장된 데이터로부터 동일한 격자형태로 데이터를 추출하는 것을 의미
② 넓은 의미의 지형모델을 나타내며 표고값 이외에도 최대·최소 표고값과 평균 표고값 등을 제공하여 주로 군사용으로 제공
③ 지형고도, 경사 또는 표면 재질에 관한 정보를 필요로 하는 모든 군사훈련, 작전 수립 및 수행체계에 기본적인 양적 데이터 제공

3. 수치표고모델

(1) 수치표고모델의 유형

① 벡터형 : DTED, DTM, TIN
② 격자형 : DEM

(2) 특징

① 2차원 데이터 구조
② 지형자료의 처리방법 중 가장 보편적
③ 격자방식 저장
④ 동일 크기를 가진 각각의 격자는 지표면에서 동일한 지점의 표고를 나타냄
⑤ 경사방향, 경사도, 사면방향도, 경사 및 단면분석, 절토량과 성토량 산정 등 다양한 분야에 활용되며 GIS 분야에서 다른 자료형태와 결합되어 이용

(3) 구성요소

블록, 단면(Profile), 표고점

(4) 수치표고자료의 저장방식

① 일정 크기 격자로서 저장되는 격자(Grid) 방식
② 등고선에 의한 방식
③ 단층에 의한 프로파일(Profile, 단면) 방식

(5) DEM 보간법

① 역거리가중법(Inverse Weighted Distance) : 거리값의 역으로 가중치를 적용한 보간법
② 역가중제곱거리법(Inverse Weighted Square Distance) : 거리의 제곱값에 역으로 가중치를 적용한 보간법
③ 최근린법(Nearest Neighbor) : 가장 가까운 거리에 있는 표고값으로 대체하는 보간법

4. 수치표고모델 제작

수치표고모델은 지형도, 데오돌라이트를 이용한 현장측량, 토털 스테이션 또는 실시간 이동 GNSS, 스테레오 사진측량, 라이다(Lidar) 스캐닝, 레이더 간섭계 등을 이용하여 다양한 방법으로 제작할 수 있다.

(1) 항공사진의 자동정합에 의한 방식

① 한 쌍의 항공사진으로부터 입체모델을 형성하고 영상의 자동정합을 통하여 고도 자료를 추출해 내는 방법이다.

② 영상정합을 통한 고도 자료의 추출은 스캐닝된 영상의 품질과 대상물의 질감, 외부표정요소의 정확도 등에 의해 그 결과에 큰 영향을 받게 된다.

③ 보통 영상정합은 모든 화소에 대하여 수행하기보다는 2화소 이상의 간격으로 실시한 후 비례계산법에 의해 최종적으로 고도 자료를 생성하게 된다.

④ 건물 등과 같이 높이가 갑작스럽게 변화하는 곳에서는 왜곡되는 현상이 나타날 가능성이 높다.

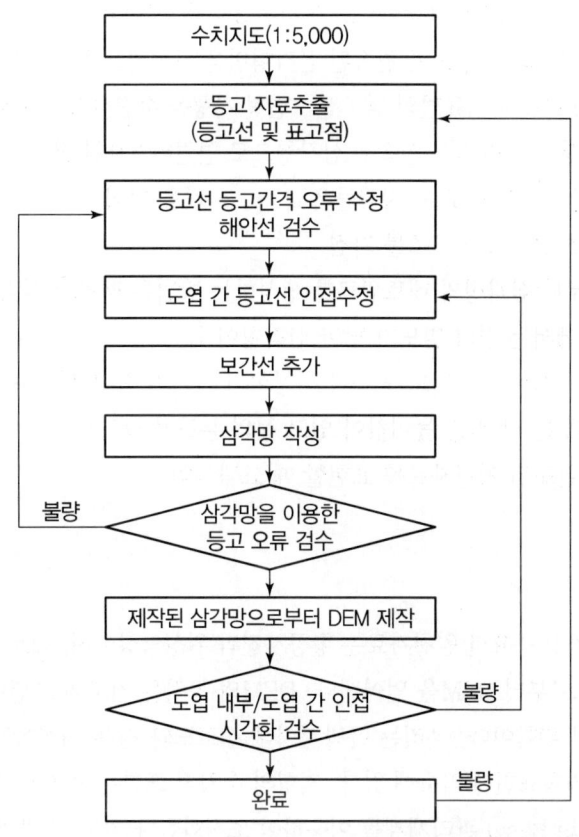

[그림 9-44] 수치지도를 이용한 DEM 제작

⑤ 상대적으로 제작이 복잡하기는 하지만 비교적 지형의 형태를 왜곡 없이 잘 나타내 준다는 장점을 가지고 있다.

(2) 수치지도를 이용하는 방식
① 수치지도에 포함되어 있는 등고선 등의 고도 자료를 이용하여 수치표고모델을 형성하는 방법은 지금까지 가장 일반적으로 행해지고 있는 방식이다.
② 기본적으로 등고선을 이용하여 불규칙삼각망을 형성한 뒤 이 자료에 표고점이나 해안선 등을 추가하여 일정 격자망으로 재구성하는 방식을 취하고 있다.
③ 등고선 조밀도에 의해 큰 영향을 받고 건물 등의 모델링이 불가능하다는 단점을 가지고 있지만 제작의 편리성에 의해 가장 선호하는 형태이다.
④ 항공기에 레이저 스캐너를 장착하여 지표면을 주사하여 DEM이나 DTM 자료를 빠른 시간 내에 취득 가능한 ALS(Airborne Laser Scanner)를 이용한 방식이 있다.

5. 불규칙삼각망(TIN : Triangulated Irregular Network)

불규칙삼각망(TIN) DEM은 삼각형으로 연결된 3차원 점들의 불규칙한 점들로 구성되어 지형을 표현한다. 서로 중첩되지 않으며 연속된 삼각형면을 구성하는 불규칙하게 배열된 표고점(x, y, z)에 기초한 지형모델로 지표면의 점·선·면형 지형을 수집하고 표현하는 데 적합한 방법이다.

(1) 삼각형을 구성하는 세 점이 연속된 삼각형으로 연결된 3차원 점(x, y, z)들의 불규칙한 조합
(2) DEM과는 달리 추출된 표본 지점들은 x, y, z 값을 가짐
(3) 벡터데이터 모델로 위상구조를 가짐
(4) 표본점으로부터 삼각형의 네트워크를 생성하는 방법은 델로니 삼각법이 가장 널리 사용됨
(5) 완만한 평지에서는 점의 밀도가 낮아 삼각형이 큼
(6) 급경사지역에서는 점의 밀도가 높아 삼각형의 크기가 작고 객체수가 많음
(7) 삼각형을 이루는 각 점은 높이값이 있고 점의 분포가 균일하지 않음
(8) 불규칙하게 분포된 지형자료를 표현할 때 효과적임

6. 결론

고도 자료에서 가장 중요한 원천자료는 항공사진과 위성영상이며, 대부분의 경우 사진측량을 이용한 지도제작으로부터 DEM을 얻어낸다. DEM의 목적은 지구의 표면이나 대상물의 표면을 컴퓨터로 나타내기 위함이다. 우리는 윤곽선이나 점고도와 같은 지질학적 지도에 나타난 기계적(Analogue)인 지형표현에 익숙해 있다. 지형의 수치적 표현은 불연속적인 3차원의 점들로 구성된 자료기반(Data Base) 관리체계를 이용하여 조직화한다. 이러한 체계를 이용하여 얻을 수 있는 장점은 DEM으로부터 여러 결과를 유도할 수 있고, 이것은 GIS의 다른 자료 레이어와 결합하는 능력을 가지고 있다는 데 있다.

08 정사영상 제작

정사영상은 DEM과 항공영상 및 외부표정요소 값을 이용하여 카메라 영상의 중심투영 특성에 의한 지형의 기복변위를 제거한 영상을 말한다. 정사영상의 제작과정은 기하학적 오차를 소거하는 정사보정단계, 여러 개의 영상으로 이루어진 정사영상을 하나의 영상으로 결합한 후 2차 기하학적 왜곡에 대한 보정작업을 수행하는 단계, 여러 개의 영상은 각각의 영상이 촬영될 때 여러 요인에 의해 색상에 차이가 발생하기 때문에 색상보정작업을 수행하는 단계, 정사영상의 보정을 위해 집성했던 하나의 정사영상을 사용자의 편의에 따라 영상재단작업하는 단계, 보안지역에 대한 보안처리단계를 거쳐 최종 정사영상 제작과정으로 이루어진다.

1. 사진지도의 종류

(1) 약조정집성 사진지도
카메라의 경사에 의한 변위, 지표면의 비고에 의한 변위를 수정하지 않고 사진 그대로 집합한 지도이다.

(2) 조정집성 사진지도
카메라의 경사에 의한 변위를 수정하고 축척도를 조정한 지도이다.

(3) 정사투영 사진지도
카메라의 경사, 지표변의 비고를 수정하고 등고선도 삽입된 지도이다.

(4) 약조정집성 사진지도
일부만 수정한 지도이다.

2. 사진지도의 장·단점

(1) 장점
① 넓은 지역을 한눈에 알 수 있다.
② 조사하는 데 편리하다.
③ 지표면에 있는 단속적인 징후도 경사로 되어 연속으로 보인다.
④ 지형, 지질이 다른 것을 사진상에서 추적할 수 있다.

(2) 단점
① 산지와 평지에서는 지형이 일치하지 않는다.
② 운반하는 데 불편하다.

③ 사진의 색조가 다르므로 오판할 경우가 많다.
④ 산의 사면이 실제보다 깊게 찍혀 있다.

3. 정사보정(정사편위수정) 및 정사영상집성

(1) 정사보정

① 정사보정이란 수치미분편위수정을 통해 원 영상을 화소단위로 재배열하여 영상의 기하학적인 오차를 소거하는 작업이다.
② 영상 재배열 작업을 수행하기 위해서는 입력영상과 보정된 출력영상에서의 위치변환 관계가 정의되어야 하는데, 이러한 위치관계 정의에 사용되는 것이 DEM과 사진기준측량 작업을 통해 결정된 각 항공영상의 외부표정요소이다.
③ 결정된 변환관계를 이용하여 미보정 항공영상을 화소단위로 변화하여 정사영상을 제작한다.
④ 재배열 방법에는 세 가지 방법(Nearest, Bilinear, Cubic Convolution 방법)이 있는데, 이 중 화질이 가장 뛰어난 3차원 보간법인 Cubic Convolution 방법을 주로 사용하고 있다.

(2) 정사영상집성

① 정사보정작업을 거친 항공영상 데이터는 기복변위를 비롯한 각종 기하학적 오차들이 소거된 상태지만, 각 영상별로 분리되어 있다.
② 영상집성작업은 분리된 영상들을 하나의 정사영상으로 집성하는 작업을 의미한다.
③ 대상지역 전체를 포괄하는 영상으로 제작하되, 작업의 접합부위가 드러나지 않게 설정하여 작업을 수행한다.
④ 정사영상을 집성하는 과정에서 영상들의 밝기와 색조 등의 불균형을 방지하기 위해 각 정사영상 간에 적합한 히스토그램 매칭 작업을 실시해야 한다.

4. 왜곡보정

(1) 기하학적 왜곡보정

항공영상은 중심투영에 의한 왜곡, 기복변위, 비행자세, 속도 변화, 지구곡면에 의한 오차 등에 의해 기하학적 오차가 발생하는데, 이는 실제 영상좌표와 이상적인 영상좌표 사이의 오차를 의미한다. 이러한 오차를 제거하는 작업을 기하보정이라 한다.

(2) 색상보정

① 항공영상은 촬영 당시 환경적·기계적 요인에 따라 인접한 영상 간에 색상 또는 밝기값의 차이가 발생한다.
② 접합한 영상 간의 기하학적 왜곡은 DEM이나 항공삼각측량 성과를 통해 수정하고, 색상과 밝기값의 차이는 히스토그램 매칭과 숙련된 작업자의 판독을 통해 조정이 가능하다.

③ 영상의 색상 및 밝기 조정은 특정 S/W를 통해 자동으로 작업이 이루어지지만, 미세한 조정은 숙련된 작업자의 육안판독을 거쳐 직접 수행한다.

5. 영상재단

(1) 디지털 항공영상의 정사보정과 색상보정된 영상은 좌표체계가 설정되어 있지 않고, 사용자 편의와 자료의 호환성 등을 고려하여 적정한 크기로 분할할 필요가 있다.
(2) 정사영상 지도제작을 위해 영상재단작업을 수행한다.
(3) 재단작업을 수행할 경우 도엽의 크기를 기준으로 하되 영상을 도곽선과 일치하게 재단하지 않고, 도곽의 크기보다 약 1cm 이상의 여유를 두고 재단한다.
(4) 여유를 두고 재단하는 것은 인접영상과의 공백이 발생하는 문제를 방지할 수 있다.

6. 보안지역 처리

(1) 보안지역은 주로 군부대나 국가 주요 시설물인데, 보안지역이 산악지인 경우 산으로 보안처리를 수행하고, 논경지에 있는 경우 논이나 밭으로, 도심지 주변인 경우 들이나 나대지로 보안처리를 수행한다.
(2) 보안처리작업은 보안처리를 수행할 보안지역을 확인하고, 유사한 영상에서 보안처리를 할 부분을 선택하여 인접지역에 적합하도록 수정하는 순서로 진행한다.
(3) 보안처리작업은 특정 S/W를 통해 작업이 이루어지지만, 자동으로 모든 작업이 수행되는 것은 아니다.
(4) 보안처리 후 주변 지형 및 경관, 색상 등에 있어서 조화가 이루어져야 하기 때문에 작업자의 노하우가 중요한 작업단계라고 할 수 있다.

7. 결론

정사영상은 DEM과 항공영상 및 외부표정요소 값을 이용하여 카메라 영상의 중심투영 특성에 의한 지형의 기복변위를 제거한 영상을 말한다. 최근 사진측량분야는 기존 항공사진측량에 의한 영상제작에서 위성영상 및 수치영상을 이용한 다양한 정사영상을 제작하고 있다.

09 실감정사영상의 제작원리

1. 개요

디지털 트윈체계 구축 및 스마트 시티 조성에 필수적인 3차원 공간정보에 대한 기술개발 및 연구가 활발히 진행되고 있으며, 영상처리기술의 발달로 고품질의 정사영상에 대한 수요도 증가하고 있다. 실감정사영상은 3차원 공간정보의 핵심요소이자 기존 정사영상의 한계를 극복한 고도화된 영상정보자료이다.

2. 실감정사영상의 필요성

(1) 고품질의 정사영상에 대한 수요가 증가한다.
(2) 수치지형도와 중첩 시 정확히 일치하고 영상기반에서 정확한 면적, 거리 산출이 가능하다.
(3) 영상기반의 변화탐지가 용이하여 국토영상정보 수시수정체계의 기반자료로서 활용할 수 있다.
(4) 디지털 트윈체계 구축 및 스마트 시티 조성에 필수적인 3차원 공간정보로 활용할 수 있다.

3. 실감정사영상 제작절차

작업계획 및 수립 → 항공사진촬영 → 지상기준점측량 → 항공삼각측량 → DSM(수치빌딩모델) 제작 → DSM(3차원 정밀수치표고자료) 제작 → 정사보정 및 집성 → 영상편집(왜곡, 색상, 폐색처리) → 보안지역처리(위장, 블라인드, 저해상도) → 실감정사영상 제작

4. 실감정사영상 제작을 위한 공정별 주요 내용

(1) 수치빌딩모델(DBM) 제작

DBM은 3차원 정밀도화 성과를 활용하여 제작하고 단일 객체 폴리곤을 기준으로 보간을 실시한다.

(2) 수치표고모델(DEM) 제작

① 지형의 변화로 불일치할 경우 수정을 통해서 기 구축된 DEM 자료를 갱신하여 활용
② 지면에 대한 수치표고자료는 수치사진측량 또는 항공레이저측량을 통해 취득된 자료만을 사용하는 것을 원칙으로 함

(3) 3차원 정밀수치표고자료(DSM) 제작

라이다(Lidar) 데이터에서 추출된 지표면 포인트와 3차원 건물 벡터를 융합하여 제작하거나 디지털항공사진영상으로 제작된 정밀도화데이터와 라이다(Lidar) 데이터의 지표면 포인트를 융합하여 제작하는 등 다양한 방법으로 제작한다.

(4) 영상편집

① 폐색영역보정 : 실감편위수정을 통해 폐색영역으로 탐지되어 표시된 지역을 온전히 나타나 있는 우선순위의 인접영상을 이용하여 보정을 실시한다.

② 그림자 영역보정 : 건물 등 객체의 그림자로 인하여 교량, 도로, 소화전 등 인접한 공간정보의 판독력이 저하되는 경우 그림자 지역에 대해 밝기값을 조정하여 해당 공간정보의 판독력을 향상시켜야 한다.

(5) 보안지역 처리

① 국가 주요 목표시설물은 주변지역의 지형·지물 등을 고려하여 위장처리하여야 한다.
② 위장처리에는 주변 지형에 맞는 위장처리, 블러링 처리, 저해상도처리로 구분할 수 있다.
③ 관련 규정에 따라 전·후 영상을 제작한다.

(6) 실감정사영상 제작

기존 정사영상에 건물도화를 통해 구축된 정보를 바탕으로 모든 건물이 바로 서 있는 실감정사영상을 구축한다.

5. 실감정사영상 로드맵

(1) 기술개발 및 기반조성단계

실감정사영상 작업규정 등 제도적 기반 마련

(2) 기술검증 및 제작·확산단계

도심지를 우선으로 한 고해상도 실감정사영상 제작 추진 및 기술 검증

(3) 전국 확산 및 운영단계

고해상도 실감정사영상 전국 확산과 수시수정체계 운영

6. 결론

2015년 이후 주요 도심지역을 대상으로 실감정사영상 제작을 하였으나 표준화된 공정 부재로 일관성 있는 데이터 확보가 미진하여 국토지리정보원은 표준공정을 마련하고 로드맵을 수립하였다. 이에 따라 향후 실감정사영상 제작은 가상국토 구현 수요에 부응하는 영상정보 생산체계 정립, 실감정사영상 제작방식의 다각화와 자동화, 영상정보 획득체계의 다변화와 수요 맞춤형 영상정보 제공 등 단계적으로 추진되어야 할 것이다.

10 항공사진측량 디지털 카메라 분류

1. 개요

항공사진측량에 사용되는 디지털 카메라는 CCD 구성에 따라 선형방식(Line Type)과 면형방식(Frame Type)으로 구분하고 있다. 선형방식 카메라는 촬영방향으로 마치 스캐너에 의한 스캔방식과 동일하게 지상을 촬영해 나는 방식으로 전방, 수직, 후방으로 총 세 방향의 영상을 촬영할 수 있어 100% 중복도를 가진 입체 영상 촬영이 가능하다. 따라서 기하학적 구조가 면형방식에 비해 안정적이지만 라인별 외부표정요소가 필요하기 때문에 GNSS/INS를 반드시 탑재해야 하는 단점이 있다. 반면에 면형방식 카메라는 기존 아날로그 필름 형태의 항공사진과 동일하게 중심투영방식으로 일정 면적을 한 장의 디지털 영상으로 촬영한다. GNSS/INS 없이도 촬영이 가능하며 자료처리가 용이하지만 선형방식에 비해 기하학적인 안정성이 낮다.

2. 센서 종류별 특징

(1) 선형센서
① 선형의 CCD 소자를 이용하여 지면을 스캐닝하는 방식
② 면형센서에 비해 높은 지상해상도를 얻을 수 있으나 움직이는 대상물의 촬영에 한계
③ 매 라인별로 서로 다른 외부표정요소를 가짐
④ 각 라인별 중심투영의 특징
⑤ 전방, 연직, 후방을 동시에 촬영하는 3라인 카메라 사용

(2) 면형센서
① 2차원 평면형태의 CCD 소자를 이용하여 일정면적을 동시에 촬영
② 아날로그 카메라와 동일한 촬영방식이며 선형방식에 비해 상대적으로 해상도가 낮음
③ CCD 소자의 개수에 대한 기술적인 제약으로 촬영면적이 작아지는 문제를 해결하기 위해 여러 개의 센서를 병렬로 배치

3. 항공사진측량 카메라 분류

선형방식을 적용하는 Leica사의 ADS 시리즈와 면형방식을 적용하는 ZI : Imaging사의 DMC 및 Vexcel사의 UltraCam 시리즈가 대표적이다.

(1) 선형방식 항공사진 카메라
① 특징
㉠ 선형방식은 CCD 소자가 일렬로 배치된 기하학적 배열 형태를 가지고 있다.

ⓛ 소자를 이용하여 지면을 스캐닝하는 방식으로 한꺼번에 넓은 지역을 촬영하지 않고 여러 번 촬영한 영상을 모아서 넓은 구역의 영상을 얻을 수 있다.
　　ⓒ 촬영방법에 따라 Whisk Broom과 Push Broom으로 구분된다.
　　② Whisk Broom은 항공기의 진행방향에 따라 반사경을 좌우로 움직여 일정영역을 촬영할 수 있으나 반사경의 구동에 문제가 생길 수 있다.
　　◎ Push Broom은 카메라의 움직임 없이 항공기의 진행방향에 따라 띠 모양의 영상을 연속적으로 촬영 가능하다.
　　ⓑ 국내에서는 선형방식의 대표적인 기종은 ADS40 카메라가 사용되고 있으며, ADS40 카메라는 Push Broom 방식을 채택하고 있다.

[그림 9-45] 선형방식 Push Broom

② 선형방식 카메라
　　㉠ 국내에 도입된 선형방식을 적용한 카메라는 독일의 DLR(German Aerospace Center)와 Leica Geosystems가 공동으로 개발한 ADS40 카메라가 대표적이다.
　　㉡ ADS40 카메라는 3라인의 선형 CCD 배열로 이루어져 전방, 수직, 후방으로 3개의 흑백 영상을 획득하고 4개의 다중분광영상을 획득하도록 구성되어 있다.
　　㉢ 전방, 수직, 후방의 3채널을 이용하여 대상지역을 동시에 촬영하므로 취득된 영상의 중복도가 매우 높을 뿐만 아니라 거의 평행으로 투영되기 때문에 사진상에 왜곡이 적은 특징을 가지고 있다.
　　㉣ 선형 CCD 배열이기 때문에 라인별로 촬영지역의 영상을 연속적으로 획득하므로 각 라인의 외부표정요소가 필요하다.
　　㉤ 일반적으로 디지털 카메라에 사용되는 CCD 센서는 15cm 이하 선형라인에 약 3,000~10,000개 이상의 센서가 배열되어 있으며, 라인당 센서 개수에 따라 공간해상도가 달라지는 특징이 있다.

[그림 9-46] ADS40 카메라

[표 9-10] ADS시리즈 카메라 특징

구분		ADS40	ADS80	ADS100
CCD line		12,000(7개)	12,000(1개)	12,000(13개)
CCD	Forward	PAN(28°), RGB(16°)	PAN(27°)	RGB, NIR(25.6°)
	Nadir	PAN(0°), NIR(2°)	RGB, NIR(0°), PAN2(2°)	RGB, NIR(0°)
	Backward	PAN(: 14°)	RGB, NIR(: 16°), PAN(: 14°)	RGB, NIR(: 17.7°)
픽셀크기		6.5μm	6.5μm	5.6μm
초점거리		62.7mm	65mm	62.5mm
Recording interval per Line		<1.8ms	>1ms	>0.5ms
방사해상도		8bit	10bit and 12bit	14bit
저장용량		768GB	980GB	2.4TB
Total Weight, power		224kg, 750W	140 : 150kg, 790W	120kg, 350 : 700W
촬영고도			1,000m	1,250m

(2) 면형방식 항공사진 카메라

① 특징

㉠ 면형방식의 카메라는 광센서가 사각형태의 행과 열로 배열된 구조를 가지고 있다.

㉡ 한 번 촬영으로 일정 면적의 영상을 취득할 수 있으며 다중 센서를 이용하여 촬영된 영상을 집성하여 하나의 영상으로 제작하게 된다.

㉢ 아날로그 필름 형태의 항공사진과 동일한 진행방향으로 일정한 면적의 영상을 촬영하기 때문에 중심투영의 영향으로 방사상의 폐색영역이 발생하며 중복도를 높여 소거하고 있다.

㉣ 현재 국내에 도입된 디지털 카메라 중에 면형방식을 적용하는 카메라는 DMCⅡ, UltraCam 이 가장 대표적이다.

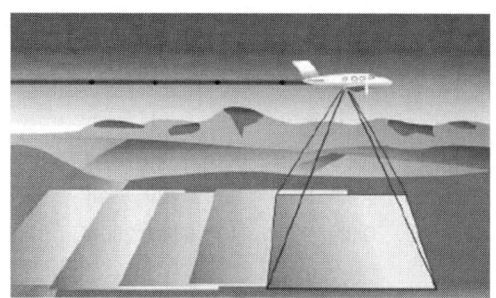

[그림 9-47] 면형방식

② 면형방식 DMCⅡ 카메라
  ㉠ DMC(Digital Mapping Camera 또는 Digital Modular Camera)Ⅱ 카메라는 ZI : Imaging사에서 제작한 면형 배열의 CCD 센서를 통해 면형 형태의 영상을 획득하는 디지털 카메라이다.
  ㉡ DMCⅡ 카메라의 한쪽에 고해상도 흑백 센서가 위치하고 있으며, 그 옆으로 RGB 밴드와 NIR 밴드 센서가 위치하고 있다. 또한 정중앙에 비디오 카메라가 위치하고 있다.
  ㉢ DMCⅡ 카메라는 한 번 촬영으로 흑백 영상과 RGB 컬러 영상 및 컬러 NIR 영상을 동시에 획득할 수 있다.

[그림 9-48] DMC(ZI : Imaging)

[표 9-11] DMC시리즈 카메라 특징

구분		DMC	DMCⅡ 140	DMCⅡ 230	DMCⅡ 250
영상크기		13,824*7,640	12,096*11,200	15,552*14,144	16,768*14,016
CCD 개수	Pan	4	1	1	1
	MS	4(R, G, B, NIR)	4(R, G, B, NIR)	4(R, G, B, NIR)	4(R, G, B, NIR)
픽셀크기		12μm	7.2μm	5.6μm	5.6μm
초점거리		120mm	92mm	92mm	112mm
frame Rate		2.1s	2.2s	1.8s	1.7s

구분	DMC	DMCII 140	DMCII 230	DMCII 250
방사해상도	12bit	14bit	14bit	14bit
Pan : sharpen ratio	1 : 4.8	1 : 2	1 : 2.6	1 : 3.2
저장용량	768GB/1.2TB 2,500 Image	4.8TB 6,900 Image	4.8TB 6,900 Image	4.8TB 6,900 Image
Weight, power	94kg, 250W	63kg, 280W	63kg, 280W	63kg, 280W
촬영고도	1,000m	1,282m	1,640m	2,000m

(3) 면형방식 UltraCam 카메라

① 면형 배열의 CCD 센서를 통해 프레임 형태의 영상을 획득하는 항공 디지털 카메라로 오스트리아 Vexcel사에서 개발하였다.

② UltraCam은 흑백 영상과 다중분광 영상을 촬영할 수 있는 8개의 콘으로 구성되어 있다. 가운데 위치한 4개의 콘은 흑백 영상을 제작하는 9개의 CCD 센서로 구성되어 있고, 나머지 4개의 콘은 청색, 녹색, 적색, 근적외선 영상을 촬영하는 CCD 센서로 구성되어 있다.

③ 기존 Ultraxp 카메라의 공간해상도는 500m에서 2.9cm 해상도를 가지고 있는 반면 최근에 도입되고 있는 UltraEagle 카메라의 경우는 1,000m에서 2.5cm 공간해상도의 성능을 발휘할 수 있다.

④ 가운데 일렬로 배치된 4개의 콘에서 획득된 영상은 모자이크 처리를 거쳐 하나의 흑백 영상으로 제작된다. 이 중에서 마스터 콘은 4개의 CCD 센서로 구성되어 있어 흑백 모자이크 영상의 외곽을 정의하며 나머지 3개의 콘에서 획득된 5개 영상을 채움으로써 9개 영상이 합성된다.

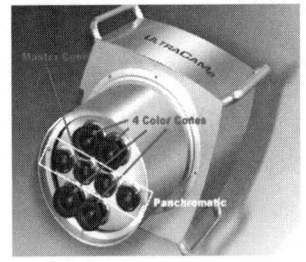

[그림 9-49] UltraCam : X camera

[그림 9-50] UltraCam Eagle

[표 9-12] UltraCam시리즈 카메라 특징

구분		UltraCam : XP	UltraCam : Eagle
영상크기		17,310*11,310	20,010*13,080
CCD 개수	Pan	4	1
	MS	4(R, G, B, NIR)	4(R, G, B, NIR)
픽셀크기		6μm	5.2μm

구분	UltraCam : XP	UltraCam : Eagle
초점거리	100mm	80/100/210mm
frame Rate	2.0s	1.8s
Pan : sharpen ratio		1 : 3
저장용량	4.2TB 6,600 Image	3.3TB 3,900 Image
Weight, power	55kg, 150W	~65 : 72kg, 350W
방사해상도	14bit	14bit
공간해상도	2.9cm/500m	2.5cm/1,000m

4. 결론

항공사진측량은 촬영영상 기록 매체로 필름을 사용하던 기존의 아날로그 카메라에서 CCD 센서 기술을 이용하여 촬영영상을 전자파일로 기록하는 디지털 카메라 방식으로 발전되어 왔다. 항공사진측량에 사용되는 디지털 카메라는 2007년 상반기부터 국내에 도입되기 시작되었으며 CCD 구성에 따라 선형방식(Line Type)과 면형방식(Frame Type)으로 구분하고 있다. 디지털 카메라는 사진측량분야에 대중화를 이루었으며 디지털 사진측량 분야에 지속적인 연구와 현황 파악 등 기술축적에 대한 연구가 더욱 필요하다.

11 무인비행장치측량에 의한 지도제작

1. 개요

무인비행장치측량(UAV Photogrammetry)은 초소형 비행체에 디지털 카메라를 탑재하고, GNSS/INS에 의해 촬영구역을 자동비행하여 사진영상을 취득한 후 프로그램에 의해 사진의 왜곡을 보정한 후 모자이크하여 정사영상, 수치표고모델(DEM) 및 수치지형도 등을 자동 또는 반자동으로 제작이 가능한 시스템이다.

2. 무인비행장치측량의 정의

(1) **무인비행장치**(Unmanned Aerial Vehicle) : 「항공안전법 시행규칙」 제5조 제5호에 따른 무인비행장치 중 측량용으로 사용되는 것을 말한다.
(2) **무인비행장치측량**(Unmanned Aerial Vehicle Photogrammetry) : 무인비행장치로 촬영된 무인비행장치항공사진 등을 이용하여 정사영상, 수치표면모델 및 수치지형도 등을 제작하는 과정을 말한다.

3. 특징

(1) 일반 항공사진측량은 경제적, 시간적, 기술적으로 많은 비용이 소요되기 때문에 특수한 경우에 제한적으로 사용되고 있다. 무인비행장치를 이용한 사진측량의 기술적 발달에 따라 항공영상의 활용이 가능해지고 다양해지고 있다.
(2) 무인비행장치를 이용한 사진측량은 카메라와 함께 라이다(Lidar), 초분광(Hyperspectral) 및 열적외 센서 등 다양한 센서를 함께 활용함으로써 고도화 측량이 가능하여 다양한 3차원 영상 획득이 가능하다.
(3) 저고도에서 높은 중복도로 고해상도의 영상 획득이 가능해짐에 따라 촬영고도에 따라 수 cm 오차범위 내의 해상도를 갖는 영상을 얻을 수 있으며, 비교적 가격이 저렴한 무인비행장치를 사용하므로 경제적 비용 부담이 덜하면서도 일반 항공사진측량의 성과물과 동일한 결과를 얻을 수 있다.
(4) 무인비행장치측량은 일반적으로 고도 150m 이하에서 비행하므로 구름에 영향을 받지 않고 촬영이 가능하여 비, 눈 등으로 인한 기상악화에만 영향을 받으므로 시간과 비용을 절감할 수 있다.
(5) 무인비행장치측량은 일반 측량기술자도 쉽게 작동할 수 있는 장점이 있으나, 장시간 비행이 불가능하고 촬영 면적의 제한이 있다는 단점이 있다.

4. 무인비행장치측량에 의한 지도 제작과정

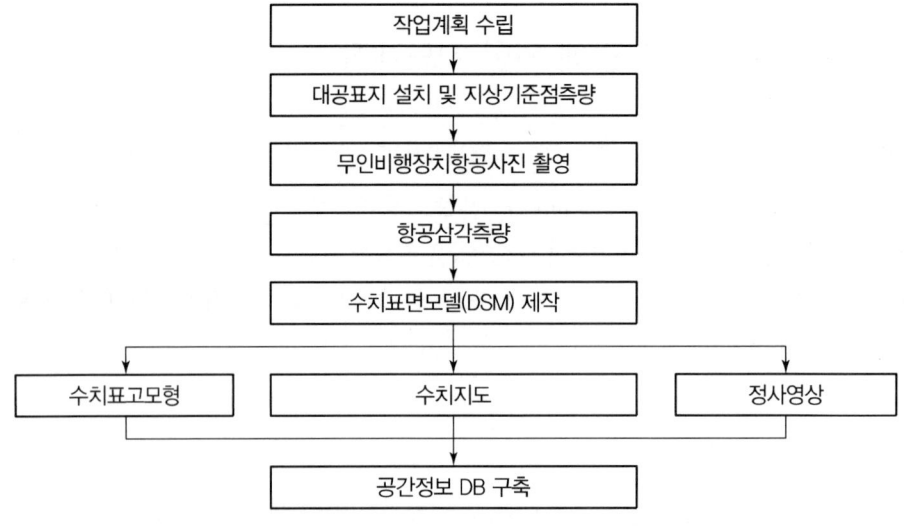

[그림 9-51] 무인비행장치측량에 의한 지도제작의 일반적 흐름도

5. 세부내용

(1) 작업계획수립

촬영지역, GSD, 촬영고도, 중복도, 셔터속도, 비행노선 간격 설정 등을 고려하여 효과적인 촬영계획을 수립한다.

(2) 대공표지 설치 및 지상기준점측량

① 대공표지

　대공표지의 설치는 「항공사진측량 작업규정」을 따른다.

② 지상기준점의 배치

　㉠ 지상기준점은 작업지역의 형태, 코스의 방향, 작업범위 등을 고려하여 외곽 및 작업지역에 그림과 같이 가능한 고르게 배치하되, 작업지역의 각 모서리와 중앙부분에는 지상기준점이 배치되도록 하여야 한다.

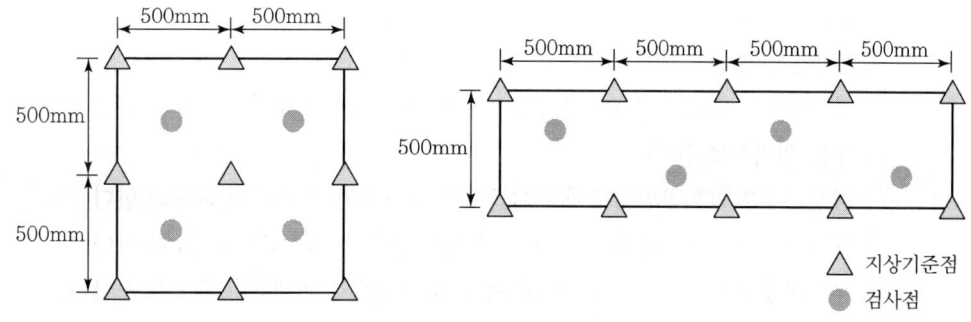

[그림 9-52] 지상기준점의 배치

　㉡ 지상기준점의 선점은 사진과 현장에서 명확히 분별될 수 있는 지점으로 되도록 평탄한 장소를 선정한다.

　㉢ 지상기준점의 수량은 1km^{2}당 9점 이상을 원칙으로 한다.

③ 지상기준점 측량방법

　㉠ 평면기준점측량은 「공공측량 작업규정」의 공공삼각점측량이나 네트워크 RTK 측량 방법 또는 「항공사진측량 작업규정」의 지상기준점측량 방법을 준용함을 원칙으로 한다.

　㉡ 표고기준점측량은 「공공측량 작업규정」의 공공수준점측량 방법을 준용함을 원칙으로 한다.

(3) 무인비행장치항공사진 촬영

① 촬영계획

　㉠ 촬영계획은 요구정밀도, 사용장비, 지형형상, 기상여건 등을 고려하여 수립한다.

ⓒ 중복도는 촬영 진행방향으로 65% 이상, 인접코스 간에는 60% 이상으로 하며, 지형의 기복이 크거나 고층 건물이 존재하는 경우에는 촬영 진행방향으로 85% 이상, 인접 코스 간에는 80% 이상으로 촬영하여야 한다.

[표 9-13] 촬영중복도

구분	평탄한 저지대 지역	매칭점이 부족하거나 높이차가 있는 지역	높이차가 크거나 고층 건물이 있는 지역
촬영방향 중복도	65% 이상	75% 이상	85% 이상
인접코스 중복도	60% 이상	70% 이상	80% 이상

　　ⓒ 무인비행장치항공사진의 지상표본거리(GSD)는 「항공사진측량 작업규정」의 축척별 지상표본거리 이내이어야 한다.
　　ⓔ 촬영대상면적, 촬영고도, 중복도, 비행코스 및 카메라의 기본정보를 무인비행장치 전용 촬영계획 프로그램에 입력하여 이론적인 지상표본거리, 촬영 소요시간, 사진 매수 등의 정보를 확인한다.

② 촬영비행 및 촬영
　　㉠ 촬영비행은 시계가 양호하고 구름의 그림자가 사진에 나타나지 않는 맑은 날씨에 하는 것을 원칙으로 한다.
　　ⓒ 촬영비행은 계획촬영고도에서 가급적 일정한 높이로 직선이 되도록 한다.
　　ⓒ 계획촬영 코스로부터의 수평 또는 수직이탈이 가능한 최소화되도록 한다.
　　ⓔ 무인비행장치는 설정된 비행계획에 따라 자동으로 비행함을 원칙으로 한다.
　　ⓜ 노출시간은 촬영계절, 촬영시간대, 기상, 비행속도, 카메라의 진동 등을 감안하여 선명도가 유지되도록 설정하여야 한다.
　　ⓗ 카메라는 가능한 한 연직방향으로 향하여 촬영함을 원칙으로 한다.
　　ⓢ 매 코스의 시점과 종점에서 사진은 최소한 2매 이상 촬영지역 밖에 있어야 하며, 대상지역을 완전히 포함하도록 여유분을 두어 사진을 촬영하여야 한다.

③ 재촬영
　　㉠ 촬영대상지역에 중복도로 촬영되지 않은 지역이 존재하여 측량성과의 제작에 지장을 줄 가능성이 있는 경우
　　ⓒ 촬영 시 노출의 과소, 블러링(Blurring) 등으로 무인비행장치항공사진이 선명하지 못하여 후속작업에 지장이 있는 경우
　　ⓒ 적설 또는 홍수로 인하여 지형을 구별할 수 없어 수치도화 또는 벡터화에 지장이 있는 경우

(4) 항공삼각측량

① 항공삼각측량 작업방법
- ㉠ 항공삼각측량은 자동매칭에 의한 방법으로 수행하여야 하며, 광속조정법(Bundle Adjustment) 및 이에 상당하는 기능을 갖춘 소프트웨어를 사용하여야 한다.
- ㉡ 사용 소프트웨어는 결합점의 자동선정, 결합점의 3차원 위치계산, 영상별 외부표정요소 계산의 기능을 갖추어야 한다.
- ㉢ 지상기준점의 성과는 지상기준점이 표시된 모든 무인비행장치항공사진에 반영되어야 한다.

② 조정계산 및 오차의 한계
- ㉠ 각 무인비행장치항공사진의 외부표정요소 계산은 광속조정법 등의 조정방법에 의해서 결정한다.
- ㉡ 조정계산 결과의 평면위치와 표고의 정확도는 모두 「항공사진측량 작업규정」 기준 이내이어야 한다.
- ㉢ 결합점이 요구되는 정확도를 만족할 때까지 오류점의 재관측 및 추가 관측을 자동 및 수동으로 실시하여 재조정 계산을 실시한다.

(5) 수치표고모델 제작

① 수치표면자료의 생성
- ㉠ 무인비행장치항공사진의 외부표정요소 등을 기반으로 영상매칭방법을 이용하여 고정밀 3차원 좌표를 보유한 점(점자료)으로 구성된 수치표면자료를 생성한다. 다만, 라이다(Lidar)에 의한 경우는 「항공레이저측량 작업규정」의 작업방법에 따라 수행할 수 있다.
- ㉡ 수치표면자료의 높이는 정표고 성과로 제작하여야 한다.
- ㉢ 필요에 따라 보완측량을 실시하여 수치표면자료를 수정할 수 있다.

② 수치지면자료의 제작
- ㉠ 수치지면자료를 필요로 하는 경우에는 수치표면자료에서 수목, 건물 등의 지표 피복물에 해당하는 점자료를 제거하여 수치지면자료를 제작할 수 있다.
- ㉡ 필요에 따라 보완측량을 실시하여 수치지면자료를 수정할 수 있다.

③ 수치표면모델 또는 수치표고모델의 제작
- ㉠ 수치표면모델은 수치표면자료를 이용하여 격자자료로 제작되어야 한다.
- ㉡ 수치표고모델의 제작이 필요한 경우에는 수치지면자료를 이용하여 격자자료로 제작할 수 있다.

(6) 정사영상 제작

① 정사영상 제작방법
  ㉠ 정사영상의 제작은 수치표면모델(또는 수치표면자료) 또는 수치표고모델(또는 수치지면자료)과 무인비행장치항공사진 및 외부표정요소를 이용하여 소프트웨어에서 자동생성 방식으로 제작하는 것을 원칙으로 한다.
  ㉡ 정사영상은 모델별 인접 정사영상과 밝기값의 차이가 나지 않도록 제작하여야 한다.
② 보안지역 처리
  일반인의 출입이 통제되는 국가보안시설 및 군사시설은 주변지역의 지형·지물 등을 고려하여 위장처리를 하여야 한다.

(7) 지형·지물 묘사

① 무인비행장치항공사진 또는 수치표면모델 및 정사영상 등을 이용하여 수치도화 또는 벡터화 방법 등으로 지형·지물을 묘사한다.
② 수치도화 방법은 무인비행장치항공사진과 항공삼각측량 성과를 기반으로 수치도화시스템에서 입체시에 의해 3차원으로 지형·지물을 묘사하는 방법이다.
③ 벡터화 방법은 연속정사영상과 수치표면모델(또는 수치표고모델) 기반의 벡터화를 통하여 2차원으로 지형·지물을 묘사하는 방법이다.

(8) 수치지형도 제작

수치지형도의 제작은 「수치지형도 작성 작업규정」을 따른다.

6. 결론

UAV 무인비행장치측량은 적은 비용으로 신속하고 정밀한 수치지도 및 정사영상을 취득할 수 있는 최신 기술로서 향후 그 적용성이 크게 증가할 것으로 예상된다. 따라서 성능 및 정확도에 대한 검증은 물론 비행허가, 절차 및 안전운항 등에 대한 법·제도적 장치의 마련이 시급히 요구된다.

12 SAR를 이용한 지반변위 모니터링 방안

1. 개요

합성개구레이더(SAR)는 플랫폼 진행의 직각방향으로 신호를 발사하고 수신된 신호의 반사강도와 위상을 관측하여 지표면의 2차원 영상을 얻는 방식이다. 또한 InSAR는 간섭계 합성개구레이더 센서를 기반으로 한 측지 레이더 기술로 서로 다른 시간에 획득한 레이더 이미지의 비교를 통해 변화를 파악하고 신호처리 알고리즘을 통해 자동감지된 지형면의 변화데이터를 검색할 수 있다. 또한 InSAR는 장기간 누적된 위성 레이저 이미지 자료를 이용하여 변형데이터를 검색할 수 있으며, 산사태 측정부터 단일 건물 모니터링까지 다양한 측지분야에 활용할 수 있다.

2. InSAR(SAR Interferometry)

영상레이더 인터페로메트리는 두 개의 SAR 데이터 위상을 간섭시켜 지형의 표고와 변화, 운동 등에 관한 정보를 추출해 내는 기술로 크레 D-InSAR 기법, SBAS 기법 등이 있다.

(1) InSAR의 기본원리

레이도 간섭비법의 경우는 동일한 지표면에 대하여 두 SAR 영상이 지니고 있는 위성정보의 차이값을 활용하는 것으로서 공간적으로 떨어져 있는 두 개의 레이터 안테나들로부터 받은 신호를 연관시킴으로써 고도값을 추출하고 위치결정 및 DEM을 생성한다.

(2) InSAR의 간섭방식

① Repeat Track Interferometry(RTI) 방식 : 하나의 안테나를 사용하여 궤도가 반복될 때마다 동일 지역을 촬영하는 방식
② Cross Track Interferometry(CTI) 방식 : 두 개의 다른 안테나를 사용하여 동시에 간섭시키는 방식
③ Along Track Interferometry(ATI) 방식 : 발사된 마이크로파를 두 개 이상의 위성에서 동시에 수신하는 방식

(3) InSAR 기법

① D-InSAR(Differential InSAR) 기법
  ㉠ 간섭도로부터 지형기복의 위상을 제거함으로써 지형과 지표변위에 대한 두 가지 위상을 분리해 내는 기법
  ㉡ 지속적인 지반침하를 모니터링하는 데 있어서는 2-Pass 방법이 효과적이라 판단
② PS-InSAR(Permanent Scatter InSAR) 기법
  ㉠ 긴밀도가 높은 고정산란체(PS Point)를 이용한 기법
  ㉡ 기존의 두 장의 영상을 간섭하여 지표변위를 도출하는 D-InSAR와 달리 PS-InSAR 기법은 최소 25장 이상의 영상을 정합하여 지표변위를 도출하는 기법
  ㉢ 고정산란체의 지표 변위량은 cm 정확도로 추출 가능하여 기존 D-InSAR 기법에 비해 정확한 지표변위량을 도출할 수 있는 장점
③ SBAS(Small BAseline Subest) 기법
  PS-InSAR 기법이 지닌 공간적 비상관화를 극복하기 위하여 비교적 짧은 수직 기선을 지니는 차분 간섭도만을 사용하여 지표변위를 관측하는 기법

3. InSAR를 이용한 지반변위 모니터링 방안

(1) 구조물이나 토지에서 반사되어 위성 안테나로 돌아오고 위성센서에 포착된 반사신호를 이용하여 지표면의 레이더 이미지를 생성한다.
(2) 동일한 기하학적인 방법으로 수집된 데이터로부터 다른 시간에 획득한 이미지를 비교함으로써 변화차이를 탐지하고 측정한다.
(3) 여러 차례 데이터 습득 비교를 통하여 일정기간에 발생한 지반 및 구조물의 변형을 감지한다.
(4) 마이크로파 영역에서 작동하는 이 기술의 감도가 극도로 높기 때문에 수백 km부터 떨어진 거리의 1mm의 변위를 감지한다.

4. InSAR 기술의 건설분야 활용

(1) 건설분야의 설계, 시공, 운영 및 유지보수에 적용한다.
(2) 건설로 인한 피해 책임을 확인한다.
(3) 개별 구조물의 안정성 분석 및 광역지역 매핑에 활용한다.

5. 결론

InSAR 데이터를 사용하여 의사결정자가 다양한 시나리오를 분석 및 평가할 수 있으며 동종의 사례 및 신뢰할 수 있는 측정을 기반으로 특별한 작업을 계획할 수 있으므로 기존의 기술을 대체하는 것보다 항공·위성센서 및 지상기반 장비와 함께 이용하면 시너지 효과가 더욱 증가될 것으로 판단된다.

PART 10 지적재조사

CHAPTER 01 Summary
CHAPTER 02 단답형(용어해설)
CHAPTER 03 주관식 논문형(논술)

PART 10　CONTENTS

CHAPTER 01 _ Summary

CHAPTER 02 _ 단답형(용어해설)

　　01. 지적불합지(地籍不符合地) ·· 780
　　02. 지적재조사의 경계설정 방법 ·· 784
　　03. 지적재조사측량 ·· 787
　　04. 지적재조사위원회 ·· 788
　　05. 도시재생사업 ·· 792
　　06. 지적재조사에 따른 물상대위(物上代位) ·· 793

CHAPTER 03 _ 주관식 논문형(논술)

　　01. 지적재조사의 절차 ·· 795
　　02. 지적재조사 3차 기본계획 ·· 804
　　03. 지적재조사사업 ·· 811
　　04. 지적재조사지구 지정 ·· 814
　　05. 지적재조사 토지현황조사 ·· 817
　　06. 책임수행기관 제도 ·· 820
　　07. 북한의 지적제도 ··· 824

Summary

01 지적재조사사업
「공간정보의 구축 및 관리 등에 관한 법률」제71조부터 제73조까지의 규정에 따른 지적공부의 등록사항을 조사 · 측량하여 기존의 지적공부를 디지털에 의한 새로운 지적공부로 대체함과 동시에 지적공부의 등록사항이 토지의 실제 현황과 일치하지 아니하는 경우 이를 바로 잡기 위하여 실시하는 국가사업을 말한다.

02 기본계획의 수립
국토교통부장관은 지적재조사사업을 효율적으로 시행하기 위하여 지적재조사사업에 관한 기본계획을 수립하여야 한다. 국토교통부장관은 기본계획이 수립된 날부터 5년이 지나면 그 타당성을 다시 검토하고 필요하면 이를 변경하여야 한다.

03 시 · 도 종합계획의 수립
시 · 도지사는 기본계획을 토대로 지적재조사사업에 관한 종합계획을 수립하여야 한다. 시 · 도지사는 시 · 도종합계획을 확정한 때에는 지체 없이 국토교통부장관에게 제출하여야 한다. 시 · 도지사는 시 · 도종합계획이 수립된 날부터 5년이 지나면 그 타당성을 다시 검토하고 필요하면 변경하여야 한다.

04 지적재조사사업의 시행
지적재조사사업은 지적소관청이 시행한다. 지적소관청은 지적재조사사업의 측량 · 조사 등을 책임수행기관에 위탁할 수 있다. 국토교통부장관은 지적재조사사업의 측량 · 조사 등의 업무를 전문적으로 수행하는 책임수행기관을 지정할 수 있다.

05 실시계획의 수립
지적소관청은 시 · 도종합계획을 통지받았을 때에는 지적재조사사업에 관한 실시계획을 수립하여야 한다. 지적소관청은 실시계획에 포함된 필지는 지적재조사예정지구임을 지적공부에 등록하여야 한다.

06 지적재조사지구의 지정
지적소관청은 실시계획을 수립하여 시 · 도지사에게 지적재조사지구 지정 신청을 하여야 한다. 시 · 도지사는 지적재조사지구를 지정할 때에는 시 · 도 지적재조사위원회의 심의를 거쳐야 한다.

07 토지현황조사

지적재조사사업을 시행하기 위하여 필지별로 소유자, 지번, 지목, 면적, 경계 또는 좌표, 지상건축물 및 지하건축물의 위치, 개별공시지가 등을 조사하는 것을 말한다. 지적소관청은 실시계획을 수립한 때에는 지적재조사예정지구임이 지적공부에 등록된 토지를 대상으로 토지현황조사를 하여야 하며, 토지현황조사는 지적재조사측량과 병행하여 실시할 수 있다.

08 토지소유자협의회

지적재조사예정지구 또는 지적재조사지구의 토지소유자는 토지소유자 총수의 1/2 이상과 토지면적 1/2 이상에 해당하는 토지소유자의 동의를 받아 토지소유자협의회를 구성할 수 있다. 토지소유자협의회의 위원은 그 지적재조사예정지구 또는 지적재조사지구에 있는 토지의 소유자이어야 한다.

09 경계설정의 기준

지상경계에 대하여 다툼이 없는 경우 토지소유자가 점유하는 토지의 현실경계, 지상경계에 대하여 다툼이 있는 경우 등록할 때의 측량기록을 조사한 경계, 지방관습에 의한 경계의 순위로 경계를 설정하여야 하며, 토지소유자들이 합의한 경계를 기준으로 지적재조사를 위한 경계를 설정할 수 있다.

10 경계설정의 결정

지적재조사에 따른 경계결정은 경계결정위원회의 의결을 거친다. 지적소관청은 경계에 관한 결정을 신청하고자 할 때에는 지적확정예정조서에 토지소유자나 이해관계인의 의견을 첨부하여 경계결정위원회에 제출하여야 한다.

11 조정금의 산정

지적소관청에 따른 경계 확정으로 지적공부상의 면적이 증감된 경우에는 필지별 면적 증감내역을 기준으로 조정금을 산정하여 징수하거나 지급한다. 이 경우 1인의 토지소유자가 다수 필지의 토지를 소유한 경우에는 해당 토지소유자가 소유한 토지의 필지별 조정금 증감내역을 합산하여 징수하거나 지급한다.

12 중앙지적재조사위원회

지적재조사사업에 관한 주요 정책을 심의·의결하기 위하여 국토교통부장관 소속으로 중앙지적재조사위원회를 둔다. 기본계획의 수립 및 변경, 관계 법령의 제정·개정 및 제도의 개선에 관한 사항, 그 밖에 지적재조사사업에 필요하여 중앙위원회의 위원장이 회의에 부치는 사항을 심의·의결한다.

13 시·도 지적재조사위원회

시·도의 지적재조사사업에 관한 주요 정책을 심의·의결하기 위하여 시·도지사 소속으로 시·도 지적재조사위원회를 둘 수 있다. 지적소관청이 수립한 실시계획, 시·도 종합계획의 수립 및 변경, 지적재조사지구의 지정 및 변경, 시·군·구별 지적재조사사업의 우선순위 조정, 그 밖에 지적재조사사업에 필요하여 시·도 위원회의 위원장이 회의에 부치는 사항을 심의·의결한다.

14 시·군·구 지적재조사위원회

시·군·구의 지적재조사사업에 관한 주요 정책을 심의·의결하기 위하여 지적소관청 소속으로 시·군·구 지적재조사위원회를 둘 수 있다. 경계복원측량 또는 지적공부정리의 허용 여부, 지목의 변경, 조정금의 산정, 조정금 이의신청에 관한 결정, 그 밖에 지적재조사사업에 필요하여 시·군·구 위원회의 위원장이 회의에 부치는 사항을 심의·의결한다.

15 경계결정위원회

지적소관청 소속으로 경계결정위원회를 둔다. 경계설정에 관한 결정, 경계설정에 따른 이의신청에 관한 결정 등을 의결한다.

# CHAPTER 02 단답형(용어해설)

01 지적불부합지(地籍不符合地)

지적불부합이란 지적공부에 등록된 사항과 실제가 부합하지 않는 지역을 말한다. 100여 년 전 등록된 지적공부는 당시 측량기술의 부정확성, 제도적 미비, 천재지변, 지적공부 관리의 소홀 등으로 많은 지적불부합지가 발생됨으로써 사회적·경제적·행정적인 문제점이 발생하게 되었다.

1. 지적불부합지의 정의

지적불부합지는 광의적으로는 실지와 지적공부상의 지번, 지목, 면적, 소유권, 경계, 위치 등의 내용이 서로 맞지 않는 것으로 표현할 수 있으며, 협의적으로는 지적도에 등록된 경계와 면적이 실지와 서로 맞지 않는 것으로 정의할 수 있다. 제도적 관점에서 파악하는 경우와 비제도적 관점에서 파악하는 경우로 나누어 볼 수 있다.

(1) 제도적 관점
① 측량성과의 검사범위를 벗어나는 것을 의미
② 지적공부에 등록된 경계 및 면적이 실제 현장의 경계 및 면적과 부합하지 않는 상태의 토지
③ 세부측량에서 도상에 영향을 미치지 않는 지상거리의 축척별 한계인 축척분모의 1/10mm, 경계점측량성과의 인정을 도해지적에서 3/10mm 이상인 지역
④ 지적공부의 경계와 현지경계가 30~50cm 이상으로 차이가 나는 필지가 10필지 이상인 지역

(2) 비제도적 관점
지적공부의 등록내용과 현장의 실제 현황이 일치하지 않는 경우와 지적공부와 등기부의 불일치, 지적공부 상호 간의 불일치 등을 포함하는 개념으로 해석할 수 있다.

2. 지적불부합지의 발생원인

지적불부합지의 발생원인은 제도적·행정적·정책적·기술적 원인 등으로 구분된다.

(1) 제도적 원인
① 법 개정에 따른 일관성 및 통일성 저하에서 오는 오류
② 측량수행체계의 변화에서 오는 일관성 저하

③ 조직체계의 조정에 따른 유지·관리의 저하
④ 지적 관련 부서 및 업무의 이원화 등으로 안정적이고 체계적인 토지관리가 이루어지지 못하여 발생하는 원인

(2) 행정적 원인
① 지적업무 수행과정에서 발생하는 원인
② 분쟁해소 방안의 미흡
③ 수작업에 의한 도면 작성
④ 천재지변에 따른 지적복구의 부정확
⑤ 도면 재작성 과정에서 오는 제도오차
⑥ 토지이동정리과정에서 파생되는 오류
⑦ 도면의 보존·관리에서 발생하는 오류

(3) 정책적 원인
① 원점 및 좌표계 적용상 발생하는 원인
② 수치지적으로의 전환에 따른 오류
③ 측량방법의 적용에 따른 일시적 혼돈
④ 정보화 환경에 부합하는 시스템 구축과정에서 발생하는 오차

(4) 기술적 원인
① 기준점을 설치하는 경우 사용원점의 차이에서 발생하는 오차
② 경계점 복원과정에서 발생하는 제반 문제에 의한 오류
③ 측량기술의 변화와 측량기기의 운용 미숙

(5) 세부적 발생원인
① 토지조사 당시부터 기초측량 및 세부측량이 잘못된 경우
② 측량원점이 통일되지 아니하여 원점 간 오차로 인한 경우
③ 도근측량에 있어서 도선 간, 도근망 간 오차의 누적과 오측에 의한 경우
④ 일필지 측량의 오차 누적과 명확한 기지점을 이용하지 않은 세부측량에 의한 경우
⑤ 집중적 토지이동에 따른 기술인력, 업무조직 미약으로 인한 경우
⑥ 6·25전쟁으로 지적삼각점의 80% 이상이 망실되었으며 복구과정에서 증빙서류 미비

(6) 지적도면 불부합의 발생원인
① 도면축척의 다양성
② 동일원점, 구소삼각점, 특별소삼각점 등 원점계열의 상이
③ 지적도 관리의 부실

④ 지적도 재작성의 부정확
　　　⑤ 토지이동의 부정확
　　　⑥ 토지경계 관리의 불합리

3. 지적불부합지의 특성 및 영향

지적불부합지의 발생은 그 자체로 사회적으로 제약이 따르고 지역경제에 부의 영향을 초래하며, 지적행정업무 수행의 지연을 유발하는 특성 및 영향력을 갖고 있다.

(1) 사회적 제약

　　　① 빈번한 토지분쟁과 토지거래질서의 문란, 주민의 권리행사 지장, 권리실체 인정의 부실
　　　② 토지 정량성의 부정확이나 절대위치의 불확실로 이어져 사회적으로 많은 문제점을 야기
　　　③ 토지표시사항의 부정확은 인접 토지소유자 간의 토지경계분쟁 야기
　　　④ 금융기관의 담보대출이 어려워지고 재산권행사에 막대한 지장을 초래
　　　⑤ 더욱이 토지의 경계나 면적이 실지와 불일치하면 토지거래기피 현상이 발생
　　　⑥ 거래가 이루어진다고 하더라도 소송 등의 분쟁이 예상

(2) 행정업무처리의 지연

　　　① 지적행정의 불신을 초래하고 토지이동정리의 정지
　　　② 지적공부에 대한 증명발급의 곤란, 토지과세의 부적정
　　　③ 부동산등기의 지장 초래, 공공사업수행의 지장, 소송수행의 지장

(3) 지역경제의 악화

　　　① 토지가치의 하락, 불로소득의 가능성, 토지보상의 제약
　　　② 면적의 증감은 물론 경계와 위치의 불일치는 토지거래, 세금부과에 불로소득의 연계성이 존재

4. 지적불부합지의 유형

지적불부합지의 유형은 제도적 관점의 개념에 부합하는 유형과 비제도적 관점의 개념에 부합하는 유형으로 나누어 볼 수 있다. 즉, 제도적 관점이라는 것은 지적공부와 실제 현장이 상이한 형태로 도면과 실제 측량한 결과가 중복·편위·공백·위치오류·불규칙 등의 형태를 보이는 것을 의미한다. 비제도적 관점은 지적도와 토지대장 또는 토지대장과 등기부 상호 간의 내용이 불일치하는 경우로 행정의 불신과 서비스의 질적 저하로 연결된다. 지적불부합지의 유형은 대체로 제도적 관점에서 바라본 유형 등을 언급하고 있다.

(1) 중복형

① 일필지의 일부가 인접된 다른 필지에 중첩되어 나타나는 것으로, 기하학적으로 교집합적 성격
② 등록전환을 하는 경우, 측량착오나 기초측량을 하는 경우에 사용하는 원점이 상이한 경우, 원점구역의 접합지역에서 발생하는 사례가 대표적
③ 측량상의 오류는 인접 동·리의 토지를 측량할 때에 다른 동·리 경계선 부근에 이미 등록된 다른 토지의 경계선을 충분히 확인하지 않고 처리함으로써 야기되는 것이 대부분

(2) 공백형

① 토지의 경계선이 벌어지는 현상으로, 기하학적으로 여집합의 성격
② 삼각점 또는 도근점의 계열과 도선의 배열이 서로 상이한 경우 신규등록, 등록전환과 같은 이동지 정리측량의 오류에서 발생
③ 국지적인 측량성과 결정으로 인하여 발생하는 오류 유형
④ 행정구역이 서로 인접하는 부근에서 주로 발생
⑤ 많은 필지가 산재되는 경우가 많으며, 집단적으로 발생되는 예가 미미한 것으로 나타남

(3) 편위형

① 지구단위로 경계위치가 밀리거나 치우쳐 경계선이 집단적으로 밀리는 현상
② 도근점의 위치가 부정확하거나 도근점의 사용이 어려운 지역에서 현황측량방식으로 대단위지역의 이동측량을 할 경우에 측판점의 위치결정의 오류로 인한 것이 대부분
③ 면적과 필지수가 많은 토지의 집단지로 구성
④ 행정처리의 곤란과 토지이동정리를 할 경우 국부적으로 편위시켜 처리함으로써 오류발견 이후에도 오류지역이 확대되는 성향

(4) 불규칙형

① 일정한 방향으로 밀리거나 중복되지 않고 산발적으로 오류 등록된 경우
② 기초점 자체의 위치오류, 토지경계 인정의 착오, 토지소유자들의 토지경계의 혼동으로 인한 경계구조물 설치의 부정확 등 다양한 원인으로 인하여 형성된 복합 형태

(5) 위치오류형

① 일필지의 토지가 형상과 면적은 사실과 일치하나 지적도면 위치는 전혀 다른 곳에 놓여 있는 것을 의미
② 주로 세부측량 당시에 측량기준점이나 기지경계선으로부터 비교적 멀리 떨어진 산림 속의 경작지, 개재지에 대한 측량착오로 정위치에 등록되지 않는 경우
③ 지형변동형은 등록 당시와 현재의 이용상황이나 변동된 사례로서 주로 6·25전쟁이나 천재지변, 재난·재해 등으로 토지이용형상이 달라져 경계가 보존되지 못하고 있는 경우

④ 홍수 등으로 하천이 범람하여 포락지 등이 새로이 형성된 경우와 인위적으로 변동시킨 경우
⑤ 경계선 이외의 불부합형은 지적공부와 실지가 서로 일치하지 않고 다른 형태로 발생되어 문제시되고 있는 필지

(6) 경계 이외의 불부합
① 공부와 실지가 서로 다른 지목과 소유자의 성명, 주소 등 표시사항이 맞지 않는 오류
② 지적공부와 실지 토지표시사항이 다른 경우
③ 토지대장과 지적도의 등록사항이 서로 다른 경우
④ 토지대장과 등기부의 등록사항이 서로 다른 경우

02 지적재조사의 경계설정 방법

「지적재조사에 관한 특별법」의 일필지 경계설정은 지상경계에 대하여 다툼이 없는 경우 토지소유자가 점유하는 토지의 현실경계를 기준으로 하며, 지상경계에 대하여 다툼이 있는 경우 등록할 때의 측량기록을 조사한 경계로 설정한다.

1. 지상경계의 구분
(1) 토지의 지상경계는 둑, 담장이나 그 밖에 구획의 목표가 될 만한 구조물 및 경계점표지 등으로 구분한다.
(2) 지상경계의 구획을 형성하는 구조물 등의 소유자가 다른 경우에는 그 소유권에 따라 지상경계를 결정한다.

2. 지상경계 결정기준

(1) 토지조사사업 당시 경계설정
① 인접하는 양 토지 사이에 고저차가 없을 때는 휴반 또는 구조물의 중앙
② 인접하는 양 토지 사이에 고저차가 있을 때는 휴반, 애안 등을 높은 쪽 토지에 소속
③ 높은 쪽 토지가 하천 또는 구거의 둑이나 도로이고, 낮은 쪽 토지가 다른 지목의 토지일 때는 애각(낭떠러지 끝부분)까지 높은 쪽 토지에 소속, 다만 애각지의 경사가 완만한 경우에는 경작지점 등 기타 적당한 곳을 경계로 설정
④ 낮은 쪽 토지가 하천이나 구거 또는 도로이고 높은 쪽 토지가 다른 지목의 토지일 때는 그 애각을 높은 쪽 토지에 소속시켜 경계를 설정

⑤ 특별히 낮은 쪽 토지에 필요하다고 인정되는 부분이나 실지의 상황이 낮은 쪽 토지의 일부를 이룬다고 판단되는 부분이 있는 경우에는 그 부분들을 낮은 쪽 토지에 소속시켜 경계를 설정
⑥ 토지가 수면에 접하였을 때에는 최대 만조 시의 수륙분계선 또는 최대 만수 시의 수륙분계선을 토지와 수면의 경계로 설정
⑦ 도로, 구거 등에 절토가 된 부분이 있을 때에는 그 절토된 경사면 위쪽 끝부분을 경계로 설정
⑧ 공유수면을 매립하여 조성한 토지에 제방을 편입하여 등록하는 때에는 그 제방의 바깥쪽 어깨부분을 수면과 토지의 경계로 설정

(2) 공간정보관리법에 의한 경계설정
① 연접되는 토지 간에 높낮이 차이가 없는 경우 : 그 구조물 등의 중앙
② 연접되는 토지 간에 높낮이 차이가 있는 경우 : 그 구조물 등의 하단부
③ 도로 · 구거 등의 토지에 절토된 부분이 있는 경우 : 그 경사면의 상단부
④ 토지가 해면 또는 수면에 접하는 경우 : 최대만조위 또는 최대만수위가 되는 선
⑤ 공유수면매립지의 토지 중 제방 등을 토지에 편입하여 등록하는 경우 : 바깥쪽 어깨부분

3. 지적재조사사업의 경계설정 기준

(1) 지적재조사에 관한 특별법
① 지상경계에 대하여 다툼이 없는 경우 토지소유자가 점유하는 토지의 현실경계
② 지상경계에 대하여 다툼이 있는 경우 등록할 때의 측량기록을 조사한 경계
③ 지방관습에 의한 경계
④ 토지소유자들이 합의한 경계를 기준으로 지적재조사를 위한 경계를 설정할 수 있다.
⑤ 「도로법」, 「하천법」 등 관계 법령에 따라 고시되어 설치된 공공용지의 경계가 변경되지 아니하도록 하여야 한다. 다만, 해당 토지소유자들 간에 합의한 경우에는 그러하지 아니하다.

(2) 지적재조사측량규정
인공구조물 경계 26가지 유형, 자연구조물 경계 12가지 유형으로 구분하여 경계설정방법을 정의한다.

① 인공구조물 경계
㉠ 담장과 관련된 경계설정 유형 : 담장이 존재하는 경우, 담장이 존재하며 처마가 겹치는 경우, A가 담장을 설치한 경우, B가 담장을 설치한 경우, 건축물과 농지 · 임야 등 사이에 담장으로 경계가 형성된 경우

    ⓛ 건축물과 관련된 경계설정 유형 : 두 건축물 사이에 담장이 없는 경우, 두 건축물 사이에 담장이 없고 처마가 겹치는 경우, 두 건축물 사이에 담장이 없으며 한쪽 건축물 처마가 존재하는 경우, 두 건축물 모두 처마가 존재하지 않는 경우, 독립 건축물로서 인접지가 공지이면서 관계 법령에서 벽면후퇴 규제가 없는 경우, 두 건축물 사이에 어느 한쪽의 주택부분에 인공물의 시설물이 있는 경우

    ⓒ 옹벽과 관련된 경계설정 유형 : 옹벽으로 경사면이 이루어져 있는 경우, 건축물 보호를 위한 옹벽으로 도로와 인접해 배수구가 있는 경우, 건축물 보호를 위해 옹벽을 설치한 경우, 건축물 보호를 위해 축대 또는 보강축대를 설치한 경우, 농지와 대지 사이에 담장이 있고 축대를 담장을 위해 설치한 경우, 건축물 사이에 담장이 있고 고저가 있는 경우

    ⓡ 석축과 관련된 경계설정 유형 : 석축이 도로시설물인 경우, 석축을 아래쪽 대지에 설치한 경우

    ⓜ 도로와 관련된 경계설정 유형 : 도로의 경계가 경계석으로 된 경우, 도로의 경계가 인도인 경우, 경사부분이 도로시설물인 경우, 도로 등 국·공유지 사이에 담장이 설치된 경우, 도로와 인접한 전, 답, 공지 등이 성토가 이루어져 있는 경우

    ⓗ 제방과 관련된 경계설정 유형 : 제방과 사유지가 인접되어 있는 경우, 소단으로 이루어진 제방과 사유지가 인접되어 있는 경우, 제방 경사면 하단부에 구거가 설치되어 있고 이와 사유지가 인접되어 있는 경우

    ⓢ 구거와 관련된 경계설정 유형 : 도로, 제방 등과 같은 국·공유지와 인접되어 설치되어 있고 구거가 사유지와 접하고 있는 경우, 양쪽 사유지 소유자가 공동비용으로 구거를 설치한 경우, 좌측 사유지 소유자가 단독비용으로 구거를 설치한 경우, 사유지와 사유지가 접하는 곳에 국유지의 구거가 존재하는 경우

② **자연물 경계**

    ㉠ 논두렁 및 밭두렁과 관련된 경계설정 유형 : 고저차가 없는 농지 사이에 논(밭)두렁이 있는 경우, 인접된 논(밭)의 높낮이가 달라 낙수가 있는 경우

    ㉡ 고저차가 있는 농지 사이에 논(밭)두렁이 있는 경우 : 경사가 약 15° 이상으로 급한 경우, 경사가 약 15° 이하로 완만한 경우, 경사가 약 15° 이하로 완만하며 어느 소유자에 의해 경작이 이루어지고 있는 경우

    ㉢ 고저차가 없는 농지가 도로 등과 접하고 있는 경우, 계단식으로 이루어져 있는 경우, 논(밭), 용수로 및 배수로, 논(밭)으로 이루어져 있는 경우

    ㉣ 나무와 관련된 경계설정 유형 : 나무로 경계가 형성된 경우, 나무가 도로 조경용으로 형성된 경우

    ㉤ 산능선 또는 계곡으로 형성된 경우, 축척이 다른 토지와 임야의 경우

03 지적재조사측량

지적재조사측량은 지적불부합지 554만 필지 중 지적확정측량(불부합지) 12만 필지를 제외한 542만 필지를 대상으로 현실경계를 기준으로 지적경계를 확정하는 업무이다.

1. 지적재조사측량

(1) 지적재조사측량은 「공간정보의 구축 및 관리 등에 관한 법률」에 따른 지적측량으로 한다.
(2) 지적재조사측량은 지적기준점을 정하기 위한 기초측량과 일필지의 경계와 면적을 정하는 세부측량으로 구분한다.
(3) 기초측량과 세부측량은 국가기준점 및 지적기준점을 기준으로 측정하여야 한다.
(4) 기초측량은 위성측량 및 토털 스테이션 측량의 방법으로 한다.
(5) 세부측량은 위성측량, 토털 스테이션 측량 및 항공사진측량 등의 방법으로 한다.

2. 측량방법

(1) 정지측량
(2) 다중기준국 실시간이동측량
(3) 단일기준국 실시간이동측량
(4) 토털 스테이션 측량
(5) 항공(드론 포함)사진측량

3. 측량성과의 결정

지적재조사측량성과와 지적재조사측량성과에 대한 검사의 연결교차

(1) **지적기준점** : ±0.03m
(2) **경계점** : ±0.07m

4. 성과검사 방법

(1) 책임수행기관은 지적재조사측량성과의 검사에 필요한 자료를 지적소관청에 제출해야 한다.
(2) 지적소관청은 위성측량, 토털 스테이션 측량 및 항공사진측량 방법 등으로 지적재조사측량성과(기초측량성과는 제외)의 정확성을 검사해야 한다.
(3) 지적소관청은 인력 및 장비 부족 등의 부득이한 사유로 지적재조사측량성과의 정확성에 대한 검사를 할 수 없는 경우에는 시·도지사에게 그 검사를 요청할 수 있다. 이 경우 시·도지사는 검사를 하였을 때에는 그 결과를 지적소관청에 통지해야 한다.

(4) 지적소관청은 기초측량성과의 검사에 필요한 자료를 시·도지사에게 송부하고, 그 정확성에 대한 검사를 요청해야 한다.
(5) 검사를 요청받은 시·도지사는 기초측량성과의 정확성에 대한 검사를 수행하고, 그 결과를 지적소관청에 통지해야 한다.
(6) 사업기간 단축 등을 위해 필요한 경우에는 기초측량성과의 정확성에 대한 검사업무를 지적소관청으로 하여금 수행하게 할 수 있다.

04 지적재조사위원회

지적재조사사업에 관한 정책을 심의·의결하기 위해 국토교통부장관 소속으로 중앙지적재조사위원회를 두고, 시·도지사 소속의 시·도 지적재조사위원회 및 지적소관청 소속의 시·군·구 지적재조사위원회를 둘 수 있다.

1. 중앙지적재조사위원회

지적재조사사업에 관한 주요 정책을 심의·의결하기 위하여 국토교통부장관 소속으로 중앙지적재조사위원회를 둔다.

(1) 운영
① 중앙지적재조사위원회의 위원장은 중앙위원회를 대표하고, 중앙위원회의 업무를 총괄한다.
② 위원장이 부득이한 사유로 직무를 수행할 수 없을 때에는 부위원장이 그 직무를 대행한다.
③ 위원장과 부위원장이 모두 부득이한 사유로 그 직무를 수행할 수 없을 때에는 위원장이 미리 지명한 위원이 그 직무를 대행한다.
④ 위원장은 회의 개최 5일 전까지 회의 일시·장소 및 심의안건을 각 위원에게 통보하여야 한다. 긴급한 경우에는 회의 개최 전까지 통보할 수 있다.
⑤ 회의는 분기별로 개최한다. 위원장이 필요하다고 인정하는 때에는 임시회를 소집할 수 있다.

(2) 심의·의결사항
① 기본계획의 수립 및 변경
② 관계 법령의 제정·개정 및 제도의 개선에 관한 사항
③ 그 밖에 지적재조사사업에 필요하여 중앙위원회의 위원장이 회의에 부치는 사항

(3) 구성

① 중앙위원회는 위원장 및 부위원장 각 1명을 포함한 15명 이상 20명 이하의 위원으로 구성한다.
② 중앙위원회의 위원장은 국토교통부장관이 되며, 부위원장은 위원 중에서 위원장이 지명한다.
③ 중앙위원회의 위원은 기획재정부 · 법무부 · 행정안전부 또는 국토교통부의 1급부터 3급까지 상당의 공무원 또는 고위공무원단에 속하는 공무원, 판사 · 검사 또는 변호사, 법학이나 지적 또는 측량분야의 교수로 재직하고 있거나 있었던 사람, 그 밖에 지적재조사사업에 관하여 전문성을 갖춘 사람 중에서 위원장이 임명 또는 위촉한다.
④ 중앙위원회의 위원 중 공무원이 아닌 위원의 임기는 2년으로 한다.
⑤ 중앙위원회는 재적위원 과반수의 출석과 출석위원 과반수의 찬성으로 의결한다.
⑥ 그 밖에 중앙위원회의 조직 및 운영 등에 관하여 필요한 사항은 대통령령으로 정한다.

2. 시 · 도 지적재조사위원회

시 · 도의 지적재조사사업에 관한 주요 정책을 심의 · 의결하기 위하여 시 · 도지사 소속으로 시 · 도 지적재조사위원회를 둘 수 있다.

(1) 심의 · 의결사항

① 지적소관청이 수립한 실시계획
② 시 · 도종합계획의 수립 및 변경
③ 지적재조사지구의 지정 및 변경
④ 시 · 군 · 구별 지적재조사사업의 우선순위 조정
⑤ 그 밖에 지적재조사사업에 필요하여 시 · 도 위원회의 위원장이 회의에 부치는 사항

(2) 구성

① 시 · 도 위원회는 위원장 및 부위원장 각 1명을 포함한 10명 이내의 위원으로 구성한다.
② 시 · 도 위원회의 위원장은 시 · 도지사가 되며, 부위원장은 위원 중에서 위원장이 지명한다.
③ 시 · 도 위원회의 위원은 해당 시 · 도의 3급 이상 공무원, 판사 · 검사 또는 변호사, 법학이나 지적 또는 측량분야의 교수로 재직하고 있거나 있었던 사람, 그 밖에 지적재조사사업에 관하여 전문성을 갖춘 사람 중에서 위원장이 임명 또는 위촉한다.
④ 시 · 도 위원회의 위원 중 공무원이 아닌 위원의 임기는 2년으로 한다.
⑤ 시 · 도 위원회는 재적위원 과반수의 출석과 출석위원 과반수의 찬성으로 의결한다.
⑥ 그 밖에 시 · 도 위원회의 조직 및 운영 등에 관하여 필요한 사항은 해당 시 · 도의 조례로 정한다.

3. 시·군·구 지적재조사위원회

시·군·구의 지적재조사사업에 관한 주요 정책을 심의·의결하기 위하여 지적소관청 소속으로 시·군·구 지적재조사위원회를 둘 수 있다.

(1) 심의·의결사항
① 경계복원측량 또는 지적공부정리의 허용 여부
② 지목의 변경
③ 조정금의 산정
④ 조정금 이의신청에 관한 결정
⑤ 그 밖에 지적재조사사업에 필요하여 시·군·구 위원회의 위원장이 회의에 부치는 사항

(2) 구성
① 시·군·구 위원회는 위원장 및 부위원장 각 1명을 포함한 10명 이내의 위원으로 구성한다.
② 시·군·구 위원회의 위원장은 시장·군수 또는 구청장이 되며, 부위원장은 위원 중에서 위원장이 지명한다.
③ 시·군·구 위원회의 위원은 해당 시·군·구의 5급 이상 공무원, 해당 지적재조사지구의 읍장·면장·동장, 판사·검사 또는 변호사, 법학이나 지적 또는 측량 분야의 교수로 재직하고 있거나 있었던 사람, 그 밖에 지적재조사사업에 관하여 전문성을 갖춘 사람 중에서 위원장이 임명 또는 위촉한다.
④ 시·군·구 위원회의 위원 중 공무원이 아닌 위원의 임기는 2년으로 한다.
⑤ 시·군·구 위원회는 재적위원 과반수의 출석과 출석위원 과반수의 찬성으로 의결한다.
⑥ 그 밖에 시·군·구 위원회의 조직 및 운영 등에 관하여 필요한 사항은 해당 시·군·구의 조례로 정한다.

4. 경계결정위원회

지적소관청 소속으로 경계결정위원회를 둔다.

(1) 의결사항
① 경계설정에 관한 결정
② 경계설정에 따른 이의신청에 관한 결정

(2) 구성
① 경계결정위원회는 위원장 및 부위원장 각 1명을 포함한 11명 이내의 위원으로 구성한다.
② 경계결정위원회의 위원장은 위원인 판사가 되며, 부위원장은 위원 중에서 지적소관청이 지정한다.

③ 경계결정위원회의 위원은 관할 지방법원장이 지명하는 판사와 지적소관청 소속 5급 이상 공무원, 변호사, 법학교수, 그 밖에 법률지식이 풍부한 사람, 지적측량기술자, 감정평가사, 그 밖에 지적재조사사업에 관한 전문성을 갖춘 사람으로서 지적소관청이 임명 또는 위촉하는 사람이 된다.
④ 각 지적재조사지구의 토지소유자, 각 지적재조사지구의 읍장·면장·동장은 해당 지적재조사지구에 관한 안건인 경우에 위원으로 참석할 수 있다.
⑤ 경계결정위원회의 위원에는 각 지적재조사지구의 토지소유자는 반드시 포함되어야 한다.
⑥ 경계결정위원회의 위원 중 공무원이 아닌 위원의 임기는 2년으로 한다.

(3) 운영

① 경계결정위원회는 직권 또는 토지소유자나 이해관계인의 신청에 따라 사실조사를 하거나 신청인 또는 토지소유자나 이해관계인에게 필요한 서류의 제출을 요청할 수 있으며, 지적소관청의 소속 공무원으로 하여금 사실조사를 하게 할 수 있다.
② 토지소유자나 이해관계인은 경계결정위원회에 출석하여 의견을 진술하거나 필요한 증빙서류를 제출할 수 있다.
③ 경계결정위원회의 결정 또는 의결은 문서로써 재적위원 과반수의 찬성이 있어야 한다.
④ 결정서 또는 의결서에는 주문, 결정 또는 의결이유, 결정 또는 의결 일자 및 결정 또는 의결에 참여한 위원의 성명을 기재하고, 결정 또는 의결에 참여한 위원 전원이 서명날인하여야 한다. 다만, 서명날인을 거부하거나 서명날인을 할 수 없는 부득이한 사유가 있는 위원의 경우 해당 위원의 서명날인을 생략하고 그 사유만을 기재할 수 있다.
⑤ 경계결정위원회의 조직 및 운영 등에 관하여 필요한 사항은 해당 시·군·구의 조례로 정한다.

5. 토지소유자협의회

지적재조사지구의 토지소유자는 토지소유자 총수의 1/2 이상과 토지면적 1/2 이상에 해당하는 토지소유자의 동의를 받아 토지소유자협의회를 구성할 수 있다

(1) 구성

① 토지소유자협의회는 위원장을 포함한 5명 이상 20명 이하의 위원으로 구성한다.
② 토지소유자협의회의 위원은 그 지적재조사지구에 있는 토지의 소유자이어야 하며, 위원장은 위원 중에서 호선한다.

(2) 기능

① 지적소관청에 대한 지적재조사지구의 신청
② 토지현황조사에 대한 입회

③ 임시경계점표지 및 경계점표지의 설치에 대한 입회
④ 조정금 산정기준에 대한 의견 제출
⑤ 경계결정위원회 위원의 추천

(3) 운영

① 토지소유자가 협의회 구성에 동의하거나 그 동의를 철회하려는 경우에는 국토교통부령으로 정하는 협의회 구성동의서 또는 동의철회서에 본인임을 확인한 후 서명 또는 날인하여 지적소관청에 제출하여야 한다.
② 협의회 위원장은 협의회를 대표하고, 협의회의 업무를 총괄한다.
③ 협의회 회의는 재적위원 과반수의 출석으로 개의하고 출석위원 과반수의 찬성으로 의결한다.
④ 그 외 협의회의 운영 등에 필요한 사항은 협의회의 의결을 거쳐 위원장이 정한다.

05 도시재생사업

도시재생사업은 그 지역의 특색 있는 자원을 활용하여, 물리적 환경뿐만 아니라 경제·사회·문화·복지적 측면 등 종합적인 활성화를 통해 주민의 삶의 질 향상과 도시경쟁력을 확보하는 사업을 의미한다.

1. 도시재생사업의 추진배경

저성장, 저출산, 고령화 등으로 외곽개발 위주 도시정책 한계에 봉착한 점을 타개하고자 물리적 사업과 함께 경제·사회·문화 등 기성도시를 종합적으로 재생하기 위해 정부와 지자체, 주민과 기업이 참여하는 도시재생사업을 추진하였다.

2. 도시재생사업의 성격

(1) 도시재생은 인구감소, 산업구조 변화, 도시의 무분별한 확장, 주건환경의 노후화 등으로 쇠퇴하는 도시를 경제적·사회적·물리적 환경으로 활성화시키는 것이다.
(2) 주민들이 직접 살고 싶은 매력적인 도시를 만드는 주민참여사업이라는 점에서 기존의 재건축사업, 도시재개발사업, 뉴타운사업과는 차이를 가지고 있다.
(3) 도시재생 선도사업은 도시재생을 긴급하고 효과적으로 실시하여야 할 필요가 있고 주변지역에 대한 파급효과가 큰 지역으로 규정한다.

(4) 도시재생사업은 경제기반형, 근린재생형으로 구분한다.
(5) 세부사업은 정부와 지방자치단체의 예산지원에 따라 마중물사업, 지자체사업, 부처연계사업과 민간참여를 통한 사업활성화 도모를 위한 민간투자사업으로 구분된다.
(6) 경제기반형 도시재생선도사업은 산업단지, 항만, 공항, 철도, 일반국도, 하천 등 국가의 핵심적인 기능을 담당하는 도시·군계획시설의 정비 및 개발과 연계하여 도시의 새로운 기능을 부여하고 고용기반을 창출하기 위한 사업을 의미한다.

3. 빗물마을 조성사업

(1) 빗물마을은 빗물 이용시설을 설치해 버려지는 빗물을 활용하고 침투시설을 통해 빗물을 땅속으로 침투시키는 친환경마을로서, 빗물마을 조성사업은 도시재생사업과 연계된 친환경구역 조성사업의 하나이다.
(2) 특정 지역에 빗물마을을 조성하면 텃밭 또는 화단을 가꾸거나 마당을 청소할 때 모아놓은 빗물을 활용해 수돗물 사용을 줄일 수 있고, 투수블록, 빗물 저금통 등 다양한 빗물침투시설을 통해 하수도로 배출되는 빗물의 양을 줄이는 효과도 있다.

06 지적재조사에 따른 물상대위(物上代位)

물상대위란 담보물권의 목적물의 멸실·훼손·공용징수 등으로 가치가 다른 형태로 바뀌는 경우 그 목적물에 갈음하는 금전, 기타의 물건이나 권리가 목적물 소유자에게 귀속되는 경우에 담보권자는 이들 물건이나 권리에 대해서 우선변제권을 받을 수 있는 권리이다.

1. 물상대위가 인정되는 물권

(1) 질권, 저당권, 전세권, 가등기담보권, 양도담보권 등
(2) 유치권은 인정되지 않음

2. 법률근거

「지적재조사에 관한 특별법」 제36조에 "사업지구에 있는 토지 또는 건축물에 관하여 설정된 저당권은 저당권설정자가 지급받을 조정금에 대하여 행사할 수 있다. 이 경우 지급 전에 압류하여야 한다."라고 규정되어 있다.

3. 저당권

(1) 채무자 또는 제3자가 채무담보로 제공한 부동산, 기타 목적물의 점유를 채권자가 이전받지 않고 채무변제가 없을 때에 그 목적물로부터 우선 변제를 받을 수 있는 담보물권을 말한다.
(2) 채무자 또는 제3자가 점유를 이전하지 않고 채무의 담보로 제공한 부동산, 기타 목적물에 대하여 우선변제를 받는 약정담보물권을 말한다.
(3) 저당권은 담보물권이므로 피담보채권[*]에 부종[**]하고 피담보채권과 분리하여 타인에게 양도하거나 다른 채권의 담보로 하지 못하며 불가분성과 물상대위권이 인정된다.

[*] 피담보채권 : 돈을 빌려주면서 토지나 건물을 담보로 잡아 놓은 채권을 말한다.
[**] 부종 : 저당권으로 담보한 채권이 시효의 완성 기타 사유로 인하여 소멸한 때에는 저당권도 소멸한다.

4. 지적재조사 물상대위

(1) 지적재조사사업에 따른 토지경계의 확정으로 지적공부상 면적이 증감된 경우에 필지별 면적 증감내역을 기준으로 조정금을 산정하여 징수하거나 지급한다.
(2) 저당권설정자가 토지면적의 감소에 따른 조정금의 지급을 지적소관청에 청구하면 저당권자는 저당권설정자가 지급받을 조정금에 대하여 저당권을 행사한다.

CHAPTER 03 주관식 논문형(논술)

01 지적재조사의 절차

1. 개요

지적재조사사업은 지적공부의 등록사항을 조사·측량하여 기존의 지적공부를 디지털에 의한 새로운 지적공부로 대체함과 동시에 지적공부의 등록사항이 토지의 실제 현황과 일치하지 아니하는 경우 이를 바로잡기 위해 실시하는 국가사업이다. 지적재조사는 1910년부터 사용해온 종이지적의 훼손 등과 지적공부의 복구·재작성 등으로 인해 토지의 실제 현황과 일치하지 않는 지적공부의 등록사항을 바로잡고, 종이에 구현된 지적을 디지털 지적으로 전환함으로써 국토를 효율적으로 관리함과 동시에 국민의 재산권 보호를 목적으로 한다.

2. 지적재조사사업의 목적

지적재조사는 토지이용의 효율성과 국민의 재산권 보호에 있어서 그 태생적 한계로 인하여 지속적으로 지적관리에 혼란을 초래하고 있다.

(1) 지적불부합지 문제를 근본적으로 해소한다.
(2) 토지의 현황을 도면경계와 일치화한다.
(3) 일필지의 표시를 명확화한다.
(4) 능률적이고 효율적인 지적관리체제로 개선한다.
(5) 기존 지적제도를 전면적으로 개편하는 작업이다.

3. 지적재조사사업의 시행 절차

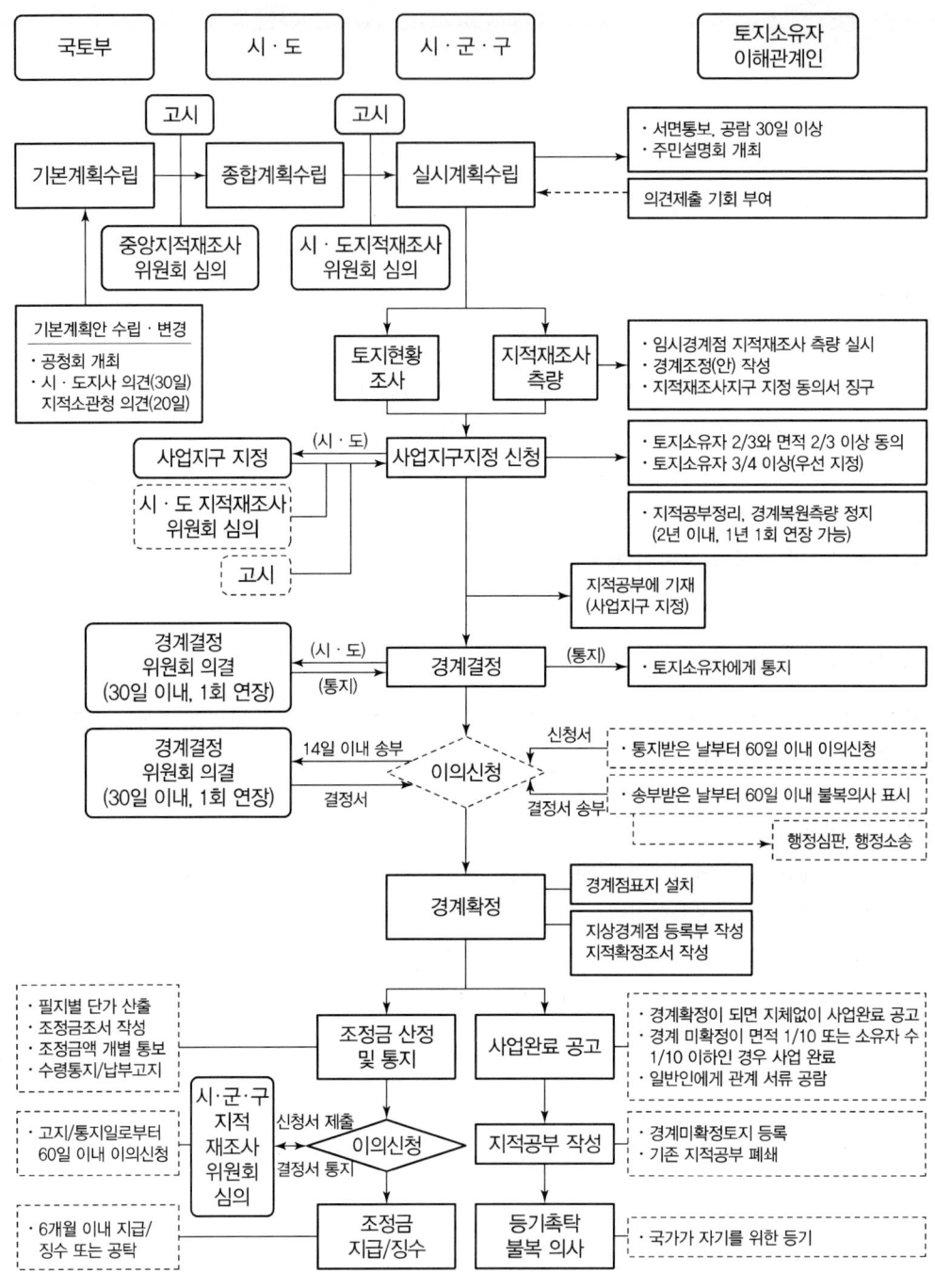

(1) 기본계획 수립

국토교통부장관은 지적재조사사업을 효율적으로 시행하기 위하여 지적재조사사업에 관한 기본계획을 수립하여야 한다.

① 내용
　㉠ 기본방향, 시행기간, 사업규모
　㉡ 사업비의 연도별 집행계획, 사업비의 시·도 배분계획
　㉢ 사업에 필요한 인력확보 계획
　㉣ 디지털 운영 관리에 필요한 표준제정 및 활용
　㉤ 사업의 효율적 추진을 위한 교육, 연구, 개발 등

② 수립절차

(2) 종합계획 수립

시·도지사는 기본계획을 토대로 지적재조사사업에 관한 종합계획(시·도 종합계획)을 수립하여야 한다.

① 내용
　㉠ 지적재조사지구 지정의 세부기준
　㉡ 지적재조사사업의 연도별, 지적소관청별 사업량
　㉢ 사업비의 연도별 추산액, 사업비의 지적소관청별 배분계획
　㉣ 사업에 필요한 인력 확보계획
　㉤ 사업의 교육과 홍보에 관한 사항 등

② 수립절차

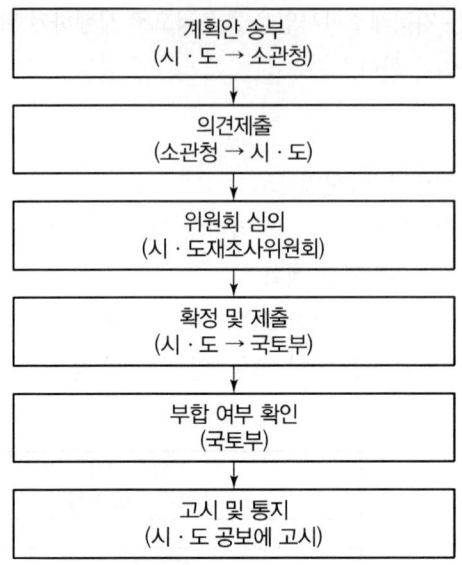

(3) 실시계획 수립

지적소관청은 시·도종합계획을 통지받았을 때에는 지적재조사사업에 관한 실시계획을 수립하여야 한다.

① 내용
  ㉠ 지적재조사사업의 시행자
  ㉡ 지적재조사지구 명칭, 위치, 면적, 시행시기 및 기간
  ㉢ 사업비의 추산액
  ㉣ 토지현황조사에 관한 사항
  ㉤ 지적재조사지구의 현황
  ㉥ 사업시행에 관한 세부계획
  ㉦ 지적재조사측량에 관한 시행계획
  ㉧ 지적재조사사업 시행에 따른 홍보 등

② 수립절차

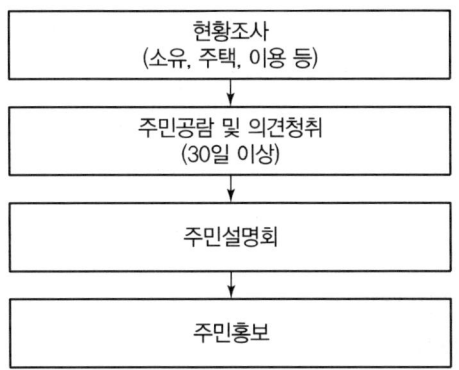

(4) 지적재조사 지구 지정 신청

① 첨부사항

 ㉠ 실시계획 내용

 ㉡ 주민서면 통보, 주민설명회 및 주민공람 개요 등 현황

 ㉢ 주민 의견 청취 내용과 반영 여부

 ㉣ 토지소유자 동의서

 ㉤ 토지소유자협의회 구성 현황

 ㉥ 토지의 지번별 조서

② 지구 지정 절차

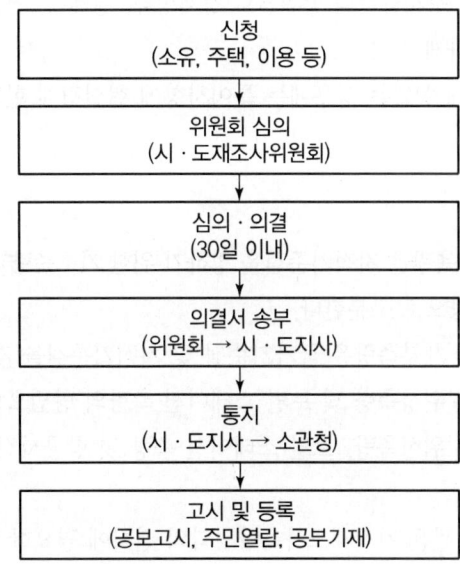

(5) 토지현황조사

① 지적소관청은 지적재조사예정지구임이 지적공부에 등록된 토지를 대상으로 토지현황조사를 하여야 하며, 토지현황조사는 지적재조사측량과 병행하여 실시할 수 있다.

② 토지현황조사를 할 때에는 소유자, 지번, 지목, 경계 또는 좌표, 지상건축물 및 지하건축물의 위치, 개별공시지가 등을 기재한 토지현황조사서를 작성하여야 한다.

③ 사전조사
  ㉠ 토지에 관한 사항
  ㉡ 건축물에 관한 사항
  ㉢ 토지이용계획에 관한 사항
  ㉣ 토지이용 현황 및 건축물 현황
  ㉤ 지하시설(구조)물 등 현황

④ 현지조사
  ㉠ 토지의 이용현황과 담장, 옹벽, 전주, 통신주 및 도로시설물 등 구조물의 위치를 조사
  ㉡ 지상건축물 및 지하건축물의 위치
  ㉢ 점유경계 현황, 임대차 현황 등 특이사항이 있는 경우 조사자 의견란에 구체적으로 작성

⑤ 토지현황조사서 작성
  ㉠ 정사영상자료에 해당 토지의 점유현황 경계를 붉은색으로 표시
  ㉡ 토지특성은 현장조사를 통해 필지별로 조사
  ㉢ 건축물 등에 관한 사항은 지상건축물의 층수, 이용현황, 거주 및 경작자현황 등을 조사
  ㉣ 현황경계는 동서남북의 방위별로 경계형태, 경계폭, 연접토지현황, 연접토지와의 고저 등을 상세하게 작성
  ㉤ 명확한 경계가 없는 경우에는 특이사항에 현실경계 현황을 구체적으로 작성

(6) 지적재조사측량

① 측량방법
  ㉠ 지적재조사측량은 지적기준점을 정하기 위한 기초측량과 일필지의 경계와 면적을 정하는 세부측량으로 구분한다.
  ㉡ 기초측량과 세부측량은 국가기준점 및 지적기준점을 기준으로 측정하여야 한다.
  ㉢ 기초측량은 위성측량 및 토털 스테이션 측량의 방법으로 한다.
  ㉣ 세부측량은 위성측량, 토털 스테이션 측량 및 항공사진측량 등의 방법으로 한다.

② 성과검사
  ㉠ 책임수행기관은 지적재조사측량성과의 검사에 필요한 자료를 지적소관청에 제출하여야 한다.
  ㉡ 지적소관청은 위성측량, 토털 스테이션 측량 및 항공사진측량 방법 등으로 지적재조사측량성과의 정확성을 검사하여야 한다.

ⓒ 지적소관청은 인력 및 장비 부족 등의 부득이한 사유로 지적재조사측량성과의 정확성에 대한 검사를 할 수 없는 경우에는 시·도지사에게 그 검사를 요청할 수 있다.
ⓔ 지적소관청은 지적기준점측량성과의 검사에 필요한 자료를 시·도지사에게 송부하고, 그 정확성에 대한 검사를 요청하여야 한다.
ⓜ 사업기간 단축 등을 위해 필요한 경우에는 기초측량성과의 정확성에 대한 검사업무를 지적소관청으로 하여금 수행하게 할 수 있다.

(7) 경계의 확정

① 경계설정 순위
  ㉠ 지상경계에 대하여 다툼이 없는 경우 토지소유자가 점유하는 토지의 현실경계
  ㉡ 지상경계에 대하여 다툼이 있는 경우 등록할 때의 측량기록을 조사한 경계
  ㉢ 지방관습에 의한 경계
  ㉣ 토지소유자들이 합의한 경계

② 임시경계점표지 설치
  ㉠ 지적소관청은 경계를 설정하면 지체 없이 임시경계점표지를 설치하고 지적재조사측량을 실시하여야 한다.
  ㉡ 임시경계점표지를 이전 또는 파손하거나 그 효용을 해치는 행위를 하여서는 아니 된다.

③ 확정예정조서 작성
  ㉠ 토지의 소재지
  ㉡ 종전 토지의 지번, 지목 및 면적
  ㉢ 산정된 토지의 지번, 지목 및 면적
  ㉣ 토지소유자의 성명 또는 명칭 및 주소

(8) 경계의 결정

① 경계결정위원회 회부
  ㉠ 지적재조사에 따른 경계결정은 경계결정위원회의 의결을 거쳐 결정한다.
  ㉡ 지적확정예정조서에 토지소유자나 이해관계인의 의견을 첨부하여 경계결정위원회에 제출하여야 한다.
  ㉢ 경계결정위원회는 지적확정예정조서를 제출받은 날부터 30일 이내에 경계에 관한 결정을 하고 이를 지적소관청에 통지하여야 한다.
  ㉣ 부득이한 사유가 있을 때에는 경계결정위원회는 의결을 거쳐 30일의 범위에서 그 기간을 연장할 수 있다.
  ㉤ 토지소유자나 이해관계인은 경계결정위원회에 참석하여 의견을 진술할 수 있다.
  ㉥ 경계결정위원회는 토지소유자나 이해관계인이 의견진술을 신청하는 경우에는 특별한 사정이 없으면 이에 따라야 한다.

ⓐ 경계결정위원회는 경계에 관한 결정을 하기에 앞서 토지소유자들로 하여금 경계에 관한 합의를 하도록 권고할 수 있다.
ⓑ 지적소관청은 경계결정위원회로부터 경계에 관한 결정을 통지받았을 때에는 지체 없이 이를 토지소유자나 이해관계인에게 통지하여야 한다.
ⓒ 통지를 받은 날부터 60일 이내에 이의신청이 없으면 경계결정위원회의 결정대로 경계가 확정된다는 취지를 명시하여야 한다.

② 이의신청
㉠ 경계에 관한 결정을 통지받은 토지소유자나 이해관계인이 이에 대하여 불복하는 경우에는 통지를 받은 날부터 60일 이내에 지적소관청에 이의신청을 할 수 있다.
㉡ 이의신청을 하고자 하는 토지소유자나 이해관계인은 지적소관청에 이의신청서를 제출하여야 한다. 이 경우 이의신청서에는 증빙서류를 첨부하여야 한다.
㉢ 지적소관청은 이의신청서가 접수된 날부터 14일 이내에 이의신청서에 의견서를 첨부하여 경계결정위원회에 송부하여야 한다.
㉣ 이의신청서를 송부받은 경계결정위원회는 이의신청서를 송부받은 날부터 30일 이내에 이의신청에 대한 결정을 하여야 한다.
㉤ 부득이한 경우에는 30일의 범위에서 처리기간을 연장할 수 있다.
㉥ 경계결정위원회는 이의신청에 대한 결정을 하였을 때에는 그 내용을 지적소관청에 통지하여야 한다.
㉦ 지적소관청은 결정내용을 통지받은 날부터 7일 이내에 결정서를 작성 이의신청인, 토지소유자나 이해관계인에게 송달하여야 한다.

③ 경계의 확정
㉠ 경계에 관한 결정을 통지받은 토지소유자나 이해관계인이 이에 대하여 불복하는 경우에는 통지를 받은 날부터 60일 이내에 이의를 신청하지 아니하였을 때
㉡ 이의신청서를 송부받은 경계결정위원회의 이의신청에 대한 결정에 대하여 60일 이내에 불복의사를 표명하지 아니하였을 때
㉢ 경계결정위원회의 경계에 관한 결정이나 이의신청에 대한 결정에 불복하여 행정소송을 제기한 경우에는 그 판결이 확정되었을 때

(9) 조정금 산정
① 조정금 산정방법
㉠ 지적소관청은 경계확정으로 지적공부상의 면적이 증감된 경우에는 필지별 면적 증감내역을 기준으로 조정금을 산정하여 징수하거나 지급한다.
㉡ 국가 또는 지방자치단체 소유의 국유지·공유지 행정재산의 조정금은 징수하거나 지급하지 아니한다.

ⓒ 조정금은 경계가 확정된 시점을 기준으로 「감정평가 및 감정평가사에 관한 법률」에 따른 감정평가법인 등이 평가한 감정평가액으로 산정한다.
ⓓ 토지소유자협의회가 요청하는 경우에는 시·군·구 지적재조사위원회의 심의를 거쳐 「부동산 가격공시에 관한 법률」에 따른 개별공시지가로 산정할 수 있다.

② 조정금 지급·징수
ⓐ 조정금은 현금으로 지급하거나 납부하여야 한다.
ⓑ 지적소관청은 조정금을 산정하였을 때에는 지체 없이 조정금 조서를 작성하고, 토지소유자에게 개별적으로 조정금액을 통보하여야 한다.
ⓒ 지적소관청은 조정금액을 통지한 날부터 10일 이내에 토지소유자에게 조정금의 수령통지 또는 납부고지를 하여야 한다.
ⓓ 지적소관청은 수령통지를 한 날부터 6개월 이내에 조정금을 지급하여야 한다.
ⓔ 납부고지를 받은 자는 그 부과일부터 6개월 이내에 조정금을 납부하여야 한다.
ⓕ 지적소관청은 1년의 범위에서 대통령령으로 정하는 바에 따라 조정금을 분할납부하게 할 수 있다.

(10) 사업 완료 공고 및 새로운 지적공부 작성

① 공고 고시사항
ⓐ 지적재조사지구의 명칭
ⓑ 토지의 소재지
ⓒ 종전 토지의 지번, 지목 및 면적
ⓓ 산정된 토지의 지번, 지목 및 면적
ⓔ 토지소유자의 성명 또는 명칭 및 주소

② 공람 서류
ⓐ 14일 이상 일반인에게 공람
ⓑ 새로 작성한 지적공부
ⓒ 지상경계점등록부
ⓓ 측량성과 결정을 위하여 취득한 측량기록물

③ 새로운 지적공부 작성
ⓐ 지적소관청은 사업 완료 공고가 있었을 때에는 기존의 지적공부를 폐쇄하고 새로운 지적공부를 작성하여야 한다.
ⓑ 사업 완료 공고일에 토지의 이동이 있은 것으로 본다.
ⓒ 새로 작성하는 지적공부는 토지, 토지·건물 및 집합건물로 각각 구분하여 작성한다.
ⓓ 부동산 종합공부(토지), 부동산 종합공부(토지, 건물) 및 부동산 종합공부(집합건물)에 따른다.

ⓜ 경계가 확정되지 아니하고 사업 완료 공고가 된 토지에 대하여는 "경계미확정 토지"라고 기재하고 지적공부를 정리할 수 있으며, 경계가 확정될 때까지 지적측량을 정지시킬 수 있다.
ⓗ 폐쇄된 지적공부는 영구히 보존한다.

4. 결론

지적재조사는 단순히 지적불부합지만을 해소하는 것이 아니라 도해기반의 지적을 디지털화함으로써 4차 산업혁명에 맞는 미래 지적제도의 기반을 마련하는 데 있다. 따라서 지적재조사를 통해 현행 도해지적 기반의 지적정보를 디지털지적으로 전환하고 입체지적 등 미래지향적 지적제도 도입의 기틀을 마련하여야 한다.

02 지적재조사 3차 기본계획

1. 개요

지적재조사사업의 효율적 시행을 위하여 「지적재조사 특별법」에 근거해 지적재조사 기본계획을 수립하여 시행하고 있다. 지적재조사 기본계획은 지적재조사사업을 효율적으로 시행하기 위하여 사업에 관한 기본방향, 시행기간, 규모 등에 관한 기본계획을 수립하는 것이다. 2012년부터 적용된 지적재조사 기본계획은 지적재조사사업을 2012년부터 2030년까지 기간을 설정하였으며, 단계별로 사업기간을 구분하여 사업을 계획하고, 각 단계별 기본계획을 수정·보완을 통해 안정적 추진을 도모하고 있다. 1단계(2012~2015)에서는 도입 및 추진기반 마련, 2단계(2016~2020)에서는 안정적 디지털지적 이행, 3단계(2021~2025)에서는 사업의 파급 확산, 4단계(2026~2030)에서는 디지털지적 정착이라는 목표를 설정하였다.

2. 기본계획의 개요

국토교통부장관은 지적재조사사업을 효율적으로 시행하기 위하여 지적재조사사업에 관한 기본계획을 수립하여야 한다.

(1) 지적재조사 기본계획 성격
① 약 1조 3천억 원의 국가재정의 투입으로 2012년부터 2030년까지 장기계획
② 기본계획은 최상위계획으로 지적소관청에서 수립하는 실시계획의 기초

③ 지적재조사사업을 효율적으로 시행하기 위하여 사업에 관한 기본방향, 시행기간, 규모 등에 관한 기본계획을 수립

(2) 기본방향

① 전국 모든 토지를 대상으로 특별시, 특별자치시·도, 광역시·도에서 수행되는 국가 차원의 계획
② 국가 차원의 선진화를 견인하기 위해 최신 기술 적용, 연구 활성화 및 새로운 시장과 일자리 창출 등을 반영
③ 시·도 및 지적소관청의 사업계획 수립의 기초가 될 수 있도록 현실적이고 실천 가능한 방향 제시
④ 약 1조 3천억 원의 국가재정이 투입되므로 사회갈등 유발과 재정적 부담을 덜기 위해 장기적 관점에서 계획수립

(3) 단계별 사업추진

추진단계	목표	세부내용
1단계('12~'15)	디지털지적 도입 및 추진기반 마련	지구별 사업환경 조성, 지적재조사측량, 세계측지계변환, 사업추진시스템 개발, 부동산통합정보연계체계 구축, 해외사업영역 발굴
2단계('16~'20)	전 국토 안정적인 디지털지적 이행	지적재조사측량, 세계측지계 변환 완료, 지적정보서비스, 지목체계개선 및 부동산공부 확대를 위한 제도적 보완, 해외수출 등
3단계('21~'25)	지적재조사사업의 파급 확산	세계측지계 기반 전국적 지적재조사 확산, 지적정보서비스 확대운영, 지적 신기술 도입, 인력 및 산업기반 고도화 등
4단계('26~'30)	미래지향적 디지털지적 정착	전국 지적재조사측량 완료, 디지털지적 정착, 지적 및 부동산 행정 선진화 구현, 지적산업 강구 도약 등

(4) 소요예산

내용		소요예산(억 원)					비율(%)
		1단계	2단계	3단계	4단계	합계	
기준점측량		172	496	34	17	719	6.1
지적재조사측량	집단불부합지역	576	2,438	1,994	997	6,005	78.8
	개별불부합지역	757	2,565			3,322	
	소계	1,333	5,003	1,994	997	9,327	
세계측지계변환		107	361			468	4.4
	지적확정측량지역	25	36			60	
	소계	132	397			528	

내용	소요 예산(억 원)					비율 (%)
	1단계	2단계	3단계	4단계	합계	
정보시스템 구축	185				185	1.6
예비비	180	590	203	101	1,074	9.1
합계(부가세 제외)	2,002	6,485	2,231	1,115	11,833	100.0
합계(부가세 포함)	2,203	7,133	2,454	1,227	13,017	

3. 그 간의 성과분석

(1) 성과

① 고품질의 지적정보 구축
  ㉠ 2020년까지 계획(4,460억 원) 대비 34.4%의 예산을 집행(1,535억 원)하여 78만 필지(계획 187만 필지 대비 41.7%)의 지적불부합지 정비를 안정적으로 추진
  ㉡ 지역측지계 기준으로 등록된 지적공부를 공통점을 이용하여 지역적 오차를 최소화한 국제표준의 측지계 기준으로 변환

② 사업 추진체계 확립
  ㉠ 지적재조사기획단(국토교통부), 지원단(시·도), 추진단(지자체) 체계를 운영하고, 한국국토정보공사와 민간을 통해 지적재조사 업무를 수행
  ㉡ 전문성 제고를 위한 체계적인 인력양성

③ 사업성장 기반 조성
  ㉠ 운영과정의 미비점 및 불필요한 규정 절차 개정, 민간의 진입장벽 완화, 조정금 산정 및 납부방법을 개선하여 국민의 권리보호에 기여
  ㉡ 한국형 지적데이터 모델을 한국산업표준(KS)으로 등록, 바른땅시스템을 구축하였으며, 세계측지계로 공간정보를 취득하여 코드 표준화
  ㉢ 지적재조사 성과의 정확성 확보 및 효율성 향상 등을 위해 법·제도부문과 신기술부문에 대한 다양한 연구 추진

④ 지적재조사 효과의 확산
  ㉠ 지적재조사측량 수행자 선정 시 소규모 민간업체의 참여를 확대하는 등의 제도개선으로 민간업체 수행현황이 지속적으로 증가
  ㉡ 사업 효율성을 제고하고, 속도감 있는 업무 추진을 위하여 책임수행기관이 지적재조사를 전담할 수 있도록 제도개선 추진
  ㉢ 도시재생뉴딜사업 등과 협업을 추진하여 지역개발과 지적불부합지를 동시에 해결하고, 토지소유자 만족도 제고 등 시너지 효과 제고
  ㉣ 지적재조사 경계조정과정에서 맹지 건축물 저촉 해소, 토지 정형화, 공시지가 상승 등 토지의 효용과 활용가치 상승

(2) 미흡한 점

① 지적공부와 현실지목의 일치를 위한 정비체계 및 제도 개선 미비
② 실시간 지형 지적정보 갱신, 정보 유통, 서비스 등 다양한 부동산종합공부 콘텐츠 개발 미흡
③ 지적산업 진흥업무의 전문기관 위탁 정책 미추진
④ 국·공유지 관리체계 연계 미흡

4. 기본계획 수립 및 변경절차

(1) 공청회 개최

국토교통부장관은 기본계획을 수립할 때에는 미리 공청회를 개최하여 관계 전문가 등의 의견을 들어 기본계획안을 작성한다.

(2) 계획안 송부 및 의견 청취

시·도지사에게 그 안을 송부하고, 시·도지사는 기본계획안을 송부받았을 때에는 이를 지체 없이 지적소관청에 송부하여 그 의견을 들어야 한다.

(3) 의견 제출

① 지적소관청은 기본계획안을 송부받은 날부터 20일 이내에 시·도지사에게 의견을 제출하여야 한다.
② 시·도지사는 본 계획안을 송부받은 날부터 30일 이내에 지적소관청의 의견에 자신의 의견을 첨부하여 국토교통부장관에게 제출하여야 한다.

(4) 중앙지적재조사위원회 심의

시·도지사 및 소관청의 의견을 들은 후 중앙지적재조사위원회의 심의를 거쳐야 한다.

(5) 고시 및 통지

국토교통부장관은 기본계획을 수립하거나 변경하였을 때에는 이를 관보에 고시하고 시·도지사에게 통지하여야 하며, 시·도지사는 이를 지체 없이 지적소관청에 통지하여야 한다.

5. 제3차 지적재조사 기본계획

기본계획이 수립된 날부터 5년이 지나면 그 타당성을 다시 검토하고 필요하면 이를 변경하여야 한다.

(1) 수정계획 수립배경

① 사업환경
  ㉠ 적용 가능한 기술의 성숙, 사업예산의 급격한 증가와 사업물량의 변화 등으로 인하여 사

업 확산의 긍정적 요인 발생
ⓒ 신기술(드론, 비접촉인식기술) 적용을 통한 추진방식의 전환과 사업 추진체계의 변화(책임수행기관)로 사업수행의 신속성, 적기성 확보 필요

② 정책환경
㉠ 공정과 정의, 혁신과 포용, 평화와 번영의 정책기조를 유지하면서 한국판 뉴딜로 공공투자·민간협력을 강화하여 공공일자리 창출
ⓒ 데이터·수집·축적 활용하는 데이터 인프라 구축을 국가사업으로 추진, 노후 SOC 등 국가기반시설을 디지털과 결합하여 스마트 사회 촉진

③ 산업환경
㉠ 민간수행자 참여 확대로 관련 산업발전 및 일자리 창출 등 건전한 산업생태계 형성과 공진화로의 전환 시점 도래
ⓒ 책임수행기관과 민간수행자 간의 공정분담을 통하여 지적재조사의 활력을 제고하고 민간산업을 활성화하여 산업발전 촉진

④ 사회환경
㉠ 코로나19 팬데믹(pandemic)으로 인하여 재택근무, 온라인 회의 등 비대면 활동이 증가됨에 따라 관련 기술의 개발과 적용 증가
ⓒ 현장업무 비중이 높은 지적재조사 업무에 언택트(Untact)기술을 적용하여 불필요한 현장 입회 등을 지양하고 국민 편의를 증진

⑤ 기술환경
㉠ 4차 산업혁명에 따른 지능형 기술의 고도화로 디지털 환경으로 급속히 전환됨에 따라 핵심기술의 발전과 융합 가속화
ⓒ 지능형 기술개발의 진전으로 드론, 클라우드, 블록체인 등의 최적화 심화, 인공지능 주도의 혁신 견인 및 기술 활용 증가

(2) 기본계획의 포함사항
① 지적재조사사업에 관한 기본방향
② 지적재조사사업의 시행기간 및 규모
③ 지적재조사사업비의 연도별 집행계획
④ 지적재조사사업비의 특별시·광역시·도·특별자치도·특별자치시별 배분계획
⑤ 지적재조사사업에 필요한 인력의 확보에 관한 계획
⑥ 디지털지적의 운영·관리에 필요한 표준의 제정 및 그 활용
⑦ 지적재조사사업의 효력 추진을 위한 교육 및 연구·개발

(3) 제3차 기본계획의 기본방향
① 공간적 범위 : 전 국토(지적불부합지, 개별불부합지)

② 시간적 범위 : 2021~2030년(10년)
③ 효력의 범위 : 시·도 종합계획, 시·군·구 실시계획수립의 기초

(4) 비전과 목표

비전	국민 모두가 행복한 바른 지적
목표	한국형 스마트 지적의 완성
추진전략	• 한국판 뉴딜 정책 선도 • 디지털지적 성과 확산 • 미래성장 추진동력 확보

(5) 중점추진과제

① 한국판 뉴딜 정책 선도

디지털지적 전환 가속화	• 30년 사업 완료 목표로 집단불부합지 적기 해소 • 개별불부합지 조사 및 정리방안 마련 • 지적불부합지 현황의 체계적 관리 • 사업효과 극대화를 위한 우선사업지구 지정
국민체감형 제도기반 정비	• 재산권 보호를 위한 합리적인 경계설정 기준 마련 • 추진공정 개선을 통한 사업주기 단축 • 사업지구 동의 절차 개선 • 국민 재산권 보호를 위한 불합리한 제도 개선
미래지향적 지적제도 도입	• 디지털 지적을 통한 한국판 뉴딜 모델 창출 • 등록정보 다원화를 위한 입체지적 도입 • 사업방식의 패러다임 전환

② 미래성장 추진동력 확보

책임수행기관의 안정적 운영	• 책임수행기관 제도 도입 및 장착 • 민간수행자 참여 확대를 통한 산업 활성화 • 추진체계의 합리적 운영 및 관리
상생협력 기반마련	• 협력적 거버넌스 구축 • 시너지 창출을 위한 협업 활성화 • 공간정보산업 연계를 통한 국제협력 확대
사업역량 고도화	• 전담인력 충원 및 전문교육 강화 • 사업지원을 위한 인적자원 활용 • 사업효과 파업확산을 위한 연구 추진

③ 디지털지적 성과 확산

성과연계 및 확산지원	• 지적재조사 성과의 융·복합 연계 서비스 지원 • 지적재조사 성과 기반의 공간정보 유통 • 지적재조사 성과 활용 활성화
4차 산업혁명 기술적용 확대	• 드론 활용 확대를 통한 사업의 효율성 제고 • 인공지능 기법을 활용한 사업관리 및 지원 • 비대면 업무방식 도입

사업 붐업을 위한 커뮤니케이션 강화	• 사업인지도 제고를 위한 전략적 홍보 추진 • 국민 만족도 향상을 위한 바른땅시스템 고도화

6. 기대효과

(1) 새싹 · 첨단산업의 육성 · 발전과 해외시장 진출 확대

① 공간분석을 통해 효율적인 토지 이용 · 활용 증진과 토지가치 상승을 견인하는 지적뉴딜 컨설팅 새싹산업을 육성

② 드론, 클라우드, 블록체인, 비대면 등 첨단기술을 지적재조사사업에 도입 및 확대 적용하여 관련 산업발전에 기여

③ 디지털지적 구축의 노하우를 경제성장 엔진으로 부상하는 신 남방국의 공공인프라 구축사업과 연계하여 적극 진출

(2) 위성측량으로 등록한 토지정보는 국민생활에 편익 제공

① 위성측량으로 등록된 토지경계는 스마트폰 등으로 등록된 경계의 현장위치와 토지정보를 실시간으로 확인이 가능

② IT 기술을 이용해 토지분할 신청 시 방문 없이 비대면으로 토지이동 신청이 가능하여 사회간접비용 절감

③ 토지현황조사서, 지상경계점등록부, 토지경계의 디지털 구축은 소유권 분쟁을 예방하여 소송비 절감

(3) 노후화된 지적정보의 디지털 뉴딜로 행정효율을 촉진

① 디지털로 구축된 지적공부는 측량성과검사, 온라인 민원 처리가 가능해 업무절차와 시간 단축 가능

② 과거(1910년)의 기술로 등록된 토지면적의 오차를 해소하여 좌표에 의한 정확한 면적으로 등록되어 공평과세 가능

③ 토지기반의 건축허가, 토지개발행위 허가 등 토지면적과 토지경계가 명확해서 설계도면 작성이 용이

(4) 국가경쟁력 확보 및 새로운 일자리 창출의 경제적 효과 발생

① 반듯한 토지경계 확정으로 토지 형상은 정형화되고, 맹지 해소 등 토지의 도로조건 변경으로 토지가치 상승

② 지적재조사사업, 새싹산업 육성, 첨단 관련 산업의 공공일자리 창출

③ 지적재조사사업과 도시개발사업 · SOC사업 연계 · 협업을 통해 감정평가 · 토지분할 측량 수수료 등 예산절감 가능

7. 결론

지적재조사 기본계획은 5년 단위로 수정할 수 있도록 되어 있기 때문에 매년 수행된 지적재조사 결과와 5년간의 종합적인 성과를 제도, 기술, 법, 예산 등의 측면에서 분석하여 차기 기본계획에 반영하여 지적재조사의 효율적인 추진을 도모하여야 한다.

03 지적재조사사업

1. 개요

지적재조사사업은 기존의 지적공부를 디지털에 의한 새로운 지적공부로 전환하여 토지의 실제 현황과 일치하지 않은 공부상 등록사항을 바로잡기 위한 국가사업이다. 지적공부의 디지털화와 불부합지 정리를 통해 국민의 재산권보호와 비용 절감을 목적으로 한다. 즉, 지적재조사를 통해 부정확하고 누락된 토지정보를 재조사하여 실제 현황과 일치시킴으로써 그 동안 지적불부합으로 인해 발생하는 토지관련 소송비, 측량비용 등 막대한 사회적 비용 절감 효과를 기대한다.

2. 지적재조사사업 개요

(1) 목적

① 지형도, 해도, 영상정보 등 다른 디지털 정보와 융합하여 활용이 가능하도록 하여 국토의 효율적 이용과 공간정보산업의 발전에 기여하는 것이다.
② 평면정보에서 3D정보까지 확대하고 2030년 재조사 완료 후 민간시장까지 전면 개방하여 활용도를 높이도록 한다.
③ 지적불부합지 문제를 근본적으로 해소, 토지의 현황을 도면경계와 일치화, 일필지의 표시를 명확화, 능률적이고 효율적인 지적관리체제로의 개선, 기존 지적제도를 전면적으로 개편하는 작업이다.

(2) 근거

지적재조사사업은 「지적재조사에 관한 특별법」, 「공간정보의 구축 및 관리 등에 관한 법률」 제64조(토지의 조사·등록 등), 동법 부칙 제5조(측량기준에 관한 경과조치), 「국가공간정보에 관한 법률」 제12조(기본공간정보의 취득 및 관리)에 근거하고 있다.

(3) 추진현황

[표 10-1] 지적재조사사업 추진 경과

연도	내용
1995.04	지적재조사사업 추진 기본방안 확정
1998.08	지적재조사 특별법 입법예고
2000.04	지적재조사사업 추진 기본계획 수립
2003.03	지적불부합지 정비사업의 기본계획 수립
2006.09	토지조사특별법(안) 국회 발의-선 시범사업 후 특별법 제정 검토
2007.10	디지털지적 구축 시범사업 추진계획 수립
2010.08	지적재조사사업 제1차 예비타당성조사 실시
2011.03	지적재조사 특별법 의원 입법 발의
2012.03	지적재조사 특별법 시행
2012.07	지적재조사사업 본격 추진(시·군·구별 착수)
2012.09	지적재조사사업 적정성 검토(사업계획, 기술적 타당성, 비용추정 등 적정 판단)
2013.02	지적재조사사업 기본계획(2012~2030) 고시

3. 지적재조사사업의 특징

(1) 토지이용의 효율성과 국민의 재산권 보호에 있어서 그 태생적 한계로 인하여 지속적으로 지적관리에 혼란을 초래하고 있는 지적불부합지 문제를 근본적으로 해소한다.
(2) 토지의 현황을 도면경계와 일치화하며 일필지의 표시를 명확히 함으로써 능률적이고 효율적인 지적관리체제로의 개선을 위하여 기존 지적제도를 전면적으로 개편한다.
(3) 지적재조사는 과거 토지조사사업에서 작성했던 지적공부의 질적 향상을 추구하고 현행 법적·기술적 측면을 보다 완벽하게 하여 지적관리를 현대화하기 위한 수단이다.
(4) 지적공부의 질적 향상이라 함은 지적측량성과의 정확도를 재고함은 물론 지적에 포함되는 요소들의 확장 및 개편을 의미한다.

4. 지적재조사사업의 목표

(1) 세계좌표계기반의 디지털 지적체계를 구축한다. 즉, 지난 100년간 사용해온 지역좌표계(동경원점)를 폐기하고 세계좌표계를 적용하여 디지털 수치 형태로 지적정보를 구축한다.
(2) 정밀한 측량과 조사를 통해 지적정보의 정확도를 높인다. 즉, 지적불부합지, 잘못된 지목 등 지적정보상에 있는 오류를 시정하여 지적제도에 대한 국민의 신뢰를 회복한다.
(3) 지적의 다양한 활용체계를 개발한다. 즉, 지적정보시스템을 전면 재설계하여 한편으로는 세계좌표계 기반의 디지털 지적정보를 지원하는 동시에, 다른 한편으로 관련 업무 및 정보들을 유기적으로 연계하도록 하여 지적정보의 활용도를 높인다.

(4) 지적정보를 활용한 차세대 서비스도 함께 발굴하여 지적재조사의 투자효과를 높이도록 한다. 새로운 지적제도의 근간을 만드는 초석을 다지는 것으로 지적행정의 효율성과 신뢰성을 확보하고 지적정보의 정확성과 유용성을 극대화하며, 지적 기반 인프라 구축을 통한 국가의 신 성장산업을 육성하는 중장기 프로젝트라 할 수 있다.

5. 사업방식 분류

(1) 사업방식

① 토지의 실제 현황과 일치하지 아니하는 지적공부의 등록사항을 바로잡고 종이에 구현된 지적을 디지털 지적으로 전환

② 약 1조3천억 원의 예산을 바탕으로 지적소관청이 사업시행자가 되어 20년 동안 전국의 모든 필지를 세계측지계좌표로 전환할 계획

　㉠ 지적재조사측량 : 전국 약 3,753만 필지 중 554만 필지(14.8%)의 지적불부합지 대상

　㉡ 세계측지계 좌표변환 : 전국 약 3,753만 필지 중 2,701만 필지(72%) 대상

　㉢ 지적확정측량(증가분) : 전국 약 3,753만 필지 중 498만 필지(13.2%) 대상

③ 전국의 필지 중에서 집단불부합지를 제외한 지적부합지는 세계측지계 변환 방식으로 디지털지적을 구축

④ 집단불부합지와 부합지 내에 존재하는 개별불부합지는 직접측량에 의한 지적재조사를 실시하여 새로운 지적공부를 작성 및 디지털지적을 구축

⑤ 지적재조사사업은 기준점측량, 지적불부합지, 지적부합지, 지적경계확정측량 지역으로 구분하여 2030년까지 진행될 예정

(2) 사업대상 및 예산

① 지적재조사사업은 전 국토를 대상으로 2012~2030년의 19년간 국고 중심으로 지적을 재조사하는 사업이다.

② 제1차 기본계획은 2009년 기준 전체 3,753만 필지의 전 국토 중 총 554만 필지(14.8%)를 지적도상의 경계와 실제 경계가 불일치하는 지적불부합지로 보았다.

③ 지적재조사사업의 대상이 되는 지적불부합지는 지적재조사사업 기간 중 도시개발사업에 의해 사업자 부담으로 지적확정측량이 이루어질 것으로 예정되는 12만 필지를 제외한 약 542만 필지(14.4%)로 한정하였다.

구분		사업계획	
		필지 수(만 필)	소요예산(억 원)
기준점측량			719
지적불부합지(지적재조사측량 대상)		542	6,005
세계측지계 기준의 디지털화		2,713	3,790
	개별불부합지 • 시가지 · 농경지 • 임야 • 편위형	231 5 64	2,576 25 836
지적확정측량(도시개발 등)		498	60
정보시스템 구축비용		–	185
사업추진단 운영비용		–	–
예비비		–	1,074
VAT			1,184
계		3,753	13,017

④ 지적확정측량 지역인 498만 필지(도시재개발 등 예정지구 98만 필지와 통상적인 확정측량 업무량인 19년간의 400만 필지를 합산)와 그 밖의 2,713만 필지(지적부합지로 선정된 2,701만 필지와 도시개발사업 고시 등에 의한 지적확정측량 예정지인 12만 필지 합산)의 지적부합지는 세계측지계 변환을 선 수행하게 된다.

6. 결론

지적재조사는 현대적인 측량방법에 의하여 측량을 실시하고 새로운 지적공부인 지적도와 토지대장을 작성하는 것을 말한다. 즉, 토지의 물리적인 현황과 이용형태 등의 일필지의 정보를 조사하여 일원화된 국가기준점 체계를 기준으로 지적공부와 지상경계를 정확하게 일치시키는 것이다. 이는 지적불부합에 대한 근본적인 문제점을 해소하고 토지경계에 대한 좌표를 정확하게 구축함으로써 경계의 복원능력을 향상시키며, 능률적이고 탄력적인 지적관리체계로 개선하는 것을 말한다.

04 지적재조사지구 지정

1. 개요

지적재조사는 과거 토지조사사업 및 임야조사사업의 성과물인 지적공부의 질적 향상을 추구하여 법·행정·기술적인 수준을 보다 완벽하게 하여 지적관리의 현대화를 도모하는 데 있다. 이를 위해 지적소관청은 실시계획을 수립하여 시·도지사에게 지적재조사지구 지정 신청을 하여야 한다. 시 · 도지사는 지적재조사지구를 지정할 때에는 시 · 도 지적재조사위원회의 심의를 거쳐 지정을 한다.

2. 지적재조사의 필요성

(1) 지적 주권 회복과 혁신 개념 정립
① 일제잔재 청산과 지적주권 회복을 위해 우리 국토의 새 역사를 써야 하는 환경 도래
② 토지소유권 보호와 스마트한 국토개발을 위해 혁신적인 새로운 패러다임 제시

(2) 기술의 발전과 지적정보 수요변화
① 발전된 스마트 지적정보는 다양한 분야와 공유를 통해 비용절감과 새 가치창출
② 선진화된 시스템을 구축하여 사회갈등 해소와 경제적 효율성 제고로 창조경제 도약

(3) 토지가치 극대화 및 지적선진화
① 재조사측량을 통해 반듯한 토지경계 등록으로 토지가치 향상과 경계분쟁 해소
② 디지털지적의 지적선진화를 통해 해외 지적제도를 선도하여 국가경쟁력 향상

(4) 창의적이고 혁신적인 성장동력 확보
국가공간정보 인프라의 핵심정보로서 지적의 위상을 높이고, 공간정보의 융 · 복합을 통해 미래 국가 성장동력 기반 마련

3. 사업량

[표 10-2] 지적재조사사업대상

사업대상	사업기간	총사업비	근거법령
554만 필지 (전국 3,743만 필지의 14.8%)	'12~'30 (19년간)	1조3천억 원 ('12년 예타)	지적재조사에 관한 특별법 ('12. 3. 17. 시행)

4. 지적재조사지구의 지정

지적소관청은 실시계획을 수립하여 시 · 도지사에게 지적재조사지구 지정 신청을 하여야 한다.

(1) 지구지정 신청

① 토지소유자 동의
지적소관청이 시 · 도지사에게 지적재조사지구 지정을 신청하고자 할 때에는 지적재조사지구 토지소유자 총수의 2/3 이상과 토지면적 2/3 이상에 해당하는 토지소유자의 동의를 받아야 한다.

㉠ 1필지의 토지가 수인의 공유에 속할 때에는 그 수인을 대표하는 1인을 토지소유자로 산정
㉡ 1인이 다수 필지의 토지를 소유하고 있는 경우에는 필지 수에 관계없이 1인으로 산정
㉢ 토지등기부 및 토지대장·임야대장에 소유자로 등재될 당시 주민등록번호의 기재가 없거나 기재된 주소가 현재 주소와 다른 경우 또는 소재가 확인되지 아니한 자는 토지소유자의 수에서 제외

② 고려사항
㉠ 지적공부의 등록사항과 토지의 실제 현황이 다른 정도가 심하여 주민의 불편이 많은 지역인지 여부
㉡ 사업시행이 용이한지 여부
㉢ 사업시행의 효과 여부

③ 우선사업지구 신청
지적소관청은 지적재조사지구에 토지소유자협의회가 구성되어 있고 토지소유자 총수의 3/4 이상의 동의가 있는 지구에 대하여는 우선하여 지적재조사지구로 지정을 신청할 수 있다.

(2) 지적재조사위원회 심의
① 시·도지사는 지적재조사지구를 지정할 때에는 시·도 지적재조사위원회의 심의를 거쳐야 한다.
② 시·도지사는 15일 이내에 그 신청을 시·도 지적재조사위원회에 회부해야 한다.
③ 시·도 위원회는 그 신청을 회부받은 날부터 30일 이내에 지적재조사지구의 지정 여부에 대하여 심의·의결해야 한다.
④ 시·도 위원회의 의결을 거쳐 15일의 범위에서 그 기간을 한 차례만 연장할 수 있다.
⑤ 시·도 위원회는 지적재조사지구 지정 신청에 대하여 의결을 하였을 때에는 의결서를 작성하여 지체 없이 시·도지사에게 송부해야 한다.
⑥ 시·도지사는 의결서를 받은 날부터 7일 이내에 지적재조사지구를 지정·고시하거나, 지적재조사지구를 지정하지 않는다는 결정을 하고, 그 사실을 지적소관청에 통지해야 한다.

(3) 지정고시
① 시·도지사는 시·도 공보에 고시하고 그 지정내용 또는 변경내용을 국토교통부장관에게 보고하여야 하며, 관계 서류를 일반인이 열람할 수 있도록 하여야 한다.
② 지적재조사지구의 지정 또는 변경에 대한 고시가 있을 때에는 지적공부에 지적재조사지구로 지정된 사실을 기재하여야 한다.

(4) 효력 상실
① 지적소관청은 지적재조사지구 지정고시를 한 날부터 2년 내에 토지현황조사 및 지적재조사를 위한 지적측량을 시행하여야 한다.

② 지적재조사지구 지정고시를 한 날부터 2년 내에 토지현황조사 및 지적재조사측량을 시행하지 아니할 때에는 그 기간의 만료로 지적재조사지구의 지정은 효력이 상실된다.
③ 시·도지사는 지적재조사지구 지정의 효력이 상실되었을 때에는 이를 시·도 공보에 고시하고 국토교통부장관에게 보고하여야 한다.

5. 결론

지적재조사사업은 사업지구 지정을 위한 동의서와 경계결정을 위한 경계합의서를 징구하도록 되어 있다. 특히 사업지구지정을 위한 동의 요건은 토지소유자·토지면적의 2/3 이상 동의를 받아야 하기 때문에 이러한 절차를 거치는 데 최소 3~6개월의 기간이 소요된다. 동의서 징구에 많은 시간이 소요되어 사업추진을 어렵게 할 뿐만 아니라, 추후 징구하게 되는 경계합의서와도 중복되는 성격을 가지고 있다. 따라서 지적불부합지구를 지적재조사 사업지구로 지정하기 위한 토지소유자 등의 동의비율에 대한 완화와 소유자·면적 등 중복된 동의 필요 여부에 대하여 간소화하는 방안 등에 대한 검토가 필요하다.

05 지적재조사 토지현황조사

1. 개요

토지현황조사는 지적재조사사업을 시행하기 위하여 필지별로 소유자, 지번, 지목, 면적, 경계 또는 좌표, 지상건축물 및 지하건축물의 위치, 개별공시지가 등을 조사하는 것을 말한다. 지적소관청은 지적재조사지구 지정고시를 한 날부터 2년 내에 토지현황조사 및 지적재조사를 위한 지적측량을 시행하여야 하며, 지적재조사지구 지정고시를 한 날부터 2년 내에 토지현황조사 및 지적재조사측량을 시행하지 아니할 때에는 그 기간의 만료로 지적재조사지구의 지정은 효력이 상실된다.

2. 토지현황조사

(1) 토지현황조사 실시

① 지적소관청은 실시계획을 수립한 때에는 지적재조사예정지구임이 지적공부에 등록된 토지를 대상으로 토지현황조사를 하여야 하며, 토지현황조사는 지적재조사측량과 병행하여 실시할 수 있다.
② 토지현황조사를 할 때에는 소유자, 지번, 지목, 경계 또는 좌표, 지상건축물 및 지하건축물의 위치, 개별공시지가 등을 기재한 토지현황조사서를 작성하여야 한다.

③ 토지현황조사는 사전조사와 현지조사로 구분하여 실시하며, 현지조사는 지적재조사측량과 함께 할 수 있다.

(2) 토지현황조사 사항

① 토지에 관한 사항
② 건축물에 관한 사항
③ 토지이용계획에 관한 사항
④ 토지이용 현황 및 건축물 현황
⑤ 지하시설물(지하구조물) 등에 관한 사항

3. 토지현황 사전조사

(1) 토지에 관한 사항 : 지적공부 및 토지등기부

① 소유자 : 등기사항증명서
② 이해관계인 : 등기사항증명서
③ 지번 : 토지(임야)대장 또는 지적(임야)도
④ 지목 : 토지(임야)대장
⑤ 토지면적 : 토지(임야)대장

(2) 건축물에 관한 사항 : 건축물대장 및 건물등기부

① 소유자 : 등기사항증명서
② 이해관계인 : 등기사항증명서
③ 건물면적 : 건축물대장
④ 구조물 및 용도 : 건축물대장

(3) 토지이용계획에 관한 사항

토지이용계획확인서(토지이용규제 기본법령에 따라 구축·운영하고 있는 국토이용정보체계의 지역·지구 등의 정보)

(4) 토지이용 현황 및 건축물 현황

개별공시지가 토지특성조사표, 국·공유지 실태조사표, 건축물대장 현황 및 배치도

(5) 지하시설(구조)물 등 현황

도시철도 및 지하상가 등 지하시설물을 관리하는 관리기관·관리부서의 자료와 구분지상권 등기사항

4. 토지현황 현지조사

(1) 토지의 이용현황과 담장, 옹벽, 전주, 통신주 및 도로시설물 등 구조물의 위치를 조사하여 측량도면에 표시하여야 한다.
(2) 지상건축물 및 지하건축물의 위치를 조사하여 측량도면에 표시하여야 한다.
(3) 측량할 수 없는 지하건축물은 제외하거나 지하시설(구조)물 등 현황 자료가 있는 경우에는 이를 이용·활용하여 표시한다.
(4) 건축물대장에 기재되어 있지 않은 건축물이 있는 경우 또는 면적과 위치가 다른 경우 관련 부서로 통보하여야 한다.
(5) 경계 등 조사내용은 점유경계 현황, 임대차 현황 등 특이사항이 있는 경우 조사자 의견란에 구체적으로 작성하여야 한다.

5. 토지현황조사서 작성

(1) 조사항목별 내용을 기록할 때는 별표의 토지현황조사표 항목코드에 따라 속성 및 코드로 항목 속성에 부합되게 작성한다. 코드화하지 못한 사항은 수기로 작성하여야 한다.
(2) 조사서에 사용하였던 관련 서류는 디지털화하고, 디지털화하기 어려운 비규격 용지의 경우 별도의 장소에 보관한다.
(3) 현황사진은 해당 토지의 이용현황과 주변 토지의 이용현황을 드론 또는 항공사진측량 등으로 촬영한 정사영상자료에 해당 토지의 점유현황 경계를 붉은색으로 표시하여 작성하여야 한다. 다만, 비행금지구역 또는 보안규정 등으로 인하여 작성할 수 없는 경우에는 생략할 수 있다.
(4) 토지특성은 현장조사를 통해 필지별로 조사한다.
(5) 건축물 등에 관한 사항은 지상건축물의 층수, 이용현황, 거주 및 경작자 현황 등을 조사하여 작성한다.
(6) 현황경계는 동서남북의 방위별로 경계형태, 경계폭, 연접토지현황, 연접토지와의 고저 등을 상세하게 작성하고, 명확한 경계가 없는 경우에는 특이사항에 현실경계현황을 구체적으로 작성하여야 한다.
(7) 토지현황조사 과정에서 나타나는 특이사항 등은 조사자 의견란에 구체적으로 작성하고, 작성할 내용이 많은 경우 별지로 작성할 수 있다.

6. 결론

토지현황조사를 실시할 경우에 소유자, 지번, 지목, 경계 또는 좌표, 지상건축물 및 지하건축물의 위치, 개별공시지가 등을 기재한 토지현황조사서를 작성하여야 한다. 토지현황조사는 지상건축물 및 지하건축물의 위치를 조사하여 측량도면에 표시하여야 한다. 이 경우 측량할 수 없는 지하건축물은 제외하며 건축물대장에 기재되어 있지 않은 건축물이 있는 경우 또는 면적과 위치가 다른 경우에는 관련 부서로 통보하여야 한다. 그러나 측량할 수 없는 지하건축물에 대한 명확한 기준이 없어 측량성과에 따라 토지경계를 기준으로 건축물의 위치를 등록할 수 있도록 대상 및 등록방법 등에 관한 세부규정을 개선할 필요가 있다.

06 책임수행기관 제도

1. 개요

2012년부터 본격적으로 시작된 지적재조사사업은 2022년부터 증액된 예산에 따라 재조사사업 물량의 소화, 한정된 기술인력의 효율적 활용, 민간 지적측량시장의 활성화 등 앞으로 지속적인 지적재조사사업 추진을 위해 지적재조사 책임수행 기관제도를 도입하였다. 지적재조사사업은 지적소관청이 시행하며, 지적재조사사업의 측량·조사 등을 책임수행기관에 위탁할 수 있다.

2. 책임수행기관 도입배경

(1) 기존의 지적재조사사업은 지적소관청이 재조사측량 대행업무를 발주하고 한국국토정보공사와 민간 지적측량업체 간 경쟁방식으로 추진한다.
(2) 사업특성상 전체 사업기간의 장기화와 토지소유자의 재산권인 토지경계에 대해 협의 및 조정하는 과정에서 민원이 많이 발생하기 때문에 민간 지적측량업체는 지적재조사사업을 기피한다.
(3) 지속적인 예산증액에 따른 지적재조사사업 확대 추진에 따라 한국국토정보공사와 지적소관청의 수행인력으로 사업의 안정적인 추진에 한계가 있다.
(4) 정부에서는 2020년에 15개 지적재조사사업지구에 대해 한국국토정보공사를 대상으로 책임수행기관 제도를 시범 운영 중이다.
(5) 2020년 12월 22일 「지적재조사에 관한 특별법」 개정, 2021년 6월 18일 「지적재조사 책임수행기관 운영규정」을 제정하였다.

3. 추진체계 및 절차

지적소관청과 책임수행기관, 협력수행자인 민간대행자가 각자 공정을 나누어 지적재조사사업을 공동으로 수행하는 체계로 경쟁관계가 아닌 상생, 협력관계로 지적재조사사업을 위한 하나의 공동체로 운영된다.

[표 10-3] 책임수행기관 제도의 추진체계

국토교통부(지적재조사추진단)	기본계획 수립, 예산·사업관리
광역자치단체(지적재조사지원단)	종합계획 수립, 사업지구지정
지방자치단체(지적재조사추진단)	실시계획 수립, 사업추진
책임수행기관	지적재조사측량 총괄 및 업무 전반
민간대행자	경계점측량 및 토지현황 조사 등

4. 책임수행기관 지정 및 취소

(1) 책임수행기관 지정

① 국토교통부장관은 지적재조사사업의 측량·조사 등의 업무를 전문적으로 수행하는 책임수행기관을 지정할 수 있다.

② 국토교통부장관은 지정된 책임수행기관이 거짓 또는 부정한 방법으로 지정을 받거나 업무를 게을리하는 등 대통령령으로 정하는 사유가 있는 때에는 그 지정을 취소할 수 있다.

③ 국토교통부장관은 책임수행기관을 지정·지정 취소할 때에는 대통령령으로 정하는 바에 따라 이를 고시하여야 한다.

(2) 책임수행기관 지정요건

국토교통부장관은 사업범위를 전국으로 하는 책임수행기관을 지정하거나 인접한 2개 이상의 특별시·광역시·도·특별자치도·특별자치시를 묶은 권역별로 책임수행기관을 지정할 수 있다.

① 지정대상
  ㉠ 「국가공간정보 기본법」 제12조에 따른 한국국토정보공사
  ㉡ 지적재조사사업을 전담하기 위한 조직과 측량장비를 갖추고 있어야 하며, 지적 측량기술자 1,000명 이상이 상시 근무하고 있는 민법 또는 상법에 따라 설립된 법인

② 지정기간 : 책임수행기관의 지정기간은 5년으로 한다.

(3) 책임수행기관 지정절차

책임수행기관 지정을 받으려는 자는 국토교통부령으로 정하는 지정신청서에 사업계획서와 지정기준을 충족했음을 증명하는 서류를 첨부하여 국토교통부장관에게 제출해야 한다.

① 지정 여부 결정 사항
  ㉠ 사업계획의 충실성 및 실행 가능성
  ㉡ 지적재조사사업을 전담하기 위한 조직과 측량장비의 적정성
  ㉢ 기술인력의 확보 수준

ㄹ 지적재조사사업의 조속한 이행 필요성
② **신청이 없는 경우** : 국토교통부장관은 지정신청이 없거나 「민법」 또는 「상법」에 따라 설립된 법인의 지정신청을 검토한 결과 적합한 자가 없는 경우에는 한국국토정보공사를 책임수행기관으로 지정할 수 있다.
③ **공고 및 통지 등** : 국토교통부장관은 책임수행기관을 지정한 경우에는 이를 관보 및 인터넷 홈페이지에 공고하고 시·도지사 및 신청자에게 통지해야 한다. 이 경우 시·도지사는 이를 지체 없이 지적소관청에 통보해야 한다.
④ **측량·조사 위탁에 관한 고시**
　지적소관청은 지적재조사사업의 측량·조사 등을 대행하게 할 때에는 다음 사항을 공보에 고시하고, 토지소유자와 지적측량수행자에게 통지하여야 한다.
　　㉠ 지적측량수행자의 명칭
　　㉡ 지적재조사지구의 명칭
　　㉢ 지적재조사지구의 위치 및 면적
　　㉣ 지적측량수행자가 대행할 측량·조사에 관한 사항 통보

(4) 책임수행기관 지정 취소
① **취소사유**
　㉠ 거짓이나 부정한 방법으로 지정을 받은 경우
　㉡ 거짓이나 부정한 방법으로 지적재조사·측량업무를 수행한 경우
　㉢ 90일 이상 계속하여 지정기준에 미달되는 경우
　㉣ 정당한 사유 없이 지적소관청으로부터 위탁받은 업무를 위탁받은 날부터 1개월 이내에 시작하지 않거나 3개월 이상 계속하여 중단한 경우
② **청문 실시** : 국토교통부장관은 지정을 취소하려는 경우에는 청문을 실시해야 한다.
③ **공고 및 통지** : 국토교통부장관은 책임수행기관을 지정한 경우에는 이를 관보 및 인터넷 홈페이지에 공고하고 시·도지사 및 신청자에게 통지해야 한다. 이 경우 시·도지사는 이를 지체 없이 지적소관청에 통보해야 한다.

5. 책임수행기관 및 지적재조사대행자 수행업무

(1) 책임수행기관 수행업무
① 지적재조사대행자에 대한 업무지원
② 지적재조사사업 수행에 필요한 기술지원
③ 지적재조사사업을 수행하기 위한 행정지원반 설치·운영
④ 경계설정 및 현지조사 등 업무 자문
⑤ 측량소프트웨어 지원

⑥ 지적재조사사업 수행에 필요한 기술지원
⑦ 지적재조사사업에 관한 연구개발

(2) 지적재조사대행자 수행업무

책임수행기관으로 지정되면 지적재조사사업의 측량 및 조사 등의 업무를 수행하게 되며, 지적소관청은 책임수행기관이 지정되면 지적재조사측량을 위탁할 수 있다.

① 업무위탁 사항

[표 10-4] 지적소관청의 업무위탁 사항

- 토지현황조사 및 토지현황조사서 작성
- 지적재조사측량 중 경계점측량 및 필지별 면적산정
- 경계설정
- 임시경계점표지 설치 및 재설치, 지적확정예정조서 작성
- 확정경계점표지 설치, 경계확정측량 및 지상경계점등록부 작성
- 지적재조사지구의 내·외 경계측량
- 측량성과물 작성

② 대행자의 업무 대행
  ㉠ 토지현황조사 및 토지현황조사서 작성
  ㉡ 지적재조사측량 중 경계점측량 및 필지별 면적산정
  ㉢ 임시경계점표지 설치
  ㉣ 경계점표지 설치(사전 협의 필요)

③ 업무처리 절차
  ㉠ 지적소관청과 책임수행기관의 위탁계약이 체결되면 책임수행기관 전담팀은 사업지구별 지적재조사측량 수행계획서를 작성 후 지적소관청에 제출
  ㉡ 책임수행기관의 대행자 선정 공고를 통해 선정된 대행자는 책임수행기관과 위탁계약을 체결하고 책임수행기관에 수행계획서 제출
  ㉢ 책임수행기관은 대행자에게 측량 준비자료를 제공
  ㉣ 측량 준비자료를 제공받은 대행자는 업무 수행기간 산정기준에 따라 계약기간 내에 업무 완료
  ㉤ 임시경계점 측량 시 토지소유자가 점유하고 있는 현실경계를 기준으로 관측하며 지적재조사측량규정에서 규정한 경계설정 기준에 따라 경계를 설정한 후 임시경계점표지를 설치
  ㉥ 측량조사업무가 완료되면 책임수행기관에 문서로 측량성과 검증을 요청하며 책임수행기관은 측량성과를 검증하고 오류사항을 발견하였을 경우 지적소관청에 근거자료와 함께 통보
  ㉦ 측량성과 검증 및 검증결과 조치가 완료되면 대행자는 책임수행기관에 완료계를 제출

6. 결론

지적재조사 책임수행기관은 지적재조사사업예산의 증가로 급격히 증가된 측량업무를 수행함은 물론 향후 지속적인 지적재조사의 활성화를 위하여 추진체계의 획기적 개편이 필요했기 때문에 도입된 제도이다. 책임수행기관제도는 계획의 수립부터 완료까지 사업지구별로 약 2년이 소요되는 사업주기를 단축하여 계획된 물량의 차질 없는 처리와 현실적으로 저조한 민간업체의 참여를 유도하여 지적측량시장의 활성화 도모 및 책임수행기관의 공적 기능이 확대될 것으로 기대된다.

07 북한의 지적제도

1. 개요

북한은 사회주의 노선을 걸으면서 대외적으로 토지정책분야에 폐쇄적인 정책을 추진해 우리와 다른 이질적인 지적제도를 유지하고 있다. 북한의 지적제도는 사실상 토지제도에 흡수되어 그 역할을 다하지 못하고 있으며 오히려 분단 이전보다 퇴보하였다. 또한 지적제도의 운영목적, 지적공부의 형식과 등록사항, 관리체계, 관련 법령의 미비, 행정구역체계의 변화와 토지이용 구분 등이 남한과 매우 상이하여 남북한 통합 운영에 많은 어려움이 예상된다. 특히 지적제도 소멸에 따른 지적제도에 대한 이해 부족, 낮은 기술수준과 전문인력 부족 등 열악한 인프라도 문제점으로 지적된다.

2. 분단 당시 북한의 지적제도

(1) 지적공부 현황

① 토지조사사업 당시에 작성한 북한지역의 지적도는 남한지역과 마찬가지로 대부분 지역이 1/1,200로 작성되었으며, 시가지지역은 1/600, 일필지 면적이 큰 서북지방은 1/2,400로 작성되었다.

② 분단 당시 북한지역의 지적도는 279,609장이며, 면적은 110,766,508km^{2}이다. 지적도매수는 강원도 통천, 평강, 이천, 회양군을 포함한 수치이며 면적은 강원도를 제외한 면적이다.

[표 10-5] 북한의 지적공부

구분	계	황해도	평안북도	평안남도	함경북도	함경남도	강원도
지적도	279,609	78,978	53,297	59,544	23,787	56,015	7,988
면적	110,766,508	15,676,950	27,112,684	14,023,977	26,673,214	27,279,683	-

(2) 검기선 현황

토지조사사업 당시 한반도에 설치한 검기선 13개 기선 중에서 7개소(평양, 의주, 함흥, 길주, 강계, 혜산진, 고건원)가 북한지역에 소재하고 있다.

[표 10-6] 북한의 검기선 현황

점명	길이(m)	점명	길이(m)
평양	4,625.47770	강계	2,524.33613
의주	2,701.23491	혜산진	2,175.3136
함흥	4,000.91794	고건원	3,000.81838
길주	4,226.45669		

(3) 검조장 현황

임시토지조사국에서 우리나라 기선측량을 실시함에 있어 수준기점을 결정하기 위하여 검조장을 설치하고 3년 이상 관측하였다. 또한 이를 근거로 삼각점의 높이를 측정하여 표고를 정하였다. 북한지역에 설치한 검조장은 3곳이 있다.

[표 10-7] 북한의 검조장 현황

위치	표고(m)	관측기간
청진	2.636	1911. 8 ~ 1915. 5
원산	1.931	1911. 9 ~ 1916. 3
진남포	6.140	1912. 11 ~ 1916. 5

(4) 기준점 현황

임시토지조사국에서 시가지 지세를 급히 징수할 목적으로 실시한 북한지역 특별소삼각측량 지역은 평양, 의주, 신의주, 진남포, 강경, 원산, 함흥, 청진, 경성, 나남, 회령이 있다. 일반삼각점의 설치는 총 34,447점 중에서 북한지역에 16,237점이 설치되었으며, 수준점은 1,904점을 설치하였다.

[표 10-8] 북한의 기준점 현황

구분	계	대삼각		소삼각		수준점 표석
		본점	보점	1등점	2등점	
계	16,237	213	1,319	3,313	13,769	1,904
황해도	2,763	25	190	484	2,064	52
평안남도	2,379	27	149	430	1,773	111
평안북도	4,376	58	293	792	3233	109
강원도	1,528	9	106	261	1,152	30
함경남도	4,595	50	350	809	3,386	204
함경북도	2,973	44	231	537	2,161	1,398

3. 북한 토지제도의 변천

지난 50년간의 북한의 토지제도 정착과정은 토지개혁기, 집단생산방식 확립기, 사회주의적 토지제도 확립기, 제한적 개방기 등 크게 4단계로 구분해 볼 수 있다.

(1) 토지개혁기(1946~1953년)

① 북한은 1946년 전격적으로 토지개혁을 단행하였다.
② 20일만에 무상몰수, 무상분배의 형태로 단행하였다.
③ 몰수한 토지는 북한 총경지 면적 198만 정보의 약 51%인 101만 정보이다.
④ 토지개혁 이전의 소유관계를 나타내는 모든 문서를 소각시키는 형태로 진행되었다.

(2) 집단생산방식 확립기(1954~1971년)

① 협동농장을 중심으로 하는 집단농으로 전환하고자 하였다.
② 몰수 뒤 협동조합이 관리하는 형태를 취했다.
③ 협동화 과정에서 북한은 형식적으로는 주민에게 선택의 자유를 부여하였다.
④ 최종적인 목적은 토지 및 생산수단을 모두 공동 소유화하고 노동에 의해서만 분배하는 완전한 사회주의 형태를 확립하였다.
⑤ 기계화 영농에 적합하도록 협동농장의 규모를 확대시켜 나갔다.

(3) 사회주의적 토지제도 확립기(1972~1991년)

① 1972년 북한은 '조선민주주의 인민공화국 사회주의 헌법'을 근거하여 전면적인 국유화 방침을 천명하였다.
② 토지는 인민의 공동소유로서 누구도 토지를 팔고 사거나 개인의 것으로 만들 수 없는 국가 및 협동단체의 소유로 규정하고 있다.
③ 토지 관련 규정들을 체계적으로 정리하여 「조선민주주의인민공화국 토지법」을 제정하였다.

(4) 제한적 개방기(1992년 이후)

① 1990년대 들어 대외적으로 사회주의 비효율성을 극복하기 위한 대외개방을 시도하고 있다.
② 토지 관련 제도도 내부적으로는 엄격한 국공유제를 유지하고 있다.
③ 경제특구 등 외국투자유치를 위한 지역에는 기본적인 토지이용의 자유를 허용하는 정책을 취하고 있다.
④ 토지임대법이나 자유경제무역지대법을 통해 자유무역지대에서 토지임대를 허용하고, 임대토지의 저당, 매매, 양도 등도 허용하고 있다.

4. 북한의 측량제도

(1) 기초측량

① 측량기준점

  ㉠ 측량기준점은 크게 평면기준점과 높이기준점이 있다.

  ㉡ 국가측량기준점에는 국가측지원점과 1·2·3·4등 삼각점, 국가 천문점, 국가 수준원점과 국가 1·2·3·4등 수준원점이 포함된다.

  ㉢ 세부측량기준점에는 등외삼각점(소삼각점), 다각도선점, 경위도선점, 등외수준점이 있다.

② 삼각측량

  ㉠ 측량기준망의 등급에 따라 1등 삼각점, 2등 삼각점, 3등 삼각점, 4등 삼각점, 소삼각점이 있다.

  ㉡ 삼각점들은 국가유일기준에 기초하여 계산된 자리표(x, y, z)를 가지고 있다.

  ㉢ 현지에서 삼각점의 위치는 표석우의 십자형(+) 표식으로 고정되어 있으며 표석은 화강석 또는 콘크리트 기둥으로 되어 있다.

  ㉣ 삼각점에는 측량할 때 겨눔을 보장하기 위해 삼각탑을 세우고, 모든 측량작업의 기준으로 되는 점이므로 잘 보호·관리하여야 한다.

③ 경위의측량

  ㉠ 경위의 도선측량은 지형측량과 기술측량을 위한 측량기준점들의 위치를 결정하는 것이다.

  ㉡ 경위의 세부측량은 세부점들에 대한 측정작업을 진행하여 평면도와 지형도를 작성한다.

  ㉢ 경위의 도선점은 견고한 위치에 있어야 하며 모든 점들을 볼 수 있는 중앙 위치에 있어야 한다.

  ㉣ 경위의 도선점과 도선점들 사이의 거리는 100~350m가 보장되어야 한다.

  ㉤ 경위의 도선점 자체가 측점이 되는 것이 좋다.

  ㉥ 경위의 도선점 중 그 어느 하나는 국가삼각점과 연결되어 있어야 하며 열린 도선인 경우에는 시작점과 마지막 점이 국가삼각점과 연결되어 있어야 한다.

(2) 세부측량

① 평판측량

  ㉠ 국부지역의 지형을 측량하는 방법으로 야외에서 지형도를 간단히 작성할 수 있으며, 비교적 작은 구역을 세부측량하는 데 쓰인다.

  ㉡ 삼각대 위에 제도용 평판을 수평으로 설치하고 나침판으로 방위를 일정하게 유지한 후 엘리데이드로 표척을 보고 평판 위에 작도한다.

  ㉢ 위치결정법에는 삼각측량과 같은 원리의 교회법, 도선측량과 같은 원리의 도선법 등이 있다.

② 다각측량
　㉠ 측량기준점 사이의 변의 길이와 수평각을 측정하여 점들의 자리표를 얻는 측량으로 다각점들 사이의 변의 길이는 강권척에 의해 직접 측정하거나 측거의에 의하여 간접적으로 측정한다.
　㉡ 광파측거기에 의하여 측정하면 보다 효과적이다.
　㉢ 각들은 경위에 의하여 측정하며 다각점들의 높이는 해당 등급의 수준측량결과에 의하여 얻는다.

5. 북한의 토지소유 및 토지이용 형태

(1) 북한의 토지소유 형태

① 북한에서 토지는 국가소유권 또는 협동단체소유권의 대상만이 될 수 있다.
② 모든 토지는 인민의 공동소유로 매매의 대상이 될 수 없다.
③ 중요 공장의 공장용지와 임야는 오로지 국가만이 소유할 수 있다.
④ 농지는 국가소유도 있지만 주로 협동단체의 소유로 되어 있다.
⑤ 임산자원, 지하자원, 수산자원을 비롯한 모든 자연자원, 중공업, 경공업, 임업과 관련된 주요 공장, 기업소, 항만, 은행, 교통운수, 체신, 방송기관, 학교, 중요문화시설은 오직 국가만이 소유할 수 있다.

[표 10-9] 북한의 토지소유 형태

구분	국가소유	협동농장소유	개인소유
대상 및 특징	• 전인민적 소유 • 대상에 제한 없음 • 지하자원 · 산림자원 · 수산자원 등의 자연부원, 중공업 · 경공업 등의 중요 공장, 항만 · 은행 · 교통수단 · 방송기관, 각급 학교 및 중요 문화보건시설 등은 국가소유만 가능 • 취득시효에 제한 없음	• 근로자들의 집단적 소유 • 토지와 부림 짐승(가축) · 농기구 · 고기배 · 건물 등과 중소 공장 · 기업소 · 문화보건시설과 그 밖의 경영활동에 필요한 것이면 협동단체 소유의 대상으로 가능 • 취득시효에 제한 없음	• 소비품 등에만 가능 • 토지 · 주택 등은 이용할 수만 있는 상태(통상적인 이용권과는 다름) • 점유권 · 지상권 · 지역권 · 유치권 · 질권 · 저당권 등의 용익물권과 제한물권이 인정되지 않음

(2) 북한의 토지이용 형태

① 북한은 전체 토지를 크게 6가지 용도로 구분하고 있다.
② 농업토지, 산림토지, 주민지구토지, 산업토지, 특수토지, 수역토지로 나뉜다.
③ 농업토지는 경작이 가능한 농지만이 포함된다.
④ 주민지구토지에는 시 · 읍 · 노동자 지구의 건축용지와 그 부속지, 공고이용토지와 농촌의 건설지대가 포함된다.
⑤ 산림토지는 산림이 조성되어 있거나, 조성할 것이 예정되어 있는 산야와 그 내부의 각종 이용지가 이에 속한다.

⑥ 산업토지에는 공장, 광산, 탄광, 발전시설 등 산업시설물이 차지하는 토지와 그 부속지가 해당된다.
⑦ 수역토지는 연안, 영해, 하천, 호소, 저수지, 관개용 수로 등이 차지하는 일정한 지역의 토지가 포함된다.
⑧ 특수토지는 혁명전적지, 혁명사적지, 문화유적지, 보호구역, 군사용 토지 등 특수한 목적에 이용되는 토지이다.

[표 10-10] 북한의 토지용도 구분 및 관리주체

구분	구분기준	이용 및 관리주체
농업토지	농업토지에는 오직 경작할 수 있는 토지가 속함	협동농장 및 기관, 기업소, 단체가 이용·관리
주민 지구 토지	시·읍 노동지구의 건축용지와 그 부속지, 공공 이용지와 농촌건설지대	• 기관·기업소·단체가 이용 • 중앙의 도시경영기관과 지방행정 경제위원회가 관리
산림토지	산림이 조성되어 있거나 조성할 것이 예상되는 산야와 그 안에 있는 여러 가지 이용지	국토관리기관·기관 및 기업소와 단체가 이용
산업토지	공장, 광산, 탄광, 발전시설 등 산업시설물이 차지하는 토지와 부속토지	기관 및 기업소가 이용·관리
수역토지	연안, 영해, 강하천, 호소, 저수지, 관개용수로 등이 차지하는 일정한 지역의 토지	• 기관·기업소·단체가 이용 • 국토관리기관 또는 농업지도기관이 관리
특수토지	혁명전적지, 혁명사적지, 문화유적지, 보호구역, 군사용 토지 등 특수한 목적에 이용되는 토지	• 기관·기업소·군부대가 이용 • 해당 중앙기관과 지방행정경제위원회 및 국가기관·기업소·군부대가 관리

6. 북한의 지적관리 조직

(1) 북한은 중앙에는 국토환경성 산하의 측지국, 지방에는 도단위 조직인 조사측량대가 있다.
(2) 측지국은 기술관리처와 심의처, 생산처로 나누어져 있으며, 도단위 조직인 조사측량대는 도시건설, 현행측량, 국가기준점 유지·관리 임무를 가지고 있다.
(3) 특별시단위(평양, 남포, 개성, 나진, 선봉)로 자체 측량대가 설치되어 있다.
(4) 중앙의 측지국이나 측량대의 인력은 각 대학의 기술측량학과 토지건설 및 보호학과, 지질학과 출신을 배치하고 있다.
(5) 대표적인 대학으로는 김일성종합대학, 김책공업대학, 평양건설건재대학, 청진광산금속대학, 사리원지질대학이 있으며, 전문학교로는 함흥고등건설전문학교, 단천고등건설전문학교, 사리원고등건설전문학교가 있다.

7. 북한 지적제도의 문제점

(1) 북한에서는 사적소유가 배제되고, 농업협동화가 완료됨으로써 지적제도가 불필요하게 되었다.

(2) 1972년에 사회주의헌법이 채택됨으로써 조세가 완전히 폐지되어 지적제도는 토지제도에 사실상 흡수되어 소멸되었다.
(3) 경지정리지역과 도시개발지역에서는 부분적이나마 지적측량을 실시하여 지적도를 작성하고 있다.
(4) 토지개혁 당시 지적측량을 실시하여 토지대장을 정리하였지만 지적도는 측량을 완료하고도 정리하지 못하였다.
(5) 현재 북한에서는 지적측량이 이루어지지 않고 있으며 일반적인 측량만 수행하고 있다.
(6) 측량과 관련한 최신 동향으로는 위성측량(GLONASS), 원격탐사(R/S)방법을 이용하여 북한 전 지역에 대한 정밀 지형도를 완비하고 있는 것으로 알려져 있다.
(7) 토지정리 건설계획작성 S/W인 천지개벽을 개발하여 사용하고 있으며, 토지정보시스템(LIS), 지리정보시스템(GIS) 구축에 심혈을 기울이고 있다.
(8) 북한의 측량기술수준은 대개가 이론 도입이나 논문 발표에 그치고 있는 초보단계로 보인다.
(9) 북한에서는 지적제도가 유명무실해져 지적측량에 대한 기술교육과 인력양성이 이루어지지 않고 있다.

8. 북한에 적용할 지적제도모형

[표 10-11] 북한지역 지적제도모형

구분	내용
지적제도	지적조사에 의한 다목적지적제도
지적관리 원칙	지상관리, 현실경계 우선, 현실경계를 기준으로 지적공부(수치지적) 작성
지적공부 양식	토지대장(토지+임야), 수치지적부, 지적도
등록사항	등록사항의 다양화(사실지목, 지목세분, 건물표시, 토지이용계획사항 등 등록)
측량기준점	남북한 통합운영이 가능한 통일 기준망 구축
측량기술 적용	T/S, 사진측량, 위성측량 등 최신 기술 적용
토지정보 이용	3·4차원 정보
공시제도	지적과 등기 통합 운영
향후 지적관리	경계표지관리, 수치지적에 의한 상시복원 가능

9. 결론

남북통일시대를 대비하여 통일 한반도의 균형적인 발전과 국토개발을 위한 북한의 토지제도 확립과 지적공부에 기초한 토지정보시스템 확립이 필요하다. 통일이 되면 북한 토지에 대한 사유화 정책이 추진되고 토지시장이 형성될 것이다. 이러한 정책을 신속히 추진하여 투자를 촉진하고 토지거래와 등기제도를 조기에 정착하기 위해서는 북한지역에도 선진적인 지적제도의 도입이 필요하다.

참고문헌 REFERENCE

1. 「지적재조사총론」 김일·문승주 (좋은 땅, 2020)
2. 「GPS 이론과 응용」 서용철 (시그마프레스, 2009)
3. 「지적원론」 최한영 (구미서관, 2011)
4. "최신도입 네트워크 RTK 활성화 방안 연구" 국토지리정보원, 2017.
5. "국가수직기준 체계수립을 위한 연구" 국토지리정보원, 2010.
6. "지오이드모델 시스템 개발 보고서" 국토지리정보원, 2006.
7. "제3차 지적재조사 기본계획 보고서" 국토교통부, 2021.
8. "지적재조사 기본계획 수정계획(2021~2030)" 국토교통부, 2021.
9. "공공측량작업규정" 국토지리정보원고시 제2023-792호, 2023.
10. "최신 지적측량" 한국국토정보공사, 2020.
11. "항공영상 Hybrid(단영상, 입체시) 기반 지적측량 업무지원시스템 개발" LX 공간정보연구원, 2013.
12. "지적재조사사업지구 내 행정구역경계 합리적 조정방안" (지적과 국토정보, 제48권 제2호, pp. 31~49, 2018)
13. "현행 지목제도의 문제점에 대한 개선방안 도출에 관한 연구" 최대집 외 1인 (지적과 국토정보, 제52권 제2호, pp. 67~80, 2022)
14. "지하공간통합지도 품질관리 개선방안 연구" 배상근 외 2인 (지적과 국토정보, 제50권 제2호, pp. 221~235, 2020)
15. "도시분야 디지털 트윈 동향 비교·분석" 정다운 외 4인 (지적과 국토정보, 제53권 제1호, pp. 123~137, 2003)
16. "과세지견취도에 관한 연구" 송영준 외 (한국지적학회지, 제22권 제1호, pp. 165~180, 2006)
17. "지적측량 성과검사 제도의 효율성 제고를 위한 개선방안" 김평권·황지욱 (한국지적학회지, 제2권, pp. 63~76, 2022)
18. "지적측량조직의 변천과정" 장한영 (학술지 지적, pp. 26~39, 2004)
19. "한국 지적측량기준점의 변화과정에 관한 연구" 지종덕 (한국지적학회지, 2003)
20. "둠즈데이 북과 신라장적의 비교연구" 김영학 (한국지적정보학회지, 제17권 제2호, pp. 97~114, 2018)
21. "종세 영국의 과세대장에 관한 연구" 오이균 (한국지적학회지, 제37권 제3호, pp. 129~143, 2021)
22. "연속지적도의 정확도 향상 및 활용방안" 심우섭 외 1인 (학술지 지적, 제39권 제2호, pp. 53~67, 2009)
23. "지하시설물측량을 위한 관성측정장치의 활용 가능성 분석" 이은수 외 3인 (한국지적정보학회지, 제13권 제2호, pp. 63~69, 2011)
24. "UAV 3차원 모델링을 활용한 지적재조사 대행자의 임시경계점 측량성과 검증방안 연구" 채의균·서용수 (한국지적정보학회지, 제25권 제1호, pp. 65~84, 2023)
25. "VRS GPS를 이용한 필계점의 정확도 평가" 장상규 외 (한국지형공간정보학회지, 제17권 제1호, pp. 37~42, 2009)
26. "지적세부측량에 있어서 RTK-GPS의 실용화 방안" 이우화 (한국지형공간정보학회지, 제17권 제1호, pp. 89~95, 2009)
27. "모바일 맵핑 시스템을 활용한 임도 공간정보 구축 방안" 김동수 외 3인 (한국지적정보학회지, 제24권 제2호, pp. 30~39, 2002)
28. "지상레이저스캐너 성능검사 제도 도입 방안 연구" 민관식 (한국지적정보학회지, 제24권 제2호, pp. 54~69, 2022)

29. "무인항공측량시스템을 이용한 직접측량 방식의 지적재조사 대상 토지 추출 연구" 박종현 외 1인 (한국지적학회지, 제34권 제2호, pp. 65~78, 2018)
30. "개별불부합지 정리방안 연구" 강한빛 외 1인 (한국지적학회지, 제38권 제2호, pp. 125~134, 2022)
31. "우리나라 기본지리정보 좌표계(UTM-K) 도입에 관한 연구" 최윤수 외 2인 (한국측량학회지, 제22권 제4호, pp. 313~321, 2004)
32. "세계좌표계 전환에 따른 지역좌표계의 좌표변환 분석" 윤한철 외 2인 (학술지 지적, 제40권 제1호, pp. 257~274, 2010)
33. "위치기반의 지번부여제도 개선에 관한 연구" 이상화 외 2인 (학술지 지적, 제42권 제1호, pp. 147~164, 2012)
34. "ADR을 통한 경계분쟁의 해결방안" 신순호 외 1인 (한국지적학회지, 제20권 제1호, pp. 1~19, 2004)
35. "바닷가 미등록 토지의 유형별 실태조사에 관한 연구" 이종환 외 1인 (한국지적학회지, 제25권 제2호, pp. 83~97, 2009)
36. "지적공부 미등록토지 정비 및 정리에 관한 연구" 김영학 (한국지적정보학회지, 제25권 제2호, pp. 100~115, 2023)
37. "지적측량 검사제도의 문제점과 개선방안" 정택승 (박사논문, 2006)
38. 한국민족문화대백과사전(http://encykorea.aks.ac.kr/)

정완석 jungwansuk@gmail.com

◎ 약 력
- 지적기술사
- 측량 및 지형공간정보기술사
- 인하대학교 공간정보공학과 졸업
- 공학박사
- (전) 인하대학교 공간정보공학과 강사
- (전) 공간정보연구원 선임연구원

◎ 저 서

도서출판 예문사
- PASS 지적기술사
- PASS 지적기사 · 산업기사 필기
- PASS 지적기사 · 산업기사 실기

민웅기 minbaksa07@gmail.com

◎ 약 력
- 지적기술사
- 측량 및 지형공간정보기술사
- 전주대학교 일반대학원 부동산학과 졸업
- 부동산학박사
- (전) 전주대학교 국토정보학 융합전공 강사

◎ 저 서

도서출판 예문사
- PASS 지적기술사
- PASS 지적기사 · 산업기사 필기
- PASS 지적기사 · 산업기사 실기
- 포인트 지적기술사

성안당
- 지적전산학개론
- 적중 지적기사 · 산업기사 필기

PASS 지적기술사

발행일 | 2024. 11. 20 초판 발행
저 자 | 정완석 · 민웅기
발행인 | 정용수
발행처 | 예문사

주 소 | 경기도 파주시 직지길 460(출판도시) 도서출판 예문사
T E L | 031) 955-0550
F A X | 031) 955-0660
등록번호 | 11-76호

- 이 책의 어느 부분도 저작권자나 발행인의 승인 없이 무단 복제하여 이용할 수 없습니다.
- 파본 및 낙장은 구입하신 서점에서 교환하여 드립니다.
- 예문사 홈페이지 http://www.yeamoonsa.com

정가 : 50,000원

ISBN 978-89-274-5599-8 13530